"十三五"国家重点图书出版规划项目

中国种子植物多样性名录与保护利用

Seed Plants of China: Checklist, Uses and Conservation Status

④

覃海宁 主编

Editor-in-chief: QIN Haining

河北出版传媒集团
河北科学技术出版社
·石家庄·

目　录

报春花科 PRIMULACEAE …… 1855	省沽油科 STAPHYLEACEAE …… 2272
山龙眼科 PROTEACEAE …… 1903	百部科 STEMONACEAE …… 2274
核果木科 PUTRANJIVACEAE …… 1905	粗丝木科 STEMONURACEAE …… 2275
大花草科 RAFFLESIACEAE …… 1906	鹤望兰科 STRELITZIACEAE …… 2275
毛茛科 RANUNCULACEAE …… 1906	花柱草科 STYLIDIACEAE …… 2275
木樨草科 RESEDACEAE …… 1987	安息香科 STYRACACEAE …… 2275
帚灯草科 RESTIONACEAE …… 1987	海人树科 SURIANACEAE …… 2280
鼠李科 RHAMNACEAE …… 1987	山矾科 SYMPLOCACEAE …… 2280
红树科 RHIZOPHORACEAE …… 1999	土人参科 TALINACEAE …… 2284
蔷薇科 ROSACEAE …… 2001	柽柳科 TAMARICACEAE …… 2284
茜草科 RUBIACEAE …… 2098	瘿椒树科 TAPISCIACEAE …… 2287
川蔓藻科 RUPPIACEAE …… 2152	四数木科 TETRAMELACEAE …… 2287
芸香科 RUTACEAE …… 2152	山茶科 THEACEAE …… 2287
清风藤科 SABIACEAE …… 2164	瑞香科 THYMELAEACEAE …… 2302
杨柳科 SALICACEAE …… 2168	岩菖蒲科 TOFIELDIACEAE …… 2310
刺茉莉科 SALVADORACEAE …… 2201	霉草科 TRIURIDACEAE …… 2311
檀香科 SANTALACEAE …… 2202	昆栏树科 TROCHODENDRACEAE …… 2311
无患子科 SAPINDACEAE …… 2206	旱金莲科 TROPAEOLACEAE …… 2311
山榄科 SAPOTACEAE …… 2219	香蒲科 TYPHACEAE …… 2311
三白草科 SAURURACEAE …… 2221	榆科 ULMACEAE …… 2313
虎耳草科 SAXIFRAGACEAE …… 2222	荨麻科 URTICACEAE …… 2316
冰沼草科 SCHEUCHZERIACEAE …… 2245	翡若翠科 VELLOZIACEAE …… 2353
五味子科 SCHISANDRACEAE …… 2245	马鞭草科 VERBENACEAE …… 2353
青皮木科 SCHOEPFIACEAE …… 2249	堇菜科 VIOLACEAE …… 2354
玄参科 SCROPHULARIACEAE …… 2250	葡萄科 VITACEAE …… 2362
苦木科 SIMAROUBACEAE …… 2255	黄脂木科 XANTHORRHOEACEAE …… 2375
肋果茶科 SLADENIACEAE …… 2256	黄眼草科 XYRIDACEAE …… 2377
菝葜科 SMILACACEAE …… 2257	姜科 ZINGIBERACEAE …… 2377
茄科 SOLANACEAE …… 2263	大叶藻科 ZOSTERACEAE …… 2394
尖瓣花科 SPHENOCLEACEAE …… 2272	蒺藜科 ZYGOPHYLLACEAE …… 2394
旌节花科 STACHYURACEAE …… 2272	

属中文名索引 INDEX TO GENUS NAMES（IN CHINESE） …… 2397
属学名索引 INDEX TO GENUS NAMES（IN LATIN） …… 2412

报春花科 PRIMULACEAE
（18 属：747 种）

蜡烛果属 Aegiceras Gaertn.

蜡烛果
Aegiceras corniculatum (L.) Blanco
- 习　　性：灌木或小乔木
- 国内分布：福建、广东、广西、海南
- 国外分布：菲律宾、马来西亚、斯里兰卡、印度、越南
- 濒危等级：LC
- 资源利用：原料（单宁，木材，树脂）

锥药金牛属 Amblyanthus A. DC.

墨脱锥药金牛
Amblyanthus chenii Z. Zhou et H. Sun
- 习　　性：灌木
- 海　　拔：850~1600 m
- 分　　布：西藏
- 濒危等级：EN B1ab（i, iii, iv）

琉璃繁缕属 Anagallis L.

琉璃繁缕
Anagallis arvensis L.
- 习　　性：一年生或二年生草本
- 海　　拔：100~1800 m
- 国内分布：福建、广东、台湾、浙江
- 国外分布：澳大利亚、巴基斯坦、不丹、俄罗斯、克什米尔地区、尼泊尔、日本、印度
- 濒危等级：LC

点地梅属 Androsace L.

腺序点地梅
Androsace adenocephala Hand.-Mazz.
- 习　　性：多年生草本
- 海　　拔：约 3600 m
- 分　　布：西藏
- 濒危等级：LC

莲座点地梅
Androsace aizoon Duby
- 习　　性：一年生或二年生草本
- 海　　拔：2300~3500 m
- 国内分布：西藏
- 国外分布：巴基斯坦、克什米尔地区、印度
- 濒危等级：LC

阿拉善点地梅
Androsace alaschanica Maxim.

阿拉善点地梅（原变种）
Androsace alaschanica var. **alaschanica**
- 习　　性：多年生草本
- 海　　拔：1500~4500 m
- 分　　布：甘肃、内蒙古、宁夏
- 濒危等级：NT B1b（i, iii）

扎多点地梅
Androsace alaschanica var. **zadoensis** Yung C. Yang et R. H. Huang
- 习　　性：多年生草本
- 海　　拔：4400~4500 m
- 分　　布：青海
- 濒危等级：LC

花叶点地梅
Androsace alchemilloides Franch.
- 习　　性：多年生草本
- 海　　拔：3000~4000 m
- 分　　布：云南
- 濒危等级：NT B1

腋花点地梅
Androsace axillaris (Franch.) Franch.
- 习　　性：多年生草本
- 海　　拔：1800~3300 m
- 国内分布：四川、云南
- 国外分布：泰国
- 濒危等级：LC

昌都点地梅
Androsace bisulca Bureau et Franch.

昌都点地梅（原变种）
Androsace bisulca var. **bisulca**
- 习　　性：多年生草本
- 海　　拔：3100~4500 m
- 分　　布：四川、西藏
- 濒危等级：LC

黄花昌都点地梅
Androsace bisulca var. **aurata** (Petitm.) Yung C. Yang et R. F. Huang
- 习　　性：多年生草本
- 海　　拔：3800~4500 m
- 分　　布：四川
- 濒危等级：LC

玉门点地梅
Androsace brachystegia Hand.-Mazz.
- 习　　性：多年生草本
- 海　　拔：4000~4600 m
- 分　　布：甘肃、青海、四川
- 濒危等级：LC

景天点地梅
Androsace bulleyana Forrest
- 习　　性：一年生或二年生草本
- 海　　拔：1800~3200 m
- 分　　布：云南
- 濒危等级：NT B1

弯花点地梅
Androsace cernuiflora Y. C. Yang et R. H. Huang
- 习　　性：多年生草本
- 海　　拔：3700~4000 m

分　　布：青海
濒危等级：VU A2c

睫毛点地梅
Androsace ciliifolia Ludlow
习　　性：多年生草本
海　　拔：4000~4500 m
国内分布：西藏
国外分布：尼泊尔
濒危等级：NT B1

环冠点地梅
Androsace coronata（Watt）Hand.-Mazz.
习　　性：多年生草本
海　　拔：4800~5100 m
分　　布：西藏
濒危等级：NT B1a

红毛点地梅
Androsace croftii Watt
习　　性：多年生草本
海　　拔：约2700 m
国内分布：西藏
国外分布：尼泊尔、印度
濒危等级：LC

细蔓点地梅
Androsace cuscutiformis Franch.
习　　性：多年生草本
海　　拔：1500~2000 m
分　　布：重庆、陕西
濒危等级：LC

江孜点地梅
Androsace cuttingii C. E. C. Fisch.
习　　性：多年生草本
海　　拔：4000~4500 m
分　　布：西藏
濒危等级：NT B1

滇西北点地梅
Androsace delavayi Franch.
习　　性：多年生草本
海　　拔：3000~4800 m
国内分布：四川、西藏、云南
国外分布：不丹、缅甸、尼泊尔、印度
濒危等级：LC

裂叶点地梅
Androsace dissecta（Franch.）Franch.
习　　性：多年生草本
海　　拔：2800~3500 m
分　　布：四川、云南
濒危等级：NT B1

高葶点地梅
Androsace elatior Pax et K. Hoffm.
习　　性：多年生草本
海　　拔：3500~4200 m
分　　布：青海、四川、西藏
濒危等级：NT B1

陕西点地梅
Androsace engleri R. Knuth
习　　性：多年生草本
分　　布：陕西
濒危等级：LC

直立点地梅
Androsace erecta Maxim.
习　　性：一年生或二年生草本
海　　拔：2400~3400 m
国内分布：甘肃、青海、陕西、四川、西藏、云南
国外分布：尼泊尔
濒危等级：NT B1

大花点地梅
Androsace euryantha Hand.-Mazz.
习　　性：多年生草本
海　　拔：4000~4500 m
分　　布：云南
濒危等级：LC

东北点地梅
Androsace filiformis Retz.
习　　性：一年生草本
海　　拔：1000~2000 m
国内分布：黑龙江、吉林、内蒙古、新疆
国外分布：朝鲜、俄罗斯、哈萨克斯坦、吉尔吉斯斯坦、蒙古、塔吉克斯坦、土库曼斯坦、乌兹别克斯坦
濒危等级：LC

南疆点地梅
Androsace flavescens Maxim.
习　　性：多年生草本
海　　拔：2900~3700 m
国内分布：新疆
国外分布：克什米尔地区
濒危等级：NT B1

滇藏点地梅
Androsace forrestiana Hand.-Mazz.
习　　性：多年生草本
海　　拔：3000~3600 m
分　　布：四川、西藏、云南
濒危等级：NT B1

披散点地梅
Androsace gagnepainiana Hand.-Mazz.
习　　性：多年生草本
海　　拔：3500~4100 m
国内分布：云南
国外分布：缅甸
濒危等级：NT B1

掌叶点地梅
Androsace geraniifolia Watt
习　　性：多年生草本
海　　拔：2700~3000 m
国内分布：西藏
国外分布：不丹、印度
濒危等级：LC

球形点地梅
Androsace globifera Duby
- 习　　性：多年生草本
- 海　　拔：3600~4700 m
- 国内分布：西藏
- 国外分布：不丹、尼泊尔、印度
- 濒危等级：LC

小点地梅
Androsace gmelinii (L.) Roem. et Schult.

小点地梅（原变种）
Androsace gmelinii var. **gmelinii**
- 习　　性：一年生草本
- 海　　拔：2600~4400 m
- 国内分布：内蒙古、四川
- 国外分布：俄罗斯、蒙古
- 濒危等级：LC

短葶小点地梅
Androsace gmelinii var. **geophila** Hand. -Mazz.
- 习　　性：一年生草本
- 海　　拔：2600~4400 m
- 分　　布：甘肃、青海、四川
- 濒危等级：LC

圆叶点地梅
Androsace graceae Forrest
- 习　　性：多年生草本
- 海　　拔：3800~4600 m
- 分　　布：四川、云南
- 濒危等级：LC

细弱点地梅
Androsace gracilis Hand. -Mazz.
- 习　　性：多年生草本
- 分　　布：云南
- 濒危等级：NT B1

禾叶点地梅
Androsace graminifolia C. E. C. Fisch.
- 习　　性：多年生草本
- 海　　拔：3800~4700 m
- 分　　布：西藏
- 濒危等级：LC

莲叶点地梅
Androsace henryi Oliv.

莲叶点地梅（原亚种）
Androsace henryi subsp. **henryi**
- 习　　性：多年生草本
- 海　　拔：1500~3200 m
- 国内分布：湖北、陕西、四川、西藏、云南
- 国外分布：不丹、缅甸、尼泊尔
- 濒危等级：LC

阔苞莲叶点地梅
Androsace henryi subsp. **simulans** C. M. Hu et Y. C. Yang
- 习　　性：多年生草本
- 海　　拔：2500~3100 m
- 分　　布：四川
- 濒危等级：LC

亚东点地梅
Androsace hookeriana Klatt
- 习　　性：多年生草本
- 海　　拔：3500~4100 m
- 国内分布：西藏
- 国外分布：不丹、尼泊尔、印度
- 濒危等级：LC

白花点地梅
Androsace incana Lam.
- 习　　性：多年生草本
- 海　　拔：2000~3500 m
- 国内分布：河北、内蒙古、山西、新疆
- 国外分布：俄罗斯、哈萨克斯坦、蒙古
- 濒危等级：LC

石莲叶点地梅
Androsace integra (Maxim.) Hand. -Mazz.
- 习　　性：一年生或二年生草本
- 海　　拔：2500~3000 m
- 分　　布：青海、四川、西藏、云南
- 濒危等级：LC

贵州点地梅
Androsace kouytchensis Bonati
- 习　　性：多年生草本
- 分　　布：贵州
- 濒危等级：LC

片葶点地梅
Androsace lamelloso-scapa Miau et Pan
- 习　　性：多年生草本
- 分　　布：新疆
- 濒危等级：LC

秦巴点地梅
Androsace laxa C. M. Hu et Yung C. Yang
- 习　　性：多年生草本
- 海　　拔：2700~3600 m
- 分　　布：重庆、湖北、陕西
- 濒危等级：LC

旱生点地梅
Androsace lehmanniana Spreng.
- 习　　性：多年生草本
- 海　　拔：2800~3000 m
- 国内分布：新疆
- 国外分布：北美洲西部、俄罗斯、哈萨克斯坦、蒙古
- 濒危等级：LC

钻叶点地梅
Androsace lehmannii Wall. ex Duby
- 习　　性：多年生草本
- 海　　拔：4400~4800 m
- 国内分布：西藏
- 国外分布：不丹、尼泊尔、印度
- 濒危等级：LC

康定点地梅
Androsace limprichtii Pax et K. Hoffm.
 习 性：多年生草本
 海 拔：3800~4100 m
 分 布：四川、云南
 濒危等级：NT B1

长叶点地梅
Androsace longifolia Turcz.
 习 性：多年生草本
 海 拔：1300~1500 m
 国内分布：黑龙江、内蒙古、宁夏、山西
 国外分布：蒙古
 濒危等级：LC

绿棱点地梅
Androsace mairei H. Lév.
 习 性：多年生草本
 海 拔：约 3100 m
 分 布：云南
 濒危等级：LC

西藏点地梅
Androsace mariae Kanitz
 习 性：多年生草本
 海 拔：1300~4000 m
 分 布：甘肃、内蒙古、青海、四川、西藏、云南
 濒危等级：LC

大苞点地梅
Androsace maxima L.
 习 性：一年生草本
 海 拔：1500~2700 m
 国内分布：甘肃、内蒙古、宁夏、山西、陕西、新疆
 国外分布：阿富汗、俄罗斯、哈萨克斯坦、吉尔吉斯斯坦、蒙古、塔吉克斯坦、土库曼斯坦、乌兹别克斯坦；亚洲西南部、非洲、欧洲
 濒危等级：LC

梵净山点地梅
Androsace medifissa Chen et Y. C. Yang
 习 性：多年生草本
 海 拔：2300~2600 m
 分 布：贵州
 濒危等级：VU D1+2

小丛点地梅
Androsace minor(Hand.-Mazz.) C. M. Hu et Y. C. Yang
 习 性：多年生草本
 海 拔：3600~4700 m
 分 布：四川
 濒危等级：LC

大叶点地梅
Androsace mirabilis Franch.
 习 性：多年生草本
 海 拔：约 1200 m
 分 布：重庆
 濒危等级：NT B1a

柔软点地梅
Androsace mollis Hand.-Mazz.
 习 性：多年生草本
 海 拔：3200~4500 m
 分 布：四川、西藏、云南
 濒危等级：LC

绢毛点地梅
Androsace nortonii Ludlow ex Stearn
 习 性：多年生草本
 海 拔：4100~4500 m
 国内分布：西藏
 国外分布：尼泊尔
 濒危等级：NT B1a

卵叶点地梅
Androsace ovalifolia Y. C. Yang
 习 性：多年生草本
 海 拔：约 3800 m
 分 布：西藏
 濒危等级：LC

天山点地梅
Androsace ovczinnikovii Schischk. et Bobrov
 习 性：多年生草本
 海 拔：2500~3100 m
 国内分布：新疆
 国外分布：俄罗斯、吉尔吉斯斯坦、哈萨克斯坦、蒙古、塔吉克斯坦、土库曼斯坦、乌兹别克斯坦
 濒危等级：LC

峨眉点地梅
Androsace paxiana R. Knuth
 习 性：多年生草本
 海 拔：1000~1400 m
 分 布：四川
 濒危等级：NT B1

波密点地梅
Androsace pomeiensis C. M. Hu et Yung C. Yang
 习 性：多年生草本
 海 拔：3000~3500 m
 分 布：西藏
 濒危等级：NT B1a

硬枝点地梅
Androsace rigida Hand.-Mazz.
 习 性：多年生草本
 海 拔：2900~3800 m
 分 布：四川、云南
 濒危等级：NT B1

雪球点地梅
Androsace robusta(R. Knuth) Hand.-Mazz.
 习 性：多年生草本
 海 拔：3100~5100 m
 国内分布：西藏
 国外分布：巴基斯坦、尼泊尔、印度
 濒危等级：LC

密毛点地梅
Androsace rockii W. E. Evans
 习 性：多年生草本
 海 拔：约 2000 m
 分 布：云南
 濒危等级：LC

叶苞点地梅
Androsace rotundifolia Hardw.

叶苞点地梅（原变种）
Androsace rotundifolia var. **rotundifolia**
 习 性：多年生草本
 海 拔：800~4000 m
 国内分布：西藏
 国外分布：阿富汗、巴基斯坦、克什米尔地区、印度
 濒危等级：NT B1

腺毛叶苞点地梅
Androsace rotundifolia var. **glandulosa** Hook. f.
 习 性：多年生草本
 海 拔：2500~4000 m
 国内分布：西藏
 国外分布：克什米尔地区、尼泊尔、印度
 濒危等级：LC

尖齿叶苞点地梅
Androsace rotundifolia var. **thomsonii** Watt
 习 性：多年生草本
 海 拔：3300~3500 m
 国内分布：西藏
 国外分布：印度
 濒危等级：LC

异叶点地梅
Androsace runcinata Hand.-Mazz.
 习 性：多年生草本
 海 拔：1200~1500 m
 分 布：广西、贵州、湖南、云南
 濒危等级：NT B1

葡茎点地梅
Androsace sarmentosa Wall.
 习 性：多年生草本
 海 拔：2800~4000 m
 国内分布：西藏
 国外分布：巴基斯坦、尼泊尔、印度
 濒危等级：NT B1

紫花点地梅
Androsace selago Hook. f. et Thomson ex Klatt
 习 性：多年生草本
 海 拔：3600~5000 m
 国内分布：西藏
 国外分布：不丹、印度
 濒危等级：LC

北点地梅
Androsace septentrionalis L.

北点地梅（原变种）
Androsace septentrionalis var. **septentrionalis**
 习 性：一年生草本
 海 拔：2000~2600 m
 国内分布：河北、内蒙古、新疆
 国外分布：俄罗斯、哈萨克斯坦、吉尔吉斯斯坦、塔吉克斯坦、土库曼斯坦、乌兹别克斯坦；北美洲、中欧和北欧
 濒危等级：LC

短葶北点地梅
Androsace septentrionalis var. **breviscapa** Krylov
 习 性：一年生草本
 海 拔：2500~2600 m
 国内分布：新疆
 国外分布：巴基斯坦、俄罗斯、哈萨克斯坦、蒙古
 濒危等级：LC

刺叶点地梅
Androsace spinulifera(Franch.) R. Knuth
 习 性：多年生草本
 海 拔：2900~4500 m
 分 布：四川、云南
 濒危等级：LC

鳞叶点地梅
Androsace squarrosula Maxim.
 习 性：多年生草本
 海 拔：3000~3300 m
 分 布：新疆
 濒危等级：LC

狭叶点地梅
Androsace stenophylla(Petitm.) Hand.-Mazz.
 习 性：多年生草本
 海 拔：2900~4200 m
 分 布：四川、西藏
 濒危等级：NT B1

糙伏毛点地梅
Androsace strigillosa Franch.
 习 性：多年生草本
 海 拔：3000~4200 m
 国内分布：西藏
 国外分布：不丹、尼泊尔、印度
 濒危等级：LC

棉毛点地梅
Androsace sublanata Hand.-Mazz.
 习 性：多年生草本
 海 拔：3000~4000 m
 分 布：四川、云南
 濒危等级：LC

唐古拉点地梅
Androsace tanggulashanensis Yung C. Yang et R. F. Huang
 习 性：多年生草本
 海 拔：4000~5000 m
 分 布：青海、西藏

濒危等级：LC

垫状点地梅
Androsace tapete Maxim.
- 习　　性：多年生草本
- 海　　拔：3500~5000 m
- 国内分布：甘肃、青海、四川、西藏、新疆
- 国外分布：不丹、尼泊尔、印度
- 濒危等级：LC

点地梅
Androsace umbellata (Lour.) Merr.
- 习　　性：一年生或二年生草本
- 海　　拔：100~1500 m
- 国内分布：安徽、福建、广东、广西、贵州、海南、河北、黑龙江、湖北、湖南、吉林、江苏、江西、辽宁、内蒙古、山东、山西、陕西、四川、台湾、西藏、云南、浙江
- 国外分布：巴基斯坦、朝鲜、俄罗斯、菲律宾、克什米尔地区、缅甸、日本、印度、越南；新几内亚岛
- 濒危等级：LC
- 资源利用：环境利用（观赏）；药用（中草药）

粗毛点地梅
Androsace wardii W. W. Sm.
- 习　　性：多年生草本
- 海　　拔：3400~4600 m
- 分　　布：四川、西藏、云南
- 濒危等级：NT B1

岩居点地梅
Androsace wilsoniana Hand.-Mazz.
- 习　　性：多年生草本
- 海　　拔：约3000 m
- 分　　布：四川
- 濒危等级：NT B1

雅江点地梅
Androsace yargongensis Petitm.
- 习　　性：多年生草本
- 海　　拔：3600~4800 m
- 分　　布：甘肃、青海、四川
- 濒危等级：LC

高原点地梅
Androsace zambalensis (Petitm.) Hand.-Mazz.
- 习　　性：多年生草本
- 海　　拔：3600~5000 m
- 国内分布：四川、西藏、云南
- 国外分布：尼泊尔、印度
- 濒危等级：LC

察隅点地梅
Androsace zayulensis Hand.-Mazz.
- 习　　性：多年生草本
- 海　　拔：3700~4000 m
- 分　　布：西藏
- 濒危等级：NT B1a

紫金牛属 Ardisia Sw.

狗骨头
Ardisia aberrans (E. Walker) C. Y. Wu et C. Chen
- 习　　性：灌木
- 海　　拔：1100~1400 m
- 分　　布：云南
- 濒危等级：EN A2c

细罗伞
Ardisia affinis Hemsl.
- 习　　性：亚灌木
- 海　　拔：100~600 m
- 分　　布：广东、广西、海南、湖南、江西
- 濒危等级：DD
- 资源利用：药用（中草药）

显脉紫金牛
Ardisia alutacea C. Y. Wu et C. Chen
- 习　　性：灌木
- 海　　拔：800~1700 m
- 分　　布：云南
- 濒危等级：CR A2c；B1ab (i, ii, iii, v)

少年红
Ardisia alyxiifolia Tsiang ex C. Chen
- 习　　性：灌木
- 海　　拔：600~1200 m
- 分　　布：福建、广东、广西、贵州、海南、湖南、江西、四川
- 濒危等级：LC

五花紫金牛
Ardisia argenticaulis Yuen P. Yang
- 习　　性：灌木
- 分　　布：广东
- 濒危等级：DD

束花紫金牛
Ardisia balansana Yuen P. Yang
- 习　　性：亚灌木
- 海　　拔：1000~1500 m
- 国内分布：云南
- 国外分布：越南
- 濒危等级：LC

保亭紫金牛
Ardisia baotingensis C. M. Hu
- 习　　性：灌木
- 海　　拔：约700 m
- 分　　布：海南
- 濒危等级：LC

九管血
Ardisia brevicaulis Diels
- 习　　性：亚灌木
- 海　　拔：400~1300 m
- 分　　布：福建、广东、广西、贵州、湖北、湖南、江西、

四川、台湾、西藏、云南
濒危等级：LC
资源利用：药用（中草药）

凹脉紫金牛
Ardisia brunnescens E. Walker
习　　性：灌木
分　　布：广东、广西
濒危等级：LC
资源利用：药用（中草药）

肉茎紫金牛
Ardisia carnosicaulis C. Chen et D. Fang
习　　性：灌木
海　　拔：约 400 m
分　　布：广西
濒危等级：LC

尾叶紫金牛
Ardisia caudata Hemsl.
习　　性：灌木
海　　拔：1000~2200 m
分　　布：广东、广西、贵州、四川、云南
濒危等级：LC

小紫金牛
Ardisia chinensis Benth.
习　　性：灌木或亚灌木
海　　拔：300~800 m
国内分布：福建、广东、广西、湖南、江西、四川、台湾、浙江
国外分布：马来西亚、日本、越南
濒危等级：DD

散花紫金牛
Ardisia conspersa E. Walker
习　　性：灌木
海　　拔：900~1400 m
国内分布：广西、云南
国外分布：越南
濒危等级：LC

腺齿紫金牛
Ardisia cornudentata Mez
习　　性：灌木
海　　拔：0~1700 m
分　　布：台湾
濒危等级：LC

伞形紫金牛
Ardisia corymbifera Mez
习　　性：灌木
海　　拔：300~1800 m
国内分布：广西、云南
国外分布：泰国、越南
濒危等级：LC

粗脉紫金牛
Ardisia crassinervosa E. Walker
习　　性：灌木
海　　拔：100~1800 m
分　　布：海南
濒危等级：LC

朱砂根
Ardisia crenata Sims
习　　性：灌木
海　　拔：100~2400 m
国内分布：安徽、福建、广东、广西、海南、湖北、湖南、江苏、江西、台湾、西藏、云南、浙江
国外分布：菲律宾、马来西亚、缅甸、日本、印度、越南
濒危等级：LC
资源利用：药用（中草药）

百两金
Ardisia crispa(Thunb.) A. DC.
习　　性：灌木或亚灌木
海　　拔：100~2500 m
国内分布：安徽、福建、广东、广西、贵州、湖北、湖南、江苏、江西、四川、台湾、云南、浙江
国外分布：日本
濒危等级：LC
资源利用：药用（中草药）

折梗紫金牛
Ardisia curvula C. Y. Wu et C. Chen
习　　性：灌木或小乔木
海　　拔：200~300 m
分　　布：云南
濒危等级：LC

粗茎紫金牛
Ardisia dasyrhizomatica C. Y. Wu et C. Chen
习　　性：灌木
海　　拔：约 100 m
分　　布：云南
濒危等级：CR A2c；B1ab（i，iii）

密鳞紫金牛
Ardisia densilepidotula Merr.
习　　性：乔木
海　　拔：300~2000 m
分　　布：海南
濒危等级：LC
资源利用：药用（中草药）

东方紫金牛
Ardisia elliptica Thunb.
习　　性：灌木
国内分布：台湾、香港
国外分布：菲律宾、马来西亚、日本、斯里兰卡、泰国、印度、印度尼西亚、越南
濒危等级：LC

剑叶紫金牛
Ardisia ensifolia E. Walker
习　　性：灌木
海　　拔：约 700 m

分　　布：广西、云南
濒危等级：LC
资源利用：药用（中草药）

月月红
Ardisia faberi Hemsl.
习　　性：灌木或亚灌木
海　　拔：1000～1300 m
分　　布：广东、广西、贵州、海南、湖北、湖南、四川、云南
濒危等级：LC

狭叶紫金牛
Ardisia filiformis E. Walker
习　　性：灌木
海　　拔：200～1000 m
分　　布：广西
濒危等级：DD
资源利用：药用（中草药）

灰色紫金牛
Ardisia fordii Hemsl.
习　　性：灌木
海　　拔：100～800 m
分　　布：广东、广西
濒危等级：LC

小乔木紫金牛
Ardisia garrettii H. R. Fletcher
习　　性：灌木或乔木
海　　拔：400～1400 m
国内分布：贵州、西藏、云南
国外分布：缅甸、泰国、越南
濒危等级：LC

走马胎
Ardisia gigantifolia Stapf
习　　性：灌木或亚灌木
海　　拔：1000～1500 m
国内分布：福建、广东、广西、贵州、海南、江西、云南
国外分布：泰国、越南
濒危等级：VU A2acd+3cd
资源利用：药用（中草药，兽药）

大罗伞树
Ardisia hanceana Mez
习　　性：灌木
海　　拔：约1300 m
国内分布：安徽、福建、广东、广西、海南、湖南、江西、香港、浙江
国外分布：越南
濒危等级：LC

粗梗紫金牛
Ardisia hokouensis Yuen P. Yang
习　　性：灌木或亚灌木
海　　拔：约500 m
分　　布：云南
濒危等级：LC

矮紫金牛
Ardisia humilis Vahl
习　　性：灌木
海　　拔：0～1100 m
分　　布：海南
濒危等级：LC
资源利用：药用（中草药）；原料（单宁）

柳叶紫金牛
Ardisia hypargyrea C. Y. Wu et C. Chen
习　　性：灌木
海　　拔：700～1600 m
分　　布：广西、云南

紫金牛
Ardisia japonica (Thunb.) Blume
习　　性：亚灌木
海　　拔：0～1200 m
国内分布：安徽、福建、广西、贵州、湖北、湖南、江苏、江西、陕西、四川、台湾、云南、浙江
国外分布：朝鲜、日本
濒危等级：LC
资源利用：药用（中草药）

高士佛紫金牛
Ardisia kusukusensis Hayata
习　　性：灌木
分　　布：台湾
濒危等级：DD

山血丹
Ardisia lindleyana D. Dietr.

山血丹（原变种）
Ardisia lindleyana var. **lindleyana**
习　　性：灌木
海　　拔：300～1200 m
国内分布：福建、广东、广西、湖南、江西、浙江
国外分布：越南
濒危等级：LC
资源利用：药用（中草药）

狭叶山血丹
Ardisia lindleyana var. **angustifolia** C. M. Hu et X. J. Ma
习　　性：灌木
海　　拔：600 m
分　　布：广东
濒危等级：LC

心叶紫金牛
Ardisia maclurei Merr.
习　　性：亚灌木
海　　拔：200～900 m
分　　布：广东、广西、贵州、海南
濒危等级：LC

珍珠伞
Ardisia maculosa Mez
习　　性：灌木

海　　拔：1200~1900 m
分　　布：云南
濒危等级：LC

麻栗坡罗伞
Ardisia malipoensis C. M. Hu
习　　性：灌木
海　　拔：1500~1700 m
分　　布：云南
濒危等级：LC

虎舌红
Ardisia mamillata Hance
习　　性：亚灌木
海　　拔：500~1600 m
国内分布：福建、广东、广西、贵州、海南、湖南、四川、云南
国外分布：越南
濒危等级：LC
资源利用：药用（中草药）

白花紫金牛
Ardisia merrillii E. Walker
习　　性：灌木
海　　拔：600~1200 m
国内分布：广西、海南
国外分布：越南
濒危等级：NT B1ab（i, iii, v）; D

星毛紫金牛
Ardisia nigropilosa Pit.
习　　性：灌木
海　　拔：约 500 m
国内分布：云南
国外分布：越南
濒危等级：NT B1ab（i, iii）+2ab（i, iii）

铜盆花
Ardisia obtusa Mez

铜盆花（原亚种）
Ardisia obtusa subsp. **obtusa**
习　　性：灌木或乔木
国内分布：广东、海南
国外分布：越南
濒危等级：LC

厚叶铜盆花
Ardisia obtusa subsp. **pachyphylla**(Dunn)Pipoly et C. Chen
习　　性：灌木或乔木
海　　拔：400~700 m
国内分布：广东、海南
国外分布：越南
濒危等级：LC

榄色紫金牛
Ardisia olivacea E. Walker
习　　性：灌木
分　　布：广西
濒危等级：DD

光萼紫金牛
Ardisia omissa C. M. Hu
习　　性：亚灌木
海　　拔：200~700 m
分　　布：广东、广西
濒危等级：LC

轮叶紫金牛
Ardisia ordinata E. Walker
习　　性：亚灌木
海　　拔：500~1000 m
分　　布：海南
濒危等级：VU D2

矮短紫金牛
Ardisia pedalis E. Walker
习　　性：亚灌木
海　　拔：100~1000 m
国内分布：广西
国外分布：越南
濒危等级：LC

长穗紫金牛
Ardisia pingbienensis Yuen P. Yang
习　　性：亚灌木
海　　拔：900~1000 m
分　　布：云南
濒危等级：LC

细孔紫金牛
Ardisia porifera E. Walker
习　　性：亚灌木
分　　布：海南
濒危等级：LC

莲座紫金牛
Ardisia primulifolia Gardner et Champ.
习　　性：亚灌木
海　　拔：600~1400 m
国内分布：福建、广东、广西、贵州、海南、湖南、江西、云南
国外分布：越南
濒危等级：LC

块根紫金牛
Ardisia pseudocrispa Pit.
习　　性：灌木
国内分布：广西
国外分布：越南
濒危等级：DD

毛脉紫金牛
Ardisia pubivenula E. Walker
习　　性：亚灌木
海　　拔：约 800 m
分　　布：广西、海南
濒危等级：LC

紫脉紫金牛
Ardisia purpureovillosa C. Y. Wu et C. Chen ex C. M. Hu
 习 性：灌木
 海 拔：600~1800 m
 分 布：广西、海南、云南
 濒危等级：LC

九节龙
Ardisia pusilla A. DC.
 习 性：灌木或亚灌木
 海 拔：200~700 m
 国内分布：福建、广东、广西、贵州、湖南、江西、四川、台湾
 国外分布：朝鲜、菲律宾、马来西亚、日本
 濒危等级：LC
 资源利用：药用（中草药）

罗伞树
Ardisia quinquegona Blume
 习 性：灌木
 海 拔：200~1300 m
 国内分布：福建、广东、广西、海南、四川、台湾、云南
 国外分布：马来西亚、日本、印度、印度尼西亚、越南
 濒危等级：LC
 资源利用：环境利用（观赏）；药用（中草药）

短柄紫金牛
Ardisia ramondiiformis Pit.
 习 性：亚灌木或灌木
 国内分布：海南
 国外分布：越南
 濒危等级：LC

卷边紫金牛
Ardisia replicata E. Walker
 习 性：灌木
 海 拔：700~1400 m
 国内分布：云南
 国外分布：越南
 濒危等级：VU B2ab（i，ii）

弯梗紫金牛
Ardisia retroflexa E. Walker
 习 性：灌木
 海 拔：100~200 m
 分 布：海南
 濒危等级：NT B2ab（ii）

梯脉紫金牛
Ardisia scalarinervis E. Walker
 习 性：小灌木
 海 拔：1100~1600 m
 分 布：云南
 濒危等级：LC

瑞丽紫金牛
Ardisia shweliensis W. W. Sm.
 习 性：灌木
 海 拔：1700~2300 m
 分 布：云南
 濒危等级：LC

多枝紫金牛
Ardisia sieboldii Miq.
 习 性：灌木或小乔木
 海 拔：100~600 m
 国内分布：福建、台湾、浙江
 国外分布：日本南部
 濒危等级：LC

酸苔菜
Ardisia solanacea Roxb.
 习 性：灌木或乔木
 海 拔：400~1600 m
 国内分布：广西、云南
 国外分布：尼泊尔、斯里兰卡、新加坡、印度
 濒危等级：LC
 资源利用：食品（蔬菜）

南方紫金牛
Ardisia thyrsiflora D. Don
 习 性：灌木或小乔木
 海 拔：200~1500 m
 国内分布：广西、贵州、湖北、西藏、云南
 国外分布：缅甸、尼泊尔、印度、越南
 濒危等级：LC

长毛紫金牛
Ardisia verbascifolia Mez
 习 性：亚灌木
 国内分布：海南、云南
 国外分布：越南
 濒危等级：LC

雪下红
Ardisia villosa Roxb.
 习 性：灌木
 海 拔：500~1500 m
 国内分布：广东、广西、海南、台湾、云南
 国外分布：马来西亚
 濒危等级：LC
 资源利用：环境利用（观赏）

锦花紫金牛
Ardisia violacea（T. Suzuki）W. Z. Fang et K. Yao
 习 性：亚灌木
 海 拔：700~1100 m
 分 布：台湾
 濒危等级：NT

纽子果
Ardisia virens Kurz
 习 性：灌木或小乔木
 海 拔：300~2700 m
 国内分布：广西、贵州、海南、台湾、云南
 国外分布：缅甸、泰国、印度、印度尼西亚、越南
 濒危等级：LC

越南紫金牛
Ardisia waitakii C. M. Hu
 习 性：灌木或乔木
 海 拔：500～800 m
 国内分布：广东、广西、海南
 国外分布：越南
 濒危等级：LC

长果报春属 Bryocarpum Hook. f. et Thomson

长果报春
Bryocarpum himalaicum Hook. f. et Thomson
 习 性：多年生草本
 海 拔：3000～4000 m
 国内分布：西藏
 国外分布：不丹、尼泊尔、印度
 濒危等级：NT B1a

假报春属 Cortusa L.

假报春
Cortusa matthioli Linnaeus

假报春（原亚种）
Cortusa matthioli subsp. **matthioli**
 习 性：多年生草本
 海 拔：1500～3000 m
 国内分布：内蒙古、新疆
 国外分布：欧洲、亚洲
 濒危等级：LC

河北假报春
Cortusa matthioli subsp. **pekinensis**(V. A. Richt.)Kitag.
 习 性：多年生草本
 海 拔：1500～3000 m
 国内分布：甘肃、河北、内蒙古、山西、陕西
 国外分布：朝鲜、俄罗斯
 濒危等级：LC

酸藤子属 Embelia Burm. f.

肉果酸藤子
Embelia carnosisperma C. Y. Wu et C. Chen
 习 性：攀援灌木
 海 拔：1200～1400 m
 分 布：云南
 濒危等级：LC

多花酸藤子
Embelia floribunda Wall.
 习 性：攀援灌木
 海 拔：1500～2800 m
 国内分布：西藏、云南
 国外分布：不丹、缅甸、尼泊尔、印度
 濒危等级：LC

皱叶酸藤子
Embelia gamblei Kurz. ex C. B. Clarke
 习 性：攀援灌木
 海 拔：2000～2700 m
 国内分布：西藏、云南
 国外分布：缅甸、印度
 濒危等级：LC

毛果酸藤子
Embelia henryi E. Walker
 习 性：攀援灌木
 海 拔：800～1700 m
 国内分布：广西、云南
 国外分布：越南
 濒危等级：LC

酸藤子
Embelia laeta(L.)Mez

酸藤子（原亚种）
Embelia laeta subsp. **laeta**
 习 性：攀援灌木
 海 拔：100～3000 m
 国内分布：福建、广东、广西、海南、江西、台湾、云南
 国外分布：柬埔寨、老挝、日本、泰国、越南
 濒危等级：LC
 资源利用：药用（中草药）

腺毛酸藤子
Embelia laeta subsp. **papilligera**(Nakai)Pipoly et C. Chen
 习 性：攀援灌木
 海 拔：800～3000 m
 分 布：江西、台湾
 濒危等级：LC

当归藤
Embelia parviflora Wall.
 习 性：攀援灌木
 海 拔：300～2200 m
 国内分布：福建、广东、广西、贵州、海南、西藏、云南、浙江
 国外分布：马来西亚、缅甸、泰国、印度、印度尼西亚、越南
 濒危等级：LC
 资源利用：药用（中草药）

疏花酸藤子
Embelia pauciflora Diels
 习 性：攀援灌木
 海 拔：1300～1500 m
 分 布：贵州、四川
 濒危等级：LC

龙骨酸藤子
Embelia polypodioides Hemsl. et Mez
 习 性：藤本或灌木
 海 拔：1000～2400 m
 国内分布：广西、云南
 国外分布：越南
 濒危等级：LC

匍匐酸藤子
Embelia procumbens Hemsl.
 习 性：藤本
 海 拔：1300～2600 m

分　　布：四川、云南
濒危等级：LC

白花酸藤子
Embelia ribes Burm. f.

白花酸藤子（原亚种）
Embelia ribes subsp. **ribes**
习　　性：攀援灌木
海　　拔：0（100）~ 2000 m
国内分布：福建、广东、广西、贵州、海南、西藏、云南
国外分布：柬埔寨、老挝、马来西亚、缅甸、斯里兰卡、泰国、印度、印度尼西亚、越南；新几内亚岛
濒危等级：LC

厚叶白花酸藤果
Embelia ribes subsp. **pachyphylla** (Chun ex C. Y. Wu et C. Chen)
习　　性：攀援灌木
海　　拔：700 ~ 1800 m
国内分布：广东、广西、海南、云南
国外分布：菲律宾、印度尼西亚、越南
濒危等级：LC

瘤皮孔酸藤子
Embelia scandens (Lour.) Mez
习　　性：攀援灌木
海　　拔：200 ~ 900 m
国内分布：广东、广西、海南、云南
国外分布：柬埔寨、老挝、泰国、越南
濒危等级：LC

短梗酸藤子
Embelia sessiliflora Kurz.
习　　性：攀援灌木
海　　拔：1400 ~ 2800 m
国内分布：贵州、云南
国外分布：缅甸、泰国、印度
濒危等级：LC
资源利用：食品（蔬菜，水果）

平叶酸藤子
Embelia undulata (Wall.) Mez
习　　性：攀援灌木
海　　拔：300 ~ 2800 m
国内分布：福建、广东、广西、贵州、海南、湖南、江西、四川、云南
国外分布：柬埔寨、老挝、尼泊尔、泰国、印度、越南
濒危等级：LC

密齿酸藤子
Embelia vestita Roxb.
习　　性：攀援灌木
海　　拔：200 ~ 2300 m
国内分布：福建、广东、广西、贵州、海南、湖南、四川、台湾、西藏、云南、浙江
国外分布：缅甸、尼泊尔、印度、越南
濒危等级：LC

海乳草属 Glaux L.

海乳草
Glaux maritima L.
习　　性：多年生草本
海　　拔：300 ~ 4900 m
国内分布：安徽、甘肃、河北、黑龙江、吉林、辽宁、内蒙古、宁夏、青海、山东、陕西、四川、西藏、新疆
国外分布：巴基斯坦、俄罗斯、哈萨克斯坦、吉尔吉斯斯坦、蒙古、日本、塔吉克斯坦、土库曼斯坦、乌兹别克斯坦
濒危等级：LC

珍珠菜属 Lysimachia L.

云南过路黄
Lysimachia albescens Franch.
习　　性：多年生草本
海　　拔：约2000 m
分　　布：云南
濒危等级：LC

广西过路黄
Lysimachia alfredii Hance

广西过路黄（原变种）
Lysimachia alfredii var. **alfredii**
习　　性：多年生草本
海　　拔：200 ~ 900 m
分　　布：福建、广东、广西、贵州、湖南、江西
濒危等级：LC

小广西过路黄
Lysimachia alfredii var. **chrysosplenioides** (Hand. -Mazz.) F. H. Chen et C. M. Hu
习　　性：多年生草本
分　　布：广西、贵州
濒危等级：NT B1

香港过路黄
Lysimachia alpestris Champion ex Bentham
习　　性：多年生草本
海　　拔：100 m 以下
分　　布：广东、香港
濒危等级：EN B1ab (i, iii)；C2a (i)

假排草
Lysimachia ardisioides Masam.
习　　性：多年生草本
海　　拔：1200 ~ 2500 m
国内分布：台湾
国外分布：菲律宾
濒危等级：LC

短枝香草
Lysimachia aspera Hand. -Mazz.

习　　性：多年生草本
海　　拔：约 600 m
分　　布：广西
濒危等级：NT B1a

耳叶珍珠菜
Lysimachia auriculata Hemsl.
习　　性：多年生草本
海　　拔：200～1600 m
分　　布：甘肃、河南、湖北、陕西、四川
濒危等级：LC

宝兴过路黄
Lysimachia baoxingensis(F. H. Chen et C. M. Hu)C. M. Hu
习　　性：多年生草本
海　　拔：1600～2000 m
分　　布：四川
濒危等级：NT B1

虎尾草
Lysimachia barystachys Bunge
习　　性：多年生草本
海　　拔：800～2000 m
国内分布：福建、贵州、河北、黑龙江、吉林、江苏、辽宁、内蒙古、宁夏、山东、山西、陕西、四川、云南、浙江
国外分布：朝鲜、俄罗斯、日本
濒危等级：LC
资源利用：药用（中草药）

双花香草
Lysimachia biflora C. Y. Wu
习　　性：多年生草本
海　　拔：1900～2200 m
分　　布：贵州、云南
濒危等级：LC

短蕊香草
Lysimachia brachyandra F. H. Chen et C. M. Hu
习　　性：多年生草本
海　　拔：约 1200 m
分　　布：贵州
濒危等级：LC

短花珍珠菜
Lysimachia breviflora C. M. Hu
习　　性：多年生草本
海　　拔：1700～1800 m
分　　布：云南
濒危等级：LC

展枝过路黄
Lysimachia brittenii R. Knuth
习　　性：多年生草本
海　　拔：500～1000 m
分　　布：湖北、湖南
濒危等级：NT B1

泽珍珠菜
Lysimachia candida Lindl.
习　　性：一年生或二年生草本
海　　拔：100～2100 m
国内分布：安徽、福建、广东、广西、贵州、海南、河北、湖北、湖南、江苏、江西、山东、陕西、四川、台湾、西藏、云南、浙江
国外分布：缅甸、日本、越南
濒危等级：LC
资源利用：药用（中草药）

细梗香草
Lysimachia capillipes Hemsl.

细梗香草（原变种）
Lysimachia capillipes var. **capillipes**
习　　性：多年生草本
海　　拔：300～2000 m
国内分布：福建、广东、贵州、湖南、江西、四川、台湾、浙江
国外分布：菲律宾
濒危等级：LC

石山细梗香草
Lysimachia capillipes var. **cavaleriei**(H. Lév.)Hand.-Mazz.
习　　性：多年生草本
海　　拔：300～1200 m
分　　布：广东、广西、贵州、云南
濒危等级：LC

阳朔过路黄
Lysimachia carinata Y. I. Fang et C. Z. Cheng
习　　性：多年生草本
分　　布：广西
濒危等级：NT B1a

茎花香草
Lysimachia cauliflora C. Y. Wu
习　　性：草本
分　　布：云南
濒危等级：NT B1a

近总序香草
Lysimachia chapaensis Merr.
习　　性：多年生草本
海　　拔：1000～1700 m
国内分布：云南
国外分布：越南
濒危等级：LC

浙江过路黄
Lysimachia chekiangensis C. C. Wu
习　　性：多年生草本
海　　拔：400～700 m
分　　布：浙江
濒危等级：LC

藜状珍珠菜
Lysimachia chenopodioides Watt ex Hook. f.
习　　性：一年生草本
海　　拔：200～3200 m
国内分布：西藏、云南

国外分布：不丹、克什米尔地区、缅甸、尼泊尔、印度
濒危等级：LC

长穗珍珠菜
Lysimachia chikungensis L. H. Bailey
习　　性：多年生草本
海　　拔：400~500 m
分　　布：河南、湖北
濒危等级：LC

清水山过路黄
Lysimachia chingshuiensis C. I. Peng et C. M. Hu
习　　性：多年生草本
分　　布：台湾
濒危等级：CR B2ab（ii）

过路黄
Lysimachia christiniae Hance
习　　性：多年生草本
海　　拔：500~2300 m
分　　布：安徽、福建、广东、广西、贵州、河北、湖北、湖南、江苏、江西、陕西、四川、云南、浙江
濒危等级：LC

中甸珍珠菜
Lysimachia chungdienensis C. Y. Wu
习　　性：多年生草本
海　　拔：2000~3200 m
分　　布：四川、云南
濒危等级：LC

露珠珍珠菜
Lysimachia circaeoides Hemsl.
习　　性：多年生草本
海　　拔：600~1200 m
分　　布：贵州、湖北、湖南、江西、四川
濒危等级：LC
资源利用：药用（中草药）

矮桃
Lysimachia clethroides Duby
习　　性：多年生草本
海　　拔：300~2100 m
国内分布：福建、广东、广西、贵州、海南、湖北、湖南、江苏、江西、辽宁、四川、台湾、云南、浙江
国外分布：朝鲜、俄罗斯、日本
濒危等级：LC
资源利用：药用（中草药）；动物饲料（饲料）；食品（蔬菜）；环境利用（观赏）

临时救
Lysimachia congestiflora Hemsl.
习　　性：多年生草本
海　　拔：200~1200 m
国内分布：安徽、福建、甘肃、广东、广西、贵州、海南、湖北、湖南、江苏、江西、青海、陕西、四川、台湾、西藏、云南、浙江
国外分布：不丹、缅甸、尼泊尔、泰国、印度、越南
濒危等级：LC

资源利用：药用（中草药）

心叶香草
Lysimachia cordifolia Hand. -Mazz.
习　　性：多年生草本
海　　拔：2000~3000 m
分　　布：云南
濒危等级：EN A2c；B1ab（i, iii）

厚叶香草
Lysimachia crassifolia C. Z. Gao et D. Fang
习　　性：多年生草本
分　　布：广西
濒危等级：LC

异花珍珠菜
Lysimachia crispidens(Hance)Hemsl.
习　　性：一年生草本
海　　拔：100~700 m
分　　布：重庆、湖北
濒危等级：LC

距萼过路黄
Lysimachia crista-galli Pamp. ex Hand. -Mazz.
习　　性：多年生草本
海　　拔：1000~1600 m
分　　布：湖北、陕西、四川
濒危等级：NT B1

黄连花
Lysimachia davurica Ledeb.
习　　性：多年生草本
海　　拔：300~2100 m
国内分布：黑龙江、吉林、江苏、辽宁、内蒙古、山东、云南、浙江
国外分布：朝鲜、俄罗斯、蒙古、日本
濒危等级：LC

南亚过路黄
Lysimachia debilis Wall.
习　　性：多年生草本
海　　拔：约1700 m
国内分布：西藏
国外分布：巴基斯坦、缅甸、尼泊尔、泰国、印度
濒危等级：NT B1

延叶珍珠菜
Lysimachia decurrens G. Forst.
习　　性：多年生草本
海　　拔：300~2000 m
国内分布：福建、广东、广西、贵州、湖南、江西、台湾、云南
国外分布：不丹、菲律宾、老挝、日本、泰国、印度、印度尼西亚、越南
濒危等级：LC
资源利用：药用（中草药）

金江珍珠菜
Lysimachia delavayi Franch.

习　　性：多年生草本
海　　拔：2100～2900 m
分　　布：云南
濒危等级：NT B1a

小寸金黄
Lysimachia deltoidea Franch.
习　　性：多年生草本
海　　拔：1000～3000 m
国内分布：广西、贵州、四川、云南
国外分布：老挝、缅甸、泰国、越南
濒危等级：LC

右旋过路黄
Lysimachia dextrosiflora X. P. Zhang, X. H. Guo et J. W. Shao
习　　性：多年生草本
分　　布：安徽、福建
濒危等级：LC

锈毛过路黄
Lysimachia drymarifolia Franch.
习　　性：多年生草本
海　　拔：1400～3500 m
分　　布：四川、云南
濒危等级：NT A2abde

独山香草
Lysimachia dushanensis F. H. Chen et C. M. Hu
习　　性：多年生草本
海　　拔：约900 m
分　　布：广西、贵州
濒危等级：NT A2abde

思茅香草
Lysimachia engleri R. Knuth

思茅香草（原变种）
Lysimachia engleri var. **engleri**
习　　性：多年生草本
海　　拔：2200～2400 m
分　　布：四川、云南
濒危等级：LC

小思茅香草
Lysimachia engleri var. **glabra**（Bonati）F. H. Chen et C. M. Hu
习　　性：多年生草本
海　　拔：约2400 m
分　　布：云南
濒危等级：LC

尖瓣过路黄
Lysimachia erosipetala F. H. Chen et C. M. Hu
习　　性：多年生草本
海　　拔：1900～2300 m
分　　布：四川
濒危等级：LC

长柄过路黄
Lysimachia esquirolii Bonati
习　　性：多年生草本
海　　拔：700～800 m
分　　布：贵州
濒危等级：LC

不裂果香草
Lysimachia evalvis Wall.
习　　性：多年生草本
海　　拔：约1400 m
国内分布：西藏
国外分布：不丹、缅甸、尼泊尔、印度
濒危等级：LC

短柱珍珠菜
Lysimachia excisa Hand.-Mazz.
习　　性：一年生草本
海　　拔：2400～3500 m
分　　布：四川、云南
濒危等级：LC

纤柄香草
Lysimachia filipes C. Z. Gao et D. Fang
习　　性：多年生草本
分　　布：广西
濒危等级：LC

管茎过路黄
Lysimachia fistulosa Hand.-Mazz.

管茎过路黄（原变种）
Lysimachia fistulosa var. **fistulosa**
习　　性：多年生草本
海　　拔：500～1700 m
分　　布：湖北、湖南、四川
濒危等级：LC

五岭管茎过路黄
Lysimachia fistulosa var. **wulingensis** F. H. Chen et C. M. Hu
习　　性：多年生草本
海　　拔：500～1100 m
分　　布：广东、广西、贵州、湖南、江西、云南
濒危等级：NT B1

灵香草
Lysimachia foenum-graecum Hance
习　　性：多年生草本
海　　拔：800～1700 m
分　　布：广东、广西、湖南、云南
濒危等级：LC
资源利用：药用（中草药）；原料（香料，精油）

富宁香草
Lysimachia fooningensis C. Y. Wu
习　　性：多年生草本
海　　拔：800～1300 m
国内分布：广西、贵州、云南
国外分布：越南
濒危等级：NT B1

大叶过路黄
Lysimachia fordiana Oliv.

习　　性：多年生草本
海　　拔：约 800 m
分　　布：广东、广西、云南
濒危等级：NT B1

星宿菜
Lysimachia fortunei Maxim.

星宿菜（原变种）
Lysimachia fortunei var. **fortunei**
习　　性：多年生草本
海　　拔：海平面至 1500 m
国内分布：福建、广东、广西、海南、湖南、江苏、江西、台湾、浙江
国外分布：朝鲜、日本、越南
濒危等级：LC
资源利用：药用（中草药）

长苞红根草
Lysimachia fortunei var. **longibracteata** Miao et Zhao
习　　性：多年生草本
分　　布：湖南
濒危等级：LC

福建过路黄
Lysimachia fukienensis Hand. -Mazz.
习　　性：多年生草本
海　　拔：500~1000 m
分　　布：福建、广东、江西、浙江
濒危等级：LC

苦苣苔叶香草
Lysimachia gesnerioides Y. M. Shui et M. D. Zhang
习　　性：多年生草本
海　　拔：100~900 m
分　　布：云南
濒危等级：LC

缀瓣珍珠菜
Lysimachia glanduliflora Hanelt
习　　性：多年生草本
海　　拔：300~600 m
分　　布：河南、湖北、江西
濒危等级：LC

灰叶珍珠菜
Lysimachia glaucina Franch.
习　　性：多年生草本
海　　拔：2000~2400 m
分　　布：云南
濒危等级：LC

金瓜儿
Lysimachia grammica Hance
习　　性：多年生草本
海　　拔：约 1200 m
分　　布：安徽、河南、湖北、江苏、江西、陕西、浙江
濒危等级：LC

大花香草
Lysimachia grandiflora(Franch.) Hand. -Mazz.
习　　性：多年生草本
分　　布：云南
濒危等级：LC

点腺过路黄
Lysimachia hemsleyana Maxim. ex Oliv.
习　　性：多年生草本
海　　拔：400~1600 m
分　　布：安徽、福建、河北、河南、湖北、湖南、江苏、江西、陕西、四川、浙江
濒危等级：LC

叶苞过路黄
Lysimachia hemsleyi Franch.
习　　性：多年生草本
海　　拔：1600~2600 m
分　　布：贵州、四川、云南
濒危等级：NT B1

宜昌过路黄
Lysimachia henryi Hemsl.

宜昌过路黄（原变种）
Lysimachia henryi var. **henryi**
习　　性：多年生草本
海　　拔：300~1600 m
分　　布：湖北、四川、云南
濒危等级：LC

江口过路黄
Lysimachia henryi var. **guizhouensis** C. M. Hu
习　　性：多年生草本
海　　拔：700~1100 m
分　　布：贵州
濒危等级：NT B1a

邕宁香草
Lysimachia heterobotrys F. H. Chen et C. M. Hu
习　　性：多年生草本
海　　拔：约 300 m
分　　布：广西
濒危等级：NT B1

黑腺珍珠菜
Lysimachia heterogenea Klatt
习　　性：多年生草本
海　　拔：200~1000 m
分　　布：安徽、福建、广东、河南、湖北、湖南、江苏、江西、浙江
濒危等级：LC

启明过路黄
Lysimachia huchimingii G. Hao et H. F. Yan
习　　性：多年生草本
海　　拔：约 1100 m
分　　布：四川
濒危等级：LC

白花过路黄
Lysimachia huitsunae S. S. Chien
习　　性：多年生草本

海　　拔：1500~1700 m
分　　布：安徽、广西、浙江
濒危等级：VU B2ab（iii）

湖南珍珠菜
Lysimachia hunanensis Miau et Zhao
习　　性：多年生草本
分　　布：湖南
濒危等级：LC

巴山过路黄
Lysimachia hypericoides Hemsley
习　　性：多年生草本
海　　拔：1700~2200 m
分　　布：贵州、湖北、湖南、四川
濒危等级：LC
资源利用：药用（中草药）

长萼香草
Lysimachia inaperta C. M. Hu et F. N. Wei
习　　性：多年生草本
分　　布：广西
濒危等级：NT B1

三叶香草
Lysimachia insignis Hemsl.
习　　性：多年生草本
海　　拔：300~1600 m
国内分布：广西、贵州、云南
国外分布：越南
濒危等级：LC

小茄
Lysimachia japonica Thunb.
习　　性：多年生草本
海　　拔：500~800 m
国内分布：海南、江苏、台湾、浙江
国外分布：不丹、朝鲜、克什米尔地区、日本、印度、印度尼西亚
濒危等级：LC

江西珍珠菜
Lysimachia jiangxiensis C. M. Hu
习　　性：多年生草本
海　　拔：300~500 m
分　　布：江西
濒危等级：NT B1a

景东香草
Lysimachia jingdongensis F. H. Chen et C. M. Hu
习　　性：多年生草本
海　　拔：2100~2600 m
分　　布：云南
濒危等级：NT B1a

轮叶过路黄
Lysimachia klattiana Hance
习　　性：多年生草本
海　　拔：600~800 m
分　　布：安徽、河南、湖北、江苏、江西、山东、浙江
濒危等级：LC
资源利用：药用（中草药）

广东临时救
Lysimachia kwangtungensis（Hand. -Mazz.）C. M. Hu
习　　性：多年生草本
海　　拔：200~700 m
分　　布：广东、湖南
濒危等级：LC

长叶香草
Lysimachia lancifolia Craib
习　　性：多年生草本
海　　拔：1500~2200 m
国内分布：云南
国外分布：泰国
濒危等级：LC

多枝香草
Lysimachia laxa Baudo
习　　性：草本
海　　拔：1000~2100 m
国内分布：云南
国外分布：缅甸、尼泊尔、斯里兰卡、泰国、印度、印度尼西亚、越南
濒危等级：LC

丽江珍珠菜
Lysimachia lichiangensis Forrest

丽江珍珠菜（原变种）
Lysimachia lichiangensis var. **lichiangensis**
习　　性：多年生草本
海　　拔：2900~3200 m
分　　布：云南
濒危等级：LC

干生珍珠菜
Lysimachia lichiangensis var. **xerophylla** C. Y. Wu
习　　性：多年生草本
海　　拔：500~1800 m
分　　布：四川、云南
濒危等级：LC

临桂香草
Lysimachia linguiensis C. Z. Gao
习　　性：多年生草本
分　　布：广西
濒危等级：LC

红头索
Lysimachia liui S. S. Chien
习　　性：多年生草本
海　　拔：1800~3100 m
分　　布：四川
濒危等级：EN B1ab（i, iii）

长蕊珍珠菜
Lysimachia lobelioides Wall.
习　　性：一年生草本
海　　拔：1000~2300 m
国内分布：广西、贵州、四川、云南

国外分布：不丹、老挝、缅甸、尼泊尔、泰国、印度
濒危等级：LC

长梗过路黄
Lysimachia longipes Hemsl.
习　　性：一年生草本
海　　拔：300~800 m
分　　布：安徽、福建、江西、浙江
濒危等级：LC

假琴叶过路黄
Lysimachia lychnoides F. H. Chen et C. M. Hu
习　　性：多年生草本
海　　拔：约 800 m
分　　布：贵州
濒危等级：LC

滨海珍珠菜
Lysimachia mauritiana Lam.
习　　性：二年生草本
海　　拔：100 m 以下
国内分布：福建、广东、江苏、辽宁、山东、台湾、浙江
国外分布：朝鲜、菲律宾、日本
濒危等级：LC

墨脱珍珠菜
Lysimachia medogensis F. H. Chen et C. M. Hu
习　　性：多年生草本
海　　拔：约 3100 m
分　　布：西藏
濒危等级：NT B1a

山萝过路黄
Lysimachia melampyroides R. Knuth

山萝过路黄（原变种）
Lysimachia melampyroides var. **melampyroides**
习　　性：多年生草本
海　　拔：400~1200 m
分　　布：广西、贵州、湖北、湖南、四川
濒危等级：LC

抱茎山萝过路黄
Lysimachia melampyroides var. **amplexicaulis** F. H. Chen et C. M. Hu
习　　性：多年生草本
海　　拔：约 1000 m
分　　布：广西、湖南
濒危等级：LC

小山萝过路黄
Lysimachia melampyroides var. **brunelloides**（Pax et K. Hoffm.）F. H. Chen et C. M. Hu
习　　性：多年生草本
海　　拔：400~900 m
分　　布：甘肃、山西、四川
濒危等级：LC

小果香草
Lysimachia microcarpa Hand. -Mazz. ex C. Y. Wu
习　　性：多年生草本
海　　拔：1500~2200 m

国内分布：云南
国外分布：缅甸
濒危等级：LC

兴义香草
Lysimachia millietii（H. Lév.）Hand. -Mazz.
习　　性：多年生草本
海　　拔：800~1300 m
分　　布：贵州
濒危等级：NT B1

米易过路黄
Lysimachia miyiensis Y. I. Fang et C. Z. Cheng
习　　性：多年生草本
分　　布：四川
濒危等级：LC

南川过路黄
Lysimachia nanchuanensis C. Y. Wu ex F. H. Chen et C. M. Hu
习　　性：多年生草本
海　　拔：1600~1900 m
分　　布：四川
濒危等级：LC

南平过路黄
Lysimachia nanpingensis F. H. Chen et C. M. Hu
习　　性：多年生草本
海　　拔：约 700 m
分　　布：福建、广东
濒危等级：NT B1

木茎香草
Lysimachia navillei（H. Lév.）Hand. -Mazz.

木茎香草（原变种）
Lysimachia navillei var. **navillei**
习　　性：多年生草本
海　　拔：900~1400 m
分　　布：广西、贵州
濒危等级：LC

海南木茎香草
Lysimachia navillei var. **hainanensis** F. H. Chen et C. M. Hu
习　　性：多年生草本
海　　拔：900~1200 m
分　　布：海南
濒危等级：NT B1

垂花香草
Lysimachia nutantiflora F. H. Chen et C. M. Hu
习　　性：多年生草本
海　　拔：800~1100 m
分　　布：广西
濒危等级：NT B1

峨眉过路黄
Lysimachia omeiensis Hemsl.
习　　性：多年生草本
海　　拔：1800~3500 m
分　　布：四川、云南
濒危等级：LC

琴叶过路黄
Lysimachia ophelioides Hemsl.
- 习　　性：多年生草本
- 海　　拔：400~2700 m
- 分　　布：湖北、四川
- 濒危等级：NT B1

圆瓣珍珠菜
Lysimachia orbicularis F. H. Chen et C. M. Hu
- 习　　性：多年生草本
- 海　　拔：约2200 m
- 分　　布：四川
- 濒危等级：LC

耳柄过路黄
Lysimachia otophora C. Y. Wu
- 习　　性：多年生草本
- 海　　拔：600~1700 m
- 国内分布：广西、云南
- 国外分布：越南
- 濒危等级：LC

落地梅
Lysimachia paridiformis Franch.

落地梅（原变种）
Lysimachia paridiformis var. **paridiformis**
- 习　　性：多年生草本
- 海　　拔：500~1400 m
- 分　　布：贵州、湖北、湖南、四川
- 濒危等级：LC
- 资源利用：药用（中草药）

狭叶落地梅
Lysimachia paridiformis var. **stenophylla** Franch.
- 习　　性：多年生草本
- 海　　拔：1300~1800 m
- 分　　布：广东、广西、贵州、湖南、四川、云南
- 濒危等级：LC

小叶珍珠菜
Lysimachia parvifolia Franch.
- 习　　性：二年生或多年生草本
- 海　　拔：300~3000 m
- 分　　布：安徽、福建、广东、贵州、湖北、湖南、江西、四川、云南
- 濒危等级：LC

巴东过路黄
Lysimachia patungensis Hand. -Mazz.

巴东过路黄（原变型）
Lysimachia patungensis f. **patungensis**
- 习　　性：多年生草本
- 海　　拔：500~1000 m
- 分　　布：安徽、福建、广东、湖北、湖南、江西、浙江
- 濒危等级：LC

光叶巴东过路黄
Lysimachia patungensis f. **glabrifolia** C. H. Hu
- 习　　性：多年生草本
- 海　　拔：约1000 m
- 分　　布：广东、湖南、江西、浙江
- 濒危等级：LC

假过路黄
Lysimachia peduncularis Wall. ex Kurz.
- 习　　性：一年生草本
- 国内分布：云南
- 国外分布：柬埔寨、马来西亚、缅甸、泰国、印度、越南
- 濒危等级：NT B1a

狭叶珍珠菜
Lysimachia pentapetala Bunge
- 习　　性：一年生草本
- 海　　拔：2100 m以下
- 分　　布：安徽、甘肃、河北、河南、黑龙江、湖北、内蒙古、山东、山西、陕西
- 濒危等级：LC

贯叶过路黄
Lysimachia perfoliata Hand. -Mazz.
- 习　　性：多年生草本
- 海　　拔：900~1100 m
- 分　　布：安徽、江西
- 濒危等级：LC

阔叶假排草
Lysimachia petelotii Merr.
- 习　　性：多年生草本
- 海　　拔：600~2100 m
- 国内分布：广东、广西、贵州、湖南、四川、云南
- 国外分布：越南
- 濒危等级：LC

叶头过路黄
Lysimachia phyllocephala Hand. -Mazz.

叶头过路黄（原变种）
Lysimachia phyllocephala var. **phyllocephala**
- 习　　性：多年生草本
- 海　　拔：600~2600 m
- 分　　布：广西、贵州、湖北、湖南、江西、四川、云南、浙江
- 濒危等级：NT B1

短毛叶头过路黄
Lysimachia phyllocephala var. **polycephala** (S. S. Chien) F. H. Chen et C. M. Hu
- 习　　性：多年生草本
- 海　　拔：1100~2100 m
- 分　　布：四川
- 濒危等级：LC

金平香草
Lysimachia physaloides C. Y. Wu et C. Chen ex F. H. Chen et C. M. Hu
- 习　　性：多年生草本
- 海　　拔：约1300 m
- 分　　布：云南
- 濒危等级：NT B1a

海桐状香草
Lysimachia pittosporoides C. Y. Wu
习　　性：多年生草本
海　　拔：1400~1800 m
分　　布：云南
濒危等级：LC

阔瓣珍珠菜
Lysimachia platypetala Franch.
习　　性：多年生草本
海　　拔：2000~2500 m
分　　布：四川、云南
濒危等级：NT B1

多育星宿菜
Lysimachia prolifera Klatt
习　　性：多年生草本
海　　拔：2700~3200 m
国内分布：四川、西藏、云南
国外分布：不丹、缅甸、尼泊尔、印度
濒危等级：NT B1

疏头过路黄
Lysimachia pseudohenryi Pamp.
习　　性：多年生草本
海　　拔：500~1500 m
分　　布：安徽、广东、河南、湖北、湖南、江西、陕西、四川、浙江
濒危等级：LC

鄂西香草
Lysimachia pseudotrichopoda Hand.-Mazz.
习　　性：多年生草本
海　　拔：1100~1400 m
分　　布：重庆、湖北
濒危等级：LC

翅萼过路黄
Lysimachia pterantha Hemsl.
习　　性：多年生草本
海　　拔：1100~2100 m
分　　布：四川
濒危等级：LC

川西过路黄
Lysimachia pteranthoides Bonati
习　　性：多年生草本
海　　拔：约2100 m
分　　布：四川、云南
濒危等级：NT B1

矮星宿菜
Lysimachia pumila (Baudo) Franch.
习　　性：多年生草本
海　　拔：3500~4000 m
分　　布：四川、云南
濒危等级：LC

点叶落地梅
Lysimachia punctatilimba C. Y. Wu
习　　性：多年生草本
海　　拔：1300~1900 m
分　　布：湖北、云南
濒危等级：LC

祁门过路黄
Lysimachia qimenensis X. H. Guo, X. P. Zhang et J. W. Shao
习　　性：多年生草本
分　　布：安徽
濒危等级：LC

总花珍珠菜
Lysimachia racemiflora Bonati
习　　性：多年生草本
海　　拔：约1000 m
分　　布：云南
濒危等级：LC

折瓣珍珠菜
Lysimachia reflexiloba Hand.-Mazz.
习　　性：多年生草本
海　　拔：1700~2200 m
分　　布：四川
濒危等级：NT B1a

疏节过路黄
Lysimachia remota Petitm.

疏节过路黄（原变种）
Lysimachia remota var. **remota**
习　　性：多年生草本
海　　拔：1000~1400 m
分　　布：福建、江苏、江西、台湾、浙江
濒危等级：LC

庐山疏节过路黄
Lysimachia remota var. **lushanensis** F. H. Chen et C. M. Hu
习　　性：多年生草本
海　　拔：1000~1400 m
分　　布：江西
濒危等级：NT B1a

粗壮珍珠菜
Lysimachia robusta Hand.-Mazz.
习　　性：多年生草本
海　　拔：2400~2700 m
分　　布：云南
濒危等级：LC

粉红珍珠菜
Lysimachia roseola F. H. Chen et C. M. Hu
习　　性：一年生草本
海　　拔：约2000 m
分　　布：四川
濒危等级：LC

显苞过路黄
Lysimachia rubiginosa Hemsl.
习　　性：多年生草本
海　　拔：1000~1500 m
分　　布：广西、贵州、湖北、湖南、四川、云南、浙江
濒危等级：LC

紫脉过路黄
Lysimachia rubinervis F. H. Chen et C. M. Hu
习　　性：多年生草本
海　　拔：1000 m
分　　布：浙江
濒危等级：NT B1

龙津过路黄
Lysimachia rupestris F. H. Chen et C. M. Hu
习　　性：多年生草本
海　　拔：300～500 m
分　　布：广西
濒危等级：DD

岩居香草
Lysimachia saxicola Chun et F. H. Chun

岩居香草（原变种）
Lysimachia saxicola var. **saxicola**
习　　性：多年生草本
海　　拔：约2500 m
分　　布：广西
濒危等级：VU A2c；B1ab（i，iii）

小岩居香草
Lysimachia saxicola var. **minor** C. F. Liang ex F. H. Chen et C. M. Hu
习　　性：多年生草本
分　　布：广西
濒危等级：LC

葶花香草
Lysimachia scapiflora C. M. Hu, Z. R. Xu et F. P. Chen
习　　性：多年生草本
海　　拔：约300 m
分　　布：广西
濒危等级：DD

伞花落地梅
Lysimachia sciadantha C. Y. Wu
习　　性：多年生草本
海　　拔：700～800 m
分　　布：贵州
濒危等级：EN B1ab（i，iii）

黔阳过路黄
Lysimachia sciadophylla F. H. Chen et C. M. Hu
习　　性：多年生草本
海　　拔：500～1000 m
分　　布：湖南
濒危等级：EN B1ab（i，iii）

石棉过路黄
Lysimachia shimianensis F. H. Chen et C. M. Hu
习　　性：多年生草本
分　　布：四川
濒危等级：NT B1a

泰国过路黄
Lysimachia siamensis Bonati
习　　性：多年生草本
海　　拔：300～500 m
国内分布：云南
国外分布：缅甸、泰国、越南
濒危等级：DD

北延叶珍珠菜
Lysimachia silvestrii（Pamp.）Hand.-Mazz.
习　　性：一年生草本
海　　拔：1400～3000 m
分　　布：甘肃、湖北、湖南、江西、陕西、四川
濒危等级：LC

茂汶过路黄
Lysimachia stellarioides Hand.-Mazz.
习　　性：多年生草本
海　　拔：约1300 m
分　　布：四川
濒危等级：CR B1ab（i，iii）

腺药珍珠菜
Lysimachia stenosepala Hemsl.

腺药珍珠菜（原变种）
Lysimachia stenosepala var. **stenosepala**
习　　性：多年生草本
海　　拔：900～2500 m
分　　布：贵州、湖北、湖南、陕西、四川、浙江
濒危等级：LC

云贵腺药珍珠菜
Lysimachia stenosepala var. **flavescens** F. H. Chen et C. M. Hu
习　　性：多年生草本
海　　拔：1100～1900 m
分　　布：贵州、四川、云南
濒危等级：LC

黄花珍珠菜
Lysimachia stenosepala var. **lutea** Z. E. Zhao et D. X. Li
习　　性：多年生草本
海　　拔：1000 m
分　　布：湖北
濒危等级：LC

大叶珍珠菜
Lysimachia stigmatosa F. H. Chen et C. M. Hu
习　　性：多年生草本
分　　布：安徽、江西
濒危等级：NT B1b（iii）

轮花香草
Lysimachia subverticellata C. Y. Wu
习　　性：多年生草本
海　　拔：500～800 m
分　　布：贵州、云南
濒危等级：LC

大理珍珠菜
Lysimachia taliensis Bonati
习　　性：多年生草本
海　　拔：2600～3800 m
分　　布：云南
濒危等级：LC

腾冲过路黄
Lysimachia tengyuehensis Hand. -Mazz.
　　习　　性：多年生草本
　　海　　拔：约 2400 m
　　分　　布：云南
　　濒危等级：EN A2c；B1ab（i，iii）

球尾花
Lysimachia thyrsiflora L.
　　习　　性：多年生草本
　　海　　拔：1800~1900 m
　　国内分布：黑龙江、吉林、内蒙古、山西、云南
　　国外分布：朝鲜、俄罗斯、日本
　　濒危等级：LC

田阳香草
Lysimachia tianyangensis D. Fang et C. Z. Gao
　　习　　性：多年生草本
　　分　　布：广西
　　濒危等级：LC

天目珍珠菜
Lysimachia tienmushanensis Migo
　　习　　性：多年生草本
　　海　　拔：600~1000 m
　　分　　布：浙江
　　濒危等级：NT B1

蔓延香草
Lysimachia trichopoda Franch.

蔓延香草（原变种）
Lysimachia trichopoda var. **trichopoda**
　　习　　性：多年生草本
　　海　　拔：1200~2400 m
　　分　　布：贵州、四川、云南
　　濒危等级：LC

长萼蔓延香草
Lysimachia trichopoda var. **sarmentosa**(C. Y. Wu) F. H. Chen et C. M. Hu
　　习　　性：多年生草本
　　海　　拔：1900~2400 m
　　分　　布：云南
　　濒危等级：LC

波缘珍珠菜
Lysimachia tsaii C. M. Hu
　　习　　性：多年生草本
　　海　　拔：约 3000 m
　　分　　布：云南
　　濒危等级：NT B1a

藏珍珠菜
Lysimachia tsarongensis Hand. -Mazz.
　　习　　性：二年生或多年生草本
　　分　　布：西藏
　　濒危等级：LC

大花珍珠菜
Lysimachia violascens Franch.

大花珍珠菜（原变种）
Lysimachia violascens var. **violascens**
　　习　　性：多年生草本
　　海　　拔：2500~3200 m
　　分　　布：云南
　　濒危等级：LC

短雄大花珍珠菜
Lysimachia violascens var. **brevistamina** Y. Y. Qian
　　习　　性：多年生草本
　　海　　拔：约 1800 m
　　分　　布：云南
　　濒危等级：LC

条叶香草
Lysimachia vittiformis F. H. Chen et C. M. Hu
　　习　　性：多年生草本
　　海　　拔：海平面至 1300 m
　　分　　布：广西
　　濒危等级：EN A2c；B1ab（i，iii）

毛黄连花
Lysimachia vulgaris L.
　　习　　性：多年生草本
　　海　　拔：500~700 m
　　国内分布：新疆
　　国外分布：巴基斯坦、俄罗斯、哈萨克斯坦、克什米尔地区
　　濒危等级：LC

川香草
Lysimachia wilsonii Hemsl.
　　习　　性：多年生草本
　　海　　拔：约 1000 m
　　分　　布：四川、云南
　　濒危等级：EN A2c；B1ab（i，iii）

黄德过路黄
Lysimachia yingdeensis F. H. Chen et C. M. Hu
　　习　　性：多年生草本
　　分　　布：广东
　　濒危等级：NT B1b（i，iii）

杜茎山属 **Maesa** Forssk.

米珍果
Maesa acuminatissima Merr.
　　习　　性：灌木
　　海　　拔：100~600 m
　　国内分布：广西、海南、云南
　　国外分布：越南
　　濒危等级：LC

坚髓杜茎山
Maesa ambigua C. Y. Wu et C. Chen
　　习　　性：灌木
　　海　　拔：900~1500 m
　　国内分布：云南
　　国外分布：越南
　　濒危等级：NT A2c；D1

报春花科 PRIMULACEAE

银叶杜茎山
Maesa argentea (Wall.) A. DC.
- 习　　性：灌木或小乔木
- 海　　拔：1500~2900 m
- 国内分布：四川、云南
- 国外分布：尼泊尔、印度
- 濒危等级：LC
- 资源利用：食品（水果）

短序杜茎山
Maesa brevipaniculata (C. Y. Wu et C. Chen) Pipoly et C. Chen
- 习　　性：灌木
- 海　　拔：1300~1800 m
- 分　　布：广西、贵州、云南
- 濒危等级：LC

凹脉杜茎山
Maesa cavinervis C. Chen
- 习　　性：灌木
- 海　　拔：1700~2100 m
- 分　　布：西藏
- 濒危等级：LC

密腺杜茎山
Maesa chisia Buch.-Ham. ex D. Don
- 习　　性：灌木
- 海　　拔：600~2200 m
- 国内分布：西藏、云南
- 国外分布：不丹、缅甸、尼泊尔、印度
- 濒危等级：LC

紊纹杜茎山
Maesa confusa (C. M. Hu) Pipoly et C. Chen
- 习　　性：灌木
- 海　　拔：700~1200 m
- 分　　布：海南
- 濒危等级：LC

拟杜茎山
Maesa consanguinea Merr.
- 习　　性：灌木
- 海　　拔：500~1300 m
- 分　　布：海南
- 濒危等级：NT B1ab (i, iii) +2ab (i, iii)

灰叶杜茎山
Maesa densistriata C. Chen et C. M. Hu
- 习　　性：灌木
- 海　　拔：900~2000 m
- 分　　布：云南
- 濒危等级：LC

湖北杜茎山
Maesa hupehensis Rehder
- 习　　性：灌木
- 海　　拔：500~1700 m
- 分　　布：湖北、四川
- 濒危等级：LC

包疮叶
Maesa indica (Roxb.) A. DC.
- 习　　性：灌木
- 海　　拔：500~2000 m
- 国内分布：云南
- 国外分布：印度、越南
- 濒危等级：LC

毛穗杜茎山
Maesa insignis Chun
- 习　　性：灌木
- 海　　拔：400~1000 m
- 分　　布：广东、广西、贵州
- 濒危等级：LC

杜茎山
Maesa japonica (Thunb.) Moritzi et Zoll.
- 习　　性：灌木
- 海　　拔：300~2000 m
- 国内分布：安徽、福建、广东、广西、贵州、湖北、湖南、江西、四川、台湾、云南、浙江
- 国外分布：日本、越南
- 濒危等级：LC
- 资源利用：药用（中草药）；食品（水果）

兰屿山桂花
Maesa lanyuensis Yuen P. Yang
- 习　　性：灌木
- 分　　布：台湾
- 濒危等级：LC

长叶杜茎山
Maesa longilanceolata C. Chen
- 习　　性：灌木
- 海　　拔：1300~1800 m
- 分　　布：云南
- 濒危等级：LC

细梗杜茎山
Maesa macilenta E. Walker
- 习　　性：灌木
- 海　　拔：300~600 m
- 分　　布：云南
- 濒危等级：NT B1ab (i, iii) +2ab (i, iii)

薄叶杜茎山
Maesa macilentoides C. Chen
- 习　　性：灌木
- 海　　拔：800~1300 m
- 分　　布：云南
- 濒危等级：NT D2

隐纹杜茎山
Maesa manipurensis Mez
- 习　　性：灌木
- 海　　拔：1600~2000 m
- 国内分布：云南
- 国外分布：孟加拉国、印度
- 濒危等级：LC

毛脉杜茎山
Maesa marioniae Merr.
　　习　　性：灌木
　　海　　拔：1300~1800 m
　　国内分布：西藏、云南
　　国外分布：缅甸
　　濒危等级：LC

腺叶杜茎山
Maesa membranacea A. DC.
　　习　　性：灌木
　　海　　拔：200~1500 m
　　国内分布：广西、海南、云南
　　国外分布：柬埔寨、越南
　　濒危等级：LC

金珠柳
Maesa montana A. DC.
　　习　　性：灌木或乔木
　　海　　拔：400~2800 m
　　国内分布：福建、广东、广西、贵州、海南、四川、台湾、西藏、云南
　　国外分布：缅甸、泰国、印度
　　濒危等级：LC
　　资源利用：原料（染料）

小叶杜茎山
Maesa parvifolia Aug. DC.
　　习　　性：灌木
　　海　　拔：400~1700 m
　　国内分布：广东、广西、海南、云南
　　国外分布：越南
　　濒危等级：LC

台湾山桂花
Maesa perlaria(Mez)Yuen P. Yang
　　习　　性：灌木
　　国内分布：台湾
　　国外分布：日本、越南
　　濒危等级：LC

鲫鱼胆
Maesa perlarius(Lour.)Merr.
　　习　　性：灌木
　　海　　拔：200~1400 m
　　国内分布：广东、广西、贵州、海南、四川、台湾、云南
　　国外分布：泰国、越南
　　濒危等级：LC
　　资源利用：药用（中草药）

毛杜茎山
Maesa permollis Kurz.
　　习　　性：灌木
　　海　　拔：500~1600 m
　　国内分布：云南
　　国外分布：老挝、缅甸、泰国
　　濒危等级：LC

秤杆树
Maesa ramentacea(Roxb.)A. DC.
　　习　　性：灌木
　　海　　拔：300~1700 m
　　国内分布：广西、云南
　　国外分布：菲律宾、柬埔寨、老挝、马来西亚、孟加拉国、缅甸、印度、印度尼西亚、越南
　　濒危等级：LC

网脉杜茎山
Maesa reticulata C. Y. Wu
　　习　　性：乔木
　　海　　拔：200~400 m
　　国内分布：云南
　　国外分布：越南
　　濒危等级：LC

皱叶杜茎山
Maesa rugosa C. B. Clarke
　　习　　性：灌木
　　海　　拔：2000~2800 m
　　国内分布：西藏、云南
　　国外分布：印度
　　濒危等级：NT B1ab（i, iii）+2ab（i, iii）

柳叶杜茎山
Maesa salicifolia E. Walker
　　习　　性：灌木
　　海　　拔：100~600 m
　　分　　布：广东
　　濒危等级：LC

纹果杜茎山
Maesa striatocarpa C. Chen
　　习　　性：灌木
　　海　　拔：1300~1800 m
　　分　　布：云南
　　濒危等级：LC

软弱杜茎山
Maesa tenera Mez
　　习　　性：灌木
　　海　　拔：100~600 m
　　分　　布：广东
　　濒危等级：LC

铁仔属 Myrsine L.

拟密花树
Myrsine affinis A. DC.
　　习　　性：灌木或乔木
　　海　　拔：1000~1300 m
　　国内分布：海南、云南
　　国外分布：印度尼西亚
　　濒危等级：LC
　　资源利用：原料（木材）

铁仔
Myrsine africana L.
　　习　　性：灌木
　　海　　拔：1000~3600 m
　　国内分布：甘肃、广东、广西、贵州、湖北、湖南、陕西、

国内分布：四川、台湾、西藏、云南
国外分布：克什米尔地区、尼泊尔、印度
濒危等级：LC
资源利用：药用（中草药）；原料（单宁，树脂）

多痕密花树
Myrsine cicatricosa(C. Y. Wu et C. Chen) Pipoly et C. Chen
习　　性：灌木
海　　拔：约2000 m
国内分布：云南
国外分布：越南
濒危等级：DD

广西铁仔
Myrsine elliptica E. Walker
习　　性：灌木
海　　拔：500~1200 m
分　　布：广西
濒危等级：LC

平叶密花树
Myrsine faberi(Mez) Pipoly et C. Chen
习　　性：乔木
海　　拔：500~1200 m
分　　布：广东、广西、贵州、海南、四川、云南
濒危等级：LC

广西密花树
Myrsine kwangsiensis(E. Walker) Pipoly et C. Chen
习　　性：乔木
海　　拔：700~1500 m
分　　布：广西、贵州、西藏、云南
濒危等级：LC

打铁树
Myrsine linearis(Lour.) Poir.
习　　性：灌木或乔木
国内分布：广东、广西、贵州、海南
国外分布：越南
濒危等级：LC

密花树
Myrsine seguinii H. Lév.
习　　性：灌木或乔木
海　　拔：700~2400 m
国内分布：安徽、福建、广东、广西、贵州、海南、湖北、湖南、江西、四川、台湾、西藏、云南、浙江
国外分布：缅甸、日本、越南
濒危等级：LC

针齿铁仔
Myrsine semiserrata Wall.
习　　性：灌木或乔木
海　　拔：500~2700 m
国内分布：广东、广西、贵州、湖北、湖南、四川、西藏、云南
国外分布：缅甸、尼泊尔、印度
濒危等级：LC
资源利用：原料（单宁，工业用油）

光叶铁仔
Myrsine stolonifera(Koidz.) E. Walker
习　　性：灌木
海　　拔：300~2100 m
国内分布：安徽、福建、广东、广西、贵州、海南、江西、四川、台湾、云南、浙江
国外分布：日本
濒危等级：LC

瘤枝密花树
Myrsine verruculosa(C. Y. Wu et C. Chen) Pipoly et C. Chen
习　　性：灌木
海　　拔：900~1500 m
分　　布：贵州、云南
濒危等级：DD

独花报春属 Omphalogramma(Franch.) Franch.

钟状独花报春
Omphalogramma brachysiphon W. W. Sm.
习　　性：多年生草本
海　　拔：4000~4600 m
分　　布：西藏
濒危等级：NT B1

大理独花报春
Omphalogramma delavayi(Franch.) Franch.
习　　性：多年生草本
海　　拔：3300~4000 m
分　　布：云南
濒危等级：NT B1

丽花独报春
Omphalogramma elegans Forrest
习　　性：多年生草本
海　　拔：3200~4700 m
国内分布：西藏、云南
国外分布：缅甸
濒危等级：LC

光叶独花报春
Omphalogramma elwesianum(King ex Watt) Franch.
习　　性：多年生草本
海　　拔：3800~4000 m
国内分布：西藏
国外分布：不丹、尼泊尔、印度
濒危等级：LC

中甸独花报春
Omphalogramma forrestii Balf. f.
习　　性：多年生草本
海　　拔：3500~4000 m
分　　布：四川、云南
濒危等级：NT B1

小独花报春
Omphalogramma minus Hand.-Mazz.
习　　性：多年生草本
海　　拔：3500~4000 m

分　　布：四川、西藏、云南
濒危等级：LC

长柱独花报春
Omphalogramma souliei Franch.
　　习　　性：多年生草本
　　海　　拔：3300～4500 m
　　分　　布：四川、西藏、云南
　　濒危等级：LC

西藏独花报春
Omphalogramma tibeticum H. R. Fletcher
　　习　　性：多年生草本
　　海　　拔：约4000 m
　　分　　布：西藏
　　濒危等级：LC

独花报春
Omphalogramma vinciflorum(Franch.)Franch.
　　习　　性：多年生草本
　　海　　拔：2200～4600 m
　　分　　布：甘肃、四川、西藏、云南
　　濒危等级：LC

羽叶点地梅属 Pomatosace Maxim.

羽叶点地梅
Pomatosace filicula Maxim.
　　习　　性：一年生或二年生草本
　　海　　拔：2800～4500 m
　　分　　布：青海、四川、西藏
　　濒危等级：NT B1ab (i, ii, iii)
　　国家保护：Ⅱ级

报春花属 Primula L.

折瓣雪山报春
Primula advena W. W. Sm.

折瓣雪山报春（原变种）
Primula advena var. **advena**
　　习　　性：多年生草本
　　海　　拔：4000～4600 m
　　分　　布：西藏
　　濒危等级：LC

紫折瓣报春
Primula advena var. **euprepes**(W. W. Sm.) Chen et C. M. Hu
　　习　　性：多年生草本
　　海　　拔：4000～4300 m
　　分　　布：西藏
　　濒危等级：LC

粗葶报春
Primula aemula Balf. f. et Forrest
　　习　　性：多年生草本
　　海　　拔：4000～4600 m
　　分　　布：四川、云南
　　濒危等级：NT B1

裂瓣穗状报春
Primula aerinantha Balf. f. et Purdom
　　习　　性：多年生草本
　　海　　拔：3000～4000 m
　　分　　布：甘肃
　　濒危等级：NT B1

乳黄雪山报春
Primula agleniana Balf. f. et Forrest
　　习　　性：多年生草本
　　海　　拔：4000～4500 m
　　国内分布：西藏、云南
　　国外分布：缅甸
　　濒危等级：LC

寒地报春
Primula algida Adams
　　习　　性：多年生草本
　　海　　拔：1600～3200 m
　　国内分布：新疆
　　国外分布：阿富汗、俄罗斯、哈萨克斯坦、吉尔吉斯斯坦、蒙古北部、塔吉克斯坦、土库曼斯坦、乌兹别克斯坦；西南亚
　　濒危等级：LC

西藏缺裂报春
Primula aliciae G. Taylor ex W. W. Sm.
　　习　　性：多年生草本
　　海　　拔：约4800 m
　　分　　布：西藏
　　濒危等级：DD

杂色钟报春
Primula alpicola(W. W. Sm.)Stapf
　　习　　性：多年生草本
　　海　　拔：3000～4600 m
　　国内分布：西藏
　　国外分布：不丹
　　濒危等级：LC

蔓茎报春
Primula alsophila Balf. f. et Farrer
　　习　　性：多年生草本
　　海　　拔：2300～3300 m
　　分　　布：甘肃、四川
　　濒危等级：NT B1b (i, iii)

圆回报春
Primula ambita Balf. f.
　　习　　性：多年生草本
　　海　　拔：2000～2700 m
　　分　　布：云南

紫晶报春
Primula amethystina Franch.

紫晶报春（原亚种）
Primula amethystina subsp. **amethystina**
　　习　　性：多年生草本

海　　拔：3400~5000 m
分　　布：云南
濒危等级：NT B1

尖齿紫晶报春
Primula amethystina subsp. **argutidens**(Franch.) W. W. Smith et H. R. Fletcher
习　　性：多年生草本
海　　拔：3500~5000 m
分　　布：四川
濒危等级：LC

短叶紫晶报春
Primula amethystina subsp. **brevifolia**(Forrest)W. W. Sm. et Forrest
习　　性：多年生草本
海　　拔：3400~5000 m
分　　布：四川、西藏、云南
濒危等级：LC

茴香灯台报春
Primula anisodora Balf. f. et Forrest
习　　性：多年生草本
海　　拔：3200~3700 m
分　　布：四川、云南
濒危等级：NT B1

单花小报春
Primula annulata Balf. f. et Kingdon-Ward
习　　性：多年生草本
海　　拔：约4700 m
分　　布：云南
濒危等级：NT B1

广西报春
Primula apicicallosa D. Fang
习　　性：多年生草本
海　　拔：1200~1300 m
分　　布：广西
濒危等级：VU B1ab（i，v）

香花报春
Primula aromatica W. W. Sm. et Forrest
习　　性：多年生草本
海　　拔：2800~3300 m
分　　布：云南
濒危等级：NT

细辛叶报春
Primula asarifolia H. R. Fletcher
习　　性：多年生草本
海　　拔：1600~2900 m
分　　布：四川、云南
濒危等级：NT B1a

白心球花报春
Primula atrodentata W. W. Sm.
习　　性：多年生草本
海　　拔：3600~4700 m
国内分布：西藏
国外分布：不丹、尼泊尔、印度
濒危等级：LC
资源利用：药用（中草药）

橙红灯台报春
Primula aurantiaca W. W. Sm. et Forrest
习　　性：多年生草本
海　　拔：2500~3500 m
分　　布：四川、云南
濒危等级：NT B1

圆叶报春
Primula baileyana Kingdon-Ward
习　　性：多年生草本
海　　拔：4600~5000 m
分　　布：西藏
濒危等级：NT B1

紫球毛小报春
Primula barbatula W. W. Sm.
习　　性：多年生草本
海　　拔：约5000 m
分　　布：西藏
濒危等级：NT B1a

毛萼鄂报春
Primula barbicalyx C. H. Wright
习　　性：多年生草本
海　　拔：1500~2900 m
分　　布：云南
濒危等级：NT B1

巴塘报春
Primula bathangensis Petitm.
习　　性：多年生草本
海　　拔：2100~3000 m
分　　布：四川、云南
濒危等级：LC

霞红灯台报春
Primula beesiana Forrest
习　　性：多年生草本
海　　拔：2400~2800 m
国内分布：四川、云南
国外分布：缅甸
资源利用：环境利用（观赏）

山丽报春
Primula bella Franch.
习　　性：多年生草本
海　　拔：3700~4800 m
分　　布：四川、西藏、云南
濒危等级：LC

菊叶穗花报春
Primula bellidifolia King ex Hook. f.
习　　性：多年生草本
海　　拔：4200~5300 m
国内分布：西藏

国外分布：不丹、尼泊尔、印度
濒危等级：LC

岩白菜叶报春
Primula bergenioides C. M. Hu et Y. Y. Geng
习　　性：多年生草本
海　　拔：1100 m
分　　布：四川
濒危等级：LC

地黄叶报春
Primula blattariformis Franch.
习　　性：多年生草本
海　　拔：2000~3700 m
分　　布：四川、云南
濒危等级：LC

糙毛报春
Primula blinii H. Lév.
习　　性：多年生草本
海　　拔：3000~4500 m
分　　布：四川、云南
濒危等级：LC

波密脆蒴报春
Primula bomiensis F. H. Chen et C. M. Hu
习　　性：多年生草本
海　　拔：约3700 m
分　　布：西藏
濒危等级：LC

木里报春
Primula boreiocalliantha Balf. f. et Forrest
习　　性：多年生草本
海　　拔：3600~4000 m
分　　布：四川、云南
濒危等级：LC

小苞报春
Primula bracteata Franch.
习　　性：多年生草本
海　　拔：2500~3500 m
分　　布：四川、西藏、云南
濒危等级：LC

叶苞脆蒴报春
Primula bracteosa Craib
习　　性：多年生草本
海　　拔：2300~2700 m
国内分布：西藏
国外分布：不丹、尼泊尔、印度
濒危等级：LC

短葶报春
Primula breviscapa Franch.
习　　性：多年生草本
分　　布：云南
濒危等级：DD

皱叶报春
Primula bullata Franch.
习　　性：多年生草本
海　　拔：约3000 m
分　　布：云南
濒危等级：NT B1

橘红灯台报春
Primula bulleyana Forrest
习　　性：多年生草本
海　　拔：2600~3200 m
分　　布：四川、云南
濒危等级：LC
资源利用：环境利用（观赏）

珠峰垂花报春
Primula buryana Balf. f.
习　　性：多年生草本
海　　拔：4100~5000 m
国内分布：西藏
国外分布：尼泊尔
濒危等级：NT B1

匍枝粉报春
Primula caldaria W. W. Sm. et Forrest
习　　性：多年生草本
海　　拔：2200~3000 m
分　　布：西藏、云南
濒危等级：NT B1

暗紫脆蒴报春
Primula calderiana Balf. F. et Cooper
习　　性：多年生草本
海　　拔：3800~4700 m
国内分布：西藏
国外分布：不丹、尼泊尔、印度
濒危等级：LC

美花报春
Primula calliantha Franch.

美花报春（原亚种）
Primula calliantha subsp. **calliantha**
习　　性：多年生草本
海　　拔：3700~4500 m
分　　布：云南
濒危等级：LC

黛粉美花报春
Primula calliantha subsp. **bryophila** (Balf. f. et Farrer) W. W. Sm. et Forrest
习　　性：多年生草本
海　　拔：3800~4500 m
国内分布：云南
国外分布：缅甸
濒危等级：LC

黄美花报春
Primula calliantha subsp. **mishmiensis** (Kingdon-Ward) C. M. Hu
习　　性：多年生草本
海　　拔：3700~4000 m
国内分布：西藏
国外分布：印度

濒危等级：LC

驴蹄草叶报春
Primula calthifolia W. W. Sm.
- 习　　性：多年生草本
- 海　　拔：约 4000 m
- 国内分布：西藏
- 国外分布：缅甸
- 濒危等级：LC

帽果报春
Primula calyptrata X. Gong et R. C. Fang
- 习　　性：多年生草本
- 海　　拔：1700 ~ 1900 m
- 分　　布：云南
- 濒危等级：LC

亮白小报春
Primula candicans W. W. Sm.
- 习　　性：多年生草本
- 海　　拔：4100 ~ 4200 m
- 分　　布：西藏
- 濒危等级：LC

头序报春
Primula capitata Hook.

头序报春（原亚种）
Primula capitata subsp. **capitata**
- 习　　性：多年生草本
- 海　　拔：2700 ~ 5000 m
- 国内分布：西藏
- 国外分布：不丹、印度
- 濒危等级：LC

黄粉头序报春
Primula capitata subsp. **lacteocapitata**（Balf. f. et W. W. Sm.）W. W. Sm. et Forrest
- 习　　性：多年生草本
- 海　　拔：3000 ~ 5000 m
- 国内分布：西藏
- 国外分布：印度
- 濒危等级：LC

无粉头序报春
Primula capitata subsp. **sphaerocephala**（Balf. f. et Forrest）W. W. Sm. et Forrest
- 习　　性：多年生草本
- 海　　拔：2800 ~ 4200 m
- 分　　布：西藏、云南
- 濒危等级：LC

黔西报春
Primula cavaleriei Petitm.
- 习　　性：多年生草本
- 海　　拔：500 ~ 800 m
- 分　　布：贵州、云南
- 濒危等级：VU A2c；D1

短蒴圆叶报春
Primula caveana W. W. Sm.
- 习　　性：多年生草本
- 海　　拔：4800 ~ 5000 m
- 国内分布：西藏
- 国外分布：不丹、尼泊尔、印度
- 濒危等级：NT B1

条裂垂花报春
Primula cawdoriana Kingdon-Ward
- 习　　性：多年生草本
- 海　　拔：4000 ~ 4700 m
- 分　　布：西藏
- 濒危等级：NT B1

显脉报春
Primula celsiiformis Balf. f.
- 习　　性：多年生草本
- 海　　拔：600 ~ 2500 m
- 分　　布：四川、云南
- 濒危等级：LC

蜡黄报春
Primula cerina H. R. Fletcher
- 习　　性：多年生草本
- 海　　拔：约 4400 m
- 分　　布：四川
- 濒危等级：LC

垂花穗状报春
Primula cernua Franch.
- 习　　性：多年生草本
- 海　　拔：2700 ~ 3900 m
- 分　　布：四川、云南
- 濒危等级：LC

单花脆蒴报春
Primula chamaedoron W. W. Sm.
- 习　　性：多年生草本
- 海　　拔：4700 ~ 5000 m
- 分　　布：西藏
- 濒危等级：LC

异葶脆蒴报春
Primula chamaethauma W. W. Sm.
- 习　　性：多年生草本
- 海　　拔：4000 ~ 5000 m
- 国内分布：西藏、云南
- 国外分布：缅甸
- 濒危等级：LC

马关报春
Primula chapaensis Gagnep.
- 习　　性：多年生草本
- 海　　拔：约 1700 m
- 国内分布：云南
- 国外分布：越南
- 濒危等级：EN A2c

革叶报春
Primula chartacea Franch.
- 习　　性：多年生草本
- 海　　拔：约 1800 m

分　　布：云南
濒危等级：LC

青城报春
Primula chienii W. P. Fang
习　　性：多年生草本
海　　拔：900~1000 m
分　　布：四川
濒危等级：LC

紫花雪山报春
Primula chionantha Balf. f. et Forrest
习　　性：多年生草本
海　　拔：3000~4400 m
分　　布：四川、西藏、云南
濒危等级：LC

裂叶脆蒴报春
Primula chionata W. W. Sm.

裂叶脆蒴报春（原变种）
Primula chionata var. **chionata**
习　　性：多年生草本
海　　拔：3800~4400 m
分　　布：西藏
濒危等级：DD

蓝花裂叶报春
Primula chionata var. **violacea** W. W. Sm.
习　　性：多年生草本
海　　拔：约4200 m
分　　布：西藏
濒危等级：LC

粗齿脆蒴报春
Primula chionogenes H. R. Fletcher
习　　性：多年生草本
海　　拔：3300~3700 m
分　　布：西藏
濒危等级：LC

腾冲灯台报春
Primula chrysochlora Balf. f. et Kingdon-Ward
习　　性：多年生草本
海　　拔：1600~1800 m
分　　布：云南
濒危等级：VU A2c；D2

厚叶钟报春
Primula chumbiensis W. W. Sm.
习　　性：多年生草本
海　　拔：5000~5300 m
国内分布：西藏
国外分布：不丹
濒危等级：LC

中甸灯台报春
Primula chungensis Balf. f. et Kingdon-Ward
习　　性：多年生草本
海　　拔：2900~3200 m

分　　布：四川、西藏、云南
濒危等级：LC

毛茛叶报春
Primula cicutariifolia Pax
习　　性：多年生草本
海　　拔：500~1000 m
分　　布：安徽、湖北、湖南、江西、浙江
濒危等级：LC

灰绿报春
Primula cinerascens Franch.
习　　性：多年生草本
海　　拔：1500~2800 m
分　　布：重庆、甘肃、湖北
濒危等级：LC

短茎粉报春
Primula clutterbuckii Kingdon-Ward
习　　性：多年生草本
海　　拔：约3600 m
分　　布：西藏
濒危等级：DD

鹅黄灯台报春
Primula cockburniana Hemsl.
习　　性：二年生草本
海　　拔：2900~4200 m
分　　布：四川
濒危等级：LC

蓝花大叶报春
Primula coerulea Forrest
习　　性：多年生草本
海　　拔：2500~4000 m
分　　布：云南
濒危等级：NT B1

镇康报春
Primula comata H. R. Fletcher
习　　性：多年生草本
海　　拔：2800~3200 m
分　　布：云南
濒危等级：LC

短筒穗花报春
Primula concholoba Stapf et Sealy
习　　性：多年生草本
海　　拔：约4000 m
国内分布：西藏
国外分布：缅甸
濒危等级：LC

雅洁粉报春
Primula concinna Watt
习　　性：多年生草本
海　　拔：4000~5000 m
国内分布：西藏
国外分布：不丹、尼泊尔、印度

濒危等级：NT B1

散布报春
Primula conspersa Balf. f. et Purdom
- 习　　性：多年生草本
- 海　　拔：2700~3000 m
- 分　　布：甘肃、河南、山西、陕西
- 濒危等级：LC

毛卵叶报春
Primula crassa Hand. -Mazz.
- 习　　性：多年生草本
- 海　　拔：2600~2800 m
- 分　　布：四川
- 濒危等级：LC

番红报春
Primula crocifolia Pax et K. Hoffm.
- 习　　性：多年生草本
- 海　　拔：4300~4800 m
- 分　　布：四川
- 濒危等级：LC

小脆蒴报春
Primula cunninghamii King ex Craib
- 习　　性：多年生草本
- 海　　拔：3300~4300 m
- 国内分布：西藏
- 国外分布：印度
- 濒危等级：LC

大叶宝兴报春
Primula davidii Franch.
- 习　　性：多年生草本
- 海　　拔：约1000 m
- 分　　布：四川
- 濒危等级：CR B1ab（i, iii）

穗花报春
Primula deflexa Duthie
- 习　　性：多年生草本
- 海　　拔：3300~4800 m
- 分　　布：四川、西藏、云南
- 濒危等级：LC

小叶鄂报春
Primula densa Balf. f.
- 习　　性：多年生草本
- 海　　拔：2300~2700 m
- 国内分布：云南
- 国外分布：缅甸
- 濒危等级：EN D

球花报春
Primula denticulata Sm.

球花报春（原亚种）
Primula denticulata subsp. **denticulata**
- 习　　性：多年生草本
- 海　　拔：1500~4100 m
- 国内分布：西藏
- 国外分布：阿富汗、巴基斯坦、不丹、克什米尔地区、缅甸、尼泊尔、印度
- 濒危等级：LC

滇北球花报春
Primula denticulata subsp. **sinodenticulata**（Balf. f. et Forrest）W. W. Sm.
- 习　　性：多年生草本
- 海　　拔：1500~3000 m
- 国内分布：贵州、四川、云南
- 国外分布：缅甸
- 濒危等级：LC

双花报春
Primula diantha Bureau et Franch.
- 习　　性：多年生草本
- 海　　拔：4000~4800 m
- 分　　布：四川、西藏、云南
- 濒危等级：LC

展瓣紫晶报春
Primula dickieana Watt
- 习　　性：多年生草本
- 海　　拔：4000~5000 m
- 国内分布：西藏
- 国外分布：不丹、缅甸、尼泊尔、印度
- 濒危等级：LC

叉梗报春
Primula divaricata F. H. Chen et C. M. Hu
- 习　　性：多年生草本
- 海　　拔：1800~2700 m
- 分　　布：云南
- 濒危等级：NT B1ab（i, iii）

石岩报春
Primula dryadifolia Franch.

石岩报春（原变种）
Primula dryadifolia subsp. **dryadifolia**
- 习　　性：多年生草本
- 海　　拔：4000~5500 m
- 国内分布：四川、西藏、云南
- 国外分布：缅甸
- 濒危等级：LC

黄花岩报春
Primula dryadifolia subsp. **chlorodryas**（W. W. Sm.）F. H. Chen et C. M. Hu
- 习　　性：多年生草本
- 海　　拔：约4500 m
- 分　　布：云南
- 濒危等级：LC

翅柄岩报春
Primula dryadifolia subsp. **jonardunii**（W. W. Sm.）F. H. Chen et C. M. Hu
- 习　　性：多年生草本

海　　拔：4000~5300 m
国内分布：西藏
国外分布：不丹
濒危等级：LC

曲柄报春
Primula duclouxii Petitm.
习　　性：多年生草本
海　　拔：2200~2300 m
分　　布：云南
濒危等级：LC

灌丛报春
Primula dumicola W. W. Sm. et Forrest
习　　性：多年生草本
海　　拔：2400~3000 m
分　　布：西藏、云南
濒危等级：NT B1b（i，iii）

乳白垂花报春
Primula eburnea Balf. f. et R. E. Cooper
习　　性：多年生草本
海　　拔：4300~4800 m
国内分布：西藏
国外分布：不丹
濒危等级：VU A2c

无粉报春
Primula efarinosa Pax
习　　性：多年生草本
海　　拔：2100~2800 m
分　　布：重庆、湖北、四川
濒危等级：LC

散花报春
Primula effusa W. W. Sm. et Forrest
习　　性：多年生草本
海　　拔：1400~2600 m
分　　布：云南
濒危等级：NT B1b（i，iii）

卵叶雪山报春
Primula elizabethiae Ludlow ex W. W. Sm.
习　　性：多年生草本
海　　拔：约 4500 m
分　　布：西藏
濒危等级：NT B1

黄齿雪山报春
Primula elongata Watt

黄齿雪山报春（原变种）
Primula elongata var. **elongata**
习　　性：多年生草本
海　　拔：3800~4300 m
国内分布：西藏
国外分布：不丹、印度
濒危等级：NT B1a

黄花圆叶报春
Primula elongata var. **barnardoana**（W. W. Sm. et Kingdon-Ward）C. M. Hu
习　　性：多年生草本
海　　拔：4000~4300 m
国内分布：西藏
国外分布：不丹
濒危等级：LC

石面报春
Primula epilithica F. H. Chen et C. M. Hu
习　　性：多年生草本
海　　拔：2300~2500 m
分　　布：云南
濒危等级：VU A2c；D1

二郎山报春
Primula epilosa Craib
习　　性：多年生草本
海　　拔：2000~2900 m
分　　布：四川
濒危等级：NT B1
资源利用：药用（中草药）

甘南报春
Primula erratica W. W. Sm.
习　　性：多年生草本
海　　拔：2700~3000 m
分　　布：甘肃、四川
濒危等级：NT B1

黄心球花报春
Primula erythrocarpa Craib
习　　性：多年生草本
海　　拔：2900~4300 m
国内分布：西藏
国外分布：不丹
濒危等级：LC

贵州卵叶报春
Primula esquirolii Petitm.
习　　性：多年生草本
分　　布：贵州
濒危等级：DD

绿眼报春
Primula euosma Craib
习　　性：多年生草本
海　　拔：3000~4700 m
国内分布：云南
国外分布：缅甸
濒危等级：NT B1

峨眉报春
Primula faberi Oliv.
习　　性：多年生草本
海　　拔：2100~3500 m
分　　布：四川、云南
濒危等级：NT B1
濒危等级：
资源利用：药用（中草药）

城口报春
Primula fagosa Balf. f. et Craib
 习 性：多年生草本
 海 拔：约 1500 m
 分 布：重庆
 濒危等级：DD

镰叶雪山报春
Primula falcifolia Kingdon-Ward

镰叶雪山报春（原变种）
Primula falcifolia var. **falcifolia**
 习 性：多年生草本
 海 拔：3300~4300 m
 分 布：西藏
 濒危等级：LC

波密镰叶报春
Primula falcifolia var. **farinifera** C. M. Hu
 习 性：多年生草本
 海 拔：约 3700 m
 分 布：西藏
 濒危等级：NT B1a

金川粉报春
Primula fangii F. H. Chen et C. M. Hu
 习 性：多年生草本
 海 拔：2700~3100 m
 分 布：四川
 濒危等级：NT B1

梵净报春
Primula fangingensis F. H. Chen et C. M. Hu
 习 性：多年生草本
 海 拔：2100~2300 m
 分 布：贵州
 濒危等级：NT B1

粉报春
Primula farinosa L.

粉报春（原变种）
Primula farinosa var. **farinosa**
 习 性：多年生草本
 海 拔：约 1200 m
 国内分布：吉林
 国外分布：俄罗斯、哈萨克斯坦、蒙古
 濒危等级：LC

裸报春
Primula farinosa var. **denudata** W. D. J. Koch
 习 性：多年生草本
 海 拔：约 1200 m
 国内分布：黑龙江、吉林、内蒙古
 国外分布：俄罗斯、哈萨克斯坦、蒙古
 濒危等级：LC

大通报春
Primula farreriana Balf. f.
 习 性：多年生草本
 海 拔：4000~5000 m
 分 布：青海
 濒危等级：DD

束花粉报春
Primula fasciculata Balf. f. et Kingdon-Ward
 习 性：多年生草本
 海 拔：2900~4800 m
 分 布：甘肃、青海、四川、西藏、云南
 濒危等级：LC

封怀报春
Primula fenghwaiana C. M. Hu et G. Hao
 习 性：多年生草本
 海 拔：约 2500 m
 分 布：云南
 濒危等级：NT

雅东粉报春
Primula fernaldiana W. W. Sm.
 习 性：多年生草本
 海 拔：约 4000 m
 分 布：四川
 濒危等级：LC

陕西羽叶报春
Primula filchnerae R. Knuth
 习 性：多年生草本
 海 拔：300 m
 分 布：湖北、陕西
 濒危等级：EN B1ab（iii）

葶立钟报春
Primula firmipes Balf. f. et Forrest
 习 性：多年生草本
 海 拔：3000~4500 m
 国内分布：西藏、云南
 国外分布：缅甸
 濒危等级：LC

箭报春
Primula fistulosa Turkev.
 濒危等级：LC

箭报春（原变种）
Primula fistulosa var. **fistulosa**
 习 性：多年生草本
 海 拔：300~1000 m
 国内分布：黑龙江、内蒙古
 国外分布：俄罗斯、蒙古
 濒危等级：LC

短葶箭报春
Primula fistulosa var. **breviscapa** P. H. Huang et L. H. Zhuo
 习 性：多年生草本
 分 布：黑龙江
 濒危等级：LC

扇叶垂花报春
Primula flabellifera W. W. Sm.

习　　性：多年生草本
海　　拔：4700~5000 m
分　　布：西藏
濒危等级：NT B1a

垂花报春
Primula flaccida N. P. Balakr.
习　　性：多年生草本
海　　拔：2700~3600 m
分　　布：贵州、四川、云南
濒危等级：LC

黄花粉报春
Primula flava Maxim.
习　　性：多年生草本
海　　拔：3000~5000 m
分　　布：甘肃、青海、四川
濒危等级：LC

巨伞钟报春
Primula florindae Kingdon-Ward
习　　性：多年生草本
海　　拔：2600~4000 m
分　　布：西藏
濒危等级：NT B1

小报春
Primula forbesii Franch.
习　　性：二年生草本
海　　拔：1500~2000 m
分　　布：四川、云南
濒危等级：NT B1b（i，iii）
资源利用：药用（中草药）

灰岩皱叶报春
Primula forrestii Franch.
习　　性：多年生草本
海　　拔：3000~3200 m
分　　布：云南
濒危等级：LC
资源利用：药用（中草药）

长萼圆叶报春
Primula gambeliana Watt
习　　性：多年生草本
海　　拔：约4500 m
国内分布：西藏
国外分布：不丹、尼泊尔、印度
濒危等级：NT B1

苞芽粉报春
Primula gemmifera Batalin

苞芽粉报春（原变种）
Primula gemmifera var. **gemmifera**
习　　性：多年生草本
海　　拔：2700~4300 m
分　　布：甘肃、四川、西藏
濒危等级：LC

厚叶苞芽报春
Primula gemmifera var. **amoena** F. H. Chen
习　　性：多年生草本
海　　拔：3000~4100 m
分　　布：四川、云南
濒危等级：LC

滇藏报春
Primula geraniifolia Hook. f.
习　　性：多年生草本
海　　拔：3000~4000 m
国内分布：西藏、云南
国外分布：不丹、缅甸、尼泊尔、印度
濒危等级：LC

太白山紫穗报春
Primula giraldiana Pax
习　　性：多年生草本
海　　拔：3000~3700 m
分　　布：陕西
濒危等级：LC

光叶粉报春
Primula glabra Klatt

光叶粉报春（原亚种）
Primula glabra subsp. **glabra**
习　　性：多年生草本
海　　拔：4000~5000 m
国内分布：西藏
国外分布：不丹、尼泊尔、印度
濒危等级：LC

纤葶粉报春
Primula glabra subsp. **genestieriana**（Hand.-Mazz.）C. M. Hu
习　　性：多年生草本
海　　拔：4100~4200 m
国内分布：西藏、云南
国外分布：缅甸
濒危等级：LC

立花头序报春
Primula glomerata Pax
习　　性：多年生草本
海　　拔：3300~5700 m
国内分布：西藏
国外分布：尼泊尔、印度
濒危等级：NT B1

长瓣穗花报春
Primula gracilenta Dunn
习　　性：多年生草本
海　　拔：3000~4500 m
分　　布：四川、云南
濒危等级：LC

纤柄脆蒴报春
Primula gracilipes Craib
习　　性：多年生草本

海　　拔：3500~4000 m
国内分布：西藏
国外分布：不丹、尼泊尔、印度
濒危等级：LC

禾叶报春
Primula graminifolia Pax et K. Hoffm.
　　习　　性：多年生草本
　　海　　拔：4000~4800 m
　　分　　布：四川
　　濒危等级：NT B1a

高葶脆蒴报春
Primula griffithii(Watt)Pax
　　习　　性：多年生草本
　　海　　拔：3100~4000 m
　　国内分布：西藏
　　国外分布：不丹、印度
　　濒危等级：NT B1a

陕西报春
Primula handeliana W. W. Sm. et Forrest
　　习　　性：多年生草本
　　海　　拔：2500~3600 m
　　分　　布：陕西
　　濒危等级：NT B1

泽地灯台报春
Primula helodoxa Balf. f.
　　习　　性：多年生草本
　　海　　拔：约2000 m
　　分　　布：云南
　　濒危等级：NT B1a

滇南报春
Primula henryi(Hemsl.)Pax
　　习　　性：多年生草本
　　海　　拔：1600~1700 m
　　国内分布：云南
　　国外分布：越南
　　濒危等级：EN A2c；B1ab（iii）

宝兴掌叶报春
Primula heucherifolia Franch.
　　习　　性：多年生草本
　　海　　拔：2300~2700 m
　　分　　布：四川
　　濒危等级：NT B1

大花脆蒴报春
Primula hilaris W. W. Sm.
　　习　　性：多年生草本
　　海　　拔：4000~5000 m
　　分　　布：西藏
　　濒危等级：DD

川贝脆蒴报春
Primula hoffmanniana W. W. Sm.
　　习　　性：多年生草本

海　　拔：3000~3200 m
分　　布：四川
濒危等级：NT B1

单伞长柄报春
Primula hoii W. P. Fang
　　习　　性：多年生草本
　　分　　布：四川
　　濒危等级：LC

峨眉缺裂报春
Primula homogama F. H. Chen et C. M. Hu
　　习　　性：多年生草本
　　海　　拔：2400~3000 m
　　分　　布：四川
　　濒危等级：EN B1ab（iii）

春花脆蒴报春
Primula hookeri Watt

春花脆蒴报春（原变种）
Primula hookeri var. **hookeri**
　　习　　性：多年生草本
　　海　　拔：3900~5000 m
　　国内分布：西藏、云南
　　国外分布：不丹、缅甸、尼泊尔、印度
　　濒危等级：LC

蓝春花报春
Primula hookeri var. **violacea**(W. W. Sm.)C. M. Hu
　　习　　性：多年生草本
　　海　　拔：4100 m
　　分　　布：西藏
　　濒危等级：LC

华山报春
Primula huashanensis F. H. Chen et C. M. Hu
　　习　　性：多年生草本
　　分　　布：陕西
　　濒危等级：NT B1a

矮葶缺裂报春
Primula humilis Pax et K. Hoffm.
　　习　　性：多年生草本
　　海　　拔：4000~4800 m
　　分　　布：四川
　　濒危等级：NT B1

亮叶报春
Primula hylobia W. W. Sm.
　　习　　性：多年生草本
　　海　　拔：约1880 m
　　分　　布：云南
　　濒危等级：DD

白背小报春
Primula hypoleuca Hand.-Mazz.
　　习　　性：多年生草本
　　海　　拔：约1900 m
　　分　　布：云南

濒危等级：LC

迷离报春
Primula inopinata H. R. Fletcher
习　　性：多年生草本
海　　拔：3000 m
分　　布：云南
濒危等级：NT B1a

景东报春
Primula interjacens F. H. Chen

景东报春（原变种）
Primula interjacens var. **interjacens**
习　　性：多年生草本
海　　拔：约 2200 m
分　　布：云南
濒危等级：NT B1ab（iii）

光叶景东报春
Primula interjacens var. **epilosa** C. M. Hu
习　　性：多年生草本
海　　拔：约 2200 m
分　　布：云南
濒危等级：LC

缺叶钟报春
Primula ioessa W. W. Sm.
习　　性：多年生草本
海　　拔：3000~4200 m
分　　布：西藏
濒危等级：NT B1

藏南报春
Primula jaffreyana King
习　　性：多年生草本
海　　拔：2700~5300 m
分　　布：西藏
濒危等级：LC

山南脆蒴报春
Primula jucunda W. W. Sm.
习　　性：多年生草本
海　　拔：约 3700 m
分　　布：西藏
濒危等级：LC

等梗报春
Primula kialensis Franch.

等梗报春（原亚种）
Primula kialensis subsp. **kialensis**
习　　性：多年生草本
海　　拔：1500~2500 m
分　　布：四川
濒危等级：NT B1

短筒等梗报春
Primula kialensis subsp. **breviloba** C. M. Hu
习　　性：多年生草本
海　　拔：1700~2100 m
分　　布：四川

濒危等级：LC

高葶紫晶报春
Primula kingii Watt
习　　性：多年生草本
海　　拔：约 4000 m
国内分布：西藏
国外分布：不丹、印度
濒危等级：NT B1a

单朵垂花报春
Primula klattii N. P. Balakr.
习　　性：多年生草本
海　　拔：4300~4700 m
国内分布：西藏
国外分布：不丹、尼泊尔、印度
濒危等级：NT B1a

云南卵叶报春
Primula klaveriana Forrest
习　　性：多年生草本
海　　拔：2700~3700 m
国内分布：云南
国外分布：缅甸
濒危等级：LC

阔萼报春
Primula knuthiana Pax
习　　性：多年生草本
海　　拔：2400~2800 m
分　　布：陕西
濒危等级：NT B1

工布报春
Primula kongboensis Kingdon-Ward
习　　性：多年生草本
海　　拔：4700~5000 m
分　　布：西藏
濒危等级：LC

广东报春
Primula kwangtungensis W. W. Sm.
习　　性：多年生草本
海　　拔：约 200 m
分　　布：广东、湖南
濒危等级：EN B1ab（i，iii）

贵州报春
Primula kweichouensis W. W. Sm.

贵州报春（原变种）
Primula kweichouensis var. **kweichouensis**
习　　性：多年生草本
海　　拔：约 1200 m
分　　布：贵州
濒危等级：NT B1a

厚叶贵州报春
Primula kweichouensis var. **guangxiensis** D. Fang
习　　性：多年生草本
分　　布：广西

濒危等级：LC

多脉贵州报春
Primula kweichouensis var. **venulosa** C. M. Hu
- 习　　性：多年生草本
- 分　　布：贵州
- 濒危等级：LC

缝瓣脆蒴报春
Primula lacerata W. W. Sm.
- 习　　性：多年生草本
- 海　　拔：约 2500 m
- 国内分布：西藏
- 国外分布：缅甸
- 濒危等级：LC

条裂叶报春
Primula laciniata Pax et K. Hoffm.
- 习　　性：多年生草本
- 海　　拔：3900~4200 m
- 分　　布：四川
- 濒危等级：LC

囊谦报春
Primula lactucoides F. H. Chen et C. M. Hu
- 习　　性：多年生草本
- 海　　拔：约 4000 m
- 分　　布：青海
- 濒危等级：LC

宽裂掌叶报春
Primula latisecta W. W. Sm.
- 习　　性：多年生草本
- 海　　拔：3100~3500 m
- 分　　布：西藏
- 濒危等级：NT B1

疏序球花报春
Primula laxiuscula W. W. Sm.
- 习　　性：多年生草本
- 海　　拔：约 3000 m
- 分　　布：西藏
- 濒危等级：LC

薄叶长柄报春
Primula leptophylla Craib
- 习　　性：多年生草本
- 海　　拔：约 2500 m
- 分　　布：云南
- 濒危等级：DD

光萼报春
Primula levicalyx C. M. Hu et Z. R. Xu
- 习　　性：多年生草本
- 海　　拔：约 900 m
- 分　　布：贵州
- 濒危等级：DD

李恒报春
Primula lihengiana C. M. Hu et R. Li
- 习　　性：多年生草本

- 海　　拔：约 2000 m
- 分　　布：云南
- 濒危等级：LC

紫丁香穗花报春
Primula lilacina A. J. Richards
- 习　　性：多年生草本
- 分　　布：四川
- 濒危等级：LC

匙叶雪山报春
Primula limbata Balf. f. et Forrest
- 习　　性：多年生草本
- 海　　拔：3700~4300 m
- 分　　布：西藏、云南
- 濒危等级：NT B1b（i, iii）

习水报春
Primula lithophila F. H. Chen et C. M. Hu
- 习　　性：多年生草本
- 分　　布：贵州
- 濒危等级：LC

白粉圆叶报春
Primula littledalei Balf. f. et Watt
- 习　　性：多年生草本
- 海　　拔：4300~5000 m
- 分　　布：西藏
- 濒危等级：LC

肾叶报春
Primula loeseneri Kitag.
- 习　　性：多年生草本
- 海　　拔：约 1000 m
- 国内分布：辽宁、山东
- 国外分布：朝鲜
- 濒危等级：LC

长葶报春
Primula longiscapa Ledeb.
- 习　　性：多年生草本
- 海　　拔：约 1200 m
- 国内分布：新疆
- 国外分布：俄罗斯、哈萨克斯坦、吉尔吉斯斯坦、蒙古、塔吉克斯坦、土库曼斯坦、乌兹别克斯坦
- 濒危等级：LC

龙池报春
Primula lungchiensis W. P. Fang
- 习　　性：多年生草本
- 海　　拔：约 1500 m
- 分　　布：四川
- 濒危等级：LC

大叶报春
Primula macrophylla D. Don

大叶报春（原变种）
Primula macrophylla var. **macrophylla**
- 习　　性：多年生草本
- 海　　拔：4000~5200 m

国内分布：西藏
国外分布：阿富汗、巴基斯坦、不丹、克什米尔地区、尼泊尔、印度
濒危等级：LC

黄粉大叶报春
Primula macrophylla var. **atra** W. W. Sm. et H. R. Fletcher
习　　性：多年生草本
海　　拔：4500~5000 m
分　　布：西藏
濒危等级：NT B1

长苞大叶报春
Primula macrophylla var. **moorcroftiana**(Wall. ex Klatt) W. W. Sm. et H. R. Fletcher
习　　性：多年生草本
海　　拔：4000~4700 m
国内分布：西藏、新疆
国外分布：巴基斯坦、克什米尔地区、尼泊尔、印度
濒危等级：LC

怒江报春
Primula maikhaensis Balf. f. et Forrest
习　　性：多年生草本
海　　拔：3000~3700 m
分　　布：云南
濒危等级：LC

报春花
Primula malacoides Franch.
习　　性：二年生草本
海　　拔：1800~3000 m
国内分布：广西、贵州、云南
国外分布：缅甸
濒危等级：LC
资源利用：环境利用（观赏）

川东灯台报春
Primula mallophylla Balf. f.
习　　性：多年生草本
海　　拔：1800~2200 m
分　　布：四川
濒危等级：CR B1ab（i，iii）、

葵叶报春
Primula malvacea Franch.
习　　性：多年生草本
海　　拔：2300~3700 m
分　　布：四川、云南
濒危等级：LC

胭脂花
Primula maximowiczii Regel

胭脂花（原变种）
Primula maximowiczii var. **maximowiczii**
习　　性：多年生草本
海　　拔：1800~2900 m
国内分布：北京、河北、吉林、内蒙古、山西、陕西
国外分布：蒙古
濒危等级：LC

黄胭脂花
Primula maximowiczii var. **flaviflorida** D. Z. Lu
习　　性：多年生草本
海　　拔：约1800 m
分　　布：北京
濒危等级：NT B1ab（i，iii）

大果报春
Primula megalocarpa H. Hara
习　　性：多年生草本
海　　拔：4000~4600 m
国内分布：西藏
国外分布：不丹、尼泊尔
濒危等级：LC

深齿小报春
Primula meiotera(W. W. Sm. et H. R. Fletcher)C. M. Hu
习　　性：多年生草本
海　　拔：约4300 m
分　　布：西藏
濒危等级：LC

深紫报春
Primula melanantha(Franch.)C. M. Hu
习　　性：多年生草本
海　　拔：约3500 m
分　　布：四川
濒危等级：EN B1ab（iii）

芒齿灯台报春
Primula melanodonta W. W. Sm.
习　　性：多年生草本
海　　拔：3500~4000 m
国内分布：云南
国外分布：缅甸
濒危等级：NT

粉萼报春
Primula melanops W. W. Sm. et Kingdon-Ward
习　　性：多年生草本
海　　拔：3900~5000 m
分　　布：四川
濒危等级：LC

薄叶粉报春
Primula membranifolia Franch.
习　　性：多年生草本
海　　拔：3000~3300 m
分　　布：云南
濒危等级：NT B1b（i，iii）

安徽羽叶报春
Primula merrilliana Schltr.
习　　性：多年生草本
海　　拔：800~1100 m
分　　布：安徽、湖北
濒危等级：VU A2c

绵阳报春
Primula mianyangensis G. Hao et C. M. Hu
习　　性：多年生草本

海　　拔：约 2800 m
分　　布：四川
濒危等级：LC

雪山小报春
Primula minor Balf. f. et Kingdon-Ward
习　　性：多年生草本
海　　拔：4300~5000 m
分　　布：西藏、云南
濒危等级：LC

高峰小报春
Primula minutissima Jacquem. ex Duby
习　　性：多年生草本
海　　拔：3700~5200 m
国内分布：西藏
国外分布：巴基斯坦、尼泊尔、印度
濒危等级：NT B1a

玉山灯台报春
Primula miyabeana T. Ito et Kawak.
习　　性：多年生草本
海　　拔：2500~3500 m
分　　布：台湾
濒危等级：LC

灰毛报春
Primula mollis Nutt. ex Hook.
习　　性：多年生草本
海　　拔：2400~2700 m
国内分布：云南
国外分布：不丹、缅甸
濒危等级：NT B1b（i，iii）

中甸海水仙
Primula monticola(Hand. -Mazz.)F. H. Chen et C. M. Hu
习　　性：多年生草本
海　　拔：2400~3600 m
分　　布：四川、云南
濒危等级：LC

麝香美报春
Primula moschophora Balf. f. et Forrest
习　　性：多年生草本
海　　拔：约 3700 m
国内分布：云南
国外分布：缅甸
濒危等级：NT

宝兴报春
Primula moupinensis Franch.

宝兴报春（原亚种）
Primula moupinensis subsp. **moupinensis**
习　　性：多年生草本
海　　拔：2000~3400 m
分　　布：四川
濒危等级：LC

马尔康报春
Primula moupinensis subsp. **barkamensis** C. M. Hu

习　　性：多年生草本
海　　拔：2600~3400 m
分　　布：四川
濒危等级：LC

总苞报春
Primula munroi Lindl.

总苞报春（原亚种）
Primula munroi subsp. **munroi**
习　　性：多年生草本
海　　拔：3200~3800 m
国内分布：西藏
国外分布：不丹、尼泊尔、印度
濒危等级：LC

雅江报春
Primula munroi subsp. **yargongensis**(Petitm.)D. G. Long
习　　性：多年生草本
海　　拔：3000~4500 m
国内分布：四川、西藏、云南
国外分布：缅甸
濒危等级：LC

麝草报春
Primula muscarioides Hemsl.
习　　性：多年生草本
海　　拔：3000~4800 m
分　　布：四川、西藏、云南
濒危等级：LC

苔状小报春
Primula muscoides Hook. f. ex Watt
习　　性：多年生草本
海　　拔：4600~5300 m
国内分布：西藏
国外分布：不丹、尼泊尔、印度
濒危等级：NT B1

保康报春
Primula neurocalyx Franch.
习　　性：多年生草本
海　　拔：1300~1600 m
分　　布：重庆、甘肃、湖北、四川
濒危等级：NT B1b（i，iii）

林芝报春
Primula ninguida W. W. Sm.
习　　性：多年生草本
海　　拔：3900~5000 m
分　　布：西藏
濒危等级：NT B1

雪山报春
Primula nivalis Pall.

雪山报春（原变种）
Primula nivalis var. **nivalis**
习　　性：多年生草本
海　　拔：2100~3000 m
国内分布：新疆

国外分布：俄罗斯、哈萨克斯坦、吉尔吉斯斯坦、蒙古、塔吉克斯坦、土库曼斯坦、乌兹别克斯坦
濒危等级：LC

准噶尔报春
Primula nivalis var. **farinosa** Schrenk
习　　性：多年生草本
国内分布：新疆
国外分布：哈萨克斯坦、吉尔吉斯斯坦
濒危等级：NT B1

天山报春
Primula nutans Georgi
习　　性：多年生草本
海　　拔：600~3800 m
国内分布：甘肃、内蒙古、青海、四川、新疆
国外分布：巴基斯坦、俄罗斯、哈萨克斯坦、蒙古北部
濒危等级：LC

俯垂粉报春
Primula nutantiflora Hemsl.
习　　性：多年生草本
海　　拔：1900~3000 m
分　　布：重庆、贵州、湖北
濒危等级：LC

鄂报春
Primula obconica Hance

鄂报春（原亚种）
Primula obconica subsp. **obconica**
习　　性：多年生草本
海　　拔：500~3300 m
分　　布：重庆、广东、广西、贵州、湖北、湖南、江西、四川、云南
濒危等级：LC
资源利用：环境利用（观赏）

海棠叶鄂报春
Primula obconica subsp. **begoniiformis**(Petitm.)W. W. Sm. et Forrest
习　　性：多年生草本
海　　拔：1600~2200 m
分　　布：四川、云南
濒危等级：LC

福建报春
Primula obconica subsp. **fujianensis** C. M. Hu et G. S. He
习　　性：多年生草本
海　　拔：700 m
分　　布：福建
濒危等级：NT B1b（i, iii）

黑腺鄂报春
Primula obconica subsp. **nigroglandulosa**(W. W. Sm. et H. R. Fletcher)C. M. Hu
习　　性：多年生草本
分　　布：云南
濒危等级：NT B1b（i, iii）

小型鄂报春
Primula obconica subsp. **parva**(Balf. f.)W. W. Sm. et Forrest

习　　性：多年生草本
海　　拔：1800~2000 m
分　　布：云南
濒危等级：NT B1b（i, iii）

波叶鄂报春
Primula obconica subsp. **werringtonensis**(Forrest)W. W. Sm. et Forrest
习　　性：多年生草本
海　　拔：3000~3300 m
分　　布：四川、云南
濒危等级：LC

斜花雪山报春
Primula obliqua W. W. Sm.
习　　性：多年生草本
海　　拔：3000~4100 m
国内分布：西藏
国外分布：不丹、尼泊尔、印度
濒危等级：LC

肥满报春
Primula obsessa W. W. Sm.
习　　性：多年生草本
分　　布：重庆
濒危等级：DD

扇叶小报春
Primula occlusa W. W. Sm.
习　　性：多年生草本
海　　拔：约5000 m
分　　布：西藏
濒危等级：NT B1

粗齿紫晶报春
Primula odontica W. W. Sm.
习　　性：多年生草本
海　　拔：4300~5000 m
分　　布：西藏
濒危等级：NT B1a

齿萼报春
Primula odontocalyx(Franch.)Pax
习　　性：多年生草本
海　　拔：900~3400 m
分　　布：重庆、甘肃、河南、湖北、陕西、四川
濒危等级：NT B1b（i, iii）

心愿报春
Primula optata Farrer
习　　性：多年生草本
海　　拔：3200~4500 m
分　　布：甘肃、青海、四川
濒危等级：LC

圆瓣黄花报春
Primula orbicularis Hemsl.
习　　性：多年生草本
海　　拔：3100~4500 m
分　　布：甘肃、青海、四川
濒危等级：LC

迎阳报春
Primula oreodoxa Franch.
习　　性：多年生草本
海　　拔：1200~2500 m
分　　布：四川
濒危等级：LC

卵叶报春
Primula ovalifolia Franch.
习　　性：多年生草本
海　　拔：600~2500 m
分　　布：贵州、湖北、湖南、四川、云南
濒危等级：NT B1b（i, iii）

雅跖花叶报春
Primula oxygraphidifolia W. W. Sm. et Kingdon-Ward
习　　性：多年生草本
海　　拔：4000~5000 m
分　　布：四川
濒危等级：NT B1a

掌叶报春
Primula palmata Hand.-Mazz.
习　　性：多年生草本
海　　拔：3000~3800 m
分　　布：四川
濒危等级：NT B1

心叶报春
Primula partschiana Pax
习　　性：多年生草本
海　　拔：2300~2400 m
分　　布：云南
濒危等级：NT B1

总序报春
Primula pauliana W. W. Sm. et Forrest

总序报春（原变种）
Primula pauliana var. **pauliana**
习　　性：多年生草本
海　　拔：2500~3000 m
分　　布：四川、云南
濒危等级：EN B1ab（i, iii）

会理总序报春
Primula pauliana var. **huiliensis** C. M. Hu
习　　性：多年生草本
海　　拔：约2500 m
分　　布：四川
濒危等级：LC

钻齿报春
Primula pellucida Franch.
习　　性：二年生草本
海　　拔：约2000 m
分　　布：四川、云南
濒危等级：LC

金平脆蒴报春
Primula petelotii W. W. Sm.
习　　性：多年生草本
国内分布：云南
国外分布：越南
濒危等级：LC

饰岩报春
Primula petrocallis F. H. Chen et C. M. Hu

饰岩报春（原变种）
Primula petrocallis var. **petrocallis**
习　　性：多年生草本
海　　拔：约2200 m
分　　布：云南
濒危等级：LC

无毛饰岩报春
Primula petrocallis var. **glabrata** C. M. Hu
习　　性：多年生草本
海　　拔：约2200 m
分　　布：云南
濒危等级：NT B1ab（i, iii）

羽叶穗花报春
Primula pinnatifida Franch.
习　　性：多年生草本
海　　拔：3600~4200 m
分　　布：四川、云南
濒危等级：LC

海仙花
Primula poissonii Franch.
习　　性：多年生草本
海　　拔：2500~3100 m
分　　布：四川、云南
濒危等级：LC

多脉报春
Primula polyneura Franch.
习　　性：多年生草本
海　　拔：2000~4000 m
分　　布：甘肃、四川、西藏、云南
濒危等级：LC

早花脆蒴报春
Primula praeflorens F. H. Chen et C. M. Hu
习　　性：多年生草本
海　　拔：约2400 m
分　　布：云南
濒危等级：NT B1a

匙叶小报春
Primula praetermissa W. W. Sm.
习　　性：多年生草本
海　　拔：约4000 m
分　　布：西藏
濒危等级：NT B1a

雅砻黄报春
Primula prattii Hemsl.
习　　性：多年生草本
海　　拔：3000~4300 m

分　　布：四川
濒危等级：NT B1

小花灯台报春
Primula prenantha I. B. Balfour et W. W. Sm.

小花灯台报春（原亚种）
Primula prenantha subsp. **prenantha**
习　　性：多年生草本
海　　拔：2400~4000 m
国内分布：西藏、云南
国外分布：不丹、缅甸、尼泊尔、印度
濒危等级：LC

朗贡灯台报春
Primula prenantha subsp. **morsheadiana** (Kingdon-Ward) F. H. Chen et C. M. Hu
习　　性：多年生草本
海　　拔：3500~4000 m
分　　布：西藏
濒危等级：LC

云龙报春
Primula prevernalis F. H. Chen et C. M. Hu
习　　性：多年生草本
海　　拔：约2800 m
分　　布：云南
濒危等级：LC

球毛小报春
Primula primulina (Spreng.) H. Hara
习　　性：多年生草本
海　　拔：4000~5000 m
国内分布：西藏
国外分布：不丹、尼泊尔、印度
濒危等级：NT B1

滇海水仙花
Primula pseudodenticulata Pax
习　　性：多年生草本
海　　拔：1500~3300 m
分　　布：四川、云南
濒危等级：NT B1b (i, iii)

松潘报春
Primula pseudoglabra Hand.-Mazz.
习　　性：多年生草本
海　　拔：3000~3500 m
分　　布：四川
濒危等级：NT B1b (i, iii)

丽花报春
Primula pulchella Franch.
习　　性：多年生草本
海　　拔：2000~4500 m
分　　布：四川、西藏、云南
濒危等级：LC

粉被灯台报春
Primula pulverulenta Duthie
习　　性：多年生草本
海　　拔：2200~2500 m
分　　布：四川
濒危等级：NT B1b (i, iii)

柔小粉报春
Primula pumilio Maxim.
习　　性：多年生草本
海　　拔：4500~5300 m
国内分布：甘肃、青海、西藏
国外分布：不丹
濒危等级：LC

紫罗兰报春
Primula purdomii Craib
习　　性：多年生草本
海　　拔：3300~4100 m
分　　布：甘肃、青海、四川
濒危等级：NT B1b (i, iii)

密裂报春
Primula pycnoloba Bureau et Franch.
习　　性：多年生草本
海　　拔：1600~2000 m
分　　布：四川
濒危等级：CR B1ab (i, iii)

青海报春
Primula qinghaiensis F. H. Chen et C. M. Hu
习　　性：多年生草本
海　　拔：3900~4300 m
分　　布：青海
濒危等级：CR B1ab (i, iii)

嫩黄报春
Primula reflexa Petitm.
习　　性：多年生草本
海　　拔：约2500 m
分　　布：四川
濒危等级：LC

网叶钟报春
Primula reticulata Wall.
习　　性：多年生草本
海　　拔：约3000 m
国内分布：西藏
国外分布：不丹、尼泊尔、印度
濒危等级：LC

密丛小报春
Primula rhodochroa W. W. Sm.

密丛小报春（原变种）
Primula rhodochroa var. **rhodochroa**
习　　性：多年生草本
海　　拔：3800~5000 m
国内分布：西藏
国外分布：缅甸
濒危等级：NT B1

洛拉小报春
Primula rhodochroa var. **geraldinae** (W. W. Sm.) F. H. Chen et

C. M. Hu
- 习　　性：多年生草本
- 海　　拔：3800~4600 m
- 分　　布：西藏
- 濒危等级：LC

岩生小报春
Primula rimicola W. W. Sm.
- 习　　性：多年生草本
- 海　　拔：约5000 m
- 分　　布：西藏
- 濒危等级：LC

纤柄皱叶报春
Primula rockii W. W. Sm.
- 习　　性：多年生草本
- 海　　拔：3000~4400 m
- 分　　布：四川、云南

大圆叶报春
Primula rotundifolia Wall.
- 习　　性：多年生草本
- 海　　拔：3500~5000 m
- 国内分布：西藏
- 国外分布：尼泊尔、印度
- 濒危等级：NT B1a

深红小报春
Primula rubicunda H. R. Fletcher
- 习　　性：多年生草本
- 海　　拔：约4800 m
- 分　　布：西藏
- 濒危等级：LC

莓叶报春
Primula rubifolia C. M. Hu
- 习　　性：多年生草本
- 海　　拔：1600~2900 m
- 分　　布：云南
- 濒危等级：LC

倒卵叶报春
Primula rugosa N. P. Balakr.
- 习　　性：多年生草本
- 海　　拔：1100~1900 m
- 分　　布：云南
- 濒危等级：NT

芥叶报春
Primula runcinata C. M. Hu
- 习　　性：多年生草本
- 海　　拔：3100~3200 m
- 分　　布：云南
- 濒危等级：LC

巴蜀报春
Primula rupestris I. B. Balfour et Farrer
- 习　　性：多年生草本
- 海　　拔：约500 m
- 分　　布：湖北、陕西
- 濒危等级：CR A3c

黄粉缺裂报春
Primula rupicola Balf. f. et Forrest
- 习　　性：多年生草本
- 海　　拔：3600~4000 m
- 分　　布：四川、云南

黑萼报春
Primula russeola Balf. f. et Forrest
- 习　　性：多年生草本
- 海　　拔：3800~4100 m
- 分　　布：四川、西藏、云南
- 濒危等级：LC

粉萼垂花报春
Primula sandemaniana W. W. Sm.
- 习　　性：多年生草本
- 海　　拔：约3800 m
- 分　　布：西藏
- 濒危等级：LC

小垂花报春
Primula sapphirina Hook. f. et Thomson
- 习　　性：多年生草本
- 海　　拔：4000~5000 m
- 国内分布：西藏
- 国外分布：不丹、尼泊尔、印度
- 濒危等级：NT B1

黄葵叶报春
Primula saturata W. W. Sm. et H. R. Fletcher
- 习　　性：多年生草本
- 海　　拔：2100~4000 m
- 分　　布：四川
- 濒危等级：LC

岩生报春
Primula saxatilis Kom.
- 习　　性：多年生草本
- 海　　拔：200~500 m
- 国内分布：河北、黑龙江、山西
- 国外分布：朝鲜
- 濒危等级：VU A3c

葶花脆蒴报春
Primula scapigera(Hook. f.) Craib
- 习　　性：多年生草本
- 海　　拔：2900~3700 m
- 国内分布：西藏
- 国外分布：不丹、尼泊尔、印度
- 濒危等级：NT B1a

米仓山报春
Primula scopulorum Balf. f. et Farrer
- 习　　性：多年生草本
- 海　　拔：1500~3000 m
- 分　　布：甘肃、陕西、四川
- 濒危等级：NT B1b (i, iii)

偏花报春
Primula secundiflora Franch.
- 习　　性：多年生草本

海　　拔：3200~4800 m
分　　布：青海、四川、西藏、云南
濒危等级：LC

七指报春
Primula septemloba Franch.

七指报春（原变种）
Primula septemloba var. **septemloba**
习　　性：多年生草本
海　　拔：2400~4000 m
分　　布：四川、云南
濒危等级：LC

小七指报春
Primula septemloba var. **minor** Kingdon-Ward
习　　性：多年生草本
海　　拔：3100~3400 m
分　　布：西藏
濒危等级：LC

齿叶灯台报春
Primula serratifolia Franch.
习　　性：多年生草本
海　　拔：2600~4200 m
国内分布：西藏、云南
国外分布：缅甸
濒危等级：LC

小伞报春
Primula sertulum Franch.
习　　性：多年生草本
海　　拔：1400~2000 m
分　　布：重庆、四川
濒危等级：NT B1

长管垂花报春
Primula sherriffiae W. W. Sm.
习　　性：多年生草本
海　　拔：1700~2700 m
国内分布：西藏
国外分布：不丹、印度
濒危等级：LC

樱草
Primula sieboldii E. Morren
习　　性：多年生草本
海　　拔：200~800 m
国内分布：黑龙江、吉林、辽宁、内蒙古
国外分布：朝鲜、俄罗斯、日本
濒危等级：NT B1
资源利用：药用（中草药）

钟花报春
Primula sikkimensis Hook.
习　　性：多年生草本
海　　拔：3200~4400 m
国内分布：四川、西藏、云南
国外分布：不丹、缅甸、尼泊尔、印度
濒危等级：LC
资源利用：环境利用（观赏）

贡山紫晶报春
Primula silaensis Petitm.
习　　性：多年生草本
海　　拔：3600~4800 m
国内分布：云南
国外分布：缅甸、印度
濒危等级：NT

藏报春
Primula sinensis Lour.
习　　性：多年生草本
海　　拔：约1000 m
分　　布：贵州、四川
濒危等级：EN B1ab（iii）
资源利用：环境利用（观赏）

无萼脆蒴报春
Primula sinoexscapa C. M. Hu
习　　性：多年生草本
海　　拔：2200~2400 m
分　　布：云南
濒危等级：NT B1ab（i,iii）

铁梗报春
Primula sinolisteri Balf. f.

铁梗报春（原变种）
Primula sinolisteri var. **sinolisteri**
习　　性：多年生草本
海　　拔：2300~3300 m
分　　布：云南
濒危等级：LC

糙叶铁梗报春
Primula sinolisteri var. **aspera** W. W. Sm. et H. R. Fletcher
习　　性：多年生草本
海　　拔：3000~3300 m
分　　布：云南
濒危等级：LC

长萼铁梗报春
Primula sinolisteri var. **longicalyx** D. W. Xue et C. Q. Zhang
习　　性：多年生草本
分　　布：云南
濒危等级：LC

华柔毛报春
Primula sinomollis Balf. f. et Forrest
习　　性：多年生草本
海　　拔：1800~2700 m
分　　布：云南
濒危等级：NT B1b（i,iii）

车前叶报春
Primula sinoplantaginea Balf. f.
习　　性：多年生草本
海　　拔：3600~4500 m

分　　布：四川、云南
濒危等级：LC

波缘报春
Primula sinuata Franch.
习　　性：多年生草本
海　　拔：约1700 m
分　　布：四川、云南
濒危等级：LC

亚东灯台报春
Primula smithiana Craib
习　　性：多年生草本
海　　拔：2400～2700 m
国内分布：西藏
国外分布：不丹
濒危等级：LC

群居粉报春
Primula socialis F. H. Chen et C. M. Hu
习　　性：多年生草本
海　　拔：约3000 m
分　　布：云南
濒危等级：LC

苣叶报春
Primula sonchifolia Franch.

苣叶报春（原亚种）
Primula sonchifolia subsp. **sonchifolia**
习　　性：多年生草本
海　　拔：2300～4600 m
国内分布：四川、云南
国外分布：缅甸
濒危等级：NT B1

峨眉苣叶报春
Primula sonchifolia subsp. **emeiensis** C. M. Hu
习　　性：多年生草本
海　　拔：2300～3000 m
分　　布：四川、云南
濒危等级：NT B1

滋圃报春
Primula soongii F. H. Chen et C. M. Hu
习　　性：多年生草本
海　　拔：3200～4000 m
分　　布：四川
濒危等级：CR B1ab (i, iii)

缺裂报春
Primula souliei Franch.
习　　性：多年生草本
海　　拔：约4000 m
分　　布：四川
濒危等级：NT B1

穗状垂花报春
Primula spicata Franch.
习　　性：多年生草本
海　　拔：3000～3700 m
分　　布：云南
濒危等级：LC

狭萼报春
Primula stenocalyx Maxim.
习　　性：多年生草本
海　　拔：2700～4300 m
分　　布：甘肃、青海、四川、西藏
濒危等级：NT B1b (i, iii)

凉山灯台报春
Primula stenodonta Balf. f. ex W. W. Sm. et H. R. Fletcher
习　　性：多年生草本
海　　拔：约2500 m
分　　布：四川、云南
濒危等级：NT B1b (i, iii)

金黄脆蒴报春
Primula strumosa Balf. f. et E. Cooper

金黄脆蒴报春（原亚种）
Primula strumosa subsp. **strumosa**
习　　性：多年生草本
海　　拔：3500～4300 m
国内分布：西藏
国外分布：不丹、尼泊尔
濒危等级：DD

矩圆金黄报春
Primula strumosa subsp. **tenuipes** C. M. Hu
习　　性：多年生草本
海　　拔：3500～4300 m
分　　布：西藏
濒危等级：LC

线叶小报春
Primula subularia W. W. Sm.
习　　性：多年生草本
海　　拔：4500～4800 m
分　　布：西藏
濒危等级：NT B1

四川报春
Primula szechuanica Pax
习　　性：多年生草本
海　　拔：3300～4500 m
分　　布：四川、云南
濒危等级：LC

大理报春
Primula taliensis Forrest

大理报春（原变种）
Primula taliensis var. **taliensis**
习　　性：多年生草本
海　　拔：2200～3300 m
国内分布：云南
国外分布：缅甸
濒危等级：LC

金粉大理报春
Primula taliensis var. **procera** C. M. Hu
习　　性：多年生草本
海　　拔：约 3300 m
分　　布：云南
濒危等级：LC

甘青报春
Primula tangutica Duthie

甘青报春（原变种）
Primula tangutica var. **tangutica**
习　　性：多年生草本
海　　拔：3300～4700 m
分　　布：甘肃、青海、四川
濒危等级：LC
资源利用：药用（中草药）

黄甘青报春
Primula tangutica var. **flavescens** F. H. Chen et C. M. Hu
习　　性：多年生草本
海　　拔：3800～4400 m
分　　布：四川、西藏
濒危等级：LC

心叶脆蒴报春
Primula tanneri King
习　　性：多年生草本
海　　拔：约 3600 m
国内分布：西藏
国外分布：不丹、尼泊尔、印度
濒危等级：LC

晚花报春
Primula tardiflora（C. M. Hu）C. M. Hu
习　　性：多年生草本
海　　拔：2000～2500 m
分　　布：四川
濒危等级：LC

淡粉报春
Primula tayloriana H. R. Fletcher
习　　性：多年生草本
海　　拔：约 3000 m
分　　布：西藏
濒危等级：DD

匍茎小报春
Primula tenella King ex Hook. f.
习　　性：多年生草本
海　　拔：4700～5000 m
国内分布：西藏
国外分布：不丹
濒危等级：LC

细裂小报春
Primula tenuiloba（Watt）Pax
习　　性：多年生草本
海　　拔：4200～5400 m

国内分布：西藏
国外分布：不丹、尼泊尔、印度
濒危等级：LC

纤柄报春
Primula tenuipes F. H. Chen et C. M. Hu
习　　性：多年生草本
海　　拔：约 4400 m
分　　布：四川
濒危等级：VU A2c；D1

窄管报春
Primula tenuituba C. M. Hu et Y. Y. Geng
习　　性：多年生草本
海　　拔：800 m
分　　布：四川
濒危等级：LC

西藏报春
Primula tibetica Watt
习　　性：多年生草本
海　　拔：3200～4800 m
国内分布：西藏
国外分布：不丹、尼泊尔、印度
濒危等级：LC

东俄洛报春
Primula tongolensis Franch.
习　　性：多年生草本
海　　拔：4000～4500 m
分　　布：四川、云南
濒危等级：NT B1

三齿叶报春
Primula tridentifera F. H. Chen et C. M. Hu
习　　性：多年生草本
海　　拔：2000～3000 m
分　　布：四川、云南
濒危等级：VU A2c

三裂叶报春
Primula triloba Balf. f. et Forrest
习　　性：多年生草本
海　　拔：3700～5000 m
分　　布：西藏、云南
濒危等级：LC

察日脆蒴报春
Primula tsariensis W. W. Sm.

察日脆蒴报春（原变种）
Primula tsariensis var. **tsariensis**
习　　性：多年生草本
海　　拔：3500～5000 m
国内分布：西藏
国外分布：不丹
濒危等级：NT B1

大察日报春
Primula tsariensis var. **porrecta** W. W. Sm.

习　　性：多年生草本
分　　布：西藏
濒危等级：LC

绒毛报春
Primula tsiangii W. W. Sm.
习　　性：多年生草本
海　　拔：约 500 m
分　　布：贵州
濒危等级：NT B1a

丛毛岩报春
Primula tsongpenii H. R. Fletcher
习　　性：多年生草本
海　　拔：4600~5000 m
分　　布：西藏
濒危等级：LC

心叶黄花报春
Primula tzetsouensis Petitm.
习　　性：多年生草本
海　　拔：约 4000 m
分　　布：四川
濒危等级：NT B1

荨麻叶报春
Primula urticifolia Maxim.
习　　性：多年生草本
海　　拔：约 4000 m
分　　布：青海
濒危等级：VU A2c；B2ab（ii，iv）

鞘柄掌叶报春
Primula vaginata Watt

鞘柄掌叶报春（原亚种）
Primula vaginata subsp. **vaginata**
习　　性：多年生草本
海　　拔：2200~5000 m
国内分布：西藏
国外分布：印度
濒危等级：LC

圆叶鞘柄报春
Primula vaginata subsp. **eucyclia**（W. W. Sm. et Forrest）F. H. Chen et C. M. Hu
习　　性：多年生草本
海　　拔：3300~5000 m
国内分布：西藏、云南
国外分布：缅甸
濒危等级：NT B1

短梗鞘柄报春
Primula vaginata subsp. **normaniana**（Kingdon-Ward）F. H. Chen et C. M. Hu
习　　性：多年生草本
海　　拔：2200~4000 m
国内分布：西藏
国外分布：印度

濒危等级：NT B1

暗红紫晶报春
Primula valentiniana Hand.-Mazz.
习　　性：多年生草本
海　　拔：3800~4200 m
国内分布：西藏、云南
国外分布：缅甸
濒危等级：NT B1

川西缀瓣报春
Primula veitchiana Petitm.
习　　性：多年生草本
海　　拔：1600~2600 m
分　　布：四川、云南
濒危等级：LC

硕萼报春
Primula veris（Bunge）Lüdi
习　　性：多年生草本
海　　拔：1500~2000 m
国内分布：新疆
国外分布：俄罗斯、哈萨克斯坦、吉尔吉斯斯坦、塔吉克斯坦、土库曼斯坦、乌兹别克斯坦、西南亚
濒危等级：LC

高穗报春
Primula vialii Delavay ex Franch.
习　　性：多年生草本
海　　拔：2800~4000 m
分　　布：四川、云南
濒危等级：LC

毛叶鄂报春
Primula vilmoriniana Petitm.
习　　性：多年生草本
海　　拔：约 1600 m
分　　布：云南
濒危等级：NT B1

紫穗报春
Primula violacea W. W. Sm. et Kingdon-Ward
习　　性：多年生草本
海　　拔：3600~4300 m
分　　布：四川
濒危等级：NT B1

堇菜报春
Primula violaris W. W. Sm. et H. R. Fletcher
习　　性：多年生草本
海　　拔：1000~1500 m
分　　布：湖北、陕西
濒危等级：LC

乌蒙紫晶报春
Primula virginis H. Lév.
习　　性：多年生草本
海　　拔：3300~3700 m
分　　布：云南

濒危等级：NT B1

窄筒小报春
Primula waddellii Balf. f. et W. W. Sm.
习　　性：多年生草本
海　　拔：4000～5000 m
国内分布：西藏
国外分布：不丹
濒危等级：NT B1a

腺毛小报春
Primula walshii Craib
习　　性：多年生草本
海　　拔：3800～5400 m
国内分布：四川、西藏
国外分布：不丹、尼泊尔、印度
濒危等级：LC

紫钟报春
Primula waltonii Watt ex Balf. f.
习　　性：多年生草本
海　　拔：3900～5300 m
国内分布：西藏
国外分布：不丹、印度
濒危等级：LC

广南报春
Primula wangii F. H. Chen et C. M. Hu
习　　性：多年生草本
海　　拔：约1100 m
分　　布：广西、云南
濒危等级：EN B1ab（i，iii）

靛蓝穗状报春
Primula watsonii Dunn
习　　性：多年生草本
海　　拔：3000～4000 m
分　　布：四川、云南
濒危等级：LC

滇南脆蒴报春
Primula wenshanensis F. H. Chen et C. M. Hu
习　　性：多年生草本
海　　拔：约2000 m
分　　布：云南
濒危等级：VU A3c；D1+2

鹃林脆蒴报春
Primula whitei W. W. Sm.
习　　性：多年生草本
海　　拔：3000～4300 m
国内分布：西藏
国外分布：不丹、印度
濒危等级：LC

香海仙花
Primula wilsonii Dunn
习　　性：多年生草本
海　　拔：2000～3300 m

分　　布：四川、云南
濒危等级：LC

钟状垂花报春
Primula wollastonii Balf. f.
习　　性：多年生草本
海　　拔：3900～4700 m
国内分布：西藏
国外分布：尼泊尔
濒危等级：LC

岷山报春
Primula woodwardii Balf. f.
习　　性：多年生草本
海　　拔：2700～3700 m
分　　布：甘肃、青海、陕西
濒危等级：LC

焕镛报春
Primula woonyoungiana W. P. Fang
习　　性：多年生草本
海　　拔：1800～2200 m
分　　布：四川
濒危等级：CR B1ab（i，iii）

展萼雪山报春
Primula youngeriana W. W. Sm.
习　　性：多年生草本
海　　拔：约5000 m
分　　布：西藏
濒危等级：DD

云南报春
Primula yunnanensis Franch.
习　　性：多年生草本
海　　拔：2800～3600 m
分　　布：四川、云南
濒危等级：LC

水茴草属 Samolus L.

水茴草
Samolus valerandi L.
习　　性：一年生草本
海　　拔：100～1300 m
国内分布：广东、广西、贵州、湖南、云南
国外分布：亚洲西南部、欧洲、北美洲
濒危等级：LC

假婆婆纳属 Stimpsonia Wright et Arn.

假婆婆纳
Stimpsonia chamaedryoides Wright ex A. Gray
习　　性：一年生草本
海　　拔：100～1000 m
国内分布：安徽、福建、广东、广西、湖南、江苏、江西、台湾、香港、浙江
国外分布：日本
濒危等级：LC

七瓣莲属 Trientalis L.

七瓣莲
Trientalis europaea L.
- 习　　性：多年生草本
- 海　　拔：900~1300 m
- 国内分布：河北、黑龙江、吉林、内蒙古
- 国外分布：泛北极地区
- 濒危等级：LC

山龙眼科 PROTEACEAE
（4属：28种）

银桦属 Grevillea R. Br. ex Knight

银桦
Grevillea robusta A. Cunn. ex R. Br.
- 习　　性：乔木
- 国内分布：福建、广东、广西、江西、四川、台湾、云南、浙江等省区栽培
- 国外分布：原产澳大利亚
- 资源利用：原料（木材）；环境利用（观赏、绿化）

山龙眼属 Helicia Lour.

山地山龙眼
Helicia clivicola W. W. Sm.
- 习　　性：灌木或乔木
- 海　　拔：1100~2100 m
- 分　　布：云南
- 濒危等级：EN B1ab（i，iii）

小果山龙眼
Helicia cochinchinensis Lour.
- 习　　性：灌木或乔木
- 海　　拔：海平面至800（1300）m
- 国内分布：广东、广西、海南、云南
- 国外分布：柬埔寨、日本、泰国、越南
- 濒危等级：LC
- 资源利用：原料（木材，工业用油）

东兴山龙眼
Helicia dongxingensis H. S. Kiu
- 习　　性：乔木
- 海　　拔：100~500 m
- 分　　布：广西
- 濒危等级：VU A2c

镰叶山龙眼
Helicia falcata N. Jiang, X. Lin, K. Y. Guan et W. B. Yu
- 习　　性：乔木
- 海　　拔：1200~1900 m
- 分　　布：云南
- 濒危等级：LC

山龙眼
Helicia formosana Hemsl.
- 习　　性：乔木
- 海　　拔：100~1000 m
- 国内分布：广西、海南、台湾
- 国外分布：老挝、泰国、越南
- 濒危等级：LC
- 资源利用：原料（木材）

大山龙眼
Helicia grandis Hemsl.
- 习　　性：乔木
- 海　　拔：1100~2400 m
- 国内分布：云南
- 国外分布：越南
- 濒危等级：LC

海南山龙眼
Helicia hainanensis Hayata
- 习　　性：灌木或乔木
- 海　　拔：100~1500 m
- 国内分布：广东、广西、海南、云南
- 国外分布：老挝、泰国、越南
- 濒危等级：LC

广东山龙眼
Helicia kwangtungensis W. T. Wang
- 习　　性：乔木
- 海　　拔：400~1200 m
- 分　　布：福建、广东、广西、湖南、江西
- 濒危等级：LC
- 资源利用：原料（木材）；食品（种子，淀粉）

长柄山龙眼
Helicia longipetiolata Merr. et Chun
- 习　　性：乔木
- 海　　拔：400~1000 m
- 国内分布：广东、广西、海南
- 国外分布：泰国、越南
- 濒危等级：LC

深绿山龙眼
Helicia nilagirica Bedd.
- 习　　性：乔木
- 海　　拔：1000~2000 m
- 国内分布：云南
- 国外分布：不丹、柬埔寨、老挝、缅甸、尼泊尔、泰国、印度
- 濒危等级：VU A2c
- 资源利用：原料（单宁）；食品（淀粉）

倒卵叶山龙眼
Helicia obovatifolia Merr. et Chun

倒卵叶山龙眼（原变种）
Helicia obovatifolia var. **obovatifolia**
- 习　　性：乔木
- 海　　拔：100~1000 m
- 国内分布：广东、广西

国外分布：越南
濒危等级：LC
资源利用：原料（木材）；食品（淀粉）

枇杷叶山龙眼
Helicia obovatifolia var. mixta (H. L. Li) Sleumer
习　　性：乔木
海　　拔：100~1000 m
国内分布：广东、广西、海南
国外分布：越南
濒危等级：LC
资源利用：原料（木材）；食品（淀粉）

焰序山龙眼
Helicia pyrrhobotrya Kurz.
习　　性：乔木
海　　拔：700~1600 m
国内分布：广西、云南
国外分布：缅甸
濒危等级：LC
资源利用：食品（种子）

莲花池山龙眼
Helicia rengetiensis Masam.
习　　性：乔木
海　　拔：100~200 m
分　　布：台湾
濒危等级：LC

网脉山龙眼
Helicia reticulata W. T. Wang
习　　性：灌木或小乔木
海　　拔：300~2100 m
分　　布：福建、广东、广西、贵州、湖南、江西、云南
濒危等级：LC
资源利用：原料（木材）；蜜源植物；食品（种子）

瑞丽山龙眼
Helicia shweliensis W. W. Sm.
习　　性：灌木或小乔木
海　　拔：300~2800 m
分　　布：云南
濒危等级：EN B1ab (i, iii)

林地山龙眼
Helicia silvicola W. W. Sm.
习　　性：乔木
海　　拔：1500~2100 m
分　　布：云南
濒危等级：VU B1ab (i, iii)

西藏山龙眼
Helicia tibetensis H. S. Kiu
习　　性：乔木
海　　拔：1700~2000 m
分　　布：西藏、云南
濒危等级：EN B1ab (i, iii)

潞西山龙眼
Helicia tsaii W. T. Wang
习　　性：乔木

海　　拔：1400~2100 m
分　　布：云南
濒危等级：VU A2c+3c

浓毛山龙眼
Helicia vestita W. W. Sm.

浓毛山龙眼（原变种）
Helicia vestita var. vestita
习　　性：乔木
海　　拔：600~1400 m
分　　布：云南
濒危等级：LC

锈毛山龙眼
Helicia vestita var. longipes W. T. Wang
习　　性：乔木
海　　拔：900~1800 m
分　　布：西藏
濒危等级：LC

阳春山龙眼
Helicia yangchunensis H. S. Kiu
习　　性：乔木
海　　拔：600~700 m
分　　布：广东
濒危等级：LC

假山龙眼属 Heliciopsis Sleumer

假山龙眼
Heliciopsis henryi (Diels) W. T. Wang
习　　性：乔木
海　　拔：900~1500 m
分　　布：云南
濒危等级：LC

调羹树
Heliciopsis lobata (Merr.) Sleumer
习　　性：乔木
海　　拔：100~800 m
国内分布：海南
国外分布：马来西亚
濒危等级：LC
资源利用：原料（木材）；食品（种子）

痄腮树
Heliciopsis terminalis (Kurz.) Sleumer
习　　性：乔木
海　　拔：海平面至1400 m
国内分布：广东、广西、海南、云南
国外分布：不丹、柬埔寨、缅甸、泰国、印度、越南
濒危等级：NT
资源利用：食品（种子）

澳洲坚果属 Macadamia F. Muell.

澳洲坚果
Macadamia integrifolia Maiden et Betche
习　　性：乔木
国内分布：广东、海南、台湾、云南栽培

国外分布：原产澳大利亚；世界各地广泛栽培
资源利用：原料（木材）；食品（水果）

四叶澳洲坚果
Macadamia tetraphylla Johnson
习　　性：灌木或小乔木
国内分布：广东有栽培
国外分布：世界各地广泛栽培

核果木科 PUTRANJIVACEAE
（2属：16种）

核果木属 Drypetes Vahl.

拱网核果木
Drypetes arcuatinervia Merr. et Chun
习　　性：灌木
海　　拔：300~800 m
国内分布：广东、广西、海南、云南
国外分布：越南
濒危等级：LC

密花核果木
Drypetes congestiflora Chun et T. Chen
习　　性：乔木
海　　拔：300~800 m
国内分布：广东、广西、海南、云南
国外分布：菲律宾
濒危等级：LC
资源利用：原料（木材）

青枣核果木
Drypetes cumingii(Baill.)Pax et K. Hoffm.
习　　性：乔木
海　　拔：300~800 m
国内分布：广东、广西、海南、云南
国外分布：菲律宾
濒危等级：LC

海南核果木
Drypetes hainanensis Merr.
习　　性：乔木
海　　拔：200~900 m
国内分布：海南
国外分布：泰国、越南
濒危等级：LC
资源利用：原料（木材）

勐腊核果木
Drypetes hoaensis Gagnep.
习　　性：乔木
海　　拔：约500 m
国内分布：云南
国外分布：泰国、越南
濒危等级：LC

核果木
Drypetes indica(Müll. Arg.)Pax et K. Hoffm.
习　　性：乔木
海　　拔：400~1600 m
国内分布：广东、广西、贵州、海南、台湾、云南
国外分布：不丹、缅甸、斯里兰卡、泰国、印度
濒危等级：LC

全缘叶核果木
Drypetes integrifolia Merr. et Chun
习　　性：灌木
海　　拔：200~500 m
分　　布：广东、广西、海南
濒危等级：LC

广东核果木
Drypetes kwangtungensis F. W. Xing, X. S. Qin et H. F. Chen
习　　性：乔木
分　　布：广东
濒危等级：LC

滨海核果木
Drypetes littoralis(C. B. Rob.)Merr.
习　　性：乔木
国内分布：台湾
国外分布：菲律宾、印度尼西亚
濒危等级：VU D1

细柄核果木
Drypetes longistipitata P. T. Li
习　　性：乔木
海　　拔：200~500 m
分　　布：海南
濒危等级：LC

毛药核果木
Drypetes matsumurae(Koidz.)Kaneh.
习　　性：乔木
海　　拔：1600 m
国内分布：台湾
国外分布：琉球群岛
濒危等级：LC

钝叶核果木
Drypetes obtusa Merr. et Chun
习　　性：乔木
海　　拔：200~600 m
国内分布：广东、广西、海南、云南
国外分布：越南
濒危等级：LC

网脉核果木
Drypetes perreticulata Gagnep.
习　　性：乔木
海　　拔：800 m以下
国内分布：广东、广西、贵州、海南、云南
国外分布：泰国、越南
濒危等级：LC
资源利用：原料（木材）

柳叶核果木
Drypetes salicifolia Gagnep.
习　　性：乔木

海　　拔：400~600 m
国内分布：云南
国外分布：老挝、越南
濒危等级：LC

假黄杨属 Putranjiva Wall.

台湾假黄杨
Putranjiva formosana Kaneh. et Sasaki ex Shimada
　　习　　性：小乔木
　　分　　布：广东、台湾、香港
　　濒危等级：LC

印度假黄杨
Putranjiva roxburghii Walli.
　　习　　性：灌木或乔木
　　国内分布：香港
　　国外分布：巴基斯坦、印度
　　濒危等级：LC

大花草科 RAFFLESIACEAE
（1属：1种）

寄生花属 Sapria Griff.

寄生花
Sapria himalayana Griff.
　　习　　性：寄生草本
　　海　　拔：800~1200 m
　　国内分布：西藏、云南
　　国外分布：缅甸、泰国、印度、越南
　　濒危等级：VU D2
　　国家保护：II级

毛茛科 RANUNCULACEAE
（39属：1221种）

乌头属 Aconitum L.

冷杉林乌头
Aconitum abietetorum W. T. Wang et L. Q. Li
　　习　　性：多年生草本
　　海　　拔：约3800 m
　　分　　布：四川
　　濒危等级：LC

两色乌头
Aconitum alboviolaceum Kom.

两色乌头（原变种）
Aconitum alboviolaceum var. **alboviolaceum**
　　习　　性：多年生草本
　　海　　拔：300~1400 m
　　国内分布：河北、黑龙江、吉林、辽宁
　　国外分布：朝鲜半岛、俄罗斯
　　濒危等级：LC

资源利用：环境利用（观赏）

直立两色乌头
Aconitum alboviolaceum var. **erectum** W. T. Wang
　　习　　性：多年生草本
　　海　　拔：约1000 m
　　分　　布：北京
　　濒危等级：LC

高峰乌头
Aconitum alpinonepalense Tamura
　　习　　性：多年生草本
　　海　　拔：约4700 m
　　分　　布：西藏
　　濒危等级：LC

拟黄花乌头
Aconitum anthoroideum DC.
　　习　　性：多年生草本
　　海　　拔：1400~2000 m
　　国内分布：新疆
　　国外分布：俄罗斯、蒙古
　　濒危等级：LC
　　资源利用：药用（中草药）

空茎乌头
Aconitum apetalum(Huth) B. Fedtsch.
　　习　　性：多年生草本
　　海　　拔：1700~1900 m
　　国内分布：新疆
　　国外分布：哈萨克斯坦
　　濒危等级：NT B2ab（iii，v）；D1

白狼乌头
Aconitum bailangense Y. Z. Zhao
　　习　　性：多年生草本
　　分　　布：内蒙古
　　濒危等级：DD

细叶黄乌头
Aconitum barbatum Pers.

细叶黄乌头（原变种）
Aconitum barbatum var. **barbatum**
　　习　　性：多年生草本
　　海　　拔：400~900 m
　　分　　布：黑龙江
　　濒危等级：LC

西伯利亚乌头
Aconitum barbatum var. **hispidum**(DC.)Ser.
　　习　　性：多年生草本
　　海　　拔：400~2200 m
　　国内分布：甘肃、河北、河南、黑龙江、吉林、内蒙古、宁夏、山西、陕西、新疆
　　国外分布：俄罗斯
　　濒危等级：LC
　　资源利用：药用（中草药）

牛扁
Aconitum barbatum var. **puberulum** Ledeb.

习　　性：多年生草本
海　　拔：400～2700 m
国内分布：河北、辽宁、内蒙古、山西、新疆
国外分布：俄罗斯、蒙古
濒危等级：LC
资源利用：药用（中草药）

截基乌头
Aconitum basitruncatum W. T. Wang
习　　性：多年生草本
海　　拔：约3200 m
分　　布：西藏
濒危等级：LC

带领乌头
Aconitum birobidshanicum Vorosch.
习　　性：多年生草本
海　　拔：300～600 m
国内分布：黑龙江
国外分布：俄罗斯、蒙古
濒危等级：LC

短柄乌头
Aconitum brachypodum Diels

短柄乌头（原变种）
Aconitum brachypodum var. **brachypodum**
习　　性：多年生草本
海　　拔：2800～3700 m
分　　布：四川、云南
濒危等级：EN A2c；D
资源利用：药用（中草药）

展毛短柄乌头
Aconitum brachypodum var. **laxiflorum** H. R. Fletcher et Lauener
习　　性：多年生草本
海　　拔：3000～4300 m
分　　布：四川、云南
濒危等级：LC
资源利用：药用（中草药）

宽苞乌头
Aconitum bracteolatum Lauener
习　　性：多年生草本
海　　拔：约4000 m
分　　布：西藏
濒危等级：LC

短距乌头
Aconitum brevicalcaratum（Finet et Gagnep.）Diels

短距乌头（原变种）
Aconitum brevicalcaratum var. **brevicalcaratum**
习　　性：多年生草本
海　　拔：约3500 m
分　　布：四川、云南
濒危等级：LC

无距乌头
Aconitum brevicalcaratum var. **parviflorum** Chen et Liu
习　　性：多年生草本

海　　拔：2800～3800 m
分　　布：四川、云南
濒危等级：LC

短唇乌头
Aconitum brevilimbum Lauener
习　　性：多年生草本
海　　拔：3300～4300 m
分　　布：西藏
濒危等级：LC

褐紫乌头
Aconitum brunneum Hand. -Mazz.
习　　性：多年生草本
海　　拔：3000～4300 m
分　　布：甘肃、青海、四川
濒危等级：VU B2ab（iii，iv）

珠芽乌头
Aconitum bulbilliferum Hand. -Mazz.
习　　性：多年生草本
海　　拔：约3600 m
分　　布：四川
濒危等级：CR B1ab（iii）+2ab（iii）

滇西乌头
Aconitum bulleyanum Diels
习　　性：多年生草本
海　　拔：3200～3500 m
分　　布：云南
濒危等级：LC

弯喙乌头
Aconitum campylorrhynchum Hand. -Mazz.

弯喙乌头（原变种）
Aconitum campylorrhynchum var. **campylorrhynchum**
习　　性：多年生草本
海　　拔：3200～4000 m
分　　布：甘肃、四川
濒危等级：LC

细梗弯喙乌头
Aconitum campylorrhynchum var. **tenuipes** W. T. Wang
习　　性：多年生草本
海　　拔：约3600 m
分　　布：甘肃
濒危等级：LC

大麻叶乌头
Aconitum cannabifolium Franch. ex Finet et Gagnep.
习　　性：多年生草本
海　　拔：1300～2000 m
分　　布：安徽、重庆、河南、湖北、山西、陕西、四川、浙江
濒危等级：LC

乌头
Aconitum carmichaelii Debeaux

乌头（原变种）
Aconitum carmichaelii var. **carmichaelii**

习　　性：多年生草本
国内分布：安徽、甘肃、广东、广西、贵州、河南、湖北、湖南、江苏、江西、辽宁、山东、陕西、四川、云南、浙江
国外分布：越南
濒危等级：LC
资源利用：药用（中草药，兽药）；农药；环境利用（观赏）

狭菱裂乌头
Aconitum carmichaelii var. **angustius** W. T. Wang et P. G. Xiao
习　　性：多年生草本
国内分布：安徽、福建、甘肃、广东、广西、贵州、河北、河南、湖北、湖南、江苏、江西、辽宁、内蒙古、山东、山西、陕西、四川、云南、浙江
国外分布：越南
濒危等级：LC

黄山乌头
Aconitum carmichaelii var. **hwangshanicum**（W. T. Wang et P. G. Xiao）W. T. Wang et P. G. Xiao
习　　性：多年生草本
海　　拔：约 1000 m
分　　布：安徽、江西、浙江
濒危等级：LC

毛叶乌头
Aconitum carmichaelii var. **pubescens** W. T. Wang et P. G. Xiao
习　　性：多年生草本
分　　布：甘肃、陕西
濒危等级：LC

深裂乌头
Aconitum carmichaelii var. **tripartitum** W. T. Wang
习　　性：多年生草本
分　　布：江苏
濒危等级：LC

展毛乌头
Aconitum carmichaelii var. **truppelianum**（Ulbr.）W. T. Wang et P. G. Xiao
习　　性：多年生草本
分　　布：江苏、辽宁、山东、浙江
濒危等级：LC

察瓦龙乌头
Aconitum changianum W. T. Wang
习　　性：多年生草本
海　　拔：约 3500 m
分　　布：西藏
濒危等级：LC

展花乌头
Aconitum chasmanthum Stapf
习　　性：多年生草本
海　　拔：约 4600 m
国内分布：西藏
国外分布：印度
濒危等级：LC
资源利用：药用（中草药）

察隅乌头
Aconitum chayuense W. T. Wang
习　　性：多年生草本
海　　拔：约 3700 m
分　　布：西藏
濒危等级：LC

加查乌头
Aconitum chiachaense W. T. Wang

加查乌头（原变种）
Aconitum chiachaense var. **chiachaense**
习　　性：多年生草本
分　　布：西藏
濒危等级：LC

腺毛加查乌头
Aconitum chiachaense var. **glandulosum** W. T. Wang
习　　性：多年生草本
海　　拔：约 4400 m
分　　布：西藏
濒危等级：LC

毛果乾宁乌头
Aconitum chienningense W. T. Wang
习　　性：多年生草本
海　　拔：约 3000 m
分　　布：西藏
濒危等级：LC

祁连山乌头
Aconitum chilienshanicum W. T. Wang
习　　性：多年生草本
海　　拔：3400～3900 m
分　　布：甘肃、青海
濒危等级：LC
资源利用：药用（中草药）

黄毛乌头
Aconitum chrysotrichum W. T. Wang
习　　性：多年生草本
海　　拔：4300～4700 m
分　　布：四川
濒危等级：EN A2c；D

拟哈巴乌头
Aconitum chuanum W. T. Wang
习　　性：多年生草本
海　　拔：约 3800 m
分　　布：云南
濒危等级：LC

苍山乌头
Aconitum contortum Finet et Gagnep.
习　　性：多年生草本
海　　拔：约 3400 m
分　　布：云南
濒危等级：VU A2c；D1

黄花乌头
Aconitum coreanum（H. Lév.）Rapaics

习　　性：多年生草本
海　　拔：200~900 m
国内分布：河北、黑龙江、吉林、辽宁
国外分布：朝鲜半岛、俄罗斯、蒙古
濒危等级：LC
资源利用：药用（中草药）；农药；环境利用（观赏）

粗花乌头
Aconitum crassiflorum Hand. -Mazz.
　　习　　性：多年生草本
　　海　　拔：3200~4200 m
　　分　　布：四川、云南
　　濒危等级：NT B2ab（iii，iv）

叉苞乌头
Aconitum creagromorphum Lauener
　　习　　性：多年生草本
　　海　　拔：4600~4700 m
　　分　　布：西藏
　　濒危等级：LC

大兴安岭乌头
Aconitum daxinganlinense Y. Z. Zhao
　　习　　性：多年生草本
　　分　　布：内蒙古
　　濒危等级：DD

马耳山乌头
Aconitum delavayi Franch.
　　习　　性：多年生草本
　　海　　拔：3700~3800 m
　　分　　布：云南
　　濒危等级：LC

迪庆乌头
Aconitum diqingense Q. E. Yang et Z. D. Fang
　　习　　性：多年生草本
　　海　　拔：4200~4300 m
　　分　　布：云南
　　濒危等级：LC

长序乌头
Aconitum dolichostachyum W. T. Wang
　　习　　性：多年生草本
　　海　　拔：约3500 m
　　分　　布：西藏
　　濒危等级：DD

宾川乌头
Aconitum duclouxii H. Lév.

宾川乌头（原变种）
Aconitum duclouxii var. **duclouxii**
　　习　　性：多年生草本
　　海　　拔：约4000 m
　　分　　布：云南
　　濒危等级：LC

无距宾川乌头
Aconitum duclouxii var. **ecalcaratum** H. R. Fletcher et Lauener
　　习　　性：多年生草本

　　海　　拔：约4000 m
　　分　　布：云南
　　濒危等级：LC

敦化乌头
Aconitum dunhuaense S. H. Li
　　习　　性：多年生草本
　　海　　拔：500~700 m
　　分　　布：吉林
　　濒危等级：LC

墨脱乌头
Aconitum elliotii Lauener

墨脱乌头（原变种）
Aconitum elliotii var. **elliotii**
　　习　　性：多年生草本
　　海　　拔：3000~3400 m
　　分　　布：西藏
　　濒危等级：LC

短梗墨脱乌头
Aconitum elliotii var. **doshongense**（Lauener）W. T. Wang
　　习　　性：多年生草本
　　海　　拔：3700~4100 m
　　分　　布：西藏
　　濒危等级：DD

光梗墨脱乌头
Aconitum elliotii var. **glabrescens** W. T. Wang et L. Q. Li
　　习　　性：多年生草本
　　海　　拔：3100~3100 m
　　分　　布：西藏
　　濒危等级：DD

毛瓣墨脱乌头
Aconitum elliotii var. **pilopetalum** W. T. Wang et L. Q. Li
　　习　　性：多年生草本
　　海　　拔：3500~3800 m
　　分　　布：西藏
　　濒危等级：LC

藏南藤乌
Aconitum elwesii Stapf
　　习　　性：多年生草本
　　海　　拔：2300~3200 m
　　国内分布：西藏
　　国外分布：尼泊尔、印度
　　濒危等级：LC

西南乌头
Aconitum episcopale H. Lév.
　　习　　性：多年生草本
　　海　　拔：2200~3200 m
　　分　　布：贵州、四川、云南
　　濒危等级：LC
　　资源利用：药用（中草药）

镰形乌头
Aconitum falciforme Hand. -Mazz.
　　习　　性：多年生草本

海　　拔：约 4500 m
分　　布：四川、云南
濒危等级：LC

梵净山乌头
Aconitum fanjingshanicum W. T. Wang
习　　性：多年生草本
海　　拔：2200 m
分　　布：贵州
濒危等级：DD

冯氏乌头
Aconitum fengii W. T. Wang
习　　性：多年生草本
分　　布：云南
濒危等级：LC

赣皖乌头
Aconitum finetianum Hand. -Mazz.
习　　性：多年生草本
海　　拔：800～1600 m
分　　布：安徽、福建、湖南、江西、浙江
濒危等级：LC

薄叶乌头
Aconitum fischeri Reichenbach

薄叶乌头（原变种）
Aconitum fischeri var. **fischeri**
习　　性：多年生草本
国内分布：黑龙江
国外分布：俄罗斯
濒危等级：LC

弯枝乌头
Aconitum fischeri var. **arcuatum** (Maxim.) Regel
习　　性：多年生草本
国内分布：黑龙江、吉林
国外分布：朝鲜半岛、俄罗斯
濒危等级：LC

伏毛铁棒锤
Aconitum flavum Hand. -Mazz.

伏毛铁棒锤（原变种）
Aconitum flavum var. **flavum**
习　　性：多年生草本
分　　布：甘肃、内蒙古、青海、陕西、四川、西藏
濒危等级：LC
资源利用：药用（中草药）

长柄铁棒锤
Aconitum flavum var. **longipetiolatum** W. J. Zhang et G. H. Chen
习　　性：多年生草本
分　　布：四川
濒危等级：LC

独花乌头
Aconitum fletcheranum G. Taylor
习　　性：多年生草本
海　　拔：4300～5100 m
国内分布：西藏
国外分布：不丹、印度
濒危等级：NT D1

台湾乌头
Aconitum formosanum Tamura
习　　性：多年生草本
分　　布：台湾
濒危等级：LC

丽江乌头
Aconitum forrestii Stapf
习　　性：多年生草本
海　　拔：约 3100 m
分　　布：四川、云南
濒危等级：VU A2ac

大渡乌头
Aconitum franchetii Finet et Gagnep.

大渡乌头（原变种）
Aconitum franchetii var. **franchetii**
习　　性：多年生草本
分　　布：四川
濒危等级：LC

展毛大渡乌头
Aconitum franchetii var. **villosulum** W. T. Wang
习　　性：多年生草本
分　　布：四川
濒危等级：LC

梨山乌头
Aconitum fukutomei Hayata
习　　性：多年生草本
分　　布：台湾
濒危等级：NT

抚松乌头
Aconitum fusungense S. H. Li et Y. H. Huang
习　　性：多年生草本
海　　拔：约 900 m
分　　布：吉林
濒危等级：LC

错那乌头
Aconitum gammiei Stapf
习　　性：多年生草本
海　　拔：约 3800 m
国内分布：西藏
国外分布：不丹、印度
濒危等级：LC

膝瓣乌头
Aconitum geniculatum H. R. Fletcher et Lauener

膝瓣乌头（原变种）
Aconitum geniculatum var. **geniculatum**
习　　性：多年生草本
海　　拔：约 3200 m
分　　布：云南
濒危等级：LC

长距膝瓣乌头
Aconitum geniculatum var. **longicalcaratum** M. Li
- 习　　性：多年生草本
- 海　　拔：约 3200 m
- 分　　布：四川
- 濒危等级：DD

长喙乌头
Aconitum georgei H. F. Comber
- 习　　性：多年生草本
- 海　　拔：3700~4000 m
- 分　　布：云南
- 濒危等级：LC

无毛乌头
Aconitum glabrisepalum W. T. Wang
- 习　　性：多年生草本
- 海　　拔：3900~4700 m
- 分　　布：四川
- 濒危等级：VU B2ab（iii，iv）

哈巴乌头
Aconitum habaense W. T. Wang
- 习　　性：多年生草本
- 海　　拔：约 3600 m
- 分　　布：云南
- 濒危等级：LC

钩瓣乌头
Aconitum hamatipetalum W. T. Wang
- 习　　性：多年生草本
- 海　　拔：约 4000 m
- 分　　布：云南
- 濒危等级：LC

剑川乌头
Aconitum handelianum H. F. Comber

剑川乌头（原变种）
Aconitum handelianum var. **handelianum**
- 习　　性：多年生草本
- 海　　拔：3800~4100 m
- 分　　布：云南
- 濒危等级：LC

疏毛剑川乌头
Aconitum handelianum var. **laxipilosum** Hand.-Mazz.
- 习　　性：多年生草本
- 海　　拔：3800~4100 m
- 分　　布：四川
- 濒危等级：LC

瓜叶乌头
Aconitum hemsleyanum E. Pritz.

瓜叶乌头（原变种）
Aconitum hemsleyanum var. **hemsleyanum**
- 习　　性：多年生草本
- 海　　拔：1700~2200 m
- 分　　布：安徽、河南、湖北、湖南、江西、陕西、浙江
- 濒危等级：LC
- 资源利用：药用（中草药）；环境利用（观赏）

展毛瓜叶乌头
Aconitum hemsleyanum var. **atropurpureum**(Hand.-Mazz.) W. T. Wang
- 习　　性：多年生草本
- 海　　拔：2100~3100 m
- 分　　布：重庆、四川
- 濒危等级：LC

西藏瓜叶乌头
Aconitum hemsleyanum var. **xizangense** W. T. Wang et L. Q. Li
- 习　　性：多年生草本
- 海　　拔：2900 m
- 分　　布：西藏
- 濒危等级：LC

川鄂乌头
Aconitum henryi E. Pritz.
- 习　　性：多年生草本
- 海　　拔：1000~3100 m
- 分　　布：重庆、甘肃、湖北、青海、陕西、四川
- 濒危等级：LC

合作乌头
Aconitum hezuoense W. T. Wang
- 习　　性：多年生草本
- 海　　拔：约 2800 m
- 分　　布：甘肃
- 濒危等级：LC

同夏乌头
Aconitum hicksii Lauener
- 习　　性：多年生草本
- 海　　拔：3200~4000 m
- 国内分布：西藏
- 国外分布：不丹
- 濒危等级：LC

会理乌头
Aconitum huiliense Hand.-Mazz.
- 习　　性：多年生草本
- 海　　拔：3500~3600 m
- 分　　布：四川
- 濒危等级：EN D

巴东乌头
Aconitum ichangense(Finet et Gagnep.) Hand.-Mazz.
- 习　　性：多年生草本
- 海　　拔：800~1600 m
- 分　　布：湖北
- 濒危等级：DD

缺刻乌头
Aconitum incisofidum W. T. Wang
- 习　　性：多年生草本
- 海　　拔：3700~4000 m
- 分　　布：四川、云南

濒危等级：LC

滇北乌头
Aconitum iochanicum Ulbr.
习　　性：多年生草本
海　　拔：3700~3800 m
分　　布：云南
濒危等级：LC

鸭绿乌头
Aconitum jaluense Kom.

鸭绿乌头（原变种）
Aconitum jaluense var. **jaluense**
习　　性：多年生草本
海　　拔：约 800 m
国内分布：黑龙江、吉林
国外分布：朝鲜半岛、俄罗斯
濒危等级：LC

光梗鸭绿乌头
Aconitum jaluense var. **glabrescens** Nakai
习　　性：多年生草本
分　　布：辽宁
濒危等级：LC

截基鸭绿乌头
Aconitum jaluense var. **truncatum** S. H. Li et Y. H. Huang
习　　性：多年生草本
海　　拔：约 800 m
分　　布：吉林
濒危等级：LC

热河乌头
Aconitum jeholense Nakai et Kitag.

热河乌头（原变种）
Aconitum jeholense var. **jeholense**
习　　性：多年生草本
海　　拔：1700~1800 m
分　　布：河北、内蒙古、山西
濒危等级：LC

华北乌头
Aconitum jeholense var. **angustius**(W. T. Wang) Y. Z. Zhao
习　　性：多年生草本
海　　拔：2000~3000 m
国内分布：河北、内蒙古、山东、山西
国外分布：俄罗斯
濒危等级：LC

吉隆乌头
Aconitum jilongense W. T. Wang et L. Q. Li
习　　性：多年生草本
海　　拔：约 3800 m
分　　布：西藏
濒危等级：LC

多根乌头
Aconitum karakolicum Rapaics

多根乌头（原变种）
Aconitum karakolicum var. **karakolicum**
习　　性：多年生草本
海　　拔：约 1900 m
国内分布：新疆
国外分布：哈萨克斯坦
濒危等级：LC

展毛多根乌头
Aconitum karakolicum var. **patentipilum** W. T. Wang
习　　性：多年生草本
海　　拔：1800~2000 m
分　　布：新疆
濒危等级：LC

吉林乌头
Aconitum kirinense Nakai

吉林乌头（原变种）
Aconitum kirinense var. **kirinense**
习　　性：多年生草本
海　　拔：400~900 m
国内分布：河南、黑龙江、湖北、吉林、辽宁、山西、陕西
国外分布：俄罗斯
濒危等级：LC

毛果吉林乌头
Aconitum kirinense var. **australe** W. T. Wang
习　　性：多年生草本
海　　拔：800~2000 m
分　　布：河南、湖北、山西、陕西
濒危等级：LC

异裂吉林乌头
Aconitum kirinense var. **heterophyllum** W. T. Wang
习　　性：多年生草本
海　　拔：约 900 m
分　　布：河南
濒危等级：LC

锐裂乌头
Aconitum kojimae Tamura

锐裂乌头（原变种）
Aconitum kojimae var. **kojimae**
习　　性：多年生草本
分　　布：台湾
濒危等级：LC

分枝锐裂乌头
Aconitum kojimae var. **ramosum** Tamura
习　　性：多年生草本
分　　布：台湾
濒危等级：LC

工布乌头
Aconitum kongboense Lauener

工布乌头（原变种）
Aconitum kongboense var. **kongboense**

习　　性：多年生草本
海　　拔：3000~3700 m
分　　布：四川、西藏
濒危等级：LC
资源利用：药用（中草药）

展毛工布乌头
Aconitum kongboense var. **villosum** W. T. Wang
习　　性：多年生草本
海　　拔：约4000 m
分　　布：四川、西藏
濒危等级：LC

北乌头
Aconitum kusnezoffii Rehder

北乌头（原变种）
Aconitum kusnezoffii var. **kusnezoffii**
习　　性：多年生草本
海　　拔：2000~2400 m
国内分布：河北、黑龙江、吉林、辽宁、内蒙古、山西
国外分布：朝鲜半岛、俄罗斯
濒危等级：LC
资源利用：药用（中草药）；农药；环境利用（观赏）

伏毛北乌头
Aconitum kusnezoffii var. **crispulum** W. T. Wang
习　　性：多年生草本
分　　布：东北、河北

宽裂北乌头
Aconitum kusnezoffii var. **gibbiferum**(Rchb.)Regel
习　　性：多年生草本
分　　布：辽宁
濒危等级：LC

冕宁乌头
Aconitum legendrei Hand.-Mazz.

冕宁乌头（原变种）
Aconitum legendrei var. **legendrei**
习　　性：多年生草本
海　　拔：2500~2800 m
分　　布：四川
濒危等级：LC

低盔冕宁乌头
Aconitum legendrei var. **albovillosum**(Chen et Liu)Y. Luo et Q. E. Yang
习　　性：多年生草本
分　　布：四川
濒危等级：LC

类乌齐乌头
Aconitum leiwuqiense W. T. Wang
习　　性：多年生草本
海　　拔：4500 m
分　　布：西藏
濒危等级：LC

白喉乌头
Aconitum leucostomum Vorosch.

白喉乌头（原变种）
Aconitum leucostomum var. **leucostomum**
习　　性：多年生草本
海　　拔：1400~2600 m
国内分布：甘肃、新疆
国外分布：哈萨克斯坦
濒危等级：DD

河北白喉乌头
Aconitum leucostomum var. **hopeiense** W. T. Wang
习　　性：多年生草本
海　　拔：900~1600 m
分　　布：北京、河北
濒危等级：DD

凉山乌头
Aconitum liangshanicum W. T. Wang
习　　性：多年生草本
海　　拔：4300~4500 m
分　　布：四川
濒危等级：VU A2c；D1

莲花山乌头
Aconitum lianhuashanicum W. T. Wang
习　　性：多年生草本
海　　拔：约2100 m
分　　布：甘肃

贡嘎乌头
Aconitum liljestrandii Hand.-Mazz.

贡嘎乌头（原变种）
Aconitum liljestrandii var. **liljestrandii**
习　　性：多年生草本
海　　拔：4200~4600 m
分　　布：四川、西藏
濒危等级：LC

刷经寺乌头
Aconitum liljestrandii var. **fangianum**(W. T. Wang)Y. Luo et Q. E. Yang
习　　性：多年生草本
海　　拔：约4200 m
分　　布：四川
濒危等级：LC

秦岭乌头
Aconitum lioui W. T. Wang
习　　性：多年生草本
海　　拔：2900~3000 m
分　　布：陕西

高帽乌头
Aconitum longecassidatum Nakai
习　　性：多年生草本
国内分布：辽宁、山东
国外分布：朝鲜半岛

濒危等级：LC

长裂乌头
Aconitum longilobum W. T. Wang
  习 性：多年生草本
  分 布：西藏
  濒危等级：LC
  资源利用：药用（中草药）

长梗乌头
Aconitum longipedicellatum Lauener
  习 性：多年生草本
  海 拔：约 4300 m
  分 布：西藏
  濒危等级：LC

长柄乌头
Aconitum longipetiolatum Lauener
  习 性：多年生草本
  海 拔：4000～4700 m
  分 布：西藏
  濒危等级：LC

龙帚山乌头
Aconitum longzhoushanense W. J. Zhang et G. H. Chen
  习 性：多年生草本
  分 布：四川
  濒危等级：LC

栾川乌头
Aconitum luanchuanense W. T. Wang
  习 性：多年生草本
  海 拔：约 2200 m
  分 布：河南
  濒危等级：LC

江孜乌头
Aconitum ludlowii Exell
  习 性：多年生草本
  海 拔：约 4000 m
  分 布：西藏
  濒危等级：LC

牛扁叶乌头
Aconitum lycoctonifolium W. T. Wang et L. Q. Li
  习 性：多年生草本
  海 拔：2600～2700 m
  分 布：西藏
  濒危等级：DD

细叶乌头
Aconitum macrorhynchum Turcz. ex Ledeb.
  习 性：多年生草本
  海 拔：200～500 m
  国内分布：黑龙江、吉林
  国外分布：俄罗斯
  濒危等级：LC

米林乌头
Aconitum milinense W. T. Wang
  习 性：多年生草本
  海 拔：约 3900 m
  分 布：西藏
  濒危等级：LC

高山乌头
Aconitum monanthum Nakai
  习 性：多年生草本
  海 拔：1200～1600 m
  国内分布：吉林
  国外分布：朝鲜半岛
  濒危等级：VU D2

山地乌头
Aconitum monticola Steinb.
  习 性：多年生草本
  海 拔：约 2300 m
  国内分布：新疆
  国外分布：哈萨克斯坦
  濒危等级：NT A2ac；C1

保山乌头
Aconitum nagarum Stapf

保山乌头（原变种）
Aconitum nagarum var. **nagarum**
  习 性：多年生草本
  海 拔：1800～3000 m
  国内分布：云南
  国外分布：缅甸、印度
  濒危等级：LC
  资源利用：药用（中草药）

小白撑
Aconitum nagarum var. **acaule** (Finet et Gagnep.) Q. E. Yang
  习 性：多年生草本
  海 拔：2500～3800 m
  国内分布：云南
  国外分布：缅甸
  濒危等级：LC
  资源利用：药用（中草药）

宣威乌头
Aconitum nagarum var. **lasiandrum** W. T. Wang
  习 性：多年生草本
  海 拔：2800 m
  分 布：云南
  濒危等级：LC
  资源利用：药用（中草药）

纳木拉乌头
Aconitum namlaense W. T. Wang
  习 性：多年生草本
  海 拔：约 4500 m
  分 布：西藏
  濒危等级：VU B1ab（iii）

船盔乌头
Aconitum naviculare (Brühl) Stapf

习　　性：多年生草本
海　　拔：3200～5000 m
国内分布：西藏
国外分布：不丹、印度
濒危等级：LC
资源利用：药用（中草药）

林地乌头
Aconitum nemorum Popov
习　　性：多年生草本
海　　拔：2600～3000 m
国内分布：新疆
国外分布：中亚
濒危等级：LC

聂拉木乌头
Aconitum nielamuense W. T. Wang
习　　性：多年生草本
海　　拔：3400～3900 m
分　　布：西藏
濒危等级：LC

宁武乌头
Aconitum ningwuense W. T. Wang
习　　性：多年生草本
海　　拔：约1500 m
分　　布：山西
濒危等级：LC

新腋花乌头
Aconitum novoaxillare W. T. Wang
习　　性：多年生草本
海　　拔：约3800 m
分　　布：西藏
濒危等级：LC

展喙乌头
Aconitum novoluridum Munz
习　　性：多年生草本
海　　拔：3800～4500 m
国内分布：西藏
国外分布：不丹、尼泊尔、印度
濒危等级：LC

垂花乌头
Aconitum nutantiflorum Chang ex W. T. Wang
习　　性：多年生草本
海　　拔：约3600 m
分　　布：西藏
濒危等级：LC

德钦乌头
Aconitum ouvrardianum Hand. -Mazz.

德钦乌头（原变种）
Aconitum ouvrardianum var. **ouvrardianum**
习　　性：多年生草本
海　　拔：3000～4000 m
分　　布：云南
濒危等级：LC

尖萼德钦乌头
Aconitum ouvrardianum var. **acutiusculum**（Fletcher et Lauener）Q. E. Yang et Y. Luo
习　　性：多年生草本
海　　拔：3600～4100 m
分　　布：云南
濒危等级：LC

疏毛圆锥乌头
Aconitum paniculigerum（Nakai）W. T. Wang
习　　性：多年生草本
海　　拔：600～1500 m
分　　布：河北
濒危等级：LC

疏叶乌头
Aconitum parcifolium Q. E. Yang et Z. D. Fang
习　　性：多年生草本
海　　拔：约3900 m
分　　布：云南
濒危等级：LC

垂果乌头
Aconitum pendulicarpum Chang ex W. T. Wang
习　　性：多年生草本
海　　拔：3500～3800 m
分　　布：西藏、云南
濒危等级：LC

铁棒锤
Aconitum pendulum Busch
习　　性：多年生草本
海　　拔：2800～4500 m
分　　布：甘肃、河南、湖北、青海、陕西、四川、西藏、云南
濒危等级：VU A2acd+3cd
资源利用：药用（中草药）

木里乌头
Aconitum phyllostegium Hand. -Mazz.
习　　性：多年生草本
海　　拔：4000～4600 m
分　　布：四川、云南
濒危等级：LC

中甸乌头
Aconitum piepunense Hand. -Mazz.

中甸乌头（原变种）
Aconitum piepunense var. **piepunense**
习　　性：多年生草本
海　　拔：3000～3300 m
分　　布：云南
濒危等级：LC

疏毛中甸乌头
Aconitum piepunense var. **pilosum** Comber
习　　性：多年生草本

海　　拔：3100~3500 m
分　　布：云南
濒危等级：LC

毛瓣乌头
Aconitum pilopetalum W. T. Wang et L. Q. Li
习　　性：多年生草本
海　　拔：约4200 m
分　　布：四川
濒危等级：VU D2

多果乌头
Aconitum polycarpum Chang ex W. T. Wang
习　　性：多年生草本
海　　拔：约4000 m
分　　布：云南
濒危等级：LC

多裂乌头
Aconitum polyschistum Hand.-Mazz.
习　　性：多年生草本
海　　拔：2600~3600 m
分　　布：四川
濒危等级：LC

波密乌头
Aconitum pomeense W. T. Wang
习　　性：多年生草本
海　　拔：约4000 m
分　　布：西藏
濒危等级：LC
资源利用：药用（中草药）

密花乌头
Aconitum potaninii Kom.
习　　性：多年生草本
海　　拔：约3700 m
分　　布：四川
濒危等级：LC

露瓣乌头
Aconitum prominens Lauener
习　　性：多年生草本
海　　拔：约4400 m
分　　布：西藏
濒危等级：LC

小花乌头
Aconitum pseudobrunneum W. T. Wang
习　　性：多年生草本
海　　拔：3900~4000 m
分　　布：四川、云南
濒危等级：LC

全裂乌头
Aconitum pseudodivaricatum W. T. Wang
习　　性：多年生草本
海　　拔：约3200 m
分　　布：西藏
濒危等级：LC

雷波乌头
Aconitum pseudohuiliense Chang ex W. T. Wang
习　　性：多年生草本
海　　拔：约3800 m
分　　布：四川
濒危等级：LC

拟工布乌头
Aconitum pseudokongboense W. T. Wang et L. Q. Li
习　　性：多年生草本
海　　拔：约3500 m
分　　布：西藏
濒危等级：LC

美丽乌头
Aconitum pulchellum Hand.-Mazz.

美丽乌头（原变种）
Aconitum pulchellum var. **pulchellum**
习　　性：多年生草本
海　　拔：3500~4500 m
国内分布：四川、西藏、云南
国外分布：不丹、缅甸、印度
濒危等级：LC

毛瓣美丽乌头
Aconitum pulchellum var. **hispidum** Lauener
习　　性：多年生草本
海　　拔：4000~4500 m
分　　布：西藏、云南
濒危等级：DD

迁西乌头
Aconitum qianxiense W. T. Wang
习　　性：多年生草本
分　　布：河北
濒危等级：LC

岩乌头
Aconitum racemulosum Franch.

岩乌头（原变种）
Aconitum racemulosum var. **racemulosum**
习　　性：多年生草本
海　　拔：1600~2300 m
分　　布：贵州、湖北、四川、云南
濒危等级：LC
资源利用：药用（中草药）

巨苞岩乌头
Aconitum racemulosum var. **grandibracteolatum** W. T. Wang
习　　性：多年生草本
海　　拔：2300~2800 m
分　　布：四川
濒危等级：LC

大苞乌头
Aconitum raddeanum Regel

习　　性：多年生草本
海　　拔：200~700 m
国内分布：黑龙江、吉林
国外分布：俄罗斯
濒危等级：LC

毛茛叶乌头
Aconitum ranunculoides Turcz. ex Ledeb.
习　　性：多年生草本
国内分布：内蒙古
国外分布：俄罗斯
濒危等级：LC

狭裂乌头
Aconitum refractum(Finet et Gagnep.) Hand.-Mazz.
习　　性：多年生草本
海　　拔：3300~4000 m
分　　布：四川、西藏、云南
濒危等级：LC

菱叶乌头
Aconitum rhombifolium F. H. Chen
习　　性：多年生草本
海　　拔：900~1200 m
分　　布：四川
濒危等级：EN D

直序乌头
Aconitum richardsonianum Lauener

直序乌头（原变种）
Aconitum richardsonianum var. **richardsonianum**
习　　性：多年生草本
海　　拔：3100~4600 m
分　　布：西藏
濒危等级：LC

伏毛直序乌头
Aconitum richardsonianum var. **pseudosessiliflorum** (Lauener) W. T. Wang
习　　性：多年生草本
海　　拔：4000~4700 m
分　　布：西藏
濒危等级：DD
资源利用：药用（中草药）

邛崃山乌头
Aconitum rilongense Kadota
习　　性：多年生草本
海　　拔：3000~3300 m
分　　布：四川
濒危等级：LC

拟康定乌头
Aconitum rockii H. R. Fletcher et Lauener
习　　性：多年生草本
海　　拔：3800~4100 m
分　　布：云南
濒危等级：LC

圆叶乌头
Aconitum rotundifolium Kar. et Kir.
习　　性：多年生草本
海　　拔：约3100 m
国内分布：新疆
国外分布：阿富汗、俄罗斯、克什米尔地区、尼泊尔
濒危等级：LC
资源利用：药用（中草药）

圆盔乌头
Aconitum rotundocassideum W. T. Wang
习　　性：多年生草本
海　　拔：约2700 m
分　　布：陕西
濒危等级：LC

花葶乌头
Aconitum scaposum Franch.
习　　性：多年生草本
海　　拔：1200~3900 m
国内分布：甘肃、贵州、河南、湖北、湖南、江西、陕西、四川、云南
国外分布：不丹、缅甸、尼泊尔
濒危等级：LC

宽叶蔓乌头
Aconitum sczukinii Turcz.
习　　性：多年生草本
海　　拔：300~1900 m
国内分布：黑龙江、吉林、辽宁
国外分布：朝鲜半岛、俄罗斯
濒危等级：LC

侧花乌头
Aconitum secundiflorum W. T. Wang
习　　性：多年生草本
海　　拔：2800~2900 m
分　　布：四川
濒危等级：LC

紫花高乌头
Aconitum septentrionale Koelle
习　　性：多年生草本
海　　拔：约1700 m
国内分布：黑龙江、辽宁
国外分布：俄罗斯、蒙古
濒危等级：LC

神农架乌头
Aconitum shennongjiaense Q. Gao et Q. E. Yang
习　　性：多年生草本
海　　拔：约1650 m
分　　布：湖北
濒危等级：LC

新疆乌头
Aconitum sinchiangense W. T. Wang
习　　性：多年生草本
海　　拔：约2600 m

分　　布：新疆
濒危等级：LC

腋花乌头
Aconitum sinoaxillare W. T. Wang
　　习　　性：多年生草本
　　海　　拔：约 4000 m
　　分　　布：西藏
　　濒危等级：LC

高乌头
Aconitum sinomontanum Nakai

高乌头（原变种）
Aconitum sinomontanum var. **sinomontanum**
　　习　　性：多年生草本
　　海　　拔：1000~3700 m
　　分　　布：甘肃、贵州、河北、湖北、青海、山西、陕西、四川
　　濒危等级：LC
　　资源利用：药用（中草药）

狭盔高乌头
Aconitum sinomontanum var. **angustius** W. T. Wang
　　习　　性：多年生草本
　　海　　拔：1400~1600 m
　　分　　布：安徽、广西、湖南、江西
　　濒危等级：LC

毛果高乌头
Aconitum sinomontanum var. **pilocarpum** W. T. Wang
　　习　　性：多年生草本
　　海　　拔：3100~3600 m
　　分　　布：四川
　　濒危等级：LC

阿尔泰乌头
Aconitum smirnovii Steinb.
　　习　　性：多年生草本
　　海　　拔：约 1800 m
　　国内分布：新疆
　　国外分布：俄罗斯、蒙古
　　濒危等级：LC

山西乌头
Aconitum smithii Ulbr. ex Hand. -Mazz.
　　习　　性：多年生草本
　　海　　拔：2000~2700 m
　　分　　布：河北、山西
　　濒危等级：LC

准噶尔乌头
Aconitum soongaricum (Regel) Stapf
　　习　　性：多年生草本
　　海　　拔：1200~2200 m
　　国内分布：新疆
　　国外分布：克什米尔地区
　　濒危等级：LC
　　资源利用：药用（中草药）；环境利用（观赏）

茨开乌头
Aconitum souliei Finet et Gagnep.
　　习　　性：多年生草本
　　海　　拔：3800~3900 m
　　分　　布：西藏、云南
　　濒危等级：LC

匙苞乌头
Aconitum spathulatum W. T. Wang
　　习　　性：多年生草本
　　海　　拔：约 3700 m
　　分　　布：云南
　　濒危等级：LC

亚东乌头
Aconitum spicatum Stapf
　　习　　性：多年生草本
　　海　　拔：约 4000 m
　　国内分布：西藏
　　国外分布：不丹、尼泊尔、印度
　　濒危等级：LC
　　资源利用：药用（中草药）

螺瓣乌头
Aconitum spiripetalum Hand. -Mazz.
　　习　　性：多年生草本
　　海　　拔：3600~4300 m
　　分　　布：四川
　　濒危等级：VU B2ab（iii，iv）

玉龙乌头
Aconitum stapfianum Hand. -Mazz.

玉龙乌头（原变种）
Aconitum stapfianum var. **stapfianum**
　　习　　性：多年生草本
　　海　　拔：2800~3400 m
　　分　　布：云南
　　濒危等级：NT B2ab（i，iii）

毛梗玉龙乌头
Aconitum stapfianum var. **pubipes** W. T. Wang
　　习　　性：多年生草本
　　海　　拔：约 2800 m
　　分　　布：云南
　　濒危等级：LC

拟显柱乌头
Aconitum stylosoides W. T. Wang
　　习　　性：多年生草本
　　海　　拔：约 3500 m
　　分　　布：四川
　　濒危等级：LC

太白乌头
Aconitum taipeicum Hand. -Mazz.
　　习　　性：多年生草本
　　海　　拔：2600~3400 m
　　分　　布：河南、陕西

濒危等级：EN D
资源利用：药用（中草药）

伊犁乌头
Aconitum talassicum var. **villosulum** W. T. Wang
习　　性：多年生草本
海　　拔：2200～3000 m
分　　布：新疆
濒危等级：LC

堆拉乌头
Aconitum tangense C. Marquand et Airy Shaw
习　　性：多年生草本
海　　拔：4200～4500 m
分　　布：西藏
濒危等级：LC

甘青乌头
Aconitum tanguticum（Maxim.）Stapf
习　　性：多年生草本
海　　拔：3200～4800 m
分　　布：甘肃、青海、陕西、四川、西藏、云南
濒危等级：LC

独龙乌头
Aconitum taronense（Hand.-Mazz.）H. R. Fletcher et Lauener
习　　性：多年生草本
海　　拔：2600～3600 m
分　　布：云南
濒危等级：LC

康定乌头
Aconitum tatsienense Finet et Gagnep.
习　　性：多年生草本
海　　拔：2700～3700 m
分　　布：四川
濒危等级：VU B2ab（i，iii）

新都桥乌头
Aconitum tongolense Ulbr.
习　　性：多年生草本
海　　拔：3800～4600 m
分　　布：四川、西藏、云南
濒危等级：VU A2c；B2ab（iii，iv）

直缘乌头
Aconitum transsectum Diels
习　　性：多年生草本
海　　拔：2800～3900 m
分　　布：四川、云南
濒危等级：LC
资源利用：药用（中草药）

长白乌头
Aconitum tschangbaischanense S. H. Li et Y. H. Huang
习　　性：多年生草本
海　　拔：1000～1700 m
分　　布：吉林
濒危等级：LC

草地乌头
Aconitum umbrosum（Korsh.）Kom.
习　　性：多年生草本
海　　拔：约1400 m
国内分布：河北、黑龙江、吉林
国外分布：朝鲜半岛、俄罗斯
濒危等级：LC

白毛乌头
Aconitum villosum Rchb.

白毛乌头（原变种）
Aconitum villosum var. **villosum**
习　　性：多年生草本
国内分布：吉林
国外分布：朝鲜半岛、俄罗斯、蒙古
濒危等级：LC

缠绕白毛乌头
Aconitum villosum var. **amurense**（Nakai）S. H. Li et Y. Hui Huang
习　　性：多年生草本
国内分布：吉林
国外分布：朝鲜半岛
濒危等级：LC

黄草乌
Aconitum vilmorinianum Kom.

黄草乌（原变种）
Aconitum vilmorinianum var. **vilmorinianum**
习　　性：多年生草本
海　　拔：2100～2500 m
分　　布：贵州、四川、云南
濒危等级：LC
资源利用：药用（中草药）

展毛黄草乌
Aconitum vilmorinianum var. **patentipilum** W. T. Wang
习　　性：多年生草本
海　　拔：2300～3000 m
分　　布：四川、云南
濒危等级：LC

蔓乌头
Aconitum volubile Pall. ex Koelle

蔓乌头（原变种）
Aconitum volubile var. **volubile**
习　　性：多年生草本
海　　拔：200～1000 m
国内分布：黑龙江、吉林、辽宁
国外分布：俄罗斯
濒危等级：LC

卷毛蔓乌头
Aconitum volubile var. **pubescens** Regel
习　　性：多年生草本
国内分布：黑龙江、辽宁
国外分布：朝鲜半岛、俄罗斯
濒危等级：LC

五叉沟乌头
Aconitum wuchagouense Y. Z. Zhao
 习 性：多年生草本
 海 拔：约 900 m
 分 布：内蒙古
 濒危等级：DD

乡城乌头
Aconitum xiangchengense W. T. Wang
 习 性：多年生草本
 海 拔：约 3600 m
 分 布：四川
 濒危等级：LC

竞生乌头
Aconitum yangii W. T. Wang et L. Q. Li

竞生乌头（原变种）
Aconitum yangii var. **yangii**
 习 性：多年生草本
 海 拔：3100 m
 分 布：云南
 濒危等级：LC

展毛竞生乌头
Aconitum yangii var. **villosulum** W. T. Wang et L. Q. Li
 习 性：多年生草本
 海 拔：3800 m
 分 布：云南
 濒危等级：LC

阴山乌头
Aconitum yinschanicum Y. Z. Zhao
 习 性：多年生草本
 海 拔：约 2000 m
 分 布：内蒙古
 濒危等级：LC

云岭乌头
Aconitum yunlingense Q. E. Yang et Z. D. Fang
 习 性：多年生草本
 海 拔：约 4100 m
 分 布：云南
 濒危等级：LC

类叶升麻属 Actaea L.

类叶升麻
Actaea asiatica H. Hara
 习 性：多年生草本
 海 拔：300 ~ 3100 m
 国内分布：甘肃、河北、黑龙江、湖北、吉林、辽宁、内蒙古、青海、山西、陕西、四川、西藏、云南
 国外分布：朝鲜半岛、俄罗斯、日本
 濒危等级：LC
 资源利用：药用（中草药）；农药

短果类叶升麻
Actaea brachycarpa(P. K. Hsiao) J. Compton
 习 性：多年生草本
 海 拔：1300 ~ 2000 m
 分 布：重庆、贵州、四川、云南
 濒危等级：LC

红果类叶升麻
Actaea erythrocarpa Fisch.
 习 性：多年生草本
 海 拔：700 ~ 1500 m
 国内分布：河北、黑龙江、吉林、辽宁、内蒙古、山西、云南
 国外分布：俄罗斯、蒙古、日本
 濒危等级：LC

披针类叶升麻
Actaea lancifoliolata(X. F. Pu & M. R. Jia) J. P. Luo, Q. Yuan et Q. E. Yang
 习 性：多年生草本
 海 拔：2500 m
 分 布：四川
 濒危等级：LC

侧金盏花属 Adonis L.

夏侧金盏花
Adonis aestivalis L.

夏侧金盏花（原变种）
Adonis aestivalis var. **aestivalis**
 习 性：一年生草本
 海 拔：约 1300 m
 国内分布：新疆
 国外分布：巴基斯坦、俄罗斯、克什米尔地区
 濒危等级：VU A2c；D1
 资源利用：环境利用（观赏）

小侧金盏花
Adonis aestivalis var. **parviflora** Bieb.
 习 性：一年生草本
 海 拔：1000 ~ 2900 m
 国内分布：西藏、新疆
 国外分布：欧洲、亚洲西南部
 濒危等级：LC

侧金盏花
Adonis amurensis Regel et Radde
 习 性：多年生草本
 海 拔：400 ~ 810 m
 国内分布：黑龙江、吉林、辽宁
 国外分布：朝鲜半岛、俄罗斯、日本
 濒危等级：VU B1ab (i , iii)
 资源利用：药用（中草药）；原料（纤维）；环境利用（观赏）

甘青侧金盏花
Adonis bobroviana Simonov.
 习 性：多年生草本
 海 拔：1900 ~ 2200 m
 分 布：甘肃、内蒙古、宁夏、青海
 濒危等级：LC

金黄侧金盏花
Adonis chrysocyathus Hook. f. et Thomson
 习 性：多年生草本
 海 拔：2200 ~ 2600 m

国内分布：西藏、新疆
国外分布：巴基斯坦、俄罗斯、克什米尔地区
濒危等级：LC
资源利用：药用（中草药）；环境利用（观赏）

短柱侧金盏花
Adonis davidii Franch.
习　　性：多年生草本
海　　拔：1900~3500 m
国内分布：甘肃、贵州、湖北、山西、陕西、四川、西藏、云南
国外分布：不丹
濒危等级：LC

辽吉侧金盏花
Adonis ramosa Franch.
习　　性：多年生草本
海　　拔：100~1600 m
国内分布：吉林、辽宁
国外分布：朝鲜半岛、俄罗斯、日本
濒危等级：LC

北侧金盏花
Adonis sibirica Patrin ex Ledeb.
习　　性：多年生草本
海　　拔：约1900 m
国内分布：内蒙古、新疆
国外分布：俄罗斯、蒙古
濒危等级：LC

蜀侧金盏花
Adonis sutchuenensis Franch.
习　　性：多年生草本
海　　拔：1100~3300 m
分　　布：陕西、四川
濒危等级：LC
资源利用：药用（中草药）

天山侧金盏花
Adonis tianschanica（Adolf）Lipsch. ex Bobrov
习　　性：多年生草本
海　　拔：约1900 m
国内分布：新疆
国外分布：俄罗斯
濒危等级：LC

罂粟莲花属 Anemoclema（Franch.）W. T. Wang

罂粟莲花
Anemoclema glaucifolium（Franch.）W. T. Wang
习　　性：多年生草本
海　　拔：1700~3000 m
分　　布：四川、云南
濒危等级：NT A2c；B1ab（i，iii）

银莲花属 Anemone L.

阿尔泰银莲花
Anemone altaica Fisch. ex C. A. Mey.
习　　性：多年生草本

海　　拔：1200~1800 m
国内分布：河南、湖北、山西、新疆
国外分布：俄罗斯
濒危等级：LC
资源利用：药用（中草药）

黑水银莲花
Anemone amurensis（Korsh.）Kom.
习　　性：多年生草本
海　　拔：400~810 m
国内分布：黑龙江、吉林、辽宁
国外分布：朝鲜半岛、俄罗斯
资源利用：药用（中草药）

毛果银莲花
Anemone baicalensis Turcz.

毛果银莲花（原变种）
Anemone baicalensis var. **baicalensis**
习　　性：多年生草本
海　　拔：500~3100 m
国内分布：甘肃、黑龙江、吉林、辽宁、山西、四川、云南
国外分布：朝鲜半岛、俄罗斯、蒙古
濒危等级：LC

甘肃银莲花
Anemone baicalensis var. **kansuensis**（W. T. Wang）W. T. Wang
习　　性：多年生草本
海　　拔：约2500 m
分　　布：甘肃
濒危等级：LC

细茎银莲花
Anemone baicalensis var. **rossii**（S. Moore）Kitag.
习　　性：多年生草本
国内分布：吉林、辽宁
国外分布：朝鲜半岛
濒危等级：LC

芹叶银莲花
Anemone baicalensis var. **saniculiformis**（C. Y. Wu et W. T. Wang）Ziman et B. E. Dutton
习　　性：多年生草本
海　　拔：2300~2900 m
分　　布：四川
濒危等级：LC

卵叶银莲花
Anemone begoniifolia H. Lév. et Vaniot
习　　性：多年生草本
海　　拔：700~1000 m
分　　布：广西、贵州、四川、云南
濒危等级：LC

短蕊银莲花
Anemone brachystema W. T. Wang
习　　性：多年生草本
分　　布：西藏
濒危等级：LC

短柱银莲花
Anemone brevistyla C. C. Chang ex W. T. Wang
  习 性：多年生草本
  海 拔：约 1800 m
  分 布：四川
  濒危等级：LC

银莲花
Anemone cathayensis Kitag. ex Ziman et Kadota

银莲花（原变种）
Anemone cathayensis var. **cathayensis**
  习 性：多年生草本
  海 拔：1000～2600 m
  国内分布：河北、山西
  国外分布：朝鲜半岛
  濒危等级：LC
  资源利用：环境利用（观赏）

毛蕊银莲花
Anemone cathayensis var. **hispida** Tamura
  习 性：多年生草本
  海 拔：1000～2800 m
  国内分布：河南
  国外分布：朝鲜半岛
  濒危等级：LC

蓝匙叶银莲花
Anemone coelestina Franch.

蓝匙叶银莲花（原变种）
Anemone coelestina var. **coelestina**
  习 性：多年生草本
  海 拔：3500～5000 m
  国内分布：四川、西藏
  国外分布：印度
  濒危等级：LC

拟条叶银莲花
Anemone coelestina var. **holophylla**(Diels)Ziman et B. E. Dutton
  习 性：多年生草本
  海 拔：2500～3500 m
  国内分布：四川、云南
  国外分布：不丹、尼泊尔、印度
  濒危等级：LC

条叶银莲花
Anemone coelestina var. **linearis**（Diels）Ziman et B. E. Dutton
  习 性：多年生草本
  海 拔：3500～5000 m
  国内分布：甘肃、青海、四川、西藏、云南
  国外分布：不丹
  濒危等级：LC

西南银莲花
Anemone davidii Franch.
  习 性：多年生草本
  海 拔：1000～3500 m
  分 布：贵州、湖北、湖南、四川、西藏、云南
  资源利用：药用（中草药）

滇川银莲花
Anemone delavayi Franch.

滇川银莲花（原变种）
Anemone delavayi var. **delavayi**
  习 性：多年生草本
  海 拔：2400～3000 m
  分 布：云南
  濒危等级：LC

少果银莲花
Anemone delavayi var. **oligocarpa**(C. Pei)Ziman et B. E. Dutton
  习 性：多年生草本
  海 拔：2800～3000 m
  分 布：四川
  濒危等级：LC

展毛银莲花
Anemone demissa J. D. Hooker et Thomson

展毛银莲花（原变种）
Anemone demissa var. **demissa**
  习 性：多年生草本
  海 拔：3200～4600 m
  国内分布：甘肃、青海、四川、西藏
  国外分布：巴基斯坦、不丹、尼泊尔、印度
  濒危等级：LC

宽叶展毛银莲花
Anemone demissa var. **major** W. T. Wang
  习 性：多年生草本
  海 拔：3200～4100 m
  国内分布：四川、西藏、云南
  国外分布：不丹
  濒危等级：LC

密毛银莲花
Anemone demissa var. **villosissima** Brühl
  习 性：多年生草本
  海 拔：3000～5000 m
  国内分布：甘肃、四川、西藏、云南
  国外分布：不丹、尼泊尔、印度
  濒危等级：LC

云南银莲花
Anemone demissa var. **yunnanensis** Franch.
  习 性：多年生草本
  海 拔：3200～4000 m
  分 布：四川、云南
  濒危等级：LC

二歧银莲花
Anemone dichotoma L.
  习 性：多年生草本
  海 拔：约 590 m
  国内分布：黑龙江、吉林
  国外分布：俄罗斯、蒙古
  濒危等级：LC

资源利用：药用（中草药）

加长银莲花

Anemone elongata D. Don
习　　性：多年生草本
海　　拔：1800~3700 m
国内分布：西藏
国外分布：缅甸、尼泊尔、印度
濒危等级：LC

红叶银莲花

Anemone erythrophylla Finet et Gagnep.
习　　性：多年生草本
海　　拔：1800~2200 m
分　　布：四川
濒危等级：LC

小银莲花

Anemone exigua Maxim.

小银莲花（原变种）

Anemone exigua var. **exigua**
习　　性：多年生草本
海　　拔：2000~3500 m
分　　布：甘肃、青海、山西、四川、台湾、云南
濒危等级：LC

山西银莲花

Anemone exigua var. **shanxiensis** B. L. Li et X. Y. Yu
习　　性：多年生草本
海　　拔：约2100 m
分　　布：山西
濒危等级：LC

细萼银莲花

Anemone filisecta C. Y. Wu et W. T. Wang
习　　性：多年生草本
海　　拔：500~600 m
分　　布：云南

鹅掌草

Anemone flaccida F. Schmidt

鹅掌草（原变种）

Anemone flaccida var. **flaccida**
习　　性：多年生草本
海　　拔：1100~3000 m
国内分布：安徽、贵州、湖北、湖南、江苏、江西、四川、云南、浙江
国外分布：俄罗斯、日本
濒危等级：LC
资源利用：药用（中草药）

安徽银莲花

Anemone flaccida var. **anhuiensis**(Y. K. Yang, N. Wang et W. C. Ye)Ziman et B. E. Dutton
习　　性：多年生草本
海　　拔：约1000 m
分　　布：安徽
濒危等级：LC

展毛鹅掌草

Anemone flaccida var. **hirtella** W. T. Wang
习　　性：多年生草本
海　　拔：约1000 m
分　　布：湖北
濒危等级：LC

鹤峰银莲花

Anemone flaccida var. **hofengensis**(W. T. Wang)Ziman et B. E. Dutton
习　　性：多年生草本
海　　拔：1200~1800 m
分　　布：湖北、湖南、四川
濒危等级：LC

涪陵银莲花

Anemone fulingensis W. T. Wang et Z. Y. Liu
习　　性：多年生草本
分　　布：重庆
濒危等级：LC

路边青银莲花

Anemone geum H. Lév.

路边青银莲花（原亚种）

Anemone geum subsp. **geum**
习　　性：多年生草本
海　　拔：1900~5000 m
国内分布：甘肃、河北、宁夏、青海、山西、陕西、四川、西藏、新疆
国外分布：尼泊尔、印度
濒危等级：LC

疏齿银莲花

Anemone geum subsp. **ovalifolia**(Brühl)R. P. Chaudhary
习　　性：多年生草本
海　　拔：4000~5000 m
国内分布：甘肃、四川、云南
国外分布：尼泊尔、印度
濒危等级：LC
资源利用：药用（中草药）

块茎银莲花

Anemone gortschakowii Kar. et Kir.
习　　性：多年生草本
海　　拔：1400~3100 m
国内分布：新疆
国外分布：哈萨克斯坦
濒危等级：LC

三出银莲花

Anemone griffithii Hook. f. et Thomson
习　　性：多年生草本
海　　拔：1600~3000 m
国内分布：四川、西藏
国外分布：不丹、尼泊尔、印度
濒危等级：LC

河口银莲花

Anemone hokouensis C. Y. Wu ex W. T. Wang

习　　性：多年生草本
海　　拔：约1200 m
分　　布：云南
濒危等级：CR B1ab（iii）

拟卵叶银莲花
Anemone howellii Jeffrey et W. W. Sm.
习　　性：多年生草本
海　　拔：700~2300 m
国内分布：广西、云南
国外分布：缅甸、印度
濒危等级：LC

打破碗花花
Anemone hupehensis（Lemoine）Lemoine

打破碗花花（原变种）
Anemone hupehensis var. **hupehensis**
习　　性：多年生草本
海　　拔：400~2600 m
分　　布：广东、广西、贵州、湖北、江西、陕西、四川、台湾、云南、浙江
濒危等级：LC
资源利用：药用（中草药）；农药；环境利用（观赏）

秋牡丹
Anemone hupehensis var. **japonica**（Thunb.）Bowles et Stearn
习　　性：多年生草本
海　　拔：1400~2700 m
国内分布：安徽、福建、广东、江苏、江西、云南、浙江
国外分布：日本
濒危等级：LC
资源利用：药用（中草药）

叠裂银莲花
Anemone imbricata Maxim.
习　　性：多年生草本
海　　拔：3200~5300 m
分　　布：甘肃、青海、四川、西藏
濒危等级：LC
资源利用：药用（中草药）

锐裂银莲花
Anemone laceratoincisa W. T. Wang
习　　性：多年生草本
分　　布：甘肃
濒危等级：LC

米林银莲花
Anemone milinensis W. T. Wang
习　　性：多年生草本
海　　拔：约4200 m
分　　布：西藏
濒危等级：LC

墨脱银莲花
Anemone motuoensis W. T. Wang
习　　性：多年生小草本
海　　拔：约3600 m

分　　布：西藏
濒危等级：LC

水仙银莲花
Anemone narcissiflora L.

长毛银莲花
Anemone narcissiflora subsp. **crinita**（Juz.）Kitag.
习　　性：多年生草本
海　　拔：2300~4000 m
国内分布：内蒙古、宁夏、新疆、云南
国外分布：朝鲜半岛、俄罗斯、蒙古
濒危等级：LC

伏毛银莲花
Anemone narcissiflora subsp. **protracta**（Ulbr.）Ziman et Fedor.
习　　性：多年生草本
海　　拔：1800~3800 m
国内分布：新疆、云南
国外分布：阿富汗、巴基斯坦、哈萨克斯坦、塔吉克斯坦
濒危等级：LC

钝裂银莲花
Anemone obtusiloba D. Don

钝裂银莲花（原亚种）
Anemone obtusiloba subsp. **obtusiloba**
习　　性：多年生草本
海　　拔：2900~4000 m
国内分布：四川、西藏
国外分布：阿富汗、巴基斯坦、不丹、克什米尔地区、蒙古、缅甸、尼泊尔、印度
濒危等级：LC

光叶银莲花
Anemone obtusiloba subsp. **leiophylla** W. T. Wang
习　　性：多年生草本
海　　拔：2900~3000 m
分　　布：云南
濒危等级：LC

镇康银莲花
Anemone obtusiloba subsp. **megaphylla** W. T. Wang
习　　性：多年生草本
海　　拔：约3400 m
分　　布：云南
濒危等级：LC

直果银莲花
Anemone orthocarpa Hand.-Mazz.
习　　性：多年生草本
分　　布：贵州
濒危等级：LC

天全银莲花
Anemone patula W. T. Wang

天全银莲花（原变种）
Anemone patula var. **patula**
习　　性：多年生草本

海　　拔：3500~4000 m
分　　布：四川
濒危等级：LC

鸡足叶银莲花
Anemone patula var. **minor** W. T. Wang
习　　性：多年生草本
海　　拔：3500~4000 m
分　　布：四川
濒危等级：LC

多果银莲花
Anemone polycarpa W. E. Evans
习　　性：多年生草本
海　　拔：3600~4800 m
国内分布：四川、西藏、云南
国外分布：不丹、尼泊尔、印度
濒危等级：LC

川西银莲花
Anemone prattii Huth ex Ulbr.
习　　性：多年生草本
海　　拔：1700~2400 m
分　　布：四川、云南
濒危等级：LC

多被银莲花
Anemone raddeana Regel

多被银莲花（原变种）
Anemone raddeana var. **raddeana**
习　　性：多年生草本
海　　拔：约800 m
国内分布：黑龙江、吉林、辽宁、山东
国外分布：朝鲜半岛、俄罗斯、日本
濒危等级：LC
资源利用：药用（中草药）

龙王山银莲花
Anemone raddeana var. **lacerata** Y. L. Xu
习　　性：多年生草本
海　　拔：500~1000 m
国内分布：黑龙江、吉林、辽宁、山东
国外分布：朝鲜半岛、俄罗斯、日本
濒危等级：LC

反萼银莲花
Anemone reflexa Stephan
习　　性：多年生草本
海　　拔：800~1750 m
国内分布：河南、吉林、陕西
国外分布：朝鲜半岛、俄罗斯、蒙古
濒危等级：LC
资源利用：药用（中草药）

草玉梅
Anemone rivularis Buch. -Ham. ex DC.

草玉梅（原变种）
Anemone rivularis var. **rivularis**
习　　性：多年生草本
海　　拔：800~4900 m
国内分布：甘肃、广西、贵州、河北、河南、湖北、内蒙古、宁夏、青海、陕西、四川、西藏、新疆、云南
国外分布：不丹、尼泊尔、斯里兰卡、印度、印度尼西亚
濒危等级：LC
资源利用：药用（中草药）；农药

大理草玉梅
Anemone rivularis var. **daliensis** X. D. Dong et Lin Yang
习　　性：多年生草本
海　　拔：约2900 m
分　　布：云南
濒危等级：LC

小花草玉梅
Anemone rivularis var. **flore-minore** Maxim.
习　　性：多年生草本
海　　拔：900~3000 m
分　　布：甘肃、河北、河南、内蒙古、宁夏、青海、陕西、四川、新疆
濒危等级：LC

粗壮银莲花
Anemone robusta W. T. Wang
习　　性：多年生草本
海　　拔：2500~3000 m
分　　布：云南
濒危等级：LC

粗柱银莲花
Anemone robustostylosa R. H. Miao
习　　性：多年生草本
分　　布：广西
濒危等级：LC

岷山银莲花
Anemone rockii Ulbr.

岷山银莲花（原变种）
Anemone rockii var. **rockii**
习　　性：多年生草本
海　　拔：2100~4000 m
国内分布：甘肃、四川、西藏、云南
国外分布：不丹、克什米尔地区、尼泊尔、印度
濒危等级：LC

多茎银莲花
Anemone rockii var. **multicaulis** W. T. Wang
习　　性：多年生草本
海　　拔：2900~3100 m
分　　布：四川
濒危等级：LC

巫溪银莲花
Anemone rockii var. **pilocarpa** W. T. Wang
习　　性：多年生草本
海　　拔：2100~2300 m

分　　布：四川
濒危等级：LC

湿地银莲花
Anemone rupestris Wall. ex Hook. f. et Thomson

湿地银莲花（原亚种）
Anemone rupestris subsp. rupestris
　　习　　性：多年生草本
　　海　　拔：2500~3000 m
　　国内分布：西藏、云南
　　国外分布：不丹、尼泊尔、印度
　　濒危等级：LC

冻地银莲花
Anemone rupestris subsp. gelida (Maxim.) Lauener
　　习　　性：多年生草本
　　海　　拔：4800~5000 m
　　国内分布：四川、西藏、云南
　　国外分布：不丹、尼泊尔、印度
　　濒危等级：LC

岩生银莲花
Anemone rupicola Cambess.
　　习　　性：多年生草本
　　海　　拔：2400~4200 m
　　国内分布：四川、西藏、云南
　　国外分布：阿富汗、巴基斯坦、不丹、克什米尔地区、尼泊尔、印度
　　濒危等级：LC

糙叶银莲花
Anemone scabriuscula W. T. Wang
　　习　　性：多年生草本
　　海　　拔：约3000 m
　　分　　布：云南
　　濒危等级：LC

山东银莲花
Anemone shikokiana (Makino) Makino
　　习　　性：多年生草本
　　海　　拔：600~1100 m
　　国内分布：山东
　　国外分布：日本
　　濒危等级：VU A2c

红萼银莲花
Anemone smithiana Lauener et Panigrahi
　　习　　性：多年生草本
　　海　　拔：3800~4300 m
　　国内分布：西藏
　　国外分布：不丹、尼泊尔、印度
　　濒危等级：LC

匍枝银莲花
Anemone stolonifera Maxim.
　　习　　性：多年生草本
　　海　　拔：1200~2600 m
　　国内分布：黑龙江、台湾
　　国外分布：朝鲜半岛、日本
　　濒危等级：LC

微裂银莲花
Anemone subindivisa W. T. Wang
　　习　　性：多年生草本
　　海　　拔：2500~4000 m
　　分　　布：四川、云南
　　濒危等级：LC

近羽裂银莲花
Anemone subpinnata W. T. Wang
　　习　　性：多年生草本
　　海　　拔：约3700 m
　　分　　布：四川
　　濒危等级：LC

大花银莲花
Anemone sylvestris L.
　　习　　性：多年生草本
　　海　　拔：1300~3400 m
　　国内分布：河北、黑龙江、吉林、辽宁、内蒙古、西藏
　　国外分布：俄罗斯、蒙古
　　濒危等级：LC

太白银莲花
Anemone taipaiensis W. T. Wang
　　习　　性：多年生草本
　　海　　拔：2900~3700 m
　　分　　布：陕西
　　濒危等级：LC

复伞银莲花
Anemone tetrasepala Royle
　　习　　性：多年生草本
　　海　　拔：2400~3100 m
　　国内分布：西藏
　　国外分布：阿富汗、巴基斯坦、克什米尔地区、印度
　　濒危等级：LC

西藏银莲花
Anemone tibetica W. T. Wang
　　习　　性：多年生草本
　　海　　拔：约3100 m
　　分　　布：西藏
　　濒危等级：LC

大火草
Anemone tomentosa (Maxim.) C. P'ei
　　习　　性：多年生草本
　　海　　拔：700~3400 m
　　分　　布：河北、河南、湖北、青海、山西、陕西、四川
　　濒危等级：LC
　　资源利用：药用（中草药）；原料（纤维，工业用油）

匙叶银莲花
Anemone trullifolia Hook. f. et Thomson

匙叶银莲花（原变种）
Anemone trullifolia var. trullifolia

习　　性：多年生草本
海　　拔：2500~4500 m
国内分布：四川、西藏、云南
国外分布：不丹、尼泊尔、印度
濒危等级：LC

凉山银莲花
Anemone trullifolia var. **liangshanica** (W. T. Wang) Ziman et B. E. Dutton
习　　性：多年生草本
海　　拔：2800~3600 m
分　　布：四川
濒危等级：LC

鲁甸银莲花
Anemone trullifolia var. **lutienensis** (W. T. Wang) Ziman et B. E. Dutton
习　　性：多年生草本
海　　拔：约4000 m
分　　布：云南
濒危等级：LC

乌德银莲花
Anemone udensis Trautv. et C. A. Mey.
习　　性：多年生草本
海　　拔：200~500 m
国内分布：吉林、辽宁
国外分布：朝鲜半岛、俄罗斯
濒危等级：LC

阴地银莲花
Anemone umbrosa C. A. Mey.
习　　性：多年生草本
海　　拔：200~500 m
分　　布：黑龙江、吉林、辽宁
濒危等级：LC

野棉花
Anemone vitifolia Buch.-Ham. ex DC.
习　　性：多年生草本
海　　拔：1200~2700 m
国内分布：四川、西藏、云南
国外分布：不丹、克什米尔地区、缅甸、尼泊尔、印度
濒危等级：LC
资源利用：药用（中草药）；农药

小五台银莲花
Anemone xiaowutaishanica W. T. Wang et Bing Liu
习　　性：多年生草本
分　　布：河北
濒危等级：LC

兴义银莲花
Anemone xingyiensis Q. Yuan et Q. E. Yang
习　　性：多年生草本
分　　布：贵州
濒危等级：LC

玉龙银莲花
Anemone yulongshanica W. T. Wang

玉龙银莲花（原变种）
Anemone yulongshanica var. **yulongshanica**
习　　性：多年生草本
海　　拔：约2800 m
分　　布：云南
濒危等级：LC

福贡银莲花
Anemone yulongshanica var. **glabrescens** W. T. Wang
习　　性：多年生草本
分　　布：云南
濒危等级：LC

截基银莲花
Anemone yulongshanica var. **truncata** (H. F. Comber) W. T. Wang
习　　性：多年生草本
海　　拔：2600~3900 m
分　　布：四川、云南
濒危等级：LC

耧斗菜属 Aquilegia L.

暗紫耧斗菜
Aquilegia atrovinosa Popov ex Gamajun.
习　　性：多年生草本
海　　拔：1800~3600 m
国内分布：新疆
国外分布：哈萨克斯坦
濒危等级：LC

短距耧斗菜
Aquilegia brevicalcarata Kolok. ex Serg.
习　　性：多年生草本
分　　布：新疆
濒危等级：LC

大花耧斗菜
Aquilegia glandulosa Fisch. ex Link
习　　性：多年生草本
海　　拔：1900~2700 m
国内分布：新疆
国外分布：俄罗斯、蒙古
濒危等级：LC

秦岭耧斗菜
Aquilegia incurvata P. G. Xiao
习　　性：多年生草本
海　　拔：1000~2000 m
分　　布：甘肃、陕西、四川
濒危等级：LC
资源利用：药用（中草药）

白山耧斗菜
Aquilegia japonica Nakai et H. Hara
习　　性：多年生草本
国内分布：黑龙江、吉林
国外分布：朝鲜半岛、日本
濒危等级：LC

白花耧斗菜
Aquilegia lactiflora Kar. et Kir.

习　　性：多年生草本
国内分布：新疆
国外分布：俄罗斯、哈萨克斯坦
濒危等级：LC

腺毛耧斗菜
Aquilegia moorcroftiana Wall. ex Royle
习　　性：多年生草本
海　　拔：约3700 m
国内分布：西藏
国外分布：巴基斯坦、俄罗斯、印度
濒危等级：LC

尖萼耧斗菜
Aquilegia oxysepala Trautv. et C. A. Mey.

尖萼耧斗菜（原变种）
Aquilegia oxysepala var. **oxysepala**
习　　性：多年生草本
海　　拔：400~1000 m
国内分布：黑龙江、吉林、辽宁、内蒙古
国外分布：朝鲜半岛、俄罗斯
濒危等级：LC
资源利用：药用（中草药）；环境利用（观赏）

甘肃耧斗菜
Aquilegia oxysepala var. **kansuensis** Brühl
习　　性：多年生草本
海　　拔：1300~2700 m
分　　布：甘肃、贵州、宁夏、青海、陕西、四川、云南
濒危等级：LC

小花耧斗菜
Aquilegia parviflora Ledeb.
习　　性：多年生草本
海　　拔：2500~3500 m
国内分布：黑龙江
国外分布：俄罗斯、蒙古、日本
濒危等级：LC
资源利用：药用（中草药）

直距耧斗菜
Aquilegia rockii Munz
习　　性：多年生草本
海　　拔：2500~3500 m
分　　布：四川、西藏、云南
濒危等级：DD

西伯利亚耧斗菜
Aquilegia sibirica Lam.
习　　性：多年生草本
海　　拔：1600~2000 m
国内分布：新疆
国外分布：俄罗斯、哈萨克斯坦、蒙古
濒危等级：LC

耧斗菜
Aquilegia viridiflora Pall.

耧斗菜（原变种）
Aquilegia viridiflora var. **viridiflora**
习　　性：多年生草本
海　　拔：200~2400 m
国内分布：甘肃、河北、黑龙江、湖北、吉林、辽宁、内蒙古、宁夏、山东、山西、陕西
国外分布：俄罗斯、蒙古、日本
濒危等级：LC
资源利用：药用（中草药）；环境利用（观赏）

紫花耧斗菜
Aquilegia viridiflora var. **atropurpurea**(Willd.)Finet et Gagnep.
习　　性：多年生草本
国内分布：河北、辽宁、内蒙古、青海、山东、山西
国外分布：俄罗斯、蒙古
濒危等级：LC

星果草属 Asteropyrum J. R. Drumm. et Hutch.

裂叶星果草
Asteropyrum peltataum subsp. **cavaleriei** Q. Yuan et Q. E. Yang
习　　性：多年生草本
海　　拔：1000~1100 m
分　　布：重庆、广西、贵州、湖南、四川、云南
濒危等级：NT A2ac+3ac
资源利用：药用（中草药）

星果草
Asteropyrum peltatum(Franch.)J. R. Drumm. et Hutch.
习　　性：多年生草本
海　　拔：2000~4000 m
国内分布：湖北、四川、云南
国外分布：不丹、缅甸
濒危等级：VU A2ac+3ac；B1ab（i，iii）

水毛茛属 Batrachium(DC.)Gray

水毛茛
Batrachium bungei(Steud.)L. Liou

水毛茛（原变种）
Batrachium bungei var. **bungei**
习　　性：多年生草本
海　　拔：海平面至4800 m
国内分布：甘肃、广西、河北、湖北、江苏、辽宁、青海、山西、四川、西藏、云南、浙江
国外分布：克什米尔地区
濒危等级：LC

黄花水毛茛
Batrachium bungei var. **flavidum**(Hand.-Mazz.)L. Liou
习　　性：多年生草本
海　　拔：1700~4900 m
国内分布：甘肃、四川、西藏
国外分布：克什米尔地区
濒危等级：LC

小花水毛茛
Batrachium bungei var. **micranthum** W. T. Wang
习　　性：多年生草本
海　　拔：200~2300 m
分　　布：湖南、江西、云南

濒危等级：EN B1ab（iii，v）

歧裂水毛茛
Batrachium divaricatum(Schrank) Schur
- 习　　性：多年生草本
- 海　　拔：900~2000 m
- 国内分布：新疆
- 国外分布：俄罗斯、哈萨克斯坦
- 濒危等级：LC

小水毛茛
Batrachium eradicatum(Laest.) Fr.
- 习　　性：多年生水生草本
- 海　　拔：500~3900 m
- 国内分布：黑龙江、内蒙古、四川、西藏、新疆、云南
- 国外分布：俄罗斯、哈萨克斯坦
- 濒危等级：LC

硬叶水毛茛
Batrachium foeniculaceum(Gilib.) Krecz.
- 习　　性：多年生草本
- 海　　拔：300~3600 m
- 国内分布：甘肃、黑龙江、内蒙古、山西、新疆、云南
- 国外分布：俄罗斯、哈萨克斯坦、蒙古
- 濒危等级：LC

长叶水毛茛
Batrachium kauffmanii(Clerc) Krecz.
- 习　　性：多年生草本
- 海　　拔：约900 m
- 国内分布：黑龙江、吉林、新疆
- 国外分布：俄罗斯、蒙古
- 濒危等级：LC

北京水毛茛
Batrachium pekinense L. Liou
- 习　　性：多年生草本
- 海　　拔：100~500 m
- 分　　布：北京
- 濒危等级：EN B1ab（i，iii，iv，v）
- 国家保护：II级

钻托水毛茛
Batrachium rionii(Lagger) Nyman
- 习　　性：一年生草本
- 海　　拔：100 m以下
- 国内分布：北京
- 国外分布：阿富汗、巴基斯坦、哈萨克斯坦
- 濒危等级：VU A2c

毛柄水毛茛
Batrachium trichophyllum(Chaix ex Vill.) Bosch

毛柄水毛茛（原变种）
Batrachium trichophyllum var. **trichophyllum**
- 习　　性：多年生草本
- 海　　拔：100~3600 m
- 国内分布：甘肃、黑龙江、辽宁、内蒙古、青海、陕西、西藏、新疆
- 国外分布：巴基斯坦、俄罗斯、哈萨克斯坦
- 濒危等级：LC

资源利用：环境利用（观赏）

多毛水毛茛
Batrachium trichophyllum var. **hirtellum** L. Liou
- 习　　性：多年生草本
- 海　　拔：约3500 m
- 分　　布：四川
- 濒危等级：LC

镜泊水毛茛
Batrachium trichophyllum var. **jingpoense**(G. Y. Zhang, C. Wang et X. J. Liu) W. T. Wang
- 习　　性：多年生草本
- 分　　布：黑龙江
- 濒危等级：LC

铁破锣属 Beesia Balf. f. et W. W. Sm.

铁破锣
Beesia calthifolia(Maxim. ex Oliv.) Ulbr.
- 习　　性：多年生草本
- 海　　拔：1400~3500 m
- 国内分布：甘肃、广西、贵州、湖北、湖南、山西、四川、云南
- 国外分布：缅甸
- 濒危等级：LC
- 资源利用：药用（中草药）

角叶铁破锣
Beesia deltophylla C. Y. Wu
- 习　　性：多年生草本
- 海　　拔：约2300 m
- 分　　布：西藏
- 濒危等级：VU A2c；B1ab（i，iii，v）+2ab（i，iii，v）；C1a（ii）

鸡爪草属 Calathodes Hook. f. et Thomson

鸡爪草
Calathodes oxycarpa Sprague
- 习　　性：多年生草本
- 海　　拔：2400~3200 m
- 分　　布：湖北、四川、云南
- 濒危等级：CR B1ab（iii）
- 资源利用：药用（中草药）

黄花鸡爪草
Calathodes palmata Hook. f. et Thomson
- 习　　性：多年生草本
- 海　　拔：2500~3500 m
- 国内分布：西藏
- 国外分布：不丹、尼泊尔、印度
- 濒危等级：CR B1ab（iii）

台湾鸡爪草
Calathodes polycarpa Ohwi
- 习　　性：多年生草本
- 海　　拔：1800~2000 m
- 分　　布：台湾
- 濒危等级：LC

多果鸡爪草
Calathodes unciformis W. T. Wang
　　习　　性：多年生草本
　　海　　拔：1800~2000 m
　　分　　布：贵州、湖北、云南
　　濒危等级：LC

美花草属 Callianthemum C. A. Mey.

厚叶美花草
Callianthemum alatavicum Freyn
　　习　　性：多年生草本
　　海　　拔：2600~3400 m
　　国内分布：新疆
　　国外分布：巴基斯坦、俄罗斯、克什米尔地区、蒙古
　　濒危等级：LC

薄叶美花草
Callianthemum angustifolium Witasek
　　习　　性：多年生草本
　　海　　拔：约2200 m
　　国内分布：新疆
　　国外分布：俄罗斯、蒙古
　　濒危等级：DD

川甘美花草
Callianthemum farreri W. W. Sm.
　　习　　性：多年生草本
　　海　　拔：3500~4000 m
　　分　　布：甘肃、山西、四川
　　濒危等级：LC

美花草
Callianthemum pimpinelloides (D. Don) Hook. f. et Thomson
　　习　　性：多年生草本
　　海　　拔：3200~5600 m
　　国内分布：青海、四川、西藏、云南
　　国外分布：阿富汗、巴基斯坦、不丹、克什米尔地区、尼泊尔、印度
　　濒危等级：LC

太白美花草
Callianthemum taipaicum W. T. Wang
　　习　　性：多年生草本
　　海　　拔：3400~3600 m
　　分　　布：陕西
　　濒危等级：EN D
　　资源利用：药用（中草药）

驴蹄草属 Caltha L.

白花驴蹄草
Caltha natans Pall.
　　习　　性：沉水草本
　　海　　拔：约700 m
　　国内分布：黑龙江、内蒙古
　　国外分布：俄罗斯、蒙古
　　濒危等级：VU B1ab (i, iii)

驴蹄草
Caltha palustris L.

驴蹄草（原变种）
Caltha palustris var. **palustris**
　　习　　性：多年生草本
　　海　　拔：600~4000 m
　　国内分布：甘肃、贵州、河北、河南、内蒙古、山西、四川、西藏、新疆、云南、浙江
　　国外分布：北半球温带
　　濒危等级：LC
　　资源利用：药用（中草药）；农药

长柱驴蹄草
Caltha palustris var. **himalaica** Tamura
　　习　　性：多年生草本
　　海　　拔：2800~3100 m
　　国内分布：西藏
　　国外分布：不丹、尼泊尔
　　濒危等级：DD

膜叶驴蹄草
Caltha palustris var. **membranacea** Turcz.
　　习　　性：多年生草本
　　国内分布：黑龙江、吉林、辽宁
　　国外分布：朝鲜半岛、俄罗斯、蒙古
　　濒危等级：LC

三角叶驴蹄草
Caltha palustris var. **sibirica** Regel
　　习　　性：多年生草本
　　国内分布：黑龙江、吉林、辽宁、内蒙古
　　国外分布：朝鲜半岛、俄罗斯、蒙古
　　濒危等级：LC
　　资源利用：药用（中草药）

掌裂驴蹄草
Caltha palustris var. **umbrosa** Diels
　　习　　性：多年生草本
　　海　　拔：约2900 m
　　分　　布：四川、云南
　　濒危等级：DD

花葶驴蹄草
Caltha scaposa Hook. f. et Thomson
　　习　　性：多年生草本
　　海　　拔：2800~4100 m
　　国内分布：甘肃、青海、四川、西藏、云南
　　国外分布：不丹、尼泊尔、印度
　　濒危等级：LC

角果毛茛属 Ceratocephala Moench

弯喙角果毛茛
Ceratocephala falcata (L.) Pers.
　　习　　性：一年生草本
　　国内分布：新疆
　　国外分布：巴基斯坦、哈萨克斯坦
　　濒危等级：LC

角果毛茛
Ceratocephala testiculata (Crantz) Roth
 习 性：一年生草本
 海 拔：600~1600 m
 国内分布：新疆
 国外分布：巴基斯坦、俄罗斯、哈萨克斯坦、吉尔吉斯斯坦
 濒危等级：LC

升麻属 Cimicifuga Wernisch.

兴安升麻
Cimicifuga dahurica (Turcz. ex Fisch. et C. A. Mey.) Maxim.
 习 性：多年生草本
 海 拔：300~1200 m
 国内分布：河北、河南、黑龙江、辽宁、内蒙古、山西、陕西
 国外分布：朝鲜半岛、俄罗斯、蒙古
 濒危等级：LC
 资源利用：药用（中草药）

升麻
Cimicifuga foetida L.

升麻（原变种）
Cimicifuga foetida var. **foetida**
 习 性：多年生草本
 海 拔：1700~2300 m
 国内分布：甘肃、河南、湖北、青海、山西、陕西、四川、西藏、云南
 国外分布：不丹、俄罗斯、哈萨克斯坦、蒙古、缅甸、印度
 濒危等级：LC
 资源利用：药用（中草药）；农药

两裂升麻
Cimicifuga foetida var. **bifida** W. T. Wang et P. G. Xiao
 习 性：多年生草本
 海 拔：3300 m
 分 布：西藏
 濒危等级：LC

多小叶升麻
Cimicifuga foetida var. **foliolosa** P. G. Xiao
 习 性：多年生草本
 海 拔：3000~3600 m
 分 布：四川、西藏
 濒危等级：LC

长苞升麻
Cimicifuga foetida var. **longibracteata** P. G. Xiao
 习 性：多年生草本
 海 拔：约3400 m
 分 布：云南
 濒危等级：DD

毛叶升麻
Cimicifuga foetida var. **velutina** Franch. ex Finet et Gagnep.
 习 性：多年生草本
 海 拔：3000~3200 m
 分 布：四川、云南
 濒危等级：DD

大三叶升麻
Cimicifuga heracleifolia Kom.
 习 性：多年生草本
 海 拔：海平面至1000 m
 国内分布：黑龙江、吉林、辽宁、内蒙古
 国外分布：朝鲜半岛、俄罗斯
 濒危等级：LC
 资源利用：药用（中草药）

小升麻
Cimicifuga japonica (Thunb.) Spreng.
 习 性：多年生草本
 海 拔：800~2600 m
 国内分布：安徽、甘肃、广东、贵州、海南、河北、河南、湖北、湖南、江西、山西、陕西、四川、云南、浙江
 国外分布：朝鲜半岛、日本
 濒危等级：LC
 资源利用：药用（中草药）；农药

南川升麻
Cimicifuga nanchuanensis P. K. Hsiao
 习 性：多年生草本
 海 拔：1000 m
 分 布：四川
 濒危等级：EN D

单穗升麻
Cimicifuga simplex (DC.) Wormsk. ex Turcz.
 习 性：多年生草本
 海 拔：300~3200 m
 国内分布：甘肃、广东、河北、黑龙江、吉林、辽宁、内蒙古、陕西、四川、台湾、浙江
 国外分布：朝鲜半岛、俄罗斯、蒙古、日本
 濒危等级：LC
 资源利用：药用（中草药）

云南升麻
Cimicifuga yunnanensis P. G. Xiao
 习 性：多年生草本
 海 拔：2900~4100 m
 分 布：云南
 濒危等级：LC

铁线莲属 Clematis L.

槭叶铁线莲
Clematis acerifolia Maxim.
 国家保护：Ⅱ级

槭叶铁线莲（原变种）
Clematis acerifolia var. **acerifolia**
 习 性：灌木
 海 拔：约200 m
 分 布：北京
 濒危等级：VU A2abc+3bc
 资源利用：环境利用（观赏）

无裂槭叶铁线莲
Clematis acerifolia var. **elobata** S. X. Yang
习　　性：灌木
海　　拔：600～800 m
分　　布：河南
濒危等级：LC

长尾尖铁线莲
Clematis acuminata W. T. Wang
习　　性：木质藤本
分　　布：云南
濒危等级：LC

芹叶铁线莲
Clematis aethusifolia Turcz.

芹叶铁线莲（原变种）
Clematis aethusifolia var. **aethusifolia**
习　　性：多年生草本
海　　拔：300～3000 m
国内分布：甘肃、河北、内蒙古、宁夏、青海、山西、陕西
国外分布：俄罗斯、蒙古
濒危等级：LC
资源利用：药用（中草药）

宽芹叶铁线莲
Clematis aethusifolia var. **latisecta** Maxim.
习　　性：多年生草本
海　　拔：1500～2000 m
国内分布：河北、内蒙古、山西、陕西
国外分布：俄罗斯、蒙古
濒危等级：LC

甘川铁线莲
Clematis akebioides(Maxim.) H. J. Veitch
习　　性：木质藤本
海　　拔：1200～3600 m
分　　布：甘肃、内蒙古、青海、山西、陕西、四川、西藏、云南
濒危等级：LC

屏东铁线莲
Clematis akoensis Hayata
习　　性：木质藤本
海　　拔：海平面至800 m
分　　布：台湾
濒危等级：NT

互叶铁线莲
Clematis alternata Kitam. et Tamura
习　　性：攀援灌木
海　　拔：2200～2500 m
国内分布：西藏
国外分布：尼泊尔
濒危等级：NT D1

女萎
Clematis apiifolia DC.

女萎（原变种）
Clematis apiifolia var. **apiifolia**
习　　性：木质藤本
海　　拔：100～2300 m
国内分布：安徽、福建、江苏、江西、浙江
国外分布：朝鲜、日本
濒危等级：LC
资源利用：药用（中草药）

钝齿铁线莲
Clematis apiifolia var. **argentilucida**(H. Lév. et Vaniot) W. T. Wang
习　　性：木质藤本
海　　拔：200～2300 m
分　　布：安徽、甘肃、广东、广西、贵州、河南、湖北、湖南、江苏、江西、陕西、四川、云南、浙江
濒危等级：LC
资源利用：药用（中草药）

小木通
Clematis armandii Franch.

小木通（原变种）
Clematis armandii var. **armandii**
习　　性：木质藤本
海　　拔：100～2400 m
分　　布：福建、广东、广西、贵州、湖北、湖南、江西、陕西、四川、西藏、云南、浙江
国外分布：缅甸
濒危等级：LC

大花小木通
Clematis armandii var. **farquhariana** (Rehder et E. H. Wilson) W. T. Wang
习　　性：木质藤本
海　　拔：500～1500 m
分　　布：湖北、湖南、四川
濒危等级：LC

鹤峰铁线莲
Clematis armandii var. **hefengensis**(G. F. Tao) W. T. Wang
习　　性：木质藤本
海　　拔：约1400 m
分　　布：湖北
濒危等级：LC

甘南铁线莲
Clematis austrogansuensis W. T. Wang
习　　性：木质藤本
分　　布：甘肃
濒危等级：LC

多毛铁线莲
Clematis baominiana W. T. Wang
习　　性：木质藤本
分　　布：湖南
濒危等级：LC

吉隆铁线莲
Clematis barbellata Kitam. et Tamura
习　　性：木质藤本
海　　拔：约3700 m
国内分布：西藏
国外分布：尼泊尔

濒危等级：DD

短尾铁线莲
Clematis brevicaudata DC.
习　　性：木质藤本
海　　拔：400~2800 m
国内分布：甘肃、河北、河南、黑龙江、湖北、湖南、吉林、江苏、辽宁、内蒙古、宁夏、青海、山西、陕西、四川、西藏、云南
国外分布：朝鲜半岛、俄罗斯、蒙古
濒危等级：LC
资源利用：药用（中草药）

短梗铁线莲
Clematis brevipes Rehder
习　　性：木质藤本
分　　布：甘肃
濒危等级：LC

毛木通
Clematis buchananiana DC.

毛木通（原变种）
Clematis buchananiana var. **buchananiana**
习　　性：木质藤本
海　　拔：1200~2800 m
国内分布：四川、西藏、云南
国外分布：不丹、克什米尔地区、缅甸、尼泊尔、印度
濒危等级：LC

膜叶毛木通
Clematis buchananiana var. **vitifolia** Hook. f. et Thomson
习　　性：木质藤本
海　　拔：2000 m
国内分布：云南
国外分布：印度
濒危等级：LC

缅甸铁线莲
Clematis burmanica Lace
习　　性：木质藤本
海　　拔：900~1700 m
国内分布：云南
国外分布：缅甸、泰国
濒危等级：LC

短柱铁线莲
Clematis cadmia Buch.-Ham. ex Hook. f. et Thomson
习　　性：多年生草质藤本
海　　拔：约100 m
国内分布：安徽、广东、湖北、江苏、江西、浙江
国外分布：印度、越南
濒危等级：LC

尾尖铁线莲
Clematis caudigera W. T. Wang
习　　性：木质藤本
海　　拔：3000~3700 m
分　　布：新疆

濒危等级：DD

巢湖铁线莲
Clematis chaohuensis W. T. Wang et L. Q. Huang
习　　性：藤本
海　　拔：约150 m
分　　布：安徽
濒危等级：LC

浙江山木通
Clematis chekiangensis C. P'ei
习　　性：木质藤本
分　　布：浙江
濒危等级：LC

城固铁线莲
Clematis chengguensis W. T. Wang
习　　性：木质藤本
分　　布：陕西
濒危等级：LC

威灵仙
Clematis chinensis Osbeck

威灵仙（原变种）
Clematis chinensis var. **chinensis**
习　　性：木质藤本
海　　拔：200~300 m
国内分布：安徽、福建、广东、广西、贵州、海南、河南、湖北、湖南、江苏、江西、陕西、四川、台湾、云南、浙江
国外分布：日本、越南
濒危等级：LC

安徽铁线莲
Clematis chinensis var. **anhweiensis** (M. C. Chang) W. T. Wang
习　　性：木质藤本
海　　拔：200~300 m
分　　布：安徽、浙江
濒危等级：LC

大肚山威灵仙
Clematis chinensis var. **tatushanensis** T. Y. A. Yang
习　　性：木质藤本
海　　拔：约185 m
分　　布：台湾
濒危等级：LC

毛叶威灵仙
Clematis chinensis var. **vestita** (Rehder et E. H. Wilson) W. T. Wang
习　　性：木质藤本
海　　拔：300~1100 m
分　　布：安徽、河南、湖北、江苏、陕西、浙江
濒危等级：LC

两广铁线莲
Clematis chingii W. T. Wang
习　　性：木质藤本
海　　拔：200~1700 m
分　　布：广东、广西、贵州、湖南、云南

丘北铁线莲
Clematis chiupehensis M. Y. Fang
习　　性：木质藤本
海　　拔：1500~2000 m
分　　布：云南
濒危等级：LC

金毛铁线莲
Clematis chrysocoma Franch.
习　　性：木质藤本
海　　拔：1000~3000 m
分　　布：贵州、四川、云南
濒危等级：LC
资源利用：药用（中草药）

平坝铁线莲
Clematis clarkeana H. Lév. et Vaniot
习　　性：木质藤本
海　　拔：约2000 m
分　　布：贵州
濒危等级：LC

合柄铁线莲
Clematis connata DC.

合柄铁线莲（原变种）
Clematis connata var. **connata**
习　　性：木质藤本
海　　拔：2000~3400 m
国内分布：四川、西藏、云南
国外分布：巴基斯坦、不丹、克什米尔地区、尼泊尔、印度
濒危等级：LC

川藏铁线莲
Clematis connata var. **pseudoconnata** (Kuntze) W. T. Wang
习　　性：木质藤本
海　　拔：2900~3000 m
国内分布：四川、西藏
国外分布：尼泊尔
濒危等级：LC

杯柄铁线莲
Clematis connata var. **trullifera** (Franch.) W. T. Wang
习　　性：木质藤本
海　　拔：2000~2800 m
分　　布：贵州、四川、云南
濒危等级：LC

角萼铁线莲
Clematis corniculata W. T. Wang
习　　性：木质藤本
海　　拔：2800~2900 m
分　　布：新疆
濒危等级：NT D

大花威灵仙
Clematis courtoisii Hand.-Mazz.
习　　性：草质藤本
海　　拔：200~500 m
分　　布：安徽、河南、湖北、湖南、江苏、浙江
濒危等级：LC
资源利用：药用（中草药）

厚叶铁线莲
Clematis crassifolia Benth.
习　　性：木质藤本
海　　拔：300~2300 m
国内分布：福建、广东、广西、海南、湖南、台湾
国外分布：日本南部
濒危等级：LC
资源利用：药用（中草药）

粗柄铁线莲
Clematis crassipes Chun et F. C. How
习　　性：木质藤本
海　　拔：400~500 m
分　　布：广西、海南
濒危等级：LC

毛花铁线莲
Clematis dasyandra Maxim.
习　　性：木质藤本
海　　拔：1700~2400 m
分　　布：甘肃、陕西、四川
濒危等级：LC

银叶铁线莲
Clematis delavayi Franch.

银叶铁线莲（原变种）
Clematis delavayi var. **delavayi**
习　　性：灌木
海　　拔：1800~3000 m
分　　布：四川、云南
濒危等级：LC

疏毛银叶铁线莲
Clematis delavayi var. **calvescens** C. K. Schneid.
习　　性：灌木
分　　布：四川、云南
濒危等级：LC

裂银叶铁线莲
Clematis delavayi var. **limprichtii** (Ulbr.) M. C. Chang
习　　性：灌木
海　　拔：1800~3200 m
分　　布：四川、云南
濒危等级：LC

刺铁线莲
Clematis delavayi var. **spinescens** Balf. f. ex Diels
习　　性：灌木
海　　拔：2000~3800 m
分　　布：四川、西藏、云南
濒危等级：LC

迭部铁线莲
Clematis diebuensis W. T. Wang

习　　性：木质藤本
分　　布：甘肃
濒危等级：LC

舟柄铁线莲
Clematis dilatata Pei
习　　性：木质藤本
海　　拔：300~800 m
分　　布：浙江
濒危等级：NT B2ab（i，iii）

定军山铁线莲
Clematis dingjunshanica W. T. Wang
习　　性：半灌木
分　　布：陕西
濒危等级：LC

东川铁线莲
Clematis dongchuanensis W. T. Wang
习　　性：木质藤本
分　　布：云南
濒危等级：LC

直萼铁线莲
Clematis erectisepala L. Xie, J. H. Shi et L. Q. Li
习　　性：木质藤本
海　　拔：1500~2700 m
分　　布：四川、西藏
濒危等级：LC

滑叶藤
Clematis fasciculiflora Franch.

滑叶藤（原变种）
Clematis fasciculiflora var. **fasciculiflora**
习　　性：木质藤本
海　　拔：1500~3500 m
国内分布：广西、贵州、四川、云南
国外分布：缅甸、越南
濒危等级：LC
资源利用：药用（中草药）

狭叶滑叶藤
Clematis fasciculiflora var. **angustifolia** H. F. Comber
习　　性：木质藤本
海　　拔：2300~3300 m
分　　布：云南
濒危等级：DD

国楣铁线莲
Clematis fengii W. T. Wang
习　　性：木质藤本
海　　拔：约1500 m
分　　布：云南
濒危等级：DD

山木通
Clematis finetiana H. Lév. et Vaniot

山木通（原变种）
Clematis finetiana var. **finetiana**
习　　性：木质藤本
海　　拔：100~1200 m
分　　布：安徽、福建、广东、广西、贵州、河南、湖北、湖南、江苏、江西、陕西、四川、浙江
濒危等级：LC
资源利用：药用（中草药）

鸟足叶铁线莲
Clematis finetiana var. **pedata** W. T. Wang
习　　性：木质藤本
海　　拔：约600 m
分　　布：湖南
濒危等级：DD

铁线莲
Clematis florida Thunb.

铁线莲（原变种）
Clematis florida var. **florida**
习　　性：草质藤本
海　　拔：约1700 m
分　　布：广东、广西、湖北、湖南、江西
濒危等级：LC
资源利用：药用（中草药）；环境利用（观赏）

重瓣铁线莲
Clematis florida var. **flore-pleno** D. Don
习　　性：草质藤本
海　　拔：约1700 m
分　　布：云南、浙江
濒危等级：LC

台湾铁线莲
Clematis formosana Kuntze
习　　性：草质藤本
海　　拔：海平面至800 m
分　　布：台湾
濒危等级：NT

灌木铁线莲
Clematis fruticosa Turcz.

灌木铁线莲（原变种）
Clematis fruticosa var. **fruticosa**
习　　性：灌木
国内分布：河北、内蒙古、山西、陕西
国外分布：蒙古
濒危等级：LC

毛灌木铁线莲
Clematis fruticosa var. **canescens** Turcz.
习　　性：灌木
国内分布：内蒙古
国外分布：蒙古
濒危等级：LC

浅裂铁线莲
Clematis fruticosa var. **lobata** Maxim.
习　　性：灌木
海　　拔：800~1800 m
分　　布：甘肃、河北、内蒙古、宁夏、山西、陕西
濒危等级：LC

滇南铁线莲
Clematis fulvicoma Rehder et E. H. Wilson
 习 性：木质藤本
 海 拔：1000~1600 m
 国内分布：云南
 国外分布：老挝、缅甸、泰国、印度、越南
 濒危等级：LC

褐毛铁线莲
Clematis fusca Turcz.

褐毛铁线莲（原变种）
Clematis fusca var. **fusca**
 习 性：多年直立草本或藤本
 海 拔：500~1000 m
 国内分布：黑龙江、吉林、辽宁、山东
 国外分布：朝鲜半岛、俄罗斯、日本
 濒危等级：LC

紫花铁线莲
Clematis fusca var. **violacea** Maxim.
 习 性：多年直立草本或藤本
 国内分布：黑龙江、吉林
 国外分布：朝鲜半岛、俄罗斯
 濒危等级：LC

光叶铁线莲
Clematis glabrifolia K. Sun et M. S. Yan
 习 性：木质藤本
 海 拔：约500 m
 分 布：甘肃
 濒危等级：LC

粉绿铁线莲
Clematis glauca Willd.
 习 性：半灌木状藤本
 海 拔：1000~2600 m
 国内分布：甘肃、青海、山西、陕西、新疆
 国外分布：俄罗斯、哈萨克斯坦、蒙古
 濒危等级：LC
 资源利用：药用（中草药）

小蓑衣藤
Clematis gouriana Roxb. et E. H. Wilson
 习 性：木质藤本
 海 拔：100~1800 m
 国内分布：广东、广西、贵州、湖北、湖南、四川、云南
 国外分布：不丹、菲律宾、缅甸、尼泊尔、印度；新几内亚岛
 濒危等级：LC
 资源利用：药用（中草药）

薄叶铁线莲
Clematis gracilifolia Roxb. ex DC.

薄叶铁线莲（原变种）
Clematis gracilifolia var. **gracilifolia**
 习 性：木质藤本
 海 拔：2000~3800 m
 分 布：甘肃、四川、西藏、云南
 濒危等级：LC

狭裂薄叶铁线莲
Clematis gracilifolia var. **dissectifolia** W. T. Wang et M. C. Chang
 习 性：木质藤本
 海 拔：2800~4000 m
 分 布：四川、西藏
 濒危等级：LC

毛果薄叶铁线莲
Clematis gracilifolia var. **lasiocarpa** W. T. Wang
 习 性：木质藤本
 海 拔：约3500 m
 分 布：西藏
 濒危等级：DD

大花薄叶铁线莲
Clematis gracilifolia var. **macrantha** W. T. Wang et M. C. Chang
 习 性：木质藤本
 分 布：四川
 濒危等级：LC

粗齿铁线莲
Clematis grandidentata(Rehder et E. H. Wilson)W. T. Wang

粗齿铁线莲（原变种）
Clematis grandidentata var. **grandidentata**
 习 性：木质藤本
 海 拔：400~3200 m
 分 布：安徽、甘肃、贵州、河北、河南、湖北、湖南、宁夏、青海、山西、陕西、四川、云南
 濒危等级：LC
 资源利用：药用（中草药）

丽江铁线莲
Clematis grandidentata var. **likiangensis**(Rehder)W. T. Wang
 习 性：木质藤本
 海 拔：2000~3400 m
 分 布：贵州、河北、湖北、四川、云南、浙江
 濒危等级：LC

秀丽铁线莲
Clematis grata Wall.
 习 性：木质藤本
 海 拔：约2400 m
 国内分布：西藏
 国外分布：阿富汗、巴基斯坦、不丹、尼泊尔、印度
 濒危等级：LC

金佛铁线莲
Clematis gratopsis W. T. Wang
 习 性：木质藤本
 海 拔：200~1700 m
 分 布：甘肃、湖北、湖南、陕西、四川
 濒危等级：LC

黄毛铁线莲
Clematis grewiiflora DC.
 习 性：木质藤本
 海 拔：约1800 m
 国内分布：西藏
 国外分布：不丹、尼泊尔、印度
 濒危等级：LC

古蔺铁线莲
Clematis gulinensis W. T. Wang et L. Q. Li
- 习　　性：木质藤本
- 海　　拔：1100~1600 m
- 分　　布：四川
- 濒危等级：LC

海南铁线莲
Clematis hainanensis W. T. Wang
- 习　　性：木质藤本
- 分　　布：海南
- 濒危等级：DD

毛萼铁线莲
Clematis hancockiana Maxim.
- 习　　性：草质藤本
- 海　　拔：100~500 m
- 分　　布：安徽、河南、湖北、江苏、江西、浙江
- 濒危等级：NT B2ab（iii，v）；C1

戟状铁线莲
Clematis hastata Franch. ex Finet et Gagnep.
- 习　　性：木质藤本
- 分　　布：四川
- 濒危等级：LC

单叶铁线莲
Clematis henryi Oliv.

单叶铁线莲（原变种）
Clematis henryi var. **henryi**
- 习　　性：木质藤本
- 海　　拔：200~2500 m
- 国内分布：安徽、福建、广东、广西、贵州、湖北、湖南、江苏、江西、陕西、四川、台湾、云南、浙江
- 国外分布：越南
- 濒危等级：LC
- 资源利用：药用（中草药）

毛单叶铁线莲
Clematis henryi var. **mollis** W. T. Wang
- 习　　性：木质藤本
- 海　　拔：400~500 m
- 分　　布：贵州、湖北、湖南
- 濒危等级：LC

陕南单叶铁线莲
Clematis henryi var. **ternata** M. Y. Fang
- 习　　性：木质藤本
- 海　　拔：约1500 m
- 分　　布：陕西
- 濒危等级：LC

大叶铁线莲
Clematis heracleifolia DC.
- 习　　性：多年生草本或亚灌木
- 海　　拔：300~2000 m
- 国内分布：安徽、贵州、河北、河南、湖北、湖南、吉林、江苏、辽宁、内蒙古、山东、山西、陕西、浙江
- 国外分布：朝鲜半岛
- 濒危等级：LC
- 资源利用：药用（中草药）；原料（工业用油）

棉团铁线莲
Clematis hexapetala Pall.

棉团铁线莲（原变种）
Clematis hexapetala var. **hexapetala**
- 习　　性：多年生草本
- 海　　拔：100~1300 m
- 国内分布：甘肃、河北、河南、黑龙江、湖北、吉林、江苏、辽宁、内蒙古、宁夏、山西、陕西
- 国外分布：朝鲜半岛、俄罗斯、蒙古
- 濒危等级：LC
- 资源利用：药用（中草药）；农药

长冬草
Clematis hexapetala var. **tchefouensis**（Debeaux）S. Y. Hu
- 习　　性：多年生草本
- 海　　拔：100~500 m
- 分　　布：江苏、山东
- 濒危等级：LC

黄荆铁线莲
Clematis huangjingensis W. T. Wang et L. Q. Li
- 习　　性：木质藤本
- 海　　拔：1300~1500 m
- 分　　布：四川
- 濒危等级：LC

吴兴铁线莲
Clematis huchouensis Tamura
- 习　　性：草质藤本
- 海　　拔：约100 m
- 分　　布：湖南、江苏、江西、浙江
- 濒危等级：NT A2c
- 资源利用：药用（中草药）

湖北铁线莲
Clematis hupehensis Hemsl. et E. H. Wilson
- 习　　性：半灌木状藤本
- 海　　拔：1500~2100 m
- 分　　布：湖北
- 濒危等级：DD

伊犁铁线莲
Clematis iliensis Y. S. Hou et W. H. Hou
- 习　　性：木质藤本
- 海　　拔：1600~3000 m
- 分　　布：新疆
- 濒危等级：LC

齿缺铁线莲
Clematis inciso-denticulata W. T. Wang
- 习　　性：藤本
- 分　　布：浙江
- 濒危等级：LC

全缘铁线莲
Clematis integrifolia L.
- 习　　性：直立亚灌木或多年生草本

海　　拔：1200~2000 m
国内分布：新疆
国外分布：俄罗斯、哈萨克斯坦
濒危等级：LC

黄花铁线莲
Clematis intricata Bunge

黄花铁线莲（原变种）
Clematis intricata var. **intricata**
习　　性：木质藤本
海　　拔：400~2600 m
国内分布：甘肃、河北、辽宁、内蒙古、青海、山西、陕西
国外分布：蒙古
濒危等级：LC
资源利用：药用（中草药）

变异黄花铁线莲
Clematis intricata var. **purpurea** Y. Z. Zhao
习　　性：木质藤本
分　　布：内蒙古
濒危等级：LC

宝岛铁线莲
Clematis javana DC.
习　　性：木质藤本
海　　拔：海平面至 2500 m
国内分布：台湾
国外分布：菲律宾、日本、印度尼西亚；新几内亚岛
濒危等级：LC

加拉萨铁线莲
Clematis jialasaensis W. T. Wang

加拉萨铁线莲（原变种）
Clematis jialasaensis var. **jialasaensis**
习　　性：木质藤本
海　　拔：约 2100 m
分　　布：西藏
濒危等级：LC

滇北铁线莲
Clematis jialasaensis var. **macrantha** W. T. Wang
习　　性：木质藤本
分　　布：云南
濒危等级：LC

景东铁线莲
Clematis jingdungensis W. T. Wang
习　　性：木质藤本
海　　拔：1700~2200 m
分　　布：云南
濒危等级：LC

金寨铁线莲
Clematis jinzhaiensis Z. W. Xue et Z. W. Wang
习　　性：木质藤本
海　　拔：约 800 m
分　　布：安徽
濒危等级：DD

太行铁线莲
Clematis kirilowii Maxim.

太行铁线莲（原变种）
Clematis kirilowii var. **kirilowii**
习　　性：木质藤本
海　　拔：200~1700 m
分　　布：安徽、河北、河南、湖北、江苏、山东、山西、陕西
濒危等级：LC

狭裂太行铁线莲
Clematis kirilowii var. **chanetii**（H. Lév.）Hand.-Mazz.
习　　性：木质藤本
海　　拔：100~900 m
分　　布：河北、河南、山东、山西
濒危等级：LC

滇川铁线莲
Clematis kockiana C. K. Schneid.
习　　性：木质藤本
海　　拔：1600~3000 m
分　　布：广西、贵州、四川、西藏、云南
濒危等级：LC

朝鲜铁线莲
Clematis koreana Kom.
习　　性：木质藤本
海　　拔：1000~1900 m
国内分布：黑龙江、吉林、辽宁
国外分布：朝鲜半岛
濒危等级：LC

贵州铁线莲
Clematis kweichowensis C. P'ei
习　　性：木质藤本
海　　拔：800~2100 m
分　　布：贵州、湖北、四川、云南
濒危等级：LC

披针铁线莲
Clematis lancifolia Bureau et Franch.

披针铁线莲（原变种）
Clematis lancifolia var. **lancifolia**
习　　性：灌木
海　　拔：1500~1900 m
分　　布：四川、云南
濒危等级：LC

竹叶铁线莲
Clematis lancifolia var. **ternata** W. T. Wang et M. C. Chang
习　　性：灌木
海　　拔：约 1100 m
分　　布：四川
濒危等级：DD

毛叶铁线莲
Clematis lanuginosa Lindl.
习　　性：木质藤本

海　　拔：100~400 m
分　　布：浙江
濒危等级：LC
资源利用：环境利用（观赏）

毛蕊铁线莲
Clematis lasiandra Maxim.
习　　性：草质藤本
海　　拔：500~2800 m
国内分布：安徽、甘肃、广东、广西、贵州、河南、湖北、湖南、江西、陕西、四川、台湾、云南、浙江
国外分布：日本
濒危等级：LC
资源利用：药用（中草药）

糙毛铁线莲
Clematis laxistrigosa（W. T. Wang et M. C. Chang）W. T. Wang
习　　性：木质藤本
海　　拔：1100~2800 m
分　　布：四川
濒危等级：DD

绣毛铁线莲
Clematis leschenaultiana DC.
习　　性：木质藤本
海　　拔：500~1200 m
国内分布：福建、广东、广西、贵州、海南、湖北、湖南、江西、四川、台湾、云南
国外分布：菲律宾、印度尼西亚、越南
濒危等级：LC
资源利用：药用（中草药）

荔波铁线莲
Clematis liboensis Z. R. Xu
习　　性：木质藤本
海　　拔：约800 m
分　　布：贵州
濒危等级：LC

凌云铁线莲
Clematis lingyunensis W. T. Wang
习　　性：木质藤本
分　　布：广西
濒危等级：LC

柳州铁线莲
Clematis liuzhouensis Y. G. Wei et C. R. Lin
习　　性：木质藤本
海　　拔：约150 m
分　　布：广西
濒危等级：LC

光柱铁线莲
Clematis longistyla Hand. -Mazz.
习　　性：草质藤本
海　　拔：约500 m
分　　布：河南、湖北
濒危等级：LC

长瓣铁线莲
Clematis macropetala Ledeb.

长瓣铁线莲（原变种）
Clematis macropetala var. **macropetala**
习　　性：木质藤本
海　　拔：1700~2000 m
国内分布：甘肃、河北、辽宁、内蒙古、宁夏、青海、山西、陕西
国外分布：俄罗斯、蒙古
濒危等级：LC
资源利用：环境利用（观赏）

白花长瓣铁线莲
Clematis macropetala var. **albiflora**（Maxim. ex Kuntze）Hand. -Mazz.
习　　性：木质藤本
海　　拔：1700~2000 m
分　　布：宁夏、山西
濒危等级：LC

马关铁线莲
Clematis maguanensis W. T. Wang
习　　性：木质藤本
分　　布：云南
濒危等级：LC

马山铁线莲
Clematis mashanensis W. T. Wang
习　　性：木质藤本
海　　拔：约400 m
分　　布：广西
濒危等级：DD

勐腊铁线莲
Clematis menglaensis M. C. Chang
习　　性：木质藤本
海　　拔：800~1100 m
国内分布：云南
国外分布：泰国
濒危等级：NT

墨脱铁线莲
Clematis metuoensis M. Y. Fang
习　　性：木质藤本
海　　拔：约800 m
分　　布：西藏
濒危等级：LC

毛柱铁线莲
Clematis meyeniana Walp.

毛柱铁线莲（原变种）
Clematis meyeniana var. **meyeniana**
习　　性：木质藤本
海　　拔：300~1800 m
国内分布：福建、广东、广西、海南、湖北、湖南、四川、台湾、云南、浙江
国外分布：菲律宾、老挝、缅甸、日本、越南
濒危等级：LC

资源利用：药用（中草药）；原料（纤维）

沙叶铁线莲
Clematis meyeniana var. **granulata** Finet et Gagnep.
习　　性：木质藤本
海　　拔：海平面至1300 m
国内分布：广东、广西、海南、云南
国外分布：老挝、越南
濒危等级：LC
资源利用：药用（中草药）

单蕊毛柱铁线莲
Clematis meyeniana var. **uniflora** W. T. Wang
习　　性：木质藤本
海　　拔：1300~1500 m
分　　布：福建
濒危等级：LC

绒萼铁线莲
Clematis moisseenkoi (Serov) W. T. Wang
习　　性：木质藤本
海　　拔：1600 m
分　　布：新疆
濒危等级：DD

绣球藤
Clematis montana Buch. -Ham. ex DC.

绣球藤（原变种）
Clematis montana var. **montana**
习　　性：木质藤本
海　　拔：1000~4200 m
国内分布：安徽、福建、甘肃、广西、贵州、河南、湖北、湖南、江西、宁夏、青海、陕西、四川、台湾、西藏、云南、浙江
国外分布：阿富汗、巴基斯坦、不丹、克什米尔地区、缅甸、尼泊尔、印度
濒危等级：LC

伏毛绣球藤
Clematis montana var. **brevifoliola** Kuntze
习　　性：木质藤本
海　　拔：1000~4200 m
国内分布：西藏
国外分布：不丹、克什米尔地区、缅甸、尼泊尔、印度
濒危等级：LC

毛果绣球藤
Clematis montana var. **glabrescens** (H. F. Comber) W. T. Wang et M. C. Chang
习　　性：木质藤本
海　　拔：2100~3500 m
分　　布：西藏、云南
濒危等级：LC

大花绣球藤
Clematis montana var. **longipes** W. T. Wang
习　　性：木质藤本
海　　拔：1100~4000 m

国内分布：甘肃、贵州、湖北、湖南、陕西、四川、西藏、云南
国外分布：印度
濒危等级：LC

小叶绣球藤
Clematis montana var. **sterilis** Hand. -Mazz.
习　　性：木质藤本
海　　拔：2400~3000 m
分　　布：青海、四川、云南
濒危等级：LC

晚花绣球藤
Clematis montana var. **wilsonii** Sprague
习　　性：木质藤本
海　　拔：2400~3600 m
分　　布：四川、云南
濒危等级：LC

森氏铁线莲
Clematis morii Hayata
习　　性：木质藤本
海　　拔：1000~2500 m
分　　布：台湾
濒危等级：LC

小叶铁线莲
Clematis nannophylla Maxim.

小叶铁线莲（原变种）
Clematis nannophylla var. **nannophylla**
习　　性：灌木
海　　拔：1200~3200 m
分　　布：甘肃、内蒙古、宁夏、青海、陕西
濒危等级：LC

多叶铁线莲
Clematis nannophylla var. **foliosa** Maxim.
习　　性：灌木
海　　拔：1200~1700 m
分　　布：甘肃
濒危等级：DD

长小叶铁线莲
Clematis nannophylla var. **pinnatisecta** W. T. Wang et L. Q. Li
习　　性：灌木
分　　布：陕西
濒危等级：LC

合苞铁线莲
Clematis napaulensis DC.
习　　性：木质藤本
海　　拔：1500~2300 m
国内分布：贵州、西藏、云南
国外分布：不丹、缅甸、尼泊尔、印度
濒危等级：LC

那坡铁线莲
Clematis napoensis W. T. Wang
习　　性：木质藤本

海　　拔：约800 m
分　　布：广西
濒危等级：DD

宁静山铁线莲
Clematis ningjingshanica W. T. Wang
习　　性：木质藤本
分　　布：西藏
濒危等级：DD

怒江铁线莲
Clematis nukiangensis M. Y. Fang
习　　性：木质藤本
海　　拔：约2700 m
分　　布：云南
濒危等级：LC

秦岭铁线莲
Clematis obscura Maxim.
习　　性：木质藤本
海　　拔：400~2600 m
分　　布：甘肃、河南、湖北、山西、陕西、四川
濒危等级：LC

东方铁线莲
Clematis orientalis L.

东方铁线莲（原变种）
Clematis orientalis var. **orientalis**
习　　性：草质藤本
海　　拔：400~2000 m
国内分布：甘肃、新疆
国外分布：阿富汗、巴基斯坦、俄罗斯、哈萨克斯坦、吉尔吉斯斯坦、塔吉克斯坦、印度
濒危等级：LC
资源利用：环境利用（观赏）

粗梗东方铁线莲
Clematis orientalis var. **sinorobusta** W. T. Wang
习　　性：草质藤本
海　　拔：约3800 m
分　　布：新疆
濒危等级：LC

宽柄铁线莲
Clematis otophora Franch. ex Finet et Gagnep.
习　　性：半灌木状藤本
海　　拔：1200~2000 m
分　　布：甘肃、湖北、四川
濒危等级：NT B2ab (i, iii)

帕米尔铁线莲
Clematis pamiralaica Grey-Wilson
习　　性：灌木
海　　拔：3300~4600 m
国内分布：新疆
国外分布：塔吉克斯坦
濒危等级：LC

裂叶铁线莲
Clematis parviloba Gardner et Champ.

裂叶铁线莲（原变种）
Clematis parviloba var. **parviloba**
习　　性：木质藤本
海　　拔：800~1500 m
分　　布：福建、广东、广西、贵州、江西、四川、香港、云南、浙江
濒危等级：LC

巴氏铁线莲
Clematis parviloba var. **bartletti**(Yamam.)W. T. Wang
习　　性：木质藤本
海　　拔：1100~2500 m
分　　布：台湾
濒危等级：LC

长药裂叶铁线莲
Clematis parviloba var. **longianthera** W. T. Wang
习　　性：木质藤本
海　　拔：约800 m
分　　布：四川
濒危等级：LC

菱果裂叶铁线莲
Clematis parviloba var. **rhombicoelliptica** W. T. Wang
习　　性：木质藤本
海　　拔：1100~1800 m
分　　布：云南
濒危等级：LC

长圆裂叶铁线莲
Clematis parviloba var. **suboblonga** W. T. Wang
习　　性：木质藤本
海　　拔：900~1000 m
分　　布：四川
濒危等级：DD

巴山铁线莲
Clematis pashanensis(M. C. Chang)W. T. Wang

巴山铁线莲（原变种）
Clematis pashanensis var. **pashanensis**
习　　性：木质藤本
海　　拔：100~1000 m
分　　布：安徽、河南、湖北、江苏、陕西、四川
濒危等级：LC

尖药巴山铁线莲
Clematis pashanensis var. **latisepala**(M. C. Chang)W. T. Wang
习　　性：木质藤本
海　　拔：300~2000 m
分　　布：河南、湖北、山西、陕西
濒危等级：LC

转子莲
Clematis patens C. Morren et Decne.

转子莲（原变种）
Clematis patens var. **patens**
习　　性：多年生草本
海　　拔：200~1000 m
国内分布：辽宁、山东

国外分布：朝鲜半岛、日本
濒危等级：LC
资源利用：环境利用（观赏）

天台铁线莲
Clematis patens var. **tientaiensis**(M. Y. Fang)W. T. Wang
习　　性：多年生草本
海　　拔：约 1000 m
分　　布：浙江
濒危等级：LC

易武铁线莲
Clematis peii L. Xie,W. J. Yang et L. Q. Li
习　　性：木质藤本
分　　布：云南
濒危等级：LC

钝萼铁线莲
Clematis peterae Hand.-Mazz.

钝萼铁线莲（原变种）
Clematis peterae var. **peterae**
习　　性：木质藤本
海　　拔：600~3400 m
分　　布：安徽、甘肃、贵州、河北、河南、湖北、湖南、江苏、江西、山西、陕西、四川、云南、浙江
濒危等级：LC
资源利用：药用（中草药）

梨山铁线莲
Clematis peterae var. **lishanensis**(T. Y. Yang et T. C. Huang)W. T. Wang
习　　性：木质藤本
海　　拔：1200~2600 m
分　　布：台湾
濒危等级：LC

毛果铁线莲
Clematis peterae var. **trichocarpa** W. T. Wang
习　　性：木质藤本
海　　拔：600~1900 m
分　　布：安徽、甘肃、贵州、河南、湖北、湖南、江苏、江西、陕西、四川、浙江
濒危等级：LC

片马铁线莲
Clematis pianmaensis W. T. Wang
习　　性：木质藤本
海　　拔：2200 m
分　　布：云南
濒危等级：DD

宾川铁线莲
Clematis pinchuanensis W. T. Wang et M. Y. Fang

宾川铁线莲（原变种）
Clematis pinchuanensis var. **pinchuanensis**
习　　性：亚灌木
分　　布：云南
濒危等级：LC

三互宾川铁线莲
Clematis pinchuanensis var. **tomentosa**(Finet et Gagnep.)W. T. Wang
习　　性：亚灌木
海　　拔：约 2400 m
分　　布：云南
濒危等级：DD

屏边铁线莲
Clematis pingbianensis W. T. Wang
习　　性：木质藤本
分　　布：云南
濒危等级：LC

须蕊铁线莲
Clematis pogonandra Maxim.

须蕊铁线莲（原变种）
Clematis pogonandra var. **pogonandra**
习　　性：半灌木状藤本
海　　拔：2200~3400 m
分　　布：甘肃、湖北、陕西、四川
濒危等级：LC

雷波铁线莲
Clematis pogonandra var. **alata** W. T. Wang et M. Y. Fang
习　　性：半灌木状藤本
海　　拔：2400~3700 m
分　　布：四川
濒危等级：DD

多毛须蕊铁线莲
Clematis pogonandra var. **pilosula** Rehder et E. H. Wilson
习　　性：半灌木状藤本
海　　拔：2500~3400 m
分　　布：四川
濒危等级：DD

美花铁线莲
Clematis potaninii Maxim.
习　　性：木质藤本
海　　拔：1400~4000 m
分　　布：甘肃、陕西、四川、西藏、云南
濒危等级：LC
资源利用：药用（中草药）

华中铁线莲
Clematis pseudootophora M. Y. Fang
习　　性：半灌木状藤本
海　　拔：1300~1800 m
分　　布：福建、广西、贵州、河南、湖北、湖南、江西、浙江
濒危等级：LC

西南铁线莲
Clematis pseudopogonandra Finet et Gagnep.
习　　性：木质藤本
海　　拔：2700~4300 m
分　　布：四川、西藏、云南
濒危等级：LC

资源利用：药用（中草药）

光蕊铁线莲
Clematis psilandra Kitag.
习　　性：灌木
海　　拔：1000～2500 m
分　　布：台湾
濒危等级：VU D1

思茅铁线莲
Clematis pterantha Dunn
习　　性：草质藤本
海　　拔：约1600 m
分　　布：云南
濒危等级：DD

短毛铁线莲
Clematis puberula Hook. f. et Thomson

短毛铁线莲（原变种）
Clematis puberula var. **puberula**
习　　性：木质藤本
海　　拔：1000～3000 m
国内分布：四川、西藏、云南
国外分布：不丹、缅甸、尼泊尔、印度
濒危等级：LC

扬子铁线莲
Clematis puberula var. **ganpiniana**（H. Lév. et Vaniot）W. T. Wang
习　　性：木质藤本
海　　拔：400～3300 m
分　　布：安徽、福建、广东、广西、贵州、河南、湖北、湖南、江西、陕西、四川、西藏、云南、浙江
濒危等级：LC

毛叶扬子铁线莲
Clematis puberula var. **subsericea**（Rehder et E. H. Wilson）W. T. Wang
习　　性：木质藤本
海　　拔：300～2500 m
分　　布：四川
濒危等级：LC

毛果扬子铁线莲
Clematis puberula var. **tenuisepala**（Maxim.）W. T. Wang
习　　性：木质藤本
海　　拔：200～1000 m
分　　布：甘肃、广西、河南、湖北、江苏、山东、山西、陕西、四川、云南、浙江
濒危等级：LC

密毛铁线莲
Clematis pycnocoma W. T. Wang
习　　性：木质藤本
海　　拔：2800 m
分　　布：云南
濒危等级：DD

青城山铁线莲
Clematis qingchengshanica W. T. Wang
习　　性：木质藤本
海　　拔：700～1400 m
分　　布：四川
濒危等级：LC

五叶铁线莲
Clematis quinquefoliolata Hutch.
习　　性：木质藤本
海　　拔：1000～1800 m
分　　布：贵州、湖北、湖南、四川、云南
濒危等级：LC
资源利用：药用（中草药）

毛茛铁线莲
Clematis ranunculoides Franch.

毛茛铁线莲（原变种）
Clematis ranunculoides var. **ranunculoides**
习　　性：多年生攀援藤本
海　　拔：500～3000 m
分　　布：广西、贵州、四川、云南
濒危等级：LC

心叶铁线莲
Clematis ranunculoides var. **cordata** M. Y. Fang
习　　性：多年生攀援藤本
分　　布：四川
濒危等级：DD

长花铁线莲
Clematis rehderiana Craib
习　　性：木质藤本
海　　拔：2000～2500 m
国内分布：青海、四川、西藏、云南
国外分布：尼泊尔
濒危等级：LC
资源利用：药用（中草药）

曲柄铁线莲
Clematis repens Finet et Gagnep.
习　　性：半灌木状藤本
海　　拔：1300～2500 m
分　　布：广东、广西、贵州、湖北、湖南、四川、云南
濒危等级：LC

莓叶铁线莲
Clematis rubifolia C. H. Wright
习　　性：木质藤本
海　　拔：800～2000 m
分　　布：广西、贵州、云南
濒危等级：LC

齿叶铁线莲
Clematis serratifolia Rehder
习　　性：木质藤本
海　　拔：约400 m
国内分布：吉林、辽宁
国外分布：朝鲜半岛、俄罗斯、日本
濒危等级：LC

神农架铁线莲
Clematis shenlungchiaensis M. Y. Fang
　　习　　性：木质藤本
　　海　　拔：约 2900 m
　　分　　布：湖北
　　濒危等级：DD

陕西铁线莲
Clematis shensiensis W. T. Wang
　　习　　性：木质藤本
　　海　　拔：700~1300 m
　　分　　布：河南、湖北、山西、陕西
　　濒危等级：LC

锡金铁线莲
Clematis siamensis Drumm. et Craib

锡金铁线莲（原变种）
Clematis siamensis var. **siamensis**
　　习　　性：木质藤本
　　海　　拔：约 2400 m
　　国内分布：西藏、云南
　　国外分布：不丹、缅甸、尼泊尔、泰国、印度
　　濒危等级：LC

毛萼锡金铁线莲
Clematis siamensis var. **clarkei**(Kuntze) W. T. Wang
　　习　　性：木质藤本
　　海　　拔：约 1000 m
　　国内分布：西藏、云南
　　国外分布：缅甸、泰国、印度
　　濒危等级：LC

单蕊锡金铁线莲
Clematis siamensis var. **monantha**(W. T. Wang et L. Q. Li) W. T. Wang et L. Q. Li
　　习　　性：木质藤本
　　分　　布：云南
　　濒危等级：LC

西伯利亚铁线莲
Clematis sibirica(L.) Mill.

西伯利亚铁线莲（原变种）
Clematis sibirica var. **sibirica**
　　习　　性：木质藤本
　　海　　拔：1200~2000 m
　　国内分布：甘肃、黑龙江、内蒙古、宁夏、青海、新疆
　　国外分布：俄罗斯、蒙古
　　濒危等级：LC

半钟铁线莲
Clematis sibirica var. **ochotensis**(Pall.) S. H. Li et Y. Hui Huang
　　习　　性：木质藤本
　　海　　拔：600~1200 m
　　国内分布：河北、黑龙江、吉林、内蒙古、山西
　　国外分布：俄罗斯、日本
　　濒危等级：LC

辛氏铁线莲
Clematis sinii W. T. Wang
　　习　　性：木质藤本
　　分　　布：广西
　　濒危等级：DD

菝葜叶铁线莲
Clematis smilacifolia Wall.

菝葜叶铁线莲（原变种）
Clematis smilacifolia var. **smilacifolia**
　　习　　性：木质藤本
　　海　　拔：900~2300 m
　　国内分布：广西、贵州、海南、西藏、云南
　　国外分布：不丹、菲律宾、柬埔寨、马来西亚、孟加拉国、缅甸、尼泊尔、斯里兰卡、泰国、印度、印度尼西亚、越南；新几内亚岛
　　濒危等级：LC
　　资源利用：药用（中草药）

盾叶铁线莲
Clematis smilacifolia var. **peltata**(W. T. Wang) W. T. Wang
　　习　　性：木质藤本
　　海　　拔：1200~1600 m
　　国内分布：广西、云南
　　国外分布：越南
　　濒危等级：LC

准噶尔铁线莲
Clematis songorica Bunge

准噶尔铁线莲（原变种）
Clematis songorica var. **songorica**
　　习　　性：灌木
　　海　　拔：400~2500 m
　　国内分布：甘肃、新疆
　　国外分布：哈萨克斯坦、蒙古
　　濒危等级：LC

蕨叶铁线莲
Clematis songorica var. **aspleniifolia**(Schrenk) Trautv.
　　习　　性：灌木
　　海　　拔：500~2500 m
　　国内分布：新疆
　　国外分布：阿富汗、哈萨克斯坦、吉尔吉斯斯坦、塔吉克斯坦
　　濒危等级：LC

细木通
Clematis subumbellata Kurz.
　　习　　性：木质藤本
　　海　　拔：400~1900 m
　　国内分布：云南
　　国外分布：老挝、缅甸、泰国、越南
　　濒危等级：LC
　　资源利用：药用（中草药）

田村铁线莲
Clematis tamurae T. Y. A. Yang et T. C. Huang
　　习　　性：草质藤本
　　海　　拔：1500 m 以下
　　分　　布：台湾
　　濒危等级：NT

毛茛科 RANUNCULACEAE

甘青铁线莲
Clematis tangutica (Maxim.) Korsh.

甘青铁线莲（原变种）
Clematis tangutica var. **tangutica**
　习　　性：木质藤本
　海　　拔：1300～4900 m
　国内分布：甘肃、青海、陕西、四川、西藏、新疆
　国外分布：哈萨克斯坦
　濒危等级：LC
　资源利用：药用（中草药）；环境利用（观赏）

钝萼甘青铁线莲
Clematis tangutica var. **obtusiuscula** Rehder et E. H. Wilson
　习　　性：木质藤本
　海　　拔：3000～4000 m
　分　　布：甘肃、青海、四川、西藏
　濒危等级：LC

毛萼甘青铁线莲
Clematis tangutica var. **pubescens** M. C. Chang et P. P. Ling
　习　　性：木质藤本
　海　　拔：300～3600 m
　分　　布：甘肃、青海、四川、西藏
　濒危等级：LC

长萼铁线莲
Clematis tashiroi Maxim.

长萼铁线莲（原变种）
Clematis tashiroi var. **tashiroi**
　习　　性：木质藤本
　海　　拔：100～2800 m
　国内分布：台湾
　国外分布：日本、越南
　濒危等级：LC

田代氏铁线莲
Clematis tashiroi var. **huangii** T. Y. A. Yang
　习　　性：木质藤本
　海　　拔：约1100 m
　分　　布：台湾
　濒危等级：LC

腾冲铁线莲
Clematis tengchongensis W. T. Wang
　习　　性：木质藤本
　分　　布：云南
　濒危等级：LC

细梗铁线莲
Clematis tenuipes W. T. Wang
　习　　性：木质藤本
　海　　拔：700～1000 m
　分　　布：云南
　濒危等级：LC

柱梗铁线莲
Clematis teretipes W. T. Wang
　习　　性：木质藤本
　海　　拔：约2100 m
　分　　布：四川
　濒危等级：DD

圆锥铁线莲
Clematis terniflora DC.

圆锥铁线莲（原变种）
Clematis terniflora var. **terniflora**
　习　　性：木质藤本
　海　　拔：400 m 以下
　国内分布：安徽、河南、湖北、江苏、江西、陕西、浙江
　国外分布：朝鲜半岛、日本
　濒危等级：LC
　资源利用：药用（中草药）；食用（蔬菜）

鹅銮鼻铁线莲
Clematis terniflora var. **garanbiensis**(Hayata) M. C. Chang
　习　　性：木质藤本
　分　　布：台湾
　濒危等级：VU D2

辣蓼铁线莲
Clematis terniflora var. **mandshurica**(Rupr.) Ohwi
　习　　性：木质藤本
　海　　拔：200～800 m
　国内分布：黑龙江、吉林、辽宁、内蒙古
　国外分布：朝鲜半岛、俄罗斯、蒙古
　濒危等级：LC
　资源利用：药用（中草药）；原料（工业用油）；农药

中印铁线莲
Clematis tibetana Kuntze

中印铁线莲（原变种）
Clematis tibetana var. **tibetana**
　习　　性：木质藤本
　海　　拔：2200～4800 m
　国内分布：西藏
　国外分布：印度
　濒危等级：NT B2ab（iii, v）

狭叶中印铁线莲
Clematis tibetana var. **lineariloba** W. T. Wang
　习　　性：木质藤本
　海　　拔：3000～4600 m
　分　　布：四川、西藏
　濒危等级：LC

厚叶中印铁线莲
Clematis tibetana var. **vernayi**(C. E. C. Fisch.) W. T. Wang
　习　　性：木质藤本
　海　　拔：2200～4800 m
　国内分布：西藏
　国外分布：尼泊尔
　濒危等级：LC

鼎湖铁线莲
Clematis tinghuensis C. T. Ting
　习　　性：木质藤本
　海　　拔：200～400 m
　分　　布：广东

濒危等级：LC

灰叶铁线莲
Clematis tomentella (Maxim.) W. T. Wang et L. Q. Li
- 习　　性：灌木
- 海　　拔：1100～2200 m
- 分　　布：甘肃、内蒙古、宁夏、陕西
- 濒危等级：LC

软萼铁线莲
Clematis tongluensis W. T. Wang
- 习　　性：木质藤本
- 海　　拔：约2800 m
- 分　　布：西藏
- 濒危等级：DD

洋裂铁线莲
Clematis tripartita W. T. Wang
- 习　　性：木质藤本
- 海　　拔：3000～4000 m
- 国内分布：西藏
- 国外分布：尼泊尔
- 濒危等级：LC

福贡铁线莲
Clematis tsaii W. T. Wang
- 习　　性：木质藤本
- 海　　拔：1500～2000 m
- 分　　布：西藏、云南
- 濒危等级：LC

高山铁线莲
Clematis tsugetorum Ohwi
- 习　　性：灌木
- 海　　拔：3400～3600 m
- 分　　布：台湾
- 濒危等级：VU D1

管花铁线莲
Clematis tubulosa Turcz.

管花铁线莲（原变种）
Clematis tubulosa var. **tubulosa**
- 习　　性：多年生草本
- 分　　布：河北、河南、湖北、湖南、吉林、江苏、辽宁、内蒙古、山东、山西、陕西
- 濒危等级：LC

狭卷萼铁线莲
Clematis tubulosa var. **ichangensis** (Rehd. et E. H. Wilson) W. T. Wang
- 习　　性：多年生草本
- 分　　布：安徽、贵州、河北、河南、湖北、湖南、山东、山西、陕西、浙江
- 濒危等级：LC

柱果铁线莲
Clematis uncinata Champ. et Benth.

柱果铁线莲（原变种）
Clematis uncinata var. **uncinata**
- 习　　性：木质藤本
- 海　　拔：100～2500 m
- 国内分布：安徽、福建、甘肃、广东、广西、贵州、湖北、湖南、江苏、江西、陕西、四川、台湾、云南、浙江
- 国外分布：日本、越南
- 濒危等级：LC
- 资源利用：药用（中草药）

皱叶铁线莲
Clematis uncinata var. **coriacea** Pamp.
- 习　　性：木质藤本
- 海　　拔：500～2000 m
- 分　　布：甘肃、湖北、湖南、陕西、四川
- 濒危等级：LC

毛柱果铁线莲
Clematis uncinata var. **okinawensis** (Ohwi) Ohwi
- 习　　性：木质藤本
- 海　　拔：600 m 以下
- 国内分布：台湾
- 国外分布：日本
- 濒危等级：DD

尾叶铁线莲
Clematis urophylla Franch.
- 习　　性：木质藤本
- 海　　拔：400～2000 m
- 分　　布：广东、广西、贵州、湖北、湖南、四川
- 濒危等级：LC

云贵铁线莲
Clematis vaniotii H. Lév.
- 习　　性：木质藤本
- 海　　拔：600～1500 m
- 分　　布：贵州、云南
- 濒危等级：LC

丽叶铁线莲
Clematis venusta M. C. Chang
- 习　　性：木质藤本
- 海　　拔：2300～2700 m
- 分　　布：云南
- 濒危等级：NT B2ab（iii）

绿叶铁线莲
Clematis viridis (W. T. Wang et M. C. Chang) W. T. Wang
- 习　　性：灌木
- 海　　拔：2700～3600 m
- 分　　布：四川、西藏
- 濒危等级：LC

文山铁线莲
Clematis wenshanensis W. T. Wang
- 习　　性：木质藤本
- 海　　拔：2400～2700 m
- 分　　布：云南
- 濒危等级：DD

文县铁线莲
Clematis wenxianensis W. T. Wang
- 习　　性：木质藤本

分　　布：甘肃
濒危等级：LC

厚萼铁线莲
Clematis wissmanniana Hand. -Mazz.
习　　性：木质藤本
海　　拔：1200~1800 m
国内分布：云南
国外分布：泰国
濒危等级：NT

湘桂铁线莲
Clematis xiangguiensis W. T. Wang
习　　性：藤本
分　　布：广西、湖南
濒危等级：LC

新会铁线莲
Clematis xinhuiensis R. J. Wang
习　　性：木质藤本
分　　布：广东、香港
濒危等级：DD

元江铁线莲
Clematis yuanjiangensis W. T. Wang
习　　性：草质藤本
海　　拔：约1600 m
分　　布：云南
濒危等级：LC

俞氏铁线莲
Clematis yui W. T. Wang
习　　性：木质藤本
海　　拔：1600~2200 m
国内分布：西藏、云南
国外分布：缅甸
濒危等级：LC

云南铁线莲
Clematis yunnanensis Franch.
习　　性：木质藤本
海　　拔：2200~3100 m
分　　布：四川、云南
濒危等级：NT B2ab (iii, v); C1
资源利用：药用（中草药）

扎达铁线莲
Clematis zandaensis W. T. Wang
习　　性：木质藤本
海　　拔：约3500 m
分　　布：西藏
濒危等级：LC

浙江铁线莲
Clematis zhejiangensis R. J. Wang
习　　性：木质藤本
分　　布：浙江
濒危等级：DD

对叶铁线莲
Clematis zygophylla Hand. -Mazz.
习　　性：木质藤本
分　　布：贵州
濒危等级：DD

飞燕草属 Consolida (DC.) S. F. Gray

千鸟草
Consolida ajacis (L.) Schur
习　　性：一年生草本
国内分布：植物园栽培
国外分布：原产南欧、亚洲西南部

飞燕草
Consolida rugulosa (Boiss.) Schrödinger
习　　性：一年生草本
海　　拔：约700 m
国内分布：新疆
国外分布：阿富汗、哈萨克斯坦、吉尔吉斯斯坦、土库曼斯坦
濒危等级：LC

黄连属 Coptis Salisb.

黄连
Coptis chinensis Franch.
国家保护：Ⅱ级

黄连（原变种）
Coptis chinensis var. **chinensis**
习　　性：多年生草本
海　　拔：500~2000 m
分　　布：贵州、湖北、湖南、陕西、四川
濒危等级：VU A2c
资源利用：药用（中草药）

短萼黄连
Coptis chinensis var. **brevisepala** W. T. Wang et P. G. Xiao
习　　性：多年生草本
海　　拔：600~1600 m
分　　布：安徽、福建、广东、广西、浙江
濒危等级：EN A2c

三角叶黄连
Coptis deltoidea C. Y. Cheng et P. G. Xiao
习　　性：多年生草本
海　　拔：1600~2000 m
分　　布：四川
濒危等级：VU A2c; D1+2
国家保护：Ⅱ级

峨眉黄连
Coptis omeiensis (Chen) C. Y. Cheng
习　　性：多年生草本
海　　拔：1000~1700 m
分　　布：河南、四川
濒危等级：EN A2c; B1ab (ii)
国家保护：Ⅱ级

五叶黄连
Coptis quinquefolia Miq.
习　　性：多年生草本
国内分布：台湾

国外分布：日本
濒危等级：LC
国家保护：Ⅱ级

五裂黄连
Coptis quinquesecta W. T. Wang
习　　性：多年生草本
海　　拔：1700～2500 m
分　　布：云南
濒危等级：CR D1
国家保护：Ⅱ级

云南黄连
Coptis teeta Wall.
习　　性：多年生草本
海　　拔：1500～2300 m
分　　布：西藏、云南
濒危等级：CR A2c
国家保护：Ⅱ级

翠雀属 Delphinium L.

塔城翠雀花
Delphinium aemulans Nevski
习　　性：多年生草本
海　　拔：约1400 m
国内分布：新疆
国外分布：哈萨克斯坦
濒危等级：LC

阿克陶翠雀花
Delphinium aktoense W. T. Wang
习　　性：多年生草本
海　　拔：3000～3300 m
分　　布：新疆
濒危等级：LC

白蓝翠雀花
Delphinium albocoeruleum Maxim.

白蓝翠雀花（原变种）
Delphinium albocoeruleum var. **albocoeruleum**
习　　性：多年生草本
海　　拔：3600～4900 m
分　　布：甘肃、青海、四川、西藏
濒危等级：LC
资源利用：药用（中草药）

贺兰翠雀花
Delphinium albocoeruleum var. **przewalskii**(Huth)W. T. Wang
习　　性：多年生草本
海　　拔：1500～2000 m
分　　布：宁夏
濒危等级：LC

高茎翠雀花
Delphinium altissimum Wall.
习　　性：多年生草本
海　　拔：2300～2600 m
国内分布：西藏
国外分布：不丹、尼泊尔、印度
濒危等级：LC

宕昌翠雀花
Delphinium angustipaniculatum W. T. Wang
习　　性：多年生草本
分　　布：甘肃
濒危等级：LC

狭菱形翠雀花
Delphinium angustirhombicum W. T. Wang
习　　性：多年生草本
海　　拔：约3500 m
分　　布：云南
濒危等级：LC

还亮草
Delphinium anthriscifolium Hance

还亮草（原变种）
Delphinium anthriscifolium var. **anthriscifolium**
习　　性：一年生草本
海　　拔：200～1200 m
分　　布：安徽、福建、甘肃、广东、广西、贵州、河南、湖北、湖南、江苏、江西、山西、陕西、四川、云南、浙江
濒危等级：LC
资源利用：药用（中草药）

大花还亮草
Delphinium anthriscifolium var. **majus** Pamp.
习　　性：一年生草本
海　　拔：200～1700 m
分　　布：安徽、贵州、湖北、湖南、陕西、四川
濒危等级：LC
资源利用：药用（中草药）

卵瓣还亮草
Delphinium anthriscifolium var. **savatieri**(Franch.)Munz
习　　性：一年生草本
海　　拔：100～1300 m
国内分布：安徽、甘肃、广东、广西、贵州、河南、湖北、湖南、江苏、江西、陕西、四川、云南、浙江
国外分布：越南
濒危等级：LC

秋翠雀花
Delphinium autumnale Hand.-Mazz.
习　　性：多年生草本
海　　拔：3600～3900 m
分　　布：四川、云南
濒危等级：EN B1ab（ⅲ）

巴塘翠雀花
Delphinium batangense Finet et Gagnep.
习　　性：多年生草本
海　　拔：3400～4200 m
分　　布：四川、云南
濒危等级：NT C1

宽距翠雀花
Delphinium beesianum W. W. Sm.

毛茛科 RANUNCULACEAE

宽距翠雀花（原变种）
Delphinium beesianum var. **beesianum**
　　习　　性：多年生草本
　　海　　拔：3500~4700 m
　　分　　布：西藏、云南
　　濒危等级：LC

粗裂宽距翠雀花
Delphinium beesianum var. **latisectum** W. T. Wang
　　习　　性：多年生草本
　　海　　拔：3500~4700 m
　　分　　布：西藏、云南
　　濒危等级：LC

辐裂翠雀花
Delphinium beesianum var. **radiatifolium** (Hand.-Mazz.) W. T. Wang
　　习　　性：多年生草本
　　海　　拔：4200~4800 m
　　分　　布：四川、西藏
　　濒危等级：LC

三出翠雀花
Delphinium biternatum Huth
　　习　　性：多年生草本
　　海　　拔：约1800 m
　　国内分布：新疆
　　国外分布：哈萨克斯坦、吉尔吉斯斯坦
　　濒危等级：LC

短萼翠雀花
Delphinium brevisepalum W. T. Wang
　　习　　性：多年生草本
　　分　　布：云南
　　濒危等级：LC

囊距翠雀花
Delphinium brunonianum Royle
　　习　　性：多年生草本
　　海　　拔：4500~6000 m
　　国内分布：西藏
　　国外分布：阿富汗、巴基斯坦、克什米尔地区、尼泊尔
　　濒危等级：LC
　　资源利用：药用（中草药）

拟螺距翠雀花
Delphinium bulleyanum Forrest ex Diels
　　习　　性：多年生草本
　　海　　拔：3100~4800 m
　　分　　布：四川、云南
　　濒危等级：VU A2c

蓝翠雀花
Delphinium caeruleum Jacquem. ex Cambess.

蓝翠雀花（原变种）
Delphinium caeruleum var. **caeruleum**
　　习　　性：多年生草本
　　海　　拔：约4600 m
　　国内分布：甘肃、青海、四川、西藏、云南
　　国外分布：不丹、尼泊尔
　　濒危等级：LC

粗距蓝翠雀花
Delphinium caeruleum var. **crassicalcaratum** W. T. Wang et M. J. Warnock
　　习　　性：多年生草本
　　海　　拔：约4600 m
　　分　　布：云南
　　濒危等级：LC

大叶蓝翠雀花
Delphinium caeruleum var. **majus** W. T. Wang
　　习　　性：多年生草本
　　海　　拔：3300~3600 m
　　分　　布：甘肃
　　濒危等级：DD

钝裂蓝翠雀花
Delphinium caeruleum var. **obtusilobum** Brühl ex Huth
　　习　　性：多年生草本
　　海　　拔：约5000 m
　　国内分布：西藏
　　国外分布：印度
　　濒危等级：LC

美叶翠雀花
Delphinium calophyllum W. T. Wang
　　习　　性：多年生草本
　　分　　布：青海
　　濒危等级：LC

驴蹄草叶翠雀花
Delphinium calthifolium Q. E. Yang et Y. Luo
　　习　　性：多年生草本
　　海　　拔：约2300 m
　　分　　布：四川
　　濒危等级：LC

弯距翠雀花
Delphinium campylocentrum Maxim.
　　习　　性：多年生草本
　　海　　拔：3400~3900 m
　　分　　布：甘肃、四川
　　濒危等级：LC

奇林翠雀花
Delphinium candelabrum Ostenf.
　　习　　性：多年生草本
　　海　　拔：4100~5300 m
　　分　　布：甘肃、青海、四川、西藏
　　濒危等级：LC
　　资源利用：药用（中草药）

单花翠雀花
Delphinium candelabrum var. **monanthum** (Hand.-Mazz.) W. T. Wang
　　习　　性：多年生草本
　　海　　拔：4100~5000 m

分　　布：四川
濒危等级：LC
资源利用：药用（中草药）

尾裂翠雀花
Delphinium caudatolobum W. T. Wang
习　　性：多年生草本
海　　拔：约 4600 m
分　　布：四川
濒危等级：LC

拟角萼翠雀花
Delphinium ceratophoroides W. T. Wang
习　　性：多年生草本
海　　拔：约 3200 m
分　　布：西藏
濒危等级：LC

毛角萼翠雀花
Delphinium ceratophorum W. T. Wang
习　　性：多年生草本
海　　拔：约 3600 m
分　　布：云南

短角萼翠雀花
Delphinium ceratophorum var. **brevicorniculatum** W. T. Wang
习　　性：多年生草本
海　　拔：4000～4200 m
分　　布：云南
濒危等级：LC

粗壮角萼翠雀花
Delphinium ceratophorum var. **robustum** W. T. Wang
习　　性：多年生草本
海　　拔：2800～3000 m
分　　布：云南
濒危等级：LC

察隅翠雀花
Delphinium chayuense W. T. Wang
习　　性：多年生草本
海　　拔：约 4000 m
分　　布：西藏
濒危等级：LC

唇花翠雀花
Delphinium cheilanthum Fisch. ex DC.

唇花翠雀花（原变种）
Delphinium cheilanthum var. **cheilanthum**
习　　性：多年生草本
海　　拔：700～800 m
国内分布：内蒙古、新疆
国外分布：俄罗斯、蒙古
濒危等级：NT A2c；B2ab（i，iii，v）
资源利用：环境利用（观赏）

展毛唇花翠雀花
Delphinium cheilanthum var. **pubescens** Y. Z. Zhao
习　　性：多年生草本

分　　布：内蒙古
濒危等级：LC

白缘翠雀花
Delphinium chenii W. T. Wang
习　　性：多年生草本
海　　拔：3900～5000 m
分　　布：四川、云南
濒危等级：LC

黄毛翠雀花
Delphinium chrysotrichum Finet et Gagnep.

黄毛翠雀花（原变种）
Delphinium chrysotrichum var. **chrysotrichum**
习　　性：多年生草本
海　　拔：4200～5000 m
分　　布：四川、西藏
濒危等级：LC

察瓦龙翠雀花
Delphinium chrysotrichum var. **tsarongense**（Hand.-Mazz.）W. T. Wang
习　　性：多年生草本
海　　拔：3000～4600 m
分　　布：西藏、云南
濒危等级：LC

珠峰翠雀花
Delphinium chumulangmaense W. T. Wang
习　　性：多年生草本
海　　拔：约 5000 m
分　　布：西藏
濒危等级：LC

仲巴翠雀花
Delphinium chungbaense W. T. Wang
习　　性：多年生草本
海　　拔：约 5600 m
分　　布：西藏
濒危等级：LC

鞘柄翠雀花
Delphinium coleopodum Hand.-Mazz.
习　　性：多年生草本
海　　拔：3000～3700 m
分　　布：云南
濒危等级：CR B1ab（i，iv，v）

错那翠雀花
Delphinium conaense W. T. Wang
习　　性：多年生草本
海　　拔：3400～3500 m
分　　布：西藏
濒危等级：LC

谷地翠雀花
Delphinium davidii Franch.
习　　性：多年生草本
海　　拔：1100～1400 m

分　　布：四川
濒危等级：LC

大藏翠雀花
Delphinium dazangense W. T. Wang
习　　性：多年生草本
海　　拔：约4000 m
分　　布：四川
濒危等级：LC

滇川翠雀花
Delphinium delavayi Franch.

滇川翠雀花（原变种）
Delphinium delavayi var. **delavayi**
习　　性：多年生草本
海　　拔：2600～3600 m
分　　布：贵州、四川、云南
濒危等级：LC
资源利用：药用（中草药）

保山翠雀花
Delphinium delavayi var. **baoshanense**(W. T. Wang)W. T. Wang
习　　性：多年生草本
海　　拔：2000～2400 m
分　　布：云南
濒危等级：LC

毛蕊翠雀花
Delphinium delavayi var. **lasiandrum** W. T. Wang
习　　性：多年生草本
海　　拔：3500～3800 m
分　　布：云南
濒危等级：LC

须花翠雀花
Delphinium delavayi var. **pogonanthum**(Hand.-Mazz.)W. T. Wang
习　　性：多年生草本
海　　拔：2600～3600 m
分　　布：贵州、四川、云南
濒危等级：LC
资源利用：药用（中草药）

密花翠雀花
Delphinium densiflorum Duthie ex Huth
习　　性：多年生草本
海　　拔：3300～4500 m
国内分布：甘肃、青海、西藏
国外分布：尼泊尔、印度
濒危等级：LC
资源利用：药用（中草药）

拟长距翠雀花
Delphinium dolichocentroides W. T. Wang

拟长距翠雀花（原变种）
Delphinium dolichocentroides var. **dolichocentroides**
习　　性：多年生草本
海　　拔：3000～3600 m
分　　布：四川
濒危等级：LC

基苞翠雀花
Delphinium dolichocentroides var. **leiogynum** W. T. Wang
习　　性：多年生草本
海　　拔：约2900 m
分　　布：四川
濒危等级：LC

无腺翠雀花
Delphinium eglandulosum C. Y. Yang et B. Wang
习　　性：多年生草本
海　　拔：约1300 m
分　　布：新疆
濒危等级：DD

绢毛翠雀花
Delphinium elatum W. T. Wang ex Q. Lin, M. Sun et al.
习　　性：多年生草本
海　　拔：1900～2100 m
分　　布：新疆
濒危等级：LC

长卵苞翠雀花
Delphinium ellipticovatum L.
习　　性：多年生草本
分　　布：新疆
濒危等级：LC

毛梗翠雀花
Delphinium eriostylum H. Lév.

毛梗翠雀花（原变种）
Delphinium eriostylum var. **eriostylum**
习　　性：多年生草本
海　　拔：500～2000 m
分　　布：贵州、四川
濒危等级：LC
资源利用：药用（中草药）

糙叶毛梗翠雀花
Delphinium eriostylum var. **hispidum**(W. T. Wang)W. T. Wang
习　　性：多年生草本
海　　拔：约1200 m
分　　布：贵州
濒危等级：DD

二郎山翠雀花
Delphinium erlangshanicum W. T. Wang
习　　性：多年生草本
海　　拔：约2300 m
分　　布：四川
濒危等级：CR A2ac；D

短距翠雀花
Delphinium forrestii Diels

短距翠雀花（原变种）
Delphinium forrestii var. **forrestii**
习　　性：多年生草本

海　　拔：3800~4900 m
分　　布：四川、云南
濒危等级：LC

光茎短距翠雀花
Delphinium forrestii var. **viride** (W. T. Wang) W. T. Wang
习　　性：多年生草本
海　　拔：3100~4100 m
分　　布：西藏、云南
濒危等级：LC

叉角翠雀花
Delphinium furcatocornutum W. T. Wang
习　　性：多年生草本
海　　拔：约3300 m
分　　布：四川
濒危等级：LC

秦岭翠雀花
Delphinium giraldii Diels
习　　性：多年生草本
海　　拔：1000~2000 m
分　　布：甘肃、河南、湖北、宁夏、山西、陕西、四川
濒危等级：LC

光茎翠雀花
Delphinium glabricaule W. T. Wang
习　　性：多年生草本
分　　布：四川
濒危等级：LC

冰川翠雀花
Delphinium glaciale Hook. f. et Thomson
习　　性：多年生草本
海　　拔：约5300 m
国内分布：西藏
国外分布：不丹、尼泊尔、印度
濒危等级：LC

贡嘎翠雀花
Delphinium gonggaense W. T. Wang
习　　性：多年生草本
海　　拔：约3600 m
分　　布：四川
濒危等级：LC

翠雀
Delphinium grandiflorum L.

翠雀（原变种）
Delphinium grandiflorum var. **grandiflorum**
习　　性：多年生草本
国内分布：安徽、北京、甘肃、河北、河南、黑龙江、吉林、江苏、辽宁、内蒙古、宁夏、青海、山东、山西、陕西、四川、云南
国外分布：俄罗斯、蒙古
濒危等级：LC

安泽翠雀
Delphinium grandiflorum var. **deinocarpum** W. T. Wang
习　　性：多年生草本
分　　布：山西
濒危等级：DD

房山翠雀
Delphinium grandiflorum var. **fangshanense** (W. T. Wang) W. T. Wang
习　　性：多年生草本
海　　拔：400~600 m
分　　布：北京
濒危等级：LC

腺毛翠雀
Delphinium grandiflorum var. **gilgianum** (Pilg. ex Gilg) Finet et Gagnep.
习　　性：多年生草本
海　　拔：100~1800 m
分　　布：安徽、甘肃、河北、河南、江苏、青海、山东、山西、陕西
濒危等级：LC

光果翠雀
Delphinium grandiflorum var. **leiocarpum** W. T. Wang
习　　性：多年生草本
海　　拔：700~1800 m
分　　布：甘肃、宁夏、山西、陕西
濒危等级：LC

裂瓣翠雀
Delphinium grandiflorum var. **mosoynense** (Franch.) Huth
习　　性：多年生草本
海　　拔：1900~3500 m
分　　布：云南
濒危等级：LC

硕片翠雀花
Delphinium grandilimbum W. T. Wang et M. J. Warnock
习　　性：多年生草本
海　　拔：约3600 m
分　　布：云南
濒危等级：LC

拉萨翠雀花
Delphinium gyalanum C. Marquand et Airy Shaw
习　　性：多年生草本
海　　拔：3000~4500 m
分　　布：西藏
濒危等级：LC

钩距翠雀花
Delphinium hamatum Franch.
习　　性：多年生草本
海　　拔：2900~3800 m
分　　布：云南
濒危等级：DD

淡紫翠雀花
Delphinium handelianum W. T. Wang
习　　性：多年生草本
海　　拔：约2900 m

分　　布：云南
濒危等级：LC

毛茛叶翠雀花
Delphinium hillcoatiae Munz

毛茛叶翠雀花（原变种）
Delphinium hillcoatiae var. **hillcoatiae**
习　　性：多年生草本
海　　拔：约 3700 m
分　　布：西藏
濒危等级：LC

毛果毛茛叶翠雀花
Delphinium hillcoatiae var. **pilocarpum** Q. E. Yang et Y. Luo
习　　性：多年生草本
海　　拔：3500～3600 m
分　　布：西藏
濒危等级：LC

毛茎翠雀花
Delphinium hirticaule Franch.

毛茎翠雀花（原变种）
Delphinium hirticaule var. **hirticaule**
习　　性：多年生草本
海　　拔：1200～2900 m
分　　布：湖北、陕西、四川
濒危等级：LC

腺毛翠雀花
Delphinium hirticaule var. **mollipes** W. T. Wang
习　　性：多年生草本
海　　拔：1200～2600 m
分　　布：湖北、四川
濒危等级：LC

毛叶翠雀花
Delphinium hirtifolium W. T. Wang
习　　性：多年生草本
海　　拔：约 2500 m
分　　布：四川
濒危等级：LC

河南翠雀花
Delphinium honanense W. T. Wang

河南翠雀花（原变种）
Delphinium honanense var. **honanense**
习　　性：多年生草本
海　　拔：600～1900 m
分　　布：河南、湖北、陕西
濒危等级：DD

毛梗河南翠雀花
Delphinium honanense var. **piliferum** W. T. Wang
习　　性：多年生草本
分　　布：陕西
濒危等级：LC
资源利用：药用（中草药）

兴安翠雀花
Delphinium hsinganense S. H. Li et S. F. Fang
习　　性：多年生草本
海　　拔：500～800 m
分　　布：内蒙古
濒危等级：LC

湟中翠雀花
Delphinium huangzhongense W. T. Wang
习　　性：多年生草本
海　　拔：约 3900 m
分　　布：青海
濒危等级：LC

会泽翠雀花
Delphinium hueizeense W. T. Wang
习　　性：多年生草本
海　　拔：约 3400 m
分　　布：云南
濒危等级：DD

稻城翠雀花
Delphinium hui Chen
习　　性：多年生草本
海　　拔：约 4500 m
分　　布：四川
濒危等级：CR A3c

乡城翠雀花
Delphinium humilius(W. T. Wang) W. T. Wang
习　　性：多年生草本
海　　拔：4600～4800 m
分　　布：四川、云南
濒危等级：LC

伊犁翠雀花
Delphinium iliense Huth
习　　性：多年生草本
海　　拔：约 2000 m
国内分布：新疆
国外分布：哈萨克斯坦、蒙古
濒危等级：LC

缺刻翠雀花
Delphinium incisolobulatum W. T. Wang
习　　性：多年生草本
分　　布：西藏
濒危等级：LC

光序翠雀花
Delphinium kamaonense Huth

光序翠雀花（原变种）
Delphinium kamaonense var. **kamaonense**
习　　性：多年生草本
海　　拔：2800～4100 m
国内分布：西藏
国外分布：尼泊尔、印度
濒危等级：LC

展毛翠雀花
Delphinium kamaonense var. **glabrescens**(W. T. Wang)W. T. Wang
习　　性：多年生草本
海　　拔：2500~4200 m
分　　布：甘肃、青海、四川、西藏
濒危等级：LC
资源利用：药用（中草药）

甘肃翠雀花
Delphinium kansuense Huth

甘肃翠雀花（原变种）
Delphinium kansuense var. **kansuense**
习　　性：多年生草本
海　　拔：约3000 m
分　　布：甘肃
濒危等级：LC

黏毛甘肃翠雀花
Delphinium kansuense var. **villosiusculum** W. T. Wang et M. J. Warnock
习　　性：多年生草本
海　　拔：约3000 m
分　　布：青海
濒危等级：LC

甘孜翠雀花
Delphinium kantzeense W. T. Wang
习　　性：多年生草本
分　　布：四川
濒危等级：LC

喀什翠雀花
Delphinium kaschgaricum C. Y. Yang et B. Wang
习　　性：多年生草本
海　　拔：约3300 m
分　　布：新疆
濒危等级：LC

密叶翠雀花
Delphinium kingianum Brühl ex Huth

密叶翠雀花（原变种）
Delphinium kingianum var. **kingianum**
习　　性：多年生草本
海　　拔：约4600 m
分　　布：西藏
濒危等级：LC

尖裂密叶翠雀花
Delphinium kingianum var. **acuminatissimum**(W. T. Wang)W. T. Wang
习　　性：多年生草本
海　　拔：4600~4800 m
分　　布：西藏
濒危等级：LC

少腺密叶翠雀花
Delphinium kingianum var. **eglandulosum** W. T. Wang
习　　性：多年生草本
分　　布：西藏
濒危等级：LC

光果密叶翠雀花
Delphinium kingianum var. **leiocarpum** Brühl ex Huth
习　　性：多年生草本
分　　布：西藏
濒危等级：LC

东北高翠雀花
Delphinium korshinskyanum Nevski
习　　性：多年生草本
海　　拔：400~800 m
国内分布：黑龙江
国外分布：俄罗斯
濒危等级：LC

昆仑翠雀花
Delphinium kunlunshanicum C. Y. Yang et B. Wang
习　　性：多年生草本
海　　拔：约3800 m
分　　布：新疆
濒危等级：DD

帕米尔翠雀花
Delphinium lacostei Danguy
习　　性：多年生草本
海　　拔：约4500 m
国内分布：新疆
国外分布：巴基斯坦、吉尔吉斯斯坦
濒危等级：LC

细距翠雀花
Delphinium lagarocentrum W. T. Wang
习　　性：多年生草本
海　　拔：约3700 m
分　　布：西藏
濒危等级：LC

朗县翠雀花
Delphinium langxianense W. T. Wang
习　　性：多年生草本
海　　拔：约4600 m
分　　布：西藏
濒危等级：LC

毛药翠雀花
Delphinium lasiantherum W. T. Wang
习　　性：多年生草本
海　　拔：约3200 m
分　　布：四川
濒危等级：LC

宽菱形翠雀花
Delphinium latirhombicum W. T. Wang
习　　性：多年生草本
海　　拔：约2900 m
分　　布：云南
濒危等级：LC

聚伞翠雀花
Delphinium laxicymosum W. T. Wang

聚伞翠雀花（原变种）
Delphinium laxicymosum var. **laxicymosum**
习　　性：多年生草本
海　　拔：约 3100 m
分　　布：四川
濒危等级：LC

毛序聚伞翠雀花
Delphinium laxicymosum var. **pilostachyum** W. T. Wang
习　　性：多年生草本
海　　拔：约 1300 m
分　　布：四川
濒危等级：LC

光叶翠雀花
Delphinium leiophyllum(W. T. Wang) W. T. Wang
习　　性：多年生草本
海　　拔：4400～4700 m
分　　布：西藏
濒危等级：DD

光轴翠雀花
Delphinium leiostachyum W. T. Wang
习　　性：多年生草本
海　　拔：约 3000 m
分　　布：四川
濒危等级：LC

凉山翠雀花
Delphinium liangshanense W. T. Wang
习　　性：多年生草本
海　　拔：约 3000 m
分　　布：四川、云南
濒危等级：LC

李恒翠雀花
Delphinium lihengianum Q. E. Yang et Y. Luo
习　　性：多年生草本
分　　布：西藏
濒危等级：DD

丽江翠雀花
Delphinium likiangense Franch.
习　　性：多年生草本
海　　拔：3400～4500 m
分　　布：云南
濒危等级：EN B2ab（iii，v）；D
资源利用：环境利用（观赏）

灵宝翠雀花
Delphinium lingbaoense S. Y. Wang et Q. S. Yang
习　　性：多年生草本
海　　拔：1700～2000 m
分　　布：河南
濒危等级：DD

长苞翠雀花
Delphinium longibracteolatum W. T. Wang
习　　性：多年生草本
海　　拔：4400～4800 m
分　　布：西藏
濒危等级：LC

长梗翠雀花
Delphinium longipedicellatum W. T. Wang
习　　性：多年生草本
海　　拔：约 3800 m
分　　布：西藏
濒危等级：LC

金沙翠雀花
Delphinium majus Ulbr.
习　　性：多年生草本
海　　拔：1600～1800 m
分　　布：四川、云南
濒危等级：LC

软叶翠雀花
Delphinium malacophyllum Hand. -Mazz.
习　　性：多年生草本
海　　拔：3900～4300 m
分　　布：甘肃、四川
濒危等级：NT A2c；D

茂县翠雀花
Delphinium maoxianense W. T. Wang
习　　性：多年生草本
分　　布：四川
濒危等级：DD

多枝翠雀花
Delphinium maximowiczii Franch.
习　　性：多年生草本
海　　拔：1500～1900 m
分　　布：甘肃、四川
濒危等级：LC

墨脱翠雀花
Delphinium medogense W. T. Wang
习　　性：多年生草本
海　　拔：3500～3700 m
分　　布：西藏
濒危等级：LC

新源翠雀花
Delphinium mollifolium W. T. Wang
习　　性：多年生草本
海　　拔：约 1700 m
分　　布：新疆
濒危等级：LC

软毛翠雀花
Delphinium mollipilum W. T. Wang
习　　性：多年生草本
海　　拔：约 3300 m
分　　布：甘肃
濒危等级：LC

磨顶山翠雀花
Delphinium motingshanicum W. T. Wang et M. J. Warnock
习　　性：多年生草本
海　　拔：约 4600 m
分　　布：云南
濒危等级：LC

木里翠雀花
Delphinium muliense W. T. Wang

木里翠雀花（原变种）
Delphinium muliense var. **muliense**
习　　性：多年生草本
海　　拔：3300～4200 m
分　　布：四川
濒危等级：EN D

小苞木里翠雀花
Delphinium muliense var. **minutibracteolatum** W. T. Wang
习　　性：多年生草本
海　　拔：约 3300 m
分　　布：四川
濒危等级：LC

囊谦翠雀花
Delphinium nangchienense W. T. Wang
习　　性：多年生草本
海　　拔：约 4200 m
分　　布：青海
濒危等级：LC
资源利用：药用（中草药）

朗孜翠雀花
Delphinium nangziense W. T. Wang
习　　性：多年生草本
海　　拔：约 4500 m
分　　布：西藏
濒危等级：LC

船苞翠雀花
Delphinium naviculare W. T. Wang

船苞翠雀花（原变种）
Delphinium naviculare var. **naviculare**
习　　性：多年生草本
海　　拔：约 1700 m
分　　布：新疆
濒危等级：LC

毛果船苞翠雀花
Delphinium naviculare var. **lasiocarpum** W. T. Wang
习　　性：多年生草本
海　　拔：1600～1700 m
分　　布：新疆
濒危等级：LC

文采新翠雀花
Delphinium neowentsaii C. Y. Yang
习　　性：多年生草本
分　　布：新疆

濒危等级：LC

宁朗山翠雀花
Delphinium ninglangshanicum W. T. Wang
习　　性：多年生草本
海　　拔：3600～3800 m
分　　布：四川
濒危等级：DD

叠裂翠雀花
Delphinium nordhagenii Wendelbo

叠裂翠雀花（原变种）
Delphinium nordhagenii var. **nordhagenii**
习　　性：多年生草本
海　　拔：4900～5500 m
国内分布：西藏、新疆
国外分布：巴基斯坦
濒危等级：DD

尖齿翠雀花
Delphinium nordhagenii var. **acutidentatum** W. T. Wang
习　　性：多年生草本
海　　拔：约 4700 m
分　　布：西藏
濒危等级：LC

细茎翠雀花
Delphinium nortonii Dunn
习　　性：多年生草本
海　　拔：4500～5000 m
国内分布：西藏
国外分布：尼泊尔、印度
濒危等级：LC

倒心形翠雀花
Delphinium obcordatilimbum W. T. Wang
习　　性：多年生草本
海　　拔：约 3800 m
分　　布：西藏
濒危等级：LC

峨眉翠雀花
Delphinium omeiense W. T. Wang

峨眉翠雀花（原变种）
Delphinium omeiense var. **omeiense**
习　　性：多年生草本
海　　拔：2500～3300 m
分　　布：四川、云南
濒危等级：LC
资源利用：药用（中草药）

小花峨眉翠雀花
Delphinium omeiense var. **micranthum** G. F. Tao
习　　性：多年生草本
海　　拔：约 2000 m
分　　布：湖北
濒危等级：LC

毛峨眉翠雀花
Delphinium omeiense var. **pubescens** W. T. Wang
习　　性：多年生草本
海　　拔：2200~2600 m
分　　布：四川
濒危等级：LC

拟直距翠雀花
Delphinium orthocentroides W. T. Wang
习　　性：多年生草本
海　　拔：约4000 m
分　　布：四川
濒危等级：LC

直距翠雀花
Delphinium orthocentrum Franch.
习　　性：多年生草本
海　　拔：约3500 m
分　　布：四川
濒危等级：EN A2ac；C1

尖距翠雀花
Delphinium oxycentrum W. T. Wang
习　　性：多年生草本
海　　拔：约4000 m
分　　布：四川
濒危等级：EN B1ab（iii）

拟粗距翠雀花
Delphinium pachycentoides W. T. Wang
习　　性：多年生草本
海　　拔：4330~4400 m
分　　布：四川
濒危等级：LC

粗距翠雀花
Delphinium pachycentrum Hemsl.

粗距翠雀花（原变种）
Delphinium pachycentrum var. **pachycentrum**
习　　性：多年生草本
海　　拔：4000~4500 m
分　　布：青海、四川
濒危等级：LC

狭萼粗距翠雀花
Delphinium pachycentrum var. **lancisepalum**（Hand.-Mazz.）W. T. Wang
习　　性：多年生草本
海　　拔：4200~4600 m
分　　布：四川
濒危等级：LC

纸叶翠雀花
Delphinium pergameneum W. T. Wang
习　　性：多年生草本
海　　拔：3400~3600 m
分　　布：云南
濒危等级：DD

平武翠雀花
Delphinium pingwuense W. T. Wang
习　　性：多年生草本
分　　布：四川
濒危等级：LC

波密翠雀花
Delphinium pomeense W. T. Wang
习　　性：多年生草本
海　　拔：3800~4000 m
分　　布：西藏
濒危等级：NT A2ac；B2ab（i，iii，v）

黑水翠雀花
Delphinium potaninii Huth

黑水翠雀花（原变种）
Delphinium potaninii var. **potaninii**
习　　性：多年生草本
海　　拔：1800~3300 m
分　　布：甘肃、陕西、四川
濒危等级：LC

螺距黑水翠雀花
Delphinium potaninii var. **bonvalotii**（Franch.）W. T. Wang
习　　性：多年生草本
海　　拔：1100~3800 m
分　　布：四川
濒危等级：LC

宽苞黑水翠雀花
Delphinium potaninii var. **latibracteolatum** W. T. Wang
习　　性：多年生草本
海　　拔：约2300 m
分　　布：四川
濒危等级：LC

拟蓝翠雀花
Delphinium pseudocaeruleum W. T. Wang
习　　性：多年生草本
海　　拔：1200~2500 m
分　　布：甘肃
濒危等级：LC

拟弯距翠雀花
Delphinium pseudocampylocentrum W. T. Wang

拟弯距翠雀花（原变种）
Delphinium pseudocampylocentrum var. **pseudocampylocentrum**
习　　性：多年生草本
海　　拔：约4400 m
分　　布：四川
濒危等级：LC

光序拟弯距翠雀花
Delphinium pseudocampylocentrum var. **glabripes** W. T. Wang
习　　性：多年生草本
海　　拔：约3400 m
分　　布：四川
濒危等级：LC

石滩翠雀花
Delphinium pseudocandelabrum W. T. Wang
习　　性：多年生草本
海　　拔：约 5000 m
分　　布：青海
濒危等级：LC

假深蓝翠雀花
Delphinium pseudocyananthum C. Y. Yang et B. Wang
习　　性：多年生草本
海　　拔：约 1000 m
分　　布：西藏
濒危等级：LC

拟冰川翠雀花
Delphinium pseudoglaciale W. T. Wang
习　　性：多年生草本
海　　拔：约 4900 m
分　　布：西藏
濒危等级：LC

拟钩距翠雀花
Delphinium pseudohamatum W. T. Wang
习　　性：多年生草本
海　　拔：约 3800 m
分　　布：云南
濒危等级：LC

条裂翠雀花
Delphinium pseudomosoynense W. T. Wang

条裂翠雀花（原变种）
Delphinium pseudomosoynense var. **pseudomosoynense**
习　　性：多年生草本
分　　布：四川
濒危等级：LC

疏毛条裂翠雀花
Delphinium pseudomosoynense var. **subglabrum** W. T. Wang
习　　性：多年生草本
分　　布：四川
濒危等级：LC

宽萼翠雀花
Delphinium pseudopulcherrimum W. T. Wang
习　　性：多年生草本
海　　拔：4000~5000 m
分　　布：西藏
濒危等级：LC

拟澜沧翠雀花
Delphinium pseudothibeticum W. T. Wang et M. J. Warnock
习　　性：多年生草本
海　　拔：约 4600 m
分　　布：云南
濒危等级：LC

拟川西翠雀花
Delphinium pseudotongolense W. T. Wang
习　　性：多年生草本
海　　拔：1200~2500 m
分　　布：四川
濒危等级：LC

拟云南翠雀花
Delphinium pseudoyunnanense W. T. Wang, M. J. Warnock et G. H. Zhu
习　　性：多年生草本
分　　布：云南
濒危等级：LC

普兰翠雀花
Delphinium pulanense W. T. Wang
习　　性：多年生草本
海　　拔：约 5000 m
分　　布：西藏
濒危等级：LC

矮翠雀花
Delphinium pumilum W. T. Wang
习　　性：多年生草本
海　　拔：3900~4300 m
分　　布：四川
濒危等级：LC

密距翠雀花
Delphinium pycnocentrum Franch.
习　　性：多年生草本
海　　拔：约 3000 m
分　　布：云南
濒危等级：LC

大通翠雀花
Delphinium pylzowii Maxim.

大通翠雀花（原变种）
Delphinium pylzowii var. **pylzowii**
习　　性：多年生草本
海　　拔：2300~3000 m
分　　布：甘肃、青海
濒危等级：LC
资源利用：药用（中草药）

三果大通翠雀花
Delphinium pylzowii var. **trigynum** W. T. Wang
习　　性：多年生草本
海　　拔：3500~4500 m
分　　布：甘肃、青海、四川、西藏
濒危等级：LC
资源利用：药用（中草药）

青海翠雀花
Delphinium qinghaiense W. T. Wang
习　　性：多年生草本
海　　拔：4300~5000 m
分　　布：青海
濒危等级：LC

五花翠雀花
Delphinium quinqueflorum W. T. Wang

习　　性：多年生草本
分　　布：云南

壤塘翠雀花
Delphinium rangtangense W. T. Wang
习　　性：多年生草本
海　　拔：约3300 m
分　　布：四川
濒危等级：LC

岩生翠雀花
Delphinium saxatile W. T. Wang
习　　性：多年生草本
海　　拔：约2100 m
分　　布：四川
濒危等级：LC

萨乌尔翠雀花
Delphinium shawurense W. T. Wang

萨乌尔翠雀花（原变种）
Delphinium shawurense var. **shawurense**
习　　性：多年生草本
海　　拔：1800~2200 m
分　　布：新疆
濒危等级：LC

白花萨乌尔翠雀花
Delphinium shawurense var. **albiflorum** C. Y. Yang et B. Wang
习　　性：多年生草本
海　　拔：1800~1900 m
分　　布：新疆
濒危等级：LC

毛茎萨乌尔翠雀花
Delphinium shawurense var. **pseudoaemulans**（C. Y. Yang et B. Wang）W. T. Wang
习　　性：多年生草本
海　　拔：约1900 m
分　　布：新疆
濒危等级：LC

米林翠雀花
Delphinium sherriffii Munz
习　　性：多年生草本
海　　拔：3000~3500 m
分　　布：西藏
濒危等级：DD

水城翠雀花
Delphinium shuichengense W. T. Wang
习　　性：多年生草本
海　　拔：约1800 m
分　　布：贵州
濒危等级：LC

新疆高翠雀花
Delphinium sinoelatum C. Y. Yang et B. Wang
习　　性：多年生草本
海　　拔：约1900 m
分　　布：新疆
濒危等级：LC

五果翠雀花
Delphinium sinopentagynum W. T. Wang
习　　性：多年生草本
海　　拔：约2800 m
分　　布：四川
濒危等级：LC

花葶翠雀花
Delphinium sinoscaposum W. T. Wang
习　　性：多年生草本
海　　拔：约3500 m
分　　布：四川
濒危等级：VU A2ac；D2

葡萄叶翠雀花
Delphinium sinovitifolium W. T. Wang
习　　性：多年生草本
海　　拔：约4000 m
分　　布：四川
濒危等级：DD

细须翠雀花
Delphinium siwanense Franch.

细须翠雀花（原变种）
Delphinium siwanense var. **siwanense**
习　　性：多年生草本
海　　拔：1900~2000 m
分　　布：甘肃、河北、内蒙古、宁夏、山西、陕西
濒危等级：LC

冀北翠雀花
Delphinium siwanense var. **albopuberulum** W. T. Wang
习　　性：多年生草本
海　　拔：1300~2100 m
分　　布：河北
濒危等级：EN A2c；D

宝兴翠雀花
Delphinium smithianum Hand.-Mazz.
习　　性：多年生草本
海　　拔：3500~4600 m
分　　布：四川、云南
濒危等级：NT A2ac；B2ab（i，iii，v）

川甘翠雀花
Delphinium souliei Franch.
习　　性：多年生草本
海　　拔：3500~4400 m
分　　布：甘肃、四川
濒危等级：LC

疏花翠雀花
Delphinium sparsiflorum Maxim.
习　　性：多年生草本
海　　拔：1900~2800 m
分　　布：甘肃、宁夏、青海

濒危等级：NT A2ac；B2ab（i, iii）

螺距翠雀花
Delphinium spirocentrum Hand. -Mazz.
习　　性：多年生草本
海　　拔：3400~4200 m
分　　布：四川、云南
濒危等级：LC

匙苞翠雀花
Delphinium subspathulatum W. T. Wang
习　　性：多年生草本
海　　拔：约3800 m
分　　布：西藏
濒危等级：LC

松潘翠雀花
Delphinium sutchuenense Franch.
习　　性：多年生草本
海　　拔：约2800 m
分　　布：甘肃、四川
濒危等级：NT A2ac；B2ab（i, iii, v）

吉隆翠雀花
Delphinium tabatae Tamura
习　　性：多年生草本
海　　拔：3100~3600 m
国内分布：西藏
国外分布：尼泊尔
濒危等级：LC

太白翠雀花
Delphinium taipaicum W. T. Wang
习　　性：多年生草本
海　　拔：3600~3900 m
分　　布：陕西
濒危等级：LC

大理翠雀花
Delphinium taliense Franch.

大理翠雀花（原变种）
Delphinium taliense var. **taliense**
习　　性：多年生草本
海　　拔：2800~3500 m
分　　布：四川、云南
濒危等级：LC

长距大理翠雀花
Delphinium taliense var. **dolichocentrum** W. T. Wang
习　　性：多年生草本
海　　拔：约2800 m
分　　布：四川
濒危等级：LC

硬毛大理翠雀花
Delphinium taliense var. **hirsutum** W. T. Wang
习　　性：多年生草本
分　　布：四川
濒危等级：LC

粗距大理翠雀花
Delphinium taliense var. **platycentrum** W. T. Wang
习　　性：多年生草本
海　　拔：约3500 m
分　　布：四川
濒危等级：LC

新塔翠雀花
Delphinium tarbagataicum C. Y. Yang et B. Wang
习　　性：多年生草本
海　　拔：约1800 m
分　　布：新疆
濒危等级：LC

班玛翠雀花
Delphinium tatsienense W. T. Wang
习　　性：多年生草本
海　　拔：约4000 m
分　　布：青海
濒危等级：LC

塔什库尔干翠雀花
Delphinium taxkorganense W. T. Wang
习　　性：多年生草本
海　　拔：约4700 m
分　　布：新疆
濒危等级：LC

长距翠雀花
Delphinium tenii H. Lév.
习　　性：多年生草本
海　　拔：1900~3400 m
分　　布：四川、西藏、云南
濒危等级：LC

灰花翠雀花
Delphinium tephranthum W. T. Wang
习　　性：多年生草本
海　　拔：约4800 m
分　　布：西藏
濒危等级：LC

四果翠雀花
Delphinium tetragynum W. T. Wang
习　　性：多年生草本
海　　拔：约4500 m
分　　布：浙江
濒危等级：DD

澜沧翠雀花
Delphinium thibeticum Finet et Gagnep.

澜沧翠雀花（原变种）
Delphinium thibeticum var. **thibeticum**
习　　性：多年生草本
海　　拔：2800~3800 m
分　　布：四川、西藏、云南
濒危等级：LC

锐裂翠雀花
Delphinium thibeticum var. **laceratilobum** W. T. Wang

习　　性：多年生草本
海　　拔：约 3700 m
分　　布：四川、西藏
濒危等级：LC

天山翠雀花
Delphinium tianshanicum W. T. Wang
习　　性：多年生草本
海　　拔：1700~2700 m
分　　布：新疆
濒危等级：LC

川西翠雀花
Delphinium tongolense Franch.
习　　性：多年生草本
海　　拔：2200~3900 m
分　　布：四川、云南
濒危等级：LC

拟毛翠雀花
Delphinium trichophoroides W. T. Wang
习　　性：多年生草本
海　　拔：约 4400 m
分　　布：四川
濒危等级：LC

毛翠雀花
Delphinium trichophorum Franchet

毛翠雀花（原变种）
Delphinium trichophorum var. **trichophorum**
习　　性：多年生草本
海　　拔：约 4000 m
分　　布：甘肃、青海、四川、西藏
濒危等级：LC

粗距毛翠雀花
Delphinium trichophorum var. **platycentrum** W. T. Wang
习　　性：多年生草本
海　　拔：约 4000 m
分　　布：四川
濒危等级：LC

光果毛翠雀花
Delphinium trichophorum var. **subglaberrimum** Hand.-Mazz.
习　　性：多年生草本
海　　拔：4000~4400 m
分　　布：四川
濒危等级：LC

三小叶翠雀花
Delphinium trifoliolatum Finet et Gagnep.
习　　性：多年生草本
海　　拔：1500~1600 m
分　　布：安徽、湖北、四川
濒危等级：CR A2ac；D

全裂翠雀花
Delphinium trisectum W. T. Wang
习　　性：多年生草本
海　　拔：400~800 m
分　　布：安徽、河南、湖北
濒危等级：LC

阴地翠雀花
Delphinium umbrosum Hand.-Mazz.

阴地翠雀花（原变种）
Delphinium umbrosum var. **umbrosum**
习　　性：多年生草本
海　　拔：3500~3900 m
分　　布：四川
濒危等级：LC

宽苞阴地翠雀花
Delphinium umbrosum var. **drepanocentrum**（Brühl ex Huth）W. T. Wang et M. J. Warnock
习　　性：多年生草本
海　　拔：2300~3800 m
国内分布：西藏
国外分布：尼泊尔、印度
濒危等级：LC

展毛阴地翠雀花
Delphinium umbrosum var. **hispidum** W. T. Wang
习　　性：多年生草本
海　　拔：1900~3900 m
分　　布：四川、云南
濒危等级：LC

浅裂翠雀花
Delphinium vestitum Wall. ex Royle
习　　性：多年生草本
海　　拔：约 3400 m
国内分布：西藏
国外分布：不丹、克什米尔地区、尼泊尔、印度
濒危等级：LC

黄黏毛翠雀花
Delphinium viscosum Brühl ex Huth
习　　性：多年生草本
海　　拔：约 3200 m
国内分布：西藏
国外分布：尼泊尔、印度
濒危等级：LC

秀丽翠雀花
Delphinium wangii M. J. Warnock
习　　性：多年生草本
海　　拔：约 2300 m
分　　布：新疆
濒危等级：LC

堆拉翠雀花
Delphinium wardii C. Marquand et Airy Shaw
习　　性：多年生草本
海　　拔：约 4200 m
分　　布：西藏
濒危等级：LC

咸宁翠雀花
Delphinium weiningense W. T. Wang

习　　性：多年生草本
海　　拔：约2100 m
分　　布：贵州
濒危等级：LC

汶川翠雀花
Delphinium wenchuanense W. T. Wang
习　　性：多年生草本
海　　拔：约2500 m
分　　布：四川
濒危等级：LC

文采翠雀花
Delphinium wentsaii Y. Z. Zhao
习　　性：多年生草本
海　　拔：约2900 m
分　　布：新疆
濒危等级：LC

温泉翠雀花
Delphinium winklerianum Huth
习　　性：多年生草本
海　　拔：1900~2150 m
国内分布：新疆
国外分布：哈萨克斯坦
濒危等级：LC

狭序翠雀花
Delphinium wrightii Chen

狭序翠雀花（原变种）
Delphinium wrightii var. **wrightii**
习　　性：多年生草本
海　　拔：约3400 m
分　　布：四川
濒危等级：LC

粗距狭序翠雀花
Delphinium wrightii var. **subtubulosum** W. T. Wang
习　　性：多年生草本
分　　布：云南
濒危等级：DD

乌恰翠雀花
Delphinium wuqiaense W. T. Wang
习　　性：多年生草本
海　　拔：约3300 m
分　　布：新疆
濒危等级：LC

西昌翠雀花
Delphinium xichangense W. T. Wang
习　　性：多年生草本
海　　拔：约3800 m
分　　布：四川
濒危等级：LC

雅江翠雀花
Delphinium yajiangense W. T. Wang
习　　性：多年生草本
海　　拔：约4400 m
分　　布：四川
濒危等级：LC

竞生翠雀花
Delphinium yangii W. T. Wang
习　　性：多年生草本
海　　拔：4200~4500 m
分　　布：云南
濒危等级：LC

岩瓦翠雀花
Delphinium yanwaense W. T. Wang
习　　性：多年生草本
海　　拔：约2700 m
分　　布：云南
濒危等级：LC

叶城翠雀花
Delphinium yechengense C. Y. Yang et B. Wang
习　　性：多年生草本
海　　拔：3800~4300 m
分　　布：新疆
濒危等级：LC

永宁翠雀花
Delphinium yongningense W. T. Wang et M. J. Warnock
习　　性：多年生草本
海　　拔：3300~4000 m
分　　布：云南
濒危等级：LC

中甸翠雀花
Delphinium yuanum Chen
习　　性：多年生草本
海　　拔：约3000 m
分　　布：云南
濒危等级：LC

毓泉翠雀花
Delphinium yuchuanii Y. Z. Zhao
习　　性：多年生草本
分　　布：内蒙古
濒危等级：LC

玉龙山翠雀花
Delphinium yulungshanicum W. T. Wang
习　　性：多年生草本
海　　拔：约3700 m
分　　布：云南
濒危等级：LC

云南翠雀花
Delphinium yunnanense(Franch.)Franch.
习　　性：多年生草本
海　　拔：1000~2400 m
分　　布：贵州、四川、云南
濒危等级：LC
资源利用：药用（中草药）

镜锂翠雀花
Delphinium zhangii W. T. Wang

习　　性：多年生草本
海　　拔：约3600 m
分　　布：新疆
濒危等级：LC

左贡翠雀花
Delphinium zuogongense W. T. Wang
习　　性：多年生草本
海　　拔：约4000 m
分　　布：西藏
濒危等级：LC

人字果属 Dichocarpum W. T. Wang et Hsiao

台湾人字果
Dichocarpum arisanense(Hayata)W. T. Wang et P. G. Xiao
习　　性：多年生草本
分　　布：台湾
濒危等级：LC

耳状人字果
Dichocarpum auriculatum(Franch.)W. T. Wang et P. G. Xiao

耳状人字果（原变种）
Dichocarpum auriculatum var. **auriculatum**
习　　性：多年生草本
海　　拔：600~1500 m
分　　布：福建、湖北、四川、云南
濒危等级：LC
资源利用：药用（中草药）

毛叶人字果
Dichocarpum auriculatum var. **puberulum** D. Z. Fu
习　　性：多年生草本
海　　拔：500~600 m
分　　布：四川
濒危等级：LC

基叶人字果
Dichocarpum basilare W. T. Wang et P. G. Xiao
习　　性：多年生草本
海　　拔：500~600 m
分　　布：四川
濒危等级：DD
资源利用：药用（中草药）

种脐人字果
Dichocarpum carinatum D. Z. Fu
习　　性：多年生草本
海　　拔：500~700 m
分　　布：四川
濒危等级：LC

蕨叶人字果
Dichocarpum dalzielii(J. R. Drumm. et Hutch.)W. T. Wang et P. G. Xiao
习　　性：多年生草本
海　　拔：700~1600 m
分　　布：安徽、福建、广东、广西、贵州、海南、湖北、湖南、江西、四川、浙江
濒危等级：LC
资源利用：药用（中草药）

纵肋人字果
Dichocarpum fargesii(Franch.)W. T. Wang et P. G. Xiao
习　　性：多年生草本
海　　拔：1300~1600 m
分　　布：安徽、甘肃、贵州、河南、湖北、湖南、陕西、四川
濒危等级：LC
资源利用：药用（中草药）

小花人字果
Dichocarpum franchetii(Finet et Gagnep.)W. T. Wang et P. G. Xiao
习　　性：多年生草本
海　　拔：1300~3200 m
分　　布：广西、贵州、湖北、湖南、四川、云南
濒危等级：LC

粉背人字果
Dichocarpum hypoglaucum W. T. Wang et P. G. Xiao
习　　性：多年生草本
海　　拔：1200~1300 m
分　　布：云南
濒危等级：EN A2ac；B1ab（i, iii, v）

麻栗坡人字果
Dichocarpum malipoenense D. D. Tao
习　　性：多年生草本
海　　拔：约1300 m
分　　布：云南
濒危等级：VU B2ab（i, iii, v）

人字果
Dichocarpum sutchuenense(Franch.)W. T. Wang et P. G. Xiao
习　　性：多年生草本
海　　拔：1400~2200 m
分　　布：湖北、四川、云南、浙江
濒危等级：LC

三小叶人字果
Dichocarpum trifoliolatum W. T. Wang et P. G. Xiao
习　　性：多年生草本
海　　拔：700~800 m
分　　布：四川
濒危等级：VU B2ab（iii）
资源利用：药用（中草药）

务川人字果
Dichocarpum wuchuanense S. Z. He
习　　性：多年生草本
海　　拔：约650 m
分　　布：贵州
濒危等级：NT

拟扁果草属 Enemion Raf.

拟扁果草
Enemion raddeanum Regel
习　　性：多年生草本
海　　拔：300~845 m

国内分布：黑龙江、吉林、辽宁
国外分布：朝鲜半岛、俄罗斯、日本
濒危等级：LC

菟葵属 Eranthis Salisb.

白花菟葵
Eranthis albiflora Franch.
习　　性：多年生草本
海　　拔：1700~2100 m
分　　布：四川
濒危等级：VU A2c

浅裂菟葵
Eranthis lobulata W. T. Wang

浅裂菟葵（原变种）
Eranthis lobulata var. **lobulata**
习　　性：多年生草本
海　　拔：约3100 m
分　　布：四川
濒危等级：EN A2c；B2ab（iii，v）

高浅裂菟葵
Eranthis lobulata var. **elatior** W. T. Wang
习　　性：多年生草本
海　　拔：2800 m
分　　布：四川
濒危等级：LC

菟葵
Eranthis stellata Maxim.
习　　性：多年生草本
国内分布：吉林、辽宁
国外分布：朝鲜半岛、俄罗斯
濒危等级：LC

露蕊乌头属 Gymnaconitum (Stapf) Wei Wang & Z. D. Chen

露蕊乌头
Gymnaconitum gymnandrum(Maxim.)Wei Wang & Z. D. Chen
习　　性：多年生草本
海　　拔：1550~3800 m
分　　布：甘肃、青海、四川、西藏
濒危等级：LC

碱毛茛属 Halerpestes Greene

丝裂碱毛茛
Halerpestes filisecta L. Liou
习　　性：多年生草本
海　　拔：约4800 m
分　　布：西藏
濒危等级：NT D1

狭叶碱毛茛
Halerpestes lancifolia(Bertol.)Hand.-Mazz.
习　　性：多年生草本
海　　拔：3700~5100 m
国内分布：西藏
国外分布：克什米尔地区、尼泊尔
濒危等级：DD

长叶碱毛茛
Halerpestes ruthenica(Jacq.)Ovcz.
习　　性：多年生草本
海　　拔：海平面至1400 m
国内分布：甘肃、河北、黑龙江、吉林、辽宁、内蒙古、宁夏、青海、山西、陕西、新疆
国外分布：俄罗斯、哈萨克斯坦、蒙古
濒危等级：LC

碱毛茛
Halerpestes sarmentosa(Adams)Kom.

碱毛茛（原变种）
Halerpestes sarmentosa var. **sarmentosa**
习　　性：多年生草本
海　　拔：海平面至2000 m
国内分布：甘肃、河北、黑龙江、吉林、辽宁、内蒙古、宁夏、青海、山西、陕西、四川、西藏、新疆
国外分布：巴基斯坦、朝鲜半岛、俄罗斯、哈萨克斯坦、蒙古、印度
濒危等级：LC

裂叶碱毛茛
Halerpestes sarmentosa var. **multisecta**(S. H. Li et Y. Hui Huang)W. T. Wang
习　　性：多年生草本
分　　布：辽宁
濒危等级：LC

三裂碱毛茛
Halerpestes tricuspis(Maxim.)Hand.-Mazz.

三裂碱毛茛（原变种）
Halerpestes tricuspis var. **tricuspis**
习　　性：多年生草本
海　　拔：1700~4800 m
国内分布：甘肃、宁夏、青海、西藏、新疆
国外分布：尼泊尔
濒危等级：LC

异叶三裂碱毛茛
Halerpestes tricuspis var. **heterophylla** W. T. Wang
习　　性：多年生草本
海　　拔：4700~5100 m
分　　布：西藏、新疆
濒危等级：LC

浅三裂碱毛茛
Halerpestes tricuspis var. **intermedia** W. T. Wang
习　　性：多年生草本
海　　拔：2400~4600 m
分　　布：甘肃、青海、四川、西藏
濒危等级：NT A2c；B2ab（iii，v）

变叶三裂碱毛茛
Halerpestes tricuspis var. **variifolia**(Tamura)W. T. Wang

习　　性：多年生草本
海　　拔：2000～5000 m
国内分布：甘肃、宁夏、四川、西藏
国外分布：尼泊尔
濒危等级：LC

铁筷子属 Helleborus L.

铁筷子
Helleborus thibetanus Franch.
习　　性：多年生草本
海　　拔：1100～3700 m
分　　布：甘肃、湖北、陕西、四川
濒危等级：VU A2c
资源利用：药用（中草药）

獐耳细辛属 Hepatica Mill.

川鄂獐耳细辛
Hepatica henryi(Oliv.)Steward

川鄂獐耳细辛（原变型）
Hepatica henryi f. **henryi**
习　　性：多年生草本
分　　布：湖北、湖南、陕西、四川
濒危等级：VU A2ac；B2ab（iii）

重瓣川鄂獐耳细辛
Hepatica henryi f. **pleniflora** Xiao D. Li et J. Q. Li
习　　性：多年生草本
海　　拔：约 2900 m
分　　布：湖北
濒危等级：VU A2ac；B2ab（iii）

獐耳细辛
Hepatica nobilis(Nakai)H. Hara
习　　性：多年生草本
海　　拔：700～1100 m
国内分布：安徽、河南、辽宁、陕西、浙江
国外分布：朝鲜半岛
濒危等级：LC
资源利用：药用（中草药）

扁果草属 Isopyrum L.

扁果草
Isopyrum anemonoides Kar. et Kir.
习　　性：多年生草本
海　　拔：2300～3500 m
国内分布：甘肃、青海、新疆
国外分布：阿富汗、巴基斯坦、俄罗斯、克什米尔地区、印度
濒危等级：LC

东北扁果草
Isopyrum manshuricum Kom.
习　　性：多年生草本
海　　拔：约 800 m
分　　布：黑龙江、吉林、辽宁

濒危等级：LC
资源利用：药用（中草药）

独叶草属 Kingdonia Balf. f. et W. W. Sm.

独叶草
Kingdonia uniflora Balf. f. et W. W. Sm.
习　　性：多年生草本
海　　拔：2700～3900 m
分　　布：甘肃、陕西、四川、云南
濒危等级：VU B2ab（iii，v）
国家保护：II 级

蓝堇草属 Leptopyrum Rchb.

蓝堇草
Leptopyrum fumarioides(L.)Rchb.
习　　性：一年生草本
海　　拔：100～1400 m
国内分布：甘肃、河北、黑龙江、吉林、辽宁、内蒙古、宁夏、青海、山西、陕西、新疆
国外分布：朝鲜半岛、俄罗斯、哈萨克斯坦、蒙古
濒危等级：LC
资源利用：药用（中草药）

毛茛莲花属 Metanemone W. T. Wang

毛茛莲花
Metanemone ranunculoides W. T. Wang
习　　性：多年生草本
海　　拔：约 3500 m
分　　布：云南
濒危等级：EN A2c；B2ab（i，iii）

锡兰莲属 Naravelia Adans.

两广锡兰莲
Naravelia pilulifera Hance
习　　性：木质藤本
海　　拔：300～1000 m
分　　布：广东、广西、海南、云南
濒危等级：LC

锡兰莲
Naravelia zeylanica(L.)DC.
习　　性：一年生草本
海　　拔：约 1000 m
国内分布：云南
国外分布：不丹、尼泊尔、印度
濒危等级：VU A2c；B1ab（iii，v）

鸦跖花属 Oxygraphis Bunge

脱萼鸦跖花
Oxygraphis delavayi Franch.
习　　性：多年生草本
海　　拔：3500～5000 m
分　　布：四川、西藏、云南
濒危等级：NT A2ac；B2ab（iii）

圆齿鸦跖花
Oxygraphis endlicheri(Walp.)Bennet et Sum. Chandra
- 习　　性：多年生草本
- 海　　拔：3900~4100 m
- 国内分布：西藏
- 国外分布：巴基斯坦、不丹、克什米尔地区、尼泊尔、印度
- 濒危等级：EN A2ac；B2ab（i，iii，v）

鸦跖花
Oxygraphis glacialis(Fisch. ex DC.)Bunge
- 习　　性：多年生草本
- 海　　拔：2700~5000 m
- 国内分布：甘肃、青海、陕西、四川、西藏、新疆、云南
- 国外分布：不丹、俄罗斯、哈萨克斯坦、蒙古、尼泊尔、印度
- 濒危等级：LC

小鸦跖花
Oxygraphis tenuifolia W. E. Evans
- 习　　性：多年生草本
- 海　　拔：3400~4300 m
- 分　　布：四川、云南
- 濒危等级：VU A2c

拟耧斗菜属 Paraquilegia J. R. Drumm. et Hutch.

乳突拟耧斗菜
Paraquilegia anemonoides(Willd.)O. E. Ulbr.
- 习　　性：多年生草本
- 海　　拔：2600~3400 m
- 国内分布：甘肃、宁夏、青海、西藏、新疆
- 国外分布：阿富汗、巴基斯坦、不丹、俄罗斯、哈萨克斯坦、克什米尔地区、蒙古
- 濒危等级：NT B2ab（iii，v）；C1

密丛拟耧斗菜
Paraquilegia caespitosa(Boiss. et Hohen.)J. R. Drumm. et Hutch.
- 习　　性：多年生草本
- 海　　拔：约2900 m
- 国内分布：新疆
- 国外分布：阿富汗、俄罗斯、吉尔吉斯斯坦、克什米尔地区、塔吉克斯坦
- 濒危等级：VU B2ab（iii，v）

拟耧斗菜
Paraquilegia microphylla(Royle)J. R. Drumm. et Hutch.
- 习　　性：多年生草本
- 海　　拔：2700~4300 m
- 国内分布：甘肃、青海、四川、西藏、新疆
- 国外分布：巴基斯坦、俄罗斯、哈萨克斯坦、尼泊尔、塔吉克斯坦、印度
- 濒危等级：LC
- 资源利用：药用（中草药）

白头翁属 Pulsatilla Mill.

蒙古白头翁
Pulsatilla ambigua(Turcz. ex Hayek)Juz.

蒙古白头翁（原变种）
Pulsatilla ambigua var. **ambigua**
- 习　　性：多年生草本
- 海　　拔：2000~3900 m
- 国内分布：甘肃、黑龙江、内蒙古、宁夏、青海、新疆
- 国外分布：俄罗斯、蒙古
- 濒危等级：LC
- 资源利用：药用（中草药）；农药

拟蒙古白头翁
Pulsatilla ambigua var. **barbata** J. G. Liu
- 习　　性：多年生草本
- 海　　拔：约2100 m
- 分　　布：新疆
- 濒危等级：NT A2c；B2ab（i，iii，v）

钟萼白头翁
Pulsatilla campanella Fisch. ex Krylov
- 习　　性：多年生草本
- 海　　拔：1800~3700 m
- 国内分布：新疆
- 国外分布：阿富汗、巴基斯坦、俄罗斯、哈萨克斯坦、吉尔吉斯斯坦、蒙古、塔吉克斯坦
- 濒危等级：LC
- 资源利用：药用（中草药）

白头翁
Pulsatilla chinensis(Bunge)Regel

白头翁（原变型）
Pulsatilla chinensis f. **chinensis**
- 习　　性：多年生草本
- 国内分布：安徽、甘肃、河北、河南、黑龙江、湖北、吉林、江苏、辽宁、内蒙古、青海、山东、山西、陕西、四川
- 国外分布：朝鲜半岛、俄罗斯
- 濒危等级：LC
- 资源利用：药用（中草药）；农药；环境利用（观赏）

白花白头翁
Pulsatilla chinensis f. **alba** D. K. Zang
- 习　　性：多年生草本
- 海　　拔：约200 m
- 分　　布：山东
- 濒危等级：LC

多萼白头翁
Pulsatilla chinensis f. **plurisepala** D. K. Zang
- 习　　性：多年生草本
- 海　　拔：约200 m
- 分　　布：山东
- 濒危等级：LC

兴安白头翁
Pulsatilla dahurica(Fisch. ex DC.)Spreng.
- 习　　性：多年生草本
- 海　　拔：200~800 m
- 国内分布：黑龙江、吉林、内蒙古
- 国外分布：朝鲜半岛、俄罗斯

濒危等级：LC
资源利用：药用（中草药）

紫蕊白头翁
Pulsatilla kostyczewii (Korsh.) Juz.
习　　性：多年生草本
海　　拔：约 2900 m
国内分布：新疆
国外分布：吉尔吉斯斯坦、塔吉克斯坦
濒危等级：LC

西南白头翁
Pulsatilla millefolium (Hemsl. et E. H. Wilson) Ulbr.
习　　性：多年生草本
海　　拔：2200 ~ 3300 m
分　　布：四川、云南
濒危等级：LC

肾叶白头翁
Pulsatilla patens (L.) Mill.

肾叶白头翁（原亚种）
Pulsatilla patens subsp. **patens**
习　　性：多年生草本
海　　拔：约 1100 m
国内分布：新疆
国外分布：俄罗斯、哈萨克斯坦
濒危等级：LC

发黄白头翁
Pulsatilla patens subsp. **flavescens** (Zucc.) Zamels
习　　性：多年生草本
国内分布：新疆
国外分布：俄罗斯、蒙古
濒危等级：LC

掌叶白头翁
Pulsatilla patens subsp. **multifida** (Pritz.) Zämels
习　　性：多年生草本
国内分布：黑龙江、内蒙古、新疆
国外分布：俄罗斯、蒙古
濒危等级：LC

黄花白头翁
Pulsatilla sukaczevii Juz.
习　　性：多年生草本
海　　拔：约 300 m
国内分布：黑龙江、内蒙古
国外分布：俄罗斯、蒙古
濒危等级：LC

细裂白头翁
Pulsatilla tenuiloba (Hayek) Juz.
习　　性：多年生草本
国内分布：内蒙古
国外分布：俄罗斯、蒙古
濒危等级：DD

细叶白头翁
Pulsatilla turczaninovii Krylov et Sergievskaja

细叶白头翁（原变种）
Pulsatilla turczaninovii var. **turczaninovii**
习　　性：多年生草本
海　　拔：700 ~ 800 m
国内分布：河北、黑龙江、吉林、辽宁、内蒙古、宁夏、新疆
国外分布：俄罗斯、蒙古
濒危等级：LC
资源利用：药用（中草药）

呼伦白头翁
Pulsatilla turczaninovii var. **hulunensis** L. Q. Zhao
习　　性：多年生草本
分　　布：内蒙古
濒危等级：LC

毛茛属 Ranunculus L.

五福花叶毛茛
Ranunculus adoxifolius Hand. -Mazz.
习　　性：多年生草本
海　　拔：3400 ~ 4300 m
国内分布：西藏
国外分布：尼泊尔、印度
濒危等级：LC

哀牢山毛茛
Ranunculus ailaoshanicus W. T. Wang
习　　性：多年生小草本
分　　布：云南
濒危等级：LC

宽瓣毛茛
Ranunculus albertii Regel et Schmalh
习　　性：多年生草本
海　　拔：1800 ~ 3300 m
国内分布：新疆
国外分布：哈萨克斯坦
濒危等级：LC

阿尔泰毛茛
Ranunculus altaicus Laxm.
习　　性：多年生草本
海　　拔：2600 ~ 2700 m
国内分布：新疆
国外分布：俄罗斯、哈萨克斯坦、吉尔吉斯斯坦、蒙古
濒危等级：NT A2c；B2ab (i, iii, v)

长叶毛茛
Ranunculus amurensis Kom.
习　　性：多年生草本
海　　拔：约 500 m
国内分布：黑龙江、内蒙古
国外分布：俄罗斯
濒危等级：LC
资源利用：药用（中草药）

狭萼毛茛
Ranunculus angustisepalus W. T. Wang

习　　性：多年生草本
海　　拔：约 3600 m
分　　布：西藏
濒危等级：LC

田野毛茛
Ranunculus arvensis L.
习　　性：一年生草本
国内分布：安徽、湖北归化
国外分布：原产欧洲、亚洲西部
濒危等级：LC
资源利用：药用（中草药）

巴郎山毛茛
Ranunculus balangshanicus W. T. Wang
习　　性：多年生草本
海　　拔：约 4300 m
分　　布：四川
濒危等级：DD

巴里坤毛茛
Ranunculus balikunensis J. G. Liu
习　　性：多年生草本
海　　拔：约 2400 m
分　　布：新疆
濒危等级：LC

班戈毛茛
Ranunculus banguoensis L. Liou

班戈毛茛（原变种）
Ranunculus banguoensis var. **banguoensis**
习　　性：多年生草本
海　　拔：约 5200 m
分　　布：青海、新疆
濒危等级：LC

普兰毛茛
Ranunculus banguoensis var. **grandiflorus** W. T. Wang
习　　性：多年生草本
海　　拔：4900～5400 m
分　　布：西藏
濒危等级：LC

北毛茛
Ranunculus borealis Trautv.
习　　性：多年生草本
海　　拔：约 1600 m
国内分布：新疆
国外分布：俄罗斯、哈萨克斯坦
濒危等级：LC

鸟足毛茛
Ranunculus brotherusii Freyn
习　　性：多年生草本
海　　拔：2100～4700 m
国内分布：甘肃、内蒙古、青海、山西、四川、西藏、新疆
国外分布：哈萨克斯坦
濒危等级：LC

苍山毛茛
Ranunculus cangshanicus W. T. Wang
习　　性：多年生草本
海　　拔：约 3200 m
分　　布：云南
濒危等级：LC

禹毛茛
Ranunculus cantoniensis DC.
习　　性：多年生草本
海　　拔：100～1700 m
国内分布：安徽、福建、广东、广西、贵州、河南、湖北、湖南、江苏、江西、陕西、四川、台湾、云南、浙江
国外分布：不丹、朝鲜半岛、尼泊尔、日本
资源利用：药用（中草药）

昌平毛茛
Ranunculus changpingensis W. T. Wang
习　　性：多年生草本
分　　布：北京
濒危等级：VU A2c

掌叶毛茛
Ranunculus cheirophyllus Hayata
习　　性：多年生草本
海　　拔：2000～2200 m
分　　布：台湾
濒危等级：NT

茴茴蒜
Ranunculus chinensis Bunge
习　　性：一年生或多年生草本
海　　拔：3000 m 以下
国内分布：安徽、甘肃、贵州、河北、河南、黑龙江、湖北、湖南、吉林、江苏、辽宁、内蒙古、宁夏
国外分布：巴基斯坦、不丹、朝鲜半岛、俄罗斯、哈萨克斯坦、蒙古、日本、泰国、印度
濒危等级：LC
资源利用：药用（中草药）

青河毛茛
Ranunculus chinghoensis L. Liou
习　　性：多年生草本
分　　布：新疆
濒危等级：VU A2c

崇州毛茛
Ranunculus chongzhouensis W. T. Wang
习　　性：多年生草本
海　　拔：约 3000 m
分　　布：四川
濒危等级：LC

川青毛茛
Ranunculus chuanchingensis L. Liou
习　　性：多年生草本
海　　拔：约 4900 m
分　　布：青海、四川

濒危等级：LC

楔叶毛茛
Ranunculus cuneifolius Maxim.

楔叶毛茛（原变种）
Ranunculus cuneifolius var. **cuneifolius**
- 习　　性：多年生草本
- 海　　拔：1300 m 以下
- 分　　布：黑龙江、辽宁、内蒙古
- 濒危等级：NT A2c；B2ab（i，iii，v）

宽楔叶毛茛
Ranunculus cuneifolius var. **latisectus** S. H. Li et Y. Hui Huang
- 习　　性：多年生草本
- 分　　布：辽宁
- 濒危等级：LC

大邑毛茛
Ranunculus dayiensis W. T. Wang
- 习　　性：多年生小草本
- 分　　布：四川
- 濒危等级：LC

十蕊毛茛
Ranunculus decandrus W. T. Wang
- 习　　性：多年生草本
- 海　　拔：约 4400 m
- 分　　布：西藏
- 濒危等级：LC

睫毛毛茛
Ranunculus densiciliatus W. T. Wang
- 习　　性：多年生草本
- 海　　拔：约 4100 m
- 分　　布：西藏
- 濒危等级：VU D2

康定毛茛
Ranunculus dielsianus Ulbr.

康定毛茛（原变种）
Ranunculus dielsianus var. **dielsianus**
- 习　　性：多年生草本
- 海　　拔：3500~4800 m
- 分　　布：四川、西藏、云南
- 濒危等级：LC

大通毛茛
Ranunculus dielsianus var. **leiogynus** W. T. Wang
- 习　　性：多年生草本
- 海　　拔：约 2100 m
- 分　　布：青海
- 濒危等级：LC

长毛康定毛茛
Ranunculus dielsianus var. **longipilosus** W. T. Wang
- 习　　性：多年生草本
- 海　　拔：约 3800 m
- 分　　布：云南
- 濒危等级：LC

丽江毛茛
Ranunculus dielsianus var. **suprasericeus** Hand.-Mazz.
- 习　　性：多年生草本
- 海　　拔：约 3500 m
- 分　　布：四川、云南
- 濒危等级：LC

铺散毛茛
Ranunculus diffusus DC.
- 习　　性：多年生草本
- 海　　拔：1100~3100 m
- 国内分布：西藏、云南
- 国外分布：阿富汗、巴基斯坦、不丹、缅甸、尼泊尔、印度
- 濒危等级：LC

定结毛茛
Ranunculus dingjieensis L. Liou
- 习　　性：多年生草本
- 海　　拔：4500~4800 m
- 分　　布：西藏
- 濒危等级：LC

黄毛茛
Ranunculus distans Royle
- 习　　性：多年生草本
- 海　　拔：2000~3800 m
- 国内分布：西藏、云南
- 国外分布：阿富汗、巴基斯坦、不丹、哈萨克斯坦、吉尔吉斯斯坦、尼泊尔、印度
- 濒危等级：LC

圆裂毛茛
Ranunculus dongrergensis Hand.-Mazz.

圆裂毛茛（原变种）
Ranunculus dongrergensis var. **dongrergensis**
- 习　　性：多年生草本
- 海　　拔：3200~5600 m
- 分　　布：四川、西藏、云南
- 濒危等级：NT A2c；B2ab（i，iii，v）

深圆裂毛茛
Ranunculus dongrergensis var. **altifidus** W. T. Wang
- 习　　性：多年生草本
- 海　　拔：约 3600 m
- 分　　布：西藏
- 濒危等级：LC

多雄拉毛茛
Ranunculus duoxionglashanicus W. T. Wang
- 习　　性：多年生草本
- 海　　拔：约 4200 m
- 分　　布：西藏
- 濒危等级：LC

扇叶毛茛
Ranunculus felixii H. Lév.

扇叶毛茛（原变种）
Ranunculus felixii var. **felixii**
　　习　　性：多年生草本
　　海　　拔：2600~4400 m
　　分　　布：四川、云南
　　濒危等级：LC

心基扇叶毛茛
Ranunculus felixii var. **forrestii** Hand.-Mazz.
　　习　　性：多年生草本
　　海　　拔：2500~3100 m
　　分　　布：云南
　　濒危等级：LC

西南毛茛
Ranunculus ficariifolius H. Lév. et Vaniot
　　习　　性：多年生草本
　　海　　拔：1100~3200 m
　　国内分布：贵州、湖北、湖南、江西、四川、云南
　　国外分布：不丹、尼泊尔、泰国、印度
　　濒危等级：LC
　　资源利用：药用（中草药）

蓬莱毛茛
Ranunculus formosa-montanus Ohwi
　　习　　性：多年生草本
　　海　　拔：2600~? m
　　分　　布：台湾
　　濒危等级：LC

深山毛茛
Ranunculus franchetii H. Boissieu
　　习　　性：多年生草本
　　海　　拔：300~1300 m
　　国内分布：黑龙江、吉林、辽宁
　　国外分布：朝鲜半岛、俄罗斯、日本
　　濒危等级：LC

团叶毛茛
Ranunculus fraternus Schrenk
　　习　　性：多年生草本
　　海　　拔：2100~2600 m
　　国内分布：新疆
　　国外分布：哈萨克斯坦
　　濒危等级：NT A2c；B2ab（i, iii, v）

叉裂毛茛
Ranunculus furcatifidus W. T. Wang
　　习　　性：多年生草本
　　海　　拔：1500~4800 m
　　分　　布：河北、内蒙古、青海、四川、西藏、新疆、云南
　　濒危等级：LC

冷地毛茛
Ranunculus gelidus Kar. et Kir.
　　习　　性：多年生草本
　　海　　拔：2300~2800 m
　　国内分布：新疆
　　国外分布：哈萨克斯坦
　　濒危等级：LC

甘藏毛茛
Ranunculus glabricaulis（Hand.-Mazz.）L. Liou

甘藏毛茛（原变种）
Ranunculus glabricaulis var. **glabricaulis**
　　习　　性：多年生草本
　　海　　拔：约 5000 m
　　分　　布：甘肃、西藏
　　濒危等级：NT A2c；B2ab（i, iii, v）

绿萼甘藏毛茛
Ranunculus glabricaulis var. **viridisepalus** W. T. Wang
　　习　　性：多年生草本
　　分　　布：甘肃
　　濒危等级：LC

宿萼毛茛
Ranunculus glacialiformis Hand.-Mazz.
　　习　　性：多年生草本
　　海　　拔：4700~5000 m
　　国内分布：四川、云南
　　国外分布：克什米尔地区
　　濒危等级：LC

砾地毛茛
Ranunculus glareosus Hand.-Mazz.
　　习　　性：多年生草本
　　海　　拔：3900~4800 m
　　分　　布：青海、四川、云南
　　濒危等级：LC
　　资源利用：药用（中草药）

小掌叶毛茛
Ranunculus gmelinii DC.
　　习　　性：多年生草本
　　海　　拔：200~800 m
　　国内分布：黑龙江、吉林、内蒙古
　　国外分布：俄罗斯、蒙古、日本
　　濒危等级：LC

共和毛茛
Ranunculus gongheensis W. T. Wang
　　习　　性：多年生草本
　　海　　拔：约 5600 m
　　分　　布：青海
　　濒危等级：LC

大叶毛茛
Ranunculus grandifolius C. A. Mey.
　　习　　性：多年生草本
　　海　　拔：1000~2000 m
　　国内分布：新疆
　　国外分布：俄罗斯、哈萨克斯坦
　　濒危等级：LC

大毛茛
Ranunculus grandis Honda

大毛茛（原变种）
Ranunculus grandis var. **grandis**
习　　性：多年生草本
海　　拔：1700 m 以下
国内分布：吉林
国外分布：日本
濒危等级：LC

帽儿山毛茛
Ranunculus grandis var. **manshuricus** H. Hara
习　　性：多年生草本
海　　拔：1700 m 以下
分　　布：黑龙江
濒危等级：LC

哈密毛茛
Ranunculus hamiensis J. G. Liu
习　　性：多年生草本
海　　拔：约 2000 m
分　　布：新疆
濒危等级：LC

和静毛茛
Ranunculus hejingensis W. T. Wang
习　　性：多年生草本
海　　拔：约 3100 m
分　　布：新疆
濒危等级：LC

和田毛茛
Ranunculus hetianensis L. Liou
习　　性：多年生草本
海　　拔：约 3200 m
分　　布：新疆
濒危等级：LC

基隆毛茛
Ranunculus hirtellus Royle

基隆毛茛（原变种）
Ranunculus hirtellus var. **hirtellus**
习　　性：多年生草本
海　　拔：3000~3400 m
国内分布：西藏
国外分布：阿富汗、巴基斯坦、克什米尔地区、尼泊尔、印度
濒危等级：LC

小基隆毛茛
Ranunculus hirtellus var. **humilis** W. T. Wang
习　　性：多年生草本
海　　拔：4000~4800 m
分　　布：青海、四川、西藏
濒危等级：LC

三裂毛茛
Ranunculus hirtellus var. **orientalis** W. T. Wang
习　　性：多年生草本
海　　拔：3000~5000 m
分　　布：青海、四川、西藏、云南
濒危等级：LC

低毛茛
Ranunculus humillimus W. T. Wang
习　　性：多年生草本
海　　拔：约 5000 m
分　　布：西藏
濒危等级：NT B2ab（i，iii，v）

圆叶毛茛
Ranunculus indivisus（Maxim.）Hand.-Mazz.

圆叶毛茛（原变种）
Ranunculus indivisus var. **indivisus**
习　　性：多年生草本
海　　拔：3400~3900 m
分　　布：青海、山西
濒危等级：LC

阿坝毛茛
Ranunculus indivisus var. **abaensis**（W. T. Wang）W. T. Wang
习　　性：多年生草本
海　　拔：2100~4300 m
分　　布：甘肃、青海、四川
濒危等级：VU A2c；B1ab（i，iii，v）

内蒙古毛茛
Ranunculus intramongolicus Y. Z. Zhao
习　　性：多年生草本
海　　拔：800~1000 m
分　　布：内蒙古

毛茛
Ranunculus japonicus Thunb.

毛茛（原变种）
Ranunculus japonicus var. **japonicus**
习　　性：多年生草本
海　　拔：100~3500 m
国内分布：安徽、福建、甘肃、广东、广西、贵州、河北、河南、黑龙江、湖北、湖南、吉林、江苏、江西、辽宁、内蒙古、宁夏、青海、山东、山西、陕西
国外分布：俄罗斯、日本
濒危等级：LC
资源利用：药用（中草药）

银叶毛茛
Ranunculus japonicus var. **hsinganensis**（Kitag.）W. T. Wang
习　　性：多年生草本
分　　布：内蒙古
濒危等级：LC

伏毛毛茛
Ranunculus japonicus var. **propinquus**（C. A. Mey.）W. T. Wang
习　　性：多年生草本
海　　拔：300~2600 m
国内分布：甘肃、贵州、河北、河南、黑龙江、吉林、辽宁、内蒙古、宁夏、青海、山东、山西、陕西、四川、

新疆、云南
国外分布：俄罗斯、蒙古
濒危等级：LC

三小叶毛茛
Ranunculus japonicus var. **ternatifolius** L. Liao
习　　性：多年生草本
海　　拔：700~800 m
分　　布：江西、浙江
濒危等级：LC

靖远毛茛
Ranunculus jingyuanensis W. T. Wang
习　　性：多年生草本
海　　拔：约2500 m
分　　布：甘肃
濒危等级：LC

高山毛茛
Ranunculus junipericola Ohwi
习　　性：多年生草本
海　　拔：3300~3600 m
分　　布：台湾
濒危等级：NT

昆仑毛茛
Ranunculus kunlunshanicus J. G. Liu
习　　性：多年生草本
海　　拔：4000~4300 m
分　　布：新疆
濒危等级：VU A2c；B1ab（i，iii，v）

昆明毛茛
Ranunculus kunmingensis W. T. Wang

昆明毛茛（原变种）
Ranunculus kunmingensis var. **kunmingensis**
习　　性：多年生草本
海　　拔：1500~2600 m
分　　布：四川、云南
濒危等级：LC

展毛昆明毛茛
Ranunculus kunmingensis var. **hispidus** W. T. Wang
习　　性：多年生草本
海　　拔：1900~2700 m
分　　布：贵州、云南
濒危等级：LC

老河沟毛茛
Ranunculus laohegouensis W. T. Wang et S. R. Chen
习　　性：多年生小草本
海　　拔：1300~1600 m
分　　布：四川
濒危等级：LC

纺锤毛茛
Ranunculus limprichtii Ulbr.

纺锤毛茛（原变种）
Ranunculus limprichtii var. **limprichtii**
习　　性：多年生草本

海　　拔：2600~5100 m
分　　布：四川
濒危等级：LC

狭瓣纺锤毛茛
Ranunculus limprichtii var. **flavus** Hand. -Mazz.
习　　性：多年生草本
海　　拔：4000~4200 m
分　　布：四川
濒危等级：LC

条叶毛茛
Ranunculus lingua L.
习　　性：多年生草本
国内分布：新疆
国外分布：俄罗斯、哈萨克斯坦
濒危等级：LC
资源利用：药用（中草药）

浅裂毛茛
Ranunculus lobatus Jacquem.
习　　性：多年生草本
海　　拔：4300~5100 m
国内分布：西藏
国外分布：巴基斯坦、印度
濒危等级：LC

若尔盖毛茛
Ranunculus luoergaiensis L. Liou
习　　性：多年生草本
海　　拔：约4300 m
分　　布：四川
濒危等级：NT A2ac；B2ab（i，iii，v）

米林毛茛
Ranunculus mainlingensis W. T. Wang
习　　性：多年生草本
海　　拔：2700~4300 m
分　　布：西藏
濒危等级：LC

疏花毛茛
Ranunculus matsudai Hayata ex Masam.
习　　性：多年生草本
海　　拔：3300~3900 m
分　　布：台湾
濒危等级：LC

黑果毛茛
Ranunculus melanogynus W. T. Wang
习　　性：多年生草本
海　　拔：约5500 m
分　　布：西藏
濒危等级：LC

棉毛茛
Ranunculus membranaceus Royle

棉毛茛（原变种）
Ranunculus membranaceus var. **membranaceus**
习　　性：多年生草本

海　　拔：3700~5000 m
国内分布：四川、西藏
国外分布：巴基斯坦、尼泊尔
濒危等级：LC

多花柔毛茛
Ranunculus membranaceus var. **floribundus** W. T. Wang
习　　性：多年生草本
海　　拔：约 3000 m
分　　布：甘肃
濒危等级：LC

柔毛茛
Ranunculus membranaceus var. **pubescens**(W. T. Wang)W. T. Wang
习　　性：多年生草本
海　　拔：2700~4500 m
分　　布：甘肃、内蒙古、宁夏、青海、四川、西藏、新疆
濒危等级：LC

门源毛茛
Ranunculus menyuanensis W. T. Wang
习　　性：多年生草本
海　　拔：约 3000 m
分　　布：青海
濒危等级：VU A2c

短喙毛茛
Ranunculus meyerianus Rupr.
习　　性：多年生草本
海　　拔：约 1500 m
国内分布：新疆
国外分布：哈萨克斯坦
濒危等级：LC

窄瓣毛茛
Ranunculus micronivalis Hand.-Mazz.
习　　性：多年生草本
海　　拔：3700~4800 m
分　　布：四川、云南
濒危等级：NT A2ac；B2ab（i, iii, v）

小苞毛茛
Ranunculus minor(L. Liou)W. T. Wang
习　　性：多年生草本
海　　拔：约 5400 m
分　　布：西藏
濒危等级：NT A2ac；B2ab（i, iii, v）

森氏毛茛
Ranunculus morii(Yamam.)Ohwi
习　　性：多年生草本
海　　拔：3000~? m
分　　布：台湾
濒危等级：EN D

藏西毛茛
Ranunculus munroanus J. R. Drumm. ex Dunn
习　　性：多年生草本
海　　拔：约 4200 m

国内分布：西藏
国外分布：巴基斯坦、克什米尔地区、尼泊尔
濒危等级：NT A2ac；B2ab（i, iii, v）

刺果毛茛
Ranunculus muricatus L.
习　　性：一年生草本
国内分布：安徽、江苏、浙江
国外分布：原产西亚和欧洲

藓丛毛茛
Ranunculus muscigenus W. T. Wang
习　　性：一年生草本
海　　拔：3200~3600 m
分　　布：西藏
濒危等级：DD

南湖毛茛
Ranunculus nankotaizanus Ohwi
习　　性：多年生草本
海　　拔：2600 m 以上
分　　布：台湾
濒危等级：EN D

纳帕海毛茛
Ranunculus napahaiensis W. T. Wang et L. Liao
习　　性：多年生草本
分　　布：云南
濒危等级：LC

浮毛茛
Ranunculus natans C. A. Mey.
习　　性：多年生草本
海　　拔：1800~3500 m
国内分布：黑龙江、内蒙古、青海、西藏、新疆
国外分布：俄罗斯、哈萨克斯坦、蒙古
濒危等级：LC

丝叶毛茛
Ranunculus nematolobus Hand.-Mazz.
习　　性：多年生草本
海　　拔：2500~2900 m
分　　布：云南
濒危等级：NT A2c；B2ab（i, iii）

云生毛茛
Ranunculus nephelogenes Edgew.

云生毛茛（原变种）
Ranunculus nephelogenes var. **nephelogenes**
习　　性：多年生草本
海　　拔：2800~5200 m
国内分布：甘肃、青海、山西、四川、西藏、新疆
国外分布：巴基斯坦、尼泊尔
濒危等级：LC

曲长毛茛
Ranunculus nephelogenes var. **geniculatus**(Hand.-Mazz.)W. T. Wang
习　　性：多年生草本
海　　拔：2500~3200 m

分　　布：云南
濒危等级：LC

长茎毛茛
Ranunculus nephelogenes var. **longicaulis**(Trautv.) W. T. Wang
习　　性：多年生草本
海　　拔：1700~4200 m
国内分布：甘肃、青海、山西、西藏、新疆
国外分布：俄罗斯、哈萨克斯坦、蒙古
濒危等级：LC

聂拉木毛茛
Ranunculus nyalamensis W. T. Wang

聂拉木毛茛（原变种）
Ranunculus nyalamensis var. **nyalamensis**
习　　性：多年生草本
海　　拔：约4200 m
分　　布：西藏
濒危等级：NT B2ab (i, iii)

浪卡子毛茛
Ranunculus nyalamensis var. **angustipetalus** W. T. Wang
习　　性：多年生草本
海　　拔：约4500 m
分　　布：西藏
濒危等级：LC

花萼毛茛
Ranunculus oreionannos C. Marquand et Airy Shaw
习　　性：多年生草本
海　　拔：4500~4800 m
国内分布：西藏
国外分布：尼泊尔
濒危等级：NT B2ab (i, iii, v)

栉裂毛茛
Ranunculus pectinatilobus W. T. Wang
习　　性：多年生草本
海　　拔：约2000 m
分　　布：内蒙古
濒危等级：NT A2c; B2ab (i, iii)

裂叶毛茛
Ranunculus pedatifidus Sm.
习　　性：多年生草本
海　　拔：1900~4000 m
国内分布：甘肃、内蒙古、新疆
国外分布：俄罗斯、哈萨克斯坦、蒙古
濒危等级：LC

长梗毛茛
Ranunculus pedicellatus Hand.-Mazz.
习　　性：多年生草本
海　　拔：约4500 m
分　　布：四川
濒危等级：DD

爬地毛茛
Ranunculus pegaeus Hand.-Mazz.
习　　性：多年生草本
海　　拔：3400~4100 m
国内分布：西藏、云南
国外分布：尼泊尔、印度
濒危等级：LC

太白山毛茛
Ranunculus petrogeiton Ulbr.
习　　性：多年生草本
海　　拔：3000~4800 m
分　　布：甘肃、陕西、四川
濒危等级：NT A2ac; B2ab (i, iii, v)

大瓣毛茛
Ranunculus platypetalus(Hand.-Mazz.) Hand.-Mazz.

大瓣毛茛（原变种）
Ranunculus platypetalus var. **platypetalus**
习　　性：多年生草本
海　　拔：3800~4100 m
分　　布：云南
濒危等级：VU A2c

硕花大瓣毛茛
Ranunculus platypetalus var. **macranthus** W. T. Wang
习　　性：多年生草本
海　　拔：3800~4100 m
分　　布：云南
濒危等级：LC

宽翅毛茛
Ranunculus platyspermus Fisch.
习　　性：多年生草本
海　　拔：约700 m
国内分布：新疆
国外分布：俄罗斯、哈萨克斯坦
濒危等级：NT A2ac; B2ab (iii, v)

柄果毛茛
Ranunculus podocarpus W. T. Wang
习　　性：多年生草本
海　　拔：50~200 m
分　　布：安徽、江西
濒危等级：LC

上海毛茛
Ranunculus polii Franch. ex Hemsl.
习　　性：多年生草本
海　　拔：100 m以下
分　　布：上海
濒危等级：LC

多花毛茛
Ranunculus polyanthemos L.
习　　性：多年生草本
国内分布：新疆
国外分布：俄罗斯、哈萨克斯坦
濒危等级：LC

多根毛茛
Ranunculus polyrhizos Stephan ex Willd.

习　　性：多年生草本
海　　拔：1200～1700 m
国内分布：新疆
国外分布：俄罗斯、哈萨克斯坦
濒危等级：LC

天山毛茛
Ranunculus popovii Ovcz.

天山毛茛（原变种）
Ranunculus popovii var. **popovii**
习　　性：多年生草本
海　　拔：3100～3700 m
国内分布：新疆
国外分布：哈萨克斯坦
濒危等级：LC

深齿毛茛
Ranunculus popovii var. **stracheyanus**(Maxim.) W. T. Wang
习　　性：多年生草本
海　　拔：2300～4500 m
国内分布：甘肃、青海、四川、西藏、新疆、云南
国外分布：不丹、尼泊尔、印度
濒危等级：LC

川滇毛茛
Ranunculus potaninii Kom.
习　　性：多年生草本
海　　拔：3600～4800 m
国内分布：甘肃、四川、西藏、云南
国外分布：尼泊尔
濒危等级：LC

大金毛茛
Ranunculus pseudolobatus L. Liou
习　　性：多年生草本
海　　拔：约4800 m
分　　布：四川
濒危等级：DD

矮毛茛
Ranunculus pseudopygmaeus Hand. -Mazz.
习　　性：多年生草本
海　　拔：3000～4000 m
国内分布：西藏、云南
国外分布：尼泊尔
濒危等级：NT A2c；B2ab（iii）

美丽毛茛
Ranunculus pulchellus C. A. Mey.
习　　性：多年生草本
海　　拔：2300～3100 m
国内分布：甘肃、内蒙古、新疆
国外分布：俄罗斯、哈萨克斯坦、蒙古
濒危等级：LC

沼地毛茛
Ranunculus radicans C. A. Mey.
习　　性：多年生草本
海　　拔：500～2400 m
国内分布：黑龙江、内蒙古、新疆
国外分布：俄罗斯、蒙古
濒危等级：LC

扁果毛茛
Ranunculus regelianus Ovcz.
习　　性：多年生草本
海　　拔：700～1100 m
国内分布：新疆
国外分布：哈萨克斯坦
濒危等级：LC

匐枝毛茛
Ranunculus repens L.
习　　性：多年生草本
海　　拔：300～3300 m
国内分布：黑龙江、吉林、辽宁、内蒙古、山西、新疆、云南
国外分布：巴基斯坦、俄罗斯、哈萨克斯坦、吉尔吉斯斯坦、蒙古、日本
濒危等级：LC

松叶毛茛
Ranunculus reptans L.
习　　性：多年生草本
海　　拔：200～1500 m
国内分布：黑龙江、内蒙古、新疆
国外分布：俄罗斯、哈萨克斯坦、蒙古、日本
濒危等级：LC

掌裂毛茛
Ranunculus rigescens Turcz. ex Ovcz.
习　　性：多年生草本
海　　拔：约700 m
国内分布：内蒙古、新疆
国外分布：俄罗斯、蒙古
濒危等级：LC

红萼毛茛
Ranunculus rubrocalyx Regel ex Kom.
习　　性：多年生草本
海　　拔：1400～3300 m
国内分布：新疆
国外分布：阿富汗、巴基斯坦、哈萨克斯坦
濒危等级：LC

棕萼毛茛
Ranunculus rufosepalus Franch.
习　　性：多年生草本
海　　拔：约4800 m
国内分布：新疆
国外分布：阿富汗、巴基斯坦、哈萨克斯坦、塔吉克斯坦
濒危等级：LC

欧毛茛
Ranunculus sardous Crantz
习　　性：一年生草本
国内分布：上海归化
国外分布：原产欧洲

石龙芮
Ranunculus sceleratus L.

习　　性：一年生草本
海　　拔：50～2300 m
国内分布：安徽、福建、甘肃、广东、广西、贵州、河北、黑龙江
国外分布：阿富汗、巴基斯坦、不丹、朝鲜半岛、俄罗斯、哈萨克斯坦、尼泊尔、日本、泰国、印度
资源利用：药用（中草药）

水城毛茛
Ranunculus shuichengensis L. Liao
　　习　　性：多年生草本
　　海　　拔：约1800 m
　　分　　布：贵州
　　濒危等级：DD

杨子毛茛
Ranunculus sieboldii Miq.
　　习　　性：多年生草本
　　海　　拔：50～2500 m
　　国内分布：安徽、福建、甘肃、广西、贵州、河南、湖北、湖南、江苏、江西、山东、陕西、四川、台湾、云南、浙江
　　国外分布：日本
　　濒危等级：LC
　　资源利用：药用（中草药）

钩柱毛茛
Ranunculus silerifolius H. Lév.

钩柱毛茛（原变种）
Ranunculus silerifolius var. **silerifolius**
　　习　　性：多年生草本
　　海　　拔：100～2500 m
　　国内分布：福建、广东、广西、贵州、湖北、湖南、江苏、四川、台湾、云南
　　国外分布：不丹、朝鲜半岛、日本、印度、印度尼西亚
　　濒危等级：LC

长花毛茛
Ranunculus silerifolius var. **dolicanthus** L. Liao
　　习　　性：多年生草本
　　海　　拔：1200～1300 m
　　分　　布：贵州
　　濒危等级：LC

苞毛茛
Ranunculus similis Hemsl.
　　习　　性：多年生草本
　　海　　拔：4900～5700 m
　　分　　布：青海、西藏、新疆
　　濒危等级：LC

褐鞘毛茛
Ranunculus sinovaginatus W. T. Wang
　　习　　性：多年生草本
　　海　　拔：1500～3200 m
　　分　　布：甘肃、陕西、四川、云南
　　濒危等级：LC

兴安毛茛
Ranunculus smirnovii Ovcz.
　　习　　性：多年生草本
　　国内分布：内蒙古
　　国外分布：俄罗斯
　　濒危等级：LC

新疆毛茛
Ranunculus songoricus Schrenk
　　习　　性：多年生草本
　　海　　拔：1900～4400 m
　　国内分布：新疆
　　国外分布：哈萨克斯坦
　　濒危等级：LC

宝兴毛茛
Ranunculus stenorhynchus Franch.
　　习　　性：多年生草本
　　分　　布：四川
　　濒危等级：LC

棱边毛茛
Ranunculus submarginatus Ovcz.
　　习　　性：多年生草本
　　海　　拔：约1300 m
　　国内分布：新疆
　　国外分布：俄罗斯
　　濒危等级：LC

长嘴毛茛
Ranunculus tachiroei Franch. et Sav.
　　习　　性：多年生草本
　　海　　拔：100～500 m
　　国内分布：吉林、辽宁
　　国外分布：朝鲜半岛、日本
　　濒危等级：LC

鹿场毛茛
Ranunculus taisanensis Hayata
　　习　　性：多年生草本
　　海　　拔：1500～3000 m
　　分　　布：台湾
　　濒危等级：LC

台湾毛茛
Ranunculus taiwanensis Hayata
　　习　　性：多年生草本
　　分　　布：台湾
　　濒危等级：LC

高原毛茛
Ranunculus tanguticus (Maxim.) Ovcz.

高原毛茛（原变种）
Ranunculus tanguticus var. **tanguticus**
　　习　　性：多年生草本
　　海　　拔：2200～4200 m
　　国内分布：甘肃、内蒙古、宁夏、青海、山西、陕西、四川、西藏、云南
　　国外分布：尼泊尔
　　濒危等级：LC
　　资源利用：药用（中草药）

毛果高原毛茛
Ranunculus tanguticus var. **dasycarpus**(Maxim.) L. Liou
- 习　　性：多年生草本
- 海　　拔：2200~4100 m
- 分　　布：甘肃、青海、四川、西藏、云南
- 濒危等级：LC

兴隆山毛茛
Ranunculus tanguticus var. **xinglongshanicus** Z. X. Peng et Y. J. Zhang
- 习　　性：多年生草本
- 海　　拔：约 2300 m
- 分　　布：甘肃
- 濒危等级：LC

腾冲毛茛
Ranunculus tengchongensis W. T. Wang
- 习　　性：多年生草本
- 分　　布：云南
- 濒危等级：LC

猫爪草
Ranunculus ternatus Thunb.

猫爪草（原变种）
Ranunculus ternatus var. **ternatus**
- 习　　性：多年生草本
- 海　　拔：500 m 以下
- 国内分布：安徽、福建、广西、河南、湖北、湖南、江苏、江西、台湾、浙江
- 国外分布：日本
- 濒危等级：LC
- 资源利用：药用（中草药）

细裂猫爪草
Ranunculus ternatus var. **dissectissimus**(Migo) Hand.-Mazz.
- 习　　性：多年生草本
- 分　　布：江苏、上海
- 濒危等级：LC

四蕊毛茛
Ranunculus tetrandrus W. T. Wang
- 习　　性：一年生草本
- 海　　拔：约 4500 m
- 分　　布：西藏
- 濒危等级：VU D2

铜仁毛茛
Ranunculus tongrenensis W. T. Wang
- 习　　性：多年生小草本
- 海　　拔：约 4000 m
- 分　　布：青海
- 濒危等级：LC

疣果毛茛
Ranunculus trachycarpus Fisch. et C. A. Mey.
- 习　　性：一年生草本
- 国内分布：湖南归化
- 国外分布：原产西亚和东南欧

截叶毛茛
Ranunculus transiliensis Popov ex Ovcz.
- 习　　性：多年生草本
- 海　　拔：2500~3400 m
- 国内分布：新疆
- 国外分布：哈萨克斯坦
- 濒危等级：LC

毛托毛茛
Ranunculus trautvetterianus C. Regel ex Ovcz.
- 习　　性：多年生草本
- 海　　拔：1700~4500 m
- 国内分布：新疆
- 国外分布：哈萨克斯坦
- 濒危等级：LC

三角叶毛茛
Ranunculus triangularis W. T. Wang
- 习　　性：多年生草本
- 海　　拔：约 1200 m
- 分　　布：四川
- 濒危等级：VU A2c；D2

棱喙毛茛
Ranunculus trigonus Hand.-Mazz.

棱喙毛茛（原变种）
Ranunculus trigonus var. **trigonus**
- 习　　性：多年生草本
- 海　　拔：1300~3300 m
- 分　　布：四川、西藏、云南
- 濒危等级：NT A2c；B2ab（i, iii, v）

伏毛棱喙毛茛
Ranunculus trigonus var. **strigosus** W. T. Wang
- 习　　性：多年生草本
- 海　　拔：约 1700 m
- 分　　布：云南
- 濒危等级：LC

文采毛茛
Ranunculus wangianus Q. E. Yang
- 习　　性：多年生草本
- 海　　拔：3300 m
- 分　　布：云南
- 濒危等级：LC

新宁毛茛
Ranunculus xinningensis W. T. Wang
- 习　　性：多年生草本
- 海　　拔：约 300 m
- 分　　布：湖南
- 濒危等级：EN C1+2a（ii）

砚山毛茛
Ranunculus yanshanensis W. T. Wang
- 习　　性：多年生草本
- 海　　拔：约 1200 m
- 分　　布：云南

濒危等级：VU A2c

姚氏毛茛
Ranunculus yaoanus W. T. Wang
  习　　性：多年生草本
  海　　拔：约 3700 m
  分　　布：西藏
  濒危等级：NT A2c；B2ab（i，iii，v）

叶城毛茛
Ranunculus yechengensis W. T. Wang
  习　　性：多年生草本
  海　　拔：约 4700 m
  分　　布：新疆
  濒危等级：LC

阴山毛茛
Ranunculus yinshanicus（Y. Z. Zhao）Y. Z. Zhao
  习　　性：多年生草本
  分　　布：内蒙古
  濒危等级：VU A2c

云南毛茛
Ranunculus yunnanensis Franch.
  习　　性：多年生草本
  海　　拔：2800～4800 m
  分　　布：四川、云南
  濒危等级：LC

舟曲毛茛
Ranunculus zhouquensis W. T. Wang
  习　　性：多年生草本
  海　　拔：约 2800 m
  分　　布：甘肃
  濒危等级：LC

中甸毛茛
Ranunculus zhungdianensis W. T. Wang
  习　　性：多年生草本
  海　　拔：约 3600 m
  分　　布：云南
  濒危等级：DD

天葵属 Semiaquilegia Makino

天葵
Semiaquilegia adoxoides（DC.）Makino
  习　　性：多年生草本
  海　　拔：100～1100 m
  国内分布：安徽、福建、广西、贵州、河北、湖北、湖南、江苏、江西、陕西、四川、云南、浙江
  国外分布：朝鲜半岛、日本
  濒危等级：LC
  资源利用：药用（中草药）；农药

黄三七属 Souliea Franch.

黄三七
Souliea vaginata（Maxim.）Franch.
  习　　性：多年生草本
  海　　拔：2800～4000 m
  国内分布：甘肃、青海、陕西、四川、西藏、云南
  国外分布：不丹、缅甸、印度
  濒危等级：NT B1ab（i，iii）
  资源利用：药用（中草药）

唐松草属 Thalictrum L.

尖叶唐松草
Thalictrum acutifolium（Hand.-Mazz.）B. Boivin
  习　　性：多年生草本
  海　　拔：600～2000 m
  分　　布：安徽、福建、广东、广西、贵州、湖南、江西、四川、浙江
  濒危等级：NT B2ab（iii，v）；C1

高山唐松草
Thalictrum alpinum L.

高山唐松草（原变种）
Thalictrum alpinum var. **alpinum**
  习　　性：多年生草本
  海　　拔：2400～4600 m
  国内分布：西藏、新疆
  国外分布：阿富汗、巴基斯坦、不丹、俄罗斯、哈萨克斯坦、蒙古、尼泊尔、印度、越南
  濒危等级：LC
  资源利用：药用（中草药）

直梗高山唐松草
Thalictrum alpinum var. **elatum** Ulbr.
  习　　性：多年生草本
  海　　拔：2400～4600 m
  国内分布：甘肃、河北、山西、陕西、四川、西藏、云南
  国外分布：不丹、缅甸、尼泊尔、印度
  濒危等级：LC
  资源利用：药用（中草药）

柄果高山唐松草
Thalictrum alpinum var. **microphyllum**（Royle）Hand.-Mazz.
  习　　性：多年生草本
  海　　拔：3000～4000 m
  国内分布：西藏、云南
  国外分布：印度
  濒危等级：LC

唐松草
Thalictrum aquilegiifolium var. **sibiricum**
  习　　性：多年生草本
  海　　拔：500～1800 m
  国内分布：河北、黑龙江、吉林、辽宁、内蒙古、山东、山西、浙江
  国外分布：朝鲜半岛、俄罗斯、蒙古、日本
  濒危等级：LC

狭序唐松草
Thalictrum atriplex Finet et Gagnep.
  习　　性：多年生草本
  海　　拔：2300～3600 m

分　　布：四川、西藏、云南
濒危等级：LC
资源利用：药用（中草药）

藏南唐松草
Thalictrum austrotibeticum Jin Y. Li, L. Xie et L. Q. Li
习　　性：多年生草本
分　　布：西藏
濒危等级：LC

贝加尔唐松草
Thalictrum baicalense Turcz. ex Ledeb.

贝加尔唐松草（原变种）
Thalictrum baicalense var. **baicalense**
习　　性：多年生草本
海　　拔：900～2800 m
国内分布：甘肃、河北、河南、黑龙江、吉林、青海、陕西、西藏
国外分布：朝鲜半岛、俄罗斯、蒙古
濒危等级：LC

长柱贝加尔唐松草
Thalictrum baicalense var. **megalostigma** B. Boivin
习　　性：多年生草本
海　　拔：2200～3000 m
分　　布：甘肃、四川
濒危等级：LC

绢毛唐松草
Thalictrum brevisericeum W. T. Wang et S. H. Wang
习　　性：多年生草本
海　　拔：900～2300 m
分　　布：甘肃、陕西、云南
濒危等级：LC

美花唐松草
Thalictrum callianthum W. T. Wang
习　　性：多年生草本
海　　拔：约3400 m
分　　布：西藏
濒危等级：LC

察隅唐松草
Thalictrum chayuense W. T. Wang
习　　性：多年生草本
海　　拔：约2700 m
分　　布：西藏
濒危等级：LC

珠芽唐松草
Thalictrum chelidonii DC.
习　　性：多年生草本
海　　拔：约2600 m
国内分布：西藏
国外分布：不丹、尼泊尔、印度
濒危等级：LC

星毛唐松草
Thalictrum cirrhosum H. Lév.
习　　性：多年生草本
海　　拔：2200～2400 m
分　　布：云南
濒危等级：LC

高原唐松草
Thalictrum cultratum Wall.
习　　性：多年生草本
海　　拔：1700～3800 m
国内分布：甘肃、四川、西藏、云南
国外分布：不丹、克什米尔地区、尼泊尔、印度
濒危等级：LC

错那唐松草
Thalictrum cuonaense W. T. Wang
习　　性：多年生草本
海　　拔：约2600 m
分　　布：西藏
濒危等级：LC

偏翅唐松草
Thalictrum delavayi Franch.

偏翅唐松草（原变种）
Thalictrum delavayi var. **delavayi**
习　　性：多年生草本
海　　拔：1900～3400 m
分　　布：四川、西藏、云南
濒危等级：LC
资源利用：药用（中草药）；环境利用（观赏）

渐尖偏翅唐松草
Thalictrum delavayi var. **acuminatum** Franch.
习　　性：多年生草本
海　　拔：约1800 m
分　　布：四川、云南
濒危等级：LC

宽萼偏翅唐松草
Thalictrum delavayi var. **decorum** Franch.
习　　性：多年生草本
海　　拔：约3000 m
分　　布：四川、云南
濒危等级：LC

角药偏翅唐松草
Thalictrum delavayi var. **mucronatum** (Finet et Gagnep.) W. T. Wang et S. H. Wang
习　　性：多年生草本
海　　拔：1000 m
分　　布：贵州、云南
濒危等级：LC

堇花唐松草
Thalictrum diffusiflorum C. Marquand et Airy Shaw
习　　性：多年生草本
海　　拔：2900～3800 m
分　　布：西藏
濒危等级：LC

小叶唐松草
Thalictrum elegans Wall. ex Royle
习　　性：多年生草本
海　　拔：2700~4000 m
国内分布：四川、西藏、云南
国外分布：巴基斯坦、不丹、克什米尔地区、尼泊尔、印度
濒危等级：LC

大叶唐松草
Thalictrum faberi Ulbr.
习　　性：多年生草本
海　　拔：600~1300 m
分　　布：安徽、福建、河南、湖南、江苏、江西、浙江
濒危等级：LC
资源利用：药用（中草药）

西南唐松草
Thalictrum fargesii Franch. ex Finet et Gagnep.
习　　性：多年生草本
海　　拔：1300~2400 m
分　　布：甘肃、贵州、河南、湖北、山西、四川
濒危等级：LC

花唐松草
Thalictrum filamentosum Maxim.
习　　性：多年生草本
海　　拔：约780 m
国内分布：黑龙江、吉林
国外分布：俄罗斯
濒危等级：LC

滇川唐松草
Thalictrum finetii B. Boivin
习　　性：多年生草本
海　　拔：2200~4000 m
分　　布：四川、西藏、云南
濒危等级：LC

黄唐松草
Thalictrum flavum L.
习　　性：多年生草本
海　　拔：约500 m
国内分布：新疆
国外分布：欧洲、亚洲西南部
濒危等级：LC

丝叶唐松草
Thalictrum foeniculaceum Bunge
习　　性：多年生草本
海　　拔：600~1000 m
分　　布：甘肃、河北、辽宁、山西、陕西
濒危等级：NT B2ab（i, iii）; C1

腺毛唐松草
Thalictrum foetidum L.

腺毛唐松草（原变种）
Thalictrum foetidum var. **foetidum**
习　　性：多年生草本
海　　拔：900~4500 m
国内分布：甘肃、河北、内蒙古、青海、山西、陕西、四川、西藏、新疆
国外分布：欧洲、亚洲
濒危等级：LC
资源利用：药用（中草药）

扁果唐松草
Thalictrum foetidum var. **glabrescens** Takeda
习　　性：多年生草本
海　　拔：1700~2000 m
国内分布：河北、陕西
国外分布：日本
濒危等级：LC

多叶唐松草
Thalictrum foliolosum DC.
习　　性：多年生草本
海　　拔：1500~3200 m
国内分布：四川、西藏、云南
国外分布：缅甸、尼泊尔、泰国、印度
濒危等级：LC
资源利用：药用（中草药）

华东唐松草
Thalictrum fortunei S. Moore
习　　性：多年生草本
海　　拔：100~1500 m
分　　布：安徽、江苏、江西、浙江
濒危等级：NT B2ab（i, iii, v）
资源利用：环境利用（观赏）

纺锤唐松草
Thalictrum fusiforme W. T. Wang
习　　性：多年生草本
海　　拔：约2000 m
分　　布：西藏
濒危等级：DD

金丝马尾连
Thalictrum glandulosissimum（Finet et Gagnep.）W. T. Wang et S. H. Wang

金丝马尾连（原变种）
Thalictrum glandulosissimum var. **glandulosissimum**
习　　性：多年生草本
海　　拔：约2500 m
分　　布：云南
濒危等级：NT B2ab（i, iii）; C1
资源利用：药用（中草药）

昭通唐松草
Thalictrum glandulosissimum var. **chaotungense** W. T. Wang et S. H. Wang
习　　性：多年生草本
海　　拔：约1600 m
分　　布：云南
濒危等级：LC
资源利用：药用（中草药）

巨齿唐松草
Thalictrum grandidentatum W. T. Wang et S. H. Wang
- 习　　性：多年生草本
- 分　　布：四川
- 濒危等级：DD

大花唐松草
Thalictrum grandiflorum Maxim.
- 习　　性：多年生草本
- 海　　拔：约1000 m
- 分　　布：甘肃、四川
- 濒危等级：NT C1

河南唐松草
Thalictrum honanense W. T. Wang et S. H. Wang
- 习　　性：多年生草本
- 海　　拔：800~1800 m
- 分　　布：河南
- 濒危等级：NT C1

盾叶唐松草
Thalictrum ichangense Lecoy. ex Oliv.

盾叶唐松草（原变种）
Thalictrum ichangense var. **ichangense**
- 习　　性：多年生草本
- 海　　拔：600~1900 m
- 分　　布：甘肃、湖北、辽宁、山西、四川、云南、浙江
- 濒危等级：LC
- 资源利用：药用（中草药）

朝鲜唐松草
Thalictrum ichangense var. **coreanum**(H. Lév.)H. Lév. ex Tamura
- 习　　性：多年生草本
- 国内分布：辽宁、山东
- 国外分布：朝鲜半岛
- 濒危等级：LC

紫堇叶唐松草
Thalictrum isopyroides C. A. Mey.
- 习　　性：多年生草本
- 海　　拔：约1200 m
- 国内分布：新疆
- 国外分布：亚洲西南部和中部
- 濒危等级：LC

爪哇唐松草
Thalictrum javanicum Blume
- 习　　性：多年生草本
- 海　　拔：1500~3400 m
- 国内分布：甘肃、广东、贵州、湖北、江西、四川、台湾、西藏、云南、浙江
- 国外分布：不丹、尼泊尔、斯里兰卡、印度、印度尼西亚
- 濒危等级：LC

澜沧唐松草
Thalictrum lancangense Y. Y. Qian
- 习　　性：多年生草本
- 海　　拔：约2000 m
- 分　　布：云南
- 濒危等级：DD

疏序唐松草
Thalictrum laxum Ulbr.
- 习　　性：多年生草本
- 分　　布：湖北
- 濒危等级：LC

微毛爪哇唐松草
Thalictrum lecoyeri Franch.
- 习　　性：多年生草本
- 海　　拔：1500~3200 m
- 分　　布：贵州、四川
- 濒危等级：VU A2c；B1ab（i, iii）

白茎唐松草
Thalictrum leuconotum Franch.
- 习　　性：多年生草本
- 海　　拔：2500~3800 m
- 分　　布：青海、四川、云南
- 濒危等级：NT B2ab（i, iii, v）

鹤庆唐松草
Thalictrum leve(Franch.)W. T. Wang
- 习　　性：多年生草本
- 海　　拔：约1900 m
- 分　　布：云南
- 濒危等级：LC

长喙唐松草
Thalictrum macrorhynchum Franch.
- 习　　性：多年生草本
- 海　　拔：900~2900 m
- 分　　布：甘肃、河北、湖北、山西、陕西、四川
- 濒危等级：LC

小果唐松草
Thalictrum microgynum Lecoy. ex Oliv.
- 习　　性：多年生草本
- 海　　拔：700~2800 m
- 国内分布：湖北、湖南、山西、四川、云南
- 国外分布：缅甸
- 濒危等级：LC

亚欧唐松草
Thalictrum minus L.

亚欧唐松草（原变种）
Thalictrum minus var. **minus**
- 习　　性：多年生草本
- 海　　拔：1400~2700 m
- 国内分布：甘肃、青海、山西、新疆
- 国外分布：欧洲、亚洲西南部
- 濒危等级：LC
- 资源利用：药用（中草药）

东亚唐松草
Thalictrum minus var. **hypoleucum**(Siebold et Zucc.)Miq.
- 习　　性：多年生草本

海　　拔：约 1400 m
国内分布：安徽、广东、贵州、河北、河南、黑龙江、湖北、湖南、吉林、江苏、辽宁、内蒙古、山东、山西、陕西、四川
国外分布：朝鲜半岛、日本
濒危等级：LC
资源利用：药用（中草药）

长梗亚欧唐松草
Thalictrum minus var. **kemense** (Fr.) Trel.
习　　性：多年生草本
海　　拔：约 2500 m
国内分布：新疆
国外分布：欧洲、亚洲西南部
濒危等级：LC

密叶唐松草
Thalictrum myriophyllum Ohwi
习　　性：多年生草本
海　　拔：3000 ~ ? m
分　　布：台湾
濒危等级：VU D1

稀蕊唐松草
Thalictrum oligandrum Maxim.
习　　性：多年生草本
海　　拔：2600 ~ 3300 m
分　　布：甘肃、青海、山西、四川
濒危等级：LC

峨眉唐松草
Thalictrum omeiense W. T. Wang et S. H. Wang
习　　性：多年生草本
海　　拔：700 ~ 2000 m
分　　布：四川
濒危等级：VU D2
资源利用：药用（中草药）

川鄂唐松草
Thalictrum osmundifolium Finet et Gagnep.
习　　性：多年生草本
海　　拔：1400 ~ 1600 m
分　　布：湖北、四川
濒危等级：LC

瓣蕊唐松草
Thalictrum petaloideum L.

瓣蕊唐松草（原变种）
Thalictrum petaloideum var. **petaloideum**
习　　性：多年生草本
海　　拔：700 ~ 3000 m
国内分布：安徽、甘肃、河北、河南、黑龙江、湖北、吉林、辽宁、内蒙古、宁夏、青海、山东、山西、陕西、四川、浙江
国外分布：朝鲜半岛、俄罗斯、蒙古
濒危等级：LC
资源利用：药用（中草药）

狭裂瓣蕊唐松草
Thalictrum petaloideum var. **supradecompositum** (Nakai) Kitag.
习　　性：多年生草本
分　　布：河北、黑龙江、吉林、辽宁、内蒙古
濒危等级：LC

菲律宾唐松草
Thalictrum philippinense C. B. Rob.
习　　性：多年生草本
海　　拔：约 1600 m
国内分布：海南
国外分布：菲律宾
濒危等级：LC

长柄唐松草
Thalictrum przewalskii Maxim.
习　　性：多年生草本
海　　拔：800 ~ 3500 m
分　　布：甘肃、河北、河南、湖北、内蒙古、青海、山西、陕西、四川、西藏
濒危等级：LC

拟盾叶唐松草
Thalictrum pseudoichangense Q. E. Yang et G. H. Zhu
习　　性：多年生草本
分　　布：贵州
濒危等级：LC

多枝唐松草
Thalictrum ramosum B. Boivin
习　　性：多年生草本
海　　拔：500 ~ 1000 m
分　　布：广西、湖南、四川
濒危等级：LC
资源利用：药用（中草药）

美丽唐松草
Thalictrum reniforme Wall.
习　　性：多年生草本
海　　拔：3100 ~ 3700 m
国内分布：西藏
国外分布：不丹、尼泊尔、印度
濒危等级：LC
资源利用：环境利用（观赏）

网脉唐松草
Thalictrum reticulatum Franch.

网脉唐松草（原变种）
Thalictrum reticulatum var. **reticulatum**
习　　性：多年生草本
海　　拔：2200 ~ 2500 m
分　　布：四川、云南
濒危等级：LC

毛叶网脉唐松草
Thalictrum reticulatum var. **hirtellum** W. T. Wang et S. H. Wang
习　　性：多年生草本
海　　拔：约 2100 m

分　　布：四川
濒危等级：LC

粗壮唐松草
Thalictrum robustum Maxim.
习　　性：多年生草本
海　　拔：900~2100 m
分　　布：甘肃、河南、湖北、山西、四川
濒危等级：LC

小喙唐松草
Thalictrum rostellatum Hook. f. et Thomson
习　　性：多年生草本
海　　拔：2500~3200 m
国内分布：四川、西藏、云南
国外分布：不丹、尼泊尔、印度
濒危等级：LC

圆叶唐松草
Thalictrum rotundifolium DC.
习　　性：多年生草本
海　　拔：约2800 m
国内分布：西藏
国外分布：尼泊尔
濒危等级：LC

淡红唐松草
Thalictrum rubescens Ohwi
习　　性：多年生草本
分　　布：台湾
濒危等级：VU D1

芸香叶唐松草
Thalictrum rutifolium Hook. f. et Thomson
习　　性：多年生草本
海　　拔：2300~4300 m
国内分布：甘肃、青海、四川、西藏、云南
国外分布：印度
濒危等级：LC

叉柱唐松草
Thalictrum saniculiforme DC.
习　　性：多年生草本
海　　拔：2300~2500 m
国内分布：西藏、云南
国外分布：不丹、尼泊尔、印度
濒危等级：LC

糙叶唐松草
Thalictrum scabrifolium Franch.
习　　性：多年生草本
海　　拔：约2000 m
分　　布：云南
濒危等级：NT D1

陕西唐松草
Thalictrum shensiense W. T. Wang et S. H. Wang
习　　性：多年生草本
分　　布：陕西
濒危等级：LC

思茅唐松草
Thalictrum simaoense W. T. Wang et G. H. Zhu
习　　性：多年生草本
海　　拔：约2000 m
分　　布：云南
濒危等级：DD

箭头唐松草
Thalictrum simplex L.

箭头唐松草（原变种）
Thalictrum simplex var. **simplex**
习　　性：多年生草本
海　　拔：1400~2400 m
国内分布：内蒙古、新疆
国外分布：亚洲中部和西南部、欧洲
濒危等级：LC

锐裂箭头唐松草
Thalictrum simplex var. **affine** (Ledeb.) Regel
习　　性：多年生草本
国内分布：黑龙江、吉林
国外分布：俄罗斯
濒危等级：LC

短梗箭头唐松草
Thalictrum simplex var. **brevipes** H. Hara
习　　性：多年生草本
国内分布：甘肃、河北、湖北、辽宁、内蒙古、青海、山西、陕西、四川
国外分布：朝鲜半岛、日本
濒危等级：DD
资源利用：药用（中草药）

腺毛箭头唐松草
Thalictrum simplex var. **glandulosum** W. T. Wang
习　　性：多年生草本
分　　布：黑龙江
濒危等级：LC

鞭柱唐松草
Thalictrum smithii B. Boivin
习　　性：多年生草本
海　　拔：1500~3200 m
分　　布：四川、西藏、云南
濒危等级：LC

散花唐松草
Thalictrum sparsiflorum Turcz. ex Fisch. et C. A. Mey.
习　　性：多年生草本
海　　拔：300~700 m
国内分布：黑龙江、吉林
国外分布：朝鲜半岛、俄罗斯
濒危等级：LC

石砾唐松草
Thalictrum squamiferum Lecoy.
习　　性：多年生草本

海　　拔：3600～5000 m
国内分布：青海、四川、西藏、云南
国外分布：不丹、印度
濒危等级：LC

展枝唐松草
Thalictrum squarrosum Stephan ex Willd.
习　　性：多年生草本
海　　拔：200～1900 m
国内分布：河北、黑龙江、吉林、辽宁、内蒙古、山西、陕西、四川
国外分布：俄罗斯、蒙古
濒危等级：LC
资源利用：原料（单宁，树脂）；食用（蔬菜）

细唐松草
Thalictrum tenue Franch.
习　　性：多年生草本
分　　布：甘肃、河北、内蒙古、宁夏、山西、陕西
濒危等级：LC

钻柱唐松草
Thalictrum tenuisubulatum W. T. Wang
习　　性：多年生草本
海　　拔：约3400 m
分　　布：云南
濒危等级：LC

毛发唐松草
Thalictrum trichopus Franch.
习　　性：多年生草本
海　　拔：2000～2500 m
分　　布：四川、云南
濒危等级：NT B2ab（iii）；C1
资源利用：药用（中草药）

察瓦龙唐松草
Thalictrum tsawarungense W. T. Wang et S. H. Wang
习　　性：多年生草本
海　　拔：约3000 m
分　　布：西藏
濒危等级：DD

深山唐松草
Thalictrum tuberiferum Maxim.
习　　性：多年生草本
海　　拔：800～1100 m
国内分布：黑龙江、吉林、辽宁
国外分布：朝鲜半岛、俄罗斯、日本
濒危等级：LC

阴地唐松草
Thalictrum umbricola Ulbr.
习　　性：多年生草本
海　　拔：1000～1300 m
分　　布：广东、广西、湖南、江西
濒危等级：LC

钩柱唐松草
Thalictrum uncatum Maxim.

钩柱唐松草（原变种）
Thalictrum uncatum var. **uncatum**
习　　性：多年生草本
海　　拔：1600～3200 m
分　　布：甘肃、青海、四川、西藏、云南
濒危等级：LC

狭翅钩柱唐松草
Thalictrum uncatum var. **angustialatum** W. T. Wang
习　　性：多年生草本
海　　拔：约1600 m
分　　布：贵州
濒危等级：LC

弯柱唐松草
Thalictrum uncinulatum Franch. ex Lecoy.
习　　性：多年生草本
海　　拔：1500～2600 m
分　　布：甘肃、贵州、湖北、山西、四川
濒危等级：LC

台湾唐松草
Thalictrum urbainii Hayata

台湾唐松草（原变种）
Thalictrum urbainii var. **urbainii**
习　　性：多年生草本
海　　拔：约1600 m
分　　布：台湾
濒危等级：LC

大花台湾唐松草
Thalictrum urbainii var. **majus** T. Shimizu
习　　性：多年生草本
海　　拔：约1600 m
分　　布：台湾
濒危等级：LC

帚枝唐松草
Thalictrum virgatum Hook. f. et Thomson
习　　性：多年生草本
海　　拔：2300～3500 m
国内分布：四川、西藏、云南
国外分布：不丹、尼泊尔、印度
濒危等级：LC

黏唐松草
Thalictrum viscosum W. T. Wang et S. H. Wang
习　　性：多年生草本
海　　拔：约1800 m
分　　布：云南
濒危等级：LC

丽江唐松草
Thalictrum wangii B. Boivin
习　　性：多年生草本
海　　拔：2500～3100 m
分　　布：西藏、云南
濒危等级：LC

武夷唐松草
Thalictrum wuyishanicum W. T. Wang et S. H. Wang
- 习　　性：多年生草本
- 海　　拔：2000 m
- 分　　布：福建、江西
- 濒危等级：LC

兴山唐松草
Thalictrum xingshanicum G. F. Tao
- 习　　性：多年生草本
- 海　　拔：约 1700 m
- 分　　布：湖北
- 濒危等级：DD

云南唐松草
Thalictrum yunnanense W. T. Wang

云南唐松草（原变种）
Thalictrum yunnanense var. **yunnanense**
- 习　　性：多年生草本
- 海　　拔：约 2000 m
- 分　　布：云南
- 濒危等级：NT B2ab（iii, v）

滇南唐松草
Thalictrum yunnanense var. **austroyunnanense** Y. Y. Qian
- 习　　性：多年生草本
- 海　　拔：约 2000 m
- 分　　布：云南
- 濒危等级：LC

岳西唐松草
Thalictrum yuoxiense W. T. Wang
- 习　　性：多年生草本
- 海　　拔：约 1700 m
- 分　　布：安徽
- 濒危等级：LC

金莲花属 Trollius L.

阿尔泰金莲花
Trollius altaicus C. A. Mey.
- 习　　性：多年生草本
- 海　　拔：1200~2700 m
- 国内分布：内蒙古、新疆
- 国外分布：俄罗斯、哈萨克斯坦、吉尔吉斯斯坦、蒙古、塔吉克斯坦、乌兹别克斯坦
- 濒危等级：LC

宽瓣金莲花
Trollius asiaticus L.
- 习　　性：多年生草本
- 国内分布：黑龙江、新疆
- 国外分布：俄罗斯、哈萨克斯坦、蒙古
- 濒危等级：LC
- 资源利用：原料（染料）

川陕金莲花
Trollius buddae Schipcz.

川陕金莲花（原变型）
Trollius buddae f. **buddae**
- 习　　性：多年生草本
- 海　　拔：1800~2400 m
- 分　　布：甘肃、陕西、四川
- 濒危等级：LC

长瓣川陕金莲花
Trollius buddae f. **dolichopetalus** P. L. Liu et C. Du
- 习　　性：多年生草本
- 海　　拔：1800~2400 m
- 分　　布：陕西
- 濒危等级：LC
- 资源利用：药用（中草药）

金莲花
Trollius chinensis Bunge
- 习　　性：多年生草本
- 海　　拔：1000~2200 m
- 分　　布：河北、河南、吉林、辽宁、内蒙古、山西
- 濒危等级：LC
- 资源利用：药用（中草药）

准噶尔金莲花
Trollius dschungaricus Regel
- 习　　性：多年生草本
- 海　　拔：1800~3100 m
- 国内分布：新疆
- 国外分布：哈萨克斯坦、吉尔吉斯斯坦、塔吉克斯坦、乌兹别克斯坦
- 濒危等级：VU A2c

矮金莲花
Trollius farreri Stapf

矮金莲花（原变种）
Trollius farreri var. **farreri**
- 习　　性：多年生草本
- 海　　拔：3500~4700 m
- 分　　布：甘肃、青海、陕西、四川、西藏、云南
- 濒危等级：LC
- 资源利用：药用（中草药）

大叶矮金莲花
Trollius farreri var. **major** W. T. Wang
- 习　　性：多年生草本
- 海　　拔：3500~4200 m
- 分　　布：西藏、云南
- 濒危等级：LC

长白金莲花
Trollius japonicus Miq.
- 习　　性：多年生草本
- 海　　拔：1200~2300 m
- 国内分布：吉林
- 国外分布：日本
- 濒危等级：VU A2c

短瓣金莲花
Trollius ledebourii Rchb.
- 习　　性：多年生草本

海　　拔：100～900 m
国内分布：黑龙江、辽宁、内蒙古
国外分布：俄罗斯、蒙古
濒危等级：LC

淡紫金莲花
Trollius lilacinus Bunge
习　　性：多年生草本
海　　拔：2600～3500 m
国内分布：新疆
国外分布：俄罗斯、哈萨克斯坦、吉尔吉斯斯坦、蒙古、乌兹别克斯坦
濒危等级：VU A2c

长瓣金莲花
Trollius macropetalus（Regel）F. Schmidt
习　　性：多年生草本
海　　拔：400～600 m
国内分布：黑龙江、吉林、辽宁
国外分布：朝鲜半岛、俄罗斯
濒危等级：LC
资源利用：原料（香料，工业用油）

小花金莲花
Trollius micranthus Hand. -Mazz.
习　　性：多年生草本
海　　拔：3900～4200 m
分　　布：西藏、云南
濒危等级：VU A2c

小金莲花
Trollius pumilus D. Don

小金莲花（原变种）
Trollius pumilus var. **pumilus**
习　　性：多年生草本
海　　拔：4100～4800 m
国内分布：西藏
国外分布：不丹、缅甸、尼泊尔、印度
濒危等级：LC

显叶金莲花
Trollius pumilus var. **foliosus**（W. T. Wang）W. T. Wang
习　　性：多年生草本
海　　拔：3000～3400 m
分　　布：甘肃
濒危等级：LC

青藏金莲花
Trollius pumilus var. **tanguticus** Brühl
习　　性：多年生草本
海　　拔：2300～3700 m
分　　布：甘肃、青海、四川、西藏
濒危等级：LC

德格金莲花
Trollius pumilus var. **tehkehensis**（W. T. Wang）W. T. Wang
习　　性：多年生草本
分　　布：四川
濒危等级：LC

毛茛状金莲花
Trollius ranunculoides Hemsl.
习　　性：多年生草本
海　　拔：2900～4100 m
分　　布：甘肃、青海、四川、西藏、云南
濒危等级：LC

台湾金莲花
Trollius taihasenzanensis Masam.
习　　性：多年生草本
海　　拔：3200～3900 m
分　　布：台湾
濒危等级：VU D1

鞘柄金莲花
Trollius vaginatus Hand. -Mazz.
习　　性：多年生草本
海　　拔：3000～4200 m
分　　布：四川、云南
濒危等级：LC

云南金莲花
Trollius yunnanensis（Franch.）Ulbr.

云南金莲花（原变种）
Trollius yunnanensis var. **yunnanensis**
习　　性：多年生草本
海　　拔：2700～3600 m
分　　布：四川、云南
濒危等级：LC
资源利用：药用（中草药）

覆裂云南金莲花
Trollius yunnanensis var. **anemonifolius**（Brühl）W. T. Wang
习　　性：多年生草本
海　　拔：3000～3800 m
分　　布：甘肃、四川
濒危等级：LC

长瓣云南金莲花
Trollius yunnanensis var. **eupetalus**（Stapf）W. T. Wang
习　　性：多年生草本
海　　拔：3300～3900 m
分　　布：云南
濒危等级：LC

盾叶云南金莲花
Trollius yunnanensis var. **peltatus** W. T. Wang
习　　性：多年生草本
海　　拔：约1900 m
分　　布：四川
濒危等级：LC

尾囊草属 Urophysa Ulbr.

尾囊草
Urophysa henryi（Oliv.）Ulbr.
习　　性：多年生草本
海　　拔：500～1300 m

分　　布：贵州、湖北、湖南、四川
濒危等级：VU B1ab（iii）
资源利用：药用（中草药）

距瓣尾囊草
Urophysa rockii O. E. Ulbr.
　　习　　性：多年生草本
　　分　　布：四川
　　濒危等级：VU C1

木樨草科 RESEDACEAE
（2属：4种）

川樨草属 Oligomeris Cambess.

川樨草
Oligomeris linifolia (Vahl) J. F. Macbr.
　　习　　性：一年生草本
　　海　　拔：约2100 m
　　国内分布：四川、云南
　　国外分布：巴基斯坦、印度；大西洋岛屿
　　濒危等级：DD

木樨草属 Reseda L.

白木樨草
Reseda alba L.
　　习　　性：一年生或多年生草本
　　国内分布：台湾
　　国外分布：原产地中海地区；世界各地归化

黄木樨草
Reseda lutea L.
　　习　　性：一年生或多年生草本
　　国内分布：辽宁
　　国外分布：原产地中海地区和西南亚；世界各地逸生

木樨草
Reseda odorata L.
　　习　　性：一年生草本
　　国内分布：上海、台湾、浙江
　　国外分布：原产利比亚、希腊

帚灯草科 RESTIONACEAE
（1属：1种）

薄果草属 Dapsilanthus B. G. Briggs et L. A. S. Johns

薄果草
Dapsilanthus disjunctus (Mast.) B. G. Briggs et L. A. S. Johns.
　　习　　性：草本
　　海　　拔：海平面至1400 m
　　国内分布：广西、海南
　　国外分布：柬埔寨、老挝、马来西亚、泰国、越南

濒危等级：LC

鼠李科 RHAMNACEAE
（15属：184种）

麦珠子属 Alphitonia Reissek ex Endl.

麦珠子
Alphitonia incana (Roxburgh) Teijsm. et Binn. ex Kurz
　　习　　性：乔木
　　国内分布：海南
　　国外分布：菲律宾、马来西亚、印度尼西亚
　　濒危等级：LC

勾儿茶属 Berchemia Neck. ex DC.

越南勾儿茶
Berchemia annamensis Pit.
　　习　　性：攀援灌木
　　海　　拔：1400～2000 m
　　国内分布：广东、广西
　　国外分布：越南
　　濒危等级：LC

腋毛勾儿茶
Berchemia barbigera C. Y. Wu ex Y. L. Chen
　　习　　性：攀援灌木
　　海　　拔：1000～? m
　　分　　布：安徽、浙江
　　濒危等级：EN D

短果勾儿茶
Berchemia brachycarpa C. Y. Wu ex Y. L. Chen et P. K. Chou
　　习　　性：攀援灌木
　　海　　拔：1400～2800 m
　　分　　布：云南
　　濒危等级：DD

扁果勾儿茶
Berchemia compressicarpa D. Fang et C. Z. Gao
　　习　　性：灌木
　　分　　布：广西
　　濒危等级：LC

腋花勾儿茶
Berchemia edgeworthii M. A. Lawson
　　习　　性：灌木
　　海　　拔：2100～4500 m
　　国内分布：四川、西藏、云南
　　国外分布：不丹、尼泊尔
　　濒危等级：NT B1ab（i, iii）

奋起湖勾儿茶
Berchemia fenchifuensis C. M. Wang et S. Y. Lu
　　习　　性：灌木
　　海　　拔：约1200 m
　　分　　布：台湾

濒危等级：EN D

黄背勾儿茶
Berchemia flavescens(Wall.) Brongn.
习　　性：攀援灌木
海　　拔：1200～4000 m
分　　布：湖北、陕西、四川、西藏、云南
濒危等级：LC

多花勾儿茶
Berchemia floribunda(Wall.) Brongn.

多花勾儿茶（原变种）
Berchemia floribunda var. **floribunda**
习　　性：灌木
海　　拔：2600 m 以下
国内分布：安徽、福建、广东、广西、贵州、河南、湖北、湖南、江苏、江西、山西、陕西、四川、西藏、云南、浙江
国外分布：不丹、尼泊尔、日本、印度、越南
濒危等级：LC
资源利用：药用（中草药）；环境利用（观赏）

矩叶勾儿茶
Berchemia floribunda var. **oblongifolia** Y. L. Chen et P. K. Chou
习　　性：灌木
海　　拔：约 1000 m
分　　布：福建、江西、浙江
濒危等级：LC

台湾勾儿茶
Berchemia formosana C. K. Schneid.
习　　性：攀援灌木
海　　拔：约 900 m
国内分布：台湾
国外分布：日本
濒危等级：LC

大果勾儿茶
Berchemia hirtella Tsai et K. M. Feng

大果勾儿茶（原变种）
Berchemia hirtella var. **hirtella**
习　　性：攀援灌木
海　　拔：400～1500 m
分　　布：云南
濒危等级：LC

大老鼠耳
Berchemia hirtella var. **glabrescens** C. Y. Wu ex Y. L. Chen
习　　性：攀援灌木
海　　拔：约 1300 m
分　　布：贵州、云南
濒危等级：LC

毛背勾儿茶
Berchemia hispida(H. T. Tsai et K. M. Feng) Y. L. Chen et P. K. Chou

毛背勾儿茶（原变种）
Berchemia hispida var. **hispida**

习　　性：攀援灌木
海　　拔：1000～2000 m
分　　布：四川、云南
濒危等级：LC

光轴勾儿茶
Berchemia hispida var. **glabrata** Y. L. Chen et P. K. Chou
习　　性：攀援灌木
海　　拔：1400～1900 m
分　　布：贵州、四川、云南
濒危等级：LC

大叶勾儿茶
Berchemia huana Rehder

大叶勾儿茶（原变种）
Berchemia huana var. **huana**
习　　性：攀援灌木
海　　拔：1000 m 以下
分　　布：安徽、福建、湖北、湖南、江苏、江西、浙江
濒危等级：LC

脱毛大叶勾儿茶
Berchemia huana var. **glabrescens** W. C. Cheng ex Y. L. Chen
习　　性：攀援灌木
分　　布：安徽、浙江
濒危等级：LC

牯岭勾儿茶
Berchemia kulingensis C. K. Schneid.
习　　性：藤状或攀援灌木
海　　拔：300～2200 m
分　　布：安徽、福建、广西、贵州、湖北、湖南、江苏、江西、四川、浙江
濒危等级：LC
资源利用：药用（中草药）；环境利用（观赏）

铁包金
Berchemia lineata(L.) DC.
习　　性：藤状或矮灌木
海　　拔：200～500 m
国内分布：福建、广东、广西、海南、台湾
国外分布：日本、印度、越南
濒危等级：LC
资源利用：药用（中草药）

细梗勾儿茶
Berchemia longipedicellata Y. L. Chen et P. K. Chou
习　　性：灌木
海　　拔：2100～3100 m
分　　布：西藏
濒危等级：NT A2ac；D1

长梗勾儿茶
Berchemia longipes Y. L. Chen et P. K. Chou
习　　性：攀援灌木
海　　拔：约 1800 m
分　　布：云南
濒危等级：VU A2c

墨脱勾儿茶
Berchemia medogensis Y. L. Chen et Y. F. Du
- 习　　性：攀援灌木
- 海　　拔：1200～1500 m
- 分　　布：西藏
- 濒危等级：LC

峨眉勾儿茶
Berchemia omeiensis W. P. Fang ex Y. L. Chen et P. K. Chou
- 习　　性：藤状或攀援灌木
- 海　　拔：400～1700 m
- 分　　布：贵州、湖北、四川
- 濒危等级：LC

多叶勾儿茶
Berchemia polyphylla Wall. ex M. A. Lawson

多叶勾儿茶（原变种）
Berchemia polyphylla var. **polyphylla**
- 习　　性：攀援灌木
- 海　　拔：300～900 m
- 国内分布：甘肃、广西、贵州、陕西、四川、云南
- 国外分布：缅甸、印度
- 濒危等级：LC
- 资源利用：药用（中草药）

光枝勾儿茶
Berchemia polyphylla var. **leioclada**(Hand.-Mazz.) Hand.-Mazz.
- 习　　性：攀援灌木
- 海　　拔：1500～1600 m
- 分　　布：福建、广东、广西、贵州、湖北、湖南、陕西、四川、云南
- 濒危等级：LC

毛叶勾儿茶
Berchemia polyphylla var. **trichophylla** Hand.-Mazz.
- 习　　性：攀援灌木
- 海　　拔：1500～1600 m
- 分　　布：贵州、云南
- 濒危等级：LC

勾儿茶
Berchemia sinica C. K. Schneid.
- 习　　性：藤状或攀援灌木
- 海　　拔：1000～2500 m
- 分　　布：甘肃、贵州、河南、湖北、山西、陕西、四川、云南
- 濒危等级：LC

云南勾儿茶
Berchemia yunnanensis Franch.
- 习　　性：攀援灌木
- 海　　拔：1500～3900 m
- 分　　布：甘肃、贵州、陕西、四川、西藏、云南
- 濒危等级：LC
- 资源利用：环境利用（观赏）；药用（中草药）

小勾儿茶属 Berchemiella Nakai

小勾儿茶
Berchemiella wilsonii(C. K. Schneid.) Nakai
- 国家保护：Ⅱ级

小勾儿茶（原变种）
Berchemiella wilsonii var. **wilsonii**
- 习　　性：落叶灌木
- 海　　拔：约1300 m
- 分　　布：湖北
- 濒危等级：CR D1

毛柄小勾儿茶
Berchemiella wilsonii var. **pubipetiolata** H. Qian
- 习　　性：落叶灌木
- 海　　拔：500～1500 m
- 分　　布：安徽、浙江
- 濒危等级：CR D1

滇小勾儿茶
Berchemiella yunnanensis Y. L. Chen et P. K. Chou
- 习　　性：乔木
- 海　　拔：约1000 m
- 分　　布：云南
- 濒危等级：CR D1

蛇藤属 Colubrina Rich. ex Brongn.

蛇藤
Colubrina asiatica(L.) Brongn.
- 习　　性：攀援灌木
- 国内分布：广东、广西、海南、台湾
- 国外分布：澳大利亚、菲律宾、马来西亚、缅甸、斯里兰卡、印度、印度尼西亚
- 濒危等级：LC

毛蛇藤
Colubrina pubescens Kurz
- 习　　性：灌木
- 国内分布：云南
- 国外分布：柬埔寨、老挝、印度、越南
- 濒危等级：LC

封怀木属 Fenghwaia G. T. Wang et R. J. Wang

封怀木
Fenghwaia gardeniocarpa G. T. Wang et R. J. Wang
- 习　　性：小乔木
- 海　　拔：230～450 m
- 分　　布：广东
- 濒危等级：NT

冻绿属 Frangula Mill.

欧冻绿
Frangula alnus Mill.
- 习　　性：灌木或小乔木
- 国内分布：新疆
- 国外分布：俄罗斯
- 濒危等级：LC

长叶冻绿
Frangula crenata(Siebold et Zucc.) Miq.

长叶冻绿（原变种）
Frangula crenata var. **crenata**

习　　性：灌木或小乔木
海　　拔：海平面至2000 m
国内分布：安徽、福建、广东、广西、贵州、河南、湖北、湖南、江苏、江西、陕西、四川、台湾、云南
国外分布：朝鲜、柬埔寨、老挝、日本、泰国、越南
濒危等级：LC
资源利用：原料（染料）

两色冻绿
Frangula crenata var. **discolor**(Rehder)H. Yu,H. G. Ye et N. H. Xia
习　　性：落叶灌木或小乔木
海　　拔：900～1200 m
分　　布：浙江
濒危等级：NT D1

毛叶冻绿
Frangula henryi(C. K. Schneid.) Grubov
习　　性：落叶灌木或小乔木
分　　布：广西、四川、西藏、云南
濒危等级：LC

长柄冻绿
Frangula longipes(Merr. et Chun) Grubov
习　　性：落叶灌木或小乔木
国内分布：福建、广东、广西、海南、云南
国外分布：越南
濒危等级：LC

杜鹃叶冻绿
Frangula rhododendriphylla(Y. L. Chen et P. K. Chou) H. Yu, H. G. Ye et N. H. Xia
习　　性：直立灌木或小乔木
分　　布：广东、广西
濒危等级：LC

咀签属 Gouania Jacq.

毛咀签
Gouania javanica Miq.
习　　性：攀援灌木
海　　拔：500～2800 m
国内分布：福建、广东、广西、贵州、海南、云南
国外分布：菲律宾、柬埔寨、老挝、泰国、越南
濒危等级：LC

咀签
Gouania leptostachya DC.

咀签（原变种）
Gouania leptostachya var. **leptostachya**
习　　性：攀援灌木
国内分布：广西、云南
国外分布：不丹、菲律宾、老挝、马来西亚、缅甸、泰国、新加坡、印度、印度尼西亚、越南
濒危等级：LC

大果咀签
Gouania leptostachya var. **macrocarpa** Pit.
习　　性：攀援灌木
海　　拔：2000 m以下
国内分布：云南

国外分布：泰国、越南
濒危等级：NT

越南咀签
Gouania leptostachya var. **tonkiensis** Pit.
习　　性：攀援灌木
国内分布：云南
国外分布：老挝、越南
濒危等级：NT A2c；D1

枳椇属 Hovenia Thunb.

枳椇
Hovenia acerba Lindl.

枳椇（原变种）
Hovenia acerba var. **acerba**
习　　性：乔木
海　　拔：2100 m以下
国内分布：安徽、福建、甘肃、广东、广西、贵州、河南、湖北、湖南、江苏、江西、陕西、四川、西藏、云南、浙江
国外分布：不丹、缅甸、尼泊尔、印度
濒危等级：LC
资源利用：药用（中草药）；原料（木材）；食品（水果）

俅江枳椇
Hovenia acerba var. **kiukiangensis**(Hu et W. C. Cheng) C. Y. Wu ex Y. L. Chen
习　　性：乔木
海　　拔：600～1800 m
分　　布：西藏、云南
濒危等级：LC

北枳椇
Hovenia dulcis Thunb.
习　　性：乔木
海　　拔：200～1400 m
国内分布：安徽、甘肃、河北、河南、湖北、江苏、江西、山东、山西、陕西、四川
国外分布：朝鲜、日本
濒危等级：LC
资源利用：药用（中草药）；食品添加剂（糖和非糖甜味剂）

毛果枳椇
Hovenia trichocarpa Chun et Tsiang

毛果枳椇（原变种）
Hovenia trichocarpa var. **trichocarpa**
习　　性：乔木
海　　拔：600～1300 m
分　　布：广东、贵州、湖北、湖南、江西
濒危等级：LC

光叶毛果枳椇
Hovenia trichocarpa var. **robusta**(Nakai et Y. Kimura) Y. L. Chou et P. K. Chou
习　　性：乔木
海　　拔：600～1100 m
国内分布：安徽、福建、广东、广西、贵州、江西、浙江

国外分布：日本
濒危等级：LC

马甲子属 Paliurus Mill.

铜钱树
Paliurus hemsleyanus Rehder
- 习　　性：常绿灌木或乔木
- 海　　拔：1600 m 以下
- 分　　布：安徽、重庆、甘肃、广东、广西、贵州、河南、湖北、湖南、江苏、江西、陕西、四川、云南、浙江
- 濒危等级：LC
- 资源利用：原料（单宁，树脂）

硬毛马甲子
Paliurus hirsutus Hemsl.
- 习　　性：小乔木或灌木
- 海　　拔：1000 m 以下
- 分　　布：安徽、福建、广东、广西、湖北、湖南、江苏、浙江
- 濒危等级：LC

短柄铜钱树
Paliurus orientalis (Franch.) Hemsl.
- 习　　性：灌木或小乔木
- 海　　拔：900~2000 m
- 分　　布：四川、云南
- 濒危等级：LC

马甲子
Paliurus ramosissimus (Lour.) Poir.
- 习　　性：灌木或小乔木
- 海　　拔：2000 m 以下
- 国内分布：安徽、福建、广东、广西、贵州、湖北、湖南、江苏、江西、四川、台湾、云南、浙江
- 国外分布：朝鲜、日本
- 濒危等级：LC
- 资源利用：药用（中草药）；原料（木材，工业用油，单宁，树脂）

滨枣
Paliurus spina-christi Mill.
- 习　　性：灌木
- 国内分布：山东栽培
- 国外分布：原产欧洲、亚洲西南部

猫乳属 Rhamnella Miq.

尾叶猫乳
Rhamnella caudata Merr.
- 习　　性：灌木或小乔木
- 分　　布：广东
- 濒危等级：NT D1

川滇猫乳
Rhamnella forrestii W. W. Sm.
- 习　　性：落叶灌木
- 海　　拔：2000~3000 m
- 分　　布：四川、西藏、云南
- 濒危等级：LC

猫乳
Rhamnella franguloides (Maxim.) Weberbauer
- 习　　性：灌木或小乔木
- 海　　拔：1100 m 以下
- 国内分布：安徽、河北、河南、湖北、湖南、江苏、江西、山东、山西、陕西、浙江
- 国外分布：朝鲜、日本
- 濒危等级：LC
- 资源利用：药用（中草药）；原料（染料）

西藏猫乳
Rhamnella gilgitica Mansf. et Melch
- 习　　性：落叶灌木
- 海　　拔：2600~2900 m
- 国内分布：四川、西藏、云南
- 国外分布：克什米尔地区
- 濒危等级：LC

毛背猫乳
Rhamnella julianae C. K. Schneid.
- 习　　性：灌木
- 海　　拔：1000~1600 m
- 分　　布：湖北、四川、云南
- 濒危等级：NT D1

多脉猫乳
Rhamnella martinii (H. Lév.) C. K. Schneid.
- 习　　性：灌木或小乔木
- 海　　拔：800~2800 m
- 分　　布：广东、贵州、湖北、四川、西藏、云南
- 濒危等级：LC

苞叶木
Rhamnella rubrinervis (H. Lév.) Rehder
- 习　　性：灌木或小乔木
- 海　　拔：1500 m 以下
- 国内分布：广东、广西、贵州、云南
- 国外分布：越南
- 濒危等级：LC

卵叶猫乳
Rhamnella wilsonii C. K. Schneid.
- 习　　性：灌木
- 海　　拔：2000~3000 m
- 分　　布：四川、西藏
- 濒危等级：NT D1

鼠李属 Rhamnus L.

锐齿鼠李
Rhamnus arguta Maxim.

锐齿鼠李（原变种）
Rhamnus arguta var. **arguta**
- 习　　性：灌木或小乔木
- 海　　拔：2000 m 以下
- 分　　布：河北、黑龙江、辽宁、山东、山西、陕西
- 濒危等级：LC
- 资源利用：原料（香料，工业用油）

毛背锐齿鼠李
Rhamnus arguta var. **velutina** Hand.-Mazz.
  习　　性：灌木或小乔木
  海　　拔：900~1600 m
  分　　布：河北、山西
  濒危等级：LC

云南鼠李
Rhamnus aurea Heppeler
  习　　性：多年生草本
  海　　拔：1800~2400 m
  分　　布：云南
  濒危等级：VU A2c；D1

山绿柴
Rhamnus brachypoda C. Y. Wu ex Y. L. Chen
  习　　性：灌木
  海　　拔：500~1700 m
  分　　布：福建、广东、广西、贵州、湖南、江西、浙江
  濒危等级：LC

卵叶鼠李
Rhamnus bungeana J. J. Vassil.
  习　　性：灌木
  海　　拔：约1800 m
  分　　布：河北、河南、湖北、吉林、山东、山西
  濒危等级：LC

石生鼠李
Rhamnus calcicola Q. H. Chen
  习　　性：直立灌木
  海　　拔：600~900 m
  分　　布：贵州
  濒危等级：DD

药鼠李
Rhamnus cathartica L.
  习　　性：灌木或乔木
  海　　拔：1200~1400 m
  国内分布：辽宁、新疆
  国外分布：俄罗斯；中亚和西南亚、欧洲、西北非
  濒危等级：LC
  资源利用：药用（中草药）；环境利用（观赏）

清水鼠李
Rhamnus chingshuiensis T. Shimizu

清水鼠李（原变种）
Rhamnus chingshuiensis var. **chingshuiensis**
  习　　性：多年生草本
  分　　布：台湾
  濒危等级：EN D

塔山鼠李
Rhamnus chingshuiensis var. **tashanensis** Y. C. Liu et C. M. Wang
  习　　性：多年生草本
  分　　布：台湾
  濒危等级：LC

革叶鼠李
Rhamnus coriophylla Hand.-Mazz.

革叶鼠李（原变种）
Rhamnus coriophylla var. **coriophylla**
  习　　性：灌木或小乔木
  海　　拔：约800 m
  分　　布：广东、广西、云南
  濒危等级：LC

锐齿革叶鼠李
Rhamnus coriophylla var. **acutidens** Y. L. Chen et P. K. Chou
  习　　性：灌木或小乔木
  海　　拔：约800 m
  分　　布：贵州
  濒危等级：LC

大连鼠李
Rhamnus dalianensis S. Y. Li et Z. H. Ning
  习　　性：多刺灌木
  分　　布：辽宁
  濒危等级：DD

大理鼠李
Rhamnus daliensis G. S. Fan et L. L. Deng
  习　　性：乔木
  海　　拔：2000~2900 m
  分　　布：云南
  濒危等级：DD

鼠李
Rhamnus davurica Pall.
  习　　性：灌木或小乔木
  海　　拔：1800 m 以下
  分　　布：河北、黑龙江、吉林、辽宁、山西
  濒危等级：LC
  资源利用：药用（中草药）；原料（染料，木材，工业用油，单宁，树脂）；环境利用（观赏）

金刚鼠李
Rhamnus diamantiaca Nakai
  习　　性：灌木
  海　　拔：200~800 m
  国内分布：黑龙江、吉林、辽宁
  国外分布：朝鲜、俄罗斯、日本
  濒危等级：LC

刺鼠李
Rhamnus dumetorum C. K. Schneid.

刺鼠李（原变种）
Rhamnus dumetorum var. **dumetorum**
  习　　性：灌木
  海　　拔：900~3300 m
  分　　布：安徽、甘肃、贵州、湖北、江西、陕西、四川、西藏、云南、浙江
  濒危等级：LC

圆齿刺鼠李
Rhamnus dumetorum var. **crenoserrata** Rehder et E. H. Wilson
  习　　性：灌木
  海　　拔：2000~2200 m
  分　　布：四川、西藏、云南
  濒危等级：LC

贵州鼠李
Rhamnus esquirolii H. Lév.

贵州鼠李（原变种）
Rhamnus esquirolii var. **esquirolii**
- 习　　性：攀援灌木
- 海　　拔：400～1800 m
- 分　　布：广西、贵州、湖北、四川、云南
- 濒危等级：LC

木子花
Rhamnus esquirolii var. **glabrata** Y. L. Chen et P. K. Chou
- 习　　性：攀援灌木
- 海　　拔：500～1800 m
- 分　　布：贵州、四川
- 濒危等级：LC

淡黄鼠李
Rhamnus flavescens Y. L. Chen et P. K. Chou
- 习　　性：灌木
- 海　　拔：2500～3400 m
- 分　　布：四川、西藏
- 濒危等级：LC

台湾鼠李
Rhamnus formosana Matsum.
- 习　　性：灌木
- 海　　拔：1000 m 以下
- 分　　布：台湾
- 濒危等级：LC

黄鼠李
Rhamnus fulvotincta F. P. Metcalf
- 习　　性：灌木
- 海　　拔：约 400 m
- 分　　布：广东、广西、贵州
- 濒危等级：DD

川滇鼠李
Rhamnus gilgiana Heppeler
- 习　　性：灌木
- 海　　拔：2200～2700 m
- 分　　布：四川、云南
- 濒危等级：LC

圆叶鼠李
Rhamnus globosa Bunge
- 习　　性：灌木
- 海　　拔：1600 m 以下
- 国内分布：黑龙江、吉林、辽宁
- 国外分布：朝鲜、俄罗斯、日本
- 濒危等级：LC
- 资源利用：原料（染料，工业用油）

大花鼠李
Rhamnus grandiflora C. Y. Wu ex Y. L. Chen
- 习　　性：灌木
- 海　　拔：1000～1800 m
- 分　　布：贵州、四川
- 濒危等级：LC

海南鼠李
Rhamnus hainanensis Merr. et Chun
- 习　　性：攀援灌木
- 海　　拔：600～900 m
- 分　　布：海南
- 濒危等级：NT D1
- 资源利用：原料（香料，工业用油）

亮叶鼠李
Rhamnus hemsleyana C. K. Schneid.

亮叶鼠李（原变种）
Rhamnus hemsleyana var. **hemsleyana**
- 习　　性：乔木
- 海　　拔：700～2300 m
- 分　　布：贵州、陕西、四川、云南
- 濒危等级：LC

高山亮叶鼠李
Rhamnus hemsleyana var. **yunnanensis** C. Y. Wu ex Y. L. Chen et P. K. Chou
- 习　　性：乔木
- 海　　拔：2200～2800 m
- 分　　布：四川、云南
- 濒危等级：LC

异叶鼠李
Rhamnus heterophylla Oliv.
- 习　　性：灌木
- 海　　拔：300～1500 m
- 分　　布：甘肃、贵州、湖北、陕西、四川、云南
- 濒危等级：LC
- 资源利用：原料（染料）

湖北鼠李
Rhamnus hupehensis C. K. Schneid.
- 习　　性：灌木
- 海　　拔：1700～2300 m
- 分　　布：湖北
- 濒危等级：NT D1

桃叶鼠李
Rhamnus iteinophylla C. K. Schneid.
- 习　　性：灌木
- 海　　拔：1000～2000 m
- 分　　布：湖北、四川、云南
- 濒危等级：NT D1

变叶鼠李
Rhamnus kanagusukii Makino
- 习　　性：低矮灌木
- 分　　布：台湾
- 濒危等级：LC

朝鲜鼠李
Rhamnus koraiensis C. K. Schneid.
- 习　　性：灌木
- 海　　拔：100～800 m
- 国内分布：吉林、辽宁、山东
- 国外分布：韩国
- 濒危等级：NT D1

广西鼠李
Rhamnus kwangsiensis Y. L. Chen et P. K. Chou
 习 性：直立或攀援灌木
 分 布：广西
 濒危等级：LC

钩齿鼠李
Rhamnus lamprophylla C. K. Schneid.
 习 性：灌木或小乔木
 海 拔：400~1600 m
 分 布：福建、广西、贵州、湖北、湖南、江西、四川、云南
 濒危等级：LC

崂山鼠李
Rhamnus laoshanensis D. K. Zang
 习 性：灌木
 海 拔：400~500 m
 分 布：山东
 濒危等级：LC

纤花鼠李
Rhamnus leptacantha C. K. Schneid.
 习 性：灌木
 海 拔：700~1200 m
 分 布：湖北、四川
 濒危等级：LC

薄叶鼠李
Rhamnus leptophylla C. K. Schneid.
 习 性：灌木或小乔木
 海 拔：1700~2600 m
 分 布：安徽、福建、广东、广西、贵州、河南、湖北、湖南、江西、山东、陕西、四川、云南、浙江
 濒危等级：LC
 资源利用：药用（中草药）

琉球鼠李
Rhamnus liukiuensis（E. H. Wilson）Koidz.
 习 性：灌木
 国内分布：台湾
 国外分布：日本
 濒危等级：LC

黑桦树
Rhamnus maximovicziana J. J. Vassil.

黑桦树（原变种）
Rhamnus maximovicziana var. **maximovicziana**
 习 性：灌木
 海 拔：900~2700 m
 国内分布：甘肃、河北、内蒙古、宁夏、山西、陕西、四川
 国外分布：蒙古
 濒危等级：LC

矩叶黑桦树
Rhamnus maximovicziana var. **oblongifolia** Y. L. Chen et P. K. Chou
 习 性：灌木
 分 布：内蒙古
 濒危等级：LC

闽南山鼠李
Rhamnus minnanensis K. M. Li
 习 性：灌木或小乔木
 分 布：福建
 濒危等级：LC

矮小鼠李
Rhamnus minuta Grubov
 习 性：匍匐灌木
 海 拔：2800~4000 m
 国内分布：新疆
 国外分布：俄罗斯
 濒危等级：LC

蒙古鼠李
Rhamnus mongolica Y. Z. Zhao et L. Q. Zhao
 习 性：灌木
 分 布：内蒙古
 濒危等级：LC

尼泊尔鼠李
Rhamnus napalensis（Wall.）Lawson
 习 性：直立或攀援灌木
 海 拔：1800 m 以下
 国内分布：福建、广东、广西、贵州、湖北、湖南、江西、西藏、云南、浙江
 国外分布：孟加拉国、缅甸、尼泊尔、印度
 濒危等级：LC

黑背鼠李
Rhamnus nigricans Hand. -Mazz.
 习 性：灌木或小乔木
 海 拔：1500~2800 m
 分 布：云南
 濒危等级：LC

宁蒗鼠李
Rhamnus ninglangensis Y. L. Chen
 习 性：灌木
 海 拔：3000 m 以下
 分 布：四川、云南
 濒危等级：LC

小叶鼠李
Rhamnus parvifolia Bunge
 习 性：灌木
 海 拔：400~2300 m
 国内分布：河北、河南、黑龙江、吉林、辽宁、内蒙古、山东、山西、陕西、台湾
 国外分布：朝鲜、俄罗斯、蒙古
 濒危等级：LC
 资源利用：环境利用（观赏）

毕禄山鼠李
Rhamnus pilushanensis C. M. Wang et S. Y. Lu
 习 性：落叶灌木或小乔木
 分 布：台湾
 濒危等级：LC

蔓生鼠李
Rhamnus procumbens Edgew.

习　　性：灌木
海　　拔：2400～3000 m
国内分布：西藏
国外分布：喜马拉雅山西部
濒危等级：LC

平卧鼠李
Rhamnus prostrata R. N. Parker
习　　性：灌木
海　　拔：2800～3900 m
国内分布：西藏
国外分布：阿富汗、巴基斯坦、克什米尔地区、印度
濒危等级：LC

小冻绿树
Rhamnus rosthornii E. Pritz. ex Diels
习　　性：灌木或小乔木
海　　拔：600～2600 m
分　　布：甘肃、广西、贵州、湖北、陕西、四川、云南
濒危等级：LC

皱叶鼠李
Rhamnus rugulosa Hemsl. ex Forbes et Hemsl.

皱叶鼠李（原变种）
Rhamnus rugulosa var. **rugulosa**
习　　性：灌木
海　　拔：500～2300 m
分　　布：安徽、甘肃、广东、河南、湖北、湖南、山西、陕西、四川、云南
濒危等级：LC

浙江鼠李
Rhamnus rugulosa var. **chekiangensis** (W. C. Cheng) Y. L. Chen et P. K. Chou
习　　性：灌木
分　　布：浙江
濒危等级：LC

脱毛皱叶鼠李
Rhamnus rugulosa var. **glabrata** Y. L. Chen et P. K. Chou
习　　性：灌木
海　　拔：600～1500 m
分　　布：湖北、四川
濒危等级：LC

多脉鼠李
Rhamnus sargentiana C. K. Schneid.
习　　性：落叶灌木
海　　拔：1700～3800 m
分　　布：甘肃、湖北、四川、西藏、云南
濒危等级：LC

长梗鼠李
Rhamnus schneideri H. Lév. et Vaniot

长梗鼠李（原变种）
Rhamnus schneideri var. **schneideri**
习　　性：灌木
海　　拔：800～2200 m
分　　布：河北、黑龙江、吉林、辽宁、山西
濒危等级：LC

东北鼠李
Rhamnus schneideri var. **manshurica** (Nakai) Nakai
习　　性：灌木
海　　拔：400～2200 m
国内分布：河北、吉林、辽宁、山东、山西
国外分布：朝鲜
濒危等级：LC

百里香叶鼠李
Rhamnus serpyllifolia H. Lév.
习　　性：灌木或小乔木
海　　拔：1600～2400 m
分　　布：云南
濒危等级：LC

新疆鼠李
Rhamnus songorica Gontsch.
习　　性：灌木
海　　拔：1000～2000 m
国内分布：新疆
国外分布：俄罗斯
濒危等级：LC

紫背鼠李
Rhamnus subapetala Merr.
习　　性：攀援灌木
海　　拔：700～2000 m
国内分布：广西、云南
国外分布：越南
濒危等级：NT D1

甘青鼠李
Rhamnus tangutica J. J. Vassil.
习　　性：灌木
海　　拔：1200～3700 m
分　　布：甘肃、河南、青海、陕西、四川、西藏
濒危等级：LC
资源利用：原料（染料）

鄂西鼠李
Rhamnus tzekweiensis Y. L. Chen et P. K. Chou
习　　性：匍匐灌木
海　　拔：1000 m
分　　布：湖北
濒危等级：EW

乌苏里鼠李
Rhamnus ussuriensis J. J. Vassil.
习　　性：灌木
海　　拔：1600 m以下
国内分布：河北、黑龙江、吉林、辽宁、内蒙古、山东
国外分布：朝鲜、俄罗斯、日本
濒危等级：LC
资源利用：药用（中草药）；原料（染料，木材，工业用油）；农药

冻绿
Rhamnus utilis Decne.

冻绿（原变种）
Rhamnus utilis var. **utilis**
　　习　　性：灌木或小乔木
　　海　　拔：1500 m以下
　　国内分布：安徽、福建、甘肃、广东、广西、贵州、河北、河南、湖北、湖南、江苏、江西、山西、陕西、四川、浙江
　　国外分布：朝鲜、日本
　　濒危等级：LC
　　资源利用：原料（染料，精油）；环境利用（观赏）

毛冻绿
Rhamnus utilis var. **hypochrysa**(C. K. Schneid.) Rehder
　　习　　性：灌木或小乔木
　　分　　布：甘肃、广西、贵州、河南、湖北、山西、四川
　　濒危等级：LC

高山冻绿
Rhamnus utilis var. **szechuanensis** Y. L. Chen et P. K. Chou
　　习　　性：灌木或小乔木
　　海　　拔：2600~3300 m
　　分　　布：甘肃、四川
　　濒危等级：LC

帚枝鼠李
Rhamnus virgata Roxb.

帚枝鼠李（原变种）
Rhamnus virgata var. **virgata**
　　习　　性：灌木或乔木
　　海　　拔：1200~3800 m
　　国内分布：贵州、四川、西藏、云南
　　国外分布：不丹、尼泊尔、泰国、印度
　　濒危等级：LC

糙毛帚枝鼠李
Rhamnus virgata var. **hirsuta**(Wight et Arn.) Y. L. Chen et P. K. Chou
　　习　　性：灌木或乔木
　　海　　拔：2000~2900 m
　　国内分布：四川、西藏、云南
　　国外分布：印度
　　濒危等级：NT D1

山鼠李
Rhamnus wilsonii C. K. Schneider

山鼠李（原变种）
Rhamnus wilsonii var. **wilsonii**
　　习　　性：落叶灌木
　　海　　拔：300~1500 m
　　分　　布：安徽、福建、广东、广西、贵州、湖南、江西、浙江
　　濒危等级：LC

披针叶鼠李
Rhamnus wilsonii var. **lancifolius** S. C. Li et X. M. Liu
　　习　　性：落叶灌木
　　分　　布：安徽
　　濒危等级：LC

毛山鼠李
Rhamnus wilsonii var. **pilosa** Rehder
　　习　　性：落叶灌木
　　海　　拔：400~1600 m
　　分　　布：安徽、福建、江西、浙江
　　濒危等级：LC

武鸣鼠李
Rhamnus wumingensis Y. L. Chen et P. K. Chou
　　习　　性：灌木
　　分　　布：广西
　　濒危等级：LC

西藏鼠李
Rhamnus xizangensis Y. L. Chen et P. K. Chou
　　习　　性：常绿灌木或小乔木
　　海　　拔：1600~3200 m
　　分　　布：西藏、云南
　　濒危等级：NT D1

吉野鼠李
Rhamnus yoshinoi Makino
　　习　　性：灌木
　　海　　拔：400~2200 m
　　国内分布：河北、黑龙江、吉林、辽宁、山东、山西
　　国外分布：朝鲜、日本
　　濒危等级：LC

雀梅藤属 Sageretia Brongn.

窄叶雀梅藤
Sageretia brandrethiana Aitch.
　　习　　性：灌木
　　国内分布：云南
　　国外分布：阿富汗、印度
　　濒危等级：LC

茶叶雀梅藤
Sageretia camelliifolia Y. L. Chen et P. K. Chou
　　习　　性：灌木
　　分　　布：广西
　　濒危等级：LC

贡山雀梅藤
Sageretia gongshanensis G. S. Fan et L. L. Deng
　　习　　性：灌木
　　海　　拔：900~2000 m
　　分　　布：云南
　　濒危等级：NT D2

纤细雀梅藤
Sageretia gracilis J. R. Drumm. et Sprague
　　习　　性：灌木
　　海　　拔：1200~3400 m
　　分　　布：广西、西藏、云南
　　濒危等级：LC

钩枝雀梅藤
Sageretia hamosa(Wall.) Brongn.

钩枝雀梅藤（原变种）
Sageretia hamosa var. **hamosa**
- 习　　性：常绿灌木
- 海　　拔：0~1600 m
- 国内分布：福建、广东、广西、贵州、湖北、湖南、江西、四川、西藏、浙江
- 国外分布：菲律宾、尼泊尔、斯里兰卡、印度、印度尼西亚、越南
- 濒危等级：LC

毛枝雀梅藤
Sageretia hamosa var. **trichoclada** C. Y. Wu ex Y. L. Chen et P. K. Chou
- 习　　性：常绿灌木
- 海　　拔：600~1000 m
- 分　　布：云南
- 濒危等级：EN A2c；D

凹叶雀梅藤
Sageretia horrida Pax et K. Hoffm.
- 习　　性：灌木
- 海　　拔：1900~3600 m
- 分　　布：四川、西藏、云南
- 濒危等级：LC

疏花雀梅藤
Sageretia laxiflora Hand. -Mazz.
- 习　　性：灌木
- 海　　拔：700 m 以下
- 分　　布：广西、贵州、江西、云南
- 濒危等级：LC

丽江雀梅藤
Sageretia lijiangensis G. S. Fan et S. K. Chen
- 习　　性：灌木
- 海　　拔：2000~3000 m
- 分　　布：云南
- 濒危等级：LC

亮叶雀梅藤
Sageretia lucida Merr.
- 习　　性：攀援灌木
- 海　　拔：300~800 m
- 国内分布：福建、广东、广西、海南、江西、云南、浙江
- 国外分布：尼泊尔、斯里兰卡、印度、印度尼西亚、越南
- 濒危等级：VU D1

刺藤子
Sageretia melliana Hand. -Mazz.
- 习　　性：常绿灌木
- 海　　拔：1500 m 以下
- 分　　布：安徽、福建、广东、广西、贵州、湖北、湖南、江西、云南、浙江
- 濒危等级：LC

峨眉雀梅藤
Sageretia omeiensis C. K. Schneid.
- 习　　性：攀援灌木
- 海　　拔：约 650 m
- 分　　布：重庆、四川
- 濒危等级：NT A2c

少脉雀梅藤
Sageretia paucicostata Maxim.
- 习　　性：灌木或小乔木
- 海　　拔：1700~4000 m
- 分　　布：甘肃、河北、河南、山西、陕西、四川、西藏、云南
- 濒危等级：LC

南丹雀梅藤
Sageretia pedicellata C. Z. Gao
- 习　　性：攀援灌木
- 分　　布：广西
- 濒危等级：NT A2c

李叶雀梅藤
Sageretia prunifolia C. Y. Wu ex G. S. Fan et X. W. Li
- 习　　性：灌木
- 分　　布：云南
- 濒危等级：NT A2c

对刺雀梅藤
Sageretia pycnophylla C. K. Schneid.
- 习　　性：常绿灌木
- 海　　拔：700~2800 m
- 分　　布：甘肃、陕西、四川
- 濒危等级：LC

峦大雀梅藤
Sageretia randaiensis Hayata
- 习　　性：灌木
- 分　　布：台湾
- 濒危等级：LC

皱叶雀梅藤
Sageretia rugosa Hance
- 习　　性：灌木
- 海　　拔：约 1600 m
- 分　　布：广东、广西、贵州、湖北、湖南、四川、云南
- 濒危等级：LC

尾叶雀梅藤
Sageretia subcaudata C. K. Schneid.
- 习　　性：灌木
- 海　　拔：200~2000 m
- 分　　布：广东、贵州、河南、湖北、湖南、江西、陕西、四川、西藏、云南
- 濒危等级：LC

雀梅藤
Sageretia thea (Osbeck) M. C. Johnst.

雀梅藤（原变种）
Sageretia thea var. **thea**
- 习　　性：灌木
- 海　　拔：2100 m 以下
- 国内分布：安徽、福建、广东、广西、湖北、湖南、江苏、江西、四川、台湾、云南、浙江

国外分布：朝鲜、日本、印度、越南
濒危等级：LC
资源利用：药用（中草药）；食品（水果）；环境利用（观赏）

心叶雀梅藤
Sageretia thea var. **cordiformis** Y. L. Chen et P. K. Chou
习　　性：灌木
海　　拔：约 700 m
分　　布：云南
濒危等级：LC

毛叶雀梅藤
Sageretia thea var. **tomentosa**（C. K. Schneid.）Y. L. Chen et P. K. Chou
习　　性：灌木
海　　拔：700~1500 m
国内分布：安徽、福建、甘肃、广东、广西、江苏、江西、四川、台湾、云南、浙江
国外分布：朝鲜
濒危等级：LC

脱毛雀梅藤
Sageretia yilinii G. S. Fan et S. K. Chen
习　　性：灌木
海　　拔：2000~3000 m
分　　布：云南
濒危等级：NT A2c

云龙雀梅藤
Sageretia yunlongensis G. S. Fan et L. L. Deng
习　　性：灌木
海　　拔：约 1300 m
分　　布：西藏、云南
濒危等级：NT A2c

对刺藤属 Scutia（Comm. ex DC.）Brongn.

对刺藤
Scutia myrtina（Burm. f.）Kurz
习　　性：常绿灌木
国内分布：广西、云南
国外分布：马达加斯加、泰国、印度、越南
濒危等级：LC

翼核果属 Ventilago Gaertn.

毛果翼核果
Ventilago calyculata Tul.

毛果翼核果（原变种）
Ventilago calyculata var. **calyculata**
习　　性：攀援灌木
国内分布：广西、贵州、云南
国外分布：不丹、尼泊尔、泰国、印度、越南
濒危等级：LC

毛枝翼核果
Ventilago calyculata var. **trichoclada** Y. L. Chen et P. K. Chou
习　　性：攀援灌木
海　　拔：约 600 m
分　　布：广西
濒危等级：DD

台湾翼核果
Ventilago elegans Hemsl.
习　　性：攀援灌木
分　　布：台湾
濒危等级：LC

海南翼核果
Ventilago inaequilateralis Merr. et Chun
习　　性：攀援灌木
分　　布：广西、贵州、海南、云南
濒危等级：LC

翼核果
Ventilago leiocarpa Benth.

翼核果（原变种）
Ventilago leiocarpa var. **leiocarpa**
习　　性：攀援灌木
海　　拔：1500 m 以下
国内分布：福建、广东、广西、湖南、台湾、香港、云南
国外分布：缅甸、泰国、印度、越南
濒危等级：LC
资源利用：药用（中草药）

毛叶翼核果
Ventilago leiocarpa var. **pubescens** Y. L. Chen et P. K. Chou
习　　性：攀援灌木
海　　拔：600~1000 m
分　　布：广西、贵州、云南
濒危等级：LC

印度翼核果
Ventilago madaraspatana Gaertn.
习　　性：攀援灌木
国内分布：云南
国外分布：缅甸、斯里兰卡、印度、印度尼西亚
濒危等级：LC

矩叶翼核果
Ventilago oblongifolia Blume
习　　性：攀援灌木
海　　拔：约 1100 m
国内分布：广西、云南
国外分布：菲律宾、马来西亚、泰国、印度尼西亚
濒危等级：LC

政德翼核果
Ventilago zhengdei G. S. Fan
习　　性：灌木
海　　拔：约 680 m
分　　布：云南
濒危等级：NT A2c

枣属 Ziziphus Mill.

毛果枣
Ziziphus attopensis Pierre

习　　性：攀援灌木
海　　拔：1500 m 以下
国内分布：广西、云南
国外分布：老挝、泰国
濒危等级：LC

褐果枣
Ziziphus fungii Merr.
习　　性：攀援灌木
海　　拔：1600 m 以下
分　　布：海南、云南
濒危等级：VU A2c；D1

印度枣
Ziziphus incurva Roxb.
习　　性：乔木
海　　拔：1000~2500 m
国内分布：广西、贵州、西藏、云南
国外分布：不丹、缅甸、尼泊尔、泰国、印度
濒危等级：LC

枣
Ziziphus jujuba Mill.

枣（原变种）
Ziziphus jujuba var. **jujuba**
习　　性：小乔木
国内分布：安徽、福建、甘肃、广东、广西、贵州、河北、河南、湖北、湖南、吉林、江苏、江西、辽宁、山东、山西、陕西、四川、新疆、云南、浙江
国外分布：全世界除澳大利亚外几乎都有栽培
濒危等级：LC
资源利用：药用（中草药）；蜜源植物；食品（水果）；环境利用（观赏）

无刺枣
Ziziphus jujuba var. **inermis**(Bunge)Rehder
习　　性：小乔木
海　　拔：1600 m 以下
分　　布：原产我国，现在南部和西南部广泛栽培
濒危等级：LC

酸枣
Ziziphus jujuba var. **spinosa**(Bunge)Hu ex H. F. Chow
习　　性：灌木
分　　布：安徽、甘肃、河北、河南、江苏、辽宁、内蒙古、宁夏、山西、陕西、新疆
濒危等级：LC
资源利用：药用（中草药）；蜜源植物；食品（水果）

球枣
Ziziphus laui Merr.
习　　性：灌木
国内分布：海南
国外分布：越南
濒危等级：LC

大果枣
Ziziphus mairei Dode
习　　性：乔木
海　　拔：1900~2000 m
分　　布：云南
濒危等级：EN A2c；B2ab（ii，v）

滇刺枣
Ziziphus mauritiana Lam.
习　　性：灌木或小乔木
海　　拔：1800 m 以下
国内分布：广西、云南；福建、广东、香港栽培
国外分布：阿富汗、澳大利亚、不丹、马来西亚、缅甸、尼泊尔、斯里兰卡、泰国、印度、印度尼西亚、越南
濒危等级：LC
资源利用：药用（中草药）；原料（单宁，木材）；食品（水果）

山枣
Ziziphus montana W. W. Sm.
习　　性：灌木或小乔木
海　　拔：1400~2600 m
分　　布：四川、西藏、云南
濒危等级：LC

小果枣
Ziziphus oenopolia(L.)Mill.
习　　性：直立或攀援灌木
海　　拔：500~1100 m
国内分布：广西、云南
国外分布：澳大利亚、菲律宾、马来西亚、缅甸、斯里兰卡、泰国、印度、印度尼西亚
濒危等级：LC

皱枣
Ziziphus rugosa Lam.
习　　性：灌木或小乔木
海　　拔：1400 m 以下
国内分布：广西、海南、云南
国外分布：老挝、缅甸、斯里兰卡、泰国、印度、越南
濒危等级：LC

蜀枣
Ziziphus xiangchengensis Y. L. Chen et P. K. Chou
习　　性：灌木或小乔木
海　　拔：约 2800 m
分　　布：四川
濒危等级：NT D1

红树科 RHIZOPHORACEAE
（6 属：13 种）

木榄属 Bruguiera Sav.

柱果木榄
Bruguiera cylindrica(L.)Blume

习　　性：乔木
国内分布：海南
国外分布：澳大利亚、巴布亚新几内亚、菲律宾、马来西亚、缅甸、斯里兰卡、泰国、印度、印度尼西亚、越南
濒危等级：LC
资源利用：原料（单宁，木材）

木榄
Bruguiera gymnorrhiza(L.)Savigny
习　　性：乔木或灌木
国内分布：福建、广东、广西、海南、台湾
国外分布：澳大利亚、菲律宾、柬埔寨、马来西亚、缅甸、日本、斯里兰卡、泰国、印度、印度尼西亚、越南
濒危等级：LC
资源利用：原料（单宁，木材）

海莲
Bruguiera sexangula(Lour.)Poir.
习　　性：乔木
国内分布：海南
国外分布：澳大利亚、菲律宾、马来西亚、缅甸、斯里兰卡、泰国、印度、印度尼西亚、越南
濒危等级：LC
资源利用：原料（单宁，树脂）

竹节树属 Carallia Roxb.

竹节树
Carallia brachiata(Lour.)Merr.
习　　性：乔木
海　　拔：海平面至900 m
国内分布：福建、广东、广西、海南、云南
国外分布：澳大利亚、不丹、菲律宾、柬埔寨、老挝、马来西亚、缅甸、尼泊尔、斯里兰卡、泰国、印度、印度尼西亚、越南
濒危等级：LC
资源利用：原料（木材）

锯叶竹节树
Carallia diphopetala Hand.-Mazz.
习　　性：灌木或乔木
海　　拔：300~1000 m
国内分布：广东、广西、云南
国外分布：越南
濒危等级：VU A2c；C1

大叶竹节树
Carallia garciniaefolia F. C. How et C. N. Ho
习　　性：乔木
海　　拔：700~1900 m
分　　布：广西、云南
濒危等级：LC

旁杞木
Carallia pectinifolia W. C. Ko
习　　性：灌木或小乔木
分　　布：广东、广西、云南

濒危等级：LC

角果木属 Ceriops Arn.

角果木
Ceriops tagal(Perr.)C. B. Rob.
习　　性：灌木或乔木
国内分布：广东、海南、台湾
国外分布：澳大利亚、菲律宾、柬埔寨、马来西亚、缅甸、斯里兰卡、泰国、印度、印度尼西亚、越南
濒危等级：NT B1ab（i，iii）
资源利用：药用（中草药）；原料（单宁，染料，木材，树脂）；基因源（耐盐）

秋茄树属 Kandelia(DC.)WightArn.

秋茄树
Kandelia obovata Sheue et al.
习　　性：乔木
国内分布：福建、广东、广西、海南、台湾
国外分布：日本
濒危等级：LC

山红树属 Pellacalyx Korth.

山红树
Pellacalyx yunnanensis Hu
习　　性：乔木
海　　拔：800~1200 m
分　　布：云南
濒危等级：EN B1ab（i，iii）；C1

红树属 Rhizophora L.

红树
Rhizophora apiculata Blume
习　　性：灌木或小乔木
国内分布：广西、海南
国外分布：菲律宾、巴布亚新几内亚、柬埔寨、马来西亚、缅甸、斯里兰卡、泰国、印度、印度尼西亚、越南
濒危等级：LC
资源利用：原料（单宁，木材，树脂）；基因源（耐寒）；动物饲料（饲料）；环境利用（观赏）

红茄苳
Rhizophora mucronata Lam.
习　　性：乔木
国内分布：台湾
国外分布：巴基斯坦、菲律宾、马来西亚、缅甸、日本、斯里兰卡、泰国、越南
濒危等级：LC
资源利用：药用（中草药）；原料（木材，单宁，树脂）；食品（水果）

红海兰
Rhizophora stylosa Griff.
习　　性：乔木
国内分布：广东、广西、海南

国外分布：澳大利亚、巴布亚新几内亚、菲律宾、柬埔寨、马来西亚、日本、印度尼西亚、越南
濒危等级：LC

蔷薇科 ROSACEAE
（50 属：1459 种）

羽叶花属 Acomastylis Greene

羽叶花
Acomastylis elata（Wall. ex G. Don）F. Bolle

羽叶花（原变种）
Acomastylis elata var. *elata*
习　　性：多年生草本
海　　拔：3500～5400 m
国内分布：陕西、四川、西藏
国外分布：不丹、克什米尔地区、尼泊尔、印度
濒危等级：LC

矮生羽叶花
Acomastylis elata var. *humilis*（Royle）F. Bolle
习　　性：多年生草本
海　　拔：3500～5400 m
国内分布：青海、西藏、云南
国外分布：不丹、尼泊尔、印度
濒危等级：LC

大萼羽叶花
Acomastylis macrosepala（Ludlow）T. T. Yu et C. L. Li
习　　性：多年生草本
海　　拔：3800～4400 m
国内分布：西藏
国外分布：不丹、印度
濒危等级：DD

龙芽草属 Agrimonia L.

托叶龙芽草
Agrimonia coreana Nakai
习　　性：多年生草本
海　　拔：500～800 m
国内分布：吉林、辽宁、山东、浙江
国外分布：朝鲜、俄罗斯、日本
濒危等级：LC

大花龙芽草
Agrimonia eupatoria（Juz.）Skalicky
习　　性：多年生草本
海　　拔：500～1300 m
国内分布：新疆
国外分布：亚洲
濒危等级：LC

小花龙芽草
Agrimonia nipponica Skalicky ex J. E. Vidal
习　　性：多年生草本
海　　拔：200～1500 m
国内分布：安徽、广东、广西、贵州、江西、浙江
国外分布：老挝、越南
濒危等级：LC

龙芽草
Agrimonia pilosa Ledeb.

龙芽草（原变种）
Agrimonia pilosa var. *pilosa*
习　　性：多年生草本
海　　拔：100～3800 m
国内分布：我国各地
国外分布：朝鲜、俄罗斯、蒙古、日本、越南
濒危等级：LC

黄龙尾
Agrimonia pilosa var. *nepalensis* Ledeb.
习　　性：多年生草本
海　　拔：100～3500 m
国内分布：安徽、甘肃、广东、广西、贵州、河北、河南、湖北、湖南、江苏、江西、山东、山西、陕西、四川、西藏、云南
国外分布：不丹、老挝、缅甸、尼泊尔、泰国、印度、越南
濒危等级：LC
资源利用：药用（中草药）；原料（单宁）；农药

羽衣草属 Alchemilla L.

无毛羽衣草
Alchemilla glabra Neygenf.
习　　性：多年生草本
海　　拔：约 4000 m
国内分布：四川
国外分布：俄罗斯（西西伯利亚）、欧洲
濒危等级：LC

纤细羽衣草
Alchemilla gracilis Opiz
习　　性：多年生草本
海　　拔：1700～3500 m
国内分布：甘肃、山西、陕西、四川、新疆
国外分布：俄罗斯、蒙古
濒危等级：LC

羽衣草
Alchemilla japonica Nakai et H. Hara
习　　性：多年生草本
海　　拔：2500～3500 m
国内分布：甘肃、内蒙古、青海、陕西、四川、新疆
国外分布：日本
濒危等级：LC

唐棣属 Amelanchier Medik.

东亚唐棣
Amelanchier asiatica（Sieb. et Zucc.）Endl. ex Walp.
习　　性：灌木或小乔木
海　　拔：1000～2000 m

国内分布：安徽、江西、陕西、浙江
国外分布：朝鲜、日本
濒危等级：DD

唐棣
Amelanchier sinica(C. K. Schneid.) Chun
 习 性：乔木
 海 拔：1000~2000 m
 分 布：甘肃、河南、湖北、陕西、四川
 濒危等级：LC
 资源利用：药用（中草药）；环境利用（观赏）

蕨麻属 Argentina Hill

蕨麻
Argentina anserina(L.) Rydb.
 习 性：多年生草本
 海 拔：500~4100 m
 国内分布：甘肃、河北、黑龙江、吉林、辽宁、内蒙古、宁夏、青海、山西、陕西、四川、西藏、新疆、云南
 国外分布：澳大利亚
 濒危等级：LC

多对小叶蕨麻
Argentina aristata(Soják) Soják
 习 性：多年生草本
 海 拔：3600~4800 m
 国内分布：西藏、云南
 国外分布：不丹、尼泊尔、印度
 濒危等级：LC

玉龙山蕨麻
Argentina assimilis(Soják) Soják
 习 性：多年生草本
 海 拔：约3100 m
 分 布：云南
 濒危等级：LC

聚伞蕨麻
Argentina cardotiana(Hand.-Mazz.) Soják
 习 性：多年生草本
 海 拔：3100~4000 m
 国内分布：云南
 国外分布：缅甸、尼泊尔
 濒危等级：DD

多蕊蕨麻
Argentina commutata(Soják) Y. H. Tong et N. H. Xia
 习 性：多年生草本
 海 拔：3800~4500 m
 国内分布：四川
 国外分布：不丹、尼泊尔、印度
 濒危等级：LC

高山蕨麻
Argentina contigua(Soják) Y. H. Tong et N. H. Xia
 习 性：多年生草本
 海 拔：3500~4600 m
 国内分布：四川、西藏
 国外分布：不丹、尼泊尔、印度
 濒危等级：LC

少齿蕨麻
Argentina curta(Soják) Soják
 习 性：多年生草本
 国内分布：西藏、云南
 国外分布：印度
 濒危等级：LC

川滇蕨麻
Argentina fallens(Cardot) Soják
 习 性：多年生草本
 海 拔：2800~3900 m
 分 布：四川、云南
 濒危等级：LC

合耳蕨麻
Argentina festiva(Soják) Soják
 习 性：多年生草本
 海 拔：2000~3800 m
 国内分布：四川、西藏、云南
 国外分布：不丹、缅甸、尼泊尔、印度
 濒危等级：LC

光莓草
Argentina glabriuscula(T. T. Yu et C. L. Li) Soják

光莓草（原变种）
Argentina glabriuscula var. **glabriuscula**
 习 性：多年生草本
 海 拔：2500~5500 m
 国内分布：西藏、云南
 国外分布：不丹、缅甸、尼泊尔
 濒危等级：LC

多蕊光莓草
Argentina glabriuscula var. **oligandra**(Soják) Y. H. Tong et N. H. Xia
 习 性：多年生草本
 海 拔：约4000 m
 分 布：西藏
 濒危等级：LC

川边蕨麻
Argentina gombalana(Hand.-Mazz.) Soják
 习 性：多年生草本
 海 拔：约3700 m
 分 布：四川
 濒危等级：DD

纤细蕨麻
Argentina gracilescens(Soják) Y. H. Tong et N. H. Xia
 习 性：多年生草本
 海 拔：3800~4200 m
 分 布：西藏
 濒危等级：LC

间断蕨麻
Argentina interrupta(T. T. Yu et C. L. Li) Soják

习　　性：多年生草本
海　　拔：2900～4500 m
国内分布：四川、云南
国外分布：不丹、尼泊尔、印度
濒危等级：DD

银叶蕨麻
Argentina leuconota（D. Don）soják

银叶蕨麻（原变种）
Argentina leuconota var. **leuconota**
习　　性：多年生草本
海　　拔：2200～4600 m
国内分布：湖北、四川、台湾、西藏、云南
国外分布：不丹、缅甸、尼泊尔、印度
濒危等级：DD

脱毛银叶蕨麻
Argentina leuconota var. **brachyphyllaria**（Cardot）Y. H. Tong et N. H. Xia
习　　性：多年生草本
海　　拔：3600～4200 m
国内分布：四川、西藏、云南
国外分布：印度
濒危等级：LC

峨眉银叶蕨麻
Argentina leuconota var. **omeiensis**（H. Ikeda et H. Ohba）Y. H. Tong et N. H. Xia
习　　性：多年生草本
海　　拔：3000～3200 m
分　　布：四川
濒危等级：LC

西南蕨麻
Argentina lineata（Trevir.）Soják

西南蕨麻（原亚种）
Argentina lineata subsp. **lineata**
习　　性：多年生草本
国内分布：贵州、湖北、四川、西藏、云南
国外分布：不丹、老挝、缅甸、尼泊尔、印度、越南
濒危等级：LC

丽江蕨麻
Argentina lineata subsp. **exortiva**（Soják）Y. H. Tong et N. H. Xia
习　　性：多年生草本
分　　布：云南
濒危等级：LC

黄毛蕨麻
Argentina luteopilosa（T. T. Yu et C. L. Li）Soják
习　　性：多年生草本
分　　布：四川、西藏、云南
濒危等级：LC

白莓草
Argentina micropetala（D. Don）Soják
习　　性：多年生草本
海　　拔：2700～4300 m
国内分布：四川、西藏、云南
国外分布：不丹、尼泊尔、印度
濒危等级：LC

小叶蕨麻
Argentina microphylla（D. Don）Soják
习　　性：多年生草本
海　　拔：3400～5200 m
国内分布：西藏
国外分布：不丹、尼泊尔、印度
濒危等级：LC

千叶蕨麻
Argentina millefoliolata（Soják）Soják
习　　性：多年生草本
海　　拔：约3400 m
分　　布：云南
濒危等级：LC

总梗蕨麻
Argentina peduncularis（D. Don）Soják
习　　性：多年生草本
海　　拔：3000～4800 m
国内分布：四川、西藏、云南
国外分布：不丹、尼泊尔、印度
濒危等级：LC

显脉白莓草
Argentina phanerophlebia（T. T. Yu et C. L. Li）T. Feng et Heng C. Wang
习　　性：多年生草本
海　　拔：3500～3800 m
分　　布：西藏、云南
濒危等级：LC

多叶蕨麻
Argentina polyphylla（Wall. ex Lehm.）Soják

多叶蕨麻（原变种）
Argentina polyphylla var. **polyphylla**
习　　性：多年生草本
海　　拔：2500～4500 m
国内分布：云南
国外分布：巴基斯坦、不丹、缅甸、尼泊尔、斯里兰卡、印度、印度尼西亚
濒危等级：LC

腺梗蕨麻
Argentina polyphylla var. **miranda**（Soják）Y. H. Tong et N. H. Xia
习　　性：多年生草本
分　　布：云南
濒危等级：LC

似多叶蕨麻
Argentina polyphylloides（H. Ikeda et H. Ohba）Y. H. Tong et N. H. Xia
习　　性：多年生草本
海　　拔：3200～3500 m
分　　布：云南

濒危等级：LC

瑞丽蕨麻
Argentina shweliensis(H. R. Fletcher) Soják
习　　性：多年生草本
海　　拔：约3300 m
分　　布：云南
濒危等级：LC

齿萼蕨麻
Argentina smithiana(Hand. -Mazz.) Soják
习　　性：多年生草本
海　　拔：1000～2900 m
分　　布：四川
濒危等级：LC

松竹蕨麻
Argentina songzhuensis T. Feng et Heng C. Wang
习　　性：多年生草本
海　　拔：约3300 m
分　　布：西藏
濒危等级：LC

狭叶蕨麻
Argentina stenophylla(Franch.) Soják

狭叶蕨麻（原变种）
Argentina stenophylla var. **stenophylla**
习　　性：多年生草本
海　　拔：3200～5800 m
分　　布：四川、西藏、云南
濒危等级：LC

贡山狭叶蕨麻
Argentina stenophylla var. **cristata**(H. R. Fletcher) Y. H. Tong et N. H. Xia
习　　性：多年生草本
海　　拔：3500～3700 m
国内分布：云南
国外分布：缅甸
濒危等级：DD

康定蕨麻
Argentina stenophylla var. **emergens**(Cardot) Y. H. Tong et N. H. Xia
习　　性：多年生草本
海　　拔：3200～5800 m
国内分布：四川、西藏
国外分布：印度
濒危等级：DD

大理蕨麻
Argentina taliensis(W. W. Sm.) Soják
习　　性：多年生草本
海　　拔：3800～4000 m
分　　布：云南
濒危等级：DD

丛生蕨麻
Argentina tapetodes(Soják) Soják
习　　性：多年生草本
国内分布：西藏
国外分布：不丹、印度
濒危等级：LC

大果蕨麻
Argentina taronensis(C. Y. Wu ex T. T. Yu et C. L. Li) Soják
习　　性：多年生草本
海　　拔：3000～3200 m
分　　布：云南
濒危等级：LC

台湾蕨麻
Argentina tugitakensis(Masam.) Soják
习　　性：多年生草本
海　　拔：约3400 m
分　　布：台湾
濒危等级：LC

簇生蕨麻
Argentina turfosa(Hand. -Mazz.) Soják

簇生蕨麻（原变种）
Argentina turfosa var. **turfosa**
习　　性：多年生草本
海　　拔：1300～4200 m
分　　布：西藏、云南
濒危等级：NT B1ab（i）

条纹蕨麻
Argentina vittata(Soják) Soják
习　　性：多年生草本
分　　布：西藏、云南
濒危等级：LC

汶川蕨麻
Argentina wenchuanensis(H. Ikeda et H. Ohba) Y. H. Tong et N. H. Xia
习　　性：多年生草本
海　　拔：2000～4000 m
分　　布：贵州、四川
濒危等级：LC

假升麻属 Aruncus L.

贡山假升麻
Aruncus gombalanus(Hand. -Mazz.) Hand. -Mazz.
习　　性：多年生草本
海　　拔：3000～4000 m
分　　布：西藏、云南
濒危等级：DD

假升麻
Aruncus sylvester Kostel. ex Maxim.
习　　性：多年生草本
海　　拔：1800～3500 m
国内分布：安徽、甘肃、广西、河南、黑龙江、湖南、吉林、江西、辽宁、陕西、四川、西藏、云南
国外分布：不丹、朝鲜、俄罗斯、蒙古、尼泊尔、日本、印度

濒危等级：LC

木瓜属 Chaenomeles Lindl.

毛叶木瓜
Chaenomeles cathayensis(Hemsl.) C. K. Schneid.
- 习　　性：灌木或小乔木
- 海　　拔：900~2500 m
- 国内分布：福建、甘肃、广西、贵州、湖北、湖南、江苏、江西、陕西、四川、西藏、云南、浙江
- 国外分布：缅甸
- 濒危等级：LC
- 资源利用：药用（中草药）

日本木瓜
Chaenomeles japonica(Thunb.) Lindl. ex Spach
- 习　　性：灌木
- 国内分布：福建、湖北、江苏、陕西、浙江
- 国外分布：日本
- 濒危等级：LC
- 资源利用：环境利用（观赏）

木瓜
Chaenomeles sinensis(Thouin) Koehne
- 习　　性：灌木或小乔木
- 海　　拔：约 1000 m
- 分　　布：安徽、福建、广东、广西、贵州、河北、湖北、江苏、江西、山东、陕西、浙江
- 濒危等级：LC
- 资源利用：药用（中草药）；原料（木材）；环境利用（观赏）；食品（水果）

皱皮木瓜
Chaenomeles speciosa(Sweet) Nakai
- 习　　性：落叶灌木
- 海　　拔：600~3300 m
- 国内分布：福建、甘肃、广东、贵州、湖北、江苏、陕西、四川、西藏、云南
- 国外分布：缅甸
- 濒危等级：LC
- 资源利用：药用（中草药）

西藏木瓜
Chaenomeles thibetica T. T. Yu
- 习　　性：灌木或小乔木
- 海　　拔：2600~3800 m
- 分　　布：四川、西藏
- 濒危等级：NT B2ac1

地蔷薇属 Chamaerhodos Bunge

阿尔泰地蔷薇
Chamaerhodos altaica(Laxm.) Bunge
- 习　　性：亚灌木
- 国内分布：内蒙古
- 国外分布：俄罗斯、蒙古
- 濒危等级：LC

灰毛地蔷薇
Chamaerhodos canescens J. Krause
- 习　　性：多年生草本
- 海　　拔：500~800 m
- 国内分布：河北、黑龙江、吉林、辽宁、内蒙古、山西
- 国外分布：俄罗斯、蒙古
- 濒危等级：LC

地蔷薇
Chamaerhodos erecta(L.) Bunge
- 习　　性：一年生或二年生草本
- 海　　拔：约 2500 m
- 国内分布：甘肃、河北、河南、黑龙江、吉林、辽宁、内蒙古、宁夏、青海、山西、陕西、新疆
- 国外分布：朝鲜、俄罗斯、蒙古
- 濒危等级：LC
- 资源利用：药用（中草药）

砂生地蔷薇
Chamaerhodos sabulosa Bunge
- 习　　性：多年生草本
- 海　　拔：1100~5050 m
- 国内分布：内蒙古、西藏、新疆
- 国外分布：俄罗斯、蒙古
- 濒危等级：LC

三裂地蔷薇
Chamaerhodos trifida Ledeb.
- 习　　性：多年生草本
- 海　　拔：600~900 m
- 国内分布：黑龙江
- 国外分布：俄罗斯、蒙古
- 濒危等级：LC

无尾果属 Coluria R. Br.

大头叶无尾果
Coluria henryi Batalin
- 习　　性：多年生草本
- 海　　拔：1600~2400 m
- 分　　布：贵州、湖北、四川
- 濒危等级：LC

无尾果
Coluria longifolia Maxim.
- 习　　性：多年生草本
- 海　　拔：2700~4600 m
- 分　　布：甘肃、青海、四川、西藏、云南
- 濒危等级：LC
- 资源利用：药用（中草药）

汶川无尾果
Coluria oligocarpa(J. Krause) F. Bolle
- 习　　性：多年生草本
- 海　　拔：3000 m 以下
- 分　　布：四川
- 濒危等级：VU A2c；B1ab (iii, v)

峨眉无尾果
Coluria omeiensis T. C. Ku

峨眉无尾果（原变种）
Coluria omeiensis var. **omeiensis**

习　　性：多年生草本
海　　拔：2400 m
分　　布：四川
濒危等级：NT A2c

光柱无尾果
Coluria omeiensis var. **nanzhengensis** T. T. Yu et T. C. Ku
习　　性：多年生草本
海　　拔：1200~2300 m
分　　布：贵州、陕西、四川
濒危等级：NT C1

沼委陵菜属 Comarum L.

沼委陵菜
Comarum palustre L.
习　　性：多年生草本
海　　拔：400~800 m
国内分布：河北、黑龙江、吉林、辽宁、内蒙古
国外分布：朝鲜、俄罗斯、蒙古、日本
濒危等级：LC

西北沼委陵菜
Comarum salesovianum(Stephan) Asch. et Graebn.
习　　性：多年生草本
海　　拔：3600~4000 m
国内分布：甘肃、内蒙古、宁夏、青海、西藏、新疆
国外分布：阿富汗、巴基斯坦、俄罗斯、吉尔吉斯斯坦、蒙古、塔吉克斯坦、印度
濒危等级：LC

栒子属 Cotoneaster Medik.

尖叶栒子
Cotoneaster acuminatus Lindl.
习　　性：落叶灌木
海　　拔：1500~3000 m
国内分布：四川、西藏、云南
国外分布：不丹、尼泊尔、印度
濒危等级：LC

灰栒子
Cotoneaster acutifolius Turcz.

灰栒子（原变种）
Cotoneaster acutifolius var. **acutifolius**
习　　性：落叶灌木
海　　拔：1400~3700 m
国内分布：甘肃、河北、河南、湖北、内蒙古、青海、山西、陕西、四川、西藏、云南
国外分布：蒙古
濒危等级：DD

光萼灰栒子
Cotoneaster acutifolius var. **glabricalyx** Hurus.
习　　性：落叶灌木
分　　布：河南
濒危等级：DD

甘南灰栒子
Cotoneaster acutifolius var. **lucidus**(Schltdl.) L. T. Lu
习　　性：落叶灌木
海　　拔：2900 m 以下
国内分布：甘肃
国外分布：俄罗斯
濒危等级：DD

密毛灰栒子
Cotoneaster acutifolius var. **villosulus** Rehder et E. H. Wilson
习　　性：落叶灌木
海　　拔：1000~2200 m
分　　布：安徽、甘肃、河北、湖北、陕西、四川、台湾、西藏
濒危等级：LC

匍匐栒子
Cotoneaster adpressus Bois
习　　性：落叶灌木
海　　拔：1900~4000 m
国内分布：甘肃、贵州、湖北、青海、陕西、四川、西藏、云南
国外分布：缅甸、尼泊尔、印度
濒危等级：LC
资源利用：环境利用（观赏）

藏边栒子
Cotoneaster affinis Lindl.
习　　性：落叶灌木
海　　拔：1100~3900 m
国内分布：四川、西藏、云南
国外分布：不丹、克什米尔地区、尼泊尔、印度
濒危等级：LC

阿拉善栒子
Cotoneaster alashanensis J. Fryer et B. Hylmö
习　　性：灌木
分　　布：内蒙古、青海
濒危等级：LC

川康栒子
Cotoneaster ambiguus Rehder et E. H. Wilson
习　　性：落叶灌木
海　　拔：1800~3000 m
分　　布：甘肃、贵州、湖北、宁夏、陕西、四川、云南
濒危等级：DD

细尖栒子
Cotoneaster apiculatus Rehder et E. H. Wilson
习　　性：落叶灌木
海　　拔：1500~3300 m
分　　布：甘肃、湖北、陕西、四川、云南
濒危等级：LC

察隅栒子
Cotoneaster ataensis J. Fryer et B. Hylmö
习　　性：灌木
分　　布：西藏、云南
濒危等级：LC

黑绿栒子
Cotoneaster atrovirens J. Fryer et B. Hylmö
习　　性：灌木

分　　布：四川
濒危等级：LC

阿墩子栒子
Cotoneaster atuntzensis J. Fryer et B. Hylmö
习　　性：灌木
分　　布：云南
濒危等级：LC

橙黄栒子
Cotoneaster aurantiacus J. Fryer et B. Hylmö
习　　性：灌木
分　　布：四川
濒危等级：LC

白马雪山栒子
Cotoneaster beimashanensis J. Fryer et B. Hylmö
习　　性：灌木
分　　布：西藏、云南
濒危等级：LC

美丽栒子
Cotoneaster brickellii J. Fryer et B. Hylmö
习　　性：灌木
分　　布：云南
濒危等级：LC

泡叶栒子
Cotoneaster bullatus Bois

泡叶栒子（原变种）
Cotoneaster bullatus var. **bullatus**
习　　性：落叶灌木
海　　拔：2000～3200 m
分　　布：湖北、四川、西藏、云南
濒危等级：LC
资源利用：环境利用（观赏）

少花泡叶栒子
Cotoneaster bullatus var. **camilli-schneideri**(Pojark.) L. T. Lu
习　　性：落叶灌木
分　　布：湖北
濒危等级：LC

多花泡叶栒子
Cotoneaster bullatus var. **floribundus**(Stapf) L. T. Lu et Brach
习　　性：落叶灌木
海　　拔：900～2800 m
分　　布：四川
濒危等级：LC

大叶泡叶栒子
Cotoneaster bullatus var. **macrophyllus** Rehder et E. H. Wilson
习　　性：落叶灌木
海　　拔：1300～2800 m
分　　布：四川
濒危等级：EN B1ab（i, iv）

黄杨叶栒子
Cotoneaster buxifolius Wall. ex Lindl.

黄杨叶栒子（原变种）
Cotoneaster buxifolius var. **buxifolius**
习　　性：常绿或半常绿灌木
海　　拔：1000～3300 m
国内分布：贵州、四川、西藏、云南
国外分布：不丹、缅甸、尼泊尔、印度
濒危等级：LC
资源利用：环境利用（观赏）

多花黄杨叶栒子
Cotoneaster buxifolius var. **marginatus** Loudon
习　　性：常绿或半常绿灌木
海　　拔：2500～3300 m
国内分布：西藏
国外分布：不丹、印度
濒危等级：DD

西南黄杨叶栒子
Cotoneaster buxifolius var. **rockii**（G. Klotz）L. T. Lu et A. R. Brach
习　　性：常绿或半常绿灌木
海　　拔：3000～3900 m
分　　布：四川、西藏、云南
濒危等级：DD

华南黄杨叶栒子
Cotoneaster buxifolius var. **vellaeus**(Franch.) G. Klotz
习　　性：常绿或半常绿灌木
分　　布：四川、云南
濒危等级：NT A2c；B1ab（i）

钟花栒子
Cotoneaster campanulatus J. Fryer et B. Hylmö
习　　性：灌木
分　　布：四川、西藏、云南
濒危等级：LC

椒红果栒子
Cotoneaster capsicinus J. Fryer et B. Hylmö
习　　性：灌木
海　　拔：约3700 m
分　　布：西藏
濒危等级：LC

深红栒子
Cotoneaster cardinalis J. Fryer et B. Hylmö
习　　性：灌木
分　　布：四川
濒危等级：LC

镇康栒子
Cotoneaster chengkangensis T. T. Yu
习　　性：落叶灌木
海　　拔：2300～3400 m
分　　布：云南
濒危等级：DD

清水山栒子
Cotoneaster chingshuiensis Kun C. Chang et Chih C. Wang

习　　性：灌木
分　　布：台湾
濒危等级：LC

桂龄栒子
Cotoneaster chuanus J. Fryer et B. Hylmö
习　　性：灌木
分　　布：四川
濒危等级：LC

德钦栒子
Cotoneaster chulingensis J. Fryer et B. Hylmö
习　　性：灌木
分　　布：云南
濒危等级：LC

聚核栒子
Cotoneaster coadunatus J. Fryer et B. Hylmö
习　　性：灌木
分　　布：四川
濒危等级：LC

大果栒子
Cotoneaster conspicuus (Messel) Messel
习　　性：常绿灌木
海　　拔：2400～3300 m
分　　布：四川、西藏、云南
濒危等级：LC

凸叶栒子
Cotoneaster convexus J. Fryer et B. Hylmö
习　　性：灌木
分　　布：甘肃
濒危等级：LC

厚叶栒子
Cotoneaster coriaceus Franch.
习　　性：常绿灌木
海　　拔：1800～2700 m
分　　布：贵州、四川、西藏、云南
濒危等级：LC

大理栒子
Cotoneaster daliensis J. Fryer et B. Hylmö
习　　性：灌木
分　　布：云南

矮生栒子
Cotoneaster dammeri C. K. Schneid.

矮生栒子（原变种）
Cotoneaster dammeri var. **dammeri**
习　　性：常绿灌木
海　　拔：1300～2600 m
分　　布：甘肃、贵州、湖北、四川、云南
濒危等级：DD

长柄矮生栒子
Cotoneaster dammeri var. **radicans** C. K. Schneid.
习　　性：常绿灌木
海　　拔：2000～4100 m

分　　布：甘肃、湖北、四川、西藏

十蕊栒子
Cotoneaster decandrus J. Fryer et B. Hylmö
习　　性：灌木
分　　布：四川
濒危等级：LC

弯枝栒子
Cotoneaster declinatus J. Fryer et B. Hylmö
习　　性：灌木
分　　布：四川、云南
濒危等级：LC

滇西北栒子
Cotoneaster delavayanus G. Klotz
习　　性：灌木
分　　布：云南
濒危等级：LC

木帚栒子
Cotoneaster dielsianus E. Pritz. ex Diels

木帚栒子（原变种）
Cotoneaster dielsianus var. **dielsianus**
习　　性：落叶灌木
海　　拔：1000～3600 m
分　　布：甘肃、贵州、湖北、四川、西藏、云南
濒危等级：LC

小叶木帚栒子
Cotoneaster dielsianus var. **elegans** Rehder et E. H. Wilson
习　　性：落叶灌木
海　　拔：2000～3000 m
分　　布：贵州、四川
濒危等级：LC

散生栒子
Cotoneaster divaricatus Rehder et E. H. Wilson
习　　性：落叶灌木
海　　拔：1600～3400 m
分　　布：安徽、甘肃、贵州、湖北、湖南、江西、陕西、四川、西藏、新疆、云南、浙江
濒危等级：LC

马尔康栒子
Cotoneaster drogochius J. Fryer et B. Hylmö
习　　性：灌木
分　　布：四川
濒危等级：LC

峨眉栒子
Cotoneaster emeiensis J. Fryer et B. Hylmö
习　　性：灌木
海　　拔：约2500 m
分　　布：四川
濒危等级：LC

恩施栒子
Cotoneaster fangianus T. T. Yu
习　　性：落叶灌木
海　　拔：1300～1400 m

分　　布：湖北
濒危等级：NT D

帚枝栒子
Cotoneaster fastigiatus J. Fryer et B. Hylmö
　　习　　性：灌木
　　分　　布：四川
　　濒危等级：LC

繁花栒子
Cotoneaster floridus J. Fryer et B. Hylmö
　　习　　性：灌木
　　分　　布：四川、云南
　　濒危等级：LC

麻核栒子
Cotoneaster foveolatus Rehder et E. H. Wilson
　　习　　性：落叶灌木
　　海　　拔：1400～3400 m
　　分　　布：甘肃、贵州、湖北、湖南、陕西、四川、西藏、云南
　　濒危等级：DD

西南栒子
Cotoneaster franchetii Bois
　　习　　性：半常绿灌木
　　海　　拔：1600～2900 m
　　国内分布：贵州、四川、西藏、云南
　　国外分布：泰国
　　濒危等级：LC

耐寒栒子
Cotoneaster frigidus Wall. ex Lindl.
　　习　　性：灌木或小乔木
　　海　　拔：2800～3300 m
　　国内分布：西藏
　　国外分布：不丹、尼泊尔、印度
　　濒危等级：LC
　　资源利用：原料（木材）；环境利用（观赏）

灌丛栒子
Cotoneaster fruticosus J. Fryer et B. Hylmö
　　习　　性：灌木
　　分　　布：云南
　　濒危等级：LC

光叶栒子
Cotoneaster glabratus Rehder et E. H. Wilson
　　习　　性：半常绿灌木
　　海　　拔：1600～2800 m
　　分　　布：贵州、湖北、四川、云南
　　濒危等级：LC

粉叶栒子
Cotoneaster glaucophyllus Franch.

粉叶栒子（原变种）
Cotoneaster glaucophyllus var. **glaucophyllus**
　　习　　性：半常绿灌木
　　海　　拔：1200～2800 m
　　分　　布：广西、贵州、四川、云南
　　濒危等级：LC

小叶粉叶栒子
Cotoneaster glaucophyllus var. **meiophyllus** W. W. Sm.
　　习　　性：半常绿灌木
　　海　　拔：1900～2400 m
　　分　　布：云南
　　濒危等级：LC

多花粉叶栒子
Cotoneaster glaucophyllus var. **serotinus**（Hutch.）L. T. Lu et A. R. Brach
　　习　　性：半常绿灌木
　　海　　拔：1900～3000 m
　　分　　布：云南
　　濒危等级：LC

毛萼粉叶栒子
Cotoneaster glaucophyllus var. **vestitus** W. W. Sm.
　　习　　性：半常绿灌木
　　海　　拔：2000～3000 m
　　分　　布：云南
　　濒危等级：NT D

球花栒子
Cotoneaster glomerulatus W. W. Sm.
　　习　　性：落叶灌木
　　海　　拔：2000～2600 m
　　分　　布：云南
　　濒危等级：VU A2c；D2

贡嘎栒子
Cotoneaster gonggashanensis J. Fryer et B. Hylmö
　　习　　性：灌木
　　分　　布：四川
　　濒危等级：LC

细弱栒子
Cotoneaster gracilis Rehder et E. H. Wilson

细弱栒子（原变种）
Cotoneaster gracilis var. **gracilis**
　　习　　性：落叶灌木
　　海　　拔：1000～3000 m
　　分　　布：甘肃、河南、湖北、陕西、四川
　　濒危等级：LC

小叶细弱栒子
Cotoneaster gracilis var. **difficilis**（G. Klotz）L. T. Lu
　　习　　性：落叶灌木
　　海　　拔：1800～3000 m
　　分　　布：甘肃、四川
　　濒危等级：LC

蒙自栒子
Cotoneaster harrovianus E. H. Wilson
　　习　　性：常绿灌木
　　海　　拔：1500～1600 m
　　分　　布：云南

濒危等级：LC

丹巴栒子
Cotoneaster harrysmithii Flinck et B. Hylmö
习　　性：落叶灌木
海　　拔：2300~2900 m
分　　布：四川、西藏
濒危等级：LC

钝叶栒子
Cotoneaster hebephyllus Diels

钝叶栒子（原变种）
Cotoneaster hebephyllus var. **hebephyllus**
习　　性：落叶灌木
海　　拔：1300~3400 m
分　　布：甘肃、河北、四川、西藏、云南
濒危等级：LC

黄毛钝叶栒子
Cotoneaster hebephyllus var. **fulvidus** W. W. Sm.
习　　性：落叶灌木
海　　拔：2000~2300 m
分　　布：云南
濒危等级：NT D

灰毛钝叶栒子
Cotoneaster hebephyllus var. **incanus** W. W. Sm.
习　　性：落叶灌木
海　　拔：2000~3300 m
分　　布：云南
濒危等级：NT B2ab（iii）；D2

大果钝叶栒子
Cotoneaster hebephyllus var. **majusculus** W. W. Sm.
习　　性：落叶灌木
海　　拔：3000~3400 m
分　　布：四川、云南
濒危等级：LC

四瓣栒子
Cotoneaster hersianus J. Fryer et B. Hylmö
习　　性：灌木
分　　布：陕西
濒危等级：LC

希氏栒子
Cotoneaster hillieri J. Fryer et B. Hylmö
习　　性：灌木
分　　布：四川
濒危等级：LC

平枝栒子
Cotoneaster horizontalis Decne.

平枝栒子（原变种）
Cotoneaster horizontalis var. **horizontalis**
习　　性：落叶或半常绿灌木
海　　拔：2000~3500 m
国内分布：甘肃、贵州、湖北、湖南、江苏、陕西、四川、台湾、西藏、云南、浙江
国外分布：尼泊尔
濒危等级：LC

小叶平枝栒子
Cotoneaster horizontalis var. **perpusillus** C. K. Schneid.
习　　性：落叶或半常绿灌木
海　　拔：1500~2500 m
分　　布：贵州、湖北、陕西、四川
濒危等级：LC

花红洞栒子
Cotoneaster huahongdongensis J. Fryer et B. Hylmö
习　　性：灌木
分　　布：云南
濒危等级：LC

花莲栒子
Cotoneaster hualienensis J. Fryer et B. Hylmö
习　　性：灌木
分　　布：台湾
濒危等级：LC

藏果栒子
Cotoneaster hypocarpus J. Fryer et B. Hylmö
习　　性：灌木
分　　布：四川、云南
濒危等级：LC

宜昌栒子
Cotoneaster ichangensis G. Klotz
习　　性：灌木
分　　布：湖北
濒危等级：LC

亮红栒子
Cotoneaster ignescens J. Fryer et B. Hylmö
习　　性：灌木
分　　布：云南
濒危等级：LC

全缘栒子
Cotoneaster integerrimus Medik.
习　　性：落叶灌木
海　　拔：2500 m 以下
国内分布：河北、黑龙江、内蒙古、青海、新疆
国外分布：朝鲜、俄罗斯
濒危等级：LC

康定栒子
Cotoneaster kangdingensis J. Fryer et B. Hylmö
习　　性：灌木
分　　布：四川
濒危等级：LC

甘肃栒子
Cotoneaster kansuensis G. Klotz
习　　性：灌木
分　　布：甘肃
濒危等级：LC

巴塘栒子
Cotoneaster kaschkarovii Pojark.
习　　性：灌木
分　　布：四川
濒危等级：LC

檵木叶栒子
Cotoneaster kingdonii J. Fryer et B. Hylmö
习　　性：灌木
分　　布：西藏、云南
濒危等级：LC

南江栒子
Cotoneaster kitaibelii J. Fryer et B. Hylmö
习　　性：灌木
分　　布：四川
濒危等级：LC

汶川栒子
Cotoneaster kuanensis J. Fryer et B. Hylmö
习　　性：灌木
分　　布：四川
濒危等级：LC

长梗栒子
Cotoneaster lancasteri J. Fryer et B. Hylmö
习　　性：灌木
分　　布：四川
濒危等级：LC

中甸栒子
Cotoneaster langei G. Klotz
习　　性：落叶或半常绿灌木
海　　拔：3000~3500 m
分　　布：四川、云南
濒危等级：NT A2c

宽叶栒子
Cotoneaster latifolius J. Fryer et B. Hylmö
习　　性：灌木
分　　布：甘肃、河北、陕西
濒危等级：LC

西山栒子
Cotoneaster leveillei J. Fryer et B. Hylmö
习　　性：灌木
分　　布：云南
濒危等级：LC

栗色栒子
Cotoneaster marroninus J. Fryer et B. Hylmö
习　　性：灌木
分　　布：四川
濒危等级：LC

黑果栒子
Cotoneaster melanocarpus Lodd.
习　　性：落叶灌木
海　　拔：700~2600 m
国内分布：甘肃、河北、黑龙江、吉林、内蒙古、山西、新疆
国外分布：俄罗斯、蒙古、日本
濒危等级：LC

小叶栒子
Cotoneaster microphyllus Wall. ex Lindl.

小叶栒子（原变种）
Cotoneaster microphyllus var. **microphyllus**
习　　性：常绿灌木
海　　拔：2500~4200 m
国内分布：四川、西藏、云南
国外分布：不丹、克什米尔地区、缅甸、尼泊尔、印度
濒危等级：LC

白毛小叶栒子
Cotoneaster microphyllus var. **cochleatus**(Franch.)Rehder et E. H. Wilson
习　　性：常绿灌木
海　　拔：2000~3000 m
国内分布：四川、云南
国外分布：不丹、尼泊尔
濒危等级：DD

无毛小叶栒子
Cotoneaster microphyllus var. **glacialis** Hook. f. ex Wenz.
习　　性：常绿灌木
海　　拔：3900~4200 m
国内分布：西藏、云南
国外分布：不丹、克什米尔地区、缅甸、尼泊尔、印度
濒危等级：DD

细叶小叶栒子
Cotoneaster microphyllus var. **thymifolius**(Baker)Koehne
习　　性：常绿灌木
海　　拔：3000~4000 m
国内分布：西藏、云南
国外分布：克什米尔地区、尼泊尔、印度
濒危等级：DD

蒙古栒子
Cotoneaster mongolicus Pojark.
习　　性：落叶灌木
国内分布：内蒙古
国外分布：蒙古东部
濒危等级：LC

台湾栒子
Cotoneaster morrisonensis Hayata
习　　性：半常绿灌木
海　　拔：2200~3500 m
分　　布：台湾
濒危等级：LC

宝兴栒子
Cotoneaster moupinensis Franch.
习　　性：落叶灌木
海　　拔：1300~3200 m
分　　布：甘肃、贵州、湖北、宁夏、陕西、四川、西藏、

云南
		濒危等级：LC

水构子
Cotoneaster multiflorus Bunge

水构子（原变种）
Cotoneaster multiflorus var. **multiflorus**
		习　　性：落叶灌木
		海　　拔：1200～3500 m
		国内分布：甘肃、河北、河南、黑龙江、湖北、辽宁、内蒙古、青海、山西、陕西、四川、西藏、新疆、云南
		国外分布：俄罗斯
		濒危等级：LC
		资源利用：环境利用（观赏，砧木）

紫果水构子
Cotoneaster multiflorus var. **atropurpureus** T. T. Yu
		习　　性：落叶灌木
		海　　拔：2500～3100 m
		分　　布：四川、西藏、云南
		濒危等级：LC

大果水构子
Cotoneaster multiflorus var. **calocarpus** Rehder et E. H. Wilson
		习　　性：落叶灌木
		海　　拔：1600～2600 m
		分　　布：甘肃、陕西、四川
		濒危等级：NT

小光泽构子
Cotoneaster naninitens J. Fryer et B. Hylmö
		习　　性：灌木
		分　　布：四川
		濒危等级：LC

南投构子
Cotoneaster nantouensis J. Fryer et B. Hylmö
		习　　性：灌木
		分　　布：台湾
		濒危等级：LC

簇果构子
Cotoneaster naoujanensis J. Fryer et B. Hylmö
		习　　性：灌木
		分　　布：云南
		濒危等级：LC

光泽构子
Cotoneaster nitens Rehder et E. H. Wilson
		习　　性：落叶灌木
		海　　拔：1900～3000 m
		分　　布：四川
		濒危等级：NT A2c

亮叶构子
Cotoneaster nitidifolius C. Marquand
		习　　性：落叶灌木
		海　　拔：2000～3000 m
		分　　布：四川、云南
		濒危等级：DD

两列构子
Cotoneaster nitidus Jacq.

两列构子（原变种）
Cotoneaster nitidus var. **nitidus**
		习　　性：落叶或半常绿灌木
		海　　拔：1600～4000 m
		国内分布：四川、西藏、云南
		国外分布：不丹、缅甸、尼泊尔、印度
		濒危等级：LC

大叶两列构子
Cotoneaster nitidus var. **duthieanus**（C. K. Schneid.）T. T. Yu
		习　　性：落叶或半常绿灌木
		海　　拔：2500～4000 m
		国内分布：云南
		国外分布：缅甸
		濒危等级：DD

小叶两列构子
Cotoneaster nitidus var. **parvifolius**（T. T. Yu）T. T. Yu
		习　　性：落叶或半常绿灌木
		海　　拔：2700～3200 m
		国内分布：云南
		国外分布：缅甸
		濒危等级：DD

鹤庆构子
Cotoneaster nohelii J. Fryer et B. Hylmö
		习　　性：灌木
		分　　布：云南
		濒危等级：LC

暗红构子
Cotoneaster obscurus Rehder et E. H. Wilson
		习　　性：落叶灌木
		海　　拔：1500～3000 m
		分　　布：贵州、湖北、四川、西藏、云南
		濒危等级：LC

多果构子
Cotoneaster ogisui J. Fryer et B. Hylmö
		习　　性：灌木
		分　　布：四川
		濒危等级：LC

少花构子
Cotoneaster oliganthus Pojark.
		习　　性：落叶灌木
		海　　拔：1000～2700 m
		国内分布：内蒙古、新疆
		国外分布：哈萨克斯坦、吉尔吉斯斯坦
		濒危等级：LC

疏忽构子
Cotoneaster omissus J. Fryer et B. Hylmö
		习　　性：灌木

分　　布：云南
濒危等级：LC

毡毛栒子
Cotoneaster pannosus Franch.

毡毛栒子（原变种）
Cotoneaster pannosus var. pannosus
　　习　　性：半常绿灌木
　　海　　拔：1100~3200 m
　　分　　布：四川、云南
　　濒危等级：LC

大叶毡毛栒子
Cotoneaster pannosus var. robustior W. W. Sm.
　　习　　性：半常绿灌木
　　海　　拔：1800~2200 m
　　分　　布：云南
　　濒危等级：NT

绒毛细叶栒子
Cotoneaster poluninii G. Klotz
　　习　　性：灌木
　　国内分布：云南
　　国外分布：尼泊尔
　　濒危等级：LC

拟暗红栒子
Cotoneaster pseudo-obscurus J. Fryer et B. Hylmö
　　习　　性：灌木
　　分　　布：四川
　　濒危等级：LC

淡紫栒子
Cotoneaster purpurascens J. Fryer et B. Hylmö
　　习　　性：灌木
　　分　　布：甘肃、四川
　　濒危等级：LC

清碧溪栒子
Cotoneaster qungbixiensis J. Fryer et B. Hylmö
　　习　　性：灌木
　　分　　布：云南
　　濒危等级：LC

网脉栒子
Cotoneaster reticulatus Rehder et E. H. Wilson
　　习　　性：落叶灌木
　　海　　拔：2600~3000 m
　　分　　布：四川
　　濒危等级：NT

麻叶栒子
Cotoneaster rhytidophyllus Rehder et E. H. Wilson
　　习　　性：常绿或半常绿灌木
　　海　　拔：1200~2600 m
　　分　　布：贵州、四川
　　濒危等级：LC

粉花栒子
Cotoneaster rosiflorus K. C. Chang et F. Y. Lu
　　习　　性：灌木
　　分　　布：台湾
　　濒危等级：LC

圆叶栒子
Cotoneaster rotundifolius Wall. ex Lindl.
　　习　　性：常绿灌木
　　海　　拔：1200~4000 m
　　国内分布：四川、西藏、云南
　　国外分布：不丹、尼泊尔、印度
　　濒危等级：LC

红花栒子
Cotoneaster rubens W. W. Sm.
　　习　　性：落叶灌木或半常绿灌木
　　海　　拔：3000~4100 m
　　国内分布：四川、西藏、云南
　　国外分布：不丹、缅甸
　　濒危等级：LC

柳叶栒子
Cotoneaster salicifolius Franch.

柳叶栒子（原变种）
Cotoneaster salicifolius var. salicifolius
　　习　　性：常绿灌木
　　海　　拔：1800~3000 m
　　分　　布：贵州、湖北、湖南、四川、云南
　　濒危等级：LC

窄叶柳叶栒子
Cotoneaster salicifolius var. angustus T. T. Yu
　　习　　性：常绿灌木
　　海　　拔：1400~1600 m
　　分　　布：四川
　　濒危等级：LC

大叶柳叶栒子
Cotoneaster salicifolius var. henryanus (C. K. Schneid.) T. T. Yu
　　习　　性：常绿灌木
　　海　　拔：700~1900 m
　　分　　布：湖北、四川
　　濒危等级：LC

皱叶柳叶栒子
Cotoneaster salicifolius var. rugosus (E. Pritz.) Rehder et E. H. Wilson
　　习　　性：常绿灌木
　　海　　拔：400~1900 m
　　分　　布：湖北、四川
　　濒危等级：LC

血色栒子
Cotoneaster sanguineus T. T. Yu
　　习　　性：落叶灌木
　　海　　拔：3200~4100 m
　　国内分布：西藏、云南
　　国外分布：不丹、尼泊尔、印度
　　濒危等级：LC

山东栒子
Cotoneaster schantungensis G. Klotz

习　　性：落叶灌木
海　　拔：900~1900 m
分　　布：山东
濒危等级：VU B1ab（iii）
资源利用：环境利用（观赏）

山南栒子
Cotoneaster shannanensis J. Fryer et B. Hylmö
习　　性：灌木
分　　布：西藏、云南
濒危等级：LC

康巴栒子
Cotoneaster sherriffii G. Klotz
习　　性：半常绿灌木
海　　拔：2700~4100 m
国内分布：四川、西藏
国外分布：不丹
濒危等级：LC

华中栒子
Cotoneaster silvestrii Pamp.
习　　性：落叶灌木
海　　拔：500~2600 m
分　　布：安徽、甘肃、河南、湖北、江苏、江西、四川
濒危等级：LC
资源利用：环境利用（观赏）

准噶尔栒子
Cotoneaster soongoricus（Regel）Popov

准噶尔栒子（原变种）
Cotoneaster soongoricus var. **soongoricus**
习　　性：落叶灌木
海　　拔：1400~2400 m
分　　布：甘肃、内蒙古、宁夏、山西、四川、西藏、新疆、云南
濒危等级：VU A2c

小果准噶尔栒子
Cotoneaster soongoricus var. **microcarpus**（Rehder et E. H. Wilson）Klotz
习　　性：落叶灌木
海　　拔：2300~2600 m
分　　布：甘肃、河北、四川
濒危等级：LC

利川栒子
Cotoneaster spongbergii J. Fryer et B. Hylmö
习　　性：灌木
分　　布：湖北
濒危等级：LC

高山栒子
Cotoneaster subadpressus T. T. Yu
习　　性：落叶或半常绿灌木
海　　拔：3000~3600 m
分　　布：四川、云南
濒危等级：LC

毛叶水栒子
Cotoneaster submultiflorus Popov
习　　性：落叶灌木
海　　拔：900~2000 m
国内分布：甘肃、河北、河南、内蒙古、宁夏、青海、山西、陕西、四川、西藏、新疆
国外分布：亚洲
濒危等级：LC

迭部栒子
Cotoneaster svenhedinii J. Fryer et B. Hylmö
习　　性：灌木
分　　布：甘肃
濒危等级：LC

蓬莱栒子
Cotoneaster taiwanensis J. Fryer et B. Hylmö
习　　性：灌木
分　　布：台湾
濒危等级：LC

四川栒子
Cotoneaster tanpaensis J. Fryer et B. Hylmö
习　　性：灌木
分　　布：四川
濒危等级：LC

道孚栒子
Cotoneaster taofuensis J. Fryer et B. Hylmö
习　　性：灌木
分　　布：四川
濒危等级：LC

藏南栒子
Cotoneaster taylorii T. T. Yu
习　　性：灌木或小乔木
海　　拔：3300~4200 m
分　　布：西藏
濒危等级：NT A2c；B1ab（iv）

丽江栒子
Cotoneaster teijiashanensis J. Fryer et B. Hylmö
习　　性：灌木
分　　布：云南
濒危等级：LC

细枝栒子
Cotoneaster tenuipes Rehder et E. H. Wilson
习　　性：落叶灌木
海　　拔：1900~3100 m
分　　布：甘肃、青海、陕西、四川、西藏、云南
濒危等级：LC

三核栒子
Cotoneaster tripyrenus J. Fryer et B. Hylmö
习　　性：灌木
分　　布：甘肃
濒危等级：LC

滇藏栒子
Cotoneaster tsarongensis J. Fryer et B. Hylmö

习　　性：灌木
分　　布：西藏、云南
濒危等级：LC

陀螺果栒子
Cotoneaster turbinatus Craib
习　　性：常绿灌木
海　　拔：1800～2700 m
分　　布：贵州、湖北、四川、云南
濒危等级：LC

波叶栒子
Cotoneaster undulatus J. Fryer et B. Hylmö
习　　性：灌木
分　　布：甘肃
濒危等级：LC

单花栒子
Cotoneaster uniflorus Bunge
习　　性：落叶灌木
海　　拔：1000～2100 m
国内分布：青海、新疆
国外分布：俄罗斯、蒙古
濒危等级：LC

昆明栒子
Cotoneaster vandelaarii J. Fryer et B. Hylmö
习　　性：灌木
海　　拔：约 2000 m
分　　布：云南
濒危等级：LC

疣枝栒子
Cotoneaster verruculosus Diels
习　　性：落叶或半常绿灌木
海　　拔：2800～3600 m
国内分布：四川、西藏、云南
国外分布：不丹、缅甸、尼泊尔、印度
濒危等级：LC

梵净山栒子
Cotoneaster wanbooyenensis J. Fryer et B. Hylmö
习　　性：灌木
分　　布：贵州
濒危等级：LC

瓦山栒子
Cotoneaster wanshanensis J. Fryer et B. Hylmö
习　　性：灌木
分　　布：四川
濒危等级：LC

白毛栒子
Cotoneaster wardii W. W. Sm.
习　　性：常绿灌木
海　　拔：3000～4000 m
分　　布：西藏
濒危等级：NT B1ab（i，iv）

蜀中栒子
Cotoneaster yinchangensis J. Fryer et B. Hylmö
习　　性：灌木
分　　布：四川
濒危等级：LC

德浚栒子
Cotoneaster yui J. Fryer et B. Hylmö
习　　性：灌木
海　　拔：约 3100 m
分　　布：云南
濒危等级：LC

榆林宫栒子
Cotoneaster yulingkongensis J. Fryer et B. Hylmö
习　　性：灌木
分　　布：四川
濒危等级：LC

西北栒子
Cotoneaster zabelii C. K. Schneid.
习　　性：落叶灌木
海　　拔：800～2500 m
分　　布：甘肃、河北、河南、湖北、湖南、江西、内蒙古、宁夏、青海、山东、山西、陕西
濒危等级：LC
资源利用：环境利用（观赏）

山楂属 Crataegus L.

阿尔泰山楂
Crataegus altaica（Loudon）Lange
习　　性：乔木
海　　拔：400～1900 m
国内分布：新疆
国外分布：俄罗斯
濒危等级：LC

橘红山楂
Crataegus aurantia Pojark.
习　　性：灌木或小乔木
海　　拔：1000～1800 m
分　　布：甘肃、河北、山西、陕西
濒危等级：LC

绿肉山楂
Crataegus chlorosarca Maxim.
习　　性：小乔木
国内分布：辽宁
国外分布：俄罗斯、日本
濒危等级：LC

中甸山楂
Crataegus chungtienensis W. W. Sm.
习　　性：灌木
海　　拔：2500～3500 m
分　　布：云南
濒危等级：LC

野山楂
Crataegus cuneata Sieb. et Zucc.

野山楂（原变种）
Crataegus cuneata var. **cuneata**
- 习　　性：落叶灌木
- 海　　拔：200~2000 m
- 国内分布：安徽、福建、广东、广西、贵州、河南、湖北、湖南、江苏、江西、陕西、云南、浙江
- 国外分布：日本
- 濒危等级：LC
- 资源利用：药用（中草药）；食品（水果，淀粉）

小叶野山楂
Crataegus cuneata var. **tangchungchangii**(F. P. Metcalf)T. C. Ku et Spongberg
- 习　　性：落叶灌木
- 海　　拔：200~1500 m
- 分　　布：福建
- 濒危等级：DD

光叶山楂
Crataegus dahurica Koehne ex C. K. Schneid.

光叶山楂（原变种）
Crataegus dahurica var. **dahurica**
- 习　　性：灌木或小乔木
- 海　　拔：500~1000 m
- 国内分布：黑龙江、内蒙古
- 国外分布：俄罗斯、蒙古
- 濒危等级：DD

光萼山楂
Crataegus dahurica var. **laevicalyx**(J. X. Huang, L. Y. Sun et T. J. Feng)T. C. Ku et Spongberg
- 习　　性：灌木或小乔木
- 海　　拔：约1500 m
- 分　　布：河北
- 濒危等级：NT A2c；B1ab（iv）

湖北山楂
Crataegus hupehensis Sarg.
- 习　　性：灌木或小乔木
- 海　　拔：500~2000 m
- 分　　布：河南、湖北、湖南、江苏、江西、山西、陕西、四川、浙江
- 濒危等级：LC
- 资源利用：食品（水果）

甘肃山楂
Crataegus kansuensis E. H. Wilson
- 习　　性：灌木或小乔木
- 海　　拔：1000~3000 m
- 分　　布：甘肃、贵州、河北、山西、陕西、四川
- 濒危等级：LC
- 资源利用：食品（淀粉）

毛山楂
Crataegus maximowiczii C. K. Schneid.
- 习　　性：灌木或小乔木
- 海　　拔：200~1000 m
- 国内分布：黑龙江、吉林、辽宁、内蒙古
- 国外分布：朝鲜、俄罗斯、蒙古、日本
- 濒危等级：LC
- 资源利用：原料（木材）；食品（水果）

滇西山楂
Crataegus oresbia W. W. Sm.
- 习　　性：灌木
- 海　　拔：2500~3300 m
- 分　　布：云南
- 濒危等级：EN B1ab（i, iii, v）

山楂
Crataegus pinnatifida Bunge

山楂（原变种）
Crataegus pinnatifida var. **pinnatifida**
- 习　　性：落叶乔木
- 海　　拔：100~1500 m
- 国内分布：河北、河南、黑龙江、吉林、江苏、辽宁、内蒙古、山东、山西、陕西、浙江
- 国外分布：朝鲜
- 濒危等级：（缺）
- 资源利用：药用（中草药）；环境利用（观赏，砧木）；食品（淀粉）

山里红
Crataegus pinnatifida var. **major** N. E. Br.
- 习　　性：落叶乔木
- 分　　布：中国北部及东北部有栽培；栽培起源
- 濒危等级：LC
- 资源利用：药用（中草药）

无毛山楂
Crataegus pinnatifida var. **psilosa** C. K. Schneid.
- 习　　性：落叶乔木
- 国内分布：黑龙江、吉林、辽宁
- 国外分布：朝鲜
- 濒危等级：LC

裂叶山楂
Crataegus remotilobata Raikova ex Popov
- 习　　性：小乔木
- 分　　布：新疆
- 濒危等级：LC

辽宁山楂
Crataegus sanguinea Pall.
- 习　　性：灌木或小乔木
- 海　　拔：900~3000 m
- 国内分布：河北、黑龙江、吉林、辽宁、内蒙古、新疆
- 国外分布：俄罗斯、蒙古
- 濒危等级：LC

云南山楂
Crataegus scabrifolia(Franch.)Rehder
- 习　　性：落叶乔木
- 海　　拔：1500~3000 m
- 分　　布：广西、贵州、四川、云南
- 濒危等级：LC
- 资源利用：药用（中草药）；原料（木材）

山东山楂
Crataegus shandongensis F. Z. Li et W. D. Peng
- 习　　性：落叶灌木

海　　拔：500～800 m
分　　布：山东
濒危等级：VU A2c；D1+2

陕西山楂
Crataegus shensiensis Pojark.
　　习　　性：灌木
　　分　　布：陕西
　　濒危等级：NT D1+2

准噶尔山楂
Crataegus songarica K. Koch
　　习　　性：灌木或小乔木
　　海　　拔：500～2000 m
　　国内分布：新疆
　　国外分布：阿富汗、哈萨克斯坦
　　濒危等级：LC

少毛山楂
Crataegus wilsonii Sarg.
　　习　　性：落叶灌木
　　海　　拔：1000～2500 m
　　分　　布：甘肃、河南、湖北、陕西、四川、云南、浙江
　　濒危等级：LC

榅桲属 Cydonia Mill.

榅桲
Cydonia oblonga Mill.
　　习　　性：灌木或小乔木
　　国内分布：福建、贵州、江西、山西、陕西、新疆
　　国外分布：亚洲
　　濒危等级：LC
　　资源利用：药用（中草药）；环境利用（砧木、观赏）；食品（水果）

牛筋条属 Dichotomanthes Kurz.

牛筋条
Dichotomanthes tristaniicarpa Kurz

牛筋条（原变种）
Dichotomanthes tristaniicarpa var. **tristaniicarpa**
　　习　　性：灌木或小乔木
　　海　　拔：1500～2500 m
　　分　　布：四川、云南
　　濒危等级：LC

光叶牛筋条
Dichotomanthes tristaniicarpa var. **glabrata** Rehder
　　习　　性：灌木或小乔木
　　海　　拔：1300～1500 m
　　分　　布：云南
　　濒危等级：LC

藏核牛筋条
Dichotomanthes tristaniicarpa var. **inclusa** Li H. Zhou et C. Y. Wu
　　习　　性：灌木或小乔木
　　海　　拔：1800 m
　　分　　布：云南
　　濒危等级：LC

移㯫属 Docynia Decne.

云南移㯫
Docynia delavayi (Franch.) C. K. Schneid.
　　习　　性：常绿乔木
　　海　　拔：1000～3000 m
　　分　　布：贵州、四川、云南
　　濒危等级：LC
　　资源利用：环境利用（观赏）；药用（中草药）

移㯫
Docynia indica (Wall.) Decne.
　　习　　性：半常绿或落叶乔木
　　海　　拔：2000～3000 m
　　国内分布：四川、云南
　　国外分布：巴基斯坦、不丹、缅甸、尼泊尔、泰国、印度、越南
　　濒危等级：LC
　　资源利用：环境利用（观赏）

长爪移㯫
Docynia longiunguis Q. Luo et J. L. Liu
　　习　　性：乔木
　　海　　拔：约1850 m
　　分　　布：四川
　　濒危等级：LC

仙女木属 Dryas L.

东亚仙女木
Dryas octopetala (Nakai) Nakai
　　习　　性：灌木
　　海　　拔：2200～2800 m
　　国内分布：吉林、新疆
　　国外分布：朝鲜、俄罗斯、日本
　　濒危等级：LC

蛇莓属 Duchesnea Sm.

棕果蛇莓
Duchesnea brunnea J. Z. Dong
　　习　　性：多年生草本
　　分　　布：湖北
　　濒危等级：LC

皱果蛇莓
Duchesnea chrysantha (Zoll. et Moritzi) Miq.
　　习　　性：多年生草本
　　海　　拔：200～3300 m
　　国内分布：福建、广东、广西、陕西、四川、台湾、云南
　　国外分布：朝鲜、马来西亚、日本、印度、印度尼西亚
　　濒危等级：LC
　　资源利用：药用（中草药）

蛇莓
Duchesnea indica (Andrews) Focke

蛇莓（原变种）
Duchesnea indica var. **indica**
　　习　　性：多年生草本

海　　拔：1800 m以下
国内分布：辽宁以南各省区
国外分布：阿富汗、不丹、朝鲜、尼泊尔、日本、印度、印度尼西亚；欧洲、非洲、北美洲归化
资源利用：药用（中草药）

小叶蛇莓
Duchesnea indica var. **microphylla** T. T. Yu et T. C. Ku
习　　性：多年生草本
海　　拔：2500~3100 m
分　　布：西藏
濒危等级：LC

枇杷属 Eriobotrya Lindl.

大渡河枇杷
Eriobotrya × daduheensis H. Z. Zhang ex W. B. Liao, Q. Fan et M. Y. Ding
习　　性：常绿乔木或灌木
海　　拔：约1000 m
分　　布：四川

窄叶南亚枇杷
Eriobotrya bengalensis Cardot
习　　性：常绿乔木或灌木
海　　拔：1200~1800 m
分　　布：贵州、云南
濒危等级：LC

大花枇杷
Eriobotrya cavaleriei (H. Lév.) Rehder
习　　性：常绿乔木
海　　拔：500~2000 m
国内分布：福建、广东、广西、贵州、湖北、湖南、江西、四川
国外分布：越南
濒危等级：LC
资源利用：食品（水果，淀粉）

椭圆枇杷
Eriobotrya elliptica Lindl.
习　　性：常绿乔木
海　　拔：500~1800 m
国内分布：西藏
国外分布：尼泊尔
濒危等级：DD

香花枇杷
Eriobotrya fragrans Champ. ex Benth.
习　　性：常绿小乔木或灌木
海　　拔：800~900 m
国内分布：广东、广西、西藏
国外分布：越南
濒危等级：LC

黄毛枇杷
Eriobotrya fulvicoma W. Y. Chun ex W. B. Liao, F. F. Li et D. F. Cui
习　　性：常绿乔木或灌木
海　　拔：约45 m
分　　布：广东
濒危等级：LC

窄叶枇杷
Eriobotrya henryi Nakai
习　　性：灌木或小乔木
海　　拔：1800~2000 m
国内分布：贵州、云南
国外分布：缅甸
濒危等级：LC

枇杷
Eriobotrya japonica (Thunb.) Lindl.
习　　性：常绿小乔木
海　　拔：200~2300 m
国内分布：重庆和湖北有野生；安徽、福建、甘肃、广东、广西、贵州、河南、湖北、湖南、江苏、江西、陕西、台湾、云南、浙江等栽培
国外分布：东南亚广泛栽培
濒危等级：NT
资源利用：药用（中草药）；原料（木材）；食品（水果）；环境利用（观赏）

麻栗坡枇杷
Eriobotrya malipoensis K. C. Kuan
习　　性：乔木
海　　拔：1200~1500 m
分　　布：云南
濒危等级：EN A2c；B1ab (iv)

倒卵叶枇杷
Eriobotrya obovata W. W. Sm.
习　　性：乔木
海　　拔：约2000 m
分　　布：云南
濒危等级：LC

栎叶枇杷
Eriobotrya prinoides Rehder et E. H. Wilson
习　　性：常绿小乔木
海　　拔：800~1700 m
国内分布：四川、云南
国外分布：老挝
濒危等级：LC

怒江枇杷
Eriobotrya salwinensis Hand.-Mazz.
习　　性：乔木
海　　拔：1600~2400 m
国内分布：云南
国外分布：缅甸、印度
濒危等级：LC

小叶枇杷
Eriobotrya seguinii (H. Lév.) Cardot ex Guillaumin
习　　性：常绿灌木
海　　拔：500~1500 m
分　　布：贵州、云南
濒危等级：VU A2c；B1ab (i, iii, v)

齿叶枇杷
Eriobotrya serrata J. E. Vidal
- 习　　性：常绿乔木
- 海　　拔：1100~1900 m
- 国内分布：广西、云南
- 国外分布：老挝
- 濒危等级：LC

腾越枇杷
Eriobotrya tengyuehensis W. W. Sm.
- 习　　性：常绿乔木
- 海　　拔：1700~2500 m
- 国内分布：云南
- 国外分布：缅甸
- 濒危等级：LC

白鹃梅属 Exochorda Lindl.

红柄白鹃梅
Exochorda giraldii Hesse

红柄白鹃梅（原变种）
Exochorda giraldii var. **giraldii**
- 习　　性：灌木
- 海　　拔：1000~2000 m
- 分　　布：安徽、甘肃、河北、河南、湖北、山西、陕西、四川、浙江
- 濒危等级：LC

绿柄白鹃梅
Exochorda giraldii var. **wilsonii** (Rehder) Rehder
- 习　　性：灌木
- 海　　拔：600~1300 m
- 分　　布：安徽、湖北、四川、浙江
- 濒危等级：LC
- 资源利用：环境利用（观赏）

白鹃梅
Exochorda racemosa (Lindl.) Rehder
- 习　　性：灌木
- 海　　拔：200~500 m
- 分　　布：河南、江苏、江西、浙江
- 濒危等级：LC
- 资源利用：环境利用（观赏）

齿叶白鹃梅
Exochorda serratifolia S. Moore

齿叶白鹃梅（原变种）
Exochorda serratifolia var. **serratifolia**
- 习　　性：灌木
- 海　　拔：200~700 m
- 国内分布：河北、辽宁
- 国外分布：朝鲜
- 濒危等级：VU B1ab (i, iii, v)

多毛白鹃梅
Exochorda serratifolia var. **polytricha** C. S. Zhu
- 习　　性：灌木
- 分　　布：河南
- 濒危等级：LC

蚊子草属 Filipendula Mill.

细叶蚊子草
Filipendula angustiloba (Turcz. ex Fisch., C. A. Mey. et Avé-Lall.) Maxim.
- 习　　性：多年生草本
- 海　　拔：600~1300 m
- 国内分布：黑龙江、内蒙古
- 国外分布：俄罗斯、蒙古
- 濒危等级：LC

槭叶蚊子草
Filipendula glaberrima Nakai
- 习　　性：多年生草本
- 海　　拔：700~1500 m
- 国内分布：黑龙江、吉林、辽宁
- 国外分布：朝鲜、俄罗斯、日本
- 濒危等级：LC

台湾蚊子草
Filipendula kiraishiensis Hayata
- 习　　性：多年生草本
- 海　　拔：约3000 m
- 分　　布：台湾
- 濒危等级：DD

蚊子草
Filipendula palmata (Pall.) Maxim.

蚊子草（原变种）
Filipendula palmata var. **palmata**
- 习　　性：多年生草本
- 海　　拔：200~2000 m
- 国内分布：河北、黑龙江、吉林、辽宁、内蒙古、陕西
- 国外分布：朝鲜、俄罗斯、蒙古
- 濒危等级：LC
- 资源利用：药用（中草药）；原料（单宁）

光叶蚊子草
Filipendula palmata var. **glabra** Ledeb. ex Kom. et Aliss.
- 习　　性：多年生草本
- 海　　拔：400~2300 m
- 国内分布：河北、吉林、内蒙古、陕西
- 国外分布：俄罗斯
- 濒危等级：LC

旋果蚊子草
Filipendula ulmaria (L.) Maxim.
- 习　　性：多年生草本
- 海　　拔：1200~2400 m
- 国内分布：新疆
- 国外分布：俄罗斯、蒙古
- 濒危等级：LC

锈脉蚊子草
Filipendula vestita (Wall. ex G. Don) Maxim.

习　　性：多年生草本
海　　拔：3000~3200 m
国内分布：云南
国外分布：阿富汗、克什米尔地区、尼泊尔
濒危等级：LC

草莓属 Fragaria L.

草莓
Fragaria × ananassa(Weston) Duchesne ex Rozier
习　　性：多年生草本
国内分布：全国栽培
国外分布：北美洲、南美洲
资源利用：食品（水果）；原料（精油）

裂叶草莓
Fragaria daltoniana J. Gay
习　　性：多年生草本
海　　拔：3300~5000 m
国内分布：西藏
国外分布：不丹、缅甸、尼泊尔、印度
濒危等级：LC

纤细草莓
Fragaria gracilis Losinsk.
习　　性：多年生草本
海　　拔：1600~3900 m
分　　布：甘肃、河南、湖北、青海、陕西、四川、西藏、云南
濒危等级：LC

吉林草莓
Fragaria mandshurica Staudt
习　　性：多年生草本
分　　布：吉林
濒危等级：LC

西南草莓
Fragaria moupinensis(Franch.) Cardot
习　　性：多年生草本
海　　拔：1400~4000 m
分　　布：甘肃、陕西、四川、西藏、云南
濒危等级：LC

黄毛草莓
Fragaria nilgerrensis Schlecht. ex Gay

黄毛草莓（原变种）
Fragaria nilgerrensis var. **nilgerrensis**
习　　性：多年生草本
海　　拔：700~3000 m
国内分布：贵州、湖北、湖南、陕西、四川、台湾、云南
国外分布：尼泊尔、印度、越南
濒危等级：LC

粉叶黄毛草莓
Fragaria nilgerrensis var. **mairei**(H. Lév.) Hand.-Mazz.
习　　性：多年生草本
海　　拔：800~2700 m
分　　布：贵州、湖北、湖南、陕西、四川、云南
濒危等级：LC

西藏草莓
Fragaria nubicola(Hook. f.) Lindl. ex Lacaita
习　　性：多年生草本
海　　拔：2500~3900 m
国内分布：西藏
国外分布：阿富汗、巴基斯坦、不丹、克什米尔地区、缅甸、尼泊尔、印度
濒危等级：LC

东方草莓
Fragaria orientalis Losinsk.
习　　性：多年生草本
海　　拔：600~4000 m
国内分布：甘肃、河北、黑龙江、吉林、辽宁、内蒙古、青海、山西、陕西
国外分布：朝鲜、俄罗斯、蒙古
濒危等级：LC
资源利用：食品（水果）；环境利用（观赏）

五叶草莓
Fragaria pentaphylla Losinsk.
习　　性：多年生草本
海　　拔：1000~2700 m
分　　布：重庆、甘肃、山西、四川
濒危等级：LC

滇藏草莓
Fragaria tibetica Staudt et Dickoré
习　　性：多年生草本
海　　拔：约4400 m
分　　布：西藏、云南
濒危等级：LC

野草莓
Fragaria vesca L.
习　　性：多年生草本
海　　拔：900~3200 m
国内分布：甘肃、贵州、吉林、陕西、四川、新疆、云南
国外分布：北温带地区
濒危等级：LC
资源利用：环境利用（观赏）；原料（精油）

路边青属 Geum L.

路边青
Geum aleppicum Jacq.
习　　性：多年生草本
海　　拔：200~3500 m
国内分布：甘肃、贵州、河南、黑龙江、湖北、吉林、辽宁、内蒙古、山东、山西、陕西、四川、西藏、新疆、云南
国外分布：北半球温带及暖温带地区
濒危等级：LC
资源利用：药用（中草药）；原料（单宁，工业用油，树脂）；食品（蔬菜）

柔毛路边青
Geum japonicum F. Bolle
- 习　　性：多年生草本
- 海　　拔：200~2300 m
- 国内分布：安徽、福建、甘肃、广东、广西、贵州、河南、湖北、湖南、江苏、江西、山东、陕西、四川、新疆、云南、浙江
- 国外分布：日本
- 濒危等级：LC

紫萼路边青
Geum rivale L.
- 习　　性：多年生草本
- 海　　拔：1200~2300 m
- 国内分布：新疆
- 国外分布：北极和北温带地区
- 濒危等级：LC

棣棠花属 Kerria DC.

棣棠花
Kerria japonica(L.) DC.
- 习　　性：灌木
- 海　　拔：200~3000 m
- 国内分布：安徽、福建、甘肃、贵州、河南、湖北、湖南、江苏、江西、山东、陕西、四川、云南、浙江
- 国外分布：日本
- 濒危等级：LC
- 资源利用：药用（中草药）；环境利用（观赏）

苹果属 Malus Mill.

西府海棠
Malus × micromalus Makino
- 习　　性：小乔木
- 海　　拔：100~2400 m
- 分　　布：甘肃、贵州、河北、辽宁、内蒙古、山东、陕西、云南、浙江
- 资源利用：基因源（抗旱）；环境利用（观赏，砧木）；食品（水果）

山荆子
Malus baccata(L.) Borkh.

山荆子（原变种）
Malus baccata var. **baccata**
- 习　　性：乔木
- 海　　拔：海平面至1500 m
- 国内分布：甘肃、河北、黑龙江、吉林、辽宁、内蒙古、山东、山西、陕西、西藏、新疆
- 国外分布：不丹、朝鲜、俄罗斯、克什米尔地区、蒙古、尼泊尔、印度
- 濒危等级：LC

垂枝山荆子
Malus baccata var. **gracilis**(Rehder) T. C. Ku
- 习　　性：乔木
- 分　　布：甘肃、陕西
- 濒危等级：LC

毛山荆子
Malus baccata var. **mandshurica**(Maxim.) C. K. Schneid.
- 习　　性：乔木
- 海　　拔：100~2100 m
- 国内分布：甘肃、河北、黑龙江、吉林、辽宁、内蒙古、山西、陕西
- 国外分布：俄罗斯
- 濒危等级：LC

变叶海棠
Malus bhutanica(W. W. Sm.) J. B. Phipps
- 习　　性：灌木或小乔木
- 海　　拔：2000~3000 m
- 分　　布：甘肃、四川、西藏
- 濒危等级：LC

稻城海棠
Malus daochengensis C. L. Li
- 习　　性：乔木
- 海　　拔：约2800 m
- 分　　布：四川、云南
- 濒危等级：DD

台湾林檎
Malus doumeri(Bois) A. Chev.
- 习　　性：乔木
- 海　　拔：1000~2000 m
- 国内分布：广东、广西、贵州、湖南、江西、台湾、云南、浙江
- 国外分布：老挝、越南
- 濒危等级：LC
- 资源利用：原料（木材）；环境利用（砧木）；食品（水果）

垂丝海棠
Malus halliana Koehne
- 习　　性：乔木
- 海　　拔：海平面至1200 m
- 分　　布：安徽、贵州、湖北、江苏、陕西、四川、云南、浙江
- 濒危等级：NT
- 资源利用：环境利用（观赏）

河南海棠
Malus honanensis Rehder
- 习　　性：灌木或小乔木
- 海　　拔：800~2600 m
- 分　　布：甘肃、河北、河南、湖北、山西、陕西
- 濒危等级：NT D
- 资源利用：环境利用（观赏）

湖北海棠
Malus hupehensis(Pamp.) Rehd.

湖北海棠（原变种）
Malus hupehensis var. **hupehensis**
- 习　　性：乔木
- 海　　拔：海平面至2900 m
- 分　　布：安徽、福建、甘肃、广东、贵州、河南、湖北、湖南、江苏、江西、山东、山西、陕西、浙江

濒危等级：LC

平邑甜茶

Malus hupehensis var. **mengshanensis** G. Z. Qian et W. H. Shao

  习 性：乔木
  海 拔：约 700 m
  分 布：山东
  濒危等级：LC

泰山湖北海棠

Malus hupehensis var. **taiensis** G. Z. Qian

  习 性：乔木
  海 拔：900～1500 m
  分 布：山东
  濒危等级：LC

金县山荆子

Malus jinxianensis J. Q. Deng et J. Y. Hong

  习 性：乔木
  分 布：辽宁
  濒危等级：LC

陇东海棠

Malus kansuensis（Batalin）C. K. Schneid.

陇东海棠（原变种）

Malus kansuensis var. **kansuensis**

  习 性：灌木或小乔木
  海 拔：1500～3000 m
  分 布：甘肃、河南、青海、陕西、四川
  濒危等级：LC

光叶陇东海棠

Malus kansuensis var. **calva**（Rehder）T. C. Ku et Spongberg

  习 性：灌木或小乔木
  海 拔：2300～3300 m
  分 布：湖北、陕西、四川
  濒危等级：LC

山楂海棠

Malus komarovii（Sarg.）Rehder

  习 性：灌木或小乔木
  海 拔：1100～1300 m
  国内分布：吉林
  国外分布：朝鲜
  濒危等级：EN A3c；B1ab（iv）；C1+2a（ii）
  国家保护：II 级
  资源利用：环境利用（观赏）

光萼海棠

Malus leiocalyca S. Z. Huang

  习 性：灌木或小乔木
  海 拔：700～2400 m
  分 布：安徽、福建、广东、广西、湖南、江西、云南、浙江
  濒危等级：LC

木里海棠

Malus muliensis T. C. Ku

  习 性：小乔木
  海 拔：约 3200 m
  分 布：四川
  濒危等级：DD

沧江海棠

Malus ombrophila Hand.-Mazz.

  习 性：乔木
  海 拔：2000～3500 m
  分 布：四川、西藏、云南
  濒危等级：LC

西蜀海棠

Malus prattii（Hemsl.）C. K. Schneid.

西蜀海棠（原变种）

Malus prattii var. **prattii**

  习 性：乔木
  海 拔：1400～3500 m
  分 布：四川、云南
  濒危等级：LC

光果西蜀海棠

Malus prattii var. **glabrata** G. Z. Qian

  习 性：乔木
  海 拔：2200～3200 m
  分 布：四川
  濒危等级：NT D

楸子

Malus prunifolia（Willd.）Borkh.

  习 性：小乔木
  海 拔：海平面至 1300 m
  分 布：甘肃、贵州、河北、河南、辽宁、内蒙古、青海、山东、山西、陕西、新疆
  濒危等级：LC
  资源利用：原料（木材）；基因源（抗寒，抗旱，耐湿）；环境利用（砧木，观赏）；食品（水果）

苹果

Malus pumila Mill.

  习 性：乔木
  国内分布：中国北部、西北和西南普遍栽培
  国外分布：原产亚洲西南部、欧洲
  濒危等级：DD
  资源利用：环境利用（观赏）

丽江山荆子

Malus rockii Rehder

  国家保护：II 级

丽江山荆子（原变种）

Malus rockii var. **rockii**

  习 性：乔木
  海 拔：2400～3800 m
  国内分布：四川、西藏、云南
  国外分布：不丹
  濒危等级：NT

裸柱丽江山荆子

Malus rockii var. **calvostylata** G. Z. Qian

习　　性：乔木
分　　布：云南
濒危等级：NT

新疆野苹果
Malus sieversii(Ledeb.) M. Roem.
习　　性：乔木
海　　拔：1200~1300 m
国内分布：新疆
国外分布：俄罗斯、哈萨克斯坦
濒危等级：NT
国家保护：Ⅱ级
资源利用：基因源（耐旱）；环境利用（砧木）

锡金海棠
Malus sikkimensis(Wenz.) Koehne
习　　性：小乔木
海　　拔：2500~3000 m
国内分布：四川、西藏、云南
国外分布：不丹、尼泊尔、印度
濒危等级：VU A2c；B1ab（iv）
国家保护：Ⅱ级

三叶海棠
Malus toringo(Siebold) Siebold ex de Vriese
习　　性：灌木
海　　拔：100~2000 m
国内分布：福建、甘肃、广东、广西、贵州、湖北、湖南、江西、辽宁、山东、陕西、四川、浙江
国外分布：朝鲜、日本
濒危等级：LC
资源利用：环境利用（观赏，砧木）

花叶海棠
Malus transitoria(Batalin) C. K. Schneid.

花叶海棠（原变种）
Malus transitoria var. **transitoria**
习　　性：灌木或小乔木
海　　拔：1500~3900 m
分　　布：甘肃、内蒙古、青海、陕西、四川
濒危等级：LC
资源利用：基因源（抗旱，耐寒）；环境利用（砧木）

长圆果花叶海棠
Malus transitoria var. **centralasiatica**(Vassilcz.) T. T. Yu
习　　性：灌木或小乔木
海　　拔：3300~3900 m
分　　布：甘肃、青海、陕西
濒危等级：NT B1b（iii，iv）

少毛花叶海棠
Malus transitoria var. **glabrescens** T. T. Yu et T. C. Ku
习　　性：灌木或小乔木
海　　拔：3500~3700 m
分　　布：西藏
濒危等级：NT A2c；D1

小金海棠
Malus xiaojinensis M. H. Cheng et N. G. Jiang
习　　性：灌木或乔木
分　　布：四川
濒危等级：LC

滇池海棠
Malus yunnanensis(Franch.) C. K. Schneid.

滇池海棠（原变种）
Malus yunnanensis var. **yunnanensis**
习　　性：乔木
海　　拔：1600~3800 m
国内分布：四川、云南
国外分布：缅甸
濒危等级：NT
资源利用：环境利用（观赏，砧木）

川鄂滇池海棠
Malus yunnanensis var. **veitchii**(Osborn) Rehder
习　　性：乔木
海　　拔：1600~3800 m
分　　布：贵州、湖北、陕西、四川、西藏
濒危等级：LC

昭觉山荆子
Malus zhaojiaoensis N. G. Jiang
习　　性：灌木或乔木
分　　布：四川
濒危等级：LC

绣线梅属 Neillia D. Don

川康绣线梅
Neillia affinis Hemsl.

川康绣线梅（原变种）
Neillia affinis var. **affinis**
习　　性：灌木
海　　拔：1100~3500 m
分　　布：四川、西藏、云南
濒危等级：LC

少花川康绣线梅
Neillia affinis var. **pauciflora**(Rehder) J. E. Vidal
习　　性：灌木
海　　拔：2000~2300 m
分　　布：云南
濒危等级：LC

多果川康绣线梅
Neillia affinis var. **polygyna** Cardot ex J. E. Vidal
习　　性：灌木
海　　拔：约3400 m
分　　布：云南
濒危等级：LC

短序绣线梅
Neillia breviracemosa T. C. Ku
习　　性：落叶灌木
海　　拔：2000 m
分　　布：云南
濒危等级：LC

密花绣线梅
Neillia densiflora T. T. Yu et T. C. Ku
  习 性：落叶灌木
  海 拔：2700～2800 m
  分 布：西藏
  濒危等级：LC

福贡绣线梅
Neillia fugongensis T. C. Ku
  习 性：落叶灌木
  海 拔：1700～2600 m
  分 布：云南
  濒危等级：LC

矮生绣线梅
Neillia gracilis Franch.
  习 性：亚灌木
  海 拔：2800～3000 m
  分 布：四川、云南
  濒危等级：LC

大花绣线梅
Neillia grandiflora T. T. Yu et T. C. Ku
  习 性：落叶灌木
  海 拔：2400～2700 m
  分 布：西藏
  濒危等级：LC

井冈山绣线梅
Neillia jinggangshanensis Z. X. Yu
  习 性：落叶灌木
  海 拔：约 400 m
  分 布：江西
  濒危等级：NT B1ab（i）

毛叶绣线梅
Neillia ribesioides Rehder
  习 性：灌木
  海 拔：1000～2500 m
  分 布：甘肃、湖北、陕西、四川、云南
  濒危等级：LC
  资源利用：环境利用（观赏）

粉花绣线梅
Neillia rubiflora D. Don
  习 性：灌木
  海 拔：2500～3000 m
  国内分布：四川、西藏、云南
  国外分布：不丹、尼泊尔、印度
  濒危等级：LC
  资源利用：环境利用（观赏）

云南绣线梅
Neillia serratisepala H. L. Li
  习 性：灌木
  海 拔：约 2000 m
  分 布：云南
  濒危等级：LC

中华绣线梅
Neillia sinensis Oliv.

中华绣线梅（原变种）
Neillia sinensis var. **sinensis**
  习 性：灌木
  海 拔：1000～2500 m
  分 布：甘肃、广东、广西、贵州、河南、湖北、湖南、江西、陕西、四川、云南
  濒危等级：LC
  资源利用：环境利用（观赏）

尾叶中华绣线梅
Neillia sinensis var. **caudata** Rehder
  习 性：灌木
  海 拔：2000～2100 m
  分 布：云南
  濒危等级：DD

滇东中华绣线梅
Neillia sinensis var. **duclouxii**（Cardot ex J. E. Vidal）T. T. Yu
  习 性：灌木
  海 拔：2000 m
  分 布：云南
  濒危等级：NT C1

疏花绣线梅
Neillia sparsiflora Rehder
  习 性：灌木
  海 拔：1500 m
  分 布：云南
  濒危等级：LC

西康绣线梅
Neillia thibetica Bureau et Franch.

西康绣线梅（原变种）
Neillia thibetica var. **thibetica**
  习 性：灌木
  海 拔：1500～3000 m
  分 布：四川、云南
  濒危等级：LC

裂叶西康绣线梅
Neillia thibetica var. **lobata**（Rehder）T. T. Yu
  习 性：灌木
  海 拔：2900 m
  分 布：四川、云南
  濒危等级：LC

绣线梅
Neillia thyrsiflora D. Don

绣线梅（原变种）
Neillia thyrsiflora var. **thyrsiflora**
  习 性：灌木
  海 拔：1000～3000 m
  国内分布：云南
  国外分布：不丹、缅甸、尼泊尔、印度
  濒危等级：LC

毛果绣线梅
Neillia thyrsiflora var. **tunkinensis** (J. E. Vidal) J. E. Vidal
习　　性：灌木
海　　拔：1000~2700 m
国内分布：广西、贵州、四川、西藏、云南
国外分布：印度、印度尼西亚、越南
濒危等级：LC

东北绣线梅
Neillia uekii Nakai
习　　性：灌木
国内分布：辽宁
国外分布：朝鲜
濒危等级：NT A2c，B1ab（i）

小石积属 Osteomeles Lindl.

小石积
Osteomeles anthyllidifolia (Sm.) Lindl.
习　　性：灌木
国内分布：台湾
国外分布：日本
濒危等级：LC

华西小石积
Osteomeles schwerinae C. K. Schneid.
习　　性：灌木或半灌木
海　　拔：1000~3000 m
分　　布：甘肃、贵州、四川、台湾、云南
濒危等级：LC

圆叶小石积
Osteomeles subrotunda K. Koch

圆叶小石积（原变种）
Osteomeles subrotunda var. **subrotunda**
习　　性：常绿灌木
海　　拔：200~500 m
国内分布：广东
国外分布：日本
濒危等级：NT B2ab（iv, v）；D2

无毛圆叶小石积
Osteomeles subrotunda var. **glabrata** T. T. Yu
习　　性：常绿灌木
分　　布：广东
濒危等级：NT B1ab（iii）

石楠属 Photinia Lindl.

安龙石楠
Photinia anlungensis T. T. Yu
习　　性：常绿灌木
海　　拔：约1300 m
分　　布：贵州
濒危等级：LC

锐齿石楠
Photinia arguta Lindl.
习　　性：灌木或小乔木
国内分布：广西、贵州、云南
国外分布：老挝、缅甸、泰国、印度、越南
濒危等级：DD

云南锐齿石楠
Photinia arguta var. **hookeri** (Decne.) J. E. Vidal
习　　性：灌木或小乔木
海　　拔：300~900 m
国内分布：云南
国外分布：泰国、印度
濒危等级：LC

柳叶锐齿石楠
Photinia arguta var. **salicifolia** (Decne.) J. E. Vidal
习　　性：灌木或小乔木
海　　拔：1100~1300 m
国内分布：广西、贵州、云南
国外分布：老挝、缅甸、泰国、印度、越南
濒危等级：LC

中华石楠
Photinia beauverdiana C. K. Schneid.

中华石楠（原变种）
Photinia beauverdiana var. **beauverdiana**
习　　性：灌木或小乔木
海　　拔：200~3000 m
国内分布：安徽、福建、广东、广西、贵州、河南、湖北、湖南、江苏、江西、陕西、四川、台湾、云南、浙江
国外分布：不丹、越南
濒危等级：LC

短叶中华石楠
Photinia beauverdiana var. **brevifolia** Cardot
习　　性：灌木或小乔木
海　　拔：400~1400 m
分　　布：贵州、湖北、湖南、江苏、陕西、四川、浙江
濒危等级：LC

椭圆叶石楠
Photinia beckii C. K. Schneid.
习　　性：常绿乔木
海　　拔：1500~1800 m
分　　布：云南
濒危等级：EN A2c；B1b（iii, iv）

闽粤石楠
Photinia benthamiana Hance

闽粤石楠（原变种）
Photinia benthamiana var. **benthamiana**
习　　性：灌木或小乔木
海　　拔：200~2500 m
国内分布：福建、广东、湖北、湖南、云南、浙江
国外分布：越南
濒危等级：LC

倒卵叶闽粤石楠
Photinia benthamiana var. **obovata** H. L. Li

习　　性：灌木或小乔木
海　　拔：约 1000 m
分　　布：海南
濒危等级：CR A2c；B1ab（i，iii，v）

柳叶闽粤石楠
Photinia **benthamiana** var. **salicifolia** Cardot
习　　性：灌木或小乔木
海　　拔：900~1700 m
国内分布：广西、海南、云南
国外分布：老挝、泰国、越南
濒危等级：LC

小檗叶石楠
Photinia **berberidifolia** Rehder et E. H. Wilson
习　　性：常绿灌木
海　　拔：2200~2400 m
分　　布：四川
濒危等级：CR A2c

湖北石楠
Photinia **bergerae** C. K. Schneid.
习　　性：落叶灌木
海　　拔：约 1000 m
分　　布：湖北
濒危等级：LC

短叶石楠
Photinia **blinii**（H. Lév.）Rehder
习　　性：落叶灌木
海　　拔：约 600 m
分　　布：贵州
濒危等级：LC

贵州石楠
Photinia **bodinieri** H. Lév.

贵州石楠（原变种）
Photinia **bodinieri** var. **bodinieri**
习　　性：常绿乔木
海　　拔：300~1000 m
国内分布：安徽、福建、广东、广西、贵州、湖北、湖南、江苏、陕西、四川、云南、浙江
国外分布：印度尼西亚、越南
濒危等级：LC

长叶贵州石楠
Photinia **bodinieri** var. **longifolia** Cardot
习　　性：常绿乔木
海　　拔：600~1300 m
分　　布：贵州
濒危等级：NT A2c

城口石楠
Photinia **calleryana**（Decne.）Cardot
习　　性：灌木或小乔木
海　　拔：约 2000 m
分　　布：贵州、四川、云南
濒危等级：LC

厚齿石楠
Photinia **callosa** Chun ex K. C. Kuan
习　　性：灌木或乔木
海　　拔：400~800 m
分　　布：广东、广西
濒危等级：LC

临桂石楠
Photinia **chihsiniana** K. C. Kuan
习　　性：常绿乔木
海　　拔：300~1000 m
分　　布：广西、湖南
濒危等级：NT

宜山石楠
Photinia **chingiana** Hand. -Mazz.

宜山石楠（原变种）
Photinia **chingiana** var. **chingiana**
习　　性：灌木或小乔木
海　　拔：1200 m 以下
分　　布：广西、贵州
濒危等级：EN A2c

黎平石楠
Photinia **chingiana** var. **lipingensis**（Y. K. Li et M. Z. Yang）L. T. Lu et C. L. Li
习　　性：灌木或小乔木
海　　拔：约 400 m
分　　布：贵州
濒危等级：NT

清水石楠
Photinia **chingshuiensis**（T. Shimizu）T. S. Liu et H. J. Su
习　　性：落叶灌木
海　　拔：600~2100 m
分　　布：台湾
濒危等级：LC

厚叶石楠
Photinia **crassifolia** H. Lév.
习　　性：常绿灌木
海　　拔：500~1700 m
分　　布：广西、贵州、云南
濒危等级：LC
资源利用：药用（中草药）

福建石楠
Photinia **fokienensis**（Finet et Franch.）Franch. ex Cardot
习　　性：灌木或小乔木
海　　拔：500~700 m
分　　布：福建、浙江
濒危等级：LC

光叶石楠
Photinia **glabra**（Thunb.）Maxim.
习　　性：常绿乔木
海　　拔：500~800 m
国内分布：安徽、福建、广东、广西、贵州、湖北、湖南、

江苏、江西、四川、云南、浙江
国外分布：缅甸、日本、泰国
濒危等级：LC
资源利用：药用（中草药）；原料（木材，工业用油）

球花石楠
Photinia glomerata Rehder et E. H. Wilson
习　　性：灌木或小乔木
海　　拔：1500～2600 m
分　　布：湖北、四川、云南
濒危等级：LC

褐毛石楠
Photinia hirsuta Hand.-Mazz.

褐毛石楠（原变种）
Photinia hirsuta var. **hirsuta**
习　　性：灌木或小乔木
海　　拔：100～800 m
分　　布：安徽、福建、广东、湖北、湖南、江西、浙江
濒危等级：LC

裂叶褐毛石楠
Photinia hirsuta var. **lobulata** T. T. Yu
习　　性：灌木或小乔木
分　　布：福建
濒危等级：NT A2c；B1ab（i）

陷脉石楠
Photinia impressivena Hayata

陷脉石楠（原变种）
Photinia impressivena var. **impressivena**
习　　性：灌木或小乔木
海　　拔：400～3000 m
分　　布：福建、广东、广西、海南
濒危等级：LC

毛序陷脉石楠
Photinia impressivena var. **urceolocarpa**（J. E. Vidal）J. E. Vidal
习　　性：灌木或小乔木
海　　拔：约500 m
国内分布：广西
国外分布：越南
濒危等级：NT A2c；B1ab（i）

全缘石楠
Photinia integrifolia Lindl.

全缘石楠（原变种）
Photinia integrifolia var. **integrifolia**
习　　性：常绿乔木
海　　拔：1500～2500 m
国内分布：广西、贵州、西藏、云南
国外分布：不丹、老挝、缅甸、尼泊尔、泰国、印度、越南
濒危等级：LC

黄花全缘石楠
Photinia integrifolia var. **flavidiflora**（W. W. Sm.）J. E. Vidal
习　　性：常绿乔木
海　　拔：1200～2700 m

国内分布：云南
国外分布：缅甸
濒危等级：NT A3c

垂丝石楠
Photinia komarovii（H. Lév. et Vaniot）L. T. Lu et C. L. Li
习　　性：落叶灌木
海　　拔：400～1500 m
分　　布：福建、贵州、湖北、江西、四川、浙江
濒危等级：LC

广西石楠
Photinia kwangsiensis H. L. Li
习　　性：常绿乔木
海　　拔：3000 m以下
分　　布：广西
濒危等级：EN A2c；B1ab（ii，v）
资源利用：药用（中草药）

绵毛石楠
Photinia lanuginosa T. T. Yu
习　　性：灌木或小乔木
海　　拔：约150 m
分　　布：湖南、浙江
濒危等级：EN A2c

倒卵叶石楠
Photinia lasiogyna（Franch.）C. K. Schneid.

倒卵叶石楠（原变种）
Photinia lasiogyna var. **lasiogyna**
习　　性：灌木或小乔木
海　　拔：1900～2600 m
分　　布：四川、云南
濒危等级：LC

脱毛石楠
Photinia lasiogyna var. **glabrescens** L. T. Lu et C. L. Li
习　　性：灌木或小乔木
海　　拔：200～1500 m
分　　布：福建、广东、广西、湖南、江西、四川、云南、浙江
濒危等级：LC

罗城石楠
Photinia lochengensis T. T. Yu
习　　性：灌木或小乔木
海　　拔：100～300 m
分　　布：广西、浙江
濒危等级：NT A3；B2b（i）

带叶石楠
Photinia loriformis W. W. Sm.
习　　性：灌木或小乔木
海　　拔：2100～2700 m
分　　布：四川、云南
濒危等级：NT A2c；B1ab（i）

台湾石楠
Photinia lucida（Decne.）C. K. Schneid.
习　　性：落叶乔木

海　　拔：300~400 m
分　　布：台湾
濒危等级：LC

大叶石楠
Photinia megaphylla T. T. Yu et T. C. Ku
习　　性：常绿灌木
海　　拔：约1800 m
分　　布：西藏
濒危等级：LC

斜脉石楠
Photinia obliqua Stapf
习　　性：落叶灌木
分　　布：福建
濒危等级：NT A3c

小叶石楠
Photinia parvifolia(E. Pritz.)C. K. Schneid.

小叶石楠（原变种）
Photinia parvifolia var. **parvifolia**
习　　性：落叶灌木
海　　拔：300~2500 m
分　　布：安徽、福建、广东、广西、贵州、河南、湖北、湖南、江苏、江西、四川、浙江
濒危等级：LC
资源利用：药用（中草药）

假小叶石楠
Photinia parvifolia var. **subparvifolia**(Y. K. Li et X. M. Wang)L. T. Lu et C. L. Li
习　　性：落叶灌木
海　　拔：500~600 m
分　　布：贵州
濒危等级：NT D

毛果石楠
Photinia pilosicalyx T. T. Yu
习　　性：落叶灌木
海　　拔：1000~1200 m
分　　布：贵州
濒危等级：LC

罗汉松叶石楠
Photinia podocarpifolia T. T. Yu
习　　性：灌木
海　　拔：200~1000 m
分　　布：广西、贵州
濒危等级：LC

刺叶石楠
Photinia prionophylla(Franch.)C. K. Schneid.

刺叶石楠（原变种）
Photinia prionophylla var. **prionophylla**
习　　性：灌木或小乔木
海　　拔：2500~3000 m
分　　布：云南
濒危等级：LC

无毛刺叶石楠
Photinia prionophylla var. **nudifolia** Hand. -Mazz.
习　　性：灌木或小乔木
海　　拔：约1800 m
分　　布：云南
濒危等级：LC

桃叶石楠
Photinia prunifolia(Hook. et Arn.)Lindl.

桃叶石楠（原变种）
Photinia prunifolia var. **prunifolia**
习　　性：常绿乔木
海　　拔：200~1700 m
国内分布：福建、广东、广西、贵州、湖南、江西、云南、浙江
国外分布：马来西亚、日本、印度尼西亚、越南
濒危等级：LC

重齿桃叶石楠
Photinia prunifolia var. **denticulata** T. T. Yu
习　　性：常绿乔木
分　　布：福建、广西、浙江
濒危等级：NT A2c；B1ab（i）；D2

饶平石楠
Photinia raupingensis K. C. Kuan
习　　性：常绿乔木
海　　拔：500~1000 m
分　　布：广东、广西
濒危等级：LC

绒毛石楠
Photinia schneideriana Rehder et E. H. Wilson

绒毛石楠（原变种）
Photinia schneideriana var. **schneideriana**
习　　性：灌木或小乔木
海　　拔：400~1600 m
分　　布：安徽、福建、广东、广西、贵州、湖北、湖南、江西、四川、台湾、浙江
濒危等级：LC

小花石楠
Photinia schneideriana var. **parviflora**(Cardot)L. T. Lu et C. L. Li
习　　性：灌木或小乔木
分　　布：贵州
濒危等级：NT D

石楠
Photinia serratifolia(Desf.)Kalkman

石楠（原变种）
Photinia serratifolia var. **serratifolia**
习　　性：灌木或乔木
海　　拔：700~2500 m
国内分布：安徽、福建、甘肃、广东、广西、贵州、河北、河南、湖北、湖南、江苏、江西、陕西、四川、台湾、云南、浙江
国外分布：菲律宾、日本、印度、印度尼西亚

濒危等级：LC

紫金牛叶石楠
Photinia serratifolia var. **ardisiifolia** (Hayata) H. Ohashi
习　　性：灌木或乔木
分　　布：台湾
濒危等级：LC

宽叶石楠
Photinia serratifolia var. **daphniphylloides** (Hayata) L. T. Lu
习　　性：灌木或乔木
分　　布：台湾
濒危等级：DD

毛瓣石楠
Photinia serratifolia var. **lasiopetala** (Hayata) H. Ohashi
习　　性：灌木或乔木
海　　拔：约 900 m
分　　布：台湾
濒危等级：LC

花楸叶石楠
Photinia sorbifolia W. B. Liao et W. Guo
习　　性：灌木或小乔木
分　　布：湖南
濒危等级：LC

窄叶石楠
Photinia stenophylla Hand.-Mazz.
习　　性：常绿灌木
海　　拔：200~400 m
国内分布：广西、贵州
国外分布：泰国
濒危等级：VU A2c

泰顺石楠
Photinia taishunensis G. H. Xia, L. H. Lou et S. H. Jin
习　　性：常绿亚灌木
海　　拔：100~350 m
分　　布：浙江
濒危等级：LC

福贡石楠
Photinia tsaii Rehder
习　　性：落叶灌木
海　　拔：1500~2000 m
分　　布：云南
濒危等级：NT A2c；B1ab (i)

独山石楠
Photinia tushanensis T. T. Yu
习　　性：常绿灌木
海　　拔：800~900 m
分　　布：贵州
濒危等级：NT A2c；B1ab (i, iii)

毛叶石楠
Photinia villosa (Thunb.) DC.

毛叶石楠（原变种）
Photinia villosa var. **villosa**
习　　性：灌木或乔木
海　　拔：800~1200 m
国内分布：安徽、湖北、江苏、山东、浙江
国外分布：朝鲜、日本
濒危等级：LC
资源利用：药用（中草药）

光萼石楠
Photinia villosa var. **glabricalcyina** L. T. Lu et C. L. Li
习　　性：灌木或乔木
海　　拔：100~1100 m
分　　布：广西、贵州、湖南、江苏、江西、浙江
濒危等级：LC

庐山石楠
Photinia villosa var. **sinica** Rehder et E. H. Wilson
习　　性：灌木或乔木
海　　拔：1000~1600 m
分　　布：安徽、福建、甘肃、广东、广西、贵州、湖北、湖南、江苏、江西、山东、陕西、四川、浙江
濒危等级：LC
资源利用：原料（木材，工业用油）；环境利用（观赏）

浙江石楠
Photinia zhejiangensis P. L. Chiu
习　　性：常绿灌木
海　　拔：100~700 m
分　　布：浙江
濒危等级：LC

风箱果属 Physocarpus (Cambess.) Raf.

风箱果
Physocarpus amurensis (Maxim.) Maxim.
习　　性：灌木
海　　拔：约 600 m
国内分布：河北、黑龙江
国外分布：俄罗斯、韩国
濒危等级：VU A2c；B1ab (iii, v)
资源利用：环境利用（观赏）

绵刺属 Potaninia Maxim.

绵刺
Potaninia mongolica Maxim.
习　　性：灌木
海　　拔：1000~1400 m
国内分布：内蒙古
国外分布：蒙古
濒危等级：VU A2c；C1+2a (ii)
国家保护：Ⅱ 级
资源利用：动物饲料（饲料）；环境利用（观赏）

委陵菜属 Potentilla L.

星毛委陵菜
Potentilla acaulis L.
习　　性：多年生草本
海　　拔：600~3000 m
国内分布：甘肃、河北、黑龙江、内蒙古、青海、山西、陕西、新疆

国外分布：俄罗斯、蒙古
濒危等级：LC

皱叶委陵菜
Potentilla ancistrifolia Bunge

皱叶委陵菜（原变种）
Potentilla ancistrifolia var. **ancistrifolia**
  习 性：多年生草本
  海 拔：300~2400 m
  国内分布：甘肃、河北、河南、黑龙江、湖北、吉林、辽宁、山西、陕西、四川
  国外分布：朝鲜、俄罗斯
  濒危等级：LC

薄叶委陵菜
Potentilla ancistrifolia var. **dickinsii** (Franch. et Sav.) Koidz.
  习 性：多年生草本
  海 拔：200~2700 m
  国内分布：安徽、甘肃、河北、河南、辽宁、山西、陕西
  国外分布：朝鲜、日本
  濒危等级：LC

白毛皱叶委陵菜
Potentilla ancistrifolia var. **tomentosa** Liou et Y. Y. Li ex C. L. Li
  习 性：多年生草本
  海 拔：800~900 m
  分 布：河南
  濒危等级：DD

窄裂委陵菜
Potentilla angustiloba T. T. Yu et C. L. Li
  习 性：多年生草本
  海 拔：2500~3200 m
  分 布：甘肃、青海、新疆
  濒危等级：DD

银背委陵菜
Potentilla argentea L.
  习 性：多年生草本
  海 拔：约1100 m
  国内分布：新疆
  国外分布：俄罗斯、蒙古
  濒危等级：DD

关节委陵菜
Potentilla articulata Franch.

关节委陵菜（原变种）
Potentilla articulata var. **articulata**
  习 性：多年生草本
  海 拔：4200~4800 m
  分 布：四川、西藏、云南
  濒危等级：LC

宽柄关节委陵菜
Potentilla articulata var. **latipetiolata** (C. E. C. Fisch.) T. T. Yu et C. L. Li
  习 性：多年生草本
  海 拔：3200~4100 m
  分 布：西藏、云南

濒危等级：LC

刚毛委陵菜
Potentilla asperrima Turcz.
  习 性：多年生草本
  海 拔：200~300 m
  国内分布：黑龙江
  国外分布：俄罗斯
  濒危等级：LC

紫花银光委陵菜
Potentilla atrosanguinea Lodd.

紫花银光委陵菜（原变种）
Potentilla atrosanguinea var. **atrosanguinea**
  习 性：多年生草本
  海 拔：约4000 m
  国内分布：西藏
  国外分布：阿富汗、巴基斯坦、克什米尔地区、尼泊尔、印度
  濒危等级：DD

银光委陵菜
Potentilla atrosanguinea var. **argyrophylla** (Wall. ex Lehm.) Y. H. Tong et N. H. Xia
  习 性：多年生草本
  海 拔：3700~4000 m
  国内分布：西藏
  国外分布：巴基斯坦、尼泊尔
  濒危等级：LC

白萼委陵菜
Potentilla betonicifolia Poir.
  习 性：多年生草本
  海 拔：700~1600 m
  国内分布：河北、黑龙江、吉林、辽宁、内蒙古
  国外分布：俄罗斯、蒙古
  濒危等级：LC

双花委陵菜
Potentilla biflora D. F. K. Schltdl.

双花委陵菜（原变种）
Potentilla biflora var. **biflora**
  习 性：多年生草本
  海 拔：2300~3600 m
  国内分布：新疆
  国外分布：俄罗斯、蒙古、尼泊尔
  濒危等级：LC

五叶双花委陵菜
Potentilla biflora var. **lahulensis** Th. Wolf
  习 性：多年生草本
  海 拔：3700~4800 m
  分 布：甘肃、四川、西藏
  濒危等级：DD

二裂委陵菜
Potentilla bifurca L.

二裂委陵菜（原变种）
Potentilla bifurca var. **bifurca**

习　　性：多年生草本或小亚灌木
海　　拔：800～3600 m
国内分布：甘肃、河北、黑龙江、内蒙古、宁夏、青海、山西、陕西、四川、新疆
国外分布：朝鲜、俄罗斯、蒙古
濒危等级：LC
资源利用：药用（中草药）；动物饲料（饲料）

矮生二裂委陵菜
Potentilla bifurca var. **humilior** Ost. -Sack. et Rupr.
习　　性：多年生草本或小亚灌木
海　　拔：1100～4000 m
国内分布：甘肃、河北、内蒙古、宁夏、青海、山西、陕西、四川、西藏、新疆
国外分布：俄罗斯、蒙古
濒危等级：LC

长叶二裂委陵菜
Potentilla bifurca var. **major** Ledeb.
习　　性：多年生草本或小亚灌木
海　　拔：400～3200 m
国内分布：甘肃、河北、黑龙江、吉林、内蒙古、山西、陕西、新疆
国外分布：欧洲、亚洲
濒危等级：LC

蛇莓委陵菜
Potentilla centigrana Maxim.
习　　性：一年生或二年生草本
海　　拔：400～2300 m
国内分布：贵州、黑龙江、吉林、辽宁、内蒙古、陕西、四川、云南
国外分布：朝鲜、俄罗斯、日本
濒危等级：LC

委陵菜
Potentilla chinensis Ser.

委陵菜（原变种）
Potentilla chinensis var. **chinensis**
习　　性：多年生草本
海　　拔：400～3200 m
国内分布：安徽、甘肃、广东、广西、贵州、河北、河南、黑龙江、湖北、湖南、吉林、江苏、江西、辽宁、内蒙古、山东、山西、陕西、四川、台湾、西藏、云南
国外分布：朝鲜、俄罗斯、蒙古、日本
濒危等级：LC
资源利用：药用（中草药）；原料（单宁）；动物饲料（饲料）；食品（蔬菜）

细裂委陵菜
Potentilla chinensis var. **lineariloba** Franch. et Sav.
习　　性：多年生草本
海　　拔：800～1400 m
国内分布：河北、河南、黑龙江、江苏、辽宁、山东
国外分布：朝鲜、日本
濒危等级：LC

黄花委陵菜
Potentilla chrysantha Trevir.
习　　性：多年生草本
海　　拔：1000～2200 m
国内分布：新疆
国外分布：俄罗斯、蒙古
濒危等级：DD

大萼委陵菜
Potentilla conferta Bge.

大萼委陵菜（原变种）
Potentilla conferta var. **conferta**
习　　性：多年生草本
海　　拔：3500 m 以下
国内分布：甘肃、河北、黑龙江、内蒙古、山西、四川、西藏、云南
国外分布：俄罗斯、蒙古
濒危等级：DD
资源利用：药用（中草药）

矮生大萼委陵菜
Potentilla conferta var. **trijuga** T. T. Yu et C. L. Li
习　　性：多年生草本
海　　拔：约3500 m
分　　布：西藏
濒危等级：LC

荽叶委陵菜
Potentilla coriandrifolia D. Don

荽叶委陵菜（原变种）
Potentilla coriandrifolia var. **coriandrifolia**
习　　性：多年生草本
海　　拔：4100～4200 m
国内分布：西藏
国外分布：不丹、尼泊尔、印度
濒危等级：LC

丛生荽叶委陵菜
Potentilla coriandrifolia var. **dumosa** Franch.
习　　性：多年生草本
海　　拔：3300～4500 m
国内分布：四川、西藏、云南
国外分布：缅甸
濒危等级：LC

圆齿委陵菜
Potentilla crenulata T. T. Yu et C. L. Li
习　　性：多年生草本
海　　拔：约2800 m
分　　布：云南
濒危等级：DD

狼牙委陵菜
Potentilla cryptotaeniae Maxim.
习　　性：一年生或二年生草本
海　　拔：1000～2500 m
国内分布：甘肃、黑龙江、吉林、辽宁、陕西、四川

国外分布：朝鲜、俄罗斯、日本
濒危等级：LC
资源利用：原料（单宁）；蜜源植物

楔叶委陵菜
Potentilla cuneata Wall. ex Lehm.
习　　性：亚灌木
海　　拔：2700～3600 m
国内分布：四川、西藏、云南
国外分布：不丹、克什米尔地区、尼泊尔、印度
濒危等级：LC

滇西委陵菜
Potentilla delavayi Franch.
习　　性：多年生草本
海　　拔：3000～3500 m
分　　布：云南
濒危等级：LC

荒漠委陵菜
Potentilla desertorum Bunge
习　　性：多年生草本
海　　拔：约1700 m
国内分布：新疆
国外分布：俄罗斯、蒙古、印度
濒危等级：LC

翻白草
Potentilla discolor Bunge
习　　性：多年生草本
海　　拔：100～1850 m
国内分布：安徽、福建、甘肃、广东、河北、河南、黑龙江、江西、辽宁、内蒙古、山东、山西、陕西、四川、台湾、西藏、云南、浙江
国外分布：朝鲜、日本
濒危等级：LC
资源利用：药用（中草药）；食品（淀粉，蔬菜）

毛果委陵菜
Potentilla eriocarpa Wall. ex Lehm.

毛果委陵菜（原变种）
Potentilla eriocarpa var. **eriocarpa**
习　　性：亚灌木
海　　拔：2700～5000 m
国内分布：陕西、四川、西藏、云南
国外分布：不丹、克什米尔地区、尼泊尔、印度
濒危等级：LC

裂叶毛果委陵菜
Potentilla eriocarpa var. **tsarongensis** W. E. Evans
习　　性：亚灌木
海　　拔：2800～4300 m
分　　布：四川、西藏、云南
濒危等级：DD

脱绒委陵菜
Potentilla evestita Th. Wolf
习　　性：多年生草本

海　　拔：2000～2600 m
国内分布：新疆
国外分布：俄罗斯、蒙古
濒危等级：DD

匐枝委陵菜
Potentilla flagellaris D. F. K. Schltdl.
习　　性：多年生草本
海　　拔：300～2100 m
国内分布：甘肃、河北、黑龙江、吉林、辽宁、山东、山西
国外分布：朝鲜、俄罗斯、蒙古
濒危等级：LC
资源利用：动物饲料（饲料）；食品（蔬菜）

莓叶委陵菜
Potentilla fragarioides L.
习　　性：多年生草本
海　　拔：300～2400 m
国内分布：安徽、福建、甘肃、广西、河北、河南、黑龙江、湖南、吉林、江苏、辽宁、内蒙古、山东、山西、陕西、四川、云南、浙江
国外分布：朝鲜、俄罗斯、蒙古、日本
濒危等级：LC

三叶委陵菜
Potentilla freyniana Bornm.

三叶委陵菜（原变种）
Potentilla freyniana var. **freyniana**
习　　性：多年生草本
海　　拔：300～2100 m
国内分布：安徽、福建、甘肃、贵州、河北、河南、黑龙江、湖北、湖南、吉林、江西、辽宁、山东、山西、陕西、四川、云南、浙江
国外分布：朝鲜、俄罗斯、日本
濒危等级：LC
资源利用：药用（中草药）

中华三叶委陵菜
Potentilla freyniana var. **sinica** Migo
习　　性：多年生草本
海　　拔：600～800 m
分　　布：安徽、湖北、湖南、江苏、江西、浙江
濒危等级：LC

金露梅
Potentilla fruticosa L.

金露梅（原变种）
Potentilla fruticosa var. **fruticosa**
习　　性：灌木
海　　拔：1000～4000 m
国内分布：甘肃、河北、黑龙江、吉林、辽宁、内蒙古、山西、陕西、四川、西藏、新疆、云南
国外分布：北美洲、欧洲、亚洲
濒危等级：LC
资源利用：药用（中草药）；原料（单宁，木材）；动物饲料（饲料）；环境利用（观赏）

伏毛金露梅
Potentilla fruticosa var. **arbuscula** (D. Don) Maxim.
 习　　性：灌木
 海　　拔：2600～4600 m
 国内分布：四川、西藏、云南
 国外分布：不丹、尼泊尔、印度
 濒危等级：LC

垫状金露梅
Potentilla fruticosa var. **pumila** Hook. f.
 习　　性：灌木
 海　　拔：4200～5000 m
 国内分布：西藏
 国外分布：不丹、尼泊尔、印度
 濒危等级：LC

白毛金露梅
Potentilla fruticosa var. **vilmoriniana** Kom.
 习　　性：灌木
 海　　拔：400～4600 m
 分　　布：四川、西藏、新疆、云南
 濒危等级：LC

耐寒委陵菜
Potentilla gelida C. A. Mey.

耐寒委陵菜（原变种）
Potentilla gelida var. **gelida**
 习　　性：多年生草本
 海　　拔：2200～4800 m
 国内分布：新疆
 国外分布：欧洲、亚洲
 濒危等级：DD

绢毛耐寒委陵菜
Potentilla gelida var. **sericea** T. T. Yu et C. L. Li
 习　　性：多年生草本
 海　　拔：约 3200 m
 分　　布：新疆
 濒危等级：NT C1

银露梅
Potentilla glabra Lodd.

银露梅（原变种）
Potentilla glabra var. **glabra**
 习　　性：灌木
 海　　拔：1400～4200 m
 国内分布：安徽、甘肃、河北、湖北、内蒙古、青海、山西、
　　　　　陕西、四川、云南
 国外分布：朝鲜、俄罗斯、蒙古
 濒危等级：DD
 资源利用：药用（中草药）

长瓣银露梅
Potentilla glabra var. **longipetala** T. T. Yu et C. L. Li
 习　　性：灌木
 海　　拔：约 4200 m
 分　　布：云南

 濒危等级：LC

白毛银露梅
Potentilla glabra var. **mandshurica** (Maxim.) Hand. -Mazz.
 习　　性：灌木
 海　　拔：1200～3400 m
 国内分布：甘肃、河北、湖北、内蒙古、青海、山西、陕西、
　　　　　四川、云南
 国外分布：朝鲜
 濒危等级：LC

伏毛银露梅
Potentilla glabra var. **veitchii** (E. H. Wilson) Hand. -Mazz.
 习　　性：灌木
 海　　拔：2600～4100 m
 分　　布：四川、云南
 濒危等级：LC

腺粒委陵菜
Potentilla granulosa T. T. Yu et C. L. Li
 习　　性：多年生草本
 海　　拔：3400～4200 m
 分　　布：四川、西藏
 濒危等级：LC

柔毛委陵菜
Potentilla griffithii Hook. f.

柔毛委陵菜（原变种）
Potentilla griffithii var. **griffithii**
 习　　性：多年生草本
 海　　拔：2000～3600 m
 国内分布：贵州、四川、西藏、云南
 国外分布：不丹、尼泊尔、印度
 濒危等级：LC

长柔毛委陵菜
Potentilla griffithii var. **velutina** Cardot
 习　　性：多年生草本
 海　　拔：3000～4000 m
 分　　布：四川、西藏、云南
 濒危等级：LC
 资源利用：药用（中草药）

全白委陵菜
Potentilla hololeuca Boiss. ex Lehm.
 习　　性：多年生草本
 海　　拔：3000～3600 m
 国内分布：新疆
 国外分布：俄罗斯
 濒危等级：LC

白背委陵菜
Potentilla hypargyrea Hand. -Mazz.

白背委陵菜（原变种）
Potentilla hypargyrea var. **hypargyrea**
 习　　性：多年生草本
 海　　拔：3300～4000 m
 分　　布：云南

濒危等级：LC

假羽白背委陵菜

Potentilla hypargyrea var. **subpinnata** T. T. Yu et C. L. Li

习　　性：多年生草本
海　　拔：3900~4800 m
分　　布：西藏
濒危等级：DD

覆瓦委陵菜

Potentilla imbricata Kar. et Kir.

习　　性：多年生草本
海　　拔：500~600 m
国内分布：新疆
国外分布：俄罗斯、蒙古
濒危等级：LC

薄毛委陵菜

Potentilla inclinata Vill.

习　　性：多年生草本
海　　拔：1000~1300 m
国内分布：新疆
国外分布：欧洲、亚洲
濒危等级：LC

轿子山委陵菜

Potentilla jiaozishanensis Huang C. Wang et Z. R. He

习　　性：多年生草本
海　　拔：4100~4250 m
分　　布：云南
濒危等级：LC

甘肃委陵菜

Potentilla kansuensis Soják

习　　性：多年生草本
分　　布：甘肃
濒危等级：LC

蛇含委陵菜

Potentilla kleiniana Wight et Arn.

习　　性：一年生草本
海　　拔：400~3000 m
国内分布：安徽、福建、广东、广西、贵州、河南、湖北、湖南、江苏、江西、辽宁、山东、陕西、四川、西藏
国外分布：不丹、朝鲜、马来西亚、尼泊尔、日本、印度、印度尼西亚
濒危等级：LC
资源利用：药用（中草药）

条裂委陵菜

Potentilla lancinata Cardot

习　　性：多年生草本
海　　拔：3200~4100 m
分　　布：四川、云南
濒危等级：LC

下江委陵菜

Potentilla limprichtii J. Krause

习　　性：多年生草本
国内分布：广东、湖北、江西、四川
国外分布：越南
濒危等级：DD

腺毛委陵菜

Potentilla longifolia Willd. ex D. F. K. Schltdl.

腺毛委陵菜（原变种）

Potentilla longifolia var. **longifolia**

习　　性：多年生草本
海　　拔：300~3200 m
国内分布：甘肃、河北、黑龙江、吉林、辽宁、内蒙古、青海、山东、山西、四川、西藏
国外分布：朝鲜、俄罗斯、蒙古
濒危等级：LC

长毛委陵菜

Potentilla longifolia var. **villosa** F. Z. Li

习　　性：多年生草本
分　　布：山东
濒危等级：LC

大花委陵菜

Potentilla macrosepala Cardot

习　　性：多年生草本
海　　拔：3500~4100 m
分　　布：西藏、云南
濒危等级：LC

高山翻白草

Potentilla matsumurae Koidz.

习　　性：多年生草本
分　　布：台湾
濒危等级：DD

多茎委陵菜

Potentilla multicaulis Bunge

习　　性：多年生草本
海　　拔：200~3800 m
国内分布：甘肃、河北、河南、辽宁、内蒙古、宁夏、青海、山西、陕西、四川、新疆
国外分布：蒙古
濒危等级：LC

多头委陵菜

Potentilla multiceps T. T. Yu et C. L. Li

习　　性：多年生草本
海　　拔：4000~5200 m
分　　布：青海、西藏
濒危等级：DD

多裂委陵菜

Potentilla multifida L.

多裂委陵菜（原变种）

Potentilla multifida var. **multifida**

习　　性：多年生草本
海　　拔：1200~4300 m
国内分布：甘肃、河北、黑龙江、吉林、辽宁、内蒙古、青

海、陕西、四川、西藏、云南
国外分布：北美洲、欧洲、亚洲
濒危等级：LC
资源利用：药用（中草药）

矮生多裂委陵菜
Potentilla multifida var. **minor** Ledeb.
习　　性：多年生草本
海　　拔：1300～5000 m
国内分布：甘肃、河北、内蒙古、青海、陕西、西藏、新疆
国外分布：亚洲
濒危等级：LC

掌叶多裂委陵菜
Potentilla multifida var. **ornithopoda**(Tausch)Th. Wolf
习　　性：多年生草本
海　　拔：700～4800 m
国内分布：甘肃、河北、黑龙江、内蒙古、青海、山西、陕西、四川、西藏
国外分布：俄罗斯、蒙古
濒危等级：LC

祁连山委陵菜
Potentilla nanshanica Soják
习　　性：多年生草本
分　　布：甘肃
濒危等级：LC

显脉委陵菜
Potentilla nervosa Juz.
习　　性：多年生草本
海　　拔：1900～2500 m
国内分布：新疆
国外分布：俄罗斯
濒危等级：DD

日本翻白草
Potentilla niponica Th. Wolf
习　　性：多年生草本
国内分布：台湾
国外分布：日本
濒危等级：LC

雪白委陵菜
Potentilla nivea L.

雪白委陵菜（原变种）
Potentilla nivea var. **nivea**
习　　性：多年生草本
海　　拔：2500～3200 m
国内分布：吉林、内蒙古、山西、新疆
国外分布：朝鲜、俄罗斯、日本
濒危等级：LC

多齿雪白委陵菜
Potentilla nivea var. **macrantha**(Ledeb.)Ledeb.
习　　性：多年生草本
海　　拔：1600～3400 m
国内分布：河北、山西

国外分布：俄罗斯、蒙古
濒危等级：LC

高原委陵菜
Potentilla pamiroalaica Juz.
习　　性：多年生草本
海　　拔：3300～4700 m
国内分布：西藏、新疆
国外分布：亚洲
濒危等级：DD

小叶金露梅
Potentilla parvifolia Fisch. ex Lehm.

小叶金露梅（原变种）
Potentilla parvifolia var. **parvifolia**
习　　性：灌木
海　　拔：900～5000 m
国内分布：甘肃、黑龙江、内蒙古、青海、四川、西藏
国外分布：俄罗斯、蒙古
濒危等级：DD

白毛小叶金露梅
Potentilla parvifolia var. **hypoleuca** Hand.-Mazz.
习　　性：灌木
海　　拔：1200～3600 m
分　　布：甘肃、青海、四川、云南
濒危等级：LC

小瓣委陵菜
Potentilla parvipetala B. C. Ding et S. Y. Wang
习　　性：多年生草本
分　　布：河南
濒危等级：LC

垂花委陵菜
Potentilla pendula T. T. Yu et C. L. Li
习　　性：多年生草本
海　　拔：约2600 m
分　　布：重庆
濒危等级：LC

羽毛委陵菜
Potentilla plumosa T. T. Yu et C. L. Li
习　　性：多年生草本
海　　拔：2500～4000 m
分　　布：甘肃、青海、四川、西藏
濒危等级：LC

华西委陵菜
Potentilla potaninii Th. Wolf

华西委陵菜（原变种）
Potentilla potaninii var. **potaninii**
习　　性：多年生草本
海　　拔：1700～3000 m
国内分布：甘肃、青海、四川、西藏、云南
国外分布：不丹
濒危等级：DD

裂叶华西委陵菜
Potentilla potaninii var. **compsophylla** (Hand.-Mazz.)
T. T. Yu et C. L. Li
  习 性：多年生草本
  海 拔：3300~4700 m
  分 布：四川、西藏
  濒危等级：DD

粗齿委陵菜
Potentilla pseudosimulatrix W. B. Liao, S. F. Li et Z. Y. Yu
  习 性：多年生草本
  海 拔：1200~1400 m
  分 布：陕西
  濒危等级：LC

直立委陵菜
Potentilla recta L.
  习 性：多年生草本
  海 拔：1000~1200 m
  国内分布：新疆
  国外分布：亚洲中部、西南部，欧洲
  濒危等级：LC

匍匐委陵菜
Potentilla reptans L.

匍匐委陵菜（原变种）
Potentilla reptans var. **reptans**
  习 性：多年生草本
  海 拔：500~600 m
  国内分布：新疆
  国外分布：俄罗斯
  濒危等级：DD

绢毛匍匐委陵菜
Potentilla reptans var. **sericophylla** Franch.
  习 性：多年生草本
  海 拔：300~3500 m
  分 布：甘肃、河北、河南、江苏、内蒙古、山东、山西、陕西、四川、云南、浙江
  濒危等级：LC
  资源利用：药用（中草药）

曲枝委陵菜
Potentilla rosulifera H. Lév.
  习 性：多年生草本
  国内分布：辽宁
  国外分布：朝鲜、日本
  濒危等级：NT B1ab (i); D1
  资源利用：药用（中草药）

石生委陵菜
Potentilla rupestris L.
  习 性：多年生草本
  海 拔：1000~1100 m
  国内分布：黑龙江、内蒙古
  国外分布：俄罗斯
  濒危等级：LC

钉柱委陵菜
Potentilla saundersiana Royle

钉柱委陵菜（原变种）
Potentilla saundersiana var. **saundersiana**
  习 性：多年生草本
  海 拔：2600~5200 m
  国内分布：甘肃、宁夏、青海、山西、陕西、四川、西藏、云南
  国外分布：不丹、尼泊尔、印度
  濒危等级：LC

丛生钉柱委陵菜
Potentilla saundersiana var. **caespitosa** (Lehm.) Th. Wolf
  习 性：多年生草本
  海 拔：2700~5200 m
  分 布：甘肃、内蒙古、青海、山西、陕西、四川、西藏、新疆、云南
  濒危等级：LC

裂萼钉柱委陵菜
Potentilla saundersiana var. **jacquemontii** Franch.
  习 性：多年生草本
  海 拔：3400~4100 m
  分 布：西藏、云南
  濒危等级：LC

羽叶钉柱委陵菜
Potentilla saundersiana var. **subpinnata** Hand.-Mazz.
  习 性：多年生草本
  海 拔：3100~3600 m
  分 布：四川、云南
  濒危等级：LC

绢毛委陵菜
Potentilla sericea L.

绢毛委陵菜（原变种）
Potentilla sericea var. **sericea**
  习 性：多年生草本
  海 拔：600~4100 m
  国内分布：甘肃、黑龙江、吉林、内蒙古、青海、西藏、新疆
  国外分布：俄罗斯、蒙古
  濒危等级：LC

变叶绢毛委陵菜
Potentilla sericea var. **polyschista** (Boiss.) Lehm.
  习 性：多年生草本
  海 拔：4400~5200 m
  国内分布：青海、西藏、新疆
  国外分布：喜马拉雅西北部至克什米尔地区
  濒危等级：LC

等齿委陵菜
Potentilla simulatrix Th. Wolf
  习 性：多年生草本
  海 拔：300~2200 m
  分 布：甘肃、河北、内蒙古、山西、陕西、四川

濒危等级：LC

西山委陵菜
Potentilla sischanensis Bunge ex Lehm.

西山委陵菜（原变种）
Potentilla sischanensis var. **sischanensis**
- 习　　性：多年生草本
- 海　　拔：200～3600 m
- 国内分布：甘肃、河北、内蒙古、宁夏、青海、山西、陕西
- 国外分布：蒙古
- 濒危等级：DD

齿裂西山委陵菜
Potentilla sischanensis var. **peterae**(Hand.-Mazz.)T. T. Yu et C. L. Li
- 习　　性：多年生草本
- 海　　拔：1700～2500 m
- 分　　布：甘肃、内蒙古、宁夏、山西、陕西、四川
- 濒危等级：LC

美丽委陵菜
Potentilla spectabilis Businsky et Soják
- 习　　性：多年生草本
- 分　　布：西藏
- 濒危等级：LC

疏忽委陵菜
Potentilla squalida Soják
- 习　　性：多年生草本
- 海　　拔：约 4600 m
- 分　　布：西藏
- 濒危等级：LC

尼木委陵菜
Potentilla stipitata Soják
- 习　　性：多年生草本
- 海　　拔：4100～4250 m
- 分　　布：西藏
- 濒危等级：LC

茸毛委陵菜
Potentilla strigosa Pall. ex Pursh
- 习　　性：多年生草本
- 海　　拔：600～700 m
- 国内分布：黑龙江、内蒙古、新疆
- 国外分布：俄罗斯、蒙古
- 濒危等级：LC

混叶委陵菜
Potentilla subdigitata T. T. Yu et C. L. Li
- 习　　性：多年生草本
- 海　　拔：2000～2500 m
- 分　　布：新疆
- 濒危等级：DD

朝天委陵菜
Potentilla supina L.

朝天委陵菜（原变种）
Potentilla supina var. **supina**
- 习　　性：一年生或二年生草本
- 海　　拔：100～2000 m
- 国内分布：安徽、甘肃、广东、贵州、河北、河南、黑龙江、湖北、湖南、吉林、江苏、江西、辽宁、内蒙古、宁夏、山东、山西、陕西、四川、西藏、新疆、云南、浙江
- 国外分布：北半球和亚热带地区
- 濒危等级：LC

三叶朝天委陵菜
Potentilla supina var. **ternata** Peterm.
- 习　　性：一年生或二年生草本
- 海　　拔：100～1900 m
- 国内分布：安徽、甘肃、广东、贵州、河北、河南、黑龙江、江苏、江西、辽宁、山西、陕西、四川、新疆、云南、浙江
- 国外分布：俄罗斯
- 濒危等级：LC

菊叶委陵菜
Potentilla tanacetifolia D. F. K. Schltdl.
- 习　　性：多年生草本
- 海　　拔：400～2600 m
- 国内分布：甘肃、河北、黑龙江、吉林、辽宁、内蒙古、山东、山西、陕西
- 国外分布：俄罗斯、蒙古
- 濒危等级：LC
- 资源利用：药用（中草药）；原料（单宁）

轮叶委陵菜
Potentilla verticillaris Stephan ex Willd.
- 习　　性：多年生草本
- 海　　拔：600～1900 m
- 国内分布：河北、黑龙江、吉林、内蒙古
- 国外分布：朝鲜、俄罗斯、蒙古、日本
- 濒危等级：LC

密枝委陵菜
Potentilla virgata Lehm.

密枝委陵菜（原变种）
Potentilla virgata var. **virgata**
- 习　　性：多年生草本
- 海　　拔：1500～1700 m
- 国内分布：新疆
- 国外分布：蒙古
- 濒危等级：DD

羽裂密枝委陵菜
Potentilla virgata var. **pinnatifida**(Lehm.)T. T. Yu et C. L. Li
- 习　　性：多年生草本
- 海　　拔：1000～3700 m
- 分　　布：甘肃、青海、新疆
- 濒危等级：LC

西藏委陵菜
Potentilla xizangensis T. T. Yu et C. L. Li
- 习　　性：多年生草本
- 海　　拔：3600～4800 m

分　　布：西藏
濒危等级：DD

张北委陵菜
Potentilla zhangbeiensis Yong Zhang et Z. T. Yin
习　　性：多年生草本
海　　拔：约1600 m
分　　布：河北
濒危等级：EN B1ab（ⅲ）

扁核木属 Prinsepia Royle

台湾扁核木
Prinsepia scandens Hayata
习　　性：攀援灌木
海　　拔：1500～3000 m
分　　布：台湾
濒危等级：DD

东北扁核木
Prinsepia sinensis(Oliv.)Oliv. ex Bean
习　　性：灌木
海　　拔：500～900 m
分　　布：黑龙江、吉林、辽宁、内蒙古
濒危等级：NT B1ab（ⅰ,ⅲ,ⅴ）
资源利用：食品（水果）

蕤核
Prinsepia uniflora Batalin

蕤核（原变种）
Prinsepia uniflora var. **uniflora**
习　　性：灌木
海　　拔：900～1100 m
分　　布：甘肃、河南、内蒙古、山西、陕西、四川
濒危等级：LC
资源利用：药用（中草药）；食品（水果）

齿叶蕤核
Prinsepia uniflora var. **serrata** Rehder
习　　性：灌木
海　　拔：800～2200 m
分　　布：甘肃、宁夏、青海、山西、陕西、四川
濒危等级：LC

扁核木
Prinsepia utilis Royle
习　　性：灌木
海　　拔：1000～2600 m
国内分布：贵州、四川、西藏、云南
国外分布：巴基斯坦、不丹、尼泊尔、印度
濒危等级：LC
资源利用：原料（香料，工业用油）；食品（蔬菜，油脂）；药用（中草药）

李属 Prunus L.

杏
Prunus armeniaca L.

杏（原变种）
Prunus armeniaca var. **armeniaca**
习　　性：落叶乔木
海　　拔：700～3000 m
国内分布：甘肃、河北、山东、山西、陕西、四川、新疆
国外分布：中亚
濒危等级：NT

野杏
Prunus armeniaca var. **ansu** Maxim.
习　　性：落叶乔木
海　　拔：1000～1500 m
国内分布：甘肃、河北、河南、江苏、辽宁、内蒙古、宁夏、青海、山东、山西、陕西、四川
国外分布：朝鲜、日本
濒危等级：NT D

藏杏
Prunus armeniaca var. **holosericea** Batalin
习　　性：落叶乔木
海　　拔：700～3300 m
分　　布：青海、陕西、四川、西藏
濒危等级：LC

陕梅杏
Prunus armeniaca var. **meixianensis**(J. Y. Zhang et al.)Y. H. Tong et N. H. Xia
习　　性：落叶乔木
海　　拔：约700 m
分　　布：陕西
濒危等级：LC

熊岳大扁杏
Prunus armeniaca var. **xiongyueensis**(T. Z. Li et al.)Y. H. Tong et N. H. Xia
习　　性：落叶乔木
分　　布：辽宁
濒危等级：LC

志丹杏
Prunus armeniaca var. **zhidanensis**(C. Z. Qiao et Y. P. Zhu)Y. H. Tong et N. H. Xia
习　　性：落叶乔木
分　　布：宁夏、青海、山西、陕西
濒危等级：LC

欧洲甜樱桃
Prunus avium(L.)L.
习　　性：落叶乔木
国内分布：河北、辽宁、山东
国外分布：欧洲、亚洲

短梗稠李
Prunus brachypoda Batalin

短梗稠李（原变种）
Prunus brachypoda var. **brachypoda**
习　　性：落叶乔木
海　　拔：1000～2500 m

细齿短梗稠李
Prunus brachypoda var. **microdonta** Koehne
- 习　　性：落叶乔木
- 分　　布：湖北
- 濒危等级：LC

褐毛稠李
Prunus brunnescens(T. T. Yu et T. C. Ku)J. R. He
- 习　　性：落叶乔木
- 海　　拔：2000～3000 m
- 分　　布：四川、云南
- 濒危等级：VU A2c；B1ab（i）

椋木
Prunus buergeriana Miq.
- 习　　性：落叶乔木
- 海　　拔：1000～3400 m
- 国内分布：安徽、福建、甘肃、广东、广西、贵州、河南、湖北、湖南、江苏、江西、山西、陕西、四川、台湾、西藏、云南、浙江
- 国外分布：不丹、朝鲜、日本、印度
- 濒危等级：LC

钟花樱
Prunus campanulata Maxim.

钟花樱（原变种）
Prunus campanulata var. **campanulata**
- 习　　性：落叶灌木或乔木
- 国内分布：福建、广东、广西、海南、湖南、台湾、浙江
- 国外分布：日本、越南
- 濒危等级：LC

武夷红樱
Prunus campanulata var. **wuyiensis**(X. R. Wang, X. G. Yi et C. P. Xie)Y. H. Tong et N. H. Xia
- 习　　性：落叶灌木或乔木
- 分　　布：福建
- 濒危等级：LC

华仁杏
Prunus cathayana(D. L. Fu, B. R. Li et J. Hong Li)Y. H. Tong et N. H. Xia
- 习　　性：落叶灌木或乔木
- 分　　布：河北
- 濒危等级：LC

尖尾樱桃
Prunus caudata Franch.
- 习　　性：落叶乔木
- 海　　拔：3000～3200 m
- 分　　布：四川、西藏、云南
- 濒危等级：DD

新疆樱桃李
Prunus cerasifera Ehrh.
- 习　　性：落叶灌木或乔木
- 海　　拔：800～2000 m
- 国内分布：新疆
- 国外分布：哈萨克斯坦、土库曼斯坦、乌兹别克斯坦
- 濒危等级：LC
- 国家保护：Ⅱ级
- 资源利用：环境利用（观赏）

高盆樱桃
Prunus cerasoides Buch. -Ham. ex D. Don
- 习　　性：落叶乔木
- 海　　拔：700～3700 m
- 国内分布：西藏、云南
- 国外分布：不丹、克什米尔地区、老挝、缅甸、尼泊尔、泰国、印度、越南
- 濒危等级：LC

欧洲酸樱桃
Prunus cerasus L.
- 习　　性：落叶乔木
- 国内分布：全国栽培
- 国外分布：原产欧洲、亚洲西南部
- 资源利用：环境利用（观赏）

微毛樱桃
Prunus clarofolia C. K. Schneid.
- 习　　性：落叶灌木或乔木
- 海　　拔：800～3600 m
- 分　　布：安徽、甘肃、贵州、河北、河南、湖北、湖南、宁夏、山西、陕西、四川、西藏、云南、浙江
- 濒危等级：LC

锥腺樱桃
Prunus conadenia Koehne
- 习　　性：落叶乔木
- 海　　拔：2300～3000 m
- 分　　布：甘肃、贵州、河南、青海、陕西、四川、西藏、云南
- 濒危等级：LC

华中樱桃
Prunus conradinae Koehne
- 习　　性：落叶乔木
- 海　　拔：500～2100 m
- 分　　布：福建、甘肃、广西、贵州、河南、湖北、湖南、陕西、四川、云南、浙江
- 濒危等级：LC

光萼稠李
Prunus cornuta(Wall. ex Royle)Steud.
- 习　　性：落叶乔木
- 海　　拔：2700～3300 m
- 国内分布：西藏
- 国外分布：阿富汗、不丹、尼泊尔、印度
- 濒危等级：LC

山楂叶樱桃
Prunus crataegifolia Hand. -Mazz.
- 习　　性：落叶灌木

海　　拔：3400～4200 m
分　　布：西藏、云南
濒危等级：LC

襄阳山樱桃
Prunus cyclamina Koehne

襄阳山樱桃（原变种）
Prunus cyclamina var. **cyclamina**
习　　性：落叶乔木
海　　拔：1000～1300 m
分　　布：广东、广西、湖北、湖南、四川
濒危等级：LC

双花襄阳山樱桃
Prunus cyclamina var. **biflora** Koehne
习　　性：落叶乔木
分　　布：湖南、四川
濒危等级：LC

山桃
Prunus davidiana(Carrière) Franch.

山桃（原变种）
Prunus davidiana var. **davidiana**
习　　性：落叶乔木
海　　拔：800～3200 m
分　　布：甘肃、河北、河南、黑龙江、内蒙古、宁夏、青海、山东、山西、陕西、四川、云南
濒危等级：LC

陕甘山桃
Prunus davidiana var. **potaninii**(Batalin) Rehder
习　　性：落叶乔木
海　　拔：900～2000 m
分　　布：甘肃、山西、陕西
濒危等级：LC
资源利用：环境利用（砧木）

毛叶欧李
Prunus dictyoneura Diels
习　　性：落叶灌木
海　　拔：400～2300 m
分　　布：甘肃、河北、河南、江苏、宁夏、山西、陕西

尾叶樱桃
Prunus dielsiana C. K. Schneid.

尾叶樱桃（原变种）
Prunus dielsiana var. **dielsiana**
习　　性：落叶灌木或乔木
海　　拔：500～1400 m
分　　布：安徽、广东、广西、河南、湖北、湖南、江苏、江西、四川
濒危等级：LC

短梗尾叶樱桃
Prunus dielsiana var. **abbreviata** Cardot
习　　性：落叶灌木或乔木
海　　拔：1200～1300 m

分　　布：重庆、贵州
濒危等级：LC

盘腺樱桃
Prunus discadenia Koehne
习　　性：落叶灌木
海　　拔：1300～2600 m
分　　布：甘肃、河南、湖北、宁夏、陕西、四川、云南
濒危等级：LC

迎春樱桃
Prunus discoidea(T. T. Yu et C. L. Li) Z. Wei et Y. B. Chang
习　　性：落叶乔木
海　　拔：200～1100 m
分　　布：安徽、江西、浙江
濒危等级：NT B2ab（ⅲ）

长腺樱桃
Prunus dolichadenia Cardot
习　　性：落叶乔木
海　　拔：1400～2300 m
分　　布：甘肃、山西、陕西、四川
濒危等级：LC

长叶桂樱
Prunus dolichophylla(T. T. Yu et L. T. Lu) Y. H. Tong et N. H. Xia
习　　性：落叶乔木
海　　拔：1300～1500 m
分　　布：云南
濒危等级：LC

欧洲李
Prunus domestica L.
习　　性：落叶乔木
海　　拔：1200～1400 m
国内分布：各省广泛栽培
国外分布：原产西南亚及欧洲
资源利用：环境利用（观赏）

扁桃
Prunus dulcis(Mill.) D. A. Webb
习　　性：落叶乔木
海　　拔：200～600 m
国内分布：甘肃、山东、陕西、新疆
国外分布：亚洲
濒危等级：LC

新疆桃
Prunus ferganensis(Kostina et Rjabov) Y. Y. Yao ex Y. H. Tong et N. H. Xia
习　　性：落叶乔木
国内分布：新疆
国外分布：吉尔吉斯斯坦、乌兹别克斯坦
濒危等级：LC

草原樱桃
Prunus fruticosa Pall.
习　　性：落叶灌木
国内分布：新疆

国外分布：俄罗斯、哈萨克斯坦
濒危等级：LC
资源利用：原料（木材）；基因源（抗寒，耐旱）；环境利用（观赏）

麦李
Prunus glandulosa Thunb.
习　　性：落叶灌木
海　　拔：800~2300 m
国内分布：安徽、福建、广东、广西、贵州、河南、湖北、湖南、江苏、山东、陕西、四川、云南、浙江
国外分布：日本
濒危等级：LC
资源利用：环境利用（观赏）

贡山臭樱
Prunus gongshanensis J. Wen
习　　性：落叶乔木
海　　拔：约 3100 m
分　　布：云南
濒危等级：LC

灰叶稠李
Prunus grayana Maxim.
习　　性：落叶乔木
海　　拔：1000~3800 m
国内分布：安徽、福建、广西、贵州、河南、湖北、湖南、江西、四川、云南、浙江
国外分布：日本
濒危等级：LC

全缘叶稠李
Prunus gyirongensis Y. H. Tong et N. H. Xia
习　　性：落叶乔木
海　　拔：2900~3200 m
分　　布：西藏
濒危等级：VU A2c

鹤峰樱桃
Prunus hefengensis(X. R. Wang et C. B. Shang) Y. H. Tong et N. H. Xia
习　　性：落叶乔木
分　　布：湖北
濒危等级：LC

蒙自樱桃
Prunus henryi(C. K. Schneid.) Koehne
习　　性：落叶乔木
海　　拔：约 1800 m
分　　布：云南
濒危等级：LC

喜马拉雅臭樱
Prunus himalayana J. Wen
习　　性：落叶乔木
海　　拔：2800~4200 m
国内分布：西藏
国外分布：不丹、尼泊尔、印度
濒危等级：LC

洪平杏
Prunus hongpingensis(T. T. Yu et C. L. Li) Y. H. Tong et N. H. Xia
习　　性：落叶乔木
海　　拔：约 1800 m
分　　布：湖北、湖南
濒危等级：LC

欧李
Prunus humilis Bunge
习　　性：落叶灌木
海　　拔：400~1800 m
分　　布：河北、河南、黑龙江、吉林、江苏、辽宁、内蒙古、山东、山西、四川
濒危等级：LC
资源利用：药用（中草药）

臭樱
Prunus hypoleuca(Koehne) J. Wen
习　　性：落叶乔木
海　　拔：1000~1800 m
分　　布：安徽、重庆、福建、甘肃、贵州、河南、湖北、湖南、江苏、江西、宁夏、青海、山西、陕西、浙江
濒危等级：LC

背毛杏
Prunus hypotrichodes Cardot
习　　性：落叶灌木
海　　拔：约 1400 m
分　　布：重庆
濒危等级：EN A2c+3c

四川臭樱
Prunus hypoxantha(Koehne) J. Wen
习　　性：落叶灌木
海　　拔：2100~3200 m
分　　布：青海、四川、云南
濒危等级：LC

乌荆子李
Prunus insititia L.
习　　性：落叶灌木或乔木
国内分布：全国栽培
国外分布：原产西南亚及欧洲
资源利用：环境利用（观赏）

郁李
Prunus japonica Thunb.

郁李（原变种）
Prunus japonica var. **japonica**
习　　性：落叶灌木
海　　拔：100~200 m
国内分布：河北、河南、黑龙江、吉林、辽宁、山东、浙江
国外分布：朝鲜、日本
濒危等级：LC

长梗郁李
Prunus japonica var. **nakaii**(H. Lév.) Rehder

习　　性：落叶灌木
海　　拔：约 200 m
国内分布：黑龙江、吉林、辽宁
国外分布：朝鲜
濒危等级：LC

浙江郁李
Prunus japonica var. **zhejiangensis** Y. B. Chang
习　　性：落叶灌木
海　　拔：约 1300 m
分　　布：浙江
濒危等级：LC

甘肃桃
Prunus kansuensis Rehder
国家保护：Ⅱ级

甘肃桃（原变种）
Prunus kansuensis var. **kansuensis**
习　　性：落叶灌木或乔木
海　　拔：1000 ~ 2300 m
分　　布：甘肃、湖北、青海、陕西、四川
濒危等级：LC
资源利用：基因源（抗旱，耐寒）；环境利用（观赏，砧木）

钝核甘肃桃
Prunus kansuensis var. **obtusinucleata**（Y. F. Qu, X. L. Chen et Y. S. Lian）Y. H. Tong et N. H. Xia
习　　性：落叶灌木或乔木
分　　布：甘肃
濒危等级：NT

疏花稠李
Prunus laxiflora Koehne
习　　性：落叶乔木
海　　拔：约 1700 m
分　　布：湖北
濒危等级：LC

李梅杏
Prunus limeixing（J. Y. Zhang et Z. M. Wang）Y. H. Tong et N. H. Xia
习　　性：落叶乔木
分　　布：河北、河南、黑龙江、吉林、江苏、辽宁、山东、陕西
濒危等级：LC

斑叶稠李
Prunus maackii Rupr.
习　　性：落叶乔木
海　　拔：800 ~ 2000 m
国内分布：黑龙江、吉林、辽宁
国外分布：朝鲜、俄罗斯
濒危等级：LC

圆叶樱桃
Prunus mahaleb L.
习　　性：落叶灌木
国内分布：河北、辽宁栽培
国外分布：原产欧洲、亚洲西南部

东北杏
Prunus mandshurica（ Maxim. ）Koehne

东北杏（原变种）
Prunus mandshurica var. **mandshurica**
习　　性：落叶乔木
海　　拔：200 ~ 1000 m
国内分布：吉林、辽宁
国外分布：朝鲜北部、俄罗斯
濒危等级：LC

光叶东北杏
Prunus mandshurica var. **glabra** Nakai
习　　性：落叶乔木
海　　拔：200 ~ 400 m
国内分布：黑龙江、吉林、辽宁
国外分布：朝鲜
濒危等级：LC

全缘桂樱
Prunus marginata Dunn
习　　性：落叶灌木或乔木
海　　拔：500 ~ 700 m
分　　布：广东
濒危等级：LC

太平山樱桃
Prunus matuurae Sasaki
习　　性：落叶灌木或乔木
分　　布：台湾
濒危等级：DD

黑樱桃
Prunus maximowiczii Rupr.
习　　性：落叶乔木
海　　拔：1000 ~ 1100 m
国内分布：黑龙江、吉林、辽宁、浙江
国外分布：朝鲜、俄罗斯、日本
濒危等级：LC

光核桃
Prunus mira Koehne
习　　性：落叶乔木
海　　拔：2000 ~ 4000 m
国内分布：四川、西藏、云南
国外分布：俄罗斯
濒危等级：LC
国家保护：Ⅱ级

蒙古扁桃
Prunus mongolica Maxim.
习　　性：落叶灌木
海　　拔：1000 ~ 2400 m
国内分布：甘肃、内蒙古、宁夏
国外分布：蒙古
濒危等级：VU B1ab（ii, iii）
国家保护：Ⅱ级

偃樱桃
Prunus mugus Hand. -Mazz.
习　　性：落叶灌木

海　　拔：3200~3700 m
分　　布：云南
濒危等级：DD

梅
Prunus mume (Siebold) Sieb. et Zucc.

梅（原变种）
Prunus mume var. **mume**
习　　性：落叶乔木
海　　拔：1700~3100 m
国内分布：全国广泛栽培
国外分布：朝鲜、日本

长梗梅
Prunus mume var. **cernua** Franch.
习　　性：落叶乔木
海　　拔：1900~2600 m
国内分布：云南
国外分布：老挝、越南
濒危等级：LC

厚叶梅
Prunus mume var. **pallescens** Franch.
习　　性：落叶乔木
海　　拔：1700~3100 m
分　　布：四川、云南
濒危等级：LC

粗梗稠李
Prunus napaulensis (Ser.) Steud.
习　　性：落叶乔木
海　　拔：1200~2500 m
国内分布：安徽、贵州、湖南、江西、陕西、四川、西藏、云南
国外分布：不丹、缅甸、尼泊尔、印度
濒危等级：LC

细齿稠李
Prunus obtusata Koehne
习　　性：落叶乔木
海　　拔：800~3600 m
分　　布：安徽、甘肃、贵州、河南、湖北、湖南、江西、山西、陕西、四川、台湾、西藏、云南、浙江
濒危等级：LC

稠李
Prunus padus L.

稠李（原变种）
Prunus padus var. **padus**
习　　性：落叶乔木
海　　拔：800~2700 m
国内分布：河北、河南、黑龙江、吉林、辽宁、青海、山东、山西
国外分布：朝鲜、俄罗斯、日本
濒危等级：LC

北亚稠李
Prunus padus var. **asiatica** (Kom.) Y. H. Tong et N. H. Xia
习　　性：落叶乔木
海　　拔：800~2700 m
国内分布：甘肃、河北、黑龙江、吉林、辽宁、内蒙古、山东、山西、陕西、新疆
国外分布：俄罗斯、蒙古
濒危等级：LC

毛叶稠李
Prunus padus var. **pubescens** Regel et Tiling
习　　性：落叶乔木
海　　拔：1200~2000 m
分　　布：河北、河南、辽宁、内蒙古、山西
濒危等级：LC

磐安樱桃
Prunus pananensis Z. L. Chen, W. J. Chen et X. F. Jin
习　　性：落叶乔木
海　　拔：约470 m
分　　布：浙江
濒危等级：LC

散毛樱桃
Prunus patentipila Hand.-Mazz.
习　　性：落叶灌木或乔木
海　　拔：2400~3000 m
分　　布：云南
濒危等级：DD

长梗扁桃
Prunus pedunculata (Pall.) Maxim.
习　　性：落叶灌木
国内分布：内蒙古、宁夏、陕西
国外分布：俄罗斯、蒙古
濒危等级：NT

桃
Prunus persica (L.) Batsch
习　　性：落叶乔木
海　　拔：约2000 m以下
国内分布：广泛栽培，有逸生
国外分布：原产地不明；世界各地有栽培
资源利用：环境利用（观赏）；药用（中草药）

宿鳞稠李
Prunus perulata Koehne
习　　性：落叶乔木
海　　拔：1800~3200 m
分　　布：四川、云南
濒危等级：LC

腺叶桂樱
Prunus phaeosticta (Hance) Maxim.
习　　性：落叶灌木或乔木
海　　拔：300~2500 m
国内分布：安徽、福建、广东、广西、贵州、海南、湖南、江西、四川、台湾、西藏、香港、云南、浙江
国外分布：孟加拉国、缅甸、泰国、印度、越南
濒危等级：LC

雕核樱桃
Prunus pleiocerasus Koehne
习　　性：落叶乔木

海　　拔：2000~3400 m
分　　布：四川、云南
濒危等级：DD

毛柱郁李
Prunus pogonostyla Maxim.

毛柱郁李（原变种）
Prunus pogonostyla var. **pogonostyla**
习　　性：落叶灌木或乔木
海　　拔：200~500 m
分　　布：福建、江西、台湾、浙江
濒危等级：LC

长尾毛樱桃
Prunus pogonostyla var. **obovata** Koehne
习　　性：落叶灌木或乔木
海　　拔：约 200 m
分　　布：福建、广东、湖南、台湾
濒危等级：LC

多毛樱桃
Prunus polytricha Koehne
习　　性：落叶灌木或乔木
海　　拔：900~3300 m
分　　布：甘肃、贵州、河南、湖北、陕西、四川
濒危等级：LC

樱桃
Prunus pseudocerasus Lindl.
习　　性：落叶乔木
海　　拔：300~1200 m
分　　布：安徽、重庆、福建、甘肃、贵州、河北、河南、湖北、湖南、江苏、江西、辽宁、山东、山西、陕西、四川、云南、浙江
濒危等级：LC
资源利用：环境利用（观赏）；药用（中草药）

细花樱桃
Prunus pusilliflora Cardot
习　　性：落叶灌木或乔木
海　　拔：1400~2100 m
分　　布：云南
濒危等级：LC

云南桂樱
Prunus pygeoides Koehne
习　　性：落叶乔木
海　　拔：900~1500 m
国内分布：云南
国外分布：印度
濒危等级：LC

李
Prunus salicina Lindl.

李（原变种）
Prunus salicina var. **salicina**
习　　性：落叶乔木
海　　拔：200~2600 m
分　　布：安徽、福建、甘肃、广东、广西、贵州、河北、河南、黑龙江、湖北、湖南、吉林、江苏、江西、辽宁、宁夏、山东、山西、陕西、四川、台湾、云南、浙江
濒危等级：LC

毛梗李
Prunus salicina var. **pubipes** (Koehne) L. H. Bailey
习　　性：落叶乔木
海　　拔：1600~2000 m
分　　布：甘肃、四川、云南
濒危等级：LC

浙闽樱桃
Prunus schneideriana Koehne
习　　性：落叶乔木
海　　拔：600~1300 m
分　　布：福建、广西、浙江
濒危等级：LC

细齿樱桃
Prunus serrula Franch.
习　　性：落叶乔木
海　　拔：1200~4000 m
分　　布：贵州、青海、四川、西藏、云南
濒危等级：LC

山樱桃
Prunus serrulata Lindl.

山樱桃（原变种）
Prunus serrulata var. **serrulata**
习　　性：落叶乔木
海　　拔：400~1500 m
国内分布：安徽、贵州、河北、河南、黑龙江、湖南、江苏、江西、山东、浙江
国外分布：朝鲜、日本
濒危等级：LC

日本晚樱
Prunus serrulata var. **lannesiana** (Carrière) Makino
习　　性：落叶乔木
国内分布：广泛栽培
国外分布：日本

毛叶山樱花
Prunus serrulata var. **pubescens** (Makino) E. H. Wilson
习　　性：落叶乔木
海　　拔：400~800 m
分　　布：安徽、河北、河南、黑龙江、湖北、辽宁、山东、山西、陕西、浙江
濒危等级：LC

泰山野樱花
Prunus serrulata var. **taishanensis** (Yi Zhang et C. D. Shi) Y. H. Tong et N. H. Xia
习　　性：落叶乔木
分　　布：山东
濒危等级：LC

刺毛樱桃
Prunus setulosa Batalin

习　　性：落叶灌木或小乔木
海　　拔：1300~2600 m
分　　布：甘肃、贵州、湖北、宁夏、青海、陕西、四川
濒危等级：LC

山杏
Prunus sibirica L.

山杏（原变种）
Prunus sibirica var. **sibirica**
习　　性：落叶灌木或乔木
海　　拔：400~2500 m
国内分布：甘肃、河北、河南、黑龙江、吉林、辽宁、内蒙古、宁夏、山西
国外分布：俄罗斯、蒙古
濒危等级：LC

重瓣山杏
Prunus sibirica var. **multipetala**（G. S. Liu et L. B. Zhang）Y. H. Tong et N. H. Xia
习　　性：落叶灌木或乔木
海　　拔：约400 m
分　　布：河北
濒危等级：LC

辽海杏
Prunus sibirica var. **pleniflora**（J. Y. Zhang et al.）Y. H. Tong et N. H. Xia
习　　性：落叶灌木或乔木
分　　布：辽宁
濒危等级：LC

毛杏
Prunus sibirica var. **pubescens**（Kostina）Nakai
习　　性：落叶灌木或乔木
海　　拔：1200~2500 m
国内分布：甘肃、河北、内蒙古、山西、陕西
国外分布：朝鲜
濒危等级：LC

杏李
Prunus simonii Carrière
习　　性：落叶乔木
分　　布：河北
濒危等级：LC
资源利用：环境利用（观赏）；药用（中草药）

黑刺李
Prunus spinosa L.
习　　性：灌木
海　　拔：800~1200 m
国内分布：我国引种栽培
国外分布：非洲、欧洲、亚洲
资源利用：基因源（耐旱）；环境利用（砧木，观赏）

刺叶桂樱
Prunus spinulosa Siebold et Zucc.
习　　性：落叶乔木
海　　拔：400~1500 m
国内分布：安徽、福建、广东、广西、贵州、湖北、湖南、江苏、江西、四川、云南、浙江

国外分布：日本
濒危等级：LC

库页稠李
Prunus ssiori F. Schmidt
习　　性：落叶乔木
国内分布：东北有栽培
国外分布：俄罗斯、日本

星毛稠李
Prunus stellipila Koehne
习　　性：落叶乔木
海　　拔：1000~1800 m
分　　布：甘肃、贵州、湖北、江西、陕西、四川、浙江
濒危等级：LC

托叶樱桃
Prunus stipulacea Maxim.
习　　性：灌木或乔木
海　　拔：1800~3900 m
分　　布：甘肃、青海、陕西、四川
濒危等级：LC

大叶早樱
Prunus subhirtella Miq.

大叶早樱（原变种）
Prunus subhirtella var. **subhirtella**
习　　性：落叶乔木
国内分布：安徽、江西、四川、浙江栽培
国外分布：原产日本

垂枝大叶早樱
Prunus subhirtella var. **pendula** Y. Tanaka
习　　性：落叶乔木
国内分布：台湾
国外分布：日本
濒危等级：DD

四川樱桃
Prunus szechuanica Batalin
习　　性：落叶乔木或灌木
海　　拔：1500~2600 m
分　　布：河南、湖北、湖南、陕西、四川
濒危等级：LC

山白樱
Prunus takasagomontana Sasaki
习　　性：落叶灌木或乔木
分　　布：台湾
濒危等级：LC

西康扁桃
Prunus tangutica（Batalin）Koehne
习　　性：落叶灌木
海　　拔：1500~2600 m
分　　布：甘肃、四川
濒危等级：DD

康定樱桃
Prunus tatsienensis Batalin
习　　性：落叶灌木或小乔木

海　　拔：900~2600 m
国内分布：新疆
国外分布：俄罗斯
濒危等级：LC

天山樱桃
Prunus tianshanica (Pojark.) S. Shi
习　　性：落叶灌木
海　　拔：700~1600 m
国内分布：新疆
国外分布：中亚
濒危等级：LC

毛樱桃
Prunus tomentosa Thunb.
习　　性：落叶灌木
海　　拔：100~3700 m
分　　布：甘肃、贵州、河北、河南、黑龙江、湖北、吉林、辽宁、内蒙古、宁夏、青海、山东、山西、陕西、四川、西藏、云南
濒危等级：LC
资源利用：环境利用（观赏）

阿里山樱桃
Prunus transarisanensis Hayata
习　　性：落叶灌木或乔木
分　　布：台湾
濒危等级：LC

毛瓣藏樱
Prunus trichantha Koehne
习　　性：落叶乔木
海　　拔：2800~3900 m
国内分布：西藏
国外分布：尼泊尔、印度
濒危等级：LC

川西樱桃
Prunus trichostoma Koehne
习　　性：落叶乔木
海　　拔：1000~4000 m
分　　布：甘肃、湖北、青海、四川、西藏、云南
濒危等级：LC

榆叶梅
Prunus triloba Lindl.
习　　性：落叶灌木
海　　拔：600~2500 m
国内分布：安徽、甘肃、河北、河南、黑龙江、吉林、江苏、江西、辽宁、内蒙古、山东、山西、陕西、浙江
国外分布：朝鲜、俄罗斯
濒危等级：LC
资源利用：环境利用（观赏）

尖叶桂樱
Prunus undulata Buch.-Ham. ex D. Don
习　　性：落叶灌木或乔木
海　　拔：500~3600 m
国内分布：广东、广西、贵州、湖南、陕西、四川、西藏、云南
国外分布：不丹、老挝北部、孟加拉国、缅甸、尼泊尔、泰国、印度、印度尼西亚、越南
濒危等级：LC
资源利用：食品（油脂）

东北李
Prunus ussuriensis Kovalev et Kostina
习　　性：落叶乔木
海　　拔：400~800 m
国内分布：黑龙江、吉林、辽宁
国外分布：俄罗斯
濒危等级：LC
资源利用：环境利用（观赏）

毡毛稠李
Prunus velutina Batalin
习　　性：落叶乔木
海　　拔：1000~1600 m
分　　布：河北、河南、湖北、陕西、四川
濒危等级：LC

绢毛稠李
Prunus wilsonii (C. K. Schneid.) Koehne
习　　性：落叶乔木
海　　拔：900~2500 m
分　　布：安徽、福建、甘肃、广东、广西、贵州、湖北、湖南、江西、陕西、四川、西藏、云南、浙江
濒危等级：LC

仙居杏
Prunus xianjuxing (J. Y. Zhang et X. Z. Wu) Y. H. Tong et N. H. Xia
习　　性：落叶灌木或乔木
分　　布：辽宁、浙江
濒危等级：LC

雪落寨樱花
Prunus xueluoensis (C. H. Nan et X. R. Wang) Y. H. Tong et N. H. Xia
习　　性：落叶灌木
分　　布：湖北、江西
濒危等级：LC

姚氏樱桃
Prunus yaoiana (W. L. Zheng) Y. H. Tong et N. H. Xia
习　　性：落叶灌木或乔木
分　　布：西藏
濒危等级：LC

东京樱花
Prunus yedoensis Matsum.
习　　性：落叶乔木
国内分布：北京、江苏、江西、山东
国外分布：原产朝鲜、日本
资源利用：环境利用（观赏）

云南樱桃
Prunus yunnanensis Franch.

云南樱桃（原变种）
Prunus yunnanensis var. **yunnanensis**

习　　性：落叶乔木
海　　拔：1900~2600 m
分　　布：广西、四川、云南
濒危等级：LC

多花云南樱桃
Prunus yunnanensis var. **polybotrys** Koehne
习　　性：落叶乔木
海　　拔：2300~2500 m
分　　布：云南
濒危等级：LC

政和杏
Prunus zhengheensis（J. Y. Zhang et M. N. Lu）Y. H. Tong et N. H. Xia
习　　性：落叶乔木
海　　拔：700~1000 m
分　　布：福建
濒危等级：CR B1ab（ii, v）；C1+2a（i, ii）
国家保护：II级

大叶桂樱
Prunus zippeliana Miq.
习　　性：落叶乔木
海　　拔：400~2400 m
国内分布：福建、甘肃、广东、广西、贵州、湖北、湖南、江西、陕西、四川、台湾、云南、浙江
国外分布：日本、越南
濒危等级：LC

臀果木属 Pygeum Gaertn.

云南臀果木
Pygeum henryi Dunn
习　　性：乔木
海　　拔：600~2000 m
分　　布：云南
濒危等级：LC

疏花臀果木
Pygeum laxiflorum Merr. ex H. L. Li
习　　性：乔木
海　　拔：100~700 m
分　　布：广东、广西
濒危等级：NT B2ab（iii）

大果臀果木
Pygeum macrocarpum T. T. Yu et L. T. Lu
习　　性：乔木
海　　拔：500~1000 m
分　　布：云南
濒危等级：EN B2ab（ii, v）

长圆臀果木
Pygeum oblongum T. T. Yu et L. T. Lu
习　　性：乔木
海　　拔：2000~2100 m
分　　布：云南
濒危等级：EN A3c；B2ab（ii, v）

臀果木
Pygeum topengii Merr.
习　　性：乔木
海　　拔：100~1600 m
分　　布：福建、广东、广西、贵州、海南、湖南、云南
濒危等级：LC
资源利用：原料（香料，工业用油）

西南臀果木
Pygeum wilsonii Koehne

西南臀果木（原变种）
Pygeum wilsonii var. **wilsonii**
习　　性：乔木
海　　拔：900~1200 m
分　　布：四川、西藏、云南
濒危等级：NT B2a（iii）；D

大叶臀果木
Pygeum wilsonii var. **macrophyllum** L. T. Lu
习　　性：乔木
海　　拔：约1700 m
分　　布：西藏
濒危等级：LC

火棘属 Pyracantha M. Roem.

窄叶火棘
Pyracantha angustifolia（Franch.）C. K. Schneid.
习　　性：灌木或小乔木
海　　拔：1600~3000 m
分　　布：贵州、湖北、四川、西藏、云南、浙江
濒危等级：LC
资源利用：环境利用（观赏）

细圆齿火棘
Pyracantha crenulata（D. Don）M. Roem.

细圆齿火棘（原变种）
Pyracantha crenulata var. **crenulata**
习　　性：灌木或小乔木
海　　拔：700~2400 m
国内分布：广东、广西、贵州、湖北、湖南、江苏、江西、陕西、四川、西藏、云南
国外分布：不丹、克什米尔地区、缅甸、尼泊尔、印度
濒危等级：LC

细叶细圆齿火棘
Pyracantha crenulata var. **kansuensis** Rehder
习　　性：灌木或小乔木
海　　拔：1500~2500 m
分　　布：甘肃、贵州、陕西、四川、云南
濒危等级：DD

密花火棘
Pyracantha densiflora T. T. Yu
习　　性：常绿灌木
海　　拔：约1000 m
分　　布：广西
濒危等级：EN A2c；B1ab（i, iii, v）

火棘
Pyracantha fortuneana（Maxim.）H. L. Li

习　　性：常绿灌木
海　　拔：500~2800 m
分　　布：福建、广西、贵州、河南、湖北、湖南、江苏、陕西、四川、西藏、云南、浙江
濒危等级：LC
资源利用：环境利用（观赏）；原料（单宁，树脂，精油）；食品（淀粉）

异型叶火棘
Pyracantha heterophylla T. B. Chao et Zhi X. Chen
习　　性：常绿灌木
分　　布：河南
濒危等级：LC

澜沧火棘
Pyracantha inermis J. E. Vidal
习　　性：常绿灌木
海　　拔：约800 m
国内分布：云南
国外分布：老挝
濒危等级：LC

台湾火棘
Pyracantha koidzumii(Hayata)Rehder
习　　性：常绿灌木
分　　布：台湾
濒危等级：VU A1d；D1
资源利用：环境利用（观赏）

全缘火棘
Pyracantha loureiroi(Kostel.)Merr.
习　　性：灌木或小乔木
海　　拔：500~1700 m
分　　布：广东、广西、贵州、湖北、湖南、陕西、四川
濒危等级：LC

梨属 Pyrus L.

杏叶梨
Pyrus armeniacifolia T. T. Yu
习　　性：乔木
分　　布：新疆
濒危等级：NT

杜梨
Pyrus betulifolia Bunge
习　　性：乔木
海　　拔：海平面至1800 m
国内分布：安徽、甘肃、贵州、河北、河南、湖北、江苏、江西、辽宁、内蒙古、山东、山西、陕西、西藏、浙江
国外分布：老挝
濒危等级：LC
资源利用：药用（中草药）；原料（单宁，木材）；基因源（抗旱，耐寒）；环境利用（砧木，观赏）

白梨
Pyrus bretschneideri Rehder
习　　性：乔木
海　　拔：100~2000 m

分　　布：甘肃、河北、河南、山东、山西、陕西、新疆
濒危等级：LC
资源利用：环境利用（观赏）

豆梨
Pyrus calleryana Decne

豆梨（原变种）
Pyrus calleryana var. **calleryana**
习　　性：乔木
海　　拔：100~1800 m
国内分布：安徽、福建、广东、广西、河南、湖北、湖南、江苏、江西、山东、陕西、台湾、浙江
国外分布：日本、越南
濒危等级：LC
资源利用：原料（木材）；环境利用（砧木）

全缘叶豆梨
Pyrus calleryana var. **integrifolia** T. T. Yu
习　　性：乔木
分　　布：江苏、浙江
濒危等级：LC

楔叶豆梨
Pyrus calleryana var. **koehnei**(C. K. Schneid.)T. T. Yu
习　　性：乔木
海　　拔：海平面至900 m
分　　布：福建、广东、广西、浙江
濒危等级：LC

柳叶豆梨
Pyrus calleryana var. **lanceolata** Rehder
习　　性：乔木
分　　布：安徽、福建、浙江
濒危等级：LC

西洋梨
Pyrus communis(DC.)DC.
习　　性：乔木
国内分布：我国北部、东北部和西南部栽培
国外分布：不丹、俄罗斯、印度、越南
资源利用：食品（水果）

河北梨
Pyrus hopeiensis T. T. Yu
习　　性：乔木
海　　拔：100~800 m
分　　布：河北、山东
濒危等级：CR A2bc；B1ab（i, iii, v）；D

川梨
Pyrus pashia Buch.-Ham. ex D. Don

川梨（原变种）
Pyrus pashia var. **pashia**
习　　性：乔木
海　　拔：600~3000 m
国内分布：贵州、四川、西藏、云南
国外分布：巴基斯坦、不丹、克什米尔地区、老挝、缅甸、尼泊尔、泰国、印度、越南
濒危等级：LC

资源利用：环境利用（砧木）

大花川梨
Pyrus pashia var. **grandiflora** Cardot
- 习　　性：乔木
- 海　　拔：1800 m
- 分　　布：贵州、云南
- 濒危等级：NT

无毛川梨
Pyrus pashia var. **kumaoni** Stapf
- 习　　性：乔木
- 海　　拔：1000~2400 m
- 国内分布：云南
- 国外分布：印度
- 濒危等级：LC

钝叶川梨
Pyrus pashia var. **obtusata** Cardot
- 习　　性：乔木
- 海　　拔：1500~2650 m
- 分　　布：四川、云南
- 濒危等级：LC

褐梨
Pyrus phaeocarpa Rehder
- 习　　性：乔木
- 海　　拔：100~1200 m
- 分　　布：甘肃、河北、山东、山西、陕西、新疆
- 濒危等级：LC
- 资源利用：环境利用（砧木）

滇梨
Pyrus pseudopashia T. T. Yu
- 习　　性：乔木
- 海　　拔：500~3000 m
- 分　　布：贵州、云南
- 濒危等级：VU A2c

沙梨
Pyrus pyrifolia (Burm. f.) Nakai
- 习　　性：乔木
- 海　　拔：100~1400 m
- 国内分布：安徽、福建、广东、广西、贵州、湖北、湖南、江苏、江西、四川、云南、浙江
- 国外分布：老挝、越南
- 濒危等级：LC

麻梨
Pyrus serrulata Rehder
- 习　　性：乔木
- 海　　拔：100~1600 m
- 分　　布：福建、广东、广西、贵州、湖北、湖南、江西、四川、浙江
- 濒危等级：LC

新疆梨
Pyrus sinkiangensis T. T. Yu
- 习　　性：乔木
- 海　　拔：200~1100 m
- 分　　布：新疆；陕西、甘肃、青海栽培
- 濒危等级：LC

太行山梨
Pyrus taihangshanensis S. Y. Wang et C. L. Chang
- 习　　性：乔木
- 海　　拔：1800 m
- 分　　布：河南
- 濒危等级：DD

崂山梨
Pyrus trilocularis D. K. Zang et P. C. Huang
- 习　　性：乔木
- 海　　拔：200~300 m
- 分　　布：山东
- 濒危等级：LC

秋子梨
Pyrus ussuriensis Maxim.

秋子梨（原变种）
Pyrus ussuriensis var. **ussuriensis**
- 习　　性：乔木
- 海　　拔：100~2000 m
- 国内分布：甘肃、河北、黑龙江、吉林、辽宁、内蒙古、山东、山西、陕西
- 国外分布：朝鲜、俄罗斯
- 濒危等级：LC

卵果秋子梨
Pyrus ussuriensis var. **ovoidea** Rehder
- 习　　性：乔木
- 分　　布：东北、华北、西北；各地区有栽培
- 濒危等级：LC

大梨
Pyrus xerophila T. T. Yu
- 习　　性：乔木
- 海　　拔：500~2000 m
- 分　　布：甘肃、河南、山西、陕西、西藏、新疆
- 濒危等级：LC
- 资源利用：基因源（抗旱，抗病）；环境利用（砧木）

石斑木属 Rhaphiolepis Lindl.

锈毛石斑木
Rhaphiolepis ferruginea F. P. Metcalf

锈毛石斑木（原变种）
Rhaphiolepis ferruginea var. **ferruginea**
- 习　　性：灌木或小乔木
- 海　　拔：300~600 m
- 分　　布：福建、广东、广西、海南
- 濒危等级：LC

齿叶锈毛石斑木
Rhaphiolepis ferruginea var. **serrata** F. P. Metcalf
- 习　　性：灌木或小乔木
- 分　　布：福建、广东、广西
- 濒危等级：LC

石斑木
Rhaphiolepis indica (L.) Lindl. ex Ker Gawl.

石斑木（原变种）
Rhaphiolepis indica var. **indica**
 习 性：灌木
 海 拔：700～1600 m
 国内分布：安徽、福建、广东、广西、贵州、海南、湖南、江西、台湾、云南、浙江
 国外分布：柬埔寨、老挝、日本、泰国、越南
 濒危等级：LC
 资源利用：原料（木材）；食品（水果）

恒春石斑木
Rhaphiolepis indica var. **shilanensis** Y. P. Yang et H. Y. Liu
 习 性：灌木
 分 布：台湾
 濒危等级：LC

毛序石斑木
Rhaphiolepis indica var. **tashiroi** Hayata ex Matsum. et Hayata
 习 性：灌木
 海 拔：700～1000 m
 分 布：台湾
 濒危等级：DD

全缘石斑木
Rhaphiolepis integerrima Hook. et Arn.
 习 性：灌木或小乔木
 国内分布：台湾
 国外分布：日本
 濒危等级：LC

九龙江石斑木
Rhaphiolepis jiulongjiangensis P. C. Huang et K. M. Li
 习 性：灌木
 分 布：福建
 濒危等级：LC

细叶石斑木
Rhaphiolepis lanceolata Hu
 习 性：常绿灌木
 海 拔：400～1500 m
 分 布：广东、广西、海南
 濒危等级：LC

大叶石斑木
Rhaphiolepis major Cardot
 习 性：常绿灌木
 海 拔：200～300 m
 分 布：福建、江苏、江西、浙江
 濒危等级：LC

柳叶石斑木
Rhaphiolepis salicifolia Lindl.
 习 性：灌木或小乔木
 国内分布：福建、广东、广西
 国外分布：越南
 濒危等级：LC

五指山石斑木
Rhaphiolepis wuzhishanensis W. B. Liao, R. H. Miao et Q. Fan
 习 性：常绿灌木或小乔木
 分 布：海南
 濒危等级：LC

鸡麻属 Rhodotypos Sieb. et Zucc.

鸡麻
Rhodotypos scandens(Thunb.) Makino
 习 性：落叶灌木
 海 拔：100～800 m
 国内分布：安徽、甘肃、河南、湖北、江苏、辽宁、山东、陕西、浙江
 国外分布：朝鲜、日本
 濒危等级：LC
 资源利用：药用（中草药）；环境利用（绿化，观赏）

蔷薇属 Rosa L.

白蔷薇
Rosa × alba L.
 习 性：直立灌木
 国内分布：各地栽培
 国外分布：南欧栽培

刺蔷薇
Rosa acicularis Lindl.
 习 性：灌木
 海 拔：400～1800 m
 国内分布：甘肃、河北、黑龙江、吉林、辽宁、内蒙古、山西、陕西、新疆
 国外分布：朝鲜、俄罗斯、哈萨克斯坦、蒙古、日本
 濒危等级：LC
 资源利用：原料（单宁，树脂）

腺齿蔷薇
Rosa albertii Regel
 习 性：灌木
 海 拔：1200～2000 m
 国内分布：甘肃、青海、新疆
 国外分布：俄罗斯、哈萨克斯坦、蒙古
 濒危等级：LC

银粉蔷薇
Rosa anemoniflora Fortune ex Lindl.
 习 性：攀援灌木
 海 拔：400～1000 m
 分 布：福建；华东地区有栽培
 濒危等级：VU B1ab（iii，iv）
 国家保护：Ⅱ级
 资源利用：环境利用（观赏）

白玉山蔷薇
Rosa baiyushanensis Q. L. Wang
 习 性：灌木
 海 拔：约60 m
 分 布：辽宁
 濒危等级：DD

木香花
Rosa banksiae R. Br.

木香花（原变种）
Rosa banksiae var. **banksiae**

习　　性：常绿灌木
海　　拔：500～2200 m
分　　布：四川、云南；全国栽培
濒危等级：LC
资源利用：原料（精油）；基因源（耐寒）；环境利用（观赏）

单瓣木香花
Rosa banksiae var. **normalis** Regel
习　　性：常绿灌木
海　　拔：500～1500 m
分　　布：甘肃、贵州、河南、湖北、四川、云南
濒危等级：LC
资源利用：药用（中草药）；原料（单宁）

拟木香
Rosa banksiopsis Baker
习　　性：灌木
海　　拔：1200～2100 m
分　　布：甘肃、湖北、江西、陕西、四川
濒危等级：LC

弯刺蔷薇
Rosa beggeriana Schrenk ex Fisch. et C. A. Mey.

弯刺蔷薇（原变种）
Rosa beggeriana var. **beggeriana**
习　　性：灌木
海　　拔：900～2000 m
国内分布：甘肃、新疆
国外分布：阿富汗、哈萨克斯坦、蒙古
濒危等级：LC

毛叶弯刺蔷薇
Rosa beggeriana var. **lioui** (T. T. Yu et H. T. Tsai) T. T. Yu et T. C. Ku
习　　性：灌木
海　　拔：500～2200 m
分　　布：新疆
濒危等级：DD

光叶美蔷薇
Rosa bella T. T. Yu et H. T. Tsai
习　　性：灌木
分　　布：河南、陕西
濒危等级：LC

小蘗叶蔷薇
Rosa berberifolia Pall.
习　　性：灌木
海　　拔：100～600 m
国内分布：新疆
国外分布：俄罗斯、哈萨克斯坦
濒危等级：NT
国家保护：Ⅱ级

硕苞蔷薇
Rosa bracteata J. C. Wendl.

硕苞蔷薇（原变种）
Rosa bracteata var. **bracteata**
习　　性：常绿灌木
海　　拔：海平面至300 m
国内分布：福建、贵州、湖南、江苏、江西、台湾、云南、浙江
国外分布：日本南部
濒危等级：LC
资源利用：药用（中草药）

密刺硕苞蔷薇
Rosa bracteata var. **scabriacaulis** Lindl. ex Koidz.
习　　性：常绿灌木
分　　布：福建、台湾、浙江
濒危等级：DD

复伞房蔷薇
Rosa brunonii Lindl.
习　　性：攀援灌木
海　　拔：1900～2800 m
国内分布：四川、西藏、云南
国外分布：巴基斯坦、不丹、克什米尔地区、缅甸、尼泊尔、印度
濒危等级：LC

短角蔷薇
Rosa calyptopoda Cardot
习　　性：灌木
海　　拔：1600～1800 m
分　　布：四川
濒危等级：LC

尾叶蔷薇
Rosa caudata Baker

尾叶蔷薇（原变种）
Rosa caudata var. **caudata**
习　　性：灌木
海　　拔：1600～2000 m
分　　布：湖北、陕西、四川
濒危等级：LC

大花尾叶蔷薇
Rosa caudata var. **maxima** T. T. Yu et T. C. Ku
习　　性：灌木
海　　拔：1200～2500 m
分　　布：陕西、四川
濒危等级：LC

百叶蔷薇
Rosa centifolia L.
习　　性：小灌木
国内分布：多地栽培
国外分布：原产高加索地区
资源利用：环境利用（观赏）

城口蔷薇
Rosa chengkouensis T. T. Yu et T. C. Ku
习　　性：灌木
海　　拔：1300～2100 m
分　　布：重庆
濒危等级：DD

月季花
Rosa chinensis Jacq.

月季花（原变种）
Rosa chinensis var. **chinensis**
　　习　　性：灌木
　　分　　布：原产中国；现广泛栽培
　　濒危等级：LC
　　资源利用：药用（中草药）；原料（单宁，精油）；环境利用（观赏）

紫月季花
Rosa chinensis var. **semperflorens**（Curtis）Koehne
　　习　　性：灌木
　　分　　布：广泛栽培
　　濒危等级：LC

单瓣月季花
Rosa chinensis var. **spontanea**（Rehder et E. H. Wilson）T. T. Yu et T. C. Ku
　　习　　性：灌木
　　分　　布：贵州、湖北、四川
　　濒危等级：EN B1ab（iii）
　　国家保护：Ⅱ级

伞房蔷薇
Rosa corymbulosa Rolfe
　　习　　性：灌木
　　海　　拔：1600~2000 m
　　分　　布：甘肃、湖北、陕西、四川
　　濒危等级：LC

小果蔷薇
Rosa cymosa Tratt.

小果蔷薇（原变种）
Rosa cymosa var. **cymosa**
　　习　　性：常绿灌木
　　海　　拔：200~1800 m
　　国内分布：安徽、福建、广东、广西、贵州、湖南、江苏、江西、四川、台湾、云南、浙江
　　国外分布：老挝、越南
　　濒危等级：LC

大盘山蔷薇
Rosa cymosa var. **dapanshanensis** F. G. Zhang
　　习　　性：常绿灌木
　　分　　布：浙江
　　濒危等级：LC

毛叶山木香
Rosa cymosa var. **puberula** T. T. Yu et T. C. Ku
　　习　　性：常绿灌木
　　分　　布：安徽、广东、湖北、江苏、陕西
　　濒危等级：LC

岱山蔷薇
Rosa daishanensis T. C. Ku
　　习　　性：攀援灌木
　　分　　布：浙江
　　濒危等级：DD

西北蔷薇
Rosa davidii Crép.

西北蔷薇（原变种）
Rosa davidii var. **davidii**
　　习　　性：灌木
　　海　　拔：1500~2600 m
　　分　　布：甘肃、宁夏、陕西、四川、云南
　　濒危等级：LC

长果西北蔷薇
Rosa davidii var. **elongata** Rehder et E. H. Wilson
　　习　　性：灌木
　　海　　拔：1600~3000 m
　　分　　布：陕西、四川
　　濒危等级：DD

山刺玫
Rosa davurica Pall.
　　习　　性：灌木
　　海　　拔：400~2500 m
　　国内分布：河北、黑龙江、吉林、辽宁、内蒙古、山西
　　国外分布：朝鲜、俄罗斯、蒙古、日本
　　濒危等级：LC
　　资源利用：药用（中草药）；原料（单宁，树脂）；环境利用（观赏）

德钦蔷薇
Rosa deqenensis T. C. Ku
　　习　　性：灌木
　　海　　拔：2000~2100 m
　　分　　布：云南
　　濒危等级：DD

得荣蔷薇
Rosa derongensis T. C. Ku
　　习　　性：灌木
　　海　　拔：2100 m
　　分　　布：四川
　　濒危等级：DD

重齿蔷薇
Rosa duplicata T. T. Yu et T. C. Ku
　　习　　性：灌木
　　海　　拔：2400~2600 m
　　分　　布：西藏
　　濒危等级：DD

川东蔷薇
Rosa fargesiana Boulenger
　　习　　性：落叶灌木
　　分　　布：重庆
　　濒危等级：LC

腺果蔷薇
Rosa fedtschenkoana Regel
　　习　　性：灌木
　　海　　拔：2400~2700 m
　　国内分布：新疆
　　国外分布：哈萨克斯坦
　　濒危等级：LC

腺梗蔷薇
Rosa filipes Rehder et E. H. Wilson

习　　性：攀援灌木
海　　拔：1300~2300 m
分　　布：甘肃、陕西、四川、西藏、云南
濒危等级：LC

异味蔷薇
Rosa foetida Herrm.

异味蔷薇（原变种）
Rosa foetida var. **foetida**
习　　性：灌木
国内分布：新疆栽培
国外分布：原产亚洲西南部
濒危等级：LC

重瓣异味蔷薇
Rosa foetida var. **persiana**(Lem.) Rehder
习　　性：灌木
国内分布：新疆栽培
国外分布：原产亚洲西南部

滇边蔷薇
Rosa forrestiana Boulenger
习　　性：灌木
海　　拔：2400~3000 m
分　　布：四川、云南
濒危等级：LC

大花白木香
Rosa fortuneana Lindl.
习　　性：攀援灌木
分　　布：福建
濒危等级：LC

陕西蔷薇
Rosa giraldii Crép.

陕西蔷薇（原变种）
Rosa giraldii var. **giraldii**
习　　性：灌木
海　　拔：700~2000 m
分　　布：甘肃、河南、湖北、山西、陕西、四川
濒危等级：LC

重齿陕西蔷薇
Rosa giraldii var. **bidentata** T. T. Yu et T. C. Ku
习　　性：灌木
海　　拔：约1700 m
分　　布：陕西
濒危等级：DD

毛叶陕西蔷薇
Rosa giraldii var. **venulosa** Rehder et E. H. Wilson
习　　性：灌木
海　　拔：1000~1600 m
分　　布：湖北、陕西、四川
濒危等级：LC

绣球蔷薇
Rosa glomerata Rehder et E. H. Wilson
习　　性：灌木
海　　拔：1300~3000 m

分　　布：贵州、湖北、四川、云南
濒危等级：LC

细梗蔷薇
Rosa graciliflora Rehder et E. H. Wilson
习　　性：灌木
海　　拔：3300~4500 m
分　　布：四川、西藏、云南
濒危等级：LC

新疆蔷薇
Rosa grubovii Buzunova
习　　性：灌木
分　　布：新疆
濒危等级：LC

卵果蔷薇
Rosa helenae Rehder et E. H. Wilson
习　　性：灌木
海　　拔：1000~3000 m
国内分布：甘肃、贵州、湖北、陕西、四川、云南
国外分布：泰国、越南
濒危等级：LC
资源利用：原料（单宁，树脂）

软条七蔷薇
Rosa henryi Boulenger
习　　性：攀援灌木
海　　拔：1700~2000 m
分　　布：安徽、福建、广东、广西、贵州、河南、湖北、湖南、江苏、江西、陕西、四川、云南、浙江
濒危等级：LC

赫章蔷薇
Rosa hezhangensis T. L. Xu
习　　性：灌木
海　　拔：2400~2800 m
分　　布：贵州
濒危等级：NT C1

黄蔷薇
Rosa hugonis Hemsl.
习　　性：灌木
海　　拔：600~2300 m
分　　布：甘肃、青海、山西、陕西、四川
濒危等级：LC
资源利用：环境利用（观赏）

景泰蔷薇
Rosa jinterensis Y. P. Hsu
习　　性：灌木
分　　布：甘肃、宁夏
濒危等级：NT A2c

腺叶蔷薇
Rosa kokanica(Regel) Regel ex Juz.
习　　性：灌木
海　　拔：1500~2500 m
国内分布：新疆
国外分布：阿富汗、哈萨克斯坦、蒙古
濒危等级：NT C1

长白蔷薇
Rosa koreana Kom.

长白蔷薇（原变种）
Rosa koreana var. **koreana**
 习 性：灌木
 海 拔：600~1200 m
 国内分布：黑龙江、吉林、辽宁
 国外分布：朝鲜
 濒危等级：NT B1ab（iii）

腺叶长白蔷薇
Rosa koreana var. **glandulosa** T. T. Yu et T. C. Ku
 习 性：灌木
 分 布：吉林
 濒危等级：DD

昆明蔷薇
Rosa kunmingensis T. C. Ku
 习 性：灌木
 海 拔：约2300 m
 分 布：云南
 濒危等级：LC

广东蔷薇
Rosa kwangtungensis T. T. Yu et H. T. Tsai
 国家保护：II 级

广东蔷薇（原变种）
Rosa kwangtungensis var. **kwangtungensis**
 习 性：攀援灌木
 海 拔：100~500 m
 分 布：福建、广东、广西
 濒危等级：CR D

毛叶广东蔷薇
Rosa kwangtungensis var. **mollis** F. P. Metcalf
 习 性：攀援灌木
 分 布：福建、广东、广西
 濒危等级：LC

重瓣广东蔷薇
Rosa kwangtungensis var. **plena** T. T. Yu et T. C. Ku
 习 性：攀援灌木
 分 布：福建、广东
 濒危等级：EN B1ab（iii）

贵州刺梨
Rosa kweichowensis T. T. Yu et T. C. Ku
 习 性：常绿或半常绿灌木
 分 布：贵州
 濒危等级：DD

金樱子
Rosa laevigata Michx.
 习 性：常绿灌木
 海 拔：200~1600 m
 国内分布：安徽、福建、广东、广西、贵州、海南、湖北、湖南、江苏、江西、陕西、四川、台湾、云南、浙江
 国外分布：越南
 濒危等级：LC
 资源利用：环境利用（观赏）；药用（中草药）；原料（单宁，树脂）

琅琊山蔷薇
Rosa langyashanica D. C. Zhang et J. Z. Shao
 习 性：落叶灌木
 海 拔：100~200 m
 分 布：安徽
 濒危等级：CR B1ab（i）

毛萼蔷薇
Rosa lasiosepala F. P. Metcalf
 习 性：攀援灌木
 海 拔：900~1800 m
 分 布：广西
 濒危等级：LC

疏花蔷薇
Rosa laxa Retz.

疏花蔷薇（原变种）
Rosa laxa var. **laxa**
 习 性：灌木
 海 拔：500~1500 m
 国内分布：新疆
 国外分布：俄罗斯、蒙古
 濒危等级：LC

毛叶疏花蔷薇
Rosa laxa var. **mollis** T. T. Yu et T. C. Ku
 习 性：灌木
 海 拔：600~1100 m
 分 布：新疆
 濒危等级：LC

丽江蔷薇
Rosa lichiangensis T. T. Yu et T. C. Ku
 习 性：攀援灌木
 海 拔：2100~2500 m
 分 布：云南
 濒危等级：CR A1c

长尖叶蔷薇
Rosa longicuspis Bertol.

长尖叶蔷薇（原变种）
Rosa longicuspis var. **longicuspis**
 习 性：灌木
 海 拔：400~2700 m
 国内分布：贵州、四川、云南
 国外分布：印度
 濒危等级：LC

多花长尖叶蔷薇
Rosa longicuspis var. **sinowilsonii**（Hemsl.）T. T. Yu et T. C. Ku
 习 性：灌木
 海 拔：900~2500 m
 分 布：贵州、四川、云南

濒危等级：LC

光叶蔷薇
Rosa luciae Franch. et Rochebr.

光叶蔷薇（原变种）
Rosa luciae var. **luciae**
 习 性：匍匐灌木
 海 拔：海平面至 500 m
 国内分布：福建、广东、广西、台湾、浙江
 国外分布：朝鲜、菲律宾、日本
 濒危等级：DD

台湾光叶蔷薇
Rosa luciae var. **rosea** H. L. Li
 习 性：匍匐灌木
 分 布：台湾
 濒危等级：LC

泸定蔷薇
Rosa ludingensis T. C. Ku
 习 性：灌木
 海 拔：1500 m
 分 布：四川
 濒危等级：DD

大叶蔷薇
Rosa macrophylla Lindl.

大叶蔷薇（原变种）
Rosa macrophylla var. **macrophylla**
 习 性：灌木
 海 拔：3000 ~ 3700 m
 国内分布：西藏、云南
 国外分布：不丹、克什米尔地区、印度
 濒危等级：LC
 资源利用：药用（中草药）

腺叶大叶蔷薇
Rosa macrophylla var. **glandulifera** T. T. Yu et T. C. Ku
 习 性：灌木
 海 拔：2400 ~ 3400 m
 分 布：西藏
 濒危等级：LC

毛叶蔷薇
Rosa mairei H. Lév.
 习 性：灌木
 海 拔：2300 ~ 4200 m
 分 布：贵州、四川、西藏、云南
 濒危等级：LC

伞花蔷薇
Rosa maximowicziana Regel
 习 性：灌木
 海 拔：700 m 以下
 国内分布：辽宁、山东
 国外分布：朝鲜、俄罗斯
 濒危等级：LC
 资源利用：药用（中草药）；环境利用（砧木）；食品（蔬菜）

米易蔷薇
Rosa miyiensis T. C. Ku
 习 性：灌木
 海 拔：1700 m
 分 布：四川
 濒危等级：LC

玉山蔷薇
Rosa morrisonensis Hayata
 习 性：灌木
 海 拔：3200 ~ 4200 m
 分 布：台湾
 濒危等级：LC

华西蔷薇
Rosa moyesii Hemsl. et E. H. Wilson

华西蔷薇（原变种）
Rosa moyesii var. **moyesii**
 习 性：灌木
 海 拔：2700 ~ 3800 m
 分 布：陕西、四川、云南
 濒危等级：LC

毛叶华西蔷薇
Rosa moyesii var. **pubescens** T. T. Yu et H. T. Tsai
 习 性：灌木
 分 布：四川、西藏
 濒危等级：LC

多苞蔷薇
Rosa multibracteata Hemsl. et E. H. Wilson
 习 性：灌木
 海 拔：2100 ~ 2500 m
 分 布：四川、云南
 濒危等级：LC

野蔷薇
Rosa multiflora Thunb

野蔷薇（原变种）
Rosa multiflora var. **multiflora**
 习 性：攀援灌木
 海 拔：300 ~ 2000 m
 国内分布：河南、江苏、山东
 国外分布：朝鲜、日本
 濒危等级：DD

白玉堂
Rosa multiflora var. **alboplena** T. T. Yu et T. C. Ku
 习 性：攀援灌木
 分 布：北京、河北、山东
 濒危等级：LC

七姊妹
Rosa multiflora var. **carnea** Thory
 习 性：攀援灌木
 分 布：我国广泛栽培

粉团蔷薇
Rosa multiflora var. **cathayensis** Rehder et E. H. Wilson

习　　性：攀援灌木
海　　拔：300~2000 m
分　　布：安徽、福建、甘肃、广东、广西、贵州、河北、河南、湖南、江西、山东、陕西、云南、浙江
濒危等级：LC
资源利用：药用（中草药）；原料（单宁，木材，精油）；环境利用（绿化）

台湾野蔷薇
Rosa multiflora var. **formosana** Cardot
习　　性：攀援灌木
分　　布：台湾
濒危等级：LC

桃源蔷薇
Rosa multiflora var. **taoyuanensis** Z. M. Wu
习　　性：攀援灌木
分　　布：安徽
濒危等级：LC

西南蔷薇
Rosa murielae Rehder et E. H. Wilson
习　　性：灌木
海　　拔：2300~3800 m
分　　布：四川、云南
濒危等级：LC

香水月季
Rosa odorata(Andrews)Sweet

香水月季（原变种）
Rosa odorata var. **odorata**
习　　性：常绿或半常绿灌木
海　　拔：1400~2700 m
分　　布：原产云南；江苏、云南、四川、浙江等地栽培
濒危等级：VU B1ab（iii）
资源利用：环境利用（观赏）

粉红香水月季
Rosa odorata var. **erubescens**(Focke)T. T. Yu et T. C. Ku
习　　性：常绿或半常绿灌木
海　　拔：2000~2500 m
分　　布：云南
濒危等级：LC

大花香水月季
Rosa odorata var. **gigantea**(Collett ex Crép.)Reher et E. H. Wilson
习　　性：常绿或半常绿灌木
海　　拔：1400~2700 m
国内分布：云南
国外分布：缅甸、泰国、越南
濒危等级：LC
国家保护：II级

橘黄香水月季
Rosa odorata var. **pseudindica**(Lindl.)Rehder
习　　性：常绿或半常绿灌木
海　　拔：1000~2500 m
分　　布：云南
濒危等级：LC

峨眉蔷薇
Rosa omeiensis Rolfe
习　　性：灌木
海　　拔：700~4000 m
分　　布：西藏、云南
濒危等级：LC
资源利用：药用（中草药）；原料（单宁，树脂）

尖刺蔷薇
Rosa oxyacantha M. Bieb.
习　　性：灌木
海　　拔：1100~1400 m
国内分布：新疆
国外分布：俄罗斯、蒙古
濒危等级：DD

全针蔷薇
Rosa persetosa Rolfe
习　　性：灌木
海　　拔：1300~2800 m
分　　布：四川
濒危等级：LC

羽萼蔷薇
Rosa pinnatisepala T. C. Ku
习　　性：灌木
海　　拔：1400~2300 m
分　　布：四川
濒危等级：DD

宽刺蔷薇
Rosa platyacantha Schrenk
习　　性：灌木
海　　拔：1100~1800 m
国内分布：新疆
国外分布：哈萨克斯坦、蒙古
濒危等级：NT B1ab（i, iii, v）

中甸刺玫
Rosa praelucens Bijh.
习　　性：灌木
海　　拔：2700~3000 m
分　　布：云南
濒危等级：EN A2c；D
国家保护：II级

铁杆蔷薇
Rosa prattii Hemsl.
习　　性：灌木
海　　拔：1900~3000 m
分　　布：甘肃、四川、云南
濒危等级：LC

太鲁阁蔷薇
Rosa pricei Hayata
习　　性：灌木
海　　拔：1500~2000 m
分　　布：台湾
濒危等级：NT

樱草蔷薇
Rosa primula Boulenger
- 习　　性：灌木
- 海　　拔：800～2500 m
- 分　　布：甘肃、河北、河南、山西、陕西、四川
- 濒危等级：LC

粉蕾木香
Rosa pseudobanksiae T. T. Yu et T. C. Ku
- 习　　性：攀援灌木
- 分　　布：云南
- 濒危等级：CR B1ab（iv）

缫丝花
Rosa roxburghii Tratt.
- 习　　性：灌木
- 海　　拔：500～1400 m
- 国内分布：安徽、福建、甘肃、广西、贵州、湖北、湖南、江西、陕西、四川、西藏、云南、浙江
- 国外分布：日本
- 濒危等级：LC
- 资源利用：环境利用（观赏）；药用（中草药）；原料（单宁，树脂）

悬钩子蔷薇
Rosa rubus H. Lév. et Vaniot
- 习　　性：匍匐灌木
- 海　　拔：500～1300 m
- 分　　布：福建、甘肃、广东、广西、贵州、湖北、江西、陕西、四川、云南、浙江
- 濒危等级：LC
- 资源利用：原料（单宁，精油，树脂）；环境利用（观赏）

玫瑰
Rosa rugosa Thunb.
- 习　　性：灌木
- 海　　拔：100 m 以下
- 国内分布：吉林、辽宁、山东；其他省份有栽培
- 国外分布：朝鲜、俄罗斯、日本
- 濒危等级：EN B1ab（iii）
- 国家保护：Ⅱ级
- 资源利用：药用（中草药）；原料（精油）；环境利用（观赏）

山蔷薇
Rosa sambucina Koidz.
- 习　　性：藤状灌木
- 海　　拔：1500～1700 m
- 分　　布：台湾
- 濒危等级：LC

大红蔷薇
Rosa saturata Baker

大红蔷薇（原变种）
Rosa saturata var. **saturata**
- 习　　性：灌木
- 海　　拔：2200～2400 m
- 分　　布：湖北、四川、浙江
- 濒危等级：LC

腺叶大红蔷薇
Rosa saturata var. **glandulosa** T. T. Yu et T. C. Ku
- 习　　性：灌木
- 分　　布：四川
- 濒危等级：LC

绢毛蔷薇
Rosa sericea Lindl.
- 习　　性：灌木
- 海　　拔：2000～4400 m
- 国内分布：贵州、四川、西藏、云南
- 国外分布：不丹、缅甸、印度
- 濒危等级：LC

钝叶蔷薇
Rosa sertata Rolfe

钝叶蔷薇（原变种）
Rosa sertata var. **sertata**
- 习　　性：灌木
- 海　　拔：1400～2200 m
- 分　　布：安徽、甘肃、河南、湖北、江苏、江西、山西、陕西、四川、云南、浙江
- 濒危等级：LC

多对钝叶蔷薇
Rosa sertata var. **multijuga** T. T. Yu et T. C. Ku
- 习　　性：灌木
- 分　　布：四川
- 濒危等级：LC

刺梗蔷薇
Rosa setipoda Hemsl. et E. H. Wilson
- 习　　性：灌木
- 海　　拔：1800～2600 m
- 分　　布：湖北、四川
- 濒危等级：LC

商城蔷薇
Rosa shangchengensis T. C. Ku
- 习　　性：灌木
- 分　　布：河南
- 濒危等级：NT

川西蔷薇
Rosa sikangensis T. T. Yu et T. C. Ku
- 习　　性：灌木
- 海　　拔：2900～4200 m
- 分　　布：四川、西藏、云南
- 濒危等级：LC

双花蔷薇
Rosa sinobiflora T. C. Ku
- 习　　性：灌木
- 海　　拔：约2600 m
- 分　　布：云南
- 濒危等级：LC

川滇蔷薇
Rosa soulieana Crép.

川滇蔷薇（原变种）
Rosa soulieana var. **soulieana**
习　　性：灌木
海　　拔：2500 ~ 3000 m
分　　布：安徽、四川、西藏、云南
濒危等级：LC

小叶川滇蔷薇
Rosa soulieana var. **microphylla** T. T. Yu et T. C. Ku
习　　性：灌木
海　　拔：3200 ~ 3700 m
分　　布：西藏、云南
濒危等级：DD

大叶川滇蔷薇
Rosa soulieana var. **sungpanensis** Rehder
习　　性：灌木
分　　布：四川
濒危等级：DD

毛叶川滇蔷薇
Rosa soulieana var. **yunnanensis** C. K. Schneid.
习　　性：灌木
海　　拔：2000 ~ 3000 m
分　　布：重庆、四川、云南
濒危等级：LC

密刺蔷薇
Rosa spinosissima L.

密刺蔷薇（原变种）
Rosa spinosissima var. **spinosissima**
习　　性：灌木
海　　拔：1100 ~ 2300 m
国内分布：新疆
国外分布：俄罗斯
濒危等级：LC

大花密刺蔷薇
Rosa spinosissima var. **altaica** (Willd.) Rehder
习　　性：灌木
海　　拔：1100 ~ 2300 m
国内分布：新疆
国外分布：俄罗斯
濒危等级：LC

扁刺蔷薇
Rosa sweginzowii Koehne

扁刺蔷薇（原变种）
Rosa sweginzowii var. **sweginzowii**
习　　性：灌木
海　　拔：2300 ~ 3600 m
分　　布：甘肃、湖北、青海、陕西、四川、西藏、云南
濒危等级：LC

腺叶扁刺蔷薇
Rosa sweginzowii var. **glandulosa** Cardot
习　　性：灌木
海　　拔：2300 ~ 3800 m
分　　布：甘肃、四川、西藏、云南
濒危等级：LC

毛瓣扁刺蔷薇
Rosa sweginzowii var. **stevensii** (Rehder) T. C. Ku
习　　性：灌木
海　　拔：2700 ~ 4600 m
分　　布：四川
濒危等级：LC

小金樱
Rosa taiwanensis Nakai
习　　性：攀援灌木
海　　拔：2500 m 以下
分　　布：台湾
濒危等级：DD

俅江蔷薇
Rosa taronensis T. T. Yu
习　　性：灌木
海　　拔：2400 ~ 3300 m
分　　布：云南
濒危等级：LC

西藏蔷薇
Rosa tibetica T. T. Yu et T. C. Ku
习　　性：灌木
海　　拔：3800 ~ 4000 m
分　　布：西藏
濒危等级：LC

高山蔷薇
Rosa transmorrisonensis Hayata
习　　性：常绿灌木
海　　拔：约 2400 m
国内分布：台湾
国外分布：菲律宾
濒危等级：LC

秦岭蔷薇
Rosa tsinglingensis Pax et K. Hoffm.
习　　性：灌木
海　　拔：2800 ~ 3700 m
分　　布：甘肃、陕西
濒危等级：LC

单花合柱蔷薇
Rosa uniflorella Buzunova

单花合柱蔷薇（原亚种）
Rosa uniflorella subsp. **uniflorella**
习　　性：灌木
分　　布：浙江
濒危等级：DD

腺瓣蔷薇
Rosa uniflorella subsp. **adenopetala** L. Qian et X. F. Jin
习　　性：灌木
分　　布：浙江
濒危等级：DD

藏边蔷薇
Rosa webbiana Wall. ex Royle
习　　性：灌木
海　　拔：2000~4500 m
国内分布：西藏
国外分布：阿富汗、克什米尔地区、蒙古、尼泊尔、印度
濒危等级：LC

维西蔷薇
Rosa weisiensis T. T. Yu et T. C. Ku
习　　性：攀援灌木
海　　拔：1800~2300 m
分　　布：云南
濒危等级：NT

小叶蔷薇
Rosa willmottiae Hemsl.

小叶蔷薇（原变种）
Rosa willmottiae var. **willmottiae**
习　　性：灌木
海　　拔：2500~3800 m
分　　布：甘肃、青海、四川、西藏、云南
濒危等级：LC

腺毛小叶蔷薇
Rosa willmottiae var. **glandulifera** T. T. Yu et T. C. Ku
习　　性：灌木
海　　拔：2500~3800 m
分　　布：甘肃、四川、西藏、云南
濒危等级：LC

黄刺玫
Rosa xanthina Lindl.
习　　性：灌木
分　　布：甘肃、河北、黑龙江、吉林、辽宁、内蒙古、山东、山西、陕西
濒危等级：LC
资源利用：环境利用（观赏）

中甸蔷薇
Rosa zhongdianensis T. C. Ku
习　　性：灌木
海　　拔：2600 m
分　　布：云南
濒危等级：DD

悬钩子属 Rubus L.

尖叶悬钩子
Rubus acuminatus Sm.

尖叶悬钩子（原变种）
Rubus acuminatus var. **acuminatus**
习　　性：攀援灌木
海　　拔：3000 m 以下
国内分布：云南
国外分布：不丹、尼泊尔、印度、越南
濒危等级：LC

柔毛尖叶悬钩子
Rubus acuminatus var. **puberulus** T. T. Yu et L. T. Lu
习　　性：攀援灌木
海　　拔：1000~1500 m
分　　布：贵州
濒危等级：LC

腺毛莓
Rubus adenophorus Rolfe
习　　性：攀援灌木
海　　拔：300~1400 m
分　　布：福建、广东、广西、贵州、湖北、湖南、江西、浙江
濒危等级：LC

粗叶悬钩子
Rubus alceifolius Poir.
习　　性：攀援灌木
海　　拔：500~2000 m
国内分布：福建、广东、广西、贵州、海南、湖南、江苏、江西、台湾、云南、浙江
国外分布：菲律宾、柬埔寨、老挝、马来西亚、缅甸、日本、泰国、印度尼西亚、越南
濒危等级：LC

刺萼悬钩子
Rubus alexeterius Focke

刺萼悬钩子（原变种）
Rubus alexeterius var. **alexeterius**
习　　性：灌木
海　　拔：2000~3700 m
国内分布：四川、西藏、云南
国外分布：不丹、尼泊尔
濒危等级：DD

腺毛刺萼悬钩子
Rubus alexeterius var. **acaenocalyx** (H. Hara) T. T. Yu et L. T. Lu
习　　性：灌木
海　　拔：2000~3200 m
国内分布：四川、西藏、云南
国外分布：不丹、尼泊尔
濒危等级：LC

桤叶悬钩子
Rubus alnifoliolatus H. Lév.
习　　性：灌木
分　　布：台湾
濒危等级：LC

秀丽莓
Rubus amabilis Focke

秀丽莓（原变种）
Rubus amabilis var. **amabilis**
习　　性：灌木
海　　拔：1000~3700 m
分　　布：甘肃、河南、湖北、青海、山西、陕西、四川
濒危等级：LC

刺萼秀丽莓
Rubus amabilis var. **aculeatissimus** T. T. Yu et L. T. Lu
- 习　　性：灌木
- 海　　拔：1900~2600 m
- 分　　布：重庆、四川
- 濒危等级：DD

小果秀丽莓
Rubus amabilis var. **microcarpus** T. T. Yu et L. T. Lu
- 习　　性：灌木
- 海　　拔：2000~3500 m
- 分　　布：甘肃、青海
- 濒危等级：LC

周毛悬钩子
Rubus amphidasys Focke ex Diels
- 习　　性：灌木
- 海　　拔：400~1600 m
- 分　　布：安徽、福建、广东、广西、贵州、湖北、湖南、江西、四川、浙江
- 濒危等级：LC
- 资源利用：药用（中草药）；食品（水果）

狭苞悬钩子
Rubus angustibracteatus T. T. Yu et L. T. Lu
- 习　　性：攀援灌木
- 海　　拔：1900~2200 m
- 分　　布：四川
- 濒危等级：NT A2c；B1ab（i）

灰叶悬钩子
Rubus arachnoideus Y. C. Liu et F. Y. Lu
- 习　　性：亚灌木
- 海　　拔：300~1800 m
- 分　　布：台湾
- 濒危等级：LC

北悬钩子
Rubus arcticus L.
- 习　　性：草本
- 海　　拔：约 1200 m
- 国内分布：黑龙江、吉林、辽宁、内蒙古
- 国外分布：朝鲜、俄罗斯、蒙古
- 濒危等级：LC

西南悬钩子
Rubus assamensis Focke
- 习　　性：攀援灌木
- 海　　拔：1400~3000 m
- 国内分布：广西、贵州、四川、西藏、云南
- 国外分布：缅甸、印度
- 濒危等级：LC

橘红悬钩子
Rubus aurantiacus Focke

橘红悬钩子（原变种）
Rubus aurantiacus var. **aurantiacus**
- 习　　性：灌木
- 海　　拔：1500~3300 m
- 分　　布：四川、西藏、云南
- 濒危等级：LC

钝叶橘红悬钩子
Rubus aurantiacus var. **obtusifolius** T. T. Yu et L. T. Lu
- 习　　性：灌木
- 海　　拔：1600 m 以下
- 分　　布：贵州、云南
- 濒危等级：LC

藏南悬钩子
Rubus austrotibetanus T. T. Yu et L. T. Lu
- 习　　性：灌木
- 海　　拔：2600~3800 m
- 分　　布：西藏、云南
- 濒危等级：LC

竹叶鸡爪茶
Rubus bambusarum Focke
- 习　　性：攀援灌木
- 海　　拔：1000~3000 m
- 分　　布：贵州、湖北、陕西、四川
- 濒危等级：LC

粉枝莓
Rubus biflorus Buch.-Ham. ex Sm.

粉枝莓（原变种）
Rubus biflorus var. **biflorus**
- 习　　性：灌木
- 海　　拔：1500~3500 m
- 国内分布：甘肃、贵州、陕西、四川、西藏、云南
- 国外分布：不丹、克什米尔地区、缅甸、尼泊尔、印度
- 濒危等级：LC

腺毛粉枝莓
Rubus biflorus var. **adenophorus** Franch.
- 习　　性：攀援灌木
- 海　　拔：3000 m 以下
- 分　　布：西藏、云南
- 濒危等级：LC

柔毛粉枝莓
Rubus biflorus var. **pubescens** T. T. Yu et L. T. Lu
- 习　　性：攀援灌木
- 海　　拔：2500 m 以下
- 分　　布：四川
- 濒危等级：LC

滇北悬钩子
Rubus bonatianus Focke
- 习　　性：灌木
- 海　　拔：3200~3500 m
- 分　　布：四川、云南
- 濒危等级：DD

短柄悬钩子
Rubus brevipetiolatus T. T. Yu et L. T. Lu
- 习　　性：灌木

分　　布：广西
濒危等级：LC

寒莓
Rubus buergeri Miq.
　　习　　性：灌木
　　海　　拔：300～1500 m
　　国内分布：安徽、福建、广东、广西、贵州、湖北、湖南、江苏、江西、四川、台湾、云南、浙江
　　国外分布：朝鲜、日本
　　濒危等级：LC
　　资源利用：药用（中草药）；食品（水果）

欧洲木莓
Rubus caesius L.
　　习　　性：攀援灌木
　　海　　拔：1000～1500 m
　　国内分布：新疆
　　国外分布：俄罗斯；西南亚、欧洲、北美洲
　　濒危等级：LC

美叶悬钩子
Rubus calophyllus C. B. Clarke
　　习　　性：灌木
　　国内分布：西藏
　　国外分布：不丹、印度
　　濒危等级：LC

猥莓
Rubus calycacanthus H. Lév.
　　习　　性：攀援灌木
　　海　　拔：1000～1500 m
　　分　　布：广西、贵州、云南
　　濒危等级：LC

齿萼悬钩子
Rubus calycinus Wall. ex D. Don
　　习　　性：攀援草本
　　海　　拔：1200～3000 m
　　国内分布：四川、西藏、云南
　　国外分布：不丹、缅甸、尼泊尔、印度、印度尼西亚
　　濒危等级：LC

尾叶悬钩子
Rubus caudifolius Wuzhi
　　习　　性：攀援灌木
　　海　　拔：800～2200 m
　　分　　布：福建、广西、贵州、湖北、湖南、浙江
　　濒危等级：LC

兴安悬钩子
Rubus chamaemorus L.
　　习　　性：多年生草本
　　国内分布：黑龙江、吉林、辽宁
　　国外分布：朝鲜、俄罗斯、日本
　　濒危等级：LC
　　资源利用：食品（水果）

长序莓
Rubus chiliadenus Focke
　　习　　性：灌木
　　海　　拔：600～2000 m
　　分　　布：贵州、湖北、四川
　　濒危等级：NT C1

掌叶覆盆子
Rubus chingii H. H. Hu

掌叶覆盆子（原变种）
Rubus chingii var. **chingii**
　　习　　性：藤状灌木
　　国内分布：安徽、福建、广西、江苏、江西、浙江
　　国外分布：日本
　　濒危等级：LC

甜茶
Rubus chingii var. **suavissimus**（S. Lee）L. T. Lu
　　习　　性：藤状灌木
　　海　　拔：500～1000 m
　　分　　布：广西
　　濒危等级：NT

毛萼莓
Rubus chroosepalus Focke

毛萼莓（原变种）
Rubus chroosepalus var. **chroosepalus**
　　习　　性：攀援灌木
　　海　　拔：300～2000 m
　　国内分布：福建、广东、广西、贵州、湖北、湖南、江苏、陕西、四川、云南
　　国外分布：越南
　　濒危等级：LC

蛛丝毛萼莓
Rubus chroosepalus var. **araneosus** Q. H. Chen et T. L. Xu
　　习　　性：攀援灌木
　　海　　拔：1000 m 以下
　　分　　布：贵州
　　濒危等级：LC

黄穗悬钩子
Rubus chrysobotrys Hand. -Mazz.

黄穗悬钩子（原变种）
Rubus chrysobotrys var. **chrysobotrys**
　　习　　性：灌木
　　海　　拔：1700～2500 m
　　分　　布：云南
　　濒危等级：LC

裂叶黄穗悬钩子
Rubus chrysobotrys var. **lobophyllus** Hand. -Mazz.
　　习　　性：灌木
　　海　　拔：2000～2400 m
　　分　　布：云南
　　濒危等级：LC

网纹悬钩子
Rubus cinclidodictyus Cardot
　　习　　性：攀援灌木
　　海　　拔：1200～3300 m
　　分　　布：四川、云南

濒危等级：LC

大乌泡
Rubus clinocephalus

大乌泡（原变种）
Rubus clinocephalus var. **clinocephalus**
- 习　　性：灌木
- 海　　拔：300～2700 m
- 国内分布：广东、广西、贵州、云南
- 国外分布：柬埔寨、老挝、泰国、越南
- 濒危等级：LC

裂萼大乌泡
Rubus clinocephalus var. **lobatisepalus**（T. T. Yu et L. T. Lu）Huan C. Wang et H. Sun
- 习　　性：灌木
- 海　　拔：2500 m 以下
- 分　　布：云南
- 濒危等级：LC

蛇泡筋
Rubus cochinchinensis Tratt.
- 习　　性：攀援灌木
- 海　　拔：海平面至2400 m
- 国内分布：广东、广西、海南、四川、云南
- 国外分布：柬埔寨、老挝、泰国、越南
- 濒危等级：LC

华中悬钩子
Rubus cockburnianus Hemsl.
- 习　　性：灌木
- 海　　拔：900～4000 m
- 分　　布：河南、山西、四川、西藏、云南
- 濒危等级：LC
- 资源利用：食品（水果）

小柱悬钩子
Rubus columellaris Tutcher

小柱悬钩子（原变种）
Rubus columellaris var. **columellaris**
- 习　　性：攀援灌木
- 海　　拔：700～2200 m
- 国内分布：福建、广东、广西、贵州、湖南、江西、四川、云南
- 国外分布：越南
- 濒危等级：LC

柔毛小柱悬钩子
Rubus columellaris var. **villosus** T. T. Yu et L. T. Lu
- 习　　性：攀援灌木
- 海　　拔：300～400 m
- 分　　布：广东
- 濒危等级：NT B1ab（iii, iv）

山莓
Rubus corchorifolius L. f.
- 习　　性：灌木
- 海　　拔：200～2600 m
- 国内分布：安徽、福建、甘肃、广东、广西、贵州、海南、河北、河南、黑龙江、湖北、湖南、吉林、江苏、江西、辽宁、内蒙古、宁夏、山东、山西、陕西、四川、西藏、云南、浙江
- 国外分布：朝鲜、缅甸、日本、越南
- 濒危等级：LC
- 资源利用：药用（中草药）；原料（单宁）；食品（水果）

插田泡
Rubus coreanus Miq.

插田泡（原变种）
Rubus coreanus var. **coreanus**
- 习　　性：灌木
- 海　　拔：100～1700 m
- 国内分布：安徽、福建、甘肃、贵州、河南、湖北、湖南、江苏、江西、陕西、四川、新疆、云南、浙江
- 国外分布：朝鲜、日本
- 濒危等级：LC
- 资源利用：药用（中草药）；食品（水果）

毛叶插田泡
Rubus coreanus var. **tomentosus** Cardot
- 习　　性：灌木
- 海　　拔：800～3100 m
- 分　　布：安徽、甘肃、贵州、河南、湖北、湖南、陕西、四川、云南
- 濒危等级：LC

厚叶悬钩子
Rubus crassifolius T. T. Yu et L. T. Lu
- 习　　性：灌木
- 海　　拔：1600～2000 m
- 分　　布：广东、广西、湖南、江西
- 濒危等级：LC

牛叠肚
Rubus crataegifolius Bunge
- 习　　性：灌木
- 海　　拔：300～2500 m
- 国内分布：河北、河南、黑龙江、吉林、辽宁、内蒙古、山东、山西
- 国外分布：朝鲜、俄罗斯、日本
- 濒危等级：LC
- 资源利用：药用（中草药）；原料（单宁，纤维，树脂）；食品（水果）；环境利用（观赏）

薄瓣悬钩子
Rubus croceacanthus H. Lév.

薄瓣悬钩子（原变种）
Rubus croceacanthus var. **croceacanthus**
- 习　　性：灌木
- 国内分布：台湾
- 国外分布：柬埔寨、老挝、缅甸、日本、泰国、印度、越南
- 濒危等级：LC

秃悬钩子
Rubus croceacanthus var. **glaber** Koidz.
- 习　　性：灌木
- 分　　布：台湾
- 濒危等级：LC

三叶悬钩子
Rubus delavayi Franch.
　　习　　性：灌木
　　海　　拔：2000～3400 m
　　分　　布：云南
　　濒危等级：LC
　　资源利用：药用（中草药）；原料（单宁）

长叶悬钩子
Rubus dolichophyllus Hand. -Mazz.

长叶悬钩子（原变种）
Rubus dolichophyllus var. **dolichophyllus**
　　习　　性：藤状灌木
　　海　　拔：1000～3400 m
　　分　　布：广西、贵州
　　濒危等级：LC

毛梗长叶悬钩子
Rubus dolichophyllus var. **pubescens** T. T. Yu et L. T. Lu
　　习　　性：藤状灌木
　　海　　拔：2100 m 以下
　　分　　布：贵州
　　濒危等级：LC

白藨
Rubus doyonensis Hand. -Mazz.
　　习　　性：攀援灌木
　　海　　拔：2000～3200 m
　　分　　布：云南
　　濒危等级：DD
　　资源利用：药用（中草药）

闽粤悬钩子
Rubus dunnii F. P. Metcalf

闽粤悬钩子（原变种）
Rubus dunnii var. **dunnii**
　　习　　性：攀援灌木
　　分　　布：福建、广东
　　濒危等级：DD

光叶闽粤悬钩子
Rubus dunnii var. **glabrescens** T. T. Yu et L. T. Lu
　　习　　性：攀援灌木
　　分　　布：福建
　　濒危等级：LC

椭圆悬钩子
Rubus ellipticus Sm.

椭圆悬钩子（原变种）
Rubus ellipticus var. **ellipticus**
　　习　　性：灌木
　　海　　拔：300～1000 m
　　国内分布：四川、西藏、云南
　　国外分布：巴基斯坦、不丹、菲律宾、老挝、缅甸、尼泊尔、斯里兰卡、泰国、印度、越南
　　濒危等级：LC
　　资源利用：药用（中草药）

栽秧泡
Rubus ellipticus var. **obcordatus** Focke
　　习　　性：灌木
　　海　　拔：300～1000 m
　　国内分布：广西、贵州、四川、西藏、云南
　　国外分布：老挝、泰国、印度、越南
　　濒危等级：LC
　　资源利用：药用（中草药）

红果悬钩子
Rubus erythrocarpus T. T. Yu et L. T. Lu

红果悬钩子（原变种）
Rubus erythrocarpus var. **erythrocarpus**
　　习　　性：灌木
　　海　　拔：3000～3800 m
　　分　　布：云南
　　濒危等级：LC

腺萼红果悬钩子
Rubus erythrocarpus var. **weixiensis** T. T. Yu et L. T. Lu
　　习　　性：灌木
　　海　　拔：3200 m 以下
　　分　　布：云南
　　濒危等级：LC

桉叶悬钩子
Rubus eucalyptus Focke

桉叶悬钩子（原变种）
Rubus eucalyptus var. **eucalyptus**
　　习　　性：灌木
　　海　　拔：1000～2500 m
　　分　　布：甘肃、贵州、湖北、陕西、四川
　　濒危等级：LC
　　资源利用：药用（中草药）

脱毛桉叶悬钩子
Rubus eucalyptus var. **etomentosus** T. T. Yu et L. T. Lu
　　习　　性：灌木
　　海　　拔：约2300 m
　　分　　布：四川
　　濒危等级：LC

无腺桉叶悬钩子
Rubus eucalyptus var. **villosus** (Cardot) Y. F. Deng
　　习　　性：灌木
　　海　　拔：1000～2500 m
　　分　　布：湖北、陕西、四川
　　濒危等级：LC

云南桉叶悬钩子
Rubus eucalyptus var. **yunnanensis** T. T. Yu et L. T. Lu
　　习　　性：灌木
　　海　　拔：约3400 m
　　分　　布：云南
　　濒危等级：LC

大红泡
Rubus eustephanos Focke

大红泡（原变种）
Rubus eustephanos var. **eustephanos**
习　　性：灌木
海　　拔：500~2300 m
分　　布：贵州、湖北、湖南、陕西、四川、浙江
濒危等级：LC
资源利用：原料（单宁）

腺毛大红泡
Rubus eustephanos var. **glanduliger** T. T. Yu et L. T. Lu
习　　性：灌木
海　　拔：700~2300 m
分　　布：重庆、四川
濒危等级：LC

荚蒾叶悬钩子
Rubus evadens Focke
习　　性：藤状灌木
海　　拔：1200~3000 m
分　　布：云南
濒危等级：LC

峨眉悬钩子
Rubus faberi Focke
习　　性：灌木
分　　布：四川
濒危等级：LC

梵净山悬钩子
Rubus fanjingshanensis L. T. Lu ex Boufford et al.
习　　性：灌木
海　　拔：2000~2300 m
分　　布：贵州
濒危等级：LC

黔桂悬钩子
Rubus feddei H. Lév. et Vaniot
习　　性：攀援灌木
海　　拔：600~1200 m
国内分布：广西、贵州、云南
国外分布：越南
濒危等级：LC
资源利用：药用（中草药）

攀枝莓
Rubus flagelliflorus Focke ex Diels
习　　性：藤状或攀援灌木
海　　拔：900~1500 m
分　　布：福建、贵州、湖北、湖南、陕西、四川、台湾
濒危等级：LC

弓茎悬钩子
Rubus flosculosus Focke

弓茎悬钩子（原变种）
Rubus flosculosus var. **flosculosus**
习　　性：灌木
海　　拔：900~2600 m
分　　布：甘肃、河南、湖北、山西、陕西、四川、西藏、浙江
濒危等级：LC

资源利用：食品（水果）

脱毛弓茎悬钩子
Rubus flosculosus var. **etomentosus** T. T. Yu et L. T. Lu
习　　性：灌木
海　　拔：2800 m 以下
分　　布：福建、四川
濒危等级：LC

凉山悬钩子
Rubus fockeanus Kurz
习　　性：多年生草本
海　　拔：2000~4000 m
国内分布：湖北、四川、西藏、云南
国外分布：不丹、缅甸、尼泊尔、印度
濒危等级：LC

托叶悬钩子
Rubus foliaceistipulatus T. T. Yu et L. T. Lu
习　　性：灌木
海　　拔：2800~3000 m
分　　布：云南
濒危等级：LC

台湾悬钩子
Rubus formosensis Kuntze
习　　性：灌木
海　　拔：400~1000 m
分　　布：广东、广西、台湾
濒危等级：LC

贡山蓬蘽
Rubus forrestianus Hand.-Mazz.
习　　性：藤状灌木
海　　拔：1000~2000 m
分　　布：云南
濒危等级：DD

莓叶悬钩子
Rubus fragarioides Bertol.

莓叶悬钩子（原变种）
Rubus fragarioides var. **fragarioides**
习　　性：草本
海　　拔：3000~4200 m
国内分布：西藏
国外分布：不丹、缅甸、尼泊尔、印度
濒危等级：LC

腺毛莓叶悬钩子
Rubus fragarioides var. **adenophorus** Franch.
习　　性：草本
海　　拔：3000~4000 m
分　　布：四川、西藏、云南
濒危等级：DD

柔毛莓叶悬钩子
Rubus fragarioides var. **pubescens** Franch.
习　　性：草本
海　　拔：3300~4000 m
分　　布：西藏、云南

濒危等级：LC

梣叶悬钩子
Rubus fraxinifoliolus Hayata
习　　性：攀援灌木
海　　拔：100～1900 m
分　　布：台湾
濒危等级：LC

兰屿梣叶悬钩子
Rubus fraxinifolius Poir.
习　　性：灌木
国内分布：台湾
国外分布：菲律宾、马来西亚、印度尼西亚
濒危等级：NT

福建悬钩子
Rubus fujianensis T. T. Yu et L. T. Lu
习　　性：攀援灌木
海　　拔：约1400 m
分　　布：福建、浙江
濒危等级：DD

黄毛悬钩子
Rubus fuscorubens Focke
习　　性：落叶灌木
海　　拔：400～1200 m
分　　布：湖北
濒危等级：LC

光果悬钩子
Rubus glabricarpus W. C. Cheng

光果悬钩子（原变种）
Rubus glabricarpus var. **glabricarpus**
习　　性：灌木
分　　布：福建、江苏、浙江
濒危等级：DD

无毛光果悬钩子
Rubus glabricarpus var. **glabratus** C. Z. Zheng et Y. Y. Fang
习　　性：灌木
海　　拔：约1100 m
分　　布：浙江
濒危等级：NT C1

腺萼悬钩子
Rubus glandulosocalycinus Hayata
习　　性：亚灌木
分　　布：台湾
濒危等级：LC

腺果悬钩子
Rubus glandulosocarpus M. X. Nie
习　　性：亚灌木
海　　拔：1600～1700 m
分　　布：江西
濒危等级：NT C1

贡山悬钩子
Rubus gongshanensis T. T. Yu et L. T. Lu

贡山悬钩子（原变种）
Rubus gongshanensis var. **gongshanensis**
习　　性：灌木
海　　拔：3500 m 以下
分　　布：云南
濒危等级：DD

无腺毛贡山悬钩子
Rubus gongshanensis var. **eglandulosus** Y. Gu et W. L. Li
习　　性：灌木
海　　拔：100～2000 m
分　　布：云南
濒危等级：LC

无刺贡山悬钩子
Rubus gongshanensis var. **qiujiangensis** T. T. Yu et L. T. Lu
习　　性：灌木
海　　拔：3500 m 以下
分　　布：云南
濒危等级：LC

大序悬钩子
Rubus grandipaniculatus T. T. Yu et L. T. Lu
习　　性：灌木
海　　拔：800～1100 m
分　　布：重庆、陕西
濒危等级：LC

中南悬钩子
Rubus grayanus Maxim.

中南悬钩子（原变种）
Rubus grayanus var. **grayanus**
习　　性：灌木
海　　拔：500～1100 m
国内分布：福建、广东、广西、湖南、江西、浙江
国外分布：日本
濒危等级：LC

三裂中南悬钩子
Rubus grayanus var. **trilobatus** T. T. Yu et L. T. Lu
习　　性：灌木
海　　拔：300～700 m
分　　布：福建、浙江
濒危等级：LC

江西悬钩子
Rubus gressittii F. P. Metcalf
习　　性：攀援灌木
海　　拔：500～1200 m
分　　布：广东、湖南、江西
濒危等级：LC

柔毛悬钩子
Rubus gyamdaensis L. T. Lu et Boufford

柔毛悬钩子（原变种）
Rubus gyamdaensis var. **gyamdaensis**
习　　性：灌木
海　　拔：约4200 m
分　　布：西藏

濒危等级：LC

川西柔毛悬钩子
Rubus gyamdaensis var. **glabriusculus**(T. T. Yu et L. T. Lu) L. T. Lu et Boufford
　　习　　性：灌木
　　海　　拔：2400 m 以下
　　分　　布：四川
　　濒危等级：LC

华南悬钩子
Rubus hanceanus Kuntze
　　习　　性：藤状或攀援灌木
　　海　　拔：300～1500 m
　　分　　布：福建、广东、广西、湖南
　　濒危等级：LC

戟叶悬钩子
Rubus hastifolius H. Lév. et Vaniot
　　习　　性：常绿灌木
　　海　　拔：300～1500 m
　　国内分布：广东、贵州、湖南、江西、云南
　　国外分布：泰国、越南
　　濒危等级：LC
　　资源利用：药用（中草药）

半锥莓
Rubus hemithyrsus Hand. -Mazz.
　　习　　性：攀援灌木
　　海　　拔：1700～3000 m
　　分　　布：云南
　　濒危等级：LC

鸡爪茶
Rubus henryi Hemsl. et Kuntze

鸡爪茶（原变种）
Rubus henryi var. **henryi**
　　习　　性：攀援灌木
　　海　　拔：2000 m 以下
　　分　　布：贵州、湖北、湖南、四川
　　濒危等级：LC

大叶鸡爪茶
Rubus henryi var. **sozostylus**(Focke)T. T. Yu et L. T. Lu
　　习　　性：攀援灌木
　　海　　拔：2500 m 以下
　　分　　布：贵州、湖北、湖南、四川
　　濒危等级：LC

蓬蘽
Rubus hirsutus Thunb.

蓬蘽（原变种）
Rubus hirsutus var. **hirsutus**
　　习　　性：灌木
　　海　　拔：1500～3200 m
　　国内分布：安徽、福建、广东、河南、湖北、江苏、江西、台湾、云南、浙江
　　国外分布：朝鲜、日本

濒危等级：LC

短梗蓬蘽
Rubus hirsutus var. **brevipedicellus** Z. M. Wu
　　习　　性：灌木
　　海　　拔：900～1300 m
　　分　　布：安徽
　　濒危等级：LC

裂叶悬钩子
Rubus howii Merr. et Chun
　　习　　性：攀援灌木
　　分　　布：海南
　　濒危等级：LC

黄平悬钩子
Rubus huangpingensis T. T. Yu et L. T. Lu
　　习　　性：攀援灌木
　　分　　布：贵州
　　濒危等级：LC

葎草叶悬钩子
Rubus humulifolius C. A. Mey.
　　习　　性：多年生草本
　　国内分布：黑龙江、吉林、内蒙古
　　国外分布：朝鲜、俄罗斯、蒙古
　　濒危等级：LC

湖南悬钩子
Rubus hunanensis Hand. -Mazz.
　　习　　性：攀援灌木
　　海　　拔：300～2500 m
　　分　　布：福建、广东、广西、贵州、湖北、湖南、江西、四川、台湾、浙江
　　濒危等级：LC

滇藏悬钩子
Rubus hypopitys Focke

滇藏悬钩子（原变种）
Rubus hypopitys var. **hypopitys**
　　习　　性：亚灌木
　　海　　拔：2000～3000 m
　　分　　布：西藏、云南
　　濒危等级：DD

汉密悬钩子
Rubus hypopitys var. **hanmiensis** T. T. Yu et L. T. Lu
　　习　　性：亚灌木
　　海　　拔：约 2200 m
　　分　　布：西藏
　　濒危等级：DD

宜昌悬钩子
Rubus ichangensis Hemsl. et Kuntze
　　习　　性：攀援灌木
　　海　　拔：800～2500 m
　　分　　布：安徽、甘肃、广东、广西、贵州、湖北、湖南、陕西、四川、云南
　　濒危等级：LC

资源利用：药用（中草药）；原料（单宁，工业用油）

拟覆盆子
Rubus idaeopsis Focke
- 习　　性：灌木
- 海　　拔：1000~2600 m
- 分　　布：福建、甘肃、广西、贵州、河南、江西、陕西、四川、西藏、云南
- 濒危等级：LC

覆盆子
Rubus idaeus L.
- 习　　性：灌木
- 海　　拔：500~2500 m
- 国内分布：河北、黑龙江、吉林、辽宁、内蒙古、山西、新疆
- 国外分布：俄罗斯、日本
- 资源利用：环境利用（观赏）
- 濒危等级：LC

陷脉悬钩子
Rubus impressinervus F. P. Metcalf
- 习　　性：草本
- 海　　拔：1300~1500 m
- 分　　布：福建、广东、湖南、江西、浙江
- 濒危等级：LC

白叶莓
Rubus innominatus S. Moore

白叶莓（原变种）
Rubus innominatus var. **innominatus**
- 习　　性：灌木
- 海　　拔：400~2500 m
- 分　　布：安徽、福建、甘肃、广东、广西、贵州、河南、湖北、湖南、江西、陕西、四川、云南、浙江
- 濒危等级：LC
- 资源利用：药用（中草药）；食品（水果）

蜜腺白叶莓
Rubus innominatus var. **aralioides**(Hance)T. T. Yu et L. T. Lu
- 习　　性：灌木
- 海　　拔：400~900 m
- 分　　布：福建、广东、贵州、江西、浙江
- 濒危等级：LC

无腺白叶莓
Rubus innominatus var. **kuntzeanus**(Hemsl.)L. H. Bailey
- 习　　性：灌木
- 海　　拔：800~2000 m
- 分　　布：安徽、福建、甘肃、广东、广西、贵州、湖北、湖南、江西、陕西、四川、云南、浙江
- 濒危等级：LC

宽萼白叶莓
Rubus innominatus var. **macrosepalus** F. P. Metcalf
- 习　　性：灌木
- 海　　拔：2000 m 以下
- 分　　布：安徽、浙江
- 濒危等级：LC

五叶白叶莓
Rubus innominatus var. **quinatus** L. H. Bailey
- 习　　性：灌木
- 分　　布：江西
- 濒危等级：NT C1

红花悬钩子
Rubus inopertus(Focke)Focke

红花悬钩子（原变种）
Rubus inopertus var. **inopertus**
- 习　　性：攀援灌木
- 海　　拔：800~2800 m
- 国内分布：广西、贵州、湖北、湖南、陕西、四川、台湾、云南
- 国外分布：越南
- 濒危等级：LC

刺萼红花悬钩子
Rubus inopertus var. **echinocalyx** Cardot
- 习　　性：攀援灌木
- 分　　布：云南
- 濒危等级：LC

灰毛泡
Rubus irenaeus Focke

灰毛泡（原变种）
Rubus irenaeus var. **irenaeus**
- 习　　性：灌木
- 海　　拔：500~1300 m
- 分　　布：福建、广东、广西、贵州、湖北、湖南、江苏、江西、四川、云南、浙江
- 濒危等级：LC
- 资源利用：药用（中草药）；食品（水果）

尖裂灰毛泡
Rubus irenaeus var. **innoxius**(Focke)T. T. Yu et L. T. Lu
- 习　　性：灌木
- 海　　拔：1500 m 以下
- 分　　布：重庆
- 濒危等级：LC

紫色悬钩子
Rubus irritans Focke
- 习　　性：半灌木
- 海　　拔：2000~4500 m
- 国内分布：甘肃、青海、四川、西藏
- 国外分布：阿富汗、巴基斯坦、不丹、克什米尔地区、印度
- 濒危等级：LC

蒲桃叶悬钩子
Rubus jambosoides Hance
- 习　　性：攀援灌木
- 分　　布：福建、广东、湖南
- 濒危等级：LC

常绿悬钩子
Rubus jianensis L. T. Lu et Bouford
- 习　　性：常绿灌木

海　　拔：700~900 m
分　　布：江西
濒危等级：LC

金佛山悬钩子
Rubus jinfoshanensis T. T. Yu et L. T. Lu
习　　性：攀援灌木
海　　拔：1600~2100 m
分　　布：重庆、云南
濒危等级：DD

桑叶悬钩子
Rubus kawakamii Hayata
习　　性：灌木
海　　拔：2000~2800 m
分　　布：台湾
濒危等级：LC

牯岭悬钩子
Rubus kulinganus L. H. Bailey
习　　性：灌木
海　　拔：2000 m 以下
分　　布：安徽、江西、浙江
濒危等级：LC

广西悬钩子
Rubus kwangsiensis H. L. Li
习　　性：攀援灌木
海　　拔：1500~1900 m
分　　布：广西
濒危等级：LC

高粱泡
Rubus lambertianus Ser.

高粱泡（原变种）
Rubus lambertianus var. **lambertianus**
习　　性：藤状灌木
海　　拔：200~2500 m
国内分布：安徽、福建、广东、广西、贵州、海南、河南、湖北、湖南、江苏、江西、台湾、云南、浙江
国外分布：日本
资源利用：药用（中草药）；原料（工业用油）；食品（水果）
濒危等级：LC

光滑高粱泡
Rubus lambertianus var. **glaber** Hemsl.
习　　性：藤状灌木
海　　拔：200~2500 m
国内分布：甘肃、贵州、湖北、江西、陕西、四川、云南、浙江
国外分布：日本
濒危等级：LC

腺毛高粱泡
Rubus lambertianus var. **glandulosus** Cardot
习　　性：藤状灌木
海　　拔：2000 m 以下
国内分布：贵州、湖北、四川、台湾、云南
国外分布：日本
濒危等级：LC

毛叶高粱泡
Rubus lambertianus var. **paykouangensis** (H. Lév.) Hand. -Mazz.
习　　性：藤状灌木
海　　拔：300~2200 m
国内分布：广西、贵州、湖南、云南
国外分布：泰国
濒危等级：LC

兰屿悬钩子
Rubus lanyuensis C. E. Chang
习　　性：灌木
分　　布：台湾
濒危等级：LC

绵果悬钩子
Rubus lasiostylus Focke

绵果悬钩子（原变种）
Rubus lasiostylus var. **lasiostylus**
习　　性：灌木
海　　拔：1000~2500 m
分　　布：湖北、陕西、四川、云南
濒危等级：LC

五叶绵果悬钩子
Rubus lasiostylus var. **dizygos** Focke
习　　性：灌木
海　　拔：2600~3000 m
分　　布：湖北、四川
濒危等级：LC

腺梗绵果悬钩子
Rubus lasiostylus var. **eglandulosus** Focke
习　　性：灌木
分　　布：湖北
濒危等级：LC

鄂西绵果悬钩子
Rubus lasiostylus var. **hubeiensis** T. T. Yu
习　　性：灌木
海　　拔：2700~2900 m
分　　布：湖北
濒危等级：LC

绒毛绵果悬钩子
Rubus lasiostylus var. **tomentosus** Focke
习　　性：灌木
分　　布：湖北
濒危等级：LC

多毛悬钩子
Rubus lasiotrichos Focke

多毛悬钩子（原变种）
Rubus lasiotrichos var. **lasiotrichos**
习　　性：攀援灌木
海　　拔：1800~2700 m
国内分布：贵州、四川、云南
国外分布：泰国、越南
濒危等级：LC

狭萼多毛悬钩子
Rubus lasiotrichos var. **blinii**（H. Lév.）L. T. Lu
  习 性：攀援灌木
  分 布：贵州
  濒危等级：NT C1

耳叶悬钩子
Rubus latoauriculatus F. P. Metcalf
  习 性：灌木
  海 拔：1000 m 以下
  分 布：广西
  濒危等级：LC

疏松悬钩子
Rubus laxus Focke
  习 性：攀援灌木
  海 拔：800~1800 m
  分 布：云南
  濒危等级：LC

白花悬钩子
Rubus leucanthus Hance
  习 性：攀援灌木
  海 拔：1000~2500 m
  国内分布：福建、广东、广西、贵州、海南、湖南、云南
  国外分布：柬埔寨、老挝、泰国、越南
  濒危等级：LC
  资源利用：食品（水果）

黎川悬钩子
Rubus lichuanensis T. T. Yu et L. T. Lu
  习 性：攀援灌木
  海 拔：1800~2800 m
  分 布：江西
  濒危等级：LC

光滑悬钩子
Rubus linearifoliolus Hayata

光滑悬钩子（原变种）
Rubus linearifoliolus var. **linearifoliolus**
  习 性：攀援灌木
  海 拔：800~2500 m
  分 布：福建、广东、广西、贵州、四川、云南、浙江
  濒危等级：LC

铅山悬钩子
Rubus linearifoliolus var. **yanshanensis**（Z. X. Yu et W. T. Ji）Y. F. Deng
  习 性：灌木
  海 拔：1100~1800 m
  分 布：江西
  濒危等级：LC

绢毛悬钩子
Rubus lineatus Reinw. ex Blume

绢毛悬钩子（原变种）
Rubus lineatus var. **lineatus**
  习 性：灌木
  海 拔：1400~3000 m
  国内分布：西藏、云南
  国外分布：不丹、马来西亚、缅甸、尼泊尔、印度、印度尼西亚、越南
  濒危等级：LC

狭叶绢毛悬钩子
Rubus lineatus var. **angustifolius** Hook. f.
  习 性：灌木
  海 拔：1800~2800 m
  分 布：云南
  濒危等级：DD

光秃绢毛悬钩子
Rubus lineatus var. **glabrescens** T. T. Yu et L. T. Lu
  习 性：灌木
  海 拔：1700~2000 m
  分 布：云南
  濒危等级：LC

丽水悬钩子
Rubus lishuiensis T. T. Yu et L. T. Lu
  习 性：藤状或攀援灌木
  分 布：浙江
  濒危等级：NT C1

柳叶悬钩子
Rubus liui Yuen P. Yang et S. Y. Lu
  习 性：攀援灌木
  海 拔：1400~1600 m
  分 布：台湾
  濒危等级：LC

五裂悬钩子
Rubus lobatus T. T. Yu et L. T. Lu
  习 性：攀援灌木
  海 拔：约 1100 m
  分 布：广东、广西
  濒危等级：LC

角裂悬钩子
Rubus lobophyllus Y. K. Shih ex F. P. Metcalf
  习 性：攀援灌木
  海 拔：500~2100 m
  分 布：广东、广西、贵州、湖南、云南
  濒危等级：LC

罗浮山悬钩子
Rubus lohfauensis F. P. Metcalf
  习 性：攀援灌木
  分 布：广东
  濒危等级：DD

光亮悬钩子
Rubus lucens Focke
  习 性：常绿灌木
  海 拔：600~3000 m
  国内分布：云南
  国外分布：菲律宾、印度、印度尼西亚

濒危等级：LC

绿春悬钩子
Rubus luchunensis T. T. Yu et L. T. Lu

绿春悬钩子（原变种）
Rubus luchunensis var. **luchunensis**
- 习　　性：攀援灌木
- 海　　拔：约 1700 m
- 分　　布：云南
- 濒危等级：DD

硬叶绿春悬钩子
Rubus luchunensis var. **coriaceus** T. T. Yu et L. T. Lu
- 习　　性：攀援灌木
- 海　　拔：2000 m 以下
- 分　　布：云南
- 濒危等级：LC

细瘦悬钩子
Rubus macilentus Cambess.

细瘦悬钩子（原变种）
Rubus macilentus var. **macilentus**
- 习　　性：灌木
- 海　　拔：900~3300 m
- 国内分布：四川、西藏、云南
- 国外分布：不丹、克什米尔地区、尼泊尔、印度
- 濒危等级：LC

棱枝细瘦悬钩子
Rubus macilentus var. **angulatus** Delavay
- 习　　性：灌木
- 海　　拔：2000 m 以下
- 分　　布：云南
- 濒危等级：DD

黄色悬钩子
Rubus maershanensis Huang C. Wang et H. Sun
- 习　　性：亚灌木
- 海　　拔：2500~4300 m
- 分　　布：四川、西藏、云南
- 濒危等级：DD

棠叶悬钩子
Rubus malifolius Focke

棠叶悬钩子（原变种）
Rubus malifolius var. **malifolius**
- 习　　性：攀援灌木
- 海　　拔：400~2200 m
- 分　　布：广东、广西、贵州、湖北、湖南、四川、云南
- 濒危等级：LC
- 资源利用：原料（单宁）

长萼棠叶悬钩子
Rubus malifolius var. **longisepalus** T. T. Yu et L. T. Lu
- 习　　性：攀援灌木
- 分　　布：广西
- 濒危等级：LC

麻栗坡悬钩子
Rubus malipoensis T. T. Yu et L. T. Lu
- 习　　性：灌木
- 海　　拔：1100~1500 m
- 分　　布：云南
- 濒危等级：LC

楸叶悬钩子
Rubus mallotifolius C. Y. Wu ex T. T. Yu et L. T. Lu
- 习　　性：攀援灌木
- 海　　拔：1200~2000 m
- 分　　布：云南
- 濒危等级：NT C1

勐腊悬钩子
Rubus menglaensis T. T. Yu et L. T. Lu
- 习　　性：灌木
- 海　　拔：500~600 m
- 分　　布：云南
- 濒危等级：DD

喜阴悬钩子
Rubus mesogaeus Focke

喜阴悬钩子（原变种）
Rubus mesogaeus var. **mesogaeus**
- 习　　性：攀援灌木
- 海　　拔：600~3600 m
- 国内分布：重庆、甘肃、贵州、河南、湖北、山西、陕西、四川、台湾、云南
- 国外分布：不丹、俄罗斯、尼泊尔、日本、印度
- 濒危等级：LC

脱毛喜阴悬钩子
Rubus mesogaeus var. **glabrescens** T. T. Yu et L. T. Lu
- 习　　性：攀援灌木
- 海　　拔：2000~2200 m
- 分　　布：四川
- 濒危等级：DD

腺毛喜阴悬钩子
Rubus mesogaeus var. **oxycomus** Focke ex Diels
- 习　　性：攀援灌木
- 海　　拔：2800 m 以下
- 分　　布：甘肃、陕西、四川、云南
- 濒危等级：LC

墨脱悬钩子
Rubus metoensis T. T. Yu et L. T. Lu
- 习　　性：灌木
- 海　　拔：约 2500 m
- 分　　布：西藏
- 濒危等级：LC

刺毛悬钩子
Rubus multisetosus T. T. Yu et L. T. Lu
- 习　　性：灌木
- 海　　拔：2200~3000 m
- 分　　布：云南

濒危等级：DD

高砂悬钩子
Rubus nagasawanus Koidz.
习　　性：蔓性灌木
海　　拔：700~2500 m
国内分布：台湾
国外分布：菲律宾、印度尼西亚
濒危等级：LC

矮生悬钩子
Rubus naruhashii Y. Sun et Boufford
习　　性：多年生草本
海　　拔：2800~4200 m
分　　布：云南
国外分布：缅甸
濒危等级：LC

锈叶悬钩子
Rubus neofuscifolius Y. F. Deng
习　　性：灌木
海　　拔：1300~2000 m
分　　布：云南
濒危等级：DD

红泡刺藤
Rubus niveus Thunb.
习　　性：灌木
海　　拔：500~2800 m
国内分布：甘肃、广西、贵州、陕西、四川、台湾、西藏、云南
国外分布：阿富汗、不丹、克什米尔地区、老挝、马来西亚、缅甸、斯里兰卡、泰国、印度、越南
濒危等级：LC
资源利用：原料（单宁）；食品（水果）

聂拉木悬钩子
Rubus nyalamensis T. T. Yu et L. T. Lu
习　　性：多年生草本
海　　拔：2000~3000 m
分　　布：西藏
濒危等级：LC

长圆悬钩子
Rubus oblongus T. T. Yu et L. T. Lu
习　　性：攀援灌木
海　　拔：1700~2100 m
分　　布：贵州、云南
濒危等级：DD

宝兴悬钩子
Rubus ourosepalus Cardot
习　　性：藤状灌木
海　　拔：约3000 m
分　　布：四川
濒危等级：DD

太平莓
Rubus pacificus Hance
习　　性：灌木
海　　拔：300~1000 m
分　　布：安徽、福建、湖北、湖南、江苏、江西、浙江
濒危等级：LC

琴叶悬钩子
Rubus panduratus Hand. -Mazz.

琴叶悬钩子（原变种）
Rubus panduratus var. **panduratus**
习　　性：攀援灌木
分　　布：广东、广西、贵州
濒危等级：LC

脱毛琴叶悬钩子
Rubus panduratus var. **etomentosus** Hand. -Mazz.
习　　性：攀援灌木
海　　拔：约800 m
分　　布：广东、广西、贵州、湖南
濒危等级：LC

圆锥悬钩子
Rubus paniculatus Sm.

圆锥悬钩子（原变种）
Rubus paniculatus var. **paniculatus**
习　　性：攀援灌木
海　　拔：1500~3200 m
国内分布：西藏、云南
国外分布：不丹、克什米尔地区、尼泊尔、印度
濒危等级：LC

脱毛圆锥悬钩子
Rubus paniculatus var. **glabrescens** T. T. Yu et L. T. Lu
习　　性：攀援灌木
海　　拔：约1700 m
分　　布：云南
濒危等级：LC

拟针刺悬钩子
Rubus parapungens H. Hara
习　　性：灌木
国内分布：云南
国外分布：不丹、缅甸、印度
濒危等级：LC

矮空心泡
Rubus pararosifolius F. P. Metcalf
习　　性：亚灌木
海　　拔：1000~1600 m
分　　布：福建
濒危等级：DD

乌泡子
Rubus parkeri Hance
习　　性：攀援灌木
海　　拔：1000 m 以下
分　　布：贵州、湖北、江苏、陕西、四川、云南
濒危等级：LC

燧叶悬钩子
Rubus parviaraliifolius Hayata
 习 性：亚灌木或灌木
 海 拔：1000~3000 m
 分 布：台湾
 濒危等级：LC

茅莓
Rubus parvifolius

茅莓（原变种）
Rubus parvifolius var. **parvifolius**
 习 性：灌木
 海 拔：400~2600 m
 国内分布：安徽、福建、甘肃、广东、广西、贵州、海南、河北、河南、黑龙江、湖北、湖南、吉林、江苏、江西、辽宁、宁夏、山东、山西、陕西、四川、台湾、云南、浙江
 国外分布：朝鲜、日本、越南
 濒危等级：LC
 资源利用：药用（中草药）；原料（单宁）；食品（水果）

腺花茅莓
Rubus parvifolius var. **adenochlamys**(Focke)Migo
 习 性：灌木
 海 拔：500~2700 m
 国内分布：甘肃、河北、河南、湖北、湖南、江苏、青海、山西、陕西、四川、浙江
 国外分布：日本
 濒危等级：LC

五叶红梅消
Rubus parvifolius var. **toapiensis**(Yamam.)Hosok.
 习 性：灌木
 分 布：台湾
 濒危等级：LC

少齿悬钩子
Rubus paucidentatus T. T. Yu et L. T. Lu

少齿悬钩子（原变种）
Rubus paucidentatus var. **paucidentatus**
 习 性：亚灌木
 海 拔：1200 m 以下
 分 布：广东
 濒危等级：LC

广西少齿悬钩子
Rubus paucidentatus var. **guangxiensis** T. T. Yu et L. T. Lu
 习 性：亚灌木
 海 拔：约 800 m
 分 布：广西
 濒危等级：DD

匍匐悬钩子
Rubus pectinarioides H. Hara
 习 性：亚灌木
 海 拔：2800~3300 m
 国内分布：西藏、云南
 国外分布：不丹、印度
 濒危等级：DD

梳齿悬钩子
Rubus pectinaris Focke
 习 性：匍匐灌木
 海 拔：2000~3300 m
 分 布：四川
 濒危等级：LC

黄泡
Rubus pectinellus Maxim.
 习 性：草本或亚灌木
 海 拔：700~3000 m
 国内分布：福建、贵州、湖北、湖南、江西、四川、台湾、云南、浙江
 国外分布：菲律宾、日本
 濒危等级：LC
 资源利用：药用（中草药）

密毛纤细悬钩子
Rubus pedunculosus D. Don
 习 性：灌木
 海 拔：3000~3200 m
 国内分布：西藏、云南
 国外分布：不丹、克什米尔地区、尼泊尔、印度
 濒危等级：LC

盾叶莓
Rubus peltatus Maxim.
 习 性：灌木
 海 拔：300~1500 m
 国内分布：安徽、贵州、湖北、江西、四川、浙江
 国外分布：日本
 濒危等级：LC
 资源利用：药用（中草药）；原料（单宁）；食品（水果）

河口悬钩子
Rubus penduliflorus C. Y. Wu ex T. T. Yu et L. T. Lu
 习 性：直立或攀援灌木
 分 布：云南
 濒危等级：DD

掌叶悬钩子
Rubus pentagonus Wall. ex Focke

掌叶悬钩子（原变种）
Rubus pentagonus var. **pentagonus**
 习 性：灌木
 海 拔：1300~3600 m
 国内分布：贵州、四川、西藏、云南
 国外分布：不丹、缅甸、尼泊尔、印度、越南
 濒危等级：LC

无腺掌叶悬钩子
Rubus pentagonus var. **eglandulosus** T. T. Yu et L. T. Lu
 习 性：灌木
 海 拔：2000~2400 m
 分 布：西藏

濒危等级：LC

长萼掌叶悬钩子
Rubus pentagonus var. **longisepalus** T. T. Yu et L. T. Lu
- 习　　性：灌木
- 海　　拔：1500~2000 m
- 分　　布：云南
- 濒危等级：LC

无刺掌叶悬钩子
Rubus pentagonus var. **modestus** (Focke) T. T. Yu et L. T. Lu
- 习　　性：灌木
- 海　　拔：1600~2800 m
- 分　　布：贵州、四川、云南
- 濒危等级：LC

多腺悬钩子
Rubus phoenicolasius Maxim.
- 习　　性：灌木
- 海　　拔：400~3300 m
- 国内分布：甘肃、河南、湖北、青海、山东、山西、陕西、四川
- 国外分布：朝鲜、日本
- 濒危等级：LC
- 资源利用：药用（中草药）；原料（单宁）；食品（水果）

菰帽悬钩子
Rubus pileatus Focke
- 习　　性：攀援灌木
- 海　　拔：1400~2800 m
- 分　　布：甘肃、河南、湖北、青海、陕西、四川
- 濒危等级：LC

陕西悬钩子
Rubus piluliferus Focke
- 习　　性：灌木
- 海　　拔：1100~2000 m
- 分　　布：甘肃、湖北、陕西、四川
- 濒危等级：LC

羽萼悬钩子
Rubus pinnatisepalus Hemsl.

羽萼悬钩子（原变种）
Rubus pinnatisepalus var. **pinnatisepalus**
- 习　　性：藤状灌木
- 海　　拔：3000 m 以下
- 分　　布：贵州、四川、台湾、云南
- 濒危等级：LC

密腺羽萼悬钩子
Rubus pinnatisepalus var. **glandulosus** T. T. Yu et L. T. Lu
- 习　　性：藤状灌木
- 海　　拔：1500~3100 m
- 分　　布：四川、云南
- 濒危等级：LC

武冈悬钩子
Rubus platysepalus Hand.-Mazz.
- 习　　性：灌木
- 分　　布：广西、湖南
- 濒危等级：NT C1

五叶鸡爪茶
Rubus playfairianus Hemsl. ex Focke
- 习　　性：攀援灌木
- 海　　拔：300~2400 m
- 分　　布：贵州、湖北、陕西、四川、云南
- 濒危等级：LC
- 资源利用：原料（单宁）

毛叶悬钩子
Rubus poliophyllus Kuntze

毛叶悬钩子（原变种）
Rubus poliophyllus var. **poliophyllus**
- 习　　性：攀援灌木
- 海　　拔：600~1500 m
- 国内分布：云南
- 国外分布：印度
- 濒危等级：LC

西盟悬钩子
Rubus poliophyllus var. **ximengensis** Y. Y. Qian
- 习　　性：攀援灌木
- 海　　拔：约 1200 m
- 分　　布：云南
- 濒危等级：LC

多齿悬钩子
Rubus polyodontus Hand.-Mazz.
- 习　　性：灌木
- 海　　拔：2300~3200 m
- 分　　布：云南
- 濒危等级：LC

委陵悬钩子
Rubus potentilloides W. E. Evans
- 习　　性：多年生草本
- 海　　拔：2700~3500 m
- 国内分布：云南
- 国外分布：缅甸
- 濒危等级：LC

早花悬钩子
Rubus preptanthus Focke

早花悬钩子（原变种）
Rubus preptanthus var. **preptanthus**
- 习　　性：攀援灌木
- 海　　拔：1000~2800 m
- 分　　布：四川、云南
- 濒危等级：LC

狭叶早花悬钩子
Rubus preptanthus var. **mairei** (H. Lév.) T. T. Yu et L. T. Lu
- 习　　性：攀援灌木
- 海　　拔：约 3100 m
- 分　　布：四川、云南
- 濒危等级：LC

甘肃悬钩子
Rubus przewalskii Prokh.
习　　性：灌木或矮小灌木
海　　拔：2100~3100 m
分　　布：甘肃、青海
濒危等级：LC

假帽莓
Rubus pseudopileatus Cardot

假帽莓（原变种）
Rubus pseudopileatus var. **pseudopileatus**
习　　性：攀援灌木
海　　拔：2300~3200 m
分　　布：四川
濒危等级：LC

光梗假帽莓
Rubus pseudopileatus var. **glabratus** T. T. Yu et L. T. Lu
习　　性：攀援灌木
海　　拔：2100~2900 m
分　　布：四川
濒危等级：LC

康定假帽莓
Rubus pseudopileatus var. **kangdingensis** T. T. Yu et L. T. Lu
习　　性：攀援灌木
分　　布：四川
濒危等级：LC

毛果悬钩子
Rubus ptilocarpus T. T. Yu et L. T. Lu

毛果悬钩子（原变种）
Rubus ptilocarpus var. **ptilocarpus**
习　　性：灌木
海　　拔：2300~4100 m
分　　布：青海、四川、云南
濒危等级：LC

长萼毛果悬钩子
Rubus ptilocarpus var. **pungens**
习　　性：灌木
分　　布：四川
濒危等级：LC

针刺悬钩子
Rubus pungens Cambess.

针刺悬钩子（原变种）
Rubus pungens var. **pungens**
习　　性：灌木
海　　拔：2200~3300 m
国内分布：甘肃、陕西、四川、台湾、西藏、云南
国外分布：不丹、朝鲜、克什米尔地区、缅甸、尼泊尔、日本、印度
濒危等级：LC
资源利用：药用（中草药）

线萼针刺悬钩子
Rubus pungens var. **linearisepalus** T. T. Yu et L. T. Lu
习　　性：灌木
海　　拔：3400 m以下
分　　布：云南
濒危等级：LC

香莓
Rubus pungens var. **oldhamii**(Miq.) Maxim.
习　　性：灌木
海　　拔：600~3900 m
国内分布：福建、甘肃、贵州、河南、湖北、吉林、江西、山西、陕西、四川、台湾、云南、浙江
国外分布：朝鲜、日本
濒危等级：LC

三叶针刺悬钩子
Rubus pungens var. **ternatus** Cardot
习　　性：灌木
海　　拔：3400 m以下
分　　布：四川、云南
濒危等级：LC

柔毛针刺悬钩子
Rubus pungens var. **villosus** Cardot
习　　性：灌木
海　　拔：2600 m以下
分　　布：湖北、陕西、四川
濒危等级：LC

梨叶悬钩子
Rubus pyrifolius Sm.

梨叶悬钩子（原变种）
Rubus pyrifolius var. **pyrifolius**
习　　性：藤状灌木
海　　拔：海平面至2100 m
国内分布：福建、广东、广西、贵州、四川、台湾、云南、浙江
国外分布：菲律宾、柬埔寨、老挝、马来西亚、泰国、印度尼西亚、越南

心状梨叶悬钩子
Rubus pyrifolius var. **cordatus** T. T. Yu et L. T. Lu
习　　性：攀援灌木
海　　拔：1500~2100 m
分　　布：云南
濒危等级：LC

柔毛梨叶悬钩子
Rubus pyrifolius var. **permollis** Merr.
习　　性：攀援灌木
分　　布：广西、海南
濒危等级：LC

绒毛梨叶悬钩子
Rubus pyrifolius var. **tomentosus** Kuntze ex Franch.
习　　性：攀援灌木
分　　布：四川
濒危等级：LC

五叶悬钩子
Rubus quinquefoliolatus T. T. Yu et L. T. Lu

习　　性：攀援灌木
海　　拔：1600~2500 m
分　　布：贵州、云南
濒危等级：LC

铙平悬钩子
Rubus raopingensis T. T. Yu et L. T. Lu

铙平悬钩子（原变种）
Rubus raopingensis var. **raopingensis**
　　习　　性：攀援灌木
　　海　　拔：600~700 m
　　分　　布：广东
　　濒危等级：LC

钝齿悬钩子
Rubus raopingensis var. **obtusidentatus** T. T. Yu et L. T. Lu
　　习　　性：攀援灌木
　　海　　拔：600~700 m
　　分　　布：福建
　　濒危等级：DD

锈毛莓
Rubus reflexus Ker Gawl.

锈毛莓（原变种）
Rubus reflexus var. **reflexus**
　　习　　性：攀援灌木
　　海　　拔：300~1000 m
　　分　　布：福建、广东、广西、贵州、湖南、江西、云南、浙江
　　濒危等级：LC
　　资源利用：药用（中草药）；食品（水果）

浅裂锈毛莓
Rubus reflexus var. **hui**（Diels ex Hu）F. P. Metcalf
　　习　　性：攀援灌木
　　海　　拔：300~1500 m
　　分　　布：福建、广东、广西、贵州、湖南、江西、台湾、云南、浙江
　　濒危等级：LC

深裂锈毛莓
Rubus reflexus var. **lanceolobus** F. P. Metcalf
　　习　　性：攀援灌木
　　分　　布：福建、广东、广西、湖南
　　濒危等级：LC

大叶锈毛莓
Rubus reflexus var. **macrophyllus** T. T. Yu et L. T. Lu
　　习　　性：攀援灌木
　　海　　拔：1300 m以下
　　分　　布：云南
　　濒危等级：LC

长叶锈毛莓
Rubus reflexus var. **orogenes** Hand. -Mazz.
　　习　　性：攀援灌木
　　分　　布：广西、贵州、湖北、湖南、江西
　　濒危等级：LC

曲萼悬钩子
Rubus refractus H. Lév.
　　习　　性：攀援灌木
　　海　　拔：2000 m以下
　　分　　布：贵州、云南
　　濒危等级：LC

网脉悬钩子
Rubus reticulatus Wall. ex Hook. f.
　　习　　性：攀援灌木
　　海　　拔：600~2100 m
　　国内分布：西藏
　　国外分布：尼泊尔、印度
　　濒危等级：LC

高山悬钩子
Rubus rolfei S. Vidal
　　习　　性：亚灌木
　　海　　拔：1300~3800 m
　　国内分布：台湾
　　国外分布：菲律宾
　　濒危等级：NT

空心泡
Rubus rosifolius Sm.

空心泡（原变种）
Rubus rosifolius var. **rosifolius**
　　习　　性：直立或攀援灌木
　　国内分布：安徽、福建、广东、广西、贵州、湖北、湖南、江西、陕西、台湾、浙江
　　国外分布：澳大利亚、菲律宾、柬埔寨、老挝、马来西亚、缅甸、日本、泰国、印度、印度尼西亚、越南
　　濒危等级：LC

重瓣空心泡
Rubus rosifolius var. **coronarius**（Sims）Focke
　　习　　性：直立或攀援灌木
　　国内分布：江西、陕西、云南
　　国外分布：马来西亚、尼泊尔、印度、印度尼西亚
　　濒危等级：LC

无刺空心泡
Rubus rosifolius var. **inermis** Z. X. Yu
　　习　　性：直立或攀援灌木
　　海　　拔：900~1000 m
　　分　　布：江西
　　濒危等级：LC

红刺悬钩子
Rubus rubrisetulosus Cardot
　　习　　性：多年生草本
　　海　　拔：2000~3500 m
　　分　　布：四川、云南
　　濒危等级：DD

棕红悬钩子
Rubus rufus Focke

棕红悬钩子（原变种）
Rubus rufus var. **rufus**

习　　性：攀援灌木
海　　拔：1000～2500 m
国内分布：广东、广西、贵州、湖北、湖南、江西、四川、云南、浙江
国外分布：泰国、越南
濒危等级：LC

长梗棕红悬钩子
Rubus rufus var. **longipedicellatus** T. T. Yu et L. T. Lu
习　　性：攀援灌木
海　　拔：2800 m 以下
分　　布：云南
濒危等级：LC

掌裂棕红悬钩子
Rubus rufus var. **palmatifidus** Cardot
习　　性：攀援灌木
海　　拔：900～1100 m
分　　布：贵州、四川
濒危等级：DD

怒江悬钩子
Rubus salwinensis Hand.-Mazz.
习　　性：攀援灌木
海　　拔：1800～2500 m
分　　布：云南
濒危等级：LC

石生悬钩子
Rubus saxatilis L.
习　　性：草本
海　　拔：3000 m 以下
国内分布：河北、黑龙江、吉林、辽宁、内蒙古、山西、新疆
国外分布：俄罗斯、蒙古
濒危等级：LC
资源利用：药用（中草药）；原料（单宁，树脂）

川莓
Rubus setchuenensis Bureau et Franch.
习　　性：灌木
海　　拔：500～3000 m
分　　布：广西、贵州、湖北、湖南、四川、云南
濒危等级：LC
资源利用：药用（中草药）；原料（单宁，工业用油，树脂）；食品（水果）

桂滇悬钩子
Rubus shihae F. P. Metcalf
习　　性：攀援灌木
海　　拔：900 m
分　　布：广西、贵州、云南
濒危等级：LC

锡金悬钩子
Rubus sikkimensis Hook. f.
习　　性：灌木
海　　拔：3800 m 以下
国内分布：西藏
国外分布：不丹、印度
濒危等级：LC

单茎悬钩子
Rubus simplex Focke
习　　性：亚灌木
海　　拔：1500～2500 m
分　　布：甘肃、湖北、江苏、陕西、四川
濒危等级：LC

少花悬钩子
Rubus spananthus Z. M. Wu et Z. L. Cheng
习　　性：攀援灌木
海　　拔：400～900 m
分　　布：安徽
濒危等级：DD

直立悬钩子
Rubus stans Focke

直立悬钩子（原变种）
Rubus stans var. **stans**
习　　性：灌木
海　　拔：2000～3400 m
分　　布：青海、四川、西藏、云南
濒危等级：DD

多刺直立悬钩子
Rubus stans var. **soulieanus** (Cardot) T. T. Yu et L. T. Lu
习　　性：灌木
海　　拔：4000 m 以下
分　　布：四川、西藏
濒危等级：LC

华西悬钩子
Rubus stimulans Focke
习　　性：灌木
海　　拔：2000～4100 m
分　　布：西藏、云南
濒危等级：LC

巨托悬钩子
Rubus stipulosus T. T. Yu et L. T. Lu
习　　性：攀援灌木
海　　拔：约 1200 m
分　　布：广西
濒危等级：LC

柱序悬钩子
Rubus subcoreanus T. T. Yu et L. T. Lu
习　　性：灌木
海　　拔：900～1500 m
分　　布：甘肃、河北、陕西
濒危等级：LC

紫红悬钩子
Rubus subinopertus T. T. Yu et L. T. Lu
习　　性：灌木
海　　拔：1300～2500 m
分　　布：四川、西藏、云南

濒危等级：LC

美饰悬钩子
Rubus subornatus Focke

美饰悬钩子（原变种）
Rubus subornatus var. **subornatus**
- 习　　性：灌木
- 海　　拔：2700~4000 m
- 国内分布：四川、西藏、云南
- 国外分布：缅甸
- 濒危等级：DD

黑腺美饰悬钩子
Rubus subornatus var. **melanodenus** Focke
- 习　　性：灌木
- 海　　拔：2700~4000 m
- 分　　布：四川、西藏、云南
- 濒危等级：LC

密刺悬钩子
Rubus subtibetanus Hand.-Mazz.

密刺悬钩子（原变种）
Rubus subtibetanus var. **subtibetanus**
- 习　　性：攀援灌木
- 海　　拔：2300 m 以下
- 分　　布：甘肃、陕西、四川
- 濒危等级：DD

腺毛密刺悬钩子
Rubus subtibetanus var. **glandulosus** T. T. Yu et L. T. Lu
- 习　　性：攀援灌木
- 海　　拔：2300 m 以下
- 分　　布：甘肃、四川
- 濒危等级：LC

红腺悬钩子
Rubus sumatranus Miq.

红腺悬钩子（原变种）
Rubus sumatranus var. **sumatranus**
- 习　　性：直立或攀援灌木
- 海　　拔：700~2500 m
- 国内分布：安徽、福建、广东、广西、贵州、海南、湖北、湖南、江西、四川、台湾、西藏、云南、浙江
- 国外分布：不丹、朝鲜、柬埔寨、老挝、马来西亚、缅甸、尼泊尔、日本、泰国、印度、印度尼西亚、越南
- 濒危等级：LC

遂昌红腺悬钩子
Rubus sumatranus var. **suichangensis** P. L. Chiu ex L. Qian et X. F. Jin
- 习　　性：直立或攀援灌木
- 分　　布：浙江
- 濒危等级：LC

木莓
Rubus swinhoei Hance
- 习　　性：攀援灌木
- 海　　拔：300~1500 m
- 国内分布：安徽、福建、广东、广西、贵州、湖北、湖南、江苏、江西、陕西、四川、台湾、浙江
- 国外分布：日本
- 濒危等级：LC
- 资源利用：原料（单宁）；食品（水果）

台东刺花悬钩子
Rubus taitoensis Hayata

台东刺花悬钩子（原变种）
Rubus taitoensis var. **taitoensis**
- 习　　性：攀援灌木
- 海　　拔：1500~2500 m
- 分　　布：台湾
- 濒危等级：LC

刺花悬钩子
Rubus taitoensis var. **aculeatiflorus**(Hayata)H. Ohashi et C. F. Hsieh
- 习　　性：攀援灌木
- 海　　拔：1500~2800 m
- 分　　布：台湾
- 濒危等级：LC

独龙悬钩子
Rubus taronensis C. Y. Wu ex T. T. Yu et L. T. Lu
- 习　　性：攀援灌木
- 海　　拔：约 1700 m
- 分　　布：云南
- 濒危等级：LC

刺毛白叶莓
Rubus teledapos Focke ex Diels
- 习　　性：灌木
- 海　　拔：800~1000 m
- 分　　布：重庆、湖北、山东
- 濒危等级：NT D

灰白毛莓
Rubus tephrodes Hance

灰白毛莓（原变种）
Rubus tephrodes var. **tephrodes**
- 习　　性：攀援灌木
- 海　　拔：1500 m 以下
- 分　　布：安徽、福建、广东、广西、贵州、湖北、湖南、江西、台湾
- 濒危等级：LC
- 资源利用：药用（中草药）

无腺灰白毛莓
Rubus tephrodes var. **ampliflorus**(H. Lév. et Vaniot)Hand.-Mazz.
- 习　　性：攀援灌木
- 分　　布：广东、广西、贵州、湖南、江苏、江西、浙江
- 濒危等级：LC

硬腺灰白毛莓
Rubus tephrodes var. **holadenus**(H. Lév.)L. T. Lu
- 习　　性：攀援灌木
- 海　　拔：1500 m 以下

分　　布：贵州
濒危等级：LC

长腺灰白毛莓
Rubus tephrodes var. **setosissimus** Hand.-Mazz.
习　　性：攀援灌木
海　　拔：1500 m 以下
分　　布：广东、贵州、湖南、江西
濒危等级：LC

西藏悬钩子
Rubus thibetanus Franch.
习　　性：灌木
海　　拔：900～2100 m
分　　布：甘肃、陕西、四川、西藏
濒危等级：LC

截叶悬钩子
Rubus tinifolius C. Y. Wu ex T. T. Yu et L. T. Lu
习　　性：直立或攀援灌木
海　　拔：1400～2100 m
分　　布：云南
濒危等级：DD

滇西北悬钩子
Rubus treutleri Hook. f.
习　　性：灌木
海　　拔：2300～3400 m
国内分布：西藏、云南
国外分布：不丹、尼泊尔、印度
濒危等级：LC

三花悬钩子
Rubus trianthus Focke
习　　性：攀援灌木
海　　拔：500～2800 m
国内分布：安徽、福建、贵州、湖北、湖南、江苏、江西、四川、台湾、云南、浙江
国外分布：越南
濒危等级：LC
资源利用：药用（中草药）

三色莓
Rubus tricolor Focke
习　　性：灌木
海　　拔：1800～3600 m
分　　布：四川、云南
濒危等级：LC
资源利用：食品（水果）

三对叶悬钩子
Rubus trijugus Focke
习　　性：灌木
海　　拔：2500～3500 m
分　　布：四川、西藏、云南
濒危等级：LC

红毛悬钩子
Rubus wallichianus Wight et Arn.
习　　性：攀援灌木
海　　拔：300～2200 m
国内分布：广西、贵州、湖北、湖南、四川、台湾、云南
国外分布：不丹、尼泊尔、印度、越南
濒危等级：LC
资源利用：药用（中草药）

大苞悬钩子
Rubus wangii F. P. Metcalf
习　　性：攀援灌木
海　　拔：900～1500 m
分　　布：广东、广西
濒危等级：LC

大花悬钩子
Rubus wardii Merr.
习　　性：灌木或亚灌木
海　　拔：1800～3000 m
国内分布：西藏、云南
国外分布：不丹、缅甸、印度
濒危等级：DD

瓦屋山悬钩子
Rubus wawushanensis T. T. Yu et L. T. Lu
习　　性：灌木
分　　布：四川
濒危等级：DD

湖北悬钩子
Rubus wilsonii Duthie
习　　性：攀援灌木
分　　布：湖北
濒危等级：LC

务川悬钩子
Rubus wuchuanensis S. Z. He
习　　性：藤状蔓性灌木
分　　布：贵州
濒危等级：LC

巫山悬钩子
Rubus wushanensis T. T. Yu et L. T. Lu
习　　性：灌木
海　　拔：2000 m 以下
分　　布：四川
濒危等级：NT C1

锯叶悬钩子
Rubus wuzhianus L. T. Lu et Boufford
习　　性：攀援灌木
海　　拔：1000～1500 m
分　　布：湖北、湖南
濒危等级：LC

黄果悬钩子
Rubus xanthocarpus Bureau et Franch.
习　　性：亚灌木
海　　拔：600～3200 m
分　　布：安徽、甘肃、陕西、四川、云南

濒危等级：LC

资源利用：药用（中草药）；食品（水果）

黄脉莓
Rubus xanthoneurus Focke ex Diels

黄脉莓（原变种）
Rubus xanthoneurus var. **xanthoneurus**
- 习　　性：攀援灌木
- 海　　拔：1300~2000 m
- 国内分布：福建、广东、广西、贵州、湖北、湖南、陕西、四川、云南
- 国外分布：泰国
- 濒危等级：LC

短柄黄脉莓
Rubus xanthoneurus var. **brevipetiolatus** T. T. Yu et L. T. Lu
- 习　　性：攀援灌木
- 海　　拔：500~1500 m
- 分　　布：贵州
- 濒危等级：DD

腺毛黄脉莓
Rubus xanthoneurus var. **glandulosus** T. T. Yu et L. T. Lu
- 习　　性：攀援灌木
- 海　　拔：800~1100 m
- 分　　布：广西、贵州
- 濒危等级：LC

西畴悬钩子
Rubus xichouensis T. T. Yu et L. T. Lu
- 习　　性：攀援灌木
- 分　　布：云南
- 濒危等级：NT C1

九仙莓
Rubus yanyunii Y. T. Chang et L. Y. Chen
- 习　　性：灌木
- 海　　拔：700~1600 m
- 分　　布：福建
- 濒危等级：LC

奕武悬钩子
Rubus yiwuanus W. P. Fang
- 习　　性：灌木
- 海　　拔：1000~2200 m
- 分　　布：四川
- 濒危等级：LC

玉里悬钩子
Rubus yuliensis Y. C. Liu et F. Y. Lu
- 习　　性：灌木
- 海　　拔：1000~1400 m
- 分　　布：台湾
- 濒危等级：LC

云南悬钩子
Rubus yunnanicus Kuntze
- 习　　性：灌木
- 分　　布：云南
- 濒危等级：LC

草果山悬钩子
Rubus zhaogoshanensis T. T. Yu et L. T. Lu
- 习　　性：灌木
- 海　　拔：1600 m以下
- 分　　布：云南
- 濒危等级：DD

地榆属 Sanguisorba L.

高山地榆
Sanguisorba alpina Bunge
- 习　　性：多年生草本
- 海　　拔：1200~2700 m
- 国内分布：甘肃、宁夏、新疆
- 国外分布：朝鲜、俄罗斯、蒙古
- 濒危等级：LC
- 资源利用：原料（单宁，树脂）

宽蕊地榆
Sanguisorba applanata T. T. Yu et C. L. Li

宽蕊地榆（原变种）
Sanguisorba applanata var. **applanata**
- 习　　性：多年生草本
- 海　　拔：100~500 m
- 分　　布：河北、江苏、山东
- 濒危等级：LC

柔毛宽蕊地榆
Sanguisorba applanata var. **villosa** T. T. Yu et C. L. Li
- 习　　性：多年生草本
- 分　　布：山东
- 濒危等级：LC

疏花地榆
Sanguisorba diandra（Hook. f.）Nordborg
- 习　　性：多年生草本
- 海　　拔：3200~3900 m
- 国内分布：西藏
- 国外分布：不丹、尼泊尔、印度
- 濒危等级：LC

矮地榆
Sanguisorba filiformis（Hook. f.）Hand.-Mazz.
- 习　　性：多年生草本
- 海　　拔：1200~4500 m
- 国内分布：四川、西藏、云南
- 国外分布：不丹、印度
- 濒危等级：LC
- 资源利用：药用（中草药）

地榆
Sanguisorba officinalis L.

地榆（原变种）
Sanguisorba officinalis var. **officinalis**
- 习　　性：多年生草本
- 海　　拔：海平面至3000 m

国内分布：安徽、甘肃、广西、贵州、河北、河南、黑龙江、湖北、湖南、吉林、江苏、江西、辽宁、内蒙古、青海、山东、陕西、四川、西藏、新疆、云南、浙江

国外分布：欧洲、亚洲

濒危等级：LC

资源利用：药用（中草药）；原料（单宁）；食品（蔬菜）

粉花地榆

Sanguisorba officinalis var. **carnea** (Fisch. ex Link) Regel ex Maxim.

习　　性：多年生草本

海　　拔：1900 m 以下

国内分布：黑龙江、吉林

国外分布：朝鲜

濒危等级：LC

腺地榆

Sanguisorba officinalis var. **glandulosa** (Kom.) Vorosch.

习　　性：多年生草本

海　　拔：600 ~ 1900 m

国内分布：甘肃、黑龙江、陕西

国外分布：俄罗斯、蒙古

濒危等级：LC

长蕊地榆

Sanguisorba officinalis var. **longifila** (Kitag.) T. T. Yu et C. L. Li

习　　性：多年生草本

海　　拔：100 ~ 1300 m

分　　布：黑龙江、内蒙古

濒危等级：LC

长叶地榆

Sanguisorba officinalis var. **longifolia** (Bertol.) T. T. Yu et C. L. Li

习　　性：多年生草本

海　　拔：100 ~ 3000 m

国内分布：安徽、甘肃、广东、广西、贵州、河北、河南、黑龙江、湖北、湖南、江苏、江西、辽宁、山东、山西、四川、台湾、云南、浙江

国外分布：朝鲜、俄罗斯、蒙古、印度

濒危等级：LC

资源利用：药用（中草药）

大白花地榆

Sanguisorba stipulata Raf.

习　　性：多年生草本

海　　拔：1400 ~ 2300 m

国内分布：吉林、辽宁

国外分布：朝鲜、俄罗斯、日本

濒危等级：LC

资源利用：药用（中草药）；原料（单宁）

细叶地榆

Sanguisorba tenuifolia Fisch. ex Link

细叶地榆（原变种）

Sanguisorba tenuifolia var. **tenuifolia**

习　　性：多年生草本

海　　拔：300 ~ 1500 m

国内分布：黑龙江、吉林、辽宁、内蒙古

国外分布：朝鲜、俄罗斯、蒙古、日本

濒危等级：LC

小白花地榆

Sanguisorba tenuifolia var. **alba** Trautv. et C. A. Mey.

习　　性：多年生草本

海　　拔：200 ~ 1700 m

国内分布：黑龙江、吉林、辽宁、内蒙古

国外分布：朝鲜、俄罗斯、蒙古、日本

濒危等级：LC

山莓草属 Sibbaldia L.

伏毛山莓草

Sibbaldia adpressa Bunge

习　　性：多年生草本

海　　拔：600 ~ 4200 m

国内分布：甘肃、河北、黑龙江、内蒙古、青海、西藏、新疆

国外分布：俄罗斯、蒙古、尼泊尔

濒危等级：LC

楔叶山莓草

Sibbaldia cuneata Hornem. ex Kuntze

习　　性：多年生草本

海　　拔：3400 ~ 4500 m

国内分布：青海、四川、台湾、西藏、云南

国外分布：阿富汗、巴基斯坦、不丹、俄罗斯、尼泊尔、印度

濒危等级：LC

峨眉山莓草

Sibbaldia omeiensis T. T. Yu et C. L. Li

习　　性：多年生草本

海　　拔：约 3000 m

分　　布：四川

濒危等级：VU A2c；B2ab（iv，v）；D

五叶山莓草

Sibbaldia pentaphylla J. Krause

习　　性：多年生草本

海　　拔：3700 ~ 4500 m

分　　布：青海、四川、西藏、云南

濒危等级：LC

短蕊山莓草

Sibbaldia perpusilloides (W. W. Sm.) Hand.-Mazz.

习　　性：多年生草本

海　　拔：3800 ~ 4300 m

国内分布：西藏、云南

国外分布：不丹、缅甸、尼泊尔、印度

濒危等级：LC

山莓草

Sibbaldia procumbens L.

山莓草（原变种）

Sibbaldia procumbens var. **procumbens**

习　　性：多年生草本

海　　拔：2400~2600 m
国内分布：吉林、新疆
国外分布：北温带地区
濒危等级：LC

隐瓣山莓草
Sibbaldia procumbens var. **aphanopetala**(Hand.-Mazz.)T. T. Yu et C. L. Li
　　习　　性：多年生草本
　　海　　拔：2500~4000 m
　　分　　布：甘肃、青海、陕西、四川、西藏、云南
　　濒危等级：LC
　　资源利用：药用（中草药）

紫花山莓草
Sibbaldia purpurea Royle

紫花山莓草（原变种）
Sibbaldia purpurea var. **purpurea**
　　习　　性：多年生草本
　　海　　拔：4400~4700 m
　　国内分布：西藏
　　国外分布：不丹、尼泊尔、印度
　　濒危等级：LC

大瓣紫花山莓草
Sibbaldia purpurea var. **macropetala**(Murav.)T. T. Yu et C. L. Li
　　习　　性：多年生草本
　　海　　拔：3600~4700 m
　　国内分布：陕西、四川、西藏、云南
　　国外分布：不丹、印度
　　濒危等级：LC

绢毛山莓草
Sibbaldia sericea(Grubov)Soják
　　习　　性：多年生草本
　　海　　拔：600~1200 m
　　国内分布：内蒙古
　　国外分布：蒙古
　　濒危等级：LC

黄毛山莓草
Sibbaldia sikkimensis(Prain)Chatterjee
　　习　　性：多年生草本
　　海　　拔：3500~4100 m
　　国内分布：云南
　　国外分布：缅甸、尼泊尔、印度
　　濒危等级：LC

纤细山莓草
Sibbaldia tenuis Hand.-Mazz.
　　习　　性：多年生草本
　　海　　拔：2500~3600 m
　　分　　布：甘肃、青海、四川
　　濒危等级：LC

四蕊山莓草
Sibbaldia tetrandra Bunge
　　习　　性：多年生草本

　　海　　拔：3000~5400 m
　　国内分布：青海、西藏、新疆
　　国外分布：巴基斯坦、俄罗斯、蒙古、尼泊尔、印度
　　濒危等级：LC

鲜卑花属 Sibiraea Maxim.

窄叶鲜卑花
Sibiraea angustata(Rehder)Hand.-Mazz.
　　习　　性：灌木
　　海　　拔：3000~4000 m
　　分　　布：甘肃、青海、四川、西藏、云南
　　濒危等级：LC

鲜卑花
Sibiraea laevigata(L.)Maxim.
　　习　　性：灌木
　　海　　拔：2000~4000 m
　　国内分布：甘肃、青海、西藏
　　国外分布：俄罗斯、哈萨克斯坦
　　濒危等级：LC

毛叶鲜卑花
Sibiraea tomentosa Diels
　　习　　性：灌木
　　海　　拔：3500~4000 m
　　分　　布：云南
　　濒危等级：VU A2c；B2ab（i, iii, iv, v）

珍珠梅属 Sorbaria(Ser.)A. Braun

高丛珍珠梅
Sorbaria arborea C. K. Schneid.

高丛珍珠梅（原变种）
Sorbaria arborea var. **arborea**
　　习　　性：灌木
　　海　　拔：2500~3500 m
　　分　　布：甘肃、贵州、湖北、江西、陕西、四川、西藏、新疆、云南
　　濒危等级：LC

光叶高丛珍珠梅
Sorbaria arborea var. **glabrata** Rehder
　　习　　性：灌木
　　海　　拔：2500~3500 m
　　分　　布：甘肃、湖北、陕西、四川、云南
　　濒危等级：LC

毛叶高丛珍珠梅
Sorbaria arborea var. **subtomentosa** Rehder
　　习　　性：灌木
　　海　　拔：1600~3100 m
　　分　　布：陕西、四川、云南
　　濒危等级：LC

华北珍珠梅
Sorbaria kirilowii(Regel et Tiling)Maxim.
　　习　　性：灌木
　　海　　拔：200~1300 m

分　　布：甘肃、河北、河南、内蒙古、青海、山东、山西、
　　　　　陕西
濒危等级：LC
资源利用：环境利用（观赏）

珍珠梅
Sorbaria sorbifolia (L.) A. Braun

珍珠梅（原变种）
Sorbaria sorbifolia var. **sorbifolia**
习　　性：灌木
海　　拔：200 ~ 1500 m
国内分布：黑龙江、吉林、辽宁、内蒙古
国外分布：朝鲜、蒙古、日本
濒危等级：LC

星毛珍珠梅
Sorbaria sorbifolia var. **stellipila** Maxim.
习　　性：灌木
海　　拔：200 ~ 300 m
国内分布：黑龙江、吉林
国外分布：朝鲜
濒危等级：LC

花楸属 Sorbus L.

白毛花楸
Sorbus albopilosa T. T. Yu et L. T. Lu
习　　性：灌木或小乔木
海　　拔：3300 ~ 4100 m
分　　布：西藏
濒危等级：NT

水榆花楸
Sorbus alnifolia (Siebold et Zucc.) C. Koch

水榆花楸（原变种）
Sorbus alnifolia var. **alnifolia**
习　　性：乔木
海　　拔：500 ~ 2300 m
国内分布：安徽、福建、甘肃、河北、河南、黑龙江、湖北、
　　　　　吉林、江苏、江西、辽宁、山东、山西、陕西、
　　　　　四川、台湾、浙江
国外分布：朝鲜、日本
濒危等级：LC
资源利用：原料（染料，纤维，木材）；环境利用（观赏）

棱果花楸
Sorbus alnifolia var. **angulata** S. B. Liang
习　　性：乔木
海　　拔：约 600 m
分　　布：山东
濒危等级：NT

裂叶水榆花楸
Sorbus alnifolia var. **lobulata** Rehder
习　　性：乔木
海　　拔：700 ~ 900 m
国内分布：辽宁、山东

国外分布：朝鲜
濒危等级：NT

黄山花楸
Sorbus amabilis W. C. Cheng ex T. T. Yu et K. C. Kuan
习　　性：乔木
海　　拔：900 ~ 2000 m
分　　布：安徽、福建、湖北、江西、浙江
濒危等级：LC

美丽花楸
Sorbus amoena McAll.
习　　性：灌木或乔木
海　　拔：约 3400 m
分　　布：云南
濒危等级：LC

锐齿花楸
Sorbus arguta T. T. Yu
习　　性：乔木
海　　拔：1000 ~ 1300 m
分　　布：四川、云南
濒危等级：LC

毛背花楸
Sorbus aronioides Rehder
习　　性：灌木或乔木
海　　拔：1000 ~ 3600 m
国内分布：广西、贵州、四川、云南
国外分布：缅甸
濒危等级：LC

多变花楸
Sorbus astateria (Cardot) Hand. -Mazz.
习　　性：灌木或小乔木
海　　拔：1500 ~ 2700 m
分　　布：西藏、云南
濒危等级：VU A2c

扁果花楸
Sorbus bissetii McAll.
习　　性：灌木或乔木
海　　拔：约 3200 m
分　　布：四川
濒危等级：LC

中甸花楸
Sorbus bulleyana McAll.
习　　性：灌木或乔木
海　　拔：约 3200 m
分　　布：云南
濒危等级：LC

贡山花楸
Sorbus burtonsmithiorum Rushforth
习　　性：灌木或乔木
海　　拔：约 1850 m
国内分布：云南
国外分布：缅甸

濒危等级：LC

美脉花楸
Sorbus caloneura (Stapf) Rehder

美脉花楸（原变种）
Sorbus caloneura var. **caloneura**
- 习　　性：灌木或小乔木
- 海　　拔：600～2100 m
- 分　　布：福建、广东、广西、贵州、湖北、湖南、江西、四川、云南
- 濒危等级：LC

广东美脉花楸
Sorbus caloneura var. **kwangtungensis** T. T. Yu
- 习　　性：灌木或小乔木
- 分　　布：广东
- 濒危等级：NT D

深红果花楸
Sorbus carmesina McAll.
- 习　　性：灌木或乔木
- 分　　布：云南
- 濒危等级：LC

冠萼花楸
Sorbus coronata (Cardot) T. T. Yu et H. T. Tsai

冠萼花楸（原变种）
Sorbus coronata var. **coronata**
- 习　　性：乔木
- 海　　拔：1800～3200 m
- 国内分布：贵州、西藏、云南
- 国外分布：缅甸
- 濒危等级：LC

少脉冠萼花楸
Sorbus coronata var. **ambrozyana** (C. K. Schneid.) L. T. Lu
- 习　　性：乔木
- 海　　拔：3000～3200 m
- 分　　布：云南
- 濒危等级：NT

脱毛冠萼花楸
Sorbus coronata var. **glabrescens** T. T. Yu et L. T. Lu
- 习　　性：乔木
- 海　　拔：2800 m 以下
- 分　　布：西藏
- 濒危等级：LC

疣果花楸
Sorbus corymbifera (Miq.) Khep et Yakovlev
- 习　　性：乔木
- 海　　拔：1200～3400 m
- 国内分布：广东、广西、贵州、海南、湖南、云南
- 国外分布：柬埔寨、老挝、缅甸、泰国、印度、印度尼西亚、越南
- 濒危等级：LC

丽江花楸
Sorbus coxii McAll.
- 习　　性：灌木或乔木
- 海　　拔：海平面至3100 m
- 分　　布：云南
- 濒危等级：LC

北京花楸
Sorbus discolor (Maxim.) Maxim.
- 习　　性：乔木
- 海　　拔：1500～2000 m
- 分　　布：安徽、北京、甘肃、河北、河南、内蒙古、山东、山西、陕西
- 濒危等级：LC

长叶花楸
Sorbus dolichofoliolatus X. F. Gao et Meng Li
- 习　　性：乔木
- 海　　拔：约3300 m
- 分　　布：云南
- 濒危等级：LC

棕脉花楸
Sorbus dunnii Rehder
- 习　　性：乔木
- 海　　拔：600～3000 m
- 分　　布：安徽、福建、广西、贵州、云南、浙江
- 濒危等级：LC

康定花楸
Sorbus eburnea McAll.
- 习　　性：灌木或乔木
- 海　　拔：约3000 m
- 分　　布：四川
- 濒危等级：LC

薄皮花楸
Sorbus eleonorae Aldasoro
- 习　　性：灌木或乔木
- 分　　布：广东、广西、湖南
- 濒危等级：LC

椭果花楸
Sorbus ellipsoidalis McAll.
- 习　　性：灌木或乔木
- 分　　布：云南
- 濒危等级：LC

附生花楸
Sorbus epidendron Hand.-Mazz.
- 习　　性：灌木或乔木
- 海　　拔：2300～3000 m
- 国内分布：贵州、云南
- 国外分布：缅甸、越南
- 濒危等级：LC

麻叶花楸
Sorbus esserteauiana Koehne
- 习　　性：灌木或乔木
- 海　　拔：1700～3000 m
- 分　　布：四川
- 濒危等级：LC

锈色花楸
Sorbus ferruginea(Wenz.)Rehder
习　　性：灌木或小乔木
海　　拔：2200~2800 m
国内分布：云南
国外分布：不丹、印度
濒危等级：LC

纤细花楸
Sorbus filipes Hand.-Mazz.
习　　性：灌木
海　　拔：3000~4000 m
国内分布：西藏、云南
国外分布：缅甸
濒危等级：DD

石灰花楸
Sorbus folgneri(C. K. Schneid.)Rehder

石灰花楸（原变种）
Sorbus folgneri var. **folgneri**
习　　性：乔木
海　　拔：800~2000 m
分　　布：安徽、福建、甘肃、广东、广西、贵州、河南、湖北、湖南、江西、陕西、四川、云南
濒危等级：LC

齿叶石灰树
Sorbus folgneri var. **duplicatodentata** T. T. Yu et L. T. Lu
习　　性：乔木
分　　布：湖南、浙江
濒危等级：LC

尼泊尔花楸
Sorbus foliolosa(Wall.)Spach
习　　性：灌木或小乔木
海　　拔：2500~4200 m
国内分布：西藏、云南
国外分布：不丹、缅甸、尼泊尔、印度
濒危等级：LC

灌状花楸
Sorbus frutescens McAll.
习　　性：灌木或乔木
海　　拔：约 2850 m
分　　布：甘肃
濒危等级：LC

秃净花楸
Sorbus glabriuscula McAll.
习　　性：灌木或乔木
分　　布：云南
濒危等级：LC

圆果花楸
Sorbus globosa T. T. Yu et H. T. Tsai
习　　性：乔木
海　　拔：1000~3000 m
国内分布：广西、贵州、云南
国外分布：缅甸
濒危等级：LC

球穗花楸
Sorbus glomerulata Koehne
习　　性：灌木或小乔木
海　　拔：1600~4000 m
分　　布：湖北、四川、云南
濒危等级：LC

贡嘎花楸
Sorbus gonggashanica McAll.
习　　性：灌木或乔木
分　　布：四川
濒危等级：LC

云南花楸
Sorbus griffithii(Decne.)Rehder
习　　性：灌木或乔木
国内分布：云南
国外分布：不丹、印度
濒危等级：LC

开云花楸
Sorbus guanii Rushforth
习　　性：灌木或乔木
海　　拔：约 3300 m
分　　布：云南
濒危等级：LC

灌县花楸
Sorbus guanxianensis T. C. Ku
习　　性：乔木
分　　布：四川
濒危等级：DD

钝齿花楸
Sorbus helenae Koehne

钝齿花楸（原变种）
Sorbus helenae var. **helenae**
习　　性：乔木
海　　拔：2500~3000 m
分　　布：四川
濒危等级：DD

尖齿花楸
Sorbus helenae var. **argutiserrata** T. T. Yu
习　　性：乔木
分　　布：四川
濒危等级：LC

江南花楸
Sorbus hemsleyi(C. K. Schneid.)Rehder
习　　性：灌木或小乔木
海　　拔：900~3200 m
分　　布：安徽、福建、甘肃、广东、广西、贵州、湖北、湖南、江西、陕西、四川、云南、浙江
濒危等级：LC

藏南花楸
Sorbus heseltinei Rushforth
习　　性：灌木或乔木
海　　拔：约 3100 m
分　　布：西藏
濒危等级：LC

临沧花楸
Sorbus hudsonii Rushforth
习　　性：灌木或乔木
海　　拔：约 3000 m
分　　布：云南
濒危等级：LC

尖叶花楸
Sorbus hugh-mcallisteri Mikoláš
习　　性：灌木或乔木
海　　拔：约 3400 m
分　　布：云南
濒危等级：LC

湖北花楸
Sorbus hupehensis C. K. Schneid.

湖北花楸（原变种）
Sorbus hupehensis var. **hupehensis**
习　　性：乔木
海　　拔：300~3800 m
分　　布：安徽、甘肃、贵州、湖北、江西、青海、山东、陕西、四川、云南
濒危等级：LC

少叶花楸
Sorbus hupehensis var. **paucijuga**(D. K. Zang et P. C. Huang)L. T. Lu
习　　性：乔木
海　　拔：300~600 m
分　　布：山东
濒危等级：LC

卷边花楸
Sorbus insignis(Hook. f.)Hedl.
习　　性：乔木
海　　拔：2500~4000 m
国内分布：西藏、云南
国外分布：缅甸、尼泊尔、印度
濒危等级：LC

毛序花楸
Sorbus keissleri(C. K. Schneid.)Rehder
习　　性：灌木或小乔木
海　　拔：1200~1900 m
分　　布：广西、贵州、湖北、湖南、江西、四川、西藏、云南
濒危等级：LC

俅江花楸
Sorbus kiukiangensis T. T. Yu

俅江花楸（原变种）
Sorbus kiukiangensis var. **kiukiangensis**
习　　性：灌木或小乔木
海　　拔：3000~3800 m
分　　布：西藏、云南
濒危等级：LC

无毛俅江花楸
Sorbus kiukiangensis var. **glabrescens** T. T. Yu
习　　性：灌木或小乔木
海　　拔：2500~3000 m
分　　布：云南
濒危等级：LC

陕甘花楸
Sorbus koehneana C. K. Schneid.
习　　性：灌木或小乔木
海　　拔：2300~4000 m
分　　布：甘肃、河南、湖北、青海、山西、陕西、四川、云南
濒危等级：LC
资源利用：环境利用（观赏）

工布花楸
Sorbus kongboensis McAll.
习　　性：灌木或乔木
分　　布：西藏
濒危等级：LC

兰坪花楸
Sorbus lanpingensis L. T. Lu
习　　性：灌木
海　　拔：3200 m 以下
分　　布：云南
濒危等级：NT

大花花楸
Sorbus macrantha Merr.
习　　性：乔木
国内分布：西藏、云南
国外分布：缅甸
濒危等级：LC

墨脱花楸
Sorbus medogensis L. T. Lu et T. C. Ku
习　　性：乔木
海　　拔：约 2100 m
分　　布：西藏
濒危等级：LC

大果花楸
Sorbus megalocarpa Rehder

大果花楸（原变种）
Sorbus megalocarpa var. **megalocarpa**
习　　性：灌木或小乔木
海　　拔：1200~2700 m
分　　布：广西、贵州、湖北、湖南、四川、云南
濒危等级：LC

楔叶大果花楸
Sorbus megalocarpa var. **cuneata** Rehder

习　　性：灌木或小乔木
海　　拔：1300～2700 m
分　　布：贵州、四川
濒危等级：DD

泡吹叶花楸
Sorbus meliosmifolia Rehder
习　　性：乔木
海　　拔：1400～2800 m
分　　布：广西、四川、云南
濒危等级：LC

小叶花楸
Sorbus microphylla(Wall. ex Hook. f.)Wenz.
习　　性：灌木或小乔木
海　　拔：3000～4000 m
国内分布：西藏、云南
国外分布：阿富汗、巴基斯坦、不丹、缅甸、尼泊尔、印度

维西花楸
Sorbus monbeigii(Cardot)T. T. Yu
习　　性：乔木
海　　拔：2500～3000 m
分　　布：云南
濒危等级：LC

木里花楸
Sorbus muliensis McAll.
习　　性：灌木或乔木
海　　拔：3000～3500 m
分　　布：西藏
濒危等级：LC

多对花楸
Sorbus multijuga Koehne
习　　性：灌木或小乔木
海　　拔：2300～3000 m
分　　布：四川、云南
濒危等级：DD

雷公花楸
Sorbus needhamii Rushforth
习　　性：灌木或乔木
海　　拔：约1900 m
分　　布：贵州
濒危等级：LC

宾川花楸
Sorbus obsoletidentata(Cardot)T. T. Yu
习　　性：灌木或小乔木
海　　拔：3200 m
分　　布：云南
濒危等级：VU A2c

褐毛花楸
Sorbus ochracea(Hand. -Mazz.)J. E. Vidal
习　　性：灌木或小乔木
海　　拔：1300～2700 m
分　　布：西藏、云南
濒危等级：LC

少齿花楸
Sorbus oligodonta(Cardot)Hand. -Mazz.
习　　性：乔木
海　　拔：2000～3600 m
国内分布：四川、西藏、云南
国外分布：缅甸
濒危等级：LC

榄绿花楸
Sorbus olivacea McAll.
习　　性：灌木或乔木
海　　拔：约2900 m
分　　布：四川
濒危等级：LC

卵果花楸
Sorbus ovalis McAll.
习　　性：灌木或乔木
海　　拔：约3000 m
分　　布：四川
濒危等级：LC

灰叶花楸
Sorbus pallescens Rehder
习　　性：乔木
海　　拔：2000～3300 m
分　　布：四川、西藏、云南
濒危等级：LC

小花楸
Sorbus parva McAll.
习　　性：灌木或乔木
分　　布：四川
濒危等级：LC

小果花楸
Sorbus parvifructa McAll.
习　　性：灌木或乔木
分　　布：西藏
濒危等级：LC

花楸树
Sorbus pohuashanensis(Hance)Hedl.
习　　性：乔木
海　　拔：900～2500 m
分　　布：甘肃、河北、黑龙江、吉林、辽宁、内蒙古、山东、山西、陕西
濒危等级：LC
资源利用：药用（中草药）；原料（木材）；环境利用（观赏）；食品（淀粉）

侏儒花楸
Sorbus poteriifolia Hand. -Mazz.
习　　性：灌木
海　　拔：3000～4000 m
国内分布：西藏、云南
国外分布：缅甸

濒危等级：LC

西康花楸
Sorbus prattii Koehne

西康花楸（原变种）
Sorbus prattii var. **prattii**
- 习　　性：灌木
- 海　　拔：2100~3800 m
- 国内分布：四川、西藏、云南
- 国外分布：不丹、印度
- 濒危等级：LC

多对西康花楸
Sorbus prattii var. **aestivalis**(Koehne)T. T. Yu
- 习　　性：灌木
- 海　　拔：2000~4500 m
- 分　　布：四川、西藏、云南
- 濒危等级：LC

拟湖北花楸
Sorbus pseudohupehensis McAll.
- 习　　性：灌木或乔木
- 分　　布：云南
- 濒危等级：LC

苍山花楸
Sorbus pseudovilmorinii McAll.
- 习　　性：灌木或乔木
- 海　　拔：约3300 m
- 分　　布：云南
- 濒危等级：LC

蕨叶花楸
Sorbus pteridophylla Hand.-Mazz.

蕨叶花楸（原变种）
Sorbus pteridophylla var. **pteridophylla**
- 习　　性：灌木或小乔木
- 海　　拔：2800~3800 m
- 分　　布：西藏、云南
- 濒危等级：LC

灰毛蕨叶花楸
Sorbus pteridophylla var. **tephroclada** Hand.-Mazz.
- 习　　性：灌木或小乔木
- 海　　拔：2700~3700 m
- 国内分布：云南
- 国外分布：缅甸
- 濒危等级：LC

台湾花楸
Sorbus randaiensis(Hayata)Koidz.
- 习　　性：乔木
- 海　　拔：2100~4200 m
- 分　　布：台湾
- 濒危等级：LC

铺地花楸
Sorbus reducta Diels

铺地花楸（原变种）
Sorbus reducta var. **reducta**
- 习　　性：灌木
- 海　　拔：2200~4000 m
- 分　　布：四川、云南
- 濒危等级：NT B

毛萼铺地花楸
Sorbus reducta var. **pubescens** L. T. Lu
- 习　　性：灌木
- 海　　拔：3400~3500 m
- 分　　布：云南
- 濒危等级：LC

西南花楸
Sorbus rehderiana Koehne

西南花楸（原变种）
Sorbus rehderiana var. **rehderiana**
- 习　　性：灌木或小乔木
- 海　　拔：2600~4300 m
- 国内分布：青海、四川、西藏、云南
- 国外分布：缅甸
- 濒危等级：LC

锈毛西南花楸
Sorbus rehderiana var. **cupreonitens** Hand.-Mazz.
- 习　　性：灌木或小乔木
- 海　　拔：3000~4100 m
- 分　　布：西藏、云南
- 濒危等级：DD

巨齿西南花楸
Sorbus rehderiana var. **grosseserrata** Koehne
- 习　　性：灌木或小乔木
- 海　　拔：2600~3000 m
- 分　　布：四川
- 濒危等级：LC

鼠李叶花楸
Sorbus rhamnoides(Decne.)Rehder
- 习　　性：乔木
- 海　　拔：1400~1700 m
- 国内分布：贵州、云南
- 国外分布：尼泊尔、印度
- 濒危等级：LC

菱叶花楸
Sorbus rhombifolia C. J. Qi et K. W. Liu
- 习　　性：乔木
- 海　　拔：约500 m
- 分　　布：湖南
- 濒危等级：NT

变红花楸
Sorbus rubescens McAll.
- 习　　性：灌木或乔木
- 海　　拔：约3200 m
- 分　　布：云南

濒危等级：LC

红毛花楸
Sorbus rufopilosa C. K. Schneid.

红毛花楸（原变种）
Sorbus rufopilosa var. **rufopilosa**
习　　性：灌木或小乔木
海　　拔：2700~4000 m
国内分布：贵州、四川、西藏、云南
国外分布：不丹、缅甸、尼泊尔、印度
濒危等级：LC

狭叶花楸
Sorbus rufopilosa var. **stenophylla** Koehne
习　　性：灌木或小乔木
海　　拔：2700~3700 m
国内分布：西藏、云南
国外分布：缅甸
濒危等级：NT

长籽花楸
Sorbus rushforthii McAll.
习　　性：灌木或乔木
海　　拔：约3200 m
分　　布：西藏
濒危等级：LC

海螺沟花楸
Sorbus rutilans McAll.
习　　性：灌木或乔木
分　　布：四川
濒危等级：LC

怒江花楸
Sorbus salwinensis T. T. Yu et L. T. Lu
习　　性：乔木
海　　拔：2700~3100 m
分　　布：云南
濒危等级：VU A2c；B2ab (ii, v)

晚绣花楸
Sorbus sargentiana Koehne
习　　性：乔木
海　　拔：2000~3200 m
分　　布：四川、云南
濒危等级：LC

梯叶花楸
Sorbus scalaris Koehne
习　　性：灌木或小乔木
海　　拔：1600~3000 m
分　　布：四川、云南
濒危等级：DD

四川花楸
Sorbus setschwanensis(C. K. Schneid.)Koehne
习　　性：灌木
海　　拔：2300~3000 m
分　　布：贵州、四川

濒危等级：LC

褐背花楸
Sorbus spongbergii Rushforth
习　　性：灌木或乔木
海　　拔：约2500 m
分　　布：四川、云南
濒危等级：LC

尾叶花楸
Sorbus subochracea T. T. Yu et L. T. Lu
习　　性：乔木
海　　拔：约2200 m
分　　布：西藏
濒危等级：NT B1ab (ii, v)；C1

太白花楸
Sorbus tapashana C. K. Schneid.
习　　性：灌木或小乔木
海　　拔：1900~3500 m
分　　布：甘肃、青海、陕西、新疆
濒危等级：LC

细枝花楸
Sorbus tenuis McAll.
习　　性：灌木或乔木
海　　拔：约3900 m
分　　布：四川、云南
濒危等级：LC

康藏花楸
Sorbus thibetica(Cardot)Hand.-Mazz.
习　　性：乔木
海　　拔：2400~3800 m
国内分布：西藏、云南
国外分布：不丹、缅甸
濒危等级：LC

滇缅花楸
Sorbus thomsonii(King ex Hook. f.)Rehder
习　　性：乔木
海　　拔：1500~2800 m
国内分布：四川、西藏、云南
国外分布：不丹、缅甸、尼泊尔、印度
濒危等级：LC

天山花楸
Sorbus tianschanica Rupr.

天山花楸（原变种）
Sorbus tianschanica var. **tianschanica**
习　　性：灌木或小乔木
海　　拔：2000~3200 m
国内分布：甘肃、青海、新疆
国外分布：阿富汗、巴基斯坦、俄罗斯
濒危等级：LC
资源利用：环境利用（观赏）

全缘天山花楸
Sorbus tianschanica var. **integrifoliolata** T. T. Yu

习　　性：灌木或小乔木
分　　布：新疆
濒危等级：NT

天堂花楸
Sorbus tiantangensis X. M. Liu et C. L. Wang
　　习　　性：落叶灌木或小乔木
　　海　　拔：约 1700 m
　　分　　布：安徽
　　濒危等级：LC

秦岭花楸
Sorbus tsinlingensis C. L. Tang
　　习　　性：乔木
　　海　　拔：1400～1800 m
　　分　　布：甘肃、陕西
　　濒危等级：VU B1ab（iii）

美叶花楸
Sorbus ursina（Wenz.）Hedl.

美叶花楸（原变种）
Sorbus ursina var. **ursina**
　　习　　性：灌木或小乔木
　　海　　拔：2700～4600 m
　　国内分布：四川、西藏、云南
　　国外分布：不丹、缅甸、尼泊尔、印度
　　濒危等级：LC

西藏美叶花楸
Sorbus ursina var. **wenzigiana** C. K. Schneid.
　　习　　性：灌木或小乔木
　　海　　拔：3000～5400 m
　　国内分布：西藏
　　国外分布：尼泊尔、印度
　　濒危等级：LC

白叶花楸
Sorbus vestita（Wall. ex G. Don）S. Schauer
　　习　　性：灌木
　　海　　拔：2000～3500 m
　　国内分布：西藏
　　国外分布：不丹、缅甸、尼泊尔、印度
　　濒危等级：LC

川滇花楸
Sorbus vilmorinii C. K. Schneid.
　　习　　性：灌木或小乔木
　　海　　拔：2800～4400 m
　　分　　布：四川、西藏、云南
　　濒危等级：LC

华西花楸
Sorbus wilsoniana C. K. Schneid.
　　习　　性：乔木
　　海　　拔：1300～3300 m
　　分　　布：广西、贵州、湖北、湖南、四川、云南
　　濒危等级：LC

神农架花楸
Sorbus yuana Spongberg
　　习　　性：小乔木
　　海　　拔：2000～? m
　　分　　布：湖北、四川
　　濒危等级：VU B1ab（ii，v）；C1

枥叶花楸
Sorbus yunnanensis L. T. Lu
　　习　　性：灌木
　　海　　拔：1000～1800 m
　　分　　布：云南
　　濒危等级：LC

长果花楸
Sorbus zahlbruckneri C. K. Schneid.
　　习　　性：灌木或小乔木
　　海　　拔：1300～2000 m
　　分　　布：广西、贵州、湖北、湖南、四川
　　濒危等级：LC

察隅花楸
Sorbus zayuensis T. T. Yu et L. T. Lu
　　习　　性：乔木
　　海　　拔：3600 m 以下
　　分　　布：西藏
　　濒危等级：NT

马蹄黄属 Spenceria Trimen

马蹄黄
Spenceria ramalana Trimen

马蹄黄（原变种）
Spenceria ramalana var. **ramalana**
　　习　　性：多年生草本
　　海　　拔：3000～5000 m
　　分　　布：四川、西藏、云南
　　濒危等级：LC
　　资源利用：药用（中草药）

小花马蹄黄
Spenceria ramalana var. **parviflora**（Stapf）Kitam.
　　习　　性：多年生草本
　　海　　拔：3000～5000 m
　　国内分布：西藏
　　国外分布：不丹
　　濒危等级：VU A2c

绣线菊属 Spiraea L.

外喜马拉雅绣线菊
Spiraea × transhimalaica Businsky
　　习　　性：落叶灌木
　　海　　拔：约 3000 m
　　分　　布：西藏

蕨叶绣线菊
Spiraea adiantoides Businsky

习　　性：落叶灌木
分　　布：云南
濒危等级：LC

高山绣线菊
Spiraea alpina Pall.
习　　性：灌木
海　　拔：2000~4000 m
国内分布：甘肃、河南、青海、山西、陕西、四川、西藏、新疆
国外分布：俄罗斯、蒙古、印度
濒危等级：LC
资源利用：环境利用（观赏）

异常绣线菊
Spiraea anomala Batalin
习　　性：灌木
分　　布：湖北
濒危等级：LC

耧斗菜叶绣线菊
Spiraea aquilegiifolia Pall.
习　　性：灌木
海　　拔：600~1300 m
国内分布：甘肃、河北、河南、内蒙古、青海、山西、陕西
国外分布：俄罗斯、蒙古
濒危等级：LC
资源利用：环境利用（观赏）

拱枝绣线菊
Spiraea arcuata Hook. f.
习　　性：灌木
海　　拔：3000~4200 m
国内分布：西藏、云南
国外分布：不丹、缅甸、尼泊尔、印度
濒危等级：LC

藏南绣线菊
Spiraea bella Sims

藏南绣线菊（原变种）
Spiraea bella var. **bella**
习　　性：落叶灌木
海　　拔：2400~3600 m
国内分布：四川、西藏、云南
国外分布：不丹、尼泊尔、印度
濒危等级：LC

毛果藏南绣线菊
Spiraea bella var. **pubicarpa** T. T. Yu et L. T. Lu
习　　性：落叶灌木
海　　拔：2300~2600 m
分　　布：西藏
濒危等级：LC

绣球绣线菊
Spiraea blumei G. Don

绣球绣线菊（原变种）
Spiraea blumei var. **blumei**
习　　性：灌木
海　　拔：500~2000 m
国内分布：安徽、福建、甘肃、广东、广西、河北、河南、湖北、湖南、江苏、江西、辽宁、内蒙古、山东、山西、陕西、四川、浙江
国外分布：朝鲜、日本
濒危等级：LC
资源利用：药用（中草药）；环境利用（观赏）

宽瓣绣球绣线菊
Spiraea blumei var. **latipetala** Hemsl.
习　　性：灌木
分　　布：安徽、广东、浙江
濒危等级：DD

小叶绣球绣线菊
Spiraea blumei var. **microphylla** Rehder
习　　性：灌木
分　　布：甘肃、河南、陕西
濒危等级：LC

毛果绣球绣线菊
Spiraea blumei var. **pubicarpa** W. C. Cheng
习　　性：灌木
分　　布：河南、陕西、浙江
濒危等级：NT C1

石灰岩绣线菊
Spiraea calcicola W. W. Sm.
习　　性：灌木
海　　拔：2700~2800 m
分　　布：云南
濒危等级：LC

楔叶绣线菊
Spiraea canescens D. Don

楔叶绣线菊（原变种）
Spiraea canescens var. **canescens**
习　　性：灌木
海　　拔：3000~4000 m
国内分布：四川、西藏、云南
国外分布：不丹、尼泊尔、印度
濒危等级：LC

粉背楔叶绣线菊
Spiraea canescens var. **glaucophylla** Franch.
习　　性：灌木
海　　拔：2300~3000 m
分　　布：甘肃、四川、西藏、云南
濒危等级：LC

麻叶绣线菊
Spiraea cantoniensis Lour.

麻叶绣线菊（原变种）
Spiraea cantoniensis var. **cantoniensis**
习　　性：灌木

国内分布：原产江西；全国广泛栽培
国外分布：日本
濒危等级：NT
资源利用：环境利用（观赏）

江西绣线菊
Spiraea cantoniensis var. **jiangxiensis** (Z. X. Yu) L. T. Lu
- 习　　性：灌木
- 海　　拔：200~300 m
- 分　　布：江西
- 濒危等级：NT C1

毛萼麻叶绣线菊
Spiraea cantoniensis var. **pilosa** T. T. Yu
- 习　　性：灌木
- 海　　拔：200~300 m
- 分　　布：广东、湖南
- 濒危等级：LC

石蚕叶绣线菊
Spiraea chamaedryfolia L.
- 习　　性：灌木
- 海　　拔：600~1000 m
- 国内分布：河北、河南、黑龙江、吉林、辽宁、山西、新疆
- 国外分布：朝鲜、俄罗斯、蒙古、日本
- 濒危等级：DD
- 资源利用：环境利用（观赏）；蜜源植物

阿拉善绣线菊
Spiraea chanicioraea Y. Z. Zhao et T. J. Wang
- 习　　性：灌木
- 分　　布：宁夏
- 濒危等级：LC

中华绣线菊
Spiraea chinensis Maxim.

中华绣线菊（原变种）
Spiraea chinensis var. **chinensis**
- 习　　性：灌木
- 海　　拔：500~2000 m
- 分　　布：安徽、福建、甘肃、广东、广西、贵州、河北、河南、湖北、湖南、江苏、江西、内蒙古、山西、陕西、四川、云南、浙江
- 濒危等级：LC

直果绣线菊
Spiraea chinensis var. **erecticarpa** Y. Q. Zhu et X. W. Li
- 习　　性：灌木
- 海　　拔：约300 m
- 分　　布：山东
- 濒危等级：LC

大花中华绣线菊
Spiraea chinensis var. **grandiflora** T. T. Yu
- 习　　性：灌木
- 海　　拔：约1000 m
- 分　　布：湖北
- 濒危等级：LC

粉叶绣线菊
Spiraea compsophylla Hand.-Mazz.
- 习　　性：灌木
- 海　　拔：2000~4000 m
- 分　　布：云南
- 濒危等级：LC

窄叶绣线菊
Spiraea dahurica (Rupr.) Maxim.
- 习　　性：灌木
- 海　　拔：1000 m 以下
- 国内分布：河北、黑龙江、辽宁、内蒙古
- 国外分布：俄罗斯、蒙古
- 濒危等级：LC

稻城绣线菊
Spiraea daochengensis L. T. Lu
- 习　　性：灌木
- 海　　拔：约3800 m
- 分　　布：四川
- 濒危等级：NT C1

毛花绣线菊
Spiraea dasyantha Bunge
- 习　　性：灌木
- 海　　拔：400~1200 m
- 分　　布：甘肃、河北、湖北、江苏、江西、辽宁、内蒙古、山西、浙江
- 濒危等级：LC
- 资源利用：环境利用（观赏）

美丽绣线菊
Spiraea elegans Pojark.
- 习　　性：灌木
- 海　　拔：100~2000 m
- 国内分布：河北、黑龙江、吉林、内蒙古
- 国外分布：俄罗斯、蒙古
- 濒危等级：LC

曲萼绣线菊
Spiraea flexuosa Fisch. ex Cambess.

曲萼绣线菊（原变种）
Spiraea flexuosa var. **flexuosa**
- 习　　性：灌木
- 海　　拔：600~2000 m
- 国内分布：黑龙江、吉林、辽宁、内蒙古、山西、陕西、新疆
- 国外分布：朝鲜、俄罗斯、蒙古
- 濒危等级：LC
- 资源利用：环境利用（观赏）

柔毛曲萼绣线菊
Spiraea flexuosa var. **pubescens** Liou
- 习　　性：灌木
- 海　　拔：1000 m 以下
- 分　　布：辽宁、内蒙古、山西
- 濒危等级：DD

台湾绣线菊
Spiraea formosana Hayata
习　　性：落叶灌木
海　　拔：2100～3000 m
分　　布：台湾
濒危等级：LC

华北绣线菊
Spiraea fritschiana C. K. Schneid.

华北绣线菊（原变种）
Spiraea fritschiana var. **fritschiana**
习　　性：灌木
海　　拔：100～2000 m
分　　布：甘肃、河北、河南、湖北、江苏、山东、山西、陕西、四川、浙江
濒危等级：LC

大叶华北绣线菊
Spiraea fritschiana var. **angulata**(Fritsch ex C. K. Schneid.)Rehder
习　　性：灌木
海　　拔：200～2400 m
分　　布：安徽、甘肃、河北、河南、黑龙江、湖北、江西、辽宁、山东、山西、陕西
濒危等级：LC

小叶华北绣线菊
Spiraea fritschiana var. **parvifolia** Liou
习　　性：灌木
海　　拔：800～1000 m
分　　布：河北、辽宁、山东
濒危等级：LC

海拉尔绣线菊
Spiraea hailarensis Liou
习　　性：灌木
海　　拔：约600 m
分　　布：甘肃、黑龙江、内蒙古
濒危等级：LC

假绣线菊
Spiraea hayatana H. L. Li
习　　性：灌木
海　　拔：3000～3500 m
分　　布：台湾
濒危等级：LC

翠蓝绣线菊
Spiraea henryi

翠蓝绣线菊（原变种）
Spiraea henryi var. **henryi**
习　　性：灌木
海　　拔：1500～3000 m
分　　布：甘肃、贵州、河南、湖北、陕西、四川、云南
濒危等级：LC

峨眉翠蓝绣线菊
Spiraea henryi var. **omeiensis** T. T. Yu
习　　性：灌木
海　　拔：1300～1500 m

分　　布：四川
濒危等级：LC

兴山绣线菊
Spiraea hingshanensis T. T. Yu et L. T. Lu
习　　性：灌木
海　　拔：800～1650 m
分　　布：湖北
濒危等级：NT

疏毛绣线菊
Spiraea hirsuta(Hemsl.)C. K. Schneid.

疏毛绣线菊（原变种）
Spiraea hirsuta var. **hirsuta**
习　　性：灌木
海　　拔：600～1700 m
分　　布：福建、甘肃、河北、河南、湖北、湖南、江西、山东、山西、陕西、四川、浙江
濒危等级：LC
资源利用：环境利用（观赏）

圆叶疏毛绣线菊
Spiraea hirsuta var. **rotundifolia**(Hemsl.)Rehder
习　　性：灌木
海　　拔：600～2000 m
分　　布：河南、湖北、陕西、四川
濒危等级：LC

金丝桃叶绣线菊
Spiraea hypericifolia L.
习　　性：灌木
海　　拔：600～2200 m
国内分布：甘肃、河南、黑龙江、内蒙古、山西、陕西、新疆
国外分布：俄罗斯、蒙古
濒危等级：LC
资源利用：环境利用（观赏）

粉花绣线菊
Spiraea japonica L. f.

粉花绣线菊（原变种）
Spiraea japonica var. **japonica**
习　　性：灌木
海　　拔：700～4000 m
国内分布：广泛栽培
国外分布：原产朝鲜、日本

渐尖绣线菊
Spiraea japonica var. **acuminata** Franch.
习　　性：灌木
海　　拔：900～4000 m
分　　布：安徽、福建、甘肃、广东、广西、贵州、河南、湖北、湖南、江苏、江西、陕西、四川、西藏、云南、浙江
濒危等级：LC

急尖绣线菊
Spiraea japonica var. **acuta** T. T. Yu
习　　性：灌木

海　　拔：2500~2700 m
分　　布：贵州、四川、云南
濒危等级：LC

光叶绣线菊
Spiraea japonica var. **fortunei** (Planch.) Rehder
习　　性：灌木
海　　拔：700~3000 m
分　　布：安徽、福建、甘肃、广东、广西、贵州、河南、湖北、湖南、江苏、江西、山东、陕西、四川、云南、浙江
濒危等级：LC
资源利用：药用（中草药）

无毛绣线菊
Spiraea japonica var. **glabra** (Regel) Koidz.
习　　性：灌木
海　　拔：1600~1900 m
分　　布：安徽、湖北、江西、四川、云南、浙江
濒危等级：LC

锐裂绣线菊
Spiraea japonica var. **incisa** T. T. Yu
习　　性：灌木
海　　拔：3200~4000 m
分　　布：河南、四川、云南
濒危等级：LC

椭圆绣线菊
Spiraea japonica var. **ovalifolia** Franch.
习　　性：灌木
海　　拔：2500~3800 m
分　　布：四川、云南
濒危等级：LC

羽叶绣线菊
Spiraea japonica var. **pinnatifida** T. T. Yu et L. T. Lu
习　　性：灌木
海　　拔：约2900 m
分　　布：西藏
濒危等级：LC

广西绣线菊
Spiraea kwangsiensis T. T. Yu
习　　性：灌木
海　　拔：约600 m
分　　布：广西
濒危等级：EN A2c; B1ab (i)

贵州绣线菊
Spiraea kweichowensis T. T. Yu et L. T. Lu
习　　性：灌木
海　　拔：2000 m 以下
分　　布：贵州
濒危等级：NT

华西绣线菊
Spiraea laeta Rehder

华西绣线菊（原变种）
Spiraea laeta var. **laeta**
习　　性：灌木
海　　拔：1200~2500 m
分　　布：甘肃、贵州、河南、湖北、四川、云南
濒危等级：LC

毛叶华西绣线菊
Spiraea laeta var. **subpubescens** Rehder
习　　性：灌木
分　　布：甘肃、湖北
濒危等级：NT

细叶华西绣线菊
Spiraea laeta var. **tenuis** Rehder
习　　性：灌木
海　　拔：2700~3200 m
分　　布：四川
濒危等级：NT A2c

绵毛绣线菊
Spiraea lanatissima Businsky
习　　性：落叶灌木
海　　拔：约4000 m
分　　布：四川
濒危等级：LC

蒙古绣线菊
Spiraea lasiocarpa Kar. et Kir.

蒙古绣线菊（原变种）
Spiraea lasiocarpa var. **lasiocarpa**
习　　性：落叶灌木
海　　拔：1500~4700 m
分　　布：甘肃、河北、河南、内蒙古、宁夏、青海、山西、陕西、四川、西藏、新疆
濒危等级：LC

柔毛蒙古绣线菊
Spiraea lasiocarpa var. **villosa** Businsky
习　　性：落叶灌木
分　　布：四川
濒危等级：LC

丽江绣线菊
Spiraea lichiangensis W. W. Sm.
习　　性：灌木
海　　拔：3500~4000 m
分　　布：云南
濒危等级：VU A2c

裂叶绣线菊
Spiraea lobulata T. T. Yu et L. T. Lu
习　　性：灌木
海　　拔：2000~2500 m
分　　布：西藏
濒危等级：DD

长芽绣线菊
Spiraea longigemmis Maxim.
习　　性：灌木
海　　拔：2500~3400 m
分　　布：甘肃、湖北、山西、陕西、四川、西藏、云南、

浙江

 濒危等级：LC

 资源利用：环境利用（观赏）

毛枝绣线菊

Spiraea martini H. Lév.

毛枝绣线菊（原变种）

Spiraea martini var. **martini**

 习　　性：灌木

 海　　拔：1400~2100 m

 分　　布：广西、贵州、四川、云南

 濒危等级：LC

 资源利用：环境利用（观赏）

长梗毛枝绣线菊

Spiraea martini var. **pubescens** T. T. Yu

 习　　性：灌木

 海　　拔：约700 m

 分　　布：云南

 濒危等级：NT C1

绒毛毛枝绣线菊

Spiraea martini var. **tomentosa** T. T. Yu

 习　　性：灌木

 海　　拔：约2000 m

 分　　布：云南

 濒危等级：NT B1ab（i，iii）

欧亚绣线菊

Spiraea media Schmidt

 习　　性：灌木

 海　　拔：700~1600 m

 国内分布：河北、河南、黑龙江、吉林、辽宁、内蒙古、新疆

 国外分布：朝鲜、俄罗斯、蒙古、日本

 濒危等级：LC

 资源利用：环境利用（观赏）

长蕊绣线菊

Spiraea miyabei Hemsl.

 习　　性：灌木

 海　　拔：1000~2000 m

 国内分布：安徽、湖北、陕西、四川、云南

 国外分布：日本

 濒危等级：LC

无毛长蕊绣线菊

Spiraea miyabei var. **glabrata**

 习　　性：灌木

 海　　拔：1000~2000 m

 分　　布：安徽、湖北、陕西

 濒危等级：NT

毛叶长蕊绣线菊

Spiraea miyabei var. **pilosula** Rehder

 习　　性：灌木

 海　　拔：1000~1600 m

 分　　布：湖北、四川、云南

 濒危等级：LC

细叶长蕊绣线菊

Spiraea miyabei var. **tenuifolia** Rehder

 习　　性：灌木

 分　　布：四川

 濒危等级：LC

毛叶绣线菊

Spiraea mollifolia Rehder

毛叶绣线菊（原变种）

Spiraea mollifolia var. **mollifolia**

 习　　性：灌木

 海　　拔：2600~4200 m

 分　　布：甘肃、贵州、陕西、四川、西藏、云南

 濒危等级：LC

秃净绣线菊

Spiraea mollifolia var. **denudata** Businsky

 习　　性：灌木

 海　　拔：约2600 m

 分　　布：湖北、陕西、四川、西藏

 濒危等级：LC

新高山绣线菊

Spiraea morrisonicola Hayata

 习　　性：灌木或亚灌木

 海　　拔：4000 m以下

 分　　布：台湾

 濒危等级：LC

木里绣线菊

Spiraea muliensis T. T. Yu et L. T. Lu

 习　　性：灌木

 海　　拔：约2700 m

 分　　布：四川

 濒危等级：LC

细枝绣线菊

Spiraea myrtilloides Rehder

细枝绣线菊（原变种）

Spiraea myrtilloides var. **myrtilloides**

 习　　性：灌木

 海　　拔：1500~3100 m

 分　　布：甘肃、河南、湖北、江西、青海、陕西、四川、西藏、云南

 濒危等级：LC

毛果细枝绣线菊

Spiraea myrtilloides var. **pubicarpa** T. T. Yu et L. T. Lu

 习　　性：灌木

 海　　拔：2800~3000 m

 分　　布：甘肃

 濒危等级：LC

宁夏绣线菊

Spiraea ningshiaensis T. T. Yu et L. T. Lu

 习　　性：灌木

 海　　拔：1700~2000 m

 分　　布：宁夏

 濒危等级：EN B1ab（i，iii）

蔷薇科 ROSACEAE

金州绣线菊
Spiraea nishimurae Kitag.
- 习　　性：灌木
- 海　　拔：900~1900 m
- 分　　布：吉林、辽宁、山东、山西
- 濒危等级：LC

广椭绣线菊
Spiraea ovalis Rehder
- 习　　性：灌木
- 海　　拔：900~2500 m
- 分　　布：甘肃、河南、湖北、陕西、四川、西藏
- 濒危等级：LC

乳突绣线菊
Spiraea papillosa Rehder

乳突绣线菊（原变种）
Spiraea papillosa var. **papillosa**
- 习　　性：灌木
- 海　　拔：1300~2000 m
- 分　　布：四川
- 濒危等级：NT A2c

云南乳突绣线菊
Spiraea papillosa var. **yunnanensis** T. T. Yu
- 习　　性：灌木
- 海　　拔：3300~3500 m
- 分　　布：四川、云南
- 濒危等级：LC

平卧绣线菊
Spiraea pjassetzkii Buzunova
- 习　　性：灌木
- 海　　拔：约2500 m
- 分　　布：甘肃、湖北、陕西
- 濒危等级：LC

李叶绣线菊
Spiraea prunifolia Siebold et Zucc.

李叶绣线菊（原变种）
Spiraea prunifolia var. **prunifolia**
- 习　　性：灌木
- 海　　拔：1500 m以下
- 国内分布：我国栽培
- 国外分布：朝鲜、日本
- 资源利用：环境利用（观赏）

无毛李叶绣线菊
Spiraea prunifolia var. **hupehensis**(Rehder)Rehder
- 习　　性：灌木
- 海　　拔：海平面至300 m
- 分　　布：湖北、陕西
- 濒危等级：LC

全缘李叶绣线菊
Spiraea prunifolia var. **integrifolia** Dunn
- 习　　性：灌木
- 分　　布：福建
- 濒危等级：LC

多毛李叶绣线菊
Spiraea prunifolia var. **pseudoprunifolia**(Hayata ex Nakai)H. L. Li
- 习　　性：灌木
- 海　　拔：约1500 m
- 分　　布：台湾
- 濒危等级：LC

单瓣李叶绣线菊
Spiraea prunifolia var. **simpliciflora**(Nakai)Nakai
- 习　　性：灌木
- 海　　拔：500~1000 m
- 分　　布：安徽、福建、河南、湖北、湖南、江苏、江西、浙江
- 濒危等级：LC

土庄绣线菊
Spiraea pubescens

土庄绣线菊（原变种）
Spiraea pubescens var. **pubescens** Turcz.
- 习　　性：灌木
- 海　　拔：200~2500 m
- 国内分布：安徽、甘肃、河北、河南、黑龙江、湖北、吉林、辽宁、内蒙古、山东、山西、陕西、四川
- 国外分布：朝鲜、俄罗斯、蒙古
- 濒危等级：LC

毛果土庄绣线菊
Spiraea pubescens var. **lasiocarpa** Nakai
- 习　　性：灌木
- 海　　拔：400~1600 m
- 分　　布：安徽、甘肃、河南、陕西、四川
- 濒危等级：LC

紫花绣线菊
Spiraea purpurea Hand.-Mazz.
- 习　　性：灌木
- 海　　拔：2800~3300 m
- 分　　布：四川、西藏、云南
- 濒危等级：LC

南川绣线菊
Spiraea rosthornii E. Pritz. ex Diels
- 习　　性：灌木
- 海　　拔：1000~3500 m
- 分　　布：安徽、甘肃、河北、河南、青海、陕西、四川、云南
- 濒危等级：LC

绣线菊
Spiraea salicifolia L.

绣线菊（原变种）
Spiraea salicifolia var. **salicifolia**
- 习　　性：灌木
- 海　　拔：200~900 m
- 国内分布：河北、黑龙江、吉林、辽宁、内蒙古、山西
- 国外分布：朝鲜、俄罗斯、蒙古、日本
- 濒危等级：LC
- 资源利用：环境利用（观赏）；蜜源植物

巨齿绣线菊
Spiraea salicifolia var. **grosseserrata** Liou
习　　性：灌木
分　　布：黑龙江、吉林
濒危等级：LC

贫齿绣线菊
Spiraea salicifolia var. **oligodonta** T. T. Yu
习　　性：灌木
海　　拔：约 700 m
分　　布：黑龙江、内蒙古
濒危等级：LC

茂汶绣线菊
Spiraea sargentiana Rehder
习　　性：灌木
海　　拔：1000～2400 m
分　　布：河南、湖北、四川、云南
濒危等级：LC

川滇绣线菊
Spiraea schneideriana Rehder

川滇绣线菊（原变种）
Spiraea schneideriana var. **schneideriana**
习　　性：灌木
海　　拔：2500～4000 m
分　　布：福建、湖北、四川、西藏、云南
濒危等级：LC
资源利用：环境利用（观赏）

无毛川滇绣线菊
Spiraea schneideriana var. **amphidoxa** Rehder
习　　性：灌木
海　　拔：2500～3800 m
分　　布：甘肃、陕西、四川、西藏、云南
濒危等级：LC

滇中绣线菊
Spiraea schochiana Rehder
习　　性：灌木
海　　拔：2000～2200 m
分　　布：云南
濒危等级：LC

绢毛绣线菊
Spiraea sericea Turcz.
习　　性：灌木
海　　拔：500～1100 m
国内分布：甘肃、河南、黑龙江、吉林、辽宁、内蒙古、山西、陕西、四川、云南
国外分布：俄罗斯、蒙古、日本
濒危等级：LC

干地绣线菊
Spiraea siccanea（W. W. Sm.）Rehder
习　　性：灌木
海　　拔：2500～2800 m
分　　布：云南
濒危等级：LC

浅裂绣线菊
Spiraea sublobata Hand. -Mazz.
习　　性：灌木
海　　拔：1500～2800 m
分　　布：四川、云南
濒危等级：LC

太鲁阁绣线菊
Spiraea tarokoensis Hayata
习　　性：灌木
分　　布：台湾
濒危等级：LC

伏毛绣线菊
Spiraea teniana Rehder

伏毛绣线菊（原变种）
Spiraea teniana var. **teniana**
习　　性：灌木
海　　拔：2000～2400 m
分　　布：云南
濒危等级：NT

长毛绣线菊
Spiraea teniana var. **mairei**（H. Lév.）L. T. Lu
习　　性：灌木
海　　拔：约 3100 m
分　　布：云南
濒危等级：DD

圆枝绣线菊
Spiraea teretiuscula C. K. Schneid.
习　　性：灌木
海　　拔：2500～3000 m
分　　布：四川
濒危等级：NT

藏东绣线菊
Spiraea thibetica Bureau et Franch.
习　　性：灌木
分　　布：西藏
濒危等级：LC

珍珠绣线菊
Spiraea thunbergii Siebold ex Blume
习　　性：灌木
国内分布：原产我国；福建、江苏、辽宁、山东、陕西、浙江等地栽培
国外分布：日本
资源利用：环境利用（观赏）
濒危等级：LC

毛果绣线菊
Spiraea trichocarpa Nakai
习　　性：灌木
海　　拔：200～2000 m
国内分布：吉林、辽宁、内蒙古
国外分布：朝鲜

濒危等级：LC

三裂绣线菊
Spiraea trilobata L.

三裂绣线菊（原变种）
Spiraea trilobata var. **trilobata**
- 习　　性：灌木
- 海　　拔：400～2400 m
- 国内分布：安徽、甘肃、河北、河南、黑龙江、江苏、辽宁、内蒙古、山东、山西、陕西、新疆
- 国外分布：朝鲜、俄罗斯
- 濒危等级：LC
- 资源利用：原料（单宁）；环境利用（观赏）

毛叶三裂绣线菊
Spiraea trilobata var. **pubescens** T. T. Yu
- 习　　性：灌木
- 海　　拔：1500～1600 m
- 分　　布：河北、内蒙古、山西
- 濒危等级：LC

乌拉绣线菊
Spiraea uratensis Franch.

乌拉绣线菊（原变种）
Spiraea uratensis var. **uratensis**
- 习　　性：灌木
- 海　　拔：1000～2400 m
- 分　　布：甘肃、河南、内蒙古、山西、陕西
- 濒危等级：LC

密花乌拉尔绣线菊
Spiraea uratensis var. **floribunda** Y. P. Hsu
- 习　　性：灌木
- 分　　布：甘肃
- 濒危等级：LC

菱叶绣线菊
Spiraea vanhouttei(Briot)Carrière
- 习　　性：灌木
- 分　　布：广东、广西、江苏、江西、山东、陕西、四川
- 资源利用：环境利用（观赏）
- 濒危等级：LC

鄂西绣线菊
Spiraea veitchii Hemsl.
- 习　　性：灌木
- 海　　拔：2000～3600 m
- 分　　布：甘肃、贵州、河南、湖北、陕西、四川、云南
- 濒危等级：LC
- 资源利用：环境利用（观赏）

绒毛绣线菊
Spiraea velutina Franch.

绒毛绣线菊（原变种）
Spiraea velutina var. **velutina**
- 习　　性：灌木
- 海　　拔：2000～3000 m
- 分　　布：西藏、云南
- 濒危等级：LC

脱毛绣线菊
Spiraea velutina var. **glabrescens** T. T. Yu et L. T. Lu
- 习　　性：灌木
- 海　　拔：2200～3300 m
- 分　　布：西藏
- 濒危等级：LC

陕西绣线菊
Spiraea wilsonii Duthie
- 习　　性：灌木
- 海　　拔：1000～3200 m
- 分　　布：甘肃、贵州、河南、湖北、陕西、四川、云南
- 濒危等级：LC
- 资源利用：环境利用（观赏）

西藏绣线菊
Spiraea xizangensis L. T. Lu
- 习　　性：灌木
- 海　　拔：4200～4300 m
- 分　　布：西藏
- 濒危等级：LC

云南绣线菊
Spiraea yunnanensis Franch.
- 习　　性：灌木
- 海　　拔：1300～2800 m
- 分　　布：四川、云南
- 濒危等级：LC

小米空木属 Stephanandra Sieb. et Zucc.

野珠兰
Stephanandra chinensis Hance
- 习　　性：灌木
- 海　　拔：1000～1500 m
- 分　　布：安徽、福建、广东、河南、湖北、湖南、江西、四川、浙江
- 濒危等级：LC
- 资源利用：环境利用（观赏）

小米空木
Stephanandra incisa(Thunb.)Zabel
- 习　　性：灌木
- 海　　拔：500～1000 m
- 国内分布：辽宁、山东、台湾
- 国外分布：朝鲜、日本
- 濒危等级：LC

红果树属 Stranvaesia Lindl.

毛萼红果树
Stranvaesia amphidoxa C. K. Schneid.

毛萼红果树（原变种）
Stranvaesia amphidoxa var. **amphidoxa**
- 习　　性：灌木或小乔木
- 海　　拔：500～1500 m

分　　布：广西、贵州、湖北、湖南、江西、四川、云南、浙江
濒危等级：LC
资源利用：环境利用（观赏）

湖南红果树
Stranvaesia amphidoxa var. **amphileia** (Hand. -Mazz.) T. T. Yu
习　　性：灌木或小乔木
海　　拔：1000～1500 m
分　　布：广西、贵州、湖南
濒危等级：LC

红果树
Stranvaesia davidiana Decne.

红果树（原变种）
Stranvaesia davidiana var. **davidiana**
习　　性：灌木或小乔木
海　　拔：1000～3000 m
国内分布：甘肃、广西、贵州、湖北、江西、陕西、四川、台湾、云南
国外分布：马来西亚、越南
濒危等级：LC

波叶红果树
Stranvaesia davidiana var. **undulata** (Decne.) Rehder et E. H. Wilson
习　　性：灌木或小乔木
海　　拔：900～3000 m
分　　布：福建、广东、广西、贵州、湖北、湖南、江西、陕西、四川、云南、浙江
濒危等级：LC

印缅红果树
Stranvaesia nussia (Buch. -Ham. ex D. Don) Decne.
习　　性：乔木
海　　拔：500～2800 m
国内分布：西藏、云南
国外分布：菲律宾、老挝、缅甸、尼泊尔、泰国、印度
濒危等级：LC

滇南红果树
Stranvaesia oblanceolata (Rehder et E. H. Wilson) Stapf
习　　性：灌木
海　　拔：1400～2000 m
国内分布：云南
国外分布：老挝、缅甸、泰国
濒危等级：NT

绒毛红果树
Stranvaesia tomentosa T. T. Yu et T. C. Ku
习　　性：灌木或小乔木
海　　拔：600～1400 m
分　　布：重庆、四川
濒危等级：LC

太行花属 Taihangia T. T. Yu et C. L. Li

太行花
Taihangia rupestris T. T. Yu et C. L. Li
国家保护：Ⅱ级

太行花（原变种）
Taihangia rupestris var. **rupestris**
习　　性：多年生草本
海　　拔：1100～1200 m
分　　布：河南
濒危等级：EN A2c；B1ab（ii）

缘毛太行花
Taihangia rupestris var. **ciliata** T. T. Yu et C. L. Li
习　　性：多年生草本
海　　拔：1000～1200 m
分　　布：河北
濒危等级：VU D1

林石草属 Waldsteinia Willd.

林石草
Waldsteinia ternata (Stephan) Fritsch
习　　性：多年生草本
海　　拔：700～1000 m
国内分布：吉林
国外分布：俄罗斯、日本
濒危等级：LC

茜草科 RUBIACEAE
（103 属：808 种）

尖药花属 Acranthera Arn. ex Meisn.

中华尖药花
Acranthera sinensis C. Y. Wu
习　　性：草本或亚灌木
海　　拔：1000～1500 m
分　　布：云南
濒危等级：VU A2c

水团花属 Adina Salisb.

水团花
Adina pilulifera (Lam.) Franch. ex Drake
习　　性：灌木或小乔木
海　　拔：200～400 m
国内分布：澳门、福建、广东、广西、贵州、海南、湖南、江苏、江西、香港、云南、浙江
国外分布：日本、越南
濒危等级：LC
资源利用：原料（木材，纤维）

毛脉水团花
Adina pubicostata Merr.
习　　性：灌木或小乔木
海　　拔：400～1200 m
国内分布：广西、湖南
国外分布：越南
濒危等级：LC

细叶水团花
Adina rubella Hance

习　　性：落叶灌木
海　　拔：100~600 m
国内分布：福建、广东、广西、湖南、江苏、江西、陕西、浙江
国外分布：朝鲜
濒危等级：LC
资源利用：药用（中草药）；原料（纤维）；环境利用（观赏）

茜树属 Aidia Lour.

香楠
Aidia canthioides(Champ. ex Benth.)Masam.
习　　性：灌木或乔木
海　　拔：100~1500 m
国内分布：福建、广东、广西、海南、台湾、香港、云南
国外分布：日本、越南
濒危等级：LC

茜树
Aidia cochinchinensis Lour.
习　　性：灌木或乔木
海　　拔：500~1300 m
国内分布：广东、海南、香港、云南
国外分布：越南
濒危等级：LC

亨氏香楠
Aidia henryi(E. Pritz.)T. Yamaz.
习　　性：灌木或乔木
海　　拔：100~2400 m
国内分布：福建、广东、广西、贵州、海南、湖北、湖南、江苏、江西、四川、台湾、云南、浙江
国外分布：日本、泰国、越南
濒危等级：LC

尖萼茜树
Aidia oxyodonta(Drake)T. Yamaz.
习　　性：灌木或乔木
海　　拔：100~1000 m
国内分布：广东、广西、海南
国外分布：越南
濒危等级：LC

多毛茜草树
Aidia pycnantha(Drake)Tirveng.
习　　性：灌木或乔木
海　　拔：海平面至1000 m
国内分布：福建、广东、广西、海南、香港、云南
国外分布：越南
濒危等级：LC

总状茜草树
Aidia racemosa(Cav.)Tirveng.
习　　性：灌木或小乔木
国内分布：海南
国外分布：澳大利亚、巴布亚新几内亚、菲律宾、马来西亚、泰国、印度尼西亚
濒危等级：LC

柳叶香楠
Aidia salicifolia(H. L. Li)T. Yamaz.
习　　性：灌木或小乔木
海　　拔：600~1000 m
分　　布：广西
濒危等级：NT

滇茜树
Aidia yunnanensis(Hutch.)T. Yamaz.
习　　性：灌木或乔木
海　　拔：500~1700 m
分　　布：云南
濒危等级：DD

白香楠属 Alleizettella Pit.

白果香楠
Alleizettella leucocarpa(Champ. ex Benth.)Tirveng.
习　　性：灌木
海　　拔：200~1000 m
国内分布：福建、广东、广西、海南、香港
国外分布：越南
濒危等级：LC

毛茶属 Antirhea Comm. ex Juss.

毛茶
Antirhea chinensis(Champ. ex Benth.)Benth. et Hook. f. ex F. B. Forbes et Hemsl.
习　　性：灌木
海　　拔：100~1700 m
分　　布：澳门、广东、海南、香港
濒危等级：LC

雪花属 Argostemma Wall.

异色雪花
Argostemma discolor Merr.
习　　性：草本
海　　拔：500~1500 m
分　　布：海南
濒危等级：LC

海南雪花
Argostemma hainanicum H. S. Lo
习　　性：草本
海　　拔：约600 m
分　　布：海南
濒危等级：NT

岩雪花
Argostemma saxatile Chun et F. C. How ex W. C. Ko
习　　性：草本
海　　拔：约600 m
分　　布：广东、广西
濒危等级：VU A2ce

水冠草
Argostemma solaniflorum Elmer

习　　性：二年生草本
海　　拔：100～500 m
国内分布：台湾
国外分布：菲律宾、日本
濒危等级：VU D2

小雪花
Argostemma verticillatum Wall.
习　　性：草本
海　　拔：约1500 m
国内分布：云南
国外分布：不丹、缅甸、尼泊尔、印度、越南
濒危等级：LC

滇雪花
Argostemma yunnanense F. C. How ex H. S. Lo
习　　性：草本
海　　拔：约900 m
分　　布：云南
濒危等级：LC

车叶草属 Asperula L.

对叶车叶草
Asperula oppositifolia Regel et Schmal. ex Regel
习　　性：亚灌木
海　　拔：约3700 m
国内分布：西藏
国外分布：阿富汗、巴基斯坦、塔吉克斯坦
濒危等级：LC

蓝花车叶草
Asperula orientalis Boiss. et Hohen.
习　　性：一年生草本
国内分布：安徽、江苏、陕西栽培
国外分布：原产格鲁吉亚、黎巴嫩、土耳其、叙利亚、伊拉克
资源利用：环境利用（观赏）

簕茜属 Benkara Adans.

多刺簕茜
Benkara depauperata (Drake) Ridsdale
习　　性：灌木
海　　拔：100～300 m
国内分布：福建、广西、贵州、海南
国外分布：越南
濒危等级：LC

无脉簕茜
Benkara evenosa (Hutch.) Ridsdale
习　　性：灌木
海　　拔：1300～1600 m
分　　布：云南
濒危等级：DD

滇簕茜
Benkara forrestii (J. Anthony) Ridsdale
习　　性：灌木或乔木

海　　拔：1000～2400 m
分　　布：云南
濒危等级：LC

海南簕茜
Benkara hainanensis (Merr.) C. M. Taylor
习　　性：灌木或小乔木
海　　拔：200～600 m
分　　布：海南
濒危等级：LC

直刺簕茜
Benkara rectispina (Merr.) Ridsdale
习　　性：灌木
海　　拔：海平面至300 m
分　　布：海南
濒危等级：LC

浓子茉莉
Benkara scandens (Thunb.) Ridsdale
习　　性：灌木
国内分布：澳门、广东、广西、海南、云南
国外分布：越南
濒危等级：LC

簕茜
Benkara sinensis (Lour.) Ridsdale
习　　性：灌木或小乔木
海　　拔：海平面至1200 m
国内分布：福建、广东、广西、海南、台湾、香港、云南
国外分布：日本、泰国、越南
濒危等级：LC

短萼齿木属 Brachytome Hook. f.

海南短萼齿木
Brachytome hainanensis C. Y. Wu ex W. C. Chen
习　　性：灌木
海　　拔：100～400 m
国内分布：海南
国外分布：越南
濒危等级：NT A2c

滇短萼齿木
Brachytome hirtellata Hu

滇短萼齿木（原变种）
Brachytome hirtellata var. **hirtellata**
习　　性：灌木
海　　拔：700～1600 m
分　　布：西藏
濒危等级：NT

疏毛短萼齿木
Brachytome hirtellata var. **glabrescens** W. C. Chen
习　　性：灌木
海　　拔：400～2200 m
国内分布：西藏、云南
国外分布：越南

濒危等级：NT D

短萼齿木
Brachytome wallichii Hook. f.
习　　性：灌木或小乔木
海　　拔：1200～2000 m
国内分布：云南
国外分布：柬埔寨、孟加拉国、缅甸、印度、越南
濒危等级：LC

穴果木属 Caelospermum Blume

穴果木
Caelospermum truncatum(Wall.)Baill. ex K. Schum.
习　　性：藤本或灌木
海　　拔：海平面至1900 m
国内分布：广西、海南
国外分布：柬埔寨、马来西亚、泰国、印度尼西亚、越南
濒危等级：VU A2c；B2ab（ii）

鱼骨木属 Canthium Lam.

朴莱木
Canthium gynochthodes Baill.
习　　性：乔木
国内分布：台湾
国外分布：菲律宾
濒危等级：LC

琼梅
Canthium hainanense(Merr.)Lantz
习　　性：小乔木
海　　拔：200～300 m
分　　布：海南
濒危等级：VU A2c

猪肚木
Canthium horridum Blume
习　　性：灌木
海　　拔：海平面至500 m
国内分布：澳门、广东、广西、海南、香港、云南
国外分布：马来西亚、泰国、印度、越南
濒危等级：LC
资源利用：药用（中草药）；原料（木材）；食品（水果）

大叶鱼骨木
Canthium simile Merr. et Chun
习　　性：灌木
海　　拔：200～1500 m
国内分布：广东、广西、海南、云南
国外分布：越南
濒危等级：NT B1ab（iii）

山石榴属 Catunaregam Wolff

山石榴
Catunaregam spinosa(Thunb.)Tirveng.
习　　性：灌木或小乔木
海　　拔：海平面至1600 m
国内分布：澳门、福建、广东、广西、海南、台湾、香港、云南
国外分布：巴基斯坦、柬埔寨、克什米尔地区、老挝、马达加斯加、马来西亚、缅甸、尼泊尔、斯里兰卡、泰国、印度、印度尼西亚、越南
濒危等级：LC
资源利用：药用（中草药）；原料（木材）

风箱树属 Cephalanthus L.

风箱树
Cephalanthus tetrandrus(Roxb.)Ridsdale et Bakh. f.
习　　性：落叶灌木或小乔木
海　　拔：海平面至700 m
国内分布：福建、广东、广西、海南、湖南、江西、台湾、香港、云南、浙江
国外分布：老挝、孟加拉国、缅甸、泰国、印度、越南
濒危等级：LC
资源利用：药用（中草药）；原料（木材）

木瓜榄属 Ceriscoides(Benth. et Hook. f.)Tirveng.

木瓜榄
Ceriscoides howii H. S. Lo
习　　性：灌木
海　　拔：400～500 m
分　　布：海南
濒危等级：VU A2c；B2ab（ii）

弯管花属 Chassalia Comm. ex Poiret

弯管花
Chassalia curviflora(Wall.)Thwaites

弯管花（原变种）
Chassalia curviflora var. **curviflora**
习　　性：亚灌木
海　　拔：100～2000 m
国内分布：广东、广西、海南、西藏、云南
国外分布：不丹、菲律宾、柬埔寨、马来西亚、孟加拉国、斯里兰卡、泰国、新加坡、印度、印度尼西亚、越南
濒危等级：LC

长叶弯管花
Chassalia curviflora var. **longifolia** Hook. f.
习　　性：亚灌木
海　　拔：100～2000 m
国内分布：广东、广西、海南、西藏、云南
国外分布：不丹、菲律宾、柬埔寨、马来西亚、孟加拉国、斯里兰卡、泰国、新加坡、印度、印度尼西亚、越南
濒危等级：LC

金鸡纳属 Cinchona L.

金鸡纳树
Cinchona calisaya Wedd.
习　　性：灌木或小乔木

国内分布：海南、台湾、云南栽培
国外分布：原产南美洲；广泛栽培于世界热带地区
资源利用：药用（中草药）

岩上珠属 Clarkella Hook.

岩上珠
Clarkella nana (Edgew.) Hook. f.
习　　性：多年生草本
海　　拔：约 1400 m
国内分布：广东、广西、贵州、云南
国外分布：缅甸、泰国、印度
濒危等级：LC

咖啡属 Coffea L.

小粒咖啡
Coffea arabica L.
习　　性：小乔木或灌木
国内分布：澳门、福建、广东、广西、贵州、海南、四川、台湾、香港、云南栽培
国外分布：原产埃塞俄比亚、肯尼亚、苏丹；世界各地广泛栽培
资源利用：食品（饮料原料）

中粒咖啡
Coffea canephora Pierre ex A. Froehner
习　　性：灌木或小乔木
国内分布：福建、广东、海南、云南栽培
国外分布：热带非洲；广泛栽培于世界各地
资源利用：食品（饮料原料）；基因源（耐寒、抗病虫害）；环境利用（庇荫）

刚果咖啡
Coffea congensis A. Froehner
习　　性：灌木
国内分布：海南栽培
国外分布：原产非洲
资源利用：食品（饮料原料）

大粒咖啡
Coffea liberica W. Bull ex Hiern
习　　性：小乔木或灌木
海　　拔：500~1000 m
国内分布：福建、广东、海南、云南栽培
国外分布：广布于热带非洲
资源利用：食品（饮料原料）

狭叶咖啡
Coffea stenophylla G. Don
习　　性：灌木或小乔木
国内分布：海南栽培
国外分布：原产非洲
资源利用：食品（饮料原料）

流苏子属 Coptosapelta Korth.

流苏子
Coptosapelta diffusa (Champ. ex Benth.) Steenis
习　　性：藤本或匍匐灌木
海　　拔：100~1500 m
国内分布：安徽、福建、广东、广西、贵州、湖北、湖南、江西、四川、台湾、香港、云南、浙江
国外分布：日本
濒危等级：LC

虎刺属 Damnacanthus C. F. Gaertn.

台湾虎刺
Damnacanthus angustifolius Hayata
习　　性：灌木
海　　拔：1000~2500 m
分　　布：台湾
濒危等级：LC

短刺虎刺
Damnacanthus giganteus (Makino) Nakai
习　　性：灌木或小乔木
海　　拔：500~1100 m
国内分布：安徽、福建、广东、广西、贵州、湖南、江西、云南、浙江
国外分布：日本
濒危等级：LC
资源利用：药用（中草药）

广西虎刺
Damnacanthus guangxiensis Y. Z. Ruan
习　　性：灌木
海　　拔：约 1200 m
分　　布：广西
濒危等级：DD

海南虎刺
Damnacanthus hainanensis (H. S. Lo) H. S. Lo ex Y. Z. Ruan
习　　性：灌木
海　　拔：800~1800 m
分　　布：海南
濒危等级：NT

云桂虎刺
Damnacanthus henryi (H. Lév.) H. S. Lo
习　　性：灌木或小乔木
海　　拔：1200~2500 m
分　　布：广西、贵州、云南
濒危等级：LC

虎刺
Damnacanthus indicus C. F. Gaertn.
习　　性：灌木
海　　拔：100~1500 m
国内分布：安徽、福建、广东、广西、贵州、湖北、湖南、江苏、江西、四川、台湾、西藏、云南、浙江
国外分布：朝鲜、日本、印度
濒危等级：LC
资源利用：药用（中草药）；环境利用（观赏）

柳叶虎刺
Damnacanthus labordei (H. Lév.) H. S. Lo

习　　性：灌木
海　　拔：800~1800 m
国内分布：广东、广西、贵州、湖南、四川、云南
国外分布：越南
濒危等级：LC

浙皖虎刺
Damnacanthus macrophyllus Sieb. ex Miq.
习　　性：灌木
海　　拔：800~1000 m
国内分布：安徽、福建、广东、贵州、云南、浙江
国外分布：日本
濒危等级：LC
资源利用：环境利用（观赏）

大卵叶虎刺
Damnacanthus major Sieb. et Zucc.
习　　性：灌木
海　　拔：600~700 m
国内分布：广东、浙江
国外分布：朝鲜、日本
濒危等级：LC
资源利用：环境利用（观赏）

四川虎刺
Damnacanthus officinarum C. C. Huang ex H. S. Lo
习　　性：灌木
海　　拔：700~900 m
分　　布：湖北、湖南、陕西、四川
濒危等级：NT B1ab（i, iii）+2ab（i, iii）

西南虎刺
Damnacanthus tsaii Hu
习　　性：灌木
海　　拔：1000~2500 m
分　　布：四川、云南
濒危等级：LC

小牙草属 Dentella J. R. Forst. et G. Forst.

小牙草
Dentella repens(L.)J. R. Forst. et G. Forst.
习　　性：草本
海　　拔：100~600 m
国内分布：广东、海南、台湾、云南
国外分布：澳大利亚、菲律宾、马来西亚、美国、缅甸、墨西哥、尼泊尔、斯里兰卡、泰国、新西兰、印度、印度尼西亚、越南
濒危等级：LC

藤耳草属 Dimetia（Wight et Arn.）Meisn.

攀茎耳草
Dimetia scandens(Roxb.)R. J. Wang
习　　性：灌木或草本
海　　拔：1100~2800 m
国内分布：云南
国外分布：印度、越南
濒危等级：LC

双角草属 Diodia L.

山东丰花草
Diodia teres Walter
习　　性：一年生草本
国内分布：福建、山东、浙江
国外分布：原产美洲；归化于亚洲、非洲及马达加斯加

双角草
Diodia virginiana L.
习　　性：多年生草本
国内分布：广东、台湾逸生
国外分布：原产北美洲

狗骨柴属 Diplospora DC.

狗骨柴
Diplospora dubia(Lindl.)Masam.
习　　性：灌木或乔木
海　　拔：海平面至1500 m
国内分布：安徽、澳门、福建、广东、广西、贵州、海南、湖南、江苏、江西、四川、台湾、香港、云南、浙江
国外分布：日本、越南
濒危等级：LC
资源利用：原料（木材）

毛狗骨柴
Diplospora fruticosa Hemsl.
习　　性：灌木或乔木
海　　拔：200~2000 m
国内分布：广东、广西、贵州、湖北、湖南、江西、四川、西藏、云南
国外分布：越南
濒危等级：LC

云南狗骨柴
Diplospora mollissima Hutch.
习　　性：灌木或乔木
海　　拔：700~1900 m
分　　布：云南
濒危等级：DD

绣球茜属 Dunnia Tutch.

绣球茜草
Dunnia sinensis Tutcher
习　　性：灌木
海　　拔：200~900 m
分　　布：广东
濒危等级：LC
国家保护：Ⅱ级

长柱山丹属 Duperrea Pierre ex Pit.

长柱山丹
Duperrea pavettifolia(Kurz)Pit.

长柱山丹（原变型）
Duperrea pavettifolia f. **pavettifolia**

习　　性：灌木
国内分布：广西、海南、云南
国外分布：柬埔寨、老挝、缅甸、泰国、越南
濒危等级：LC

密毛长柱山丹
Duperrea pavettifolia f. mollissisima H. Chu
习　　性：灌木
分　　布：云南
濒危等级：LC

香果树属 Emmenopterys Oliv.

香果树
Emmenopterys henryi Oliv.
习　　性：乔木
海　　拔：400~1600 m
分　　布：安徽、福建、甘肃、广东、广西、贵州、河南、湖北、湖南、江苏、江西、陕西、四川、云南、浙江
濒危等级：NT B1ab (iii)
国家保护：Ⅱ级
资源利用：原料（蜡纸，纤维，木材）；基因源（耐涝）；环境利用（观赏）

宽昭茜属 Foonchewia R. J. Wang

宽昭茜
Foonchewia guangdongensis R. J. Wang et H. Z. Wen
习　　性：亚灌木
海　　拔：约1100 m
分　　布：广东
濒危等级：LC

大果茜属 Fosbergia Tirveng. et Sastre

中越大果茜
Fosbergia petelotii Merr. ex Tirveng. et Sastre
习　　性：乔木
国内分布：云南
国外分布：越南
濒危等级：DD

瑞丽茜树
Fosbergia shweliensis (J. Anthony) Tirveng. et Sastre
习　　性：乔木
海　　拔：1100~2200 m
分　　布：云南
濒危等级：EN B1ab (iii, v)

泰国大果茜
Fosbergia thailandica Tirveng. et Sastre
习　　性：乔木
海　　拔：1500~1900 m
国内分布：云南
国外分布：泰国
濒危等级：DD

拉拉藤属 Galium L.

尖瓣拉拉藤
Galium acutum Edgew.

尖瓣拉拉藤（原变种）
Galium acutum var. acutum
习　　性：多年生草本
海　　拔：2000~4100 m
国内分布：四川、西藏、云南
国外分布：巴基斯坦、尼泊尔、印度
濒危等级：LC

喜玛拉雅尖瓣拉拉藤
Galium acutum var. himalayense (Klotzsch et Garcke) R. R. Mill
习　　性：多年生草本
海　　拔：2000~4100 m
国内分布：四川、西藏、云南
国外分布：尼泊尔、印度
濒危等级：LC

原拉拉藤
Galium aparine L.
习　　性：一年生草本
海　　拔：海平面至2500 m
国内分布：新疆引进
国外分布：原产欧亚大陆西部和地中海地区；现全球性外来种
濒危等级：LC
资源利用：药用（中草药）

楔叶葎
Galium asperifolium Wall.

楔叶葎（原变种）
Galium asperifolium var. asperifolium
习　　性：多年生草本
海　　拔：1200~3000 m
国内分布：贵州、四川、西藏、云南
国外分布：阿富汗、巴基斯坦、孟加拉国、尼泊尔、斯里兰卡、泰国、印度
濒危等级：LC

毛果楔叶葎
Galium asperifolium var. lasiocarpum W. C. Chen
习　　性：多年生草本
海　　拔：1400~3200 m
分　　布：广西、贵州、云南
濒危等级：LC

小叶葎
Galium asperifolium var. sikkimense (Gand.) Cuf.
习　　性：多年生草本
海　　拔：400~3200 m
国内分布：广西、贵州、湖北、湖南、四川、西藏、云南
国外分布：巴基斯坦、不丹、缅甸、尼泊尔、斯里兰卡、印度
濒危等级：LC

滇小叶葎
Galium asperifolium var. verrucifructum Cufod.
习　　性：多年生草本
海　　拔：2300~3500 m
分　　布：四川、西藏、云南
濒危等级：LC

车叶葎
Galium asperuloides Edgew.
- 习　　性：多年生草本
- 海　　拔：1500～2800 m
- 国内分布：西藏
- 国外分布：阿富汗、巴基斯坦、克什米尔地区、印度
- 濒危等级：LC

玉龙拉拉藤
Galium baldensiforme Hand.-Mazz.
- 习　　性：多年生草本
- 海　　拔：2800～4300 m
- 分　　布：青海、四川、西藏、云南
- 濒危等级：LC

五叶拉拉藤
Galium blinii H. Lév.
- 习　　性：多年生草本
- 海　　拔：800～3000 m
- 分　　布：贵州、湖北、陕西、四川、西藏、云南
- 濒危等级：LC

北方拉拉藤
Galium boreale L.

北方拉拉藤（原变种）
Galium boreale var. **boreale**
- 习　　性：多年生草本
- 海　　拔：700～3900 m
- 国内分布：甘肃、河北、黑龙江、吉林、辽宁、内蒙古、青海、山东、山西、四川、西藏、新疆
- 国外分布：巴基斯坦、朝鲜、俄罗斯、印度
- 濒危等级：LC

狭叶砧草
Galium boreale var. **angustifolium** (Freyn) Cufod.
- 习　　性：多年生草本
- 海　　拔：500～3900 m
- 国内分布：河北、黑龙江、内蒙古、四川、西藏、新疆
- 国外分布：俄罗斯、克什米尔地区、日本
- 濒危等级：LC

硬毛拉拉藤
Galium boreale var. **ciliatum** Nakai
- 习　　性：多年生草本
- 海　　拔：200～4600 m
- 国内分布：甘肃、河北、黑龙江、吉林、辽宁、内蒙古、宁夏、青海、山西、陕西、四川、西藏、新疆、云南
- 国外分布：俄罗斯、芬兰、罗马尼亚、日本；北美洲
- 濒危等级：LC

光果拉拉藤
Galium boreale var. **glabrum** Q. H. Liu
- 习　　性：多年生草本
- 海　　拔：700 m
- 分　　布：湖北
- 濒危等级：LC

斐梭浦砧草
Galium boreale var. **hyssopifolium** (Hoffm.) DC.
- 习　　性：多年生草本
- 海　　拔：1800～2300 m
- 国内分布：四川、新疆
- 国外分布：欧洲
- 濒危等级：LC

新砧草
Galium boreale var. **intermedium** DC.
- 习　　性：多年生草本
- 海　　拔：1500～1800 m
- 国内分布：甘肃、黑龙江、新疆
- 国外分布：俄罗斯
- 濒危等级：LC

堪察加拉拉藤
Galium boreale var. **kamtschaticum** (Maxim.) Nakai
- 习　　性：多年生草本
- 海　　拔：800～2400 m
- 国内分布：河南、黑龙江、吉林、辽宁、内蒙古、山西、陕西、四川、新疆
- 国外分布：朝鲜、俄罗斯、克什米尔地区、蒙古
- 濒危等级：LC

光果砧草
Galium boreale var. **lancelatum** Nakai
- 习　　性：多年生草本
- 海　　拔：900～1900 m
- 国内分布：黑龙江、吉林、新疆
- 国外分布：朝鲜、俄罗斯
- 濒危等级：LC

披针叶砧草
Galium boreale var. **lancilimbum** W. C. Chen
- 习　　性：多年生草本
- 海　　拔：1800～3000 m
- 分　　布：甘肃、黑龙江、四川、新疆
- 濒危等级：LC

宽叶拉拉藤
Galium boreale var. **latifolium** Turcz.
- 习　　性：多年生草本
- 海　　拔：700～2700 m
- 国内分布：甘肃、黑龙江、吉林、辽宁、内蒙古、宁夏、山西、新疆
- 国外分布：朝鲜、俄罗斯、克什米尔地区
- 濒危等级：LC

假茜砧草
Galium boreale var. **pseudorubioides** Schur
- 习　　性：多年生草本
- 海　　拔：约 1400 m
- 国内分布：黑龙江、吉林、新疆
- 国外分布：俄罗斯
- 濒危等级：LC

茜砧草
Galium boreale var. **rubioides** (L.) Čelak.
- 习　　性：多年生草本
- 海　　拔：1100～1400 m
- 国内分布：河北、河南、黑龙江、吉林、辽宁、新疆

国外分布：俄罗斯
濒危等级：LC

泡果拉拉藤
Galium bullatum Lipsky
- 习　　性：亚灌木
- 海　　拔：约500 m
- 国内分布：新疆?
- 国外分布：西南亚（亚美尼亚）
- 濒危等级：LC

四叶葎
Galium bungei Steud.

四叶葎（原变种）
Galium bungei var. **bungei**
- 习　　性：多年生草本
- 海　　拔：100~2600 m
- 国内分布：安徽、福建、甘肃、广东、广西、贵州、河北、河南、黑龙江、湖北、湖南、江苏、江西、辽宁、内蒙古、宁夏、山东、山西、陕西、四川、台湾、天津、云南、浙江
- 国外分布：朝鲜、日本
- 资源利用：药用（中草药）
- 濒危等级：LC

狭叶四叶葎
Galium bungei var. **angustifolium** (Loesen.) Cufod.
- 习　　性：多年生草本
- 海　　拔：300~2200 m
- 分　　布：安徽、福建、甘肃、河北、河南、江苏、江西、山东、山西、陕西、浙江
- 濒危等级：LC

硬毛四叶葎
Galium bungei var. **hispidum** (Matsuda) Cufod.
- 习　　性：多年生草本
- 海　　拔：100~3400 m
- 分　　布：安徽、福建、甘肃、河南、湖北、江西、山西、陕西、四川、云南、浙江
- 濒危等级：LC

毛四叶葎
Galium bungei var. **punduanoides** Cufod.
- 习　　性：多年生草本
- 海　　拔：900~3600 m
- 分　　布：甘肃、江苏、四川、云南
- 濒危等级：LC

毛冠四叶葎
Galium bungei var. **setuliflorum** (A. Gray) Cufod.
- 习　　性：多年生草本
- 国内分布：江苏、山西
- 国外分布：朝鲜、日本
- 濒危等级：LC

阔叶四叶葎
Galium bungei var. **trachyspermum** (A. Gray) Cufod.
- 习　　性：多年生草本
- 海　　拔：海平面至800 m
- 国内分布：安徽、福建、广东、广西、贵州、河北、湖北、湖南、江苏、江西、山东、陕西、四川、浙江
- 国外分布：朝鲜、日本
- 濒危等级：LC

浙江拉拉藤
Galium chekiangense Ehrend.
- 习　　性：多年生草本
- 海　　拔：约1400 m
- 分　　布：福建、浙江
- 濒危等级：LC

卷边拉拉藤
Galium consanguineum Boiss.
- 习　　性：多年生草本
- 海　　拔：1300~2800 m
- 国内分布：新疆
- 国外分布：阿塞拜疆、黎巴嫩、土耳其、亚美尼亚、伊拉克、伊朗
- 濒危等级：LC

厚叶拉拉藤
Galium crassifolium W. C. Chen
- 习　　性：多年生草本
- 海　　拔：约800 m
- 分　　布：山西
- 濒危等级：LC

大叶猪殃殃
Galium dahuricum Turcz. ex Ledeb.

大叶猪殃殃（原变种）
Galium dahuricum var. **dahuricum**
- 习　　性：多年生草本
- 海　　拔：700~1000 m
- 国内分布：福建、贵州、河北、黑龙江、湖北、湖南、吉林、江苏、辽宁、内蒙古、四川、新疆、云南
- 国外分布：朝鲜、俄罗斯、日本
- 濒危等级：LC

密花拉拉藤
Galium dahuricum var. **densiflorum** (Cufod.) Ehrend.
- 习　　性：多年生草本
- 海　　拔：700~3400 m
- 分　　布：甘肃、贵州、河北、河南、江西、内蒙古、宁夏、青海、山西、陕西、四川、西藏、云南
- 濒危等级：LC

东北猪殃殃
Galium dahuricum var. **lasiocarpum** (Makino) Nakai
- 习　　性：多年生草本
- 海　　拔：300~1100 m
- 国内分布：甘肃、河北、河南、黑龙江、吉林、江苏、辽宁、青海、山西、陕西、四川、云南
- 国外分布：朝鲜、日本
- 濒危等级：LC

刺果猪殃殃
Galium echinocarpum Hayata
- 习　　性：多年生草本
- 海　　拔：900~3500 m
- 分　　布：台湾

濒危等级：LC

小红参
Galium elegans Wall.

小红参（原变种）
Galium elegans var. **elegans**
- 习　　性：多年生草本
- 海　　拔：600～3500 m
- 国内分布：安徽、甘肃、贵州、湖南、青海、四川、台湾、西藏、云南、浙江
- 国外分布：巴基斯坦、不丹、克什米尔地区、孟加拉国、缅甸、尼泊尔、泰国、印度
- 濒危等级：LC

广西拉拉藤
Galium elegans var. **glabriusculum** Req. ex DC.
- 习　　性：多年生草本
- 海　　拔：1100～2900 m
- 国内分布：广西、贵州、四川、西藏、云南
- 国外分布：尼泊尔、印度
- 濒危等级：LC

肾柱拉拉藤
Galium elegans var. **nephrostigmaticum**（Diels）W. C. Chen
- 习　　性：多年生草本
- 海　　拔：200～3000 m
- 分　　布：甘肃、贵州、四川、云南
- 濒危等级：LC

毛拉拉藤
Galium elegans var. **velutinum** Cufod.
- 习　　性：多年生草本
- 海　　拔：2100～2300 m
- 分　　布：四川、云南
- 濒危等级：LC

单花拉拉藤
Galium exile Hook. f.
- 习　　性：一年生草本
- 海　　拔：1200～4800 m
- 国内分布：甘肃、内蒙古、宁夏、青海、山西、陕西、四川、西藏、新疆、云南
- 国外分布：尼泊尔、印度
- 濒危等级：LC

关山猪殃殃
Galium formosense Ohwi
- 习　　性：多年生草本
- 海　　拔：600～3000 m
- 分　　布：台湾
- 濒危等级：LC

丽江拉拉藤
Galium forrestii Diels
- 习　　性：多年生草本
- 海　　拔：3000～3200 m
- 分　　布：四川、云南
- 濒危等级：LC

姬兰拉拉藤
Galium ghilanicum Stapf
- 习　　性：一年生草本
- 海　　拔：约700 m
- 国内分布：新疆
- 国外分布：阿富汗、巴基斯坦、尼泊尔、塔吉克斯坦
- 濒危等级：LC

无梗拉拉藤
Galium glabriusculum Ehrend.
- 习　　性：多年生草本
- 海　　拔：3800～4700 m
- 分　　布：甘肃、青海、四川、新疆
- 濒危等级：LC

腺叶拉拉藤
Galium glandulosum Hand. -Mazz.
- 习　　性：多年生草本
- 海　　拔：2300～3900 m
- 分　　布：四川、西藏、云南
- 濒危等级：LC

毛花拉拉藤
Galium hirtiflorum Req. ex DC.
- 习　　性：多年生草本
- 国内分布：西藏
- 国外分布：不丹、尼泊尔、印度
- 濒危等级：LC

六叶葎
Galium hoffmeisteri（Klotzsch）Ehrend. et Schönb. -Tem. ex R. R. Mill
- 习　　性：多年生草本
- 海　　拔：400～4000 m
- 国内分布：安徽、甘肃、贵州、河北、河南、黑龙江、湖北、湖南、江苏、江西、山西、陕西、四川、西藏、云南、浙江
- 国外分布：阿富汗、巴基斯坦、不丹、朝鲜、克什米尔地区、缅甸、尼泊尔、日本、印度
- 濒危等级：LC

蔓生拉拉藤
Galium humifusum M. Bieb.
- 习　　性：多年生草本
- 海　　拔：400～2200 m
- 国内分布：新疆
- 国外分布：阿富汗、阿塞拜疆、巴基斯坦、俄罗斯、格鲁吉亚、哈萨克斯坦、蒙古、乌克兰、亚美尼亚、伊拉克、伊朗；巴尔干半岛
- 濒危等级：LC

湖北拉拉藤
Galium hupehense Pamp.
- 习　　性：多年生草本
- 海　　拔：约2000 m
- 分　　布：湖北、江苏
- 濒危等级：LC

小猪殃殃
Galium innocuum Miq.

习　　性：多年生草本
海　　拔：1300~2500 m
国内分布：福建、四川、台湾、云南
国外分布：巴布亚新几内亚、柬埔寨、老挝、泰国、印度、印度尼西亚、越南
濒危等级：LC

三脉猪殃殃
Galium kamtschaticum Steller ex Schult. et Schult. f.
习　　性：多年生草本
海　　拔：1500~2300 m
国内分布：黑龙江、吉林
国外分布：朝鲜、俄罗斯、日本
濒危等级：LC

粗沼拉拉藤
Galium karakulense Pobed.
习　　性：多年生草本
国内分布：新疆
国外分布：阿富汗、俄罗斯、哈萨克斯坦、吉尔吉斯斯坦、塔吉克斯坦、乌兹别克斯坦
濒危等级：LC

喀喇套拉拉藤
Galium karataviense（Pavlov）Pobed.
习　　性：多年生草本
海　　拔：700~3300 m
国内分布：甘肃、河北、黑龙江、内蒙古、宁夏、青海、山西、四川、新疆
国外分布：中亚
濒危等级：LC

显脉拉拉藤
Galium kinuta Nakai et H. Hara
习　　性：多年生草本
海　　拔：500~2100 m
国内分布：甘肃、河北、河南、湖北、辽宁、山西、陕西、四川、新疆
国外分布：朝鲜、日本
濒危等级：LC

昆明拉拉藤
Galium kunmingense Ehrend.
习　　性：多年生草本
海　　拔：1900~2500 m
分　　布：云南
濒危等级：LC

线叶拉拉藤
Galium linearifolium Turcz.
习　　性：多年生草本
海　　拔：400~1800 m
国内分布：河北、湖北、辽宁、天津
国外分布：朝鲜
濒危等级：LC

异叶轮草
Galium maximowiczii（Kom.）Pobed.
习　　性：多年生草本

海　　拔：1600~3800 m
国内分布：安徽、河北、河南、黑龙江、吉林、江苏、辽宁、内蒙古、山东、山西、陕西、天津、浙江
国外分布：朝鲜、俄罗斯
濒危等级：LC

大胞拉拉藤
Galium megacyttarion R. R. Mill
习　　性：多年生草本
海　　拔：1800~3100 m
国内分布：四川、西藏
国外分布：不丹、尼泊尔、印度
濒危等级：LC

微小拉拉藤
Galium minutissimum T. Shimizu
习　　性：一年生或多年生草本
海　　拔：1800~2400 m
分　　布：台湾
濒危等级：LC

森氏猪殃殃
Galium morii Hayata
习　　性：多年生草本
海　　拔：2500~3400 m
分　　布：台湾
濒危等级：VU D1

南湖大山猪殃殃
Galium nankotaizanum Ohwi
习　　性：多年生草本
海　　拔：3000~3500 m
分　　布：台湾
濒危等级：LC

车轴草
Galium odoratum（L.）Scop.
习　　性：多年生草本
海　　拔：1500~2800 m
国内分布：甘肃、黑龙江、吉林、辽宁、宁夏、青海、山东、山西、四川、新疆
国外分布：朝鲜、俄罗斯、日本
濒危等级：LC
资源利用：原料（精油）

圆锥拉拉藤
Galium paniculatum（Bunge）Pobed.
习　　性：多年生草本
海　　拔：1300~1900 m
国内分布：新疆
国外分布：俄罗斯
濒危等级：LC

林猪殃殃
Galium paradoxum Maxim.

林猪殃殃（原亚种）
Galium paradoxum subsp. **paradoxum**
习　　性：多年生草本

海　　拔：1200～3000 m
国内分布：安徽、甘肃、广西、贵州、河北、河南、黑龙江、湖北、吉林、辽宁、青海、山西、四川、台湾、西藏、云南、浙江
国外分布：不丹、朝鲜、俄罗斯、尼泊尔、印度
濒危等级：LC

达氏林猪殃殃
Galium paradoxum subsp. **duthiei** Ehrend. et Schönb. -Tem.
习　　性：多年生草本
海　　拔：2700～4000 m
国内分布：湖北、四川、西藏、云南
国外分布：不丹、尼泊尔、印度
濒危等级：LC

卵叶轮草
Galium platygalium (Maxim.) Pobed.
习　　性：多年生草本
海　　拔：约1700 m
国内分布：黑龙江、吉林、山西、天津
国外分布：朝鲜、俄罗斯
濒危等级：LC

康定拉拉藤
Galium prattii Cufod.
习　　性：多年生草本
海　　拔：3100～3700 m
分　　布：四川
濒危等级：LC

细毛拉拉藤
Galium pusillosetosum H. Hara
习　　性：多年生草本
海　　拔：2100～3900 m
国内分布：甘肃、内蒙古、宁夏、青海、山西、四川、西藏、新疆
国外分布：不丹、尼泊尔
濒危等级：LC

芮芭拉拉藤
Galium rebae R. R. Mill
习　　性：多年生草本
海　　拔：2000～4000 m
国内分布：四川、西藏、云南
国外分布：不丹、尼泊尔、印度
濒危等级：LC

屏边拉拉藤
Galium rupifragum Ehrend.
习　　性：多年生草本
海　　拔：约1800 m
分　　布：云南
濒危等级：LC

怒江拉拉藤
Galium salwinense Hand. -Mazz.
习　　性：多年生草本
海　　拔：1700～2800 m
分　　布：四川、云南
濒危等级：LC

狭序拉拉藤
Galium saurense Litw.
习　　性：多年生草本
国内分布：青海、新疆
国外分布：俄罗斯、吉尔吉斯斯坦、蒙古
濒危等级：LC

隆子拉拉藤
Galium serpylloides Royle ex Hook. f.
习　　性：多年生草本
海　　拔：3600～3800 m
国内分布：西藏
国外分布：尼泊尔、印度
濒危等级：LC

四川拉拉藤
Galium sichuanense Ehrend.
习　　性：多年生草本
海　　拔：3200～4000 m
分　　布：四川
濒危等级：LC

猪殃殃
Galium spurium L.
习　　性：一年生草本
海　　拔：海平面至4600 m
国内分布：广泛分布，杂草
国外分布：世界各地
濒危等级：LC
资源利用：药用（中草药）

松潘拉拉藤
Galium sungpanense Cufod.
习　　性：多年生草本
海　　拔：3300 m以下
分　　布：河北、四川、新疆
濒危等级：LC

台湾猪殃殃
Galium taiwanense Masam.
习　　性：多年生草本
海　　拔：200～2100 m
分　　布：台湾
濒危等级：LC

山地拉拉藤
Galium takasagomontanum Masam.
习　　性：一年生或多年生草本
海　　拔：约2800 m
分　　布：台湾
濒危等级：LC

太鲁阁猪殃殃
Galium tarokoense Hayata
习　　性：多年生草本
海　　拔：1400～2700 m
分　　布：台湾

濒危等级：LC

纤细拉拉藤
Galium tenuissimum M. Bieb.
- 习　　性：一年生草本
- 海　　拔：300~2800 m
- 国内分布：新疆
- 国外分布：巴基斯坦、俄罗斯、吉尔吉斯斯坦、克什米尔地区、土库曼斯坦；西南亚、欧洲
- 濒危等级：LC

钝叶猪殃殃
Galium tokyoense Makino
- 习　　性：多年生草本
- 海　　拔：200~900 m
- 国内分布：河北、黑龙江、吉林、辽宁、内蒙古、山东
- 国外分布：朝鲜、日本
- 濒危等级：LC

麦仁珠
Galium tricornutum Dandy
- 习　　性：一年生草本
- 海　　拔：400~4000 m
- 国内分布：安徽、甘肃、贵州、河南、湖北、江苏、江西、山西、陕西、上海、四川、西藏、新疆
- 国外分布：巴基斯坦、印度
- 濒危等级：LC

拟三花拉拉藤
Galium trifloriforme Kom.
- 习　　性：多年生草本
- 海　　拔：2200~3400 m
- 国内分布：黑龙江、吉林、内蒙古、青海
- 国外分布：朝鲜、俄罗斯、日本
- 濒危等级：LC

三花拉拉藤
Galium triflorum Michx.
- 习　　性：多年生草本
- 海　　拔：1500~2000 m
- 国内分布：贵州、四川
- 国外分布：朝鲜、俄罗斯、日本
- 濒危等级：LC

中亚拉拉藤
Galium turkestanicum Pobed.
- 习　　性：多年生草本
- 国内分布：新疆
- 国外分布：俄罗斯、哈萨克斯坦
- 濒危等级：LC

沼猪殃殃
Galium uliginosum L.
- 习　　性：多年生草本
- 海　　拔：约2600 m
- 国内分布：四川、新疆、云南
- 国外分布：俄罗斯、蒙古
- 濒危等级：LC

蓬子菜
Galium verum L.

蓬子菜（原变种）
Galium verum var. **verum**
- 习　　性：多年生草本
- 海　　拔：海平面至4000 m
- 国内分布：重庆、北京、甘肃、河北、黑龙江、吉林、辽宁、内蒙古、青海、山东、山西、四川、天津、西藏、新疆
- 国外分布：巴基斯坦、朝鲜、日本、印度
- 资源利用：药用（中草药）
- 濒危等级：LC

长叶蓬子菜
Galium verum var. **asiaticum** Nakai
- 习　　性：多年生草本
- 海　　拔：100~1700 m
- 国内分布：安徽、甘肃、河北、河南、黑龙江、湖北、吉林、江苏、辽宁、内蒙古、山东、山西、四川、浙江
- 国外分布：朝鲜、俄罗斯、日本
- 濒危等级：LC
- 资源利用：药用（中草药）

白花蓬子菜
Galium verum var. **lacteum** Maxim.
- 习　　性：多年生草本
- 海　　拔：500~1000 m
- 国内分布：甘肃、河北、黑龙江、吉林、辽宁、宁夏、陕西
- 国外分布：朝鲜、日本
- 濒危等级：LC

淡黄蓬子菜
Galium verum var. **leiophyllum** Wallr.
- 习　　性：多年生草本
- 海　　拔：约600 m
- 国内分布：河北、辽宁、山东
- 国外分布：日本
- 濒危等级：LC

日光蓬子菜
Galium verum var. **nikkoense** Nakai
- 习　　性：多年生草本
- 国内分布：山东
- 国外分布：日本
- 濒危等级：LC

毛蓬子菜
Galium verum var. **tomentosum** C. A. Mey.
- 习　　性：多年生草本
- 海　　拔：400~3100 m
- 国内分布：甘肃、河北、黑龙江、吉林、辽宁、内蒙古、青海、山西、四川、新疆
- 国外分布：日本
- 濒危等级：LC

毛果蓬子菜
Galium verum var. **trachycarpum** DC.
- 习　　性：多年生草本

海　　拔：100~3900 m
国内分布：甘肃、河北、河南、黑龙江、吉林、辽宁、内蒙古、青海、山西、四川、西藏、新疆、浙江
国外分布：朝鲜、俄罗斯、日本
濒危等级：LC

粗糙蓬子菜
Galium verum var. **trachyphyllum** Wallr.
习　　性：多年生草本
海　　拔：300~4100 m
国内分布：安徽、甘肃、河北、河南、黑龙江、吉林、江苏、辽宁、内蒙古、宁夏、青海、山东、山西、陕西、四川、新疆
国外分布：朝鲜
濒危等级：LC

滇拉拉藤
Galium yunnanense H. Hara et C. Y. Wu
习　　性：多年生草本
海　　拔：700~3300 m
分　　布：甘肃、广西、贵州、湖南、四川、云南
濒危等级：DD

栀子属 Gardenia J. Ellis

匙叶栀子
Gardenia angkorensis Pit.
习　　性：灌木
海　　拔：海平面至 800 m
国内分布：海南
国外分布：柬埔寨
濒危等级：EN A2c；D

海南栀子
Gardenia hainanensis Merr.
习　　性：乔木
海　　拔：100~1200 m
分　　布：广西、海南
濒危等级：VU A2c
资源利用：原料（精油）

栀子
Gardenia jasminoides J. Ellis

栀子（原变种）
Gardenia jasminoides var. **jasminoides**
习　　性：灌木
海　　拔：海平面至 1500 m
国内分布：安徽、福建、广东、广西、贵州、海南、河北、湖北、湖南、江苏、江西、山东、四川、台湾、云南、浙江；甘肃、河北、山西有栽培
国外分布：巴基斯坦、朝鲜、柬埔寨、老挝、尼泊尔、日本、印度、越南；欧洲、北美洲、太平洋岛屿有栽培
濒危等级：LC
资源利用：药用（中草药）；原料（染料，精油）；环境利用（观赏）；食品添加剂（着色剂）

白蟾
Gardenia jasminoides var. **fortuniana**(Lindl.) H. Hara
习　　性：灌木
国内分布：澳门、福建、广东、广西、海南、江西、台湾、香港、云南
国外分布：温带地区有分布；世界性栽培
濒危等级：LC
资源利用：环境利用（观赏）

大黄栀子
Gardenia sootepensis Hutch.
习　　性：乔木
海　　拔：700~1600 m
国内分布：云南
国外分布：老挝、泰国
濒危等级：LC

狭叶栀子
Gardenia stenophylla Merr.
习　　性：灌木
海　　拔：100~800 m
国内分布：安徽、广东、广西、海南、香港、浙江
国外分布：越南
濒危等级：LC
资源利用：药用（中草药）；环境利用（观赏）；原料（精油）

爱地草属 Geophila D. Don

爱地草
Geophila repens(L.) I. M. Johnst.
习　　性：多年生草本
海　　拔：100~600 m
国内分布：广东、广西、贵州、海南、台湾、香港、云南
国外分布：广泛分布于全球热带地区
濒危等级：LC

海岸桐属 Guettarda L.

海岸桐
Guettarda speciosa L.
习　　性：常绿小乔木
海　　拔：约 30 m
国内分布：广东、海南、台湾
国外分布：澳大利亚、菲律宾、马达斯加、马来西亚、日本、斯里兰卡、泰国、印度、印度尼西亚
濒危等级：LC

心叶木属 Haldina Ridsdale

心叶木
Haldina cordifolia(Roxb.) Ridsdale
习　　性：乔木
海　　拔：300~1000 m
国内分布：云南
国外分布：柬埔寨、尼泊尔、斯里兰卡、泰国、印度、越南
濒危等级：VU A2c

长隔木属 Hamelia Jacq.

长隔木
Hamelia patens Jacq.
习　　性：灌木

国内分布：澳门、福建、广东、广西、海南、香港、云南
栽培
国外分布：原产美洲

耳草属 Hedyotis L.

金草
Hedyotis acutangula Champ. ex Benth.
习　　性：草本或亚灌木
海　　拔：海平面至 600 m
国内分布：福建、广东、海南、香港
国外分布：泰国、越南
濒危等级：LC
资源利用：药用（中草药，兽药）

蓝花耳草
Hedyotis affinis Roem. et Schult.
习　　性：多年生匍匐草本
国内分布：广东
国外分布：澳大利亚、马来西亚、印度；热带非洲、马达加斯加、夏威夷岛

广花耳草
Hedyotis ampliflora Hance
习　　性：藤状草本或灌木
海　　拔：100～400 m
分　　布：海南
濒危等级：LC
资源利用：药用（中草药）

清远耳草
Hedyotis assimilis Tutcher
习　　性：草本或亚灌木
分　　布：广东、香港
濒危等级：LC

耳草
Hedyotis auricularia L.

耳草（原变种）
Hedyotis auricularia var. **auricularia**
习　　性：多年生草本
海　　拔：100～1500 m
国内分布：安徽、澳门、福建、广东、广西、贵州、海南、湖南、江西、四川、香港、云南、浙江
国外分布：澳大利亚、菲律宾、马来西亚、缅甸、尼泊尔、日本、斯里兰卡、泰国、印度、越南
濒危等级：LC
资源利用：药用（中草药）

海岛耳草
Hedyotis auricularia var. **longipila** Fosberg et Sachet
习　　性：多年生草本
国内分布：海南
国外分布：菲律宾、斯里兰卡、印度
濒危等级：LC

细叶亚婆潮
Hedyotis auricularia var. **mina** W. C. Ko
习　　性：多年生草本
海　　拔：约 200 m

分　　布：广东、广西、海南
濒危等级：LC

保亭耳草
Hedyotis baotingensis W. C. Ko
习　　性：草本
分　　布：海南
濒危等级：LC

大帽山耳草
Hedyotis bodinieri H. Lév.
习　　性：草本或亚灌木
分　　布：广东、香港
濒危等级：DD

卷毛新耳草
Hedyotis boerhaavioides Hance
习　　性：一年生或多年生草本
海　　拔：100～600 m
分　　布：福建、广东、江西、香港
濒危等级：LC

拟定经草
Hedyotis brachypoda Biju
习　　性：纤细草本
海　　拔：100～1500 m
国内分布：安徽、广东、广西、海南、云南
国外分布：不丹、菲律宾、马来西亚、孟加拉国、尼泊尔、日本、印度、印度尼西亚、越南

大苞耳草
Hedyotis bracteosa Hance
习　　性：草本
分　　布：澳门、广东、香港
濒危等级：LC

台湾耳草
Hedyotis butensis Masam.
习　　性：一年生草本
分　　布：台湾
濒危等级：CR B1ab（ⅱ）

广州耳草
Hedyotis cantoniensis F. C. How ex W. C. Ko
习　　性：亚灌木
海　　拔：200～1000 m
分　　布：广东
濒危等级：LC

头状花耳草
Hedyotis capitellata Wall. ex G. Don

头状花耳草（原变种）
Hedyotis capitellata var. **capitellata**
习　　性：草本或灌木
国内分布：云南
国外分布：马来西亚、缅甸、泰国、印度、印度尼西亚
濒危等级：LC

疏毛头状花耳草
Hedyotis capitellata var. **mollis**(Pierre ex Pit.)T. N. Ninh
习　　性：草本或灌木

海　　拔：1000～2200 m
国内分布：云南
国外分布：马来西亚、印度、印度尼西亚、越南
濒危等级：LC

绒毛头状花耳草
Hedyotis capitellata var. **mollissima**(Pit.)W. C. Ko
习　　性：草本或灌木
海　　拔：1000 m 以下
国内分布：云南
国外分布：越南
濒危等级：LC

败酱耳草
Hedyotis capituligera Hance
习　　性：草本
分　　布：广东、贵州、云南
濒危等级：LC

中华耳草
Hedyotis cathayana W. C. Ko
习　　性：草本或亚灌木
海　　拔：约 500 m
分　　布：海南
濒危等级：LC

剑叶耳草
Hedyotis caudatifolia Merr. et F. P. Metcalf
习　　性：灌木
海　　拔：约 400 m
分　　布：澳门、福建、广东、广西、湖南、江西、浙江
濒危等级：DD

少卿耳草
Hedyotis cheniana R. J. Wang
习　　性：亚灌木
海　　拔：600～1000 m
分　　布：海南
濒危等级：LC

越南耳草
Hedyotis chereevensis(Pierre ex Pit.)Fukuoka
习　　性：多年生草本
海　　拔：1000～2200 m
国内分布：海南
国外分布：越南
濒危等级：LC

金毛耳草
Hedyotis chrysotricha(Palib.)Merr.
习　　性：多年生草本
海　　拔：100～900 m
国内分布：安徽、福建、广东、广西、贵州、海南、湖北、湖南、江苏、江西、台湾、云南、浙江
国外分布：菲律宾、日本
资源利用：药用（中草药）

大众耳草
Hedyotis communis W. C. Ko
习　　性：亚灌木或草本
海　　拔：900～1000 m
分　　布：海南、香港
濒危等级：LC

拟金草
Hedyotis consanguinea Hance
习　　性：草本或亚灌木
海　　拔：400～1000 m
分　　布：澳门、福建、广东、海南、香港、浙江
濒危等级：LC

闭花耳草
Hedyotis cryptantha Dunn
习　　性：多年生草本
海　　拔：300～1000 m
分　　布：海南
濒危等级：LC

滇西耳草
Hedyotis dianxiensis W. C. Ko
习　　性：藤本
海　　拔：600～800 m
分　　布：云南
濒危等级：LC

鼎湖耳草
Hedyotis effusa Hance
习　　性：草本或亚灌木
海　　拔：200～400 m
分　　布：广东
濒危等级：LC

长花轴耳草
Hedyotis exserta Merr.
习　　性：亚灌木状草本
海　　拔：约 400 m
国内分布：海南
国外分布：越南
濒危等级：LC

海南耳草
Hedyotis hainanensis(Chun)W. C. Ko
习　　性：灌木
海　　拔：约 600 m
分　　布：海南
濒危等级：LC

牛白藤
Hedyotis hedyotidea(DC.)Merr.
习　　性：灌木或亚灌木
海　　拔：200～1000 m
国内分布：澳门、福建、广东、广西、贵州、海南、台湾、香港、云南
国外分布：柬埔寨、泰国、越南
濒危等级：LC
资源利用：药用（中草药）

丹草
Hedyotis herbacea L.
习　　性：一年生或二年生草本
海　　拔：1200 m
国内分布：福建、广东、广西、海南、江西

国外分布：非洲、亚洲
濒危等级：LC

赫尔曼耳草
Hedyotis hermanniana R. M. Dutta
习　　性：一年生或多年生草本
海　　拔：约1600 m
国内分布：云南
国外分布：斯里兰卡、印度
濒危等级：DD

连山耳草
Hedyotis lianshaniensis W. C. Ko
习　　性：亚灌木
海　　拔：200~700 m
分　　布：广东
濒危等级：LC

东亚耳草
Hedyotis lineata Roxb.
习　　性：草本或亚灌木
海　　拔：1100~1300 m
国内分布：云南
国外分布：孟加拉国、缅甸、尼泊尔、印度
濒危等级：LC

粤港耳草
Hedyotis loganioides Benth.
习　　性：多年生草本
分　　布：广东、香港
濒危等级：LC

上思耳草
Hedyotis longiexserta Merr. et F. P. Metcalf
习　　性：草本或亚灌木
海　　拔：海平面至850 m
分　　布：广西
濒危等级：NT A2c

长瓣耳草
Hedyotis longipetala Merr.
习　　性：亚灌木
海　　拔：约800 m
分　　布：福建、广东
濒危等级：LC

疏花耳草
Hedyotis matthewii Dunn
习　　性：草本或亚灌木
海　　拔：100~300 m
分　　布：广东、香港
濒危等级：LC

粗毛耳草
Hedyotis mellii Tutcher
习　　性：多年生草本
海　　拔：400~1100 m
分　　布：福建、广东、广西、湖南、江西
濒危等级：LC

合叶耳草
Hedyotis merguensis Benth. et Hook. f.
习　　性：一年生或多年生草本
海　　拔：600~1000 m
国内分布：海南、云南
国外分布：菲律宾、缅甸、泰国、印度、越南
濒危等级：LC

粉毛耳草
Hedyotis minutopuberula Merr. et F. P. Metcalf
习　　性：草本或亚灌木
海　　拔：约600 m
分　　布：海南
濒危等级：LC

南昆山耳草
Hedyotis nankunshanensis R. J. Wang et S. J. Deng
习　　性：亚灌木
海　　拔：约700 m
分　　布：广东
濒危等级：LC

南岭耳草
Hedyotis nanlingensis R. J. Wang
习　　性：多年生草本
海　　拔：约1400 m
分　　布：广东
濒危等级：LC

偏脉耳草
Hedyotis obliquinervis Merr.
习　　性：灌木或亚灌木
海　　拔：100~400 m
国内分布：海南
国外分布：越南
濒危等级：LC

卵叶耳草
Hedyotis ovata Thunb. ex Maxim.
习　　性：草本或亚灌木
海　　拔：约600 m
分　　布：海南
濒危等级：LC

矮小耳草
Hedyotis ovatifolia Cav.
习　　性：一年生草本
海　　拔：800~1500 m
国内分布：贵州、海南、台湾、云南
国外分布：菲律宾、马来西亚、尼泊尔、斯里兰卡、泰国、印度
濒危等级：LC

延龄耳草
Hedyotis paridifolia Dunn
习　　性：草本或亚灌木
海　　拔：约200 m
分　　布：海南
濒危等级：LC

阔托叶耳草
Hedyotis platystipula Merr.
- 习　　性：草本或亚灌木
- 国内分布：广东、广西、香港
- 国外分布：越南
- 濒危等级：LC

菲律宾耳草
Hedyotis prostrata Blume
- 习　　性：草本或亚灌木
- 海　　拔：200~400 m
- 国内分布：海南
- 国外分布：菲律宾、印度、印度尼西亚
- 濒危等级：LC

伞形花耳草
Hedyotis puberula(G. Don) Arn.
- 习　　性：一年生或多年生草本
- 国内分布：海南
- 国外分布：缅甸、斯里兰卡、印度、越南
- 濒危等级：LC

艳丽耳草
Hedyotis pulcherrima Dunn
- 习　　性：草本或亚灌木
- 分　　布：广东
- 濒危等级：LC

深圳耳草
Hedyotis shenzhenensis Tao Chen
- 习　　性：多年生草本
- 海　　拔：400~700 m
- 分　　布：广东

秀英耳草
Hedyotis shiuyingiae Tao Chen
- 习　　性：多年生草本或亚灌木
- 海　　拔：约450 m
- 分　　布：香港

肉叶耳草
Hedyotis strigulosa(Bartl. ex DC.) Fosberg
- 习　　性：一年生或多年生草本
- 海　　拔：600~1000 m
- 国内分布：广东、台湾、浙江
- 国外分布：朝鲜、日本
- 濒危等级：LC

单花耳草
Hedyotis taiwanensis S. F. Huang et J. Murata
- 习　　性：草本
- 分　　布：台湾
- 濒危等级：LC

细梗耳草
Hedyotis tenuipes Hemsl.
- 习　　性：草本或亚灌木
- 海　　拔：200~1000 m
- 分　　布：福建、广东
- 濒危等级：LC

顶花耳草
Hedyotis terminaliflora Merr. et Chun
- 习　　性：草本或亚灌木
- 海　　拔：600~1100 m
- 分　　布：海南
- 濒危等级：LC

方茎耳草
Hedyotis tetrangularis(Korth.) Walp.
- 习　　性：草本或亚灌木
- 海　　拔：约600 m
- 国内分布：广东、广西、海南
- 国外分布：柬埔寨、马来西亚、泰国、印度尼西亚、越南
- 濒危等级：LC

三脉耳草
Hedyotis trinervia(Retz.) Roem. et Schult.
- 习　　性：一年生草本
- 海　　拔：400~900 m
- 国内分布：海南
- 国外分布：马来西亚、斯里兰卡、印度、印度尼西亚、越南
- 濒危等级：LC

长节耳草
Hedyotis uncinella Hook. et Arn.
- 习　　性：多年生草本
- 海　　拔：200~1200 m
- 国内分布：福建、广东、广西、贵州、海南、湖南、台湾、香港、云南
- 国外分布：缅甸、印度
- 濒危等级：LC

香港耳草
Hedyotis vachellii Hook. et Arn.
- 习　　性：草本或亚灌木
- 分　　布：香港
- 濒危等级：LC

脉耳草
Hedyotis vestita R. Br. ex G. Don
- 习　　性：一年生或多年生草本
- 海　　拔：400~2000 m
- 国内分布：广东、广西、海南、云南
- 国外分布：菲律宾、马来西亚、泰国、印度、印度尼西亚、越南
- 濒危等级：LC

启无耳草
Hedyotis wangii R. J. Wang
- 习　　性：一年生或多年生草本
- 海　　拔：约1400 m
- 分　　布：云南
- 濒危等级：LC

五指山耳草
Hedyotis wuzhishanensis R. J. Wang
- 习　　性：亚灌木或灌木

海　　拔：600~1600 m
分　　布：海南
濒危等级：LC

黄叶耳草
Hedyotis xanthochroa Hance
习　　性：多年生草本
分　　布：广东
濒危等级：LC

信宜耳草
Hedyotis xinyiensis X. Guo et R. J. Wang
习　　性：草本
分　　布：广东
濒危等级：LC

阳春耳草
Hedyotis yangchunensis W. C. Ko et Zhang
习　　性：草本或亚灌木
海　　拔：约400 m
分　　布：广东
濒危等级：LC

崖州耳草
Hedyotis yazhouensis F. W. Xing et R. J. Wang
习　　性：草本或亚灌木
海　　拔：100~300 m
分　　布：海南
濒危等级：LC

拟鸭舌癀舅属 Hemidiodia K. Schum.

拟鸭舌癀舅
Hemidiodia ocymifolia(Willd. ex Roem. et Schult.)K. Schum.
习　　性：多年生草本
国内分布：台湾归化
国外分布：原产北美洲、南美洲

须弥茜树属 Himalrandia T. Yamam.

须弥茜树
Himalrandia lichiangensis(W. W. Sm.)Tirveng.
习　　性：灌木
海　　拔：1400~2400 m
分　　布：四川、云南
濒危等级：LC

土连翘属 Hymenodictyon Wall.

土连翘
Hymenodictyon flaccidum Wall.
习　　性：乔木
海　　拔：300~3000 m
国内分布：广西、四川、云南
国外分布：不丹、尼泊尔、印度、越南
濒危等级：LC

毛土连翘
Hymenodictyon orixense(Roxb.)Mabb.
习　　性：乔木

海　　拔：100~1700 m
国内分布：四川、云南
国外分布：菲律宾、柬埔寨、克什米尔地区、老挝、马来西亚、缅甸、尼泊尔、泰国、印度、印度尼西亚、越南
濒危等级：LC
资源利用：药用（中草药）

藏药木属 Hyptianthera Wight et Arn.

藏药木
Hyptianthera stricta(Roxb.)Wight et Arn.
习　　性：灌木或小乔木
海　　拔：100~1500 m
国内分布：西藏、云南
国外分布：不丹、老挝、孟加拉国、缅甸、尼泊尔、印度、越南
濒危等级：NT

龙船花属 Ixora L.

耳叶龙船花
Ixora auricularis Chun et F. C. How ex W. C. Ko
习　　性：灌木或小乔木
海　　拔：约1100 m
分　　布：云南
濒危等级：LC

团花龙船花
Ixora cephalophora Merr.
习　　性：灌木
海　　拔：100~1300 m
国内分布：广西、海南、云南
国外分布：菲律宾、柬埔寨、老挝、越南
濒危等级：LC

龙船花
Ixora chinensis Lam.
习　　性：灌木
海　　拔：200~800 m
国内分布：澳门、福建、广东、广西、台湾、香港
国外分布：菲律宾、马来西亚、印度尼西亚、越南
濒危等级：LC
资源利用：环境利用（观赏）；药用（中草药）

散花龙船花
Ixora effusa Chun et F. C. How ex W. C. Ko
习　　性：灌木
海　　拔：约500 m
国内分布：广西、海南
国外分布：越南
濒危等级：LC

薄叶龙船花
Ixora finlaysoniana Wall. ex G. Don
习　　性：灌木或小乔木
海　　拔：100~1100 m
国内分布：澳门、广东、海南、香港、云南
国外分布：菲律宾、柬埔寨、老挝、泰国、印度、越南

濒危等级：LC

亮叶龙船花
Ixora fulgens Roxb.
习　　性：灌木
国内分布：云南
国外分布：菲律宾、缅甸、印度、印度尼西亚、越南
濒危等级：LC

海南龙船花
Ixora hainanensis Merr.
习　　性：灌木
海　　拔：100~1100 m
分　　布：广东、海南
濒危等级：LC

河口龙船花
Ixora hekouensis Tao Chen
习　　性：攀援灌木
海　　拔：约200 m
分　　布：云南
濒危等级：VU B1ab（ⅲ）

白花龙船花
Ixora henryi H. Lév.
习　　性：灌木
海　　拔：200~2000 m
国内分布：澳门、广东、广西、贵州、海南、云南
国外分布：泰国、越南
濒危等级：LC

长序龙船花
Ixora insignis Chun et F. C. How ex W. C. Ko
习　　性：乔木
海　　拔：约1600 m
分　　布：云南
濒危等级：NT B1ab（ⅲ）

龙山龙船花
Ixora longshanensis Tao Chen
习　　性：乔木
分　　布：云南
濒危等级：LC

泡叶龙船花
Ixora nienkui Merr. et Chun
习　　性：灌木
海　　拔：400~1000 m
国内分布：广东、广西、海南
国外分布：越南
濒危等级：LC

版纳龙船花
Ixora paraopaca W. C. Ko
习　　性：灌木
海　　拔：500~900 m
分　　布：云南
濒危等级：NT B1ab（ⅲ, ⅴ）

小仙龙船花
Ixora philippinensis Merr.
习　　性：灌木或小乔木
国内分布：台湾
国外分布：菲律宾
濒危等级：EN D

囊果龙船花
Ixora subsessilis Wall. ex Don.
习　　性：灌木或小乔木
海　　拔：1200~1500 m
国内分布：西藏
国外分布：泰国、印度
濒危等级：LC

西藏龙船花
Ixora tibetana Bremek.
习　　性：灌木或小乔木
海　　拔：1200~1500 m
分　　布：西藏
濒危等级：DD

上思龙船花
Ixora tsangii Merr. ex H. L. Li
习　　性：灌木
分　　布：广西
濒危等级：DD

云南龙船花
Ixora yunnanensis Hutch.
习　　性：灌木
海　　拔：约200 m
分　　布：云南
濒危等级：LC

溪楠属 Keenania Hook. f.

黄溪楠
Keenania flava H. S. Lo
习　　性：亚灌木状草本
分　　布：广西
濒危等级：LC

溪楠
Keenania tonkinensis Drake
习　　性：亚灌木状草本
海　　拔：600 m
国内分布：广西
国外分布：越南
濒危等级：VU D2

钩毛果属 Kelloggia Torrey ex Benth. et Hook. f.

云南钩毛果
Kelloggia chinensis Franch.
习　　性：多年生草本
海　　拔：3000~3700 m
国内分布：四川、西藏、云南
国外分布：不丹
濒危等级：LC

红芽大戟属 Knoxia L.

红大戟
Knoxia roxburghii（Spreng.）M. A. Rau

习　　性：草本
海　　拔：1100～1600 m
国内分布：福建、广东、广西、海南、云南、浙江
国外分布：柬埔寨、缅甸、尼泊尔、泰国、印度
濒危等级：VU B1ab（iii）

红芽大戟
Knoxia sumatrensis(Retz.)DC.
习　　性：草本或亚灌木
国内分布：福建、广东、广西、贵州、海南、台湾、香港
国外分布：澳大利亚、巴布亚新几内亚、菲律宾、马来西亚、缅甸、尼泊尔、日本、泰国、印度、印度尼西亚、越南
濒危等级：LC

粗叶木属 Lasianthus Jack

斜基粗叶木
Lasianthus attenuatus Jack
习　　性：灌木
海　　拔：200～1800 m
国内分布：福建、广东、广西、海南、台湾、香港、云南
国外分布：巴布亚新几内亚、不丹、菲律宾、柬埔寨、老挝、马来西亚、缅甸、尼泊尔、日本、泰国、印度、印度尼西亚、越南
濒危等级：LC

华南粗叶木
Lasianthus austrosinensis H. S. Lo
习　　性：灌木
海　　拔：300～500 m
分　　布：广东、广西、海南
濒危等级：EN A2c

滇南粗叶木
Lasianthus austroyunnanensis H. Zhu
习　　性：灌木
海　　拔：1000～1300 m
分　　布：台湾、云南
濒危等级：LC

梗花粗叶木
Lasianthus biermannii King ex Hook. f.

梗花粗叶木（原亚种）
Lasianthus biermannii subsp. **biermannii**
习　　性：灌木
海　　拔：1200～2500 m
国内分布：云南
国外分布：不丹、缅甸、印度
濒危等级：LC

粗梗粗叶木
Lasianthus biermannii subsp. **crassipedunculatus** C. Y. Wu et H. Zhu
习　　性：灌木
海　　拔：1000～1700 m
分　　布：贵州、海南、云南
濒危等级：LC

石核木
Lasianthus biflorus(Blume)Gangop. et Chakrab.
习　　性：灌木
海　　拔：600～700 m
国内分布：海南、台湾、云南
国外分布：菲律宾、马来西亚、泰国、印度尼西亚、越南
濒危等级：DD

黄果粗叶木
Lasianthus calycinus Dunn
习　　性：灌木
海　　拔：600～700 m
分　　布：海南
濒危等级：CR B1ab（iii，v）

长萼粗叶木
Lasianthus chevalieri Pit.
习　　性：灌木
海　　拔：800～1500 m
国内分布：海南
国外分布：泰国、越南
濒危等级：LC

粗叶木
Lasianthus chinensis(Champ. ex Benth.)Benth.
习　　性：灌木
海　　拔：100～900 m
国内分布：福建、广东、广西、贵州、海南、台湾、香港
国外分布：菲律宾、柬埔寨、老挝、马来西亚、泰国、越南
濒危等级：LC

库兹粗叶木
Lasianthus chrysoneurus(Korth.)Miq.
习　　性：灌木
海　　拔：500～1200 m
国内分布：云南
国外分布：巴布亚新几内亚、柬埔寨、老挝、缅甸、泰国、印度、印度尼西亚、越南
濒危等级：LC

焕镛粗叶木
Lasianthus chunii H. S. Lo
习　　性：灌木
海　　拔：100～700 m
分　　布：福建、广东、广西、江西
濒危等级：LC

广东粗叶木
Lasianthus curtisii King et Gamble
习　　性：灌木或小乔木
海　　拔：300～900 m
国内分布：福建、广东、广西、海南、台湾、香港
国外分布：马来西亚、日本、泰国、印度尼西亚、越南
濒危等级：LC

长梗粗叶木
Lasianthus filipes Chun ex H. S. Lo
习　　性：灌木
海　　拔：500～1500 m

国内分布：福建、广东、广西、海南、云南
国外分布：越南
濒危等级：LC

罗浮粗叶木
Lasianthus fordii Hance
习　　性：灌木
海　　拔：200~1000 m
国内分布：福建、广东、广西、海南、台湾、香港、云南
国外分布：巴布亚新几内亚、菲律宾、柬埔寨、日本、泰国、印度尼西亚、越南
濒危等级：LC

台湾粗叶木
Lasianthus formosensis Matsum.
习　　性：灌木
海　　拔：500~1000 m
国内分布：广东、广西、海南、台湾、香港、云南
国外分布：日本、泰国、越南
濒危等级：LC

西南粗叶木
Lasianthus henryi Hutch.
习　　性：灌木
海　　拔：200~1900 m
分　　布：福建、广东、广西、贵州、四川、台湾、西藏、云南
濒危等级：LC

鸡屎树
Lasianthus hirsutus (Roxb.) Merr.
习　　性：灌木
海　　拔：100~1500 m
国内分布：广东、广西、海南、台湾、香港
国外分布：巴布亚新几内亚、菲律宾、马来西亚、孟加拉国、缅甸、日本、泰国、印度、印度尼西亚、越南
濒危等级：LC

文山粗叶木
Lasianthus hispidulus (Drake) Pit.
习　　性：灌木
海　　拔：300~600 m
国内分布：广东、广西、海南、台湾、云南
国外分布：马来西亚、日本、泰国、印度尼西亚、越南
濒危等级：LC

虎克粗叶木
Lasianthus hookeri C. B. Clarke ex Hook. f.

虎克粗叶木（原变种）
Lasianthus hookeri var. **hookeri**
习　　性：灌木
海　　拔：300~1500 m
国内分布：西藏、云南
国外分布：缅甸、泰国、印度、越南
濒危等级：LC

睫毛粗叶木
Lasianthus hookeri var. **dunniana** (H. Lév.) H. Zhu
习　　性：灌木

海　　拔：300~1500 m
国内分布：广西、贵州、云南
国外分布：缅甸
濒危等级：LC

革叶粗叶木
Lasianthus inodorus Blume
习　　性：灌木
海　　拔：1000~1800 m
国内分布：云南
国外分布：柬埔寨、孟加拉国、泰国、印度、印度尼西亚、越南
濒危等级：LC

日本粗叶木
Lasianthus japonicus Miq.

日本粗叶木（原亚种）
Lasianthus japonicus subsp. **japonicus**
习　　性：灌木
海　　拔：200~1800 m
国内分布：安徽、福建、广东、广西、贵州、湖北、湖南、江西、四川、台湾、云南、浙江
国外分布：日本、印度
濒危等级：LC

宽叶日本粗叶木
Lasianthus japonicus var. **latifolius** H. Zhu
习　　性：灌木
海　　拔：300~1500 m
分　　布：广西、贵州、四川、云南
濒危等级：LC

云广粗叶木
Lasianthus japonicus subsp. **longicaudus** (Hook. f.) C. Y. Wu et H. Zhu
习　　性：灌木
海　　拔：1000~2300 m
国内分布：广西、贵州、四川、西藏、云南
国外分布：老挝、印度、越南
濒危等级：LC

美脉粗叶木
Lasianthus lancifolius Hook. f.
习　　性：灌木
海　　拔：500~1700 m
国内分布：广东、广西、海南、云南
国外分布：不丹、孟加拉国、泰国、印度、越南
濒危等级：LC

线萼粗叶木
Lasianthus linearisepalus C. Y. Wu et H. Zhu
习　　性：灌木
海　　拔：1800~2100 m
分　　布：云南
濒危等级：LC

无苞粗叶木
Lasianthus lucidus Blume

无苞粗叶木（原变种）
Lasianthus lucidus var. **lucidus**
习　　性：灌木
海　　拔：1200～2400 m
国内分布：海南、云南
国外分布：菲律宾、孟加拉国、缅甸、泰国、印度、印度尼西亚、越南
濒危等级：LC

椭圆叶无苞粗叶木
Lasianthus lucidus var. **inconspicuus**(Hook. f.) H. Zhu
习　　性：灌木
海　　拔：900～1800 m
国内分布：云南
国外分布：孟加拉国、泰国、印度
濒危等级：LC

小花粗叶木
Lasianthus micranthus Hook. f.
习　　性：灌木
海　　拔：100～1800 m
国内分布：福建、广东、广西、海南、台湾、西藏、云南、浙江
国外分布：泰国、印度、越南
濒危等级：LC

林生粗叶木
Lasianthus obscurus(Blume ex DC.) Miq.
习　　性：灌木
海　　拔：300～1200 m
国内分布：海南、云南
国外分布：缅甸、泰国、印度、印度尼西亚、越南
濒危等级：LC

黄毛粗叶木
Lasianthus rhinocerotis Blume
习　　性：灌木
海　　拔：300～1000 m
国内分布：广西、海南、云南
国外分布：泰国、越南
濒危等级：LC

有梗粗叶木
Lasianthus rhinocerotis subsp. **pedunculatus**(Pit.) H. Zhu
习　　性：灌木
海　　拔：300～1000 m
国内分布：广西、海南、云南
国外分布：越南
濒危等级：LC

版纳粗叶木
Lasianthus rhinocerotis subsp. **xishuangbannaensis** H. Zhu et H. Wang
习　　性：灌木
海　　拔：1500～1600 m
国内分布：云南

国外分布：泰国
濒危等级：LC

大叶粗叶木
Lasianthus rigidus Miq.
习　　性：灌木
海　　拔：500～700 m
国内分布：海南、云南
国外分布：菲律宾、印度、印度尼西亚
濒危等级：VU A2c；B1ab（iii，v）

泰北粗叶木
Lasianthus schmidtii K. Schum.
习　　性：灌木
海　　拔：1000～1200 m
国内分布：云南
国外分布：泰国
濒危等级：LC

锡金粗叶木
Lasianthus sikkimensis Hook. f.
习　　性：灌木
海　　拔：300～1600 m
国内分布：福建、广东、广西、台湾、云南、浙江
国外分布：菲律宾、孟加拉国、泰国、印度、越南
濒危等级：LC

清水氏粗叶木
Lasianthus simizui(T. S. Liu et J. M. Chao) H. Zhu
习　　性：灌木
分　　布：台湾
濒危等级：LC

钟萼粗叶木
Lasianthus trichophlebus Hemsl.

钟萼粗叶木（原变种）
Lasianthus trichophlebus var. **trichophlebus**
习　　性：灌木
海　　拔：约100 m
国内分布：广东、香港
国外分布：菲律宾、马来西亚、泰国、印度尼西亚、越南
濒危等级：LC

栖兰钟萼粗叶木
Lasianthus trichophlebus var. **latifolius**(Miq.) H. Zhu
习　　性：灌木
海　　拔：海南、台湾
国内分布：海南、台湾
国外分布：菲律宾、马来西亚、泰国、新加坡、印度尼西亚、越南
濒危等级：LC

斜脉粗叶木
Lasianthus verticillatus(Lour.) Merr.
习　　性：灌木
海　　拔：100～1000 m
国内分布：广东、广西、海南、台湾、香港、云南
国外分布：菲律宾、柬埔寨、老挝、马来西亚、缅甸、日本、

泰国、印度、印度尼西亚、越南
濒危等级：LC

滇西粗叶木
Lasianthus wardii C. E. C. Fisch. et Kaul
习　　性：灌木
国内分布：云南
国外分布：缅甸
濒危等级：EN D

野丁香属 Leptodermis Wall.

北川野丁香
Leptodermis beichuanensis H. S. Lo
习　　性：灌木
海　　拔：1400 m
分　　布：四川
濒危等级：LC

短萼野丁香
Leptodermis brevisepala H. S. Lo
习　　性：灌木
海　　拔：1800 m
分　　布：四川
濒危等级：NT

黄杨叶野丁香
Leptodermis buxifolia H. S. Lo
习　　性：灌木
海　　拔：1100 ~ 2100 m
分　　布：甘肃、陕西、四川
濒危等级：LC

革叶野丁香
Leptodermis coriaceifolia Tao Chen
习　　性：灌木
国内分布：广西、云南
国外分布：越南
濒危等级：LC

丽江野丁香
Leptodermis dielsiana H. J. P. Winkl.
习　　性：灌木
海　　拔：约 2800 m
分　　布：云南
濒危等级：NT D2

文水野丁香
Leptodermis diffusa Batalin
习　　性：灌木
海　　拔：600 ~ 1300 m
分　　布：甘肃、四川
濒危等级：LC

高山野丁香
Leptodermis forrestii Diels
习　　性：灌木
海　　拔：3200 ~ 3400 m
分　　布：四川、西藏、云南
濒危等级：LC

聚花野丁香
Leptodermis glomerata Hutch.
习　　性：灌木
海　　拔：1800 ~ 2500 m
分　　布：云南
濒危等级：LC

柔枝野丁香
Leptodermis gracilis C. E. C. Fisch.

柔枝野丁香（原变种）
Leptodermis gracilis var. **gracilis**
习　　性：灌木
海　　拔：1000 ~ 2400 m
分　　布：西藏
濒危等级：LC

长花野丁香
Leptodermis gracilis var. **longiflora** H. S. Lo
习　　性：灌木
海　　拔：2600 ~ 2700 m
分　　布：四川
濒危等级：LC

川南野丁香
Leptodermis handeliana H. J. P. Winkl.
习　　性：灌木
海　　拔：1000 ~ 1500 m
分　　布：四川
濒危等级：LC

拉萨野丁香
Leptodermis hirsutiflora H. S. Lo

拉萨野丁香（原变种）
Leptodermis hirsutiflora var. **hirsutiflora**
习　　性：灌木
海　　拔：约 4000 m
分　　布：西藏
濒危等级：LC

光萼野丁香
Leptodermis hirsutiflora var. **ciliata** H. S. Lo
习　　性：灌木
海　　拔：约 4100 m
分　　布：西藏
濒危等级：LC

吉隆野丁香
Leptodermis kumaonensis R. Parker
习　　性：灌木
海　　拔：2800 ~ 3000 m
国内分布：西藏
国外分布：不丹、尼泊尔、印度
濒危等级：LC

绵毛野丁香
Leptodermis lanata H. S. Lo

习　　性：灌木
海　　拔：2300～2500 m
分　　布：云南
濒危等级：NT

天全野丁香
Leptodermis limprichtii H. J. P. Winkl.
习　　性：灌木
海　　拔：1000～1500 m
分　　布：四川
濒危等级：LC

管萼野丁香
Leptodermis ludlowii Springate
习　　性：灌木
海　　拔：约 2800 m
国内分布：西藏
国外分布：不丹、印度
濒危等级：LC

薄皮木
Leptodermis oblonga Bunge
习　　性：灌木
海　　拔：600～1500 m
分　　布：甘肃、河北、河南、宁夏、山西、陕西、四川、天津
濒危等级：LC

内蒙野丁香
Leptodermis ordosica H. C. Fu et E. W. Ma
习　　性：灌木
海　　拔：约 1600 m
分　　布：内蒙古
濒危等级：NT

卵叶野丁香
Leptodermis ovata H. J. P. Winkl.
习　　性：灌木
海　　拔：1000～1500 m
分　　布：广东
濒危等级：LC

大叶野丁香
Leptodermis parkeri Dunn
习　　性：灌木
海　　拔：约 3100 m
国内分布：西藏
国外分布：印度
濒危等级：DD

瓦山野丁香
Leptodermis parvifolia Hutch.
习　　性：灌木
海　　拔：1500～3000 m
分　　布：四川
濒危等级：LC

川滇野丁香
Leptodermis pilosa Diels

川滇野丁香（原变种）
Leptodermis pilosa var. **pilosa**
习　　性：灌木
海　　拔：600～3800 m
分　　布：湖北、陕西、四川、西藏、云南
濒危等级：LC

刺枝野丁香
Leptodermis pilosa var. **acanthoclada** H. S. Lo ex X. Y. Wen et Q. Lin
习　　性：灌木
分　　布：四川、西藏
濒危等级：LC

光叶野丁香
Leptodermis pilosa var. **glabrescens** H. J. P. Winkl.
习　　性：灌木
海　　拔：约 720 m
分　　布：四川、云南
濒危等级：LC

穗花野丁香
Leptodermis pilosa var. **spicatiformis** H. S. Lo
习　　性：灌木
海　　拔：约 800 m
分　　布：甘肃、陕西
濒危等级：LC

野丁香
Leptodermis potanini Batalin

野丁香（原变种）
Leptodermis potanini var. **potanini**
习　　性：灌木
海　　拔：800～2400 m
分　　布：贵州、湖北、陕西、四川、云南
濒危等级：LC

狭叶野丁香
Leptodermis potanini var. **angustifolia** H. S. Lo
习　　性：灌木
海　　拔：约 2000 m
分　　布：云南
濒危等级：LC

粉绿野丁香
Leptodermis potanini var. **glauca** (Diels) H. J. P. Winkl.
习　　性：灌木
海　　拔：800～2700 m
分　　布：贵州、四川、云南
濒危等级：LC

绒毛野丁香
Leptodermis potanini var. **tomentosa** H. J. P. Winkl.
习　　性：灌木
海　　拔：约 2600 m
分　　布：四川、云南
濒危等级：LC

矮小野丁香
Leptodermis pumila H. S. Lo

习　　性：灌木
海　　拔：约3000 m
分　　布：云南
濒危等级：LC

甘肃野丁香
Leptodermis purdomii Hutch.
习　　性：灌木
海　　拔：800～1000 m
分　　布：甘肃、四川
濒危等级：LC

白毛野丁香
Leptodermis rehderiana H. J. P. Winkl.
习　　性：灌木
海　　拔：1600～2400 m
分　　布：云南
濒危等级：DD

糙叶野丁香
Leptodermis scabrida Hook. f.
习　　性：灌木
海　　拔：2400～2600 m
国内分布：西藏
国外分布：印度
濒危等级：LC

纤枝野丁香
Leptodermis schneideri H. J. P. Winkl.
习　　性：灌木
海　　拔：1300～2100 m
分　　布：四川、西藏、云南
濒危等级：LC

撕裂野丁香
Leptodermis scissa H. J. P. Winkl.
习　　性：灌木
海　　拔：1500～2500 m
分　　布：四川、云南
濒危等级：LC

蒙自野丁香
Leptodermis tomentella H. J. P. Winkl.
习　　性：灌木
海　　拔：1500～2000 m
分　　布：云南
濒危等级：NT

毛花野丁香
Leptodermis velutiniflora H. S. Lo

毛花野丁香（原变种）
Leptodermis velutiniflora var. **velutiniflora**
习　　性：灌木
海　　拔：0～2400 m
分　　布：四川
濒危等级：LC

薄叶野丁香
Leptodermis velutiniflora var. **tenera** H. S. Lo
习　　性：灌木
海　　拔：2800～3100 m
分　　布：四川、西藏、云南
濒危等级：LC

广东野丁香
Leptodermis vestita Hemsl.
习　　性：灌木
分　　布：广东、广西
濒危等级：LC

大果野丁香
Leptodermis wilsoni Hort. et Diels
习　　性：灌木
海　　拔：1800～3000 m
分　　布：四川、云南
濒危等级：LC

西藏野丁香
Leptodermis xizangensis H. S. Lo
习　　性：灌木
海　　拔：约3400 m
分　　布：西藏
濒危等级：LC

阳朔野丁香
Leptodermis yangshuoensis Tao Chen
习　　性：灌木
分　　布：广西

德浚野丁香
Leptodermis yui H. S. Lo
习　　性：灌木
海　　拔：约2500 m
分　　布：四川
濒危等级：VU D1

报春茜属 Leptomischus Drake

毛花报春茜
Leptomischus erianthus H. S. Lo
习　　性：草本
海　　拔：1500～1700 m
分　　布：云南
濒危等级：LC

富宁报春茜
Leptomischus funingensis H. S. Lo
习　　性：草本
海　　拔：约1000 m
分　　布：云南
濒危等级：LC

心叶报春茜
Leptomischus guangxiensis H. S. Lo
习　　性：草本
分　　布：广西
濒危等级：VU A2c

小花报春茜
Leptomischus parviflorus H. S. Lo
习　　性：草本

海　　拔：约 100 m
国内分布：海南、云南
国外分布：越南
濒危等级：LC

报春茜
Leptomischus primuloides Drake
　　习　　性：多年生草本
　　海　　拔：300~400 m
　　国内分布：云南
　　国外分布：缅甸、越南
　　濒危等级：LC

里普草属 Leptunis Steven

里普草
Leptunis trichodes(J. Gay ex DC.)Schischk.
　　习　　性：一年生草本
　　海　　拔：900~1500 m
　　国内分布：新疆
　　国外分布：阿富汗、阿塞拜疆、哈萨克斯坦、吉尔吉斯斯坦、塔吉克斯坦、土库曼斯坦、乌兹别克斯坦、伊朗

多轮草属 Lerchea L.

多轮草
Lerchea micrantha (Drake)H. S. Lo
　　习　　性：草本
　　国内分布：云南
　　国外分布：越南
　　濒危等级：LC

华多轮草
Lerchea sinica(H. S. Lo)H. S. Lo
　　习　　性：亚灌木状草本
　　海　　拔：约 350 m
　　分　　布：云南
　　濒危等级：EN A2c

滇丁香属 Luculia Sweet

馥郁滇丁香
Luculia gratissima(Wall.)R. Sweet
　　习　　性：灌木或小乔木
　　海　　拔：800~2400 m
　　国内分布：西藏、云南
　　国外分布：不丹、马来西亚、尼泊尔、泰国、印度、越南
　　濒危等级：LC

滇丁香
Luculia pinceana Hook.

滇丁香（原变种）
Luculia pinceana var. **pinceana**
　　习　　性：灌木或乔木
　　海　　拔：600~3000 m
　　国内分布：广西、贵州、西藏、云南
　　国外分布：缅甸、尼泊尔、印度、越南
　　濒危等级：LC
　　资源利用：药用（中草药）

毛滇丁香
Luculia pinceana var. **pubescens**(W. C. Chen) W. C. Chen
　　习　　性：灌木或乔木
　　海　　拔：600~1800 m
　　分　　布：广西、西藏、云南
　　濒危等级：LC

鸡冠滇丁香
Luculia yunnanensis S. Y. Hu
　　习　　性：灌木或乔木
　　海　　拔：1200~3200 m
　　分　　布：云南
　　濒危等级：LC

黄棉木属 Metadina Bakh. f.

黄棉木
Metadina trichotoma(Zoll. et Moritzi)Bakh. f.
　　习　　性：乔木
　　海　　拔：300~1400 m
　　国内分布：广东、广西、贵州、湖南、云南
　　国外分布：菲律宾、柬埔寨、老挝、马来西亚、缅甸、泰国、印度、印度尼西亚、越南
　　濒危等级：LC

泡果茜草属 Microphysa Schrenk

泡果茜草
Microphysa elongata(Schrenk ex Fisch. et C. A. Mey.)Pobed.
　　习　　性：多年生草本
　　国内分布：新疆
　　国外分布：哈萨克斯坦、乌兹别克斯坦
　　濒危等级：LC

蔓虎刺属 Mitchella L.

蔓虎刺
Mitchella undulata Siebold et Zucc.
　　习　　性：多年生草本
　　海　　拔：700~1600 m
　　国内分布：台湾、浙江
　　国外分布：朝鲜、日本
　　濒危等级：LC

盖裂果属 Mitracarpus Zucc.

盖裂果
Mitracarpus hirtus(L.)DC.
　　习　　性：一年生草本
　　国内分布：海南、香港、云南
　　国外分布：原产美洲；热带亚洲、非洲、太平洋群岛及澳大利亚归化

帽蕊木属 Mitragyna Korth.

异叶帽蕊木
Mitragyna diversifolia(Wall. ex G. Don)Havil.
　　习　　性：乔木
　　国内分布：云南

国外分布：菲律宾、柬埔寨、老挝、马来西亚、缅甸、泰国、印度尼西亚、越南
濒危等级：DD

毛帽蕊木
Mitragyna hirsuta Havil.
习　　性：乔木
国内分布：云南
国外分布：柬埔寨、老挝、缅甸、泰国、越南
濒危等级：DD

帽蕊木
Mitragyna rotundifolia (Roxb.) Kuntze
习　　性：乔木
海　　拔：约1000 m
国内分布：云南
国外分布：老挝、孟加拉国、缅甸、泰国、印度
濒危等级：LC

巴戟天属 Morinda L.

黄木巴戟
Morinda angustifolia Roxb.
习　　性：灌木
海　　拔：500~1400 m
国内分布：云南
国外分布：不丹、老挝、孟加拉国、缅甸、尼泊尔、泰国、印度
濒危等级：LC
资源利用：原料（染料，木材）

栗色巴戟
Morinda badia Y. Z. Ruan
习　　性：藤本
分　　布：广东、广西、海南、湖南
濒危等级：LC

短柄鸡眼藤
Morinda brevipes S. Y. Hu

短柄鸡眼藤（原变种）
Morinda brevipes var. **brevipes**
习　　性：藤本
海　　拔：200~800 m
分　　布：海南
濒危等级：LC

狭叶鸡眼藤
Morinda brevipes var. **stenophylla** Chun et F. C. How ex W. C. Ko
习　　性：藤本
分　　布：海南
濒危等级：DD

紫珠叶巴戟
Morinda callicarpifolia Y. Z. Ruan
习　　性：藤本或亚灌木
海　　拔：约1500 m
分　　布：贵州、四川、云南
濒危等级：LC

樟叶巴戟
Morinda cinnamomifoliata Y. Z. Ruan
习　　性：藤本或亚灌木
分　　布：广西
濒危等级：LC

海滨木巴戟
Morinda citrifolia L.
习　　性：常绿灌木或小乔木
海　　拔：100 m以下
国内分布：广东、海南、台湾
国外分布：澳大利亚、巴布亚新几内亚、菲律宾、柬埔寨、马来西亚、孟加拉国、缅甸、日本、斯里兰卡、泰国、印度、印度尼西亚、越南
濒危等级：LC
资源利用：药用（中草药）；原料（染料）

金叶巴戟
Morinda citrina Y. Z. Ruan

金叶巴戟（原变种）
Morinda citrina var. **citrina**
海　　拔：500~1300 m
分　　布：广东、广西、贵州、湖南
濒危等级：NT B1ab (iii)

白蕊巴戟
Morinda citrina var. **chlorina** Y. Z. Ruan
习　　性：藤本
分　　布：安徽、福建、广西、贵州、湖南、江西、浙江
濒危等级：NT B1ab (iii)
资源利用：药用（中草药）

大果巴戟
Morinda cochinchinensis DC.
习　　性：木质藤本
海　　拔：100~1200 m
国内分布：福建、广东、广西、海南、香港
国外分布：越南
濒危等级：LC

海南巴戟
Morinda hainanensis Merr. et F. C. How
习　　性：藤本
海　　拔：约900 m
分　　布：海南
濒危等级：LC

糠藤
Morinda howiana S. Y. Hu
习　　性：藤本
海　　拔：300~700 m
分　　布：广东、海南
濒危等级：LC

湖北巴戟
Morinda hupehensis S. Y. Hu
习　　性：藤本
海　　拔：400~1000 m
分　　布：福建、广西、贵州、湖北、湖南、四川

濒危等级：LC

长序羊角藤
Morinda lacunosa King et Gamble
习　　性：藤本
海　　拔：1000~1050 m
国内分布：云南
国外分布：马来西亚、泰国
濒危等级：LC

顶花木巴戟
Morinda leiantha Kurz
习　　性：灌木
海　　拔：约540 m
国内分布：云南
国外分布：缅甸
濒危等级：LC

木姜叶巴戟
Morinda litseifolia Y. Z. Ruan
习　　性：藤本或亚灌木
海　　拔：700~1300 m
分　　布：福建、广西、湖南、江西、四川
濒危等级：LC

大花木巴戟
Morinda longissima Y. Z. Ruan
习　　性：灌木
海　　拔：约700 m
分　　布：云南
濒危等级：EN B1ab（i，ii，iii，v）

南岭鸡眼藤
Morinda nanlingensis Y. Z. Ruan

南岭鸡眼藤（原变种）
Morinda nanlingensis var. **nanlingensis**
习　　性：藤本或亚灌木
分　　布：广东、广西、湖南、云南
濒危等级：LC

少花鸡眼藤
Morinda nanlingensis var. **pauciflora** Y. Z. Ruan
习　　性：藤本或亚灌木
分　　布：浙江
濒危等级：EN B1ab（i，ii，iii，v）

毛背鸡眼藤
Morinda nanlingensis var. **pilophora** Y. Z. Ruan
习　　性：藤本或亚灌木
分　　布：广西、湖南
濒危等级：LC

巴戟天
Morinda officinalis F. C. How
国家保护：II级

巴戟天（原变种）
Morinda officinalis var. **officinalis**
习　　性：藤本
海　　拔：100~500 m
分　　布：福建、广东、广西、海南

濒危等级：CR A4ad
资源利用：药用（中草药）

毛巴戟天
Morinda officinalis var. **hirsuta** F. C. How
习　　性：藤本
分　　布：海南
濒危等级：VU A2c

鸡眼藤
Morinda parvifolia Bartl. ex DC.
习　　性：攀援、缠绕或平卧藤本
海　　拔：海平面至400 m
国内分布：澳门、福建、广东、广西、海南、江西、台湾、香港
国外分布：菲律宾、越南
濒危等级：LC
资源利用：药用（中草药）

短梗木巴戟
Morinda persicifolia Buch. -Ham.
习　　性：灌木或小乔木
海　　拔：约1030 m
国内分布：云南
国外分布：柬埔寨、老挝、马来西亚、孟加拉国、缅甸、印度、印度尼西亚、越南
濒危等级：LC

细毛巴戟
Morinda pubiofficinalis Y. Z. Ruan
习　　性：藤本或亚灌木
海　　拔：约800 m
分　　布：广东、贵州、湖南
濒危等级：LC
资源利用：药用（中草药）

红木巴戟
Morinda rosiflora Y. Z. Ruan
习　　性：灌木
海　　拔：500~800 m
分　　布：云南
濒危等级：DD
资源利用：原料（染料）

皱面鸡眼藤
Morinda rugulosa Y. Z. Ruan
习　　性：藤本或亚灌木
分　　布：广西、湖南
濒危等级：LC

西南巴戟
Morinda scabrifolia Y. Z. Ruan
习　　性：藤本或灌木
分　　布：广西、江西、四川、云南
濒危等级：LC
资源利用：药用（中草药）

假巴戟
Morinda shuanghuaensis C. Y. Chen et M. S. Huang
习　　性：藤本
分　　布：广东

濒危等级：NT
资源利用：药用（中草药）

印度羊角藤
Morinda umbellata L.

印度羊角藤（原亚种）
Morinda umbellata subsp. **umbellata**
- 习　　性：藤本
- 海　　拔：300~1200 m
- 国内分布：安徽、福建、广东、广西、海南、湖南、江苏、江西、台湾、浙江
- 国外分布：澳大利亚、孟加拉国、缅甸、日本、斯里兰卡、印度
- 资源利用：药用（中草药）

羊角藤
Morinda umbellata subsp. **obovata** Y. Z. Ruan
- 习　　性：藤本
- 海　　拔：300~1200 m
- 分　　布：安徽、福建、广东、广西、海南、湖南、江苏、江西、台湾、香港、浙江
- 濒危等级：DD

波叶木巴戟
Morinda undulata Y. Z. Ruan
- 习　　性：乔木
- 海　　拔：约900 m
- 分　　布：云南
- 濒危等级：VU A2ac

须弥巴戟
Morinda villosa Hook. f.
- 习　　性：木质藤本
- 海　　拔：800~900 m
- 国内分布：云南
- 国外分布：泰国、印度、越南
- 濒危等级：LC

牡丽草属 Mouretia Pit.

广东牡丽草
Mouretia inaequalis (H. S. Lo) Tange
- 习　　性：草本
- 国内分布：福建、广东、广西
- 国外分布：越南
- 濒危等级：LC

玉叶金花属 Mussaenda L.

壮丽玉叶金花
Mussaenda antiloga Chun et W. C. Ko
- 习　　性：攀援灌木
- 海　　拔：约900 m
- 分　　布：海南
- 濒危等级：LC

短裂玉叶金花
Mussaenda breviloba S. Moore
- 习　　性：灌木
- 海　　拔：约1300 m
- 国内分布：云南
- 国外分布：泰国
- 濒危等级：LC

尾裂玉叶金花
Mussaenda caudatiloba D. Fang
- 习　　性：灌木
- 分　　布：广西
- 濒危等级：VU B1ab (iii)

仁昌玉叶金花
Mussaenda chingii C. Y. Wu ex H. H. Hsue et H. Wu
- 习　　性：灌木
- 分　　布：广西
- 濒危等级：LC

墨脱玉叶金花
Mussaenda decipiens H. Li
- 习　　性：灌木
- 海　　拔：300~1700 m
- 分　　布：西藏、云南
- 濒危等级：LC

密花玉叶金花
Mussaenda densiflora H. L. Li
- 习　　性：攀援灌木
- 海　　拔：300~800 m
- 国内分布：广西
- 国外分布：越南
- 濒危等级：LC

展枝玉叶金花
Mussaenda divaricata Hutch.

展枝玉叶金花（原变种）
Mussaenda divaricata var. **divaricata**
- 习　　性：攀援或近直立灌木
- 海　　拔：海平面至1200 m
- 分　　布：广东、广西、贵州、湖北、四川、云南
- 濒危等级：LC

柔毛玉叶金花
Mussaenda divaricata var. **mollis** Hutch.
- 习　　性：攀援或近直立灌木
- 海　　拔：约1400 m
- 国内分布：云南
- 国外分布：越南
- 濒危等级：NT D

椭圆玉叶金花
Mussaenda elliptica Hutch.
- 习　　性：灌木
- 海　　拔：600~1000 m
- 分　　布：广西、四川、云南
- 濒危等级：LC

峨眉玉叶金花
Mussaenda emeiensis Z. Y. Zhu et S. J. Zhu
- 习　　性：灌木
- 海　　拔：700~900 m
- 分　　布：四川

濒危等级：LC

楠藤
Mussaenda erosa Champ. ex Benth.
习　　性：攀援灌木
海　　拔：300~800 m
国内分布：福建、广东、广西、贵州、海南、四川、台湾、香港、云南
国外分布：日本、越南
濒危等级：LC
资源利用：药用（中草药）

红叶金花
Mussaenda erythrophylla Schumach. et Thonn.
习　　性：常绿或半常绿灌木
国内分布：澳门、广东、香港有栽培
国外分布：原产非洲

洋玉叶金花
Mussaenda frondosa L.
习　　性：攀援灌木
国内分布：广东、海南、香港
国外分布：原产柬埔寨、斯里兰卡、印度、印度尼西亚、越南
资源利用：环境利用（观赏）

海南玉叶金花
Mussaenda hainanensis Merr.
习　　性：攀援灌木
海　　拔：300~800 m
分　　布：海南
濒危等级：LC

粗毛玉叶金花
Mussaenda hirsutula Miq.
习　　性：攀援灌木
海　　拔：300~800 m
分　　布：广东、贵州、海南、湖南、云南
濒危等级：LC

红毛玉叶金花
Mussaenda hossei Craib
习　　性：亚灌木
海　　拔：600~1600 m
国内分布：云南
国外分布：老挝、缅甸、泰国、越南
濒危等级：LC

广西玉叶金花
Mussaenda kwangsiensis H. L. Li
习　　性：攀援灌木
海　　拔：400~600 m
分　　布：广西
濒危等级：NT D1

广东玉叶金花
Mussaenda kwangtungensis H. L. Li
习　　性：攀援灌木
分　　布：广东、香港
濒危等级：NT D1

狭瓣玉叶金花
Mussaenda lancipetala X. F. Deng et D. X. Zhang
习　　性：灌木
海　　拔：约800 m
分　　布：云南
濒危等级：LC

疏花玉叶金花
Mussaenda laxiflora Hutch.
习　　性：灌木
海　　拔：约1600 m
分　　布：云南
濒危等级：NT D1

长瓣玉叶金花
Mussaenda longipetala H. L. Li
习　　性：攀援灌木
国内分布：广西
国外分布：越南
濒危等级：LC

乐东玉叶金花
Mussaenda lotungensis Chun et W. C. Ko
习　　性：攀援灌木
海　　拔：约60 m
分　　布：海南
濒危等级：CR B1ab（ii）

大叶玉叶金花
Mussaenda macrophylla Wall.
习　　性：直立或攀援状灌木
海　　拔：海平面至1300 m
国内分布：广东、广西、台湾
国外分布：菲律宾、马来西亚、印度尼西亚
濒危等级：LC

膜叶玉叶金花
Mussaenda membranifolia Merr.
习　　性：攀援灌木
海　　拔：300~800 m
分　　布：海南
濒危等级：NT A2ce

多毛玉叶金花
Mussaenda mollissima C. Y. Wu ex H. H. Hsue et H. Wu
习　　性：灌木
海　　拔：1100~1500 m
分　　布：云南
濒危等级：LC

多脉玉叶金花
Mussaenda multinervis C. Y. Wu ex H. H. Hsue et H. Wu
习　　性：灌木
海　　拔：约1500 m
分　　布：云南
濒危等级：NT B1ab（iii）；D

小玉叶金花
Mussaenda parviflora Miq.
习　　性：攀援灌木或藤本

海　　拔：100～1700 m
国内分布：广东、台湾
国外分布：日本
濒危等级：LC

屏边玉叶金花
Mussaenda pingbianensis C. Y. Wu ex H. H. Hsue et H. Wu
习　　性：灌木
海　　拔：约1350 m
分　　布：云南
濒危等级：NT D1

玉叶金花
Mussaenda pubescens W. T. Aiton

玉叶金花（原变种）
Mussaenda pubescens var. **pubescens**
习　　性：攀援灌木
海　　拔：100～900 m
分　　布：澳门、福建、广东、广西、海南、湖南、江西、台湾、香港、浙江
濒危等级：LC

白花玉叶金花
Mussaenda pubescens var. **alba** X. F. Deng et D. X. Zhang
习　　性：攀援灌木
海　　拔：约500 m
分　　布：澳门、广东
濒危等级：LC

无柄玉叶金花
Mussaenda sessilifolia Hutch.
习　　性：攀援灌木
海　　拔：约1300 m
分　　布：云南
濒危等级：EN B1ab（iii, v）; D

大叶白纸扇
Mussaenda shikokiana Makino
习　　性：攀援灌木
海　　拔：100～1000 m
国内分布：安徽、福建、广东、广西、贵州、湖北、湖南、江西、四川、浙江
国外分布：日本
濒危等级：LC

单裂玉叶金花
Mussaenda simpliciloba Hand. -Mazz.
习　　性：攀援灌木
海　　拔：1200～1400 m
分　　布：贵州、四川、云南
濒危等级：NT D

贡山玉叶金花
Mussaenda treutleri Stapf
习　　性：灌木
海　　拔：600～2000 m
国内分布：云南
国外分布：不丹、尼泊尔、印度
濒危等级：LC

腺萼木属 Mycetia Reinw.

安龙腺萼木
Mycetia anlongensis H. S. Lo

安龙腺萼木（原变种）
Mycetia anlongensis var. **anlongensis**
习　　性：灌木
海　　拔：1200～1700 m
分　　布：贵州
濒危等级：NT

那坡腺萼木
Mycetia anlongensis var. **multiciliata** H. S. Lo ex Tao Chen et al.
习　　性：灌木
海　　拔：约1200 m
分　　布：广西
濒危等级：NT B1ab（iii, v）

长苞腺萼木
Mycetia bracteata Hutch.
习　　性：灌木
海　　拔：1300 m
分　　布：云南
濒危等级：NT

短柄腺萼木
Mycetia brevipes F. C. How ex H. S. Lo
习　　性：灌木
海　　拔：约1500 m
分　　布：云南
濒危等级：LC

短萼腺萼木
Mycetia brevisepala H. S. Lo
习　　性：灌木
海　　拔：200～1100 m
国内分布：云南
国外分布：越南
濒危等级：LC

革叶腺萼木
Mycetia coriacea (Dunn) Merr.
习　　性：灌木
海　　拔：700～1200 m
分　　布：福建、广东
濒危等级：LC

腺萼木
Mycetia glandulosa Craib
习　　性：灌木
海　　拔：900～1500 m
国内分布：云南
国外分布：泰国
濒危等级：LC

纤梗腺萼木
Mycetia gracilis Craib
习　　性：灌木
海　　拔：600～1300 m

国内分布：云南
国外分布：泰国、越南
濒危等级：LC

海南腺萼木
Mycetia hainanensis H. S. Lo
习　　性：亚灌木
海　　拔：约 800 m
分　　布：海南
濒危等级：LC

毛腺萼木
Mycetia hirta Hutch.
习　　性：灌木
海　　拔：500~1600 m
分　　布：海南、云南
濒危等级：LC

长花腺萼木
Mycetia longiflora F. C. How ex H. S. Lo
习　　性：灌木
海　　拔：600~1700 m
分　　布：云南
濒危等级：LC

长叶腺萼木
Mycetia longifolia（Wall.）Kuntze
习　　性：灌木
海　　拔：1200~1500 m
国内分布：西藏、云南
国外分布：不丹、马来西亚、孟加拉国、缅甸、尼泊尔、印度
濒危等级：LC

大果腺萼木
Mycetia macrocarpa F. C. How ex H. S. Lo
习　　性：灌木
海　　拔：约 100 m
分　　布：云南
濒危等级：LC

垂花腺萼木
Mycetia nepalensis H. Hara
习　　性：灌木
海　　拔：约 1000 m
国内分布：西藏
国外分布：尼泊尔、印度、越南
濒危等级：NT A2c

华腺萼木
Mycetia sinensis（Hemsl.）Craib
习　　性：灌木或亚灌木
海　　拔：200~1000 m
分　　布：福建、广东、广西、海南、湖南、江西、云南
濒危等级：LC

云南腺萼木
Mycetia yunnanica H. S. Lo
习　　性：灌木或亚灌木
分　　布：云南
濒危等级：NT B1ab（iii，v）

密脉木属 Myrioneuron R. Br. ex Benth. et Hook. f.

大叶密脉木
Myrioneuron effusum（Pit.）Merr.
习　　性：灌木
海　　拔：500~700 m
国内分布：广西
国外分布：越南
濒危等级：LC

密脉木
Myrioneuron faberi Hemsl.
习　　性：高大草本或亚灌木状草本
海　　拔：500~1500 m
分　　布：广西、贵州、湖北、湖南、四川、云南
濒危等级：LC

垂花密脉木
Myrioneuron nutans Wall. ex Kurz
习　　性：灌木
海　　拔：约 710 m
国内分布：西藏、云南
国外分布：不丹、孟加拉国、印度
濒危等级：LC

越南密脉木
Myrioneuron tonkinensis Pit.
习　　性：草本或灌木状
海　　拔：100~1700 m
国内分布：广东、广西、海南、云南
国外分布：越南
濒危等级：LC

乌檀属 Nauclea L.

乌檀
Nauclea officinalis（Pierre ex Pit.）Merr. et Chun
习　　性：乔木
海　　拔：200~2200 m
国内分布：广东、广西、海南、香港
国外分布：菲律宾、柬埔寨、老挝、马来西亚、泰国、印度尼西亚、越南
濒危等级：VU B1ab（iii）
资源利用：药用（中草药）；原料（木材）

新耳草属 Neanotis W. H. Lewis

紫花新耳草
Neanotis calycina（Wall. ex Hook. f.）W. H. Lewis
习　　性：一年生或多年生草本
海　　拔：1100~1700 m
国内分布：云南
国外分布：不丹、尼泊尔、印度
濒危等级：LC

台湾新耳草
Neanotis formosana（Hayata）W. H. Lewis
习　　性：多年生草本

海　　拔：1100～1700 m
国内分布：台湾
国外分布：马来西亚、日本
濒危等级：LC

薄叶新耳草
Neanotis hirsuta(L. f.)W. H. Lewis
习　　性：多年生草本
海　　拔：500～1500 m
国内分布：广东、海南、江苏、江西、台湾、香港、云南、浙江
国外分布：巴基斯坦、不丹、朝鲜、柬埔寨、老挝、缅甸、尼泊尔、日本、泰国、印度、越南
濒危等级：LC

臭味新耳草
Neanotis ingrata(Wall. ex Hook. f.)W. H. Lewis

臭味新耳草（原变型）
Neanotis ingrata f. **ingrata**
习　　性：多年生草本
国内分布：福建、贵州、湖北、湖南、江苏、四川、西藏、云南、浙江
国外分布：不丹、尼泊尔、印度
濒危等级：LC

小叶臭味新耳草
Neanotis ingrata f. **parvifolia** F. C. How ex W. C. Ko
习　　性：多年生草本
海　　拔：3000～4500 m
分　　布：四川
濒危等级：LC

广东新耳草
Neanotis kwangtungensis(Merr. et F. P. Metcalf)W. H. Lewis
习　　性：多年生草本
海　　拔：200～800 m
国内分布：广东、广西、江西、四川、台湾
国外分布：日本、泰国
濒危等级：LC

新耳草
Neanotis thwaitesiana(Hance)W. H. Lewis
习　　性：草本
分　　布：广东、香港
濒危等级：LC

西南新耳草
Neanotis wightiana(Wall. ex Wight et Arn.)W. H. Lewis
习　　性：多年生草本
海　　拔：900～1900 m
国内分布：广西、贵州、四川、云南
国外分布：不丹、印度、越南
濒危等级：LC

石丁香属 Neohymenopogon Bennet

疏果石丁香
Neohymenopogon oligocarpus(H. L. Li)Bennet
习　　性：灌木
海　　拔：约2400 m
分　　布：云南
濒危等级：VU A2c；B1ab（iii，v）

石丁香
Neohymenopogon parasiticus(Wall.)Bennet
习　　性：灌木
海　　拔：1200～2700 m
国内分布：西藏、云南
国外分布：不丹、缅甸、尼泊尔、泰国、印度、越南
濒危等级：LC
资源利用：药用（中草药）

团花属 Neolamarckia Bosser

团花
Neolamarckia cadamba(Roxb.)Bosser
习　　性：乔木
海　　拔：600～1000 m
国内分布：广东、广西、云南
国外分布：不丹、马来西亚、缅甸、斯里兰卡、泰国、印度、越南
濒危等级：LC
资源利用：原料（木材）

新乌檀属 Neonauclea Merr.

新乌檀
Neonauclea griffithii(Hook. f.)Merr.
习　　性：常绿乔木
海　　拔：800～1300 m
国内分布：广西、贵州、云南
国外分布：不丹、缅甸、印度
濒危等级：LC

无柄新乌檀
Neonauclea sessilifolia(Roxb.)Merr.
习　　性：乔木
海　　拔：500～800 m
国内分布：台湾、云南
国外分布：柬埔寨、老挝、缅甸、泰国、印度、越南
濒危等级：LC

台湾新乌檀
Neonauclea truncata(Hayata)Yamam.
习　　性：常绿乔木
国内分布：台湾
国外分布：菲律宾
濒危等级：LC

滇南新乌檀
Neonauclea tsaiana S. Q. Zou
习　　性：乔木
海　　拔：500～1100 m
分　　布：云南
濒危等级：CR A2c；C1
国家保护：Ⅱ级
资源利用：原料（木材）

薄柱草属 Nertera Banks ex Gaertn.

红果薄柱草
Nertera granadensis(Mutis ex L. f.)Druce

习　　性：匍匐草本
海　　拔：500~1320 m
国内分布：台湾
国外分布：澳大利亚、巴布亚新几内亚、菲律宾、马来西亚、新西兰、印度尼西亚；太平洋群岛、美洲热带地区
濒危等级：LC

黑果薄柱草
Nertera nigricarpa Hayata
习　　性：匍匐草本
海　　拔：900~2500 m
国内分布：福建、台湾
国外分布：越南
濒危等级：LC

薄柱草
Nertera sinensis Hemsl.
习　　性：草本
海　　拔：500~1300 m
分　　布：广东、广西、贵州、湖北、湖南、江西、四川、云南
濒危等级：LC

非洲耳草属 Oldenlandia L.

伞房花耳草
Oldenlandia corymbosa L.

伞房花耳草（原变种）
Oldenlandia corymbosa var. **corymbosa**
习　　性：一年生草本
国内分布：澳门、福建、广东、广西、贵州、海南、湖南、上海、四川、台湾、香港、浙江
国外分布：原产非洲；归化于热带亚洲、美洲、太平洋群岛

圆茎耳草
Oldenlandia corymbosa var. **tereticaulis** (W. C. Ko) R. J. Wang
习　　性：一年生草本
分　　布：广东、广西、海南、云南
濒危等级：LC

微耳草属 Oldenlandiopsis Terrell et W. H. Lewis

微耳草
Oldenlandiopsis callitrichoides (Griseb.) Terrell et W. H. Lewis
习　　性：一年生匍匐草本
分　　布：台湾
濒危等级：LC

蛇根草属 Ophiorrhiza L.

有翅蛇根草
Ophiorrhiza alata Craib
习　　性：草本
海　　拔：500~700 m
国内分布：云南
国外分布：泰国
濒危等级：LC

延翅蛇根草
Ophiorrhiza alatiflora H. S. Lo

延翅蛇根草（原变种）
Ophiorrhiza alatiflora var. **alatiflora**
习　　性：草本或亚灌木
分　　布：云南
濒危等级：DD

毛脉蛇根草
Ophiorrhiza alatiflora var. **trichoneura** H. S. Lo
习　　性：草本或亚灌木
海　　拔：约800 m
分　　布：云南
濒危等级：DD

滇南蛇根草
Ophiorrhiza austroyunnanensis H. S. Lo
习　　性：草本
海　　拔：约1500 m
分　　布：云南
濒危等级：DD

短齿蛇根草
Ophiorrhiza brevidentata H. S. Lo
习　　性：草本
海　　拔：1500~1950 m
分　　布：云南
濒危等级：DD

灰叶蛇根草
Ophiorrhiza cana H. S. Lo
习　　性：匍匐草本
海　　拔：约700 m
分　　布：云南
濒危等级：DD

广州蛇根草
Ophiorrhiza cantonensis Hance
习　　性：草本或亚灌木
海　　拔：100~1700 m
分　　布：广东、广西、贵州、海南、四川、香港、云南
濒危等级：LC

肉茎蛇根草
Ophiorrhiza carnosicaulis H. S. Lo
习　　性：草本
分　　布：云南
濒危等级：DD

中华蛇根草
Ophiorrhiza chinensis H. S. Lo

中华蛇根草（原变型）
Ophiorrhiza chinensis f. **chinensis**
习　　性：草本或亚灌木
分　　布：安徽、福建、广东、广西、贵州、湖北、湖南、江西、四川
濒危等级：LC

峨眉蛇根草
Ophiorrhiza chinensis f. **emeiensis** H. S. Lo
习　　性：草本或亚灌木
海　　拔：约1300 m
分　　布：四川

濒危等级：DD

秦氏蛇根草
Ophiorrhiza chingii H. S. Lo
习　　性：草本
海　　拔：约2200 m
分　　布：云南
濒危等级：DD

心叶蛇根草
Ophiorrhiza cordata W. L. Sha
习　　性：攀援草本
分　　布：广西
濒危等级：LC

厚叶蛇根草
Ophiorrhiza crassifolia H. S. Lo
习　　性：草本
分　　布：广西
濒危等级：LC

密脉蛇根草
Ophiorrhiza densa H. S. Lo
习　　性：草本或亚灌木
海　　拔：1400~1600 m
分　　布：云南
濒危等级：LC

独龙蛇根草
Ophiorrhiza dulongensis H. S. Lo
习　　性：草本
海　　拔：2300~2400 m
分　　布：云南
濒危等级：LC

剑齿蛇根草
Ophiorrhiza ensiformis H. S. Lo
习　　性：草本
海　　拔：约2000 m
分　　布：云南
濒危等级：LC

方鼎蛇根草
Ophiorrhiza fangdingii H. S. Lo
习　　性：草本
海　　拔：约1200 m
分　　布：广西
濒危等级：NT A2c

簇花蛇根草
Ophiorrhiza fasciculata D. Don
习　　性：草本或亚灌木
海　　拔：约1700 m
国内分布：西藏
国外分布：不丹、缅甸、尼泊尔、印度
濒危等级：LC

大桥蛇根草
Ophiorrhiza filibracteolata H. S. Lo
习　　性：草本
分　　布：广东
濒危等级：NT B1ab（iii）；D1

纤弱蛇根草
Ophiorrhiza gracilis Kurz
习　　性：草本
海　　拔：500~1000 m
国内分布：云南
国外分布：缅甸
濒危等级：NT B1ab（iii）

大苞蛇根草
Ophiorrhiza grandibracteolata F. C. How ex H. S. Lo
习　　性：草本或亚灌木
海　　拔：1200~1500 m
分　　布：广西、云南
濒危等级：DD

海南蛇根草
Ophiorrhiza hainanensis Y. Q. Tseng
习　　性：草本
海　　拔：约1300 m
分　　布：海南
濒危等级：LC

瘤果蛇根草
Ophiorrhiza hayatana Ohwi
习　　性：草本
海　　拔：500~900 m
分　　布：台湾
濒危等级：LC

尖叶蛇根草
Ophiorrhiza hispida Hook. f.
习　　性：草本
国内分布：云南
国外分布：印度
濒危等级：LC

版纳蛇根草
Ophiorrhiza hispidula Wall. ex G. Don
习　　性：草本
海　　拔：600~1350 m
国内分布：云南
国外分布：马来西亚、孟加拉国、泰国、印度、印度尼西亚
濒危等级：LC

宽昭蛇根草
Ophiorrhiza howii H. S. Lo
习　　性：草本
海　　拔：1100~1500 m
分　　布：云南
濒危等级：LC

环江蛇根草
Ophiorrhiza huanjiangensis D. Fang et Z. M. Xie
习　　性：攀援草本
海　　拔：约400 m
分　　布：广西
濒危等级：NT B1ab（iii）

湖南蛇根草
Ophiorrhiza hunanica H. S. Lo
习　　性：草本

海　　拔：约 400 m
分　　布：湖南
濒危等级：LC

日本蛇根草
Ophiorrhiza japonica Blume
习　　性：草本
海　　拔：100～2400 m
国内分布：安徽、福建、广东、广西、贵州、海南、湖北、湖南、江西、山西、四川、台湾、香港、云南、浙江
国外分布：日本、越南
濒危等级：LC
资源利用：药用（中草药）

小花蛇根草
Ophiorrhiza kuroiwae Makino
习　　性：草本
国内分布：台湾
国外分布：菲律宾、日本
濒危等级：LC

广西蛇根草
Ophiorrhiza kwangsiensis Merr. ex H. L. Li
习　　性：草本
分　　布：广西
濒危等级：LC

平滑蛇根草
Ophiorrhiza laevifolia H. S. Lo
习　　性：草本
海　　拔：800～1000 m
分　　布：西藏
濒危等级：LC

老山蛇根草
Ophiorrhiza laoshanica H. S. Lo
习　　性：草本
海　　拔：2800 m
分　　布：广西
濒危等级：NT B1ab（iii，v）

两广蛇根草
Ophiorrhiza liangkwangensis H. S. Lo
习　　性：草本
海　　拔：约 1300 m
分　　布：广东、广西
濒危等级：LC

木茎蛇根草
Ophiorrhiza lignosa Merr.
习　　性：亚灌木
海　　拔：约 1100 m
国内分布：云南
国外分布：缅甸
濒危等级：LC

长梗蛇根草
Ophiorrhiza loana Y. F. Deng et Y. F. Huang
习　　性：草本
海　　拔：约 1400 m
分　　布：广西
濒危等级：NT

长角蛇根草
Ophiorrhiza longicornis H. S. Lo
习　　性：草本
分　　布：广西
濒危等级：LC

黄褐蛇根草
Ophiorrhiza lurida Hook. f.
习　　性：草本
海　　拔：300～2300 m
国内分布：西藏、云南
国外分布：印度
濒危等级：LC

大花蛇根草
Ophiorrhiza macrantha H. S. Lo
习　　性：草本
海　　拔：约 3000 m
分　　布：云南
濒危等级：LC

大齿蛇根草
Ophiorrhiza macrodonta H. S. Lo
习　　性：草本或亚灌木
海　　拔：约 1500 m
分　　布：云南
濒危等级：NT

长萼蛇根草
Ophiorrhiza medogensis H. Li
习　　性：草本或亚灌木
海　　拔：约 1700 m
分　　布：西藏
濒危等级：LC

东南蛇根草
Ophiorrhiza mitchelloides（Masam.）H. S. Lo
习　　性：草本
海　　拔：400～1500 m
分　　布：福建、广东、湖南、江西、台湾
濒危等级：DD

蛇根草
Ophiorrhiza mungos L.
习　　性：草本或亚灌木
国内分布：云南
国外分布：不丹、菲律宾、马来西亚、缅甸、泰国、越南
濒危等级：DD

腺木叶蛇根草
Ophiorrhiza mycetiifolia H. S. Lo
习　　性：草本或亚灌木
海　　拔：约 600 m
分　　布：广西
濒危等级：DD

南丹蛇根草
Ophiorrhiza nandanica H. S. Lo

习　　性：草本
海　　拔：800～1000 m
分　　布：广西
濒危等级：LC

那坡蛇根草
Ophiorrhiza napoensis H. S. Lo
　　习　　性：草本
　　海　　拔：1000 m
　　分　　布：广西、云南
　　濒危等级：LC

垂花蛇根草
Ophiorrhiza nutans C. B. Clarke ex Hook. f.
　　习　　性：草本
　　海　　拔：700～2400 m
　　国内分布：西藏、云南
　　国外分布：缅甸、尼泊尔、印度
　　濒危等级：LC

黄花蛇根草
Ophiorrhiza ochroleuca Hook. f.
　　习　　性：一年生或多年生草本
　　海　　拔：300～2000 m
　　国内分布：云南
　　国外分布：不丹、缅甸、印度
　　濒危等级：LC

对生蛇根草
Ophiorrhiza oppositiflora Hook. f.
　　习　　性：草本
　　国内分布：海南、云南
　　国外分布：缅甸、印度
　　濒危等级：LC

少花蛇根草
Ophiorrhiza pauciflora Hook. f.
　　习　　性：草本
　　海　　拔：600～1600 m
　　国内分布：云南
　　国外分布：印度
　　濒危等级：LC

法斗蛇根草
Ophiorrhiza petrophila H. S. Lo
　　习　　性：草本
　　海　　拔：1000 m
　　分　　布：云南
　　濒危等级：LC

屏边蛇根草
Ophiorrhiza pingbienensis H. S. Lo
　　习　　性：草本
　　海　　拔：约1400 m
　　分　　布：云南
　　濒危等级：DD

短小蛇根草
Ophiorrhiza pumila Champ. et Benth.
　　习　　性：草本
　　海　　拔：200～700 m
　　国内分布：福建、广东、广西、贵州、海南、江西、台湾、香港、云南
　　国外分布：日本、越南
　　濒危等级：LC

紫脉蛇根草
Ophiorrhiza purpurascens H. S. Lo
　　习　　性：草本
　　海　　拔：约1000 m
　　分　　布：四川
　　濒危等级：LC

苍梧蛇根草
Ophiorrhiza purpureonervis H. S. Lo
　　习　　性：草本
　　海　　拔：200～500 m
　　分　　布：广西
　　濒危等级：DD

毛果蛇根草
Ophiorrhiza rarior H. S. Lo
　　习　　性：草本
　　分　　布：广西
　　濒危等级：NT B1ab（iii，v）；D

大叶蛇根草
Ophiorrhiza repandicalyx H. S. Lo
　　习　　性：草本
　　海　　拔：约1100 m
　　分　　布：云南
　　濒危等级：DD

红脉蛇根草
Ophiorrhiza rhodoneura H. S. Lo
　　习　　性：草本
　　海　　拔：约1300 m
　　分　　布：广西
　　濒危等级：DD

美丽蛇根草
Ophiorrhiza rosea Hook. f.
　　习　　性：草本或亚灌木
　　海　　拔：1300～2100 m
　　国内分布：西藏、云南
　　国外分布：不丹、缅甸、泰国、印度
　　濒危等级：LC

红毛蛇根草
Ophiorrhiza rufipilis H. S. Lo
　　习　　性：草本
　　海　　拔：约1200 m
　　分　　布：云南
　　濒危等级：DD

红腺蛇根草
Ophiorrhiza rufopunctata H. S. Lo
　　习　　性：草本
　　海　　拔：900～1400 m
　　分　　布：四川
　　濒危等级：LC

葡地蛇根草
Ophiorrhiza rugosa Wall.
习　　性：草本
海　　拔：1700~3400 m
国内分布：西藏、云南
国外分布：不丹、马来西亚、尼泊尔、斯里兰卡、印度；中南半岛
濒危等级：LC

柳叶蛇根草
Ophiorrhiza salicifolia H. S. Lo
习　　性：亚灌木
海　　拔：约1300 m
分　　布：广西
濒危等级：DD

四川蛇根草
Ophiorrhiza sichuanensis H. S. Lo
习　　性：草本
海　　拔：约1200 m
分　　布：四川
濒危等级：DD

变红蛇根草
Ophiorrhiza subrubescens Drake
习　　性：草本
海　　拔：600~1300 m
国内分布：广西、海南、云南
国外分布：越南
濒危等级：LC

高原蛇根草
Ophiorrhiza succirubra King ex Hook. f.
习　　性：多年生草本
海　　拔：约2000 m
国内分布：贵州、西藏、云南
国外分布：不丹、缅甸、尼泊尔、印度
濒危等级：LC

阴地蛇根草
Ophiorrhiza umbricola W. W. Sm.
习　　性：草本
海　　拔：2000~3000 m
国内分布：西藏、云南
国外分布：缅甸
濒危等级：LC

大果蛇根草
Ophiorrhiza wallichii Hook. f.
习　　性：草本
海　　拔：200~1700 m
国内分布：云南
国外分布：缅甸、印度
濒危等级：LC

文山蛇根草
Ophiorrhiza wenshanensis H. S. Lo
习　　性：草本
海　　拔：1000 m
分　　布：云南
濒危等级：LC

吴氏蛇根草
Ophiorrhiza wui H. S. Lo
习　　性：草本
海　　拔：约1100 m
分　　布：云南
濒危等级：DD

鸡矢藤属 Paederia L.

耳叶鸡矢藤
Paederia cavaleriei H. Lév.
习　　性：藤本
海　　拔：100~3000 m
国内分布：广东、广西、贵州、湖北、湖南、四川、台湾
国外分布：老挝
濒危等级：LC

长冠鸡矢藤
Paederia changguan Z. Y. Zhu et S. J. Zhu
习　　性：缠绕藤本
海　　拔：600~1200 m
分　　布：四川
濒危等级：LC

臭鸡矢藤
Paederia cruddasiana Prain
习　　性：藤本
海　　拔：100~1900 m
国内分布：云南
国外分布：不丹、孟加拉国、缅甸、尼泊尔、泰国、印度、越南
濒危等级：DD

峨眉鸡矢藤
Paederia emeiensis Z. Y. Zhu et S. J. Zhu
习　　性：缠绕藤本
海　　拔：600~1000 m
分　　布：四川
濒危等级：LC

鸡矢藤
Paederia foetida L.
习　　性：藤本
海　　拔：200~2000 m
国内分布：安徽、澳门、福建、甘肃、广东、广西、贵州、海南、河南、湖北、湖南、江苏、江西、山东、山西、陕西、上海、四川、台湾、香港、云南、浙江
国外分布：不丹、朝鲜、菲律宾、柬埔寨、老挝、马来西亚、孟加拉国、缅甸、尼泊尔、日本、泰国、印度、印度尼西亚、越南
濒危等级：LC

绒毛鸡矢藤
Paederia lanuginosa Wall.
习　　性：藤本
海　　拔：海平面至1900 m
国内分布：云南

国外分布：缅甸、泰国
濒危等级：NT

白毛鸡矢藤
Paederia pertomentosa Merr. ex H. L. Li
- 习　　性：亚灌木或草质藤本
- 海　　拔：200~1400 m
- 分　　布：福建、广东、广西、湖南、江西、香港
- 濒危等级：LC

奇异鸡矢藤
Paederia praetermissa Puff
- 习　　性：藤本
- 海　　拔：600~1300 m
- 国内分布：云南
- 国外分布：缅甸、泰国、越南
- 濒危等级：LC

云桂鸡矢藤
Paederia spectatissima H. Li
- 习　　性：缠绕藤本
- 海　　拔：800~1000 m
- 国内分布：广西、云南
- 国外分布：越南
- 濒危等级：LC

狭序鸡矢藤
Paederia stenobotrya Merr.
- 习　　性：缠绕灌木
- 海　　拔：400~900 m
- 分　　布：福建、广东、海南
- 濒危等级：LC

云南鸡矢藤
Paederia yunnanensis (H. Lév.) Rehder
- 习　　性：藤本
- 海　　拔：300~3000 m
- 国内分布：广西、贵州、四川、云南
- 国外分布：越南
- 濒危等级：LC

大沙叶属 Pavetta L.

光萼大沙叶
Pavetta arenosa Lour.
- 习　　性：灌木
- 海　　拔：900~1200 m
- 分　　布：广东、广西、海南
- 濒危等级：LC

香港大沙叶
Pavetta hongkongensis Bremek.
- 习　　性：灌木或小乔木
- 海　　拔：200~1300 m
- 国内分布：澳门、广东、广西、海南、香港、云南
- 国外分布：越南
- 濒危等级：LC
- 资源利用：药用（中草药）

多花大沙叶
Pavetta polyantha (Hook. f.) R. Br. ex Bremek.
- 习　　性：灌木
- 海　　拔：900~1200 m
- 国内分布：广东、广西、贵州、云南
- 国外分布：不丹、菲律宾、缅甸、印度、印度尼西亚
- 濒危等级：LC

糙叶大沙叶
Pavetta scabrifolia Bremek.
- 习　　性：灌木
- 海　　拔：900~1300 m
- 分　　布：云南
- 濒危等级：NT A2c

汕头大沙叶
Pavetta swatowica Bremekamp
- 习　　性：灌木
- 分　　布：广东
- 濒危等级：EN A2c

绒毛大沙叶
Pavetta tomentosa Roxb. ex Sm.
- 习　　性：灌木或小乔木
- 海　　拔：约1000 m
- 国内分布：云南
- 国外分布：巴基斯坦、马来西亚、缅甸、尼泊尔、泰国、印度、越南
- 濒危等级：LC

五星花属 Pentas Benth.

五星花
Pentas lanceolata (Forssk.) K. Schum.
- 习　　性：亚灌木
- 国内分布：澳门、福建、广东、台湾、香港
- 国外分布：原产非洲；全世界广为栽培
- 资源利用：环境利用（观赏）

槽裂木属 Pertusadina Ridsdale

海南槽裂木
Pertusadina metcalfii (Merr. ex H. L. Li) Y. F. Deng et C. M. Hu
- 习　　性：灌木
- 海　　拔：100~900 m
- 国内分布：福建、广东、广西、海南、湖南、香港、浙江
- 国外分布：泰国
- 濒危等级：LC

长柱草属 Phuopsis (Griseb.) Benth. et Hook. f.

长柱花
Phuopsis stylosa (Trin.) Benth. et Hook. f. ex B. D. Jacks
- 习　　性：多年生草本
- 国内分布：陕西
- 国外分布：阿塞拜疆、伊朗
- 濒危等级：LC
- 资源利用：环境利用（观赏）

南山花属 Prismatomeris Thwaites

四蕊三角瓣花
Prismatomeris tetrandra (Roxb.) K. Schum.

习　　性：灌木或小乔木
海　　拔：300~2400 m
国内分布：福建、广东、广西、海南、云南
国外分布：柬埔寨、泰国、印度、越南
濒危等级：LC
资源利用：药用（中草药）

假盖果草属 Pseudopyxis Miq.

胀节假盖果草
Pseudopyxis heterophylla (Tao Chen) L. X. Ye, C. Z. Zheng et X. F. Jin
习　　性：多年生草本
海　　拔：1400~1600 m
分　　布：浙江
濒危等级：DD

九节属 Psychotria L.

九节
Psychotria asiatica L.
习　　性：灌木或小乔木
海　　拔：海平面至1500 m
国内分布：澳门、福建、广东、广西、贵州、海南、湖南、台湾、香港、云南、浙江
国外分布：柬埔寨、老挝、马来西亚、日本、泰国、印度、越南
濒危等级：LC

美果九节
Psychotria calocarpa Kurz
习　　性：亚灌木
海　　拔：800~1700 m
国内分布：西藏、云南
国外分布：不丹、马来西亚、孟加拉国、缅甸、尼泊尔、泰国、印度、越南
濒危等级：LC
资源利用：药用（中草药）

兰屿九节木
Psychotria cephalophora Merr.
习　　性：灌木或小乔木
海　　拔：100~400 m
国内分布：台湾
国外分布：菲律宾
濒危等级：NT

密脉九节
Psychotria densa W. C. Chen
习　　性：灌木
海　　拔：1200~1700 m
分　　布：云南
濒危等级：LC

西藏九节
Psychotria erratica Hook. f.
习　　性：灌木
海　　拔：1000~2400 m
国内分布：西藏、云南
国外分布：不丹、尼泊尔、印度
濒危等级：LC

溪边九节
Psychotria fluviatilis Chun ex W. C. Chen
习　　性：灌木
海　　拔：500~1000 m
分　　布：广东、广西
濒危等级：LC

海南九节
Psychotria hainanensis H. L. Li
习　　性：灌木
海　　拔：600~1200 m
分　　布：海南
濒危等级：LC

滇南九节
Psychotria henryi H. Lév.
习　　性：灌木
海　　拔：1100~1500 m
国内分布：云南
国外分布：越南
濒危等级：LC

头九节
Psychotria laui Merr. et F. P. Metcalf
习　　性：灌木
海　　拔：海平面至100 m
国内分布：海南
国外分布：越南
濒危等级：VU B1ab（iii）；C1

琉球九节木
Psychotria manillensis Bartl. ex DC.
习　　性：灌木
国内分布：台湾
国外分布：菲律宾、日本
濒危等级：NT

聚果九节
Psychotria morindoides Hutch.
习　　性：灌木
海　　拔：1000~2300 m
国内分布：云南
国外分布：老挝、泰国
濒危等级：LC

毛九节
Psychotria pilifera Hutch.
习　　性：灌木
海　　拔：1300~1700 m
分　　布：云南
濒危等级：LC

驳骨九节
Psychotria prainii H. Lév.
习　　性：灌木
海　　拔：1000~1700 m
国内分布：广东、广西、贵州、云南
国外分布：泰国、越南
濒危等级：LC
资源利用：药用（中草药）

蔓九节
Psychotria serpens L.
- 习　　性：攀援草本
- 海　　拔：100 ~ 1400 m
- 国内分布：澳门、福建、广东、广西、海南、湖南、台湾、香港、浙江
- 国外分布：朝鲜、柬埔寨、老挝、日本、泰国、越南
- 濒危等级：LC
- 资源利用：药用（中草药）

黄脉九节
Psychotria straminea Hutch.
- 习　　性：灌木
- 海　　拔：100 ~ 2700 m
- 国内分布：广东、广西、海南、云南
- 国外分布：越南
- 濒危等级：LC

山矾叶九节
Psychotria symplocifolia Kurz
- 习　　性：灌木或小乔木
- 海　　拔：1200 ~ 2300 m
- 国内分布：云南
- 国外分布：缅甸、泰国、印度
- 濒危等级：LC

假九节
Psychotria tutcheri Dunn
- 习　　性：灌木
- 海　　拔：200 ~ 1000 m
- 国内分布：福建、广东、广西、海南、香港、云南
- 国外分布：越南
- 濒危等级：LC

云南九节
Psychotria yunnanensis Hutch.
- 习　　性：灌木
- 海　　拔：800 ~ 2300 m
- 分　　布：广西、西藏、云南
- 濒危等级：LC

假鱼骨木属 Psydrax Gaertn.

假鱼骨木
Psydrax dicocca Gaertn.

假鱼骨木（原变种）
Psydrax dicocca var. **dicocca**
- 习　　性：灌木或乔木
- 海　　拔：100 ~ 600 m
- 国内分布：广东、广西、海南、西藏、香港、云南
- 国外分布：澳大利亚、菲律宾、马来西亚、斯里兰卡、印度、印度尼西亚
- 濒危等级：LC

倒卵叶假鱼骨木
Psydrax dicocca var. **obovatifolia** (G. A. Fu) Lantz
- 习　　性：灌木或乔木
- 分　　布：海南
- 濒危等级：LC

墨苜蓿属 Richardia L.

巴西墨苜蓿
Richardia brasiliensis Gomes
- 习　　性：一年生草本
- 国内分布：广东、海南、台湾
- 国外分布：原产南美洲；现见于热带亚洲、非洲、太平洋岛屿

墨苜蓿
Richardia scabra L.
- 习　　性：一年生草本
- 国内分布：澳门、福建、广东、广西、海南、台湾、香港
- 国外分布：原产美洲安第斯山区；热带亚洲、非洲归化

郎德木属 Rondeletia L.

郎德木
Rondeletia odorata Jacq.
- 习　　性：灌木
- 国内分布：福建、广东、香港有栽培
- 国外分布：原产古巴
- 资源利用：环境利用（观赏）

紫冠茜属 Rothmannia Thunb.

大围山野栀子
Rothmannia daweishanensis Y. M. Shui et W. H. Chen
- 习　　性：乔木
- 海　　拔：300 ~ 600 m
- 国内分布：云南
- 国外分布：越南
- 濒危等级：VU A2cd；B1ab（i, iii）+2ab（ii, v）

茜草属 Rubia L.

金剑草
Rubia alata Wall.
- 习　　性：草质缠绕藤本
- 海　　拔：600 ~ 2000 m
- 国内分布：安徽、福建、甘肃、广东、广西、贵州、河南、湖北、江西、内蒙古、山西、陕西、四川、台湾、云南、浙江
- 国外分布：尼泊尔
- 濒危等级：LC

东南茜草
Rubia argyi (H. Lév. et Vaniot) H. Hara ex Lauener et D. K. Ferguson
- 习　　性：多年生草本
- 海　　拔：300 ~ 3400 m
- 国内分布：安徽、福建、广东、广西、河南、湖北、湖南、江苏、江西、陕西、四川、台湾、浙江
- 国外分布：朝鲜、日本
- 濒危等级：LC

浙南茜草
Rubia austrozhejiangensis Z. P. Lei et al.
- 习　　性：多年生草质藤本
- 海　　拔：约 750 m
- 分　　布：浙江

濒危等级：LC

中国茜草
Rubia chinensis Regel et Maack

中国茜草（原变种）
Rubia chinensis var. **chinensis**
 习 性：多年生草本
 海 拔：200~1400 m
 国内分布：东北、华东、华北
 国外分布：朝鲜、俄罗斯、日本
 濒危等级：LC

无毛大砧草
Rubia chinensis var. **glabrescens**(Nakai)Kitag.
 习 性：多年生草本
 国内分布：黑龙江、吉林、辽宁
 国外分布：朝鲜、日本
 濒危等级：LC

高原茜草
Rubia chitralensis Ehrenb.
 习 性：多年生草本
 海 拔：2900~4000 m
 国内分布：新疆
 国外分布：阿富汗、巴基斯坦、塔吉克斯坦、乌兹别克斯坦
 濒危等级：LC

茜草
Rubia cordifolia L.

茜草（原变种）
Rubia cordifolia var. **cordifolia**
 习 性：草质缠绕藤本
 海 拔：300~2800 m
 国内分布：安徽、甘肃、河北、湖南、内蒙古、青海、山东、山西、四川、天津、西藏、云南
 国外分布：朝鲜、俄罗斯、蒙古、日本
 濒危等级：LC
 资源利用：药用（中草药）；原料（精油）

阿拉善茜草
Rubia cordifolia var. **alaschanica** G. H. Liu
 习 性：草质缠绕藤本
 分 布：内蒙古
 濒危等级：LC

厚柄茜草
Rubia crassipes Collett et Hemsl.
 习 性：草质藤本
 海 拔：1400~2400 m
 国内分布：云南
 国外分布：缅甸、泰国
 濒危等级：LC

沙生茜草
Rubia deserticola Pojark.
 习 性：多年生草本
 国内分布：新疆
 国外分布：哈萨克斯坦
 濒危等级：LC

长叶茜草
Rubia dolichophylla Schrenk
 习 性：多年生草本
 海 拔：1900~2100 m
 国内分布：新疆
 国外分布：阿富汗、巴基斯坦、哈萨克斯坦、塔吉克斯坦、伊朗
 濒危等级：LC

川滇茜草
Rubia edgeworthii Hook. f.
 习 性：攀援草本
 海 拔：约2100 m
 国内分布：广西、四川、云南
 国外分布：印度
 濒危等级：LC

镰叶茜草
Rubia falciformis H. S. Lo
 习 性：多年生草本
 海 拔：约1100 m
 分 布：云南
 濒危等级：LC

丝梗茜草
Rubia filiformis F. C. How ex H. S. Lo
 习 性：草质藤本
 海 拔：1000~1500 m
 分 布：云南
 濒危等级：LC

红花茜草
Rubia haematantha Airy Shaw
 习 性：多年生草本
 海 拔：3000~3800 m
 分 布：四川、云南
 濒危等级：LC

阔瓣茜草
Rubia latipetala H. S. Lo
 习 性：多年生草本
 海 拔：约3400 m
 分 布：四川
 濒危等级：LC

林氏茜草
Rubia linii C. Y. Chao
 习 性：攀援草本
 海 拔：500~3000 m
 分 布：台湾
 濒危等级：LC

峨眉茜草
Rubia magna P. G. Xiao
 习 性：草质藤本
 海 拔：1200~1500 m
 分 布：四川、云南
 濒危等级：LC

黑花茜草
Rubia mandersii Collett et Hemsl.

习　　性：多年生草本
海　　拔：1900～3000 m
国内分布：四川、云南
国外分布：缅甸、泰国
濒危等级：LC

梵茜草
Rubia manjith Roxb. ex Fleming
习　　性：草质藤本
海　　拔：700～3600 m
国内分布：青海、四川、西藏、云南
国外分布：不丹、尼泊尔、印度
濒危等级：LC
资源利用：药用（中草药）；原料（染料）

金钱草
Rubia membranacea Diels
习　　性：草质藤本
海　　拔：1100～3000 m
分　　布：湖北、湖南、四川、云南
濒危等级：LC

钩毛茜草
Rubia oncotricha Hand. -Mazz.
习　　性：攀援草本
海　　拔：500～3200 m
分　　布：广西、贵州、四川、云南
濒危等级：LC
资源利用：药用（中草药）

卵叶茜草
Rubia ovatifolia Z. Ying Zhang ex Qi Lin
习　　性：藤本
海　　拔：1700～2200 m
分　　布：甘肃、贵州、湖北、湖南、山西、四川、云南、浙江
濒危等级：LC

浅色茜草
Rubia pallida Diels
习　　性：攀援草本
海　　拔：2600～3100 m
分　　布：云南
濒危等级：LC

片马茜草
Rubia pianmaensis R. Li et H. Li
习　　性：藤本
海　　拔：约2200 m
分　　布：云南
濒危等级：LC

柄花茜草
Rubia podantha Diels
习　　性：多年生草本
海　　拔：700～3000 m
分　　布：广西、四川、云南
濒危等级：LC

多脉茜草
Rubia polyphlebia H. S. Lo
习　　性：多年生草本
分　　布：四川
濒危等级：NT

高黎贡山茜草
Rubia pseudogalium Ehrend.
习　　性：多年生草本
海　　拔：2400～3000 m
分　　布：云南
濒危等级：LC

翅茎茜草
Rubia pterygocaulis H. S. Lo
习　　性：多年生草本
海　　拔：300～1000 m
分　　布：四川
濒危等级：LC

小叶茜草
Rubia rezniczenkoana Litv.
习　　性：亚灌木
国内分布：新疆
国外分布：哈萨克斯坦、蒙古
濒危等级：LC

柳叶茜草
Rubia salicifolia H. S. Lo
习　　性：草质藤本
海　　拔：约2000 m
分　　布：四川、云南
濒危等级：LC

四叶茜草
Rubia schugnanica B. Fedtsch. ex Pojark.
习　　性：多年生草本或亚灌木
海　　拔：约2500 m
国内分布：新疆
国外分布：塔吉克斯坦
濒危等级：LC

大叶茜草
Rubia schumanniana E. Pritz.
习　　性：多年生草本
海　　拔：800～3000 m
分　　布：四川、云南
濒危等级：LC

对叶茜草
Rubia siamensis Craib
习　　性：草质藤本
海　　拔：900～2500 m
国内分布：云南
国外分布：泰国
濒危等级：LC

林生茜草
Rubia sylvatica(Maxim.) Nakai
习　　性：多年生草本
海　　拔：800～3500 m
国内分布：全国各地分布
国外分布：俄罗斯

濒危等级：LC

纤梗茜草
Rubia tenuis H. S. Lo
习　　性：草质藤本
分　　布：四川
濒危等级：LC

西藏茜草
Rubia tibetica Hook. f.
习　　性：多年生草本
海　　拔：1700～4400 m
国内分布：西藏、新疆
国外分布：阿富汗、巴基斯坦、克什米尔地区、塔吉克斯坦、印度
濒危等级：LC

染色茜草
Rubia tinctorum L.
习　　性：多年生草本
海　　拔：400～2300 m
国内分布：新疆
国外分布：阿富汗、巴基斯坦、哈萨克斯坦、克什米尔地区、土库曼斯坦、伊朗、印度
濒危等级：LC
资源利用：原料（染料）

毛果茜草
Rubia trichocarpa H. S. Lo
习　　性：藤本
分　　布：四川
濒危等级：LC

山东茜草
Rubia truppeliana Loes.
习　　性：多年生草本
海　　拔：100～300 m
分　　布：山东
濒危等级：NT

多花茜草
Rubia wallichiana Decne.
习　　性：草质藤本
海　　拔：300～2600 m
国内分布：广东、广西、海南、湖南、江西、四川、台湾、香港、云南
国外分布：尼泊尔、印度
濒危等级：DD

紫参
Rubia yunnanensis Diels
习　　性：多年生草本
海　　拔：1700～3000 m
分　　布：四川、云南
濒危等级：DD

越南茜属 Rubovietnamia Tirveng.

弄岗越南茜
Rubovietnamia nonggangensis F. J. Mou et D. X. Zhang
习　　性：灌木或乔木
海　　拔：200～400 m
国内分布：广西
国外分布：越南
濒危等级：LC

长管越南茜
Rubovietnamia sericantha (W. C. Chen) Y. F. Deng et al.
习　　性：灌木或小乔木
海　　拔：200～1400 m
国内分布：广西、云南
国外分布：越南
濒危等级：LC

染木树属 Saprosma Blume

厚梗染木树
Saprosma crassipes H. S. Lo
习　　性：灌木
海　　拔：300～1300 m
国内分布：海南、云南
国外分布：越南
濒危等级：LC

海南染木树
Saprosma hainanensis Merr.
习　　性：灌木
海　　拔：300～1700 m
分　　布：海南
濒危等级：LC

云南染木树
Saprosma henryi Hutch.
习　　性：灌木
海　　拔：1300～1700 m
分　　布：云南
濒危等级：EN A2c

琼岛染木树
Saprosma merrillii H. S. Lo
习　　性：灌木
海　　拔：300～1000 m
分　　布：海南
濒危等级：NT

染木树
Saprosma ternata (Wall.) Hook. f.
习　　性：灌木
海　　拔：400～1000 m
国内分布：海南、云南
国外分布：马来西亚、印度
濒危等级：LC

裂果金花属 Schizomussaenda H. L. Li

裂果金花
Schizomussaenda henryi (Hutch.) X. F. Deng et D. X. Zhang
习　　性：灌木或小乔木
海　　拔：100～1000 m
国内分布：广西、云南
国外分布：老挝、缅甸、泰国、越南

濒危等级：LC

蛇舌草属 Scleromitrion (Wight et Arn.) Meisn.

纤花耳草
Scleromitrion angustifolium (Cham. et Schltdl.) Benth.
- 习　　性：一年生或多年生草本
- 海　　拔：100~1400 m
- 国内分布：澳门、广东、广西、海南、江西、香港、云南、浙江
- 国外分布：菲律宾、马来西亚、印度、越南
- 濒危等级：LC

白花蛇舌草
Scleromitrion diffusum (Willd.) R. J. Wang
- 习　　性：一年生草本
- 海　　拔：900~1600 m
- 国内分布：安徽、澳门、福建、广东、广西、海南、台湾、香港、云南、浙江
- 国外分布：不丹、菲律宾、马来西亚、孟加拉国、尼泊尔、日本、斯里兰卡、泰国、印度尼西亚
- 濒危等级：LC

蕴璋耳草
Scleromitrion koanum (R. J. Wang) R. J. Wang
- 习　　性：草本
- 海　　拔：海平面至200 m
- 分　　布：福建、广东、广西、海南、湖南、江西、台湾、香港
- 濒危等级：LC

松叶耳草
Scleromitrion pinifolium (Wall. ex G. Don) R. J. Wang
- 习　　性：一年生或多年生草本
- 海　　拔：海平面至100 m
- 国内分布：澳门、福建、广东、广西、海南、台湾、香港、云南
- 国外分布：马来西亚、缅甸、尼泊尔、泰国、印度、越南
- 濒危等级：LC
- 资源利用：药用（中草药）

粗叶耳草
Scleromitrion verticillatum (L.) R. J. Wang
- 习　　性：一年生草本
- 海　　拔：200~1600 m
- 国内分布：澳门、广东、广西、贵州、海南、香港、云南、浙江
- 国外分布：马来西亚、尼泊尔、印度、印度尼西亚、越南
- 濒危等级：LC

瓶花木属 Scyphiphora C. F. Gaertn.

瓶花木
Scyphiphora hydrophyllacea C. F. Gaertn.
- 习　　性：灌木或小乔木
- 国内分布：海南
- 国外分布：澳大利亚、菲律宾、马达加斯加、泰国、越南
- 濒危等级：LC
- 资源利用：原料（单宁）

白马骨属 Serissa Comm. et Juss.

六月雪
Serissa japonica (Thunb.) Thunb.
- 习　　性：小灌木
- 海　　拔：100~1600 m
- 分　　布：安徽、澳门、福建、广东、广西、海南、江苏、江西、四川、台湾、香港、云南、浙江
- 濒危等级：LC

白马骨
Serissa serissoides (DC.) Druce
- 习　　性：小灌木
- 海　　拔：100~1900 m
- 国内分布：安徽、福建、广东、广西、湖北、江苏、江西、台湾、香港、浙江
- 国外分布：日本
- 资源利用：环境利用（观赏）；药用（中草药）
- 濒危等级：LC

雪亚迪草属 Sherardia L.

雪亚迪草
Sherardia arvensis L.
- 习　　性：一年生草本
- 国内分布：湖南、台湾归化
- 国外分布：澳大利亚、日本、夏威夷、新西兰；北美洲、中美洲、南美洲。原产欧洲

鸡仔木属 Sinoadina Ridsdale

鸡仔木
Sinoadina racemosa (Siebold et Zucc.) Ridsdale
- 习　　性：乔木
- 海　　拔：300~1500 m
- 国内分布：安徽、福建、广东、广西、贵州、海南、湖南、江苏、江西、四川、台湾、云南、浙江
- 国外分布：缅甸、日本、泰国
- 濒危等级：LC
- 资源利用：原料（纤维，木材）

纽扣草属 Spermacoce L.

阔叶丰花草
Spermacoce alata Aubl.
- 习　　性：多年生草本
- 海　　拔：100~800 m
- 国内分布：澳门、福建、广东、广西、海南、江西、台湾、香港、浙江
- 国外分布：原产美洲

长管糙叶丰花草
Spermacoce articularis L. f.
- 习　　性：多年生草本或亚灌木
- 国内分布：澳门、福建、广东、海南、香港；台湾归化
- 国外分布：澳大利亚、巴基斯坦、菲律宾、马来西亚、尼泊尔、日本、斯里兰卡、印度、印度尼西亚、越南
- 濒危等级：DD

二萼丰花草
Spermacoce exilis (L. O. Williams) C. D. Adams
　　习　　性：一年生或多年生草本
　　国内分布：海南、台湾、香港
　　国外分布：澳大利亚、尼泊尔、斯里兰卡、印度、印度尼西亚、越南
　　濒危等级：LC

糙叶丰花草
Spermacoce hispida L.
　　习　　性：一年生或多年生草本
　　海　　拔：海平面至100 m
　　国内分布：福建、广东、广西、台湾
　　国外分布：澳大利亚、菲律宾、马来西亚、斯里兰卡、印度、印度尼西亚、越南
　　濒危等级：LC

匍匐丰花草
Spermacoce prostrata Aubl.
　　习　　性：一年生或多年生草本
　　国内分布：海南、台湾、香港
　　国外分布：斯里兰卡、印度、印度尼西亚
　　濒危等级：LC

丰花草
Spermacoce pusilla Wall.
　　习　　性：一年生草本
　　海　　拔：100~1500 m
　　国内分布：安徽、澳门、福建、广东、广西、贵州、海南、湖南、江苏、江西、山东、四川、台湾、香港、云南、浙江
　　国外分布：巴基斯坦、不丹、菲律宾、马来西亚、尼泊尔、斯里兰卡、泰国、印度、印度尼西亚、越南
　　濒危等级：LC

光叶丰花草
Spermacoce remota Lam.
　　习　　性：多年生草本或亚灌木
　　国内分布：重庆、广东、台湾、云南逸生
　　国外分布：斯里兰卡、泰国、印度、印度尼西亚、越南及太平洋群岛；原产热带美洲；归化于热带非洲

香叶木属 Spermadictyon Roxb.

香叶木
Spermadictyon suaveolens Roxb.
　　习　　性：亚灌木
　　海　　拔：700~2700 m
　　国内分布：西藏
　　国外分布：巴基斯坦、不丹、孟加拉国、尼泊尔、印度
　　濒危等级：LC

螺序草属 Spiradiclis Blume

藏南螺序草
Spiradiclis arunachalensis Deb et Rout
　　习　　性：多年生草本
　　国内分布：广西、贵州、西藏、云南
　　国外分布：印度

百色螺序草
Spiradiclis baishaiensis X. X. Chen et W. L. Sha
　　习　　性：多年生草本
　　分　　布：广西
　　濒危等级：NT

大叶螺序草
Spiradiclis bifida Kurz
　　习　　性：草本
　　海　　拔：约800 m
　　国内分布：云南
　　国外分布：印度
　　濒危等级：LC

螺序草
Spiradiclis caespitosa Blume
　　习　　性：多年生草本
　　海　　拔：海平面至1200 m
　　国内分布：广西、贵州、西藏、云南
　　国外分布：印度尼西亚
　　濒危等级：DD

焕镛螺序草
Spiradiclis chuniana R. J. Wang
　　习　　性：一年生草本
　　海　　拔：约400 m
　　分　　布：广西
　　濒危等级：DD

红花螺序草
Spiradiclis coccinea H. S. Lo
　　习　　性：草本
　　分　　布：广西
　　濒危等级：LC

心叶螺序草
Spiradiclis cordata H. S. Lo et W. L. Sha
　　习　　性：多年生草本
　　海　　拔：约400 m
　　分　　布：广西
　　濒危等级：LC

革叶螺序草
Spiradiclis coriaceifolia R. J. Wang
　　习　　性：多年生草本
　　分　　布：广西
　　濒危等级：LC

密花螺序草
Spiradiclis corymbosa W. L. Sha et X. X. Chen
　　习　　性：多年生草本
　　分　　布：广西
　　濒危等级：LC

尖叶螺序草
Spiradiclis cylindrica Wall. ex Hook. f.
　　习　　性：多年生草本
　　海　　拔：1200~1500 m
　　国内分布：广西、贵州、西藏、云南
　　国外分布：不丹、缅甸、越南
　　濒危等级：LC

丹霞螺序草
Spiradiclis danxiashanensis R. J. Wang
习　　性：多年生草本
海　　拔：约 150 m
分　　布：广东
濒危等级：LC

峨眉螺序草
Spiradiclis emeiensis H. S. Lo

峨眉螺序草（原变种）
Spiradiclis emeiensis var. **emeiensis**
习　　性：匍匐草本
分　　布：四川
濒危等级：LC

河口螺序草
Spiradiclis emeiensis var. **yunnanensis** H. S. Lo
习　　性：多年生草本
分　　布：云南
濒危等级：LC

锈茎螺序草
Spiradiclis ferruginea D. Fang et D. H. Qin
习　　性：草本
海　　拔：约 1200 m
分　　布：广西
濒危等级：LC

两广螺序草
Spiradiclis fusca H. S. Lo
习　　性：多年生草本
分　　布：广东、广西
濒危等级：LC

腺叶螺序草
Spiradiclis glandulosa L. Wu et Q. R. Liu
习　　性：多年生草本
海　　拔：约 150 m
分　　布：广东、广西
濒危等级：LC

广东螺序草
Spiradiclis guangdongensis H. S. Lo
习　　性：多年生草本
分　　布：广东、广西
濒危等级：LC

海南螺序草
Spiradiclis hainanensis H. S. Lo
习　　性：多年生草本
海　　拔：2100 ~ 2600 m
分　　布：海南
濒危等级：LC

宽昭螺序草
Spiradiclis howii H. S. Lo
习　　性：多年生草本
海　　拔：1400 ~ 1500 m
分　　布：云南
濒危等级：LC

疏花螺序草
Spiradiclis laxiflora W. L. Sha et X. X. Chen
习　　性：多年生草本
分　　布：广西
濒危等级：LC

罗氏螺序草
Spiradiclis loana R. J. Wang
习　　性：草本
海　　拔：200 ~ 300 m
分　　布：广西
濒危等级：LC

隆安螺序草
Spiradiclis longanensis R. J. Wang
习　　性：草本
海　　拔：约 200 m
分　　布：广西
濒危等级：LC

长苞螺序草
Spiradiclis longibracteata S. Y. Liu et S. J. Wei
习　　性：多年生草本
分　　布：广西
濒危等级：LC

长梗螺序草
Spiradiclis longipedunculata W. L. Sha et X. X. Chen
习　　性：草本
分　　布：广西
濒危等级：LC

龙州螺序草
Spiradiclis longzhouensis H. S. Lo
习　　性：灌木
分　　布：广西
濒危等级：LC

桂北螺序草
Spiradiclis luochengensis H. S. Lo
习　　性：多年生草本
海　　拔：海平面至 5000 m
分　　布：广西
濒危等级：LC

滇南螺序草
Spiradiclis malipoensis H. S. Lo
习　　性：多年生草本
海　　拔：约 1100 m
分　　布：云南
濒危等级：LC

小花螺序草
Spiradiclis micrantha (Drake) H. S. Lo
习　　性：稍肉质草本
分　　布：广西、江西
濒危等级：LC

小果螺序草
Spiradiclis microcarpa H. S. Lo
习　　性：多年生草本

海　　拔：约 100 m
分　　布：广西
濒危等级：LC

小叶螺序草
Spiradiclis microphylla H. S. Lo
习　　性：多年生草本
分　　布：广西、江西
濒危等级：LC

那坡螺序草
Spiradiclis napoensis D. Fang et Z. M. Xie
习　　性：多年生草本
海　　拔：约 1000 m
分　　布：广西
濒危等级：DD

长叶螺序草
Spiradiclis oblanceolata W. L. Sha et X. X. Chen
习　　性：草本
分　　布：广西
濒危等级：LC

石生螺序草
Spiradiclis petrophila H. S. Lo
习　　性：草本
分　　布：广东
濒危等级：VU D1

紫花螺序草
Spiradiclis purpureocaerulea H. S. Lo
习　　性：多年生草本
国内分布：广西
国外分布：越南
濒危等级：LC

红叶螺序草
Spiradiclis rubescens H. S. Lo
习　　性：草本
分　　布：广西
濒危等级：LC

糙边螺序草
Spiradiclis scabrida D. Fang et D. H. Qin
习　　性：多年生草本
海　　拔：800~1200 m
分　　布：广西
濒危等级：LC

匙叶螺序草
Spiradiclis spathulata X. X. Chen et C. C. Huang
习　　性：草本
分　　布：广西
濒危等级：LC

黏毛螺序草
Spiradiclis tomentosa D. Fang et D. H. Qin
习　　性：草本
海　　拔：约 500 m
分　　布：广西
濒危等级：LC

通灵螺序草
Spiradiclis tonglingensis R. J. Wang
习　　性：多年生草本
海　　拔：约 500 m
分　　布：广西
濒危等级：LC

伞花螺序草
Spiradiclis umbelliformis H. S. Lo
习　　性：多年生草本
海　　拔：1200~1300 m
分　　布：广东、广西
濒危等级：LC

毛螺序草
Spiradiclis villosa X. X. Chen et W. L. Sha
习　　性：多年生草本
分　　布：广西
濒危等级：LC

西藏螺序草
Spiradiclis xizangensis H. S. Lo
习　　性：多年生草本
海　　拔：1800~2100 m
分　　布：西藏
濒危等级：LC

阳春螺序草
Spiradiclis yangchunensis R. J. Wang
习　　性：多年生草本
海　　拔：约 600 m
分　　布：广东
濒危等级：EN D1

乌口树属 Tarenna Gaertn.

尖萼乌口树
Tarenna acutisepala F. C. How ex W. C. Chen
习　　性：灌木
海　　拔：500~1600 m
分　　布：福建、广东、广西、海南、湖北、湖南、江苏、江西、四川
濒危等级：LC

假桂乌口树
Tarenna attenuata (Hook. f.) Hutch.
习　　性：灌木或乔木
海　　拔：海平面至 1200 m
国内分布：澳门、广东、广西、海南、香港、云南
国外分布：柬埔寨、印度、越南
濒危等级：LC
资源利用：药用（中草药）

华南乌口树
Tarenna austrosinensis Chun et F. C. How ex W. C. Chen
习　　性：灌木
海　　拔：800~1300 m

分　　布：广东、广西、湖南
濒危等级：LC

白皮乌口树
Tarenna depauperata Hutch.
　　习　　性：灌木或小乔木
　　海　　拔：200~1700 m
　　国内分布：广东、广西、贵州、江苏、云南
　　国外分布：越南
　　濒危等级：LC
　　资源利用：药用（中草药）；原料（工业用油）

宽昭龙船花
Tarenna foonchewii (W. C. Ko) Tao Chen
　　习　　性：乔木
　　分　　布：云南
　　濒危等级：NT B1ab（iii）

薄叶玉心花
Tarenna gracilipes (Hayata) Ohwi
　　习　　性：灌木
　　海　　拔：100~500 m
　　国内分布：台湾
　　国外分布：日本
　　濒危等级：LC

广西乌口树
Tarenna lanceolata Chun et F. C. How ex W. C. Chen
　　习　　性：灌木
　　海　　拔：700~1600 m
　　分　　布：广西、贵州、湖南
　　濒危等级：LC

披针叶乌口树
Tarenna lancilimba W. C. Chen
　　习　　性：灌木或乔木
　　海　　拔：100~1000 m
　　国内分布：广西、海南
　　国外分布：越南
　　濒危等级：LC

宽序乌口树
Tarenna laticorymbosa Chun et F. C. How ex W. C. Chen
　　习　　性：灌木
　　海　　拔：约570 m
　　分　　布：云南
　　濒危等级：LC

崖州乌口树
Tarenna laui Merr.
　　习　　性：灌木
　　海　　拔：约700 m
　　分　　布：海南
　　濒危等级：LC

白花苦灯笼
Tarenna mollissima (Hook. et Arn.) B. L. Rob.
　　习　　性：灌木或小乔木
　　海　　拔：200~1100 m
　　国内分布：澳门、福建、广东、广西、贵州、海南、湖南、江西、香港、云南、浙江
　　国外分布：越南
　　濒危等级：LC
　　资源利用：药用（中草药）

多籽乌口树
Tarenna polysperma Chun et How ex W. C. Chen
　　习　　性：灌木或乔木
　　海　　拔：900~1000 m
　　分　　布：广东
　　濒危等级：LC

滇南乌口树
Tarenna pubinervis Hutch.
　　习　　性：灌木或小乔木
　　海　　拔：700~2700 m
　　分　　布：广西、四川、云南
　　濒危等级：LC

长梗乌口树
Tarenna sinica W. C. Chen
　　习　　性：灌木
　　分　　布：广西
　　濒危等级：EN B1ab（iii）

海南乌口树
Tarenna tsangii Merr.
　　习　　性：灌木或乔木
　　海　　拔：100~800 m
　　分　　布：广东、广西、海南
　　濒危等级：LC

长叶乌口树
Tarenna wangii Chun et F. C. How ex W. C. Chen
　　习　　性：灌木
　　海　　拔：900~1000 m
　　分　　布：云南
　　濒危等级：LC

云南乌口树
Tarenna yunnanensis F. C. How ex W. C. Chen
　　习　　性：灌木或乔木
　　海　　拔：100~200 m
　　分　　布：云南
　　濒危等级：LC

锡兰玉心花
Tarenna zeylanica Gaertn.
　　习　　性：常绿灌木
　　海　　拔：100~600 m
　　国内分布：台湾
　　国外分布：日本、斯里兰卡
　　濒危等级：LC

岭罗麦属 Tarennoidea Tirveng. et Sastre

岭罗麦
Tarennoidea wallichii (Hook. f.) Tirveng. et Sastre

习　　性：乔木
海　　拔：400~2200 m
国内分布：广东、广西、贵州、海南、云南
国外分布：不丹、菲律宾、柬埔寨、马来西亚、孟加拉国、缅甸、尼泊尔、泰国、印度、印度尼西亚、越南
濒危等级：LC
资源利用：原料（木材）

翅果耳草属 Thecagonum Babu

双花耳草
Thecagonum biflorum(L.)Babu
习　　性：一年生无毛柔弱草本
海　　拔：海平面至1200 m
国内分布：澳门、福建、广东、广西、海南、江苏、台湾、香港、云南
国外分布：马来西亚、尼泊尔、印度、印度尼西亚、越南
濒危等级：LC

翅果耳草
Thecagonum pteritum(Blume)Babu
习　　性：直立无毛草本
国内分布：广东、广西、云南
国外分布：马来西亚、泰国、印度、越南
濒危等级：LC

假繁缕属 Theligonum L.

台湾假繁缕
Theligonum formosanum(Ohwi)Ohwi et T. S. Liu
习　　性：多年生草本
海　　拔：约2700 m
分　　布：台湾
濒危等级：EN B2ab（iii）

日本假繁缕
Theligonum japonicum Ôkubo et Makino
习　　性：多年生草本
海　　拔：900~1200 m
国内分布：安徽、陕西、浙江
国外分布：日本
濒危等级：LC

假繁缕
Theligonum macranthum Franch.
习　　性：一年生草本
海　　拔：1800~2400 m
分　　布：湖北、四川、浙江
濒危等级：LC

海茜树属 Timonius DC.

海茜树
Timonius arboreus Elmer
习　　性：常绿乔木
海　　拔：海平面至400 m
国内分布：台湾
国外分布：菲律宾
濒危等级：LC

丁茜属 Trailliaedoxa W. W. Sm. et Forrest

丁茜
Trailliaedoxa gracilis W. W. Sm. et Forrest
习　　性：亚灌木
海　　拔：1400~3000 m
分　　布：四川、云南
濒危等级：VU B1ab（iii，v）

钩藤属 Uncaria Schreb.

毛钩藤
Uncaria hirsuta Havil.
习　　性：木质藤本
海　　拔：100~500 m
分　　布：福建、广东、广西、贵州、台湾、香港
濒危等级：LC

北越钩藤
Uncaria homomalla Miq.
习　　性：木质藤本
海　　拔：200~600 m
国内分布：广西、香港、云南
国外分布：柬埔寨、老挝、马来西亚、孟加拉国、缅甸、泰国、印度、印度尼西亚、越南
濒危等级：LC

平滑钩藤
Uncaria laevigata Wall. ex G. Don
习　　性：木质藤本
海　　拔：600~1300 m
国内分布：广西、云南
国外分布：老挝、孟加拉国、缅甸、泰国、印度、越南
濒危等级：LC

倒挂金钩
Uncaria lancifolia Hutch.
习　　性：藤本
海　　拔：1500~1900 m
国内分布：云南
国外分布：越南
濒危等级：VU B1ab（iii，v）

恒春钩藤
Uncaria lanosa var. **appendiculata**(Benth.)Ridsdale
习　　性：木质藤本
海　　拔：约300 m
国内分布：台湾
国外分布：菲律宾、印度尼西亚
濒危等级：NT

大叶钩藤
Uncaria macrophylla Wall.
习　　性：藤本
海　　拔：300~900 m
国内分布：广东、广西、海南、香港、云南
国外分布：不丹、老挝、孟加拉国、缅甸、泰国、印度、

越南

资源利用：药用（中草药）

钩藤
Uncaria rhynchophylla (Miq.) Miq. ex Havil.
习　　性：木质藤本
海　　拔：海平面至1000 m
国内分布：福建、广东、广西、贵州、湖北、湖南、江西、云南
国外分布：日本
濒危等级：LC
资源利用：药用（中草药）

侯钩藤
Uncaria rhynchophylloides F. C. How
习　　性：木质藤本
海　　拔：500~800 m
分　　布：广东、广西
濒危等级：VU A2c；B1ab（iii）

攀茎钩藤
Uncaria scandens (Sm.) Hutch.
习　　性：藤本
海　　拔：100~1500 m
分　　布：广东、广西、海南、四川、西藏、云南
濒危等级：LC

白钩藤
Uncaria sessilifructus Roxb.
习　　性：藤本
海　　拔：300~1500 m
国内分布：广西、云南
国外分布：不丹、老挝、孟加拉国、缅甸、尼泊尔、印度、越南
濒危等级：LC

华钩藤
Uncaria sinensis (Oliv.) Havil.
习　　性：木质藤本
海　　拔：900~1100 m
分　　布：甘肃、广西、贵州、湖北、湖南、陕西、四川、云南
濒危等级：LC

云南钩藤
Uncaria yunnanensis K. C. Hsia
习　　性：木质藤本
海　　拔：600 m
分　　布：云南
濒危等级：EN A2c；B1ab（i, iii, v）
资源利用：药用（中草药）

尖叶木属 Urophyllum Wall.

尖叶木
Urophyllum chinense Merr. et Chun
习　　性：灌木或小乔木
海　　拔：400~900 m

国内分布：广东、广西、云南
国外分布：越南
濒危等级：LC

小花尖叶木
Urophyllum parviflorum F. C. How ex H. S. Lo
习　　性：灌木或小乔木
海　　拔：约700 m
分　　布：云南
濒危等级：LC

滇南尖叶木
Urophyllum tsaianum F. C. How ex H. S. Lo
习　　性：灌木或小乔木
海　　拔：1000~1500 m
分　　布：云南
濒危等级：NT B1ab（iii, v）

水锦树属 Wendlandia Bartl. ex DC.

广西水锦树
Wendlandia aberrans F. C. How
习　　性：灌木
海　　拔：900~1200 m
分　　布：广西
濒危等级：NT A2c

桂海木
Wendlandia acaulis (H. S. Lo) P. W. Xie et D. X. Zhang
习　　性：灌木或乔木
海　　拔：100~600 m
分　　布：广西
濒危等级：CR B1ab（ii, iii）；C1

思茅水锦树
Wendlandia augustinii Cowan
习　　性：灌木
海　　拔：约1300 m
分　　布：云南
濒危等级：LC

薄叶水锦树
Wendlandia bouvardioides Hutch.
习　　性：灌木或小乔木
海　　拔：1200~1800 m
分　　布：云南
濒危等级：LC

吹树
Wendlandia brevipaniculata W. C. Chen
习　　性：乔木
海　　拔：200~300 m
分　　布：云南
濒危等级：NT B1ab（iii）

短筒水锦树
Wendlandia brevituba Chun et F. C. How ex W. C. Chen
习　　性：灌木
海　　拔：100~900 m

分　　布：广东、广西
濒危等级：LC

贵州水锦树
Wendlandia cavaleriei H. Lév.
习　　性：灌木或小乔木
海　　拔：200~700 m
分　　布：广西、贵州
濒危等级：LC

红木水锦树
Wendlandia erythroxylon Cowan
习　　性：乔木
分　　布：台湾
濒危等级：LC

水金京
Wendlandia formosana Cowan

水金京（原亚种）
Wendlandia formosana subsp. **formosana**
习　　性：灌木或乔木
海　　拔：200~500 m
国内分布：台湾
国外分布：日本
濒危等级：LC
资源利用：原料（木材）

短花水金京
Wendlandia formosana subsp. **breviflora** F. C. How
习　　性：灌木或乔木
海　　拔：200~1600 m
国内分布：广东、广西、云南
国外分布：越南
濒危等级：LC

西藏水锦树
Wendlandia grandis (Hook. f.) Cowan
习　　性：乔木
海　　拔：700~1300 m
国内分布：西藏
国外分布：不丹、孟加拉国、缅甸、尼泊尔、印度
濒危等级：LC

广东水锦树
Wendlandia guangdongensis W. C. Chen
习　　性：灌木或乔木
海　　拔：100~800 m
分　　布：广东、海南
濒危等级：LC

景东水锦树
Wendlandia jingdongensis W. C. Chen
习　　性：灌木
海　　拔：约1700 m
分　　布：云南
濒危等级：NT B1ab（iii）

疏花水锦树
Wendlandia laxa S. K. Wu
习　　性：乔木
海　　拔：500~1000 m
分　　布：云南
濒危等级：LC

小叶水锦树
Wendlandia ligustrina Wall. ex G. Don
习　　性：灌木
海　　拔：1500~1600 m
国内分布：贵州、云南
国外分布：缅甸
濒危等级：LC

木姜子叶水锦树
Wendlandia litseifolia F. C. How
习　　性：乔木
海　　拔：约800 m
分　　布：广西
濒危等级：NT A2c

水晶棵子
Wendlandia longidens (Hance) Hutch.
习　　性：亚灌木
海　　拔：海平面至1800 m
分　　布：贵州、湖北、四川、云南
濒危等级：LC

长梗水锦树
Wendlandia longipedicellata F. C. How
习　　性：灌木
海　　拔：约1600 m
分　　布：云南
濒危等级：EN B1ab（iii，v）

吕宋水锦树
Wendlandia luzoniensis DC.
习　　性：灌木或小乔木
国内分布：台湾
国外分布：菲律宾、印度、越南
濒危等级：LC

海南水锦树
Wendlandia merrilliana Cowan

海南水锦树（原变种）
Wendlandia merrilliana var. **merrilliana**
习　　性：灌木或小乔木
海　　拔：400~1400 m
分　　布：海南
濒危等级：LC

细叶海南水锦树
Wendlandia merrilliana var. **parvifolia** F. C. How
习　　性：灌木或小乔木
分　　布：海南
濒危等级：LC

密花水锦树
Wendlandia myriantha F. C. How
习　　性：灌木

海　　拔：约 300 m
分　　布：广西
濒危等级：EN B2ab（ii）

龙州水锦树
Wendlandia oligantha W. C. Chen
习　　性：灌木或乔木
海　　拔：300~1000 m
分　　布：广西
濒危等级：LC

小花水锦树
Wendlandia parviflora W. C. Chen
习　　性：乔木
海　　拔：约 600 m
分　　布：云南
濒危等级：NT B1ab（iii）

垂枝水锦树
Wendlandia pendula（Wall.）DC.
习　　性：灌木
海　　拔：600~1300 m
国内分布：云南
国外分布：不丹、缅甸、尼泊尔、印度
濒危等级：LC

屏边水锦树
Wendlandia pingpienensis F. C. How
习　　性：灌木或乔木
海　　拔：200~1500 m
分　　布：云南
濒危等级：VU A2c

大叶木莲红
Wendlandia pubigera W. C. Chen
习　　性：灌木
海　　拔：约 160 m
分　　布：广西
濒危等级：EN A2c+3c

柳叶水锦树
Wendlandia salicifolia Franch. ex Drake
习　　性：灌木
海　　拔：100~200 m
国内分布：广西、贵州、云南
国外分布：老挝、越南
濒危等级：LC

粗叶水锦树
Wendlandia scabra Kurz

粗叶水锦树（原变种）
Wendlandia scabra var. **scabra**
习　　性：灌木或乔木
海　　拔：100~1600 m
国内分布：广西、贵州、云南
国外分布：孟加拉国、缅甸、泰国、印度、越南
濒危等级：LC

悬花水锦树
Wendlandia scabra var. **dependens** Cowan
习　　性：灌木或乔木
海　　拔：500~1800 m
分　　布：云南
濒危等级：LC

毛粗叶水锦树
Wendlandia scabra var. **pilifera** K. C. How
习　　性：灌木或乔木
分　　布：广西
濒危等级：LC

美丽水锦树
Wendlandia speciosa Cowan
习　　性：灌木或乔木
海　　拔：1500~2800 m
国内分布：西藏、云南
国外分布：不丹、缅甸
濒危等级：LC

高山水锦树
Wendlandia subalpina W. W. Sm.
习　　性：灌木
海　　拔：1800~3100 m
分　　布：云南
濒危等级：LC

毛冠水锦树
Wendlandia tinctoria subsp. **affinis**
习　　性：灌木或乔木
海　　拔：700~1400 m
分　　布：广西、云南
濒危等级：LC

粗毛水锦树
Wendlandia tinctoria subsp. **barbata** Cowan
习　　性：灌木或乔木
海　　拔：1000~1800 m
国内分布：广西、云南
国外分布：越南
濒危等级：LC

厚毛水锦树
Wendlandia tinctoria subsp. **callitricha**（Cowan）W. C. Chen
习　　性：灌木或乔木
海　　拔：400~2800 m
国内分布：广西、云南
国外分布：缅甸
濒危等级：LC

多花水锦树
Wendlandia tinctoria subsp. **floribunda**（Craib）Cowan
习　　性：灌木或乔木
海　　拔：约 1100 m
国内分布：云南
国外分布：缅甸、泰国
濒危等级：LC

麻栗水锦树
Wendlandia tinctoria subsp. **handelii** Cowan
习　　性：灌木或乔木
海　　拔：200~1900 m

分　　布：广西、贵州、云南
濒危等级：LC

红皮水锦树
Wendlandia tinctoria subsp. **intermedia**(F. C. How)W. C. Chen
　　习　　性：灌木或乔木
　　海　　拔：1400~1600 m
　　分　　布：云南
　　濒危等级：LC

东方水锦树
Wendlandia tinctoria subsp. **orientalis** Cowan
　　习　　性：灌木或乔木
　　海　　拔：200~2100 m
　　国内分布：广西、云南
　　国外分布：缅甸、泰国、印度
　　濒危等级：LC

水锦树
Wendlandia uvariifolia Hance

水锦树（原亚种）
Wendlandia uvariifolia var. **uvariifolia**
　　习　　性：灌木或乔木
　　海　　拔：100~1200 m
　　国内分布：广东、广西、贵州、海南、台湾、云南
　　国外分布：越南
　　濒危等级：LC
　　资源利用：药用（中草药）

中华水锦树
Wendlandia uvariifolia subsp. **chinensis**(Merr.)Cowan
　　习　　性：灌木或乔木
　　海　　拔：100~600 m
　　分　　布：广东、广西、海南
　　濒危等级：LC

疏毛水锦树
Wendlandia uvariifolia subsp. **pilosa** W. C. Chen
　　习　　性：灌木或乔木
　　海　　拔：约900 m
　　分　　布：云南
　　濒危等级：LC

岩黄树属 Xanthophytum Reinw. ex Bl.

琼岛岩黄树
Xanthophytum attopevense(Pierre ex Pit.)H. S. Lo
　　习　　性：灌木或草本
　　海　　拔：700~1400 m
　　国内分布：海南
　　国外分布：老挝、越南
　　濒危等级：LC

长梗岩黄树
Xanthophytum balansae(Pit.)H. S. Lo
　　习　　性：灌木
　　国内分布：广西
　　国外分布：越南
　　濒危等级：CR D

岩黄树
Xanthophytum kwangtungense(Chun et F. C. How)H. S. Lo
　　习　　性：灌木
　　海　　拔：300 m
　　国内分布：广西、云南
　　国外分布：越南
　　濒危等级：LC

川蔓藻科 RUPPIACEAE
（1属：1种）

川蔓藻属 Ruppia L.

川蔓藻
Ruppia maritima L.
　　习　　性：沉水草本
　　分　　布：福建、甘肃、广东、广西、海南、江苏、辽宁、青海、山东、台湾、新疆、浙江
　　濒危等级：LC

芸香科 RUTACEAE
（27属：157种）

山油柑属 Acronychia J. R. Forst. et G. Forst.

山油柑
Acronychia pedunculata(L.)Miq.
　　习　　性：灌木或小乔木
　　海　　拔：海平面至900 m
　　国内分布：福建、广东、广西、海南、台湾、云南
　　国外分布：巴布亚新几内亚、不丹、菲律宾、柬埔寨、老挝、马来西亚、孟加拉国、缅甸、斯里兰卡、泰国、印度、印度尼西亚、越南
　　濒危等级：LC
　　资源利用：原料（单宁，树脂）

木橘属 Aegle Corrêa

木橘
Aegle marmelos(L.)Corrêa
　　习　　性：乔木
　　海　　拔：600~1000 m
　　国内分布：云南
　　国外分布：原产印度
　　资源利用：药用（中草药）

酒饼簕属 Atalantia Corrêa

尖叶酒饼簕
Atalantia acuminata C. C. Huang
　　习　　性：乔木
　　海　　拔：700~900 m
　　国内分布：广西、云南
　　国外分布：越南
　　濒危等级：LC

酒饼簕
Atalantia buxifolia(Poir.)Oliv.
习　　性：灌木
海　　拔：300 m 以下
国内分布：福建、广东、广西、海南、台湾、云南
国外分布：菲律宾、马来西亚、越南
濒危等级：LC
资源利用：药用（中草药）

厚皮酒饼簕
Atalantia dasycarpa C. C. Huang
习　　性：乔木
海　　拔：200 ~ 400 m
国内分布：广西、云南
国外分布：缅甸、印度、越南
濒危等级：LC

封开酒饼簕
Atalantia fongkaica C. C. Huang
习　　性：灌木
海　　拔：200 m 以下
分　　布：广东
濒危等级：CR B1ab (i, iii); C1

大果酒饼簕
Atalantia guillauminii Swingle
习　　性：乔木
海　　拔：200 ~ 300 m
国内分布：云南
国外分布：越南
濒危等级：VU D2

薄皮酒饼簕
Atalantia henryi(Swingle)C. C. Huang
习　　性：乔木
海　　拔：300 ~ 1100 m
国内分布：广西、云南
国外分布：越南
濒危等级：LC

广东酒饼簕
Atalantia kwangtungensis Merr.
习　　性：灌木
海　　拔：100 ~ 400 m
分　　布：广东、广西、海南
濒危等级：NT A2c

石椒草属 Boenninghausenia Rchb. ex Meisn.

臭节草
Boenninghausenia albiflora(Hook.)Rchb. ex Meisn.
习　　性：多年生草本
海　　拔：500 ~ 2800 m
国内分布：安徽、福建、甘肃、广东、广西、贵州、湖北、湖南、江苏、江西、陕西、四川、台湾、西藏、云南、浙江
国外分布：巴基斯坦、不丹、菲律宾、克什米尔地区、老挝、缅甸、尼泊尔、日本、泰国、印度、印度尼西亚、越南
濒危等级：LC
资源利用：药用（中草药）；原料（精油）

香肉果属 Casimiroa La Llave

香肉果
Casimiroa edulis La Llave
习　　性：乔木
国内分布：云南
国外分布：原产墨西哥

柑橘属 Citrus L.

来檬
Citrus × aurantifolia(Christm.)Swingle
习　　性：小乔木
国内分布：云南；广东、广西有栽培
国外分布：世界热带及亚热带地区栽培
资源利用：食品（水果），食品添加剂（调味剂）

酸橙
Citrus × aurantium L.
习　　性：小乔木
分　　布：栽培并归化于秦岭以南
资源利用：药用（中草药）；原料（精油）；基因源（耐旱，耐寒，抗病毒）；环境利用（砧木）

宜昌橙
Citrus cavaleriei H. Lév. ex Cavalier
习　　性：灌木或小乔木
海　　拔：2500 m 以下
分　　布：甘肃、广西、贵州、湖北、湖南、陕西、四川、云南
濒危等级：NT
国家保护：Ⅱ级

箭叶橙
Citrus hystrix DC.
习　　性：乔木
海　　拔：600 ~ 1900 m
国内分布：广西、海南、云南
国外分布：巴布亚新几内亚、菲律宾、缅甸、泰国、印度尼西亚、越南
濒危等级：NT A2c; D1

金柑
Citrus japonica Thunb.
习　　性：乔木
海　　拔：600 ~ 1000 m
国内分布：安徽、福建、广东、广西、海南、湖南、江西、台湾、浙江；秦岭南坡以南各地栽种
国外分布：越南
濒危等级：EN B1ab (iii)
资源利用：食品（水果）

香橙
Citrus junos Sieb. ex Tanaka
习　　性：乔木
海　　拔：300 ~ 1600 m
分　　布：安徽、甘肃、贵州、湖北、湖南、江苏、江西、陕西、上海、四川、云南、浙江

资源利用：药用（中草药）；原料（香料，木材）；基因源（耐旱，耐寒）；环境利用（砧木，观赏）

柠檬
Citrus limon(L.)Burm. f.
习　　性：乔木
国内分布：福建、广东、广西、贵州、湖南、台湾、云南
国外分布：柬埔寨、老挝、缅甸、印度、越南
资源利用：原料（精油）

莽山野橘
Citrus mangshanensis S. W. He et G. F. Liu
习　　性：乔木
海　　拔：约700 m
分　　布：湖南
濒危等级：NT
国家保护：Ⅱ级

柚
Citrus maxima(Burm.)Merr.
习　　性：乔木
国内分布：中国南方栽培或归化
国外分布：可能原产东南亚
资源利用：原料（精油）；环境利用（砧木）

香橼
Citrus medica L.
习　　性：灌木或小乔木
海　　拔：1600 m
国内分布：广西、贵州、海南、四川、西藏、云南栽培或逸生
国外分布：原产缅甸、印度
资源利用：药用（中草药）；原料（精油）；环境利用（砧木，观赏）

云南香橼
Citrus medica var. **yunnanensis** S. Q. Ding
习　　性：灌木或小乔木
海　　拔：1600 m
分　　布：云南

四季橘
Citrus microcarpa Bunge
习　　性：常绿灌木或乔木
国内分布：湖北
国外分布：亚洲东南部

柑橘
Citrus reticulata Blanco
习　　性：乔木
海　　拔：600~900 m
国内分布：秦岭以南广泛栽培
国外分布：可能原产我国东南部及日本南部
资源利用：药用（中草药）；原料（精油）

立花橘
Citrus tachibana(Makino)Yu. Tanaka
习　　性：乔木
国内分布：台湾
国外分布：日本

枳
Citrus trifoliata L.
习　　性：乔木
分　　布：安徽、重庆、甘肃、广东、广西、贵州、河南、湖北、湖南、江苏、江西、山东、山西、陕西、云南、浙江
濒危等级：LC
资源利用：药用（中草药）；原料（精油）

黄皮属 Clausena Burm. f.

细叶黄皮
Clausena anisum-olens(Blanco)Merr.
习　　性：乔木
海　　拔：100~700 m
国内分布：台湾；广东、广西、云南栽培
国外分布：菲律宾
濒危等级：DD
资源利用：药用（中草药）；食品（水果）

齿叶黄皮
Clausena dunniana H. Lév.

齿叶黄皮（原变种）
Clausena dunniana var. **dunniana**
习　　性：乔木
海　　拔：300~1500 m
国内分布：广东、广西、贵州、湖南、四川、云南
国外分布：越南
濒危等级：DD
资源利用：原料（精油）

毛齿叶黄皮
Clausena dunniana var. **robusta**(Tanaka)C. C. Huang
习　　性：乔木
海　　拔：300~1300 m
分　　布：广西、贵州、湖北、湖南、四川、云南
濒危等级：LC

小黄皮
Clausena emarginata C. C. Huang
习　　性：乔木
海　　拔：300~800 m
分　　布：广西、云南
濒危等级：LC
资源利用：药用（中草药）

假黄皮
Clausena excavata N. L. Burman
习　　性：灌木
海　　拔：1000 m以下
国内分布：福建、广东、广西、海南、台湾、云南
国外分布：柬埔寨、老挝、缅甸、泰国、印度、越南
濒危等级：DD
资源利用：药用（中草药）

海南黄皮
Clausena hainanensis C. C. Huang et F. W. Xing
习　　性：灌木或乔木
海　　拔：900~1000 m

分　　布：海南
濒危等级：NT B1ac（ii）

丽达黄皮
Clausena inolida Z. J. Yu et C. Y. Wong
习　　性：灌木
分　　布：广西
濒危等级：LC

黄皮
Clausena lansium(Lour.)Skeels
习　　性：乔木
海　　拔：100~500 m
国内分布：福建、广东、广西、贵州、海南、四川、云南
国外分布：越南
濒危等级：LC
资源利用：环境利用（观赏）；药用（中草药）

光滑黄皮
Clausena lenis Drake
习　　性：乔木
海　　拔：500~1300 m
国内分布：广东、广西、海南、云南
国外分布：老挝、泰国、越南
濒危等级：LC

香花黄皮
Clausena odorata C. C. Huang
习　　性：乔木
海　　拔：约1800 m
分　　布：云南
濒危等级：NT B1ab（i, iii）

毛叶黄皮
Clausena vestita D. D. Tao
习　　性：乔木
海　　拔：约1900 m
分　　布：云南
濒危等级：NT B1ab（i, iii）

云南黄皮
Clausena yunnanensis C. C. Huang

云南黄皮（原变种）
Clausena yunnanensis var. **yunnanensis**
习　　性：乔木
海　　拔：500~1300 m
分　　布：广西、云南
濒危等级：LC

弄岗黄皮
Clausena yunnanensis var. **longgangensis** C. F. Liang et Y. X. Lu
习　　性：乔木
分　　布：广西
濒危等级：LC

白鲜属 Dictamnus L.

白鲜
Dictamnus dasycarpus Turcz.
习　　性：多年生草本
海　　拔：200~2400 m
国内分布：安徽、甘肃、河北、河南、黑龙江、湖北、吉林、江苏、江西、辽宁、内蒙古、宁夏、山东、山西、陕西、四川、新疆
国外分布：朝鲜、俄罗斯、蒙古
濒危等级：LC
资源利用：药用（中草药）

巨盘木属 Flindersia R. Br.

巨盘木
Flindersia amboinensis Poir.
习　　性：乔木
国内分布：福建
国外分布：原产马六甲海峡沿岸
资源利用：原料（木材）

山小橘属 Glycosmis Corrêa

山橘树
Glycosmis cochinchinensis(Loureiro)Pierre
习　　性：灌木或乔木
海　　拔：1000 m以下
国内分布：广西、海南、云南
国外分布：柬埔寨、老挝、马来西亚、泰国、印度尼西亚、越南
濒危等级：LC

毛山小橘
Glycosmis craibii Tanaka

毛山小橘（原变种）
Glycosmis craibii var. **craibii**
习　　性：乔木
海　　拔：200~3000 m
国内分布：云南
国外分布：泰国
濒危等级：LC

光叶山小橘
Glycosmis craibii var. **glabra**(Craib)Tanaka
习　　性：乔木
海　　拔：300~500 m
国内分布：海南
国外分布：泰国、越南
濒危等级：LC

锈毛山小橘
Glycosmis esquirolii(H. Lév.)Tanaka
习　　性：乔木
海　　拔：400~1300 m
国内分布：广西、贵州、云南
国外分布：缅甸、泰国
濒危等级：LC

长叶山小橘
Glycosmis longifolia(Oliv.)Tanaka
习　　性：乔木
海　　拔：约1300 m

国内分布：云南
国外分布：缅甸、斯里兰卡、印度
濒危等级：LC

长瓣山小橘
Glycosmis longipetala F. J. Mou et D. X. Zhang
习　　性：灌木或小乔木
海　　拔：约600 m
分　　布：广西、云南
濒危等级：LC

亮叶山小橘
Glycosmis lucida Wall. ex C. C. Huang
习　　性：乔木
海　　拔：900～1400 m
国内分布：云南
国外分布：不丹、缅甸、印度
濒危等级：LC

海南山小橘
Glycosmis montana Pierre
习　　性：灌木或乔木
海　　拔：200～500 m
国内分布：广东、海南、云南
国外分布：越南
濒危等级：LC
资源利用：食品（水果）

少花山小橘
Glycosmis oligantha C. C. Huang
习　　性：灌木或乔木
海　　拔：200～500 m
分　　布：广西
濒危等级：NT D

小花山小橘
Glycosmis parviflora Kurz.
习　　性：灌木或乔木
海　　拔：200～1000 m
国内分布：福建、广东、广西、贵州、海南、台湾、云南
国外分布：老挝、缅甸、日本、泰国、越南
濒危等级：LC
资源利用：药用（中草药）

山小橘
Glycosmis pentaphylla (Retz.) Corrêa
习　　性：乔木
海　　拔：600～1200 m
国内分布：云南
国外分布：巴基斯坦、不丹、菲律宾、柬埔寨、老挝、马来西亚、缅甸、尼泊尔、斯里兰卡、泰国、印度、印度尼西亚、越南
濒危等级：LC

华山小橘
Glycosmis pseudoracemosa (Guillaumin) Swingle
习　　性：灌木或乔木
海　　拔：400～1200 m
国内分布：广西、云南

国外分布：越南
濒危等级：DD

西藏山小橘
Glycosmis xizangensis (C. Y. Wu et H. Li) D. D. Tao
习　　性：灌木或乔木
海　　拔：约800 m
分　　布：西藏
濒危等级：VU D2

拟芸香属 Haplophyllum A. Juss.

大叶芸香
Haplophyllum acutifolium (DC.) G. Don
习　　性：多年生草本
海　　拔：约700 m
国内分布：新疆
国外分布：阿富汗、巴基斯坦、哈萨克斯坦、吉尔吉斯斯坦、蒙古、塔吉克斯坦、土库曼斯坦、乌兹别克斯坦
濒危等级：LC

北芸香
Haplophyllum dauricum (L.) G. Don
习　　性：多年生草本
海　　拔：600～700 m
国内分布：甘肃、河北、黑龙江、吉林、内蒙古、宁夏、陕西、新疆
国外分布：俄罗斯、蒙古
濒危等级：LC

针枝芸香
Haplophyllum tragacanthoides Diels
习　　性：多年生草本
海　　拔：约1500 m
分　　布：甘肃、内蒙古、宁夏
濒危等级：LC

牛筋果属 Harrisonia R. Br. ex A. Juss.

牛筋果
Harrisonia perforata (Blanco) Merr.
习　　性：灌木
国内分布：广东、海南
国外分布：菲律宾、柬埔寨、老挝、马来西亚、缅甸、泰国、印度、印度尼西亚、越南
濒危等级：LC

三叶藤橘属 Luvunga Buch. -Ham. ex Wight et Arn.

三叶藤
Luvunga scandens (Roxb.) Buch. -Ham. ex Wight et Arn.
习　　性：木质藤本
海　　拔：600 m以下
国内分布：广东、海南、云南
国外分布：柬埔寨、老挝、马来西亚、缅甸、泰国、印度、越南
濒危等级：LC

资源利用：原料（精油）

贡甲属 Maclurodendron T. G. Hartley

贡甲
Maclurodendron oligophlebia(Merr.)T. G. Hartley
习　　性：常绿乔木
海　　拔：200~1400 m
国内分布：广东、海南
国外分布：越南
濒危等级：LC

蜜茱萸属 Melicope J. R. Forst. et G. Forst.

海南蜜茱萸
Melicope chunii(Merr.)T. G. Hartley
习　　性：灌木或乔木
海　　拔：400 m 以下
分　　布：海南
濒危等级：LC

密果蜜茱萸
Melicope glomerata(Craib)T. G. Hartley
习　　性：灌木
海　　拔：500~700 m
国内分布：云南
国外分布：老挝、缅甸、泰国
濒危等级：NT

三刈叶蜜茱萸
Melicope lunur-ankenda(Gaertn.)T. G. Hartley
习　　性：乔木
海　　拔：约 900 m
国内分布：台湾、西藏
国外分布：不丹、菲律宾、柬埔寨、马来西亚、缅甸、尼泊尔、斯里兰卡、泰国、印度、印度尼西亚、越南
濒危等级：LC

蜜茱萸
Melicope patulinervia(Merr. et Chun)C. C. Huang
习　　性：灌木
海　　拔：700~900 m
分　　布：海南
濒危等级：EN B1ab（i，iii）；D

三桠苦
Melicope pteleifolia(Champ. ex Benth.)T. G. Hartley
习　　性：灌木或乔木
海　　拔：海平面至 2300（2800）m
国内分布：福建、广东、广西、海南、江西、台湾、西藏、云南、浙江
国外分布：柬埔寨、老挝、缅甸、泰国、越南
濒危等级：LC
资源利用：药用（中草药）；原料（纤维，木材，精油）

台湾蜜茱萸
Melicope semecarpifolia(Merr.)T. G. Hartley
习　　性：乔木
国内分布：台湾
国外分布：菲律宾
濒危等级：LC

三叶密茱萸
Melicope triphylla(Lam.)Merr.
习　　性：灌木或乔木
国内分布：台湾
国外分布：巴布亚新几内亚、菲律宾、日本、西南太平洋岛屿、印度尼西亚
濒危等级：LC

单叶蜜茱萸
Melicope viticina(Wall. ex Kurtz)T. G. Hartley
习　　性：灌木或乔木
海　　拔：500~1300 m
国内分布：云南
国外分布：柬埔寨、老挝、缅甸、泰国、越南
濒危等级：NT

小芸木属 Micromelum Blume

大管
Micromelum falcatum(Lour.)Tanaka
习　　性：乔木
海　　拔：1200 m 以下
国内分布：广东、广西、海南、云南
国外分布：柬埔寨、老挝、缅甸、泰国、越南
濒危等级：LC
资源利用：药用（中草药）

小芸木
Micromelum integerrimum(Buch.-Ham. ex DC.)Wight et Arn. ex M. Roem.

小芸木（原变种）
Micromelum integerrimum var. **integerrimum**
习　　性：乔木
海　　拔：海平面至 2000 m
国内分布：广东、广西、贵州、海南、西藏、云南
国外分布：不丹、菲律宾、柬埔寨、老挝、缅甸、尼泊尔、泰国、印度、越南
濒危等级：LC
资源利用：药用（中草药）

毛叶小芸木
Micromelum integerrimum var. **mollissimum** Tanaka
习　　性：乔木
海　　拔：100~600 m
国内分布：广西、云南
国外分布：菲律宾、柬埔寨、老挝、越南
濒危等级：LC

九里香属 Murraya J. Koenig ex L.

翼叶九里香
Murraya alata Drake
习　　性：灌木
国内分布：广东、广西、海南

国外分布：越南
濒危等级：LC
资源利用：原料（精油）

兰屿九里香
Murraya crenulata(Turcz.) Oliv.
习　　性：乔木
国内分布：台湾
国外分布：巴布亚新几内亚、菲律宾、印度尼西亚
濒危等级：EN C2a（ii）

豆叶九里香
Murraya euchrestifolia Hayata
习　　性：灌木或乔木
海　　拔：500~1400 m
分　　布：广东、广西、贵州、海南、台湾、云南
濒危等级：LC

九里香
Murraya exotica L.
习　　性：乔木
国内分布：福建、广东、广西、贵州、海南、台湾
国外分布：澳大利亚、巴布亚新几内亚、巴基斯坦、不丹、菲律宾、柬埔寨、老挝、马来西亚、缅甸、尼泊尔、日本、斯里兰卡、泰国、印度、印度尼西亚、越南
濒危等级：LC
资源利用：药用（中草药）；环境利用（观赏）

调料九里香
Murraya koenigii(L.) Spreng.
习　　性：灌木或乔木
海　　拔：500~1600 m
国内分布：广东、海南、云南
国外分布：巴基斯坦、不丹、老挝、尼泊尔、斯里兰卡、泰国、印度、越南
濒危等级：LC
资源利用：原料（精油）

广西九里香
Murraya kwangsiensis(C. C. Huang) C. C. Huang

广西九里香（原变种）
Murraya kwangsiensis var. **kwangsiensis**
习　　性：乔木
海　　拔：200~800 m
分　　布：广西、云南
濒危等级：LC
资源利用：原料（香料，精油）

大叶九里香
Murraya kwangsiensis var. **macrophylla** C. C. Huang
习　　性：乔木
分　　布：广西
濒危等级：LC

小叶九里香
Murraya microphylla(Merr. et Chun) Swingle
习　　性：灌木或小乔木

海　　拔：海平面至100 m
分　　布：广东、海南
濒危等级：EN A2c
资源利用：原料（精油）

四树九里香
Murraya tetramera C. C. Huang
习　　性：乔木
海　　拔：1400~1700 m
分　　布：广西、云南
濒危等级：LC
资源利用：药用（中草药）

臭常山属 Orixa Thunb.

臭常山
Orixa japonica Thunb.
习　　性：灌木或乔木
海　　拔：500~1300 m
国内分布：安徽、福建、贵州、河南、湖北、湖南、江苏、江西、陕西、四川、云南、浙江
国外分布：朝鲜、日本
濒危等级：LC
资源利用：药用（中草药）

单叶藤橘属 Paramignya Wight

单叶藤橘
Paramignya confertifolia Swingle
习　　性：木质攀援藤本
海　　拔：300~900 m
国内分布：广东、广西、海南、云南
国外分布：越南
濒危等级：LC

黄檗属 Phellodendron Rupr.

黄檗
Phellodendron amurense Rupr.
习　　性：乔木
海　　拔：300~1200 m
国内分布：安徽、河北、河南、黑龙江、吉林、辽宁、内蒙古、山东、山西、台湾
国外分布：朝鲜、俄罗斯、日本
濒危等级：VU A2c；B1ab（i，iii）
国家保护：Ⅱ级
资源利用：药用（中草药）；原料（染料，精油，木材，工业用油）；环境利用（观赏）

川黄檗
Phellodendron chinense C. K. Schneid.
国家保护：Ⅱ级

川黄檗（原变种）
Phellodendron chinense var. **chinense**
习　　性：乔木
海　　拔：800~3000 m
分　　布：安徽、河南、湖北、湖南、四川、云南
濒危等级：LC

秃叶黄檗
Phellodendron chinense var. **glabriusculum** C. K. Schneid.
- 习　　性：乔木
- 海　　拔：800~3000 m
- 分　　布：福建、甘肃、广东、广西、贵州、湖北、湖南、江苏、陕西、四川、云南、浙江
- 濒危等级：LC

黄皮树
Phellodendron sinii Y. C. Wu
- 习　　性：落叶乔木
- 分　　布：贵州
- 濒危等级：LC

裸芸香属 Psilopeganum Hemsl.

裸芸香
Psilopeganum sinense Hemsl.
- 习　　性：多年生草本
- 海　　拔：约800 m
- 分　　布：贵州、湖北、四川
- 濒危等级：EN A2cd
- 资源利用：药用（中草药）；原料（香料）

榆橘属 Ptelea L.

榆橘
Ptelea trifoliata L.
- 习　　性：灌木或乔木
- 国内分布：北京、辽宁
- 国外分布：原产美国
- 资源利用：药用（中草药）

芸香属 Ruta L.

芸香
Ruta graveolens L.
- 习　　性：多年生草本
- 国内分布：全国各地分布
- 国外分布：原产地中海沿岸
- 资源利用：药用（中草药）；原料（精油）；环境利用（观赏）

茵芋属 Skimmia Thunb.

乔木茵芋
Skimmia arborescens T. Anderson ex Gamble
- 习　　性：乔木
- 海　　拔：1000~2800 m
- 国内分布：广东、广西、贵州、四川、西藏、云南
- 国外分布：不丹、老挝、缅甸、尼泊尔、泰国、印度、越南
- 濒危等级：LC

阿里山茵芋
Skimmia japonica(Hayata)T. Yamaz.
- 习　　性：灌木
- 分　　布：台湾
- 濒危等级：LC

月桂茵芋
Skimmia laureola(DC.)Siebold et Zucc. ex Walp.
- 习　　性：灌木
- 海　　拔：2800 m以下
- 国内分布：西藏
- 国外分布：不丹、缅甸、尼泊尔、印度
- 濒危等级：NT A2c；B1ab（i，iii）

黑果茵芋
Skimmia melanocarpa Rehder et E. H. Wilson
- 习　　性：灌木
- 海　　拔：2000~3000 m
- 分　　布：甘肃、湖北、陕西、四川、西藏、云南
- 濒危等级：LC

多脉茵芋
Skimmia multinervia C. C. Huang
- 习　　性：乔木
- 海　　拔：约2000 m
- 国内分布：四川、云南
- 国外分布：不丹、缅甸、尼泊尔、印度、越南
- 濒危等级：LC

茵芋
Skimmia reevesiana(Fortune)Fortune
- 习　　性：灌木
- 海　　拔：1200~2600 m
- 国内分布：安徽、福建、广东、广西、贵州、海南、河南、湖北、湖南、江西、四川、台湾、云南、浙江
- 国外分布：菲律宾、缅甸、越南
- 濒危等级：LC
- 资源利用：药用（中草药）；环境利用（观赏）

吴茱萸属 Tetradium Loureiro

华南吴萸
Tetradium austrosinense(Hand-Mazz.)T. G. Hartley
- 习　　性：乔木
- 海　　拔：300~1500 m
- 国内分布：广东、广西、云南
- 国外分布：越南
- 濒危等级：LC

石山吴萸
Tetradium calcicola(Chun ex C. C. Huang)T. G. Hartley
- 习　　性：灌木或乔木
- 海　　拔：600~800 m
- 分　　布：广西、贵州、云南
- 濒危等级：LC

臭檀吴萸
Tetradium daniellii(Benn.)Hemsl.
- 习　　性：灌木或乔木
- 海　　拔：海平面至3200 m
- 国内分布：安徽、甘肃、贵州、河北、河南、湖北、江苏、辽宁、宁夏、青海、山东、山西、陕西、四川、西藏、云南
- 国外分布：朝鲜
- 濒危等级：LC

无腺吴萸
Tetradium fraxinifolium (Hook. f.) T. G. Hartley
习　　性：乔木
海　　拔：700~3000 m
国内分布：西藏、云南
国外分布：不丹、缅甸、尼泊尔、泰国、印度、越南
濒危等级：LC

楝叶吴萸
Tetradium glabrifolium (Champ. ex Benth.) T. G. Hartley
习　　性：灌木或乔木
海　　拔：海平面至1200 m
国内分布：安徽、福建、广东、广西、贵州、海南、河南、湖北、湖南、江西、陕西、四川、台湾、云南、浙江
国外分布：不丹、菲律宾、马来西亚、缅甸、日本、泰国、印度、印度尼西亚、越南
濒危等级：LC
资源利用：药用（中草药）；原料（纤维，木材）；基因源（抗旱，抗风）；动物饲料（饲料）

吴茱萸
Tetradium ruticarpum (A. Juss.) T. G. Hartley
习　　性：灌木或乔木
海　　拔：100~3000 m
国内分布：安徽、福建、甘肃、广东、广西、贵州、海南、河北、河南、湖北、湖南、江苏、江西、陕西、四川、台湾、云南、浙江
国外分布：不丹、缅甸、尼泊尔、日本、印度
濒危等级：LC
资源利用：药用（中草药）；原料（精油）

牛科吴萸
Tetradium trichotomum Lour.
习　　性：灌木或乔木
海　　拔：300~1900 m
国内分布：广东、广西、贵州、海南、湖北、陕西、四川、西藏、云南
国外分布：不丹、老挝、泰国、越南
濒危等级：LC

飞龙掌血属 Toddalia Juss.

飞龙掌血
Toddalia asiatica (L.) Lam.
习　　性：灌木或木质藤本
海　　拔：海平面至2000 m
国内分布：福建、甘肃、广东、广西、贵州、海南、河南、湖北、湖南、陕西、四川、台湾、西藏、云南
国外分布：不丹、菲律宾、老挝、马达加斯加、马来西亚、孟加拉国、缅甸、尼泊尔、日本、斯里兰卡、泰国、印度、印度尼西亚、越南
濒危等级：LC
资源利用：药用（中草药）

花椒属 Zanthoxylum L.

刺花椒
Zanthoxylum acanthopodium DC.
习　　性：灌木
海　　拔：1400~3200 m
国内分布：广西、贵州、四川、西藏、云南
国外分布：不丹、老挝、马来西亚、孟加拉国、缅甸、尼泊尔、泰国、印度、印度尼西亚、越南
濒危等级：LC
资源利用：食品（水果）

椿叶花椒
Zanthoxylum ailanthoides Siebold et Zucc.

椿叶花椒（原变种）
Zanthoxylum ailanthoides var. **ailanthoides**
习　　性：乔木
海　　拔：300~1500 m
国内分布：福建、广东、广西、贵州、江西、四川、台湾、云南、浙江
国外分布：朝鲜、菲律宾、韩国、日本
濒危等级：LC
资源利用：药用（中草药）；原料（精油）

毛椿叶花椒
Zanthoxylum ailanthoides var. **pubescens** Hatus.
习　　性：乔木
分　　布：台湾
濒危等级：LC

竹叶花椒
Zanthoxylum armatum DC.

竹叶花椒（原变种）
Zanthoxylum armatum var. **armatum**
习　　性：落叶乔木
海　　拔：3100 m 以下
国内分布：安徽、福建、甘肃、广东、广西、贵州、河南、湖北、湖南、江苏、江西、山东、山西、陕西、四川、台湾、西藏、云南、浙江
国外分布：巴基斯坦、不丹、菲律宾、韩国、克什米尔地区、老挝、孟加拉国、缅甸、尼泊尔、日本、泰国、印度、印度尼西亚、越南
濒危等级：LC
资源利用：药用（中草药）；原料（精油）；食品添加剂（调味剂）

毛竹叶花椒
Zanthoxylum armatum var. **ferrugineum** (Rehder et E. H. Wilson) C. C. Huang
习　　性：落叶乔木
分　　布：广东、广西、贵州、湖南、四川、云南
濒危等级：LC

岭南花椒
Zanthoxylum austrosinense C. C. Huang

岭南花椒（原变种）
Zanthoxylum austrosinense var. **austrosinense**
习　　性：灌木或乔木
海　　拔：300~1700 m
分　　布：安徽、福建、广东、广西、湖北、湖南、江西、浙江
濒危等级：LC

资源利用：药用（中草药）

毛叶岭南花椒
Zanthoxylum austrosinense var. **pubescens** C. C. Huang
- 习　　性：灌木或乔木
- 海　　拔：约 1700 m
- 分　　布：湖南
- 濒危等级：NT D1

簕欓花椒
Zanthoxylum avicennae(Lam.) DC.
- 习　　性：乔木
- 海　　拔：400~700 m
- 国内分布：福建、广东、广西、海南、云南
- 国外分布：菲律宾、马来西亚、泰国、印度、印度尼西亚、越南
- 濒危等级：LC
- 资源利用：药用（中草药）；原料（木材，精油）

花椒
Zanthoxylum bungeanum Maxim.

花椒（原变种）
Zanthoxylum bungeanum var. **bungeanum**
- 习　　性：落叶乔木
- 海　　拔：3200 m 以下
- 国内分布：安徽、福建、甘肃、广东、广西、贵州、海南、河北、河南、湖北、湖南、江苏、江西、辽宁、宁夏、青海、山东、山西、陕西、四川、台湾、西藏、新疆、云南、浙江
- 国外分布：澳大利亚、巴布亚新几内亚、不丹、菲律宾、马来西亚、缅甸、尼泊尔、日本、泰国、印度、印度尼西亚、越南
- 濒危等级：LC
- 资源利用：药用（中草药）；原料（木材，精油）；食品添加剂（调味剂）；环境利用（观赏）；食用（蔬菜）

毛叶花椒
Zanthoxylum bungeanum var. **pubescens** C. C. Huang
- 习　　性：落叶乔木
- 海　　拔：1700~3200 m
- 分　　布：甘肃、青海、陕西、四川、云南
- 濒危等级：LC

油叶花椒
Zanthoxylum bungeanum var. **punctatum** C. C. Huang
- 习　　性：落叶乔木
- 海　　拔：2000~2500 m
- 分　　布：四川
- 濒危等级：LC

石山花椒
Zanthoxylum calcicola C. C. Huang
- 习　　性：灌木或木质藤本
- 海　　拔：500~1600 m
- 分　　布：广西、贵州、云南
- 濒危等级：NT B1ab（i，iii）

糙叶花椒
Zanthoxylum collinsiae Craib
- 习　　性：攀援藤本
- 海　　拔：500~1000 m
- 国内分布：广西、贵州、云南
- 国外分布：老挝、泰国、越南
- 濒危等级：LC

异叶花椒
Zanthoxylum dimorphophyllum Hemsl.

异叶花椒（原变种）
Zanthoxylum dimorphophyllum var. **dimorphophyllum**
- 习　　性：乔木
- 海　　拔：300~2400 m
- 国内分布：甘肃、广东、广西、贵州、海南、河南、湖北、湖南、陕西、四川、台湾、云南
- 国外分布：泰国、越南
- 濒危等级：LC
- 资源利用：药用（中草药）

多异叶花椒
Zanthoxylum dimorphophyllum var. **multifoliolatum** C. C. Huang
- 习　　性：乔木
- 分　　布：云南
- 濒危等级：LC

刺异叶花椒
Zanthoxylum dimorphophyllum var. **spinifolium** Rehder et E. H. Wilson
- 习　　性：乔木
- 海　　拔：400~2100 m
- 分　　布：贵州、河南、湖北、湖南、陕西、四川
- 濒危等级：LC
- 资源利用：药用（中草药）

砚壳花椒
Zanthoxylum dissitum Hemsl.

砚壳花椒（原变种）
Zanthoxylum dissitum var. **dissitum**
- 习　　性：攀援藤本
- 海　　拔：300~2600 m
- 分　　布：甘肃、广东、广西、贵州、海南、湖北、湖南、陕西、四川、云南
- 濒危等级：LC
- 资源利用：药用（中草药）

针边砚壳花椒
Zanthoxylum dissitum var. **acutiserratum** C. C. Huang
- 习　　性：攀援藤本
- 海　　拔：约 2400 m
- 分　　布：四川
- 濒危等级：LC

刺砚壳花椒
Zanthoxylum dissitum var. **hispidum**（Reeder et S. Y. Cheo）C. C. Huang
- 习　　性：攀援藤本
- 海　　拔：1500~1800 m
- 分　　布：四川、云南
- 濒危等级：NT D2

长叶砚壳花椒
Zanthoxylum dissitum var. **lanciforme** C. C. Huang
　　习　　性：攀援藤本
　　海　　拔：约 1000 m
　　分　　布：广西、贵州
　　濒危等级：NT D2

刺壳花椒
Zanthoxylum echinocarpum Hemsl.

刺壳花椒（原变种）
Zanthoxylum echinocarpum var. **echinocarpum**
　　习　　性：攀援藤本
　　海　　拔：200 ~ 1800 m
　　分　　布：广东、广西、贵州、湖北、湖南、四川、云南
　　濒危等级：LC
　　资源利用：药用（中草药）

毛刺壳花椒
Zanthoxylum echinocarpum var. **tomentosum** C. C. Huang
　　习　　性：攀援藤本
　　海　　拔：300 ~ 1800 m
　　分　　布：广西、贵州、云南
　　濒危等级：VU A2c

贵州花椒
Zanthoxylum esquirolii H. Lév.
　　习　　性：灌木或小乔木
　　海　　拔：700 ~ 3200 m
　　国内分布：贵州、四川、西藏、云南
　　国外分布：不丹、缅甸、尼泊尔、印度
　　濒危等级：LC

密果花椒
Zanthoxylum glomeratum C. C. Huang
　　习　　性：灌木
　　海　　拔：约 1500 m
　　分　　布：广西、贵州
　　濒危等级：LC

兰屿花椒
Zanthoxylum integrifolium(Merr.) Merr.
　　习　　性：乔木
　　海　　拔：海平面至 50 m
　　国内分布：台湾
　　国外分布：菲律宾
　　濒危等级：VU B1ab（v）+2ab（v）；C2a
　　资源利用：原料（纤维）

云南花椒
Zanthoxylum khasianum Hook. f.
　　习　　性：灌木或乔木
　　海　　拔：1500 ~ 2500 m
　　国内分布：云南
　　国外分布：印度
　　濒危等级：LC

广西花椒
Zanthoxylum kwangsiense(Hand. -Mazz.)Chun ex C. C. Huang
　　习　　性：攀援草本
　　海　　拔：600 ~ 700 m
　　分　　布：重庆、广西、贵州
　　濒危等级：LC

拟蚬壳花椒
Zanthoxylum laetum Drake
　　习　　性：攀援藤本
　　海　　拔：500 ~ 1300 m
　　国内分布：广东、广西、海南、云南
　　国外分布：越南
　　濒危等级：LC
　　资源利用：药用（中草药）

雷波花椒
Zanthoxylum leiboicum C. C. Huang
　　习　　性：灌木
　　海　　拔：400 ~ 1500 m
　　分　　布：四川
　　濒危等级：VU B1ab（iii）；D1

荔波花椒
Zanthoxylum liboense C. C. Huang
　　习　　性：灌木或木质藤本
　　海　　拔：700 ~ 800 m
　　分　　布：贵州
　　濒危等级：VU A2ce；D2

大花花椒
Zanthoxylum macranthum(Hand. -Mazz.)C. C. Huang
　　习　　性：攀援藤本
　　海　　拔：500 ~ 3100 m
　　分　　布：重庆、贵州、河南、湖北、湖南、四川、西藏、云南
　　濒危等级：NT B2ab（iii）；D

小花花椒
Zanthoxylum micranthum Hemsl.
　　习　　性：乔木
　　海　　拔：300 ~ 1200 m
　　分　　布：贵州、河南、湖北、湖南、四川、云南
　　濒危等级：LC

朵花椒
Zanthoxylum molle Rehder
　　习　　性：乔木
　　海　　拔：100 ~ 900 m
　　分　　布：安徽、贵州、河南、湖南、江西、云南、浙江
　　濒危等级：VU A2c；B1ab（iii）
　　资源利用：原料（木材，精油）

墨脱花椒
Zanthoxylum motuoense C. C. Huang
　　习　　性：落叶小乔木
　　海　　拔：约 1100 m
　　分　　布：西藏
　　濒危等级：LC

多叶花椒
Zanthoxylum multijugum Franch.
　　习　　性：攀援藤本
　　海　　拔：1500 ~ 2200 m
　　分　　布：贵州、云南

濒危等级：LC
资源利用：药用（中草药）

大叶臭花椒
Zanthoxylum myriacanthum Dunn et Tutch.

大叶臭花椒（原变种）
Zanthoxylum myriacanthum var. **myriacanthum**
习　　性：乔木
海　　拔：约1400 m
分　　布：云南
濒危等级：LC
资源利用：食品添加剂（调味剂）

毛大叶臭花椒
Zanthoxylum myriacanthum var. **pubescens**（C. C. Huang）C. C. Huang
习　　性：乔木
分　　布：云南
濒危等级：VU D1

两面针
Zanthoxylum nitidum（Roxb.）DC.

两面针（原变种）
Zanthoxylum nitidum var. **nitidum**
习　　性：灌木
海　　拔：800 m以下
国内分布：福建、广东、广西、贵州、海南、湖南、台湾、云南、浙江
国外分布：澳大利亚、巴布亚新几内亚、菲律宾、马来西亚、缅甸、尼泊尔、日本、泰国、印度、印度尼西亚、越南
濒危等级：LC
资源利用：环境利用（观赏）；药用（中草药）

毛叶两面针
Zanthoxylum nitidum var. **tomentosum** C. C. Huang
习　　性：灌木
分　　布：广西
濒危等级：NT A2C

尖叶花椒
Zanthoxylum oxyphyllum Edgew.
习　　性：灌木或小乔木
海　　拔：1800～2900 m
国内分布：西藏、云南
国外分布：不丹、缅甸、尼泊尔、印度
濒危等级：LC

川陕花椒
Zanthoxylum piasezkii Maxim.
习　　性：灌木或乔木
海　　拔：1700～2500 m
分　　布：甘肃、河南、陕西、四川
濒危等级：LC

微柔毛花椒
Zanthoxylum pilosulum Rehder et E. H. Wilson
习　　性：灌木
海　　拔：2500～3100 m

分　　布：甘肃、陕西、四川、云南
濒危等级：NT B1ab（i，iii）；D2

翼刺花椒
Zanthoxylum pteracanthum Rehder et E. H. Wilson
习　　性：灌木或乔木
海　　拔：约1000 m
分　　布：湖北
濒危等级：EN D

菱叶花椒
Zanthoxylum rhombifoliolatum C. C. Huang
习　　性：灌木
海　　拔：500～1000 m
分　　布：重庆、贵州
濒危等级：NT D1

花椒簕
Zanthoxylum scandens Blume
习　　性：灌木或木质藤本
海　　拔：海平面至1500 m
国内分布：安徽、重庆、福建、广东、广西、贵州、海南、湖北、湖南、江西、四川、台湾、云南、浙江
国外分布：马来西亚、缅甸、日本、印度、印度尼西亚
濒危等级：LC

青花椒
Zanthoxylum schinifolium Siebold et Zucc.
习　　性：灌木
海　　拔：800 m以下
国内分布：安徽、福建、广东、广西、贵州、河北、河南、湖北、湖南、江苏、江西、辽宁、山东、台湾、浙江
国外分布：朝鲜、韩国、日本
濒危等级：LC
资源利用：药用（中草药）

野花椒
Zanthoxylum simulans Hance
习　　性：灌木或小乔木
海　　拔：100～1200 m
分　　布：安徽、福建、甘肃、广东、贵州、河北、河南、湖北、湖南、江苏、江西、青海、山东、陕西、台湾、浙江
濒危等级：LC
资源利用：药用（中草药）

狭叶花椒
Zanthoxylum stenophyllum Hemsl.
习　　性：灌木或小乔木
海　　拔：700～2400 m
分　　布：重庆、甘肃、河南、湖北、陕西、四川、云南
濒危等级：LC

梗花椒
Zanthoxylum stipitatum C. C. Huang
习　　性：灌木或乔木
海　　拔：100～800 m
分　　布：福建、广东、广西、湖南

濒危等级：LC

毡毛花椒
Zanthoxylum tomentellum Hook. f.
- 习　　性：攀援藤本
- 海　　拔：2000~3000 m
- 国内分布：云南
- 国外分布：不丹、缅甸、尼泊尔、印度
- 濒危等级：LC

浪叶花椒
Zanthoxylum undulatifolium Hemsl.
- 习　　性：乔木
- 海　　拔：1600~3200 m
- 分　　布：湖北、陕西、四川
- 濒危等级：NT D1

屏东花椒
Zanthoxylum wutaiense I. S. Chen
- 习　　性：灌木
- 海　　拔：1300~1400 m
- 分　　布：台湾
- 濒危等级：EN B2ab（v）；C2a（i）

西畴花椒
Zanthoxylum xichouense C. C. Huang
- 习　　性：攀援藤本
- 海　　拔：1400~1500 m
- 分　　布：云南
- 濒危等级：NT B1ab（i，iii）

元江花椒
Zanthoxylum yuanjiangense C. C. Huang
- 习　　性：攀援藤本
- 海　　拔：400~600 m
- 分　　布：云南
- 濒危等级：VU A2c

清风藤科 SABIACEAE
（2属：57种）

泡花树属 Meliosma Blume

珂楠树
Meliosma alba(Schltdl.) Walp.
- 习　　性：乔木
- 海　　拔：1000~2500 m
- 国内分布：贵州、湖北、湖南、江西、四川、云南、浙江
- 国外分布：缅甸
- 濒危等级：LC
- 资源利用：原料（木材）

狭叶泡花树
Meliosma angustifolia Merr.
- 习　　性：常绿乔木
- 海　　拔：1500 m 以下
- 国内分布：广东、广西、海南、云南
- 国外分布：越南
- 濒危等级：LC
- 资源利用：原料（木材）

南亚泡花树
Meliosma arnottiana(Wight) Walp.
- 习　　性：常绿乔木
- 海　　拔：500~2000 m
- 国内分布：广西、西藏、云南
- 国外分布：朝鲜半岛、菲律宾、马来西亚、尼泊尔、日本、斯里兰卡、泰国、印度、印度尼西亚、越南
- 濒危等级：LC

双裂泡花树
Meliosma bifida Y. W. Law
- 习　　性：乔木
- 海　　拔：约2000 m
- 分　　布：云南
- 濒危等级：NT B1ab（ii）

紫珠叶泡花树
Meliosma callicarpifolia Hayata
- 习　　性：小乔木
- 海　　拔：约2400 m
- 分　　布：台湾
- 濒危等级：LC

泡花树
Meliosma cuneifolia Franch.

泡花树（原变种）
Meliosma cuneifolia var. **cuneifolia**
- 习　　性：灌木或乔木
- 海　　拔：500~3300 m
- 分　　布：甘肃、贵州、河南、湖北、陕西、四川、西藏、云南
- 濒危等级：LC

光叶泡花树
Meliosma cuneifolia var. **glabriuscula** Cufod.
- 习　　性：灌木或乔木
- 海　　拔：600~2000 m
- 分　　布：安徽、甘肃、贵州、河南、湖北、湖南、陕西、四川、西藏、云南
- 濒危等级：LC

重齿泡花树
Meliosma dilleniifolia(Wall. ex Wight et Arn.) Walp.
- 习　　性：乔木
- 海　　拔：2000~3300 m
- 国内分布：西藏、云南
- 国外分布：不丹、缅甸、尼泊尔、印度
- 濒危等级：LC

灌丛泡花树
Meliosma dumicola W. W. Sm.
- 习　　性：乔木
- 海　　拔：1200~2400 m
- 国内分布：广东、海南、西藏、云南
- 国外分布：泰国、越南
- 濒危等级：LC

垂枝泡花树
Meliosma flexuosa Pamp.
- 习　　性：乔木
- 海　　拔：600~2800 m
- 分　　布：安徽、广东、贵州、湖北、湖南、江苏、江西、陕西、四川、浙江
- 濒危等级：LC

香皮树
Meliosma fordii Hemsl.

香皮树（原变种）
Meliosma fordii var. **fordii**
- 习　　性：乔木
- 海　　拔：1000 m 以下
- 国内分布：福建、广东、广西、贵州、海南、湖南、江西、云南
- 国外分布：柬埔寨、老挝、泰国、越南
- 濒危等级：LC
- 资源利用：药用（中草药）

辛氏泡花树
Meliosma fordii var. **sinii** (Diels) Law
- 习　　性：乔木
- 海　　拔：约 1000 m
- 分　　布：广东、广西、贵州
- 濒危等级：LC

腺毛泡花树
Meliosma glandulosa Cufod.
- 习　　性：常绿乔木
- 海　　拔：400~1400 m
- 分　　布：广东、广西、贵州
- 濒危等级：LC

贵州泡花树
Meliosma henryi Diels
- 习　　性：乔木
- 海　　拔：700~1400 m
- 分　　布：广西、贵州、湖北、四川、云南
- 濒危等级：LC

山青木
Meliosma kirkii Hemsl. et E. H. Wilson
- 习　　性：乔木
- 海　　拔：900~2000 m
- 分　　布：四川、云南
- 濒危等级：LC
- 资源利用：原料（单宁，树脂）

华南泡花树
Meliosma laui Merr.
- 习　　性：乔木
- 海　　拔：600~800 m
- 国内分布：广东、广西、海南、云南
- 国外分布：越南
- 濒危等级：LC

疏枝泡花树
Meliosma longipes Merr.
- 习　　性：灌木或小乔木
- 海　　拔：1200 m 以下
- 国内分布：广东、广西、云南
- 国外分布：越南
- 濒危等级：LC

多花泡花树
Meliosma myriantha Siebold et Zucc.

多花泡花树（原变种）
Meliosma myriantha var. **myriantha**
- 习　　性：乔木
- 海　　拔：600 m 以下
- 国内分布：安徽、福建、广东、广西、贵州、河南、湖北、湖南、江苏、江西、山东、陕西、四川、浙江
- 国外分布：朝鲜半岛南部、日本
- 濒危等级：LC
- 资源利用：环境利用（观赏）

异色泡花树
Meliosma myriantha var. **discolor** Dunn
- 习　　性：乔木
- 海　　拔：200~2000 m
- 分　　布：安徽、福建、广东、广西、贵州、湖北、湖南、江西、浙江
- 濒危等级：LC

柔毛泡花树
Meliosma myriantha var. **pilosa** (Lecomte) Law
- 习　　性：乔木
- 海　　拔：100~2000 m
- 分　　布：安徽、福建、贵州、湖北、湖南、江苏、江西、陕西、四川、浙江
- 濒危等级：LC

红柴枝
Meliosma oldhamii Miq. ex Maxim.

红柴枝（原变种）
Meliosma oldhamii var. **oldhamii**
- 习　　性：乔木
- 海　　拔：300~1300 m
- 国内分布：安徽、福建、广东、广西、贵州、河南、湖北、湖南、江苏、江西、陕西、云南、浙江
- 国外分布：朝鲜半岛南部、日本
- 濒危等级：LC
- 资源利用：原料（木材）；环境利用（观赏）

有腺泡花树
Meliosma oldhamii var. **glandulifera** Cufod.
- 习　　性：乔木
- 海　　拔：1200~1900 m
- 分　　布：安徽、广西、湖南、江西
- 濒危等级：LC

细花泡花树
Meliosma parviflora Lecomte
- 习　　性：灌木或小乔木
- 海　　拔：100~1200 m
- 分　　布：河南、湖北、江苏、四川、西藏、浙江
- 濒危等级：LC
- 资源利用：原料（木材）；环境利用（观赏）

狭序泡花树
Meliosma paupera Hand.-Mazz.
习　　性：乔木
海　　拔：200~1500 m
国内分布：广东、广西、贵州、江西、云南
国外分布：越南
濒危等级：LC

羽叶泡花树
Meliosma pinnata(Roxb.)Maxim.
习　　性：乔木
海　　拔：1000~1500 m
国内分布：西藏
国外分布：不丹、孟加拉国、缅甸、印度
濒危等级：LC

漆叶泡花树
Meliosma rhoifolia Maxim.

漆叶泡花树（原变种）
Meliosma rhoifolia var. **rhoifolia**
习　　性：常绿乔木
海　　拔：1800 m以下
国内分布：台湾
国外分布：日本
濒危等级：LC
资源利用：动物饲料（饲料）；食品（蔬菜）

腋毛泡花树
Meliosma rhoifolia var. **barbulata**(Cufod.)Y.W.Law
习　　性：常绿乔木
海　　拔：400~1100 m
分　　布：福建、广东、广西、贵州、湖南、江西、浙江
濒危等级：LC
资源利用：原料（香料，工业用油）

笔罗子
Meliosma rigida Siebold et Zucc.

笔罗子（原变种）
Meliosma rigida var. **rigida**
习　　性：乔木
海　　拔：1500 m以下
国内分布：福建、广东、广西、贵州、河南、湖北、湖南、江西、台湾、云南、浙江
国外分布：菲律宾、老挝、日本、越南
濒危等级：LC
资源利用：原料（单宁，木材，工业用油，树脂）

毡毛泡花树
Meliosma rigida var. **pannosa**(Hand.-Mazz.)Y.W.Law
习　　性：乔木
海　　拔：800 m以下
分　　布：福建、广东、广西、贵州、湖北、湖南、江西、浙江
濒危等级：LC

单叶泡花树
Meliosma simplicifolia(Roxb.)Walp.
习　　性：乔木
海　　拔：1200~2000 m
国内分布：西藏、云南
国外分布：不丹、老挝、孟加拉国、缅甸、尼泊尔、斯里兰卡、泰国、印度
濒危等级：LC

樟叶泡花树
Meliosma squamulata Hance
习　　性：乔木
海　　拔：1800 m以下
国内分布：福建、广东、广西、贵州、海南、湖南、江西、台湾、云南、浙江
国外分布：日本
濒危等级：LC
资源利用：原料（木材）

西南泡花树
Meliosma thomsonii King ex Brandis
习　　性：乔木
海　　拔：1000~2000 m
国内分布：贵州、四川、西藏、云南
国外分布：缅甸、尼泊尔、印度
濒危等级：LC

山楂叶泡花树
Meliosma thorelii Lecomte
习　　性：乔木
海　　拔：200~1000 m
国内分布：福建、广东、广西、贵州、海南、四川、云南
国外分布：老挝、印度、越南
濒危等级：LC
资源利用：原料（香料，工业用油，精油）

毛泡花树
Meliosma velutina Rehder et E.H.Wilson
习　　性：乔木
海　　拔：500~1500 m
国内分布：广东、广西、云南
国外分布：越南
濒危等级：LC

云南泡花树
Meliosma yunnanensis Franch.
习　　性：乔木
海　　拔：1000~3000 m
国内分布：贵州、四川、西藏、云南
国外分布：不丹、缅甸、尼泊尔、印度
濒危等级：LC

清风藤属 Sabia Colebr.

钟花清风藤
Sabia campanulata Wall.

钟花清风藤（原亚种）
Sabia campanulata subsp. **campanulata**
习　　性：攀援藤本
海　　拔：2200~2800 m
国内分布：西藏、云南
国外分布：不丹、尼泊尔、印度
濒危等级：LC

清风藤科 SABIACEAE

龙陵清风藤
Sabia campanulata subsp. **metcalfiana** (L. Chen) Y. F. Wu
- 习　　性：攀援藤本
- 海　　拔：2200~2400 m
- 分　　布：云南
- 濒危等级：DD

鄂西清风藤
Sabia campanulata subsp. **ritchieae** (Rehder et E. H. Wilson) Y. F. Wu
- 习　　性：攀援藤本
- 海　　拔：500~1200 m
- 分　　布：安徽、福建、甘肃、广东、贵州、湖北、湖南、江苏、江西、陕西、四川、浙江
- 濒危等级：LC

革叶清风藤
Sabia coriacea Rehder et E. H. Wilson
- 习　　性：常绿攀援木质藤本
- 海　　拔：1000 m 以下
- 分　　布：福建、广东、江西
- 濒危等级：LC

平伐清风藤
Sabia dielsii H. Lév.
- 习　　性：攀援藤本
- 海　　拔：800~2000 m
- 分　　布：广西、贵州、云南
- 濒危等级：LC

灰背清风藤
Sabia discolor Dunn
- 习　　性：常绿攀援木质藤本
- 海　　拔：1000 m 以下
- 分　　布：福建、广东、广西、贵州、江西、浙江
- 濒危等级：LC

凹萼清风藤
Sabia emarginata Lecomte
- 习　　性：攀援藤本
- 海　　拔：400~1500 m
- 分　　布：广西、贵州、湖北、湖南、四川
- 濒危等级：LC

簇花清风藤
Sabia fasciculata Lecomte ex L. Chen
- 习　　性：常绿攀援木质藤本
- 海　　拔：600~1900 m
- 国内分布：福建、广东、广西、云南
- 国外分布：缅甸、越南
- 濒危等级：LC

清风藤
Sabia japonica Maxim.

清风藤（原变种）
Sabia japonica var. **japonica**
- 习　　性：攀援藤本
- 海　　拔：0~800 m
- 国内分布：安徽、福建、广东、广西、贵州、河南、湖北、江苏、江西、浙江
- 国外分布：日本
- 濒危等级：LC
- 资源利用：药用（中草药）

中华清风藤
Sabia japonica var. **sinensis** (Stapf ex Koidz) L. Chen
- 习　　性：攀援藤本
- 海　　拔：约 500 m
- 分　　布：福建、广东、江西
- 濒危等级：LC

披针清风藤
Sabia lanceolata Colebr.
- 习　　性：攀援藤本
- 海　　拔：700~1100 m
- 国内分布：西藏
- 国外分布：不丹、孟加拉国、缅甸、印度
- 濒危等级：LC

柠檬清风藤
Sabia limoniacea Wall. ex Hook. f. et Thomson
- 习　　性：常绿攀援木质藤本
- 海　　拔：800~1300 m
- 国内分布：福建、广东、海南、四川、云南
- 国外分布：马来西亚、孟加拉国、缅甸、泰国、印度、印度尼西亚
- 濒危等级：LC

长脉清风藤
Sabia nervosa Chun ex Y. F. Wu
- 习　　性：常绿攀援木质藤本
- 海　　拔：900 m 以下
- 分　　布：广东、广西
- 濒危等级：LC

锥序清风藤
Sabia paniculata Edgew. ex Hook. f. et Thomson
- 习　　性：常绿攀援木质藤本
- 海　　拔：1000 m 以下
- 国内分布：云南
- 国外分布：不丹、孟加拉国、缅甸、尼泊尔、泰国、印度
- 濒危等级：VU A2cde；B1ab（i, iii）；C1

小花清风藤
Sabia parviflora Wall. ex Roxb.
- 习　　性：常绿木质藤本
- 海　　拔：800~2800 m
- 国内分布：广西、贵州、四川、云南
- 国外分布：菲律宾、缅甸、尼泊尔、泰国、印度、印度尼西亚、越南
- 濒危等级：LC

灌丛清风藤
Sabia purpurea (W. W. Sm.) Water
- 习　　性：攀援藤本
- 海　　拔：1700~2700 m
- 分　　布：云南
- 濒危等级：LC

四川清风藤
Sabia schumanniana Diels

四川清风藤（原亚种）
Sabia schumanniana subsp. **schumanniana**
- 习　　性：攀援藤本
- 海　　拔：600～2600 m
- 分　　布：重庆、贵州、湖北、陕西、云南
- 濒危等级：LC
- 资源利用：药用（中草药）；原料（单宁）

多花清风藤
Sabia schumanniana subsp. **pluriflora**(Rehder et E. H. Wilson) Y. F. Wu
- 习　　性：攀援藤本
- 海　　拔：600～2600 m
- 分　　布：贵州、湖北、四川、云南
- 濒危等级：LC

尖叶清风藤
Sabia swinhoei Hemsl.
- 习　　性：常绿攀援木质藤本
- 海　　拔：300～2300 m
- 国内分布：福建、广东、广西、贵州、海南、湖北、湖南、江苏、江西、四川、台湾、云南、浙江
- 国外分布：越南
- 濒危等级：LC

阿里山清风藤
Sabia transarisanensis Hayata
- 习　　性：攀援藤本
- 海　　拔：1500～3300 m
- 分　　布：台湾
- 濒危等级：LC

云南清风藤
Sabia yunnanensis Franch.

云南清风藤（原亚种）
Sabia yunnanensis subsp. **yunnanensis**
- 习　　性：攀援藤本
- 海　　拔：2000～3600 m
- 国内分布：河南、湖北、四川、西藏、云南
- 国外分布：不丹、尼泊尔
- 濒危等级：LC

阔叶清风藤
Sabia yunnanensis subsp. **latifolia**(Rehder et E. H. Wilson) Y. F. Wu
- 习　　性：攀援藤本
- 海　　拔：1400～2600 m
- 分　　布：安徽、贵州、河南、江西、四川、云南
- 濒危等级：LC
- 资源利用：原料（纤维）

杨柳科 SALICACEAE
（15 属：506 种）

菲柞属 Ahernia Merr.

菲柞
Ahernia glandulosa Merr.
- 习　　性：常绿乔木
- 海　　拔：约 600 m
- 国内分布：海南
- 国外分布：菲律宾、马来西亚
- 濒危等级：DD

山桂花属 Bennettiodendron Merr.

山桂花
Bennettiodendron leprosipes(Clos)Merr.
- 习　　性：灌木或小乔木
- 海　　拔：400～1800 m
- 国内分布：广东、广西、贵州、海南、湖南、江西、云南
- 国外分布：马来西亚、孟加拉国、缅甸、泰国、印度、印度尼西亚
- 濒危等级：LC

山羊角树属 Carrierea Franch.

山羊角树
Carrierea calycina Franch.
- 习　　性：乔木
- 海　　拔：1300～1600 m
- 分　　布：广西、贵州、湖北、湖南、四川、云南
- 濒危等级：LC
- 资源利用：原料（木材，工业用油）；环境利用（观赏）

贵州嘉丽树
Carrierea dunniana H. Lév.
- 习　　性：乔木
- 海　　拔：1500～1700 m
- 国内分布：广东、广西、贵州、云南
- 国外分布：越南
- 濒危等级：LC
- 资源利用：原料（木材，工业用油）

脚骨脆属 Casearia Jacq.

云南脚骨脆
Casearia flexuosa Craib
- 习　　性：灌木或小乔木
- 海　　拔：100～700 m
- 国内分布：广西、云南
- 国外分布：老挝、泰国、越南
- 濒危等级：LC

球花脚骨脆
Casearia glomerata Roxb. ex DC.
- 习　　性：灌木或小乔木
- 海　　拔：约 400 m
- 国内分布：福建、广东、广西、海南、台湾、西藏、云南
- 国外分布：不丹、尼泊尔、印度、越南
- 濒危等级：LC

香味脚骨脆
Casearia graveolens Dalzell
- 习　　性：乔木
- 海　　拔：500～1800 m
- 国内分布：云南
- 国外分布：巴基斯坦、不丹、柬埔寨、老挝、孟加拉国、缅

甸、尼泊尔、泰国、印度、越南
濒危等级：LC

印度脚骨脆
Casearia kurzii C. B. Clarke

印度脚骨脆（原变种）
Casearia kurzii var. **kurzii**
习　　性：乔木
海　　拔：500~1500 m
国内分布：云南
国外分布：缅甸、印度
濒危等级：NT C1

细柄脚骨脆
Casearia kurzii var. **gracilis** S. Y. Bao
习　　性：乔木
海　　拔：1300~1500 m
分　　布：云南
濒危等级：NT D

膜叶脚骨脆
Casearia membranacea Hance
习　　性：灌木或小乔木
海　　拔：100~1600 m
国内分布：广东、广西、海南、台湾、云南
国外分布：越南
濒危等级：LC
资源利用：原料（木材）

石生脚骨脆
Casearia tardieuae Lescot et Sleumer
习　　性：乔木
海　　拔：1000~1600 m
国内分布：广西、云南
国外分布：越南
濒危等级：VU D1

毛叶脚骨脆
Casearia velutina Blume
习　　性：灌木或小乔木
海　　拔：100~1800 m
国内分布：福建、广东、广西、贵州、海南、云南
国外分布：老挝、马来西亚、泰国、印度尼西亚、越南
濒危等级：LC

锡兰莓属 Dovyalis E. Mey ex Arn.

锡兰莓
Dovyalis hebecarpa（Gardner）Warb.
习　　性：常绿小乔木
国内分布：福建、广东、台湾
国外分布：原产斯里兰卡、印度
资源利用：食品（水果）

刺篱木属 Flacourtia Comm. ex L'Hér.

刺篱木
Flacourtia indica（Burm. f.）Merr.
习　　性：灌木或小乔木
海　　拔：海平面至1400 m
国内分布：福建、广东、广西、海南
国外分布：非洲、太平洋岛屿、中东地区
濒危等级：LC
资源利用：原料（木材）；食品（水果）

云南刺篱木
Flacourtia jangomas（Lour.）Raeusch.
习　　性：落叶小乔木或大灌木
海　　拔：700~800 m
国内分布：广西、海南、云南
国外分布：老挝、马来西亚、泰国、越南
濒危等级：LC

毛叶刺篱木
Flacourtia mollis Hook. f. et Thomson
习　　性：灌木或小乔木
海　　拔：1000~1700 m
国内分布：云南
国外分布：缅甸、印度
濒危等级：LC

大果刺篱木
Flacourtia ramontchi L'Hér.
习　　性：乔木
海　　拔：200~1700 m
国内分布：广西、贵州、云南
国外分布：菲律宾、马来西亚、斯里兰卡、印度、越南
濒危等级：LC
资源利用：原料（木材）；食品（水果）

大叶刺篱木
Flacourtia rukam Zoll. et Moritzi.
习　　性：乔木
海　　拔：2000 m 以下
国内分布：广东、广西、海南、台湾、云南
国外分布：马来西亚、泰国、印度、印度尼西亚、越南
濒危等级：LC
资源利用：原料（木材）

陀螺果刺篱木
Flacourtia turbinata H. J. Dong et H. Peng
习　　性：蔓生灌木
分　　布：云南
濒危等级：LC

天料木属 Homalium Jacq.

短穗天料木
Homalium breviracemosum F. C. How et W. C. Ko
习　　性：灌木
分　　布：广东、广西
濒危等级：LC

斯里兰卡天料木
Homalium ceylanicum（Gardner）Benth.
习　　性：乔木
海　　拔：400~1200 m
国内分布：福建、广东、广西、海南、湖南、江西、西藏、云南
国外分布：老挝、孟加拉国、缅甸、尼泊尔、斯里兰卡、泰

国、印度、越南
  濒危等级：VU A2c
  资源利用：原料（木材）

天料木
Homalium cochinchinense (Lour.) Druce
  习 性：灌木或小乔木
  海 拔：400～1200 m
  国内分布：福建、广东、广西、海南、湖南、江西、台湾
  国外分布：越南
  濒危等级：LC
  资源利用：原料（木材）

阔瓣天料木
Homalium kainantense Masam.
  习 性：乔木
  分 布：广东、广西、海南
  濒危等级：EN D

广西天料木
Homalium kwangsiense F. C. How et W. C. Ko
  习 性：乔木
  分 布：广西
  濒危等级：DD

毛天料木
Homalium mollissimum Merr.
  习 性：灌木或小乔木
  海 拔：300～900 m
  国内分布：海南
  国外分布：越南
  濒危等级：LC
  资源利用：原料（木材）

广南天料木
Homalium paniculiflorum F. C. How et W. C. Ko
  习 性：灌木或小乔木
  海 拔：海平面至100（400）m
  分 布：广东、海南
  濒危等级：LC
  资源利用：原料（木材）

显脉天料木
Homalium phanerophlebium F. C. How et W. C. Ko
  习 性：乔木
  海 拔：600～1300 m
  国内分布：广东、海南
  国外分布：越南
  濒危等级：LC

窄叶天料木
Homalium sabiifolium F. C. How et W. C. Ko
  习 性：灌木
  海 拔：约500 m
  分 布：广西
  濒危等级：EN A2c；B1ab (i, iii)；C1

海南天料木
Homalium stenophyllum Merr. et Chun
  习 性：乔木
  海 拔：500～1000 m
  分 布：海南
  濒危等级：EN A2c；B1ab (i, iii)；C1

山桐子属 Idesia Maxim.

山桐子
Idesia polycarpa Maxim.
  习 性：乔木
  海 拔：400～3000 m
  国内分布：安徽、重庆、福建、甘肃、广东、广西、贵州、河南、湖北、湖南、江苏、江西、山西、陕西、四川、台湾、云南、浙江
  国外分布：朝鲜、日本
  濒危等级：LC
  资源利用：原料（木材）；环境利用（观赏）；蜜源植物

长果山桐子
Idesia polycarpa var. **longicarpa** S. S. Lai
  习 性：乔木
  海 拔：600～1200 m
  分 布：广东、广西、湖南、江西
  濒危等级：LC

毛叶山桐子
Idesia polycarpa var. **vestita** Diels
  习 性：乔木
  海 拔：900～3000 m
  国内分布：安徽、重庆、北京、福建、甘肃、广西、贵州、河南、湖北、湖南、江苏、江西、山东、陕西、四川、云南、浙江
  国外分布：日本
  濒危等级：LC

栀子皮属 Itoa Hemsl.

栀子皮
Itoa orientalis Hemsl.

栀子皮（原变种）
Itoa orientalis var. **orientalis**
  习 性：乔木
  海 拔：500～1700 m
  国内分布：广西、贵州、海南、四川、云南
  国外分布：越南
  濒危等级：LC
  资源利用：原料（木材）；环境利用（观赏）；蜜源植物

光叶栀子皮
Itoa orientalis var. **glabrescens** C. Y. Wu ex G. S. Fan
  习 性：乔木
  海 拔：500～1700 m
  分 布：广西、贵州、云南
  濒危等级：CR A2c；B1ab (i, iii)；C1

鼻烟盒树属 Oncoba Forssk.

鼻烟盒树
Oncoba spinosa Forssk.
  习 性：常绿乔木
  国内分布：云南栽培

国外分布：原产非洲至阿拉伯半岛

山拐枣属 Poliothyrsis Oliv.

山拐枣
Poliothyrsis sinensis Oliv.
- 习　　性：乔木
- 海　　拔：400~1500 m
- 分　　布：安徽、福建、甘肃、广东、贵州、河南、湖北、湖南、江苏、江西、陕西、四川、浙江
- 濒危等级：LC
- 资源利用：原料（木材）；蜜源植物

杨属 Populus L.

北京杨
Populus × beijingensis W. Y. Hsu
- 习　　性：乔木
- 海　　拔：500~2700 m
- 分　　布：我国北部栽培
- 资源利用：原料（木材）；基因源（耐寒）；环境利用（绿化）

中东杨
Populus × berolinensis K. Koch
- 习　　性：乔木
- 海　　拔：500~2000 m
- 国内分布：河北、黑龙江、吉林、辽宁
- 国外分布：哈萨克斯坦、吉尔吉斯斯坦、乌兹别克斯坦
- 资源利用：原料（木材）；环境利用（观赏，绿化）

加杨
Populus × canadensis Moench
- 习　　性：乔木
- 分　　布：安徽、甘肃、河北、河南、黑龙江、吉林、江苏、江西、辽宁、内蒙古、山东、山西、陕西、四川、云南、浙江
- 资源利用：原料（染料，木材）；基因源（耐瘠）；环境利用（绿化）

河北杨
Populus × hopeiensis Hu et Chow
- 习　　性：乔木
- 海　　拔：700~1600 m
- 分　　布：甘肃、河北、内蒙古、陕西

响毛杨
Populus × pseudotomentosa C. Wang et S. L. Tung
- 习　　性：乔木
- 分　　布：河南、山东、山西

小黑杨
Populus × xiaohei T. S. Hwang et Liang
- 习　　性：乔木
- 海　　拔：200~1300 m
- 分　　布：甘肃、河北、河南、黑龙江、吉林、辽宁、内蒙古、宁夏、青海、山东、山西、陕西
- 资源利用：原料（木材）；基因源（抗寒，抗旱，耐盐碱）；环境利用（绿化）

二白杨
Populus × xiaohei var. **gansuensis**(C. Wang et H. L. Yang)C. Shang
- 习　　性：乔木
- 分　　布：甘肃、内蒙古
- 资源利用：基因源（抗病虫害）

小钻杨
Populus × xiaohei var. **xiaozhuanica**(W. Y. Hsu et Liang)C. Shang
- 习　　性：乔木
- 分　　布：河南、吉林、江苏、辽宁、内蒙古、山东
- 资源利用：原料（木材）；基因源（耐旱，耐寒，耐盐碱，抗病虫害）；环境利用（绿化）

响叶杨
Populus adenopoda Maxim.

响叶杨（原变种）
Populus adenopoda var. **adenopoda**
- 习　　性：乔木
- 海　　拔：300~2500 m
- 分　　布：安徽、福建、广西、贵州、河南、湖北、湖南、江苏、江西、陕西、四川、云南、浙江
- 濒危等级：LC
- 资源利用：原料（木材，纤维）

大叶响叶杨
Populus adenopoda var. **platyphylla** C. Wang et S. L. Tung
- 习　　性：乔木
- 海　　拔：2500 m
- 分　　布：云南
- 濒危等级：LC

阿富汗杨
Populus afghanica(Aitch. et Hemsl.)C. K. Schneid.

阿富汗杨（原变种）
Populus afghanica var. **afghanica**
- 习　　性：乔木
- 海　　拔：1400~2800 m
- 国内分布：新疆
- 国外分布：阿富汗、巴基斯坦、哈萨克斯坦、吉尔吉斯斯坦、塔吉克斯坦、乌兹别克斯坦
- 濒危等级：LC
- 资源利用：基因源（抗寒，耐盐碱）

喀什阿富汗杨
Populus afghanica var. **tajikistanica**(Kom.)C. Wang et C. Y. Yang
- 习　　性：乔木
- 分　　布：新疆
- 濒危等级：LC

阿拉善杨
Populus alaschanica Kom.
- 习　　性：乔木
- 分　　布：内蒙古
- 濒危等级：DD

银白杨
Populus alba L.

银白杨（原变种）
Populus alba var. **alba**
- 习　　性：乔木
- 海　　拔：100~3800 m

国内分布：原产新疆；甘肃、河北、河南、辽宁、宁夏、青海、山东、山西、陕西栽培
国外分布：北非、欧洲、亚洲西北部
濒危等级：LC
资源利用：原料（单宁，木材，纤维）；基因源（抗风，耐寒）；环境利用（绿化）

光皮银白杨
Populus alba var. **bachofenii**(Wierzb. ex Rochel)Wesm.
习　　性：乔木
国内分布：新疆栽培
国外分布：原产欧洲西南部、亚洲中西部

新疆杨
Populus alba var. **pyramidalis** Bunge
习　　性：乔木
国内分布：甘肃、河北、辽宁、内蒙古、宁夏、山东、山西、陕西、新疆栽培
国外分布：原产欧洲、亚洲中西部
资源利用：原料（木材）；环境利用（绿化）

黑龙江杨
Populus amurensis Kom.
习　　性：乔木
国内分布：黑龙江、内蒙古
国外分布：俄罗斯
濒危等级：DD
资源利用：原料（木材）

欧洲大叶杨
Populus candicans Aiton
习　　性：乔木
海　　拔：400～1700 m
国内分布：新疆栽培
国外分布：北美洲、欧洲、亚洲
资源利用：基因源（抗寒）

银灰杨
Populus canescens(Aiton)Sm.
习　　性：乔木
海　　拔：500～2800 m
国内分布：新疆
国外分布：欧洲、西亚
濒危等级：LC
资源利用：基因源（耐旱，耐瘠）

青杨
Populus cathayana Rehder

青杨（原变种）
Populus cathayana var. **cathayana**
习　　性：乔木
海　　拔：800～3000 m
分　　布：河北、辽宁、内蒙古、山西、陕西、四川
濒危等级：LC
资源利用：原料（木材，纤维）；环境利用（绿化）

宽叶青杨
Populus cathayana var. **latifolia**(C. Wang et C. Y. Yu)C. Wang et S. L. Tung
习　　性：乔木

海　　拔：1600～1800 m
分　　布：甘肃、青海
濒危等级：NT A3

长果柄青杨
Populus cathayana var. **pedicellata** C. Wang et S. L. Tung
习　　性：乔木
海　　拔：约1800 m
分　　布：河北
濒危等级：EN A3c；C1

哈青杨
Populus charbinensis C. Wang et Skvortzov

哈青杨（原变种）
Populus charbinensis var. **charbinensis**
习　　性：乔木
海　　拔：约2340 m
分　　布：黑龙江
濒危等级：LC
资源利用：环境利用（观赏）

厚皮哈青杨
Populus charbinensis var. **pachydermis** C. Wang et S. L. Tung
习　　性：乔木
分　　布：黑龙江、辽宁
濒危等级：LC
资源利用：原料（木材）；基因源（耐旱，抗盐碱，抗病虫害）

缘毛杨
Populus ciliata Wall. ex Royle

缘毛杨（原变种）
Populus ciliata var. **ciliata**
习　　性：乔木
海　　拔：2200～3400 m
国内分布：西藏、云南
国外分布：巴基斯坦、不丹、克什米尔地区、缅甸、尼泊尔、印度
濒危等级：LC
资源利用：原料（纤维，木材）；动物饲料（饲料）

金色缘毛杨
Populus ciliata var. **aurea** C. Marquand et Airy Shaw
习　　性：乔木
海　　拔：约2900 m
分　　布：西藏
濒危等级：LC

吉隆缘毛杨
Populus ciliata var. **gyirongensis** C. Wang et S. L. Tung
习　　性：乔木
海　　拔：约2400 m
分　　布：西藏
濒危等级：LC

维西缘毛杨
Populus ciliata var. **weixi** C. Wang et S. L. Tung
习　　性：乔木
海　　拔：2200～2300 m
分　　布：云南

濒危等级：LC

山杨
Populus davidiana Dode

山杨（原变种）
Populus davidiana var. **davidiana**
- 习　　性：乔木
- 海　　拔：100~3800 m
- 国内分布：安徽、甘肃、广西、贵州、河北、河南、黑龙江、湖北、湖南、吉林、江西、辽宁、内蒙古、宁夏、青海、山西、陕西、四川、西藏、云南
- 国外分布：朝鲜、俄罗斯、蒙古
- 濒危等级：LC
- 资源利用：药用（中草药）；原料（单宁，木材，纤维）；基因源（耐寒，耐旱）；动物饲料（饲料）；环境利用（观赏，绿化）

茸毛山杨
Populus davidiana var. **tomentella**(C. K. Schneid.) Nakai
- 习　　性：乔木
- 海　　拔：2300~3000 m
- 国内分布：甘肃、四川、云南
- 国外分布：朝鲜
- 濒危等级：NT A3

胡杨
Populus euphratica Oliv.
- 习　　性：乔木
- 海　　拔：200~2400 m
- 国内分布：甘肃、内蒙古、青海、新疆
- 国外分布：阿富汗、巴基斯坦、哈萨克斯坦、塔吉克斯坦、土库曼斯坦、乌兹别克斯坦、印度
- 濒危等级：LC
- 资源利用：原料（纤维，木材）；基因源（抗旱，抗盐碱，抗风沙）；环境利用（绿化）

东北杨
Populus girinensis Skvortzov

东北杨（原变种）
Populus girinensis var. **girinensis**
- 习　　性：乔木
- 海　　拔：约300 m
- 分　　布：黑龙江、吉林
- 濒危等级：LC

楔叶东北杨
Populus girinensis var. **ivaschevitchii** Skvortzov
- 习　　性：乔木
- 分　　布：黑龙江、吉林
- 濒危等级：LC

灰背杨
Populus glauca Haines
- 习　　性：乔木
- 海　　拔：2500~3300 m
- 国内分布：四川、西藏、云南
- 国外分布：印度
- 濒危等级：LC

德钦杨
Populus haoana W. C. Cheng et C. Wang

德钦杨（原变种）
Populus haoana var. **haoana**
- 习　　性：乔木
- 海　　拔：2200~3600 m
- 分　　布：云南
- 濒危等级：LC

大果德钦杨
Populus haoana var. **macrocarpa** C. Wang et S. L. Tung
- 习　　性：乔木
- 海　　拔：3000~3300 m
- 分　　布：四川、云南
- 濒危等级：LC

大叶德钦杨
Populus haoana var. **megaphylla** C. Wang et S. L. Tung
- 习　　性：乔木
- 海　　拔：2300~2700 m
- 分　　布：云南
- 濒危等级：LC

小果德钦杨
Populus haoana var. **microcarpa** C. Wang et S. L. Tung
- 习　　性：乔木
- 海　　拔：约3200 m
- 分　　布：云南
- 濒危等级：LC

兴安杨
Populus hsinganica C. Wang et Skvortzov

兴安杨（原变种）
Populus hsinganica var. **hsinganica**
- 习　　性：乔木
- 海　　拔：1500~1890 m
- 分　　布：河北、内蒙古
- 濒危等级：LC

毛轴兴安杨
Populus hsinganica var. **trichorachis** Z. F. Chen
- 习　　性：乔木
- 海　　拔：1400~1500 m
- 分　　布：河北、内蒙古
- 濒危等级：NT A3

伊犁杨
Populus iliensis Drobow
- 习　　性：乔木
- 海　　拔：1000 m 以下
- 分　　布：新疆
- 濒危等级：EN A2c

内蒙杨
Populus intramongolica T. Y. Sun et E. W. Ma
- 习　　性：乔木
- 海　　拔：1400~2000 m
- 分　　布：河北、内蒙古、山西
- 濒危等级：NT A3bd

康定杨
Populus kangdingensis C. Wang et S. L. Tung
 习 性：乔木
 海 拔：约 3500 m
 分 布：四川
 濒危等级：VU A2c

科尔沁杨
Populus keerqinensis T. Y. Sun
 习 性：乔木
 分 布：内蒙古
 濒危等级：LC

香杨
Populus koreana Rehder
 习 性：乔木
 海 拔：400~1600 m
 国内分布：河北、黑龙江、吉林、辽宁、内蒙古
 国外分布：朝鲜、俄罗斯
 濒危等级：LC
 资源利用：原料（木材）

瘦叶杨
Populus lancifolia N. Chao
 习 性：乔木
 海 拔：3100~3200 m
 分 布：四川
 濒危等级：LC

大叶杨
Populus lasiocarpa Oliv.

大叶杨（原变种）
Populus lasiocarpa var. **lasiocarpa**
 习 性：乔木
 海 拔：1300~3500 m
 分 布：贵州、湖北、陕西、四川、云南
 濒危等级：LC
 资源利用：原料（木材，纤维）

长序大叶杨
Populus lasiocarpa var. **longiamenta** P. Y. Mao et P. X. He
 习 性：乔木
 海 拔：1700~1900 m
 分 布：云南
 濒危等级：LC

苦杨
Populus laurifolia Ledeb.
 习 性：乔木
 海 拔：500~1900 m
 国内分布：内蒙古、新疆
 国外分布：俄罗斯、蒙古
 濒危等级：NT A3bd
 资源利用：原料（单宁，木材）

米林杨
Populus mainlingensis C. Wang et S. L. Tung
 习 性：乔木
 海 拔：3000~3800 m
 分 布：西藏
 濒危等级：LC

热河杨
Populus manshurica Nakai
 习 性：乔木
 分 布：辽宁、内蒙古
 濒危等级：DD

辽杨
Populus maximowiczii A. Henry
 习 性：乔木
 海 拔：500~2000 m
 国内分布：河北、黑龙江、吉林、辽宁、内蒙古、陕西
 国外分布：朝鲜、俄罗斯、日本
 濒危等级：LC
 资源利用：原料（木材）

民和杨
Populus minhoensis S. F. Yang et H. F. Wu
 习 性：乔木
 海 拔：1800~2500 m
 分 布：青海
 濒危等级：LC

玉泉杨
Populus nakaii Skvortzov
 习 性：乔木
 海 拔：1200~1700 m
 分 布：河北、黑龙江、吉林、辽宁
 濒危等级：LC

黑杨
Populus nigra L.

黑杨（原变种）
Populus nigra var. **nigra**
 习 性：乔木
 海 拔：3700 m 以下
 国内分布：新疆
 国外分布：欧洲、亚洲
 濒危等级：LC
 资源利用：药用（中草药）；原料（木材）；基因源（抗寒，耐盐碱）；环境利用（绿化）

钻天杨
Populus nigra var. **italica**(Moench)Koehne
 习 性：乔木
 国内分布：福建、河北、江苏、辽宁、内蒙古、陕西、四川
 国外分布：原产亚洲中西部和欧洲
 濒危等级：LC
 资源利用：基因源（耐旱，抗寒，抗旱）

箭杆杨
Populus nigra var. **thevestina**(Dode)Bean
 习 性：乔木
 海 拔：1800~1900 m
 国内分布：河北、辽宁、内蒙古、陕西、云南
 国外分布：原产亚洲中西部、欧洲及北非
 濒危等级：LC

汉白杨
Populus ningshanica C. Wang et S. L. Tung

习　　性：乔木
海　　拔：700~800 m
分　　布：湖北、陕西
濒危等级：LC

帕米杨
Populus pamirica Kom.
习　　性：乔木
海　　拔：1800~3000 m
国内分布：新疆
国外分布：塔吉克斯坦
濒危等级：EN D

柔毛杨
Populus pilosa Rehder

柔毛杨（原变种）
Populus pilosa var. **pilosa**
习　　性：乔木
海　　拔：1600~2400 m
国内分布：新疆
国外分布：蒙古
濒危等级：EN A3c

光果柔毛杨
Populus pilosa var. **leiocarpa** C. Wang et S. L. Tung
习　　性：乔木
海　　拔：约2400 m
分　　布：新疆
濒危等级：DD

阔叶杨
Populus platyphylla T. Y. Sun
习　　性：乔木
海　　拔：约1600 m
分　　布：河北、内蒙古、山西
濒危等级：LC

灰胡杨
Populus pruinosa Schrenk
习　　性：乔木
海　　拔：200~1500 m
国内分布：新疆
国外分布：哈萨克斯坦、塔吉克斯坦、土库曼斯坦
濒危等级：LC
资源利用：原料（纤维，木材）；环境利用（绿化）

青甘杨
Populus przewalskii Maxim.
习　　性：乔木
海　　拔：1000~3300 m
分　　布：甘肃、内蒙古、青海、四川
濒危等级：LC
资源利用：原料（木材）；环境利用（观赏，绿化）

长序杨
Populus pseudoglauca C. Wang et P. Y. Fu
习　　性：乔木
海　　拔：2100~2700 m
分　　布：四川、西藏
濒危等级：LC

梧桐杨
Populus pseudomaximowiczii C. Wang et S. L. Tung
习　　性：乔木
海　　拔：1000~1600 m
分　　布：河北、陕西
濒危等级：EN A2c；D

小青杨
Populus pseudosimonii Kitag.

小青杨（原变种）
Populus pseudosimonii var. **pseudosimonii**
习　　性：乔木
海　　拔：约2300 m
分　　布：甘肃、河北、黑龙江、吉林、辽宁、内蒙古、青海、山西、陕西、四川
濒危等级：LC
资源利用：原料（木材）

展枝小青杨
Populus pseudosimonii var. **patula** T. Y. Sun
习　　性：乔木
海　　拔：2300 m
分　　布：内蒙古
濒危等级：NT A3

冬瓜杨
Populus purdomii Rehder

冬瓜杨（原变种）
Populus purdomii var. **purdomii**
习　　性：乔木
海　　拔：700~2600 m
分　　布：甘肃、河北、河南、湖北、陕西、四川
濒危等级：LC
资源利用：原料（木材）

光皮冬瓜杨
Populus purdomii var. **rockii** (Rehder) C. F. Fang et H. L. Yang
习　　性：乔木
海　　拔：1000~1800 m
分　　布：甘肃
濒危等级：LC

昌都杨
Populus qamdoensis C. Wang et S. L. Tung
习　　性：乔木
海　　拔：1700~3800 m
分　　布：西藏
濒危等级：DD

琼岛杨
Populus qiongdaoensis T. Hong et P. Luo
习　　性：乔木
海　　拔：约1200 m
分　　布：海南
濒危等级：LC

圆叶杨
Populus rotundifolia Griff.
习　　性：乔木

海　　拔：约2800 m
国内分布：甘肃、贵州、陕西、四川、西藏、云南
国外分布：不丹
濒危等级：LC

滇南山杨
Populus rotundifolia var. **bonatii**
习　　性：乔木
海　　拔：约2800 m
分　　布：四川、云南
濒危等级：LC

清溪杨
Populus rotundifolia var. **duclouxiana**(Dode)Gombócz
习　　性：乔木
海　　拔：约2800 m
分　　布：甘肃、贵州、陕西、四川、西藏、云南
濒危等级：LC

西南杨
Populus schneideri(Rehder)N. Chao
习　　性：乔木
海　　拔：2500~3000 m
分　　布：四川、西藏、云南
濒危等级：LC

青毛杨
Populus shanxiensis C. Wang et S. L. Tung
习　　性：乔木
海　　拔：约1600 m
分　　布：山西
濒危等级：CR A2c；B1ab（iii）

小叶杨
Populus simonii Carrière

小叶杨（原变种）
Populus simonii var. **simonii**
习　　性：乔木
海　　拔：3000 m 以下
国内分布：河北、黑龙江、吉林、江苏、辽宁、内蒙古、山西、陕西、四川、云南
国外分布：蒙古
濒危等级：LC
资源利用：原料（木材，单宁，树脂）；环境利用（观赏，绿化）

辽东小叶杨
Populus simonii var. **liaotungensis**（C. Wang et Skvortsov）C. Wang et S. L. Tung
习　　性：乔木
海　　拔：3000 m
分　　布：河北、辽宁、内蒙古
濒危等级：VU A3c

圆叶小叶杨
Populus simonii var. **rotundifolia** X. C. Lu ex C. Wang et S. L. Tung
习　　性：乔木
海　　拔：3000 m
分　　布：内蒙古
濒危等级：LC

秦岭小叶杨
Populus simonii var. **tsinlingensis** C. Wang et C. Y. Yu
习　　性：乔木
海　　拔：1000~3000 m
分　　布：陕西
濒危等级：NT A3；D

甜杨
Populus suaveolens Fisch.
习　　性：乔木
海　　拔：500~700 m
国内分布：内蒙古、陕西
国外分布：俄罗斯、蒙古
濒危等级：LC
资源利用：原料（木材，纤维）

川杨
Populus szechuanica C. K. Schneid.

川杨（原变种）
Populus szechuanica var. **szechuanica**
习　　性：乔木
海　　拔：1100~4600 m
分　　布：甘肃、陕西、四川、云南
濒危等级：LC
资源利用：原料（纤维，木材）

藏川杨
Populus szechuanica var. **tibetica** C. K. Schneid.
习　　性：乔木
海　　拔：2000~4500 m
分　　布：四川、西藏
濒危等级：LC

密叶杨
Populus talassica Kom.
习　　性：乔木
海　　拔：500~1800 m
国内分布：新疆
国外分布：哈萨克斯坦、吉尔吉斯斯坦、塔吉克斯坦、乌兹别克斯坦
濒危等级：DD
资源利用：基因源（抗寒）

毛白杨
Populus tomentosa Carrière

毛白杨（原变种）
Populus tomentosa var. **tomentosa**
习　　性：乔木
海　　拔：0~1500 m
分　　布：安徽、甘肃、河北、河南、江苏、辽宁、山东、山西、陕西、四川、云南、浙江
濒危等级：LC
资源利用：原料（单宁，树脂）

截叶毛白杨
Populus tomentosa var. **truncata** Y. C. Fu et C. H. Wang

习　　性：乔木
海　　拔：1500 m
分　　布：陕西
濒危等级：LC

欧洲山杨
Populus tremula L.
习　　性：乔木
海　　拔：700~2300 m
国内分布：新疆
国外分布：俄罗斯、哈萨克斯坦、蒙古
濒危等级：LC
资源利用：原料（单宁，纤维，木材）

三脉青杨
Populus trinervis C. Wang et S. L. Tung

三脉青杨（原变种）
Populus trinervis var. **trinervis**
习　　性：乔木
海　　拔：1800~3000 m
分　　布：四川
濒危等级：LC

石棉杨
Populus trinervis var. **shimianica** C. Wang et N. Chao
习　　性：乔木
海　　拔：1800~1900 m
分　　布：四川
濒危等级：LC

大青杨
Populus ussuriensis Kom.
习　　性：乔木
海　　拔：300~1400 m
国内分布：黑龙江、吉林、辽宁
国外分布：朝鲜、俄罗斯
濒危等级：LC
资源利用：原料（木材）；基因源（耐寒）

文县杨
Populus wenxianica Z. C. Feng et J. L. Guo ex G. H. Zhu
习　　性：乔木
海　　拔：1200~1800 m
分　　布：甘肃
濒危等级：LC

椅杨
Populus wilsonii C. K. Schneid.
习　　性：乔木
海　　拔：1300~3400 m
分　　布：甘肃、湖北、陕西、四川、西藏、云南
濒危等级：LC

长叶杨
Populus wuana C. Wang et S. L. Tung
习　　性：乔木
海　　拔：约2100 m
分　　布：西藏
濒危等级：LC

五莲杨
Populus wulianensis S. B. Liang et X. W. Li
习　　性：乔木
海　　拔：300~500 m
分　　布：山东
濒危等级：LC

乡城杨
Populus xiangchengensis C. Wang et S. L. Tung
习　　性：乔木
海　　拔：2000~3900 m
分　　布：四川
濒危等级：LC

亚东杨
Populus yatungensis(C. Wang et P. Y. Fu)C. Wang et S. L. Tung

亚东杨（原变种）
Populus yatungensis var. **yatungensis**
习　　性：乔木
海　　拔：2400~3600 m
分　　布：四川、西藏、云南
濒危等级：LC

圆齿亚东杨
Populus yatungensis var. **crenata** C. Wang et S. L. Tung
习　　性：乔木
海　　拔：3600 m
分　　布：西藏
濒危等级：LC

五瓣杨
Populus yuana C. Wang et S. L. Tung
习　　性：乔木
海　　拔：约2000 m
分　　布：西藏、云南
濒危等级：NT A2ac

滇杨
Populus yunnanensis Dode

滇杨（原变种）
Populus yunnanensis var. **yunnanensis**
习　　性：乔木
海　　拔：1300~3700 m
分　　布：贵州、四川、云南
濒危等级：LC

小叶滇杨
Populus yunnanensis var. **microphylla** C. Wang et S. L. Tung
习　　性：乔木
海　　拔：2200~2300 m
分　　布：云南
濒危等级：LC

长果柄滇杨
Populus yunnanensis var. **pedicellata** C. Wang et S. L. Tung
习　　性：乔木

海　　拔：3500～3700 m
分　　布：四川、云南
濒危等级：LC

柳属 Salix L.

尖叶垫柳
Salix acuminatomicrophylla K. S. Hao ex C. F. Fang et A. K. Skvortsov
　　习　　性：落叶灌木或乔木
　　分　　布：云南
　　濒危等级：LC

阿拉套柳
Salix alatavica Kar. et Kir. ex Stschegl.
　　习　　性：灌木
　　海　　拔：2700～2800 m
　　国内分布：新疆
　　国外分布：俄罗斯、蒙古
　　濒危等级：LC

白柳
Salix alba L.
　　习　　性：乔木
　　海　　拔：3100 m 以下
　　国内分布：甘肃、内蒙古、青海、西藏、新疆
　　国外分布：西亚、中亚、欧洲
　　濒危等级：LC
　　资源利用：原料（木材）；动物饲料（饲料）；环境利用（观赏）；蜜源植物

秦岭柳
Salix alfredii Goerz ex Rehder et Kobuski

秦岭柳（原变种）
Salix alfredii var. **alfredii**
　　习　　性：灌木或乔木
　　分　　布：甘肃、青海、陕西
　　濒危等级：LC

凤县柳
Salix alfredii var. **fengxianica**（N. Chao）G. H. Zhu
　　习　　性：灌木或乔木
　　分　　布：陕西
　　濒危等级：LC

九鼎柳
Salix amphibola C. K. Schneid.
　　习　　性：灌木
　　海　　拔：2300～3000 m
　　分　　布：四川
　　濒危等级：LC

环纹矮柳
Salix annulifera C. Marquand et Airy Shaw

环纹矮柳（原变种）
Salix annulifera var. **annulifera**
　　习　　性：灌木
　　海　　拔：3400～4100 m
　　分　　布：西藏、云南
　　濒危等级：LC

齿苞矮柳
Salix annulifera var. **dentata** S. D. Zhao
　　习　　性：灌木
　　海　　拔：约 4000 m
　　分　　布：云南
　　濒危等级：LC

五毛矮柳
Salix annulifera var. **glabra** P. Y. Mao et W. Z. Li
　　习　　性：灌木
　　海　　拔：约 4100 m
　　分　　布：云南
　　濒危等级：LC

匙叶矮柳
Salix annulifera var. **macroula** C. Marquand et Airy-Shaw
　　习　　性：灌木
　　海　　拔：3400～4000 m
　　分　　布：西藏、云南
　　濒危等级：LC

圆齿垫柳
Salix anticecrenata Kimura
　　习　　性：灌木
　　海　　拔：3300～4200 m
　　国内分布：四川、西藏、云南
　　国外分布：尼泊尔
　　濒危等级：LC

纤序柳
Salix araeostachya C. K. Schneid.
　　习　　性：小乔木
　　海　　拔：2500 m 以下
　　国内分布：云南
　　国外分布：尼泊尔、印度
　　濒危等级：NT

钻天柳
Salix arbutifolia Pall.
　　习　　性：乔木
　　海　　拔：300～1000 m
　　国内分布：河北、黑龙江、吉林、辽宁、内蒙古
　　国外分布：俄罗斯、韩国、日本
　　濒危等级：VU A2c；B1b（i，iii）
　　资源利用：原料（木材）；环境利用（观赏）

北极柳
Salix arctica Pall.
　　习　　性：灌木
　　海　　拔：2000～2800 m
　　国内分布：新疆
　　国外分布：俄罗斯
　　濒危等级：LC

银柳
Salix argyracea E. L. Wolf
　　习　　性：灌木
　　海　　拔：200～3400 m

国内分布：新疆
国外分布：哈萨克斯坦、吉尔吉斯斯坦
濒危等级：LC

银光柳
Salix argyrophegga C. K. Schneid.
习　　性：灌木或小乔木
海　　拔：2100~3000 m
分　　布：四川、西藏
濒危等级：LC

银毛果柳
Salix argyrotrichocarpa C. F. Fang
习　　性：灌木
海　　拔：约3900 m
分　　布：西藏
濒危等级：LC

奇花柳
Salix atopantha C. K. Schneid.

奇花柳（原变种）
Salix atopantha var. **atopantha**
习　　性：灌木
海　　拔：2900~4100 m
分　　布：甘肃、青海、四川、西藏
濒危等级：LC

长柄奇花柳
Salix atopantha var. **pedicellata** C. F. Fang et J. Q. Wang
习　　性：灌木
海　　拔：约2900 m
分　　布：甘肃
濒危等级：LC

藏南柳
Salix austrotibetica N. Chao
习　　性：灌木
海　　拔：约3300 m
分　　布：西藏
濒危等级：LC

垂柳
Salix babylonica L.

垂柳（原变种）
Salix babylonica var. **babylonica**
习　　性：乔木
海　　拔：3800 m 以下
国内分布：全国广布；多栽培
国外分布：欧洲、亚洲
濒危等级：LC
资源利用：原料（纤维，木材）；环境利用（绿化）

腺毛垂柳
Salix babylonica var. **glandulipilosa** P. Y. Mao et W. Z. Li
习　　性：乔木
海　　拔：2400 m
分　　布：云南
濒危等级：LC

井冈柳
Salix baileyi C. K. Schneid.
习　　性：灌木
海　　拔：500~600 m
分　　布：安徽、河南、湖北、江西
濒危等级：DD

中越柳
Salix balansaei Seemen

中越柳（原变种）
Salix balansaei var. **balansaei**
习　　性：乔木
国内分布：广西
国外分布：越南
濒危等级：VU A2ac+3c；B1ab（i，ii，iii，v）

湘柳
Salix balansaei var. **hunanensis** N. Chao
习　　性：乔木
分　　布：湖南
濒危等级：LC

白背柳
Salix balfouriana C. K. Schneid.
习　　性：灌木或乔木
海　　拔：2800~4000 m
分　　布：四川、云南
濒危等级：LC

班公柳
Salix bangongensis C. Wang et C. F. Fang
习　　性：乔木
海　　拔：约4600 m
分　　布：西藏
濒危等级：VU A2ac+3c；D1

刺叶柳
Salix berberifolia Pallas
习　　性：灌木
海　　拔：2700~2800 m
国内分布：新疆
国外分布：俄罗斯、蒙古北部
濒危等级：NT A3b；D1

不丹柳
Salix bhutanensis Flod.
习　　性：灌木或乔木
海　　拔：2800~3500 m
国内分布：西藏
国外分布：不丹、尼泊尔
濒危等级：LC

碧口柳
Salix bikouensis Y. L. Chou

碧口柳（原变种）
Salix bikouensis var. **bikouensis**
习　　性：灌木或小乔木
海　　拔：700~900 m

分　　布：甘肃、湖北、陕西
濒危等级：LC

毛碧口柳
Salix bikouensis var. **villosa** Y. L. Chou
习　　性：灌木或小乔木
海　　拔：900 m
分　　布：湖北
濒危等级：LC

庙王柳
Salix biondiana Seemen ex Diels
习　　性：灌木
海　　拔：约 3500 m
分　　布：甘肃、湖北、青海、陕西
濒危等级：LC

双柱柳
Salix bistyla Hand.-Mazz.
习　　性：灌木
海　　拔：2600~3400 m
国内分布：西藏、云南
国外分布：尼泊尔
濒危等级：LC

黄线柳
Salix blakii Goerz
习　　性：灌木
海　　拔：500~600 m
国内分布：新疆
国外分布：阿富汗、哈萨克斯坦、塔吉克斯坦、乌兹别克斯坦
濒危等级：DD

桂柳
Salix boseensis N. Chao
习　　性：灌木
海　　拔：约 450 m
分　　布：广西
濒危等级：DD

点苍柳
Salix bouffordii A. K. Skvortsov
习　　性：灌木
海　　拔：3400 m
分　　布：云南
濒危等级：LC

小垫柳
Salix brachista C. K. Schneid.

小垫柳（原变种）
Salix brachista var. **brachista**
习　　性：灌木
海　　拔：2600~3900 m
分　　布：四川、西藏、云南
濒危等级：LC

全缘小垫柳
Salix brachista var. **integra** C. Wang et C. F. Fang
习　　性：灌木
海　　拔：3900 m
分　　布：云南
濒危等级：LC

毛果小垫柳
Salix brachista var. **pilifera** N. Chao
习　　性：灌木
海　　拔：3300~3500 m
分　　布：西藏
濒危等级：LC

布尔津柳
Salix burqinensis C. Y. Yang
习　　性：乔木
海　　拔：约 500 m
分　　布：新疆
濒危等级：DD
资源利用：原料（木材）

欧杞柳
Salix caesia Vill.
习　　性：灌木
海　　拔：1500~3000 m
国内分布：西藏、新疆
国外分布：阿富汗、俄罗斯、吉尔吉斯斯坦、蒙古、塔吉克斯坦
濒危等级：LC

长柄垫柳
Salix calyculata Hook. f. et Andersson

长柄垫柳（原变种）
Salix calyculata var. **calyculata**
习　　性：灌木
海　　拔：3400~4700 m
国内分布：西藏
国外分布：不丹、印度
濒危等级：LC

贡山长柄柳
Salix calyculata var. **gongshanica** C. Wang et C. F. Fang
习　　性：灌木
海　　拔：4100~4700 m
分　　布：云南
濒危等级：NT

圆头柳
Salix capitata Y. L. Chou et Skvortzov
习　　性：乔木
海　　拔：100~300 m
分　　布：河北、黑龙江、辽宁、内蒙古、陕西
濒危等级：DD
资源利用：原料（木材）；环境利用（绿化）

蓝叶柳
Salix capusii Franch.
习　　性：灌木
海　　拔：1000~2800 m

国内分布：新疆
国外分布：阿富汗、巴基斯坦、塔吉克斯坦
濒危等级：DD

黄皮柳
Salix carmanica Bornm.
习　　性：灌木
海　　拔：900~1330 m
国内分布：新疆
国外分布：阿富汗

油柴柳
Salix caspica Pall.
习　　性：灌木
海　　拔：500~3100 m
国内分布：新疆
国外分布：俄罗斯、哈萨克斯坦
濒危等级：LC

中华柳
Salix cathayana Diels
习　　性：灌木
海　　拔：1800~3000 m
分　　布：贵州、河北、河南、湖北、陕西、四川、云南
濒危等级：LC

云南柳
Salix cavaleriei H. Lév.
习　　性：乔木
海　　拔：1800~2500 m
分　　布：广西、贵州、四川、云南
濒危等级：LC
资源利用：原料（木材）

腺柳
Salix chaenomeloides Kimura

腺柳（原变种）
Salix chaenomeloides var. **chaenomeloides**
习　　性：小乔木
海　　拔：约1100 m
国内分布：河北、江苏、辽宁、陕西、四川
国外分布：朝鲜、日本
濒危等级：LC
资源利用：原料（纤维，木材）

腺叶腺柳
Salix chaenomeloides var. **glandulifolia**（C. Wang et C. Y. Yu）C. F. Fang
习　　性：乔木
海　　拔：800~1100 m
分　　布：陕西
濒危等级：LC

密齿柳
Salix characta C. K. Schneid.
习　　性：灌木
海　　拔：2200~3200 m
分　　布：甘肃、河北、内蒙古、青海、山西、陕西
濒危等级：LC

乌柳
Salix cheilophila C. K. Schneid.

乌柳（原变种）
Salix cheilophila var. **cheilophila**
习　　性：灌木或小乔木
海　　拔：700~3000 m
分　　布：甘肃、河北、河南、内蒙古、宁夏、青海、山西、陕西、四川、西藏、云南
濒危等级：LC

宽叶乌柳
Salix cheilophila var. **acuminata** C. Wang et Y. L. Chou
习　　性：灌木或小乔木
海　　拔：3000 m
分　　布：河北
濒危等级：LC

大红柳
Salix cheilophila var. **microstachyoides**（C. Wang et P. Y. Fu）C. Wang et C. F. Fang
习　　性：灌木或小乔木
海　　拔：700~3000 m
分　　布：西藏
濒危等级：LC

毛苞乌柳
Salix cheilophila var. **villosa** G. H. Wang
习　　性：灌木或小乔木
海　　拔：700~3000 m
分　　布：河北
濒危等级：NT A3；D

鸡公柳
Salix chikungensis C. K. Schneid.
习　　性：灌木
海　　拔：1500~2500 m
分　　布：河南、湖北、江西
濒危等级：LC

秦柳
Salix chingiana K. S. Hao ex C. F. Fang et A. K. Skvortsov
习　　性：乔木
海　　拔：2600~3100 m
分　　布：甘肃、青海
濒危等级：LC

灰柳
Salix cinerea L.
习　　性：灌木
海　　拔：400~2400 m
国内分布：新疆
国外分布：俄罗斯、哈萨克斯坦
濒危等级：NT A3bd

栅枝垫柳
Salix clathrata Hand.-Mazz.
习　　性：匍匐灌木
海　　拔：约4000 m

分　　布：四川、西藏、云南
濒危等级：LC

怒江矮柳
Salix coggygria Hand. -Mazz.
习　　性：灌木
海　　拔：3400~4700 m
分　　布：西藏、云南
濒危等级：LC

扭尖柳
Salix contortiapiculata P. Y. Mao et W. Z. Li
习　　性：灌木
海　　拔：1300~1900 m
分　　布：云南
濒危等级：LC

锯齿叶垫柳
Salix crenata K. S. Hao ex C. F. Fang et A. K. Skvortsov
习　　性：灌木
海　　拔：4300~4800 m
分　　布：西藏、云南
濒危等级：LC

杯腺柳
Salix cupularis Rehder

杯腺柳（原变种）
Salix cupularis var. **cupularis**
习　　性：灌木
海　　拔：2500~4000 m
分　　布：甘肃、四川、云南
濒危等级：LC

尖叶杯腺柳
Salix cupularis var. **acutifolia** S. Q. Zhou
习　　性：灌木
海　　拔：3200 m
分　　布：内蒙古
濒危等级：NT A3

光果乌柳
Salix cyanolimnea Hance
习　　性：灌木
海　　拔：2500~3000 m
分　　布：青海、四川、云南
濒危等级：LC

大别柳
Salix dabeshanensis B. Z. Ding et T. B. Chao
习　　性：乔木或灌木
海　　拔：约 1000 m
分　　布：河南
濒危等级：DD

大关柳
Salix daguanensis P. Y. Mao et P. X. He
习　　性：灌木
海　　拔：1700~2000 m
分　　布：云南
濒危等级：LC

大理柳
Salix daliensis C. F. Fang et S. D. Zhao
习　　性：灌木
海　　拔：1500~2700 m
分　　布：湖北、四川、云南
濒危等级：LC

褐背柳
Salix daltoniana Andersson
习　　性：灌木或小乔木
海　　拔：3000~4400 m
国内分布：西藏
国外分布：不丹、尼泊尔、印度
濒危等级：LC

节枝柳
Salix dalungensis C. Wang et P. Y. Fu
习　　性：乔木
海　　拔：约 4400 m
分　　布：西藏
濒危等级：LC

毛枝柳
Salix dasyclados Wimm.
习　　性：灌木或乔木
海　　拔：100~3200 m
国内分布：黑龙江、吉林、内蒙古、山东、陕西、新疆
国外分布：俄罗斯、蒙古、日本
濒危等级：LC

腹毛柳
Salix delavayana Hand. -Mazz.

腹毛柳（原变种）
Salix delavayana var. **delavayana**
习　　性：灌木或小乔木
海　　拔：2800~4000 m
分　　布：四川、西藏、云南
濒危等级：LC

毛缝腹毛柳
Salix delavayana var. **pilososuturalis** Y. L. Chou et C. F. Fang
习　　性：灌木或小乔木
海　　拔：3600~4000 m
分　　布：西藏
濒危等级：LC

齿叶柳
Salix denticulata Andersson
习　　性：灌木
海　　拔：约 2500 m
国内分布：四川、西藏、云南
国外分布：阿富汗、巴基斯坦、克什米尔地区、尼泊尔、印度
濒危等级：LC

异色柳
Salix dibapha C. K. Schneid.

异色柳（原变种）
Salix dibapha var. **dibapha**
习　　性：灌木
海　　拔：2600～3100 m
分　　布：四川、云南
濒危等级：LC

二腺异色柳
Salix dibapha var. **biglandulosa** C. F. Fang
习　　性：灌木
海　　拔：约3100 m
分　　布：甘肃
濒危等级：NT A3；D

异型柳
Salix dissa C. K. Schneid.

异型柳（原变种）
Salix dissa var. **dissa**
习　　性：灌木
海　　拔：900～3000 m
分　　布：甘肃、四川、云南
濒危等级：LC

单腺异型柳
Salix dissa var. **cereifolia**（Goerz ex Rehder et Kobuski）C. F. Fang
习　　性：灌木
海　　拔：900～3000 m
分　　布：甘肃
濒危等级：NT D

长圆叶柳
Salix divaricata（Nakai）Kitag.
习　　性：灌木
海　　拔：1800～2300 m
国内分布：吉林
国外分布：朝鲜
濒危等级：CR B1ab（i, iii）

叉柱柳
Salix divergentistyla C. F. Fang
习　　性：灌木或小乔木
海　　拔：约3400 m
分　　布：西藏
濒危等级：LC

台湾柳
Salix doii Hayata
习　　性：灌木
海　　拔：2000～2800 m
分　　布：台湾
濒危等级：LC

东沟柳
Salix donggouxianica C. F. Fang
习　　性：灌木
分　　布：辽宁
濒危等级：EN D

林柳
Salix driophila C. K. Schneid.
习　　性：灌木
海　　拔：2100～3100 m
分　　布：四川、西藏、云南
濒危等级：LC

长梗柳
Salix dunnii C. K. Schneid.

长梗柳（原变种）
Salix dunnii var. **dunnii**
习　　性：灌木或小乔木
海　　拔：约3900 m
分　　布：福建、广东、江西、浙江
濒危等级：LC

钟氏柳
Salix dunnii var. **tsoongii**（W. C. Cheng）C. Y. Yu et S. D. Zhao
习　　性：灌木或小乔木
分　　布：浙江
濒危等级：VU A2ac

长柄匍柳
Salix elongata L. He et Z. X. Zhang
习　　性：灌木
海　　拔：约3600 m
分　　布：西藏
濒危等级：LC

长柱柳
Salix eriocarpa Franch. et Sav.
习　　性：灌木或乔木
海　　拔：海平面至600 m
国内分布：黑龙江、吉林、辽宁
国外分布：朝鲜、俄罗斯、日本
濒危等级：LC
资源利用：原料（木材）；环境利用（绿化）

绵毛柳
Salix erioclada H. Lév. et Vaniot
习　　性：灌木或小乔木
海　　拔：600～1800 m
分　　布：湖北、湖南、青海、陕西、四川
濒危等级：LC

绵穗柳
Salix eriostachya Wall. ex Andersson

绵穗柳（原变种）
Salix eriostachya var. **eriostachya**
习　　性：灌木
海　　拔：3000～5000 m
国内分布：四川、西藏、云南
国外分布：尼泊尔、印度
濒危等级：LC

狭叶柳
Salix eriostachya var. **angustifolia**（C. F. Fang）N. Chao
习　　性：灌木
分　　布：四川

线裂绵穗柳
Salix eriostachya var. **lineariloba**（N. Chao）G. H. Zhu

习　　性：灌木
海　　拔：约 3900 m
分　　布：四川
濒危等级：LC

巴柳
Salix etosia C. K. Schneid.
习　　性：灌木或乔木
海　　拔：1300~2400 m
分　　布：贵州、湖北、四川
濒危等级：LC

川鄂柳
Salix fargesii Burkill

川鄂柳（原变种）
Salix fargesii var. **fargesii**
习　　性：灌木或小乔木
海　　拔：1400~1600 m
分　　布：甘肃、湖北、陕西、四川
濒危等级：LC

甘肃柳
Salix fargesii var. **kansuensis**（K. S. Hao ex C. F. Fang et A. K. Skvortsov）G. H. Zhu
习　　性：灌木或小乔木
海　　拔：1400~1600 m
分　　布：甘肃、湖北、陕西、四川
濒危等级：LC

藏匐柳
Salix faxonianoides C. Wang et P. Y. Fu

藏匐柳（原变种）
Salix faxonianoides var. **faxonianoides**
习　　性：灌木
海　　拔：3600~4300 m
分　　布：西藏、云南
濒危等级：LC

毛轴藏匐柳
Salix faxonianoides var. **villosa** S. D. Zhao
习　　性：灌木
海　　拔：4000~4300 m
分　　布：西藏、云南
濒危等级：LC

山羊柳
Salix fedtschenkoi Goerz
习　　性：灌木
海　　拔：3300~3400 m
国内分布：新疆
国外分布：阿富汗、塔吉克斯坦
濒危等级：EN A2cs

贡山柳
Salix fengiana C. F. Fang et C. Y. Yang

贡山柳（原变种）
Salix fengiana var. **fengiana**
习　　性：灌木
海　　拔：3400~3700 m
分　　布：云南
濒危等级：LC

裸果贡山柳
Salix fengiana var. **gymnocarpa** P. Y. Mao et W. Z. Li
习　　性：灌木
海　　拔：约 3400 m
分　　布：云南
濒危等级：LC

扇叶垫柳
Salix flabellaris Andersson

扇叶垫柳（原变种）
Salix flabellaris var. **flabellaris**
习　　性：匍匐灌木
海　　拔：3600~4000 m
国内分布：四川、西藏、云南
国外分布：不丹、克什米尔地区、印度
濒危等级：LC

毛轴扇柳
Salix flabellaris var. **villosa**（S. D. Zhao）N. Chao et J. Liu
习　　性：匍匐灌木
海　　拔：约 4000 m
分　　布：西藏、云南

丛毛矮柳
Salix floccosa Burkill
习　　性：灌木
海　　拔：3600~4000 m
分　　布：西藏、云南
濒危等级：LC

爆竹柳
Salix fragilis L.
习　　性：乔木
国内分布：黑龙江、辽宁、内蒙古
国外分布：原产欧洲
资源利用：原料（木材）；环境利用（绿化）

褐毛柳
Salix fulvopubescens Hayata
习　　性：灌木或小乔木
海　　拔：约 2000 m
分　　布：台湾
濒危等级：LC

吉拉柳
Salix gilashanica C. Wang et P. Y. Fu
习　　性：灌木
海　　拔：3100~4700 m
分　　布：青海、四川、西藏、云南
濒危等级：LC

石流垫柳
Salix glareorum P. Y. Mao et W. Z. Li
习　　性：灌木
海　　拔：约 3000 m
分　　布：云南
濒危等级：LC

灰蓝柳
Salix glauca L.
　　习　　性：灌木
　　海　　拔：2500~3000 m
　　国内分布：新疆
　　国外分布：俄罗斯、蒙古
　　濒危等级：LC

贡嘎山柳
Salix gonggashanica C. F. Fang et A. K. Skvortsov
　　习　　性：灌木
　　海　　拔：约 2500 m
　　分　　布：四川
　　濒危等级：LC

黄柳
Salix gordejevii Y. L. Chang et Skvortsov
　　习　　性：灌木
　　海　　拔：170~2850 m
　　国内分布：甘肃、内蒙古
　　国外分布：蒙古
　　濒危等级：LC

细枝柳
Salix gracilior(Siuzev)Nakai
　　习　　性：灌木
　　海　　拔：3600 m 以下
　　分　　布：河北、黑龙江、吉林、辽宁、内蒙古
　　濒危等级：LC

细柱柳
Salix gracilistyla Miq.
　　习　　性：灌木
　　海　　拔：100~1350 m
　　国内分布：黑龙江
　　国外分布：朝鲜、俄罗斯、日本
　　濒危等级：LC
　　资源利用：环境利用（观赏）

江达柳
Salix gyamdaensis C. F. Fang
　　习　　性：灌木
　　海　　拔：3800~3900 m
　　分　　布：西藏
　　濒危等级：LC

吉隆垫柳
Salix gyirongensis S. D. Zhao et C. F. Fang
　　习　　性：匍匐灌木
　　海　　拔：约 4400 m
　　分　　布：四川、西藏
　　濒危等级：NT A2ac

海南柳
Salix hainanica A. K. Skvortsov
　　习　　性：落叶灌木或乔木
　　分　　布：海南
　　濒危等级：LC

川红柳
Salix haoana Fang
　　习　　性：灌木
　　海　　拔：500~1900 m
　　分　　布：贵州、四川
　　濒危等级：LC

戟柳
Salix hastata L.
　　习　　性：灌木
　　海　　拔：1000~1800 m
　　国内分布：新疆
　　国外分布：俄罗斯、哈萨克斯坦、蒙古
　　濒危等级：NT A3bd

黑水柳
Salix heishuiensis N. Chao
　　习　　性：灌木
　　海　　拔：3200~4100 m
　　分　　布：四川
　　濒危等级：LC

紫枝柳
Salix heterochroma Seemen

紫枝柳（原变种）
Salix heterochroma var. **heterochroma**
　　习　　性：灌木或乔木
　　海　　拔：1400~2100 m
　　分　　布：甘肃、湖北、湖南、陕西、四川、云南
　　濒危等级：LC

无毛紫枝柳
Salix heterochroma var. **glabra** C. Y. Yu et C. F. Fang
　　习　　性：灌木或乔木
　　海　　拔：2100 m
　　分　　布：甘肃
　　濒危等级：LC

异蕊柳
Salix heteromera Hand. -Mazz.
　　习　　性：乔木
　　海　　拔：1600~2300 m
　　分　　布：云南
　　濒危等级：LC

毛枝垫柳
Salix hirticaulis Hand. -Mazz.
　　习　　性：匍匐灌木
　　海　　拔：3500 m 以上
　　分　　布：云南
　　濒危等级：VU A2ac+3c

兴安柳
Salix hsinganica Y. L. Chang et Skvortsov
　　习　　性：灌木
　　海　　拔：100~1900 m
　　分　　布：黑龙江、内蒙古
　　濒危等级：LC

呼玛柳
Salix humaensis Y. L. Chou et R. C. Chou
　　习　　性：灌木

海　　拔：300~400 m
分　　布：黑龙江
濒危等级：VU A2c

湖北柳
Salix hupehensis K. S. Hao et C. F. Fang et A. K. Skvortsov
　　习　　性：灌木
　　海　　拔：1800~3200 m
　　分　　布：湖北
　　濒危等级：DD

川柳
Salix hylonoma C. K. Schneid.

川柳（原变种）
Salix hylonoma var. **hylonoma**
　　习　　性：乔木
　　海　　拔：约 3000 m
　　分　　布：安徽、甘肃、贵州、河北、山西、陕西、四川、云南
　　濒危等级：LC

光果川柳
Salix hylonoma var. **liocarpa**(Goerz)G. H. Zhu
　　习　　性：乔木
　　海　　拔：3000 m
　　分　　布：四川
　　濒危等级：LC

小叶柳
Salix hypoleuca Seemen

小叶柳（原变种）
Salix hypoleuca var. **hypoleuca**
　　习　　性：灌木
　　海　　拔：1400~2700 m
　　分　　布：甘肃、湖北、陕西、四川
　　濒危等级：LC

宽叶翻白柳
Salix hypoleuca var. **platyphylla** C. K. Schneid.
　　习　　性：灌木
　　海　　拔：约 1600 m
　　分　　布：陕西、四川
　　濒危等级：LC

伊利柳
Salix iliensis Regel
　　习　　性：灌木
　　海　　拔：1400~2700 m
　　国内分布：新疆
　　国外分布：阿富汗、巴基斯坦、哈萨克斯坦、吉尔吉斯斯坦、塔吉克斯坦、乌兹别克斯坦
　　濒危等级：NT A3bd

丑柳
Salix inamoena Hand. -Mazz.
　　习　　性：灌木
　　海　　拔：约 2000 m
　　分　　布：云南
　　濒危等级：LC

杞柳
Salix integra Thunb.
　　习　　性：灌木
　　海　　拔：2100 m 以下
　　国内分布：河北、黑龙江、吉林、辽宁、内蒙古
　　国外分布：朝鲜、俄罗斯、日本
　　濒危等级：LC

金川柳
Salix jinchuanica N. Chao
　　习　　性：灌木
　　海　　拔：4000~4600 m
　　分　　布：四川
　　濒危等级：LC

景东矮柳
Salix jingdongensis C. F. Fang
　　习　　性：灌木
　　海　　拔：约 2480 m
　　分　　布：云南
　　濒危等级：LC

积石柳
Salix jishiensis C. F. Fang et J. Q. Wang
　　习　　性：乔木
　　海　　拔：约 1600 m
　　分　　布：甘肃
　　濒危等级：NT A3b

贵南柳
Salix juparica Goerz ex Rehd. et Kobuski

贵南柳（原变种）
Salix juparica var. **juparica**
　　习　　性：灌木
　　海　　拔：3100~3300 m
　　分　　布：青海
　　濒危等级：LC

光果贵南柳
Salix juparica var. **tibetica**(Goerz ex Rehd. et Kobuski)C. F. Fang
　　习　　性：灌木
　　海　　拔：3100~3300 m
　　分　　布：青海
　　濒危等级：NT A3；D

卡马垫柳
Salix kamanica C. Wang et P. Y. Fu
　　习　　性：灌木
　　海　　拔：4000~4200 m
　　分　　布：西藏、云南
　　濒危等级：LC

康定垫柳
Salix kangdingensis S. D. Zhao et C. F. Fang
　　习　　性：匍匐灌木
　　海　　拔：约 3000 m
　　分　　布：四川

濒危等级：LC

江界柳
Salix kangensis Nakai

江界柳（原变种）
Salix kangensis var. **kangensis**
- 习　　性：乔木
- 海　　拔：300～600 m
- 国内分布：吉林
- 国外分布：朝鲜
- 濒危等级：NT A3bd；D1

光果江界柳
Salix kangensis var. **leiocarpa** Kitag.
- 习　　性：乔木
- 海　　拔：300～500 m
- 分　　布：辽宁
- 濒危等级：EN D

瘰子叶柳
Salix karelinii Turcz.
- 习　　性：灌木
- 海　　拔：2700～3000 m
- 国内分布：新疆
- 国外分布：阿富汗、巴基斯坦、吉尔吉斯斯坦、尼泊尔、塔吉克斯坦
- 濒危等级：LC
- 资源利用：环境利用（水土保持）

天山筐柳
Salix kirilowiana Stschegl.
- 习　　性：灌木或小乔木
- 海　　拔：2500 m 以下
- 分　　布：新疆
- 濒危等级：LC

沙杞柳
Salix kochiana Trautv.
- 习　　性：灌木
- 海　　拔：500～1900 m
- 国内分布：内蒙古
- 国外分布：俄罗斯、蒙古
- 濒危等级：LC

康巴柳
Salix kongbanica C. Wang et P. Y. Fu
- 习　　性：乔木
- 海　　拔：400～3600 m
- 分　　布：西藏
- 濒危等级：LC

朝鲜柳
Salix koreensis Andersson

朝鲜柳（原变种）
Salix koreensis var. **koreensis**
- 习　　性：乔木
- 海　　拔：海平面至700 m
- 国内分布：甘肃、河北、黑龙江、吉林、辽宁、内蒙古、山东、陕西
- 国外分布：朝鲜、俄罗斯、日本
- 濒危等级：LC

短柱朝鲜柳
Salix koreensis var. **brevistyla** Y. L. Chou et Skvortzov
- 习　　性：乔木
- 海　　拔：700 m
- 分　　布：黑龙江、辽宁
- 濒危等级：LC

长梗朝鲜柳
Salix koreensis var. **pedunculata** Y. L. Chou
- 习　　性：乔木
- 海　　拔：700 m
- 分　　布：陕西
- 濒危等级：LC

山东柳
Salix koreensis var. **shandongensis** C. F. Fang
- 习　　性：乔木
- 海　　拔：700 m
- 分　　布：山东
- 濒危等级：LC

尖叶紫柳
Salix koriyanagi Kimura ex Goerz
- 习　　性：灌木
- 海　　拔：170～1400 m
- 国内分布：辽宁园艺栽培
- 国外分布：朝鲜、日本

贵州柳
Salix kouytchensis（H. Lév.）C. K. Schneid.
- 习　　性：灌木
- 海　　拔：400～3300 m
- 分　　布：贵州、四川、云南
- 濒危等级：LC

孔目矮柳
Salix kungmuensis P. Y. Mao et W. Z. Li
- 习　　性：灌木
- 海　　拔：3500～3800 m
- 分　　布：云南
- 濒危等级：LC

水社柳
Salix kusanoi（Hayata）C. K. Schneid.
- 习　　性：乔木
- 分　　布：台湾
- 濒危等级：EN B2ab（v）；D

涞水柳
Salix laishuiensis N. Chao et G. T. Gong
- 习　　性：乔木
- 分　　布：河北
- 濒危等级：LC

拉马山柳
Salix lamashanensis K. S. Hao ex C. F. Fang et A. K. Skvortsov

习　　性：灌木
海　　拔：2700~3500 m
分　　布：甘肃、青海、陕西
濒危等级：LC

白毛柳
Salix lanifera C. F. Fang et S. D. Zhao
习　　性：灌木
海　　拔：3600~3800 m
分　　布：四川
濒危等级：LC

毛柄柳
Salix lasiopes C. Wang et P. Y. Fu
习　　性：灌木
海　　拔：约3000 m
分　　布：西藏
濒危等级：LC

荞麦地柳
Salix leveilleana C. K. Schneid.
习　　性：灌木或乔木
海　　拔：3000 m
分　　布：云南
濒危等级：LC

黑皮柳
Salix limprichtii Pax et K. Hoffm.
习　　性：灌木
海　　拔：约1500 m
分　　布：四川
濒危等级：DD

青藏垫柳
Salix lindleyana Wall. et Andersson
习　　性：匍匐灌木
海　　拔：约4000 m
国内分布：西藏、云南
国外分布：巴基斯坦、不丹、尼泊尔、印度
濒危等级：LC

筐柳
Salix linearistipularis K. S. Hao
习　　性：灌木或乔木
海　　拔：100~1800 m
分　　布：甘肃、河北、河南、山西、陕西
濒危等级：LC
资源利用：原料（木材）

黄龙柳
Salix liouana C. Wang et C. Y. Yang
习　　性：灌木
海　　拔：1000~1300 m
分　　布：河南、湖北、山东、陕西
濒危等级：LC

长花柳
Salix longiflora Wall. ex Andersson

长花柳（原变种）
Salix longiflora var. **longiflora**
习　　性：灌木
海　　拔：500~4000 m
国内分布：四川、西藏、云南
国外分布：不丹、尼泊尔、印度
濒危等级：LC

小叶长花柳
Salix longiflora var. **albescens** Burkill
习　　性：灌木
海　　拔：4000 m
分　　布：四川
濒危等级：LC

苍山长梗柳
Salix longissimipedicellaris N. Chao ex P. Y. Mao
习　　性：灌木
海　　拔：约3000 m
分　　布：云南
濒危等级：LC

长蕊柳
Salix longistamina C. Wang et P. Y. Fu

长蕊柳（原变种）
Salix longistamina var. **longistamina**
习　　性：乔木
海　　拔：约3800 m
分　　布：西藏
濒危等级：LC

无毛长蕊柳
Salix longistamina var. **glabra** Y. L. Chou
习　　性：乔木
海　　拔：约3800 m
分　　布：西藏
濒危等级：LC

丝毛柳
Salix luctuosa H. Lév.
习　　性：灌木
海　　拔：1500~3200 m
分　　布：贵州、陕西、四川、西藏、云南
濒危等级：LC

泸定垫柳
Salix ludingensis T. Y. Ding et C. F. Fang
习　　性：灌木
海　　拔：2400~3600 m
分　　布：四川
濒危等级：LC

鲁中柳
Salix luzhongensis X. W. Li et Y. Q. Zhu
习　　性：乔木或灌木
海　　拔：500~800 m
分　　布：山东
濒危等级：NT A3bd

灌西柳
Salix macroblasta C. K. Schneid.
习　　性：灌木

海　　拔：1600~2000 m
分　　布：甘肃、四川
濒危等级：NT A3bd

簇毛柳
Salix maerkangensis N. Chao
习　　性：灌木
海　　拔：2600~3000 m
分　　布：四川
濒危等级：LC

大叶柳
Salix magnifica Hemsl.

大叶柳（原变种）
Salix magnifica var. **magnifica**
习　　性：灌木或小乔木
海　　拔：2100~3000 m
分　　布：四川
濒危等级：EN A2acd+3cd+4cd
资源利用：环境利用（观赏）

倒卵叶大叶柳
Salix magnifica var. **apatela**(C. K. Schneid.) K. S. Hao
习　　性：灌木或小乔木
海　　拔：2600~3000 m
分　　布：四川
濒危等级：LC

卷毛大叶柳
Salix magnifica var. **ulotricha**(C. K. Schneid.) N. Chao
习　　性：灌木或小乔木
海　　拔：2100~2800 m
分　　布：四川
濒危等级：LC

墨竹柳
Salix maizhokunggarensis N. Chao
习　　性：灌木
海　　拔：约4200 m
分　　布：西藏
濒危等级：LC

旱柳
Salix matsudana Koidz.

旱柳（原变种）
Salix matsudana var. **matsudana**
习　　性：乔木
海　　拔：约3600 m
分　　布：安徽、福建、甘肃、河北、河南、黑龙江、江苏、辽宁、内蒙古、青海、陕西、四川、浙江
濒危等级：LC
资源利用：原料（木材，纤维）；动物饲料（饲料）；环境利用（造林，观赏）；蜜源植物

旱快柳
Salix matsudana var. **anshanensis** C. Wang et J. Z. Yan
习　　性：乔木
分　　布：辽宁
濒危等级：LC

旱垂柳
Salix matsudana var. **pseudomatsudana**(Y. L. Chou et Skvortzov) Y. L. Chou
习　　性：乔木
分　　布：河北、黑龙江、辽宁
濒危等级：LC

大白柳
Salix maximowiczii Kom.
习　　性：乔木
海　　拔：300~800 m
国内分布：黑龙江、吉林、辽宁
国外分布：俄罗斯、韩国
濒危等级：LC
资源利用：原料（木材）；环境利用（观赏）；蜜源植物

墨脱柳
Salix medogensis Y. L. Chou
习　　性：乔木
海　　拔：3600~3900 m
分　　布：西藏
濒危等级：LC

粤柳
Salix mesnyi Hance
习　　性：乔木
海　　拔：100~1400 m
分　　布：安徽、福建、广东、广西、江苏、江西、浙江
濒危等级：LC

绿叶柳
Salix metaglauca C. Y. Yang
习　　性：灌木
海　　拔：2700~2800 m
分　　布：新疆
濒危等级：LC

米黄柳
Salix michelsonii Goerz et Nasarow
习　　性：灌木
海　　拔：300~3250 m
国内分布：新疆
国外分布：哈萨克斯坦
濒危等级：LC

宝兴矮柳
Salix microphyta Franch.
习　　性：灌木
海　　拔：2300~3700 m
分　　布：四川、云南
濒危等级：LC

小穗柳
Salix microstachya Turcz. ex Trautv.

小穗柳（原变种）
Salix microstachya var. **microstachya**
习　　性：灌木
海　　拔：200~3500 m
国内分布：内蒙古
国外分布：俄罗斯（西伯利亚）、蒙古

小红柳
Salix microstachya var. **bordensis** (Nakai) C. F. Fang
- 习　　性：灌木
- 分　　布：河北、黑龙江、吉林、辽宁、内蒙古
- 濒危等级：LC

兴山柳
Salix mictotricha C. K. Schneid.
- 习　　性：灌木
- 海　　拔：1300~1700 m
- 分　　布：湖北、四川
- 濒危等级：LC

岷江柳
Salix minjiangensis N. Chao

岷江柳（原变种）
Salix minjiangensis var. **minjiangensis**
- 习　　性：灌木
- 海　　拔：2400~3000 m
- 分　　布：四川
- 濒危等级：LC

舟曲柳
Salix minjiangensis var. **zhouquensis** N. Chao et G. T. Gong
- 习　　性：灌木
- 海　　拔：约 2700 m
- 分　　布：甘肃
- 濒危等级：LC

玉山柳
Salix morrisonicola Kimura
- 习　　性：灌木
- 海　　拔：3000~3900 m
- 分　　布：台湾
- 濒危等级：CR D2

木里柳
Salix muliensis Goerz ex Rehder et Kobuski
- 习　　性：灌木
- 海　　拔：3000~4000 m
- 分　　布：四川、云南
- 濒危等级：LC

坡柳
Salix myrtillacea Andersson
- 习　　性：灌木
- 海　　拔：2700~4800 m
- 国内分布：甘肃、青海、四川、西藏、云南
- 国外分布：不丹、缅甸、尼泊尔、印度
- 濒危等级：LC

越橘柳
Salix myrtilloides L.

越橘柳（原变种）
Salix myrtilloides var. **myrtilloides**
- 习　　性：灌木
- 海　　拔：300~500 m
- 国内分布：黑龙江、吉林、辽宁、内蒙古
- 国外分布：朝鲜、蒙古
- 濒危等级：LC

东北越橘柳
Salix myrtilloides var. **mandshurica** Nakai
- 习　　性：灌木
- 海　　拔：500 m
- 国内分布：黑龙江
- 国外分布：韩国
- 濒危等级：EN D

南京柳
Salix nankingensis C. Wang et S. L. Tung
- 习　　性：灌木或小乔木
- 海　　拔：600 m 以下
- 分　　布：江苏
- 濒危等级：CR D

新山生柳
Salix neoamnematchinensis T. Y. Ding et C. F. Fang
- 习　　性：灌木
- 海　　拔：2700~3700 m
- 分　　布：青海
- 濒危等级：NT A3；D

绢柳
Salix neolapponum C. Y. Yang
- 习　　性：灌木
- 海　　拔：约 2000 m
- 分　　布：新疆
- 濒危等级：EN D

三蕊柳
Salix nipponica Franch. et Sav.

三蕊柳（原变种）
Salix nipponica var. **nipponica**
- 习　　性：灌木或乔木
- 海　　拔：海平面至 500 m
- 国内分布：河北、黑龙江、湖南、吉林、江苏、辽宁、内蒙古、山东、西藏、浙江
- 国外分布：俄罗斯、韩国、蒙古、日本
- 濒危等级：LC

蒙山柳
Salix nipponica var. **mengshanensis** (S. B. Liang) G. H. Zhu
- 习　　性：灌木或乔木
- 海　　拔：约 300 m
- 分　　布：山东
- 濒危等级：NT A3；D

怒江柳
Salix nujiangensis N. Chao
- 习　　性：灌木
- 海　　拔：约 2800 m
- 分　　布：云南
- 濒危等级：LC

多腺柳
Salix nummularia Andersson
- 习　　性：匍匐灌木

海　　拔：2200～2600 m
国内分布：吉林
国外分布：俄罗斯
濒危等级：NT B1ab（i, iii）; D
资源利用：环境利用（水土保持）

毛坡柳
Salix obscura Andersson
　　习　　性：灌木
　　海　　拔：约 3000 m
　　国内分布：西藏
　　国外分布：不丹、印度
　　濒危等级：LC

华西柳
Salix occidentalisinensis N. Chao
　　习　　性：灌木
　　海　　拔：3400～3800 m
　　分　　布：四川、西藏、云南
　　濒危等级：LC

汶川柳
Salix ochetophylla Goerz
　　习　　性：灌木
　　海　　拔：约 2800 m
　　分　　布：四川
　　濒危等级：LC

峨眉柳
Salix omeiensis C. K. Schneid.
　　习　　性：灌木或小乔木
　　海　　拔：约 1600 m
　　分　　布：四川
　　濒危等级：LC

迟花柳
Salix opsimantha C. K. Schneid.

迟花柳（原变种）
Salix opsimantha var. **opsimantha**
　　习　　性：灌木
　　海　　拔：3200～4800 m
　　分　　布：四川、西藏、云南
　　濒危等级：LC

娃娃山柳
Salix opsimantha var. **wawashanica**(P. Y. Mao et P. X. He)G. H. Zhu
　　习　　性：灌木
　　海　　拔：3200～4700 m
　　分　　布：云南
　　濒危等级：LC

迟花矮柳
Salix oreinoma C. K. Schneid.
　　习　　性：灌木
　　海　　拔：3700～4300 m
　　分　　布：四川、西藏、云南
　　濒危等级：LC

尖齿叶垫柳
Salix oreophila Hook. f. ex Andersson

尖齿叶垫柳（原变种）
Salix oreophila var. **oreophila**
　　习　　性：灌木
　　海　　拔：4000～4600 m
　　国内分布：西藏、云南
　　国外分布：不丹、尼泊尔、印度
　　濒危等级：LC

五齿叶垫柳
Salix oreophila var. **secta**(Hook. f. ex Andersson) Andersson
　　习　　性：灌木
　　海　　拔：约 4600 m
　　国内分布：西藏
　　国外分布：印度
　　濒危等级：LC

山生柳
Salix oritrepha C. K. Schneid.

山生柳（原变种）
Salix oritrepha var. **oritrepha**
　　习　　性：灌木
　　海　　拔：3000～4300 m
　　分　　布：甘肃、宁夏、青海、四川、西藏、云南
　　濒危等级：LC

青山生柳
Salix oritrepha var. **amnematchinensis**(K. S. Hao ex C. F. Fang et A. K. Skvortsov) G. H. Zhu
　　习　　性：灌木
　　海　　拔：3000～3500 m
　　分　　布：甘肃、青海、四川
　　濒危等级：LC

卵小叶垫柳
Salix ovatomicrophylla K. S. Hao ex C. F. Fang et A. K. Skvortsov
　　习　　性：灌木
　　海　　拔：4200～4700 m
　　分　　布：四川、西藏、云南
　　濒危等级：LC

类扇叶垫柳
Salix paraflabellaris S. D. Zhao
　　习　　性：匍匐灌木
　　海　　拔：3500～4000 m
　　分　　布：云南
　　濒危等级：LC

藏紫枝柳
Salix paraheterochroma C. Wang et P. Y. Fu
　　习　　性：灌木
　　海　　拔：3300～3400 m
　　分　　布：西藏
　　濒危等级：LC

光叶柳
Salix paraphylicifolia C. Y. Yang
　　习　　性：灌木
　　海　　拔：1800～2000 m
　　分　　布：新疆
　　濒危等级：LC

康定柳
Salix paraplesia C. K. Schneid.

康定柳（原变种）
Salix paraplesia var. **paraplesia**
习　　性：乔木
海　　拔：1500～3900 m
分　　布：甘肃、宁夏、青海、山西、陕西、四川、西藏、云南
濒危等级：LC

毛枝康定柳
Salix paraplesia var. **pubescens** C. Wang et C. F. Fang
习　　性：乔木
海　　拔：约2200 m
分　　布：甘肃
濒危等级：LC

左旋康定柳
Salix paraplesia var. **subintegra** C. Wang et P. Y. Fu
习　　性：乔木
海　　拔：3600～3900 m
分　　布：西藏
濒危等级：LC

类四腺柳
Salix paratetradenia C. Wang et P. Y. Fu

类四腺柳（原变种）
Salix paratetradenia var. **paratetradenia**
习　　性：灌木
海　　拔：2500～4300 m
分　　布：西藏
濒危等级：LC

亚东柳
Salix paratetradenia var. **yatungensis** C. Wang et P. Y. Fu
习　　性：灌木
海　　拔：约3000 m
分　　布：四川、西藏
濒危等级：LC

小齿叶柳
Salix parvidenticulata C. F. Fang
习　　性：灌木
海　　拔：约2400 m
分　　布：西藏
濒危等级：DD

黑枝柳
Salix pella C. K. Schneid.
习　　性：灌木
海　　拔：2200～3000 m
分　　布：四川
濒危等级：LC

五蕊柳
Salix pentandra L.

五蕊柳（原变种）
Salix pentandra var. **pentandra**
习　　性：灌木或乔木
海　　拔：500～1700 m
国内分布：河北、黑龙江、吉林、辽宁、内蒙古、新疆
国外分布：俄罗斯、蒙古
濒危等级：LC

白背五蕊柳
Salix pentandra var. **intermedia** Nakai
习　　性：灌木或乔木
海　　拔：1700 m
分　　布：吉林
濒危等级：NT A3bd；D1

卵苞五蕊柳
Salix pentandra var. **obovalis** C. Y. Yu
习　　性：灌木或乔木
海　　拔：约1700 m
分　　布：内蒙古
濒危等级：LC

山毛柳
Salix permollis C. Wang et C. Y. Yu
习　　性：乔木
海　　拔：1000～1300 m
分　　布：陕西
濒危等级：CR B1ab（i，iii）

纤柳
Salix phaidima C. K. Schneid.
习　　性：灌木或小乔木
海　　拔：1600～2300 m
分　　布：四川
濒危等级：LC

长叶柳
Salix phanera C. K. Schneid.

长叶柳（原变种）
Salix phanera var. **phanera**
习　　性：小乔木
海　　拔：2200～3000 m
分　　布：甘肃、四川、云南
濒危等级：LC

维西长叶柳
Salix phanera var. **weixiensis** C. F. Fang
习　　性：小乔木
海　　拔：约2500 m
分　　布：云南
濒危等级：LC

白皮柳
Salix pierotii Miq.
习　　性：灌木或小乔木
海　　拔：200～500 m
国内分布：黑龙江、吉林、辽宁
国外分布：俄罗斯、日本
资源利用：环境利用（观赏）

毛小叶垫柳
Salix pilosomicrophylla C. Wang et P. Y. Fu

习　　性：匍匐灌木
海　　拔：约 4200 m
分　　布：西藏、云南
濒危等级：LC

平利柳
Salix pingliensis Y. L. Chou
习　　性：乔木
海　　拔：400~600 m
分　　布：陕西
濒危等级：VU A3bd

毛果垫柳
Salix piptotricha Hand. -Maz.
习　　性：匍匐灌木
海　　拔：3500~? m
分　　布：云南
濒危等级：LC

曲毛柳
Salix plocotricha C. K. Schneid.
习　　性：灌木
海　　拔：2200~2500 m
分　　布：甘肃、四川、西藏
濒危等级：LC

多枝柳
Salix polyclona C. K. Schneid.
习　　性：灌木
海　　拔：约 2100 m
分　　布：湖北、陕西
濒危等级：LC

草地柳
Salix praticola Hand. -Maz. ex Enander
习　　性：灌木
海　　拔：1000~1500 m
分　　布：广西、贵州、湖北、湖南、四川、云南
濒危等级：LC

北沙柳
Salix psammophila C. Wang et C. Y. Yang
习　　性：灌木
海　　拔：900~1650 m
分　　布：内蒙古、宁夏、山西、陕西
濒危等级：LC

朝鲜垂柳
Salix pseudolasiogyne H. Lév.

朝鲜垂柳（原变种）
Salix pseudolasiogyne var. **pseudolasiogyne**
习　　性：乔木
国内分布：辽宁
国外分布：韩国
资源利用：原料（木材）；环境利用（绿化）
濒危等级：LC

垦绥垂柳
Salix pseudolasiogyne var. **bilofolia** J. Q. Wang et D. M. Li
习　　性：乔木
分　　布：黑龙江
濒危等级：NT

红花朝鲜垂柳
Salix pseudolasiogyne var. **erythrantha** C. F. Fang
习　　性：乔木
分　　布：辽宁
濒危等级：LC

小叶山毛柳
Salix pseudopermollis C. Y. Yu et C. Y. Yang
习　　性：灌木或乔木
海　　拔：500~800 m
分　　布：山东、陕西
濒危等级：VU D1+2

大苞柳
Salix pseudospissa Goerz ex Rehder et Kobuski
习　　性：灌木
海　　拔：约 4600 m
分　　布：甘肃、青海、四川
濒危等级：LC

山柳
Salix pseudotangii C. Wang et C. Y. Yu
习　　性：灌木
海　　拔：约 2300 m
分　　布：陕西
濒危等级：VU D1

青皂柳
Salix pseudowallichiana Goerz ex Rehder et Kobuski
习　　性：灌木或乔木
分　　布：青海、山西、四川
濒危等级：LC

西柳
Salix pseudowolohoensis K. S. Hao ex C. F. Fang et A. K. Skvortsov
习　　性：灌木
海　　拔：1100~3500 m
分　　布：四川、云南
濒危等级：LC

裸柱头柳
Salix psilostigma Andersson
习　　性：灌木
海　　拔：3000~3600 m
国内分布：四川、西藏、云南
国外分布：不丹、尼泊尔、印度
濒危等级：LC

密穗柳
Salix pycnostachya Andersson

密穗柳（原变种）
Salix pycnostachya var. **pycnostachya**
习　　性：灌木
海　　拔：约 4400 m
国内分布：新疆
国外分布：阿富汗、巴基斯坦、吉尔吉斯斯坦、尼泊尔、塔

吉克斯坦、乌兹别克斯坦、印度
濒危等级：LC

无毛密穗柳
Salix pycnostachya var. **glabra** (Y. L. Chou) N. Chao et J. Liu
习　　性：灌木
海　　拔：约 3800 m
分　　布：西藏
濒危等级：LC

尖果密穗柳
Salix pycnostachya var. **oxycarpa** (Andersson) Y. L. Chou et C. F. Fang
习　　性：灌木
海　　拔：约 4400 m
国内分布：西藏
国外分布：阿富汗、巴基斯坦、不丹、印度
濒危等级：LC

鹿蹄柳
Salix pyrolifolia Ledeb.
习　　性：灌木或小乔木
海　　拔：1300~1700 m
国内分布：黑龙江、内蒙古、新疆
国外分布：俄罗斯、蒙古
濒危等级：LC

昌都柳
Salix qamdoensis N. Chao et J. Liu
习　　性：小乔木
海　　拔：约 4200 m
分　　布：西藏
濒危等级：LC

青海柳
Salix qinghaiensis Y. L. Chou

青海柳（原变种）
Salix qinghaiensis var. **qinghaiensis**
习　　性：灌木或小乔木
海　　拔：2500~3100 m
分　　布：甘肃、青海
濒危等级：LC

小叶青海柳
Salix qinghaiensis var. **microphylla** Y. L. Chou
习　　性：灌木或小乔木
分　　布：甘肃
濒危等级：NT A3；D

陕西柳
Salix qinlingica C. Wang et N. Chao
习　　性：灌木
海　　拔：约 1800 m
分　　布：陕西
濒危等级：LC

大黄柳
Salix raddeana Lacksch. ex Nasarow

大黄柳（原变种）
Salix raddeana var. **raddeana**
习　　性：灌木或乔木
海　　拔：100~2400 m
国内分布：黑龙江、吉林、辽宁、内蒙古
国外分布：朝鲜、俄罗斯
濒危等级：LC

稀毛大黄柳
Salix raddeana var. **subglabra** Y. L. Chang et Skvortzov
习　　性：灌木或乔木
分　　布：黑龙江
濒危等级：LC

长穗柳
Salix radinostachya C. K. Schneid.

长穗柳（原变种）
Salix radinostachya var. **radinostachya**
习　　性：灌木
海　　拔：2600~3200 m
国内分布：四川、西藏、云南
国外分布：印度
濒危等级：LC

绒毛长穗柳
Salix radinostachya var. **pseudophanera** C. F. Fang
习　　性：灌木
海　　拔：约 3000 m
分　　布：云南
濒危等级：LC

欧越橘柳
Salix rectijulis Ledeb. ex Trautv.
习　　性：灌木
海　　拔：2700~2800 m
国内分布：新疆
国外分布：俄罗斯、蒙古
濒危等级：LC

川滇柳
Salix rehderiana C. K. Schneid.

川滇柳（原变种）
Salix rehderiana var. **rehderiana**
习　　性：灌木或小乔木
海　　拔：1400~4000 m
分　　布：甘肃、宁夏、青海、陕西、四川、西藏、云南
濒危等级：LC

灌柳
Salix rehderiana var. **dolia** (C. K. Schneid.) N. Chao
习　　性：灌木或小乔木
海　　拔：3000~3300 m
分　　布：甘肃、四川
濒危等级：LC

截苞柳
Salix resecta Diels
习　　性：灌木
海　　拔：2800~4300 m
分　　布：四川、云南
濒危等级：LC

藏截苞矮柳
Salix resectoides Hand.-Mazz.
习　　性：灌木
海　　拔：3500~4200 m
分　　布：西藏、云南
濒危等级：LC

杜鹃叶柳
Salix rhododendrifolia C. Wang et P. Y. Fu
习　　性：灌木
海　　拔：4000~4200 m
分　　布：四川、西藏、云南
濒危等级：LC

房县柳
Salix rhoophila C. K. Schneid.
习　　性：灌木
海　　拔：800~2600 m
分　　布：湖北、四川
濒危等级：LC

拉加柳
Salix rockii Goerz ex Rehder et Kobuski
习　　性：灌木
海　　拔：约3700 m
分　　布：甘肃、青海
濒危等级：NT D

粉枝柳
Salix rorida Lacksch.
习　　性：乔木
海　　拔：300~600 m
国内分布：河北、黑龙江、吉林、辽宁、内蒙古
国外分布：俄罗斯、韩国、蒙古、日本
资源利用：原料（木材）；蜜源植物

伪粉枝柳
Salix rorida var. **roridiformis**(Nakai)Ohwi
习　　性：乔木
海　　拔：300~600 m
国内分布：黑龙江、吉林、辽宁
国外分布：韩国、日本
濒危等级：LC

细叶沼柳
Salix rosmarinifolia L.

细叶沼柳（原变种）
Salix rosmarinifolia var. **rosmarinifolia**
习　　性：灌木
海　　拔：300~3200 m
国内分布：黑龙江、吉林、辽宁、内蒙古、新疆
国外分布：俄罗斯、哈萨克斯坦、韩国、吉尔吉斯斯坦、蒙古、塔吉克斯坦
濒危等级：LC
资源利用：原料（器皿）；动物饲料（饲料）

沼柳
Salix rosmarinifolia var. **brachypoda**(Trautv. et C. A. Mey.) Y. L. Chou
习　　性：灌木
海　　拔：300~600 m
国内分布：甘肃、黑龙江、吉林、辽宁、内蒙古
国外分布：俄罗斯
濒危等级：LC

甘南沼柳
Salix rosmarinifolia var. **gannanensis** C. F. Fang
习　　性：灌木
海　　拔：2200~3200 m
分　　布：甘肃
濒危等级：LC

东北细叶沼柳
Salix rosmarinifolia var. **tungbeiana** Y. L. Chou et Skvortzov
习　　性：灌木
海　　拔：300~500 m
分　　布：黑龙江
濒危等级：LC

南川柳
Salix rosthornii Seemen
习　　性：灌木或小乔木
海　　拔：3600 m 以下
分　　布：安徽、贵州、湖北、湖南、江西、陕西、四川、浙江
濒危等级：LC

萨彦柳
Salix sajanensis Nasarow
习　　性：灌木或乔木
海　　拔：约1800 m
国内分布：新疆
国外分布：俄罗斯、蒙古
濒危等级：CR B1ab（i, iii）；C1

对叶柳
Salix salwinensis Hand.-Mazz. ex Enander

对叶柳（原变种）
Salix salwinensis var. **salwinensis**
习　　性：灌木
海　　拔：2900~3200 m
国内分布：云南
国外分布：不丹、尼泊尔、印度
濒危等级：LC

长穗对叶柳
Salix salwinensis var. **longiamentifera** C. F. Fang
习　　性：灌木
海　　拔：3000~3200 m
分　　布：云南
濒危等级：LC

灌木柳
Salix saposhnikovii A. K. Skvortsov
习　　性：灌木
海　　拔：1800~2000 m

国内分布：新疆
国外分布：俄罗斯、蒙古
濒危等级：CR B1ab（i，iii）；C1

阿克苏柳
Salix schugnanica Goerz
习　　性：灌木
海　　拔：约1900 m
国内分布：新疆
国外分布：亚洲中部
濒危等级：EN B1ab（iii）；D

蒿柳
Salix schwerinii E. L. Wolf
习　　性：灌木或小乔木
海　　拔：300~600 m
国内分布：河北、黑龙江、吉林、辽宁、内蒙古
国外分布：俄罗斯、韩国、蒙古、日本
濒危等级：LC
资源利用：动物饲料（饲料）

硬叶柳
Salix sclerophylla Andersson

硬叶柳（原变种）
Salix sclerophylla var. **sclerophylla**
习　　性：灌木
海　　拔：2800~4800 m
国内分布：甘肃、青海、四川、西藏、云南
国外分布：巴基斯坦、克什米尔地区、尼泊尔、印度
濒危等级：LC

小叶硬叶柳
Salix sclerophylla var. **tibetica**（Goerz ex Rehder et Kobuski）C. F. Fang
习　　性：灌木
海　　拔：2800~4000 m
分　　布：四川、云南
濒危等级：NT A3

近硬叶柳
Salix sclerophylloides Y. L. Chou

近硬叶柳（原变种）
Salix sclerophylloides var. **sclerophylloides**
习　　性：灌木
海　　拔：约3800 m
分　　布：甘肃、青海、四川、西藏
濒危等级：LC

宽苞金背柳
Salix sclerophylloides var. **obtusa**（C. Wang et P. Y. Fu）N. Chao et J. Liu
习　　性：灌木
海　　拔：约4200 m
分　　布：四川、西藏
濒危等级：LC

岩壁垫柳
Salix scopulicola P. Y. Mao et W. Z. Li

习　　性：灌木
海　　拔：4000 m
分　　布：云南
濒危等级：LC

绢果柳
Salix sericocarpa Andersson
习　　性：乔木
海　　拔：约4000 m
国内分布：西藏、云南
国外分布：阿富汗、巴基斯坦、克什米尔地区、尼泊尔
濒危等级：LC

多花小垫柳
Salix serpyllum Andersson
习　　性：匍匐灌木
海　　拔：3200~4500 m
国内分布：西藏
国外分布：不丹、尼泊尔、印度
濒危等级：LC

山丹柳
Salix shandanensis C. F. Fang
习　　性：灌木
海　　拔：约2700 m
分　　布：甘肃、宁夏、青海
濒危等级：LC

商城柳
Salix shangchengensis B. C. Ding et T. B. Chao
习　　性：乔木或灌木
分　　布：河南
濒危等级：EN D

山西柳
Salix shansiensis K. S. Hao ex C. F. Fang et A. K. Skvortsov
习　　性：落叶灌木或乔木
分　　布：河北、山西
濒危等级：LC

石泉柳
Salix shihtsuanensis C. Wang et C. Y. Yu

石泉柳（原变种）
Salix shihtsuanensis var. **shihtsuanensis**
习　　性：灌木或小乔木
海　　拔：1000~1400 m
分　　布：甘肃、陕西
濒危等级：LC

光果石泉柳
Salix shihtsuanensis var. **glabrata** C. F. Fang et J. Q. Wang
习　　性：灌木或小乔木
海　　拔：约1400 m
分　　布：甘肃
濒危等级：LC

球果石泉柳
Salix shihtsuanensis var. **globosa** C. Y. Yu
习　　性：灌木或小乔木

海　　拔：约 1200 m
分　　布：甘肃、陕西
濒危等级：LC

无柄石泉柳
Salix shihtsuanensis var. **sessilis** C. Y. Yu
习　　性：灌木或小乔木
海　　拔：1000~1300 m
分　　布：陕西
濒危等级：LC

石门柳
Salix shimenensis N. Chao et Z. Y. Wang
习　　性：落叶灌木或乔木
分　　布：湖南
濒危等级：LC

锡金柳
Salix sikkimensis Andersson
习　　性：灌木
海　　拔：3700~4500 m
国内分布：西藏、云南
国外分布：不丹、尼泊尔、印度
濒危等级：LC

中国黄花柳
Salix sinica（K. S. Hao ex C. F. Fang et A. K. Skvortsov）G. H. Zhu

中国黄花柳（原变种）
Salix sinica var. **sinica**
习　　性：灌木或小乔木
海　　拔：100~4200 m
分　　布：甘肃、河北、内蒙古、青海
濒危等级：LC

齿叶黄花柳
Salix sinica var. **dentata**（K. S. Hao ex C. F. Fang et A. K. Skvortsov）G. H. Zhu
习　　性：灌木或小乔木
分　　布：河北、宁夏、山西、陕西
濒危等级：NT A3

无柄黄花柳
Salix sinica var. **subsessilis**（K. S. Hao ex C. F. Fang et A. K. Skvortsov）G. H. Zhu
习　　性：灌木或小乔木
分　　布：河北
濒危等级：LC

红皮柳
Salix sinopurpurea C. Wang et C. Y. Yang
习　　性：灌木
海　　拔：1000~1600 m
分　　布：甘肃、河北、河南、湖北、山西、陕西
濒危等级：LC

卷边柳
Salix siuzevii Seemen
习　　性：灌木或乔木
海　　拔：2000 m 以下
国内分布：黑龙江、吉林、内蒙古
国外分布：俄罗斯、韩国
濒危等级：LC
资源利用：蜜源植物

司氏柳
Salix skvortzovii Y. L. Chang et Y. L. Chou
习　　性：灌木
海　　拔：400~600 m
分　　布：黑龙江、吉林、辽宁
资源利用：蜜源植物

准噶尔柳
Salix songarica Andersson
习　　性：乔木
海　　拔：1100~1200 m
国内分布：新疆
国外分布：阿富汗、哈萨克斯坦、土库曼斯坦、乌兹别克斯坦
濒危等级：LC

黄花垫柳
Salix souliei Seemen
习　　性：灌木
海　　拔：4200~4800 m
分　　布：青海、四川、西藏、云南
濒危等级：LC

巴郎柳
Salix sphaeronymphe Goerz

巴郎柳（原变种）
Salix sphaeronymphe var. **sphaeronymphe**
习　　性：灌木或乔木
海　　拔：2600~3700 m
分　　布：甘肃、四川、西藏
濒危等级：LC

光果巴郎柳
Salix sphaeronymphe var. **sphaeronymphoides**（Y. L. Chou）N. Chao et J. Liu
习　　性：灌木或乔木
分　　布：四川、西藏、云南
濒危等级：LC

灰叶柳
Salix spodiophylla Hand.-Mazz.

灰叶柳（原变种）
Salix spodiophylla var. **spodiophylla**
习　　性：灌木
海　　拔：2500~4300 m
分　　布：四川、云南
濒危等级：LC

光果灰叶柳
Salix spodiophylla var. **liocarpa**（K. S. Hao ex C. F. Fang et A. K. Skvortsov）G. H. Zhu
习　　性：灌木
分　　布：四川、云南

濒危等级：LC

簸箕柳
Salix suchowensis W. C. Cheng
- 习　　性：灌木
- 海　　拔：约 2100 m
- 分　　布：河南、江苏、山东、浙江
- 资源利用：原料（器皿）

松江柳
Salix sungkianica Y. L. Chou et Skvortzov
- 习　　性：灌木
- 分　　布：黑龙江
- 濒危等级：DD
- 资源利用：原料（木材）；蜜源植物

花莲柳
Salix tagawana Koidz.
- 习　　性：灌木
- 海　　拔：2800~3000 m
- 分　　布：台湾
- 濒危等级：VU A2c

太白柳
Salix taipaiensis C. Y. Yu
- 习　　性：灌木
- 海　　拔：约 3100 m
- 分　　布：陕西
- 濒危等级：LC

泰山柳
Salix taishanensis C. Wang et C. F. Fang

泰山柳（原变种）
Salix taishanensis var. **taishanensis**
- 习　　性：灌木
- 海　　拔：约 1400 m
- 分　　布：河北、河南、山东、山西
- 濒危等级：LC

光子房泰山柳
Salix taishanensis var. **glabra** C. F. Fang & W. O. Liu
- 习　　性：灌木
- 海　　拔：约 1400 m
- 分　　布：山西
- 濒危等级：NT A3；D

河北柳
Salix taishanensis var. **hebeinica** C. F. Fang
- 习　　性：灌木
- 海　　拔：1400 m
- 分　　布：河北
- 濒危等级：LC

台湾山柳
Salix taiwanalpina Kimura
- 习　　性：灌木
- 海　　拔：2400~3900 m
- 分　　布：台湾
- 濒危等级：LC

高山柳
Salix takasagoalpina Koid.
- 习　　性：匍匐灌木
- 分　　布：台湾
- 濒危等级：LC

周至柳
Salix tangii K. S. Hao ex C. F. Fang et A. K. Skvortsov

周至柳（原变种）
Salix tangii var. **tangii**
- 习　　性：灌木
- 海　　拔：1200~3000 m
- 分　　布：甘肃、山西、陕西
- 濒危等级：LC

细叶周至柳
Salix tangii var. **angustifolia** C. Y. Yu
- 习　　性：灌木
- 海　　拔：1200~2400 m
- 分　　布：甘肃、陕西
- 濒危等级：NT A3

洮河柳
Salix taoensis Goerz ex Rehder et Kobuski

洮河柳（原变种）
Salix taoensis var. **taoensis**
- 习　　性：灌木
- 海　　拔：1600~4100 m
- 分　　布：甘肃、青海
- 濒危等级：LC

光果洮河柳
Salix taoensis var. **leiocarpa** T. Y. Ding et C. F. Fang
- 习　　性：灌木
- 分　　布：青海
- 濒危等级：LC

柄果洮河柳
Salix taoensis var. **pedicellata** C. F. Fang et J. Q. Wang
- 习　　性：灌木
- 分　　布：甘肃
- 濒危等级：NT A3

谷柳
Salix taraikensis Kimura

谷柳（原变种）
Salix taraikensis var. **taraikensis**
- 习　　性：灌木或小乔木
- 海　　拔：200~3500 m
- 国内分布：黑龙江、吉林、辽宁、内蒙古、新疆
- 国外分布：俄罗斯、蒙古、日本
- 濒危等级：LC

宽叶谷柳
Salix taraikensis var. **latifolia** Kimura
- 习　　性：灌木或小乔木
- 国内分布：黑龙江、吉林

国外分布：俄罗斯、日本
濒危等级：DD

倒披针谷柳
Salix taraikensis var. **oblanceolata** C. Wang et C. F. Fang
习　　性：灌木或小乔木
分　　布：辽宁
濒危等级：LC

塔城柳
Salix tarbagataica C. Y. Yang
习　　性：灌木
海　　拔：1400~1500 m
国内分布：新疆
国外分布：哈萨克斯坦
濒危等级：LC

光苞柳
Salix tenella C. K. Schneid.

光苞柳（原变种）
Salix tenella var. **tenella**
习　　性：灌木
海　　拔：2600~3800 m
分　　布：四川、云南
濒危等级：LC

基毛光苞柳
Salix tenella var. **trichadenia** Hand.-Mazz.
习　　性：灌木
海　　拔：2600~3800 m
分　　布：四川、云南
濒危等级：LC

腾冲柳
Salix tengchongensis C. F. Fang
习　　性：灌木
海　　拔：约1700 m
分　　布：云南
濒危等级：EN A2c

细穗柳
Salix tenuijulis Ledeb.
习　　性：灌木
海　　拔：1200~1500 m
国内分布：新疆
国外分布：哈萨克斯坦、吉尔吉斯斯坦、蒙古
濒危等级：DD

四子柳
Salix tetrasperma Roxb.
习　　性：乔木
海　　拔：1800 m以下
国内分布：广东、海南、西藏、云南
国外分布：巴基斯坦、菲律宾、马来西亚、缅甸、泰国、印度、印度尼西亚、越南
濒危等级：LC

天山柳
Salix tianschanica Regel
习　　性：灌木
海　　拔：1700~2700 m
国内分布：新疆
国外分布：哈萨克斯坦、吉尔吉斯斯坦
濒危等级：NT A3bd；D1

川三蕊柳
Salix triandroides W. P. Fang
习　　性：灌木或乔木
海　　拔：2100 m以下
分　　布：四川
濒危等级：EN A2acd+3cd

毛果柳
Salix trichocarpa C. F. Fang
习　　性：乔木
海　　拔：约3200 m
分　　布：西藏
濒危等级：LC

吐兰柳
Salix turanica Nasarow
习　　性：灌木
海　　拔：100~4200 m
国内分布：新疆
国外分布：阿富汗、巴基斯坦、哈萨克斯坦、吉尔吉斯斯坦、蒙古、塔吉克斯坦、印度
濒危等级：LC

蔓柳
Salix turczaninowii Lacksch.
习　　性：匍匐灌木
海　　拔：2600~? m
国内分布：新疆
国外分布：俄罗斯、哈萨克斯坦、蒙古
濒危等级：NT D1

乌饭叶矮柳
Salix vaccinioides Hand.-Mazz.
习　　性：灌木
海　　拔：2500~4000 m
分　　布：西藏、云南
濒危等级：LC

秋华柳
Salix variegata Franch.
习　　性：灌木
海　　拔：110~3600 m
分　　布：甘肃、贵州、河南、湖北、陕西、四川、西藏、云南
濒危等级：LC

皱纹柳
Salix vestita Pursh
习　　性：灌木
海　　拔：1900~2000 m
国内分布：新疆
国外分布：俄罗斯、蒙古
濒危等级：EN D

皂柳
Salix wallichiana Andersson

皂柳（原变种）
Salix wallichiana var. **wallichiana**
  习 性：灌木或乔木
  海 拔：4000~4100 m
  国内分布：甘肃、贵州、河北、湖北、湖南、内蒙古、青海、山西、陕西、四川、西藏、云南、浙江
  国外分布：不丹、尼泊尔、印度
  濒危等级：LC

绒毛皂柳
Salix wallichiana var. **pachyclada**（H. Lév. et Vaniot）C. Wang et C. F. Fang
  习 性：灌木或乔木
  分 布：贵州、湖北、湖南、四川、云南、浙江
  濒危等级：LC

眉柳
Salix wangiana K. S. Hao ex C. F. Fang et A. K. Skvortsov
  习 性：灌木
  海 拔：2600~4700 m
  分 布：陕西、西藏
  濒危等级：NT A3；D

台湾水柳
Salix warburgii Seemen
  习 性：小乔木
  海 拔：海平面至 1000 m
  分 布：台湾
  濒危等级：LC

维西柳
Salix weixiensis Y. L. Chou
  习 性：灌木或小乔木
  海 拔：1900~2600 m
  分 布：云南
  濒危等级：EN B1ab（i，iii）

线叶柳
Salix wilhelmsiana M. Bieb.

线叶柳（原变种）
Salix wilhelmsiana var. **wilhelmsiana**
  习 性：灌木或小乔木
  海 拔：1500~2000 m
  国内分布：甘肃、内蒙古、宁夏、新疆
  国外分布：巴基斯坦、哈萨克斯坦、吉尔吉斯斯坦、乌兹别克斯坦、印度
  濒危等级：LC

宽线叶柳
Salix wilhelmsiana var. **latifolia** C. Y. Yang
  习 性：灌木或小乔木
  分 布：新疆
  濒危等级：LC

光果线叶柳
Salix wilhelmsiana var. **leiocarpa** C. Y. Yang
  习 性：灌木或小乔木
  分 布：甘肃、内蒙古
  濒危等级：NT A3；D

紫柳
Salix wilsonii Seemen ex Diels
  习 性：乔木
  海 拔：100~3600 m
  分 布：安徽、湖北、湖南、江苏、江西、浙江
  濒危等级：LC

川南柳
Salix wolohoensis C. K. Schneid.
  习 性：灌木
  海 拔：1600~3000 m
  分 布：四川、云南
  濒危等级：LC

伍须柳
Salix wuxuhaiensis N. Chao
  习 性：灌木
  海 拔：约 4200 m
  分 布：四川
  濒危等级：LC

小光山柳
Salix xiaoguangshanica Y. L. Chou et N. Chao
  习 性：灌木
  海 拔：2500~2600 m
  分 布：云南
  濒危等级：LC

西藏柳
Salix xizangensis Y. L. Chou
  习 性：灌木
  海 拔：约 4000 m
  分 布：西藏
  濒危等级：LC

亚东毛柳
Salix yadongensis N. Chao
  习 性：灌木或小乔木
  海 拔：约 2800 m
  分 布：西藏
  濒危等级：LC

白河柳
Salix yanbianica C. F. Fang et C. Y. Yang
  习 性：灌木
  海 拔：100~800 m
  分 布：吉林
  濒危等级：DD

玉皇柳
Salix yuhuangshanensis C. Wang et C. Y. Yu
  习 性：灌木
  海 拔：2600~2900 m
  分 布：陕西
  濒危等级：EN D

玉门柳
Salix yumenensis H. L. Yang
- 习　　性：灌木
- 海　　拔：1200~1220 m
- 分　　布：甘肃
- 濒危等级：LC

藏柳
Salix zangica N. Chao
- 习　　性：灌木
- 海　　拔：约4500 m
- 分　　布：西藏、云南
- 濒危等级：LC

察隅矮柳
Salix zayulica C. Wang et C. F. Fang
- 习　　性：灌木
- 海　　拔：约3600 m
- 分　　布：西藏
- 濒危等级：DD

鹧鸪柳
Salix zhegushanica N. Chao
- 习　　性：灌木
- 海　　拔：3400~3700 m
- 分　　布：四川
- 濒危等级：LC

箣柊属 Scolopia Schreb.

黄杨叶箣柊
Scolopia buxifolia Gagnep.
- 习　　性：灌木或小乔木
- 国内分布：广西、海南
- 国外分布：泰国、越南
- 濒危等级：LC
- 资源利用：原料（木材）

箣柊
Scolopia chinensis (Lour.) Clos
- 习　　性：灌木或小乔木
- 海　　拔：50~400 m
- 国内分布：福建、广东、广西、海南
- 国外分布：老挝、马来西亚、斯里兰卡、泰国、印度、越南
- 资源利用：原料（木材）；环境利用（观赏，绿化）

台湾箣柊
Scolopia oldhamii Hance
- 习　　性：灌木或小乔木
- 海　　拔：400 m 以下
- 国内分布：福建、台湾
- 国外分布：日本
- 濒危等级：LC

广东箣柊
Scolopia saeva (Hance) Hance
- 习　　性：灌木或小乔木
- 海　　拔：400~1500 m
- 国内分布：福建、广东、广西、海南、云南
- 国外分布：越南
- 濒危等级：LC
- 资源利用：原料（木材）；环境利用（观赏）

柞木属 Xylosma G. Forst.

柞木
Xylosma congesta (Lour.) Merr.
- 习　　性：灌木或小乔木
- 海　　拔：500~1100 m
- 国内分布：安徽、福建、广东、广西、贵州、湖北、湖南、江苏、江西、陕西、四川、台湾、西藏、云南、浙江
- 国外分布：朝鲜、日本、印度
- 资源利用：药用（中草药）；原料（木材）；环境利用（观赏）；蜜源植物
- 濒危等级：LC

南岭柞木
Xylosma controversa Clos

南岭柞木（原变种）
Xylosma controversa var. **controversa**
- 习　　性：灌木或小乔木
- 海　　拔：300~1600 m
- 国内分布：福建、广东、广西、贵州、海南、湖南、江苏、江西、四川、云南
- 国外分布：马来西亚、尼泊尔、印度、越南
- 濒危等级：LC
- 资源利用：原料（木材）

毛叶南岭柞木
Xylosma controversa var. **pubescens** Q. E. Yang
- 习　　性：灌木或小乔木
- 分　　布：广东、广西、贵州、湖南、江西、四川
- 濒危等级：LC

长叶柞木
Xylosma longifolia Clos
- 习　　性：灌木或小乔木
- 海　　拔：1000~1600 m
- 国内分布：福建、广东、广西、贵州、海南、云南
- 国外分布：老挝、尼泊尔、泰国、印度、越南
- 濒危等级：LC

刺茉莉科 SALVADORACEAE
（1属：1种）

刺茉莉属 Azima Lam.

刺茉莉
Azima sarmentosa (Blume) Benth. et Hook. f.
- 习　　性：灌木
- 国内分布：海南
- 国外分布：柬埔寨、老挝、马来西亚、缅甸、泰国、印度、印度尼西亚、越南
- 濒危等级：NT A2

檀香科 SANTALACEAE
（11 属：58 种）

油杉寄生属 Arceuthobium M. Bieb.

油杉寄生
Arceuthobium chinense Lecomte
- 习　性：寄生亚灌木
- 海　拔：1500 ~ 3600 m
- 分　布：青海、四川、云南
- 濒危等级：LC

极微小油杉寄生
Arceuthobium minutissimum Hook. f.
- 习　性：寄生草本或亚灌木
- 国内分布：西藏
- 国外分布：印度
- 濒危等级：LC

圆柏寄生
Arceuthobium oxycedri (DC.) M. Bieb.
- 习　性：寄生亚灌木
- 海　拔：3000 ~ 4100 m
- 国内分布：青海、西藏
- 国外分布：巴基斯坦、塔吉克斯坦、土库曼斯坦、印度
- 濒危等级：LC

高山松寄生
Arceuthobium pini Hawksw. et Wiens
- 习　性：寄生亚灌木
- 海　拔：2600 ~ 4000 m
- 分　布：四川、西藏、云南
- 濒危等级：LC

云杉寄生
Arceuthobium sichuanense (H. S. Kiu) Hawksw. et Wiens
- 习　性：寄生草本或亚灌木
- 海　拔：3400 ~ 4100 m
- 国内分布：青海、四川、西藏
- 国外分布：不丹
- 濒危等级：LC

冷杉寄生
Arceuthobium tibetense H. S. Kiu et W. Ren
- 习　性：寄生亚灌木
- 海　拔：3200 ~ 3400 m
- 分　布：西藏
- 濒危等级：LC

米面蓊属 Buckleya Torr.

棱果米面蓊
Buckleya angulosa S. B. Zhou et X. H. Guo
- 习　性：落叶灌木
- 分　布：安徽
- 濒危等级：LC

秦岭米面蓊
Buckleya graebneriana Diels
- 习　性：半寄生灌木
- 海　拔：700 ~ 1800 m
- 分　布：甘肃、河南、陕西
- 濒危等级：LC
- 资源利用：原料（香料，工业用油）；食品（淀粉，蔬菜，水果）

米面蓊
Buckleya henryi Diels
- 习　性：半寄生灌木
- 海　拔：700 ~ 1800 m
- 分　布：安徽、甘肃、河南、湖北、山西、四川、浙江
- 濒危等级：LC
- 资源利用：食品（淀粉，水果）

寄生藤属 Dendrotrophe Miq.

黄杨叶寄生藤
Dendrotrophe buxifolia (Blume) Miq.
- 习　性：半直立灌木或木质藤本
- 海　拔：约 400 m
- 国内分布：云南
- 国外分布：柬埔寨、马来西亚、泰国、印度尼西亚、越南
- 濒危等级：NT

疣枝寄生藤
Dendrotrophe granulata (Hook. f. et Thomson ex A. DC.) A. N. Henry et B. Roy
- 习　性：木质藤本
- 海　拔：约 1800 m
- 国内分布：西藏
- 国外分布：不丹、缅甸、尼泊尔、印度
- 濒危等级：LC

异花寄生藤
Dendrotrophe platyphylla (Spreng.) N. H. Xia et M. G. Gilbert
- 习　性：木质藤本
- 海　拔：2000 ~ 3700 m
- 国内分布：云南
- 国外分布：不丹、马来西亚、缅甸、尼泊尔、印度
- 濒危等级：LC

多脉寄生藤
Dendrotrophe polyneura (Hu) D. D. Tao ex P. C. Tam
- 习　性：木质藤本
- 海　拔：1400 ~ 2000 m
- 国内分布：云南
- 国外分布：越南
- 濒危等级：LC

伞花寄生藤
Dendrotrophe umbellata (Blume) Miq.

伞花寄生藤（原变种）
Dendrotrophe umbellata var. umbellata
- 习　性：木质藤本
- 海　拔：约 1100 m

国内分布：海南
国外分布：柬埔寨、老挝、马来西亚、印度尼西亚、越南
濒危等级：LC

长叶伞花寄生藤
Dendrotrophe umbellata var. **longifolia** (Lecomte) P. C. Tam
习　　性：木质藤本
海　　拔：约 1100 m
国内分布：云南
国外分布：柬埔寨
濒危等级：LC

寄生藤
Dendrotrophe varians (Blume) Miq.
习　　性：木质藤本
海　　拔：100~300 m
国内分布：福建、广东、广西、海南
国外分布：菲律宾、马来西亚、缅甸、泰国、印度尼西亚、越南
濒危等级：LC
资源利用：药用（中草药）

栗寄生属 Korthalsella Tiegh.

栗寄生
Korthalsella japonica (Thunb.) Engl.
习　　性：亚灌木
海　　拔：100~2500 m
国内分布：福建、甘肃、广东、广西、贵州、海南、湖北、湖南、江西、陕西、四川、台湾、西藏、云南、浙江
国外分布：澳大利亚、巴基斯坦、不丹、菲律宾、马达加斯加、马来西亚、缅甸、日本、斯里兰卡、泰国、印度、印度尼西亚、越南
濒危等级：LC

沙针属 Osyris L.

沙针
Osyris quadripartita Salzm. ex Decne.
习　　性：常绿灌木或小乔木
海　　拔：600~2700 m
国内分布：广西、四川、西藏、云南
国外分布：不丹、柬埔寨、老挝、缅甸、尼泊尔、斯里兰卡、泰国、印度、越南
濒危等级：LC
资源利用：药用（中草药）；原料（木材，精油）

重寄生属 Phacellaria Benth.

粗序重寄生
Phacellaria caulescens Collett et Hemsl.
习　　性：寄生灌木或草本
海　　拔：900~2400 m
国内分布：广西、云南
国外分布：缅甸
濒危等级：LC

扁序重寄生
Phacellaria compressa Benth.
习　　性：寄生灌木或草本
海　　拔：500~1800 m
国内分布：广西、四川、西藏、云南
国外分布：缅甸、泰国、越南
濒危等级：LC

重寄生
Phacellaria fargesii Lecomte
习　　性：寄生灌木或草本
海　　拔：1000~1400 m
分　　布：广西、贵州、湖北、四川
濒危等级：VU B1ab (i, iii)

聚果重寄生
Phacellaria glomerata D. D. Tao
习　　性：寄生灌木或草本
海　　拔：约 2400 m
分　　布：云南
濒危等级：VU B1ab (i, iii)

硬序重寄生
Phacellaria rigidula Benth.
习　　性：寄生灌木或草本
海　　拔：1400~2100 m
国内分布：广东、广西、四川、云南
国外分布：缅甸
濒危等级：LC

长序重寄生
Phacellaria tonkinensis Lecomte
习　　性：寄生灌木或草本
海　　拔：约 1000 m
国内分布：福建、广东、广西、海南、云南
国外分布：越南
濒危等级：LC

檀梨属 Pyrularia Michx.

檀梨
Pyrularia edulis (Wall.) A. DC.
习　　性：小乔木或灌木
海　　拔：700~2700 m
国内分布：安徽、福建、广东、广西、贵州、湖北、湖南、江西、四川、西藏、云南
国外分布：不丹、缅甸、尼泊尔、印度
濒危等级：LC
资源利用：药用（中草药）；原料（工业用油）

檀香属 Santalum L.

檀香
Santalum album L.
习　　性：常绿小乔木
国内分布：广东、台湾
国外分布：太平洋岛屿
资源利用：药用（中草药）；原料（香料，木材）
濒危等级：LC

巴布亚檀香
Santalum papuanum Summerh.

习　　性：常绿乔木
国内分布：广东
国外分布：太平洋岛屿
濒危等级：LC

硬核属 Scleropyrum Arn.

硬核
Scleropyrum wallichianum(Wight et Arn.) Arn.

硬核（原变种）
Scleropyrum wallichianum var. **wallichianum**
　　习　　性：乔木
　　海　　拔：600~1700 m
　　国内分布：广西、海南、云南
　　国外分布：柬埔寨、老挝、马来西亚、缅甸、斯里兰卡、泰国、印度、越南
　　濒危等级：LC
　　资源利用：原料（香料，工业用油）；食品（蔬菜，水果）

无刺硬核
Scleropyrum wallichianum var. **mekongense**(Gagnep.)Lecomte
　　习　　性：乔木
　　海　　拔：600~1700 m
　　国内分布：云南
　　国外分布：柬埔寨、老挝、越南
　　濒危等级：NT

百蕊草属 Thesium L.

田野百蕊草
Thesium arvense Horv.
　　习　　性：多年生草本
　　海　　拔：1600~2300 m
　　国内分布：新疆
　　国外分布：欧洲中部、中亚
　　濒危等级：LC

波密百蕊草
Thesium bomiense C. Y. Wu ex D. D. Tao
　　习　　性：多年生草本
　　海　　拔：2800~4000 m
　　分　　布：西藏
　　濒危等级：NT B1ab（i, iii）

短苞百蕊草
Thesium brevibracteatum P. C. Tam
　　习　　性：草本或亚灌木
　　分　　布：内蒙古
　　濒危等级：LC

华北百蕊草
Thesium cathaicum Hendrych
　　习　　性：多年生草本
　　海　　拔：300~2500 m
　　分　　布：河北、山东、山西
　　濒危等级：LC

百蕊草
Thesium chinense Turcz.

百蕊草（原变种）
Thesium chinense var. **chinense**
　　习　　性：多年生草本
　　海　　拔：100~3400 m
　　国内分布：安徽、福建、甘肃、广东、广西、贵州、海南、河北、河南、黑龙江、湖北、湖南、吉林、江苏、江西、辽宁、内蒙古、宁夏、青海、山东、山西、陕西、四川、台湾、新疆、云南、浙江
　　国外分布：朝鲜、蒙古、日本
　　资源利用：药用（中草药）
　　濒危等级：LC

长梗百蕊草
Thesium chinense var. **longipedunculatum** Y. C. Chu
　　习　　性：多年生草本
　　分　　布：广东、黑龙江、吉林、辽宁、山西、四川
　　濒危等级：LC

藏南百蕊草
Thesium emodi Hendrych
　　习　　性：多年生草本
　　海　　拔：约4200 m
　　国内分布：西藏、云南
　　国外分布：不丹、尼泊尔
　　濒危等级：DD

露柱百蕊草
Thesium himalense Royle
　　习　　性：草本
　　海　　拔：2900~3700 m
　　国内分布：四川、云南
　　国外分布：尼泊尔、印度
　　濒危等级：DD

大果百蕊草
Thesium jarmilae Hendrych
　　习　　性：多年生草本
　　海　　拔：约3700 m
　　分　　布：西藏
　　濒危等级：VU B1ab（i, iii）

长花百蕊草
Thesium longiflorum Hand.-Mazz.
　　习　　性：多年生草本
　　海　　拔：2600~4100 m
　　分　　布：青海、四川、西藏、云南
　　濒危等级：LC

长叶百蕊草
Thesium longifolium Turcz.
　　习　　性：多年生草本
　　海　　拔：1200~2000 m
　　国内分布：黑龙江、湖北、湖南、吉林、江西、辽宁、内蒙古、青海、山东、山西、四川、西藏、云南
　　国外分布：俄罗斯、蒙古
　　濒危等级：LC

草地百蕊草
Thesium orgadophilum P. C. Tam

习　　性：多年生草本
海　　拔：约4000 m
分　　布：西藏
濒危等级：DD

白云百蕊草
Thesium psilotoides Hance
习　　性：草本
海　　拔：200~1300 m
国内分布：广东
国外分布：菲律宾、柬埔寨、泰国、印度尼西亚
濒危等级：LC

滇西百蕊草
Thesium ramosoides Hendrych
习　　性：多年生草本
海　　拔：2900~3700 m
分　　布：四川、云南
濒危等级：LC

急折百蕊草
Thesium refractum C. A. Mey.
习　　性：多年生草本
海　　拔：600~3300 m
分　　布：甘肃、黑龙江、湖北、湖南、吉林、辽宁、内蒙古、宁夏、青海、山西、四川、西藏、新疆、云南
濒危等级：LC

远苞白蕊草
Thesium remotebracteatum C. Y. Wu ex D. D. Tao
习　　性：多年生草本
海　　拔：2800 m
分　　布：云南
濒危等级：VU B1ab（i，iii）

藏东百蕊草
Thesium tongolicum Hendrych
习　　性：多年生草本
分　　布：青海、四川、西藏
濒危等级：NT B1ab（i，iii）

槲寄生属 Viscum L.

卵叶槲寄生
Viscum album (Danser) D. G. Long
习　　性：灌木
海　　拔：1300~2700 m
国内分布：西藏、云南
国外分布：不丹、缅甸、印度、越南
濒危等级：NT A2

扁枝槲寄生
Viscum articulatum Burm. f.
习　　性：亚灌木
海　　拔：100~1700 m
国内分布：广东、广西、海南、云南
国外分布：澳大利亚
濒危等级：LC

槲寄生
Viscum coloratum (Kom.) Nakai
习　　性：灌木
海　　拔：500~2200 m
国内分布：安徽、福建、甘肃、广西、贵州、湖北、湖南、江苏、江西、四川、台湾、浙江
国外分布：朝鲜、俄罗斯、日本
资源利用：药用（中草药）
濒危等级：LC

棱枝槲寄生
Viscum diospyrosicola Hayata
习　　性：亚灌木
海　　拔：100~2100 m
分　　布：福建、甘肃、广东、广西、贵州、海南、湖南、江西、陕西、四川、台湾、西藏、香港、云南、浙江
濒危等级：LC

线叶槲寄生
Viscum fargesii Lecomte
习　　性：亚灌木
海　　拔：1300~2800 m
分　　布：甘肃、青海、山西、陕西、四川
濒危等级：LC

枫香槲寄生
Viscum liquidambaricola Hayata
习　　性：灌木
海　　拔：200~2500 m
国内分布：福建、甘肃、广东、广西、贵州、海南、湖北、湖南、江西、陕西、四川、台湾、西藏、香港、云南、浙江
国外分布：不丹、马来西亚、尼泊尔、泰国、印度、印度尼西亚、越南
濒危等级：LC
资源利用：药用（中草药）

聚花槲寄生
Viscum loranthi Elmer
习　　性：亚灌木
海　　拔：1200~2600 m
国内分布：云南
国外分布：菲律宾、印度、印度尼西亚
濒危等级：LC

五脉槲寄生
Viscum monoicum Roxb. ex DC.
习　　性：灌木
海　　拔：700~1400 m
国内分布：广西、云南
国外分布：不丹、孟加拉国、缅甸、斯里兰卡、泰国、印度、越南
濒危等级：LC

柄果槲寄生
Viscum multinerve (Hayata) Hayata
习　　性：灌木

绿茎槲寄生
Viscum nudum Danser
- 习　　性：灌木
- 海　　拔：2000～3800 m
- 分　　布：贵州、四川、云南
- 濒危等级：LC
- 资源利用：药用（中草药）

瘤果槲寄生
Viscum ovalifolium DC.
- 习　　性：灌木
- 海　　拔：海平面至1100 m
- 国内分布：广东、广西、海南、云南
- 国外分布：不丹、菲律宾、柬埔寨、老挝、马来西亚、缅甸、泰国、印度、印度尼西亚、越南
- 濒危等级：LC
- 资源利用：药用（中草药）

云南槲寄生
Viscum yunnanense H. S. Kiu
- 习　　性：亚灌木
- 海　　拔：900～1000 m
- 分　　布：海南、云南
- 濒危等级：LC

无患子科 SAPINDACEAE
（25属：190种）

槭属 Acer L.

锐角枫
Acer acutum W. P. Fang
- 习　　性：乔木
- 海　　拔：800～1100 m
- 分　　布：安徽、河南、江西、浙江
- 濒危等级：LC

紫白枫
Acer albopurpurascens Hayata
- 习　　性：小乔木
- 海　　拔：400～2000 m
- 分　　布：台湾
- 濒危等级：LC

阔叶枫
Acer amplum Rehder

阔叶枫（原亚种）
Acer amplum subsp. **amplum**
- 习　　性：乔木
- 海　　拔：500～2500 m
- 国内分布：安徽、福建、广东、广西、贵州、湖北、湖南、江西、四川、云南、浙江
- 国外分布：越南
- 濒危等级：NT B1ab（iii）

建水阔叶枫
Acer amplum subsp. **bodinieri**（H. Lév.）Y. S. Chen
- 习　　性：乔木
- 海　　拔：1200～2500 m
- 国内分布：广西、贵州、湖南、云南
- 国外分布：越南
- 濒危等级：LC

梓叶枫
Acer amplum subsp. **catalpifolium**（Rehder）Y. S. Chen
- 习　　性：乔木
- 海　　拔：500～2000 m
- 分　　布：广西、贵州、四川
- 濒危等级：LC

天台阔叶枫
Acer amplum subsp. **tientaiense**（C. K. Schneid.）Y. S. Chen
- 习　　性：乔木
- 海　　拔：700～1000 m
- 分　　布：福建、江西、浙江
- 濒危等级：LC

簇毛枫
Acer barbinerve Maxim. ex Miq.
- 习　　性：落叶小乔木
- 海　　拔：500～2300 m
- 国内分布：黑龙江、吉林、辽宁
- 国外分布：朝鲜北部、俄罗斯
- 濒危等级：LC

三角枫
Acer buergerianum Miq.

三角枫（原变种）
Acer buergerianum var. **buergerianum**
- 习　　性：乔木
- 海　　拔：1500 m以下
- 分　　布：安徽、福建、广东、贵州、河南、湖北、湖南、江苏、江西、山东、四川、浙江
- 濒危等级：LC
- 资源利用：环境利用（观赏）

台湾三角枫
Acer buergerianum var. **formosanum**（Hayata ex H. Lév.）Sasaki
- 习　　性：乔木
- 海　　拔：海平面至100 m
- 分　　布：台湾
- 濒危等级：CR B2b（iv）C（iv）；C2b

九江三角枫
Acer buergerianum var. **jiujiangense** Z. X. Yu
- 习　　性：乔木
- 海　　拔：约100 m
- 分　　布：江西

（上接左栏顶部）
- 海　　拔：200～1600 m
- 国内分布：福建、广东、广西、贵州、海南、江西、台湾、云南
- 国外分布：尼泊尔、泰国、越南
- 濒危等级：LC

濒危等级：LC

界山三角枫
Acer buergerianum var. **kaiscianense** (Pamp.) W. P. Fang
习　　性：乔木
海　　拔：1000~1500 m
分　　布：甘肃、湖北、陕西
濒危等级：LC

雁荡三角枫
Acer buergerianum var. **yentangense** W. P. Fang et M. Y. Fang
习　　性：乔木
海　　拔：700~900 m
分　　布：浙江
濒危等级：LC

深灰枫
Acer caesium Wall. ex Brandis
习　　性：乔木
海　　拔：2000~3700 m
国内分布：甘肃、河南、湖北、宁夏、陕西、四川、西藏、云南
国外分布：巴基斯坦、尼泊尔、印度
濒危等级：LC

三裂枫
Acer calcaratum Gagnepain
习　　性：小乔木
海　　拔：1200~2400 m
国内分布：云南
国外分布：缅甸、泰国、越南
濒危等级：VU A2c

藏南枫
Acer campbellii Hook. f. et Thomson ex Hiern

藏南枫（原变种）
Acer campbellii var. **campbellii**
习　　性：乔木
海　　拔：1800~3700 m
国内分布：西藏、云南
国外分布：不丹、缅甸、尼泊尔、印度、越南
濒危等级：LC

毛齿藏南枫
Acer campbellii var. **serratifolium** Banerji
习　　性：乔木
海　　拔：1800~2800 m
国内分布：西藏、云南
国外分布：不丹、尼泊尔、印度
濒危等级：LC

小叶青皮槭
Acer cappadocicum (Rehder) Hand. -Mazz.
习　　性：乔木
海　　拔：1500~2500 m
分　　布：湖北、四川、西藏、云南
濒危等级：LC

尖尾槭
Acer caudatifolium Hayata
习　　性：乔木
海　　拔：200~2100 m
分　　布：台湾
濒危等级：NT

长尾枫
Acer caudatum Wall.
习　　性：乔木
海　　拔：1700~4000 m
国内分布：甘肃、河南、湖北、宁夏、陕西、四川、西藏、云南
国外分布：不丹、缅甸、尼泊尔、印度
濒危等级：LC

杈叶枫
Acer ceriferum Rehder
习　　性：乔木
海　　拔：700~2000 m
分　　布：安徽、甘肃、河南、湖北、山西、陕西、四川、浙江
濒危等级：NT B1ab（iii）

怒江枫
Acer chienii Hu et W. C. Cheng
习　　性：乔木
海　　拔：2200~3000 m
国内分布：云南
国外分布：缅甸
濒危等级：VU D2

黔桂枫
Acer chingii H. H. Hu
习　　性：乔木
海　　拔：1200~2000 m
国内分布：广西、贵州
国外分布：印度
濒危等级：LC

乳源枫
Acer chunii W. P. Fang

乳源枫（原亚种）
Acer chunii subsp. **chunii**
习　　性：乔木
海　　拔：800~2500 m
分　　布：福建、广东
濒危等级：EN A2c；B1ab（i，iii）

两型叶乳源枫
Acer chunii subsp. **dimorphophyllum** W. P. Fang
习　　性：乔木
海　　拔：1000~2500 m
分　　布：四川
濒危等级：EN A2c；B1ab（i，iii）；C1

密叶枫
Acer confertifolium Merr. et F. P. Metcalf
习　　性：灌木或小乔木
海　　拔：500~1000 m
分　　布：福建、广东、江西
濒危等级：VU A2c

紫果枫
Acer cordatum Pax

紫果枫（原变种）
Acer cordatum var. cordatum
习　　性：乔木
海　　拔：200~1200 m
分　　布：安徽、福建、广东、广西、贵州、海南、湖北、湖南、江西、四川、云南、浙江
濒危等级：LC

两型叶紫果枫
Acer cordatum var. dimorphifolium (F. P. Metcalf) Y. S. Chen
习　　性：乔木
海　　拔：200~1200 m
分　　布：福建、广东、江西
濒危等级：VU A2c

樟叶枫
Acer coriaceifolium H. Lév.
习　　性：乔木
海　　拔：1500~2500 m
分　　布：安徽、福建、广东、广西、贵州、湖北、湖南、江苏、江西、四川、浙江
濒危等级：LC

厚叶枫
Acer crassum Hu et W. C. Cheng
习　　性：常绿乔木
海　　拔：约1000 m
分　　布：云南
濒危等级：VU A2c；B1ab (i, iii)

葛罗枫
Acer davidii (Pax) P. C. DeJong
习　　性：乔木
海　　拔：1000~1600 m
分　　布：安徽、甘肃、河北、河南、湖北、湖南、江西、山西、陕西、浙江
濒危等级：NT B2ac (ii)

重齿枫
Acer duplicatoserratum Hayata

重齿枫（原变种）
Acer duplicatoserratum var. duplicatoserratum
习　　性：小乔木
海　　拔：200~2000 m
分　　布：台湾
濒危等级：LC

中华重齿枫
Acer duplicatoserratum var. chinense C. S. Chang
习　　性：小乔木
海　　拔：200~1500 m
分　　布：安徽、福建、贵州、河南、湖北、湖南、江苏、江西、山东、浙江
濒危等级：LC

秀丽枫
Acer elegantulum W. P. Fang et P. L. Chiu
习　　性：乔木
海　　拔：200~1400 m
分　　布：安徽、福建、广西、贵州、湖南、江西、浙江
濒危等级：LC

毛花枫
Acer erianthum Schwer.
习　　性：灌木或小乔木
海　　拔：1000~2300 m
分　　布：甘肃、广西、湖北、陕西、四川、云南
濒危等级：LC

罗浮枫
Acer fabri Hance
习　　性：小乔木
海　　拔：500~2000 m
国内分布：广东、广西、贵州、海南、湖北、湖南、江西、四川、云南
国外分布：越南
濒危等级：LC
资源利用：环境利用（观赏）

河口枫
Acer fenzelianum Hand. -Mazz.
习　　性：乔木
海　　拔：1100~1700 m
国内分布：云南
国外分布：越南
濒危等级：EN B2ab (ii)

扇叶枫
Acer flabellatum Rehder
习　　性：乔木
海　　拔：800~3500 m
国内分布：广西、贵州、湖北、江西、四川、云南
国外分布：缅甸、越南
濒危等级：LC

黄毛枫
Acer fulvescens Rehder
习　　性：乔木
海　　拔：1800~3200 m
分　　布：四川、西藏
濒危等级：VU B1ab (i, iii)

长叶枫
Acer gracilifolium W. P. Fang et C. C. Fu
习　　性：常绿乔木
海　　拔：300~1000 m
分　　布：甘肃、四川
濒危等级：EN B1ab (i, iii)

血皮枫
Acer griseum (Franch.) Pax
习　　性：乔木
海　　拔：1500~2000 m
分　　布：甘肃、河南、湖北、湖南、山西、陕西、四川
濒危等级：VU A2c
资源利用：原料（纤维、木材）；环境利用（绿化）

三叶枫
Acer henryi Pax
- 习　　性：乔木
- 海　　拔：500~1500 m
- 分　　布：安徽、福建、甘肃、贵州、河南、湖北、湖南、江苏、山西、陕西、四川、浙江
- 濒危等级：LC

海拉枫
Acer hilaense Hu et W. C. Cheng
- 习　　性：常绿乔木
- 海　　拔：约1500 m
- 分　　布：云南
- 濒危等级：CR B1ab（ii，v）

羽扇枫
Acer japonicum Thunb.
- 习　　性：落叶小乔木
- 国内分布：吉林、江苏、辽宁
- 国外分布：朝鲜、日本

小楷枫
Acer komarovii Pojark.
- 习　　性：落叶小乔木
- 海　　拔：300~1200 m
- 国内分布：吉林、辽宁
- 国外分布：俄罗斯、韩国
- 濒危等级：VU B1ab（i，iii）
- 资源利用：原料（单宁，树脂）

贡山枫
Acer kungshanense W. P. Fang et C. Y. Chang
- 习　　性：乔木
- 海　　拔：2000~3200 m
- 分　　布：云南
- 濒危等级：EN A2c；B1ab（i，iii）

国楣枫
Acer kuomeii W. P. Fang et M. Y. Fang
- 习　　性：乔木
- 海　　拔：1300~2300 m
- 分　　布：广西、云南
- 濒危等级：NT

广南枫
Acer kwangnanense Hu et W. C. Cheng
- 习　　性：常绿乔木
- 海　　拔：1000~1500 m
- 分　　布：云南
- 濒危等级：VU B1ab（i，iii）

桂林枫
Acer kweilinense W. P. Fang et M. Y. Fang
- 习　　性：乔木
- 海　　拔：1000~1500 m
- 分　　布：广西、贵州
- 濒危等级：LC

光叶枫
Acer laevigatum Wall.

光叶枫（原变种）
Acer laevigatum var. **laevigatum**
- 习　　性：乔木
- 海　　拔：1000~2000 m
- 国内分布：广东、广西、贵州、湖北、湖南、陕西、四川、西藏、云南
- 国外分布：不丹、缅甸、尼泊尔、印度、越南
- 濒危等级：LC

怒江光叶枫
Acer laevigatum var. **salweenense**（W. W. Sm.）J. M. Cowan ex W. P. Fang
- 习　　性：乔木
- 海　　拔：1000~1700 m
- 国内分布：云南
- 国外分布：缅甸
- 濒危等级：LC

十蕊枫
Acer laurinum Hassk.
- 习　　性：常绿乔木
- 海　　拔：700~2500 m
- 国内分布：广西、海南、西藏、云南
- 国外分布：菲律宾、柬埔寨、老挝、马来西亚、缅甸、泰国、印度、印度尼西亚、越南
- 濒危等级：LC

疏花枫
Acer laxiflorum Pax
- 习　　性：乔木
- 海　　拔：1800~2500 m
- 分　　布：四川、云南
- 濒危等级：NT A2ce

雷波枫
Acer leipoense W. P. Fang et Soong
- 习　　性：乔木
- 海　　拔：2000~2700 m
- 分　　布：四川
- 濒危等级：EN A2c；B1ab（i，iii）

临安枫
Acer linganense W. P. Fang et P. L. Chiu
- 习　　性：落叶小乔木
- 海　　拔：600~1300 m
- 分　　布：安徽、浙江
- 濒危等级：VU A2c；B1ab（i，iii）

长柄枫
Acer longipes Franch. ex Rehder
- 习　　性：乔木
- 海　　拔：300~1600 m
- 分　　布：重庆、广西、河南、湖北、湖南、江西、陕西、四川
- 濒危等级：LC

亮叶枫
Acer lucidum F. P. Metcalf
- 习　　性：常绿小乔木
- 海　　拔：500~1000 m

分　　布：福建、广东、广西、江西、四川
　　濒危等级：LC

龙胜枫
Acer lungshengense W. P. Fang et L. C. Hu
　　习　　性：乔木
　　海　　拔：1500~1800 m
　　分　　布：广西、贵州、湖北、湖南
　　濒危等级：LC

东北枫
Acer mandshuricum Maxim.
　　习　　性：乔木
　　海　　拔：500~2300 m
　　国内分布：甘肃、黑龙江、吉林、辽宁、陕西
　　国外分布：朝鲜、俄罗斯
　　濒危等级：VU A3c
　　资源利用：原料（单宁，树脂）

五尖枫
Acer maximowiczii Pax
　　习　　性：乔木
　　海　　拔：1800~2500 m
　　分　　布：甘肃、广西、贵州、河南、湖北、湖南、青海、山西、陕西、四川
　　濒危等级：LC

蒙山槭
Acer mengshanensis Y. Q. Zhu
　　习　　性：乔木
　　分　　布：山东

南岭枫
Acer metcalfii Rehder
　　习　　性：乔木
　　海　　拔：800~1500 m
　　国内分布：安徽、福建、甘肃、广东、广西、贵州、河北、河南、湖北、湖南、江苏、江西、宁夏、山西、陕西、四川、云南、浙江
　　国外分布：缅甸
　　濒危等级：LC

苗山枫
Acer miaoshanicum W. P. Fang
　　习　　性：落叶小乔木
　　海　　拔：900~1200 m
　　分　　布：广西、贵州
　　濒危等级：LC

庙台枫
Acer miaotaiense Tsoong
　　习　　性：落叶乔木
　　海　　拔：700~1600 m
　　分　　布：甘肃、河南、湖北、陕西、浙江
　　濒危等级：VU A2c；D2

玉山枫
Acer morrisonense Hayata
　　习　　性：乔木
　　海　　拔：1800~2200 m
　　分　　布：台湾
　　濒危等级：LC

复叶枫
Acer negundo L.
　　习　　性：乔木
　　国内分布：广泛栽培；有归化
　　国外分布：原产北美洲
　　资源利用：环境利用（绿化）；蜜源植物

毛果枫
Acer nikoense Maxim.
　　习　　性：乔木
　　海　　拔：1000~1800 m
　　国内分布：安徽、湖北、湖南、江西、四川、浙江
　　国外分布：日本
　　濒危等级：NT B1ab (i, iii)

飞蛾树
Acer oblongum Wall. ex DC.

飞蛾树（原变种）
Acer oblongum var. **oblongum**
　　习　　性：乔木
　　海　　拔：1000~1800 m
　　国内分布：福建、甘肃、广东、贵州、河南、湖北、江西、陕西、四川、西藏、云南
　　国外分布：巴基斯坦、不丹、克什米尔地区、老挝、缅甸、尼泊尔、日本、泰国、印度、越南
　　濒危等级：LC

峨眉飞蛾枫
Acer oblongum var. **omeiense** W. P. Fang et Soong
　　习　　性：乔木
　　海　　拔：1200~1700 m
　　分　　布：四川
　　濒危等级：LC

少果枫
Acer oligocarpum W. P. Fang et L. C. Hu
　　习　　性：乔木
　　海　　拔：1400~1600 m
　　分　　布：西藏、云南
　　濒危等级：EN A2c；B1ab (i, iii)

五裂枫
Acer oliverianum Pax
　　习　　性：乔木
　　海　　拔：1000~2000 m
　　分　　布：安徽、福建、甘肃、贵州、河南、湖北、湖南、江西、陕西、四川、台湾、云南、浙江
　　濒危等级：LC

富宁枫
Acer paihengii W. P. Fang
　　习　　性：乔木
　　海　　拔：700~1100 m
　　分　　布：云南
　　濒危等级：EN A2c；B1ab (i, iii)

鸡爪枫
Acer palmatum Thunb.

习　　性：落叶乔木
国内分布：国内园林广泛栽培
国外分布：原产朝鲜、日本
资源利用：环境利用（观赏）；药用（中草药）

稀花枫
Acer pauciflorum W. P. Fang
　　习　　性：乔木
　　海　　拔：500~1000 m
　　分　　布：安徽、浙江
　　濒危等级：VU A2c；B1ab（i，iii）

金沙枫
Acer paxii Franch.
　　习　　性：常绿乔木
　　海　　拔：1500~2500 m
　　分　　布：广西、贵州、四川、云南
　　濒危等级：NT A2c；B1ab（i，iii）
　　资源利用：环境利用（观赏）

篦齿枫
Acer pectinatum Wall. ex G. Nicholso

篦齿枫（原亚种）
Acer pectinatum subsp. **pectinatum**
　　习　　性：乔木
　　海　　拔：2300~3700 m
　　国内分布：西藏、云南
　　国外分布：不丹、缅甸、尼泊尔、印度
　　濒危等级：VU A2c；B1ab（i，iii）

独龙枫
Acer pectinatum subsp. **taronense**(Hand.-Mazz.) A. E. Murray
　　习　　性：乔木
　　海　　拔：2300~3000 m
　　国内分布：四川、西藏、云南
　　国外分布：不丹、缅甸、印度
　　濒危等级：LC

五小叶枫
Acer pentaphyllum Diels
　　习　　性：乔木
　　海　　拔：2300~2900 m
　　分　　布：四川
　　濒危等级：VU D1+2
　　国家保护：II级

色木枫
Acer pictum Thunb. ex Murray

色木枫（原亚种）
Acer pictum subsp. **pictum**
　　习　　性：乔木
　　海　　拔：200~3300 m
　　分　　布：安徽、甘肃、河北、河南、黑龙江、湖北、湖南、吉林、江苏、辽宁、内蒙古、山东、山西、陕西、四川、西藏、云南、浙江
　　濒危等级：LC

大翅色木枫
Acer pictum subsp. **macropterum**(W. P. Fang) Ohashi
　　习　　性：乔木
　　海　　拔：1900~3300 m
　　分　　布：甘肃、湖北、四川、西藏、云南
　　濒危等级：LC

五角枫
Acer pictum subsp. **mono**(Maxim.) H. Ohashi
　　习　　性：乔木
　　海　　拔：海平面至3000 m
　　国内分布：安徽、甘肃、河北、河南、黑龙江、湖北、湖南、吉林、辽宁、内蒙古、山东、山西、陕西、四川、云南、浙江
　　国外分布：朝鲜、俄罗斯、蒙古、日本
　　濒危等级：LC

江南色木枫
Acer pictum subsp. **pubigerum**(W. P. Fang) Y. S. Chen
　　习　　性：乔木
　　海　　拔：700~1200 m
　　分　　布：安徽、浙江
　　濒危等级：LC

三尖色木枫
Acer pictum subsp. **tricuspis**(Rehder) H. Ohashi
　　习　　性：乔木
　　海　　拔：1000~2800 m
　　分　　布：甘肃、湖北、山西、陕西
　　濒危等级：LC

疏毛枫
Acer pilosum Maxim.

疏毛枫（原变种）
Acer pilosum var. **pilosum**
　　习　　性：落叶小乔木或灌木
　　海　　拔：1000~2000 m
　　分　　布：甘肃、山西、陕西
　　濒危等级：VU A2c；B1ab（i，iii）

细裂枫
Acer pilosum var. **stenolobum**(Rehder) W. P. Fang
　　习　　性：落叶小乔木或灌木
　　海　　拔：1000~1500 m
　　分　　布：甘肃、内蒙古、宁夏、陕西
　　濒危等级：LC

楠叶枫
Acer pinnatinervium Merr.
　　习　　性：乔木
　　海　　拔：500~2400 m
　　国内分布：西藏、云南
　　国外分布：泰国、印度
　　濒危等级：LC

灰叶枫
Acer poliophyllum W. P. Fang et Y. T. Wu
　　习　　性：常绿乔木
　　海　　拔：1000~1800 m
　　分　　布：贵州、云南
　　濒危等级：VU A2c；B1ab（i，iii）

紫花枫
Acer pseudosieboldianum (Pax) Kom.
　　习　　性：灌木或小乔木
　　海　　拔：700~900 m
　　国内分布：黑龙江、吉林、辽宁
　　国外分布：朝鲜、俄罗斯
　　濒危等级：LC
　　资源利用：环境利用（观赏）

毛脉枫
Acer pubinerve Rehder
　　习　　性：乔木
　　海　　拔：约 100 m
　　分　　布：安徽、福建、广东、广西、贵州、江西、浙江
　　濒危等级：LC

毛柄枫
Acer pubipetiolatum Hu et Cheng

毛柄枫（原变种）
Acer pubipetiolatum var. **pubipetiolatum**
　　习　　性：乔木
　　海　　拔：800~2600 m
　　分　　布：云南
　　濒危等级：VU A2c

屏边毛柄枫
Acer pubipetiolatum var. **pingpienense** W. P. Fang et W. K. Hu
　　习　　性：乔木
　　海　　拔：800~1500 m
　　分　　布：贵州、云南
　　濒危等级：LC

糖槭
Acer saccharinum L.
　　习　　性：乔木
　　国内分布：黑龙江、辽宁栽培
　　国外分布：原产北美洲

台湾五裂枫
Acer serrulatum Hayata
　　习　　性：乔木
　　海　　拔：1000~2000 m
　　分　　布：台湾
　　濒危等级：LC

陕甘枫
Acer shenkanense W. P. Fang et Soong
　　习　　性：乔木
　　海　　拔：700~3000 m
　　分　　布：甘肃、湖北、陕西、四川
　　濒危等级：LC

平坝枫
Acer shihweii F. Chun et W. P. Fang
　　习　　性：常绿乔木
　　海　　拔：约 1400 m
　　分　　布：贵州
　　濒危等级：CR A2c；B1ab（i，iii）

锡金枫
Acer sikkimense Miq.
　　习　　性：乔木
　　海　　拔：1700~3000 m
　　国内分布：西藏、云南
　　国外分布：不丹、缅甸、尼泊尔、印度
　　濒危等级：VU A2c；B1ab（i，iii）

中华枫
Acer sinense Pax
　　习　　性：乔木
　　海　　拔：500~2500 m
　　分　　布：福建、广东、广西、贵州、河南、湖北、四川
　　濒危等级：LC
　　资源利用：环境利用（观赏）

滨海枫
Acer sino-oblongum F. P. Metcalf
　　习　　性：常绿乔木
　　海　　拔：350~1400 m
　　分　　布：广东
　　濒危等级：EN A2c；B1ab（i，iii）

天目枫
Acer sinopurpurascens W. C. Cheng
　　习　　性：乔木
　　海　　拔：700~1000 m
　　分　　布：安徽、湖北、江西、浙江
　　濒危等级：LC

毛叶枫
Acer stachyophyllum Hiern

毛叶枫（原亚种）
Acer stachyophyllum subsp. **stachyophyllum**
　　习　　性：乔木
　　海　　拔：1400~3500 m
　　国内分布：湖北、四川、西藏、云南
　　国外分布：不丹、缅甸、尼泊尔、印度
　　濒危等级：LC

四蕊枫
Acer stachyophyllum subsp. **betulifolium** (Maxim.) P. C. de Jong
　　习　　性：乔木
　　海　　拔：1400~3300 m
　　国内分布：甘肃、河南、湖北、宁夏、陕西、四川、西藏、云南
　　国外分布：缅甸
　　濒危等级：LC

苹婆枫
Acer sterculiaceum Wall.

苹婆枫（原亚种）
Acer sterculiaceum subsp. **sterculiaceum**
　　习　　性：乔木
　　海　　拔：1800~3100 m
　　国内分布：西藏、云南
　　国外分布：不丹、印度

濒危等级：VU B1ab（ii）+2ab（ii）

房县枫
Acer sterculiaceum subsp. **franchetii**(Pax) A. E. Murray
- 习　　性：乔木
- 海　　拔：1800~2500 m
- 分　　布：贵州、河南、湖北、陕西、四川、云南
- 濒危等级：LC

四川枫
Acer sutchuenense Franch.
- 习　　性：小乔木
- 海　　拔：1000~2500 m
- 分　　布：湖北、湖南、四川
- 濒危等级：EN A2c；B1ab（i, iii）

角叶枫
Acer sycopseoides F. Chun
- 习　　性：常绿小乔木
- 海　　拔：600~2100 m
- 分　　布：广西、贵州、云南
- 濒危等级：LC

鞑靼槭
Acer tataricum L.
- 习　　性：灌木或乔木
- 海　　拔：100~2200 m
- 国内分布：安徽、甘肃、广东
- 国外分布：阿富汗、俄罗斯、韩国、蒙古、日本

茶条枫
Acer tataricum subsp. **ginnala**(Maxim.) Wesmael
- 习　　性：灌木或乔木
- 海　　拔：100~800 m
- 国内分布：甘肃、河北、河南、黑龙江、吉林、江苏、江西、辽宁、内蒙古、宁夏、山东、山西、陕西
- 国外分布：朝鲜、俄罗斯、蒙古、日本
- 濒危等级：LC

天山枫
Acer tataricum subsp. **semenovii**(Regel et Herder) A. E. Murray
- 习　　性：灌木或乔木
- 海　　拔：2000~2200 m
- 国内分布：新疆
- 国外分布：阿富汗、俄罗斯
- 濒危等级：LC

苦条枫
Acer tataricum subsp. **theiferum**(W. P. Fang) Y. S. Chen et P. C. De Jong
- 习　　性：灌木或乔木
- 海　　拔：1800 m以下
- 分　　布：安徽、广东、河南、湖北、江苏、江西、陕西、浙江
- 濒危等级：LC

青楷枫
Acer tegmentosum Maxim.
- 习　　性：乔木
- 海　　拔：500~1000 m
- 国内分布：黑龙江、吉林、辽宁
- 国外分布：朝鲜、俄罗斯
- 濒危等级：NT A2c；B1ab（i, iii）
- 资源利用：原料（单宁，树脂）

薄叶枫
Acer tenellum Pax

薄叶枫（原变种）
Acer tenellum var. **tenellum**
- 习　　性：乔木
- 海　　拔：1200~1900 m
- 分　　布：湖北、四川
- 濒危等级：EN A2c；B1ab（i, iii）

七裂薄叶枫
Acer tenellum var. **septemlobum**（W. P. Fang et Soong）W. P. Fang et Soong
- 习　　性：乔木
- 海　　拔：1400~1700 m
- 分　　布：四川
- 濒危等级：CR A2c；B1ab（ii, v）+2ab（ii, v）

巨果枫
Acer thomsonii Miq.
- 习　　性：乔木
- 海　　拔：1800~3000 m
- 国内分布：西藏、云南
- 国外分布：不丹、缅甸、尼泊尔、泰国、印度
- 濒危等级：VU B1ab（i, iii）

察隅枫
Acer tibetense W. P. Fang
- 习　　性：乔木
- 海　　拔：1600~2700 m
- 分　　布：西藏
- 濒危等级：EN B1ab（i, iii）

粗柄枫
Acer tonkinense Lecomte
- 习　　性：乔木
- 海　　拔：300~1800 m
- 国内分布：广西、贵州、西藏、云南
- 国外分布：缅甸、泰国、越南
- 濒危等级：LC

三花枫
Acer triflorum Kom.
- 习　　性：乔木
- 海　　拔：400~1700 m
- 国内分布：黑龙江、吉林、辽宁
- 国外分布：朝鲜
- 濒危等级：NT B1ab（i, iii）
- 资源利用：环境利用（观赏）；原料（纤维，单宁，树脂）

元宝枫
Acer truncatum Bunge
- 习　　性：乔木

海　　拔：400~1000 m
国内分布：甘肃、河北、河南、吉林、江苏、辽宁、内蒙古、山东、山西、陕西
国外分布：朝鲜
濒危等级：LC
资源利用：原料（木材）；环境利用（庇荫；观赏）

秦岭枫
Acer tsinglingense W. P. Fang et C. C. Hsieh
习　　性：乔木
海　　拔：1200~1500 m
分　　布：甘肃、河南、陕西
濒危等级：VU A2c

岭南枫
Acer tutcheri Duthie

岭南枫（原变种）
Acer tutcheri var. **tutcheri**
习　　性：乔木
分　　布：福建、广东、广西、湖南、江西、浙江
濒危等级：LC

小果岭南枫
Acer tutcheri var. **shimadae** Hayata
习　　性：乔木
分　　布：台湾
濒危等级：LC

花楷枫
Acer ukurunduense Trautv. et C. A. Mey.
习　　性：乔木
海　　拔：500~2500 m
国内分布：黑龙江、吉林、辽宁
国外分布：朝鲜、俄罗斯、日本
濒危等级：NT A2c
资源利用：原料（单宁，树脂）

天峨枫
Acer wangchii W. P. Fang
习　　性：常绿乔木
海　　拔：700~1500 m
分　　布：广西、贵州
濒危等级：VU A2c；B1ab（i, iii）

滇藏枫
Acer wardii W. W. Sm.
习　　性：小乔木
海　　拔：2400~3600 m
国内分布：西藏、云南
国外分布：缅甸、印度
濒危等级：EN A2c；B1ab（i, iii）

三峡枫
Acer wilsonii Rehder
习　　性：乔木
海　　拔：900~2000 m
国内分布：广东、广西、贵州、河南、湖北、湖南、江苏、江西、陕西、四川、云南、浙江
国外分布：缅甸、泰国、越南
濒危等级：LC

漾濞枫
Acer yangbiense Y. S. Chen et Q. E. Yang
习　　性：落叶乔木
海　　拔：约 2400 m
分　　布：云南
濒危等级：CR C2a（i, ii）
国家保护：Ⅱ级

都安枫
Acer yinkunii W. P. Fang
习　　性：常绿小乔木
海　　拔：1000~2000 m
分　　布：广西
濒危等级：NT B2ab（ii, iv）

川甘枫
Acer yui W. P. Fang
习　　性：乔木
海　　拔：1800~2000 m
分　　布：甘肃、四川
濒危等级：EN B2ab（ii, iv）

七叶树属 Aesculus L.

七叶树
Aesculus chinensis Bunge

七叶树（原变种）
Aesculus chinensis var. **chinensis**
习　　性：乔木
海　　拔：2000~2300 m
分　　布：河北、河南、江苏、山西、陕西、浙江
濒危等级：LC
资源利用：药用（中草药）；原料（木材，工业用油，纤维）；环境利用（观赏）

天师栗
Aesculus chinensis var. **wilsonii**（Rehder）Turland et N. H. Xia
习　　性：乔木
海　　拔：600~2300 m
分　　布：重庆、甘肃、广东、贵州、河南、湖北、湖南、江西、陕西、四川、云南
濒危等级：LC
资源利用：药用（中草药）；原料（木材）

欧洲七叶树
Aesculus hippocastanum L.
习　　性：落叶乔木
国内分布：全国各地栽培
国外分布：原产欧洲；世界各地广泛栽培
资源利用：原料（木材）；环境利用（观赏）

长柄七叶树
Aesculus punduana Wall. ex Hiern
习　　性：乔木
海　　拔：100~2000 m
国内分布：广西、贵州、西藏、云南
国外分布：不丹、老挝、孟加拉国、缅甸、泰国、印度、越南
濒危等级：LC

小果七叶树
Aesculus tsiangii Hu et W. P. Fang
习　　性：落叶乔木
海　　拔：300～400 m
分　　布：广西、贵州
濒危等级：LC

日本七叶树
Aesculus turbinata Blume
习　　性：落叶乔木
海　　拔：100～200 m
国内分布：山东、上海栽培
国外分布：原产日本
资源利用：原料（木材）；环境利用（观赏）

云南七叶树
Aesculus wangii Hu

云南七叶树（原变种）
Aesculus wangii var. **wangii**
习　　性：乔木
海　　拔：900～1700 m
分　　布：云南
濒危等级：LC
资源利用：环境利用（观赏）

石生七叶树
Aesculus wangii var. **rupicola**(Hu et W. P. Fang)W. P. Fang
习　　性：乔木
海　　拔：1400 m
分　　布：云南
濒危等级：LC

异木患属 Allophylus L.

波叶异木患
Allophylus caudatus Radlk.
习　　性：乔木
海　　拔：300～1200 m
国内分布：云南
国外分布：越南
濒危等级：LC

大叶异木患
Allophylus chartaceus(Kurz.)Radlk.
习　　性：灌木
海　　拔：约1100 m
国内分布：西藏
国外分布：不丹、印度
濒危等级：LC

滇南异木患
Allophylus cobbe Corner
习　　性：灌木
海　　拔：300～1200 m
国内分布：云南
国外分布：马来西亚、缅甸、泰国、印度、越南
濒危等级：LC

五叶异木患
Allophylus dimorphus Radlk.
习　　性：灌木
国内分布：海南
国外分布：菲律宾、越南
濒危等级：DD

云南异木患
Allophylus hirsutus Radlk.
习　　性：灌木
海　　拔：900～1600 m
国内分布：海南、云南
国外分布：柬埔寨、泰国
濒危等级：LC

长柄异木患
Allophylus longipes Radlk.
习　　性：乔木
海　　拔：1100～1600 m
国内分布：贵州、云南
国外分布：越南
濒危等级：LC

广西异木患
Allophylus petelotii Merr.
习　　性：灌木
国内分布：广西
国外分布：越南
濒危等级：LC

单叶异木患
Allophylus repandifolius Merr. et Chun
习　　性：灌木
海　　拔：约400 m
分　　布：海南
濒危等级：DD

帝汶异木患
Allophylus timorensis(DC.)Blume
习　　性：灌木
海　　拔：海平面至100 m
国内分布：海南、台湾
国外分布：菲律宾；马来半岛、新几内亚岛
濒危等级：LC

异木患
Allophylus viridis Radlk.
习　　性：灌木
国内分布：广东、海南
国外分布：越南
濒危等级：LC
资源利用：药用（中草药）

细子龙属 Amesiodendron Hu

细子龙
Amesiodendron chinense(Merr.)Hu
习　　性：乔木
海　　拔：300～1000 m
国内分布：广西、贵州、海南、云南
国外分布：老挝、马来西亚、缅甸、泰国、印度尼西亚、越南

濒危等级：VU A2c；C1
资源利用：原料（木材）

滨木患属 Arytera Blume

滨木患
Arytera littoralis Blume
- 习　　性：常绿小乔木或灌木
- 海　　拔：540~1180 m
- 国内分布：广东、广西、海南、云南
- 国外分布：印度
- 濒危等级：LC
- 资源利用：原料（木材）

黄梨木属 Boniodendron Gagnep.

黄梨木
Boniodendron minius(Hemsl.)T. C. Chen
- 习　　性：乔木
- 分　　布：广东、广西、贵州、湖南、云南
- 濒危等级：LC
- 资源利用：原料（木材）

倒地铃属 Cardiospermum L.

倒地铃
Cardiospermum halicacabum L.
- 习　　性：草质攀援藤本
- 海　　拔：200~1400 m
- 国内分布：华东、华南、西南地区常见
- 国外分布：杂草，热带、亚热带地区常见
- 资源利用：药用（中草药）

茶条木属 Delavaya Franch.

茶条木
Delavaya toxocarpa Franch.
- 习　　性：灌木或小乔木
- 海　　拔：500~2000 m
- 国内分布：广西、云南
- 国外分布：越南
- 濒危等级：NT
- 资源利用：原料（香料，工业用油）

龙眼属 Dimocarpus Lour.

龙荔
Dimocarpus confinis(F. C. How et C. N. Ho)H. S. Lo
- 习　　性：常绿乔木
- 海　　拔：400~1000 m
- 国内分布：广东、广西、贵州、湖南、云南
- 国外分布：越南
- 濒危等级：LC
- 资源利用：原料（木材）；食品（淀粉）

灰岩肖韶子
Dimocarpus fumatus C. Y. Wu
- 习　　性：乔木
- 海　　拔：约 1400 m
- 分　　布：云南
- 濒危等级：NT B1ab（i, iii）

龙眼
Dimocarpus longan Lour.
- 习　　性：乔木
- 国内分布：广西、海南、云南；南部地区广泛栽培
- 国外分布：菲律宾、柬埔寨、老挝、马来西亚、缅甸、斯里兰卡、泰国、印度、印度尼西亚、越南；亚热带地区栽培
- 濒危等级：VU A2c
- 国家保护：Ⅱ级
- 资源利用：药用（中草药）；原料（木材，木炭）；食品（水果）

滇龙眼
Dimocarpus yunnanensis(W. T. Wang)C. Y. Wu et T. L. Ming
- 习　　性：常绿乔木
- 海　　拔：约 1000 m
- 分　　布：云南
- 濒危等级：CR B1ab（i, iii）；C1

金钱槭属 Dipteronia Oliv.

云南金钱槭
Dipteronia dyeriana Henry
- 习　　性：乔木
- 海　　拔：2000~2500 m
- 分　　布：云南
- 濒危等级：EN A2c；B1ab（i, iii）
- 国家保护：Ⅱ级
- 资源利用：环境利用（观赏，绿化）；食品（油脂）

金钱槭
Dipteronia sinensis Oliv.
- 习　　性：乔木
- 海　　拔：1000~2400 m
- 分　　布：甘肃、贵州、河南、湖北、湖南、山西、陕西、四川
- 濒危等级：LC
- 资源利用：环境利用（观赏）

车桑子属 Dodonaea Miller

车桑子
Dodonaea viscosa Jacquem.
- 习　　性：灌木或小乔木
- 海　　拔：800~2800 m
- 国内分布：福建、广东、广西、海南、四川、台湾、云南
- 国外分布：热带和亚热带地区
- 濒危等级：LC

伞花木属 Eurycorymbus Hand.-Mazz.

伞花木
Eurycorymbus cavaleriei(H. Lév.)Rehder et Hand.-Mazz.
- 习　　性：乔木
- 海　　拔：300~1400 m
- 分　　布：福建、广东、广西、贵州、湖北、湖南、江西、四川、台湾、云南
- 濒危等级：LC

国家保护：Ⅱ级

掌叶木属 Handeliodendron Rehder

掌叶木
Handeliodendron bodinieri (H. Lév.) Rehder
- 习　　性：灌木或小乔木
- 海　　拔：500~1200 m
- 分　　布：广西、贵州
- 濒危等级：EN D1
- 国家保护：Ⅱ级

假山萝属 Harpullia Roxb.

假山萝
Harpullia cupanioides Roxb.
- 习　　性：乔木
- 海　　拔：700 m 以下
- 国内分布：广东、海南、云南
- 国外分布：菲律宾、马来西亚、孟加拉国、印度；新几内亚岛
- 濒危等级：LC
- 资源利用：原料（木材）

栾树属 Koelreuteria Laxm.

复羽叶栾树
Koelreuteria bipinnata Franch.
- 习　　性：乔木
- 海　　拔：400~2500 m
- 分　　布：广东、广西、贵州、湖北、湖南、四川、云南
- 濒危等级：LC
- 资源利用：药用（中草药）；原料（染料）

台湾栾树
Koelreuteria elegans (Hayata) F. G. Mey.
- 习　　性：乔木
- 分　　布：台湾
- 濒危等级：LC
- 资源利用：原料（木材）

栾树
Koelreuteria paniculata Laxm.
- 习　　性：灌木或小乔木
- 海　　拔：300~3800 m
- 国内分布：安徽、福建、甘肃、河北、河南、江苏、辽宁、山东、山西、陕西、四川、西藏、云南、浙江
- 国外分布：日本、朝鲜半岛；世界各地广泛栽培
- 濒危等级：LC
- 资源利用：药用（中草药）；原料（染料，木材，单宁，树脂）；基因源（耐寒，耐旱）；环境利用（观赏）

鳞花木属 Lepisanthes Blume

心叶鳞花木
Lepisanthes basicardia Radlk.
- 习　　性：乔木
- 海　　拔：约200 m
- 国内分布：云南
- 国外分布：缅甸
- 濒危等级：LC

大叶鳞花木
Lepisanthes browniana Hiern
- 习　　性：乔木
- 海　　拔：约200 m
- 国内分布：云南
- 国外分布：缅甸
- 濒危等级：LC

茎花赤才
Lepisanthes cauliflora C. F. Liang et S. L. Mo

茎花赤才（原变种）
Lepisanthes cauliflora var. **cauliflora**
- 习　　性：灌木或小乔木
- 分　　布：广西
- 濒危等级：DD

光叶茎花赤才
Lepisanthes cauliflora var. **glabrifolia** S. L. Mo et X. X. Lee
- 习　　性：灌木或小乔木
- 分　　布：广西
- 濒危等级：NT D1

鳞花木
Lepisanthes hainanensis H. S. Lo
- 习　　性：乔木
- 分　　布：海南
- 濒危等级：NT B1ab（i，iii）

赛木患
Lepisanthes oligophylla (Merr. et Chun) N. H. Xia et Gadek
- 习　　性：灌木或小乔木
- 分　　布：海南
- 濒危等级：LC

赤才
Lepisanthes rubiginosa (Roxb.) Leenh.
- 习　　性：灌木或小乔木
- 国内分布：广东、广西、海南、云南
- 国外分布：澳大利亚、巴布亚新几内亚、菲律宾、马来西亚、印度、印度尼西亚；中南半岛
- 濒危等级：LC
- 资源利用：药用（中草药）；原料（木材）；食品（水果）

滇赤才
Lepisanthes senegalensis (Poiret) Leen.
- 习　　性：灌木或小乔木
- 海　　拔：540~1200 m
- 国内分布：广东、广西、云南
- 国外分布：巴布亚新几内亚、不丹、菲律宾、马来西亚、孟加拉国、缅甸、尼泊尔、印度、印度尼西亚
- 濒危等级：LC

爪耳木
Lepisanthes unilocularis Leenh.
- 习　　性：灌木
- 分　　布：海南
- 濒危等级：CR D

国家保护：Ⅱ级

荔枝属 Litchi Sonn.

荔枝
Litchi chinensis Sonn.
习　　性：常绿乔木
国内分布：广东、海南；华南地区广泛栽培
国外分布：缅甸、老挝、越南、马来西亚、印度尼西亚、菲律宾、泰国、越南；亚热带地区广泛栽培
濒危等级：EN A2c
国家保护：Ⅱ级
资源利用：食品（水果）；原料（木材，木炭）；环境利用（观赏）

柄果木属 Mischocarpus Blume

海南柄果木
Mischocarpus hainanensis H. S. Lo
习　　性：灌木
海　　拔：海平面至 400 m
分　　布：海南
濒危等级：VU D2

褐叶柄果木
Mischocarpus pentapetalus(Roxb.) Radlk.
习　　性：常绿乔木
海　　拔：100～1780 m
国内分布：广东、广西、云南
国外分布：亚洲热带地区
濒危等级：LC
资源利用：原料（木材）

柄果木
Mischocarpus sundaicus Blume
习　　性：常绿小乔木
海　　拔：100～1300 m
国内分布：广东、广西、海南
国外分布：菲律宾、马来西亚、印度
濒危等级：LC

韶子属 Nephelium L.

韶子
Nephelium chryseum Blume
习　　性：常绿乔木
海　　拔：500～1500 m
国内分布：广东、广西、云南
国外分布：菲律宾、马来西亚、越南
濒危等级：NT
国家保护：Ⅱ级
资源利用：原料（木材）；食用（种子）

红毛丹
Nephelium lappaceum L.
习　　性：常绿乔木
国内分布：广东、海南栽培
国外分布：原产菲律宾、马来西亚、泰国、印度尼西亚；东南亚栽培
资源利用：原料（单宁，树脂）

海南韶子
Nephelium topengii(Merr.) H. S. Lo
习　　性：常绿乔木
分　　布：海南
濒危等级：LC
资源利用：原料（单宁，木材）

假韶子属 Paranephelium Miq.

海南假韶子
Paranephelium hainanense H. S. Lo
习　　性：乔木
海　　拔：海平面至 1200 m
分　　布：海南
濒危等级：CR B1ab（i，iii）
国家保护：Ⅱ级

云南假韶子
Paranephelium hystrix W. W. Sm.
习　　性：乔木
海　　拔：约 300 m
国内分布：云南
国外分布：缅甸
濒危等级：EN B1ab（i，iii）；D1

檀栗属 Pavieasia Pierre

广西檀栗
Pavieasia kwangsiensis H. S. Lo
习　　性：常绿乔木
分　　布：广西
濒危等级：CR B1ab（i，iii）
资源利用：原料（木材）；食品（淀粉）

云南檀栗
Pavieasia yunnanensis H. S. Lo
习　　性：乔木
海　　拔：100～900 m
国内分布：云南
国外分布：越南
濒危等级：NT B1ab（i，iii）

番龙眼属 Pometia J. R. Forst. et G. Forst.

番龙眼
Pometia pinnata J. R. Forst. et G. Forst.
习　　性：常绿乔木
海　　拔：1300 m
国内分布：台湾、云南
国外分布：巴布亚新几内亚、菲律宾、马来西亚、斯里兰卡、泰国、印度、印度尼西亚、越南
濒危等级：LC
资源利用：原料（木材）

无患子属 Sapindus L.

川滇无患子
Sapindus delavayi(Franch.) Radlk.
习　　性：乔木
海　　拔：1200～2600 m

分　　布：甘肃、贵州、湖北、陕西、四川、云南
濒危等级：LC
资源利用：药用（中草药）；原料（木材）

毛瓣无患子
Sapindus rarak DC.

毛瓣无患子（原变种）
Sapindus rarak var. **rarak**
习　　性：乔木
海　　拔：500~2100 m
国内分布：台湾、云南
国外分布：不丹、柬埔寨、老挝、马来西亚、缅甸、斯里兰卡、泰国、印度、印度尼西亚、越南
濒危等级：LC
资源利用：药用（中草药）；原料（木材）

石屏无患子
Sapindus rarak var. **velutinus** C. Y. Wu
习　　性：乔木
海　　拔：1600~2100 m
分　　布：云南
濒危等级：LC

无患子
Sapindus saponaria L.
习　　性：乔木
国内分布：安徽、福建、广东、广西、贵州、海南、河南、湖北、湖南、江苏、江西、陕西、四川、台湾、云南、浙江
国外分布：巴布亚新几内亚、朝鲜、缅甸、日本、泰国、印度、印度尼西亚、越南
濒危等级：LC
资源利用：药用（中草药）；原料（木材）

绒毛无患子
Sapindus tomentosus Kurz.
习　　性：乔木
海　　拔：1500~1800 m
国内分布：云南
国外分布：缅甸
濒危等级：LC

文冠果属 Xanthoceras Bunge

文冠果
Xanthoceras sorbifolium Bunge
习　　性：灌木或小乔木
分　　布：甘肃、辽宁、内蒙古、宁夏
濒危等级：LC
资源利用：食品（淀粉，种子）

干果木属 Xerospermum Blume

干果木
Xerospermum bonii(Lecomte)Radlk.
习　　性：乔木
海　　拔：400~500 m
国内分布：广西、云南
国外分布：越南

濒危等级：VU A2c；B1ab（iii）

山榄科 SAPOTACEAE
（11属：28种）

金叶树属 Chrysophyllum L.

星苹果
Chrysophyllum cainito L.
习　　性：乔木
分　　布：海南、云南
濒危等级：LC

金叶树
Chrysophyllum lanceolatum P. Royen
习　　性：乔木
海　　拔：约600 m
国内分布：广东、广西
国外分布：柬埔寨、老挝、马来西亚、缅甸、斯里兰卡、泰国、新加坡、印度尼西亚、越南
濒危等级：LC
资源利用：药用（中草药）；食品（水果）

藏榄属 Diploknema Pierre

藏榄
Diploknema butyracea(Roxb.)H. J. Lam
习　　性：乔木
海　　拔：约1600 m
国内分布：西藏
国外分布：不丹、尼泊尔、印度
濒危等级：DD

滇藏榄
Diploknema yunnanensis D. D. Tao, Z. H. Yang et Q. T. Zhang
习　　性：乔木
海　　拔：1000~1300 m
分　　布：云南
濒危等级：CR A2ac；B1ab（i）；C2a（i）；D
国家保护：I级

梭子果属 Eberhardtia Lecomte

锈毛梭子果
Eberhardtia aurata(Pierre ex Dubard)Lecomte
习　　性：乔木
海　　拔：700~1300 m
国内分布：广东、广西、云南
国外分布：越南
濒危等级：LC
资源利用：原料（木材，工业用油，精油）；食品（油脂）

梭子果
Eberhardtia tonkinensis Lecomte
习　　性：乔木
海　　拔：400~1800 m
国内分布：云南
国外分布：老挝、越南

濒危等级：NT B1b（i，iii）
资源利用：原料（木材，工业用油，精油）；食品（油脂）

紫荆木属 Madhuca Hamilt. ex J. F. Gmel.

海南紫荆木
Madhuca hainanensis Chun et F. C. How
习　　性：乔木
海　　拔：约 100 m
分　　布：海南
濒危等级：VU A2c
国家保护：Ⅱ级
资源利用：原料（单宁，木材，工业用油）；食品（油脂）

紫荆木
Madhuca pasquieri（Dubard）H. J. Lam
习　　性：乔木
海　　拔：0～1100 m
国内分布：广东、广西、云南
国外分布：越南
濒危等级：VU C1
国家保护：Ⅱ级
资源利用：原料（木材）；食品（种子）

铁线子属 Manilkara Adans.

铁线子
Manilkara hexandra（Roxb.）Dubard
习　　性：灌木或乔木
海　　拔：海平面至 200 m
国内分布：广西、海南
国外分布：柬埔寨、斯里兰卡、泰国、印度、越南
濒危等级：LC
资源利用：药用（中草药）

胶木属 Palaquium Blanco

台湾胶木
Palaquium formosanum Hayata
习　　性：乔木
国内分布：台湾
国外分布：菲律宾
濒危等级：LC
资源利用：原料（木材）；食品（水果）

山榄属 Planchonella Pierre

狭叶山榄
Planchonella clemensii（Lecomte）P. Royen
习　　性：乔木
海　　拔：400～500 m
国内分布：海南
国外分布：越南
濒危等级：LC

山榄
Planchonella obovata（R. Br.）Pierre
习　　性：灌木或乔木
海　　拔：约 300 m
国内分布：海南、台湾

国外分布：澳大利亚、巴布亚新几内亚、巴基斯坦、菲律宾、柬埔寨、日本、印度、印度尼西亚、越南
濒危等级：LC
资源利用：药用（中草药）；原料（木材）

桃榄属 Pouteria Aubl.

桃榄
Pouteria annamensis（Pierre）Baehni
习　　性：乔木
海　　拔：约 800 m
国内分布：广西、海南
国外分布：越南
濒危等级：LC
资源利用：原料（木材）；食品（水果）

龙果
Pouteria grandifolia（Wall.）Baehni
习　　性：乔木
海　　拔：500～1200 m
国内分布：云南
国外分布：缅甸、泰国、印度
濒危等级：EN B1ab（i，iii）；C1
资源利用：食品（水果）

肉实树属 Sarcosperma Hook. f.

大肉实树
Sarcosperma arboreum Buch. -Ham. ex C. B. Clarke
习　　性：乔木
海　　拔：500～2500 m
国内分布：广西、贵州、云南
国外分布：缅甸、泰国、印度
濒危等级：LC
资源利用：原料（木材）

小叶肉实树
Sarcosperma griffithii Hook. f. ex C. B. Clarke
习　　性：乔木
海　　拔：约 1900 m
国内分布：云南
国外分布：印度
濒危等级：LC

绒毛肉实树
Sarcosperma kachinense（King et Prain）Exell

绒毛肉实树（原变种）
Sarcosperma kachinense var. **kachinense**
习　　性：乔木
海　　拔：600～1000 m
国内分布：广西、海南、云南
国外分布：越南
濒危等级：LC

光序肉实树
Sarcosperma kachinense var. **simondii**（Gagnep.）H. J. Lam et P. Royen
习　　性：乔木
国内分布：云南

国外分布：越南
濒危等级：LC

肉实树
Sarcosperma laurinum(Benth.) Hook. f.
- 习　　性：乔木
- 海　　拔：400~500 m
- 国内分布：福建、广西、海南、浙江
- 国外分布：越南
- 濒危等级：LC
- 资源利用：原料（木材）

铁榄属 Sinosideroxylon(Engl.) Aubrév.

铁榄
Sinosideroxylon pedunculatum(Hemsl.) H. Chuang

铁榄（原变种）
Sinosideroxylon pedunculatum var. **pedunculatum**
- 习　　性：乔木
- 海　　拔：700~1100 m
- 国内分布：广东、广西、湖南、云南
- 国外分布：越南
- 濒危等级：LC

毛叶铁榄
Sinosideroxylon pedunculatum var. **pubifolium** H. Chuang
- 习　　性：乔木
- 分　　布：广西
- 濒危等级：NT B1b（i, iii）

革叶铁榄
Sinosideroxylon wightianum(Hook. et Arn.) Aubrév.
- 习　　性：乔木
- 海　　拔：500~1500 m
- 国内分布：广东、广西、贵州、云南
- 国外分布：越南
- 濒危等级：LC

滇铁榄
Sinosideroxylon yunnanense(C. Y. Wu) H. Chuang
- 习　　性：乔木
- 海　　拔：1000~1600 m
- 分　　布：云南
- 濒危等级：EN B1ab（i, iii）; C1

刺榄属 Xantolis Raf.

喙果刺榄
Xantolis boniana(Merr.) P. Royen
- 习　　性：乔木
- 海　　拔：2000~2400 m
- 分　　布：海南
- 濒危等级：LC

琼刺榄
Xantolis longispinosa(Merr.) H. S. Lo
- 习　　性：灌木或乔木
- 海　　拔：约500 m
- 分　　布：海南
- 濒危等级：LC

瑞丽刺榄
Xantolis shweliensis(W. W. Sm.) P. Royen
- 习　　性：灌木
- 海　　拔：2400~3000 m
- 分　　布：云南
- 濒危等级：VU D1

滇刺榄
Xantolis stenosepala(Hu) P. Royen

滇刺榄（原变种）
Xantolis stenosepala var. **stenosepala**
- 习　　性：乔木
- 海　　拔：1100~1800 m
- 分　　布：云南
- 濒危等级：VU A2c; D1

短柱滇刺榄
Xantolis stenosepala var. **brevistylis** C. Y. Wu
- 习　　性：乔木
- 海　　拔：约1100 m
- 分　　布：云南
- 濒危等级：VU A2c; D1

三白草科 SAURURACEAE
（3属：4种）

裸蒴属 Gymnotheca Decne.

裸蒴
Gymnotheca chinensis Decne.
- 习　　性：草本
- 海　　拔：100~2000 m
- 国内分布：广东、广西、贵州、湖北、湖南、四川、云南
- 国外分布：越南
- 濒危等级：LC
- 资源利用：药用（中草药）

白苞裸蒴
Gymnotheca involucrata S. J. Pei
- 习　　性：草本
- 海　　拔：700~1000 m
- 分　　布：四川
- 濒危等级：VU A2c + 3cd

蕺菜属 Houttuynia Thunb.

蕺菜（鱼腥草）
Houttuynia cordata Thunb.
- 习　　性：草本
- 海　　拔：海平面至2500 m
- 国内分布：安徽、福建、甘肃、广东、广西、贵州、海南、河南、湖北、湖南、江西、陕西、四川、台湾
- 国外分布：不丹、朝鲜、缅甸、尼泊尔、日本、泰国、印度、印度尼西亚
- 濒危等级：LC
- 资源利用：药用（中草药）；食品（蔬菜）；食品添加剂（调味剂）

三白草属 Saururus L.

三白草
Saururus chinensis(Lour.)Baill.
- 习　　性：草本
- 海　　拔：海平面至 1700 m
- 国内分布：安徽、福建、广东、广西、贵州、海南、河北、河南、湖北、湖南、江苏、江西、青海、山东、陕西、四川、台湾、云南、浙江
- 国外分布：朝鲜、菲律宾、日本、印度、越南
- 濒危等级：LC
- 资源利用：药用（中草药）

虎耳草科 SAXIFRAGACEAE
（13 属：352 种）

落新妇属 Astilbe Buch.-Ham. ex D. Don

落新妇
Astilbe chinensis(Maxim.)Franch. et Sav.
- 习　　性：多年生草本
- 海　　拔：400~3600 m
- 国内分布：安徽、甘肃、广东、广西、贵州、河北、河南、黑龙江、湖北、湖南、吉林、江西、辽宁、内蒙古、青海、山东、山西、陕西、四川、云南、浙江
- 国外分布：朝鲜、俄罗斯、日本
- 濒危等级：LC
- 资源利用：药用（中草药）；原料（单宁，树脂）；环境利用（观赏）

大落新妇
Astilbe grandis Stapf ex E. H. Wilson
- 习　　性：多年生草本
- 海　　拔：400~2000 m
- 国内分布：安徽、福建、广东、广西、贵州、黑龙江、湖北、吉林、江苏、江西、辽宁、山东、山西、四川、浙江
- 国外分布：朝鲜
- 濒危等级：LC
- 资源利用：药用（中草药）

长果落新妇
Astilbe longicarpa(Hayata)Hayata
- 习　　性：多年生草本
- 分　　布：台湾
- 濒危等级：LC

大果落新妇
Astilbe macrocarpa Knoll
- 习　　性：多年生草本
- 海　　拔：500~1600 m
- 分　　布：安徽、福建、湖南、浙江
- 濒危等级：LC

阿里山落新妇
Astilbe macroflora Hayata
- 习　　性：多年生草本
- 海　　拔：3200~3800 m
- 分　　布：台湾
- 濒危等级：LC

溪畔落新妇
Astilbe rivularis Buch.-Ham. ex D. Don

溪畔落新妇（原变种）
Astilbe rivularis var. **rivularis**
- 习　　性：多年生草本
- 海　　拔：900~3200 m
- 国内分布：河南、陕西、四川、西藏、云南
- 国外分布：不丹、克什米尔地区、老挝、尼泊尔、泰国、印度、印度尼西亚、越南
- 濒危等级：LC
- 资源利用：药用（中草药）

狭叶落新妇
Astilbe rivularis var. **angustifoliolata** H. Hara
- 习　　性：多年生草本
- 海　　拔：1500~2800 m
- 国内分布：云南
- 国外分布：缅甸
- 濒危等级：LC

多花落新妇
Astilbe rivularis var. **myriantha**(Diels)J. T. Pan
- 习　　性：多年生草本
- 海　　拔：1100~2500 m
- 分　　布：甘肃、贵州、河南、湖北、陕西、四川、西藏
- 濒危等级：LC
- 资源利用：药用（中草药）

腺萼落新妇
Astilbe rubra Hook. f.
- 习　　性：多年生草本
- 海　　拔：约 2400 m
- 国内分布：福建、湖北、西藏、云南
- 国外分布：印度
- 濒危等级：LC

大叶子属 Astilboides Engl.

大叶子
Astilboides tabularis(Hemsl.)Engl.
- 习　　性：多年生草本
- 国内分布：吉林、辽宁
- 国外分布：朝鲜
- 濒危等级：LC
- 资源利用：原料（单宁）；食品（淀粉，蔬菜）

岩白菜属 Bergenia Moench

厚叶岩白菜
Bergenia crassifolia(L.)Fritsch
- 习　　性：多年生草本
- 海　　拔：1100~1800 m
- 国内分布：新疆
- 国外分布：俄罗斯、韩国、蒙古北部

濒危等级：LC

峨眉岩白菜
Bergenia emeiensis C. Y. Wu

峨眉岩白菜（原变种）
Bergenia emeiensis var. **emeiensis**
- 习　性：多年生草本
- 海　拔：约 1600 m
- 分　布：四川
- 濒危等级：NT A2c + 3c

淡红岩白菜
Bergenia emeiensis var. **rubellina** J. T. Pan
- 习　性：多年生草本
- 海　拔：3500 ~ 4200 m
- 分　布：四川
- 濒危等级：DD

舌岩白菜
Bergenia pacumbis(Buch.-Ham. ex D. Don)C. Y. Wu et J. T. Pan
- 习　性：多年生草本
- 海　拔：2300 ~ 2400 m
- 国内分布：西藏、云南
- 国外分布：阿富汗、巴基斯坦、不丹、克什米尔地区、尼泊尔、印度
- 濒危等级：DD

岩白菜
Bergenia purpurascens(Hook. f. et Thomson)Engl.
- 习　性：多年生草本
- 海　拔：2700 ~ 4800 m
- 国内分布：四川、西藏、云南
- 国外分布：不丹、缅甸、尼泊尔、印度
- 濒危等级：LC
- 资源利用：药用（中草药）

秦岭岩白菜
Bergenia scopulosa T. P. Wang
- 习　性：多年生草本
- 海　拔：2500 ~ 3600 m
- 分　布：陕西
- 濒危等级：VU A2c；B2ab（i）
- 资源利用：药用（中草药）

短柄岩白菜
Bergenia stracheyi(Hook. f. et Thomson)Engl.
- 习　性：多年生草本
- 海　拔：3900 ~ 4500 m
- 国内分布：西藏
- 国外分布：阿富汗、巴基斯坦、克什米尔地区、尼泊尔、塔吉克斯坦、印度
- 濒危等级：LC

天全岩白菜
Bergenia tianquanensis J. T. Pan
- 习　性：多年生草本
- 海　拔：2200 ~ 3300 m
- 分　布：四川
- 濒危等级：LC

金腰属 Chrysosplenium L.

蔽果金腰
Chrysosplenium absconditicapsulum J. T. Pan
- 习　性：多年生草本
- 海　拔：3700 m
- 分　布：西藏
- 濒危等级：LC
- 资源利用：药用（中草药）

长梗金腰
Chrysosplenium axillare Maxim.
- 习　性：多年生草本
- 海　拔：2800 ~ 4500 m
- 国内分布：甘肃、青海、陕西、新疆
- 国外分布：吉尔吉斯斯坦、塔吉克斯坦、土库曼斯坦、乌兹别克斯坦
- 濒危等级：LC
- 资源利用：药用（中草药）

秦岭金腰
Chrysosplenium biondianum Engl.
- 习　性：多年生草本
- 海　拔：1000 ~ 2000 m
- 分　布：甘肃、陕西
- 濒危等级：LC

肉质金腰
Chrysosplenium carnosum Hook. f. et Thomson
- 习　性：多年生草本
- 海　拔：4400 ~ 4700 m
- 国内分布：四川、西藏
- 国外分布：不丹、缅甸、尼泊尔、印度
- 濒危等级：LC

滇黔金腰
Chrysosplenium cavaleriei H. Lév. et Vaniot
- 习　性：多年生草本
- 海　拔：1300 ~ 3000 m
- 分　布：贵州、湖北、湖南、四川、云南
- 濒危等级：LC

乳突金腰
Chrysosplenium chinense(H. Hara)J. T. Pan
- 习　性：多年生草本
- 海　拔：约 1800 m
- 分　布：河北、山西
- 濒危等级：LC

锈毛金腰
Chrysosplenium davidianum Decne. ex Maxim.
- 习　性：多年生草本
- 海　拔：1500 ~ 4100 m
- 分　布：贵州、四川、云南
- 濒危等级：LC

肾萼金腰
Chrysosplenium delavayi Franch.
- 习　性：多年生草本
- 海　拔：400 ~ 2800 m

国内分布：安徽、广东、广西、贵州、湖北、湖南、江苏、四川、台湾、云南
国外分布：缅甸
濒危等级：LC

蔓金腰
Chrysosplenium flagelliferum F. Schmidt
习　　性：多年生草本
海　　拔：400~500 m
国内分布：河北、黑龙江、吉林、辽宁
国外分布：朝鲜、俄罗斯、蒙古、日本
濒危等级：LC

贡山金腰
Chrysosplenium forrestii Diels
习　　性：多年生草本
海　　拔：3600~4700 m
国内分布：西藏、云南
国外分布：不丹、缅甸、尼泊尔、印度
濒危等级：LC

褐点金腰
Chrysosplenium fuscopunctiulosum Z. P. Jien
习　　性：多年生草本
海　　拔：约 3600 m
分　　布：云南
濒危等级：LC

纤细金腰
Chrysosplenium giraldianum Engl.
习　　性：多年生草本
海　　拔：1400~2200 m
分　　布：甘肃、河南、陕西
濒危等级：LC

无毛金腰
Chrysosplenium glaberrimum W. T. Wang
习　　性：多年生草本
分　　布：江西
濒危等级：DD

舌叶金腰
Chrysosplenium glossophyllum H. Hara
习　　性：多年生草本
海　　拔：1000~1400 m
分　　布：广西、四川
濒危等级：NT

肾叶金腰
Chrysosplenium griffithii Hook. f. et Thomson

肾叶金腰（原变种）
Chrysosplenium griffithii var. **griffithii**
习　　性：多年生草本
海　　拔：2500~4800 m
国内分布：甘肃、陕西、四川、西藏、云南
国外分布：不丹、马来西亚、尼泊尔、印度
濒危等级：LC

居间金腰
Chrysosplenium griffithii var. **intermedium** (H. Hara) J. T. Pan

习　　性：多年生草本
海　　拔：3100~4800 m
国内分布：青海、四川、西藏、云南
国外分布：不丹、尼泊尔
濒危等级：LC

大武金腰
Chrysosplenium hebetatum Ohwi
习　　性：多年生草本
分　　布：台湾
濒危等级：LC

天胡荽金腰
Chrysosplenium hydrocotylifolium H. Lév. et Vaniot

天胡荽金腰（原变种）
Chrysosplenium hydrocotylifolium var. **hydrocotylifolium**
习　　性：多年生草本
海　　拔：1300~2400 m
分　　布：广西、贵州、云南
濒危等级：LC

峨眉金腰
Chrysosplenium hydrocotylifolium var. **emeiense** J. T. Pan
习　　性：多年生草本
海　　拔：约 1500 m
分　　布：四川
濒危等级：LC

广东金腰
Chrysosplenium hydrocotylifolium var. **guangdongense** S. J. Xu et Z. X. Li
习　　性：多年生草本
分　　布：广东
濒危等级：DD

日本金腰
Chrysosplenium japonicum (Maxim.) Makino

日本金腰（原变种）
Chrysosplenium japonicum var. **japonicum**
习　　性：多年生草本
海　　拔：400~600 m
国内分布：安徽、吉林、江西、辽宁、浙江
国外分布：朝鲜、日本
濒危等级：LC

楔叶金腰
Chrysosplenium japonicum var. **cuneifolium** X. H. Guo et X. P. Zhang
习　　性：多年生草本
海　　拔：400~600 m
分　　布：安徽
濒危等级：NT B1b (i, ii, iii, v) c (i, ii, iv)

建宁金腰
Chrysosplenium jienningense W. T. Wang
习　　性：多年生草本
海　　拔：约 700 m
分　　布：福建、浙江
濒危等级：EN A2c + 3c；D

虎耳草科 SAXIFRAGACEAE

绵毛金腰
Chrysosplenium lanuginosum Hook. f. et Thomson

绵毛金腰（原变种）
Chrysosplenium lanuginosum var. **lanuginosum**
- 习　　性：多年生草本
- 海　　拔：1100～1600 m
- 国内分布：贵州、湖北、四川、西藏、云南
- 国外分布：不丹、马来西亚、尼泊尔、印度
- 濒危等级：LC

睫毛金腰
Chrysosplenium lanuginosum var. **ciliatum**（Franch.）J. T. Pan
- 习　　性：多年生草本
- 海　　拔：1600～2500 m
- 国内分布：湖北、四川、云南
- 国外分布：印度
- 濒危等级：LC

台湾金腰
Chrysosplenium lanuginosum var. **formosanum**（Hayata）H. Hara
- 习　　性：多年生草本
- 分　　布：台湾
- 濒危等级：LC

细弱金腰
Chrysosplenium lanuginosum var. **gracile**（Franch.）H. Hara
- 习　　性：多年生草本
- 海　　拔：200～3800 m
- 分　　布：四川、西藏
- 濒危等级：LC

毛边金腰
Chrysosplenium lanuginosum var. **pilosomarginatum**（H. Hara）J. T. Pan
- 习　　性：多年生草本
- 海　　拔：约 1800 m
- 分　　布：云南
- 濒危等级：NT C1

林金腰
Chrysosplenium lectus-cochleae Kitag.
- 习　　性：多年生草本
- 海　　拔：400～1800 m
- 分　　布：黑龙江、吉林、辽宁
- 濒危等级：LC

理县金腰
Chrysosplenium lixianense Z. P. Jien et J. T. Pan
- 习　　性：多年生草本
- 分　　布：四川
- 濒危等级：LC

大叶金腰
Chrysosplenium macrophyllum Oliv.
- 习　　性：多年生草本
- 海　　拔：1000～2200 m
- 分　　布：安徽、福建、广东、广西、贵州、湖北、湖南、江西、陕西、四川、云南、浙江
- 濒危等级：LC
- 资源利用：药用（中草药）

微子金腰
Chrysosplenium microspermum Franch.
- 习　　性：多年生草本
- 海　　拔：1800～2900 m
- 分　　布：湖北、陕西、四川
- 濒危等级：LC

山溪金腰
Chrysosplenium nepalense D. Don
- 习　　性：多年生草本
- 海　　拔：1500～5900 m
- 国内分布：四川、西藏、云南
- 国外分布：不丹、缅甸、尼泊尔、印度
- 濒危等级：LC

裸茎金腰
Chrysosplenium nudicaule Bunge
- 习　　性：多年生草本
- 海　　拔：2500～4800 m
- 国内分布：甘肃、青海、陕西、西藏、新疆、云南
- 国外分布：俄罗斯、蒙古、尼泊尔
- 濒危等级：LC
- 资源利用：药用（中草药）

鸦跖花金腰
Chrysosplenium oxygraphoides Hand.-Mazz.
- 习　　性：多年生草本
- 海　　拔：3200～4300 m
- 分　　布：四川、西藏
- 濒危等级：LC

毛金腰
Chrysosplenium pilosum Maxim.

毛金腰（原变种）
Chrysosplenium pilosum var. **pilosum**
- 习　　性：多年生草本
- 海　　拔：1500～3500 m
- 国内分布：黑龙江、吉林、辽宁
- 国外分布：朝鲜、俄罗斯
- 濒危等级：LC

毛柄金腰
Chrysosplenium pilosum var. **pilosopetiolatum**（Z. P. Jien）J. T. Pan
- 习　　性：多年生草本
- 分　　布：广东、湖南
- 濒危等级：LC

柔毛金腰
Chrysosplenium pilosum var. **valdepilosum** Ohwi
- 习　　性：多年生草本
- 海　　拔：1500～3500 m
- 国内分布：安徽、甘肃、河北、黑龙江、湖北、吉林、辽宁、青海、山西、陕西、四川、浙江
- 国外分布：朝鲜
- 濒危等级：LC

陕甘金腰
Chrysosplenium qinlingense Z. P. Jien ex J. T. Pan
　　习　　性：多年生草本
　　海　　拔：1600～2600 m
　　分　　布：甘肃、陕西
　　濒危等级：LC

多枝金腰
Chrysosplenium ramosum Maxim.
　　习　　性：多年生草本
　　海　　拔：900～1000 m
　　国内分布：黑龙江、吉林
　　国外分布：朝鲜、俄罗斯、日本
　　濒危等级：LC

五台金腰
Chrysosplenium serreanum Hand.-Mazz.
　　习　　性：多年生草本
　　海　　拔：1700～2800 m
　　国内分布：河北、黑龙江、内蒙古、山西
　　国外分布：朝鲜、俄罗斯、蒙古、日本
　　濒危等级：LC

西康金腰
Chrysosplenium sikangense H. Hara
　　习　　性：多年生草本
　　海　　拔：3700～4100 m
　　分　　布：西藏、云南
　　濒危等级：LC

中华金腰
Chrysosplenium sinicum Maxim.
　　习　　性：多年生草本
　　海　　拔：500～3600 m
　　国内分布：安徽、甘肃、河北、河南、黑龙江、湖北、吉林、江西、辽宁、青海、山西、陕西、四川、浙江
　　国外分布：朝鲜、俄罗斯、蒙古
　　濒危等级：LC
　　资源利用：药用（中草药）

太白金腰
Chrysosplenium taibaishanense J. T. Pan
　　习　　性：多年生草本
　　海　　拔：约2100 m
　　分　　布：陕西
　　濒危等级：EN B1ab（i, ii, iii）+2ab（i, ii, iii）

单花金腰
Chrysosplenium uniflorum Maxim.
　　习　　性：多年生草本
　　海　　拔：2400～4700 m
　　国内分布：甘肃、青海、陕西、四川、西藏、云南
　　国外分布：尼泊尔
　　濒危等级：LC

韫珍金腰
Chrysosplenium wuwenchenii Z. P. Jien
　　习　　性：多年生草本
　　海　　拔：2000～2500 m
　　分　　布：四川
　　濒危等级：LC

唢呐草属 Mitella L.

台湾唢呐草
Mitella formosana（Hayata）Masam.
　　习　　性：多年生草本
　　海　　拔：2900～3000 m
　　分　　布：台湾
　　濒危等级：LC

唢呐草
Mitella nuda L.
　　习　　性：多年生草本
　　海　　拔：700～1100 m
　　国内分布：黑龙江、吉林、内蒙古
　　国外分布：朝鲜、俄罗斯、蒙古、日本
　　濒危等级：LC

槭叶草属 Mukdenia Koidz.

槭叶草
Mukdenia rossii（Oliv.）Koidz.
　　习　　性：多年生草本
　　海　　拔：100～800 m
　　国内分布：吉林、辽宁
　　国外分布：朝鲜
　　濒危等级：LC
　　资源利用：环境利用（观赏）

独根草属 Oresitrophe Bunge

独根草
Oresitrophe rupifraga Bunge
　　习　　性：多年生草本
　　海　　拔：600～2100 m
　　分　　布：河北、辽宁、山西
　　濒危等级：LC
　　资源利用：环境利用（观赏）

涧边草属 Peltoboykinia（Engl.）Hara

涧边草
Peltoboykinia tellimoides（Maxim.）H. Hara
　　习　　性：多年生草本
　　海　　拔：1100～1900 m
　　国内分布：福建
　　国外分布：日本
　　濒危等级：NT

鬼灯檠属 Rodgersia A. Gray

七叶鬼灯檠
Rodgersia aesculifolia Batalin

七叶鬼灯檠（原变种）
Rodgersia aesculifolia var. **aesculifolia**

习　　性：草本
海　　拔：1100～3400 m
分　　布：甘肃、河南、湖北、宁夏、陕西、四川、云南
濒危等级：LC
资源利用：原料（单宁）；基因源（抗病毒）；食品（淀粉）

滇西鬼灯檠
Rodgersia aesculifolia var. **henricii**(Franch.)C. Y. Wu ex J. T. Pan
习　　性：草本
海　　拔：2300～3800 m
国内分布：西藏、云南
国外分布：缅甸
濒危等级：LC

羽叶鬼灯檠
Rodgersia pinnata Franch.

羽叶鬼灯檠（原变种）
Rodgersia pinnata var. **pinnata**
习　　性：多年生草本
海　　拔：2000～3800 m
分　　布：贵州、四川、云南
濒危等级：LC
资源利用：原料（单宁，树脂）；食品（淀粉）；药用（中草药）

伏毛鬼灯檠
Rodgersia pinnata var. **strigosa** J. T. Pan
习　　性：草本
海　　拔：约2000 m
分　　布：四川
濒危等级：DD

鬼灯檠
Rodgersia podophylla A. Gray
习　　性：多年生草本
国内分布：吉林、辽宁
国外分布：朝鲜、日本
濒危等级：LC
资源利用：环境利用（观赏）；食品（淀粉）

西南鬼灯檠
Rodgersia sambucifolia Hemsl.

西南鬼灯檠（原变种）
Rodgersia sambucifolia var. **sambucifolia**
习　　性：多年生草本
海　　拔：1800～3700 m
分　　布：贵州、四川、云南
濒危等级：LC
资源利用：药用（中草药）

光腹鬼灯檠
Rodgersia sambucifolia var. **estrigosa** J. T. Pan
习　　性：草本
海　　拔：2000～3700 m
分　　布：四川、云南
濒危等级：LC

变豆叶草属 Saniculiphyllum C. Y. Wu et T. C. Ku

变豆叶草
Saniculiphyllum guangxiense C. Y. Wu et T. C. Ku
习　　性：多年生草本
海　　拔：600～1300 m
分　　布：广西、云南
濒危等级：VU A2c；B1ab（iii）

虎耳草属 Saxifraga L.

具梗虎耳草
Saxifraga afghanica Aitch. et Hemsl.
习　　性：多年生草本
海　　拔：4200～4500 m
国内分布：青海、西藏
国外分布：阿富汗、巴基斯坦、克什米尔地区、尼泊尔
濒危等级：LC

短瓣虎耳草
Saxifraga andersonii Engl.
习　　性：多年生草本
海　　拔：4100～4700 m
国内分布：西藏
国外分布：不丹、尼泊尔、印度
濒危等级：LC

狭叶虎耳草
Saxifraga angustata Harry Sm.
习　　性：多年生草本
海　　拔：4200～4300 m
分　　布：四川
濒危等级：LC

小芒虎耳草
Saxifraga aristulata Hook. f. et Thomson

小芒虎耳草（原变种）
Saxifraga aristulata var. **aristulata**
习　　性：多年生草本
海　　拔：4000～5000 m
国内分布：西藏
国外分布：不丹、尼泊尔、印度
濒危等级：LC

长毛虎耳草
Saxifraga aristulata var. **longipila**(Engl. et Irmsch.)J. T. Pan
习　　性：多年生草本
海　　拔：3000～4600 m
分　　布：四川、云南
濒危等级：LC

黑虎耳草
Saxifraga atrata Engl.
习　　性：多年生草本
海　　拔：3000～4200 m
分　　布：甘肃、青海

濒危等级：LC
资源利用：药用（中草药）

阿墩子虎耳草
Saxifraga atuntsiensis W. W. Sm.
习　　性：多年生草本
海　　拔：4300~5200 m
分　　布：四川、云南
濒危等级：LC

橙黄虎耳草
Saxifraga aurantiaca Franch.
习　　性：多年生草本
海　　拔：3000~4200 m
分　　布：陕西、四川、云南
濒危等级：LC

耳状虎耳草
Saxifraga auriculata Engl. et Irmsch.

耳状虎耳草（原变种）
Saxifraga auriculata var. **auriculata**
习　　性：多年生草本
海　　拔：3200~4700 m
分　　布：四川
濒危等级：DD

错那虎耳草
Saxifraga auriculata var. **conaensis** J. T. Pan
习　　性：多年生草本
海　　拔：3200~3600 m
分　　布：西藏
濒危等级：LC

白马山虎耳草
Saxifraga baimashanensis C. Y. Wu
习　　性：多年生草本
海　　拔：4600~4700 m
分　　布：云南
濒危等级：LC

马耳山虎耳草
Saxifraga balfourii Engl. et Irmsch.
习　　性：多年生草本
海　　拔：2300~4600 m
分　　布：云南
濒危等级：LC

班玛虎耳草
Saxifraga banmaensis J. T. Pan
习　　性：多年生草本
分　　布：青海
濒危等级：LC

奔子栏虎耳草
Saxifraga benzilanensis H. Chuang
习　　性：多年生草本
海　　拔：约3200 m
分　　布：云南
濒危等级：LC

紫花虎耳草
Saxifraga bergenioides C. Marquand
习　　性：多年生草本
海　　拔：4200~5000 m
国内分布：西藏
国外分布：不丹
濒危等级：LC

碧江虎耳草
Saxifraga bijiangensis H. Chuang
习　　性：多年生草本
海　　拔：4000~5000 m
分　　布：云南
濒危等级：DD

短叶虎耳草
Saxifraga brachyphylla Franch.
习　　性：多年生草本
海　　拔：2500~3700 m
分　　布：云南
濒危等级：LC

短柄虎耳草
Saxifraga brachypoda D. Don
习　　性：多年生草本
海　　拔：3000~5000 m
国内分布：四川、西藏、云南
国外分布：不丹、缅甸、尼泊尔、印度
濒危等级：LC

光花梗虎耳草
Saxifraga brachypodoidea J. T. Pan
习　　性：多年生草本
海　　拔：4200~4300 m
分　　布：西藏
濒危等级：LC

短茎虎耳草
Saxifraga brevicaulis Harry Sm.
习　　性：多年生草本
海　　拔：4400~4700 m
分　　布：西藏
濒危等级：LC

刺虎耳草
Saxifraga bronchialis L.
习　　性：多年生草本
海　　拔：800~1500 m
国内分布：黑龙江、内蒙古
国外分布：俄罗斯、蒙古
濒危等级：LC

褐斑虎耳草
Saxifraga brunneopunctata Harry Sm.
习　　性：多年生草本
海　　拔：4000~4900 m
分　　布：西藏
濒危等级：LC

须弥虎耳草
Saxifraga brunonis Wall. ex Ser.
　　习　　性：多年生草本
　　海　　拔：2800～4000 m
　　国内分布：四川、西藏、云南
　　国外分布：不丹、克什米尔地区、缅甸、尼泊尔、印度
　　濒危等级：LC
　　资源利用：药用（中草药）

小泡虎耳草
Saxifraga bulleyana Engl. et Irmsch.
　　习　　性：多年生草本
　　海　　拔：3000～4600 m
　　分　　布：云南
　　濒危等级：LC

顶峰虎耳草
Saxifraga cacuminus Harry Sm.
　　习　　性：多年生草本
　　海　　拔：4700～5200 m
　　分　　布：四川
　　濒危等级：LC

灯架虎耳草
Saxifraga candelabrum Franch.
　　习　　性：多年生草本
　　海　　拔：2000～4200 m
　　分　　布：四川、云南
　　濒危等级：LC

心叶虎耳草
Saxifraga cardiophylla Franch.
　　习　　性：多年生草本
　　海　　拔：2500～4300 m
　　分　　布：四川、云南
　　濒危等级：LC

肉质虎耳草
Saxifraga carnosula Mattf.
　　习　　性：多年生草本
　　海　　拔：3000～4900 m
　　分　　布：四川、云南
　　濒危等级：LC

近岩梅虎耳草
Saxifraga caveana W. W. Sm.

近岩梅虎耳草（原变种）
Saxifraga caveana var. **caveana**
　　习　　性：多年生草本
　　海　　拔：4500～4800 m
　　国内分布：西藏
　　国外分布：不丹、尼泊尔、印度
　　濒危等级：LC

狭萼虎耳草
Saxifraga caveana var. **lanceolata** J. T. Pan
　　习　　性：多年生草本
　　海　　拔：约4500 m
　　分　　布：西藏
　　濒危等级：LC

零余虎耳草
Saxifraga cernua L.
　　习　　性：多年生草本
　　海　　拔：2200～5500 m
　　国内分布：湖北、吉林、内蒙古、宁夏、青海、山西、陕西、四川、西藏、新疆、云南
　　国外分布：朝鲜、俄罗斯、蒙古、日本、印度
　　濒危等级：LC

菖蒲桶虎耳草
Saxifraga champutungensis H. Chuang
　　习　　性：多年生草本
　　海　　拔：3700～4000 m
　　分　　布：云南
　　濒危等级：DD

雪地虎耳草
Saxifraga chionophila Franch.
　　习　　性：多年生草本
　　海　　拔：2700～5000 m
　　分　　布：四川、西藏、云南
　　濒危等级：LC

拟黄花虎耳草
Saxifraga chrysanthoides Engl. et Irmsch.
　　习　　性：多年生草本
　　海　　拔：2700～5300 m
　　分　　布：云南
　　濒危等级：LC

春丕虎耳草
Saxifraga chumbiensis Engl. et Irmsch.
　　习　　性：多年生草本
　　海　　拔：4600～5800 m
　　国内分布：西藏
　　国外分布：不丹、印度
　　濒危等级：LC

毛瓣虎耳草
Saxifraga ciliatopetala(Engl. et Irmsch.) J. T. Pan
　　习　　性：多年生草本
　　海　　拔：3900～5100 m
　　国内分布：四川、西藏、云南
　　国外分布：尼泊尔
　　濒危等级：LC

灰虎耳草
Saxifraga cinerascens Engl. et Irmsch.
　　习　　性：多年生草本
　　海　　拔：2800～4400 m
　　分　　布：云南
　　濒危等级：LC

棒蕊虎耳草
Saxifraga clavistaminea Engl. et Irmsch.
　　习　　性：多年生草本

海　　拔：2300~3600 m
分　　布：四川、云南
濒危等级：LC

截叶虎耳草
Saxifraga clivorum Harry Sm.
　　习　　性：多年生草本
　　海　　拔：4700~5000 m
　　国内分布：西藏
　　国外分布：不丹、印度
　　濒危等级：LC

矮虎耳草
Saxifraga coarctata W. W. Sm.
　　习　　性：多年生草本
　　海　　拔：3800~4700 m
　　国内分布：四川、西藏、云南
　　国外分布：不丹、尼泊尔、印度
　　濒危等级：LC

密花虎耳草
Saxifraga congestiflora Engl. et Irmsch.
　　习　　性：多年生草本
　　海　　拔：3700~4300 m
　　分　　布：四川
　　濒危等级：LC

棒腺虎耳草
Saxifraga consanguinea W. W. Sm.
　　习　　性：多年生草本
　　海　　拔：3000~5400 m
　　国内分布：青海、四川、西藏、云南
　　国外分布：尼泊尔
　　濒危等级：LC

对叶虎耳草
Saxifraga contraria Harry Sm.
　　习　　性：多年生草本
　　海　　拔：4200~4800 m
　　国内分布：西藏
　　国外分布：不丹、尼泊尔
　　濒危等级：LC

心虎耳草
Saxifraga cordigera Hook. f. et Thomson
　　习　　性：多年生草本
　　海　　拔：4000~5000 m
　　国内分布：西藏
　　国外分布：尼泊尔、印度
　　濒危等级：LC

枕状虎耳草
Saxifraga culcitosa Mattf.
　　习　　性：多年生草本
　　海　　拔：4000~5100 m
　　分　　布：四川
　　濒危等级：LC

大海虎耳草
Saxifraga dahaiensis H. Chuang
　　习　　性：多年生草本

海　　拔：约3700 m
分　　布：云南
濒危等级：LC

大理虎耳草
Saxifraga daliensis H. Chuang
　　习　　性：多年生草本
　　海　　拔：3900 m
　　分　　布：云南
　　濒危等级：NT

稻城虎耳草
Saxifraga daochengensis J. T. Pan
　　习　　性：多年生草本
　　海　　拔：约3600 m
　　分　　布：四川
　　濒危等级：LC

大桥虎耳草
Saxifraga daqiaoensis F. G. Wang et F. W. Xing
　　习　　性：多年生草本
　　分　　布：广东
　　濒危等级：LC

双喙虎耳草
Saxifraga davidii Franch.
　　习　　性：多年生草本
　　海　　拔：1500~2400 m
　　国内分布：四川
　　国外分布：缅甸
　　濒危等级：LC

滇藏虎耳草
Saxifraga decora Harry Sm.
　　习　　性：多年生草本
　　海　　拔：3500~4800 m
　　国内分布：西藏、云南
　　国外分布：克什米尔地区
　　濒危等级：LC

矮生虎耳草
Saxifraga decussata J. Anthony
　　习　　性：多年生草本
　　海　　拔：3000~4100 m
　　分　　布：甘肃、青海、云南
　　濒危等级：LC

密叶虎耳草
Saxifraga densifoliata Engl. et Irmsch.

密叶虎耳草（原变种）
Saxifraga densifoliata var. **densifoliata**
　　习　　性：多年生草本
　　海　　拔：4100~4500 m
　　分　　布：四川、云南
　　濒危等级：LC

乃东虎耳草
Saxifraga densifoliata var. **nedongensis** J. T. Pan
　　习　　性：多年生草本
　　海　　拔：约4000 m

分　　布：西藏
濒危等级：LC

德钦虎耳草
Saxifraga deqenensis C. Y. Wu
习　　性：多年生草本
海　　拔：4500~4600 m
分　　布：云南
濒危等级：LC

滇西北虎耳草
Saxifraga dianxibeiensis J. T. Pan
习　　性：多年生草本
海　　拔：3800~4500 m
分　　布：云南
濒危等级：DD

岩梅虎耳草
Saxifraga diapensia Harry Sm.
习　　性：多年生草本
海　　拔：3500~5300 m
分　　布：四川、西藏、云南
濒危等级：LC

川西虎耳草
Saxifraga dielsiana Engl. et Irmsch.
习　　性：多年生草本
海　　拔：2100~2600 m
分　　布：四川、云南
濒危等级：LC

散痂虎耳草
Saxifraga diffusicallosa C. Y. Wu
习　　性：多年生草本
海　　拔：3200~4000 m
分　　布：西藏
濒危等级：LC

丁青虎耳草
Saxifraga dingqingensis J. T. Pan
习　　性：多年生草本
分　　布：西藏
濒危等级：LC

叉枝虎耳草
Saxifraga divaricata Engl. et Irmsch.
习　　性：多年生草本
海　　拔：3400~4500 m
分　　布：青海、四川、西藏
濒危等级：LC
资源利用：药用（中草药）

异叶虎耳草
Saxifraga diversifolia Wall. ex Ser.

异叶虎耳草（原变种）
Saxifraga diversifolia var. **diversifolia**
习　　性：多年生草本
海　　拔：2800~4300 m
国内分布：四川、西藏、云南
国外分布：不丹、克什米尔地区、尼泊尔、印度

濒危等级：LC

狭苞异叶虎耳草
Saxifraga diversifolia var. **angustibracteata** (Engl. et Irmsch.) J. T. Pan
习　　性：多年生草本
海　　拔：2700~3300 m
分　　布：四川、西藏、云南
濒危等级：LC

东川虎耳草
Saxifraga dongchuanensis H. Chuang
习　　性：多年生草本
海　　拔：约3500 m
分　　布：云南
濒危等级：DD

东旺虎耳草
Saxifraga dongwanensis H. Chuang
习　　性：多年生草本
分　　布：云南
濒危等级：DD

白瓣虎耳草
Saxifraga doyalana Harry Sm.
习　　性：多年生草本
海　　拔：约4800 m
分　　布：西藏
濒危等级：LC

葶苈虎耳草
Saxifraga drabiformis Franch.
习　　性：多年生草本
海　　拔：3300~4900 m
分　　布：云南
濒危等级：LC

中甸虎耳草
Saxifraga draboides C. Y. Wu
习　　性：多年生草本
海　　拔：3800~4700 m
分　　布：四川、云南
濒危等级：LC

无爪虎耳草
Saxifraga dshagalensis Engl.
习　　性：多年生草本
海　　拔：5000~5600 m
分　　布：四川、西藏
濒危等级：LC

邓波虎耳草
Saxifraga dungbooi Engl. et Irmsch.
习　　性：多年生草本
国内分布：西藏
国外分布：印度
濒危等级：LC

长毛梗虎耳草
Saxifraga eglandulosa Engl.
习　　性：多年生草本

海　　拔：3600~4500 m
分　　布：西藏、云南
濒危等级：LC

优越虎耳草
Saxifraga egregia Engl.

优越虎耳草（原变种）
Saxifraga egregia var. egregia
习　　性：多年生草本
海　　拔：2800~4500 m
分　　布：甘肃、青海、西藏、云南
濒危等级：LC

无睫毛虎耳草
Saxifraga egregia var. eciliata J. T. Pan
习　　性：多年生草本
海　　拔：2000~4600 m
分　　布：四川、西藏、云南
濒危等级：LC

小金虎耳草
Saxifraga egregia var. xiaojinensis J. T. Pan
习　　性：多年生草本
海　　拔：约 4000 m
分　　布：四川
濒危等级：LC

矮优越虎耳草
Saxifraga egregioides J. T. Pan
习　　性：多年生草本
海　　拔：约 3400 m
分　　布：西藏
濒危等级：LC

沟繁缕虎耳草
Saxifraga elatinoides Hand.-Mazz.
习　　性：多年生草本
海　　拔：3000~4700 m
分　　布：四川、云南
濒危等级：LC

索白拉虎耳草
Saxifraga elliotii Harry Sm.
习　　性：多年生草本
海　　拔：2800~3600 m
分　　布：西藏
濒危等级：DD

光萼虎耳草
Saxifraga elliptica Engl. et Irmsch.
习　　性：多年生草本
海　　拔：4000~4800 m
国内分布：西藏
国外分布：尼泊尔、印度
濒危等级：LC

藏南虎耳草
Saxifraga engleriana Harry Sm.
习　　性：多年生草本
海　　拔：4100~4700 m
国内分布：西藏
国外分布：不丹、尼泊尔、印度
濒危等级：LC

卵心叶虎耳草
Saxifraga epiphylla Gornall et H. Ohba
习　　性：多年生草本
海　　拔：800~3800 m
国内分布：广东、广西、四川、云南
国外分布：越南
濒危等级：LC
资源利用：药用（中草药）

直萼虎耳草
Saxifraga erectisepala J. T. Pan
习　　性：多年生草本
海　　拔：3300~4200 m
分　　布：西藏
濒危等级：LC

猬状虎耳草
Saxifraga erinacea Harry Sm.
习　　性：多年生草本
海　　拔：4000~4600 m
国内分布：西藏
国外分布：不丹
濒危等级：LC

线茎虎耳草
Saxifraga filicaulis Wall. ex Ser.
习　　性：多年生草本
海　　拔：2100~4800 m
国内分布：陕西、四川、西藏、云南
国外分布：不丹、克什米尔地区、尼泊尔、印度
濒危等级：LC

细叶虎耳草
Saxifraga filifolia J. Anthony

细叶虎耳草（原变种）
Saxifraga filifolia var. filifolia
习　　性：多年生草本
海　　拔：3000~4300 m
国内分布：西藏、云南
国外分布：缅甸
濒危等级：LC

小线叶虎耳草
Saxifraga filifolia var. rosettifolia C. Y. Wu
习　　性：多年生草本
海　　拔：约 3000 m
分　　布：云南
濒危等级：LC

区限虎耳草
Saxifraga finitima W. W. Sm.
习　　性：多年生草本
海　　拔：3500~4900 m

分　　布：四川、西藏、云南

柔弱虎耳草
Saxifraga flaccida J. T. Pan
　　习　　性：多年生草本
　　海　　拔：约5000 m
　　分　　布：西藏
　　濒危等级：LC

曲茎虎耳草
Saxifraga flexilis W. W. Sm.
　　习　　性：多年生草本
　　海　　拔：4100~4700 m
　　分　　布：四川、云南
　　濒危等级：LC

玉龙虎耳草
Saxifraga forrestii Engl. et Irmsch.
　　习　　性：多年生草本
　　海　　拔：2700~3900 m
　　分　　布：云南
　　濒危等级：LC

齿瓣虎耳草
Saxifraga fortunei Hook. f.

齿瓣虎耳草（原变种）
Saxifraga fortunei var. **fortunei**
　　习　　性：多年生草本
　　海　　拔：2200~2900 m
　　分　　布：湖北、四川
　　濒危等级：LC

镜叶虎耳草
Saxifraga fortunei var. **koraiensis** Nakai
　　习　　性：多年生草本
　　国内分布：吉林、辽宁
　　国外分布：朝鲜
　　濒危等级：LC

格当虎耳草
Saxifraga gedangensis J. T. Pan
　　习　　性：多年生草本
　　海　　拔：约3400 m
　　分　　布：西藏
　　濒危等级：LC

芽虎耳草
Saxifraga gemmigera Engl.

芽虎耳草（原变种）
Saxifraga gemmigera var. **gemmigera**
　　习　　性：多年生草本
　　海　　拔：3100~3700 m
　　分　　布：陕西
　　濒危等级：LC

小芽虎耳草
Saxifraga gemmigera var. **gemmuligera**（Engl.）J. T. Pan et Gornall
　　习　　性：多年生草本
　　海　　拔：3500~4700 m
　　分　　布：甘肃、青海、四川
　　濒危等级：LC
　　资源利用：药用（中草药）

芽生虎耳草
Saxifraga gemmipara Franch.
　　习　　性：多年生草本
　　海　　拔：1700~4900 m
　　国内分布：四川、云南
　　国外分布：泰国
　　濒危等级：LC

对生叶虎耳草
Saxifraga georgei J. Anthony
　　习　　性：多年生草本
　　海　　拔：3600~4100 m
　　国内分布：四川、西藏、云南
　　国外分布：不丹、尼泊尔、印度
　　濒危等级：LC

秦岭虎耳草
Saxifraga giraldiana Engl.
　　习　　性：多年生草本
　　海　　拔：1000~4000 m
　　分　　布：湖北、陕西、四川、云南
　　濒危等级：LC

光茎虎耳草
Saxifraga glabricaulis Harry Sm.
　　习　　性：多年生草本
　　海　　拔：约4800 m
　　国内分布：西藏
　　国外分布：不丹、尼泊尔、印度
　　濒危等级：LC

冰雪虎耳草
Saxifraga glacialis Harry Sm.
　　习　　性：多年生草本
　　海　　拔：4100~5000 m
　　分　　布：青海、四川、云南
　　濒危等级：LC

灰叶虎耳草
Saxifraga glaucophylla Franch.
　　习　　性：多年生草本
　　海　　拔：2600~3900 m
　　分　　布：四川、云南
　　濒危等级：LC

贡嘎山虎耳草
Saxifraga gonggashanensis J. T. Pan
　　习　　性：多年生草本
　　海　　拔：约4600 m
　　分　　布：四川
　　濒危等级：LC

小刚毛虎耳草
Saxifraga gongshanensis T. C. Ku

习　　性：多年生草本
海　　拔：3700~4000 m
分　　布：云南
濒危等级：LC

顶腺虎耳草
Saxifraga gouldii C. E. C. Fisch.

顶腺虎耳草（原变种）
Saxifraga gouldii var. **gouldii**
习　　性：多年生草本
海　　拔：4000~4200 m
国内分布：西藏
国外分布：不丹
濒危等级：LC

无顶腺虎耳草
Saxifraga gouldii var. **eglandulosa** Harry Sm.
习　　性：多年生草本
海　　拔：4000~4200 m
国内分布：西藏
国外分布：不丹、尼泊尔、印度
濒危等级：LC

珠芽虎耳草
Saxifraga granulifera Harry Sm.
习　　性：多年生草本
海　　拔：3100~4600 m
国内分布：四川、西藏、云南
国外分布：不丹、尼泊尔、印度
濒危等级：LC

加拉虎耳草
Saxifraga gyalana C. Marquand et Airy Shaw
习　　性：多年生草本
海　　拔：2300~4100 m
分　　布：西藏
濒危等级：LC

拟繁缕虎耳草
Saxifraga habaensis C. Y. Wu
习　　性：多年生草本
分　　布：四川、云南
濒危等级：DD

六痂虎耳草
Saxifraga haplophylloides Franch.
习　　性：多年生草本
海　　拔：3600~3700 m
分　　布：云南
濒危等级：LC

沼地虎耳草
Saxifraga heleonastes Harry Sm.
习　　性：多年生草本
海　　拔：3600~4800 m
分　　布：陕西、四川、西藏、云南
濒危等级：LC

半球虎耳草
Saxifraga hemisphaerica Hook. f. et Thomson
习　　性：多年生草本
海　　拔：4500~5000 m
国内分布：青海、西藏
国外分布：不丹、尼泊尔、印度
濒危等级：LC

横断山虎耳草
Saxifraga hengduanensis H. Chuang
习　　性：多年生草本
海　　拔：3000~4300 m
分　　布：西藏、云南
濒危等级：LC

异枝虎耳草
Saxifraga heteroclada var. **aurantia**
习　　性：多年生草本
海　　拔：3500~4200 m
国内分布：西藏
国外分布：缅甸
濒危等级：LC

近异枝虎耳草
Saxifraga heterocladoides J. T. Pan
习　　性：多年生草本
海　　拔：约4000 m
分　　布：西藏
濒危等级：LC

异毛虎耳草
Saxifraga heterotricha C. Marquand et Airy Shaw

异毛虎耳草（原变种）
Saxifraga heterotricha var. **heterotricha**
习　　性：多年生草本
海　　拔：3000~4200 m
分　　布：西藏
濒危等级：LC

波密虎耳草
Saxifraga heterotricha var. **anadena**(Harry Sm.)J. T. Pan et Gornall
习　　性：多年生草本
海　　拔：3600~4400 m
分　　布：西藏
濒危等级：LC

唐古拉虎耳草
Saxifraga hirculoides Decne.
习　　性：多年生草本
海　　拔：4000~5600 m
国内分布：青海、西藏
国外分布：克什米尔地区、蒙古、尼泊尔、印度
濒危等级：LC

山羊臭虎耳草
Saxifraga hirculus L.

山羊臭虎耳草（原变种）
Saxifraga hirculus var. **hirculus**
习　　性：多年生草本
海　　拔：2100~4600 m
国内分布：山西、四川、西藏、新疆、云南

国外分布：俄罗斯、哈萨克斯坦、克什米尔地区、蒙古、欧洲、塔吉克斯坦
濒危等级：LC

高山虎耳草
Saxifraga hirculus var. **alpina** Engl.
习　　性：多年生草本
海　　拔：4500~5000 m
国内分布：西藏
国外分布：俄罗斯、克什米尔地区、印度
濒危等级：LC

矮山羊臭虎耳草
Saxifraga hirculus var. **humilis**(Engl. et Irmsch.) H. Chuang
习　　性：多年生草本
海　　拔：3800~3900 m
分　　布：云南
濒危等级：NT

齿叶虎耳草
Saxifraga hispidula D. Don
习　　性：多年生草本
海　　拔：2300~5600 m
国内分布：四川、西藏、云南
国外分布：不丹、缅甸、尼泊尔、印度
濒危等级：LC

近优越虎耳草
Saxifraga hookeri Engl. et Irmsch.
习　　性：多年生草本
海　　拔：3300~4200 m
国内分布：西藏
国外分布：不丹、尼泊尔、印度
濒危等级：LC

金丝桃虎耳草
Saxifraga hypericoides Franch.

金丝桃虎耳草（原变种）
Saxifraga hypericoides var. **hypericoides**
习　　性：多年生草本
海　　拔：2700~4600 m
分　　布：四川、云南
濒危等级：LC

橙瓣虎耳草
Saxifraga hypericoides var. **aurantiascens**(Engl. et Irmsch.) J. T. Pan et Gornall
习　　性：多年生草本
海　　拔：3200~4600 m
分　　布：四川、云南
濒危等级：LC

贡嘎虎耳草
Saxifraga hypericoides var. **rockii**(Mattf.) J. T. Pan et Gornall
习　　性：多年生草本
海　　拔：3700~5300 m
分　　布：四川
濒危等级：LC

大字虎耳草
Saxifraga imparilis Balf. f.
习　　性：多年生草本
海　　拔：1800~4000 m
分　　布：云南
濒危等级：LC

藏东虎耳草
Saxifraga implicans Harry Sm.
习　　性：多年生草本
海　　拔：3500~4200 m
分　　布：四川、西藏、云南
濒危等级：LC

贡山虎耳草
Saxifraga insolens Irmsch.
习　　性：多年生草本
海　　拔：3800~4000 m
分　　布：云南
濒危等级：LC

林芝虎耳草
Saxifraga isophylla Harry Sm.
习　　性：多年生草本
海　　拔：3700~4700 m
分　　布：西藏
濒危等级：LC

隐茎虎耳草
Saxifraga jacquemontiana Decne.
习　　性：多年生草本
海　　拔：4000~5200 m
国内分布：西藏
国外分布：不丹、克什米尔地区、尼泊尔、印度
濒危等级：LC

金珠拉虎耳草
Saxifraga jainzhuglaensis J. T. Pan
习　　性：多年生草本
海　　拔：3900~4200 m
分　　布：西藏
濒危等级：LC

景东虎耳草
Saxifraga jingdongensis H. Chuang ex H. Peng et C. Y. Wu
习　　性：多年生草本
海　　拔：约2300 m
分　　布：云南
濒危等级：DD

太白虎耳草
Saxifraga josephii Engl.
习　　性：多年生草本
海　　拔：1300~2100 m
分　　布：河南、陕西
濒危等级：LC

金冬虎耳草
Saxifraga kingdonii C. Marquand

习　　性：多年生草本
海　　拔：4000～4800 m
国内分布：西藏
国外分布：缅甸
濒危等级：LC

毛叶虎耳草
Saxifraga kingiana Engl. et Irmsch.
习　　性：多年生草本
海　　拔：3700～3900 m
国内分布：西藏
国外分布：不丹、尼泊尔、印度
濒危等级：LC

九窝虎耳草
Saxifraga kongboensis Harry Sm.
习　　性：多年生草本
海　　拔：2400～2900 m
分　　布：西藏
濒危等级：LC

龙胜虎耳草
Saxifraga kwangsiensis Chun et F. C. How ex C. Z. Gao et G. Z. Li
习　　性：多年生草本
海　　拔：约 800 m
分　　布：广西
濒危等级：LC

长白虎耳草
Saxifraga laciniata Nakai et Takeda
习　　性：多年生草本
海　　拔：2300～2600 m
国内分布：吉林
国外分布：朝鲜、俄罗斯、日本
濒危等级：LC

异条叶虎耳草
Saxifraga lepidostolonosa Harry Sm.
习　　性：多年生草本
海　　拔：约 4700 m
国内分布：西藏
国外分布：不丹
濒危等级：LC

丽江虎耳草
Saxifraga likiangensis Franch.
习　　性：多年生草本
海　　拔：3000～5600 m
国内分布：青海、四川、西藏、云南
国外分布：不丹、缅甸
濒危等级：LC

条叶虎耳草
Saxifraga linearifolia Engl. et Irmsch.
习　　性：多年生草本
海　　拔：3900～4200 m
分　　布：四川、云南
濒危等级：LC

理塘虎耳草
Saxifraga litangensis Engl.
习　　性：多年生草本
海　　拔：4000～5400 m
分　　布：四川、西藏
濒危等级：LC

理县虎耳草
Saxifraga lixianensis T. C. Ku
习　　性：多年生草本
分　　布：四川
濒危等级：LC

近加拉虎耳草
Saxifraga llonakhensis W. W. Sm.
习　　性：多年生草本
海　　拔：3700～4600 m
国内分布：西藏、云南
国外分布：缅甸、尼泊尔、印度
濒危等级：LC

鞭枝虎耳草
Saxifraga loripes J. Anthony
习　　性：多年生草本
海　　拔：3700～4000 m
分　　布：四川
濒危等级：LC

泸定虎耳草
Saxifraga ludingensis J. T. Pan
习　　性：多年生草本
分　　布：四川
濒危等级：LC

红瓣虎耳草
Saxifraga ludlowii Harry Sm.
习　　性：多年生草本
海　　拔：4300～4800 m
分　　布：西藏
濒危等级：LC

道孚虎耳草
Saxifraga lumpuensis Engl.
习　　性：多年生草本
海　　拔：3500～4100 m
分　　布：甘肃、四川
濒危等级：LC

泸水虎耳草
Saxifraga lushuiensis H. Chuang
习　　性：多年生草本
海　　拔：约 2700 m
分　　布：云南
濒危等级：LC

燃灯虎耳草
Saxifraga lychnitis Hook. f. et Thomson
习　　性：多年生草本
海　　拔：4300～5500 m

国内分布：青海、四川、西藏
国外分布：不丹、克什米尔地区、尼泊尔、印度
濒危等级：LC

假大柱头虎耳草
Saxifraga macrostigmatoides Engl.

假大柱头虎耳草（原变种）
Saxifraga macrostigmatoides var. **macrostigmatoides**
习　　性：多年生草本
海　　拔：3900~5000 m
分　　布：四川、西藏、云南
濒危等级：LC

哈巴虎耳草
Saxifraga macrostigmatoides var. **habaensis** H. Chuang
习　　性：多年生草本
海　　拔：4300~4600 m
分　　布：云南
濒危等级：LC

腺毛虎耳草
Saxifraga manchuriensis(Engl.) Kom.
习　　性：多年生草本
国内分布：黑龙江、吉林
国外分布：朝鲜、俄罗斯
濒危等级：LC

马熊沟虎耳草
Saxifraga maxionggouensis J. T. Pan
习　　性：多年生草本
海　　拔：3700~3800 m
分　　布：四川
濒危等级：DD

墨脱虎耳草
Saxifraga medogensis J. T. Pan
习　　性：多年生草本
海　　拔：约3700 m
分　　布：西藏
濒危等级：LC

大心虎耳草
Saxifraga megacordia C. Y. Wu
习　　性：多年生草本
海　　拔：3800~4000 m
分　　布：云南
濒危等级：LC

黑蕊虎耳草
Saxifraga melanocentra Franchet
习　　性：多年生草本
海　　拔：3000~5300 m
国内分布：甘肃、青海、陕西、四川、西藏、云南
国外分布：不丹、克什米尔地区、尼泊尔、印度
濒危等级：LC
资源利用：药用（中草药）

蒙自虎耳草
Saxifraga mengtzeana Engl. et Irmsch.

蒙自虎耳草（原变种）
Saxifraga mengtzeana var. **mengtzeana**
习　　性：多年生草本
海　　拔：1100~1900 m
分　　布：广东、云南
濒危等级：LC

具小叶虎耳草
Saxifraga mengtzeana var. **foliolata** H. Chuang
习　　性：多年生草本
海　　拔：1500~1700 m
分　　布：云南
濒危等级：DD

小果虎耳草
Saxifraga microgyna Engl. et Irmsch.
习　　性：多年生草本
海　　拔：3000~4900 m
分　　布：青海、四川、西藏、云南
濒危等级：LC

小叶虎耳草
Saxifraga minutifoliosa C. Y. Wu
习　　性：多年生草本
海　　拔：3000~3400 m
分　　布：云南
濒危等级：LC

白毛茎虎耳草
Saxifraga miralana Harry Sm.
习　　性：多年生草本
海　　拔：4100~5100 m
分　　布：西藏
濒危等级：LC

四数花虎耳草
Saxifraga monantha Harry Sm.
习　　性：多年生草本
海　　拔：约3900 m
分　　布：西藏
濒危等级：LC

类毛瓣虎耳草
Saxifraga montanella Harry Sm.

类毛瓣虎耳草（原变种）
Saxifraga montanella var. **montanella**
习　　性：多年生草本
海　　拔：3300~5200 m
国内分布：青海、四川、西藏、云南
国外分布：不丹、尼泊尔
濒危等级：LC

凹瓣虎耳草
Saxifraga montanella var. **retusa** J. T. Pan
习　　性：多年生草本
海　　拔：4900~5000 m
分　　布：西藏
濒危等级：LC

聂拉木虎耳草
Saxifraga moorcroftiana (Ser.) Wall. ex Sternb.
- 习　　性：多年生草本
- 海　　拔：3500～4400 m
- 国内分布：四川、西藏、云南
- 国外分布：不丹、克什米尔地区、尼泊尔、印度
- 濒危等级：LC

小短尖虎耳草
Saxifraga mucronulata Royle
- 习　　性：多年生草本
- 海　　拔：2800～5400 m
- 国内分布：四川、西藏、云南
- 国外分布：克什米尔地区、尼泊尔、印度
- 濒危等级：LC

痂虎耳草
Saxifraga mucronulatoides J. T. Pan
- 习　　性：多年生草本
- 海　　拔：3400～5200 m
- 国内分布：西藏
- 国外分布：不丹、尼泊尔、印度
- 濒危等级：LC

平脉腺虎耳草
Saxifraga nakaoides J. T. Pan
- 习　　性：多年生草本
- 海　　拔：约 4200 m
- 分　　布：西藏
- 濒危等级：LC

南布拉虎耳草
Saxifraga nambulana Harry Sm.
- 习　　性：多年生草本
- 海　　拔：约 4200 m
- 分　　布：西藏
- 濒危等级：LC

青海虎耳草
Saxifraga nana Engl.
- 习　　性：多年生草本
- 海　　拔：4200～4900 m
- 分　　布：甘肃、青海、四川
- 濒危等级：LC

光缘虎耳草
Saxifraga nanella Engl. et Irmsch.

光缘虎耳草（原变种）
Saxifraga nanella var. **nanella**
- 习　　性：多年生草本
- 海　　拔：3000～5800 m
- 国内分布：青海、西藏、新疆、云南
- 国外分布：尼泊尔
- 濒危等级：LC

秃萼虎耳草
Saxifraga nanella var. **glabrisepala** J. T. Pan
- 习　　性：多年生草本
- 海　　拔：4200～4900 m
- 分　　布：西藏
- 濒危等级：LC

拟光缘虎耳草
Saxifraga nanelloides C. Y. Wu
- 习　　性：多年生草本
- 海　　拔：约 4000 m
- 分　　布：云南
- 濒危等级：LC

囊谦虎耳草
Saxifraga nangqenica J. T. Pan
- 习　　性：多年生草本
- 海　　拔：约 5200 m
- 分　　布：青海
- 濒危等级：LC

朗县虎耳草
Saxifraga nangxianensis J. T. Pan
- 习　　性：多年生草本
- 海　　拔：4500～5500 m
- 分　　布：西藏
- 濒危等级：LC
- 资源利用：药用（中草药）

斑点虎耳草
Saxifraga nelsoniana D. Don
- 习　　性：多年生草本
- 海　　拔：1700～2300 m
- 国内分布：黑龙江、吉林、内蒙古
- 国外分布：朝鲜、俄罗斯、蒙古
- 濒危等级：LC

垂头虎耳草
Saxifraga nigroglandulifera N. P. Balakr.
- 习　　性：多年生草本
- 海　　拔：2700～5400 m
- 国内分布：四川、西藏、云南
- 国外分布：不丹、尼泊尔、印度
- 濒危等级：LC

黑腺虎耳草
Saxifraga nigroglandulosa Engl. et Irmsch.
- 习　　性：多年生草本
- 海　　拔：3300～4800 m
- 分　　布：四川、西藏、云南
- 濒危等级：LC

无斑虎耳草
Saxifraga omphalodifolia Hand.-Mazz.
- 习　　性：多年生草本
- 海　　拔：3800～4200 m
- 分　　布：四川、西藏、云南
- 濒危等级：LC

挪威虎耳草
Saxifraga oppositifolia L.
- 习　　性：多年生草本

海　　拔：3900~5600 m
国内分布：内蒙古、西藏、新疆
国外分布：俄罗斯、克什米尔地区、蒙古；欧洲、北美洲
濒危等级：LC

刚毛虎耳草
Saxifraga oreophila Franch.
　　习　　性：多年生草本
　　海　　拔：2600~3200 m
　　分　　布：云南
　　濒危等级：LC

山生虎耳草
Saxifraga oresbia J. Anthony
　　习　　性：多年生草本
　　海　　拔：4200~4500 m
　　分　　布：四川
　　濒危等级：LC

派区虎耳草
Saxifraga paiquensis J. T. Pan
　　习　　性：多年生草本
　　海　　拔：4400~4800 m
　　分　　布：西藏
　　濒危等级：LC

多叶虎耳草
Saxifraga pallida Wall. ex Ser.

多叶虎耳草（原变种）
Saxifraga pallida var. **pallida**
　　习　　性：多年生草本
　　海　　拔：3000~5000 m
　　国内分布：甘肃、四川、西藏、云南
　　国外分布：不丹、克什米尔地区、尼泊尔、印度
　　濒危等级：LC

平顶虎耳草
Saxifraga pallida var. **corymbiflora**(Engl. et Irmsch.) H. Chuang
　　习　　性：多年生草本
　　海　　拔：2700~4200 m
　　分　　布：云南
　　濒危等级：LC

水杨梅虎耳草
Saxifraga pallida var. **geoides**(J. Anthony) H. Chuang
　　习　　性：多年生草本
　　海　　拔：3000~3300 m
　　分　　布：云南
　　濒危等级：NT

豹纹虎耳草
Saxifraga pardanthina Hand.-Mazz.
　　习　　性：多年生草本
　　海　　拔：3000~3900 m
　　分　　布：四川、云南
　　濒危等级：LC

巴格虎耳草
Saxifraga parkaensis J. T. Pan
　　习　　性：多年生草本
　　海　　拔：5100~5300 m
　　分　　布：西藏
　　濒危等级：LC

梅花草叶虎耳草
Saxifraga parnassifolia D. Don
　　习　　性：多年生草本
　　海　　拔：2700~4000 m
　　国内分布：西藏
　　国外分布：不丹、尼泊尔、印度
　　濒危等级：LC

小虎耳草
Saxifraga parva Hemsl.
　　习　　性：多年生草本
　　海　　拔：4200~4900 m
　　国内分布：青海、西藏、新疆
　　国外分布：不丹、尼泊尔
　　濒危等级：LC

微虎耳草
Saxifraga parvula Engl. et Irmsch.
　　习　　性：多年生草本
　　海　　拔：3800~5700 m
　　分　　布：云南
　　濒危等级：LC

透明虎耳草
Saxifraga pellucida C. Y. Wu
　　习　　性：多年生草本
　　海　　拔：2700~3400 m
　　分　　布：西藏、云南
　　濒危等级：DD

耳源虎耳草
Saxifraga peplidifolia Franch.
　　习　　性：多年生草本
　　海　　拔：2700~4600 m
　　分　　布：四川、云南
　　濒危等级：LC

川滇虎耳草
Saxifraga peraristulata Mattf.
　　习　　性：多年生草本
　　海　　拔：4100~4700 m
　　分　　布：西藏、云南
　　濒危等级：LC

矮小虎耳草
Saxifraga perpusilla Hook. f. et Thomson
　　习　　性：多年生草本
　　海　　拔：3700~5800 m
　　国内分布：西藏、云南
　　国外分布：不丹、尼泊尔、印度

草地虎耳草
Saxifraga pratensis Engl. et Irmsch.
　　习　　性：多年生草本

海　　拔：3800~4800 m
分　　布：四川、西藏、云南
濒危等级：LC

康定虎耳草
Saxifraga prattii Engl. et Irmsch.

康定虎耳草（原变种）
Saxifraga prattii var. **prattii**
习　　性：多年生草本
海　　拔：2500~4000 m
分　　布：四川、西藏、云南
濒危等级：LC

毛茎虎耳草
Saxifraga prattii var. **obtusata** Engl.
习　　性：多年生草本
海　　拔：4200~5300 m
分　　布：四川、西藏
濒危等级：LC

青藏虎耳草
Saxifraga przewalskii Engl. ex Maxim.
习　　性：多年生草本
海　　拔：3700~5000 m
分　　布：甘肃、青海、四川、西藏
濒危等级：LC

狭瓣虎耳草
Saxifraga pseudohirculus Engl.
习　　性：多年生草本
海　　拔：3100~5600 m
分　　布：甘肃、青海、陕西、四川、西藏
濒危等级：LC

细虎耳草
Saxifraga pseudoparvula H. Chuang
习　　性：多年生草本
海　　拔：3800~4000 m
分　　布：西藏、云南
濒危等级：LC

美丽虎耳草
Saxifraga pulchra Engl. et Irmsch
习　　性：多年生草本
海　　拔：2500~4600 m
分　　布：四川、西藏、云南
濒危等级：LC

垫状虎耳草
Saxifraga pulvinaria Harry Sm.
习　　性：多年生草本
海　　拔：3900~5200 m
国内分布：西藏、新疆、云南
国外分布：不丹、克什米尔地区、尼泊尔、印度
濒危等级：LC

小斑虎耳草
Saxifraga punctulata Engl.

小斑虎耳草（原变种）
Saxifraga punctulata var. **punctulata**
习　　性：多年生草本
海　　拔：4600~5400 m
国内分布：西藏
国外分布：尼泊尔、印度
濒危等级：LC

矮小斑虎耳草
Saxifraga punctulata var. **minuta** J. T. Pan
习　　性：多年生草本
海　　拔：4800~5800 m
分　　布：西藏
濒危等级：LC

拟小斑虎耳草
Saxifraga punctulatoides J. T. Pan
习　　性：多年生草本
海　　拔：4800~5100 m
分　　布：西藏
濒危等级：LC

日照山虎耳草
Saxifraga rizhaoshanensis J. T. Pan
习　　性：多年生草本
海　　拔：4300~4500 m
分　　布：四川
濒危等级：LC

圆瓣虎耳草
Saxifraga rotundipetala J. T. Pan
习　　性：多年生草本
海　　拔：3900 m
分　　布：西藏
濒危等级：LC

红毛虎耳草
Saxifraga rufescens Balf. F.
习　　性：多年生草本
海　　拔：600~4000 m
分　　布：湖北、四川、西藏、云南
濒危等级：LC

扇叶虎耳草
Saxifraga rufescens var. **flabellifolia** C. Y. Wu et J. T. Pan
习　　性：多年生草本
海　　拔：600~2100 m
分　　布：四川、云南
濒危等级：LC

单脉红毛虎耳草
Saxifraga rufescens var. **uninervata** J. T. Pan
习　　性：多年生草本
海　　拔：约 2400 m
分　　布：四川
濒危等级：LC

崖生虎耳草
Saxifraga rupicola Franch.

习　　性：多年生草本
海　　拔：约3500 m
分　　布：云南
濒危等级：LC

漆姑虎耳草
Saxifraga saginoides Hook. f. et Thomson
　　习　　性：多年生草本
　　海　　拔：4300～5500 m
　　国内分布：西藏
　　国外分布：不丹、尼泊尔、印度
　　濒危等级：LC
　　资源利用：药用（中草药）

红虎耳草
Saxifraga sanguinea Franch.
　　习　　性：多年生草本
　　海　　拔：3300～4500 m
　　分　　布：青海、四川、西藏、云南
　　濒危等级：LC
　　资源利用：药用（中草药）

灰岩虎耳草
Saxifraga saxatilis Harry Sm.
　　习　　性：多年生草本
　　海　　拔：4200～4300 m
　　分　　布：四川
　　濒危等级：LC

岩生虎耳草
Saxifraga saxicola Harry Sm.
　　习　　性：多年生草本
　　海　　拔：约2800 m
　　分　　布：四川
　　濒危等级：LC

景天虎耳草
Saxifraga sediformis Engl. et Irmsch.
　　习　　性：多年生草本
　　海　　拔：2700～4600 m
　　分　　布：四川、西藏、云南
　　濒危等级：LC

加查虎耳草
Saxifraga sessiliflora Harry Sm.
　　习　　性：多年生草本
　　海　　拔：4200～5000 m
　　分　　布：西藏
　　濒危等级：LC

石山虎耳草
Saxifraga setulosa C. Y. Wu et H. Chuang
　　习　　性：多年生草本
　　海　　拔：约3500 m
　　分　　布：云南
　　濒危等级：LC

舍季拉虎耳草
Saxifraga sheqilaensis J. T. Pan
　　习　　性：多年生草本
　　海　　拔：约4100 m
　　分　　布：西藏
　　濒危等级：LC

球茎虎耳草
Saxifraga sibirica L.
　　习　　性：多年生草本
　　海　　拔：800～5100 m
　　国内分布：甘肃、河北、黑龙江、湖北、湖南、内蒙古、山东、山西、陕西、四川、西藏、新疆、云南
　　国外分布：俄罗斯、克什米尔地区、蒙古、尼泊尔、印度
　　濒危等级：LC

西南虎耳草
Saxifraga signata Engl. et Irmsch.
　　习　　性：多年生草本
　　海　　拔：2800～4600 m
　　分　　布：青海、四川、西藏、云南
　　濒危等级：LC

藏中虎耳草
Saxifraga signatella C. Marquand
　　习　　性：多年生草本
　　海　　拔：3900～5400 m
　　分　　布：西藏
　　濒危等级：LC
　　资源利用：药用（中草药）

山地虎耳草
Saxifraga sinomontana J. T. Pan et Gornall

山地虎耳草（原变种）
Saxifraga sinomontana var. **sinomontana**
　　习　　性：多年生草本
　　海　　拔：2700～5300 m
　　国内分布：甘肃、青海、陕西、四川、西藏、新疆、云南
　　国外分布：不丹、克什米尔地区、尼泊尔、印度
　　濒危等级：LC
　　资源利用：药用（中草药）

可观山地虎耳草
Saxifraga sinomontana var. **amabilis** Harry Sm. ex J. T. Pan
　　习　　性：多年生草本
　　海　　拔：4500～4700 m
　　分　　布：四川
　　濒危等级：LC

剑川虎耳草
Saxifraga smithiana Irmsch.
　　习　　性：多年生草本
　　海　　拔：3700～4000 m
　　分　　布：云南
　　濒危等级：LC

秃叶虎耳草
Saxifraga sphaeradena Harry Sm.

秃叶虎耳草（原亚种）
Saxifraga sphaeradena subsp. **sphaeradena**

习　　性：多年生草本
海　　拔：3300~4100 m
国内分布：西藏
国外分布：尼泊尔、印度
濒危等级：LC

隆痂虎耳草
Saxifraga sphaeradena subsp. **dhwojii** Harry Sm.
习　　性：多年生草本
海　　拔：3800~3900 m
国内分布：西藏
国外分布：尼泊尔
濒危等级：LC

金星虎耳草
Saxifraga stella-aurea Hook. f. et Thomson

金星虎耳草（原变种）
Saxifraga stella-aurea var. **stella-aurea**
习　　性：多年生草本
海　　拔：3000~5800 m
国内分布：青海、四川、西藏、云南
国外分布：不丹、尼泊尔、印度
濒危等级：LC

大金星虎耳草
Saxifraga stella-aurea var. **macrostellata** H. Chuang
习　　性：多年生草本
海　　拔：3700~3900 m
分　　布：西藏、云南
濒危等级：LC

繁缕虎耳草
Saxifraga stellariifolia Franch.
习　　性：多年生草本
海　　拔：3000~4300 m
分　　布：四川、云南
濒危等级：LC

大花虎耳草
Saxifraga stenophylla Royle
习　　性：多年生草本
海　　拔：3700~5000 m
国内分布：四川、西藏、云南
国外分布：巴基斯坦、克什米尔地区、尼泊尔、塔吉克斯坦、印度
濒危等级：LC

虎耳草
Saxifraga stolonifera Curtis
习　　性：多年生草本
海　　拔：400~4500 m
国内分布：安徽、福建、甘肃、广东、广西、贵州、河北、河南、湖北、湖南、江苏、江西、山东、陕西、四川、台湾、云南、浙江
国外分布：朝鲜、日本
濒危等级：LC
资源利用：药用（中草药）；环境利用（观赏）

伏毛虎耳草
Saxifraga strigosa Wall. ex Ser.

伏毛虎耳草（原变种）
Saxifraga strigosa var. **strigosa**
习　　性：多年生草本
海　　拔：1800~4200 m
国内分布：四川、西藏、云南
国外分布：不丹、缅甸、尼泊尔、印度
濒危等级：LC

分枝伏毛虎耳草
Saxifraga strigosa var. **ramosa** (Engl. et Irmsch.) H. Chuang
习　　性：多年生草本
海　　拔：2500~4000 m
分　　布：云南
濒危等级：LC

近等叶虎耳草
Saxifraga subaequifoliata Irmsch.
习　　性：多年生草本
海　　拔：3000~4200 m
分　　布：四川、西藏、云南
濒危等级：LC

近抱茎虎耳草
Saxifraga subamplexicaulis Engl. et Irmsch.
习　　性：多年生草本
海　　拔：2900~3900 m
分　　布：云南
濒危等级：LC

四川虎耳草
Saxifraga sublinearifolia J. T. Pan
习　　性：多年生草本
分　　布：四川
濒危等级：LC

川西南虎耳草
Saxifraga subomphalodifolia J. T. Pan
习　　性：多年生草本
海　　拔：约4200 m
分　　布：四川
濒危等级：LC

单窝虎耳草
Saxifraga subsessiliflora Engl. et Irmsch.
习　　性：多年生草本
海　　拔：3900~4800 m
国内分布：四川、西藏、新疆、云南
国外分布：不丹、印度
濒危等级：LC

近匙叶虎耳草
Saxifraga subspathulata Engl. et Irmsch.
习　　性：多年生草本
海　　拔：约3500 m
国内分布：西藏
国外分布：不丹、印度

濒危等级：LC

疏叶虎耳草
Saxifraga substrigosa J. T. Pan
- 习　　性：多年生草本
- 海　　拔：2700~4200 m
- 国内分布：西藏、云南
- 国外分布：尼泊尔
- 濒危等级：LC

对轮叶虎耳草
Saxifraga subternata Harry Sm.
- 习　　性：多年生草本
- 海　　拔：3400~3500 m
- 分　　布：西藏
- 濒危等级：LC

藏东南虎耳草
Saxifraga subtsangchanensis J. T. Pan
- 习　　性：多年生草本
- 海　　拔：4100~4300 m
- 分　　布：西藏
- 濒危等级：LC

唐古特虎耳草
Saxifraga tangutica Engl.

唐古特虎耳草（原变种）
Saxifraga tangutica var. **tangutica**
- 习　　性：多年生草本
- 海　　拔：2900~5600 m
- 国内分布：甘肃、青海、四川、西藏
- 国外分布：不丹、克什米尔地区、尼泊尔、印度
- 濒危等级：LC
- 资源利用：药用（中草药）

宽叶虎耳草
Saxifraga tangutica var. **platyphylla**（Harry Sm.）J. T. Pan
- 习　　性：多年生草本
- 海　　拔：4300~4800 m
- 分　　布：四川
- 濒危等级：LC

线叶虎耳草
Saxifraga taraktophylla C. Marquand et Airy Shaw
- 习　　性：多年生草本
- 海　　拔：3500~3900 m
- 分　　布：西藏
- 濒危等级：LC

打箭炉虎耳草
Saxifraga tatsienluensis Engl.
- 习　　性：多年生草本
- 海　　拔：3800~4000 m
- 分　　布：四川
- 濒危等级：LC

秃茎虎耳草
Saxifraga tentaculata C. E. C. Fisch.
- 习　　性：多年生草本
- 海　　拔：4000~4600 m
- 国内分布：西藏
- 国外分布：不丹、尼泊尔、印度
- 濒危等级：LC

西藏虎耳草
Saxifraga tibetica Losinsk.
- 习　　性：多年生草本
- 海　　拔：4300~5600 m
- 分　　布：青海、西藏、新疆
- 濒危等级：LC

米林虎耳草
Saxifraga tigrina Harry Sm.
- 习　　性：多年生草本
- 海　　拔：3000~3600 m
- 分　　布：西藏
- 濒危等级：LC

三芒虎耳草
Saxifraga triaristulata Hand. -Mazz.
- 习　　性：多年生草本
- 海　　拔：约4700 m
- 分　　布：四川
- 濒危等级：LC

苍山虎耳草
Saxifraga tsangchanensis Franch.
- 习　　性：多年生草本
- 海　　拔：3000~4600 m
- 分　　布：西藏、云南
- 濒危等级：LC

小伞虎耳草
Saxifraga umbellulata Hook. f. et Thomson

小伞虎耳草（原变种）
Saxifraga umbellulata var. **umbellulata**
- 习　　性：多年生草本
- 海　　拔：3100~4400 m
- 国内分布：西藏
- 国外分布：尼泊尔、印度
- 濒危等级：LC
- 资源利用：药用（中草药）

白小伞虎耳草
Saxifraga umbellulata var. **muricola**（C. Marquand et Airy Shaw）J. T. Pan
- 习　　性：多年生草本
- 海　　拔：3000~4700 m
- 分　　布：西藏
- 濒危等级：LC

篦齿虎耳草
Saxifraga umbellulata var. **pectinata**（C. Marquand et Airy Shaw）J. T. Pan
- 习　　性：多年生草本
- 海　　拔：3000~4100 m
- 分　　布：西藏

濒危等级：LC
资源利用：药用（中草药）

爪瓣虎耳草
Saxifraga unguiculata Engl.

爪瓣虎耳草（原变种）
Saxifraga unguiculata var. **unguiculata**
习　　性：多年生草本
海　　拔：1800～5600 m
分　　布：甘肃、内蒙古、青海、四川、西藏、云南
濒危等级：LC
资源利用：药用（中草药）

五台虎耳草
Saxifraga unguiculata var. **limprichtii** (Engl. et Irmsch.) J. T. Pan
习　　性：多年生草本
海　　拔：1800～3300 m
分　　布：河北、宁夏、山西
濒危等级：LC

鄂西虎耳草
Saxifraga unguipetala Engl.
习　　性：多年生草本
海　　拔：3200～4300 m
分　　布：甘肃、湖北
濒危等级：LC

单脉虎耳草
Saxifraga uninervia J. Anthony
习　　性：多年生草本
海　　拔：约5000 m
分　　布：云南
濒危等级：LC

山箐虎耳草
Saxifraga valleculosa H. Chuang
习　　性：多年生草本
海　　拔：2500～4100 m
分　　布：四川、云南
濒危等级：LC

多痂虎耳草
Saxifraga versicallosa C. Y. Wu
习　　性：多年生草本
海　　拔：约4000 m
分　　布：四川、云南
濒危等级：LC

流苏虎耳草
Saxifraga wallichiana Sternb.
习　　性：多年生草本
海　　拔：2000～5000 m
国内分布：四川、西藏、云南
国外分布：不丹、缅甸、尼泊尔、印度
濒危等级：LC

腺瓣虎耳草
Saxifraga wardii W. W. Sm.

腺瓣虎耳草（原变种）
Saxifraga wardii var. **wardii**
习　　性：多年生草本
海　　拔：3500～4800 m
分　　布：西藏、云南
濒危等级：LC

光梗虎耳草
Saxifraga wardii var. **glabripedicellata** J. T. Pan
习　　性：多年生草本
海　　拔：约1200 m
分　　布：西藏
濒危等级：LC

汶川虎耳草
Saxifraga wenchuanensis T. C. Ku
习　　性：多年生草本
海　　拔：约4300 m
分　　布：四川
濒危等级：LC

小中甸虎耳草
Saxifraga xiaozhongdianensis J. T. Pan
习　　性：多年生草本
分　　布：云南
濒危等级：LC

雅鲁藏布虎耳草
Saxifraga yarlungzangboensis J. T. Pan
习　　性：多年生草本
海　　拔：4300～4800 m
分　　布：西藏
濒危等级：LC

叶枝虎耳草
Saxifraga yezhiensis C. Y. Wu
习　　性：多年生草本
海　　拔：约3600 m
分　　布：云南
濒危等级：LC

玉树虎耳草
Saxifraga yushuensis J. T. Pan
习　　性：多年生草本
海　　拔：4300～4400 m
分　　布：青海
濒危等级：LC

云岭虎耳草
Saxifraga zayuensis T. C. Ku
习　　性：多年生草本
海　　拔：3800～4400 m
分　　布：云南
濒危等级：LC

泽库虎耳草
Saxifraga zekoensis J. T. Pan
习　　性：多年生草本
海　　拔：约3000 m

分　　布：青海
濒危等级：LC

治多虎耳草
Saxifraga zhidoensis J. T. Pan
　　习　　性：多年生草本
　　海　　拔：4900~5000 m
　　分　　布：青海
　　濒危等级：LC

峨屏草属 Tanakaea Franch. et Sav.

峨屏草
Tanakaea radicans Franch. et Sav.
　　习　　性：多年生草本
　　海　　拔：900~1100 m
　　国内分布：四川
　　国外分布：日本
　　濒危等级：LC

黄水枝属 Tiarella L.

黄水枝
Tiarella polyphylla D. Don
　　习　　性：多年生草本
　　海　　拔：1000~3800 m
　　国内分布：甘肃、广东、广西、贵州、湖北、湖南、江西、陕西、四川、台湾、西藏、云南
　　国外分布：不丹、缅甸、尼泊尔、日本、印度
　　濒危等级：LC
　　资源利用：药用（中草药）；环境利用（观赏）

冰沼草科 SCHEUCHZERIACEAE
（1属：1种）

冰沼草属 Scheuchzeria L.

冰沼草
Scheuchzeria palustris L.
　　习　　性：多年生草本
　　海　　拔：1700 m 以下
　　国内分布：河南、吉林、宁夏、青海、陕西、四川
　　国外分布：朝鲜、俄罗斯、蒙古、日本
　　濒危等级：VU A2c；B1ab（i, iii）
　　国家保护：Ⅱ级

五味子科 SCHISANDRACEAE
（3属：62种）

八角属 Illicium L.

大屿八角
Illicium angustisepalum A. C. Smith
　　习　　性：乔木
　　海　　拔：1000~1900 m
　　分　　布：安徽、福建、广东、香港

　　濒危等级：LC

台湾八角
Illicium arborescens Hayata
　　习　　性：乔木
　　海　　拔：300~2500 m
　　分　　布：台湾
　　濒危等级：LC

短柱八角
Illicium brevistylum A. C. Smith
　　习　　性：灌木或乔木
　　海　　拔：700~1700 m
　　分　　布：广东、广西、湖南、云南
　　濒危等级：DD

中缅八角
Illicium burmanicum Wils.
　　习　　性：灌木或乔木
　　海　　拔：2300~2700 m
　　国内分布：云南
　　国外分布：缅甸
　　濒危等级：LC

地枫皮
Illicium difengpi B. N. Chang
　　习　　性：灌木
　　海　　拔：700~1200 m
　　分　　布：广西
　　濒危等级：EN B1ab（i, iii, v）
　　国家保护：Ⅱ级
　　资源利用：药用（中草药）

红花八角
Illicium dunnianum Tutch.
　　习　　性：灌木
　　海　　拔：400~1000 m
　　分　　布：福建、广东、广西、贵州、湖南
　　濒危等级：LC

西藏八角
Illicium griffithii Hook. f. et Thomson
　　习　　性：乔木
　　海　　拔：1200~2300 m
　　国内分布：西藏
　　国外分布：不丹、印度
　　濒危等级：LC

红茴香
Illicium henryi Diels
　　习　　性：灌木或乔木
　　海　　拔：300~2500 m
　　分　　布：安徽、福建、甘肃、广东、广西、贵州、河南、湖北、湖南、江西、陕西、四川、云南
　　濒危等级：LC
　　资源利用：原料（香料，精油）；环境利用（观赏）

假地枫皮
Illicium jiadifengpi B. N. Chang
　　习　　性：乔木
　　海　　拔：1000~2000 m

分　　布：广东、广西、湖北、湖南、江西、四川、浙江
濒危等级：LC
资源利用：药用（中草药）

红毒茴
Illicium lanceolatum A. C. Smith
习　　性：灌木或乔木
海　　拔：300～1500 m
分　　布：安徽、福建、贵州、湖北、湖南、江苏、江西、浙江
濒危等级：LC
资源利用：药用（中草药）；原料（香料，精油）；农药；环境利用（观赏）

平滑八角
Illicium leiophyllum A. C. Smith
习　　性：灌木
分　　布：香港

大花八角
Illicium macranthum A. C. Smith
习　　性：灌木或乔木
海　　拔：1600～2800 m
分　　布：云南
濒危等级：DD

大八角
Illicium majus Hook. f. et Thomson
习　　性：乔木
海　　拔：300～2500 m
国内分布：广东、广西、贵州、湖南、云南
国外分布：缅甸、越南
濒危等级：LC

滇西八角
Illicium merrillianum A. C. Smith
习　　性：乔木
海　　拔：1500～2900 m
国内分布：云南
国外分布：缅甸
濒危等级：LC

小花八角
Illicium micranthum Dunn
习　　性：灌木或乔木
海　　拔：500～2600 m
分　　布：广东、广西、贵州、湖北、湖南、四川、云南
濒危等级：LC

滇南八角
Illicium modestum A. C. Smith
习　　性：灌木或乔木
海　　拔：约1900 m
分　　布：云南
濒危等级：LC

少药八角
Illicium oligandrum Merr. et Chun
习　　性：乔木
海　　拔：700～1200 m
分　　布：广西、海南

濒危等级：NT
资源利用：原料（木材）

短梗八角
Illicium pachyphyllum A. C. Smith
习　　性：灌木
海　　拔：400～1290 m
分　　布：广西
濒危等级：LC

少果八角
Illicium petelotii A. C. Smith
习　　性：灌木或乔木
海　　拔：1500～2000 m
国内分布：云南
国外分布：越南
濒危等级：LC

白花八角
Illicium philippinense Merr.
习　　性：灌木或乔木
海　　拔：1000～2400 m
国内分布：台湾
国外分布：菲律宾
濒危等级：LC

野八角
Illicium simonsii Maxim.
习　　性：乔木
海　　拔：1700～4000 m
国内分布：贵州、四川、云南
国外分布：缅甸、印度
濒危等级：LC
资源利用：药用（兽药）；原料（精油）

峦大八角
Illicium tashiroi Maxim.
习　　性：灌木或小乔木
海　　拔：约2000 m
国内分布：台湾
国外分布：日本
濒危等级：LC

厚皮香八角
Illicium ternstroemioides A. C. Smith
习　　性：乔木
海　　拔：800～1700 m
分　　布：福建、海南
濒危等级：NT C2a（i）；D1

文山八角
Illicium tsaii A. C. Smith
习　　性：灌木或乔木
海　　拔：1800～2000 m
分　　布：云南
濒危等级：LC

粤中八角
Illicium tsangii A. C. Smith
习　　性：灌木
海　　拔：700～800 m

分　　布：广东
濒危等级：NT B1ab（i，iii）
资源利用：药用（中草药）

八角
Illicium verum Hook. f.
习　　性：乔木
海　　拔：200~1600 m
国内分布：原产广西；福建、广东、广西、江西、云南等地栽培
国外分布：越南有栽培
濒危等级：DD
资源利用：食品添加剂（调味品）；药用（中草药）

贡山八角
Illicium wardii A. C. Smith
习　　性：乔木
海　　拔：1800~2700 m
国内分布：云南
国外分布：缅甸
濒危等级：DD

南五味子属 Kadsura Juss.

狭叶南五味子
Kadsura angustifolia A. C. Smith
习　　性：木质藤本
海　　拔：900~1800 m
国内分布：广西
国外分布：越南
濒危等级：LC

黑老虎
Kadsura coccinea(Lem.) A. C. Smith
习　　性：木质藤本
海　　拔：200~1900 m
国内分布：广东、广西、贵州、海南、湖南、江西、四川、云南
国外分布：缅甸、越南
濒危等级：VU B1ab（iii）
资源利用：药用（中草药）

异形南五味子
Kadsura heteroclita(Roxb.)Craib
习　　性：常绿木质藤本
海　　拔：800~2000 m
国内分布：福建、广东、广西、贵州、海南
国外分布：不丹、老挝、马来西亚、孟加拉国、缅甸、斯里兰卡、泰国、印度、印度尼西亚、越南
濒危等级：LC
资源利用：药用（中草药）

毛南五味子
Kadsura induta A. C. Smith
习　　性：木质藤本
海　　拔：700~1500 m
分　　布：广西、云南
濒危等级：VU D2

日本南五味子
Kadsura japonica(L.)Dunal
习　　性：木质藤本
海　　拔：海平面至2000 m
国内分布：台湾
国外分布：朝鲜、日本
濒危等级：LC
资源利用：药用（中草药）

南五味子
Kadsura longipedunculata Finet et Gagnep.
习　　性：木质藤本
海　　拔：100~1700 m
分　　布：安徽、福建、广东、广西、贵州、海南、湖北、湖南、江苏、江西、四川、云南、浙江
濒危等级：LC
资源利用：药用（中草药）；原料（精油）

冷饭藤
Kadsura oblongifolia Merr.
习　　性：木质藤本
海　　拔：100~900 m
分　　布：广东、广西、海南
濒危等级：LC

仁昌南五味子
Kadsura renchangiana S. F. Lan
习　　性：木质藤本
海　　拔：900~1300 m
分　　布：广西、贵州
濒危等级：DD

五味子属 Schisandra Michx.

阿里山五味子
Schisandra arisanensis Hayata

阿里山五味子（原亚种）
Schisandra arisanensis subsp. **arisanensis**
习　　性：木质藤本
海　　拔：200~2300 m
分　　布：安徽、福建、广东、广西、贵州、湖南、江西、台湾、浙江
濒危等级：LC

绿叶五味子
Schisandra arisanensis subsp. **viridis**(A. C. Smith)R. M. K. Saunders
习　　性：木质藤本
海　　拔：200~1300 m
分　　布：安徽、福建、广东、广西、贵州、湖南、江西、浙江
濒危等级：LC

二色五味子
Schisandra bicolor Cheng
习　　性：木质藤本
海　　拔：700~1300 m
分　　布：广西、湖南、云南、浙江
濒危等级：LC

五味子
Schisandra chinensis (Turcz.) Baill.
　　习　　性：木质藤本
　　海　　拔：1200~1700 m
　　国内分布：河北、黑龙江、吉林、辽宁、内蒙古、山西
　　国外分布：朝鲜、俄罗斯、日本
　　濒危等级：LC
　　资源利用：药用（中草药）；原料（单宁，纤维，工业用油，精油）

金山五味子
Schisandra glaucescens Diels
　　习　　性：木质藤本
　　海　　拔：1500~2600 m
　　分　　布：重庆、湖北
　　濒危等级：DD

大花五味子
Schisandra grandiflora (Wall.) Hook. f. et Thomson
　　习　　性：木质藤本
　　海　　拔：1800~4000 m
　　国内分布：西藏
　　国外分布：不丹、尼泊尔、印度
　　濒危等级：LC

翼梗五味子
Schisandra henryi C. B. Clarke

翼梗五味子（原亚种）
Schisandra henryi subsp. **henryi**
　　习　　性：木质藤本
　　海　　拔：500~2100 m
　　分　　布：重庆、福建、广东、广西、贵州、河南、湖北、湖南、江西、四川、云南、浙江
　　濒危等级：LC
　　资源利用：药用（中草药）

东南五味子
Schisandra henryi subsp. **marginalis** (A. C. Smith) R. M. K. Saunders
　　习　　性：木质藤本
　　分　　布：福建、广东、广西、湖南、浙江
　　濒危等级：DD

滇五味子
Schisandra henryi subsp. **yunnanensis** (A. C. Smith) R. M. K. Saunders
　　习　　性：木质藤本
　　海　　拔：1100~2300 m
　　分　　布：云南
　　濒危等级：DD

兴山五味子
Schisandra incarnata Stapf
　　习　　性：木质藤本
　　海　　拔：1600~2300 m
　　分　　布：湖北
　　濒危等级：DD
　　资源利用：药用（中草药）；食品（水果）

狭叶五味子
Schisandra lancifolia (Rehder et E. H. Wilson) A. C. Smith
　　习　　性：落叶藤本
　　海　　拔：1300~2900 m
　　分　　布：四川、云南
　　濒危等级：LC

长柄五味子
Schisandra longipes (Merr. et Chun) R. M. K. Saunders
　　习　　性：木质藤本
　　海　　拔：500~1400 m
　　分　　布：广东、广西
　　濒危等级：LC

大果五味子
Schisandra macrocarpa Q. Lin et Y. M. Shui
　　习　　性：木质藤本
　　分　　布：云南
　　濒危等级：NT
　　国家保护：Ⅱ级

小花五味子
Schisandra micrantha A. C. Smith
　　习　　性：木质藤本
　　海　　拔：1200~2900 m
　　国内分布：云南
　　国外分布：缅甸、印度
　　濒危等级：LC
　　资源利用：药用（中草药）

滇藏五味子
Schisandra neglecta A. C. Smith
　　习　　性：木质藤本
　　海　　拔：1300~3600 m
　　国内分布：云南
　　国外分布：不丹、缅甸、尼泊尔、印度
　　濒危等级：LC
　　资源利用：药用（中草药）

贵州五味子
Schisandra parapropinqua Z. R. Yang et Q. Lin
　　习　　性：木质藤本
　　海　　拔：约1100 m
　　分　　布：贵州
　　濒危等级：LC

重瓣五味子
Schisandra plena A. C. Smith
　　习　　性：常绿木质藤本
　　海　　拔：600~1500 m
　　国内分布：云南
　　国外分布：印度
　　濒危等级：LC

合蕊五味子
Schisandra propinqua (Wall.) Baill.

合蕊五味子（原亚种）
Schisandra propinqua subsp. **propinqua**

习　　性：木质藤本
国内分布：甘肃、贵州、河南、湖北、湖南、山西、四川、
　　　　　西藏、云南
国外分布：缅甸、尼泊尔、泰国、印度、印度尼西亚
濒危等级：NT A3
资源利用：药用（中草药）；原料（精油）

中间五味子
Schisandra propinqua subsp. **intermedia** (A. C. Smith) R. M. K. Saunders
习　　性：木质藤本
海　　拔：800~2100 m
国内分布：云南
国外分布：缅甸、泰国、印度
濒危等级：NT

铁箍散
Schisandra propinqua subsp. **sinensis** (Oliv.) R. M. K. Saunders
习　　性：木质藤本
海　　拔：400~3100 m
分　　布：甘肃、贵州、河南、湖北、湖南、山西、四川、
　　　　　西藏、云南
濒危等级：LC

毛叶五味子
Schisandra pubescens Hemsl. et E. H. Wilson
习　　性：木质藤本
海　　拔：1000~2400 m
分　　布：重庆、湖北、四川
濒危等级：LC

毛脉五味子
Schisandra pubinervis (Rehder et E. H. Wilson) R. M. K. Saunders
习　　性：木质藤本
海　　拔：1000~2600 m
分　　布：湖北、四川
濒危等级：DD

波叶五味子
Schisandra repanda (Siebold et Zucc.) Radlk.
习　　性：木质藤本
国内分布：安徽、广西、湖南、江西、云南、浙江
国外分布：韩国、日本
濒危等级：LC

红花五味子
Schisandra rubriflora (Franch.) Rehder et E. H. Wilson
习　　性：木质藤本
海　　拔：1500~3600 m
国内分布：四川、云南
国外分布：缅甸、印度
濒危等级：LC

球蕊五味子
Schisandra sphaerandra Stapf
习　　性：木质藤本
海　　拔：1000~3800 m
分　　布：四川、云南
濒危等级：LC

华中五味子
Schisandra sphenanthera Rehder et E. H. Wilson
习　　性：木质藤本
海　　拔：200~5100 m
分　　布：安徽、甘肃、河南、湖北、湖南、江苏、山西、
　　　　　陕西、四川、云南、浙江
濒危等级：LC
资源利用：药用（中草药）；原料（工业用油）

柔毛五味子
Schisandra tomentella A. C. Smith
习　　性：木质藤本
海　　拔：1300~2200 m
分　　布：四川
濒危等级：DD

青皮木科 SCHOEPFIACEAE
（1属：5种）

青皮木属 Schoepfia Schreb.

华南青皮木
Schoepfia chinensis Gardner et Champ.
习　　性：灌木或乔木
海　　拔：100~2000 m
分　　布：福建、广东、广西、贵州、湖南、江西、四川、
　　　　　云南
濒危等级：LC
资源利用：药用（中草药）

香芙木
Schoepfia fragrans Wall.
习　　性：灌木或乔木
海　　拔：800~2100 m
国内分布：西藏、云南
国外分布：不丹、柬埔寨、老挝、孟加拉国、缅甸、尼泊尔、
　　　　　泰国、印度、印度尼西亚、越南
濒危等级：LC
资源利用：药用（中草药）；原料（工业用油）

小果青皮木
Schoepfia griffithii Tiegh. ex Steenis
习　　性：乔木
海　　拔：1800~2100 m
国内分布：西藏、云南
国外分布：不丹、印度
濒危等级：LC

青皮木
Schoepfia jasminodora Sieb. et Zucc.

青皮木（原变种）
Schoepfia jasminodora var. **jasminodora**
习　　性：灌木或乔木
海　　拔：700~1200 m
分　　布：广西、海南、云南
濒危等级：LC

大果青皮木
Schoepfia jasminodora var. **malipoensis** Y. R. Ling
习　　性：灌木或乔木
海　　拔：700~1200 m
分　　布：广西、海南、云南
濒危等级：LC

玄参科 SCROPHULARIACEAE
（12 属：88 种）

醉鱼草属 Buddleja L.

翅枝醉鱼草
Buddleja alata Rehder et E. H. Wilson
习　　性：灌木
海　　拔：1300~3000 m
分　　布：四川

巴东醉鱼草
Buddleja albiflora Hemsl.
习　　性：灌木
海　　拔：500~3000 m
分　　布：甘肃、贵州、河南、湖北、湖南、陕西、四川、云南
濒危等级：LC

互叶醉鱼草
Buddleja alternifolia Maxim.
习　　性：灌木
海　　拔：1500~4000 m
分　　布：甘肃、河北、河南、内蒙古、宁夏、青海、山西、陕西、四川、西藏
濒危等级：LC
资源利用：环境利用（观赏）

白背枫
Buddleja asiatica Lour.
习　　性：灌木或小乔木
海　　拔：0~2800 m
国内分布：澳门、福建、广东、广西、贵州、海南、湖北、湖南、江西、山西、四川、台湾、西藏、香港、云南
国外分布：巴布亚新几内亚、巴基斯坦、不丹、菲律宾、柬埔寨、老挝、马来西亚、孟加拉国、缅甸、尼泊尔、泰国、印度、印度尼西亚、越南
濒危等级：LC
资源利用：药用（中草药）；原料（精油）；环境利用（观赏）

短序醉鱼草
Buddleja brachystachya Diels
习　　性：灌木
海　　拔：1000~2700 m
分　　布：甘肃、四川、云南
濒危等级：LC

蜜香醉鱼草
Buddleja candida Dunn
习　　性：灌木
海　　拔：1000~2500 m
国内分布：四川、西藏、云南
国外分布：印度
濒危等级：LC

狭叶醉鱼草
Buddleja caryopteridifolia W. W. Sm.

狭叶醉鱼草（原变种）
Buddleja caryopteridifolia var. **caryopteridifolia**
习　　性：灌木
分　　布：四川、西藏、云南
资源利用：药用（中草药）
濒危等级：LC

簇花醉鱼草
Buddleja caryopteridifolia var. **eremophila**（W. W. Sm.）C. Marquand
习　　性：灌木
海　　拔：1700~3200 m
分　　布：甘肃、四川、云南
濒危等级：LC

大花醉鱼草
Buddleja colvilei Hook. f. et Thoms.
习　　性：灌木或小乔木
海　　拔：1600~4200 m
国内分布：西藏、云南
国外分布：不丹、尼泊尔、印度
濒危等级：VU A2c+3c；D1

皱叶醉鱼草
Buddleja crispa Benth.
习　　性：灌木
海　　拔：1400~4300 m
国内分布：甘肃、四川、西藏、云南
国外分布：阿富汗、巴基斯坦、不丹、尼泊尔、印度
濒危等级：LC

台湾醉鱼草
Buddleja curviflora Hook. et Arn.
习　　性：灌木
海　　拔：100~300 m
国内分布：台湾
国外分布：日本
濒危等级：VU D1

大叶醉鱼草
Buddleja davidii Franch.
习　　性：灌木
海　　拔：800~3000 m
国内分布：甘肃、广东、广西、贵州、湖北、湖南、江苏、江西、陕西、四川、西藏、香港、云南、浙江
国外分布：日本
濒危等级：LC
资源利用：药用（中草药）；原料（精油）；环境利用（观赏）

腺叶醉鱼草
Buddleja delavayi Gagnep.
习　　性：灌木或小乔木
海　　拔：2000~3000 m

分　　布：西藏、云南
濒危等级：VU A2c

紫花醉鱼草
Buddleja fallowiana Balf. f. et W. W. Sm.
习　　性：灌木
海　　拔：1200～3800 m
分　　布：四川、西藏、云南
濒危等级：LC
资源利用：药用（中草药）

滇川醉鱼草
Buddleja forrestii Diels
习　　性：灌木
海　　拔：1800～4000 m
国内分布：四川、西藏、云南
国外分布：不丹、缅甸、印度
濒危等级：LC

金丝峡醉鱼草
Buddleja jinsixiaensis R. B. Zhu
习　　性：灌木
海　　拔：约1300 m
分　　布：陕西
濒危等级：LC

醉鱼草
Buddleja lindleyana Fortune
习　　性：灌木
海　　拔：200～2700 m
分　　布：安徽、澳门、福建、广东、广西、贵州、湖北、湖南、江苏、江西、四川、香港、云南、浙江
濒危等级：LC
资源利用：药用（中草药，兽药）；农药；环境利用（观赏）

大序醉鱼草
Buddleja macrostachya Wall. ex Benth.
习　　性：灌木或小乔木
海　　拔：900～3200 m
国内分布：贵州、四川、西藏、云南
国外分布：不丹、孟加拉国、缅甸、泰国、印度、越南
濒危等级：LC

浆果醉鱼草
Buddleja madagascariensis Lam.
习　　性：灌木
国内分布：福建、广东、广西、香港栽培
国外分布：原产马达加斯加
资源利用：药用（中草药）

密穗醉鱼草
Buddleja microstachya E. D. Liu et H. Peng
习　　性：灌木
分　　布：云南
濒危等级：LC

酒药花醉鱼草
Buddleja myriantha Diels
习　　性：灌木
海　　拔：400～3400 m
国内分布：福建、甘肃、广东、贵州、湖南、四川、西藏、云南
国外分布：缅甸
濒危等级：LC

金沙江醉鱼草
Buddleja nivea Duthie
习　　性：灌木
海　　拔：700～3600 m
分　　布：四川、西藏、云南
濒危等级：LC

密蒙花
Buddleja officinalis Maxim.
习　　性：灌木
海　　拔：200～2800 m
国内分布：安徽、澳门、福建、甘肃、广东、广西、贵州、河南、湖北、湖南、江苏、山西、陕西、四川、西藏、香港、云南
国外分布：缅甸、越南
濒危等级：LC
资源利用：药用（中草药，兽药）；原料（染料，纤维，精油）；环境利用（观赏）

喉药醉鱼草
Buddleja paniculata Wall.
习　　性：灌木或小乔木
海　　拔：500～3000 m
国内分布：广西、贵州、湖南、江西、四川、云南
国外分布：不丹、缅甸、尼泊尔、印度、越南
濒危等级：LC

圆头花序醉鱼草
Buddleja subcarpitata E. D. Liu et H. Peng
习　　性：灌木
分　　布：四川
濒危等级：LC

云南醉鱼草
Buddleja yunnanensis Gagnep.
习　　性：灌木
海　　拔：1000～2500 m
分　　布：云南
濒危等级：VU A2c；B1ab（i, iii, v）

假胡麻草属 Centrantheropsis Bonati

假胡麻草
Centrantheropsis rigida Bonati
习　　性：草本
分　　布：贵州

囊萼花属 Cyrtandromoea Zoll.

囊萼花
Cyrtandromoea grandiflora C. B. Clarke
习　　性：多年生草本
海　　拔：1100 m以下
国内分布：云南
国外分布：缅甸、泰国、印度尼西亚
濒危等级：LC

翅茎囊萼花
Cyrtandromoea pterocaulis D. D. Tao et al.
　　习　　性：多年生草本
　　海　　拔：约 1500 m
　　分　　布：云南
　　濒危等级：DD

水茫草属 Limosella L.

水茫草
Limosella aquatica L.
　　习　　性：一年生草本
　　海　　拔：1700~4000 m
　　国内分布：黑龙江、吉林、青海、四川、西藏、云南
　　国外分布：南北半球温带均有分布
　　濒危等级：LC

虾子草属 Mimulicalyx P. C. Tsoong

沼生虾子草
Mimulicalyx paludigenus Tsoong ex D. Z. Li et J. Cai
　　习　　性：草本
　　海　　拔：1100~1600 m
　　分　　布：四川、云南
　　濒危等级：NT B2ab（i, iii, v）

虾子草
Mimulicalyx rosulatus Tsoong
　　习　　性：多年生草本
　　海　　拔：约 1300 m
　　分　　布：云南
　　濒危等级：VU A2c; B2ab（i, iii, v）

石玄参属 Nathaliella B. Fedtsch.

石玄参
Nathaliella alaica B. Fedtsch.
　　习　　性：多年生草本
　　海　　拔：1500~1600 m
　　国内分布：新疆
　　国外分布：吉尔吉斯斯坦
　　濒危等级：LC

藏玄参属 Oreosolen Hook. f.

藏玄参
Oreosolen wattii Hook. f.
　　习　　性：多年生草本
　　海　　拔：3000~5100 m
　　国内分布：青海、西藏
　　国外分布：不丹、尼泊尔、印度
　　濒危等级：LC

地黄属 Rehmannia Libosch. ex Fisch. et C. A. Mey.

天目地黄
Rehmannia chingii H. L. Li

天目地黄（原变型）
Rehmannia chingii f. **chingii**
　　习　　性：多年生草本
　　分　　布：安徽、江西、浙江
　　濒危等级：EN B1ab（iii）
　　资源利用：药用（中草药）

白花天目地黄
Rehmannia chingii f. **albiflora** G. Y. Li et D. D. Ma
　　习　　性：多年生草本
　　海　　拔：约 100 m
　　分　　布：浙江
　　濒危等级：LC

紫斑白花天目地黄
Rehmannia chingii f. **purpureo-punctata** G. Y. Li et D. H. Xia
　　习　　性：多年生草本
　　分　　布：浙江
　　濒危等级：LC

地黄
Rehmannia glutinosa（Gaertn.）Libosch. ex Fisch. et C. A. Mey.
　　习　　性：草本
　　海　　拔：海平面至 1100 m
　　分　　布：甘肃、河北、河南、湖北、江苏、辽宁、内蒙古、山东、山西、陕西、天津
　　资源利用：药用（中草药）

湖北地黄
Rehmannia henryi N. E. Br.
　　习　　性：多年生草本
　　海　　拔：400 m 以下
　　分　　布：湖北
　　濒危等级：LC
　　资源利用：药用（中草药）

裂叶地黄
Rehmannia piasezkii Maxim.
　　习　　性：多年生草本
　　海　　拔：800~1500 m
　　分　　布：湖北、陕西
　　濒危等级：LC

茄叶地黄
Rehmannia solanifolia Tsoong et T. L. Chin
　　习　　性：多年生草本
　　海　　拔：约 1300 m
　　分　　布：重庆
　　濒危等级：NT D

鼻花属 Rhinanthus L.

鼻花
Rhinanthus glaber Lam.
　　习　　性：一年生草本
　　海　　拔：1200~2400 m
　　国内分布：黑龙江、吉林、辽宁、内蒙古、新疆
　　国外分布：俄罗斯、哈萨克斯坦、蒙古
　　濒危等级：LC

玄参属 Scrophularia L.

等唇玄参
Scrophularia aequilabris Tsoong

习　　性：草本
海　　拔：3300~3900 m
分　　布：四川
濒危等级：DD

贺兰山玄参
Scrophularia alaschanica Batalin
习　　性：多年生草本
海　　拔：2200~2500 m
分　　布：宁夏
濒危等级：LC

北玄参
Scrophularia buergeriana Miq.

北玄参（原变种）
Scrophularia buergeriana var. **buergeriana**
习　　性：高大草本
海　　拔：200~1100 m
国内分布：甘肃、河北、河南、吉林、辽宁、山东、山西、陕西、天津
国外分布：朝鲜、日本
濒危等级：LC
资源利用：药用（中草药）

秦岭北玄参
Scrophularia buergeriana var. **tsinglingensis** Tsoong
习　　性：高大草本
海　　拔：1000~1500 m
分　　布：甘肃、山西、陕西
濒危等级：LC
资源利用：药用（中草药）

岩隙玄参
Scrophularia chasmophila W. W. Sm.

岩隙玄参（原亚种）
Scrophularia chasmophila subsp. **chasmophila**
习　　性：多年生草本或亚灌木
海　　拔：3500~4500 m
分　　布：四川、西藏、云南
濒危等级：LC

西藏岩隙玄参
Scrophularia chasmophila subsp. **xizangensis** D. Y. Hong
习　　性：多年生草本或亚灌木
海　　拔：4000~4600 m
分　　布：西藏
濒危等级：LC

大花玄参
Scrophularia delavayi Franch.
习　　性：多年生草本
海　　拔：3100~3800 m
分　　布：四川、云南
濒危等级：LC

齿叶玄参
Scrophularia dentata Royle ex Benth.
习　　性：亚灌木状草本
海　　拔：4000~6000 m
国内分布：西藏
国外分布：巴基斯坦、印度
濒危等级：LC

重齿玄参
Scrophularia diplodonta Franch.
习　　性：多年生草本
海　　拔：3000~3600 m
分　　布：云南
濒危等级：LC

高玄参
Scrophularia elatior Wall. ex Benth.
习　　性：草本
海　　拔：2000~3000 m
国内分布：新疆、云南
国外分布：尼泊尔、印度
濒危等级：LC

长梗玄参
Scrophularia fargesii Franch.
习　　性：多年生草本
海　　拔：2000~3300 m
分　　布：湖北、四川
濒危等级：LC

台湾玄参
Scrophularia formosana H. L. Li
习　　性：多年生草本
分　　布：台湾
濒危等级：LC

鄂西玄参
Scrophularia henryi Hemsl.
习　　性：多年生草本
海　　拔：2700~3100 m
分　　布：湖北
濒危等级：LC

新疆玄参
Scrophularia heucheriiflora Schrenk ex Fisch. et C. A. Mey.
习　　性：草本
海　　拔：900 m 以下
国内分布：新疆
国外分布：哈萨克斯坦、吉尔吉斯斯坦、塔吉克斯坦、乌兹别克斯坦
濒危等级：LC

高山玄参
Scrophularia hypsophila Hand.-Mazz.
习　　性：草本
海　　拔：3000~4100 m
分　　布：云南
濒危等级：LC

砾玄参
Scrophularia incisa Weinm.
习　　性：亚灌木状草本
海　　拔：600~2600 m
国内分布：甘肃、内蒙古、宁夏、青海
国外分布：俄罗斯、哈萨克斯坦、吉尔吉斯斯坦、蒙古、塔吉克斯坦、乌兹别克斯坦
濒危等级：LC

丹东玄参
Scrophularia kakudensis Franch.
习　　性：草本
海　　拔：200 m 以下
国内分布：辽宁
国外分布：朝鲜、日本
濒危等级：LC

甘肃玄参
Scrophularia kansuensis Batalin
习　　性：草本
海　　拔：2300～4500 m
分　　布：甘肃、青海、四川
濒危等级：LC

裂叶玄参
Scrophularia kiriloviana Schischk.
习　　性：亚灌木状草本
海　　拔：700～2100 m
国内分布：新疆
国外分布：哈萨克斯坦、吉尔吉斯斯坦、塔吉克斯坦
濒危等级：LC

拉萨玄参
Scrophularia lhasaensis D. Y. Hong
习　　性：多年生草本
海　　拔：约 4600 m
分　　布：西藏
濒危等级：VU A2c+3c

丽江玄参
Scrophularia lijiangensis T. Yamaz.
习　　性：草本
海　　拔：2600～2800 m
分　　布：云南
濒危等级：LC

大果玄参
Scrophularia macrocarpa Tsoong
习　　性：多年生草本
海　　拔：3000～3600 m
分　　布：四川、云南
濒危等级：LC
资源利用：药用（中草药）

单齿玄参
Scrophularia mandarinorum Franch.
习　　性：草本
海　　拔：1800～3800 m
分　　布：四川、西藏、云南
濒危等级：LC

马边玄参
Scrophularia mapienensis Tsoong
习　　性：多年生草本
海　　拔：2900～3900 m
分　　布：四川、云南
濒危等级：LC

山西玄参
Scrophularia modesta Kitag.
习　　性：草本
海　　拔：1100～2300 m
分　　布：河北、山西、陕西
濒危等级：LC

华北玄参
Scrophularia moellendorffii Maxim.
习　　性：多年生草本
海　　拔：1500～2000 m
分　　布：山西
濒危等级：LC

南京玄参
Scrophularia nankinensis Tsoong
习　　性：一年生草本
分　　布：江苏
濒危等级：CR B1ab（i，iii，v）+2ab（i，iii，v）；D

玄参
Scrophularia ningpoensis Hemsl.
习　　性：草本
海　　拔：1700 m 以下
国内分布：安徽、福建、广东、贵州、河北、河南、江苏、江西、山西、陕西、四川、天津、浙江
濒危等级：LC
资源利用：药用（中草药）

轮花玄参
Scrophularia pauciflora Benth.
习　　性：草本
海　　拔：2000～3500 m
国内分布：西藏
国外分布：不丹、尼泊尔、印度
濒危等级：DD

青海玄参
Scrophularia przewalskii Batalin
习　　性：多年生草本
海　　拔：4100～4600 m
国内分布：青海
国外分布：印度
濒危等级：DD

小花玄参
Scrophularia souliei Franch.
习　　性：草本
海　　拔：约 3700 m
分　　布：甘肃、青海、四川
濒危等级：LC

穗花玄参
Scrophularia spicata Franch.
习　　性：多年生草本
海　　拔：2800～3300 m
分　　布：云南
濒危等级：LC

长柱玄参
Scrophularia stylosa Tsoong
习　　性：草本
海　　拔：2000～3000 m
分　　布：陕西

濒危等级：VU D
国家保护：Ⅱ级

太行山玄参
Scrophularia taihangshanensis C. S. Zhu et H. W. Yang
习　　性：多年生草本
海　　拔：约 900 m
分　　布：河南
濒危等级：LC

翅茎玄参
Scrophularia umbrosa Dumort.
习　　性：草本
海　　拔：900~1700 m
国内分布：新疆
国外分布：俄罗斯
濒危等级：LC

荨麻玄参
Scrophularia urticifolia Wall. ex Benth.
习　　性：草本
海　　拔：2700~2800 m
国内分布：西藏、云南
国外分布：不丹、尼泊尔、印度
濒危等级：LC

双锯叶玄参
Scrophularia yoshimurae T. Yamaz.
习　　性：多年生草本
海　　拔：600~2900 m
分　　布：台湾
濒危等级：LC

云南玄参
Scrophularia yunnanensis Franch.
习　　性：草本
海　　拔：3000~3700 m
分　　布：四川、云南
濒危等级：LC

崖白菜属 Triaenophora Soler.

呆白菜
Triaenophora rupestris(Hemsl.) Soler.
习　　性：草本
海　　拔：200~1200 m
分　　布：湖北、四川
濒危等级：EN A2c

神农架崖白菜
Triaenophora shennongjiaensis X. D. Li, Y. Y. Zan et J. Q. Li
习　　性：多年生草本
海　　拔：700~1200 m
分　　布：湖北
濒危等级：EN A2c；B1ab (iii)

毛蕊花属 Verbascum L.

毛瓣毛蕊花
Verbascum blattaria L.
习　　性：一年生或二年生草本
海　　拔：1000~1500 m
国内分布：新疆
国外分布：俄罗斯
濒危等级：LC

东方毛蕊花
Verbascum chaixii(Bieb.) Hayek
习　　性：多年生草本
海　　拔：1200~1900 m
国内分布：新疆
国外分布：俄罗斯、哈萨克斯坦、吉尔吉斯斯坦
濒危等级：NT B1ab (i, iii, v)；D2

琴叶毛蕊花
Verbascum chinense(L.) Santapau
习　　性：一年生或二年生草本
海　　拔：100~1300 m
国内分布：广西、四川、云南
国外分布：阿富汗、巴基斯坦、哈萨克斯坦、柬埔寨、老挝、斯里兰卡、泰国、印度
濒危等级：LC

紫毛蕊花
Verbascum phoeniceum L.
习　　性：多年生草本
海　　拔：1600~1800 m
国内分布：新疆
国外分布：俄罗斯
濒危等级：LC
资源利用：环境利用（观赏）

准噶尔毛蕊花
Verbascum songaricum Schrenk
习　　性：多年生草本
海　　拔：400~600 m
国内分布：新疆
国外分布：俄罗斯、哈萨克斯坦、塔吉克斯坦、土库曼斯坦、乌兹别克斯坦
濒危等级：LC

毛蕊花
Verbascum thapsus L.
习　　性：二年生草本
海　　拔：1400~3200 m
国内分布：江苏、江西、陕西、四川、西藏、新疆、云南、浙江
国外分布：欧洲、亚洲
濒危等级：LC
资源利用：环境利用（观赏）；药用（中草药）

苦木科 SIMAROUBACEAE
（3属：13种）

臭椿属 Ailanthus Desf.

臭椿
Ailanthus altissima(Mill.) Swingle

臭椿（原变种）
Ailanthus altissima var. **altissima**
 习 性：乔木
 海 拔：100～2500 m
 国内分布：除海南、黑龙江、吉林、宁夏、青海外，全国广布
 国外分布：世界各地
 濒危等级：LC
 资源利用：药用（中草药）；原料（木材，纤维）；动物饲料（饲料）

大果臭椿
Ailanthus altissima var. **sutchuenensis**(Dode) Rehder et E. H. Wilson
 习 性：乔木
 海 拔：1700～2500 m
 分 布：广西、湖北、湖南、江西、四川、云南
 濒危等级：LC

台湾臭椿
Ailanthus altissima var. **tanakai**(Hayata) Kaneh. et Sasaki
 习 性：乔木
 分 布：台湾
 濒危等级：LC

常绿臭椿
Ailanthus fordii Noot.
 习 性：常绿小乔木
 海 拔：约 600 m
 分 布：广东、云南
 濒危等级：NT B1ab (i, iii)

毛臭椿
Ailanthus giraldii Dode
 习 性：落叶乔木
 海 拔：约 1300 m
 分 布：甘肃、陕西、四川、云南
 濒危等级：LC

广西臭椿
Ailanthus guangxiensis S. L. Mo
 习 性：乔木
 海 拔：约 300 m
 分 布：广西
 濒危等级：VU B1ab (ii)

岭南臭椿
Ailanthus triphysa(Dennst.) Alston
 习 性：常绿乔木
 海 拔：100～600 m
 国内分布：福建、广东、广西、云南
 国外分布：马来西亚、缅甸、斯里兰卡、泰国、印度、越南
 濒危等级：LC

刺臭椿
Ailanthus vilmoriniana Dode
 习 性：乔木
 海 拔：500～2800 m
 分 布：湖北、四川、云南
 濒危等级：LC

鸦胆子属 Brucea J. F. Mill.

鸦胆子
Brucea javanica(L.) Merr.
 习 性：灌木或小乔木
 海 拔：100～1000 m
 国内分布：福建、广东、广西、贵州、海南、台湾、云南
 国外分布：澳大利亚、菲律宾、马来西亚、缅甸、斯里兰卡、新加坡、印度、印度尼西亚
 濒危等级：LC
 资源利用：药用（中草药）

柔毛鸦胆子
Brucea mollis Wall. ex Kurz.
 习 性：灌木或小乔木
 海 拔：700～1900 m
 国内分布：广东、广西、云南
 国外分布：不丹、菲律宾、柬埔寨、老挝、马来西亚、缅甸、尼泊尔、泰国、印度、越南
 濒危等级：LC

苦木属 Picrasma Blume

中国苦树
Picrasma chinensis P. Y. Chen
 习 性：乔木
 海 拔：600～1400 m
 国内分布：广西、西藏、云南
 国外分布：中南半岛
 濒危等级：LC

苦树
Picrasma quassioides(D. Don) Benn.

苦树（原变种）
Picrasma quassioides var. **quassioides**
 习 性：乔木
 海 拔：1400～3200 m
 国内分布：安徽、福建、甘肃、广东、广西、贵州、海南、河北、河南、湖北、湖南、江苏、江西、辽宁、山东、陕西
 国外分布：不丹、韩国、克什米尔地区、尼泊尔、日本、斯里兰卡、印度
 濒危等级：LC
 资源利用：药用（中草药）

光序苦树
Picrasma quassioides var. **glabrescens** Pamp.
 习 性：乔木
 海 拔：1800～3200 m
 分 布：湖北、云南
 濒危等级：LC

肋果茶科 SLADENIACEAE
（1属：2种）

肋果茶属 Sladenia Kurz.

肋果茶
Sladenia celastrifolia Kurz.

习　　性：乔木
海　　拔：700~1900 m
国内分布：贵州、云南
国外分布：缅甸、泰国、越南
濒危等级：LC

全缘肋果茶
Sladenia integrifolia Y. M. Shui
习　　性：乔木
海　　拔：1000~1300 m
分　　布：云南
濒危等级：CR B1ab (i, iii)

菝葜科 SMILACACEAE
(1属：94种)

菝葜属 Smilax L.

弯梗菝葜
Smilax aberrans Gagnep.
习　　性：亚灌木或灌木
海　　拔：海平面至1600 m
国内分布：广东、广西、贵州、四川、云南
国外分布：越南
濒危等级：LC

尖叶菝葜
Smilax arisanensis Hayata
习　　性：攀援藤本
海　　拔：海平面至1500 m
国内分布：福建、广东、广西、贵州、江西、四川、台湾、云南、浙江
国外分布：越南
濒危等级：LC

穗菝葜
Smilax aspera L.
习　　性：攀援灌木
海　　拔：1000~2000 m
国内分布：西藏、云南
国外分布：不丹、缅甸、尼泊尔、斯里兰卡、印度
濒危等级：LC

疣枝菝葜
Smilax aspericaulis Wall. ex A. DC.
习　　性：攀援藤本
海　　拔：海平面至1900 m
国内分布：广西、贵州、海南、台湾、西藏、云南
国外分布：菲律宾、缅甸、印度、越南
濒危等级：LC

灰叶菝葜
Smilax astrosperma F. T. Wang et Tang
习　　性：攀援藤本
海　　拔：海平面至1000 m
分　　布：广西、海南
濒危等级：LC

浙南菝葜
Smilax austrozhejiangensis Q. Lin
习　　性：灌木
海　　拔：500~600 m
分　　布：浙江
濒危等级：LC

巴坡菝葜
Smilax bapouensis H. Li
习　　性：常绿灌木
海　　拔：1300~1400 m
分　　布：云南
濒危等级：EN C1

少花菝葜
Smilax basilata F. T. Wang et Tang
习　　性：攀援藤本
海　　拔：1200~2000 m
分　　布：广西、云南
濒危等级：LC

圆叶菝葜
Smilax bauhinioides Kunth
习　　性：攀援灌木
海　　拔：约300 m
国内分布：广西
国外分布：越南
濒危等级：LC

云南肖菝葜
Smilax binchuanensis P. Li et C. X. Fu
习　　性：攀援藤本
海　　拔：700~2400 m
分　　布：云南
濒危等级：LC

西南菝葜
Smilax biumbellata T. Koyama
习　　性：攀援藤本
海　　拔：800~2900 m
国内分布：甘肃、广西、贵州、湖南、四川、西藏、云南
国外分布：缅甸、印度
濒危等级：LC

圆锥菝葜
Smilax bracteata C. Presl
习　　性：攀援藤本
海　　拔：海平面至1800 m
国内分布：福建、广东、广西、贵州、海南、台湾、云南
国外分布：菲律宾、柬埔寨、老挝、马来西亚、日本、泰国、印度尼西亚、越南
濒危等级：LC

密疣菝葜
Smilax chapaensis Gagnep.
习　　性：攀援藤本
海　　拔：600~1500 m
国内分布：广西、贵州、湖北、湖南、四川、云南
国外分布：越南

濒危等级：LC

菝葜
Smilax china L.
    习   性：攀援灌木
    海   拔：海平面至 2000 m
    国内分布：安徽、福建、广东、广西、贵州、河南、湖北、湖南、江苏、江西、辽宁、山东、四川、台湾、云南、浙江
    国外分布：朝鲜、菲律宾、韩国、缅甸、日本、泰国、越南
    濒危等级：LC
    资源利用：原料（单宁）；食品（淀粉）；环境利用（观赏）；药用（中草药）

华肖菝葜
Smilax chinensis (F. T. Wang) P. Li et C. X. Fu
    习   性：攀援藤本
    海   拔：300~2100 m
    分   布：广东、广西、四川、云南
    濒危等级：LC

柔毛菝葜
Smilax chingii F. T. Wang et Tang
    习   性：攀援藤本
    海   拔：700~2800 m
    分   布：福建、广东、广西、贵州、湖北、湖南、江西、四川、云南
    濒危等级：LC

银叶菝葜
Smilax cocculoides Warb.
    习   性：攀援灌木
    海   拔：500~1900 m
    分   布：广东、广西、贵州、湖北、湖南、四川、云南
    濒危等级：LC

筐条菝葜
Smilax corbularia Kunth

筐条菝葜（原变种）
Smilax corbularia var. **corbularia**
    习   性：攀援藤本
    海   拔：海平面至 1600 m
    国内分布：广东、广西、海南、云南
    国外分布：缅甸、越南
    濒危等级：LC
    资源利用：原料（器皿）

光叶菝葜
Smilax corbularia var. **woodii** (Merr.) T. Koyama
    习   性：攀援藤本
    海   拔：海平面至 500 m
    国内分布：海南、云南
    国外分布：马来西亚、印度尼西亚
    濒危等级：LC

合蕊菝葜
Smilax cyclophylla Warb.
    习   性：灌木
    海   拔：1600~2700 m
    分   布：四川、云南
    濒危等级：LC

平滑菝葜
Smilax darrisii H. Lév.
    习   性：灌木
    海   拔：1100~2200 m
    分   布：贵州、四川、云南
    濒危等级：LC

小果菝葜
Smilax davidiana A. DC.
    习   性：攀援藤本
    海   拔：400~1700 m
    国内分布：安徽、福建、广东、广西、贵州、湖南、江苏、江西、云南、浙江
    国外分布：老挝、日本、泰国、越南
    濒危等级：LC

密刺菝葜
Smilax densibarbata F. T. Wang et Tang
    习   性：攀援藤本
    海   拔：1000~1300 m
    分   布：云南
    濒危等级：LC

托柄菝葜
Smilax discotis Warb.
    习   性：灌木
    海   拔：600~2100 m
    分   布：安徽、福建、甘肃、贵州、河南、湖北、湖南、江西、陕西、四川、云南、浙江
    濒危等级：LC

西藏菝葜
Smilax elegans Wall. ex Kunth
    习   性：攀援藤本
    海   拔：2200~2800 m
    国内分布：西藏
    国外分布：不丹、缅甸、尼泊尔、印度
    濒危等级：LC

四棱菝葜
Smilax elegantissima Gagnep.
    习   性：攀援藤本
    海   拔：约 1500 m
    国内分布：云南
    国外分布：越南
    濒危等级：NT

台湾菝葜
Smilax elongatoumbellata Hayata
    习   性：灌木
    海   拔：1300~1500 m
    国内分布：台湾
    国外分布：日本
    濒危等级：LC

峨眉菝葜
Smilax emeiensis J. M. Xu
- 习　　性：灌木
- 海　　拔：2200~2700 m
- 分　　布：四川
- 濒危等级：NT A2

长托菝葜
Smilax ferox Wall. ex Kunth
- 习　　性：攀援藤本
- 海　　拔：1000~2900 m
- 国内分布：广东、广西、贵州、四川、台湾、云南
- 国外分布：不丹、缅甸、尼泊尔、印度、越南
- 濒危等级：LC
- 资源利用：药用（中草药）

富宁菝葜
Smilax fooningensis F. T. Wang et Tang
- 习　　性：攀援藤本
- 海　　拔：约 600 m
- 分　　布：云南
- 濒危等级：LC

四翅菝葜
Smilax gagnepainii T. Koyama
- 习　　性：攀援藤本
- 海　　拔：约 700 m
- 国内分布：广东、广西、云南
- 国外分布：越南
- 濒危等级：LC

合丝肖菝葜
Smilax gaudichaudiana Kunth
- 习　　性：攀援藤本
- 海　　拔：600~1000 m
- 国内分布：福建、广东、广西、海南、台湾
- 国外分布：越南
- 濒危等级：LC

土伏苓
Smilax glabra Roxb.
- 习　　性：攀援藤本
- 海　　拔：300~1800 m
- 国内分布：安徽、福建、甘肃、广东、广西、贵州、海南、湖北、湖南、江苏、江西、陕西、四川、台湾、西藏、云南、浙江
- 国外分布：缅甸、泰国、印度、越南
- 濒危等级：LC
- 资源利用：药用（中草药）；食品（淀粉）

黑果菝葜
Smilax glaucochina Warb.
- 习　　性：攀援藤本
- 海　　拔：海平面至 1600 m
- 分　　布：安徽、甘肃、广东、广西、贵州、河南、湖北、湖南、江苏、江西、山西、陕西、四川、台湾、浙江
- 濒危等级：LC
- 资源利用：食品（淀粉，蔬菜）

墨脱菝葜
Smilax griffithii A. DC.
- 习　　性：攀援藤本
- 海　　拔：1700~1800 m
- 国内分布：西藏
- 国外分布：缅甸、泰国、印度
- 濒危等级：LC

花叶菝葜
Smilax guiyangensis C. X. Fu et C. D. Shen
- 习　　性：攀援藤本
- 海　　拔：约 1300 m
- 分　　布：贵州
- 濒危等级：LC

菱叶菝葜
Smilax hayatae T. Koyama
- 习　　性：小灌木
- 海　　拔：900~1500 m
- 分　　布：广东、广西、台湾
- 濒危等级：LC

束丝菝葜
Smilax hemsleyana Craib
- 习　　性：攀援藤本
- 海　　拔：600~1700 m
- 国内分布：贵州、云南
- 国外分布：缅甸、泰国、印度
- 濒危等级：LC

刺枝菝葜
Smilax horridiramula Hayata
- 习　　性：攀援藤本
- 分　　布：台湾
- 濒危等级：LC

粉背菝葜
Smilax hypoglauca Benth.
- 习　　性：攀援藤本
- 海　　拔：海平面至 1300 m
- 分　　布：福建、广东、贵州、江西、云南
- 濒危等级：LC

肖菝葜
Smilax japonica (Kunth) P. Li et C. X. Fu
- 习　　性：攀援藤本
- 海　　拔：500~1800 m
- 国内分布：安徽、福建、甘肃、广东、湖南、江西、陕西、四川、台湾、云南、浙江
- 国外分布：不丹、日本、印度
- 濒危等级：LC
- 资源利用：原料（单宁，树脂）

缘毛菝葜
Smilax kwangsiensis F. T. Wang et Tang

缘毛菝葜（原变种）
Smilax kwangsiensis var. **kwangsiensis**

习　　性：攀援藤本
海　　拔：300～400 m
分　　布：广东、广西
濒危等级：LC

小钢毛菝葜
Smilax kwangsiensis var. **setulosa** F. T. Wang et Tang
习　　性：攀援藤本
分　　布：广东
濒危等级：LC

马甲菝葜
Smilax lanceifolia Roxb.
习　　性：攀援藤本
海　　拔：100～2800 m
国内分布：福建、广东、广西、贵州、海南、湖北、湖南、江西、四川、台湾、云南、浙江
国外分布：不丹、菲律宾、柬埔寨、老挝、马来西亚、缅甸、泰国、印度、印度尼西亚、越南
濒危等级：LC

粗糙菝葜
Smilax lebrunii H. Lév.
习　　性：攀援藤本
海　　拔：800～2900 m
国内分布：甘肃、广西、贵州、湖南、四川、云南
国外分布：缅甸
濒危等级：LC

木本牛尾菜
Smilax ligneoriparia C. X. Fu et P. Li
习　　性：多年生木质藤本
海　　拔：约1600 m
分　　布：云南、浙江
濒危等级：LC

长苞菝葜
Smilax longebracteolata Hook. f.
习　　性：攀援藤本
海　　拔：1000～3000 m
国内分布：贵州、四川、西藏、云南
国外分布：不丹、缅甸、印度
濒危等级：LC

长花肖菝葜
Smilax longiflora(K. Y. Guan et Noltie)P. Li et C. X. Fu
习　　性：攀援藤本
海　　拔：700 m
分　　布：云南
濒危等级：NT

及缘脉菝葜
Smilax luei T. Koyama
习　　性：攀援藤本
海　　拔：海平面至700 m
分　　布：台湾
濒危等级：VU D2

马钱叶菝葜
Smilax lunglingensis F. T. Wang et Tang
习　　性：攀援藤本
海　　拔：1800～2700 m
分　　布：云南
濒危等级：DD

泸水菝葜
Smilax lushuiensis S. C. Chen
习　　性：攀援藤本
海　　拔：2500～2700 m
分　　布：云南
濒危等级：DD

无刺菝葜
Smilax mairei H. Lév.
习　　性：灌木
海　　拔：约2400 m
分　　布：西藏、云南
濒危等级：LC
资源利用：药用（中草药）

麻栗坡菝葜
Smilax malipoensis S. C. Chen
习　　性：攀援藤本
海　　拔：1600～1800 m
分　　布：云南
濒危等级：LC

大果菝葜
Smilax megacarpa A. DC.
习　　性：攀援藤本
海　　拔：海平面至1500 m
国内分布：广西、海南、云南
国外分布：菲律宾、柬埔寨、老挝、马来西亚、缅甸、泰国、新加坡、印度、印度尼西亚、越南
濒危等级：LC

大花菝葜
Smilax megalantha C. H. Wright
习　　性：攀援藤本
海　　拔：900～3400 m
分　　布：贵州、湖北、四川、云南
濒危等级：LC

防己叶菝葜
Smilax menispermoidea A. DC.
习　　性：攀援藤本
海　　拔：2600～3700 m
国内分布：甘肃、贵州、湖北、陕西、四川、西藏、云南
国外分布：不丹、缅甸、印度
濒危等级：LC

小花肖菝葜
Smilax micrandra(T. Koyama)P. Li et C. X. Fu
习　　性：攀援藤本
海　　拔：400～500 m
分　　布：海南
濒危等级：LC

小叶菝葜
Smilax microphylla C. H. Wright
习　　性：攀援藤本
海　　拔：500～1600 m

分　　布：甘肃、贵州、湖北、湖南、陕西、四川、云南
濒危等级：LC
资源利用：药用（中草药）

劲直菝葜
Smilax munita S. C. Chen
习　　性：灌木
海　　拔：2100～2800 m
国内分布：西藏、云南
国外分布：不丹、缅甸、尼泊尔、印度
濒危等级：LC

乌饭叶菝葜
Smilax myrtillus A. DC.
习　　性：灌木
海　　拔：1600～3100 m
国内分布：西藏、云南
国外分布：不丹、缅甸、印度
濒危等级：LC

矮菝葜
Smilax nana F. T. Wang
习　　性：亚灌木或灌木
海　　拔：2400～2700 m
分　　布：西藏、云南
濒危等级：EN B1ab（iii）

南投菝葜
Smilax nantoensis T. Koyama
习　　性：攀援藤本
海　　拔：800～900 m
分　　布：台湾
濒危等级：LC

缘脉菝葜
Smilax nervomarginata Hayata

缘脉菝葜（原变种）
Smilax nervomarginata var. **nervomarginata**
习　　性：攀援藤本
海　　拔：海平面至1000 m
国内分布：安徽、贵州、湖南、江西、浙江
国外分布：日本
濒危等级：LC

无疣菝葜
Smilax nervomarginata var. **liukiuensis** F. T. Wang et Tang
习　　性：攀援藤本
国内分布：安徽、江西、台湾、浙江
国外分布：日本
濒危等级：LC

黑叶菝葜
Smilax nigrescens F. T. Wang et C. L. Tang ex P. Y. Li
习　　性：攀援藤本
海　　拔：900～2500 m
分　　布：甘肃、贵州、湖北、湖南、陕西、四川、云南
濒危等级：LC

白背牛尾菜
Smilax nipponica Miq.
习　　性：一年生草本
海　　拔：200～1400 m
国内分布：安徽、福建、广东、贵州、河南、湖南、江西、辽宁、山东、四川、台湾、云南、浙江
国外分布：朝鲜、日本
濒危等级：LC
资源利用：药用（中草药）

抱茎菝葜
Smilax ocreata A. DC.
习　　性：攀援藤本
海　　拔：海平面至2200 m
国内分布：广东、广西、贵州、海南、四川、西藏、云南
国外分布：不丹、缅甸、尼泊尔、印度
濒危等级：LC

武当菝葜
Smilax outanscianensis Pamp.
习　　性：攀援藤本
海　　拔：1100～2100 m
分　　布：湖北、江西、四川
濒危等级：LC

卵叶菝葜
Smilax ovalifolia Roxb.
习　　性：攀援藤本
海　　拔：海平面至1500 m
国内分布：海南
国外分布：缅甸、尼泊尔、泰国、印度、越南
濒危等级：LC

川鄂菝葜
Smilax pachysandroides T. Koyama
习　　性：亚灌木或灌木
海　　拔：1700～1900 m
分　　布：湖北、四川
濒危等级：LC

穿鞘菝葜
Smilax perfoliata Lour.
习　　性：攀援藤本
海　　拔：海平面至1500 m
国内分布：海南、台湾、云南
国外分布：老挝、缅甸、斯里兰卡、泰国、印度、越南
濒危等级：LC

平伐菝葜
Smilax pinfaensis H. Lév. et Vaniot
习　　性：灌木
分　　布：贵州
濒危等级：LC

扁柄菝葜
Smilax planipes F. T. Wang et Tang
习　　性：攀援藤本
海　　拔：海平面至1300 m
分　　布：广西、云南
濒危等级：LC

多蕊肖菝葜
Smilax polyandra(Gagnep.)P. Li et C. X. Fu

习　　性：攀援藤本
海　　拔：100～1800 m
国内分布：云南
国外分布：老挝、泰国、越南
濒危等级：LC

红果菝葜
Smilax polycolea Warb.
习　　性：攀援藤本
海　　拔：900～2200 m
分　　布：广西、贵州、湖北、湖南、四川
濒危等级：LC

纤柄菝葜
Smilax pottingeri Prain
习　　性：藤本
海　　拔：1100～1500 m
国内分布：云南
国外分布：老挝、缅甸、泰国、越南
濒危等级：LC

恋大菝葜
Smilax pygmaea Merr.
习　　性：藤本
国内分布：台湾
国外分布：菲律宾
濒危等级：LC

方枝菝葜
Smilax quadrata A. DC.
习　　性：攀援藤本
海　　拔：1900～2000 m
国内分布：西藏、云南
国外分布：缅甸、印度
濒危等级：LC

苍白菝葜
Smilax retroflexa(F. T. Wang et Tang)S. C. Chen
习　　性：亚灌木或灌木
海　　拔：900～1700 m
国内分布：广西、贵州、四川、云南
国外分布：越南
濒危等级：LC

牛尾菜
Smilax riparia A. DC.

牛尾菜（原变种）
Smilax riparia var. **riparia**
习　　性：一年生或多年生草本
海　　拔：海平面至1600 m
国内分布：全国广布
国外分布：朝鲜、俄罗斯、菲律宾、韩国、日本
资源利用：食品（蔬菜）；药用（中草药）

尖叶牛尾菜
Smilax riparia var. **acuminata**(C. H. Wright)F. T. Wang et Tang
习　　性：一年生或多年生草本
海　　拔：900～2100 m
分　　布：河南、湖北、陕西、四川
濒危等级：LC

毛牛尾菜
Smilax riparia var. **pubescens**(C. H. Wright)F. T. Wang et Tang
习　　性：一年生或多年生草本
分　　布：湖北
濒危等级：LC

短梗菝葜
Smilax scobinicaulis C. H. Wright
习　　性：攀援藤本
海　　拔：600～1200 m
分　　布：安徽、甘肃、广东、广西、贵州、河北、河南、湖北、湖南、江西、山西、陕西、四川、云南
濒危等级：LC
资源利用：药用（中草药）

台湾肖菝葜
Smilax seisuiensis(Hayata)P. Li et C. X. Fu
习　　性：攀援藤本
海　　拔：1300 m
分　　布：台湾
濒危等级：LC

短柱肖菝葜
Smilax septemnervia(F. T. Wang et Tang)P. Li et C. X. Fu
习　　性：攀援藤本
海　　拔：700～2400 m
国内分布：广东、广西、贵州、湖北、湖南、四川、云南
国外分布：越南
濒危等级：LC

密刚毛菝葜
Smilax setiramula F. T. Wang et T. Tang
习　　性：攀援藤本
海　　拔：1000～1700 m
分　　布：云南
濒危等级：LC

华东菝葜
Smilax sieboldii Miq.
习　　性：攀援藤本
海　　拔：海平面至1800（2500）m
国内分布：安徽、福建、江苏、辽宁、山东、台湾、浙江
国外分布：朝鲜、日本
濒危等级：LC

鞘柄菝葜
Smilax stans Maxim.
习　　性：落叶灌木
海　　拔：400～3200 m
国内分布：安徽、甘肃、广东、广西、贵州、河北、河南、湖北、湖南、江苏、江西、山西、陕西、台湾、云南、浙江
国外分布：日本
濒危等级：LC
资源利用：食品（淀粉）

筒被菝葜
Smilax synandra Gagnep.
习　　性：灌木
海　　拔：海平面至1000 m

国内分布：广东、海南、云南
国外分布：泰国、越南
濒危等级：LC

糙柄菝葜
Smilax trachypoda J. B. Norton
习　　性：落叶灌木
海　　拔：1300～3100 m
分　　布：甘肃、河南、湖北、陕西、四川
濒危等级：LC

三脉菝葜
Smilax trinervula Miq.
习　　性：落叶灌木
海　　拔：400～1700 m
国内分布：福建、贵州、湖南、江西、浙江
国外分布：日本
濒危等级：LC

青城菝葜
Smilax tsinchengshanensis F. T. Wang
习　　性：灌木
海　　拔：800～1900 m
分　　布：贵州、四川、云南
濒危等级：LC

梵净山菝葜
Smilax vanchingshanensis(F. T. Wang et Tang)F. T. Wang et Tang
习　　性：攀援藤本
海　　拔：400～1400 m
分　　布：贵州、湖北、四川
濒危等级：LC

云南菝葜
Smilax yunnanensis S. C. Chen
习　　性：攀援藤本
海　　拔：约1000 m
分　　布：云南
濒危等级：NT

茄科 SOLANACEAE
（25属：125种）

灯笼草属 Alkekengi Mill.

酸浆
Alkekengi officinarum Moench

酸浆（原变种）
Alkekengi officinarum var. **officinarum**
习　　性：多年生草本
海　　拔：1200～2500 m
国内分布：甘肃、贵州、河北、河南、湖北、陕西、四川、云南；有栽培和归化
国外分布：俄罗斯、塔吉克斯坦、亚洲西南部、欧洲
濒危等级：LC
资源利用：食用（水果）；药用（中草药）

挂金灯
Alkekengi officinarum var. **francheti**(Mast.)R. J. Wang
习　　性：多年生草本
海　　拔：800～2500 m
国内分布：除西藏外全国均有分布和栽培
国外分布：朝鲜、日本；欧洲
濒危等级：LC
资源利用：食用（水果）；药用（中草药）

山莨菪属 Anisodus Link

三分三
Anisodus acutangulus C. Y. Wu et C. Chen

三分三（原变种）
Anisodus acutangulus var. **acutangulus**
习　　性：多年生草本或亚灌木
海　　拔：2800～3100 m
分　　布：四川、云南
濒危等级：CR B1ab（i, ii, iii, v）；C1
资源利用：药用（中草药）

三分七
Anisodus acutangulus var. **breviflorus** C. Y. Wu et C. Chen
习　　性：多年生草本或亚灌木
海　　拔：2900～3100 m
分　　布：四川、云南
濒危等级：CR A2c；D
资源利用：药用（中草药）

赛莨菪
Anisodus carniolicoides(C. Y. Wu et C. Chen)D'Arcy et Z. Y. Zhang
习　　性：多年生草本或亚灌木
海　　拔：3000～4500 m
分　　布：青海、四川、云南
濒危等级：EN D
资源利用：药用（中草药）

铃铛子
Anisodus luridus Link ex Spreng.
习　　性：多年生草本或亚灌木
海　　拔：3200～4200 m
国内分布：四川、西藏、云南
国外分布：不丹、尼泊尔、印度
濒危等级：LC
资源利用：药用（中草药）

山莨菪
Anisodus tanguticus(Maxim.)Pascher
习　　性：多年生草本
海　　拔：2000～4400 m
国内分布：甘肃、青海、四川、西藏、云南
国外分布：尼泊尔
濒危等级：LC
资源利用：药用（中草药）

颠茄属 Atropa L.

颠茄
Atropa belladonna L.

习　　性：多年生草本
国内分布：重庆、广东、广西、河南、湖北、江苏、江西、四川、天津、浙江归化
国外分布：原产欧洲
资源利用：药用（中草药）；环境利用（观赏）

天蓬子属 Atropanthe Pascher

天蓬子
Atropanthe sinensis (Hemsl.) Pascher
习　　性：多年生草本或亚灌木
海　　拔：1400～3000 m
分　　布：贵州、湖北、四川、云南
濒危等级：EN D
资源利用：药用（中草药）

木曼陀罗属 Brugmansia Pers.

大花曼陀罗
Brugmansia suaveolens (Humb. et Bonpl. ex Willd.) Sweet
习　　性：常绿灌木
国内分布：福建、广东、上海、台湾、云南栽培
国外分布：原产巴西

鸳鸯茉莉属 Brunfelsia L.

鸳鸯茉莉
Brunfelsia brasiliensis (Dusén) Plowman
习　　性：常绿灌木
国内分布：澳门、重庆、广西栽培
国外分布：原产热带美洲

大叶鸳鸯茉莉
Brunfelsia macrophylla Benth.
习　　性：常绿灌木
国内分布：香港栽培
国外分布：原产巴西

大鸳鸯茉莉
Brunfelsia pauciflora (Cham. et Schltdl.) Benth.
习　　性：常绿灌木
国内分布：澳门、广东、香港栽培
国外分布：原产巴西

辣椒属 Capsicum L.

辣椒
Capsicum annuum L.
习　　性：灌木或一年生或多年生草本
国内分布：全国栽培
国外分布：原产热带美洲；现世界广为栽培
资源利用：食用（蔬菜，调味品）；药用（中草药）

夜香树属 Cestrum L.

黄花夜香树
Cestrum aurantiacum Lindl.
习　　性：灌木
国内分布：广东有栽培
国外分布：原产中美洲
资源利用：环境利用（观赏）

毛茎夜香树
Cestrum elegans (Brongn.) Schltdl.
习　　性：灌木
国内分布：广西、云南栽培
国外分布：原产墨西哥

夜香树
Cestrum nocturnum L.
习　　性：灌木
国内分布：澳门、重庆、福建、广东、广西、贵州、海南、上海、天津、香港、云南、浙江栽培
国外分布：原产美洲；热带地区广泛栽培
资源利用：环境利用（观赏）

树番茄属 Cyphomandra Mart. ex Sendtn.

树番茄
Cyphomandra betacea (Cav.) Sendtn.
习　　性：灌木或小乔木
国内分布：广西、四川、西藏、云南栽培
国外分布：原产南美洲
资源利用：食用（蔬菜，水果）

曼陀罗属 Datura L.

毛曼陀罗
Datura inoxia Mill.
习　　性：草本
国内分布：安徽、北京、甘肃、广西、河北、河南、黑龙江、湖北、湖南、江苏、辽宁、山东、陕西、上海、四川、天津、新疆、云南、浙江
国外分布：原产美洲

洋金花
Datura metel L.
习　　性：一年生草本
国内分布：安徽、澳门、北京、重庆、福建、甘肃、广东、广西、贵州、海南、河北、河南、黑龙江、湖北、湖南、吉林、江苏、江西、辽宁、内蒙古、山东、山西、上海、四川、台湾、天津、西藏、香港、新疆、云南、浙江栽培
国外分布：原产秘鲁
资源利用：环境利用（观赏）；药用（中草药）

曼陀罗
Datura stramonium L.
习　　性：草本或亚灌木
国内分布：全国各地广布
国外分布：原产墨西哥
资源利用：环境利用（观赏）；药用（中草药）

天仙子属 Hyoscyamus L.

天仙子
Hyoscyamus niger L.
习　　性：二年生草本
海　　拔：700～3600 m
国内分布：重庆、甘肃、贵州、河北、河南、黑龙江、湖北、吉林、江苏、辽宁、内蒙古、宁夏、青海、山东、山西、陕西、上海、四川、天津、西藏、新疆、

云南、浙江
国外分布：阿富汗、巴基斯坦、朝鲜、俄罗斯、哈萨克斯坦、吉尔吉斯斯坦、尼泊尔、日本、塔吉克斯坦、土库曼斯坦、乌兹别克斯坦、印度
濒危等级：LC
资源利用：药用（中草药）；原料（工业用油）

中亚天仙子
Hyoscyamus pusillus L.
习　　性：一年生草本
海　　拔：3200 m 以下
国内分布：西藏、新疆
国外分布：阿富汗、巴基斯坦、俄罗斯、哈萨克斯坦、吉尔吉斯斯坦、蒙古、塔吉克斯坦、土库曼斯坦、乌兹别克斯坦、印度
濒危等级：LC

红丝线属 Lycianthes (Dunal) Hassl.

红丝线
Lycianthes biflora (Kurz) Rehder

红丝线（原变种）
Lycianthes biflora var. **biflora**
习　　性：灌木或亚灌木
海　　拔：100 ~ 2300 m
国内分布：福建、广东、广西、贵州、海南、湖南、江西、四川、台湾、香港、云南
国外分布：巴布亚新几内亚、菲律宾、马来西亚、日本、印度、印度尼西亚
濒危等级：LC

密毛红丝线
Lycianthes biflora var. **subtusochracea** Bitter
习　　性：灌木或亚灌木
海　　拔：500 ~ 2000 m
国内分布：贵州、云南
国外分布：泰国
濒危等级：NT B1ab（i, iii）；D1

鄂红丝线
Lycianthes hupehensis (Bitter) C. Y. Wu et S. C. Huang
习　　性：灌木或亚灌木
海　　拔：400 ~ 1400 m
分　　布：福建、广东、广西、贵州、湖北、湖南、四川、云南
濒危等级：LC

缺齿红丝线
Lycianthes laevis (Dunal) Bitter
习　　性：灌木
海　　拔：700 ~ 1000 m
国内分布：广西、海南、云南
国外分布：印度尼西亚
濒危等级：LC

单花红丝线
Lycianthes lysimachioides (Wall.) Bitter

单花红丝线（原变种）
Lycianthes lysimachioides var. **lysimachioides**
习　　性：多年生草本
海　　拔：1500 ~ 2000 m
国内分布：福建、广东、广西、贵州、湖北、湖南、江西、四川、台湾、云南
国外分布：尼泊尔、印度、印度尼西亚
濒危等级：LC

茎根红丝线
Lycianthes lysimachioides var. **caulorhiza** (Dunal) Bitter
习　　性：多年生草本
海　　拔：1700 ~ 2100 m
国内分布：广东、广西、贵州、海南、云南
国外分布：印度尼西亚
濒危等级：LC

中华红丝线
Lycianthes lysimachioides var. **sinensis** Bitter
习　　性：多年生草本
海　　拔：600 ~ 2500 m
分　　布：广东、湖北、湖南、江西、四川、云南
濒危等级：LC

大齿红丝线
Lycianthes macrodon (Wall. ex Nees) Bitter
习　　性：灌木
海　　拔：1500 ~ 2300 m
国内分布：台湾、云南
国外分布：不丹、孟加拉国、尼泊尔、泰国、印度
濒危等级：LC

麻栗坡红丝线
Lycianthes marlipoensis C. Y. Wu et S. C. Huang
习　　性：亚灌木
海　　拔：1100 ~ 1400 m
分　　布：云南
濒危等级：LC

截齿红丝线
Lycianthes neesiana (Wall. ex Nees) D'Arcy et Z. Y. Zhang
习　　性：灌木
海　　拔：200 ~ 1600 m
国内分布：福建、广东、广西、湖南、云南
国外分布：泰国、印度、印度尼西亚
濒危等级：NT B1ab（i, iii）

顺宁红丝线
Lycianthes shunningensis C. Y. Wu et S. C. Huang
习　　性：灌木
海　　拔：约2200 m
分　　布：云南
濒危等级：VU D2

单果红丝线
Lycianthes solitaria C. Y. Wu et A. M. Lu
习　　性：草本或亚灌木
海　　拔：约1700 m
分　　布：西藏
濒危等级：EN D

滇红丝线
Lycianthes yunnanensis (Bitter) C. Y. Wu et S. C. Huang

习　　性：灌木
海　　拔：1000~1700 m
分　　布：云南
濒危等级：LC

枸杞属 Lycium L.

宁夏枸杞
Lycium barbarum L.

宁夏枸杞（原变种）
Lycium barbarum var. **barbarum**
习　　性：灌木
国内分布：甘肃、河北、内蒙古、宁夏、青海、陕西、四川、天津、新疆
国外分布：欧洲
濒危等级：LC
资源利用：药用（中草药）；动物饲料（饲料）；原料（精油）

黄果枸杞
Lycium barbarum var. **auranticarpum** K. F. Ching
习　　性：灌木
分　　布：宁夏
濒危等级：DD

密枝枸杞
Lycium barbarum var. **implicatum** T. Y. Chen et Xu. L. Liang
习　　性：灌木
海　　拔：约 1200 m
分　　布：宁夏
濒危等级：LC

枸杞
Lycium chinense Miller

枸杞（原变种）
Lycium chinense var. **chinense**
习　　性：灌木
国内分布：安徽、澳门、福建、甘肃、广东、广西、贵州、海南、河北、河南、黑龙江、湖北、湖南、吉林、江苏、江西、辽宁、山西、四川、台湾、天津、香港、云南、浙江
国外分布：巴基斯坦、朝鲜、尼泊尔、日本
濒危等级：LC
资源利用：食品（蔬菜）；药用（中草药）；基因源（耐旱）；环境利用（水土保持）

北方枸杞
Lycium chinense var. **potaninii** (Pojark.) A. M. Lu
习　　性：灌木
国内分布：甘肃、河北、内蒙古、宁夏、青海、陕西、新疆
国外分布：蒙古、日本、泰国
濒危等级：LC

柱筒枸杞
Lycium cylindricum Kuang et A. M. Lu
习　　性：灌木
海　　拔：约 1384 m
分　　布：新疆
濒危等级：CR B1ab（iii）

新疆枸杞
Lycium dasystemum Pojark.
习　　性：灌木
海　　拔：200~3600 m
国内分布：甘肃、青海、新疆
国外分布：阿富汗、巴基斯坦、哈萨克斯坦、吉尔吉斯斯坦、塔吉克斯坦、乌兹别克斯坦
濒危等级：LC

小叶黄果枸杞
Lycium ningxiaense R. J. Wang et Q. Liao
习　　性：直立小灌木
海　　拔：约 1200 m
分　　布：宁夏
濒危等级：LC

清水河枸杞
Lycium qingshuiheense Xu L. Jiang et J. N. Li
习　　性：直立小灌木
分　　布：甘肃、宁夏
濒危等级：LC

黑果枸杞
Lycium ruthenicum Murray
习　　性：灌木
海　　拔：400~3000 m
国内分布：甘肃、内蒙古、宁夏、青海、陕西、西藏、新疆
国外分布：阿富汗、巴基斯坦、俄罗斯、哈萨克斯坦、吉尔吉斯斯坦、蒙古、塔吉克斯坦、土库曼斯坦、乌兹别克斯坦
濒危等级：NT
国家保护：Ⅱ级
资源利用：食用；药用（中草药）；基因源（耐旱）；环境利用（水土保持）

截萼枸杞
Lycium truncatum Y. C. Wang
习　　性：灌木
海　　拔：800~1500 m
国内分布：甘肃、内蒙古、宁夏、山西、陕西、新疆
国外分布：蒙古
濒危等级：LC

云南枸杞
Lycium yunnanense Kuang et A. M. Lu
习　　性：灌木
海　　拔：700~1500 m
分　　布：云南
濒危等级：VU A2c
国家保护：Ⅱ级

番茄属 Lycopersicon Mill.

番茄
Lycopersicon esculentum Mill.
习　　性：一年生草本
国内分布：广泛栽培
国外分布：原产墨西哥

资源利用：原料（精油）

茄参属 Mandragora L.

茄参

Mandragora caulescens C. B. Clarke

习　　性：多年生草本

海　　拔：2200～4200 m

国内分布：青海、四川、西藏、云南

国外分布：不丹、尼泊尔、印度

濒危等级：LC

资源利用：药用（中草药）

假酸浆属 Nicandra Adans.

假酸浆

Nicandra physalodes (L.) Gaertn.

习　　性：一年生草本

国内分布：全国广布

国外分布：原产秘鲁

资源利用：药用（中草药）

烟草属 Nicotiana L.

花烟草

Nicotiana alata Link et Otto

习　　性：多年生草本

国内分布：北京、黑龙江、江苏有栽培

国外分布：原产阿根廷、巴西

资源利用：环境利用（观赏）

光烟草

Nicotiana glauca Graham

习　　性：灌木或小乔木

国内分布：安徽、澳门、北京、福建、甘肃、广东、广西、贵州、海南、河北、河南、黑龙江、湖北、湖南、吉林、江苏、江西、辽宁、内蒙古、宁夏、青海、陕西、香港栽培

国外分布：原产阿根廷

黄花烟草

Nicotiana rustica L.

习　　性：一年生草本

国内分布：甘肃、广东、贵州、青海、陕西、天津、新疆、云南栽培

国外分布：原产南美洲

烟草

Nicotiana tabacum L.

习　　性：一年生或多年生草本

国内分布：广泛栽培

国外分布：原产南美洲

资源利用：药用（中草药）

碧冬茄属 Petunia Juss.

碧冬茄

Petunia hybrida (Hook.) E. Vilm.

习　　性：一年生草本

国内分布：全国性分布

国外分布：杂交起源；世界栽培

资源利用：环境利用（观赏）

散血丹属 Physaliastrum Makino

广西地海椒

Physaliastrum chamaesarachoides (Makino) Makino

习　　性：灌木或草本

海　　拔：300～1000 m

国内分布：安徽、福建、广西、贵州、江西、台湾

国外分布：日本

濒危等级：VU B1ab（i，iii）

日本散血丹

Physaliastrum echinatum (Yatabe) Makino

习　　性：多年生草本

国内分布：河北、山东

国外分布：朝鲜、俄罗斯、日本

濒危等级：LC

江南散血丹

Physaliastrum heterophyllum (Hemsl.) Migo

习　　性：多年生草本

海　　拔：500～1100 m

分　　布：安徽、福建、河南、湖北、湖南、江苏、云南、浙江

濒危等级：LC

隐果散血丹

Physaliastrum japonicum X. H. Guo et S. B. Zhou

习　　性：多年生草本

分　　布：安徽

濒危等级：LC

散血丹

Physaliastrum kweichouense Kuang et A. M. Lu

习　　性：草本

海　　拔：约 800 m

分　　布：贵州、湖北、湖南

濒危等级：VU B2ab（iii）

地海椒

Physaliastrum sinense (Hemsl.) D'Arcy et Z. Y. Zhang

习　　性：多年生草本

海　　拔：300～1400 m

分　　布：安徽、贵州、湖北、四川

濒危等级：VU A2c

华北散血丹

Physaliastrum sinicum Kuang et A. M. Lu

习　　性：草本

海　　拔：1200～1400 m

分　　布：河北、山西

濒危等级：VU D1

云南散血丹

Physaliastrum yunnanense Kuang et A. M. Lu

习　　性：多年生草本

海　　拔：1800~2600 m
分　　布：云南
濒危等级：LC

酸浆属 Physalis L.

苦蘵
Physalis angulata L.
习　　性：一年生草本
国内分布：安徽、澳门、重庆、福建、甘肃、广东、广西、贵州、海南、河北、河南、湖北、湖南、吉林、江苏、江西、辽宁、内蒙古、宁夏、山东、陕西、上海、四川、台湾、天津、西藏、香港、云南、浙江栽培
国外分布：原产南美洲
资源利用：药用（中草药）

棱萼酸浆
Physalis cordata Mill.
习　　性：一年生草本
国内分布：海南
国外分布：原产北美洲、南美洲

小酸浆
Physalis minima L.
习　　性：一年生草本
海　　拔：1000~1800 m
国内分布：福建、广东、广西、贵州、海南、河北、湖南、吉林、江苏、江西、上海、四川、天津、云南
国外分布：可能原产美洲热带地区；世界广布
资源利用：药用（中草药）

灯笼果
Physalis peruviana L.
习　　性：多年生草本
海　　拔：1200~2100 m
国内分布：安徽、重庆、福建、广东、湖北、江苏、台湾、云南栽培或逸生
国外分布：原产南美洲；世界多地归化

毛酸浆
Physalis philadelphica Lam.
习　　性：一年生草本
国内分布：黑龙江栽培及归化
国外分布：原产墨西哥

泡囊草属 Physochlaina G. Don

伊犁泡囊草
Physochlaina capitata A. M. Lu
习　　性：多年生草本
海　　拔：1200~1400 m
分　　布：新疆
濒危等级：LC

漏斗泡囊草
Physochlaina infundibularis Kuang
习　　性：多年生草本
海　　拔：800~1600 m
分　　布：河南、山西、陕西
濒危等级：VU A2c
资源利用：药用（中草药）

长萼泡囊草
Physochlaina macrocalyx Pascher
习　　性：多年生草本
分　　布：西藏
濒危等级：DD

大叶泡囊草
Physochlaina macrophylla Bonati
习　　性：多年生草本
海　　拔：1900~2400 m
分　　布：四川
濒危等级：EN D

泡囊草
Physochlaina physaloides(L.) G. Don
习　　性：多年生草本
海　　拔：约 1000 m
国内分布：河北、黑龙江、内蒙古、新疆
国外分布：俄罗斯、哈萨克斯坦、蒙古
濒危等级：LC
资源利用：药用（中草药）

西藏泡囊草
Physochlaina praealta(Decne.) Miers
习　　性：多年生草本
海　　拔：4200~4500 m
国内分布：西藏
国外分布：巴基斯坦、印度
濒危等级：NT A2c; D1+2

马尿泡属 Przewalskia Maxim.

马尿泡
Przewalskia tangutica Maxim.
习　　性：多年生草本
海　　拔：3200~5000 m
分　　布：甘肃、青海、四川、西藏
濒危等级：NT
资源利用：药用（中草药）

茄属 Solanum L.

喀西茄
Solanum aculeatissimum Jacq.
习　　性：草本或亚灌木
国内分布：重庆、福建、广东、广西、贵州、海南、河南、湖北、湖南、江苏、江西、辽宁、山东、上海、四川、台湾、西藏、香港、云南、浙江逸生
国外分布：原产巴西

红茄
Solanum aethiopicum L.
习　　性：一年生草本
海　　拔：400~1800 m
国内分布：河南、云南有栽培

国外分布：原产非洲
资源利用：环境利用（观赏）

少花龙葵
Solanum americanum Mill.
- 习　　性：一年生或多年生草本
- 国内分布：澳门、福建、广东、广西、海南、湖南、江西、四川、台湾、香港、云南
- 国外分布：原产美洲

狭叶茄
Solanum angustifolium Mill.
- 习　　性：一年生草本
- 国内分布：江苏偶见
- 国外分布：原产洪都拉斯、墨西哥

刺苞茄
Solanum barbisetum Nees
- 习　　性：草本或亚灌木
- 海　　拔：500～1300 m
- 国内分布：云南
- 国外分布：老挝、孟加拉国、泰国、印度
- 濒危等级：LC

牛茄子
Solanum capsicoides All.
- 习　　性：草本或亚灌木
- 国内分布：重庆、福建、广东、广西、贵州、海南、河南、湖北、湖南、江苏、江西、辽宁、山东、上海、四川、台湾、香港、云南、浙江逸生
- 国外分布：原产巴西

北美刺龙葵
Solanum carolinense L.
- 习　　性：多年生草本
- 国内分布：山东、浙江逸生
- 国外分布：原产北美洲；日本归化

多裂水茄
Solanum chrysotrichum Schltdl.
- 习　　性：灌木
- 国内分布：福建、台湾
- 国外分布：原产中美洲

苦刺
Solanum deflexicarpum C. Y. Wu et S. C. Huang
- 习　　性：灌木
- 海　　拔：1400～1500 m
- 分　　布：云南
- 濒危等级：VU D1

黄果龙葵
Solanum diphyllum L.
- 习　　性：灌木
- 国内分布：台湾
- 国外分布：原产墨西哥

欧白英
Solanum dulcamara L.
- 习　　性：草质藤本

- 海　　拔：3000～3300 m
- 国内分布：河北、河南、黑龙江、吉林、辽宁、内蒙古、青海、四川、西藏、新疆、云南
- 国外分布：阿富汗、阿塞拜疆、埃及、俄罗斯、哈萨克斯坦、加拿大、黎巴嫩、美国、蒙古、日本、塔吉克斯坦、土耳其、土库曼斯坦、乌兹别克斯坦、伊拉克、伊朗、以色列、印度
- 濒危等级：LC
- 资源利用：药用（中草药，兽药）；农药

银毛龙葵
Solanum elaeagnifolium Cav.
- 习　　性：多年生草本
- 国内分布：山东、台湾
- 国外分布：原产美洲

假烟叶树
Solanum erianthum D. Don
- 习　　性：灌木或小乔木
- 国内分布：澳门、重庆、福建、广东、广西、贵州、海南、湖南、四川、台湾、西藏、香港、云南逸生
- 国外分布：原产南美洲；亚洲热带地区、太平洋群岛归化

膜萼茄
Solanum griffithii (Prain) C. Y. Wu et S. C. Huang
- 习　　性：草本或亚灌木
- 海　　拔：300～900 m
- 国内分布：广西、贵州、云南
- 国外分布：缅甸、印度
- 濒危等级：LC

素馨叶白英
Solanum jasminoides Paxton
- 习　　性：缠绕灌木
- 国内分布：浙江栽培
- 国外分布：原产巴西

澳洲茄
Solanum laciniatum Aiton
- 习　　性：灌木
- 国内分布：河北、湖北、江苏、四川、云南栽培
- 国外分布：原产大洋洲
- 资源利用：药用（中草药）

毛茄
Solanum lasiocarpum Dunal
- 习　　性：草本或亚灌木
- 海　　拔：200～1000 m
- 国内分布：广东、广西、台湾、香港、云南
- 国外分布：菲律宾、柬埔寨、老挝、斯里兰卡、泰国、印度、印度尼西亚、越南
- 濒危等级：LC

吕宋茄
Solanum luzoniense Merr.
- 习　　性：灌木或亚灌木
- 国内分布：台湾
- 国外分布：菲律宾
- 濒危等级：CR B2b（iv）C（iv）；C2b

白英
Solanum lyratum Thunb. ex Murray
- 习　　性：藤本
- 海　　拔：100~2900 m
- 国内分布：安徽、福建、甘肃、广东、广西、贵州、河南、湖北、湖南、江苏、江西、山东、山西、陕西、四川、台湾、西藏、云南、浙江
- 国外分布：朝鲜、柬埔寨、老挝、缅甸、日本、泰国、越南
- 濒危等级：LC
- 资源利用：药用（中草药）

山茄
Solanum macaonense Dunal
- 习　　性：灌木
- 国内分布：福建、广东、广西、海南、台湾
- 国外分布：菲律宾
- 濒危等级：LC

乳茄
Solanum mammosum L.
- 习　　性：草本或灌木
- 国内分布：澳门、广东、广西、上海、台湾、香港、云南栽培，偶有逸生
- 国外分布：原产南美洲
- 资源利用：环境利用（观赏）

野烟树
Solanum mauritianum Scop.
- 习　　性：常绿灌木
- 国内分布：台湾
- 国外分布：原产南美洲

茄
Solanum melongena L.
- 习　　性：草本或亚灌木
- 国内分布：全国各省区均有栽培
- 国外分布：全世界广泛栽培
- 资源利用：食用（蔬菜）

光枝木龙葵
Solanum merrillianum Liou
- 习　　性：草本或亚灌木
- 海　　拔：700~1600 m
- 国内分布：安徽、福建、广东、广西、海南、台湾
- 濒危等级：LC

宫古茄
Solanum miyakojimense H. Yamaz. et Takushi
- 习　　性：灌木
- 国内分布：台湾
- 国外分布：日本
- 濒危等级：NT

香瓜茄
Solanum muricatum Ait.
- 习　　性：多年生草本
- 国内分布：甘肃、广东、河北、河南、台湾、云南
- 国外分布：原产厄瓜多尔、哥伦比亚、秘鲁、智利；各国引种栽培

疏刺茄
Solanum nienkui Merr. et Chun
- 习　　性：灌木
- 海　　拔：100~300 m
- 分　　布：海南
- 濒危等级：LC

龙葵
Solanum nigrum L.
- 习　　性：一年生草本
- 海　　拔：600~3000 m
- 国内分布：重庆、福建、甘肃、广东、广西、贵州、河北、河南、湖南、江苏、江西、陕西、上海、四川、台湾、天津、西藏、香港、云南
- 国外分布：日本、印度
- 濒危等级：LC
- 资源利用：药用（中草药）；食用（蔬菜）

白狗大山茄
Solanum peikuoensis S. S. Ying
- 习　　性：多年生草本
- 分　　布：台湾
- 濒危等级：DD

海桐叶白英
Solanum pittosporifolium Hemsl.
- 习　　性：灌木
- 海　　拔：500~2500 m
- 国内分布：安徽、广东、广西、贵州、河北、河南、黑龙江、湖北、湖南、江苏、江西、青海、陕西、四川、台湾、天津、西藏、新疆、云南、浙江
- 国外分布：不丹、朝鲜、缅甸、日本、印度、印度尼西亚、越南
- 濒危等级：LC

海南茄
Solanum procumbens Lour.
- 习　　性：灌木
- 海　　拔：300~1200 m
- 国内分布：广东、广西、海南
- 国外分布：老挝、越南
- 濒危等级：LC

珊瑚樱
Solanum pseudocapsicum L.
- 习　　性：灌木
- 国内分布：安徽、澳门、重庆、甘肃、广东、广西、贵州、河北、湖北、湖南、江苏、江西、山西、陕西、上海、四川、天津、西藏、云南、浙江栽培或逸生
- 国外分布：原产巴西；世界各地归化
- 资源利用：药用（中草药）

刺萼龙葵
Solanum rostratum Dunal
- 习　　性：一年生草本
- 国内分布：北京、河北、吉林、江苏、辽宁、内蒙古、山西、台湾、香港、新疆归化

茄科 SOLANACEAE

国外分布：原产北美洲；现归化于亚洲、欧洲和大洋洲

腺龙葵
Solanum sarrachoides Sendtn.
- 习　　性：草本
- 国内分布：辽宁、山东、河南、新疆逸生
- 国外分布：原产巴西

木龙葵
Solanum scabrum Mill.
- 习　　性：一年生或多年生草本
- 海　　拔：200～2700 m
- 国内分布：福建、广东、广西、贵州、湖南、江西、四川、台湾、西藏、云南、浙江
- 国外分布：非洲
- 濒危等级：LC

南青杞
Solanum seaforthianum Andrews
- 习　　性：藤本
- 国内分布：广东、台湾、香港、云南
- 国外分布：原产加勒比海地区；亚洲、欧洲归化

青杞
Solanum septemlobum Bunge
- 习　　性：草本或灌木
- 海　　拔：300～2500 m
- 国内分布：安徽、北京、甘肃、广西、河北、河南、湖北、吉林、江苏、辽宁、内蒙古、宁夏、青海、山东、山西、陕西、四川、西藏、新疆、浙江
- 国外分布：俄罗斯；欧洲有栽培
- 濒危等级：LC

蒜芥茄
Solanum sisymbriifolium Lam.
- 习　　性：一年生草本
- 国内分布：广东；云南栽培或偶有逸生，河北、上海、台湾、云南栽培
- 国外分布：原产南美洲；澳大利亚、非洲也有栽培

旋花茄
Solanum spirale Roxb.
- 习　　性：灌木
- 海　　拔：500～1900 m
- 国内分布：广西、贵州、湖南、西藏、云南
- 国外分布：澳大利亚、缅甸、泰国、印度、越南
- 濒危等级：LC
- 资源利用：食品（蔬菜）

水茄
Solanum torvum Sw.
- 习　　性：灌木
- 国内分布：澳门、福建、广东、广西、贵州、海南、湖南、台湾、西藏、香港、云南逸生
- 国外分布：原产加勒比海地区；热带地区广泛分布
- 资源利用：药用（中草药）

阳芋（土豆）
Solanum tuberosum L.
- 习　　性：草本
- 国内分布：安徽、澳门、北京、福建、甘肃、广东、广西、贵州、海南、河北、河南、黑龙江、湖北、湖南、吉林、江苏、江西、辽宁、内蒙古、宁夏、青海、山东、山西、陕西、四川、台湾、天津、西藏、香港、新疆、云南、浙江栽培
- 国外分布：原产智利、秘鲁；全世界广为栽培
- 资源利用：食品（粮食，淀粉，蔬菜）

野茄
Solanum undatum Lam.
- 习　　性：草本或亚灌木
- 海　　拔：200～1100 m
- 国内分布：澳门、重庆、广东、广西、贵州、海南、湖南、台湾、香港、云南
- 国外分布：阿富汗、巴基斯坦、马来西亚、泰国、印度、印度尼西亚、越南
- 濒危等级：LC

毛果茄
Solanum viarum Dunal
- 习　　性：草本或亚灌木
- 国内分布：台湾、西藏、云南逸生
- 国外分布：原产阿根廷、巴拉圭、巴西；热带亚洲、非洲、北美洲广布

红果龙葵
Solanum villosum Mill.
- 习　　性：多年生草本
- 海　　拔：100～1300 m
- 国内分布：甘肃、河北、青海、山西、新疆
- 国外分布：阿富汗、尼泊尔、印度
- 濒危等级：LC

刺天茄
Solanum violaceum Ortega
- 习　　性：灌木
- 海　　拔：100～2700 m
- 国内分布：福建、广东、广西、贵州、海南、四川、台湾、香港、云南
- 国外分布：广布于热带亚洲
- 濒危等级：LC

黄果茄
Solanum virginianum L.
- 习　　性：草本或亚灌木
- 海　　拔：100～1300 m
- 国内分布：重庆、福建、广东、广西、贵州、海南、湖北、湖南、江苏、江西、辽宁、四川、台湾、香港、云南、浙江
- 国外分布：阿富汗、马来西亚、尼泊尔、日本、斯里兰卡、泰国、印度、越南
- 濒危等级：LC

大花茄
Solanum wrightii Benth.
- 习　　性：乔木
- 国内分布：广东、海南、湖北、四川、台湾、香港、云南

国外分布：阿富汗、马来西亚、尼泊尔、日本、斯里兰卡、泰国、印度、越南
濒危等级：LC

龙珠属 Tubocapsicum (Wettst.) Makino

龙珠
Tubocapsicum anomalum (Franch. et Sav.) Makino
习　　性：多年生草本
海　　拔：100~1300 m
国内分布：福建、广东、广西、贵州、湖南、江西、四川、台湾、云南、浙江
国外分布：朝鲜、菲律宾、日本、泰国、印度尼西亚
濒危等级：LC

睡茄属 Withania Pauquy

睡茄
Withania somnifera (L.) Dunal
习　　性：多年生草本
海　　拔：700~1000 m
国内分布：甘肃、云南
国外分布：阿富汗、巴基斯坦、印度
濒危等级：LC

尖瓣花科 SPHENOCLEACEAE
（1属：1种）

尖瓣花属 Sphenoclea Gaertn.

尖瓣花
Sphenoclea zeylanica Gaertn.
习　　性：一年生草本
海　　拔：500~800 m
国内分布：福建、广东、广西、海南、江西、台湾、云南
国外分布：巴基斯坦、菲律宾、马达加斯加、马来西亚、孟加拉国、缅甸、尼泊尔、斯里兰卡、泰国、印度、印度尼西亚、越南
濒危等级：LC

旌节花科 STACHYURACEAE
（1属：7种）

旌节花属 Stachyurus Sieb. et Zucc.

中国旌节花
Stachyurus chinensis Franch.
习　　性：落叶灌木
海　　拔：400~3000 m
分　　布：安徽、重庆、福建、甘肃、广东、广西、贵州、河南、湖北、湖南、江西、陕西、四川、台湾、云南、浙江
濒危等级：DD
资源利用：环境利用（观赏）

滇缅旌节花
Stachyurus cordatulus Merr.
习　　性：常绿灌木
海　　拔：1400~2100 m
国内分布：云南
国外分布：缅甸
濒危等级：EN A3c；B1b（i，iii）；D

西域旌节花
Stachyurus himalaicus Hook. f. & Thomson ex Benth.
习　　性：灌木或小乔木
海　　拔：400~3000 m
国内分布：四川、西藏、云南
国外分布：不丹、缅甸、尼泊尔、印度
濒危等级：LC
资源利用：药用（中草药）

倒卵叶旌节花
Stachyurus obovatus (Rehder) Hand.-Mazz.
习　　性：灌木或小乔木
海　　拔：500~2000 m
分　　布：重庆、贵州、四川、云南
濒危等级：LC
资源利用：药用（中草药）；原料（单宁）

凹叶旌节花
Stachyurus retusus Y. C. Yang
习　　性：落叶灌木
海　　拔：1600~2500 m
分　　布：四川、云南
濒危等级：LC

柳叶旌节花
Stachyurus salicifolius Franch.
习　　性：常绿灌木
海　　拔：800~2000 m
分　　布：重庆、贵州、四川、云南
濒危等级：LC

云南旌节花
Stachyurus yunnanensis Franch.
习　　性：常绿灌木
国内分布：重庆、广东、广西、贵州、湖北、湖南、四川、云南
国外分布：越南
濒危等级：VU A2c

省沽油科 STAPHYLEACEAE
（3属：22种）

野鸦椿属 Euscaphis Sieb. et Zucc.

野鸦椿
Euscaphis japonica (Thunb. ex Roem. et Schult.) Kanitz
习　　性：乔木或灌木

海　　拔：100～2700 m
国内分布：除西北各省外，其他省份均有分布
国外分布：朝鲜、日本、越南
濒危等级：LC
资源利用：药用（中草药）；原料（单宁，木材，工业用油，树脂）；环境利用（观赏）

省沽油属 Staphylea L.

省沽油
Staphylea bumalda DC.
　　习　　性：灌木
　　海　　拔：200～1700 m
　　国内分布：安徽、河北、黑龙江、吉林、江苏、辽宁、山西、陕西、四川
　　国外分布：朝鲜、日本
　　濒危等级：LC
　　资源利用：原料（纤维，工业用油，精油）；环境利用（观赏）

钟果省沽油
Staphylea campanulata J. Wen
　　习　　性：乔木
　　海　　拔：900～2200 m
　　分　　布：四川
　　濒危等级：LC

嵩明省沽油
Staphylea forrestii Balf. f.
　　习　　性：乔木
　　海　　拔：2300～2700 m
　　分　　布：广东、贵州、四川、云南
　　濒危等级：LC

膀胱果
Staphylea holocarpa Hemsl.

膀胱果（原变种）
Staphylea holocarpa var. **holocarpa**
　　习　　性：灌木或小乔木
　　海　　拔：1200～2200 m
　　分　　布：安徽、甘肃、广东、广西、贵州、湖北、湖南、陕西、四川、西藏、云南、浙江
　　濒危等级：LC
　　资源利用：环境利用（观赏）

玫红省沽油
Staphylea holocarpa var. **rosea** Rehder et E. H. Wilson
　　习　　性：灌木或小乔木
　　海　　拔：1400～2000 m
　　分　　布：湖北、四川、云南
　　濒危等级：LC
　　资源利用：环境利用（观赏）

腺齿省沽油
Staphylea shweliensis W. W. Sm.
　　习　　性：灌木或小乔木
　　海　　拔：约2700 m
　　分　　布：云南

　　濒危等级：EN B1ab（i, iii）

元江省沽油
Staphylea yuanjiangensis K. M. Feng et T. Z. Hsu
　　习　　性：乔木
　　海　　拔：2400 m
　　分　　布：云南
　　濒危等级：NT

山香圆属 Turpinia Vent.

硬毛山香圆
Turpinia affinis Merr. et L. M. Perry
　　习　　性：乔木
　　海　　拔：500～2000 m
　　分　　布：广西、贵州、四川、云南
　　濒危等级：LC

锐尖山香圆
Turpinia arguta（Lindl.）Seem.

锐尖山香圆（原变种）
Turpinia arguta var. **arguta**
　　习　　性：灌木
　　海　　拔：400～700 m
　　分　　布：重庆、福建、广东、广西、贵州、湖南、江西、浙江
　　濒危等级：LC
　　资源利用：动物饲料（饲料）

绒毛锐尖山香圆
Turpinia arguta var. **pubescens** T. Z. Hsu
　　习　　性：灌木
　　分　　布：安徽、福建、广东、广西、贵州、湖北、湖南、江西
　　濒危等级：LC

越南山香圆
Turpinia cochinchinensis（Lour.）Merr.
　　习　　性：乔木
　　海　　拔：1200～2100 m
　　国内分布：广东、广西、贵州、四川、云南
　　国外分布：不丹、马来西亚、缅甸、尼泊尔、泰国、印度、越南
　　濒危等级：LC

疏脉山香圆
Turpinia indochinensis Merr.
　　习　　性：灌木或小乔木
　　海　　拔：100～1300 m
　　国内分布：海南、台湾、云南
　　国外分布：越南
　　濒危等级：LC

大籽山香圆
Turpinia macrosperma C. C. Huang
　　习　　性：乔木
　　海　　拔：1100～1400 m
　　国内分布：云南

国外分布：缅甸
濒危等级：VU A3c

山香圆
Turpinia montana (Blume) Kurz.
习　　性：小乔木
海　　拔：400~1930 m
国内分布：广东、广西、贵州、云南
国外分布：缅甸、泰国、印度、印度尼西亚、越南
濒危等级：LC

卵叶山香圆
Turpinia ovalifolia Elmer
习　　性：乔木
国内分布：台湾
国外分布：菲律宾
濒危等级：NT

大果山香圆
Turpinia pomifera (Roxb.) DC.

大果山香圆（原变种）
Turpinia pomifera var. **pomifera**
习　　性：乔木
海　　拔：700~1500 m
国内分布：广西、云南
国外分布：不丹、马来西亚、尼泊尔、印度、越南
濒危等级：LC

山麻风树
Turpinia pomifera var. **minor** C. C. Huang et T. Z. Hsu
习　　性：乔木
海　　拔：700~1500 m
分　　布：广西、云南
濒危等级：LC

粗壮山香圆
Turpinia robusta Craib
习　　性：乔木
海　　拔：约900 m
国内分布：云南
国外分布：泰国
濒危等级：NA

亮叶山香圆
Turpinia simplicifolia Merr.
习　　性：灌木或小乔木
海　　拔：400~1000 m
国内分布：广东、广西
国外分布：菲律宾、马来西亚、印度尼西亚
濒危等级：LC

心叶山香圆
Turpinia subsessilifolia C. Y. Wu
习　　性：灌木或小乔木
海　　拔：约1700 m
分　　布：云南
濒危等级：EN A3c；B1ab (ii)

三叶山香圆
Turpinia ternata Nakai
习　　性：常绿乔木
国内分布：广西、台湾、云南
国外分布：不丹、马来西亚、尼泊尔、日本、印度、越南
濒危等级：LC

百部科 STEMONACEAE
（2属：8种）

黄精叶钩吻属 Croomia Torr.

黄精叶钩吻
Croomia japonica Miq.
习　　性：多年生草本
海　　拔：800~1200 m
国内分布：安徽、福建、江西、浙江
国外分布：日本
濒危等级：EN A2c；B1ab (i, iii)；C1
资源利用：药用（中草药）

百部属 Stemona Lour.

百部
Stemona japonica (Blume) Miq.
习　　性：藤本
海　　拔：300~400 m
国内分布：安徽、福建、湖北、江苏、江西、浙江
国外分布：日本
濒危等级：LC
资源利用：药用（中草药）；食品（淀粉）

克氏百部
Stemona kerrii Craib
习　　性：藤本
海　　拔：约1700 m
国内分布：云南
国外分布：泰国、越南
濒危等级：DD

云南百部
Stemona mairei (H. Lév.) K. Krause
习　　性：藤本
海　　拔：800~3300 m
分　　布：四川、云南
濒危等级：VU A2c+3d；B1ab (i, iii, v)
资源利用：药用（中草药）

细花百部
Stemona parviflora C. H. Wright
习　　性：藤本
海　　拔：约700 m
分　　布：海南
濒危等级：EN B2ab (ii)
资源利用：药用（中草药）

直立百部
Stemona sessilifolia (Miq.) Miq.
习　　性：亚灌木
国内分布：安徽、福建、河南、湖北、江苏、江西、山东、浙江
国外分布：日本
濒危等级：LC
资源利用：药用（中草药）；环境利用（观赏）；食品（淀粉）

山东百部
Stemona shandongensis D. K. Zang
- 习　　性：藤本
- 海　　拔：400~500 m
- 分　　布：山东
- 濒危等级：DD

大百部
Stemona tuberosa Lour.
- 习　　性：藤本
- 海　　拔：300~2300 m
- 国内分布：福建、广东、广西、贵州、海南、湖北、湖南、江西、四川、台湾、云南
- 国外分布：菲律宾、柬埔寨、老挝、孟加拉国、缅甸、泰国、印度、越南
- 濒危等级：NT
- 资源利用：药用（中草药）；环境利用（观赏）；食品（淀粉）

粗丝木科 STEMONURACEAE
（1 属：3 种）

粗丝木属 Gomphandra Wall. ex Lindl.

吕宋毛蕊木
Gomphandra luzoniensis (Merr.) Merr.
- 习　　性：乔木
- 海　　拔：海平面至 200 m
- 国内分布：台湾
- 国外分布：菲律宾
- 濒危等级：VU C2a (i); D1

毛粗丝木
Gomphandra mollis Merr.
- 习　　性：灌木或小乔木
- 海　　拔：100~1100 m
- 国内分布：云南
- 国外分布：越南
- 濒危等级：VU A2c; B1ab (i, iii)

粗丝木
Gomphandra tetrandra (Wall.) Sleumer
- 习　　性：灌木或小乔木
- 海　　拔：500~2200 m
- 国内分布：广东、广西、贵州、海南、云南
- 国外分布：柬埔寨、老挝、缅甸、斯里兰卡、泰国、印度、越南
- 濒危等级：LC

鹤望兰科 STRELITZIACEAE
（2 属：4 种）

旅人蕉属 Ravenala Adans.

旅人蕉
Ravenala madagascariensis Sonn.
- 习　　性：多年生草本
- 国内分布：广东、台湾栽培
- 国外分布：原产非洲
- 资源利用：环境利用（观赏）

鹤望兰属 Strelitzia Aiton

扇芭蕉
Strelitzia alba (L. f.) Skeels
- 习　　性：多年生植物
- 国内分布：台湾栽培
- 国外分布：原产南美洲
- 资源利用：环境利用（观赏）

大鹤望兰
Strelitzia nicolai Regel et Körn.
- 习　　性：乔木
- 国内分布：广东、台湾栽培
- 国外分布：原产非洲
- 资源利用：环境利用（观赏）

鹤望兰
Strelitzia reginae Aiton
- 习　　性：多年生草本
- 国内分布：广东、台湾栽培
- 国外分布：原产非洲
- 资源利用：环境利用（观赏）

花柱草科 STYLIDIACEAE
（1 属：2 种）

花柱草属 Stylidium Sw. ex Wild.

狭叶花柱草
Stylidium tenellum Sw. ex Willd.
- 习　　性：一年生草本
- 海　　拔：1000 m 以下
- 国内分布：福建、广东、海南、云南
- 国外分布：柬埔寨、老挝、马来西亚、孟加拉国、缅甸、泰国、印度、印度尼西亚、越南
- 濒危等级：LC

花柱草
Stylidium uliginosum Sw. ex Willd.
- 习　　性：一年生草本
- 海　　拔：1000 m
- 国内分布：广东、海南
- 国外分布：柬埔寨、斯里兰卡、泰国、越南
- 濒危等级：LC

安息香科 STYRACACEAE
（10 属：68 种）

赤杨叶属 Alniphyllum Matsum.

滇赤杨叶
Alniphyllum eberhardtii Guillaumin
- 习　　性：落叶乔木
- 海　　拔：600~800 m
- 国内分布：广西、云南

国外分布：越南
濒危等级：EN A3c

赤杨叶
Alniphyllum fortunei (Hemsl.) Makino
习　　性：落叶乔木
海　　拔：200~2200 m
国内分布：安徽、福建、广东、广西、贵州、海南、湖北、湖南、江苏、江西、四川、云南、浙江
国外分布：老挝、缅甸、印度、越南
濒危等级：LC

台湾赤杨叶
Alniphyllum pterospermum Matsum.
习　　性：乔木
海　　拔：约700 m
分　　布：台湾
濒危等级：LC

歧序安息香属 Bruinsmia Boerl. et Koord.

歧序安息香
Bruinsmia polysperma (C. B. Clarke) Steenis
习　　性：乔木
海　　拔：1100~1300 m
国内分布：云南
国外分布：印度
濒危等级：EN B1ab (i, iii, v); C1+2a (i)

银钟花属 Halesia J. Ellis ex L.

银钟花
Halesia macgregorii Chun
习　　性：乔木
海　　拔：700~1200 m
分　　布：福建、广东、广西、贵州、湖南、江西、浙江
濒危等级：NT B1ab (i, ii, iii, v)
资源利用：原料（木材）；环境利用（观赏）

山茉莉属 Huodendron Rehder

双齿山茉莉
Huodendron biaristatum (W. W. Sm.) Rehder

双齿山茉莉（原变种）
Huodendron biaristatum var. **biaristatum**
习　　性：灌木或乔木
海　　拔：200~600 m
国内分布：广西、贵州、云南
国外分布：缅甸、泰国、越南
濒危等级：VU D1+2

岭南山茉莉
Huodendron biaristatum var. **parviflorum** (Merr.) Rehder
习　　性：灌木或乔木
海　　拔：300~600 m
分　　布：广东、广西、湖南、江西、云南
濒危等级：LC

西藏山茉莉
Huodendron tibeticum (J. Anthony) Rehder
习　　性：灌木或小乔木
海　　拔：1000~3000 m
国内分布：广西、贵州、湖南、西藏、云南
国外分布：越南
濒危等级：NT B1ab (i, iii)
资源利用：原料（木材）

绒毛山茉莉
Huodendron tomentosum Y. C. Tang et S. M. Hwang

绒毛山茉莉（原变种）
Huodendron tomentosum var. **tomentosum**
习　　性：乔木
海　　拔：约1900 m
国内分布：云南
国外分布：越南
濒危等级：NT A3b

广西山茉莉
Huodendron tomentosum var. **guangxiense** S. M. Hwang et C. F. Liang
习　　性：乔木
海　　拔：约1900 m
分　　布：广西
濒危等级：LC
资源利用：原料（木材）

陀螺果属 Melliodendron Hand.-Mazz.

陀螺果
Melliodendron xylocarpum Hand.-Mazz.
习　　性：乔木
海　　拔：600~1500 m
分　　布：福建、广东、广西、贵州、湖南、江西、四川、云南
濒危等级：LC
资源利用：原料（木材）；环境利用（绿化）

茉莉果属 Parastyrax W. W. Sm.

茉莉果
Parastyrax lacei (W. W. Sm.) W. W. Sm.
习　　性：乔木
海　　拔：800~1500 m
国内分布：云南
国外分布：缅甸
濒危等级：EN A3c; D

大叶茉莉果
Parastyrax macrophyllus C. Y. Wu et K. M. Feng
习　　性：乔木
海　　拔：100~300 m
分　　布：云南
濒危等级：CR B1ab (i, iii)

白辛树属 Pterostyrax Sieb. et Zucc.

小叶白辛树
Pterostyrax corymbosus Siebold et Zucc.
习　　性：乔木
海　　拔：400~1600 m

国内分布：福建、广东、湖南、江苏、江西、浙江
国外分布：日本
濒危等级：LC
资源利用：原料（木材）

白辛树
Pterostyrax psilophyllus Diels ex Perkins
习　　性：乔木
海　　拔：600~2500 m
分　　布：广西、贵州、湖北、四川、云南
濒危等级：NT B1b (i, iii)
资源利用：原料（木材）

木瓜红属 Rehderodendron Hu

贡山木瓜红
Rehderodendron gongshanense Y. C. Tang
习　　性：乔木
海　　拔：约1500 m
分　　布：云南
濒危等级：DD

越南木瓜红
Rehderodendron indochinense H. L. Li
习　　性：乔木
海　　拔：100~1300 m
国内分布：云南
国外分布：越南
濒危等级：LC

广东木瓜红
Rehderodendron kwangtungense Chun
习　　性：乔木
海　　拔：100~1300 m
分　　布：广东、广西、湖南、云南
濒危等级：LC

贵州木瓜红
Rehderodendron kweichowense Hu
习　　性：乔木
海　　拔：500~1500 m
国内分布：广东、广西、贵州、云南
国外分布：越南
濒危等级：LC

木瓜红
Rehderodendron macrocarpum Hu
习　　性：乔木
海　　拔：1000~1500 m
国内分布：广西、四川、云南
国外分布：越南
濒危等级：VU D1
资源利用：原料（木材）；环境利用（观赏、绿化）

秤锤树属 Sinojackia Hu

长果秤锤树
Sinojackia dolichocarpa C. J. Qi
习　　性：乔木

海　　拔：400~500 m
分　　布：湖南
濒危等级：EN A4ac；C1
国家保护：Ⅱ级

棱果秤锤树
Sinojackia henryi (Dummer) Merr.
习　　性：灌木或小乔木
海　　拔：100~3500 m
分　　布：广东、湖北、湖南、四川
濒危等级：DD
国家保护：Ⅱ级

黄梅秤锤树
Sinojackia huangmeiensis J. W. Ge et X. H. Yao
习　　性：乔木
分　　布：湖北
濒危等级：EN A4ac；C1
国家保护：Ⅱ级

小果秤锤树
Sinojackia microcarpa C. T. Chen et G. Y. Li
习　　性：乔木或灌木
海　　拔：约100 m
分　　布：浙江
濒危等级：VU D
国家保护：Ⅱ级

矩圆秤锤树
Sinojackia oblongicarpa C. T. Chen et T. R. Cao
习　　性：落叶灌木
分　　布：湖南
国家保护：Ⅱ级

狭果秤锤树
Sinojackia rehderiana Hu
习　　性：灌木或小乔木
海　　拔：500~800 m
分　　布：广东、湖南、江西
濒危等级：EN B1ab (i, iii)
国家保护：Ⅱ级

肉果秤锤树
Sinojackia sarcocarpa L. Q. Luo
习　　性：灌木或小乔木
海　　拔：约400 m
分　　布：四川
濒危等级：CR B1ab (i, iii)；C1+2b
国家保护：Ⅱ级

秤锤树
Sinojackia xylocarpa Hu
国家保护：Ⅱ级

秤锤树（原变种）
Sinojackia xylocarpa var. **xylocarpa**
习　　性：乔木
海　　拔：500~800 m
分　　布：江苏

濒危等级：EN A4ac；C1

乐山秤锤树
Sinojackia xylocarpa var. **Leshanensis** L. Q. Luo
习　　性：乔木
分　　布：四川
濒危等级：EN A4ac；C1

安息香属 Styrax L.

喙果安息香
Styrax agrestis(Lour.) G. Don
习　　性：乔木
海　　拔：100~700 m
国内分布：广东、海南、云南
国外分布：巴布亚新几内亚、老挝、马来西亚、印度尼西亚、越南
濒危等级：NT A2ab

银叶安息香
Styrax argentifolius H. L. Li
习　　性：乔木
海　　拔：500~1500 m
国内分布：广西、云南
国外分布：越南
濒危等级：LC

巴山安息香
Styrax bashanensis S. Z. Qu et K. Y. Wang
习　　性：乔木
海　　拔：约 1000 m
分　　布：陕西
濒危等级：NT A2ab

滇南安息香
Styrax benzoides Craib
习　　性：乔木
海　　拔：800~1000 m
国内分布：云南
国外分布：老挝、缅甸、泰国、越南
濒危等级：NT A2b

灰叶安息香
Styrax calvescens Perkins
习　　性：灌木或小乔木
海　　拔：500~1200 m
分　　布：河南、湖北、湖南、江西、浙江
濒危等级：LC
资源利用：原料（香料，工业用油，精油）

中华安息香
Styrax chinensis Hu et S. Ye Liang
习　　性：乔木
海　　拔：300~1200 m
国内分布：广西、云南
国外分布：老挝
濒危等级：LC

黄果安息香
Styrax chrysocarpus H. L. Li
习　　性：乔木
海　　拔：约 1500 m
分　　布：云南
濒危等级：EN D1

赛山梅
Styrax confusus Hemsl.

赛山梅（原变种）
Styrax confusus var. **confusus**
习　　性：乔木
海　　拔：100~1700 m
分　　布：安徽、福建、广东、广西、贵州、湖北、湖南、江苏、江西、四川、浙江
濒危等级：LC
资源利用：环境利用（观赏）

小叶赛山梅
Styrax confusus var. **microphyllus** Perkins
习　　性：乔木
海　　拔：约 800 m
分　　布：湖北
濒危等级：NT A2b

华丽赛山梅
Styrax confusus var. **superbus**(Chun)S. M. Hwang
习　　性：乔木
海　　拔：约 1000 m
分　　布：广东
濒危等级：NT A2b

垂珠花
Styrax dasyanthus Perkins
习　　性：乔木
海　　拔：100~1700 m
分　　布：安徽、福建、广西、贵州、河北、河南、湖南、江苏、江西、山东、四川、云南、浙江
濒危等级：LC

白花龙
Styrax faberi Perkins

白花龙（原变种）
Styrax faberi var. **faberi**
习　　性：灌木
海　　拔：100~1000 m
分　　布：安徽、福建、广东、广西、贵州、湖北、湖南、江苏、江西、四川、台湾、浙江
濒危等级：LC

抱茎白花龙
Styrax faberi var. **amplexifolius** Chun et F. C. How ex S. M. Hwang
习　　性：灌木
海　　拔：800~1000 m
分　　布：湖南
濒危等级：CR A2c

苗栗白花龙
Styrax faberi var. **formosanus**(Matsum.)S. M. Hwang
习　　性：灌木
海　　拔：约 1000 m
分　　布：台湾

濒危等级：LC

台湾安息香
Styrax formosanus Matsum.

台湾安息香（原变种）
Styrax formosanus var. **formosanus**
- 习　　性：灌木
- 海　　拔：500~1300 m
- 分　　布：安徽、福建、广东、广西、湖南、江西、台湾、浙江
- 濒危等级：LC

长柔毛安息香
Styrax formosanus var. **hirtus** S. M. Hwang
- 习　　性：灌木
- 海　　拔：800~1000 m
- 分　　布：广西、湖南、浙江
- 濒危等级：LC

大花野茉莉
Styrax grandiflorus Griff.
- 习　　性：灌木或小乔木
- 海　　拔：1000~2100 m
- 国内分布：广东、广西、贵州、台湾、西藏、云南
- 国外分布：不丹、缅甸、尼泊尔、日本、印度
- 濒危等级：LC

厚叶安息香
Styrax hainanensis F. C. How
- 习　　性：乔木
- 海　　拔：200~500 m
- 分　　布：海南
- 濒危等级：LC

老鸹铃
Styrax hemsleyanus Diels
- 习　　性：乔木
- 海　　拔：300~900 m
- 分　　布：贵州、河南、湖北、湖南、陕西、四川
- 濒危等级：LC
- 资源利用：原料（香料，工业用油，精油）；环境利用（观赏）

墨泡
Styrax huanus Rehder
- 习　　性：乔木
- 海　　拔：1200~1700 m
- 分　　布：四川
- 濒危等级：CR A2c

淑美安息香
Styrax hwangiae M. Tang et W. B. Xu
- 习　　性：常绿灌木或小乔木
- 海　　拔：300~900 m
- 分　　布：广西
- 濒危等级：EN D1

野茉莉
Styrax japonicus Siebold et Zucc.

野茉莉（原变种）
Styrax japonicus var. **japonicus**
- 习　　性：灌木或小乔木
- 海　　拔：400~1800 m
- 国内分布：安徽、福建、广东、广西、贵州、海南、河北、河南、湖南、江苏、江西、山东、山西、陕西、四川、云南、浙江
- 国外分布：朝鲜、日本
- 濒危等级：LC

毛萼野茉莉
Styrax japonicus var. **calycothrix** Gilg
- 习　　性：灌木或小乔木
- 海　　拔：500~1000 m
- 分　　布：贵州、山东、云南
- 濒危等级：LC

楚雄安息香
Styrax limprichtii Lingelsh. et Borza
- 习　　性：灌木
- 海　　拔：1700~2400 m
- 分　　布：四川、云南
- 濒危等级：VU A2c

禄春安息香
Styrax macranthus Perkins
- 习　　性：乔木
- 海　　拔：2000~2500 m
- 分　　布：广西、云南
- 濒危等级：CR A2c

大果安息香
Styrax macrocarpus Cheng
- 习　　性：乔木
- 海　　拔：500~800 m
- 分　　布：广东、湖南
- 濒危等级：VU D1

玉铃花
Styrax obassis Sieb. et Zucc.
- 习　　性：灌木或小乔木
- 海　　拔：700~1500 m
- 国内分布：安徽、湖北、江西、辽宁、山东、浙江
- 国外分布：朝鲜、日本
- 濒危等级：LC
- 资源利用：环境利用（观赏）

芬芳安息香
Styrax odoratissimus Champion ex Bentham
- 习　　性：乔木
- 海　　拔：600~1600 m
- 分　　布：安徽、福建、广东、广西、贵州、湖北、湖南、江苏、江西、浙江
- 濒危等级：LC
- 资源利用：原料（木材，工业用油）；环境利用（观赏）

瓦山安息香
Styrax perkinsiae Rehder
- 习　　性：灌木或小乔木
- 海　　拔：500~2500 m
- 分　　布：四川、云南
- 濒危等级：NT A2ab

粉花安息香
Styrax roseus Dunn
习　　性：乔木
海　　拔：1000~2300 m
分　　布：贵州、湖北、陕西、四川、西藏、云南
濒危等级：LC

皱叶安息香
Styrax rugosus Kurz.
习　　性：灌木或小乔木
海　　拔：1000~1500 m
国内分布：云南
国外分布：缅甸、印度
濒危等级：CR A2c

齿叶安息香
Styrax serrulatus Roxb.
习　　性：乔木
海　　拔：500~1700 m
国内分布：广东、广西、海南、台湾、西藏、云南
国外分布：不丹、老挝、马来西亚西部、缅甸、尼泊尔、泰国、印度、越南
濒危等级：LC

栓叶安息香
Styrax suberifolius Hook. et Arn.

栓叶安息香（原变种）
Styrax suberifolius var. **suberifolius**
习　　性：乔木
海　　拔：100~3000 m
国内分布：安徽、福建、广东、广西、贵州、海南、湖北、湖南、江苏、江西、四川、台湾、云南、浙江
国外分布：缅甸、越南
濒危等级：LC

台北安息香
Styrax suberifolius var. **hayataianus** (Perkins) K. Mori
习　　性：乔木
海　　拔：约1000 m
分　　布：台湾
濒危等级：LC

裂叶安息香
Styrax supaii Chun et F. Chun
习　　性：灌木或小乔木
海　　拔：300~900 m
分　　布：广东、湖南
濒危等级：EN B2ab (i, iii, v)

越南安息香
Styrax tonkinensis (Pierre) Craib ex Hartwich
习　　性：乔木
海　　拔：100~2000 m
国内分布：福建、广东、广西、贵州、湖南、江西、云南
国外分布：柬埔寨、老挝、泰国、越南
濒危等级：LC
资源利用：药用（中草药）；原料（香料，木材）

小叶安息香
Styrax wilsonii Rehder
习　　性：灌木
海　　拔：1300~1700 m
分　　布：四川
濒危等级：VU A2c

婺源安息香
Styrax wuyuanensis S. M. Hwang
习　　性：灌木
海　　拔：约2000 m
分　　布：安徽、江西
濒危等级：NT A2ab

浙江安息香
Styrax zhejiangensis S. M. Hwang et L. L. Yu
习　　性：灌木
海　　拔：约900 m
分　　布：浙江
濒危等级：CR D1

海人树科 SURIANACEAE
（1属：1种）

海人树属 Suriana L.

海人树
Suriana maritima L.
习　　性：灌木或小乔木
国内分布：广东、台湾
国外分布：全世界热带海岸
濒危等级：VU A4ae
国家保护：Ⅱ级

山矾科 SYMPLOCACEAE
（1属：54种）

山矾属 Symplocos Jacq.

腺叶山矾
Symplocos adenophylla Wall. ex G. Don
习　　性：乔木
海　　拔：200~800 m
国内分布：福建、广东、广西、海南、云南
国外分布：菲律宾、马来西亚、泰国、印度尼西亚、越南
濒危等级：LC

腺柄山矾
Symplocos adenopus Hance
习　　性：灌木或小乔木
海　　拔：500~1800 m
分　　布：福建、广东、广西、贵州、海南、湖南、云南
濒危等级：LC

山矾科 SYMPLOCACEAE

薄叶山矾
Symplocos anomala Brand
习　　性：灌木或小乔木
海　　拔：400~3000 m
国内分布：安徽、福建、广东、广西、贵州、海南、湖北、湖南、江苏、四川、台湾、西藏、云南、浙江
国外分布：马来西亚、缅甸、日本、泰国、印度尼西亚、越南
濒危等级：LC

橄榄山矾
Symplocos atriolivacea Merr. et Chun ex H. L. Li
习　　性：灌木
海　　拔：400~1600 m
国内分布：广东、海南
国外分布：越南
濒危等级：LC

南国山矾
Symplocos austrosinensis Hand.-Mazz.
习　　性：灌木或小乔木
海　　拔：约1000 m
分　　布：广东、广西、贵州、湖南
濒危等级：LC

潮安山矾
Symplocos chaoanensis F. G. Wang et H. G. Ye
习　　性：灌木
海　　拔：1000~1200 m
分　　布：广东
濒危等级：DD

越南山矾
Symplocos cochinchinensis (Lour.) S. Moore

越南山矾（原变种）
Symplocos cochinchinensis var. **cochinchinensis**
习　　性：灌木或乔木
海　　拔：200~3000 m
国内分布：福建、广东、广西、海南、江西、四川、台湾、西藏、云南、浙江
国外分布：澳大利亚、菲律宾、柬埔寨、老挝、马来西亚、缅甸、日本、斯里兰卡、泰国、印度、印度尼西亚、越南；新几内亚岛
濒危等级：DD

狭叶山矾
Symplocos cochinchinensis var. **angustifolia** (Guill.) Noot.
习　　性：灌木或乔木
海　　拔：300~500 m
国内分布：海南
国外分布：越南
濒危等级：LC

黄牛奶树
Symplocos cochinchinensis var. **laurina** (Retzius) Nooteboom
习　　性：灌木或乔木
海　　拔：200~3000 m
国内分布：福建、广东、广西、贵州、海南、湖南、江苏、江西、四川、台湾、西藏、云南、浙江
国外分布：不丹、柬埔寨、老挝、马来西亚、缅甸、日本、斯里兰卡、泰国、印度、印度尼西亚、越南
濒危等级：LC
资源利用：药用（中草药）；原料（木材，工业用油）

兰屿山矾
Symplocos cochinchinensis var. **philippinensis** (Brand) Noot.
习　　性：灌木或乔木
国内分布：台湾
国外分布：菲律宾、印度尼西亚
濒危等级：LC

密花山矾
Symplocos congesta Benth.
习　　性：灌木或小乔木
海　　拔：200~1500 m
分　　布：福建、广东、广西、海南、湖南、江西、台湾、云南、浙江
濒危等级：LC
资源利用：药用（中草药）

厚叶山矾
Symplocos crassilimba Merr.
习　　性：常绿乔木
海　　拔：400~1000 m
分　　布：海南
濒危等级：LC
资源利用：原料（木材）

长毛山矾
Symplocos dolichotricha Merr.
习　　性：乔木
海　　拔：约800 m
国内分布：广东、广西
国外分布：越南
濒危等级：LC

坚木山矾
Symplocos dryophila C. B. Clarke
习　　性：乔木
海　　拔：2100~3200 m
国内分布：四川、西藏、云南
国外分布：缅甸、尼泊尔、泰国、印度、越南
濒危等级：LC

柃叶山矾
Symplocos euryoides Hand.-Mazz.
习　　性：灌木
海　　拔：600~900 m
分　　布：海南
濒危等级：VU B1ab (iii)

三裂山矾
Symplocos fordii Hance
习　　性：灌木
海　　拔：约500 m
分　　布：广东

濒危等级：LC

福建山矾
Symplocos fukienensis Ling
 习 性：乔木
 海 拔：约 900 m
 分 布：福建
 濒危等级：VU D1+2

腺缘山矾
Symplocos glandulifera Brand
 习 性：乔木
 海 拔：1400~2000 m
 分 布：广西、湖南、云南
 濒危等级：LC

羊舌树
Symplocos glauca (Thunb.) Koidz.

羊舌树（原变种）
Symplocos glauca var. **glauca**
 习 性：灌木或小乔木
 海 拔：600~3000 m
 国内分布：福建、广东、广西、海南、湖南、四川、台湾、云南、浙江
 国外分布：缅甸、日本、泰国、印度、越南
 濒危等级：LC
 资源利用：药用（中草药）；原料（木材）

无乳杂羊舌树
Symplocos glauca var. **epapillata** Noot.
 习 性：灌木或小乔木
 海 拔：约 1500 m
 国内分布：云南
 国外分布：越南
 濒危等级：LC

团花山矾
Symplocos glomerata King ex C. B. Clarke
 习 性：灌木或小乔木
 海 拔：1200~2700 m
 国内分布：福建、广东、湖南、江西、西藏、云南、浙江
 国外分布：不丹、印度
 濒危等级：LC

毛山矾
Symplocos groffii Merr.
 习 性：灌木或小乔木
 海 拔：500~1500 m
 国内分布：广东、广西、湖南、江西
 国外分布：越南
 濒危等级：LC

海南山矾
Symplocos hainanensis Merr. et Chun ex Li
 习 性：乔木
 海 拔：500~800 m
 分 布：广东、海南
 濒危等级：DD

海桐山矾
Symplocos heishanensis Hayata
 习 性：乔木
 海 拔：约 1300 m
 分 布：广东、广西、海南、江西、台湾、云南、浙江
 濒危等级：LC
 资源利用：原料（木材）

滇南山矾
Symplocos hookeri C. B. Clarke

滇南山矾（原变种）
Symplocos hookeri var. **hookeri**
 习 性：乔木
 海 拔：1500~1700 m
 国内分布：云南
 国外分布：老挝、缅甸、泰国、印度、越南
 濒危等级：LC

绒毛滇南山矾
Symplocos hookeri var. **tomentosa** Y. F. Wu
 习 性：乔木
 海 拔：约 1500 m
 分 布：云南
 濒危等级：NT A3c；D1

光叶山矾
Symplocos lancifolia Siebold et Zucc.
 习 性：灌木或乔木
 海 拔：800~1400 m
 国内分布：福建、广东、广西、贵州、海南、湖北、湖南、江西、四川、台湾、云南、浙江
 国外分布：菲律宾、印度、越南
 濒危等级：LC
 资源利用：药用（中草药）

光亮山矾
Symplocos lucida (Thunb.) Siebold et Zucc.
 习 性：灌木或乔木
 海 拔：500~2600 m
 国内分布：安徽、福建、甘肃、广东、广西、贵州、海南、湖北、湖南、江苏、江西、四川、台湾、西藏、云南
 国外分布：不丹、柬埔寨、老挝、马来西亚、缅甸、日本、泰国、印度、印度尼西亚、越南
 濒危等级：DD

孟莲山矾
Symplocos menglianensis Y. Y. Qian
 习 性：乔木
 海 拔：约 1400 m
 分 布：云南
 濒危等级：DD

拟日本灰木
Symplocos migoi Nagarn.
 习 性：乔木或灌木
 分 布：台湾
 濒危等级：LC

长梗山矾
Symplocos modesta Brand
习　　性：灌木
海　　拔：约 1000 m
分　　布：台湾
濒危等级：LC

能高山矾
Symplocos nokoensis (Hayata) Kaneh.
习　　性：灌木
海　　拔：3000~3200 m
分　　布：台湾
濒危等级：VU D2

单花山矾
Symplocos ovatilobata Noot.
习　　性：灌木或小乔木
海　　拔：600~800 m
分　　布：海南
濒危等级：EN B1ab (i, iii, v); C1

白檀
Symplocos paniculata (Thunb.) Miq.
习　　性：灌木或小乔木
海　　拔：800~2500 m
国内分布：安徽、福建、广东、广西、贵州、海南、河北、河南、黑龙江、湖北、湖南、吉林、江苏、江西、辽宁、内蒙古、宁夏、山东、山西、陕西、四川、台湾、西藏、云南、浙江
国外分布：不丹、朝鲜、老挝、缅甸、日本、印度、越南
濒危等级：LC
资源利用：药用（中草药）；农药

少脉山矾
Symplocos paucinervia Noot.
习　　性：灌木
海　　拔：300~1200 m
分　　布：广西
濒危等级：DD

吊钟山矾
Symplocos pendula Wight

吊钟山矾（原变种）
Symplocos pendula var. **pendula**
习　　性：灌木或乔木
海　　拔：500~1600 m
国内分布：海南
国外分布：马来西亚、印度
濒危等级：LC

南岭山矾
Symplocos pendula var. **hirtistylis** (C. B. Clarke) Noot.
习　　性：灌木或乔木
海　　拔：500~1600 m
国内分布：福建、广东、广西、贵州、湖南、江西、台湾、云南、浙江
国外分布：马来西亚、缅甸、日本、印度尼西亚、越南
濒危等级：LC

柔毛山矾
Symplocos pilosa Rehder
习　　性：乔木
海　　拔：1500~2600 m
分　　布：云南
濒危等级：EN A2c

丛花山矾
Symplocos poilanei Guillaumin
习　　性：灌木或小乔木
海　　拔：300~2000 m
国内分布：广东、广西、海南
国外分布：越南
濒危等级：LC
资源利用：药用（中草药）；原料（木材）；基因源（抗白蚁）

铁山矾
Symplocos pseudobarberina Gontsch.
习　　性：乔木
海　　拔：约 1000 m
国内分布：福建、广东、广西、海南、湖南、云南
国外分布：柬埔寨、越南
濒危等级：LC

梨叶山矾
Symplocos pyrifolia Wall. ex G. Don
习　　性：灌木或小乔木
海　　拔：1400~2400 m
国内分布：西藏
国外分布：不丹、孟加拉国、尼泊尔、印度
濒危等级：NT B1ab (i, iii, v)

珠仔树
Symplocos racemosa Roxb.
习　　性：灌木或小乔木
海　　拔：100~1600 m
国内分布：广东、广西、海南、四川、云南
国外分布：缅甸、泰国、印度、越南
濒危等级：LC
资源利用：药用（中草药）

多花山矾
Symplocos ramosissima Wall. ex G. Don
习　　性：灌木或小乔木
海　　拔：1000~2600 m
国内分布：广东、广西、贵州、湖北、湖南、四川、西藏、云南
国外分布：不丹、缅甸、尼泊尔、印度、越南
濒危等级：LC

绿春山矾
Symplocos spectabilis Brand
习　　性：乔木
海　　拔：约 2300 m
国内分布：云南
国外分布：缅甸
濒危等级：NT

老鼠矢
Symplocos stellaris Brand

老鼠矢（原变种）
Symplocos stellaris var. **stellaris**
  习　　性：灌木或小乔木
  海　　拔：1000～2000 m
  国内分布：安徽、福建、广东、广西、贵州、江苏、四川、台湾、云南、浙江
  国外分布：日本
  濒危等级：LC

铜绿山矾
Symplocos stellaris var. **aenea**(Hand.-Mazz.) Noot.
  习　　性：灌木或小乔木
  海　　拔：1000～2000 m
  分　　布：四川、云南
  濒危等级：LC

沟槽山矾
Symplocos sulcata Kurz.
  习　　性：乔木
  海　　拔：1200～2300 m
  分　　布：西藏、云南
  濒危等级：DD

山矾
Symplocos sumuntia Buch.-Ham. ex D. Don
  习　　性：乔木
  海　　拔：100～1800 m
  国内分布：福建、广东、广西、贵州、海南、湖北、湖南、江苏、江西、四川、台湾、云南、浙江
  国外分布：不丹、朝鲜、马来西亚、缅甸、尼泊尔、日本、泰国、印度、越南
  濒危等级：LC
  资源利用：药用（中草药）

卷毛山矾
Symplocos ulotricha Ling
  习　　性：乔木
  海　　拔：900～1100 m
  分　　布：福建、广东
  濒危等级：LC

乌饭树叶山矾
Symplocos vacciniifolia H. S. Chen et H. G. Ye
  习　　性：灌木
  分　　布：广东
  濒危等级：LC

绿枝山矾
Symplocos viridissima Brand
  习　　性：灌木或乔木
  海　　拔：600～1500 m
  国内分布：广东、广西、贵州、海南、西藏、云南
  国外分布：缅甸、印度、越南
  濒危等级：LC

微毛山矾
Symplocos wikstroemiifolia Hayata
  习　　性：灌木或乔木
  海　　拔：900～2500 m
  国内分布：福建、广东、广西、贵州、海南、湖南、台湾、云南、浙江
  国外分布：马来西亚、越南
  濒危等级：LC
  资源利用：原料（木材，工业用油，精油）

木核山矾
Symplocos xylopyrena C. Y. Wu et Y. F. Wu
  习　　性：乔木
  海　　拔：1800～2000 m
  分　　布：西藏、云南
  濒危等级：LC

阳春山矾
Symplocos yangchunensis H. G. Ye et F. W. Xing
  习　　性：乔木
  海　　拔：700 m
  分　　布：广东
  濒危等级：VU D1+2

土人参科 TALINACEAE
（1属：1种）

土人参属 Talinum Adans.

土人参
Talinum paniculatum(Jacq.) Gaertn.
  习　　性：一年生或多年生草本
  国内分布：华中、华南有栽培
  国外分布：原产热带美洲；东南亚逸生
  资源利用：药用（中草药）；环境利用（观赏）

柽柳科 TAMARICACEAE
（3属：36种）

水柏枝属 Myricaria Desv.

白花水柏枝
Myricaria albiflora Grierson et D. G. Long
  习　　性：灌木
  海　　拔：2700～3100 m
  国内分布：西藏
  国外分布：不丹、印度
  濒危等级：LC

宽苞水柏枝
Myricaria bracteata Royle
  习　　性：灌木
  海　　拔：1100～3300 m
  国内分布：甘肃、河北、内蒙古、宁夏、青海、山西、陕西、西藏、新疆
  国外分布：阿富汗、巴基斯坦、克什米尔地区、蒙古、印度
  濒危等级：LC

秀丽水柏枝
Myricaria elegans Royle

秀丽水柏枝（原变种）
Myricaria elegans var. **elegans**
- 习　　性：灌木或小乔木
- 海　　拔：3000~4300 m
- 国内分布：西藏、新疆
- 国外分布：巴基斯坦、印度
- 濒危等级：LC
- 资源利用：原料（木材）

泽当水柏枝
Myricaria elegans var. **tsetangensis** P. Y. Zhang et Y. J. Zhang
- 习　　性：灌木或小乔木
- 海　　拔：约3500 m
- 分　　布：西藏
- 濒危等级：LC

疏花水柏枝
Myricaria laxiflora（Franch.）P. Y. Zhang et Y. J. Zhang
- 习　　性：灌木
- 分　　布：湖北、四川
- 濒危等级：EN B1ab（i, iii）
- 国家保护：Ⅱ级

三春水柏枝
Myricaria paniculata P. Y. Zhang et Y. J. Zhang
- 习　　性：灌木
- 海　　拔：1000~2800 m
- 分　　布：甘肃、河南、宁夏、山西、陕西、四川、西藏、云南
- 濒危等级：LC

宽叶水柏枝
Myricaria platyphylla Maxim.
- 习　　性：灌木
- 海　　拔：约1300 m
- 分　　布：内蒙古、宁夏、陕西
- 濒危等级：LC

匍匐水柏枝
Myricaria prostrata Hook. f. et Thomson
- 习　　性：匍匐灌木
- 海　　拔：4000~5200 m
- 国内分布：甘肃、青海、西藏、新疆
- 国外分布：巴基斯坦、印度
- 濒危等级：NT B1ab（i, iii）

心叶水柏枝
Myricaria pulcherrima Batalin
- 习　　性：灌木或亚灌木
- 分　　布：新疆
- 濒危等级：DD

卧生水柏枝
Myricaria rosea W. W. Sm.
- 习　　性：灌木
- 海　　拔：2600~4600 m
- 国内分布：西藏、云南
- 国外分布：不丹、尼泊尔、印度
- 濒危等级：LC

具鳞水柏枝
Myricaria squamosal Desv.
- 习　　性：灌木
- 海　　拔：2400~4600 m
- 国内分布：甘肃、青海、四川、西藏、新疆
- 国外分布：阿富汗、巴基斯坦、尼泊尔、印度
- 濒危等级：LC

小花水柏枝
Myricaria wardii C. Marquand
- 习　　性：灌木
- 海　　拔：3000~4000 m
- 国内分布：西藏
- 国外分布：尼泊尔
- 濒危等级：LC

红砂属 Reaumuria L.

互叶红砂
Reaumuria alternifolia（Labill.）Britten
- 习　　性：亚灌木
- 国内分布：新疆
- 国外分布：阿富汗、俄罗斯、叙利亚、伊朗
- 濒危等级：CR C1

五柱红砂
Reaumuria kaschgarica Rupr.
- 习　　性：半灌木
- 海　　拔：1200~4100 m
- 国内分布：甘肃、青海、西藏、新疆
- 国外分布：中亚
- 濒危等级：VU B1ab（i, iii）

民丰琵琶柴
Reaumuria minfengensis D. F. Cui et M. J. Zhong
- 习　　性：灌木
- 海　　拔：1700~2500 m
- 分　　布：新疆
- 濒危等级：DD

红砂
Reaumuria soongarica（Pall.）Maxim.
- 习　　性：灌木
- 海　　拔：约3200 m
- 国内分布：北京、甘肃、内蒙古、宁夏、青海、陕西、新疆
- 国外分布：俄罗斯、蒙古
- 濒危等级：LC

长叶红砂
Reaumuria trigyna Maxim.
- 习　　性：亚灌木
- 海　　拔：500~2000 m
- 分　　布：甘肃、内蒙古、宁夏
- 濒危等级：LC

柽柳属 Tamarix L.

白花柽柳
Tamarix androssowii Litv.

习　　性：灌木或小乔木
国内分布：甘肃、内蒙古、宁夏、新疆
国外分布：蒙古
濒危等级：LC
资源利用：原料（木材）；动物饲料（饲料）

无叶柽柳
Tamarix aphylla(L.) H. Karst.
习　　性：乔木或灌木
国内分布：台湾
国外分布：非洲北部、西南亚
濒危等级：VU A2c

密花柽柳
Tamarix arceuthoides Bunge
习　　性：灌木或小乔木
海　　拔：600~2900 m
国内分布：甘肃、新疆
国外分布：阿富汗、巴基斯坦、蒙古
濒危等级：LC
资源利用：原料（木材）；动物饲料（饲料）；环境利用（绿化）

甘蒙柽柳
Tamarix austromongolica Nakai
习　　性：灌木或乔木
海　　拔：1200~2870 m
分　　布：甘肃、河北、河南、内蒙古、宁夏、青海、山西、陕西
濒危等级：LC
资源利用：基因源（耐旱，盐碱，霜冻）；环境利用（水土保持）

柽柳
Tamarix chinensis Lour.
习　　性：灌木或小乔木
海　　拔：700~2960 m
分　　布：安徽、河北、河南、江苏、辽宁、山东；广泛栽培于南部和西南部各省
濒危等级：LC
资源利用：药用（中草药）；原料（木材，单宁，树脂）；环境利用（观赏）

长穗柽柳
Tamarix elongata Ledeb.
习　　性：灌木
海　　拔：约2700 m
国内分布：甘肃、内蒙古、宁夏、青海、新疆
国外分布：俄罗斯、蒙古
濒危等级：LC
资源利用：原料（木材）；动物饲料（饲料）

甘肃柽柳
Tamarix gansuensis H. Z. Zhang ex P. Y. Zhang et M. T. Liu
习　　性：灌木
分　　布：甘肃、内蒙古、青海、新疆
濒危等级：LC
资源利用：环境利用（绿化）

翠枝柽柳
Tamarix gracilis Willd.

习　　性：灌木
海　　拔：2700~2990 m
国内分布：甘肃、内蒙古、青海、新疆
国外分布：俄罗斯、哈萨克斯坦、蒙古、塔吉克斯坦、土耳其、土库曼斯坦
濒危等级：LC
资源利用：环境利用（观赏）

刚毛柽柳
Tamarix hispida Willd.
习　　性：灌木或小乔木
海　　拔：100~2700 m
国内分布：甘肃、内蒙古、宁夏、青海、新疆
国外分布：阿富汗、蒙古、伊朗
濒危等级：LC
资源利用：环境利用（绿化）

多花柽柳
Tamarix hohenackeri Bunge
习　　性：灌木或小乔木
海　　拔：约850 m
国内分布：甘肃、内蒙古、宁夏、青海、新疆
国外分布：蒙古
濒危等级：LC
资源利用：基因源（耐寒）；环境利用（绿化）

金塔柽柳
Tamarix jintaensis P. Y. Zhang et M. T. Liu
习　　性：灌木
分　　布：甘肃
濒危等级：VU A2c；B1b (i, iii, v)；C1
资源利用：环境利用（观赏）

盐地柽柳
Tamarix karelinii Bunge
习　　性：灌木或小乔木
海　　拔：约340 m
国内分布：甘肃、内蒙古、青海、新疆
国外分布：阿富汗、蒙古、伊朗
濒危等级：LC
资源利用：基因源（耐盐碱）

短穗柽柳
Tamarix laxa Willd.

短穗柽柳（原变种）
Tamarix laxa var. **laxa**
习　　性：灌木
海　　拔：1000~3200 m
国内分布：内蒙古、宁夏、青海、陕西、新疆
国外分布：阿富汗、俄罗斯、哈萨克斯坦、蒙古、土库曼斯坦
濒危等级：LC
资源利用：基因源（耐盐）；动物饲料（饲料）；环境利用（绿化）

伞花短穗柽柳
Tamarix laxa var. **polystachya**(Ledeb.) Bunge
习　　性：灌木
国内分布：内蒙古、宁夏、青海、陕西、新疆

国外分布：阿富汗、俄罗斯、蒙古
濒危等级：LC

细穗柽柳
Tamarix leptostachys Bunge
- 习　　性：灌木
- 国内分布：甘肃、内蒙古、宁夏、青海、新疆
- 国外分布：蒙古
- 濒危等级：LC
- 资源利用：环境利用（绿化）

多枝柽柳
Tamarix ramosissima Ledeb.
- 习　　性：灌木或小乔木
- 海　　拔：1500～3200 m
- 国内分布：甘肃、内蒙古、宁夏、青海、西藏、新疆
- 国外分布：阿富汗、蒙古
- 濒危等级：LC
- 资源利用：原料（单宁）；动物饲料（饲料）；环境利用（绿化，观赏）

莎车柽柳
Tamarix sachensis P. Y. Zhang et M. T. Liu
- 习　　性：灌木
- 分　　布：新疆
- 濒危等级：CR B1ab（i, iii）
- 资源利用：环境利用（绿化）

沙生柽柳
Tamarix taklamakanensis M. T. Liu
- 习　　性：灌木或小乔木
- 海　　拔：800～1300 m
- 分　　布：甘肃、新疆
- 濒危等级：VU A2c；C1
- 资源利用：环境利用（观赏）

塔里木柽柳
Tamarix tarimensis P. Y. Zheng et M. T. Liu
- 习　　性：灌木
- 海　　拔：约 1280 m
- 分　　布：新疆
- 濒危等级：EN A2c；C1

瘿椒树科 TAPISCIACEAE
（1 属：2 种）

瘿椒树属 Tapiscia Oliv.

瘿椒树
Tapiscia sinensis Oliv.
- 习　　性：乔木
- 海　　拔：500～2200 m
- 分　　布：安徽、福建、广东、广西、贵州、湖北、湖南、江西、四川、云南、浙江
- 濒危等级：LC
- 资源利用：环境利用（观赏）

云南瘿椒树
Tapiscia yunnanensis W. C. Cheng et C. D. Chu
- 习　　性：乔木
- 海　　拔：1500～2300 m
- 分　　布：安徽、福建、广东、广西、贵州、湖北、湖南、江西、四川、云南、浙江
- 濒危等级：LC

四数木科 TETRAMELACEAE
（1 属：1 种）

四数木属 Tetrameles R. Br.

四数木
Tetrameles nudiflora R. Br.
- 习　　性：乔木
- 海　　拔：500～700 m
- 国内分布：云南
- 国外分布：澳大利亚、巴布亚新几内亚、不丹、柬埔寨、老挝、马来西亚、孟加拉国、缅甸、尼泊尔、斯里兰卡、泰国、印度、印度尼西亚、越南
- 濒危等级：NT A2c；B1ab（iii）
- 国家保护：Ⅱ级
- 资源利用：原料（木材）

山茶科 THEACEAE
（6 属：211 种）

圆籽荷属 Apterosperma H. T. Chang

圆籽荷
Apterosperma oblata H. T. Chang
- 习　　性：灌木或乔木
- 海　　拔：800～1300 m
- 分　　布：广东、广西
- 濒危等级：VU B2ab（ii）
- 国家保护：Ⅱ级

山茶属 Camellia L.

中东金花茶
Camellia achrysantha H. T. Chang & S. Y. Liang
- 习　　性：灌木或小乔木
- 海　　拔：100～300 m
- 分　　布：广西
- 濒危等级：CR B1ab（iii）+2ab（iii）；C2a（i）b；D1
- 国家保护：Ⅱ级
- 资源利用：环境利用（观赏）

抱茎短蕊茶
Camellia amplexifolia Merr. et Chun
- 习　　性：灌木或小乔木
- 海　　拔：约 1100 m
- 分　　布：海南

濒危等级：EN A2c

安龙瘤果茶
Camellia anlungensis H. T. Chang

安龙瘤果茶（原变种）
Camellia anlungensis var. **anlungensis**
习　　性：灌木或乔木
海　　拔：400~1300 m
分　　布：广西、贵州、云南
濒危等级：LC

尖苞瘤果茶
Camellia anlungensis var. **acutiperulata**（H. T. Chang）T. L. Ming
习　　性：灌木或乔木
海　　拔：900~1200 m
分　　布：广西
濒危等级：LC

大萼毛蕊茶
Camellia assimiloides Sealy
习　　性：灌木或乔木
海　　拔：约 800 m
分　　布：广东、湖南
濒危等级：VU A2c；B1ab（i，iii）

五室金花茶
Camellia aurea H. T. Chang
习　　性：灌木或小乔木
海　　拔：100~300 m
分　　布：广西
濒危等级：CR C2a（i）；D1
国家保护：Ⅱ级
资源利用：环境利用（观赏）

杜鹃红山茶
Camellia azalea C. F. Wei
习　　性：灌木
海　　拔：100~500 m
分　　布：广东
濒危等级：CR A2ac
国家保护：Ⅰ级

短柱油茶
Camellia brevistyla（Hayata）Cohen-Stuart

短柱油茶（原变种）
Camellia brevistyla var. **brevistyla**
习　　性：灌木或小乔木
海　　拔：200~1100 m
分　　布：安徽、福建、广东、广西、贵州、湖北、湖南、江西、台湾、浙江
濒危等级：LC

细叶短柱油茶
Camellia brevistyla var. **microphylla**（Merr.）Ming
习　　性：灌木或小乔木
海　　拔：300~900 m
分　　布：安徽、贵州、湖南、江西、浙江
濒危等级：LC

白毛蕊茶
Camellia candida H. T. Chang
习　　性：灌木或乔木
海　　拔：100~200 m
分　　布：云南
濒危等级：EN D

长尾毛蕊茶
Camellia caudata Wall.

长尾毛蕊茶（原变种）
Camellia caudata var. **caudata**
习　　性：灌木或乔木
海　　拔：200~2200 m
国内分布：福建、广东、广西、湖北、湖南、台湾、西藏、云南
国外分布：缅甸、尼泊尔、印度、越南
濒危等级：LC

小长尾毛蕊菜
Camellia caudata var. **gracilis**（Hemsl.）Yamamoto ex Keng
习　　性：灌木或乔木
海　　拔：400~2000 m
分　　布：广东、广西、海南、台湾
濒危等级：LC

浙江山茶
Camellia chekiangoleosa Hu
习　　性：灌木或乔木
海　　拔：500~1300 m
分　　布：安徽、福建、湖南、江西、浙江
濒危等级：LC

薄叶金花茶
Camellia chrysanthoides H. T. Chang
习　　性：灌木或乔木
海　　拔：100~800 m
分　　布：广西
濒危等级：EN B2b（ii，iii，v）
国家保护：Ⅱ级
资源利用：环境利用（观赏）

心叶毛蕊茶
Camellia cordifolia（F. P. Metcalf）Nakai

心叶毛蕊茶（原变种）
Camellia cordifolia var. **cordifolia**
习　　性：灌木或乔木
海　　拔：200~2000 m
分　　布：福建、广东、广西、贵州、江西、云南
濒危等级：LC

光萼心叶毛蕊茶
Camellia cordifolia var. **glabrisepala** T. L. Ming
习　　性：灌木或乔木
海　　拔：500~1700 m
分　　布：贵州、湖南、云南
濒危等级：VU B1ab（i，iii，v）

突肋茶
Camellia costata Hu et S. Y. Liang ex H. T. Chang

习　　性：灌木或乔木
海　　拔：700~1100 m
分　　布：广东、广西、贵州
濒危等级：LC
国家保护：Ⅱ级

贵州连蕊茶
Camellia costei H. Lév.
习　　性：灌木或乔木
海　　拔：400~2000 m
分　　布：广西、贵州、湖北、湖南、四川、云南
濒危等级：LC

红皮糙果茶
Camellia crapnelliana Tutcher
习　　性：灌木或乔木
海　　拔：100~800 m
分　　布：福建、广东、广西、江西、浙江
濒危等级：VU A2c；B1ab（iii，v）

厚轴茶
Camellia crassicolumna H. T. Chang
国家保护：Ⅱ级

厚轴茶（原变种）
Camellia crassicolumna var. **crassicolumna**
习　　性：乔木
海　　拔：1600~2500 m
分　　布：云南
濒危等级：VU B1ab（i，iii，v）

光萼厚轴茶
Camellia crassicolumna var. **multiplex** T. L. Ming
习　　性：乔木
海　　拔：1900~2300 m
分　　布：贵州、云南
濒危等级：LC

粗梗连蕊茶
Camellia crassipes Sealy
习　　性：灌木或乔木
海　　拔：900~2500 m
分　　布：云南
濒危等级：VU B1ab（i，iii，v）+2ab（ii）

滇南连蕊茶
Camellia cupiformis T. L. Ming
习　　性：灌木
海　　拔：约1600 m
分　　布：云南
濒危等级：CR B1ab（i，iii）

连蕊茶
Camellia cuspidata（Kochs）H. J. Veitch

连蕊茶（原变种）
Camellia cuspidata var. **cuspidata**
习　　性：灌木或乔木
海　　拔：100~2200 m
分　　布：安徽、福建、广东、广西、贵州、湖北、湖南、江西、陕西、四川、云南、浙江
濒危等级：LC

浙江连蕊茶
Camellia cuspidata var. **chekiangensis** Sealy
习　　性：灌木或乔木
海　　拔：300~1200 m
分　　布：福建、广东、广西、湖南、江西、浙江
濒危等级：LC

大花连蕊茶
Camellia cuspidata var. **grandiflora** Sealy
习　　性：灌木或乔木
海　　拔：700~1100 m
分　　布：广东、广西、湖南、江西
濒危等级：LC

毛丝连蕊茶
Camellia cuspidata var. **trichandra**（H. T. Chang）Ming
习　　性：灌木或乔木
海　　拔：约1100 m
分　　布：广西
濒危等级：LC

德保金花茶
Camellia debaoensis R. C. Hu et Y. Q. Liufu
习　　性：灌木
海　　拔：500~900 m
分　　布：广西
濒危等级：CR B1ab（iii，v）+2ab（iii，v）；C2a（i）；D1
国家保护：Ⅱ级
资源利用：环境利用（观赏）

越南油茶
Camellia drupifera Lour.
习　　性：灌木或乔木
海　　拔：100~700 m
国内分布：广东、广西、海南
国外分布：越南
濒危等级：LC

东南山茶
Camellia edithae Hance
习　　性：灌木或乔木
海　　拔：200~1000 m
分　　布：福建、广东、江西
濒危等级：LC

长管连蕊茶
Camellia elongata（Rehder et E. H. Wilson）Rehder
习　　性：灌木或小乔木
海　　拔：1000~1800 m
分　　布：四川
濒危等级：EN B1ab（i，ii，iii，v）+2ab（i，ii，iii，v）

显脉金花茶
Camellia euphlebia Merr. ex Sealy
习　　性：灌木或乔木
海　　拔：100~500 m
国内分布：广西
国外分布：越南
濒危等级：CR A2cd；B1b（iii）+1c（iv）

国家保护：Ⅱ级
资源利用：环境利用（观赏）

柃叶连蕊茶
Camellia euryoides Lindl.

柃叶连蕊茶（原变种）
Camellia euryoides var. **euryoides**
习　　性：灌木或小乔木
海　　拔：300~1500 m
分　　布：福建、广东、江西
濒危等级：LC

毛蕊柃叶连蕊茶
Camellia euryoides var. **nokoensis**（Hayata）Ming
习　　性：灌木或小乔木
海　　拔：500~1500 m
分　　布：湖南、江西、四川、台湾
濒危等级：LC

防城茶
Camellia fangchengensis S. Y. Liang et Y. C. Zhong
习　　性：灌木或乔木
海　　拔：200~400 m
分　　布：广西
濒危等级：CR B1ab（i，iii）
国家保护：Ⅱ级

云南金花茶
Camellia fascicularis H. T. Chang
习　　性：灌木或乔木
海　　拔：300~1800 m
分　　布：云南
濒危等级：CR C2a（i）；D1
国家保护：Ⅱ级

淡黄金花茶
Camellia flavida（Mo et Zhong）T. L. Ming
习　　性：灌木
海　　拔：200~400 m
分　　布：广西
濒危等级：EN A4ad；B1ab（iii，v）+2ab（iii，v）
国家保护：Ⅱ级

窄叶油茶
Camellia fluviatilis Hand. -Mazz.

窄叶油茶（原变种）
Camellia fluviatilis var. **fluviatilis**
习　　性：灌木
海　　拔：100~500 m
国内分布：广东、广西、海南
国外分布：缅甸、印度
濒危等级：LC

大花窄叶油茶
Camellia fluviatilis var. **megalantha**（Hung T. Chang）Ming
习　　性：灌木
海　　拔：100~500 m
分　　布：广西
濒危等级：DD

云南连蕊茶
Camellia forrestii（Diels）Cohen-Stuart

云南连蕊茶（原变种）
Camellia forrestii var. **forrestii**
习　　性：灌木或乔木
海　　拔：1200~3200 m
国内分布：云南
国外分布：越南
濒危等级：LC

尖萼云南连蕊茶
Camellia forrestii var. **acutisepala**（Tsai et K. M. Feng）Hung T. Chang
习　　性：灌木或乔木
海　　拔：1900~2900 m
分　　布：云南
濒危等级：LC

膜萼云南连蕊茶
Camellia forrestii var. **pentamera**（Hung T. Chang）Ming
习　　性：灌木或乔木
海　　拔：2000~2500 m
分　　布：云南
濒危等级：LC

毛花连蕊茶
Camellia fraterna Hance
习　　性：灌木或小乔木
海　　拔：100~1100 m
分　　布：安徽、福建、河南、江苏、江西、浙江
濒危等级：LC

糙果茶
Camellia furfuracea（Merr.）Cohen-Stuart

糙果茶（原变种）
Camellia furfuracea var. **furfuracea**
习　　性：灌木或乔木
海　　拔：100~1000 m
国内分布：福建、广东、广西、海南、湖南、江西、台湾
国外分布：老挝、越南
濒危等级：LC

阔柄糙果茶
Camellia furfuracea var. **latipetiolate**（C. W. Chi）T. L. Ming
习　　性：灌木或乔木
海　　拔：100~200 m
分　　布：广东、广西
濒危等级：NT B1ab（i，iii）+2ab（i，iii）

上林糙果茶
Camellia furfuracea var. **shanglinensis** Ming
习　　性：灌木或乔木
海　　拔：400~500 m
分　　布：广西
濒危等级：LC

硬叶糙果茶
Camellia gaudichaudii（Gagnep.）Sealy
习　　性：灌木或乔木
国内分布：广西、海南

国外分布：越南
濒危等级：VU D1+2

中越短蕊茶
Camellia gilbertii(A. Chev.) Sealy
习　　性：灌木
海　　拔：海平面至2000 m
国内分布：云南
国外分布：越南
濒危等级：NT

秃助连蕊茶
Camellia glabricostata Ming
习　　性：灌木或乔木
海　　拔：200~300 m
国内分布：广西
国外分布：越南
濒危等级：CR B1ab (i, ii, iii, v)

狭叶长梗茶
Camellia gracilipes Merr. ex Sealy
习　　性：灌木
海　　拔：100~300 m
国内分布：广西
国外分布：越南
濒危等级：CR B1ab (i, ii, iii)

大苞茶
Camellia grandibracteata H. T. Chang et F. L. Yu
习　　性：乔木
海　　拔：1700~1900 m
分　　布：云南
濒危等级：VU D1+2
国家保护：Ⅱ级

弄岗金花茶
Camellia grandis(C. F. Liang et S. L. Mo) H. T. Chang et S. Y. Liang
习　　性：灌木或小乔木
海　　拔：100~400 m
分　　布：广西
濒危等级：EN B1ab (iii, iv) +2ab (iii, iv)
国家保护：Ⅱ级
资源利用：环境利用（观赏）

大苞白山茶
Camellia granthamiana Sealy
习　　性：灌木或乔木
海　　拔：100~300 m
分　　布：广东
濒危等级：VU A2c; B1b (i, iii)

长瓣短柱茶
Camellia grijsii Hance

长瓣短柱茶（原变种）
Camellia grijsii var. **grijsii**
习　　性：灌木或小乔木
海　　拔：100~1500 m
分　　布：福建、广东、广西、贵州、湖北、湖南、江西、浙江
濒危等级：EN B1b (i, iii)

小叶短柱茶
Camellia grijsii var. **shensiensis**(Hung T. Chang) Ming
习　　性：灌木或小乔木
海　　拔：100~700 m
分　　布：湖北、陕西、四川
濒危等级：LC

秃房茶
Camellia gymnogyna H. T. Chang
习　　性：灌木或乔木
海　　拔：1000~1800 m
分　　布：广东、广西、贵州、云南
濒危等级：LC
国家保护：Ⅱ级

河口长梗茶
Camellia hekouensis C. J. Wang et G. S. Fan
习　　性：灌木或乔木
海　　拔：300~500 m
分　　布：云南
濒危等级：EN B1ab (iii)

冬红山茶
Camellia hiemalis Nakai
习　　性：灌木
国内分布：福建、广东、江西、台湾、云南、浙江
国外分布：日本
濒危等级：LC

香港山茶
Camellia hongkongensis Seem.
习　　性：灌木或乔木
海　　拔：200~300 m
分　　布：广东
濒危等级：LC

贵州金花茶
Camellia huana T. L. Ming et W. J. Zhang
习　　性：灌木
海　　拔：600~800 m
分　　布：广西、贵州
濒危等级：EN B1ab (ii, iii) +2ab (ii, iii)
国家保护：Ⅱ级

冬青叶瘤果茶
Camellia ilicifolia Y. K. Li ex H. T. Chang

冬青叶瘤果茶（原变种）
Camellia ilicifolia var. **ilicifolia**
习　　性：灌木或乔木
海　　拔：700~1300 m
分　　布：贵州
濒危等级：CR B1ab (iii, v)

狭叶瘤果茶
Camellia ilicifolia var. **neriifolia**(H. T. Chang) T. L. Ming
习　　性：灌木或乔木
海　　拔：900~1000 m
分　　布：贵州
濒危等级：LC

凹脉金花茶
Camellia impressinervis H. T. Chang et S. Y. Liang
  习 性：灌木或乔木
  海 拔：100～500 m
  分 布：广西
  濒危等级：EN A4ad；B1ab（ii，iii，v）+2ab（ii，iii，v）
  国家保护：Ⅱ级
  资源利用：环境利用（观赏）

柠檬金花茶
Camellia indochinensis Merr.
  国家保护：Ⅱ级

柠檬金花茶（原变种）
Camellia indochinensis var. **indochinensis**
  习 性：灌木或小乔木
  海 拔：海平面至400 m
  国内分布：广西
  国外分布：越南
  濒危等级：EN B1ab（iii，v）+2ab（iii，v）

东兴金花茶
Camellia indochinensis var. **tunghinensis**（H. T. Chang）T. L. Ming et W. J. Zhang
  习 性：灌木或小乔木
  海 拔：100～300 m
  分 布：广西
  濒危等级：CR B1ab（iii，v）+2ab（iii，v）

山茶
Camellia japonica L.

山茶（原变种）
Camellia japonica var. **japonica**
  习 性：灌木或乔木
  海 拔：300～1100 m
  国内分布：山东、台湾、浙江
  国外分布：朝鲜南部、日本
  濒危等级：DD
  资源利用：环境利用（观赏）；药用（中草药）

短柄山茶
Camellia japonica var. **rusticana**（Honda）Ming
  习 性：灌木或乔木
  海 拔：约700 m
  国内分布：浙江
  国外分布：日本
  濒危等级：NT B1ab（i，iii）+2ab（i，iii）

落瓣油茶
Camellia kissii Wall.

落瓣油茶（原变种）
Camellia kissii var. **kissii**
  习 性：灌木或小乔木
  海 拔：300～3100 m
  国内分布：广东、广西、海南、云南
  国外分布：不丹、柬埔寨、老挝、尼泊尔、泰国、印度、越南
  濒危等级：LC

大叶落瓣油茶
Camellia kissii var. **confusa**（Craib）Ming
  习 性：灌木或小乔木
  海 拔：600～2000 m
  国内分布：广西、云南
  国外分布：老挝、缅甸、泰国、印度
  濒危等级：NT B1ab（i，iii）

广西茶
Camellia kwangsiensis H. T. Chang
  国家保护：Ⅱ级

广西茶（原变种）
Camellia kwangsiensis var. **kwangsiensis**
  习 性：灌木或乔木
  海 拔：1500～1900 m
  分 布：广西、云南
  濒危等级：VU B2ab（i，ii，iii，v）

毛萼广西茶
Camellia kwangsiensis var. **kwangnanica**（H. T. Chang et B. H. Chen）T. L. Ming
  习 性：灌木或乔木
  海 拔：1500～1900 m
  分 布：云南
  濒危等级：VU A2c；D1
  国家保护：Ⅱ级

四川毛蕊茶
Camellia lawii Sealy
  习 性：灌木
  海 拔：约1000 m
  分 布：贵州、湖北、四川
  濒危等级：LC

膜叶茶
Camellia leptophylla S. Y. Liang ex H. T. Chang
  习 性：灌木或乔木
  海 拔：600～900 m
  分 布：广西
  濒危等级：EN A2c
  国家保护：Ⅱ级

离蕊金花茶
Camellia liberofilamenta H. T. Chang et C. H. Yang
  习 性：灌木或小乔木
  海 拔：600～800 m
  分 布：贵州
  濒危等级：CR A4ad；C2a（i）
  国家保护：Ⅱ级

长萼连蕊茶
Camellia longicalyx H. T. Chang
  习 性：灌木
  海 拔：200～300 m
  分 布：福建、广西
  濒危等级：DD

长梗茶
Camellia longipedicellata（Hu）H. T. Chang et D. Fang
  习 性：灌木
  海 拔：约200 m
  分 布：广西

濒危等级：EN A2c；B1ab（i，iii）

超长梗茶
Camellia longissima H. T. Chang et S. Y. Liang ex H. T. Chang
- 习　　性：灌木或乔木
- 海　　拔：400~500 m
- 分　　布：广西
- 濒危等级：LC

台湾连蕊茶
Camellia lutchuensis T. Ito

台湾连蕊茶（原变种）
Camellia lutchuensis var. **lutchuensis**
- 习　　性：灌木或小乔木
- 海　　拔：100~2400 m
- 国内分布：台湾
- 国外分布：日本
- 濒危等级：LC

微花连蕊茶
Camellia lutchuensis var. **minutiflora**（H. T. Chang）Ming
- 习　　性：灌木或小乔木
- 海　　拔：300~500 m
- 分　　布：广西、香港
- 濒危等级：NT B1ab（i，iii）

小黄花茶
Camellia luteoflora Y. K. Li ex H. T. Chang et F. A. Zeng
- 习　　性：灌木或乔木
- 海　　拔：900~1100 m
- 分　　布：贵州
- 濒危等级：VU D2

毛蕊山茶
Camellia mairei（H. Léveillé）Melchior

毛蕊山茶（原变种）
Camellia mairei var. **mairei**
- 习　　性：灌木或乔木
- 海　　拔：400~2900 m
- 分　　布：贵州、四川、云南
- 濒危等级：LC

石果毛蕊山茶
Camellia mairei var. **lapidea**（Y. C. Wu）Sealy
- 习　　性：灌木或乔木
- 海　　拔：400~2300 m
- 分　　布：广东、广西、贵州、湖南、四川、云南
- 濒危等级：LC

滇南毛蕊山茶
Camellia mairei var. **velutina** Sealy
- 习　　性：灌木或乔木
- 海　　拔：1500~2900 m
- 分　　布：云南
- 濒危等级：LC

牦牛山山茶
Camellia maoniushanensis J. L. Liu et Q. Luo
- 习　　性：常绿灌木
- 分　　布：四川
- 濒危等级：LC

广东毛蕊茶
Camellia melliana Hand.-Mazz.
- 习　　性：灌木
- 海　　拔：400~700 m
- 分　　布：广东
- 濒危等级：EN A2c；B1ab（i，iii）

弥勒糙果茶
Camellia mileensis Ming

弥勒糙果茶（原变种）
Camellia mileensis var. **mileensis**
- 习　　性：灌木
- 海　　拔：1100~1300 m
- 分　　布：云南
- 濒危等级：VU D1+2

小叶弥勒糙果茶
Camellia mileensis var. **microphylla** T. L. Ming
- 习　　性：灌木
- 海　　拔：约1300 m
- 分　　布：云南
- 濒危等级：VU D2

富宁金花茶
Camellia mingii S. X. Yang
- 习　　性：灌木或小乔木
- 海　　拔：800~1300 m
- 分　　布：云南
- 濒危等级：EN B1ab（iii）+2ab（iii）；D1
- 国家保护：Ⅱ级
- 资源利用：环境利用（观赏）

油茶
Camellia oleifera Abel
- 习　　性：灌木或乔木
- 海　　拔：200~1800 m
- 国内分布：安徽、福建、广东、广西、贵州、海南、河南、湖北、湖南、江苏、江西、陕西、四川、云南、浙江
- 国外分布：老挝北部、缅甸、越南
- 濒危等级：LC
- 资源利用：环境利用（观赏）；药用（中草药）

滇南离蕊茶
Camellia pachyandra Hu
- 习　　性：灌木或乔木
- 海　　拔：1400~1900 m
- 分　　布：云南
- 濒危等级：VU A2c；B2ab（ii）

细花短蕊茶
Camellia parviflora Merr. et Chun ex Sealy
- 习　　性：灌木
- 海　　拔：300~500 m

分　　布：海南
濒危等级：EN A2c；B1b（i，iii）

小瘤国茶
Camellia parvimuricata H. T. Chang

小瘤国茶（原变种）
Camellia parvimuricata var. **parvimuricata**
习　　性：灌木
海　　拔：500~1100 m
分　　布：重庆、贵州、湖北、湖南
濒危等级：LC

大萼小瘤果茶
Camellia parvimuricata var. **hupehensis**（Hung T. Chang）Ming
习　　性：灌木
分　　布：湖北
濒危等级：NT B1b（i，iii）

光枝小瘤果茶
Camellia parvimuricata var. **songtaoensis** K. M. Lan et H. H. Zhang
习　　性：灌木
海　　拔：约 700 m
分　　布：贵州
濒危等级：LC

腺叶离蕊茶
Camellia paucipunctata（Mer. et Chun）Chun
习　　性：乔木
海　　拔：约 300 m
分　　布：海南
濒危等级：DD

四季花金花茶
Camellia perpetua S. Y. Liang et L. D. Huang
习　　性：灌木或小乔木
海　　拔：200~400 m
分　　布：广西
濒危等级：EN B1ab（iii，iv，v）+2ab（iii，iv，v）；D1
国家保护：Ⅱ级

金花茶
Camellia petelotii（Merr.）Sealy
国家保护：Ⅱ级

金花茶（原变种）
Camellia petelotii var. **petelotii**
习　　性：灌木或乔木
海　　拔：100~900 m
国内分布：广西
国外分布：越南
濒危等级：CR A4acd；B1ab（i，ii，iii，iv，v）+2ab（i，ii，iii，iv，v）
资源利用：食用（饮品）；环境利用（观赏）

小果金花茶
Camellia petelotii var. **microcarpa**（S. L. Mo et S. Z. Huang）T. L. Ming et W. J. Zhang
习　　性：灌木或乔木
海　　拔：100~200 m
分　　布：广西
濒危等级：CR A4acd；B1ab（i，ii，iii，iv，v）+2ab（i，ii，iii，iv，v）
资源利用：食用（饮品）；环境利用（观赏）

毛籽短蕊茶
Camellia pilosperma S. Ye Liang
习　　性：灌木
海　　拔：100~500 m
分　　布：广西
濒危等级：EN B1ab（i，iii）

平果金花茶
Camellia pingguoensis D. Fang
国家保护：Ⅱ级

平果金花茶（原变种）
Camellia pingguoensis var. **pingguoensis**
习　　性：灌木
海　　拔：100~700 m
分　　布：广西
濒危等级：EN B1ab（iii，iv）+2ab（iii，iv）
资源利用：环境利用（观赏）

顶生金花茶
Camellia pingguoensis var. **terminalis**（J. Y. Liang et Z. M. Su）T. L. Ming et W. J. Zhang
习　　性：灌木
海　　拔：100~500 m
分　　布：广西
濒危等级：VU B1ab（iii，iv）+2ab（iii，iv）

西南山茶
Camellia pitardii Cohen-Stuart

西南山茶（原变种）
Camellia pitardii var. **pitardii**
习　　性：灌木或乔木
海　　拔：500~2700 m
分　　布：广西、贵州、湖北、湖南、四川、云南
濒危等级：LC
资源利用：环境利用（观赏）

多变西南山茶
Camellia pitardii var. **compressa**（H. T. Chang et X. K. Wen）T. L. Ming
习　　性：灌木或乔木
海　　拔：700~1100 m
分　　布：贵州、湖北、湖南
濒危等级：LC

攀西西南白黄山茶
Camellia pitardii var. **panxiensis** J. L. Liu
习　　性：灌木或乔木
分　　布：四川
濒危等级：LC

多齿山茶
Camellia polyodonta How ex Hu

多齿山茶（原变种）
Camellia polyodonta var. **polyodonta**
习　　性：灌木或乔木
海　　拔：100～1000 m
分　　布：广西、湖南
濒危等级：NT B1ab（i，iii）+2ab（i，iii）

长尾多齿山茶
Camellia polyodonta var. **longicaudata**（H. T. Chang et S. Y. Liang）T. L. Ming
习　　性：灌木或乔木
海　　拔：700～900 m
分　　布：广东、广西
濒危等级：LC

毛叶茶
Camellia ptilophylla H. T. Chang
习　　性：灌木或乔木
海　　拔：200～500 m
分　　布：广东、湖南
濒危等级：VU D2
国家保护：Ⅱ级

毛糙果茶
Camellia pubifurfuracea Zhong
习　　性：灌木或乔木
海　　拔：600～800 m
分　　布：广西
濒危等级：EN A2c；B1ab（i，iii）

毛瓣金花茶
Camellia pubipetala Y. Wan et S. Z. Huang
习　　性：灌木或乔木
海　　拔：200～400 m
分　　布：广西
濒危等级：CR C2a（i）；D1
国家保护：Ⅱ级
资源利用：环境利用（观赏）

斑槠毛蕊茶
Camellia punctata（Kochs）Cohen-Stuart
习　　性：灌木或小乔木
海　　拔：400～2700 m
分　　布：四川
濒危等级：VU B1ab（iii）

三江瘤果茶
Camellia pyxidiacea Z. R. Xu, F. P. Chen et C. Y. Deng

三江瘤果茶（原变种）
Camellia pyxidiacea var. **pyxidiacea**
习　　性：灌木或乔木
海　　拔：700～1200 m
分　　布：贵州、云南
濒危等级：EN B1b（i，iii）

红花三江瘤果茶
Camellia pyxidiacea var. **rubituberculata**（H. T. Chang）T. L. Ming
习　　性：灌木或乔木

海　　拔：1000～1200 m
分　　布：贵州
濒危等级：LC

毛药山茶
Camellia renshanxiangiae C. X. Ye et X. Q. Zheng
习　　性：灌木
分　　布：广东
濒危等级：DD

滇山茶
Camellia reticulata Lindl.
习　　性：灌木或小乔木
海　　拔：1000～3200 m
分　　布：贵州、四川、云南
濒危等级：VU A2cd
资源利用：环境利用（观赏）

皱果茶
Camellia rhytidocarpa H. T. Chang et S. Y. Liang

皱果茶（原变种）
Camellia rhytidocarpa var. **rhytidocarpa**
习　　性：灌木或乔木
海　　拔：500～1500 m
分　　布：广西、贵州、湖南
濒危等级：LC

小叶皱果茶
Camellia rhytidocarpa var. **microphylla** Y. C. Zhong ex Ming et Y. C. Zhang
习　　性：灌木或乔木
海　　拔：1300～1500 m
分　　布：广西
濒危等级：NT B1a

玫瑰连蕊茶
Camellia rosaeflora Hook.
习　　性：灌木
分　　布：江苏、四川、浙江
资源利用：环境利用（观赏）

川鄂连蕊茶
Camellia rosthorniana Hand.-Mazz.
习　　性：灌木
海　　拔：100～1400 m
分　　布：广西、贵州、湖北、湖南、四川
濒危等级：LC

喙果金花茶
Camellia rostrata S. X. Yang et S. F. Chai
习　　性：灌木或小乔木
海　　拔：200～400 m
分　　布：广西
濒危等级：CR B1ab（iii，iv，v）
国家保护：Ⅱ级

柳叶毛蕊茶
Camellia salicifolia Champion ex Bentham
习　　性：灌木或乔木

海　　拔：300~1400 m
分　　布：福建、广东、广西、江西、台湾
濒危等级：LC

怒江山茶
Camellia saluenensis Stapf ex Bean
习　　性：灌木或小乔木
海　　拔：1200~3200 m
分　　布：贵州、四川、云南.
濒危等级：NT B1ab（i，iii）+2ab（i，iii）

南山茶
Camellia semiserrata C. W. Chi

南山茶（原变种）
Camellia semiserrata var. **semiserrata**
习　　性：乔木
海　　拔：200~800 m
分　　布：广东、广西
濒危等级：LC
资源利用：环境利用（观赏）

大果南山茶
Camellia semiserrata var. **magnocarpa** Hu et T. C. Huang ex Hu
习　　性：乔木
海　　拔：200~500 m
分　　布：广东、广西
濒危等级：LC

茶
Camellia sinensis(L.)O. Kuntze
国家保护：Ⅱ级

茶（原变种）
Camellia sinensis var. **sinensis**
习　　性：灌木或乔木
海　　拔：100~2200 m
国内分布：安徽、福建、广东、广西、贵州、河南、湖北、湖南、江苏、江西、陕西、四川、台湾、西藏、云南、浙江
国外分布：朝鲜、日本、印度
濒危等级：VU B1ab（iii）
资源利用：环境利用（观赏）；药用（中草药）；食用（饮品）

普洱茶
Camellia sinensis var. **assamica**(Mast.)Kitamura
习　　性：灌木或乔木
海　　拔：100~1900 m
国内分布：广东、广西、海南、云南
国外分布：老挝、缅甸、泰国、越南
濒危等级：VU A2c

德宏茶
Camellia sinensis var. **dehungensis**(H. T. Chang et B. H. Chen)T. L. Ming
习　　性：灌木或乔木
海　　拔：100~2000 m
分　　布：云南

白毛茶
Camellia sinensis var. **pubilimba** H. T. Chang
习　　性：灌木或乔木
海　　拔：200~1500 m
分　　布：广东、广西、海南、云南
濒危等级：LC

五室连蕊茶
Camellia stuartiana Sealy
习　　性：灌木或乔木
海　　拔：约1500 m
分　　布：云南
濒危等级：VU B1ab（iii）

全缘叶山茶
Camellia subintegra P. C. Huang ex H. T. Chang
习　　性：灌木或乔木
海　　拔：700~1100 m
分　　布：广东、湖南、江西
濒危等级：NT B1b（i，iii）

川滇连蕊茶
Camellia synaptica Sealy

川滇连蕊茶（原变种）
Camellia synaptica var. **synaptica**
习　　性：灌木或乔木
海　　拔：500~1700 m
分　　布：湖南、四川、云南
濒危等级：LC

毛蕊川滇连蕊茶
Camellia synaptica var. **parviovata**(H. T. Chang)Ming
习　　性：灌木或乔木
海　　拔：900~1000 m
分　　布：四川
濒危等级：LC

四川离蕊茶
Camellia szechuanensis C. W. Chi
习　　性：灌木或小乔木
海　　拔：1200~1800 m
分　　布：四川
濒危等级：VU D2

斑叶离蕊茶
Camellia szemaoensis H. T. Chang
习　　性：灌木或乔木
海　　拔：700~2000 m
分　　布：云南
濒危等级：VU B1ab（iii，v）？

大厂茶
Camellia tachangensis F. C. Zhang
国家保护：Ⅱ级

大厂茶（原变种）
Camellia tachangensis var. **tachangensis**
习　　性：乔木
海　　拔：900~2300 m
分　　布：重庆、广西、贵州、四川、云南

濒危等级：NT B1b（i，iii）

疏齿大厂茶
Camellia tachangensis var. **remotiserrata**（H. T. Chang, H. S. Wang et P. S. Wang）T. L. Ming
习　　性：乔木
海　　拔：900～1400 m
分　　布：重庆、贵州、四川、云南
濒危等级：LC

大理茶
Camellia taliensis（W. W. Sm.）Melch.
习　　性：灌木或乔木
海　　拔：1300～2700 m
国内分布：云南
国外分布：缅甸、泰国
濒危等级：LC
国家保护：Ⅱ级

小糙果茶
Camellia tenii Sealy
习　　性：灌木
海　　拔：400～1500 m
分　　布：云南
濒危等级：DD

毛萼连蕊茶
Camellia transarisanensis（Hayata）Cohen-Stuart
习　　性：灌木
海　　拔：100～500 m
分　　布：福建、广西、贵州、湖南、江西、台湾、云南
濒危等级：LC

毛枝连蕊茶
Camellia trichoclada（Rehder）Chien
习　　性：灌木
海　　拔：200～800 m
分　　布：福建、浙江
濒危等级：LC

窄叶连蕊茶
Camellia tsaii Hu
习　　性：灌木或乔木
海　　拔：1500～2600 m
国内分布：云南
国外分布：缅甸、越南
濒危等级：LC

屏边连蕊茶
Camellia tsingpienensis Hu

屏边连蕊茶（原变种）
Camellia tsingpienensis var. **tsingpienensis**
习　　性：灌木或乔木
海　　拔：800～1900 m
国内分布：广西、云南
国外分布：越南
濒危等级：LC

大叶屏边连蕊茶
Camellia tsingpienensis var. **macrophylla** T. L. Ming
习　　性：灌木或乔木
海　　拔：约1500 m
分　　布：云南
濒危等级：NT B1ab（i，iii）

毛萼屏边连蕊茶
Camellia tsingpienensis var. **pubisepala** H. T. Chang
习　　性：灌木或乔木
海　　拔：1000～1700 m
分　　布：广西、贵州、云南
濒危等级：NT B1ab（i，iii）+2ab（i，iii）

瘤果茶
Camellia tuberculata Chien

瘤果茶（原变种）
Camellia tuberculata var. **tuberculata**
习　　性：灌木或乔木
海　　拔：500～800 m
分　　布：贵州、四川
濒危等级：NT

秃蕊瘤果茶
Camellia tuberculata var. **atuberculata**（H. T. Chang）T. L. Ming
习　　性：灌木或乔木
海　　拔：约700 m
分　　布：贵州
濒危等级：LC

小果毛蕊茶
Camellia villicarpa Chien
习　　性：灌木
海　　拔：400～1100 m
分　　布：四川
濒危等级：DD

绿萼连蕊茶
Camellia viridicalyx H. T. Chang et S. Y. Liang

绿萼连蕊茶（原变种）
Camellia viridicalyx var. **viridicalyx**
习　　性：灌木
海　　拔：100～900 m
分　　布：广西、湖南
濒危等级：DD

线叶连蕊茶
Camellia viridicalyx var. **linearifolia** Ming
习　　性：灌木
海　　拔：100～200 m
分　　布：贵州
濒危等级：LC

滇缅离蕊茶
Camellia wardii Kobuski

滇缅离蕊茶（原变种）
Camellia wardii var. **wardii**
习　　性：灌木或乔木
海　　拔：400～2600 m
国内分布：云南
国外分布：缅甸

濒危等级：LC

毛滇缅离蕊茶
Camellia wardii var. **muricatula**（H. T. Chang）Ming
 习 性：灌木或乔木
 海 拔：400~1700 m
 国内分布：云南
 国外分布：缅甸
 濒危等级：LC

黄花短蕊茶
Camellia xanthochroma K. M. Feng et L. S. Xie
 习 性：灌木或小乔木
 海 拔：100~200 m
 分 布：海南
 濒危等级：VU D1

猴子木
Camellia yunnanensis（Pit. ex Diels）Cohen-Stuart

猴子木（原变种）
Camellia yunnanensis var. **yunnanensis**
 习 性：灌木或乔木
 海 拔：800~3200 m
 分 布：贵州、四川、云南
 濒危等级：LC

毛果猴子木
Camellia yunnanensis var. **camellioides**（Hu）Ming
 习 性：灌木或乔木
 海 拔：800~2700 m
 分 布：云南
 濒危等级：LC

大头茶属 Polyspora Sweet

大头茶
Polyspora axillaris（Roxb. ex Ker Gawl.）Sweet
 习 性：灌木或乔木
 海 拔：100~2300 m
 国内分布：广东、广西、海南、台湾
 国外分布：越南
 濒危等级：LC

黄药大头茶
Polyspora chrysandra（Cowan）Hu ex Barthol. et Ming
 习 性：灌木或小乔木
 海 拔：1100~2400 m
 国内分布：贵州、四川、云南
 国外分布：缅甸
 濒危等级：LC

海南大头茶
Polyspora hainanensis（H. T. Chang）C. X. Ye ex Bartholomew et Ming
 习 性：乔木
 海 拔：300~1500 m
 分 布：海南
 濒危等级：NT B1b（i，iii）

长果大头茶
Polyspora longicarpa（H. T. Chang）C. X. Ye ex Bartholomew et Ming
 习 性：乔木
 海 拔：1000~2500 m
 国内分布：云南
 国外分布：缅甸、泰国、越南
 濒危等级：LC

四川大头茶
Polyspora speciosa（Kochs）Bartholo et T. L. Ming
 习 性：乔木
 海 拔：1200~2100 m
 国内分布：重庆、广西、贵州、湖南、四川、云南
 国外分布：越南
 濒危等级：LC

天堂大头茶
Polyspora tiantangensis（L. L. Deng et G. S. Fan）S. X. Yang
 习 性：乔木
 海 拔：1800~2200 m
 分 布：云南
 濒危等级：NT B1ab（i，iii）+2ab（i，iii）

核果茶属 Pyrenaria Blume

叶萼核果茶
Pyrenaria diospyricarpa Kurz.
 习 性：乔木
 海 拔：1000~2000 m
 国内分布：云南
 国外分布：缅甸、泰国、越南
 濒危等级：LC

粗毛核果茶
Pyrenaria hirta Keng

粗毛核果茶（原变种）
Pyrenaria hirta var. **hirta**
 习 性：灌木或乔木
 海 拔：100~1600 m
 分 布：广东、广西、贵州、湖北、湖南、江西、云南
 濒危等级：LC

心叶核果茶
Pyrenaria hirta var. **cordatula**（H. L. Li）S. X. Yang et Ming ex S. X. Yang
 习 性：灌木或乔木
 海 拔：300~400 m
 国内分布：广东、广西、湖南
 国外分布：越南
 濒危等级：LC

印藏核果茶
Pyrenaria khasiana R. N. Paul
 习 性：乔木
 海 拔：600~2100 m
 国内分布：西藏
 国外分布：印度
 濒危等级：NT B1b（i，iii）

广西核果茶
Pyrenaria kwangsiensis H. T. Chang
 习 性：乔木

海　　拔：800～1400 m
分　　布：广西
濒危等级：VU D1

斑枝核果茶
Pyrenaria maculatoclada (Y. K. Li) S. X. Yang
习　　性：乔木
海　　拔：700～1000 m
分　　布：广西、贵州
濒危等级：LC

勐腊核果茶
Pyrenaria menglaensis G. D. Tao
习　　性：乔木
海　　拔：600～700 m
分　　布：云南
濒危等级：CR B1ab (i, iii, v); D

小果核果茶
Pyrenaria microcarpa Keng

小果核果茶（原变种）
Pyrenaria microcarpa var. **microcarpa**
习　　性：灌木或乔木
海　　拔：100～1000 m
国内分布：安徽、福建、广东、广西、贵州、海南、江西、台湾、浙江
国外分布：日本、越南
濒危等级：LC

卵叶核果茶
Pyrenaria microcarpa var. **ovalifolia** (H. L. Li) T. L. Ming et S. X. Yang ex S. X. Yang
习　　性：灌木或乔木
海　　拔：100～1000 m
分　　布：福建、广东、海南、台湾
濒危等级：LC

多萼核果茶
Pyrenaria multisepala (Merr. et Chun) H. Keng
习　　性：乔木
海　　拔：800～1000 m
分　　布：海南
濒危等级：NT B1ab (i, iii) +2ab (i, iii)

长核果茶
Pyrenaria oblongicarpa H. T. Chang
习　　性：乔木
海　　拔：700～900 m
分　　布：云南
濒危等级：CR D

屏边核果茶
Pyrenaria pingpianensis (H. T. Chang) S. X. Yang et Ming ex S. X. Yang
习　　性：乔木
海　　拔：800～2300 m
分　　布：贵州、云南
濒危等级：NT B1b (i, iii)

云南核果茶
Pyrenaria sophiae (Hu) S. X. Yang et Ming ex S. X. Yang
习　　性：灌木或乔木
海　　拔：1500～2400 m
分　　布：云南
濒危等级：LC

大果核果茶
Pyrenaria spectabilis (Champ.) C. Y. Wu et S. X. Yang ex S. X. Yang

大果核果茶（原变种）
Pyrenaria spectabilis var. **spectabilis**
习　　性：乔木
海　　拔：300～1500 m
国内分布：福建、广东、广西
国外分布：越南
濒危等级：LC

长柱核果茶
Pyrenaria spectabilis var. **greeniae** (Chun) S. X. Yang
习　　性：乔木
海　　拔：300～1200 m
分　　布：福建、广东、广西、湖南、江西
濒危等级：LC

长萼核果茶
Pyrenaria wuana (H. T. Chang) S. X. Yang
习　　性：灌木或乔木
海　　拔：800～900 m
分　　布：广东、广西
濒危等级：LC

木荷属 Schima Reinw. ex Blume

银木荷
Schima argentea E. Pritz.
习　　性：乔木
海　　拔：1600～3200 m
国内分布：广西、江西、四川、云南
国外分布：缅甸、越南
濒危等级：LC
资源利用：环境利用（观赏）

短梗木荷
Schima brevipedicellata H. T. Chang
习　　性：乔木
海　　拔：500～1900 m
国内分布：广东、广西、贵州、湖南、江西、四川、云南
国外分布：越南
濒危等级：LC

钝齿木荷
Schima crenata Korth.
习　　性：乔木
海　　拔：700～1000 m
国内分布：海南
国外分布：柬埔寨、老挝、马来西亚、泰国、印度尼西亚、越南
濒危等级：LC

印度木荷
Schima khasiana Dyer
习　　性：乔木
海　　拔：900 ~ 2800 m
国内分布：西藏、云南
国外分布：不丹、缅甸、印度、越南
濒危等级：LC

多苞木荷
Schima multibracteata H. T. Chang
习　　性：乔木
海　　拔：约 1400 m
分　　布：广西
濒危等级：NT B1b（i，iii）

南洋木荷
Schima noronhae Reinw. ex Blume
习　　性：乔木
海　　拔：2000 ~ 2500 m
国内分布：云南
国外分布：老挝、马来西亚、缅甸、泰国、印度尼西亚、越南
濒危等级：LC

小花木荷
Schima parviflora Cheng et H. T. Chang ex H. T. Chang
习　　性：乔木
海　　拔：600 ~ 1800 m
分　　布：贵州、湖北、湖南、四川
濒危等级：LC
资源利用：环境利用（观赏）

疏齿木荷
Schima remotiserrata H. T. Chang
习　　性：乔木
海　　拔：500 ~ 1000 m
分　　布：福建、广东、广西、湖南、江西
濒危等级：LC

贡山木荷
Schima sericans（Hand. -Mazz.）Ming
习　　性：乔木
海　　拔：1600 ~ 2400 m
分　　布：西藏、云南
濒危等级：LC

独龙木荷
Schima sericans var. **paracrenata**（Hung T. Chang）Ming
习　　性：乔木
海　　拔：1700 ~ 2400 m
分　　布：云南
濒危等级：NT B1b（i，iii）

华木荷
Schima sinensis（Hemsl. et E. H. Wilson）Airy Shaw
习　　性：乔木
海　　拔：1400 ~ 2200 m
分　　布：广西、贵州、湖北、湖南、四川、云南
濒危等级：LC

木荷
Schima superba Gardner et Champ.
习　　性：乔木
海　　拔：100 ~ 1600 m
国内分布：安徽、福建、广东、广西、贵州、海南、湖北、湖南、江西、台湾、浙江
国外分布：日本
濒危等级：LC
资源利用：环境利用（观赏）

毛木荷
Schima villosa Hu
习　　性：乔木
海　　拔：1300 ~ 1600 m
分　　布：云南
濒危等级：VU B1b（i，iii）

红木荷
Schima wallichii（DC.）Korth.
习　　性：乔木
海　　拔：300 ~ 2700 m
国内分布：广西、贵州、西藏、云南
国外分布：不丹、老挝、缅甸、尼泊尔、泰国、印度、越南
濒危等级：LC
资源利用：环境利用（观赏）

紫茎属 Stewartia L.

云南紫茎
Stewartia calcicola Ming et J. Li ex J. Li
习　　性：乔木
海　　拔：900 ~ 1700 m
分　　布：广西、云南
濒危等级：DD

心叶紫茎
Stewartia cordifolia（H. L. Li）J. Li et Ming ex J. Li
习　　性：乔木
海　　拔：400 ~ 1300 m
分　　布：广西、贵州、湖南
濒危等级：LC

厚叶紫茎
Stewartia crassifolia（S. Z. Yan）J. Li et T. L. Ming
习　　性：乔木
海　　拔：800 ~ 1900 m
分　　布：广东、广西、湖南、江西
濒危等级：LC

狭萼紫茎
Stewartia densivillosa（Hu et H. T. Chang et C. X. Ye）J. Li et Ming ex J. Li
习　　性：灌木
海　　拔：约 800 m
分　　布：云南
濒危等级：LC

老挝紫茎
Stewartia laotica（Gagnep.）J. Li et Ming ex J. Li

习　　性：小乔木
海　　拔：900~1800 m
国内分布：广西、云南
国外分布：老挝、越南
濒危等级：LC

墨脱紫茎
Stewartia medogensis J. Li et Ming
　　习　　性：小乔木
　　海　　拔：1500~1800 m
　　分　　布：西藏
　　濒危等级：LC

小花紫茎
Stewartia micrantha(Chun)Sealy
　　习　　性：灌木
　　海　　拔：300~500 m
　　分　　布：福建、广东
　　濒危等级：NT

钝叶紫茎
Stewartia obovata(Chun ex H. T. Chang)J. Li et Ming ex J. Li
　　习　　性：乔木
　　海　　拔：900~1300 m
　　分　　布：广东、广西
　　濒危等级：NT

翅柄紫茎
Stewartia pteropetiolata W. C. Cheng
　　习　　性：乔木
　　海　　拔：1200~2600 m
　　分　　布：云南
　　濒危等级：LC

长喙紫茎
Stewartia rostrata Spongberg
　　习　　性：灌木或乔木
　　海　　拔：600~1500 m
　　分　　布：安徽、河南、湖北、湖南、江西、浙江
　　濒危等级：LC

红皮紫茎
Stewartia rubiginosa H. T. Chang

红皮紫茎（原变种）
Stewartia rubiginosa var. **rubiginosa**
　　习　　性：乔木
　　海　　拔：1100~1300 m
　　分　　布：广东、湖南
　　濒危等级：NT B1b（i，iii）

大明紫茎
Stewartia rubiginosa var. **damingshanica**(J. Li)Ming
　　习　　性：乔木
　　海　　拔：1100~1300 m
　　分　　布：广西
　　濒危等级：LC

四川紫茎
Stewartia sichuanensis(S. Z. Yan)J. Li et T. L. Ming ex J. Li
　　习　　性：灌木或小乔木
　　海　　拔：约600 m
　　分　　布：四川
　　濒危等级：LC

紫茎
Stewartia sinensis Rehder et E. H. Wilson
　　习　　性：灌木或乔木
　　海　　拔：500~2200 m
　　分　　布：安徽、福建、广西、贵州、河南、湖北、湖南、江西、陕西、四川、云南、浙江
　　濒危等级：LC
　　资源利用：环境利用（观赏）

尖萼紫茎
Stewartia sinensis var. **acutisepala**(P. L. Chiu et G. R. Zhong)T. L. Ming et J. Li ex J. L
　　习　　性：灌木或乔木
　　海　　拔：1400~1700 m
　　分　　布：浙江
　　濒危等级：LC

短萼紫茎
Stewartia sinensis var. **brevicalyx**(S. Z. Yan)T. L. Ming et J. Li ex J. Li
　　习　　性：灌木或乔木
　　海　　拔：600~700 m
　　分　　布：浙江
　　濒危等级：NT B1b（i，iii）

陕西紫茎
Stewartia sinensis var. **shensiensis**(Hung T. Chang)Ming et J. Li ex J. Li
　　习　　性：灌木或乔木
　　海　　拔：1400 m 以下
　　分　　布：河南、陕西
　　濒危等级：DD

黄毛紫茎
Stewartia sinii(Y. C. Wu)Sealy
　　习　　性：乔木
　　海　　拔：300~1100 m
　　分　　布：广西
　　濒危等级：LC

柔毛紫茎
Stewartia villosa Merr.

柔毛紫茎（原变种）
Stewartia villosa var. **villosa**
　　习　　性：乔木
　　海　　拔：200~1200 m
　　分　　布：广东、广西
　　濒危等级：LC

广东柔毛紫茎
Stewartia villosa var. **kwangtungensis**(Chun)J. Li et Ming
　　习　　性：乔木
　　海　　拔：200~1200 m

分　　布：广东、广西、江西

齿叶柔毛紫茎
Stewartia villosa var. **serrata**(H. H. Hu)T. L. Ming
　　习　　性：乔木
　　海　　拔：200～400 m
　　分　　布：广西
　　濒危等级：DD

瑞香科 THYMELAEACEAE
（9 属：132 种）

沉香属 Aquilaria Lam.

土沉香
Aquilaria sinensis(Lour.)Spreng.
　　习　　性：乔木
　　海　　拔：400～1000 m
　　分　　布：福建、广东、广西、海南
　　濒危等级：EN A2ac
　　国家保护：Ⅱ级
　　CITES 附录：Ⅱ
　　资源利用：药用（中草药）；原料（香料，纤维，精油）；环境利用（观赏）

云南沉香
Aquilaria yunnanensis S. C. Huang
　　习　　性：小乔木
　　海　　拔：约 1200 m
　　分　　布：云南
　　濒危等级：CR A2c
　　国家保护：Ⅱ级
　　CITES 附录：Ⅱ
　　资源利用：药用（中草药）

瑞香属 Daphne L.

尖瓣瑞香
Daphne acutiloba Rehder
　　习　　性：常绿灌木
　　海　　拔：1400～3000 m
　　分　　布：湖北、四川、云南
　　濒危等级：LC
　　资源利用：环境利用（观赏）

阿尔泰瑞香
Daphne altaica Pallas
　　习　　性：落叶灌木
　　海　　拔：约 1000 m
　　国内分布：新疆
　　国外分布：俄罗斯、蒙古
　　濒危等级：VU A3c；B1ab（i, iii, v）

狭瓣瑞香
Daphne angustiloba Rehder
　　习　　性：常绿灌木
　　海　　拔：3000～5000 m
　　国内分布：四川
　　国外分布：缅甸
　　濒危等级：LC

台湾瑞香
Daphne arisanensis Hayata
　　习　　性：常绿灌木
　　分　　布：台湾
　　濒危等级：LC

橙黄瑞香
Daphne aurantiaca Diels
　　习　　性：常绿灌木
　　海　　拔：2600～3500 m
　　分　　布：四川、云南
　　濒危等级：LC
　　资源利用：环境利用（观赏）

腋花瑞香
Daphne axillaris(Merr. et Chun)Chun et C. F. Wei
　　习　　性：灌木
　　海　　拔：600～900 m
　　分　　布：海南
　　濒危等级：VU D2

藏东瑞香
Daphne bholua Buch.-Ham. ex D. Don

藏东瑞香（原变种）
Daphne bholua var. **bholua**
　　习　　性：灌木
　　海　　拔：1700～3500 m
　　国内分布：四川、西藏、云南
　　国外分布：不丹、孟加拉国、缅甸、尼泊尔、印度
　　濒危等级：LC

落叶瑞香
Daphne bholua var. **glacialis**(W. W. Sm. et Cave)B. L. Burtt
　　习　　性：灌木
　　海　　拔：2400～7600 m
　　国内分布：西藏、云南
　　国外分布：尼泊尔、印度
　　濒危等级：LC

短管瑞香
Daphne brevituba H. F. Zhou ex C. Y. Chang
　　习　　性：常绿灌木
　　海　　拔：约 2000 m
　　分　　布：云南
　　濒危等级：VU A2c；B1ab（i, ii, iii, v）

长柱瑞香
Daphne championii Benth.
　　习　　性：常绿灌木
　　海　　拔：200～700 m
　　分　　布：福建、广东、广西、贵州、湖南、江苏、江西、香港
　　濒危等级：LC
　　资源利用：原料（蜡纸，纤维）

高山瑞香
Daphne chingshuishaniana S. S. Ying
- 习　　性：常绿灌木
- 海　　拔：约 2200 m
- 分　　布：台湾
- 濒危等级：LC

少花瑞香
Daphne depauperata H. F. Zhou ex C. Y. Chang
- 习　　性：常绿灌木
- 海　　拔：2000~3200 m
- 分　　布：云南
- 濒危等级：VU D2

峨眉瑞香
Daphne emeiensis C. Y. Chang
- 习　　性：常绿灌木
- 海　　拔：800~1100 m
- 分　　布：四川
- 濒危等级：VU B1ab（i, ii, iii, v）

啮蚀瓣瑞香
Daphne erosiloba C. Y. Chang
- 习　　性：落叶灌木
- 海　　拔：3200~3800 m
- 分　　布：四川
- 濒危等级：LC

穗花瑞香
Daphne esquirolii H. Lév.
- 习　　性：落叶灌木
- 海　　拔：700~3400 m
- 分　　布：四川、云南
- 濒危等级：LC

滇瑞香
Daphne feddei H. Lév.

滇瑞香（原变种）
Daphne feddei var. **feddei**
- 习　　性：常绿灌木
- 海　　拔：1800~2600 m
- 分　　布：贵州、四川、云南
- 濒危等级：LC
- 资源利用：药用（中草药）；原料（纤维，精油）

大理瑞香
Daphne feddei var. **taliensis** H. F. Zhou ex C. Y. Chang
- 习　　性：常绿灌木
- 海　　拔：350~3100 m
- 分　　布：云南
- 濒危等级：LC

川西瑞香
Daphne gemmata E. Pritz. et Diels
- 习　　性：灌木
- 海　　拔：400~1800 m
- 分　　布：四川、云南
- 濒危等级：VU A2c+3c；B1ab（i, iii, v）

芫花
Daphne genkwa Siebold et Zucc.
- 习　　性：落叶灌木
- 海　　拔：300~1000 m
- 国内分布：安徽、福建、甘肃、贵州、河北、河南、湖北、湖南、江苏、江西、山东、山西、陕西、四川、台湾、浙江
- 国外分布：朝鲜、日本
- 濒危等级：LC
- 资源利用：药用（中草药）；原料（纤维）；农药；环境利用（观赏）

黄瑞香
Daphne giraldii Nitsche
- 习　　性：落叶灌木
- 海　　拔：1600~3100 m
- 分　　布：甘肃、黑龙江、辽宁、青海、陕西、四川、新疆
- 濒危等级：LC
- 资源利用：药用（中草药）；原料（纤维）；环境利用（观赏）

小娃娃皮
Daphne gracilis E. Pritz.
- 习　　性：常绿灌木
- 海　　拔：1000~1300 m
- 分　　布：重庆
- 濒危等级：VU D2

倒卵叶瑞香
Daphne grueningiana H. Winkl.
- 习　　性：常绿灌木
- 海　　拔：300~400 m
- 分　　布：安徽、浙江
- 濒危等级：LC

河口瑞香
Daphne hekouensis H. W. Li et Y. M. Shui
- 习　　性：灌木
- 分　　布：云南
- 濒危等级：LC

丝毛瑞香
Daphne holosericea(Diels) Hamaya

丝毛瑞香（原变种）
Daphne holosericea var. **holosericea**
- 习　　性：常绿灌木
- 海　　拔：3000~3600 m
- 分　　布：四川、西藏、云南
- 濒危等级：LC

五出瑞香
Daphne holosericea var. **thibetensis**(Lecomte) Hamaya
- 习　　性：常绿灌木
- 海　　拔：3000~3400 m
- 分　　布：四川、西藏、云南
- 濒危等级：LC

缙云瑞香
Daphne jinyunensis C. Y. Chang

缙云瑞香（原变种）
Daphne jinyunensis var. **jinyunensis**
习　　性：常绿灌木
海　　拔：700~800 m
分　　布：重庆
濒危等级：LC

毛柱瑞香
Daphne jinyunensis var. **ptilostyla** C. Y. Chang
习　　性：常绿灌木
分　　布：重庆
濒危等级：LC

金寨瑞香
Daphne jinzhaiensis D. C. Zhang et J. Z. Shao
习　　性：落叶灌木
海　　拔：约550 m
分　　布：安徽
濒危等级：LC

毛瑞香
Daphne kiusiana (Rehder) F. Maek.
习　　性：灌木
海　　拔：300~400 m
分　　布：安徽、福建、广东、广西、湖北、湖南、江苏、江西、四川、台湾、浙江
濒危等级：LC

翼柄瑞香
Daphne laciniata Lecomte
习　　性：落叶灌木
海　　拔：1000~1500 m
分　　布：云南
濒危等级：LC

雷山瑞香
Daphne leishanensis H. F. Zhou ex C. Y. Chang
习　　性：落叶灌木
海　　拔：900~1200 m
分　　布：贵州
濒危等级：LC

铁牛皮
Daphne limprichtii H. Winkl.
习　　性：常绿灌木
海　　拔：3000~4400 m
分　　布：甘肃、四川
濒危等级：LC

长瓣瑞香
Daphne longilobata (Lecomte) Turrill
习　　性：常绿灌木
海　　拔：1600~3500 m
分　　布：四川、西藏、云南
濒危等级：LC
资源利用：原料（纤维）

长管瑞香
Daphne longituba C. Y. Chang
习　　性：常绿灌木
海　　拔：1000~1200 m
分　　布：广西
濒危等级：NT B1ab (i, iii)

大花瑞香
Daphne macrantha Ludlow
习　　性：常绿灌木
海　　拔：4200~4300 m
分　　布：西藏
濒危等级：LC

瘦叶瑞香
Daphne modesta Rehder
习　　性：落叶灌木
海　　拔：2100~2900 m
分　　布：四川、云南
濒危等级：VU A2c+3c; B1ab (iii, v)
资源利用：原料（纤维）

玉山瑞香
Daphne morrisonensis C. E. Chang
习　　性：常绿灌木
分　　布：台湾
濒危等级：NT

乌饭瑞香
Daphne myrtilloides Nitsche
习　　性：落叶灌木
海　　拔：2500~3000 m
分　　布：甘肃、山西、陕西
濒危等级：LC

小芫花
Daphne nana Tagawa
习　　性：灌木
分　　布：台湾
濒危等级：DD

瑞香
Daphne odora Thunb.
习　　性：常绿灌木
国内分布：南方广泛栽培
国外分布：原产中国或日本
资源利用：环境利用（观赏）；原料（纤维）；药用（中草药）

狄巢瑞香
Daphne ogisui C. D. Brickell, B. Mathew et Yin Z. Wang
习　　性：灌木
海　　拔：500~800 m
分　　布：四川
濒危等级：LC

厚叶瑞香
Daphne pachyphylla D. Fang
习　　性：常绿灌木
海　　拔：1200~1300 m
分　　布：广西
濒危等级：LC

白瑞香
Daphne papyracea Wall. ex G. Don

白瑞香（原变种）
Daphne papyracea var. **papyracea**
习　　性：常绿灌木
海　　拔：700~3100 m
国内分布：广东、广西、贵州、湖北、湖南、四川、云南
国外分布：不丹、克什米尔地区、尼泊尔、印度
濒危等级：LC
资源利用：环境利用（观赏）；原料（纤维）

山辣子皮
Daphne papyracea var. **crassiuscula** Rehder
习　　性：常绿灌木
海　　拔：1000~3100 m
分　　布：贵州、四川、云南
濒危等级：LC

短柄白瑞香
Daphne papyracea var. **duclouxii** Lecomte
习　　性：常绿灌木
海　　拔：约1200 m
分　　布：云南
濒危等级：LC

大花白瑞香
Daphne papyracea var. **grandiflora**(Meisn. ex Diels)C. Y. Chang
习　　性：常绿灌木
海　　拔：约2500 m
分　　布：云南
濒危等级：LC

长梗瑞香
Daphne pedunculata H. F. Zhou ex C. Y. Chang
习　　性：常绿灌木
海　　拔：约400 m
分　　布：云南
濒危等级：LC

岷江瑞香
Daphne penicillata Rehder
习　　性：灌木
海　　拔：1200~2500 m
分　　布：四川
濒危等级：VU A2；B1ab（i，iii）

东北瑞香
Daphne pseudomezereum A. Gray
习　　性：落叶灌木
海　　拔：800~1600 m
国内分布：吉林、辽宁
国外分布：朝鲜、日本
濒危等级：NT
资源利用：原料（纤维，精油）

紫花瑞香
Daphne purpurascens S. C. Huang
习　　性：常绿灌木
海　　拔：2600~3100 m
分　　布：西藏
濒危等级：LC

凹叶瑞香
Daphne retusa Hemsl.
习　　性：常绿灌木
海　　拔：3000~3900 m
国内分布：甘肃、湖北、青海、陕西、四川、西藏、云南
国外分布：不丹、克什米尔地区、尼泊尔、印度
濒危等级：LC
资源利用：原料（纤维）；环境利用（观赏）

喙果瑞香
Daphne rhynchocarpa C. Y. Chang
习　　性：常绿灌木
海　　拔：约2500 m
分　　布：云南
濒危等级：LC

华瑞香
Daphne rosmarinifolia Rehder
习　　性：常绿灌木
海　　拔：2500~3800 m
国内分布：甘肃、青海、四川、云南
国外分布：缅甸
濒危等级：LC

头序瑞香
Daphne sureil W. W. Sm. et Cave
习　　性：常绿灌木
海　　拔：1800~2800 m
国内分布：西藏
国外分布：不丹、孟加拉国、尼泊尔、印度
濒危等级：LC

唐古特瑞香
Daphne tangutica Maxim.

唐古特瑞香（原变种）
Daphne tangutica var. **tangutica**
习　　性：常绿灌木
海　　拔：1000~3800 m
分　　布：甘肃、贵州、青海、山西、陕西、四川、西藏、云南
濒危等级：LC
资源利用：原料（纤维）；环境利用（观赏）

野梦花
Daphne tangutica var. **wilsonii**(Rehder)H. F. Zhou
习　　性：常绿灌木
分　　布：重庆、湖北、陕西、四川
濒危等级：LC

西藏瑞香
Daphne taylorii Halda
习　　性：灌木
海　　拔：约3500 m
分　　布：西藏

濒危等级：LC

细花瑞香

Daphne tenuiflora Bureau et Franch.

细花瑞香（原变种）

Daphne tenuiflora var. **tenuiflora**

习　　性：常绿灌木
海　　拔：2700~3500 m
分　　布：四川、云南
濒危等级：LC

毛细花瑞香

Daphne tenuiflora var. **legendrei**(Lecomte) Hamaya

习　　性：常绿灌木
海　　拔：约 3300 m
分　　布：四川
濒危等级：LC

九龙瑞香

Daphne tripartita H. F. Zhou ex C. Y. Chang

习　　性：常绿灌木
海　　拔：2700~3000 m
分　　布：四川、云南
濒危等级：LC

少丝瑞香

Daphne wangiana(Hamaya) Halda

习　　性：灌木
海　　拔：约 3200 m
分　　布：西藏
濒危等级：LC

西畴瑞香

Daphne xichouensis H. F. Zhou ex C. Y. Chang

习　　性：常绿灌木
海　　拔：1500~1800 m
分　　布：云南
濒危等级：NT B1ab（i，iii）

云南瑞香

Daphne yunnanensis H. F. Zhou ex C. Y. Chang

习　　性：常绿灌木
分　　布：云南
濒危等级：LC

草瑞香属 **Diarthron** Turcz.

阿尔泰假狼毒

Diarthron altaicum(Pers.) Kit Tan

习　　性：多年生草本
海　　拔：1000~2000 m
国内分布：新疆
国外分布：俄罗斯
濒危等级：LC

草瑞香

Diarthron linifolium Turcz.

习　　性：一年生草本
海　　拔：500~1400 m
国内分布：甘肃、河北、吉林、江苏、山西、陕西、新疆
国外分布：俄罗斯、蒙古
濒危等级：LC

天山假狼毒

Diarthron tianschanicum(Pobed.) Kit Tan

习　　性：多年生草本
海　　拔：1700~2000 m
国内分布：新疆
国外分布：吉尔吉斯斯坦
濒危等级：LC

囊管草瑞香

Diarthron vesiculosum(Fisch. et C. A. Mey.) C. A. Mey.

习　　性：一年生草本
海　　拔：600~900 m
国内分布：新疆
国外分布：阿富汗、巴基斯坦、俄罗斯、哈萨克斯坦、印度
濒危等级：NT B1ab（i，iii）

结香属 **Edgeworthia** Meisn.

白结香

Edgeworthia albiflora Nakai

习　　性：灌木
海　　拔：1000~1200 m
分　　布：四川
濒危等级：VU A2c+3c

结香

Edgeworthia chrysantha Lindl.

习　　性：灌木
海　　拔：100~2800 m
国内分布：福建、广东、广西、贵州、河南、湖南、江西、云南、浙江
国外分布：日本、美国栽培或归化
资源利用：药用（中草药，兽药）；原料（纤维）；环境利用（观赏）

西畴结香

Edgeworthia eriosolenoides K. M. Feng et S. C. Huang

习　　性：灌木
海　　拔：800 m
分　　布：云南
濒危等级：NT

滇结香

Edgeworthia gardneri Meisn.

习　　性：小乔木
海　　拔：1000~3500 m
国内分布：西藏、云南
国外分布：不丹、缅甸、尼泊尔、印度
濒危等级：LC
资源利用：原料（纤维）

毛花瑞香属 **Eriosolena** Blume

毛花瑞香

Eriosolena composita(L. f.) Tiegh.

习　　性：灌木或乔木
海　　拔：1300~1800 m
国内分布：云南
国外分布：柬埔寨、马来西亚、缅甸、泰国、印度、印度尼西亚、越南
濒危等级：LC

鼠皮树属 Rhamnoneuron Gilg

鼠皮树
Rhamnoneuron balansae(Drake) Gilg
习　　性：灌木或小乔木
海　　拔：900~1200 m
国内分布：云南
国外分布：越南
濒危等级：LC

狼毒属 Stellera L.

狼毒
Stellera chamaejasme L.
习　　性：多年生草本
海　　拔：2600~4200 m
国内分布：甘肃、河北、河南、黑龙江、吉林、辽宁、内蒙古、宁夏、青海、山西、陕西、四川、西藏、新疆、云南
国外分布：不丹、俄罗斯、蒙古、尼泊尔
濒危等级：LC
资源利用：药用（中草药）；原料（酒精）

欧瑞香属 Thymelaea Mill.

欧瑞香
Thymelaea passerina(L.) Coss. et Germ.
习　　性：一年生草本
海　　拔：400~1000 m
国内分布：新疆
国外分布：阿富汗、巴基斯坦、俄罗斯、克什米尔地区、土库曼斯坦、乌兹别克斯坦；西南亚、欧洲、非洲。归化于澳大利亚南部和北美洲
濒危等级：LC

荛花属 Wikstroemia Endl.

互生叶荛花
Wikstroemia alternifolia Batalin
习　　性：灌木
海　　拔：2500 m 以下
分　　布：甘肃、四川、云南
濒危等级：LC

岩杉树
Wikstroemia angustifolia Hemsl.
习　　性：灌木
海　　拔：100~200 m
分　　布：湖北、陕西、四川
濒危等级：LC
资源利用：原料（纤维）

安徽荛花
Wikstroemia anhuiensis D. C. Zhang et X. P. Zhang
习　　性：灌木
海　　拔：500~900 m
分　　布：安徽
濒危等级：LC

白马山荛花
Wikstroemia baimashanensis S. C. Huang
习　　性：灌木
海　　拔：约2800 m
分　　布：云南
濒危等级：LC

荛花
Wikstroemia canescens Wall. ex Meisn.
习　　性：灌木
海　　拔：1000~3500 m
国内分布：西藏
国外分布：阿富汗、巴基斯坦、孟加拉国、尼泊尔、日本、印度
濒危等级：LC
资源利用：原料（纤维）

头序荛花
Wikstroemia capitata Rehder
习　　性：灌木
海　　拔：300~1000 m
分　　布：贵州、湖北、陕西、四川
濒危等级：LC

短总序荛花
Wikstroemia capitatoracemosa S. C. Huang
习　　性：灌木
海　　拔：2200~4000 m
分　　布：四川、西藏、云南
濒危等级：LC

河朔荛花
Wikstroemia chamaedaphne(Bunge) Meisn.
习　　性：灌木
海　　拔：500~2400 m
分　　布：甘肃、河北、河南、湖北、江苏、山西、陕西、四川
濒危等级：LC
资源利用：药用（中草药）；原料（纤维）；农药

窄叶荛花
Wikstroemia chui Merr.
习　　性：灌木
海　　拔：1600~2300 m
分　　布：海南
濒危等级：LC

匙叶荛花
Wikstroemia cochlearifolia S. C. Huang
习　　性：灌木
海　　拔：约1200 m
分　　布：四川

濒危等级：LC

澜沧荛花
Wikstroemia delavayi Lecomte
习　　性：灌木
海　　拔：2000~2700 m
分　　布：四川、云南
濒危等级：LC

一把香
Wikstroemia dolichantha Diels
习　　性：灌木
海　　拔：1300~2300 m
分　　布：四川、云南
濒危等级：LC
资源利用：原料（纤维）

城口荛花
Wikstroemia fargesii (Lecomte) Domke
习　　性：灌木
海　　拔：1200~2000 m
分　　布：重庆
濒危等级：VU A2c；D1

富民荛花
Wikstroemia fuminensis Y. D. Qi et Yin Z. Wang
习　　性：灌木
海　　拔：约 2700 m
分　　布：云南
濒危等级：LC

光叶荛花
Wikstroemia glabra W. C. Cheng
习　　性：灌木
海　　拔：900~1800 m
分　　布：安徽、四川、浙江
濒危等级：LC
资源利用：原料（纤维）

纤细荛花
Wikstroemia gracilis Hemsl.
习　　性：灌木
海　　拔：约 1100 m
分　　布：湖北、四川
濒危等级：LC

龙池荛花
Wikstroemia guanxianensis Y. H. Zhang, H. Sun et Bouford
习　　性：落叶灌木
海　　拔：约 1750 m
分　　布：四川
濒危等级：LC

海南荛花
Wikstroemia hainanensis Merr.
习　　性：灌木
分　　布：海南
濒危等级：LC

武都荛花
Wikstroemia haoi Domke
习　　性：灌木
海　　拔：2500~3000 m
分　　布：甘肃、四川
濒危等级：LC

会东荛花
Wikstroemia huidongensis C. Y. Chang
习　　性：常绿灌木
海　　拔：2000~3000 m
分　　布：四川、云南
濒危等级：LC

了哥王
Wikstroemia indica (L.) C. A. Mey.
习　　性：灌木
海　　拔：1500 m 以下
国内分布：福建、广东、广西、贵州、海南、湖南、四川、台湾、云南、浙江
国外分布：澳大利亚、菲律宾、马来西亚、毛里求斯、缅甸、斯里兰卡、泰国、印度、越南
资源利用：药用（中草药）；原料（纤维）

九龙荛花
Wikstroemia jiulongensis Y. H. Zhang, H. Sun et Bouford
习　　性：落叶灌木
海　　拔：2200~2300 m
分　　布：四川
濒危等级：LC

金丝桃荛花
Wikstroemia lamatsoensis Hamaya
习　　性：灌木
海　　拔：2600~3200 m
分　　布：云南
濒危等级：NT

披针叶荛花
Wikstroemia lanceolata Merr.
习　　性：灌木
国内分布：台湾
国外分布：菲律宾
濒危等级：NT

细叶荛花
Wikstroemia leptophylla W. W. Sm.

细叶荛花（原变种）
Wikstroemia leptophylla var. **leptophylla**
习　　性：灌木
海　　拔：1700~3400 m
分　　布：四川、云南
濒危等级：LC

黑紫荛花
Wikstroemia leptophylla var. **atroviolacea** Hand.-Mazz.
习　　性：灌木
海　　拔：2400 m 以下
分　　布：云南
濒危等级：LC

瑞香科 THYMELAEACEAE

大叶荛花
Wikstroemia liangii Merr. et Chun
习　　性：灌木
分　　布：海南
濒危等级：VU A2c；B1ab（i，iii，v）

丽江荛花
Wikstroemia lichiangensis W. W. Sm.
习　　性：灌木
海　　拔：2600~3500 m
分　　布：四川、云南
濒危等级：LC

白腊叶荛花
Wikstroemia ligustrina Rehder
习　　性：灌木
海　　拔：1900~3500 m
分　　布：河北、山西、陕西、四川、云南
濒危等级：LC

亚麻荛花
Wikstroemia linoides Hemsl.
习　　性：二年生或多年生草本
海　　拔：700~1600 m
分　　布：湖北、陕西、四川
濒危等级：LC

长锥序荛花
Wikstroemia longipaniculata S. C. Huang
习　　性：灌木
海　　拔：约500 m
分　　布：广西
濒危等级：DD

隆子荛花
Wikstroemia lungtzeensis S. C. Huang
习　　性：灌木
海　　拔：3600~3800 m
分　　布：西藏
濒危等级：LC

小黄构
Wikstroemia micrantha Hemsl.
习　　性：灌木
海　　拔：200~1000 m
分　　布：甘肃、广东、广西、贵州、湖北、湖南、陕西、四川、云南
濒危等级：LC
资源利用：药用（中草药）；原料（蜡纸，纤维）

江边荛花
Wikstroemia monnula Hance

江边荛花（原变种）
Wikstroemia monnula var. **monnula**
习　　性：灌木
海　　拔：600~1100 m
分　　布：安徽、广东、广西、贵州、湖南、浙江
濒危等级：LC
资源利用：原料（纤维）

休宁荛花
Wikstroemia monnula var. **xiuningensis** D. C. Zhang et J. Z. Shao
习　　性：灌木
海　　拔：600~700 m
分　　布：安徽
濒危等级：LC

独鳞荛花
Wikstroemia mononectaria Hayata
习　　性：灌木
分　　布：台湾
濒危等级：VU A4c；D1

细轴荛花
Wikstroemia nutans Champ. ex Benth.

细轴荛花（原变种）
Wikstroemia nutans var. **nutans**
习　　性：灌木
海　　拔：300~1700 m
国内分布：福建、广东、广西、海南、湖南、台湾
国外分布：越南
濒危等级：LC
资源利用：药用（中草药）；原料（纤维）

短细轴荛花
Wikstroemia nutans var. **brevior** Hand.-Mazz.
习　　性：灌木
海　　拔：400~1500 m
分　　布：湖南、江西
濒危等级：LC

粗轴荛花
Wikstroemia pachyrachis S. L. Tsai
习　　性：灌木
分　　布：广东、广西、海南
濒危等级：LC
资源利用：原料（纤维）

鄂北荛花
Wikstroemia pampaninii Rehder
习　　性：灌木
海　　拔：400~2800 m
分　　布：甘肃、河南、湖北、山西、陕西
濒危等级：LC

懋功荛花
Wikstroemia paxiana H. Winkl.
习　　性：灌木
分　　布：四川
濒危等级：LC

多毛荛花
Wikstroemia pilosa Cheng
习　　性：灌木
海　　拔：600~800 m
分　　布：安徽、广东、湖南、江西
濒危等级：LC

甘肃荛花
Wikstroemia reginaldi-farreri(Halda)Yin Z. Wang et M. G. Gilbert
 习 性：常绿灌木
 分 布：甘肃
 濒危等级：LC

倒卵叶荛花
Wikstroemia retusa A. Gray
 习 性：灌木
 国内分布：台湾
 国外分布：菲律宾、日本
 濒危等级：DD

柳状荛花
Wikstroemia salicina(H. Lév.)H. Lév. et Blin.
 习 性：灌木
 海 拔：约 3200 m
 分 布：云南
 濒危等级：LC

革叶荛花
Wikstroemia scytophylla Diels
 习 性：常绿灌木
 海 拔：1900～3000 m
 分 布：四川、西藏、云南
 濒危等级：LC

小花荛花
Wikstroemia sinoparviflora Yin Z. Wang et M. G. Gilbert
 习 性：灌木
 海 拔：1000～2000 m
 分 布：甘肃
 濒危等级：LC

轮叶荛花
Wikstroemia stenophylla E. Pritz. ex Diels
 习 性：常绿灌木
 海 拔：1600～2500 m
 分 布：四川
 濒危等级：LC

亚环鳞荛花
Wikstroemia subcyclolepidota L. P. Liu et Y. S. Lian
 习 性：灌木
 海 拔：约 1600 m
 分 布：甘肃
 濒危等级：LC

台湾荛花
Wikstroemia taiwanensis C. E. Chang
 习 性：灌木
 分 布：台湾
 濒危等级：LC

德钦荛花
Wikstroemia techinensis S. C. Huang
 习 性：灌木
 海 拔：约 3400 m
 分 布：云南
 濒危等级：NT A2c

白花荛花
Wikstroemia trichotoma(Thunb.)Makino
白花荛花（原变种）
Wikstroemia trichotoma var. **trichotoma**
 习 性：常绿灌木
 海 拔：约 600 m
 国内分布：安徽、广东、广西、湖南、江西、浙江
 国外分布：朝鲜南部、日本
 濒危等级：LC

黄药白花荛花
Wikstroemia trichotoma var. **flavianthera** S. Y. Liu
 习 性：常绿灌木
 分 布：广西
 濒危等级：NT

平伐荛花
Wikstroemia vaccinium(H. Lév.)Rehder
 习 性：灌木
 海 拔：2400～3000 m
 分 布：贵州
 濒危等级：LC

线叶荛花
Wikstroemia zhouana(Halda)C. Shang et S. Liao
 习 性：灌木
 海 拔：2800～3300 m
 分 布：四川
 濒危等级：LC

岩菖蒲科 TOFIELDIACEAE
（1 属：3 种）

岩菖蒲属 Tofieldia Huds.

长白岩菖蒲
Tofieldia coccinea Richardson
 习 性：多年生草本
 海 拔：1800～2400 m
 国内分布：安徽、吉林
 国外分布：朝鲜、俄罗斯、蒙古、日本
 濒危等级：LC

叉柱岩菖蒲
Tofieldia divergens Bureau et Franch.
 习 性：多年生草本
 海 拔：1000～4300 m
 分 布：贵州、四川、云南
 濒危等级：LC

岩菖蒲
Tofieldia thibetica Franch.
 习 性：多年生草本
 海 拔：700～2300 m
 分 布：贵州、四川、云南
 濒危等级：LC
 资源利用：环境利用（观赏）

霉草科 TRIURIDACEAE
（1属：6种）

霉草属 Sciaphila Blume

兰屿霉草
Sciaphila arfakiana Becc.
习　　性：腐生草本
国内分布：台湾
国外分布：巴布亚新几内亚、菲律宾、马来西亚、印度尼西亚
濒危等级：LC

尖峰岭霉草
Sciaphila jianfenglingensis Han Xu, Y. D. Li et H. Q. Chen
习　　性：草本
分　　布：海南
濒危等级：LC

斑点霉草
Sciaphila maculata Miers
习　　性：腐生草本
国内分布：台湾
国外分布：巴布亚新几内亚、菲律宾、马来西亚
濒危等级：EN D

多枝霉草
Sciaphila ramosa Fukuy. et T. Suzuki
习　　性：腐生草本
海　　拔：约300 m
国内分布：台湾、香港
国外分布：日本
濒危等级：EN B2ab（ii）

大柱霉草
Sciaphila secundiflora Thwaites ex Benth.
习　　性：腐生草本
海　　拔：约300 m
国内分布：广西、台湾、香港
国外分布：巴布亚新几内亚、马来西亚、日本、斯里兰卡、印度尼西亚
濒危等级：LC

喜荫草
Sciaphila tenella Blume
习　　性：腐生草本
国内分布：海南
国外分布：巴布亚新几内亚、菲律宾、马来西亚、日本、斯里兰卡、印度尼西亚
濒危等级：NT C1

昆栏树科 TROCHODENDRACEAE
（2属：2种）

水青树属 Tetracentron Oliv.

水青树
Tetracentron sinense Oliv.
习　　性：乔木
海　　拔：1100~3500 m
国内分布：甘肃、贵州、河南、湖北、湖南、陕西、四川、西藏、云南
国外分布：不丹、缅甸、尼泊尔、印度、越南
濒危等级：NT
国家保护：Ⅱ级
CITES附录：Ⅲ
资源利用：原料（木材）；环境利用（观赏）

昆栏树属 Trochodendron Sieb. et Zucc.

昆栏树
Trochodendron aralioides Siebold et Zucc.
习　　性：灌木或小乔木
海　　拔：300~2700 m
国内分布：台湾
国外分布：朝鲜半岛、日本南部
濒危等级：LC
资源利用：原料（纤维）

旱金莲科 TROPAEOLACEAE
（1属：1种）

旱金莲属 Tropaeolum L.

旱金莲
Tropaeolum majus L.
习　　性：一年生草本
国内分布：四川、西藏、云南
国外分布：原产南美洲
濒危等级：LC
资源利用：环境利用（观赏）；药用（中草药）

香蒲科 TYPHACEAE
（2属：26种）

黑三棱属 Sparganium L.

线叶黑三棱
Sparganium angustifolium Michx.
习　　性：多年生水生草本
海　　拔：1500~? m
国内分布：黑龙江、吉林、新疆
国外分布：日本、印度
濒危等级：LC

穗状黑三棱
Sparganium confertum Y. D. Chen
习　　性：多年生草本
海　　拔：约3100 m
分　　布：云南
濒危等级：NT C1

小黑三棱
Sparganium emersum Rehmann

习　　性：多年生水生草本
国内分布：甘肃、河北、河南、黑龙江、吉林、辽宁、内蒙古、陕西、新疆
国外分布：俄罗斯、哈萨克斯坦、吉尔吉斯斯坦、蒙古、缅甸、日本
濒危等级：LC
资源利用：药用（中草药）；环境利用（观赏）

曲轴黑三棱
Sparganium fallax Graebn.
习　　性：多年生水生或沼生草本
海　　拔：300~1800 m
国内分布：福建、贵州、台湾、云南、浙江
国外分布：巴布亚新几内亚、缅甸、日本、印度、印度尼西亚
濒危等级：LC

短序黑三棱
Sparganium glomeratum Laest. ex Beurl.
习　　性：多年生沼生或水生草本
海　　拔：300~3600 m
国内分布：黑龙江、吉林、辽宁、内蒙古、西藏、云南
国外分布：俄罗斯、蒙古、日本
濒危等级：LC

无柱黑三棱
Sparganium hyperboreum Laest. ex Beurl.
习　　性：多年生水生草本
海　　拔：约1500 m
国内分布：黑龙江、吉林
国外分布：朝鲜、俄罗斯、日本
濒危等级：VU A2c；B1ab（i，iii）
国家保护：Ⅱ级

沼生黑三棱
Sparganium limosum Y. D. Chen
习　　性：多年生沼生或水生草本
海　　拔：约1800 m
分　　布：云南
濒危等级：EN A2c；D

矮黑三棱
Sparganium natans L.
习　　性：多年生水生草本
海　　拔：3500 m以下
国内分布：黑龙江、内蒙古、四川
国外分布：俄罗斯、哈萨克斯坦、蒙古
濒危等级：LC

黑三棱
Sparganium stoloniferum(Buch. -Ham. ex Graebn.) Buch. -Ham. ex Juz.

黑三棱（原亚种）
Sparganium stoloniferum subsp. **stoloniferum**
习　　性：多年生水生或沼生草本
海　　拔：3600 m以下
国内分布：甘肃、河北、黑龙江、湖北、吉林、江苏、江西、辽宁、内蒙古、山西、陕西、西藏、新疆、云南
国外分布：阿富汗、巴基斯坦、朝鲜、俄罗斯、哈萨克斯坦、蒙古、日本、塔吉克斯坦、乌兹别克斯坦
濒危等级：LC
资源利用：药用（中草药）；环境利用（观赏）

周氏黑三棱
Sparganium stoloniferum subsp. **choui**(D. Yu)K. Sun
习　　性：多年生水生或沼生草本
分　　布：内蒙古
濒危等级：VU A2c；B1ab（i，iii）；C1

狭叶黑三棱
Sparganium subglobosum Morong
习　　性：多年生水生或沼生草本
海　　拔：约500 m
国内分布：河北、黑龙江、吉林、辽宁
国外分布：朝鲜、俄罗斯、日本
濒危等级：LC

云南黑三棱
Sparganium yunnanense Y. D. Chen
习　　性：多年生水生草本
海　　拔：1500 m
分　　布：云南
濒危等级：EN A2c；D

香蒲属 Typha L.

粉绿香蒲
Typha × glauca Godr.
习　　性：多年生草本
国内分布：新疆
国外分布：北美洲、欧洲

水烛
Typha angustifolia L.
习　　性：多年生草本
海　　拔：2800 m以下
国内分布：安徽、福建、甘肃、贵州、海南、河北、河南、黑龙江、湖北、吉林、江苏、辽宁、内蒙古、青海、山东、陕西、台湾、新疆、云南、浙江
国外分布：阿富汗、澳大利亚、巴基斯坦、俄罗斯、菲律宾、哈萨克斯坦、吉尔吉斯斯坦、马来西亚、蒙古、缅甸、尼泊尔、日本、塔吉克斯坦、泰国、乌兹别克斯坦、印度、印度尼西亚
资源利用：药用（中草药）

长白香蒲
Typha changbaiensis M. J. Wu et Y. T. Zhao
习　　性：多年生水生草本
海　　拔：约1000 m
分　　布：吉林
濒危等级：EN A2c；D

达香蒲
Typha davidiana(Kronf.)Hand. -Mazz.
习　　性：多年生水生或沼生草本
海　　拔：3000 m以下
分　　布：河北、河南、江苏、辽宁、内蒙古、新疆、浙江

濒危等级：LC
资源利用：原料（纤维）

长苞香蒲
Typha domingensis Pers.
- 习　　性：多年生水生或沼生草本
- 国内分布：安徽、甘肃、贵州、河北、河南、黑龙江、吉林、江苏、江西、辽宁、内蒙古、山东、山西、陕西、四川、台湾、新疆、云南
- 国外分布：澳大利亚、巴基斯坦、朝鲜、俄罗斯、菲律宾、哈萨克斯坦、吉尔吉斯斯坦、马来西亚、蒙古、缅甸、尼泊尔、日本、斯里兰卡、塔吉克斯坦、乌兹别克斯坦、印度、印度尼西亚、越南
- 濒危等级：LC

象蒲
Typha elephantina Roxb.
- 习　　性：多年生沼生或湿生草本
- 海　　拔：1100 m
- 国内分布：云南
- 国外分布：巴基斯坦、缅甸、尼泊尔、塔吉克斯坦、土库曼斯坦、乌兹别克斯坦、印度
- 濒危等级：LC

宽叶香蒲
Typha latifolia L.
- 习　　性：多年生水生或沼生草本
- 海　　拔：100 ~ 3200 m
- 国内分布：甘肃、河北、河南、黑龙江、吉林、辽宁、内蒙古、陕西、四川、西藏、新疆、云南、浙江
- 国外分布：阿富汗、澳大利亚、巴基斯坦、俄罗斯、哈萨克斯坦、吉尔吉斯斯坦、日本、塔吉克斯坦、土库曼斯坦、乌兹别克斯坦
- 濒危等级：LC
- 资源利用：原料（纤维）；药用（中草药）

无苞香蒲
Typha laxmannii Lepech.

无苞香蒲（原变种）
Typha laxmannii var. **laxmannii**
- 习　　性：多年生沼生或水生草本
- 海　　拔：500 ~ 1100 m
- 国内分布：甘肃、河北、河南、黑龙江、吉林、江苏、辽宁、内蒙古、宁夏、青海、山东、山西、陕西、四川、新疆
- 国外分布：阿富汗、巴基斯坦、俄罗斯、哈萨克斯坦、吉尔吉斯斯坦、蒙古、日本、塔吉克斯坦、土库曼斯坦、乌兹别克斯坦
- 濒危等级：DD

蒙古拉香蒲
Typha laxmannii var. **mongolica** Kronf.
- 习　　性：多年生沼生或水生草本
- 国内分布：天津
- 国外分布：蒙古

短序香蒲
Typha lugdunensis P. Chabert
- 习　　性：多年生水生草本
- 国内分布：河北、内蒙古、山东、新疆
- 国外分布：亚洲北部及西南部、欧洲
- 濒危等级：LC

小香蒲
Typha minima Funck ex Hoppe
- 习　　性：多年生沼生或水生草本
- 海　　拔：2400 m 以下
- 国内分布：甘肃、河北、河南、黑龙江、湖北、吉林、辽宁、内蒙古、山东、山西、陕西、四川、新疆
- 国外分布：阿富汗、巴基斯坦、俄罗斯、哈萨克斯坦、吉尔吉斯斯坦、蒙古、塔吉克斯坦、土库曼斯坦、乌兹别克斯坦
- 濒危等级：LC

东方香蒲
Typha orientalis C. Presl
- 习　　性：多年生水生或沼生草本
- 海　　拔：700 ~ 2100 m
- 国内分布：安徽、广东、贵州、河北、河南、黑龙江、湖北、吉林、江苏、江西、辽宁、内蒙古、山东、山西、陕西、台湾、云南、浙江
- 国外分布：澳大利亚、朝鲜、俄罗斯、菲律宾、蒙古、缅甸、日本
- 濒危等级：LC
- 资源利用：药用（中草药）；环境利用（观赏）；食品（蔬菜）

球序香蒲
Typha pallida Pobed.
- 习　　性：多年生沼生或水生草本
- 国内分布：河北、内蒙古、新疆
- 国外分布：中亚
- 濒危等级：LC

普香蒲
Typha przewalskii Skvortsov
- 习　　性：多年生水生或沼生草本
- 分　　布：黑龙江、吉林、辽宁
- 濒危等级：LC

榆科 ULMACEAE
（3属：35种）

刺榆属 **Hemiptelea** Planch.

刺榆
Hemiptelea davidii (Hance) Planch.
- 习　　性：灌木或乔木
- 海　　拔：2000 m 以下
- 国内分布：安徽、甘肃、广西、河北、河南、湖北、湖南、吉林、江苏、江西、辽宁、内蒙古、山东、山西、陕西、浙江
- 国外分布：朝鲜；欧洲、北美洲栽培
- 濒危等级：LC
- 资源利用：原料（纤维，木材，工业用油）；食用（嫩芽）

榆属 Ulmus L.

美国榆
Ulmus americana L.
- 习　　性：落叶乔木
- 国内分布：北京、江苏、山东栽培
- 国外分布：原产北美洲
- 资源利用：环境利用（绿化）

毛枝榆
Ulmus androssowii (C. K. Schneid.) P. H. Huang
- 习　　性：乔木
- 海　　拔：1200~2800 m
- 国内分布：四川、西藏、云南
- 国外分布：尼泊尔、印度
- 濒危等级：LC
- 资源利用：原料（木材）

兴山榆
Ulmus bergmanniana C. K. Schneid.

兴山榆（原变种）
Ulmus bergmanniana var. **bergmanniana**
- 习　　性：乔木
- 海　　拔：1500~2600 m
- 分　　布：安徽、甘肃、河南、湖北、湖南、江西、山西、陕西、四川、云南、浙江
- 濒危等级：LC
- 资源利用：原料（木材）

蜀榆
Ulmus bergmanniana var. **lasiophylla** C. K. Schneid.
- 习　　性：乔木
- 海　　拔：2100~2900 m
- 分　　布：甘肃、陕西、四川、西藏、云南
- 濒危等级：LC
- 资源利用：原料（木材）

多脉榆
Ulmus castaneifolia Hemsl.
- 习　　性：乔木
- 海　　拔：500~1600 m
- 分　　布：安徽、福建、广东、广西、贵州、湖北、湖南、江西、四川、云南、浙江
- 濒危等级：LC
- 资源利用：原料（木材）

杭州榆
Ulmus changii W. C. Cheng
- 习　　性：乔木
- 海　　拔：200~1800 m
- 分　　布：安徽、福建、广西、贵州、湖北、湖南、江苏、江西、四川、云南、浙江
- 濒危等级：LC
- 资源利用：原料（木材）

琅琊榆
Ulmus chenmoui W. C. Cheng
- 习　　性：乔木
- 海　　拔：100~200 m
- 分　　布：安徽、江苏
- 濒危等级：EN A2c；B1ab (i, iii)
- 资源利用：环境利用（观赏）

黑榆
Ulmus davidiana Planch.

黑榆（原变种）
Ulmus davidiana var. **davidiana**
- 习　　性：灌木或小乔木
- 海　　拔：2300 m 以下
- 分　　布：河北、河南、辽宁、山西、陕西
- 濒危等级：LC
- 资源利用：原料（木材）

春榆
Ulmus davidiana var. **japonica** (Rehder) Nakai
- 习　　性：灌木或小乔木
- 海　　拔：2300 m 以下
- 国内分布：安徽、甘肃、河北、河南、黑龙江、湖北、吉林、辽宁、内蒙古、宁夏、青海、山东、山西、陕西、浙江
- 国外分布：朝鲜、俄罗斯、蒙古、日本
- 濒危等级：LC
- 资源利用：原料（木材）

长序榆
Ulmus elongata L. K. Fu et C. S. Ding
- 习　　性：乔木
- 海　　拔：200~900 m
- 分　　布：安徽、福建、江西、浙江
- 濒危等级：EN A2c；C1
- 国家保护：II 级
- 资源利用：环境利用（观赏）

醉翁榆
Ulmus gaussenii W. C. Cheng
- 习　　性：乔木
- 海　　拔：约 70 m
- 分　　布：安徽、江苏
- 濒危等级：EN B1ab (i, iii) +2ab (i, iii)；D
- 资源利用：药用（中草药）；原料（化工，木材）；环境利用（观赏）

旱榆
Ulmus glaucescens Franch.

旱榆（原变种）
Ulmus glaucescens var. **glaucescens**
- 习　　性：灌木或小乔木
- 海　　拔：2000~2400 m
- 分　　布：甘肃、河北、河南、辽宁、内蒙古、宁夏、青海、山东、山西、陕西
- 濒危等级：LC
- 资源利用：原料（木材）

毛果旱榆
Ulmus glaucescens var. **lasiocarpa** Rehder
- 习　　性：灌木或小乔木
- 海　　拔：2500~2600 m
- 分　　布：河北、河南、内蒙古、宁夏、青海、山西、陕西

濒危等级：LC

哈尔滨榆
Ulmus harbinensis S. Q. Nie et K. Q. Huang
- 习　　性：乔木
- 分　　布：黑龙江
- 濒危等级：DD

昆明榆
Ulmus kunmingensis W. C. Cheng
- 习　　性：乔木
- 海　　拔：600~1800 m
- 分　　布：广西、贵州、四川、云南
- 濒危等级：LC
- 资源利用：原料（木材）

裂叶榆
Ulmus laciniata(Trautv.) Mayr
- 习　　性：乔木
- 海　　拔：700~2200 m
- 国内分布：河北、河南、黑龙江、吉林、辽宁、内蒙古、山西、陕西
- 国外分布：朝鲜、俄罗斯、日本
- 濒危等级：LC
- 资源利用：原料（木材）；环境利用（观赏）

脱皮榆
Ulmus lamellosa C. Wang et S. L. Chang
- 习　　性：落叶小乔木
- 海　　拔：约1200 m
- 分　　布：河北、河南、内蒙古、山西
- 濒危等级：VU A2c

常绿榆
Ulmus lanceifolia Roxb.
- 习　　性：乔木
- 海　　拔：300~1500 m
- 国内分布：广西、海南、云南
- 国外分布：不丹、老挝、缅甸、泰国、印度、越南
- 濒危等级：LC
- 资源利用：原料（木材）

大果榆
Ulmus macrocarpa Hance

大果榆（原变种）
Ulmus macrocarpa var. **macrocarpa**
- 习　　性：灌木或乔木
- 海　　拔：700~1800 m
- 国内分布：安徽、甘肃、河北、河南、黑龙江、湖北、吉林、江苏、辽宁、内蒙古、青海、山东、山西、陕西
- 国外分布：朝鲜、俄罗斯、蒙古
- 濒危等级：LC
- 资源利用：药用（中草药）；原料（化工，木材）

光秃大果榆
Ulmus macrocarpa var. **glabra** S. Q. Nie et K. Q. Huang
- 习　　性：灌木或乔木
- 分　　布：黑龙江

濒危等级：DD

绵竹榆
Ulmus mianzhuensis T. P. Yi et L. Yang
- 习　　性：落叶乔木
- 分　　布：四川
- 濒危等级：LC

小果榆
Ulmus microcarpa L. K. Fu
- 习　　性：乔木
- 海　　拔：约2800 m
- 分　　布：西藏
- 濒危等级：CR B1ab（i, iii）；D

榔榆
Ulmus parvifolia Jacq.
- 习　　性：乔木
- 海　　拔：800 m以下
- 国内分布：安徽、福建、广东、广西、贵州、河北、河南、湖北、湖南、江苏、江西、山东、山西、陕西、四川、台湾、浙江
- 国外分布：韩国、日本、印度、越南
- 濒危等级：LC
- 资源利用：药用（中草药）；原料（蜡纸，纤维，木材）；环境利用（观赏）

李叶榆
Ulmus prunifolia W. C. Cheng et L. K. Fu
- 习　　性：乔木
- 海　　拔：1000~1500 m
- 分　　布：重庆、湖北
- 濒危等级：VU B2ab（ii, v）
- 资源利用：原料（木材）

假春榆
Ulmus pseudopropinqua F. T. Wang et Q. T. Li
- 习　　性：乔木
- 分　　布：黑龙江
- 濒危等级：NT B1ab（i, iii）

榆树
Ulmus pumila L.

榆树（原变种）
Ulmus pumila var. **pumila**
- 习　　性：乔木
- 海　　拔：1000~2500 m
- 国内分布：甘肃、河北、河南、黑龙江、吉林、辽宁、内蒙古、宁夏、青海、山东、山西、陕西、四川、西藏、新疆
- 国外分布：朝鲜、俄罗斯、蒙古
- 濒危等级：LC
- 资源利用：环境利用（绿化）；食用（幼果）

细枝榆
Ulmus pumila var. **gracia** S. Y. Wang
- 习　　性：乔木
- 分　　布：河南

濒危等级：LC

锡盟沙地榆
Ulmus pumila var. **sabulosa** J. H. Guo, Yu S. Li et J. H. Li
- 习　性：乔木
- 海　拔：约 1000 m
- 分　布：内蒙古
- 濒危等级：EN B1ab（i, iii）

红果榆
Ulmus szechuanica W. P. Fang
- 习　性：乔木
- 分　布：安徽、江苏、江西、四川、浙江
- 濒危等级：LC
- 资源利用：原料（木材）；环境利用（绿化，观赏）

阿里山榆
Ulmus uyematsui Hayata
- 习　性：乔木
- 海　拔：800~2500 m
- 分　布：台湾
- 濒危等级：LC
- 资源利用：原料（木材）

榉属 Zelkova Spach

大叶榉树
Zelkova schneideriana Hand.-Mazz.
- 习　性：乔木
- 海　拔：200~2800 m
- 分　布：安徽、福建、甘肃、广东、广西、贵州、河南、湖北、湖南、江苏、江西、陕西、四川、西藏、云南、浙江
- 濒危等级：NT
- 国家保护：Ⅱ级
- 资源利用：原料（纤维，木材）

榉树
Zelkova serrata（Thunb.）Makino
- 习　性：乔木
- 海　拔：500~2000 m
- 国内分布：安徽、福建、甘肃、广东、河南、湖北、湖南、江苏、江西、辽宁、山东、陕西、台湾、浙江
- 国外分布：朝鲜、俄罗斯、日本
- 濒危等级：LC
- 资源利用：药用（中草药）；原料（纤维）

大果榉
Zelkova sinica C. K. Schneid.

大果榉（原变种）
Zelkova sinica var. **sinica**
- 习　性：乔木
- 海　拔：800~2500 m
- 分　布：甘肃、河北、河南、湖北、山西、陕西、四川
- 濒危等级：LC

黔南榉
Zelkova sinica var. **australis** Hand.-Mazz.
- 习　性：乔木
- 分　布：贵州
- 濒危等级：LC

荨麻科 URTICACEAE
（26 属：574 种）

舌柱麻属 Archiboehmeria C. J. Chen

舌柱麻
Archiboehmeria atrata（Gagnep.）C. J. Chen
- 习　性：灌木或亚灌木
- 海　拔：300~1500 m
- 国内分布：广东、广西、海南、湖南
- 国外分布：越南
- 濒危等级：VU A2c；B1ab（i, iii）
- 资源利用：原料（纤维）

苎麻属 Boehmeria Jacq.

异叶苎麻
Boehmeria allophylla W. T. Wang
- 习　性：多年生草本
- 海　拔：约 200 m
- 分　布：广西
- 濒危等级：NT B1ab（iii）

阴地苎麻
Boehmeria bicuspis C. J. Chen
- 习　性：多年生草本
- 海　拔：1100~2600 m
- 分　布：广西、贵州、四川、西藏、云南
- 濒危等级：LC

白面苎麻
Boehmeria clidemioides Miq.

白面苎麻（原变种）
Boehmeria clidemioides var. **clidemioides**
- 习　性：多年生草本或亚灌木
- 海　拔：1000~2500 m
- 国内分布：广西、西藏、云南
- 国外分布：不丹、老挝、马来西亚、缅甸、尼泊尔、印度、印度尼西亚、越南
- 濒危等级：LC

序叶苎麻
Boehmeria clidemioides var. **diffusa**（Wedd.）Hand.-Mazz.
- 习　性：多年生草本或亚灌木
- 海　拔：200~2400 m
- 国内分布：安徽、福建、甘肃、广东、广西、贵州、湖北、湖南、江西、陕西、四川、云南、浙江
- 国外分布：不丹、老挝、缅甸、尼泊尔、印度、越南
- 濒危等级：LC
- 资源利用：药用（中草药）；动物饲料（饲料）

锥序苎麻
Boehmeria conica C. J. Chen et al.

习　　性：灌木
海　　拔：1200～2000 m
国内分布：西藏、云南
国外分布：印度
濒危等级：LC

密花苎麻
Boehmeria densiflora Hook. et Arn.
习　　性：灌木
海　　拔：100～1200 m
国内分布：广东、台湾
国外分布：菲律宾、日本
濒危等级：LC

密球苎麻
Boehmeria densiglomerata W. T. Wang
习　　性：多年生草本或亚灌木
海　　拔：200～1200 m
分　　布：福建、广东、广西、贵州、湖北、湖南、江西、四川、云南
濒危等级：LC
资源利用：药用（中草药）

长序苎麻
Boehmeria dolichostachya W. T. Wang

长序苎麻（原变种）
Boehmeria dolichostachya var. **dolichostachya**
习　　性：亚灌木
海　　拔：100～1300 m
分　　布：广东、广西、贵州
濒危等级：LC

柔毛苎麻
Boehmeria dolichostachya var. **mollis**（W. T. Wang）W. T. Wang et C. J. Chen
习　　性：亚灌木
海　　拔：500～700 m
分　　布：广东、广西、贵州
濒危等级：LC

海岛苎麻
Boehmeria formosana Hayata

海岛苎麻（原变种）
Boehmeria formosana var. **formosana**
习　　性：多年生草本或亚灌木
海　　拔：100～1400 m
国内分布：安徽、福建、广东、广西、贵州、湖南、江西、台湾、浙江
国外分布：日本
濒危等级：LC

福州苎麻
Boehmeria formosana var. **stricta**（C. H. Wright）C. J. Chen
习　　性：多年生草本或亚灌木
海　　拔：约100 m
分　　布：福建、广东、台湾、浙江
濒危等级：LC

腋球苎麻
Boehmeria glomerulifera Miq.
习　　性：灌木或小乔木
海　　拔：100～1400 m
国内分布：广西、西藏、云南
国外分布：不丹、老挝、缅甸、斯里兰卡、泰国、印度、印度尼西亚、越南
濒危等级：LC

细序苎麻
Boehmeria hamiltoniana Wedd.
习　　性：灌木
海　　拔：约700 m
国内分布：云南
国外分布：不丹、缅甸、尼泊尔、泰国、印度、印度尼西亚
濒危等级：LC

盈江苎麻
Boehmeria ingjiangensis W. T. Wang
习　　性：灌木
海　　拔：约300 m
分　　布：云南
濒危等级：LC

野线麻
Boehmeria japonica（L. f.）Miq.
习　　性：多年生草本或亚灌木
海　　拔：300～1300 m
国内分布：安徽、福建、广东、广西、贵州、河南、湖北、湖南、江苏、江西、山东、陕西、四川、台湾、云南、浙江
国外分布：日本
濒危等级：LC

北越苎麻
Boehmeria lanceolata Ridl.
习　　性：灌木
海　　拔：200～1300 m
国内分布：海南、云南
国外分布：马来西亚、越南
濒危等级：LC

纤穗苎麻
Boehmeria leptostachya Friis et Wilmot-Dear
习　　性：亚灌木
国内分布：云南
国外分布：泰国、印度尼西亚
濒危等级：LC

藏南苎麻
Boehmeria listeri Friis et Wilmot-Dear
习　　性：灌木或乔木
国内分布：西藏
国外分布：孟加拉国、缅甸、印度
濒危等级：LC

琼海苎麻
Boehmeria lohuiensis S. S. Chien
习　　性：灌木

海　　拔：约 200 m
分　　布：海南
濒危等级：NT A3c

水苎麻
Boehmeria macrophylla Hornem.

水苎麻（原变种）
Boehmeria macrophylla var. **macrophylla**
习　　性：多年生草本或亚灌木
海　　拔：1800~3000 m
国内分布：广东、广西、贵州、西藏、云南、浙江
国外分布：不丹、老挝、缅甸、尼泊尔、斯里兰卡、泰国、印度、印度尼西亚、越南
濒危等级：LC
资源利用：药用（中草药，兽药）；原料（纤维）

灰绿水苎麻
Boehmeria macrophylla var. **canescens**(Wedd.) D. G. Long
习　　性：多年生草本或亚灌木
海　　拔：400~1000 m
国内分布：广西、云南
国外分布：不丹、尼泊尔、印度
濒危等级：LC

圆叶苎麻
Boehmeria macrophylla var. **rotundifolia**(D. Don) W. T. Wang
习　　性：多年生草本或亚灌木
海　　拔：1700~2100 m
国内分布：西藏、云南
国外分布：尼泊尔、印度
濒危等级：LC

糙叶苎麻
Boehmeria macrophylla var. **scabrella**(Roxb.) D. G. Long
习　　性：多年生草本或亚灌木
海　　拔：200~1300 m
国内分布：广东、广西、贵州、西藏、云南
国外分布：不丹、老挝、尼泊尔、斯里兰卡、泰国、印度、印度尼西亚、越南
濒危等级：LC
资源利用：药用（中草药）；原料（纤维）

苎麻
Boehmeria nivea(L.) Gaudich.

苎麻（原变种）
Boehmeria nivea var. **nivea**
习　　性：亚灌木或灌木
海　　拔：200~1700 m
国内分布：福建、广东、广西、贵州、湖北、江西、四川、台湾、云南、浙江；甘肃、河南、陕西栽培
国外分布：不丹、柬埔寨、老挝、尼泊尔、日本、泰国、印度、印度尼西亚、越南
濒危等级：LC
资源利用：药用（中草药）；原料（纤维，工业用油）；动物饲料（饲料）

青叶苎麻
Boehmeria nivea var. **tenacissima**(Gaudich.) Miq.
习　　性：亚灌木或灌木

海　　拔：200~1200 m
国内分布：安徽、福建、广东、广西、贵州、海南、湖北、湖南、江西、四川、台湾、云南、浙江
国外分布：朝鲜、老挝、日本、泰国、印度尼西亚、越南
濒危等级：LC

长叶苎麻
Boehmeria penduliflora Wedd. ex D. G. Long
习　　性：亚灌木
海　　拔：500~2000 m
国内分布：广西、贵州、四川、西藏、云南
国外分布：不丹、老挝、缅甸、尼泊尔、泰国、印度、越南
资源利用：药用（中草药）；原料（纤维）

疏毛苎麻
Boehmeria pilosiuscula(Blume) Hassk.
习　　性：多年生草本或亚灌木
海　　拔：700~1500 m
国内分布：海南、台湾、云南
国外分布：泰国、印度尼西亚
濒危等级：LC

八角麻
Boehmeria platanifolia(Maxim.) C. H. Wright
习　　性：亚灌木或多年生草本
海　　拔：500~1400 m
国内分布：安徽、福建、甘肃、广东、广西、贵州、河北、河南、湖北、湖南、江苏、江西、山东、山西、陕西、四川、浙江
国外分布：朝鲜、日本
濒危等级：LC
资源利用：原料（纤维）

歧序苎麻
Boehmeria polystachya Wedd.
习　　性：灌木
海　　拔：2100~2700 m
国内分布：西藏
国外分布：不丹、尼泊尔、印度
濒危等级：LC

八棱麻
Boehmeria siamensis Craib
习　　性：灌木或小乔木
海　　拔：400~1800 m
国内分布：广西、贵州、云南
国外分布：老挝、缅甸、泰国、越南
濒危等级：LC
资源利用：药用（中草药）

赤麻
Boehmeria silvestrii(Pamp.) W. T. Wang
习　　性：多年生草本或亚灌木
海　　拔：700~2600 m
国内分布：甘肃、河北、河南、湖北、吉林、辽宁、山东、陕西、四川
国外分布：朝鲜、日本
濒危等级：LC
资源利用：原料（纤维）

小赤麻
Boehmeria spicata(Thunb.)Thunb.
- 习　　性：多年生草本或亚灌木
- 海　　拔：100~1600 m
- 国内分布：安徽、福建、甘肃、贵州、河北、河南、湖北、湖南、吉林、江苏、江西、辽宁、内蒙古、山东、山西、陕西、四川、浙江
- 国外分布：朝鲜、日本
- 濒危等级：LC

密毛苎麻
Boehmeria tomentosa Wedd.
- 习　　性：灌木
- 海　　拔：1500~2400 m
- 国内分布：四川、云南
- 国外分布：不丹、尼泊尔、印度
- 濒危等级：LC
- 资源利用：原料（纤维）

帚序苎麻
Boehmeria zollingeriana Wedd.

帚序苎麻（原变种）
Boehmeria zollingeriana var. **zollingeriana**
- 习　　性：灌木或小乔木
- 海　　拔：400~1200 m
- 国内分布：云南
- 国外分布：老挝、缅甸、泰国、印度、印度尼西亚、越南
- 濒危等级：LC

黔桂苎麻
Boehmeria zollingeriana var. **blinii**(H. Lév.)C. J. Chen
- 习　　性：灌木或小乔木
- 海　　拔：100~1000 m
- 国内分布：广西、贵州
- 国外分布：泰国、越南
- 濒危等级：LC

柄果苎麻
Boehmeria zollingeriana var. **podocarpa**(W. T. Wang)W. T. Wang et C. J. Chen
- 习　　性：灌木或小乔木
- 海　　拔：300~1000 m
- 分　　布：台湾
- 濒危等级：LC

微柱麻属 Chamabainia Wight

微柱麻
Chamabainia cuspidata Wight
- 习　　性：草本
- 海　　拔：1000~2900 m
- 国内分布：福建、广西、贵州、湖北、湖南、江西、四川、台湾、西藏、云南
- 国外分布：不丹、缅甸、尼泊尔、斯里兰卡、印度、印度尼西亚、越南
- 濒危等级：LC
- 资源利用：药用（中草药）

瘤冠麻属 Cypholophus Wedd.

瘤冠麻
Cypholophus moluccanus(Blume)Miq.
- 习　　性：灌木
- 海　　拔：200 m以下
- 国内分布：台湾
- 国外分布：菲律宾、印度尼西亚
- 濒危等级：NT
- 资源利用：原料（纤维）

水麻属 Debregeasia Gaudich.

椭圆叶水麻
Debregeasia elliptica C. J. Chen
- 习　　性：灌木或小乔木
- 海　　拔：100~1900 m
- 国内分布：广西、云南
- 国外分布：越南
- 濒危等级：LC

长叶水麻
Debregeasia longifolia(Burm. f.)Wedd.
- 习　　性：灌木或小乔木
- 海　　拔：500~3200 m
- 国内分布：甘肃、广东、广西、贵州、湖北、陕西、四川、西藏、云南
- 国外分布：不丹、菲律宾、柬埔寨、老挝、马来西亚、孟加拉国、缅甸、尼泊尔、斯里兰卡、印度、越南
- 濒危等级：LC
- 资源利用：原料（纤维）

水麻
Debregeasia orientalis C. J. Chen
- 习　　性：灌木
- 海　　拔：300~2800 m
- 国内分布：甘肃、广西、贵州、湖北、湖南、陕西、四川、台湾、西藏、云南
- 国外分布：不丹、尼泊尔、日本、印度
- 濒危等级：LC
- 资源利用：原料（纤维）；动物饲料（饲料）；食品（水果）

柳叶水麻
Debregeasia saeneb(Forssk.)Hepper et Wood
- 习　　性：灌木或小乔木
- 海　　拔：1700~2300 m
- 国内分布：西藏、新疆
- 国外分布：阿富汗、克什米尔地区、尼泊尔、也门、伊朗
- 濒危等级：LC

鳞片水麻
Debregeasia squamata King ex Hook. f.
- 习　　性：灌木
- 海　　拔：100~1500 m
- 国内分布：福建、广东、广西、贵州、海南、云南
- 国外分布：马来西亚、泰国、印度尼西亚、越南
- 濒危等级：LC

长序水麻
Debregeasia wallichiana(Wedd.)Wedd.
 习 性：灌木或小乔木
 海 拔：约 800 m
 国内分布：云南
 国外分布：不丹、柬埔寨、孟加拉国东部、缅甸、尼泊尔、斯里兰卡、泰国、印度
 濒危等级：LC

火麻树属 Dendrocnide Miq.

圆基火麻树
Dendrocnide basirotunda(C. Y. Wu)Chew
 习 性：乔木
 海 拔：1000~1200 m
 国内分布：云南
 国外分布：缅甸、泰国
 濒危等级：VU A3c

红头咬人狗
Dendrocnide kotoensis(Hayata ex Yamam.)B. L. Shih et Yuen P. Yang
 习 性：乔木
 海 拔：100?~200 m
 分 布：台湾
 濒危等级：NT

咬人狗
Dendrocnide meyeniana(Walp.)Chew
 习 性：乔木
 海 拔：100~500 m
 国内分布：台湾
 国外分布：菲律宾
 濒危等级：LC

全缘火麻树
Dendrocnide sinuata(Blume)Chew
 习 性：灌木或小乔木
 海 拔：300~800 m
 国内分布：广东、广西、海南、西藏、云南
 国外分布：马来西亚、缅甸、斯里兰卡、泰国、印度
 濒危等级：LC

海南火麻树
Dendrocnide stimulans(L. f.)Chew
 习 性：灌木或小乔木
 海 拔：100~600 m
 国内分布：广东、海南、台湾
 国外分布：菲律宾、老挝、马来西亚、泰国、印度尼西亚、越南
 濒危等级：LC

火麻树
Dendrocnide urentissima(Gagnep.)Chew
 习 性：乔木
 海 拔：800~1300 m
 国内分布：广西、云南
 国外分布：越南
 濒危等级：LC

单蕊麻属 Droguetia Gaudich.

单蕊麻
Droguetia iners(Wight)Friis et Wilmot-Dear
 习 性：多年生草本
 海 拔：1500~2500 m
 国内分布：台湾、云南
 国外分布：印度、印度尼西亚
 濒危等级：LC

楼梯草属 Elatostema J. R. Forst. et G. Forst.

杂交楼梯草
Elatostema × hybrida Yu H. Tseng et J. M. Hu
 习 性：多年生草本
 海 拔：约 180 m
 分 布：台湾

辐脉楼梯草
Elatostema actinodromum W. T. Wang
 习 性：多年生草本
 海 拔：约 2200 m
 分 布：云南
 濒危等级：LC

辐毛楼梯草
Elatostema actinotrichum W. T. Wang
 习 性：多年生草本
 分 布：广西
 濒危等级：LC

渐尖楼梯草
Elatostema acuminatum(Poir.)Brongn.

渐尖楼梯草（原变种）
Elatostema acuminatum var. **acuminatum**
 习 性：亚灌木
 海 拔：500~1500 m
 国内分布：广东、海南、云南
 国外分布：不丹、马来西亚、缅甸、尼泊尔、泰国、印度、印度尼西亚、越南
 濒危等级：LC

短齿渐尖楼梯草
Elatostema acuminatum var. **striolatum** W. T. Wang
 习 性：亚灌木
 海 拔：约 1900 m
 分 布：云南
 濒危等级：LC

台湾楼梯草
Elatostema acuteserratum B. L. Shih et Yuen P. Yang
 习 性：多年生草本
 分 布：台湾
 濒危等级：VU D2

尖被楼梯草
Elatostema acutitepalum W. T. Wang

习　　性：多年生草本
海　　拔：约 1300 m
分　　布：云南
濒危等级：LC

腺点楼梯草
Elatostema adenophorum W. T. Wang

腺点楼梯草（原变种）
Elatostema adenophorum var. **adenophorum**
习　　性：多年生草本
分　　布：云南
濒危等级：LC

无苞腺点楼梯草
Elatostema adenophorum var. **gymnocephalum** W. T. Wang
习　　性：多年生草本
分　　布：云南
濒危等级：LC

白托叶楼梯草
Elatostema albistipulum W. T. Wang
习　　性：多年生草本
分　　布：云南
濒危等级：LC

拟疏毛楼梯草
Elatostema albopilosoides Q. Lin et L. D. Duan
习　　性：多年生草本
海　　拔：700~800 m
分　　布：贵州
濒危等级：LC

疏毛楼梯草
Elatostema albopilosum W. T. Wang
习　　性：多年生草本
海　　拔：1200~2500 m
分　　布：广西、四川、云南
濒危等级：LC

展毛楼梯草
Elatostema albovillosum W. T. Wang
习　　性：多年生草本
分　　布：广西
濒危等级：LC

翅苞楼梯草
Elatostema aliferum W. T. Wang
习　　性：多年生草本
海　　拔：2100~2500 m
分　　布：西藏、云南
濒危等级：VU A2c

桤叶楼梯草
Elatostema alnifolium W. T. Wang
习　　性：多年生草本
海　　拔：约 1200 m
分　　布：云南
濒危等级：LC

雄穗楼梯草
Elatostema androstachyum W. T. Wang, A. K. Monro et Y. G. Wei
习　　性：多年生草本
海　　拔：约 300 m
分　　布：广西
濒危等级：LC

棱茎楼梯草
Elatostema angulaticaule W. T. Wang et Y. G. Wei

棱茎楼梯草（原变种）
Elatostema angulaticaule var. **angulaticaule**
习　　性：多年生草本
分　　布：广西
濒危等级：LC

毛棱茎楼梯草
Elatostema angulaticaule var. **lasiocladum** W. T. Wang et Y. G. Wei
习　　性：多年生草本
分　　布：广西
濒危等级：LC

翅棱楼梯草
Elatostema angulosum W. T. Wang
习　　性：多年生草本
海　　拔：900~1400 m
分　　布：四川
濒危等级：LC

狭苞楼梯草
Elatostema angustibracteum W. T. Wang
习　　性：多年生草本
海　　拔：300~400 m
分　　布：云南
濒危等级：LC

狭被楼梯草
Elatostema angustitepalum W. T. Wang
习　　性：多年生草本
海　　拔：1300~1400 m
分　　布：西藏
濒危等级：LC

厚苞楼梯草
Elatostema apicicrassum W. T. Wang
习　　性：多年生草本或灌木
海　　拔：约 2300 m
分　　布：云南
濒危等级：LC

曲梗楼梯草
Elatostema arcuatipes W. T. Wang
习　　性：多年生草本
分　　布：贵州
濒危等级：LC

星序楼梯草
Elatostema asterocephalum W. T. Wang
习　　性：多年生草本
海　　拔：约 500 m

分　　布：广西
濒危等级：LC

深紫楼梯草
Elatostema atropurpureum Gagnep.
　　习　　性：多年生草本
　　海　　拔：约1400 m
　　国内分布：云南
　　国外分布：越南
　　濒危等级：LC

黑纹楼梯草
Elatostema atrostriatum W. T. Wang et Y. G. Wei
　　习　　性：多年生草本
　　分　　布：广西
　　濒危等级：LC

深绿楼梯草
Elatostema atroviride W. T. Wang

深绿楼梯草（原变种）
Elatostema atroviride var. **atroviride**
　　习　　性：多年生草本
　　海　　拔：200~1500 m
　　国内分布：广西、贵州
　　国外分布：越南
　　濒危等级：LC

疏瘤深绿楼梯草
Elatostema atroviride var. **laxituberculatum** W. T. Wang
　　习　　性：多年生草本
　　分　　布：广西
　　濒危等级：LC

拟渐狭楼梯草
Elatostema attenuatoides W. T. Wang
　　习　　性：多年生草本
　　海　　拔：200~300 m
　　分　　布：云南
　　濒危等级：LC

渐狭楼梯草
Elatostema attenuatum W. T. Wang
　　习　　性：多年生草本
　　海　　拔：400~800 m
　　分　　布：云南
　　濒危等级：VU A2c

耳状楼梯草
Elatostema auriculatum W. T. Wang

耳状楼梯草（原变种）
Elatostema auriculatum var. **auriculatum**
　　习　　性：多年生草本
　　海　　拔：800~2200 m
　　分　　布：西藏、云南
　　濒危等级：LC

毛茎耳状楼梯草
Elatostema auriculatum var. **strigosum** W. T. Wang
　　习　　性：多年生草本
　　海　　拔：800~1800 m
　　分　　布：西藏
　　濒危等级：LC

滇南楼梯草
Elatostema austroyunnanense W. T. Wang
　　习　　性：多年生草本
　　海　　拔：约600 m
　　分　　布：云南
　　濒危等级：LC

百色楼梯草
Elatostema baiseense W. T. Wang
　　习　　性：亚灌木
　　海　　拔：约300 m
　　分　　布：广西
　　濒危等级：LC

华南楼梯草
Elatostema balansae Gagnep.

华南楼梯草（原变种）
Elatostema balansae var. **balansae**
　　习　　性：多年生草本
　　海　　拔：300~2400 m
　　国内分布：广东、广西、贵州、湖南、四川、西藏、云南
　　国外分布：马来西亚、泰国、越南
　　濒危等级：LC

硬毛华南楼梯草
Elatostema balansae var. **hispidum** W. T. Wang
　　习　　性：多年生草本
　　分　　布：云南
　　濒危等级：LC

巴马楼梯草
Elatostema bamaense W. T. Wang et Y. G. Wei
　　习　　性：多年生草本
　　分　　布：广西
　　濒危等级：LC

背崩楼梯草
Elatostema beibengense W. T. Wang
　　习　　性：亚灌木
　　海　　拔：1700~2100 m
　　分　　布：西藏
　　濒危等级：VU A2c

二形苞楼梯草
Elatostema biformibracteolatum W. T. Wang
　　习　　性：多年生草本
　　分　　布：贵州
　　濒危等级：LC

叉序楼梯草
Elatostema biglomeratum W. T. Wang
　　习　　性：亚灌木
　　海　　拔：约100 m
　　国内分布：云南

国外分布：不丹
濒危等级：LC

对序楼梯草
Elatostema binatum W. T. Wang et Y. G. Wei
习　　性：多年生草本
分　　布：广西
濒危等级：EN A3c

二脉楼梯草
Elatostema binerve W. T. Wang
习　　性：多年生草本
海　　拔：500 m
分　　布：云南
濒危等级：LC

双对生楼梯草
Elatostema bioppositum L. D. Duan et Y. Lin
习　　性：多年生草本
海　　拔：400~600 m
分　　布：广西
濒危等级：LC

苎麻楼梯草
Elatostema boehmerioides W. T. Wang
习　　性：亚灌木
海　　拔：800~900 m
分　　布：西藏
濒危等级：LC

波密楼梯草
Elatostema bomiense W. T. Wang et Zeng Y. Wu
习　　性：草本
海　　拔：约2500 m
分　　布：西藏
濒危等级：LC

短齿楼梯草
Elatostema brachyodontum (Hand.-Mazz.) W. T. Wang
习　　性：多年生草本
海　　拔：500~2100 m
国内分布：广西、贵州、湖北、湖南、四川、云南
国外分布：越南
濒危等级：LC
资源利用：药用（中草药）

显苞楼梯草
Elatostema bracteosum W. T. Wang
习　　性：多年生草本
海　　拔：400~500 m
分　　布：贵州
濒危等级：LC

短尖楼梯草
Elatostema breviacuminatum W. T. Wang
习　　性：多年生草本
海　　拔：700~800 m
分　　布：云南
濒危等级：LC

短尾楼梯草
Elatostema brevicaudatum (W. T. Wang) W. T. Wang
习　　性：多年生草本
分　　布：广西
濒危等级：LC

短梗楼梯草
Elatostema brevipedunculatum W. T. Wang
习　　性：多年生草本
海　　拔：约2600 m
分　　布：云南
濒危等级：VU B2ab（i, iii, v）

褐脉楼梯草
Elatostema brunneinerve W. T. Wang

褐脉楼梯草（原变种）
Elatostema brunneinerve var. **brunneinerve**
习　　性：多年生草本
海　　拔：约1300 m
分　　布：广西
濒危等级：DD

乳突褐脉楼梯草
Elatostema brunneinerve var. **papillosum** W. T. Wang
习　　性：多年生草本
海　　拔：1700 m
分　　布：云南
濒危等级：LC

褐苞楼梯草
Elatostema brunneobracteolatum W. T. Wang
习　　性：多年生草本
分　　布：云南
濒危等级：LC

褐纹楼梯草
Elatostema brunneostriolatum W. T. Wang
习　　性：多年生草本
海　　拔：约1500 m
分　　布：云南
濒危等级：LC

瀑布楼梯草
Elatostema cataractum L. D. Duan et Q. Lin
习　　性：多年生草本
分　　布：贵州
濒危等级：LC

长渐尖楼梯草
Elatostema caudatoacuminatum W. T. Wang
习　　性：多年生草本
海　　拔：约900 m
分　　布：云南
濒危等级：LC

尾苞楼梯草
Elatostema caudiculatum W. T. Wang
习　　性：多年生草本
分　　布：云南

濒危等级：LC

毛翅楼梯草
Elatostema celingense W. T. Wang, Y. G. Wei et A. K. Monro
习　　性：多年生草本
分　　布：广西
濒危等级：LC

启无楼梯草
Elatostema chiwuanum W. T. Wang
习　　性：多年生草本
海　　拔：约 1500 m
分　　布：云南
濒危等级：LC

茨开楼梯草
Elatostema cikaiense W. T. Wang
习　　性：多年生草本
海　　拔：约 1850 m
分　　布：云南
濒危等级：LC

折苞楼梯草
Elatostema conduplicatum W. T. Wang
习　　性：多年生草本
分　　布：广西
濒危等级：LC

革叶楼梯草
Elatostema coriaceifolium W. T. Wang

革叶楼梯草（原变种）
Elatostema coriaceifolium var. **coriaceifolium**
习　　性：多年生草本
海　　拔：500~900 m
分　　布：广西、贵州
濒危等级：LC

长尖革叶楼梯草
Elatostema coriaceifolium var. **acuminatissimum** W. T. Wang
习　　性：多年生草本
分　　布：云南
濒危等级：LC

肋翅楼梯草
Elatostema costatoalatum W. T. Wang et Zeng Y. Wu
习　　性：多年生草本
海　　拔：约 1600 m
分　　布：云南
濒危等级：LC

粗肋楼梯草
Elatostema crassicostatum W. T. Wang
习　　性：多年生草本
分　　布：云南
濒危等级：LC

粗尖楼梯草
Elatostema crassimucronatum W. T. Wang
习　　性：多年生草本

分　　布：贵州
濒危等级：LC

厚叶楼梯草
Elatostema crassiusculum W. T. Wang
习　　性：多年生草本
海　　拔：400~700 m
分　　布：云南
濒危等级：LC

浅齿楼梯草
Elatostema crenatum W. T. Wang
习　　性：亚灌木
海　　拔：200~300 m
分　　布：云南
濒危等级：LC

弯毛楼梯草
Elatostema crispulum W. T. Wang
习　　性：多年生草本
海　　拔：300~400 m
分　　布：云南
濒危等级：LC

兜船楼梯草
Elatostema cucullatonaviculare W. T. Wang
习　　性：多年生草本
海　　拔：约 1500 m
分　　布：云南
濒危等级：LC

刀状楼梯草
Elatostema cultratum W. T. Wang
习　　性：多年生草本
分　　布：贵州
濒危等级：LC

稀齿楼梯草
Elatostema cuneatum Wight
习　　性：草本
海　　拔：1200~1400 m
国内分布：云南
国外分布：朝鲜、老挝、日本、印度、印度尼西亚
濒危等级：LC

楔苞楼梯草
Elatostema cuneiforme W. T. Wang

楔苞楼梯草（原变种）
Elatostema cuneiforme var. **cuneiforme**
习　　性：多年生草本
海　　拔：约 2000 m
分　　布：西藏
濒危等级：LC

细梗楔苞楼梯草
Elatostema cuneiforme var. **gracilipes** W. T. Wang
习　　性：多年生草本
海　　拔：1800~1900 m
分　　布：西藏

濒危等级：LC

骤尖楼梯草
Elatostema cuspidatum Wight

骤尖楼梯草（原变种）
Elatostema cuspidatum var. **cuspidatum**
- 习　　性：多年生草本
- 海　　拔：900~2800 m
- 国内分布：福建、广西、贵州、湖北、湖南、江西、四川、西藏、云南
- 国外分布：缅甸、尼泊尔、印度
- 濒危等级：LC
- 资源利用：动物饲料（饲料）

长角骤尖楼梯草
Elatostema cuspidatum var. **dolichoceras** W. T. Wang
- 习　　性：多年生草本
- 海　　拔：约2300 m
- 分　　布：云南
- 濒危等级：LC

无角骤尖楼梯草
Elatostema cuspidatum var. **ecorniculatum** W. T. Wang
- 习　　性：多年生草本
- 海　　拔：约2800 m
- 分　　布：云南
- 濒危等级：LC

拟锐齿楼梯草
Elatostema cyrtandrifolioides W. T. Wang
- 习　　性：多年生草本
- 海　　拔：约1800 m
- 分　　布：云南
- 濒危等级：LC

锐齿楼梯草
Elatostema cyrtandrifolium (Zoll. et Moritzi) Miq.

锐齿楼梯草（原变种）
Elatostema cyrtandrifolium var. **cyrtandrifolium**
- 习　　性：多年生草本
- 海　　拔：300~1900 m
- 国内分布：福建、甘肃、广东、广西、贵州、海南、湖北、湖南、江西、四川、台湾、云南
- 国外分布：不丹、马来西亚、缅甸、印度、印度尼西亚
- 濒危等级：LC
- 资源利用：药用（中草药）

大围山楼梯草
Elatostema cyrtandrifolium var. **daweishanicum** W. T. Wang
- 习　　性：多年生草本
- 分　　布：云南
- 濒危等级：LC

硬毛锐齿楼梯草
Elatostema cyrtandrifolium var. **hirsutum** W. T. Wang et Zeng Y. Wu
- 习　　性：多年生草本
- 分　　布：云南
- 濒危等级：LC

指序楼梯草
Elatostema dactylocephalum W. T. Wang
- 习　　性：多年生草本
- 海　　拔：约2000 m
- 分　　布：云南
- 濒危等级：LC

大新楼梯草
Elatostema daxinense W. T. Wang et Zeng Y. Wu
- 习　　性：多年生草本
- 分　　布：广西
- 濒危等级：LC

密毛楼梯草
Elatostema densistriolatum W. T. Wang et Zeng Y. Wu
- 习　　性：多年生草本
- 分　　布：云南
- 濒危等级：LC

双头楼梯草
Elatostema didymocephalum W. T. Wang
- 习　　性：多年生草本
- 海　　拔：900~1000 m
- 分　　布：西藏
- 濒危等级：LC

拟盘托楼梯草
Elatostema dissectoides W. T. Wang
- 习　　性：多年生草本
- 海　　拔：1200~1400 m
- 分　　布：西藏、云南
- 濒危等级：LC

盘托楼梯草
Elatostema dissectum Wedd.

盘托楼梯草（原变种）
Elatostema dissectum var. **dissectum**
- 习　　性：多年生草本
- 海　　拔：500~2100 m
- 国内分布：广东、广西、云南
- 国外分布：不丹、老挝、泰国、印度
- 濒危等级：LC

硬毛盘托楼梯草
Elatostema dissectum var. **hispidum** W. T. Wang
- 习　　性：多年生草本
- 海　　拔：约1500 m
- 分　　布：云南

独龙楼梯草
Elatostema dulongense W. T. Wang
- 习　　性：多年生草本
- 海　　拔：1300~1400 m
- 分　　布：云南
- 濒危等级：LC

都匀楼梯草
Elatostema duyunense W. T. Wang et Y. G. Wei
- 习　　性：多年生草本

分　　布：贵州
濒危等级：LC

食用楼梯草
Elatostema edule C. B. Rob.

食用楼梯草（原变种）
Elatostema edule var. **edule**
习　　性：多年生草本
国内分布：台湾
国外分布：菲律宾
濒危等级：LC

南海楼梯草
Elatostema edule var. **ecostatum** W. T. Wang
习　　性：多年生草本
海　　拔：约 1000 m
分　　布：海南
濒危等级：LC

绒序楼梯草
Elatostema eriocephalum W. T. Wang
习　　性：多年生草本
海　　拔：700~900 m
分　　布：西藏
濒危等级：LC

凤山楼梯草
Elatostema fengshanense W. T. Wang et Y. G. Wei

凤山楼梯草（原变种）
Elatostema fengshanense var. **fengshanense**
习　　性：草本
分　　布：广西
濒危等级：LC

短角凤山楼梯草
Elatostema fengshanense var. **brachyceras** W. T. Wang
习　　性：草本
分　　布：广西
濒危等级：LC

锈茎楼梯草
Elatostema ferrugineum W. T. Wang
习　　性：多年生草本
海　　拔：1300~1400 m
分　　布：云南
濒危等级：LC

梨序楼梯草
Elatostema ficoides Wedd.

梨序楼梯草（原变种）
Elatostema ficoides var. **ficoides**
习　　性：多年生草本
海　　拔：900~2000 m
国内分布：广西、贵州、湖南、四川、云南
国外分布：尼泊尔、印度
濒危等级：LC

毛茎梨序楼梯草
Elatostema ficoides var. **puberulum** W. T. Wang
习　　性：多年生草本
海　　拔：约 800 m
分　　布：湖南
濒危等级：LC

丝梗楼梯草
Elatostema filipes W. T. Wang

丝梗楼梯草（原变种）
Elatostema filipes var. **filipes**
习　　性：多年生草本
海　　拔：900~1200 m
分　　布：广西、四川
濒危等级：LC

多花丝梗楼梯草
Elatostema filipes var. **floribundum** W. T. Wang
习　　性：多年生草本
分　　布：广西
濒危等级：LC

之曲楼梯草
Elatostema flexuosum W. T. Wang
习　　性：多年生草本
海　　拔：300~400 m
分　　布：云南
濒危等级：LC

福贡楼梯草
Elatostema fugongense W. T. Wang
习　　性：多年生草本
海　　拔：约 2200 m
分　　布：云南
濒危等级：LC

黄褐楼梯草
Elatostema fulvobracteolatum W. T. Wang
习　　性：多年生草本
海　　拔：约 1600 m
分　　布：云南
濒危等级：LC

富宁楼梯草
Elatostema funingense W. T. Wang
习　　性：多年生草本
分　　布：云南
濒危等级：LC

叉苞楼梯草
Elatostema furcatibracteum W. T. Wang
习　　性：多年生草本
海　　拔：约 2100 m
分　　布：西藏
濒危等级：LC

叉枝楼梯草
Elatostema furcatiramosum W. T. Wang
习　　性：多年生草本
海　　拔：约 1300 m
分　　布：云南
濒危等级：LC

光苞楼梯草
Elatostema glabribracteum W. T. Wang
习　　性：亚灌木
分　　布：云南
濒危等级：LC

算盘楼梯草
Elatostema glochidioides W. T. Wang
习　　性：多年生草本
海　　拔：约 800 m
分　　布：广西、贵州
濒危等级：LC

角托楼梯草
Elatostema goniocephalum W. T. Wang
习　　性：多年生草本
海　　拔：约 900 m
分　　布：四川
濒危等级：LC

粗齿楼梯草
Elatostema grandidentatum W. T. Wang
习　　性：多年生草本
海　　拔：2400~3100 m
国内分布：西藏
国外分布：不丹
濒危等级：LC

桂林楼梯草
Elatostema gueilinense W. T. Wang
习　　性：多年生草本
海　　拔：500 m
分　　布：广西、云南
濒危等级：LC

贡山楼梯草
Elatostema gungshanense W. T. Wang
习　　性：多年生草本
海　　拔：2400~2600 m
分　　布：西藏、云南
濒危等级：LC

圆序楼梯草
Elatostema gyrocephalum W. T. Wang et Y. G. Wei

圆序楼梯草（原变种）
Elatostema gyrocephalum var. **gyrocephalum**
习　　性：多年生草本
分　　布：广西
濒危等级：LC

毛茎圆序楼梯草
Elatostema gyrocephalum var. **pubicaule** W. T. Wang et Y. G. Wei
习　　性：多年生草本
分　　布：广西
濒危等级：LC

河池楼梯草
Elatostema hechiense W. T. Wang et Y. G. Wei
习　　性：多年生草本
分　　布：广西
濒危等级：LC

河口楼梯草
Elatostema hekouense W. T. Wang
习　　性：多年生草本
海　　拔：100~200 m
分　　布：云南
濒危等级：LC

异茎楼梯草
Elatostema heterocladum W. T. Wang, A. K. Monro et Y. G. Wei
习　　性：多年生草本
海　　拔：约 1200 m
分　　布：广西
濒危等级：LC

异晶楼梯草
Elatostema heterogrammicum W. T. Wang
习　　性：多年生草本
海　　拔：约 2000 m
分　　布：云南
濒危等级：LC

贺州楼梯草
Elatostema hezhouense W. T. Wang, Y. G. Wei et A. K. Monro
习　　性：多年生草本
分　　布：广西
濒危等级：LC

糙梗楼梯草
Elatostema hirtellipedunculatum B. L. Shih et Yuen P. Yang
习　　性：多年生草本
分　　布：台湾
濒危等级：LC

硬毛楼梯草
Elatostema hirtellum(W. T. Wang)W. T. Wang
习　　性：灌木
海　　拔：约 800 m
分　　布：广西
濒危等级：LC

疏晶楼梯草
Elatostema hookerianum Wedd.
习　　性：多年生草本
海　　拔：1300~2400 m
国内分布：广西、西藏、云南
国外分布：不丹、印度、越南
濒危等级：LC

黄连山楼梯草
Elatostema huanglianshanicum W. T. Wang
习　　性：多年生草本
分　　布：云南
濒危等级：LC

环江楼梯草
Elatostema huanjiangense W. T. Wang et Y. G. Wei
习　　性：多年生草本
分　　布：广西
濒危等级：LC

水蓑衣楼梯草
Elatostema hygrophilifolium W. T. Wang
　　习　　性：多年生小草本
　　海　　拔：约 1350 m
　　分　　布：云南
　　濒危等级：LC

白背楼梯草
Elatostema hypoglaucum B. L. Shih et Yuen P. Yang
　　习　　性：多年生草本
　　分　　布：台湾
　　濒危等级：DD

宜昌楼梯草
Elatostema ichangense H. Schroet.
　　习　　性：多年生草本
　　海　　拔：300~1100 m
　　分　　布：广西、贵州、湖北、湖南、四川
　　濒危等级：LC

刀叶楼梯草
Elatostema imbricans Dunn
　　习　　性：多年生草本
　　海　　拔：2200~2300 m
　　国内分布：西藏
　　国外分布：不丹
　　濒危等级：LC

全缘楼梯草
Elatostema integrifolium (D. Don) Wedd.

全缘楼梯草（原变种）
Elatostema integrifolium var. **integrifolium**
　　习　　性：多年生草本或亚灌木
　　海　　拔：900~1600 m
　　国内分布：海南、云南
　　国外分布：不丹、缅甸、尼泊尔、泰国、印度、印度尼西亚
　　濒危等级：LC

朴叶楼梯草
Elatostema integrifolium var. **tomentosum** (Hook. f.) W. T. Wang
　　习　　性：多年生草本或亚灌木
　　海　　拔：900 m 以下
　　国内分布：云南
　　国外分布：马来西亚、泰国、印度
　　濒危等级：LC

楼梯草
Elatostema involucratum Franch. et Sav.
　　习　　性：多年生草本
　　海　　拔：200~3200 m
　　国内分布：安徽、福建、甘肃、广东、广西、贵州、河南、湖北、湖南、江苏、江西、陕西、四川、云南、浙江
　　国外分布：朝鲜、日本
　　濒危等级：LC
　　资源利用：药用（中草药）

尖山楼梯草
Elatostema jianshanicum W. T. Wang
　　习　　性：多年生草本
　　海　　拔：2300 m 以下
　　分　　布：云南
　　濒危等级：LC

靖西楼梯草
Elatostema jingxiense W. T. Wang et Y. G. Wei
　　习　　性：多年生草本
　　分　　布：广西
　　濒危等级：LC

金平楼梯草
Elatostema jinpingense W. T. Wang
　　习　　性：多年生草本
　　海　　拔：约 1800 m
　　分　　布：云南
　　濒危等级：LC

光茎楼梯草
Elatostema laevicaule W. T. Wang, A. K. Monro et Y. G. Wei
　　习　　性：多年生草本
　　海　　拔：约 1100 m
　　分　　布：广西
　　濒危等级：LC

光叶楼梯草
Elatostema laevissimum W. T. Wang
　　习　　性：亚灌木
　　海　　拔：1000~2200 m
　　国内分布：广西、海南、西藏、云南
　　国外分布：越南
　　濒危等级：LC

毛序楼梯草
Elatostema lasiocephalum W. T. Wang
　　习　　性：多年生草本
　　海　　拔：约 1350 m
　　分　　布：广西
　　濒危等级：LC

宽托叶楼梯草
Elatostema latistipulum W. T. Wang et Zeng Y. Wu
　　习　　性：多年生草本
　　分　　布：西藏
　　濒危等级：LC

宽被楼梯草
Elatostema latitepalum W. T. Wang
　　习　　性：多年生草本或灌木
　　海　　拔：约 2800 m
　　分　　布：云南
　　濒危等级：LC

疏伞楼梯草
Elatostema laxicymosum W. T. Wang
　　习　　性：多年生草本
　　海　　拔：600~2200 m
　　国内分布：西藏
　　国外分布：印度
　　濒危等级：LC

绢毛楼梯草
Elatostema laxisericeum W. T. Wang
习　　性：多年生草本
海　　拔：600~700 m
分　　布：云南
濒危等级：LC

白序楼梯草
Elatostema leucocephalum W. T. Wang
习　　性：多年生草本
分　　布：四川
濒危等级：LC

荔波楼梯草
Elatostema liboense W. T. Wang
习　　性：多年生草本
海　　拔：800~900 m
分　　布：贵州
濒危等级：LC

李恒楼梯草
Elatostema lihengianum W. T. Wang
习　　性：亚灌木
海　　拔：1400~1500 m
分　　布：西藏、云南
濒危等级：LC

条角楼梯草
Elatostema linearicorniculatum W. T. Wang
习　　性：多年生草本
海　　拔：约2000 m
分　　布：云南
濒危等级：LC

狭叶楼梯草
Elatostema lineolatum Wight
习　　性：亚灌木
海　　拔：200~1800 m
国内分布：福建、广东、广西、台湾、西藏、云南
国外分布：不丹、缅甸、尼泊尔、斯里兰卡、泰国、印度
濒危等级：LC

木姜楼梯草
Elatostema litseifolium W. T. Wang
习　　性：多年生草本
海　　拔：约1600 m
分　　布：西藏
濒危等级：LC

长苞楼梯草
Elatostema longibracteatum W. T. Wang
习　　性：多年生草本
海　　拔：1200~1300 m
分　　布：云南
濒危等级：LC

长缘毛楼梯草
Elatostema longiciliatum W. T. Wang
习　　性：多年生草本

分　　布：广西
濒危等级：LC

长骤尖楼梯草
Elatostema longicuspe W. T. Wang et Y. G. Wei
习　　性：多年生草本
分　　布：贵州
濒危等级：LC

长梗楼梯草
Elatostema longipes W. T. Wang
习　　性：多年生草本
海　　拔：1200~1300 m
分　　布：四川
濒危等级：LC

显脉楼梯草
Elatostema longistipulum Hand.-Mazz.
习　　性：多年生草本
海　　拔：1000~1300 m
国内分布：广西、贵州、云南
国外分布：越南
濒危等级：LC

长被楼梯草
Elatostema longitepalum W. T. Wang
习　　性：多年生草本
海　　拔：1600~1700 m
分　　布：云南
濒危等级：LC

绿春楼梯草
Elatostema luchunense W. T. Wang
习　　性：多年生草本
海　　拔：600~700 m
分　　布：云南
濒危等级：LC

黑翅楼梯草
Elatostema lui W. T. Wang, Y. G. Wei et A. K. Monro
习　　性：多年生草本
分　　布：广西
濒危等级：LC

龙州楼梯草
Elatostema lungzhouense W. T. Wang
习　　性：多年生草本
海　　拔：约400 m
分　　布：广西
濒危等级：LC

罗氏楼梯草
Elatostema luoi W. T. Wang
习　　性：多年生草本
海　　拔：约600 m
分　　布：湖南
濒危等级：LC

绿水河楼梯草
Elatostema lushuiheense W. T. Wang

绿水河楼梯草（原变种）
Elatostema lushuiheense var. **lushuiheense**
　　习　　性：多年生草本
　　分　　布：云南
　　濒危等级：LC

宽苞绿水河楼梯草
Elatostema lushuiheense var. **latibracteum** W. T. Wang
　　习　　性：多年生草本
　　海　　拔：约 800 m
　　分　　布：云南
　　濒危等级：LC

潞西楼梯草
Elatostema luxiense W. T. Wang
　　习　　性：亚灌木
　　海　　拔：1700~1800 m
　　分　　布：云南
　　濒危等级：LC

马边楼梯草
Elatostema mabienense W. T. Wang

马边楼梯草（原变种）
Elatostema mabienense var. **mabienense**
　　习　　性：多年生草本
　　海　　拔：约 1600 m
　　分　　布：四川
　　濒危等级：LC

六苞楼梯草
Elatostema mabienense var. **sexbracteatum** W. T. Wang
　　习　　性：多年生草本
　　海　　拔：约 1500 m
　　分　　布：云南
　　濒危等级：LC

多序楼梯草
Elatostema macintyrei Dunn
　　习　　性：亚灌木
　　海　　拔：200~2000 m
　　国内分布：广东、广西、贵州、四川、西藏、云南
　　国外分布：不丹、泰国、印度、越南
　　濒危等级：LC

大耳楼梯草
Elatostema magniauriculatum L. D. Duan et Yun Lin
　　习　　性：多年生草本
　　分　　布：广西
　　濒危等级：LC

马关楼梯草
Elatostema maguanense W. T. Wang
　　习　　性：多年生草本
　　海　　拔：500 m
　　分　　布：云南
　　濒危等级：LC

软毛楼梯草
Elatostema malacotrichum W. T. Wang et Y. G. Wei
　　习　　性：多年生草本
　　分　　布：广西
　　濒危等级：LC

麻栗坡楼梯草
Elatostema malipoense W. T. Wang et Zeng Y. Wu
　　习　　性：多年生草本
　　分　　布：云南
　　濒危等级：LC

曼耗楼梯草
Elatostema manhaoense W. T. Wang
　　习　　性：多年生草本
　　海　　拔：400~800 m
　　分　　布：云南
　　濒危等级：LC

马山楼梯草
Elatostema mashanense W. T. Wang et Y. G. Wei
　　习　　性：多年生草本
　　分　　布：广西
　　濒危等级：LC

墨脱楼梯草
Elatostema medogense W. T. Wang
　　习　　性：多年生草本
　　海　　拔：1600~2600 m
　　国内分布：西藏
　　国外分布：印度
　　濒危等级：LC

巨序楼梯草
Elatostema megacephalum W. T. Wang
　　习　　性：多年生草本
　　海　　拔：1000~2000 m
　　国内分布：云南
　　国外分布：马来西亚、泰国
　　濒危等级：LC

黑果楼梯草
Elatostema melanocarpum W. T. Wang
　　习　　性：多年生草本
　　分　　布：云南
　　濒危等级：LC

黑序楼梯草
Elatostema melanocephalum W. T. Wang
　　习　　性：多年生草本
　　分　　布：云南
　　濒危等级：LC

黑角楼梯草
Elatostema melanoceras W. T. Wang
　　习　　性：多年生草本
　　海　　拔：约 400 m
　　分　　布：广西
　　濒危等级：LC

黑叶楼梯草
Elatostema melanophyllum W. T. Wang

习　　性：多年生草本
海　　拔：200～1900 m
分　　布：云南
濒危等级：LC

勐海楼梯草
Elatostema menghaiense W. T. Wang
习　　性：多年生草本
海　　拔：约1500 m
分　　布：云南
濒危等级：LC

勐仑楼梯草
Elatostema menglunense W. T. Wang et G. D. Tao
习　　性：多年生草本
海　　拔：约700 m
分　　布：云南
濒危等级：LC

小果楼梯草
Elatostema microcarpum W. T. Wang et Y. G. Wei
习　　性：多年生草本
分　　布：广西
濒危等级：LC

微序楼梯草
Elatostema microcephalanthum Hayata
习　　性：多年生草本
国内分布：台湾
国外分布：日本南部
濒危等级：LC

微齿楼梯草
Elatostema microdontum W. T. Wang
习　　性：多年生草本
海　　拔：300～400 m
分　　布：云南
濒危等级：LC

微毛楼梯草
Elatostema microtrichum W. T. Wang
习　　性：多年生草本
海　　拔：2100～2200 m
分　　布：云南
濒危等级：LC

微鳞楼梯草
Elatostema minutifurfuraceum W. T. Wang
习　　性：多年生草本
海　　拔：1600～1700 m
分　　布：云南
濒危等级：LC

异叶楼梯草
Elatostema monandrum (D. Don) H. Hara
习　　性：草本
海　　拔：800～3000 m
国内分布：贵州、陕西、四川、西藏、云南
国外分布：不丹、缅甸、尼泊尔、斯里兰卡、泰国、印度
濒危等级：LC

多沟楼梯草
Elatostema multicanaliculatum B. L. Shih et Yuen P. Yang
习　　性：多年生草本
分　　布：台湾
濒危等级：CR B1ab（ii，iii）

多茎楼梯草
Elatostema multicaule W. T. Wang, Y. G. Wei et A. K. Monro
习　　性：多年生草本
分　　布：广西、云南
濒危等级：LC

瘤茎楼梯草
Elatostema myrtillus (H. Lév.) Hand.-Mazz.
习　　性：多年生草本
海　　拔：300～1500 m
分　　布：广西、贵州、湖北、湖南、四川、云南
濒危等级：LC

南川楼梯草
Elatostema nanchuanense W. T. Wang

南川楼梯草（原变种）
Elatostema nanchuanense var. **nanchuanense**
习　　性：多年生草本
海　　拔：600～1200 m
分　　布：重庆、湖北、湖南、云南
濒危等级：LC

短角南川楼梯草
Elatostema nanchuanense var. **brachyceras** W. T. Wang
习　　性：多年生草本
分　　布：广西
濒危等级：LC

黑苞南川楼梯草
Elatostema nanchuanense var. **nigribracteolatum** W. T. Wang
习　　性：多年生草本
分　　布：云南
濒危等级：LC

硬角南川楼梯草
Elatostema nanchuanense var. **schleroceras** W. T. Wang
习　　性：多年生草本
海　　拔：约800 m
分　　布：广西、贵州
濒危等级：LC

那坡楼梯草
Elatostema napoense W. T. Wang
习　　性：多年生草本
海　　拔：约1100 m
分　　布：广西
濒危等级：LC

托叶楼梯草
Elatostema nasutum Hook. f.

托叶楼梯草（原变种）
Elatostema nasutum var. **nasutum**

习　　性：多年生草本
海　　拔：400～2400 m
国内分布：广东、广西、贵州、海南、湖北、湖南、江西、四川、西藏、云南
国外分布：不丹、尼泊尔
濒危等级：LC
资源利用：动物饲料（饲料）

盘托托叶楼梯草
Elatostema nasutum var. discophorum W. T. Wang
习　　性：多年生草本
海　　拔：1600～1900 m
分　　布：云南
濒危等级：LC

无角托叶楼梯草
Elatostema nasutum var. ecorniculatum W. T. Wang
习　　性：多年生草本
海　　拔：约2600 m
分　　布：西藏
濒危等级：LC

短毛楼梯草
Elatostema nasutum var. puberulum (W. T. Wang) W. T. Wang
习　　性：多年生草本
海　　拔：600～700 m
分　　布：广东、广西、贵州、湖南、江西、云南
濒危等级：LC

柳叶楼梯草
Elatostema neriifolium W. T. Wang et Zeng Y. Wu
习　　性：多年生草本
国内分布：云南
国外分布：越南
濒危等级：NT

毛脉楼梯草
Elatostema nianbaense W. T. Wang, Y. G. Wei et A. K. Monro
习　　性：多年生草本
分　　布：广西
濒危等级：LC

黑苞楼梯草
Elatostema nigribracteatum W. T. Wang et Y. G. Wei
习　　性：草本
分　　布：广西
濒危等级：LC

长圆楼梯草
Elatostema oblongifolium S. H. Fu ex W. T. Wang

长圆楼梯草（原变种）
Elatostema oblongifolium var. oblongifolium
习　　性：多年生草本
海　　拔：400～900 m
国内分布：重庆、福建、广西、贵州、湖北、湖南、四川、云南
国外分布：印度尼西亚
濒危等级：LC

托叶长圆楼梯草
Elatostema oblongifolium var. magnistipulum W. T. Wang
习　　性：多年生草本
分　　布：云南
濒危等级：LC

隐脉楼梯草
Elatostema obscurinerve W. T. Wang

隐脉楼梯草（原变种）
Elatostema obscurinerve var. obscurinerve
习　　性：多年生草本
分　　布：广西
濒危等级：LC

毛叶隐脉楼梯草
Elatostema obscurinerve var. pubifolium W. T. Wang
习　　性：多年生草本
海　　拔：约650 m
分　　布：贵州
濒危等级：LC

钝齿楼梯草
Elatostema obtusidentatum W. T. Wang
习　　性：亚灌木
分　　布：广西
濒危等级：LC

钝叶楼梯草
Elatostema obtusum Wedd.

钝叶楼梯草（原变种）
Elatostema obtusum var. obtusum
习　　性：多年生草本
海　　拔：1500～3000 m
国内分布：甘肃、湖北、湖南、陕西、四川、西藏、云南
国外分布：不丹、尼泊尔、泰国、印度
濒危等级：LC

三齿钝叶楼梯草
Elatostema obtusum var. trilobulatum (Hayata) W. T. Wang
习　　性：多年生草本
海　　拔：700～1600 m
国内分布：福建、广东、广西、贵州、湖北、湖南、江西、台湾、浙江
国外分布：菲律宾
濒危等级：LC

齿翅楼梯草
Elatostema odontopterum W. T. Wang
习　　性：多年生草本
海　　拔：300～400 m
分　　布：云南
濒危等级：LC

少脉楼梯草
Elatostema oligophlebium W. T. Wang, Y. G. Wei et L. F. Fu
习　　性：多年生草本
海　　拔：约1200 m
分　　布：广西

濒危等级：LC

峨眉楼梯草
Elatostema omeiense W. T. Wang
习　　性：多年生草本
海　　拔：约 1000 m
分　　布：四川
濒危等级：VU D2

对生楼梯草
Elatostema oppositum Q. Lin et Y. M. Shui
习　　性：多年生草本
分　　布：云南
濒危等级：LC

紫麻楼梯草
Elatostema oreocnidioides W. T. Wang
习　　性：亚灌木
海　　拔：1500~1600 m
分　　布：云南
濒危等级：LC

鸟喙楼梯草
Elatostema ornithorrhynchum W. T. Wang
习　　性：多年生草本
分　　布：广西
濒危等级：LC

尖牙楼梯草
Elatostema oxyodontum W. T. Wang
习　　性：多年生草本或灌木
海　　拔：约 1500 m
分　　布：云南
濒危等级：LC

粗角楼梯草
Elatostema pachyceras W. T. Wang
习　　性：多年生草本
海　　拔：1100~2400 m
分　　布：云南
濒危等级：DD

绿白脉楼梯草
Elatostema pallidinerve W. T. Wang
习　　性：多年生草本
海　　拔：约 1700 m
分　　布：云南
濒危等级：LC

微晶楼梯草
Elatostema papillosum Wedd.
习　　性：多年生草本
海　　拔：1100~1300 m
国内分布：西藏
国外分布：不丹、印度
濒危等级：LC

拟渐尖楼梯草
Elatostema paracuminatum W. T. Wang
习　　性：亚灌木

海　　拔：1400~1500 m
国内分布：云南
国外分布：老挝
濒危等级：LC

拟小叶楼梯草
Elatostema parvioides W. T. Wang
习　　性：多年生草本
海　　拔：约 850 m
分　　布：云南
濒危等级：LC

小叶楼梯草
Elatostema parvum (Blume) Miq.

小叶楼梯草（原变种）
Elatostema parvum var. **parvum**
习　　性：多年生草本
海　　拔：500~2800 m
国内分布：广东、广西、贵州、四川、台湾、云南
国外分布：不丹、菲律宾、缅甸、尼泊尔、印度、印度尼西亚
濒危等级：LC

骤尖小叶楼梯草
Elatostema parvum var. **brevicuspis** W. T. Wang
习　　性：多年生草本
海　　拔：约 900 m
分　　布：西藏
濒危等级：LC

少叶楼梯草
Elatostema paucifolium W. T. Wang
习　　性：多年生小草本
海　　拔：1900~2100 m
分　　布：云南
濒危等级：LC

赤车楼梯草
Elatostema pellionioides W. T. Wang
习　　性：多年生草本
海　　拔：约 1900 m
分　　布：云南
濒危等级：LC

坚纸楼梯草
Elatostema pergameneum W. T. Wang
习　　性：亚灌木
分　　布：广西
濒危等级：LC

樟叶楼梯草
Elatostema petelotii Gagnep.
习　　性：多年生草本
海　　拔：约 1000 m
国内分布：广西、云南
国外分布：越南
濒危等级：LC

显柄楼梯草
Elatostema petiolare W. T. Wang

习　　性：多年生草本
分　　布：广西
濒危等级：LC

隆脉楼梯草
Elatostema phanerophlebium W. T. Wang et Y. G. Wei
习　　性：多年生草本
分　　布：广西
濒危等级：LC

片马楼梯草
Elatostema pianmaense W. T. Wang
习　　性：多年生草本
分　　布：云南
濒危等级：LC

屏边楼梯草
Elatostema pingbianense W. T. Wang

屏边楼梯草（原变种）
Elatostema pingbianense var. **pingbianense**
习　　性：多年生草本
分　　布：云南
濒危等级：LC

宽苞屏边楼梯草
Elatostema pingbianense var. **triangulare** W. T. Wang
习　　性：多年生草本
分　　布：云南
濒危等级：LC

平脉楼梯草
Elatostema planinerve W. T. Wang et Y. G. Wei
习　　性：多年生草本
分　　布：贵州
濒危等级：LC

宽角楼梯草
Elatostema platyceras W. T. Wang
习　　性：多年生草本
海　　拔：约1700 m
分　　布：云南
濒危等级：LC

宽叶楼梯草
Elatostema platyphyllum Wedd.
习　　性：亚灌木
海　　拔：700～1900 m
国内分布：海南、四川、台湾、西藏、云南
国外分布：不丹、菲律宾、尼泊尔、日本、印度
濒危等级：LC

丰脉楼梯草
Elatostema pleiophlebium W. T. Wang et Zeng Y. Wu
习　　性：多年生草本
分　　布：云南
濒危等级：LC

多歧楼梯草
Elatostema polystachyoides W. T. Wang
习　　性：多年生草本
海　　拔：1000～1800 m
分　　布：云南
濒危等级：LC

渤生楼梯草
Elatostema procridioides Wedd.
习　　性：多年生草本
海　　拔：600～1300 m
国内分布：西藏
国外分布：印度
濒危等级：LC

樱叶楼梯草
Elatostema prunifolium W. T. Wang
习　　性：多年生草本
海　　拔：700～1900 m
分　　布：贵州、四川、云南
濒危等级：LC

隆林楼梯草
Elatostema pseudobrachyodontum W. T. Wang
习　　性：多年生草本
分　　布：广西
濒危等级：LC

假骤尖楼梯草
Elatostema pseudocuspidatum W. T. Wang
习　　性：多年生草本
海　　拔：1900～2800 m
分　　布：云南
濒危等级：LC

滇桂楼梯草
Elatostema pseudodissectum W. T. Wang
习　　性：多年生草本
海　　拔：1100～2200 m
分　　布：广西、贵州、云南
濒危等级：LC

多脉楼梯草
Elatostema pseudoficoides W. T. Wang
习　　性：多年生草本
海　　拔：600～2600 m
分　　布：湖北、湖南、四川、云南
濒危等级：LC

拟长梗楼梯草
Elatostema pseudolongipes W. T. Wang et Y. G. Wei
习　　性：多年生草本
分　　布：广西
濒危等级：LC

拟南川楼梯草
Elatostema pseudonanchuanense W. T. Wang
习　　性：多年生草本
分　　布：西藏
濒危等级：LC

拟托叶楼梯草
Elatostema pseudonasutum W. T. Wang

习　　性：多年生草本或灌木
分　　布：云南
濒危等级：LC

拟长圆楼梯草
Elatostema **pseudo-oblongifolium** W. T. Wang

拟长圆楼梯草（原变种）
Elatostema **pseudo-oblongifolium** var. **pseudo-oblongifolium**
习　　性：多年生草本
分　　布：广西
濒危等级：LC

金厂楼梯草
Elatostema **pseudo-oblongifolium** var. **jinchangense** W. T. Wang
习　　性：多年生草本
分　　布：云南
濒危等级：LC

毛柱拟长圆楼梯草
Elatostema **pseudo-oblongifolium** var. **penicillatum** W. T. Wang
习　　性：多年生草本
分　　布：云南
濒危等级：LC

拟宽叶楼梯草
Elatostema **pseudoplatyphyllum** W. T. Wang
习　　性：多年生草本
分　　布：云南
濒危等级：LC

毛梗楼梯草
Elatostema **pubipes** W. T. Wang
习　　性：多年生草本
海　　拔：约2300 m
分　　布：云南
濒危等级：LC

紫线楼梯草
Elatostema **purpureolineolatum** W. T. Wang
习　　性：多年生草本
分　　布：云南
濒危等级：LC

密齿楼梯草
Elatostema **pycnodontum** W. T. Wang
习　　性：多年生草本
海　　拔：800 ~ 1100 m
分　　布：贵州、湖北、湖南、云南
濒危等级：LC

四苞楼梯草
Elatostema **quadribracteatum** W. T. Wang
习　　性：多年生草本
分　　布：广西
濒危等级：LC

五被楼梯草
Elatostema **quinquetepalum** W. T. Wang
习　　性：多年生小草本

分　　布：云南
濒危等级：LC

多枝楼梯草
Elatostema **ramosum** W. T. Wang
习　　性：多年生草本
海　　拔：约1500 m
分　　布：广西、贵州、云南
濒危等级：LC

直尾楼梯草
Elatostema **recticaudatum** W. T. Wang
习　　性：亚灌木
海　　拔：600 ~ 700 m
分　　布：西藏
濒危等级：LC

曲枝楼梯草
Elatostema **recurviramum** W. T. Wang et Y. G. Wei
习　　性：多年生草本
分　　布：广西

曲毛楼梯草
Elatostema **retrohirtum** Dunn
习　　性：多年生草本
海　　拔：600 ~ 700 m
分　　布：广东、广西、四川、云南
濒危等级：LC
资源利用：药用（中草药）

拟反糙毛楼梯草
Elatostema **retrostrigulosoides** W. T. Wang
习　　性：多年生草本
分　　布：云南
濒危等级：LC

反糙毛楼梯草
Elatostema **retrostrigulosum** W. T. Wang, Y. G. Wei et A. K. Monro
习　　性：多年生草本
分　　布：广西、贵州、云南
濒危等级：LC

菱叶楼梯草
Elatostema **rhombiforme** W. T. Wang
习　　性：多年生草本
海　　拔：1300 ~ 1500 m
国内分布：云南
国外分布：不丹、印度
濒危等级：LC

溪涧楼梯草
Elatostema **rivulare** B. L. Shih et Yuen P. Yang
习　　性：多年生草本
分　　布：台湾
濒危等级：LC

粗梗楼梯草
Elatostema **robustipes** W. T. Wang, F. Wen et Y. G. Wei
习　　性：多年生草本
海　　拔：300 ~ 500 m

分　　布：广西
濒危等级：LC

融安楼梯草
Elatostema ronganense W. T. Wang
习　　性：多年生草本
分　　布：广西
濒危等级：LC

石生楼梯草
Elatostema rupestre（Buch. -Ham.）Wedd.
习　　性：多年生草本
海　　拔：约 1500 m
国内分布：云南
国外分布：尼泊尔、印度
濒危等级：LC

迭叶楼梯草
Elatostema salvinioides W. T. Wang
习　　性：多年生草本
海　　拔：700~1600 m
国内分布：云南
国外分布：老挝、缅甸、泰国
濒危等级：LC

花葶楼梯草
Elatostema scaposum Q. Lin et L. D. Duan
习　　性：多年生草本
分　　布：贵州
濒危等级：LC

裂托楼梯草
Elatostema schizodiscum W. T. Wang et Y. G. Wei
习　　性：多年生草本
分　　布：贵州
濒危等级：LC

七肋楼梯草
Elatostema septemcostatum（W. T. Wang et Zeng Y. Wu）W. T. Wang et Zeng Y. Wu
习　　性：多年生草本
分　　布：云南
濒危等级：LC

七花楼梯草
Elatostema septemflorum W. T. Wang
习　　性：多年生草本
海　　拔：1400~1500 m
分　　布：云南
濒危等级：LC

刚毛楼梯草
Elatostema setulosum W. T. Wang
习　　性：多年生草本
分　　布：广西
濒危等级：LC

六肋楼梯草
Elatostema sexcostatum W. T. Wang, C. X. He et L. F. Fu
习　　性：多年生草本

海　　拔：约 750 m
分　　布：广西
濒危等级：LC

上林楼梯草
Elatostema shanglinense W. T. Wang
习　　性：多年生草本
分　　布：广西
濒危等级：LC

玉民楼梯草
Elatostema shuii W. T. Wang
习　　性：多年生草本
分　　布：云南
濒危等级：LC

思茅楼梯草
Elatostema simaoense W. T. Wang
习　　性：多年生草本
分　　布：云南
濒危等级：LC

对叶楼梯草
Elatostema sinense H. Schroet.

对叶楼梯草（原变种）
Elatostema sinense var. **sinense**
习　　性：多年生草本
海　　拔：400~2600 m
分　　布：安徽、福建、广东、广西、湖北、湖南、江西、陕西、四川、云南
濒危等级：LC
资源利用：动物饲料（饲料）

角苞楼梯草
Elatostema sinense var. **longecornutum**（H. Schroet.）W. T. Wang
习　　性：多年生草本
海　　拔：1900~2800 m
分　　布：四川、云南
濒危等级：LC

新宁楼梯草
Elatostema sinense var. **xinningense**（W. T. Wang）L. D. Duan et Qi Lin
习　　性：多年生草本
海　　拔：900~1100 m
分　　布：湖南
濒危等级：LC

紫花楼梯草
Elatostema sinopurpureum W. T. Wang
习　　性：多年生草本
海　　拔：700~800 m
分　　布：贵州
濒危等级：LC

庐山楼梯草
Elatostema stewardii Merr.
习　　性：多年生草本
海　　拔：400~1500 m
分　　布：安徽、福建、甘肃、河南、湖北、湖南、江西、

陕西、四川、浙江
濒危等级：LC
资源利用：药用（中草药）

显柱楼梯草
Elatostema stigmatosum W. T. Wang
习　　性：多年生草本
海　　拔：2400～2500 m
分　　布：云南
濒危等级：LC

微粗毛楼梯草
Elatostema strigillosum B. L. Shih et Yuen P. Yang
习　　性：多年生草本
分　　布：台湾
濒危等级：VU D2

伏毛楼梯草
Elatostema strigulosum W. T. Wang
习　　性：多年生草本
海　　拔：600～1000 m
分　　布：贵州、四川、云南
濒危等级：LC

近革叶楼梯草
Elatostema subcoriaceum B. L. Shih et Yuen P. Yang
习　　性：多年生草本
分　　布：台湾
濒危等级：NT

拟骤尖楼梯草
Elatostema subcuspidatum W. T. Wang
习　　性：多年生草本
海　　拔：1600～1900 m
分　　布：重庆
濒危等级：LC

条叶楼梯草
Elatostema sublineare W. T. Wang
习　　性：多年生草本
海　　拔：400～1000 m
国内分布：广西、贵州、湖北、湖南、四川
国外分布：越南
濒危等级：LC

近羽脉楼梯草
Elatostema subpenninerve W. T. Wang
习　　性：多年生草本
海　　拔：约 1000 m
分　　布：四川
濒危等级：LC

歧序楼梯草
Elatostema subtrichotomum W. T. Wang
习　　性：多年生草本
海　　拔：1700～1900 m
分　　布：广东、湖南、云南
濒危等级：LC

素功楼梯草
Elatostema sukungianum W. T. Wang
习　　性：多年生草本
海　　拔：1700～1900 m
分　　布：云南
濒危等级：LC

薄苞楼梯草
Elatostema tenuibracteatum W. T. Wang
习　　性：多年生草本
分　　布：云南
濒危等级：LC

拟细尾楼梯草
Elatostema tenuicaudatoides W. T. Wang

拟细尾楼梯草（原变种）
Elatostema tenuicaudatoides var. **tenuicaudatoides**
习　　性：亚灌木
海　　拔：2100～2400 m
分　　布：西藏
濒危等级：LC

钦朗当楼梯草
Elatostema tenuicaudatoides var. **orientale** W. T. Wang
习　　性：亚灌木
海　　拔：1300～1900 m
分　　布：云南
濒危等级：LC

细尾楼梯草
Elatostema tenuicaudatum W. T. Wang

细尾楼梯草（原变种）
Elatostema tenuicaudatum var. **tenuicaudatum**
习　　性：亚灌木
海　　拔：300～2200 m
国内分布：广西、贵州、西藏、云南
国外分布：越南
濒危等级：LC

毛枝细尾楼梯草
Elatostema tenuicaudatum var. **lasiocladum** W. T. Wang
习　　性：亚灌木
海　　拔：1700～1800 m
分　　布：云南
濒危等级：LC

细角楼梯草
Elatostema tenuicornutum W. T. Wang
习　　性：多年生草本
海　　拔：1100～2200 m
分　　布：四川、云南
濒危等级：LC

薄叶楼梯草
Elatostema tenuifolium W. T. Wang
习　　性：多年生草本
海　　拔：1000～1100 m
分　　布：广西、贵州、云南
濒危等级：LC

细脉楼梯草
Elatostema tenuinerve W. T. Wang et Y. G. Wei

习　　性：草本
分　　布：广西
濒危等级：LC

薄托楼梯草
Elatostema tenuireceptaculum W. T. Wang
习　　性：多年生草本
海　　拔：1000～1100 m
分　　布：广西
濒危等级：LC

四被楼梯草
Elatostema tetratepalum W. T. Wang
习　　性：多年生草本
海　　拔：约 700 m
分　　布：西藏
濒危等级：LC

天峨楼梯草
Elatostema tianeense W. T. Wang et Y. G. Wei
习　　性：多年生草本
分　　布：广西
濒危等级：LC

田林楼梯草
Elatostema tianlinense W. T. Wang
习　　性：多年生草本
海　　拔：1000～1100 m
分　　布：广西
濒危等级：DD

三茎楼梯草
Elatostema tricaule W. T. Wang
习　　性：多年生小草本
分　　布：云南
濒危等级：LC

疣果楼梯草
Elatostema trichocarpum Hand. -Mazz.
习　　性：多年生草本
海　　拔：1000～1800 m
分　　布：贵州、湖北、湖南、四川、云南
濒危等级：LC

三歧楼梯草
Elatostema trichotomum W. T. Wang
习　　性：多年生附生草本
分　　布：云南
濒危等级：LC

三肋楼梯草
Elatostema tricostatum W. T. Wang
习　　性：多年生草本
分　　布：云南
濒危等级：LC

三被楼梯草
Elatostema tritepalum W. T. Wang
习　　性：多年生草本
分　　布：云南
濒危等级：LC

柔毛楼梯草
Elatostema villosum B. L. Shih et Yuen P. Yang
习　　性：多年生草本
分　　布：台湾
濒危等级：VU B2ab（iii）

绿苞楼梯草
Elatostema viridibracteolatum W. T. Wang
习　　性：多年生草本
分　　布：广西
濒危等级：LC

绿脉楼梯草
Elatostema viridinerve W. T. Wang
习　　性：多年生草本
分　　布：云南
濒危等级：LC

文采楼梯草
Elatostema wangii Q. Lin et L. D. Duan
习　　性：多年生草本
海　　拔：1200～1500 m
分　　布：云南
濒危等级：DD

毅刚楼梯草
Elatostema weii W. T. Wang
习　　性：多年生草本
分　　布：广西
濒危等级：LC

文县楼梯草
Elatostema wenxienense W. T. Wang et Z. X. Peng
习　　性：多年生草本
分　　布：甘肃
濒危等级：LC

武冈楼梯草
Elatostema wugangense W. T. Wang
习　　性：多年生草本
海　　拔：约 1300 m
分　　布：湖南
濒危等级：LC

变黄楼梯草
Elatostema xanthophyllum W. T. Wang
习　　性：多年生草本
海　　拔：400～500 m
分　　布：广西
濒危等级：LC

黄毛楼梯草
Elatostema xanthotrichum W. T. Wang et Y. G. Wei
习　　性：多年生草本
分　　布：广西
濒危等级：LC

西畴楼梯草
Elatostema xichouense W. T. Wang
习　　性：多年生草本
海　　拔：1300～1400 m

分　　布：云南
濒危等级：LC

桠杈楼梯草
Elatostema yachaense W. T. Wang, Y. G. Wei et A. K. Monro
习　　性：多年生草本
分　　布：广西、云南
濒危等级：LC

漾濞楼梯草
Elatostema yangbiense W. T. Wang
习　　性：多年生草本
海　　拔：2100~2400 m
分　　布：四川、云南
濒危等级：LC

瑶山楼梯草
Elatostema yaoshanense W. T. Wang
习　　性：多年生草本
分　　布：广西
濒危等级：LC

永田楼梯草
Elatostema yongtianianum W. T. Wang
习　　性：多年生草本
分　　布：贵州
濒危等级：LC

酉阳楼梯草
Elatostema youyangense W. T. Wang
习　　性：多年生草本
海　　拔：约1300 m
分　　布：重庆
濒危等级：LC

俞氏楼梯草
Elatostema yui W. T. Wang
习　　性：多年生草本
海　　拔：1900~2800 m
分　　布：云南
濒危等级：LC

永顺楼梯草
Elatostema yungshunense W. T. Wang
习　　性：多年生草本
海　　拔：约400 m
分　　布：湖南
濒危等级：LC

镇沅楼梯草
Elatostema zhenyuanense W. T. Wang et Zeng Y. Wu
习　　性：多年生草本
分　　布：云南
濒危等级：LC

蝎子草属 Girardinia Gaudich.

大蝎子草
Girardinia diversifolia(Link) Friis

大蝎子草（原亚种）
Girardinia diversifolia subsp. **diversifolia**
习　　性：一年生或多年生草本
海　　拔：1500~2800 m
国内分布：甘肃、贵州、湖北、江西、陕西、四川、台湾、西藏、云南、浙江
国外分布：不丹、马来西亚、尼泊尔、斯里兰卡、印度、印度尼西亚
濒危等级：LC

蝎子草
Girardinia diversifolia subsp. **suborbiculata**(C. J. Chen) C. J. Chen et Friis
习　　性：一年生或多年生草本
海　　拔：100?~800 m
国内分布：河北、河南、吉林、辽宁、内蒙古、陕西
国外分布：朝鲜
濒危等级：LC

红火麻
Girardinia diversifolia subsp. **triloba**(C. J. Chen) C. J. Chen et Friis
习　　性：一年生或多年生草本
海　　拔：300~1800 m
分　　布：重庆、甘肃、贵州、湖北、湖南、陕西、四川、云南
濒危等级：LC
资源利用：药用（兽药）；原料（纤维）

糯米团属 Gonostegia Turcz.

糯米团
Gonostegia hirta(Blume) Miq.
习　　性：多年生草本
海　　拔：100~2700 m
国内分布：安徽、福建、广东、广西、海南、河南、江苏、江西、陕西、四川、西藏、云南、浙江
国外分布：澳大利亚
资源利用：药用（中草药）；原料（纤维）；动物饲料（饲料）

五蕊糯米团
Gonostegia pentandra(Roxb). Miq.
习　　性：多年生草本
海　　拔：100~300 m
国内分布：广东、广西、海南、台湾、云南
国外分布：菲律宾、泰国、印度尼西亚、越南；南亚
濒危等级：LC

台湾糯米团
Gonostegia parvifolia(Wight). Miq.
习　　性：草本
海　　拔：300~1500 m
国内分布：台湾
国外分布：菲律宾、斯里兰卡
濒危等级：LC

艾麻属 Laportea Gaudich.

火焰桑叶麻
Laportea aestuans(L.) Chew

习　　性：一年生草本
海　　拔：200～500 m
国内分布：台湾
国外分布：印度、印度尼西亚
濒危等级：LC

珠芽艾麻
Laportea bulbifera(Siebold et Zucc.)Wedd.
习　　性：多年生草本
海　　拔：700～3500 m
国内分布：安徽、甘肃、河北、河南、黑龙江、吉林、辽宁、山东、山西、陕西、四川
国外分布：不丹、朝鲜、俄罗斯、缅甸、日本、斯里兰卡、泰国、印度、印度尼西亚、越南
濒危等级：LC
资源利用：原料（纤维）；食品（蔬菜）

艾麻
Laportea cuspidata(Wedd.)Friis
习　　性：多年生草本
海　　拔：800～2700 m
国内分布：安徽、甘肃、广西、贵州、河北、河南、湖北、湖南、江西、山西、陕西、四川、西藏、云南
国外分布：缅甸、日本
濒危等级：LC
资源利用：药用（中草药）；原料（纤维）

福建红小麻
Laportea fujianensis C. J. Chen
习　　性：一年生草本
海　　拔：约300 m
分　　布：福建
濒危等级：DD

红小麻
Laportea interrupta(L.)Chew
习　　性：一年生草本
海　　拔：600～1000 m
国内分布：台湾、云南
国外分布：菲律宾、马来西亚、缅甸、日本、斯里兰卡、泰国、印度、印度尼西亚、越南
濒危等级：LC

拉格艾麻
Laportea lageensis W. T. Wang
习　　性：多年生草本
海　　拔：约3000 m
分　　布：西藏
濒危等级：LC

假楼梯草属 Lecanthus Wedd.

假楼梯草
Lecanthus peduncularis(Wall. ex Royle)Wedd.

假楼梯草（原变种）
Lecanthus peduncularis var. **peduncularis**
习　　性：多年生草本
海　　拔：1300～2700 m

国内分布：福建、广东、广西、湖南、江西、四川、台湾、西藏、云南
国外分布：巴基斯坦、不丹、菲律宾、尼泊尔、斯里兰卡、印度、印度尼西亚、越南
濒危等级：LC

翅果假楼梯草
Lecanthus peduncularis var. **peterocarpa** W. T. Wang
习　　性：多年生草本
分　　布：贵州
濒危等级：LC

角被假楼梯草
Lecanthus petelotii C. J. Chen
习　　性：一年生草本
海　　拔：2500～2900 m
分　　布：西藏、云南
濒危等级：LC

云南假楼梯草
Lecanthus petelotii var. **yunnanensis** C. J. Chen
习　　性：一年生草本
海　　拔：约2700 m
分　　布：云南
濒危等级：LC

冷水花假楼梯草
Lecanthus pileoides S. S. Chien et C. J. Chen
习　　性：一年生草本
海　　拔：约2100 m
分　　布：贵州、云南
濒危等级：LC

四脉麻属 Leucosyke Zoll. et Moritzi

四脉麻
Leucosyke quadrinervia C. B. Rob.
习　　性：灌木或小乔木
海　　拔：200 m以下
国内分布：台湾
国外分布：菲律宾
濒危等级：LC
资源利用：原料（纤维）

水丝麻属 Maoutia Wedd.

水丝麻
Maoutia puya(Hook.)Wedd.
习　　性：灌木
海　　拔：400～2000 m
国内分布：广西、贵州、四川、西藏、云南
国外分布：不丹、尼泊尔、印度、越南
濒危等级：NT B1ab（i，iii）
资源利用：原料（纤维）

兰屿水丝麻
Maoutia setosa Wedd.
习　　性：常绿灌木
海　　拔：200 m以下

国内分布：台湾
国外分布：菲律宾、日本
濒危等级：LC

花点草属 Nanocnide Blume

花点草
Nanocnide japonica Blume
 习 性：多年生草本
 海 拔：100 ~ 1600 m
 国内分布：安徽、福建、甘肃、贵州、湖北、湖南、江苏、江西、陕西、四川、台湾、云南、浙江
 国外分布：朝鲜、日本
 濒危等级：LC
 资源利用：药用（中草药）

毛花点草
Nanocnide lobata Wedd.
 习 性：多年生草本
 海 拔：海平面至 1400 m
 国内分布：安徽、福建、广东、广西、贵州、湖北、湖南、江苏、江西、四川、台湾、云南、浙江
 国外分布：越南
 濒危等级：LC
 资源利用：药用（中草药）

紫麻属 Oreocnide Miq.

膜叶紫麻
Oreocnide boniana(Gagnep.) Hand.-Mazz.
 习 性：灌木
 海 拔：100 ~ 300 m
 国内分布：云南
 国外分布：越南
 濒危等级：LC

紫麻
Oreocnide frutescens(Thunb.) Miq.

紫麻（原亚种）
Oreocnide frutescens subsp. **frutescens**
 习 性：灌木或小乔木
 海 拔：300 ~ 1500 m
 国内分布：安徽、福建、甘肃、广东、广西、湖北、湖南、江西、陕西、四川、云南、浙江
 国外分布：柬埔寨、老挝、马来西亚、缅甸、日本、泰国、越南
 濒危等级：LC
 资源利用：药用（中草药）；原料（单宁，纤维）

细梗紫麻
Oreocnide frutescens subsp. **insignis** C. J. Chen
 习 性：灌木或小乔木
 海 拔：500 ~ 1000 m
 分 布：广东、广西
 濒危等级：LC

滇藏紫麻
Oreocnide frutescens subsp. **occidentalis** C. J. Chen
 习 性：灌木或小乔木
 海 拔：800 ~ 2500 m
 国内分布：西藏、云南
 国外分布：不丹、印度
 濒危等级：LC

全缘叶紫麻
Oreocnide integrifolia(Gaudich.) Miq.
 习 性：灌木或小乔木
 海 拔：200 ~ 1400 m
 国内分布：广西、海南、西藏、云南
 国外分布：不丹、老挝、缅甸、泰国、印度、印度尼西亚、越南
 濒危等级：LC
 资源利用：动物饲料（饲料）

广西紫麻
Oreocnide kwangsiensis Hand.-Mazz.
 习 性：灌木
 海 拔：约 800 m
 分 布：广西、贵州
 濒危等级：LC

倒卵叶紫麻
Oreocnide obovata(C. H. Wright) Merr.
 习 性：灌木
 海 拔：200 ~ 1400 m
 国内分布：广东、广西、湖南、云南
 国外分布：越南
 濒危等级：LC
 资源利用：原料（纤维）

长梗紫麻
Oreocnide pedunculata(Shirai) Masam.
 习 性：灌木或小乔木
 海 拔：100 ~ 1200 m
 国内分布：台湾
 国外分布：日本
 濒危等级：LC

红紫麻
Oreocnide rubescens(Blume) Miq.
 习 性：常绿小乔木或灌木
 海 拔：400 ~ 1600 m
 国内分布：广西、海南、云南
 国外分布：马来西亚、缅甸、斯里兰卡、泰国、印度、印度尼西亚、越南
 濒危等级：LC

细齿紫麻
Oreocnide serrulata C. J. Chen
 习 性：灌木
 海 拔：900 ~ 1800 m
 国内分布：广西、云南
 国外分布：越南
 濒危等级：LC

宽叶紫麻
Oreocnide tonkinensis(Gagnep.) Merr. et Chun

习　　性：灌木
海　　拔：100～1400 m
国内分布：广西、云南
国外分布：越南
濒危等级：LC

三脉紫麻
Oreocnide trinervis(Wedd.)Miq.
习　　性：小乔木
国内分布：台湾
国外分布：菲律宾、印度尼西亚
濒危等级：LC

墙草属 Parietaria L.

墙草
Parietaria micrantha Ledeb.
习　　性：一年生草本
海　　拔：700～4000 m
国内分布：安徽、甘肃、贵州、湖北、湖南、青海、陕西、四川、西藏、新疆、云南
国外分布：澳大利亚、不丹、朝鲜、俄罗斯、蒙古、尼泊尔、日本、印度
濒危等级：LC
资源利用：药用（中草药）

台湾墙草
Parietaria taiwania C. L. Yeh et C. S. Leou
习　　性：多年生草本
海　　拔：约 200 m
分　　布：台湾

赤车属 Pellionia Gaudich.

尖齿赤车
Pellionia acutidentata W. T. Wang
习　　性：多年生草本
海　　拔：约 1300 m
国内分布：云南
国外分布：越南
濒危等级：LC

短角赤车
Pellionia brachyceras W. T. Wang
习　　性：多年生草本
海　　拔：约 1400 m
分　　布：广西
濒危等级：VU B2ab（ii）

短叶赤车
Pellionia brevifolia Benth.
习　　性：多年生草本
海　　拔：300～1600 m
国内分布：安徽、福建、广东、广西、湖北、湖南、江西、浙江
国外分布：日本
濒危等级：LC

翅茎赤车
Pellionia caulialata S. Y. Liou
习　　性：多年生草本
海　　拔：400～600 m
分　　布：广西
濒危等级：LC

东兰赤车
Pellionia donglanensis W. T. Wang
习　　性：小半灌木
分　　布：广西
濒危等级：LC

华南赤车
Pellionia grijsii Hance
习　　性：多年生草本
海　　拔：200～1400 m
分　　布：福建、广东、广西、海南、湖南、江西、云南
濒危等级：LC

异被赤车
Pellionia heteroloba Wedd.
习　　性：多年生草本
海　　拔：600～2700 m
国内分布：福建、广东、广西、贵州、四川、台湾、云南
国外分布：不丹、老挝、缅甸、印度、越南
濒危等级：LC

全缘赤车
Pellionia heyneana Wedd.
习　　性：多年生草本或亚灌木
海　　拔：900～1000 m
国内分布：广西、云南
国外分布：柬埔寨、斯里兰卡、泰国、印度、印度尼西亚
濒危等级：LC

羽脉赤车
Pellionia incisoserrata(H. Schroet.)W. T. Wang
习　　性：多年生草本
分　　布：广东、广西
濒危等级：LC

长柄赤车
Pellionia latifolia(Blume)Boerl.
习　　性：多年生草本或亚灌木
海　　拔：1100～1300 m
国内分布：广西、海南、云南
国外分布：柬埔寨、老挝、马来西亚、缅甸、泰国、印度尼西亚、越南
濒危等级：LC

光果赤车
Pellionia leiocarpa W. T. Wang
习　　性：多年生草本
海　　拔：约 1000 m
分　　布：广西、云南
濒危等级：LC

长梗赤车
Pellionia longipedunculata W. T. Wang
习　　性：多年生草本
海　　拔：600～1000 m
国内分布：广西

国外分布：越南
濒危等级：LC

龙州赤车
Pellionia longzhouensis W. T. Wang
- 习　　性：多年生草本
- 分　　布：广西
- 濒危等级：LC

大叶赤车
Pellionia macrophylla W. T. Wang
- 习　　性：多年生草本
- 海　　拔：1700～2000 m
- 分　　布：广西、云南
- 濒危等级：LC

柔毛赤车
Pellionia mollissima W. T. Wang
- 习　　性：多年生草本
- 海　　拔：约 250 m
- 分　　布：广西
- 濒危等级：LC

滇南赤车
Pellionia paucidentata (H. Schroet.) S. S. Chien
- 习　　性：多年生草本
- 海　　拔：200～2000 m
- 国内分布：广西、贵州、海南、云南
- 国外分布：越南
- 濒危等级：LC

赤车
Pellionia radicans (Siebold et Zucc.) Wedd.
- 习　　性：多年生草本
- 海　　拔：200～1500 m
- 国内分布：安徽、福建、广东、广西、贵州、海南、湖北、湖南、江西、四川、台湾、云南、浙江
- 国外分布：朝鲜、日本、越南
- 濒危等级：LC
- 资源利用：药用（中草药）

吐烟花
Pellionia repens (Lour.) Merr.
- 习　　性：多年生草本
- 海　　拔：800～1100 m
- 国内分布：海南、云南
- 国外分布：不丹、菲律宾、柬埔寨、老挝、马来西亚、缅甸、泰国、印度、印度尼西亚、越南
- 濒危等级：LC

曲毛赤车
Pellionia retrohispida W. T. Wang
- 习　　性：多年生草本
- 海　　拔：300～1600 m
- 分　　布：福建、贵州、湖北、湖南、江西、四川、浙江
- 濒危等级：LC

弄岗赤车
Pellionia ronganensis W. T. Wang et Y. G. Wei
- 习　　性：多年生小草本
- 海　　拔：约 200 m
- 分　　布：广西
- 濒危等级：LC

蔓赤车
Pellionia scabra Benth.
- 习　　性：亚灌木
- 海　　拔：300～1200 m
- 国内分布：安徽、福建、广东、广西、贵州、海南、湖南、江西、四川、台湾、云南、浙江
- 国外分布：日本、越南
- 濒危等级：LC

细尖赤车
Pellionia tenuicuspis W. T. Wang, Y. G. Wei et F. Wen
- 习　　性：多年生草本
- 海　　拔：约 400 m
- 分　　布：广东
- 濒危等级：LC

硬毛赤车
Pellionia veronicoides Gagnep.
- 习　　性：多年生草本
- 海　　拔：1200～1500 m
- 国内分布：云南
- 国外分布：越南
- 濒危等级：LC

绿赤车
Pellionia viridis C. H. Wright

绿赤车（原变种）
Pellionia viridis var. **viridis**
- 习　　性：多年生草本或亚灌木
- 海　　拔：600～1200 m
- 分　　布：湖北、四川、云南
- 濒危等级：LC

斜基绿赤车
Pellionia viridis var. **basiinaequalis** W. T. Wang
- 习　　性：多年生草本或亚灌木
- 海　　拔：500～1000 m
- 分　　布：四川
- 濒危等级：NT C1

云南赤车
Pellionia yunnanense (H. Schroet.) W. T. Wang
- 习　　性：多年生草本
- 海　　拔：1000～1200 m
- 分　　布：云南
- 濒危等级：LC

冷水花属 **Pilea** Lindl.

大托叶冷水花
Pilea amplistipulata C. J. Chen
- 习　　性：亚灌木
- 海　　拔：约 600 m

分　　布：云南
濒危等级：LC

圆瓣冷水花
Pilea angulata (Blume) Blume

圆瓣冷水花（原亚种）
Pilea angulata subsp. **angulata**
习　　性：多年生草本
海　　拔：800~2300 m
国内分布：广东、广西、贵州、陕西、四川、西藏、云南
国外分布：斯里兰卡、印度、印度尼西亚、越南
濒危等级：LC

华中冷水花
Pilea angulata subsp. **latiuscula** C. J. Chen
习　　性：多年生草本
海　　拔：300~1800 m
分　　布：贵州、湖北、湖南、江苏、江西、四川、云南
濒危等级：LC

长柄冷水花
Pilea angulata subsp. **petiolaris** (Siebold et Zucc.) C. J. Chen
习　　性：多年生草本
海　　拔：700~2700 m
国内分布：福建、广东、广西、贵州、湖北、湖南、四川、台湾、云南、浙江
国外分布：日本
濒危等级：LC

异叶冷水花
Pilea anisophylla Wedd.
习　　性：多年生草本
海　　拔：900~2400 m
国内分布：西藏、云南
国外分布：不丹、缅甸、尼泊尔、印度
濒危等级：LC

顶叶冷水花
Pilea approximata C. B. Clarke

顶叶冷水花（原变种）
Pilea approximata var. **approximata**
习　　性：多年生草本
海　　拔：2900~3000 m
国内分布：西藏、云南
国外分布：不丹、尼泊尔、印度
濒危等级：LC

锐裂齿冷水花
Pilea approximata var. **incisoserrata** C. J. Chen
习　　性：多年生草本
海　　拔：2500~3500 m
国内分布：西藏
国外分布：不丹
濒危等级：LC

湿生冷水花
Pilea aquarum Dunn

湿生冷水花（原亚种）
Pilea aquarum subsp. **aquarum**
习　　性：多年生草本
海　　拔：300~1500 m
分　　布：福建、广东、湖南、江西、四川
濒危等级：LC

锐齿湿生冷水花
Pilea aquarum subsp. **acutidentata** C. J. Chen
习　　性：多年生草本
海　　拔：200~600 m
分　　布：广东、广西
濒危等级：LC

短角湿生冷水花
Pilea aquarum subsp. **brevicornuta** (Hayata) C. J. Chen
习　　性：多年生草本
海　　拔：200~2600 m
国内分布：福建、广东、广西、贵州、海南、湖南、台湾、云南
国外分布：日本、越南
濒危等级：LC

耳基冷水花
Pilea auricularis C. J. Chen
习　　性：多年生草本
海　　拔：2400~2800 m
分　　布：西藏、云南
濒危等级：LC

竹叶冷水花
Pilea bambusifolia C. J. Chen
习　　性：多年生草本
海　　拔：约1300 m
分　　布：贵州
濒危等级：DD

基心叶冷水花
Pilea basicordata W. T. Wang ex C. J. Chen
习　　性：灌木或亚灌木
海　　拔：约900 m
分　　布：广西
濒危等级：DD

五萼冷水花
Pilea boniana Gagnep.
习　　性：多年生草本
海　　拔：300~2200 m
国内分布：广西、贵州、云南
国外分布：越南
濒危等级：LC

多苞冷水花
Pilea bracteosa Wedd.
习　　性：多年生草本
海　　拔：1800~2800 m
国内分布：西藏、云南
国外分布：不丹、尼泊尔、印度
濒危等级：LC

荨麻科 URTICACEAE

花叶冷水花
Pilea cadierei Gagnep. et Guillaumin
习　　性：多年生草本或亚灌木
海　　拔：500～1500 m
国内分布：贵州、云南
国外分布：越南
濒危等级：LC
资源利用：环境利用（观赏）

沧源冷水花
Pilea cangyuanensis H. W. Li
习　　性：多年生草本
海　　拔：约1700 m
分　　布：云南
濒危等级：LC

石油菜
Pilea cavaleriei H. Lév.

石油菜（原亚种）
Pilea cavaleriei subsp. **cavaleriei**
习　　性：多年生草本
海　　拔：200～1500 m
国内分布：福建、广东、广西、贵州、湖北、湖南、江西、四川、浙江
国外分布：不丹
濒危等级：LC
资源利用：药用（中草药）

圆齿石油菜
Pilea cavaleriei subsp. **crenata** C. J. Chen
习　　性：多年生草本
海　　拔：约600 m
分　　布：广西、贵州
濒危等级：LC

岩洞冷水花
Pilea cavernicola A. K. Monoro, C. J. Chen et Y. G. Wei
习　　性：地生草本
海　　拔：约500 m
分　　布：广西
濒危等级：LC

纸质冷水花
Pilea chartacea C. J. Chen
习　　性：多年生草本
海　　拔：200 m 以下
国内分布：广东、香港
国外分布：越南
濒危等级：LC

弯叶冷水花
Pilea cordifolia Hook. f.
习　　性：多年生草本
海　　拔：700～1500 m
国内分布：西藏、云南
国外分布：尼泊尔、印度
濒危等级：LC

心托冷水花
Pilea cordistipulata C. J. Chen
习　　性：多年生草本
海　　拔：1100～1300 m
分　　布：广东、广西、贵州、云南
濒危等级：LC

光疣冷水花
Pilea dolichocarpa C. J. Chen
习　　性：多年生草本或亚灌木
海　　拔：1100～1300 m
国内分布：广西、云南
国外分布：越南
濒危等级：LC

石林冷水花
Pilea elegantissima C. J. Chen
习　　性：一年生草本
海　　拔：1500～1900 m
国内分布：四川、云南
国外分布：泰国
濒危等级：LC

椭圆叶冷水花
Pilea elliptilimba C. J. Chen
习　　性：多年生草本
海　　拔：800～1800 m
分　　布：广西、贵州
濒危等级：LC

奋起湖冷水花
Pilea funkikensis Hayata
习　　性：亚灌木
海　　拔：400～1400 m
分　　布：台湾
濒危等级：LC

陇南冷水花
Pilea gansuensis C. J. Chen et Z. X. Peng
习　　性：一年生草本
海　　拔：1400～1800 m
分　　布：甘肃、四川
濒危等级：LC

点乳冷水花
Pilea glaberrima (Blume) Blume
习　　性：多年生草本
海　　拔：500～1300 m
国内分布：广东、广西、贵州、云南
国外分布：不丹、缅甸、尼泊尔、印度、印度尼西亚
濒危等级：LC

疣果冷水花
Pilea gracilis Hand.-Mazz.

疣果冷水花（原亚种）
Pilea gracilis subsp. **gracilis**
习　　性：多年生草本
国内分布：重庆、福建、广西、贵州、海南、湖北、湖南、

2345

四川、云南
国外分布：越南
濒危等级：LC
资源利用：药用（中草药）；动物饲料（饲料）

闽北冷水花
Pilea gracilis subsp. **fujianensis**(C. J. Chen) Y. H. Tong et N. H. Xia
习　　性：多年生草本
海　　拔：800~1000 m
分　　布：福建
濒危等级：VU D1+2

离基脉冷水花
Pilea gracilis subsp. **subtriplinervia**(C. J. Chen) Y. H. Tong et N. H. Xia
习　　性：多年生草本
海　　拔：400~600 m
分　　布：海南
濒危等级：DD

贵州冷水花
Pilea guizhouensis A. K. Monoro, C. J. Chen et Y. G. Wei
习　　性：草本或亚灌木
分　　布：贵州
濒危等级：LC

六棱茎冷水花
Pilea hexagona C. J. Chen
习　　性：亚灌木
海　　拔：约200 m
国内分布：云南
国外分布：越南
濒危等级：VU A2c

翠茎冷水花
Pilea hilliana Hand.-Mazz.

翠茎冷水花（原变种）
Pilea hilliana var. **hilliana**
习　　性：草本
海　　拔：1100~2600 m
国内分布：广西、贵州、四川、西藏、云南
国外分布：越南
濒危等级：LC

角萼翠茎冷水花
Pilea hilliana var. **corniculata** H. W. Li
习　　性：草本
海　　拔：2400 m
分　　布：云南
濒危等级：LC

须弥冷水花
Pilea hookeriana Wedd.
习　　性：多年生草本或亚灌木
海　　拔：1200~1800 m
国内分布：云南
国外分布：不丹、尼泊尔、印度
濒危等级：LC

泡果冷水花
Pilea howelliana Hand.-Mazz.

泡果冷水花（原变种）
Pilea howelliana var. **howelliana**
习　　性：多年生草本
海　　拔：1500~1700 m
分　　布：云南
濒危等级：LC

细齿泡果冷水花
Pilea howelliana var. **denticulata** C. J. Chen
习　　性：多年生草本
海　　拔：2000~2500 m
分　　布：云南
濒危等级：DD

盾基冷水花
Pilea insolens Wedd.
习　　性：多年生草本
海　　拔：1600~2700 m
国内分布：西藏
国外分布：不丹、尼泊尔、印度
濒危等级：LC

山冷水花
Pilea japonica(Maxim.) Hand.-Mazz.
习　　性：草本
海　　拔：500~1900 m
国内分布：安徽、福建、甘肃、广东、广西、贵州、河北、河南、湖北、湖南、吉林、江西、辽宁、陕西、四川、台湾、云南、浙江
国外分布：朝鲜、俄罗斯、日本
濒危等级：LC
资源利用：药用（中草药）

拉格冷水花
Pilea lageensis W. T. Wang
习　　性：多年生草本
海　　拔：约3200 m
分　　布：西藏
濒危等级：LC

条叶冷水花
Pilea linearifolia C. J. Chen
习　　性：草本
海　　拔：约3100 m
国内分布：西藏
国外分布：尼泊尔
濒危等级：LC

隆脉冷水花
Pilea lomatogramma Hand.-Mazz.
习　　性：多年生草本
海　　拔：1000~2000 m
分　　布：福建、湖北、四川、云南
濒危等级：LC

长茎冷水花
Pilea longicaulis Hand.-Mazz.

长茎冷水花（原变种）
Pilea longicaulis var. **longicaulis**
习　　性：多年生草本或亚灌木
海　　拔：约700 m
国内分布：广西
国外分布：越南
濒危等级：LC
资源利用：药用（中草药）

啮蚀冷水花
Pilea longicaulis var. **erosa** C. J. Chen
习　　性：多年生草本或亚灌木
海　　拔：400～1100 m
分　　布：广西
濒危等级：LC

黄花冷水花
Pilea longicaulis var. **flaviflora** C. J. Chen
习　　性：多年生草本或亚灌木
海　　拔：400～1500 m
国内分布：贵州、四川
国外分布：老挝
濒危等级：LC

鱼眼果冷水花
Pilea longipedunculata S. S. Chien et C. J. Chen
习　　性：多年生草本
海　　拔：1400～2800 m
国内分布：广西、贵州、云南
国外分布：泰国、越南
濒危等级：LC

大果冷水花
Pilea macrocarpa C. J. Chen
习　　性：多年生草本
海　　拔：1500～1600 m
分　　布：西藏
濒危等级：VU D2

大叶冷水花
Pilea martini (H. Lév.) Hand. -Mazz.
习　　性：多年生草本
海　　拔：1100～3500 m
国内分布：甘肃、广西、贵州、湖北、湖南、江西、陕西、四川、西藏、云南
国外分布：不丹、尼泊尔、印度
濒危等级：LC

细尾冷水花
Pilea matsudae Yamam.
习　　性：多年生草本
海　　拔：1200～2100 m
分　　布：台湾
濒危等级：LC

中间型冷水花
Pilea media C. J. Chen
习　　性：多年生草本
海　　拔：100～900 m
分　　布：广西、贵州、云南
濒危等级：LC

墨脱冷水花
Pilea medogensis C. J. Chen
习　　性：多年生草本
海　　拔：2400～3800 m
国内分布：西藏
国外分布：印度
濒危等级：LC

长序冷水花
Pilea melastomoides (Poir.) Wedd.
习　　性：多年生草本
海　　拔：700～1800 m
国内分布：广西、贵州、海南、台湾、西藏、云南
国外分布：缅甸、斯里兰卡、印度、印度尼西亚、越南
濒危等级：LC

勐海冷水花
Pilea menghaiensis C. J. Chen
习　　性：多年生草本
海　　拔：约1800 m
分　　布：云南
濒危等级：LC

广西冷水花
Pilea microcardia Hand. -Mazz.
习　　性：一年生草本
海　　拔：约300 m
分　　布：广西
濒危等级：DD

小叶冷水花
Pilea microphylla (L.) Liebm.
习　　性：草本
国内分布：福建、广东、广西、海南、江西、台湾、浙江
国外分布：非洲、南美洲、亚洲
濒危等级：LC
资源利用：环境利用（观赏）

念珠冷水花
Pilea monilifera Hand. -Mazz.
习　　性：多年生草本
海　　拔：900～3500 m
分　　布：广西、贵州、湖北、湖南、江西、四川、云南
濒危等级：LC

串珠毛冷水花
Pilea multicellularis C. J. Chen
习　　性：多年生草本
海　　拔：约2900 m
分　　布：云南
濒危等级：LC

长穗冷水花
Pilea myriantha (Dunn) C. J. Chen
习　　性：多年生草本
海　　拔：约300 m
国内分布：西藏
国外分布：印度
濒危等级：LC

冷水花
Pilea notata C. H. Wright
 习 性：多年生草本
 海 拔：300~1500 m
 国内分布：安徽、福建、甘肃、广东、广西、贵州、河南、湖北、湖南、江西、陕西、四川、台湾、浙江
 国外分布：日本
 濒危等级：LC
 资源利用：药用（中草药）

雅致冷水花
Pilea oxyodon Wedd.
 习 性：多年生草本
 海 拔：约2900 m
 国内分布：西藏
 国外分布：尼泊尔、印度
 濒危等级：LC

滇东南冷水花
Pilea paniculigera C. J. Chen
 习 性：多年生草本
 海 拔：1200~1600 m
 国内分布：云南
 国外分布：越南
 濒危等级：LC

攀枝花冷水花
Pilea panzhihuaensis C. J. Chen、A. K. Monro et L. Chen
 习 性：多年生草本
 分 布：贵州
 濒危等级：LC

少花冷水花
Pilea pauciflora C. J. Chen
 习 性：一年生草本
 海 拔：2100~2800 m
 分 布：甘肃、四川
 濒危等级：LC

赤车冷水花
Pilea pellionioides C. J. Chen
 习 性：多年生草本
 海 拔：1800~2800 m
 分 布：云南
 濒危等级：DD

盾叶冷水花
Pilea peltata Hance

盾叶冷水花（原变种）
Pilea peltata var. **peltata**
 习 性：多年生草本
 海 拔：100~500 m
 分 布：广东、广西、湖南
 濒危等级：LC

卵叶盾叶冷水花
Pilea peltata var. **ovatifolia** C. J. Chen
 习 性：多年生草本
 海 拔：300~400 m
 分 布：广东

 濒危等级：LC

钝齿冷水花
Pilea penninervis C. J. Chen
 习 性：多年生草本
 海 拔：约700 m
 国内分布：广西、云南
 国外分布：越南
 濒危等级：EN B2ab（ii，iv）

镜面草
Pilea peperomioides Diels
 习 性：多年生草本
 海 拔：1500~3000 m
 分 布：四川、云南
 濒危等级：EN B2ab（ii，iv）

苔水花
Pilea peploides（Gaudich.）Hook. et Arn.
 习 性：一年生草本
 海 拔：100~1300 m
 国内分布：安徽、福建、广东、广西、贵州、河北、河南、湖北、湖南、江西、辽宁、内蒙古、台湾
 国外分布：不丹、朝鲜、俄罗斯（西伯利亚）、缅甸、日本、泰国、印度、印度尼西亚、越南；太平洋岛屿（夏威夷）
 濒危等级：LC

石筋草
Pilea plataniflora C. H. Wright

石筋草（原变种）
Pilea plataniflora var. **plataniflora**
 习 性：多年生草本
 海 拔：200~2400 m
 国内分布：甘肃、广西、海南、湖北、陕西、四川、台湾、云南
 国外分布：泰国、越南
 濒危等级：LC

台东石筋草
Pilea plataniflora var. **taitoensis**（Hayata）S. S. Ying
 习 性：多年生草本
 分 布：台湾
 濒危等级：LC

假冷水花
Pilea pseudonotata C. J. Chen
 习 性：亚灌木
 海 拔：700~2500 m
 国内分布：贵州、西藏、云南
 国外分布：越南
 濒危等级：LC

透茎冷水花
Pilea pumila（L.）A. Gray

透茎冷水花（原变种）
Pilea pumila var. **pumila**
 习 性：一年生草本
 海 拔：400~2900 m

国内分布：安徽、重庆、福建、甘肃、广东、广西、贵州、河北、河南、黑龙江、湖北、湖南、吉林、江苏、江西、辽宁、内蒙古、宁夏、山东、山西、陕西、四川、台湾、西藏、云南、浙江
国外分布：朝鲜、俄罗斯、蒙古、日本
濒危等级：LC
资源利用：药用（中草药）

荫地冷水花
Pilea pumila var. **hamaoi**（Makino）C. J. Chen
习　　性：一年生草本
海　　拔：300~900 m
国内分布：河北、黑龙江、吉林
国外分布：朝鲜、日本
濒危等级：LC

钝尖冷水花
Pilea pumila var. **obtusifolia** C. J. Chen
习　　性：一年生草本
海　　拔：500~1500 m
分　　布：甘肃、贵州、湖北、陕西、四川
濒危等级：LC

总状冷水花
Pilea racemiformis C. J. Chen
习　　性：多年生草本
海　　拔：约1600 m
国内分布：广西
国外分布：越南
濒危等级：LC

亚高山冷水花
Pilea racemosa（Royle）Tuyama
习　　性：多年生草本
海　　拔：2200~5400 m
国内分布：四川、西藏、云南
国外分布：不丹、尼泊尔、印度
濒危等级：LC

序托冷水花
Pilea receptacularis C. J. Chen
习　　性：草本
海　　拔：600~2000 m
分　　布：湖北、陕西、四川
濒危等级：LC

短喙冷水花
Pilea rostellata C. J. Chen
习　　性：多年生草本
海　　拔：约1700 m
分　　布：云南
濒危等级：DD

圆果冷水花
Pilea rotundinucula Hayata
习　　性：多年生草本
海　　拔：300~1500 m
分　　布：台湾
濒危等级：LC

红花冷水花
Pilea rubriflora C. H. Wright
习　　性：草本或亚灌木
海　　拔：800~1500 m
分　　布：湖北、四川
濒危等级：LC

怒江冷水花
Pilea salwinensis（Hand.-Mazz.）C. J. Chen
习　　性：多年生草本
海　　拔：2000~2500 m
国内分布：云南
国外分布：缅甸
濒危等级：LC

细齿冷水花
Pilea scripta（Buch.-Ham. ex D. Don）Wedd.
习　　性：多年生草本
海　　拔：2000~3000 m
国内分布：西藏、云南
国外分布：不丹、克什米尔地区、缅甸、尼泊尔、印度
濒危等级：LC

镰叶冷水花
Pilea semisessilis Hand.-Mazz.
习　　性：多年生草本
海　　拔：1000~3400 m
国内分布：广西、湖南、江西、四川、西藏、云南
国外分布：泰国
濒危等级：LC

师宗冷水花
Pilea shizongensis A. K. Monoro, C. J. Chen et Y. G. Wei
习　　性：草本
海　　拔：约1200 m
分　　布：云南
濒危等级：LC

厚叶冷水花
Pilea sinocrassifolia C. J. Chen
习　　性：匍匐草本
海　　拔：200~1000 m
分　　布：福建、广东、贵州、湖南、云南
濒危等级：LC

粗齿冷水花
Pilea sinofasciata C. J. Chen
习　　性：多年生草本
海　　拔：700~2500 m
国内分布：安徽、甘肃、广东、广西、贵州、湖北、湖南、江西、四川、浙江
国外分布：泰国、印度
濒危等级：LC

细叶冷水花
Pilea somae Hayata
习　　性：多年生草本
海　　拔：100~900 m
分　　布：台湾

濒危等级：LC

刺果冷水花
Pilea spinulosa C. J. Chen
习　　性：草本或亚灌木
海　　拔：500～900 m
国内分布：广东、广西、海南
国外分布：越南
濒危等级：LC

鳞片冷水花
Pilea squamosa C. J. Chen
习　　性：多年生草本
海　　拔：1900～2500 m
国内分布：西藏、云南
国外分布：不丹、尼泊尔、印度
濒危等级：LC

翅茎冷水花
Pilea subcoriacea(Hand.-Mazz.) C. J. Chen
习　　性：多年生草本
海　　拔：800～1800 m
分　　布：广东、广西、湖南、四川、云南
濒危等级：LC

小齿冷水花
Pilea subedentata S. S. Chien et C. J. Chen
习　　性：多年生草本
海　　拔：400～1000 m
分　　布：海南
濒危等级：LC

玻璃草
Pilea swinglei Merr.
习　　性：多年生草本
海　　拔：400～1500 m
国内分布：安徽、福建、广东、广西、贵州、湖北、湖南、江西、浙江
国外分布：缅甸
濒危等级：LC
资源利用：药用（中草药）

喙萼冷水花
Pilea symmeria Wedd.
习　　性：多年生草本
海　　拔：2100～3300 m
国内分布：西藏
国外分布：不丹、尼泊尔、印度
濒危等级：LC

羽脉冷水花
Pilea ternifolia Wedd.
习　　性：多年生草本
海　　拔：2900～3100 m
国内分布：西藏
国外分布：不丹、尼泊尔、印度
濒危等级：LC

海南冷水花
Pilea tsiangiana F. P. Metcalf
习　　性：亚灌木
海　　拔：200～300 m
国内分布：广西、海南
国外分布：越南
濒危等级：LC

荫生冷水花
Pilea umbrosa Blume

荫生冷水花（原变种）
Pilea umbrosa var. **umbrosa**
习　　性：多年生草本
海　　拔：1500～2800 m
国内分布：西藏、云南
国外分布：不丹、克什米尔地区、尼泊尔、印度
濒危等级：LC

少毛冷水花
Pilea umbrosa var. **obesa** Wedd.
习　　性：多年生草本
海　　拔：约2600 m
国内分布：西藏、云南
国外分布：尼泊尔
濒危等级：LC

鹰嘴冷水花
Pilea unciformis C. J. Chen
习　　性：多年生草本
海　　拔：约1300 m
国内分布：云南
国外分布：越南
濒危等级：LC

毛茎冷水花
Pilea villicaulis Hand.-Mazz.
习　　性：多年生草本
海　　拔：500～2500 m
分　　布：云南
濒危等级：LC

生根冷水花
Pilea wightii Wedd.
习　　性：多年生草本
海　　拔：300～1200 m
国内分布：广东、广西
国外分布：斯里兰卡、印度
濒危等级：LC

落尾木属 Pipturus Wedd.

落尾木
Pipturus arborescens(Link) C. B. Rob.
习　　性：灌木或小乔木
海　　拔：200～500 m
国内分布：台湾
国外分布：菲律宾、日本
濒危等级：LC
资源利用：原料（纤维）

锥头麻属 Poikilospermum Zipp. ex Miq.

毛叶锥头麻
Poikilospermum lanceolatum(Trécul) Merr.
习　　性：攀援灌木

海　　拔：700~1800 m
国内分布：西藏、云南
国外分布：缅甸、印度
濒危等级：LC

大序锥头麻
Poikilospermum naucleiflorum (Lindl.) Chew
习　　性：灌木
海　　拔：约1600 m
国内分布：西藏
国外分布：缅甸、泰国、印度
濒危等级：LC

锥头麻
Poikilospermum suaveolens (Blume) Merr.
习　　性：攀援灌木
海　　拔：500~600 m
国内分布：云南
国外分布：菲律宾、柬埔寨、老挝、马来西亚、印度、印度尼西亚、越南
濒危等级：LC

雾水葛属 Pouzolzia Gaudich.

美叶雾水葛
Pouzolzia calophylla W. T. Wang et C. J. Chen
习　　性：灌木
海　　拔：1600~2800 m
国内分布：西藏、云南
国外分布：不丹、缅甸、尼泊尔、印度
濒危等级：LC

雪毡雾水葛
Pouzolzia niveotomentosa W. T. Wang
习　　性：灌木
海　　拔：300~1300 m
分　　布：四川、云南
濒危等级：LC

红雾水葛
Pouzolzia sanguinea (Blume) Merr.

红雾水葛（原变种）
Pouzolzia sanguinea var. **sanguinea**
习　　性：灌木
海　　拔：300~2300 m
国内分布：广西、贵州、海南、四川、台湾、西藏、云南
国外分布：不丹、老挝、马来西亚、缅甸、尼泊尔、泰国、印度、印度尼西亚、越南
濒危等级：LC

雅致雾水葛
Pouzolzia sanguinea var. **elegans** (Wedd.) Friis, Wilmot-Dear et C. J. Chen
习　　性：灌木
海　　拔：350~2300 m
分　　布：贵州、四川、台湾、西藏、云南
濒危等级：LC

台湾雾水葛
Pouzolzia taiwaniana C. I Peng et S. W. Chung
习　　性：多年生草本
海　　拔：约250 m
分　　布：台湾
濒危等级：LC

雾水葛
Pouzolzia zeylanica (L.) Benn. et R. Br.

雾水葛（原变种）
Pouzolzia zeylanica var. **zeylanica**
习　　性：多年生草本
海　　拔：300~800（1300）m
国内分布：安徽、福建、甘肃、广东、广西、湖北、湖南、江西、四川、云南、浙江
国外分布：巴布亚新几内亚、菲律宾、克什米尔地区、马尔代夫、马来西亚、缅甸、尼泊尔、日本、斯里兰卡、泰国、印度、印度尼西亚、越南；澳大利亚、也门、非洲和美洲引进栽培
濒危等级：LC
资源利用：药用（中草药）

狭叶雾水葛
Pouzolzia zeylanica var. **angustifolia** (Wight) C. J. Chen
习　　性：多年生草本
海　　拔：100~300 m
国内分布：广东、广西
国外分布：马来西亚、印度尼西亚
濒危等级：LC

多枝雾水葛
Pouzolzia zeylanica var. **microphylla** (Wedd.) Masam.
习　　性：多年生草本
海　　拔：100~500 m
国内分布：福建、广东、广西、江西、台湾、云南
国外分布：亚洲
濒危等级：LC

藤麻属 Procris Comm. ex Juss.

藤麻
Procris crenata C. B. Rob.
习　　性：多年生草本或亚灌木
海　　拔：300~2000 m
国内分布：福建、广东、广西、贵州、海南、四川、台湾、西藏、云南
国外分布：不丹、菲律宾、老挝、马来西亚、尼泊尔、斯里兰卡、泰国、印度、印度尼西亚、越南
濒危等级：LC

肉被麻属 Sarcochlamys Gaudich.

肉被麻
Sarcochlamys pulcherrima Gaudich.
习　　性：常绿灌木或乔木
海　　拔：800~1400 m
国内分布：西藏、云南
国外分布：不丹、缅甸、泰国、印度、印度尼西亚
濒危等级：LC

荨麻属 Urtica L.

狭叶荨麻
Urtica angustifolia Fisch. ex Hornem.
习　　性：多年生草本
海　　拔：800~2200 m
国内分布：河北、黑龙江、吉林、辽宁、内蒙古、山东、陕西
国外分布：朝鲜、俄罗斯、蒙古、日本

小果荨麻
Urtica atrichocaulis (Hand.-Mazz.) C. J. Chen
习　　性：多年生草本
海　　拔：300~2600 m
分　　布：贵州、四川、云南
濒危等级：LC

麻叶荨麻
Urtica cannabina L.
习　　性：多年生草本
海　　拔：800~2800 m
国内分布：甘肃、河北、黑龙江、吉林、辽宁、内蒙古、宁夏、青海、山西、陕西、四川、新疆
国外分布：俄罗斯、蒙古
濒危等级：LC
资源利用：药用（中草药）；原料（纤维）

异株荨麻
Urtica dioica L.

异株荨麻（原亚种）
Urtica dioica subsp. **dioica**
习　　性：多年生草本
海　　拔：3200~4800 m
国内分布：青海、西藏、新疆
国外分布：阿富汗、不丹、印度
濒危等级：LC

尾尖异株荨麻
Urtica dioica subsp. **afghanica** Chrtek
习　　性：多年生草本
海　　拔：500~5000 m
国内分布：西藏、新疆
国外分布：阿富汗
濒危等级：LC

甘肃异株荨麻
Urtica dioica subsp. **gansuensis** C. J. Chen
习　　性：多年生草本
海　　拔：2200~2800 m
分　　布：甘肃、四川
濒危等级：LC

荨麻
Urtica fissa E. Pritz.
习　　性：多年生草本
海　　拔：100~2000 m
国内分布：安徽、福建、甘肃、广西、贵州、河南、湖北、湖南、陕西、四川、云南、浙江
国外分布：越南
濒危等级：LC
资源利用：药用（中草药）；原料（纤维）；动物饲料（饲料）

贺兰山荨麻
Urtica helanshanica W. Z. Di et W. B. Liao
习　　性：草本
分　　布：甘肃
濒危等级：LC

高原荨麻
Urtica hyperborea Jacq. ex Wedd.
习　　性：多年生草本
海　　拔：3000~5200 m
国内分布：甘肃、青海、四川、西藏、新疆、云南
国外分布：印度
濒危等级：LC

宽叶荨麻
Urtica laetevirens Maxim.

宽叶荨麻（原亚种）
Urtica laetevirens subsp. **laetevirens**
习　　性：多年生草本
海　　拔：800~3500 m
国内分布：安徽、甘肃、河北、河南、湖北、湖南、辽宁、内蒙古、青海、山东、山西、陕西、四川、西藏、云南
国外分布：朝鲜、俄罗斯、日本
濒危等级：LC
资源利用：原料（纤维）；药用（中草药）

乌苏里荨麻
Urtica laetevirens subsp. **cyanescens** (Kom.) C. J. Chen
习　　性：多年生草本
海　　拔：100~1000 m
国内分布：黑龙江、吉林、辽宁
国外分布：朝鲜、俄罗斯
濒危等级：LC

滇藏荨麻
Urtica mairei H. Lév.
习　　性：多年生草本
海　　拔：1500~3400 m
国内分布：四川、西藏、云南
国外分布：不丹、缅甸、印度
濒危等级：LC

麻栗坡荨麻
Urtica malipoensis W. T. Wang
习　　性：草本
海　　拔：约1700 m
分　　布：云南
濒危等级：LC

膜叶荨麻
Urtica membranifolia C. J. Chen
习　　性：多年生草本

海　　拔：2400～2800 m
国内分布：西藏
国外分布：印度
濒危等级：DD

圆果荨麻
Urtica parviflora Roxb.
　　习　　性：多年生草本
　　海　　拔：1500～2400 m
　　国内分布：广西、西藏、云南
　　国外分布：不丹、克什米尔地区、尼泊尔、印度
　　濒危等级：LC

台湾荨麻
Urtica taiwaniana S. S. Ying
　　习　　性：多年生草本
　　海　　拔：3400～3600 m
　　分　　布：台湾
　　濒危等级：LC

咬人荨麻
Urtica thunbergiana Siebold et Zucc.
　　习　　性：多年生草本
　　海　　拔：1200～2500 m
　　国内分布：台湾、云南
　　国外分布：日本
　　濒危等级：LC

三角叶荨麻
Urtica triangularis Hand. -Mazz.

三角叶荨麻（原亚种）
Urtica triangularis subsp. **triangularis**
　　习　　性：多年生草本
　　海　　拔：2500～3700 m
　　分　　布：青海、四川、西藏、云南
　　濒危等级：LC
　　资源利用：药用（中草药）；动物饲料（饲料）；食品（蔬菜）

羽裂荨麻
Urtica triangularis subsp. **pinnatifida** (Hand. -Mazz.) C. J. Chen
　　习　　性：多年生草本
　　海　　拔：2700～4100 m
　　分　　布：甘肃、青海、西藏、云南
　　濒危等级：LC

毛果荨麻
Urtica triangularis subsp. **trichocarpa** C. J. Chen
　　习　　性：多年生草本
　　海　　拔：2200～3000 m
　　分　　布：甘肃、青海、四川
　　濒危等级：LC

欧荨麻
Urtica urens L.
　　习　　性：一年生草本
　　海　　拔：2800～2900 m
　　国内分布：辽宁、青海、西藏、新疆
　　国外分布：俄罗斯
　　濒危等级：LC
　　资源利用：原料（纤维）；食品（蔬菜）

征锚麻属 Zhengyia T. Deng, D. G. Zhang et H. Sun

征锚麻
Zhengyia shennongensis T. Deng, D. G. Zhang et H. Sun
　　习　　性：多年生草本
　　海　　拔：约450 m
　　分　　布：湖北
　　濒危等级：NT

翡若翠科 VELLOZIACEAE
（1属：1种）

芒苞草属 Acanthochlamys P. C. Kao

芒苞草
Acanthochlamys bracteata P. C. Kao
　　习　　性：多年生草本
　　海　　拔：2700～3500 m
　　国内分布：西藏
　　国外分布：四川
　　濒危等级：VU B1ab（iii, v）+2ab（iii, v）
　　国家保护：Ⅱ级

马鞭草科 VERBENACEAE
（6属：7种）

假连翘属 Duranta L.

假连翘
Duranta erecta L.
　　习　　性：灌木
　　海　　拔：200～400 m
　　国内分布：福建、广东、广西、海南、湖南、江西、台湾、浙江归化
　　国外分布：原产北美洲、南美洲
　　资源利用：环境利用（观赏）

膜藻藤属 Hymenopyramis Wall. ex Griff.

膜藻藤
Hymenopyramis cana Craib
　　习　　性：灌木
　　海　　拔：100～500 m
　　国内分布：海南
　　国外分布：泰国
　　濒危等级：LC

马缨丹属 Lantana L.

马缨丹
Lantana camara L.
　　习　　性：灌木

国内分布：福建、海南、广东、广西、台湾归化
国外分布：原产热带和亚热带美洲
资源利用：药用（中草药）；环境利用（观赏）

过江藤属 Phyla Lour.

过江藤
Phyla nodiflora(L.) Greene
习　　性：多年生草本
海　　拔：300～2300 m
国内分布：福建、广东、贵州、海南、湖北、湖南、江苏、江西、四川、台湾、西藏、云南
国外分布：热带和亚热带地区
濒危等级：LC
资源利用：药用（中草药）

假马鞭属 Stachytarpheta Vahl

假马鞭
Stachytarpheta jamaicensis(L.) Vahl
习　　性：亚灌木
海　　拔：300～600 m
国内分布：福建、广东、广西、海南、台湾、云南归化
国外分布：原产热带美洲
濒危等级：LC
资源利用：药用（中草药，兽药）

马鞭草属 Verbena L.

长苞马鞭草
Verbena bracteata Cav. ex Lag. et J. D. Rodr.
习　　性：一年生或多年生草本
国内分布：辽宁
国外分布：原产北美洲

马鞭草
Verbena officinalis L.
习　　性：一年生或多年生草本
海　　拔：100～1800 m
国内分布：安徽、福建、甘肃、广东、广西、贵州、海南、湖北、湖南、江苏、江西、山西、陕西、四川、台湾、西藏、新疆、云南、浙江
国外分布：世界温带及热带地区
濒危等级：LC
资源利用：药用（中草药）

堇菜科 VIOLACEAE
（3属：119种）

鼠鞭草属 Hybanthus Jacq.

鼠鞭草
Hybanthus enneaspermus(L.) F. Mueller
习　　性：亚灌木
海　　拔：500 m 以下
国内分布：广东、海南、台湾
国外分布：澳大利亚

濒危等级：NT B1b（i, iii）

三角车属 Rinorea Aubl.

三角车
Rinorea bengalensis(Wall.) Kuntze
习　　性：灌木或小乔木
海　　拔：600 m 以下
国内分布：广西、海南
国外分布：马来西亚、缅甸、斯里兰卡、泰国、印度、越南
濒危等级：LC

毛蕊三角车
Rinorea erianthera C. Y. Wu et Chu Ho
习　　性：落叶灌木
海　　拔：约1300 m
分　　布：四川
濒危等级：VU B1ab（i, iii）；C1

短柄三角车
Rinorea longiracemosa(Kurz) Craib
习　　性：灌木或小乔木
海　　拔：1000 m 以下
国内分布：海南
国外分布：柬埔寨、老挝、马来西亚、缅甸、泰国、印度尼西亚、越南
濒危等级：VU D2

鳞隔堇
Rinorea virgata(Thwaites) Kuntze
习　　性：灌木
海　　拔：600 m 以下
国内分布：海南
国外分布：老挝、缅甸、斯里兰卡、泰国、越南
濒危等级：NT B1ab（i, iii）

堇菜属 Viola L.

鸡腿堇菜
Viola acuminata Ledeb.

鸡腿堇菜（原变种）
Viola acuminata var. **acuminata**
习　　性：多年生草本
海　　拔：400～2500 m
国内分布：安徽、甘肃、河北、河南、黑龙江、湖北、吉林、辽宁、内蒙古、宁夏、山东、山西、陕西、四川、浙江
国外分布：朝鲜、俄罗斯、蒙古、日本
濒危等级：LC

毛花鸡腿堇菜
Viola acuminata var. **pilifera** C. J. Wang
习　　性：多年生草本
海　　拔：1600～1800 m
分　　布：甘肃
濒危等级：NT

尖叶堇菜
Viola acutifolia(Kar. et Kir.) W. Becker

习　　性：多年生草本
海　　拔：1000~2400 m
国内分布：新疆
国外分布：俄罗斯
濒危等级：LC

朝鲜堇菜
Viola albida Palib.

朝鲜堇菜（原变种）
Viola albida var. **albida**
习　　性：多年生草本
海　　拔：300~800 m
国内分布：辽宁
国外分布：朝鲜、日本
濒危等级：LC

菊叶堇菜
Viola albida var. **takahashii**（Nakai）Nakai
习　　性：多年生草本
海　　拔：300~500 m
国内分布：黑龙江、辽宁、山东
国外分布：朝鲜
濒危等级：LC

阿尔泰堇菜
Viola altaica Ker Gawl.
习　　性：多年生草本
海　　拔：1500~4000 m
国内分布：新疆
国外分布：俄罗斯、哈萨克斯坦、吉尔吉斯斯坦、蒙古
濒危等级：LC

如意草
Viola arcuata Blume
习　　性：多年生草本
海　　拔：3000 m 以下
国内分布：安徽、重庆、福建、甘肃、广东、广西、贵州、河南、黑龙江、湖北、湖南、吉林、江苏、江西、辽宁、山东、陕西、四川、台湾、云南、浙江
国外分布：巴布亚新几内亚、不丹、朝鲜、俄罗斯、马来西亚、蒙古、缅甸、尼泊尔、日本、泰国、印度、印度尼西亚、越南
濒危等级：LC
资源利用：药用（中草药）

野生堇菜
Viola arvensis Murray
习　　性：一年生或二年生草本
国内分布：台湾栽培
国外分布：原产东南亚、北非及欧洲

枪叶堇菜
Viola belophylla H. Boissieu
习　　性：多年生草本
海　　拔：1900~3200 m
分　　布：四川、西藏、云南
濒危等级：LC

戟叶堇菜
Viola betonicifolia Sm.
习　　性：多年生草本
海　　拔：1500~2500 m
国内分布：安徽、重庆、福建、广东、广西、贵州、海南、河南、湖北、湖南、江苏、江西、陕西、四川、台湾、西藏、云南、浙江
国外分布：阿富汗、澳大利亚、不丹、菲律宾、克什米尔地区、马来西亚、缅甸、尼泊尔、日本、斯里兰卡、泰国、印度、印度尼西亚、越南
濒危等级：LC
资源利用：药用（中草药）

双花堇菜
Viola biflora L.

双花堇菜（原变种）
Viola biflora var. **biflora**
习　　性：多年生草本
海　　拔：2500~4300 m
国内分布：甘肃、河北、河南、黑龙江、吉林、辽宁、内蒙古、宁夏、青海、山西、陕西、四川、台湾、西藏、新疆、云南
国外分布：不丹、朝鲜、俄罗斯、克什米尔地区、马来西亚、蒙古、缅甸、尼泊尔、日本、印度、印度尼西亚
濒危等级：LC
资源利用：药用（中草药）

圆叶小堇菜
Viola biflora var. **rockiana**（W. Becker）Y. S. Chen
习　　性：多年生草本
海　　拔：2500~4300 m
分　　布：甘肃、青海、四川、西藏、云南
濒危等级：LC
资源利用：药用（中草药）

兴安圆叶堇菜
Viola brachyceras Turcz.
习　　性：多年生草本
海　　拔：500~900 m
国内分布：黑龙江、吉林、内蒙古
国外分布：俄罗斯、蒙古
濒危等级：LC

鳞茎堇菜
Viola bulbosa Maxim.
习　　性：多年生草本
海　　拔：1900~4200 m
国内分布：甘肃、青海、陕西、四川、西藏、云南
国外分布：不丹、尼泊尔、印度
濒危等级：LC

阔紫叶堇菜
Viola cameleo H. Boissieu
习　　性：多年生草本
海　　拔：1800~3800 m
分　　布：湖北、四川、云南
濒危等级：LC

南山堇菜
Viola chaerophylloides (Regel) W. Becker

南山堇菜（原变种）
Viola chaerophylloides var. **chaerophylloides**
习　　性：多年生草本
海　　拔：2000 m 以下
国内分布：安徽、重庆、河北、河南、湖北、江苏、江西、辽宁、山东、浙江
国外分布：朝鲜、俄罗斯、日本
濒危等级：LC

细裂堇菜
Viola chaerophylloides var. **sieboldiana** (Maxim.) Makino
习　　性：多年生草本
海　　拔：1700 m 以下
国内分布：安徽、湖北、江西、浙江
国外分布：日本
濒危等级：LC

球果堇菜
Viola collina Besser

球果堇菜（原变种）
Viola collina var. **collina**
习　　性：多年生草本
海　　拔：2800 m 以下
国内分布：安徽、重庆、甘肃、贵州、河北、河南、黑龙江、湖北、吉林、江苏、辽宁、内蒙古、宁夏、山东、山西、陕西、四川、云南、浙江
国外分布：朝鲜、俄罗斯、蒙古、日本、塔吉克斯坦
濒危等级：LC
资源利用：药用（中草药）

光果球果堇菜
Viola collina var. **glabricarpa** K. Sun
习　　性：多年生草本
海　　拔：1400 m 以下
分　　布：山东
濒危等级：LC

光叶球果堇菜
Viola collina var. **intramongolica** C. J. Wang
习　　性：多年生草本
海　　拔：1100~1200 m
分　　布：内蒙古
濒危等级：NT B1b（i，iii）

密叶堇菜
Viola confertifolia Chang
习　　性：多年生草本
海　　拔：2800~3200 m
分　　布：云南
濒危等级：DD

鄂西堇菜
Viola cuspidifolia W. Becker
习　　性：多年生草本
海　　拔：约2500 m
分　　布：湖北、湖南
濒危等级：LC

掌叶堇菜
Viola dactyloides Roem. et Schult.
习　　性：多年生草本
海　　拔：500~700 m
国内分布：河北、黑龙江、吉林、辽宁、内蒙古
国外分布：俄罗斯、蒙古
濒危等级：LC

深圆齿堇菜
Viola davidii Franch.
习　　性：多年生草本
海　　拔：1200~2800 m
分　　布：重庆、福建、广东、广西、贵州、湖北、湖南、江西、四川、西藏、云南、浙江
濒危等级：LC

灰叶堇菜
Viola delavayi Franch.
习　　性：多年生草本
海　　拔：1800~2800 m
分　　布：贵州、四川、云南
濒危等级：LC
资源利用：药用（中草药）

大叶堇菜
Viola diamantiaca Nakai
习　　性：多年生草本
海　　拔：600~1500 m
国内分布：吉林、辽宁
国外分布：朝鲜
濒危等级：LC
资源利用：药用（中草药）

七星莲
Viola diffusa Ging.
习　　性：一年生草本
海　　拔：2000 m 以下
国内分布：安徽、重庆、福建、甘肃、广东、广西、贵州、海南、河南、湖北、湖南、江苏、江西、陕西、四川、台湾、西藏、云南、浙江
国外分布：巴布亚新几内亚、不丹、菲律宾、马来西亚、缅甸、尼泊尔、日本、泰国、印度、印度尼西亚、越南
濒危等级：LC
资源利用：药用（中草药）

轮叶堇菜
Viola dimorphophylla Y. S. Chen et Q. E. Yang
习　　性：多年生草本
海　　拔：2400~2600 m
分　　布：云南
濒危等级：CR B1ab（i，ii，iii，v）

裂叶堇菜
Viola dissecta Ledeb.

裂叶堇菜（原变种）
Viola dissecta var. **dissecta**
- 习　　性：多年生草本
- 海　　拔：3000 m 以下
- 国内分布：甘肃、河北、黑龙江、吉林、辽宁、内蒙古、宁夏、青海、山东、山西、陕西、四川
- 国外分布：朝鲜、俄罗斯、蒙古
- 濒危等级：LC

总裂叶堇菜
Viola dissecta var. **incisa** (Turcz.) Y. S. Chen
- 习　　性：多年生草本
- 海　　拔：1300 m 以下
- 国内分布：河北、吉林、辽宁、内蒙古、山西、陕西
- 国外分布：俄罗斯、蒙古
- 濒危等级：LC

紫点堇菜
Viola duclouxii W. Becker
- 习　　性：多年生草本
- 海　　拔：1600 ~ 2700 m
- 分　　布：云南
- 濒危等级：LC

溪堇菜
Viola epipsiloides A. Löve et D. Löve
- 习　　性：多年生草本
- 海　　拔：400 ~ 1300 m
- 国内分布：黑龙江、吉林、内蒙古、新疆
- 国外分布：朝鲜、俄罗斯、日本
- 濒危等级：LC

柔毛堇菜
Viola fargesii H. Boissieu
- 习　　性：多年生草本
- 海　　拔：600 ~ 3800 m
- 分　　布：安徽、福建、广东、广西、贵州、湖北、湖南、江苏、江西、四川、台湾、云南、浙江
- 濒危等级：LC

台湾堇菜
Viola formosana Hayata

台湾堇菜（原变种）
Viola formosana var. **formosana**
- 习　　性：草本
- 海　　拔：1200 ~ 2500 m
- 分　　布：台湾
- 濒危等级：LC

川上氏堇菜
Viola formosana var. **kawakamii** (Hayata) Y. S. Chen et Q. E. Yang
- 习　　性：草本
- 海　　拔：1200 ~ 2400 m
- 分　　布：台湾
- 濒危等级：LC

羽裂堇菜
Viola forrestiana W. Becker
- 习　　性：多年生草本
- 海　　拔：2200 ~ 4000 m
- 分　　布：四川、西藏
- 濒危等级：LC

兴安堇菜
Viola gmeliniana Roem. et Schult.
- 习　　性：多年生草本
- 海　　拔：300 ~ 1500 m
- 国内分布：黑龙江、内蒙古
- 国外分布：俄罗斯、蒙古
- 濒危等级：LC

阔萼堇菜
Viola grandisepala W. Becker
- 习　　性：多年生草本
- 海　　拔：1900 ~ 3000 m
- 分　　布：四川、云南
- 濒危等级：LC

紫花堇菜
Viola grypoceras A. Gray
- 习　　性：多年生草本
- 海　　拔：2400 m 以下
- 国内分布：安徽、福建、甘肃、广东、广西、贵州、河南、湖北、湖南、江苏、江西、陕西、四川、台湾、云南、浙江
- 国外分布：朝鲜、日本
- 濒危等级：LC
- 资源利用：药用（中草药）

广州堇菜
Viola guangzhouensis A. Q. Dong
- 习　　性：多年生草本
- 海　　拔：700 m
- 分　　布：广东
- 濒危等级：VU B1ab (i, ii, iii, v)

西山堇菜
Viola hancockii W. Becker
- 习　　性：多年生草本
- 海　　拔：200 ~ 1800 m
- 分　　布：甘肃、河北、河南、江苏、山东、山西、陕西
- 濒危等级：LC

常春藤叶堇菜
Viola hederacea Labill.
- 习　　性：多年生草本
- 国内分布：香港
- 国外分布：原产澳大利亚

紫叶堇菜
Viola hediniana W. Becker
- 习　　性：多年生草本
- 海　　拔：1500 ~ 3500 m
- 分　　布：湖北、四川
- 濒危等级：VU A2c; B1b (i, iii); C1

巫山堇菜
Viola henryi H. Boissieu
- 习　　性：多年生草本
- 海　　拔：1200 ~ 1800 m
- 分　　布：湖北、湖南、四川

濒危等级：CR A2cd；D

硬毛堇菜
Viola hirta L.
习　　性：多年生草本
海　　拔：1100~1700 m
国内分布：新疆
国外分布：俄罗斯
濒危等级：LC

毛柄堇菜
Viola hirtipes S. Moore
习　　性：多年生草本
海　　拔：100~600 m
国内分布：吉林、辽宁
国外分布：朝鲜、俄罗斯、日本
濒危等级：LC

日本球果堇菜
Viola hondoensis W. Becker et H. Boissieu
习　　性：草本
海　　拔：900~1300 m
国内分布：重庆、湖北、湖南、江西、陕西、浙江
国外分布：朝鲜、日本
濒危等级：LC

鼠鞭堇状堇菜
Viola hybanthoides W. B. Liao et Q. Fan
习　　性：亚灌木
海　　拔：约200 m
分　　布：广东
濒危等级：DD

长萼堇菜
Viola inconspicua Blume
习　　性：多年生草本
海　　拔：1600~2400 m
国内分布：安徽、福建、广东、广西、贵州、海南、河南、湖北、湖南、江苏、江西、陕西、四川、台湾、云南、浙江
国外分布：巴布亚新几内亚、菲律宾、马来西亚、缅甸、日本、印度、印度尼西亚、越南
濒危等级：LC
资源利用：药用（中草药）

犁头草
Viola japonica Langsd. ex DC.
习　　性：多年生草本
海　　拔：1100 m以下
国内分布：安徽、重庆、福建、贵州、湖北、湖南、江苏、江西、四川、浙江
国外分布：朝鲜、日本
濒危等级：LC

井冈山堇菜
Viola jinggangshanensis Z. L. Ning et J. P. Liao
习　　性：多年生草本
海　　拔：约800 m
分　　布：江西
濒危等级：LC

福建堇菜
Viola kosanensis Hayata
习　　性：多年生草本
海　　拔：200~2700 m
分　　布：安徽、福建、广东、广西、贵州、湖北、湖南、江西、陕西、四川、台湾、云南
濒危等级：LC

西藏堇菜
Viola kunawarensis Royle
习　　性：多年生草本
海　　拔：2900~4800 m
国内分布：甘肃、青海、四川、西藏、新疆
国外分布：阿富汗、俄罗斯、哈萨克斯坦、吉尔吉斯斯坦、克什米尔地区、蒙古、尼泊尔、塔吉克斯坦、印度
濒危等级：LC

广东堇菜
Viola kwangtungensis Melch.
习　　性：多年生草本
海　　拔：600~2000 m
分　　布：福建、广东、湖南、江西、四川
濒危等级：LC

白花堇菜
Viola lactiflora Nakai
习　　性：多年生草本
海　　拔：500 m以下
国内分布：江苏、江西、辽宁、浙江
国外分布：朝鲜、日本
濒危等级：LC

亮毛堇菜
Viola lucens W. Becker
习　　性：多年生草本
海　　拔：海平面至1800 m
分　　布：安徽、福建、广东、贵州、湖北、湖南、江西
濒危等级：LC

大距堇菜
Viola macroceras Bunge
习　　性：多年生草本
海　　拔：1500 m以下
国内分布：新疆
国外分布：俄罗斯、哈萨克斯坦、吉尔吉斯斯坦、克什米尔地区、蒙古、塔吉克斯坦、乌兹别克斯坦
濒危等级：LC

犁头叶堇菜
Viola magnifica C. J. Wang ex X. D. Wang
习　　性：多年生草本
海　　拔：800~2000 m
分　　布：安徽、重庆、贵州、河南、湖北、湖南、江西、浙江
濒危等级：LC

东北堇菜
Viola mandshurica W. Becker
习　　性：多年生草本
海　　拔：1000 m以下

国内分布：安徽、福建、黑龙江、吉林、辽宁、内蒙古、山东、台湾
国外分布：朝鲜、俄罗斯、日本
濒危等级：LC
资源利用：药用（中草药）

奇异堇菜
Viola mirabilis L.
习　　性：多年生草本
海　　拔：2000 m 以下
国内分布：甘肃、河北、黑龙江、吉林、辽宁、内蒙古、宁夏、山西
国外分布：朝鲜、俄罗斯、蒙古、日本
濒危等级：LC

蒙古堇菜
Viola mongolica Franch.
习　　性：多年生草本
海　　拔：200~2800 m
分　　布：甘肃、河北、河南、黑龙江、吉林、辽宁、内蒙古、宁夏、青海、山东、山西、陕西
濒危等级：LC

高堇菜
Viola montana L.
习　　性：多年生草本
海　　拔：1100~1200 m
国内分布：新疆
国外分布：俄罗斯、哈萨克斯坦、吉尔吉斯斯坦、塔吉克斯坦、乌兹别克斯坦
濒危等级：LC

萱
Viola moupinensis Franch.
习　　性：多年生草本
海　　拔：600~3600 m
国内分布：安徽、福建、甘肃、广东、广西、贵州、湖北、湖南、江苏、江西、陕西、四川、西藏、云南、浙江
国外分布：不丹、尼泊尔、印度
濒危等级：LC

小尖堇菜
Viola mucronulifera Hand.-Mazz.
习　　性：多年生草本
海　　拔：1300~1900 m
分　　布：广西、贵州、四川、云南
濒危等级：VU B1ab (i, iii, v)

大黄花堇菜
Viola muehldorfii Kiss
习　　性：多年生草本
海　　拔：300~500 m
国内分布：黑龙江
国外分布：朝鲜、俄罗斯
濒危等级：DD

木里堇菜
Viola muliensis Y. S. Chen et Q. E. Yang
习　　性：多年生草本

海　　拔：约 2500 m
分　　布：四川
濒危等级：CR B1b (i, ii, iii, v)

台北堇菜
Viola nagasawae Makino et Hayata

台北堇菜（原变种）
Viola nagasawae var. **nagasawae**
习　　性：多年生草本
海　　拔：200~1100 m
分　　布：台湾
濒危等级：LC

锐叶台北堇菜
Viola nagasawae var. **pricei** (W. Becker) J. C. Wang et T. C. Huang
习　　性：多年生草本
海　　拔：500 m 以下
分　　布：台湾
濒危等级：LC

裸堇菜
Viola nuda W. Becker
习　　性：多年生草本
海　　拔：约 2700 m
分　　布：云南
濒危等级：NT B1

怒江堇菜
Viola nujiangensis Y. S. Chen et X. H. Jin
习　　性：多年生草本
海　　拔：约 1500 m
分　　布：云南
濒危等级：LC

翠峰堇菜
Viola obtusa T. Hashim.
习　　性：多年生草本
分　　布：台湾
濒危等级：VU D1+2

香堇菜
Viola odorata L.
习　　性：多年生草本
国内分布：北京、河北、陕西、上海、天津、浙江等地栽培
国外分布：非洲南部、欧洲、亚洲西南部
资源利用：环境利用（观赏）

东方堇菜
Viola orientalis (Maxim.) W. Becker
习　　性：多年生草本
海　　拔：100~1100 m
国内分布：黑龙江、吉林、辽宁、山东
国外分布：朝鲜、俄罗斯、日本
濒危等级：LC

白花地丁
Viola patrinii DC. ex Ging.
习　　性：多年生草本
海　　拔：200~1700 m
国内分布：黑龙江、吉林、辽宁、内蒙古

国外分布：朝鲜、俄罗斯、蒙古、日本
濒危等级：LC
资源利用：药用（中草药）

北京堇菜
Viola pekinensis (Regel) W. Becker
- 习　　性：多年生草本
- 海　　拔：500~1900 m
- 分　　布：河北、河南、黑龙江、吉林、辽宁、内蒙古、山东、山西
- 濒危等级：LC

悬果堇菜
Viola pendulicarpa W. Becker
- 习　　性：多年生草本
- 海　　拔：300~3500 m
- 分　　布：湖北、陕西、四川、云南
- 濒危等级：LC

极细堇菜
Viola perpusilla H. Boissieu
- 习　　性：多年生草本
- 分　　布：云南
- 濒危等级：LC

茜堇菜
Viola phalacrocarpa Maxim.
- 习　　性：多年生草本
- 海　　拔：100~600 m
- 国内分布：黑龙江、吉林、辽宁
- 国外分布：朝鲜、俄罗斯、日本
- 濒危等级：LC

紫花地丁
Viola philippica Cav.

紫花地丁（原变种）
Viola philippica var. **philippica**
- 习　　性：多年生草本
- 海　　拔：1700 m以下
- 国内分布：全国绝大部分省区有分布
- 国外分布：朝鲜、菲律宾、哥伦比亚、老挝、蒙古、日本、印度、印度尼西亚、越南
- 濒危等级：LC
- 资源利用：药用（中草药）；环境利用（观赏）

琉球堇菜
Viola philippica var. **pseudojaponica** (Nakai) Y. S. Chen
- 习　　性：多年生草本
- 国内分布：台湾
- 国外分布：日本
- 濒危等级：LC

匍匐堇菜
Viola pilosa Blume
- 习　　性：多年生草本
- 海　　拔：800~3000 m
- 国内分布：广西、贵州、四川、西藏、云南
- 国外分布：阿富汗、不丹、克什米尔地区、马来西亚、缅甸、尼泊尔、斯里兰卡、泰国、印度、印度尼西亚
- 濒危等级：LC

早开堇菜
Viola prionantha Bunge
- 习　　性：多年生草本
- 海　　拔：2800 m以下
- 国内分布：甘肃、河北、河南、黑龙江、湖北、吉林、辽宁、内蒙古、宁夏、青海、山东、山西、陕西、四川
- 国外分布：朝鲜、俄罗斯
- 濒危等级：LC
- 资源利用：药用（中草药）；环境利用（观赏）

立堇菜
Viola raddeana Regel
- 习　　性：多年生草本
- 海　　拔：1200 m以下
- 国内分布：黑龙江、吉林、内蒙古
- 国外分布：朝鲜、俄罗斯、日本
- 濒危等级：LC

辽宁堇菜
Viola rossii Hemsl.
- 习　　性：多年生草本
- 海　　拔：100~1300 m
- 国内分布：安徽、湖南、江西、辽宁、山东、浙江
- 国外分布：朝鲜、日本
- 濒危等级：LC

石生堇菜
Viola rupestris F. W. Schmidt

石生堇菜（原亚种）
Viola rupestris subsp. **rupestris**
- 习　　性：多年生草本
- 海　　拔：1000~4000 m
- 国内分布：新疆
- 国外分布：巴基斯坦、俄罗斯、哈萨克斯坦、吉尔吉斯斯坦、克什米尔地区、蒙古、塔吉克斯坦
- 濒危等级：LC

长托叶石生堇菜
Viola rupestris subsp. **licentii** W. Becker
- 习　　性：多年生草本
- 海　　拔：1000~2200 m
- 分　　布：甘肃、山西、陕西
- 濒危等级：LC

库叶堇菜
Viola sacchalinensis H. Boissieu

库叶堇菜（原变种）
Viola sacchalinensis var. **sacchalinensis**
- 习　　性：多年生草本
- 海　　拔：400~2400 m
- 国内分布：黑龙江、吉林、内蒙古
- 国外分布：朝鲜、俄罗斯、蒙古、日本
- 濒危等级：LC

长白山堇菜
Viola sacchalinensis var. **alpicola** P. Y. Fu et Y. C. Teng
- 习　　性：多年生草本
- 海　　拔：1100~2400 m
- 国内分布：吉林

国外分布：朝鲜北部
濒危等级：LC

深山堇菜
Viola selkirkii Pursh ex Goldie
习　　性：多年生草本
海　　拔：400~1500 m
国内分布：河北、黑龙江、吉林、辽宁、内蒙古、陕西
国外分布：朝鲜、俄罗斯、蒙古、日本
濒危等级：LC

尖山堇菜
Viola senzanensis Hayata
习　　性：多年生草本
海　　拔：3300~3600 m
分　　布：台湾
濒危等级：LC

小齿堇菜
Viola serrula W. Becker
习　　性：多年生草本
海　　拔：300~2000 m
分　　布：重庆、贵州、云南
濒危等级：LC

锡金堇菜
Viola sikkimensis W. Becker
习　　性：多年生草本
海　　拔：1500~2500 m
国内分布：西藏、云南
国外分布：缅甸、尼泊尔、印度
濒危等级：LC

圆果堇菜
Viola sphaerocarpa W. Becker
习　　性：多年生草本
海　　拔：1200~3000 m
分　　布：重庆、陕西、四川、云南
濒危等级：LC

庐山堇菜
Viola stewardiana W. Becker
习　　性：多年生草本
海　　拔：400~1500 m
分　　布：安徽、福建、甘肃、广东、贵州、湖北、湖南、江苏、江西、陕西、四川、浙江
濒危等级：LC

圆叶堇菜
Viola striatella H. Boissieu
习　　性：多年生草本
海　　拔：1200~3400 m
分　　布：安徽、重庆、甘肃、河南、湖北、湖南、江西、陕西、四川、云南
濒危等级：LC

光叶堇菜
Viola sumatrana Miquel
习　　性：多年生草本
海　　拔：2400 m 以下
国内分布：广西、贵州、海南、云南

国外分布：马来西亚、缅甸、泰国、印度尼西亚、越南
濒危等级：LC

四川堇菜
Viola szetschwanensis W. Becker et H. Boissieu
习　　性：多年生草本
海　　拔：2400~4000 m
国内分布：四川、西藏、云南
国外分布：尼泊尔
濒危等级：LC

细距堇菜
Viola tenuicornis W. Becker

细距堇菜（原亚种）
Viola tenuicornis subsp. **tenuicornis**
习　　性：多年生草本
海　　拔：200~2300 m
国内分布：甘肃、河北、河南、黑龙江、吉林、江苏、辽宁、内蒙古、山东、山西、陕西
国外分布：朝鲜、俄罗斯
濒危等级：LC

毛萼堇菜
Viola tenuicornis subsp. **trichosepala** W. Becker
习　　性：多年生草本
海　　拔：1900 m 以下
国内分布：河北、吉林、辽宁、内蒙古、山西
国外分布：朝鲜、俄罗斯
濒危等级：LC

纤茎堇菜
Viola tenuissima C. C. Chang
习　　性：多年生草本
海　　拔：2300~3300 m
分　　布：贵州、四川
濒危等级：DD

毛堇菜
Viola thomsonii Oudem.
习　　性：多年生草本
海　　拔：800~2400 m
国内分布：西藏、云南
国外分布：不丹、缅甸、尼泊尔、印度
濒危等级：LC

滇西堇菜
Viola tienschiensis W. Becker
习　　性：多年生草本
海　　拔：300~3200 m
国内分布：贵州、四川、西藏、云南
国外分布：克什米尔地区、尼泊尔、印度
濒危等级：LC

凤凰堇菜
Viola tokubuchiana var. **takedana** (Makino) F. Maek.
习　　性：多年生草本
海　　拔：900 m 以下
国内分布：吉林、辽宁
国外分布：朝鲜、日本
濒危等级：LC

三角叶堇菜
Viola triangulifolia W. Becker
习　　性：多年生草本
海　　拔：200~1800 m
分　　布：安徽、福建、广东、广西、贵州、湖北、湖南、江西、浙江
濒危等级：LC

毛瓣堇菜
Viola trichopetala C. C. Chang
习　　性：多年生草本
海　　拔：1600~3400 m
国内分布：四川、西藏、云南
国外分布：不丹
濒危等级：LC

三色堇
Viola tricolor L.
习　　性：一年生草本
国内分布：广泛栽培
国外分布：原产欧洲
资源利用：环境利用（观赏）；药用（中草药）

粗齿堇菜
Viola urophylla Franch.

粗齿堇菜（原变种）
Viola urophylla var. **urophylla**
习　　性：多年生草本
海　　拔：1600~3600 m
分　　布：四川、云南
濒危等级：LC

密毛粗齿堇菜
Viola urophylla var. **densivillosa** C. J. Wang
习　　性：多年生草本
海　　拔：2400~3600 m
分　　布：四川、云南
濒危等级：NT B1

斑叶堇菜
Viola variegata Fischer ex Link
习　　性：多年生草本
海　　拔：300~1700 m
国内分布：河北、黑龙江、吉林、辽宁、内蒙古、山西
国外分布：朝鲜、俄罗斯、蒙古、日本
濒危等级：LC

紫背堇菜
Viola violacea Makino
习　　性：多年生草本
海　　拔：1000 m 以下
国内分布：安徽、福建、江西、浙江
国外分布：朝鲜、日本
濒危等级：LC

西藏细距堇菜
Viola wallichiana Ging.
习　　性：多年生草本
海　　拔：约2900 m
国内分布：西藏
国外分布：尼泊尔、印度
濒危等级：NT B1a

蓼叶堇菜
Viola websteri Hemsl.
习　　性：多年生草本
海　　拔：500~900 m
国内分布：吉林
国外分布：朝鲜
濒危等级：EN B1b（i，iii）

云南堇菜
Viola yunnanensis W. Becker et H. Boissieu
习　　性：多年生草本
海　　拔：1300~2400 m
国内分布：海南、云南
国外分布：马来西亚、缅甸、印度尼西亚、越南
濒危等级：LC

心叶堇菜
Viola yunnanfuensis W. Becker
习　　性：多年生草本
海　　拔：3500 m 以下
国内分布：广西、贵州、四川、西藏、云南
国外分布：不丹
濒危等级：LC
资源利用：药用（中草药）

葡萄科 VITACEAE
（9属：191种）

酸蔹藤属 **Ampelocissus** Planch.

酸蔹藤
Ampelocissus artemisiifolia Planch.
习　　性：木质藤本
海　　拔：1600~1800 m
分　　布：四川、云南
濒危等级：LC

四川酸蔹藤
Ampelocissus butoensis C. L. Li
习　　性：半木质藤本
海　　拔：1200~1300 m
分　　布：四川
濒危等级：LC

红河酸蔹藤
Ampelocissus hoabinhensis C. L. Li
习　　性：木质藤本
海　　拔：600~800 m
国内分布：云南
国外分布：尼泊尔、越南
濒危等级：LC

锡金酸蔹藤
Ampelocissus sikkimensis（M. A. Lawson）Planch.
习　　性：木质藤本

海　　拔：约 1100 m
国内分布：云南
国外分布：尼泊尔、印度
濒危等级：EN A2c；D

西藏酸蔹藤
Ampelocissus xizangensis C. L. Li
　　习　　性：木质藤本
　　海　　拔：约 2000 m
　　国内分布：西藏
　　国外分布：尼泊尔
　　濒危等级：LC

蛇葡萄属 Ampelopsis Michx.

槭叶蛇葡萄
Ampelopsis acerifolia W. T. Wang
　　习　　性：木质藤本
　　海　　拔：约 500 m
　　分　　布：四川
　　濒危等级：VU A2c；D1

乌头叶蛇葡萄
Ampelopsis aconitifolia Bunge

乌头叶蛇葡萄（原变种）
Ampelopsis aconitifolia var. **aconitifolia**
　　习　　性：木质藤本
　　海　　拔：600~1800 m
　　分　　布：甘肃、河北、河南、内蒙古、山西、陕西
　　濒危等级：LC

掌裂草葡萄
Ampelopsis aconitifolia var. **palmiloba**(Carrière)Rehder
　　习　　性：木质藤本
　　海　　拔：200~2200 m
　　分　　布：甘肃、河北、黑龙江、吉林、辽宁、内蒙古、宁夏、山东、山西、陕西、四川
　　濒危等级：LC

尖齿蛇葡萄
Ampelopsis acutidentata W. T. Wang
　　习　　性：木质藤本
　　海　　拔：2000~3200 m
　　分　　布：四川、西藏、云南
　　濒危等级：LC

蓝果蛇葡萄
Ampelopsis bodinieri(H. Lév. et Vaniot)Rehder

蓝果蛇葡萄（原变种）
Ampelopsis bodinieri var. **bodinieri**
　　习　　性：木质藤本
　　海　　拔：200~3000 m
　　分　　布：福建、广东、广西、贵州、海南、河南、湖北、湖南、陕西、四川、云南
　　濒危等级：LC
　　资源利用：原料（单宁，树脂）

灰毛蛇葡萄
Ampelopsis bodinieri var. **cinerea**(Gagnep.)Rehder
　　习　　性：木质藤本
　　海　　拔：约 1300 m
　　分　　布：湖南、陕西、四川
　　濒危等级：LC

广东蛇葡萄
Ampelopsis cantoniensis(Hook. et Arn.)K. Koch
　　习　　性：木质藤本
　　海　　拔：100~900 m
　　国内分布：安徽、福建、广东、广西、贵州、海南、湖北、湖南、台湾、西藏、云南、浙江
　　国外分布：马来西亚、日本、泰国、越南
　　濒危等级：LC

羽叶蛇葡萄
Ampelopsis chaffanjonii(H. Lév.)Rehder
　　习　　性：木质藤本
　　海　　拔：500~2000 m
　　分　　布：安徽、重庆、广西、贵州、湖北、湖南、江西、四川、云南
　　濒危等级：LC

三裂蛇葡萄
Ampelopsis delavayana Planch. ex Franch.

三裂蛇葡萄（原变种）
Ampelopsis delavayana var. **delavayana**
　　习　　性：木质藤本
　　海　　拔：100~2200 m
　　分　　布：重庆、福建、广东、广西、贵州、海南、湖北、四川、云南
　　濒危等级：LC
　　资源利用：药用（中草药）

掌裂蛇葡萄
Ampelopsis delavayana var. **glabra**(Diels et Gilg)C. L. Li
　　习　　性：木质藤本
　　海　　拔：300~800 m
　　分　　布：河北、河南、湖北、吉林、江苏、辽宁、内蒙古、山东
　　濒危等级：LC

毛三裂蛇葡萄
Ampelopsis delavayana var. **setulosa**(Diels et Gilg)C. L. Li
　　习　　性：木质藤本
　　海　　拔：500~2200 m
　　分　　布：甘肃、贵州、河北、河南、陕西、四川、云南
　　濒危等级：LC

狭叶蛇葡萄
Ampelopsis delavayana var. **tomentella**(Diels et Gilg)C. L. Li
　　习　　性：木质藤本
　　海　　拔：700~2700 m
　　分　　布：湖北、四川
　　濒危等级：LC

蛇葡萄
Ampelopsis glandulosa(Wall.)Momiy.

蛇葡萄（原变种）
Ampelopsis glandulosa var. **glandulosa**

习　　性：木质藤本
海　　拔：100~2200 m
国内分布：安徽、福建、广东、广西、贵州、河北、河南、江西、四川、台湾、云南、浙江
国外分布：缅甸、尼泊尔、印度
濒危等级：LC

东北蛇葡萄
Ampelopsis glandulosa var. **brevipedunculata**(Maxim.)Momiy.
习　　性：木质藤本
海　　拔：100~600 m
分　　布：黑龙江、吉林、辽宁
濒危等级：LC

光叶蛇葡萄
Ampelopsis glandulosa var. **hancei**(Planch.)Momiy.
习　　性：木质藤本
海　　拔：100~600 m
国内分布：福建、广东、广西、贵州、河南、湖南、江苏、江西、山东、四川、台湾、云南
国外分布：菲律宾、日本
濒危等级：LC

异叶蛇葡萄
Ampelopsis glandulosa var. **heterophylla**(Thunb.)Momiy.
习　　性：木质藤本
海　　拔：200~1800 m
国内分布：安徽、福建、广东、广西、贵州、河北、河南、黑龙江、湖北、湖南、吉林、江苏、江西、辽宁、山东、四川、云南、浙江
国外分布：日本
濒危等级：LC

牯岭蛇葡萄
Ampelopsis glandulosa var. **kulingensis**(Rehder)Momiy.
习　　性：木质藤本
海　　拔：300~1600 m
分　　布：安徽、福建、广东、广西、贵州、湖南、江苏、江西、四川、浙江
濒危等级：LC

贡山蛇葡萄
Ampelopsis gongshanensis C. L. Li
习　　性：木质藤本
海　　拔：约1300 m
分　　布：云南
濒危等级：LC

显齿蛇葡萄
Ampelopsis grossedentata(Hand.-Mazz.)W. T. Wang
习　　性：木质藤本
海　　拔：200~1500 m
国内分布：福建、广东、广西、贵州、湖北、湖南、江西、云南
国外分布：越南
濒危等级：LC

葎叶蛇葡萄
Ampelopsis humulifolia Bunge
习　　性：木质藤本

海　　拔：400~1100 m
分　　布：河北、河南、辽宁、内蒙古、青海、山东、山西、陕西
濒危等级：LC

粉叶蛇葡萄
Ampelopsis hypoglauca(Hance)C. L. Li
习　　性：木质藤本
海　　拔：100~600 m
分　　布：福建、广东、江西
濒危等级：NT B1ab（i, iii）

白蔹
Ampelopsis japonica(Thunb.)Makino
习　　性：木质藤本
海　　拔：100~900 m
国内分布：广东、广西、河北、河南、湖北、湖南、吉林、江苏、江西、辽宁、山西、陕西、四川、浙江
国外分布：日本
濒危等级：LC
资源利用：药用（中草药）；食品（淀粉）

大叶蛇葡萄
Ampelopsis megalophylla Diels et Gilg

大叶蛇葡萄（原变种）
Ampelopsis megalophylla var. **megalophylla**
习　　性：木质藤本
海　　拔：1000~2000 m
分　　布：重庆、甘肃、贵州、湖北、陕西、四川、云南
濒危等级：LC

柔毛大叶蛇葡萄
Ampelopsis megalophylla var. **jiangxiensis**(W. T. Wang)C. L. Li
习　　性：木质藤本
海　　拔：600~700 m
分　　布：江西
濒危等级：LC

毛叶蛇葡萄
Ampelopsis mollifolia W. T. Wang
习　　性：木质藤本
海　　拔：约1300 m
分　　布：四川
濒危等级：LC

毛枝蛇葡萄
Ampelopsis rubifolia(Wall.)Planch.
习　　性：木质藤本
海　　拔：900~1200 m
国内分布：广西、贵州、湖南、江西、四川、云南
国外分布：印度
濒危等级：LC

绒毛蛇葡萄
Ampelopsis tomentosa Planch. ex Franch.

绒毛蛇葡萄（原变种）
Ampelopsis tomentosa var. **tomentosa**
习　　性：木质藤本
分　　布：云南

濒危等级：LC

脱绒蛇葡萄
Ampelopsis tomentosa var. **glabrescens** C. L. Li
习　　性：木质藤本
海　　拔：1800 m 以下
分　　布：云南
濒危等级：LC

乌蔹莓属 Cayratia Juss.

白毛乌蔹莓
Cayratia albifolia C. L. Li
习　　性：藤本
海　　拔：300~2000 m
分　　布：安徽、福建、广东、广西、贵州、湖北、湖南、江西、四川、云南、浙江
濒危等级：LC

短柄乌蔹莓
Cayratia cardiospermoides(Planch. ex Franch.)Gagnep.
习　　性：草质藤本
海　　拔：1600~2100 m
分　　布：四川、云南
濒危等级：LC

节毛乌蔹莓
Cayratia ciliifera(Merr.)Chun
习　　性：攀援藤本
海　　拔：300~400 m
国内分布：海南
国外分布：越南
濒危等级：LC

心叶乌蔹莓
Cayratia cordifolia C. Y. Wu ex C. L. Li
习　　性：木质藤本
海　　拔：100~1100 m
分　　布：云南
濒危等级：LC

角花乌蔹莓
Cayratia corniculata(Benth.)Gagne
习　　性：草质藤本
海　　拔：200~600 m
国内分布：福建、广东、海南、台湾
国外分布：菲律宾、马来西亚、越南
濒危等级：LC
资源利用：药用（中草药）

大理乌蔹莓
Cayratia daliensis C. L. Li
习　　性：草质藤本
海　　拔：约 2600 m
分　　布：云南
濒危等级：VU A2c；D1

福贡乌蔹莓
Cayratia fugongensis C. L. Li
习　　性：半木质或草质藤本
海　　拔：1300~1800 m

分　　布：云南
濒危等级：LC

膝曲乌蔹莓
Cayratia geniculata(Blume)Gagnep.
习　　性：木质藤本
海　　拔：300~1000 m
国内分布：广东、广西、海南、西藏、云南
国外分布：菲律宾、老挝、马来西亚、印度尼西亚、越南
濒危等级：LC

乌蔹莓
Cayratia japonica(Thunb.)Gagnep.

乌蔹莓（原变种）
Cayratia japonica var. **japonica**
习　　性：草质藤本
海　　拔：300~2500 m
国内分布：安徽、福建、广东、广西、贵州、海南、河北、河南、湖南、江苏、山东、陕西、四川、台湾、云南、浙江
国外分布：澳大利亚、不丹、朝鲜、菲律宾、老挝、马来西亚、日本、泰国、印度、印度尼西亚、越南
濒危等级：LC
资源利用：药用（中草药）

毛乌蔹莓
Cayratia japonica var. **mollis**(Wall. ex M. A. Lawson)Momiy.
习　　性：草质藤本
海　　拔：300~2200 m
国内分布：广东、广西、贵州、海南、云南
国外分布：不丹、尼泊尔、印度
濒危等级：LC

尖叶乌蔹莓
Cayratia japonica var. **pseudotrifolia**(W. T. Wang)C. L. Li
习　　性：草质藤本
海　　拔：300~1500 m
分　　布：重庆、甘肃、广东、贵州、河北、湖南、江西、陕西、四川、云南、浙江
濒危等级：LC

狭叶乌蔹莓
Cayratia lanceolata(C. L. Li)J. Wen et Z. D. Chen
习　　性：木质藤本
分　　布：海南
濒危等级：LC

海岸乌蔹莓
Cayratia maritima Jackes
习　　性：草质藤本
国内分布：台湾
国外分布：澳大利亚
濒危等级：NT

墨脱乌蔹莓
Cayratia medogensis C. L. Li
习　　性：半木质藤本
海　　拔：约 900 m
分　　布：西藏
濒危等级：LC

勐腊乌蔹莓
Cayratia menglaensis C. L. Li
习　　性：木质藤本
海　　拔：约 800 m
分　　布：云南
濒危等级：LC

华中乌蔹莓
Cayratia oligocarpa(H. Lév. et Vaniot)Gagnep.
习　　性：草质藤本
海　　拔：400~2000 m
分　　布：重庆、贵州、湖北、陕西、四川、云南
濒危等级：LC

鸟足乌蔹莓
Cayratia pedata(Lam.)Juss. ex Gagnep.
习　　性：木质藤本
海　　拔：800~2200 m
国内分布：广西、云南
国外分布：柬埔寨、马来西亚、泰国、印度、印度尼西亚、越南
濒危等级：LC

南亚乌蔹莓
Cayratia timoriensis(DC.)C. L. Li

南亚乌蔹莓（原变种）
Cayratia timoriensis var. **timoriensis**
习　　性：木质藤本
海　　拔：1000~1200 m
国内分布：云南
国外分布：马来西亚、泰国、印度尼西亚
濒危等级：LC

澜沧乌蔹莓
Cayratia timoriensis var. **mekongensis**(C. Y. Wu ex W. T. Wang) C. L. Li
习　　性：木质藤本
海　　拔：1100~1200 m
分　　布：云南
濒危等级：LC

三叶乌蔹莓
Cayratia trifolia(L.)Domin
习　　性：木质藤本
海　　拔：500~1000 m
国内分布：云南
国外分布：柬埔寨、老挝、马来西亚、孟加拉国、尼泊尔、泰国、印度、印度尼西亚
濒危等级：LC

白粉藤属 Cissus L.

贴生白粉藤
Cissus adnata Roxb.
习　　性：木质藤本
海　　拔：500~1600 m
国内分布：云南
国外分布：柬埔寨、老挝、尼泊尔、泰国、印度
濒危等级：LC

毛叶苦郎藤
Cissus aristata Blume
习　　性：木质藤本
海　　拔：100~1300 m
国内分布：海南、云南
国外分布：巴布亚新几内亚、菲律宾、马来西亚、缅甸、泰国、印度、印度尼西亚
濒危等级：LC

苦郎藤
Cissus assamica(M. A. Lawson)Craib
习　　性：木质藤本
海　　拔：200~1600 m
国内分布：福建、广东、广西、贵州、海南、湖南、江西、四川、台湾、西藏、云南
国外分布：不丹、柬埔寨、尼泊尔、泰国、印度、越南
濒危等级：LC

滇南青紫葛
Cissus austroyunnanensis Y. H. Li et Yan Zhang
习　　性：木质藤本
海　　拔：1600~2000 m
分　　布：云南
濒危等级：LC

五叶白粉藤
Cissus elongata Roxb.
习　　性：木质藤本
海　　拔：100~1100 m
国内分布：广西、海南、云南
国外分布：不丹、印度、越南
濒危等级：LC

翅茎白粉藤
Cissus hexangularis Thorel ex Planch.
习　　性：木质藤本
海　　拔：100~400 m
国内分布：福建、广东、广西
国外分布：柬埔寨、泰国、越南
濒危等级：LC
资源利用：药用（中草药）

青紫葛
Cissus javana DC.
习　　性：草质藤本
海　　拔：600~2000 m
国内分布：四川、云南
国外分布：马来西亚、缅甸、尼泊尔、泰国、印度、印度尼西亚、越南
濒危等级：LC

鸡心藤
Cissus kerrii Craib
习　　性：草质藤本
海　　拔：100~200 m
国内分布：福建、广东、广西、海南、台湾、云南
国外分布：澳大利亚、泰国、印度、印度尼西亚、越南

濒危等级：LC

粉果藤
Cissus luzoniensis (Merr.) C. L. Li
- 习　　性：草质藤本
- 海　　拔：100~1100 m
- 国内分布：海南、云南
- 国外分布：菲律宾
- 濒危等级：NT B1ab (i, iii)

翼茎白粉藤
Cissus pteroclada Hayata
- 习　　性：草质藤本
- 海　　拔：300~2100 m
- 国内分布：福建、广东、广西、海南、台湾、云南
- 国外分布：马来西亚、缅甸、泰国、印度尼西亚、越南
- 濒危等级：LC
- 资源利用：药用（中草药）

大叶白粉藤
Cissus repanda Vahl

大叶白粉藤（原变种）
Cissus repanda var. **repanda**
- 习　　性：木质藤本
- 海　　拔：500~1000 m
- 国内分布：四川、云南
- 国外分布：不丹、斯里兰卡、泰国、印度
- 濒危等级：LC

海南大叶白粉藤
Cissus repanda var. **subferruginea** (Merr. et Chun) C. L. Li
- 习　　性：木质藤本
- 分　　布：海南
- 濒危等级：LC

白粉藤
Cissus repens Lam.
- 习　　性：草质藤本
- 海　　拔：100~1800 m
- 国内分布：广东、广西、贵州、台湾、云南
- 国外分布：澳大利亚、不丹、菲律宾、柬埔寨、老挝、马来西亚、尼泊尔、泰国、印度、越南
- 濒危等级：LC

掌叶白粉藤
Cissus triloba (Lour.) Merr.
- 习　　性：草质藤本
- 海　　拔：900~1400 m
- 国内分布：云南
- 国外分布：越南
- 濒危等级：LC

文山青紫葛
Cissus wenshanensis C. L. Li
- 习　　性：木质藤本
- 海　　拔：约1500 m
- 分　　布：云南
- 濒危等级：LC

火筒树属 Leea D. Royen ex L.

圆腺火筒树
Leea aequata L.
- 习　　性：灌木或小乔木
- 海　　拔：200~1100 m
- 国内分布：云南
- 国外分布：不丹、菲律宾、柬埔寨、马来西亚、孟加拉国、缅甸、尼泊尔、泰国、印度、越南
- 濒危等级：LC

单羽火筒树
Leea asiatica (L.) Ridsdale
- 习　　性：灌木或小乔木
- 海　　拔：500~1800 m
- 国内分布：云南
- 国外分布：不丹、柬埔寨、老挝、孟加拉国、尼泊尔、泰国、印度、越南
- 濒危等级：LC

密花火筒树
Leea compactiflora Kurz
- 习　　性：灌木
- 海　　拔：600~2200 m
- 国内分布：西藏、云南
- 国外分布：不丹、老挝、孟加拉国、缅甸、印度、越南
- 濒危等级：LC

光叶火筒树
Leea glabra C. L. Li
- 习　　性：灌木
- 海　　拔：200~1200 m
- 分　　布：广西、云南
- 濒危等级：LC

台湾火筒树
Leea guineensis G. Don
- 习　　性：灌木或小乔木
- 海　　拔：200~2000 m
- 国内分布：台湾
- 国外分布：巴布亚新几内亚、不丹、菲律宾、柬埔寨、老挝、马达加斯加、马来西亚、孟加拉国、缅甸、尼泊尔、泰国、印度、印度尼西亚、越南
- 濒危等级：LC

火筒树
Leea indica (N. L. Burman) Merr.
- 习　　性：灌木或小乔木
- 海　　拔：200~1200 m
- 国内分布：广东、广西、贵州、海南、云南
- 国外分布：澳大利亚、巴布亚新几内亚、不丹、菲律宾、柬埔寨、老挝、马来西亚、缅甸、尼泊尔、斯里兰卡、泰国、印度、印度尼西亚、越南
- 濒危等级：LC

窄叶火筒树
Leea longifolia Merr.
- 习　　性：灌木

海　　拔：100~400 m
分　　布：海南
濒危等级：LC

大叶火筒树
Leea macrophylla Roxb. ex Hornem.
习　　性：灌木
海　　拔：800~1100 m
国内分布：云南
国外分布：柬埔寨、老挝、缅甸、尼泊尔、泰国、印度
濒危等级：NT

菲律宾火筒树
Leea philippinensis Merr.
习　　性：乔木
海　　拔：约850 m
国内分布：台湾
国外分布：菲律宾
濒危等级：NT

糙毛火筒树
Leea setuligera C. B. Clarke
习　　性：灌木或小乔木
海　　拔：1300~1800 m
国内分布：云南
国外分布：泰国、印度
濒危等级：NT A2

地锦属 Parthenocissus Planch.

小叶地锦
Parthenocissus chinensis C. L. Li
习　　性：木质藤本
海　　拔：1300~2300 m
分　　布：四川、云南
濒危等级：LC
资源利用：药用（中草药）

异叶地锦
Parthenocissus dalzielii Gagnep.
习　　性：木质藤本
海　　拔：200~3800 m
分　　布：福建、广东、广西、贵州、河南、湖北、湖南、江西、四川、台湾、浙江
濒危等级：LC

长柄地锦
Parthenocissus feddei (H. Lév.) C. L. Li
习　　性：木质藤本
海　　拔：600~1100 m
分　　布：广东、贵州、湖北、湖南
濒危等级：LC

花叶地锦
Parthenocissus henryana (Hemsl.) Graebn. ex Diels et Gilg

花叶地锦（原变种）
Parthenocissus henryana var. **henryana**
习　　性：木质藤本
海　　拔：100~1500 m
分　　布：重庆、甘肃、广西、贵州、河南、湖北、陕西、四川、云南
濒危等级：LC

毛脉花叶地锦
Parthenocissus henryana var. **hirsuta** Diels et Gilg
习　　性：木质藤本
海　　拔：100~1200 m
分　　布：河南、湖北、陕西、四川
濒危等级：DD

绿叶地锦
Parthenocissus laetevirens Rehder
习　　性：木质藤本
海　　拔：100~1100 m
分　　布：安徽、福建、广东、广西、河南、湖北、湖南、江苏、江西、四川、浙江
濒危等级：LC

五叶地锦
Parthenocissus quinquefolia (L.) Planch.
习　　性：木质藤本
国内分布：东北、华北各地栽培
国外分布：原产北美洲
资源利用：环境利用（绿化；观赏）

三叶地锦
Parthenocissus semicordata (Wall.) Planch.
习　　性：木质藤本
海　　拔：500~3800 m
国内分布：甘肃、广东、贵州、湖北、湖南、陕西、四川、西藏、云南
国外分布：不丹、马来西亚、缅甸、尼泊尔、泰国、印度、印度尼西亚、越南
濒危等级：LC

栓翅地锦
Parthenocissus suberosa Hand.-Mazz.
习　　性：木质藤本
海　　拔：500~1000 m
分　　布：广西、贵州、湖南、江西
濒危等级：LC

地锦
Parthenocissus tricuspidata (Siebold et Zucc.) Planch.
习　　性：木质藤本
海　　拔：100~1200 m
国内分布：安徽、福建、河北、河南、吉林、江苏、辽宁、山东、台湾、浙江
国外分布：朝鲜、日本
濒危等级：LC
资源利用：药用（中草药）；环境利用（绿化，观赏）

崖爬藤属 Tetrastigma (Miq.) Planch.

草崖藤
Tetrastigma apiculatum Gagnep.

草崖藤（原变种）
Tetrastigma apiculatum var. **apiculatum**

习　　性：灌木
海　　拔：500~700 m
国内分布：广西、云南
国外分布：老挝、越南
濒危等级：LC

柔毛草崖藤
Tetrastigma apiculatum var. **pubescens** C. L. Li
习　　性：灌木
海　　拔：约 500 m
分　　布：海南、云南
濒危等级：LC

多花崖爬藤
Tetrastigma campylocarpum (Kurz) Planch.
习　　性：木质藤本
海　　拔：500~1100 m
国内分布：云南
国外分布：不丹、缅甸、泰国、印度
濒危等级：LC

尾叶崖爬藤
Tetrastigma caudatum Merr. et Chun
习　　性：木质藤本
海　　拔：200~700 m
国内分布：福建、广东、广西、海南
国外分布：越南
濒危等级：LC

茎花崖爬藤
Tetrastigma cauliflorum Merr.
习　　性：木质藤本
海　　拔：100~1100 m
国内分布：广东、广西、海南、云南
国外分布：老挝、越南
濒危等级：LC

角花崖爬藤
Tetrastigma ceratopetalum C. Y. Wu
习　　性：木质藤本
海　　拔：1200~1800 m
国内分布：广西、贵州、云南
国外分布：印度
濒危等级：LC

十字崖爬藤
Tetrastigma cruciatum Craib et Gagnep.
习　　性：木质藤本
海　　拔：600~1600 m
国内分布：云南
国外分布：泰国、越南
濒危等级：LC

七小叶崖爬藤
Tetrastigma delavayi Gagnep.
习　　性：木质藤本
海　　拔：1000~2500 m
国内分布：广西、贵州、云南
国外分布：缅甸、越南
濒危等级：LC

红枝崖爬藤
Tetrastigma erubescens Planch.

红枝崖爬藤（原变种）
Tetrastigma erubescens var. **erubescens**
习　　性：木质藤本
海　　拔：100~1100 m
国内分布：广东、广西、海南、云南
国外分布：柬埔寨、越南
濒危等级：LC

单叶红枝崖爬藤
Tetrastigma erubescens var. **monophyllum** Gagnep.
习　　性：木质藤本
海　　拔：100~500 m
国内分布：云南
国外分布：越南
濒危等级：LC

台湾崖爬藤
Tetrastigma formosanum (Hemsl.) Gagnep.
习　　性：木质藤本
分　　布：台湾
濒危等级：LC

富宁崖爬藤
Tetrastigma funingense C. L. Li
习　　性：木质藤本
海　　拔：约 1000 m
分　　布：云南
濒危等级：LC

柄果崖爬藤
Tetrastigma godefroyanum Planch.
习　　性：木质藤本
国内分布：海南
国外分布：柬埔寨、老挝、泰国、越南
濒危等级：LC

三叶崖爬藤
Tetrastigma hemsleyanum Diels et Gilg
习　　性：草质藤本
海　　拔：300~1300 m
分　　布：重庆、福建、广东、广西、贵州、湖北、湖南、江苏、江西、四川、台湾、西藏、云南、浙江
濒危等级：LC
资源利用：药用（中草药）

蒙自崖爬藤
Tetrastigma henryi Gagnep.
习　　性：木质藤本
海　　拔：600~1600 m
分　　布：云南
濒危等级：LC

叉须崖爬藤
Tetrastigma hypoglaucum Planch.
习　　性：木质藤本
海　　拔：2300~2500 m
分　　布：四川、云南
濒危等级：LC

资源利用：药用（中草药）

景东崖爬藤
Tetrastigma jingdongense C. L. Li
习　　性：木质藤本
海　　拔：2000~2100 m
分　　布：云南
濒危等级：LC

景洪崖爬藤
Tetrastigma jinghongense C. L. Li
习　　性：木质藤本
海　　拔：700~1200 m
分　　布：云南
濒危等级：LC

金秀崖爬藤
Tetrastigma jinxiuense C. L. Li
习　　性：木质藤本
海　　拔：300~500 m
分　　布：广西
濒危等级：VU A2c；D

广西崖爬藤
Tetrastigma kwangsiense C. L. Li
习　　性：木质藤本
海　　拔：400~500 m
分　　布：广西
濒危等级：LC

兰屿崖爬藤
Tetrastigma lanyuense C. E. Chang
习　　性：木质藤本
分　　布：台湾
濒危等级：NT

显孔崖爬藤
Tetrastigma lenticellatum C. Y. Wu ex W. T. Wang
习　　性：木质藤本
海　　拔：500~1000 m
分　　布：云南
濒危等级：VU A2ce；D1
资源利用：药用（中草药）

临沧崖爬藤
Tetrastigma lincangense C. L. Li
习　　性：木质藤本
海　　拔：1300~2100 m
分　　布：云南
濒危等级：LC

条叶崖爬藤
Tetrastigma lineare W. T. Wang ex C. L. Li
习　　性：木质藤本
海　　拔：400~1200 m
分　　布：云南
濒危等级：LC

长梗崖爬藤
Tetrastigma longipedunculatum C. L. Li
习　　性：木质藤本

海　　拔：400~700 m
分　　布：广西
濒危等级：LC

伞花崖爬藤
Tetrastigma macrocorymbum Gagnep. ex J. Wen, Boggan et Turland
习　　性：木质藤本
海　　拔：1000~1500 m
国内分布：云南
国外分布：越南
濒危等级：LC

毛枝崖爬藤
Tetrastigma obovatum Gagnepain
习　　性：木质藤本
海　　拔：200~1900 m
国内分布：云南
国外分布：老挝、泰国、印度、越南
濒危等级：LC

崖爬藤
Tetrastigma obtectum (Wall. ex M. A. Lawson) Planch. ex Franch.

崖爬藤（原变种）
Tetrastigma obtectum var. **obtectum**
习　　性：草质藤本
海　　拔：200~2400 m
国内分布：福建、甘肃、广西、贵州、海南、河南、湖北、四川、台湾、云南
国外分布：不丹、尼泊尔、越南
濒危等级：LC
资源利用：药用（中草药）

无毛崖爬藤
Tetrastigma obtectum var. **glabrum** (H. Lév.) Gagnep.
习　　性：草质藤本
海　　拔：100~2400 m
分　　布：福建、广东、广西、贵州、江西、四川、台湾、云南
濒危等级：LC

厚叶崖爬藤
Tetrastigma pachyphyllum (Hemsl.)
习　　性：木质藤本
海　　拔：约1430 m
国内分布：广东、海南
国外分布：老挝、越南
濒危等级：LC

海南崖爬藤
Tetrastigma papillatum (Hance) C. Y. Wu
习　　性：木质藤本
海　　拔：400~700 m
分　　布：广西、贵州、海南
濒危等级：LC

扁担藤
Tetrastigma planicaule (J. D. Hooker) Gagnepain
习　　性：木质藤本
海　　拔：100~2100 m
国内分布：福建、广东、广西、贵州、西藏、云南

国外分布：老挝、斯里兰卡、印度、越南
濒危等级：LC
资源利用：药用（中草药）

过山崖爬藤
Tetrastigma pseudocruciatum C. L. Li
习　　性：木质藤本
海　　拔：500~800 m
分　　布：海南
濒危等级：LC

毛脉崖爬藤
Tetrastigma pubinerve Merr. et Chun
习　　性：木质藤本
海　　拔：300~600 m
国内分布：广东、广西、海南
国外分布：柬埔寨、越南
濒危等级：LC

柔毛网脉崖爬藤
Tetrastigma retinervium C. L. Li
习　　性：木质藤本
海　　拔：400~1500 m
分　　布：广西、云南
濒危等级：LC

喜马拉雅崖爬藤
Tetrastigma rumicispermum(M. A. Lawson)Planch.

喜马拉雅崖爬藤（原变种）
Tetrastigma rumicispermum var. **rumicispermum**
习　　性：木质藤本
海　　拔：500~2500 m
国内分布：西藏、云南
国外分布：不丹、老挝、尼泊尔、泰国、印度、越南
濒危等级：LC

锈毛喜马拉雅崖爬藤
Tetrastigma rumicispermum var. **lasiogynum**(W. T. Wang)C. L. Li
习　　性：木质藤本
海　　拔：800~2300 m
分　　布：云南
濒危等级：LC

狭叶崖爬藤
Tetrastigma serrulatum(Roxb.)Planch.

狭叶崖爬藤（原变种）
Tetrastigma serrulatum var. **serrulatum**
习　　性：草质藤本
海　　拔：500~2900 m
国内分布：广东、广西、贵州、湖南、四川、云南
国外分布：不丹、缅甸、尼泊尔、泰国、印度
濒危等级：LC

毛狭叶崖爬藤
Tetrastigma serrulatum var. **puberulum** W. T. Wang
习　　性：木质藤本
海　　拔：2300~2600 m
分　　布：西藏、云南
濒危等级：LC

西畴崖爬藤
Tetrastigma sichouense C. L. Li

西畴崖爬藤（原变种）
Tetrastigma sichouense var. **sichouense**
习　　性：木质藤本
海　　拔：500~2400 m
国内分布：贵州、云南
国外分布：越南
濒危等级：LC

大果西畴崖爬藤
Tetrastigma sichouense var. **megalocarpum** C. L. Li
习　　性：木质藤本
海　　拔：600~2100 m
分　　布：贵州、西藏、云南
濒危等级：LC

红花崖爬藤
Tetrastigma subtetragonum C. L. Li
习　　性：木质藤本
海　　拔：1000~1400 m
分　　布：云南
濒危等级：VU A2c；B1ab（i, ii, iii, v）

越南崖爬藤
Tetrastigma tonkinense Gagnep.
习　　性：木质藤本
海　　拔：100~400 m
国内分布：广西
国外分布：越南
濒危等级：LC

菱叶崖爬藤
Tetrastigma triphyllum(Gagnep.)W. T. Wang

菱叶崖爬藤（原变种）
Tetrastigma triphyllum var. **triphyllum**
习　　性：木质藤本
海　　拔：700~2000 m
分　　布：四川、云南
濒危等级：LC

毛菱叶崖爬藤
Tetrastigma triphyllum var. **hirtum**(Gagnep.)W. T. Wang
习　　性：木质藤本
分　　布：云南
濒危等级：LC

蔡氏崖爬藤
Tetrastigma tsaianum C. Y. Wu
习　　性：木质藤本
海　　拔：1700~1800 m
分　　布：云南
濒危等级：LC

马关崖爬藤
Tetrastigma venulosum C. Y. Wu
习　　性：木质藤本
海　　拔：约1600 m
分　　布：云南

濒危等级：VU A2c；D1

西双版纳崖爬藤
Tetrastigma xishuangbannaense C. L. Li
习　　性：木质藤本
海　　拔：600～1100 m
分　　布：云南
濒危等级：NT A2c；D1

西藏崖爬藤
Tetrastigma xizangense C. L. Li
习　　性：木质藤本
海　　拔：800～900 m
分　　布：西藏
濒危等级：LC

易武崖爬藤
Tetrastigma yiwuense C. L. Li
习　　性：木质藤本
海　　拔：约 700 m
分　　布：云南
濒危等级：CR A2c；B1ab（i，iii）；D

云南崖爬藤
Tetrastigma yunnanense Gagnep.

云南崖爬藤（原变种）
Tetrastigma yunnanense var. **yunnanense**
习　　性：草质或半木质藤本
海　　拔：1200～2500 m
分　　布：西藏、云南
濒危等级：LC

贡山崖爬藤
Tetrastigma yunnanense var. **mollissimum** C. Y. Wu ex W. T. Wang
习　　性：木质藤本
海　　拔：1500～2600 m
分　　布：云南
濒危等级：LC

葡萄属 Vitis L.

山葡萄
Vitis amurensis Rupr.

山葡萄（原变种）
Vitis amurensis var. **amurensis**
习　　性：木质藤本
海　　拔：200～2100 m
分　　布：安徽、河北、黑龙江、吉林、辽宁、山东、山西、浙江
濒危等级：LC
资源利用：食品（水果）；环境利用（观赏）；原料（精油）

深裂山葡萄
Vitis amurensis var. **dissecta** Skvorts.
习　　性：木质藤本
海　　拔：100～200 m
分　　布：河北、黑龙江、吉林、辽宁
濒危等级：LC

蓝果刺葡萄
Vitis armata var. **cyanocarpa**（Gagnep.）Gagnep.
习　　性：木质藤本
海　　拔：600～2300 m
分　　布：安徽、湖北、云南
濒危等级：LC

百花山葡萄
Vitis baihuashanensis M. S. Kang et D. Z. Lu
习　　性：木质藤本
分　　布：北京
濒危等级：CR D
国家保护：Ⅰ级

小果葡萄
Vitis balansana Planch.

小果葡萄（原变种）
Vitis balansana var. **balansana**
习　　性：木质藤本
海　　拔：200～800 m
国内分布：广东、广西、海南
国外分布：越南
濒危等级：LC
资源利用：药用（中草药）

龙州葡萄
Vitis balanseana var. **ficifolioides**（W. T. Wang）C. L. Li
习　　性：藤本
分　　布：广西
濒危等级：VU B1ab（i，iii）

绒毛小果葡萄
Vitis balanseana var. **tomentosa** C. L. Li
习　　性：藤本
海　　拔：海平面至290 m
分　　布：广西
濒危等级：VU B1ab（i，iii，v）

麦黄葡萄
Vitis bashanica P. C. He
习　　性：木质藤本
海　　拔：约 300 m
分　　布：陕西
濒危等级：EN B1ab（i，iii，v）

美丽葡萄
Vitis bellula（Rehder）W. T. Wang

美丽葡萄（原变种）
Vitis bellula var. **bellula**
习　　性：木质藤本
海　　拔：1300～1600 m
分　　布：湖北、四川
濒危等级：LC

华南美丽葡萄
Vitis bellula var. **pubigera** C. L. Li
习　　性：木质藤本
海　　拔：400～1500 m

分　　布：广东、广西、湖南
濒危等级：LC

桦叶葡萄
Vitis betulifolia Diels et Gilg
习　　性：木质藤本
海　　拔：600~3600 m
分　　布：甘肃、河南、湖北、湖南、陕西、四川、云南
濒危等级：LC

蘡薁
Vitis bryoniifolia Bunge

蘡薁（原变种）
Vitis bryoniifolia var. **bryoniifolia**
习　　性：木质藤本
海　　拔：100~2500 m
分　　布：安徽、福建、广东、广西、河北、湖北、湖南、江苏、江西、山东、山西、陕西、四川、云南
濒危等级：LC

三出蘡薁
Vitis bryoniifolia var. **ternata**（W. T. Wang）C. L. Li
习　　性：木质藤本
分　　布：浙江
濒危等级：LC

东南葡萄
Vitis chunganensis Hu
习　　性：木质藤本
海　　拔：500~1400 m
分　　布：安徽、福建、广东、广西、湖南、江西、浙江
濒危等级：LC

闽赣葡萄
Vitis chungii F. P. Metcalf
习　　性：木质藤本
海　　拔：200~1000 m
分　　布：福建、广东、广西、江西
濒危等级：LC

刺葡萄
Vitis davidii（Rom. Caill.）Föex

刺葡萄（原变种）
Vitis davidii var. **davidii**
习　　性：木质藤本
海　　拔：600~1800 m
分　　布：安徽、重庆、福建、甘肃、广东、广西、贵州、湖北、湖南、江苏、江西、陕西、四川、云南、浙江
濒危等级：LC
资源利用：药用（中草药）；基因源（抗病虫害）；环境利用（观赏）

锈毛刺葡萄
Vitis davidii var. **ferruginea** Merr. et Chun
习　　性：木质藤本
海　　拔：500~1200 m
分　　布：福建、广东、湖北、江西
濒危等级：LC

红叶葡萄
Vitis erythrophylla W. T. Wang
习　　性：木质藤本
海　　拔：约1000 m
分　　布：江西、浙江
濒危等级：LC

凤庆葡萄
Vitis fengqinensis C. L. Li
习　　性：木质藤本
海　　拔：约2000 m
分　　布：云南
濒危等级：LC

葛藟葡萄
Vitis flexuosa Thunb.
习　　性：木质藤本
海　　拔：100~2300 m
国内分布：安徽、福建、甘肃、广东、广西、贵州、河南、湖南、江苏、江西、山东、陕西、四川、台湾、云南、浙江
国外分布：菲律宾、老挝、尼泊尔、日本、泰国、印度、越南
濒危等级：LC
资源利用：药用（中草药）；环境利用（观赏）

菱叶葡萄
Vitis hancockii Hance
习　　性：木质藤本
分　　布：安徽、福建、江西、浙江
濒危等级：LC

毛葡萄
Vitis heyneana Roem. et Schult.

毛葡萄（原亚种）
Vitis heyneana subsp. **heyneana**
习　　性：木质藤本
海　　拔：100~3200 m
国内分布：安徽、重庆、福建、甘肃、广东、广西、贵州、河南、湖北、湖南、江西、山东、山西、陕西、四川、西藏、云南、浙江
国外分布：不丹、尼泊尔、印度
濒危等级：LC

桑叶葡萄
Vitis heyneana subsp. **ficifolia**（Bunge）C. L. Li
习　　性：木质藤本
海　　拔：100~1300 m
分　　布：河北、河南、江苏、山东、山西、陕西
濒危等级：LC

庐山葡萄
Vitis hui W. C. Cheng
习　　性：木质藤本
海　　拔：100~200 m
分　　布：江西、浙江

濒危等级：VU B1ab（i, iii）; D

井冈葡萄
Vitis jinggangensis W. T. Wang
习　　性：木质藤本
海　　拔：约 1000 m
分　　布：湖南、江西
濒危等级：LC

鸡足葡萄
Vitis lanceolatifoliosa C. L. Li
习　　性：木质藤本
海　　拔：600 ~ 800 m
分　　布：广东、湖南、江西
濒危等级：LC

龙泉葡萄
Vitis longquanensis P. L. Chiu
习　　性：木质藤本
海　　拔：700 ~ 1300 m
分　　布：福建、江西、浙江
濒危等级：LC

罗城葡萄
Vitis luochengensis W. T. Wang

罗城葡萄（原变种）
Vitis luochengensis var. **luochengensis**
习　　性：木质藤本
海　　拔：400 ~ 700 m
分　　布：广西
濒危等级：LC

连山葡萄
Vitis luochengensis var. **tomentoso-nerva** C. L. Li
习　　性：木质藤本
海　　拔：400 ~ 700 m
分　　布：广东
濒危等级：VU A2c; D1

勐海葡萄
Vitis menghaiensis C. L. Li
习　　性：木质藤本
海　　拔：1500 ~ 1600 m
分　　布：云南
濒危等级：LC

蒙自葡萄
Vitis mengziensis C. L. Li
习　　性：木质藤本
海　　拔：约 1600 m
分　　布：云南
濒危等级：CR A2c; B1ab（i, iii）; D

变叶葡萄
Vitis piasezkii Maxim.
习　　性：木质藤本
海　　拔：900 ~ 2100 m
分　　布：重庆、甘肃、河北、河南、山西、陕西、四川、浙江
濒危等级：LC
资源利用：基因源（抗寒，抗霜霉病）; 食品（水果）; 环境利用（观赏）

毛脉葡萄
Vitis pilosonervia F. P. Metcalf
习　　性：藤本
海　　拔：700 ~ 800 m
分　　布：福建、广东、江西
濒危等级：LC

华东葡萄
Vitis pseudoreticulata W. T. Wang
习　　性：木质藤本
海　　拔：100 ~ 300 m
国内分布：安徽、福建、广东、广西、河南、湖北、湖南、江苏、江西、浙江
国外分布：朝鲜
濒危等级：LC
资源利用：基因源（抗霜霉病，耐湿）

绵毛葡萄
Vitis retordii Rom. Caill. ex Planch.
习　　性：木质藤本
海　　拔：200 ~ 1000 m
国内分布：广东、广西、贵州、海南
国外分布：老挝、越南
濒危等级：LC

秋葡萄
Vitis romaneti Rom. Caill.
习　　性：藤本
海　　拔：100 ~ 1500 m
国内分布：安徽、甘肃、河南、湖北、湖南、江苏、陕西、四川
国外分布：老挝
濒危等级：LC
资源利用：药用（中草药）; 食品（水果）; 环境利用（观赏）

乳源葡萄
Vitis ruyuanensis C. L. Li
习　　性：木质藤本
海　　拔：约 200 m
分　　布：广东
濒危等级：VU A2c; D1

陕西葡萄
Vitis shenxiensis C. L. Li
习　　性：木质藤本
海　　拔：1100 ~ 1400 m
分　　布：陕西
濒危等级：LC

湖北葡萄
Vitis silvestrii Pamp.
习　　性：木质藤本
海　　拔：300 ~ 1200 m
分　　布：湖北、陕西
濒危等级：LC

小叶葡萄
Vitis sinocinerea W. T. Wang
- 习　　性：木质藤本
- 海　　拔：200~2800 m
- 分　　布：福建、湖北、湖南、江苏、江西、台湾、云南、浙江
- 濒危等级：LC

狭叶葡萄
Vitis tsoi Merr.
- 习　　性：木质藤本
- 海　　拔：300~700 m
- 分　　布：福建、广东、广西
- 濒危等级：LC

葡萄
Vitis vinifera L.
- 习　　性：木质藤本
- 国内分布：我国多地有栽培
- 国外分布：原产亚洲西部
- 资源利用：环境利用（观赏）；药用（中草药）；食用（水果）

温州葡萄
Vitis wenchowensis C. Ling
- 习　　性：木质藤本
- 分　　布：浙江
- 濒危等级：EN B1ab（i, iii）；D

文县蘡薁
Vitis wenxianensis W. T. Wang
- 习　　性：小木质藤本
- 分　　布：甘肃
- 濒危等级：NT

网脉葡萄
Vitis wilsonae H. J. Veitch
- 习　　性：木质藤本
- 海　　拔：400~2000 m
- 分　　布：安徽、重庆、甘肃、贵州、河南、湖北、湖南、陕西、四川、云南、浙江
- 濒危等级：LC
- 资源利用：环境利用（观赏）

武汉葡萄
Vitis wuhanensis C. L. Li
- 习　　性：木质藤本
- 海　　拔：300~700 m
- 分　　布：河南、湖北、江西
- 濒危等级：NT A2c；D1

云南葡萄
Vitis yunnanensis C. L. Li
- 习　　性：木质藤本
- 海　　拔：500~1800 m
- 分　　布：云南
- 濒危等级：LC

浙江蘡薁
Vitis zhejiang-adstricta P. L. Chiu
- 习　　性：木质藤本
- 海　　拔：600~700 m
- 分　　布：浙江
- 濒危等级：VU B2ab（ii）
- 国家保护：Ⅱ级

俞藤属 Yua C. L. Li

大果俞藤
Yua austro-orientalis（F. P. Metcalf）C. L. Li
- 习　　性：木质藤本
- 海　　拔：100~900 m
- 分　　布：福建、广东、广西、江西
- 濒危等级：LC
- 资源利用：食品（水果）

俞藤
Yua thomsonii（M. A. Lawson）C. L. Li

俞藤（原变种）
Yua thomsonii var. **thomsonii**
- 习　　性：木质藤本
- 海　　拔：200~1300 m
- 国内分布：安徽、福建、广西、贵州、湖北、湖南、江苏、江西、四川、台湾、浙江
- 国外分布：尼泊尔、印度
- 濒危等级：LC

华西俞藤
Yua thomsoni var. **glancescens**
- 习　　性：木质藤本
- 海　　拔：1700~2700 m
- 分　　布：贵州、河南、湖北、四川、云南
- 濒危等级：DD

黄脂木科 XANTHORRHOEACEAE
（4属：22种）

芦荟属 Aloe L.

芦荟
Aloe vera（L.）Burm. f.
- 习　　性：肉质草本
- 国内分布：各地栽培；云南南部有归化
- 国外分布：原产地可能是地中海地区；广泛栽培
- 资源利用：药用（中草药）；环境利用（观赏）

山菅属 Dianella Lam.

山菅
Dianella ensifolia（L.）DC.
- 习　　性：多年生草本
- 海　　拔：海平面至1700 m
- 国内分布：福建、广东、广西、贵州、海南、江西、四川、台湾、云南
- 国外分布：澳大利亚、不丹、菲律宾、柬埔寨、老挝、马来西亚、孟加拉国、缅甸、尼泊尔、日本南部、斯里兰卡、泰国、印度、印度尼西亚、越南
- 濒危等级：LC
- 资源利用：药用（中草药）

独尾草属 Eremurus M. Bieb.

阿尔泰独尾草
Eremurus altaicus (Pall.) Steven
习　性：多年生草本
海　拔：1300~2200 m
国内分布：新疆
国外分布：俄罗斯、哈萨克斯坦、吉尔吉斯斯坦、蒙古、塔吉克斯坦、乌兹别克斯坦
濒危等级：LC

异翅独尾草
Eremurus anisopterus (Kar. et Kir.) Regel
习　性：多年生草本
国内分布：新疆
国外分布：哈萨克斯坦
濒危等级：LC

独尾草
Eremurus chinensis O. Fedtsch.
习　性：多年生草本
海　拔：1000~3800 m
分　布：甘肃、四川、西藏、云南
濒危等级：LC

粗柄独尾草
Eremurus inderiensis (Steven) Regel
习　性：多年生草本
海　拔：400~600 m
国内分布：新疆
国外分布：阿富汗、巴基斯坦、俄罗斯、哈萨克斯坦、蒙古、土库曼斯坦、乌兹别克斯坦
濒危等级：LC

萱草属 Hemerocallis L.

黄花菜
Hemerocallis citrina Baroni
习　性：多年生草本
海　拔：海平面至2000 m
国内分布：安徽、河北、河南、湖北、湖南、江苏、江西、内蒙古、山东、陕西、四川、浙江
国外分布：朝鲜、日本
资源利用：药用（中草药）；环境利用（观赏）；食用（蔬菜）

小萱草
Hemerocallis dumortieri C. Morren
习　性：多年生草本
国内分布：甘肃、河北、吉林、陕西
国外分布：朝鲜、日本、俄罗斯
濒危等级：DD
资源利用：环境利用（观赏）

北萱草
Hemerocallis esculenta Koidz.
习　性：多年生草本
海　拔：500~2500 m
国内分布：甘肃、河北、河南、湖北、辽宁、宁夏、山东、山西、陕西
国外分布：俄罗斯、日本
濒危等级：LC

西南萱草
Hemerocallis forrestii Diels
习　性：多年生草本
海　拔：2300~3200 m
分　布：四川、云南
濒危等级：LC

萱草
Hemerocallis fulva (L.) L.

萱草（原变种）
Hemerocallis fulva var. *fulva*
习　性：多年生草本
海　拔：300~2500 m
国内分布：安徽、福建、广东、广西、贵州、河北、河南、湖北、湖南、江苏、江西、山东、山西、陕西、四川、台湾、西藏、云南、浙江
国外分布：朝鲜
濒危等级：LC
资源利用：环境利用（观赏）

长管萱草
Hemerocallis fulva var. *angustifolia* Baker
习　性：多年生草本
国内分布：我国广泛栽培；原产地不明
国外分布：朝鲜、日本

常绿萱草
Hemerocallis fulva var. *aurantiaca* (Baker) M. Hotta
习　性：多年生草本
海　拔：300~1000 m
国内分布：广东、广西、台湾
国外分布：朝鲜、日本
濒危等级：LC

长瓣萱草
Hemerocallis fulva var. *kwanso* Regel
习　性：多年生草本
国内分布：北京等地栽培
国外分布：朝鲜、日本

对苞萱草
Hemerocallis fulva var. *oppositibracteata* H. Kong et C. R. Wang
习　性：多年生草本
海　拔：约900 m
分　布：甘肃
濒危等级：DD

北黄花菜
Hemerocallis lilioasphodelus L.
习　性：多年生草本
海　拔：100~2000 m
国内分布：甘肃、河北、河南、黑龙江、吉林、江苏、江西、辽宁、山东、山西、陕西
国外分布：朝鲜、俄罗斯、日本
濒危等级：DD
资源利用：环境利用（观赏）

大苞萱草
Hemerocallis middendorffii Trautv. et C. A. Mey.

大苞萱草（原变种）
Hemerocallis middendorffii var. **middendorffii**
- 习　　性：多年生草本
- 海　　拔：海平面至 2000 m
- 国内分布：黑龙江、吉林、辽宁
- 国外分布：朝鲜、俄罗斯、日本
- 濒危等级：LC

长苞萱草
Hemerocallis middendorffii var. **longibracteata** Z. T. Xiong
- 习　　性：多年生草本
- 海　　拔：约 800 m
- 分　　布：吉林
- 濒危等级：VU A2c

小黄花菜
Hemerocallis minor Mill.
- 习　　性：多年生草本
- 海　　拔：200 ~ 2600 m
- 国内分布：甘肃、河北、黑龙江、吉林、辽宁、内蒙古、山东、山西、陕西
- 国外分布：朝鲜、俄罗斯、蒙古
- 濒危等级：LC
- 资源利用：环境利用（观赏）

多花萱草
Hemerocallis multiflora Stout
- 习　　性：多年生草本
- 海　　拔：700 ~ 1000 m
- 分　　布：河南
- 濒危等级：NT C1

矮萱草
Hemerocallis nana Forrest et W. W. Sm.
- 习　　性：多年生草本
- 海　　拔：2100 ~ 3400 m
- 分　　布：云南
- 濒危等级：NT A1c；D
- 资源利用：环境利用（观赏）

折叶萱草
Hemerocallis plicata Stapf
- 习　　性：多年生草本
- 海　　拔：1500 ~ 3200 m
- 分　　布：四川、云南
- 濒危等级：NT C1

- 国内分布：香港
- 国外分布：巴布亚新几内亚、柬埔寨、马来西亚、泰国、印度尼西亚、越南
- 濒危等级：LC

南非黄眼草
Xyris capensis var. **schoenoides**(Mart.)Nilsson
- 习　　性：多年生草本
- 海　　拔：1600 ~ 2000 m
- 国内分布：四川、云南
- 国外分布：巴布亚新几内亚、不丹、柬埔寨、老挝、马来西亚、尼泊尔、泰国、印度、印度尼西亚、越南
- 濒危等级：DD

硬叶葱草
Xyris complanata R. Br.
- 习　　性：多年生草本
- 国内分布：福建、海南
- 国外分布：澳大利亚、巴布亚新几内亚、菲律宾、柬埔寨、老挝、马来西亚、斯里兰卡、泰国、印度、印度尼西亚、越南
- 濒危等级：LC

台湾黄眼草
Xyris formosana Hayata
- 习　　性：多年生草本
- 海　　拔：海平面至 100 m
- 分　　布：台湾
- 濒危等级：CR B2ab（ii，iii，iv，v）

黄眼草
Xyris indica L.
- 习　　性：多年生草本
- 海　　拔：200 ~ 600 m
- 国内分布：福建、广东、海南
- 国外分布：澳大利亚、菲律宾、柬埔寨、老挝、马来西亚、斯里兰卡、泰国、印度、印度尼西亚、越南
- 濒危等级：LC

葱草
Xyris pauciflora Willd.
- 习　　性：多年生草本
- 海　　拔：300 ~ 900 m
- 国内分布：福建、广东、广西、海南、江西、云南
- 国外分布：澳大利亚、巴布亚新几内亚、不丹、菲律宾、柬埔寨、老挝、马来西亚、尼泊尔、斯里兰卡、泰国、印度、印度尼西亚、越南
- 濒危等级：LC
- 资源利用：药用（中草药）

黄眼草科 XYRIDACEAE
（1 属：6 种）

黄眼草属 **Xyris** L.

中国黄眼草
Xyris bancana Miq.
- 习　　性：草本

姜科 ZINGIBERACEAE
（21 属：254 种）

山姜属 **Alpinia** Roxb.

宜兰月桃
Alpinia × ilanensis S. C. Liu et J. C. Wang
- 习　　性：多年生草本

海　　拔：700~800 m
分　　布：台湾

竹叶山姜
Alpinia bambusifolia C. F. Liang et D. Fang
习　　性：多年生草本
海　　拔：1300~1400 m
分　　布：广西、贵州
濒危等级：LC

云南草蔻
Alpinia blepharocalyx K. Schum.

云南草蔻（原变种）
Alpinia blepharocalyx var. **blepharocalyx**
习　　性：多年生草本
海　　拔：500~1000 m
国内分布：云南
国外分布：老挝、孟加拉国、缅甸、泰国、印度、越南
濒危等级：LC
资源利用：药用（中草药）

光叶云南草蔻
Alpinia blepharocalyx var. **glabrior**(Hand.-Mazz.)T. L. Wu
习　　性：多年生草本
海　　拔：400~1200 m
国内分布：广东、广西、云南
国外分布：泰国、越南
濒危等级：LC

小花山姜
Alpinia brevis T. L. Wu et S. J. Chen
习　　性：多年生草本
海　　拔：700~2000 m
分　　布：广东、广西、云南
濒危等级：LC

距花山姜
Alpinia calcarata Roscoe
习　　性：多年生草本
国内分布：广东
国外分布：缅甸、斯里兰卡、印度
濒危等级：LC
资源利用：环境利用（观赏）

节鞭山姜
Alpinia conchigera Griff.
习　　性：多年生草本
海　　拔：600~1100 m
国内分布：云南
国外分布：柬埔寨、老挝、马来西亚、孟加拉国、缅甸、泰国、印度、印度尼西亚、越南
濒危等级：LC
资源利用：药用（中草药）；原料（香料）；食品（水果）

从化山姜
Alpinia conghuaensis J. P. Liao et T. L. Wu
习　　性：多年生草本
海　　拔：约900 m
分　　布：广东
濒危等级：VU A1c；B1ab（iii, v）

革叶山姜
Alpinia coriacea T. L. Wu et S. J. Chen
习　　性：多年生草本
海　　拔：400~800 m
分　　布：海南
濒危等级：VU A2c；B1ab（iii, v）

香姜
Alpinia coriandriodora D. Fang
习　　性：多年生草本
海　　拔：230~503 m
分　　布：广西
濒危等级：VU A2acd+3cd；B2ab（iii, v）
资源利用：食品添加剂（调味剂）

紫纹山姜
Alpinia dolichocephala Hayata
习　　性：多年生草本
海　　拔：400~700 m
分　　布：台湾
濒危等级：LC

无斑山姜
Alpinia emaculata S. Q. Tong
习　　性：多年生草本
海　　拔：约800 m
分　　布：云南
濒危等级：NT

扇唇山姜
Alpinia flabellata Ridl.
习　　性：多年生草本
国内分布：台湾
国外分布：菲律宾、日本
濒危等级：LC

美山姜
Alpinia formosana K. Schum.
习　　性：多年生草本
海　　拔：约1620 m
国内分布：台湾
国外分布：日本
濒危等级：LC

红豆蔻
Alpinia galanga(L.)Willd.

红豆蔻（原变种）
Alpinia galanga var. **galanga**
习　　性：多年生草本
海　　拔：100~1300 m
国内分布：福建、广东、广西、海南、台湾、云南
国外分布：马来西亚、缅甸、泰国、印度、印度尼西亚、越南
濒危等级：DD
资源利用：药用（中草药）；环境利用（观赏）

毛红豆蔻
Alpinia galanga var. **pyramidata**(Blume)K. Schum.
习　　性：多年生草本
海　　拔：100~1300 m

国内分布：广东、广西、云南
国外分布：印度尼西亚
濒危等级：LC

脆果山姜
Alpinia globosa (Lour.) Horan.
习　　性：多年生草本
海　　拔：100~300 m
国内分布：云南
国外分布：越南
濒危等级：LC

狭叶山姜
Alpinia graminifolia D. Fang et J. Y. Luo
习　　性：多年生草本
海　　拔：800~900 m
分　　布：广西
濒危等级：NT

桂南山姜
Alpinia guinanensis D. Fang et X. X. Chen
习　　性：多年生草本
分　　布：广西
濒危等级：VU C1

草豆蔻
Alpinia hainanensis K. Schum.
习　　性：多年生草本
国内分布：广东、广西、海南
国外分布：越南
濒危等级：LC

光叶山姜
Alpinia intermedia Gagnep.
习　　性：多年生草本
海　　拔：300~1000 m
国内分布：广东、台湾
国外分布：菲律宾、日本
濒危等级：DD

山姜
Alpinia japonica (Thunb.) Miq.
习　　性：多年生草本
海　　拔：200~1950 m
国内分布：福建、广东、广西、贵州、江苏、江西、四川、台湾、云南、浙江
国外分布：日本
濒危等级：LC
资源利用：药用（中草药）；原料（精油，纤维）

箭秆风
Alpinia jianganfeng T. L. Wu
习　　性：多年生草本
分　　布：广东、广西、贵州、湖南、江西、四川、云南
濒危等级：LC

靖西山姜
Alpinia jingxiensis D. Fang
习　　性：多年生草本
海　　拔：1400~1500 m
分　　布：广西
濒危等级：NT

密毛山姜
Alpinia kawakamii Hayata
习　　性：多年生草本
海　　拔：400~900 m
分　　布：台湾
濒危等级：LC

菱唇山姜
Alpinia kusshakuensis Hayata
习　　性：多年生草本
分　　布：台湾
濒危等级：LC

长柄山姜
Alpinia kwangsiensis T. L. Wu et S. J. Chen
习　　性：多年生草本
海　　拔：海平面至700 m
分　　布：广东、广西、贵州、云南
濒危等级：DD

假益智
Alpinia maclurei Merr.

假益智（原变种）
Alpinia maclurei var. **maclurei**
习　　性：多年生草本
国内分布：广东、广西、海南、云南
国外分布：越南
濒危等级：LC

光叶假益智
Alpinia maclurei var. **guangdongensis** (S. J. Chen et Z. Y. Chen) Z. L. Zhao et L. S. Yu
习　　性：多年生草本
海　　拔：约100 m
分　　布：广东
濒危等级：LC

毛瓣山姜
Alpinia malaccensis (Burm. f.) Roscoe
习　　性：多年生草本
海　　拔：约1300 m
国内分布：西藏、云南；广东有栽培
国外分布：不丹、马来西亚、孟加拉国、缅甸、泰国、印度、印度尼西亚
濒危等级：LC

勐海山姜
Alpinia menghaiensis S. Q. Tong et Y. M. Xia
习　　性：多年生草本
海　　拔：约900 m
分　　布：云南
濒危等级：NT C1

疏花山姜
Alpinia mesanthera Hayata
 习 性：多年生草本
 分 布：台湾
 濒危等级：LC

南川山姜
Alpinia nanchuanensis Z. Y. Zhu
 习 性：多年生草本
 海 拔：约 800 m
 分 布：重庆
 濒危等级：LC

那坡山姜
Alpinia napoensis H. Dong et G. J. Xu
 习 性：多年生草本
 分 布：广西
 濒危等级：VU D2

黑果山姜
Alpinia nigra (Gaertn.) B. L. Burtt
 习 性：多年生草本
 海 拔：900~1100 m
 国内分布：云南
 国外分布：不丹、斯里兰卡、泰国、印度
 濒危等级：LC
 资源利用：药用（中草药）

华山姜
Alpinia oblongifolia Hayata
 习 性：多年生草本
 海 拔：100~2500 m
 国内分布：福建、广东、广西、海南、湖南、江西、四川、台湾、云南、浙江
 国外分布：老挝、越南
 濒危等级：LC

高良姜
Alpinia officinarum Hance
 习 性：多年生草本
 海 拔：约 100 m
 分 布：广东、广西、海南
 濒危等级：LC
 资源利用：药用（中草药）；环境利用（观赏）；原料（纤维）

欧氏月桃
Alpinia oui Y. H. Tseng et C. C. Wang
 习 性：多年生草本
 分 布：台湾
 濒危等级：LC

卵唇山姜
Alpinia ovata Z. L. Zhao et L. S. Xu
 习 性：多年生草本
 海 拔：约 600 m
 分 布：广东
 濒危等级：LC

卵果山姜
Alpinia ovoideicarpa H. Dong et G. J. Xu
 习 性：多年生草本
 分 布：广西
 濒危等级：DD

益智
Alpinia oxyphylla Miq.
 习 性：多年生草本
 海 拔：100~500 m
 分 布：福建、广东、广西、海南、云南
 濒危等级：LC
 资源利用：药用（中草药）；原料（精油）；环境利用（观赏）

柱穗山姜
Alpinia pinnanensis T. L. Wu et S. J. Chen
 习 性：多年生草本
 分 布：广西
 濒危等级：NT D2

宽唇山姜
Alpinia platychilus K. Schum.
 习 性：多年生草本
 海 拔：800~1600 m
 分 布：云南
 濒危等级：LC

多花山姜
Alpinia polyantha D. Fang
 习 性：多年生草本
 分 布：广西、云南
 濒危等级：LC

短穗山姜
Alpinia pricei Hayata
 习 性：多年生草本
 分 布：台湾
 濒危等级：LC

矮山姜
Alpinia psilogyna D. Fang
 习 性：多年生草本
 海 拔：约 700 m
 分 布：广西
 濒危等级：NT

花叶山姜
Alpinia pumila Hook. f.
 习 性：多年生草本
 海 拔：500~1100 m
 分 布：广东、广西、湖南、云南
 濒危等级：DD
 资源利用：环境利用（观赏）

红斑山姜
Alpinia rubromaculata S. Q. Tong
 习 性：多年生草本
 海 拔：约 800 m
 分 布：云南

濒危等级：NT C1

皱叶山姜
Alpinia rugosa S. J. Chen et Z. Y. Chen
习　　性：多年生草本
分　　布：海南
濒危等级：LC

大头山姜
Alpinia sessiliflora Kitam.
习　　性：多年生草本
海　　拔：1300~2000 m
分　　布：台湾
濒危等级：LC

密穗山姜
Alpinia shimadae Hayata
习　　性：多年生草本
海　　拔：400~800 m
分　　布：台湾
濒危等级：LC

四川山姜
Alpinia sichuanensis Z. Y. Zhu
习　　性：多年生草本
海　　拔：700~900 m
分　　布：四川
濒危等级：LC

密苞山姜
Alpinia stachyodes Hance

密苞山姜（原变种）
Alpinia stachyodes var. **stachyodes**
习　　性：多年生草本
海　　拔：600~700 m
分　　布：广东、广西、贵州、江西、云南
濒危等级：LC

阳春山姜
Alpinia stachyodes var. **yangchunensis** Z. L. Zhao et L. S. Xu
习　　性：多年生草本
海　　拔：600~700 m
分　　布：广东
濒危等级：LC

球穗山姜
Alpinia strobiliformis T. L. Wu et S. J. Chen

球穗山姜（原变种）
Alpinia strobiliformis var. **strobiliformis**
习　　性：多年生草本
海　　拔：1000~1700 m
分　　布：广西、云南
濒危等级：LC

光叶球穗山姜
Alpinia strobiliformis var. **glabra** T. L. Wu et S. J. Chen
习　　性：多年生草本
分　　布：广西

濒危等级：DD

滑叶山姜
Alpinia tonkinensis Gagnep.
习　　性：多年生草本
国内分布：广西、海南
国外分布：越南
濒危等级：LC
资源利用：食品添加剂（调味剂）

台北山姜
Alpinia tonrokuensis Hayata
习　　性：多年生草本
分　　布：台湾
濒危等级：LC

大花山姜
Alpinia uraiensis Hayata
习　　性：多年生草本
分　　布：台湾
濒危等级：LC

艳山姜
Alpinia zerumbet(Pers.)B. L. Burtt et R. M. Sm.
习　　性：多年生草本
海　　拔：400~1200 m
国内分布：广东、广西、海南、台湾、云南
国外分布：菲律宾、柬埔寨、老挝、马来西亚、孟加拉国、缅甸、斯里兰卡、泰国、印度、印度尼西亚、越南
濒危等级：LC
资源利用：原料（纤维，精油）；环境利用（观赏）

豆蔻属 Amomum Roxb.

三叶豆蔻
Amomum austrosinense D. Fang
习　　性：多年生草本
海　　拔：700~1000 m
分　　布：广东、广西
濒危等级：LC

辣椒砂仁
Amomum capsiciforme S. Q. Tong
习　　性：多年生草本
海　　拔：约1400 m
分　　布：云南
濒危等级：NT

海南假砂仁
Amomum chinense Chun ex T. L. Wu
习　　性：多年生草本
海　　拔：600~1000 m
分　　布：海南
濒危等级：VU A3c

爪哇白豆蔻
Amomum compactum Sol. ex Maton
习　　性：多年生草本

国内分布：海南、云南栽培
国外分布：原产印度尼西亚
资源利用：药用（中草药）

荽味砂仁
Amomum coriandriodorum S. Q. Tong et Y. M. Xia
习　　性：多年生草本
海　　拔：1300～1500 m
分　　布：云南
濒危等级：NT C1

长果砂仁
Amomum dealbatum Roxb.
习　　性：多年生草本
海　　拔：600～800 m
国内分布：云南
国外分布：孟加拉国、尼泊尔、泰国、印度
濒危等级：LC

长花豆蔻
Amomum dolichanthum D. Fang
习　　性：多年生草本
分　　布：广西
濒危等级：VU D2

脆舌砂仁
Amomum fragile S. Q. Tong
习　　性：多年生草本
海　　拔：1400～1800 m
分　　布：云南
濒危等级：NT C1

长序砂仁
Amomum gagnepainii T. L. Wu et al.
习　　性：多年生草本
国内分布：广西
国外分布：越南
濒危等级：LC

无毛砂仁
Amomum glabrum S. Q. Tong
习　　性：多年生草本
海　　拔：约700 m
分　　布：云南
濒危等级：NT C1

狭叶豆蔻
Amomum jingxiense D. Fang et D. H. Qin
习　　性：多年生草本
海　　拔：约1300 m
分　　布：广西
濒危等级：VU B1ab（ii）

野草果
Amomum koenigii J. F. Gmel.
习　　性：多年生草本
海　　拔：200～1500 m
国内分布：广西、云南
国外分布：泰国、印度
濒危等级：LC

广西豆蔻
Amomum kwangsiense D. Fang et X. X. Chen
习　　性：多年生草本
海　　拔：600～700 m
分　　布：广西、贵州
濒危等级：LC
资源利用：药用（中草药）

海南砂仁
Amomum longiligulare T. L. Wu
习　　性：多年生草本
海　　拔：100～500 m
分　　布：海南
濒危等级：LC
资源利用：药用（中草药）

长柄豆蔻
Amomum longipetiolatum Merr.
习　　性：多年生草本
海　　拔：400～600 m
分　　布：广西、海南
濒危等级：LC

九翅豆蔻
Amomum maximum Roxb.
习　　性：多年生草本
海　　拔：400～800 m
国内分布：广东、广西、西藏、云南
国外分布：印度尼西亚
濒危等级：LC
资源利用：药用（中草药）；食品（水果）

勐腊砂仁
Amomum menglaense S. Q. Tong
习　　性：多年生草本
海　　拔：约1800 m
分　　布：云南
濒危等级：VU B1ab（iii）+2ab（iii）

蒙自砂仁
Amomum mengtzense H. T. Tsai et P. S. Chen
习　　性：多年生草本
海　　拔：500～1000 m
分　　布：云南
濒危等级：NT

细砂仁
Amomum microcarpum C. F. Liang et D. Fang
习　　性：多年生草本
海　　拔：300～500 m
分　　布：广西
濒危等级：NT C1

疣果豆蔻
Amomum muricarpum Elmer
习　　性：多年生草本
海　　拔：300～1000 m

国内分布：广东、广西
国外分布：菲律宾
濒危等级：NT
资源利用：药用（中草药）；环境利用（观赏）

红壳砂仁
Amomum neoaurantiacum T. L. Wu et al.
习　　性：多年生草本
海　　拔：约 600 m
分　　布：云南
濒危等级：NT C1
资源利用：药用（中草药）

波翅豆蔻
Amomum odontocarpum D. Fang
习　　性：多年生草本
海　　拔：约 1500 m
分　　布：广西
濒危等级：VU B1ab（i, ii, iii, iv, v）

拟草果
Amomum paratsaoko S. Q. Tong et Y. M. Xia
习　　性：多年生草本
海　　拔：约 1600 m
分　　布：广西、贵州、云南
濒危等级：LC

宽丝豆蔻
Amomum petaloideum(S. Q. Tong) T. L. Wu
习　　性：多年生草本
海　　拔：500～600 m
分　　布：云南
濒危等级：CR A2ace+3ce；B1ab（i, iii, iv）
国家保护：Ⅱ级

紫红砂仁
Amomum purpureorubrum S. Q. Tong et Y. M. Xia
习　　性：多年生草本
海　　拔：1600～1700 m
分　　布：云南
濒危等级：NT

腐花豆蔻
Amomum putrescens D. Fang
习　　性：多年生草本
海　　拔：约 300 m
分　　布：广西
濒危等级：VU A1c；B1ab（iii, v）

方片砂仁
Amomum quadratolaminare S. Q. Tong
习　　性：多年生草本
海　　拔：约 800 m
分　　布：云南
濒危等级：NT C1

云南豆蔻
Amomum repoeense Pierre ex Gagnep.
习　　性：多年生草本
国内分布：云南
国外分布：柬埔寨、泰国
濒危等级：NT

红花砂仁
Amomum scarlatinum H. T. Tsai et P. S. Chen
习　　性：多年生草本
海　　拔：约 900 m
分　　布：云南
濒危等级：LC

银叶砂仁
Amomum sericeum Roxb.
习　　性：多年生草本
海　　拔：600～1200 m
国内分布：云南
国外分布：缅甸、尼泊尔、印度
濒危等级：LC

头花砂仁
Amomum subcapitatum Y. M. Xia
习　　性：多年生草本
海　　拔：约 900 m
分　　布：云南
濒危等级：LC

香豆蔻
Amomum subulatum Roxb.
习　　性：多年生草本
海　　拔：300～1300 m
国内分布：广西、西藏、云南
国外分布：不丹、孟加拉国、缅甸、尼泊尔、印度
濒危等级：LC
资源利用：药用（中草药）；食品添加剂（调味剂）

梳唇砂仁
Amomum thysanochililum S. Q. Tong et Y. M. Xia
习　　性：多年生草本
海　　拔：约 800 m
分　　布：云南
濒危等级：NT C1

草果
Amomum tsaoko Crevost et Lem.
习　　性：多年生草本
海　　拔：1100～1800 m
分　　布：原产云南；也有栽培
濒危等级：VU B1ab（i, ii, iii, iv, v）
资源利用：药用（中草药）；原料（精油）；食品添加剂（调味剂）；环境利用（观赏）

德保豆蔻
Amomum tuberculatum D. Fang
习　　性：多年生草本
海　　拔：1500～1600 m
分　　布：广西
濒危等级：NT

疣子砂仁
Amomum verrucosum S. Q. Tong
习　　性：多年生草本
海　　拔：约 800 m
分　　布：云南

濒危等级：LC

白豆蔻
Amomum verum Blackw.
习　　性：多年生草本
国内分布：广东、云南
国外分布：柬埔寨、泰国
濒危等级：LC
资源利用：药用（中草药）

砂仁
Amomum villosum Lour.

砂仁（原变种）
Amomum villosum var. **villosum**
习　　性：多年生草本
海　　拔：100～600 m
分　　布：福建、广东、广西、云南
濒危等级：LC
资源利用：药用（中草药）；环境利用（观赏）

缩砂密
Amomum villosum var. **xanthioides**（Wall. ex Baker）T. L. Wu et S. J. Chen
习　　性：多年生草本
海　　拔：600～800 m
国内分布：广西、云南
国外分布：柬埔寨、老挝、缅甸、泰国、印度、越南
濒危等级：LC
资源利用：药用（中草药）

盈江砂仁
Amomum yingjiangense S. Q. Tong et Y. M. Xia
习　　性：多年生草本
海　　拔：约1700 m
分　　布：云南
濒危等级：NT C1

云南砂仁
Amomum yunnanense S. Q. Tong
习　　性：多年生草本
海　　拔：约1200 m
分　　布：云南
濒危等级：NT C1

凹唇姜属 Boesenbergia Kuntze

白斑凹唇姜
Boesenbergia albomaculata S. Q. Tong
习　　性：多年生草本
海　　拔：约800 m
分　　布：云南
濒危等级：VU A3c

金氏凹唇姜
Boesenbergia kingii Mood et L. M. Prince
习　　性：多年生草本
国内分布：云南
国外分布：孟加拉国、缅甸、泰国、印度
濒危等级：LC

心叶凹唇姜
Boesenbergia longiflora（Wall.）Kuntze
习　　性：多年生草本
海　　拔：1100～1900 m
国内分布：云南
国外分布：老挝、缅甸、泰国、印度
濒危等级：NT

凹唇姜
Boesenbergia rotunda（L.）Mansf.
习　　性：多年生草本
海　　拔：约1000 m
国内分布：云南
国外分布：马来西亚、斯里兰卡、印度、印度尼西亚；中南半岛广泛栽培
濒危等级：NT C1

大苞姜属 Caulokaempferia K. Larsen

黄花大苞姜
Caulokaempferia coenobialis（Hance）K. Larsen
习　　性：多年生草本
分　　布：广东、广西
濒危等级：LC

距药姜属 Cautleya Hook. f.

多花距药姜
Cautleya cathcartii Baker
习　　性：多年生草本
海　　拔：1700～2500 m
国内分布：西藏
国外分布：尼泊尔、印度
濒危等级：VU A2c

距药姜
Cautleya gracilis（Sm.）Dandy
习　　性：多年生草本
海　　拔：900～3100 m
国内分布：四川、西藏、云南
国外分布：不丹、克什米尔地区、缅甸、尼泊尔、泰国、印度、越南
濒危等级：LC

红苞距药姜
Cautleya spicata（Sm.）Baker
习　　性：多年生草本
海　　拔：1100～2600 m
国内分布：贵州、四川、西藏、云南
国外分布：不丹、尼泊尔、印度
濒危等级：LC

姜黄属 Curcuma L.

味极苦姜黄
Curcuma amarissima Roscoe
习　　性：多年生草本
海　　拔：约800 m
国内分布：云南
国外分布：孟加拉国

濒危等级：NT

郁金
Curcuma aromatica Salisb.
- 习　　性：多年生草本
- 海　　拔：30~1900 m
- 国内分布：福建、广东、广西、贵州、海南、四川、西藏、云南、浙江
- 国外分布：不丹、缅甸、尼泊尔、斯里兰卡、印度
- 濒危等级：VU B1ab (i, iii, v)
- 资源利用：药用（中草药）；原料（染料，精油）

细莪术
Curcuma exigua N. Liu
- 习　　性：多年生草本
- 分　　布：四川
- 濒危等级：EW
- 国家保护：Ⅱ级

黄花姜黄
Curcuma flaviflora S. Q. Tong
- 习　　性：多年生草本
- 海　　拔：约1400 m
- 分　　布：云南
- 濒危等级：VU A2c

古林箐姜黄
Curcuma gulinqingensis N. H. Xia et Juan Chen
- 习　　性：多年生草本
- 海　　拔：约1300 m
- 分　　布：云南
- 濒危等级：EN B1ab (iii); C1

广西莪术
Curcuma kwangsiensis S. G. Lee et C. F. Liang

广西莪术（原变种）
Curcuma kwangsiensis var. **kwangsiensis**
- 习　　性：多年生草本
- 分　　布：广东、广西、四川、云南
- 濒危等级：LC
- 资源利用：药用（中草药）

南岭莪术
Curcuma kwangsiensis var. **nanlingensis** N. Liu et X. Y. Ma
- 习　　性：多年生草本
- 分　　布：广东
- 濒危等级：LC

姜黄
Curcuma longa L.
- 习　　性：多年生草本
- 国内分布：福建、广东、广西、四川、台湾、西藏、云南栽培
- 国外分布：热带亚洲栽培；原产地不详
- 资源利用：药用（中草药）；原料（精油）

南昆山莪术
Curcuma nankunshanensis N. Liu, X. B. Ye et J. Chen
- 习　　性：多年生草本
- 分　　布：广东

濒危等级：LC

莪术
Curcuma phaeocaulis Valeton
- 习　　性：多年生草本
- 国内分布：云南；福建、广东、广西、四川栽培
- 国外分布：印度尼西亚、越南
- 濒危等级：LC
- 资源利用：药用（中草药）

川郁金
Curcuma sichuanensis X. X. Chen
- 习　　性：多年生草本
- 海　　拔：约900 m
- 分　　布：四川、云南
- 濒危等级：DD

二黄
Curcuma viridiflora Roxb.
- 习　　性：多年生草本
- 国内分布：台湾
- 国外分布：马来西亚、泰国、印度尼西亚
- 濒危等级：LC

温郁金
Curcuma wenyujin Y. H. Chen et C. Ling
- 习　　性：多年生草本
- 分　　布：广东、广西、浙江
- 濒危等级：VU B1ab (i, ii, iii, v)
- 资源利用：原料（精油）；药用（中草药）

顶花莪术
Curcuma yunnanensis N. Liu et S. J. Chen
- 习　　性：多年生草本
- 分　　布：云南
- 濒危等级：LC

印尼莪术
Curcuma zanthorrhiza Roxb.
- 习　　性：多年生草本
- 海　　拔：约800 m
- 国内分布：云南
- 国外分布：马来西亚、泰国、印度尼西亚
- 濒危等级：LC

拟豆蔻属 Elettariopsis Baker

单叶拟豆蔻
Elettariopsis monophylla (Gagnep.) Loes.
- 习　　性：多年生草本
- 海　　拔：海平面至100 m
- 国内分布：海南
- 国外分布：老挝
- 濒危等级：VU A2c; B1ab (iii, v)

茴香砂仁属 Etlingera Giseke

火炬姜
Etlingera elatior (Jack) R. M. Sm.
- 习　　性：多年生草本
- 国内分布：云南栽培

国外分布：原产马来西亚、泰国、印度尼西亚；东南亚广泛栽培并归化

红茴砂
Etlingera littoralis (J. König) Giseke
 习 性：多年生草本
 海 拔：200~300 m
 国内分布：海南
 国外分布：马来西亚、泰国、印度尼西亚
 濒危等级：EN B1ab（i, iii, v）

茴香砂仁
Etlingera yunnanensis (T. L. Wu et S. J. Chen) R. M. Sm.
 习 性：多年生草本
 海 拔：约 600 m
 分 布：云南
 濒危等级：CR D1
 国家保护：Ⅱ级

舞花姜属 Globba L.

毛舞花姜
Globba barthei Gagnep.
 习 性：多年生草本
 海 拔：200~1000 m
 国内分布：云南
 国外分布：菲律宾、柬埔寨、老挝、泰国
 濒危等级：LC

浙江舞花姜
Globba chekiangensis G. Y. Li, Z. H. Chen et G. H. Xia
 习 性：多年生草本
 分 布：江西、浙江
 濒危等级：LC

峨眉舞花姜
Globba emeiensis Z. Y. Zhu
 习 性：多年生草本
 海 拔：600~1100 m
 分 布：四川
 濒危等级：VU D2

澜沧舞花姜
Globba lancangensis Y. Y. Qian
 习 性：多年生草本
 海 拔：100~1200 m
 分 布：云南
 濒危等级：NT C1

勐连舞花姜
Globba menglianensis Y. Y. Qian
 习 性：多年生草本
 海 拔：1300~1400 m
 分 布：云南
 濒危等级：DD

舞花姜
Globba racemosa Sm.
 习 性：多年生草本
 海 拔：400~1300 m
 国内分布：广东、广西、贵州、湖南、四川、西藏、云南

 国外分布：不丹、缅甸、尼泊尔、泰国、印度
 濒危等级：LC

双翅舞花姜
Globba schomburgkii Hook. f.

双翅舞花姜（原变种）
Globba schomburgkii var. **schomburgkii**
 习 性：多年生草本
 海 拔：约 1300 m
 国内分布：云南
 国外分布：缅甸、泰国、越南
 濒危等级：LC

小珠舞花姜
Globba schomburgkii var. **angustata** Gagnep.
 习 性：多年生草本
 海 拔：约 1300 m
 国内分布：云南
 国外分布：泰国、越南
 濒危等级：LC

姜花属 Hedychium J. König

碧江姜花
Hedychium bijiangense T. L. Wu et S. J. Chen
 习 性：地生和附生草本
 海 拔：2600~3200 m
 分 布：云南
 濒危等级：LC
 资源利用：环境利用（观赏）

深裂黄姜花
Hedychium bipartitum G. Z. Li
 习 性：地生和附生草本
 海 拔：约 1200 m
 分 布：广西
 濒危等级：DD

矮姜花
Hedychium brevicaule D. Fang
 习 性：地生和附生草本
 海 拔：500~700 m
 分 布：广西
 濒危等级：VU A2c；B2ab（iii, v）

红姜花
Hedychium coccineum Buch.-Ham. ex Sm.
 习 性：地生和附生草本
 海 拔：700~2900 m
 国内分布：广西、西藏、云南
 国外分布：不丹、缅甸、尼泊尔、斯里兰卡、泰国、印度
 濒危等级：LC
 资源利用：环境利用（观赏）

唇凸姜花
Hedychium convexum S. Q. Tong
 习 性：地生和附生草本
 海 拔：约 1000 m
 分 布：云南
 濒危等级：LC

姜花
Hedychium coronarium J. König
- 习　　性：地生和附生草本
- 海　　拔：500~2500 m
- 国内分布：广东、广西、湖南、四川、台湾、云南
- 国外分布：澳大利亚、不丹、马来西亚、缅甸、尼泊尔、斯里兰卡、泰国、印度、印度尼西亚、越南
- 濒危等级：LC
- 资源利用：药用（中草药）；环境利用（观赏）

密花姜花
Hedychium densiflorum Wall.
- 习　　性：地生和附生草本
- 海　　拔：2100~2300 m
- 国内分布：西藏
- 国外分布：不丹、尼泊尔、印度
- 濒危等级：LC

文山姜花
Hedychium dichotomatum Picheans. et Wongsuwan
- 习　　性：地生或附生草本
- 分　　布：云南
- 濒危等级：LC

无丝姜花
Hedychium efilamentosum Hand. -Mazz.
- 习　　性：地生和附生草本
- 海　　拔：约1800 m
- 分　　布：西藏、云南
- 濒危等级：LC

峨眉姜花
Hedychium flavescens Carey ex Roscoe
- 习　　性：地生和附生草本
- 海　　拔：500~800 m
- 国内分布：四川
- 国外分布：尼泊尔、印度
- 濒危等级：LC

黄姜花
Hedychium flavum Roxb.
- 习　　性：地生和附生草本
- 海　　拔：900~1200 m
- 国内分布：广西、贵州、四川、西藏、云南
- 国外分布：缅甸、泰国、印度
- 濒危等级：LC

圆瓣姜花
Hedychium forrestii Diels

圆瓣姜花（原变种）
Hedychium forrestii var. **forrestii**
- 习　　性：地生和附生草本
- 海　　拔：200~900 m
- 国内分布：广西、贵州、四川、云南
- 国外分布：老挝、缅甸、泰国
- 濒危等级：LC
- 资源利用：环境利用（观赏）

宽苞圆瓣姜花
Hedychium forrestii var. **latebracteatum** K. Larsen
- 习　　性：地生和附生草本
- 海　　拔：约2000 m
- 国内分布：四川、云南
- 国外分布：越南
- 濒危等级：LC

无毛姜花
Hedychium glabrum S. Q. Tong
- 习　　性：地生和附生草本
- 海　　拔：约2100 m
- 分　　布：云南
- 濒危等级：VU D2

广西姜花
Hedychium kwangsiense T. L. Wu et S. J. Chen
- 习　　性：地生和附生草本
- 海　　拔：约400 m
- 分　　布：广西
- 濒危等级：VU A2c；B2ab（iii，v）

长瓣姜花
Hedychium longipetalum X. Hu et N. Liu
- 习　　性：地生或附生草本
- 分　　布：云南
- 濒危等级：LC

勐海姜花
Hedychium menghaiense X. Hu et N. Liu
- 习　　性：地生或附生草本
- 分　　布：云南
- 濒危等级：LC

勐连姜花
Hedychium menglianense Y. Y. Qian
- 习　　性：地生和附生草本
- 海　　拔：约2000 m
- 分　　布：云南
- 濒危等级：DD

肉红姜花
Hedychium neocarneum T. L. Wu et al.
- 习　　性：地生和附生草本
- 海　　拔：1600~1900 m
- 分　　布：云南
- 濒危等级：LC

垂序姜花
Hedychium nutantiflorum H. Dong et G. J. Xu
- 习　　性：地生和附生草本
- 海　　拔：1600~1800 m
- 分　　布：云南
- 濒危等级：NT C1

小苞姜花
Hedychium parvibracteatum T. L. Wu et S. J. Chen
- 习　　性：地生和附生草本
- 海　　拔：约2000 m
- 分　　布：西藏
- 濒危等级：LC

少花姜花
Hedychium pauciflorum S. Q. Tong
习　　性：地生和附生草本
海　　拔：约 1200 m
分　　布：云南
濒危等级：NT

普洱姜花
Hedychium puerense Y. Y. Qian
习　　性：地生和附生草本
海　　拔：1300 ~ 1600 m
分　　布：云南
濒危等级：LC

青城姜花
Hedychium qingchengense Z. Y. Zhu
习　　性：地生和附生草本
海　　拔：约 500 m
分　　布：四川
濒危等级：LC

思茅姜花
Hedychium simaoense Y. Y. Qian
习　　性：地生和附生草本
海　　拔：约 1400 m
分　　布：云南
濒危等级：LC

小花姜花
Hedychium sinoaureum Stapf
习　　性：地生和附生草本
海　　拔：1900 ~ 2800 m
国内分布：西藏、云南
国外分布：印度
濒危等级：LC

草果药
Hedychium spicatum Buch. -Ham. ex Sm.

草果药（原变种）
Hedychium spicatum var. **spicatum**
习　　性：地生和附生草本
海　　拔：1200 ~ 2900 m
国内分布：贵州、四川、西藏、云南
国外分布：缅甸、尼泊尔、泰国
濒危等级：LC
资源利用：药用（中草药）

疏花草果药
Hedychium spicatum var. **acuminatum** (Roscoe) Wall.
习　　性：地生和附生草本
海　　拔：2000 ~ 3200 m
国内分布：西藏、云南
国外分布：不丹、尼泊尔、印度
濒危等级：LC

腾冲姜花
Hedychium tengchongense Y. B. Luo
习　　性：地生和附生草本

海　　拔：1600 ~ 1700 m
分　　布：云南
濒危等级：NT

田林姜花
Hedychium tienlinense D. Fang
习　　性：地生和附生草本
海　　拔：约 500 m
分　　布：广西
濒危等级：LC

毛姜花
Hedychium villosum Wall.

毛姜花（原变种）
Hedychium villosum var. **villosum**
习　　性：地生和附生草本
海　　拔：100 ~ 3400 m
国内分布：广东、广西、海南、云南
国外分布：缅甸、尼泊尔、泰国、印度、越南
濒危等级：VU A2c

小毛姜花
Hedychium villosum var. **tenuiflorum** Wall. ex Baker
习　　性：地生和附生草本
海　　拔：800 ~ 900 m
国内分布：云南
国外分布：印度
濒危等级：LC

西盟姜花
Hedychium ximengense Y. Y. Qian
习　　性：地生和附生草本
海　　拔：约 2000 m
分　　布：云南
濒危等级：NT

盈江姜花
Hedychium yungjiangense S. Q. Tong
习　　性：地生和附生草本
海　　拔：约 1200 m
分　　布：云南
濒危等级：NT C1

滇姜花
Hedychium yunnanense Gagnep.
习　　性：地生和附生草本
海　　拔：1200 ~ 2700 m
国内分布：广西、云南
国外分布：越南
濒危等级：LC

大豆蔻属 Hornstedtia Retz

大豆蔻
Hornstedtia hainanensis T. L. Wu et S. J. Chen
习　　性：多年生草本
海　　拔：200 ~ 1400 m
分　　布：广东、海南

濒危等级：LC

西藏大豆蔻
Hornstedtia tibetica T. L. Wu et S. J. Chen
习　　性：多年生草本
海　　拔：800～1000 m
分　　布：西藏
濒危等级：VU D2

山奈属 Kaempferia L.

白花山奈
Kaempferia candida Wall.
习　　性：多年生草本
海　　拔：约1100 m
国内分布：云南
国外分布：柬埔寨、缅甸
濒危等级：NT

紫花山奈
Kaempferia elegans(Wall.) Baker
习　　性：多年生草本
国内分布：四川
国外分布：菲律宾、马来西亚、缅甸、泰国、印度
濒危等级：DD

山奈
Kaempferia galanga L.

山奈（原变种）
Kaempferia galanga var. **galanga**
习　　性：多年生草本
国内分布：广东、广西、台湾、云南
国外分布：原产印度；广泛栽培于东南亚地区
资源利用：原料（精油）；环境利用（观赏）；药用（中草药）

大叶山奈
Kaempferia galanga var. **latifolia** Donn ex Gagnep.
习　　性：多年生草本
海　　拔：800～860 m
国内分布：云南
国外分布：柬埔寨
濒危等级：NT

苦山奈
Kaempferia marginata Carey ex Roscoe
习　　性：多年生草本
国内分布：云南
国外分布：缅甸、泰国、印度
濒危等级：NT C1

海南三七
Kaempferia rotunda L.
习　　性：多年生草本
海　　拔：500～2400 m
国内分布：广东、广西、海南、台湾、云南
国外分布：马来西亚、缅甸、斯里兰卡、泰国、印度、印度尼西亚
濒危等级：LC

资源利用：药用（中草药）；环境利用（观赏）

思茅山姜
Kaempferia simaoensis Y. Y. Qian
习　　性：多年生草本
海　　拔：约900 m
分　　布：云南
濒危等级：NT C1

偏穗姜属 Plagiostachys Ridl.

偏穗姜
Plagiostachys austrosinensis T. L. Wu et S. J. Chen
习　　性：多年生草本
海　　拔：1000～1700 m
分　　布：广东、广西
濒危等级：EN A3c

直唇姜属 Pommereschea Wittm.

直唇姜
Pommereschea lackneri Wittm.
习　　性：多年生草本
海　　拔：约1000 m
国内分布：云南
国外分布：缅甸、泰国
濒危等级：VU D2

短柄直唇姜
Pommereschea spectabilis(King et Prain) K. Schum.
习　　性：多年生草本
海　　拔：约1200 m
国内分布：云南
国外分布：缅甸
濒危等级：NT C1

苞叶姜属 Pyrgophyllum(Gagnep.) T. L. Wu et Z. Y. Chen

大苞姜
Pyrgophyllum yunnanense(Gagnep.) T. L. Wu et Z. Y. Chen
习　　性：多年生草本
海　　拔：1500～2800 m
分　　布：四川、云南
濒危等级：VU B1ab（i, iii, v）

喙花姜属 Rhynchanthus Hook. f.

喙花姜
Rhynchanthus beesianus W. W. Sm.
习　　性：多年生草本
海　　拔：1500～1900 m
国内分布：云南
国外分布：缅甸
濒危等级：EN A2c

象牙参属 Roscoea Sm.

高山象牙参
Roscoea alpina Royle
习　　性：多年生草本

海　　拔：3000～3600 m
国内分布：西藏
国外分布：不丹、克什米尔地区、缅甸、尼泊尔、印度
濒危等级：LC

耳叶象牙参
Roscoea auriculata K. Schum.
习　　性：多年生草本
海　　拔：2400～2700 m
国内分布：西藏
国外分布：不丹、尼泊尔、印度
濒危等级：NT C1

藏南象牙参
Roscoea bhutanica Ngamriab
习　　性：多年生草本
海　　拔：约3000 m
国内分布：西藏
国外分布：尼泊尔
濒危等级：LC

苍山象牙参
Roscoea cangshanensis M. H. Luo et al.
习　　性：多年生草本
海　　拔：2600 m
分　　布：云南
濒危等级：EN A2c

头花象牙参
Roscoea capitata Sm.
习　　性：多年生草本
海　　拔：2300～2400 m
国内分布：西藏
国外分布：尼泊尔
濒危等级：NT

早花象牙参
Roscoea cautleoides Gagnep.

早花象牙参（原变种）
Roscoea cautleoides var. **cautleoides**
习　　性：多年生草本
海　　拔：2000～3500 m
分　　布：四川、云南
濒危等级：LC

毛早花象牙参
Roscoea cautleoides var. **pubescens**(Z. Y. Zhu) T. L. Wu
习　　性：多年生草本
海　　拔：约2000 m
分　　布：四川
濒危等级：LC

长柄象牙参
Roscoea debilis Gagnep.

长柄象牙参（原变种）
Roscoea debilis var. **debilis**
习　　性：多年生草本
海　　拔：1600～2400 m
分　　布：云南
濒危等级：LC

白象牙参
Roscoea debilis var. **limprichtii** Cowley
习　　性：多年生草本
海　　拔：1900～2000 m
分　　布：云南
濒危等级：NT A2c

大理象牙参
Roscoea forrestii Cowley
习　　性：多年生草本
海　　拔：2000～3400 m
分　　布：云南
濒危等级：NT

粉叶象牙参
Roscoea glaucifolia F. J. Mou
习　　性：多年生草本
海　　拔：约2650 m
分　　布：云南
濒危等级：LC

大花象牙参
Roscoea humeana Balf. f. et W. W. Sm.
习　　性：多年生草本
海　　拔：2900～3800 m
分　　布：四川、云南
濒危等级：LC
资源利用：基因源（耐寒）；环境利用（观赏）

昆明象牙参
Roscoea kunmingensis S. Q. Tong

昆明象牙参（原变种）
Roscoea kunmingensis var. **kunmingensis**
习　　性：多年生草本
海　　拔：约2200 m
分　　布：云南
濒危等级：NT C1

延苞象牙参
Roscoea kunmingensis var. **elongatobractea** S. Q. Tong
习　　性：多年生草本
海　　拔：约2100 m
分　　布：云南
濒危等级：DD

先花象牙参
Roscoea praecox K. Schum.
习　　性：多年生草本
海　　拔：2200～2300 m
分　　布：云南
濒危等级：NT

无柄象牙参
Roscoea schneideriana(Loes.) Cowley
习　　性：多年生草本
海　　拔：2600～3500 m
分　　布：四川、西藏、云南
濒危等级：LC

绵枣象牙参
Roscoea scillifolia (Gagnep.) Cowley
- 习　　性：多年生草本
- 海　　拔：2700~3400 m
- 分　　布：云南
- 濒危等级：NT C1

藏象牙参
Roscoea tibetica Batalin
- 习　　性：多年生草本
- 海　　拔：2400~3800 m
- 国内分布：四川、西藏、云南
- 国外分布：不丹、印度
- 濒危等级：LC

苍白象牙参
Roscoea wardii Cowley
- 习　　性：多年生草本
- 海　　拔：2400~3500 m
- 国内分布：西藏、云南
- 国外分布：缅甸、印度
- 濒危等级：LC

长果姜属 Siliquamomum Baill.

长果姜
Siliquamomum tonkinense Baill.
- 习　　性：多年生草本
- 海　　拔：约 800 m
- 国内分布：云南
- 国外分布：越南
- 濒危等级：CR D1
- 国家保护：Ⅱ级

土田七属 Stahlianthus Kuntze

土田七
Stahlianthus involucratus (King ex Baker) Craib ex Loes.
- 习　　性：多年生草本
- 海　　拔：约 1530 m
- 国内分布：福建、广东、广西、云南
- 国外分布：缅甸、泰国、印度
- 濒危等级：LC
- 资源利用：药用（中草药）

法氏姜属 Vanoverberghia Merr.

兰屿法氏姜
Vanoverberghia sasakiana H. Funakoshi et H. Ohashi
- 习　　性：直立草本
- 分　　布：台湾
- 濒危等级：VU D1

姜属 Zingiber Mill.

川东姜
Zingiber atrorubens Gagnep.
- 习　　性：多年生草本
- 分　　布：广西、四川
- 濒危等级：LC

裂舌姜
Zingiber bisectum D. Fang
- 习　　性：多年生草本
- 海　　拔：约 300 m
- 分　　布：广西
- 濒危等级：NT

匙苞姜
Zingiber cochleariforme D. Fang
- 习　　性：多年生草本
- 分　　布：广西
- 濒危等级：EN A2c

珊瑚姜
Zingiber corallinum Hance
- 习　　性：多年生草本
- 海　　拔：100~300 m
- 分　　布：广东、广西、海南
- 濒危等级：LC

多毛姜
Zingiber densissimum S. Q. Tong et Y. M. Xia
- 习　　性：多年生草本
- 海　　拔：约 1400 m
- 国内分布：云南
- 国外分布：泰国
- 濒危等级：NT C1

侧穗姜
Zingiber ellipticum (S. Q. Tong et Y. M. Xia) Q. G. Wu et T. L. Wu
- 习　　性：多年生草本
- 海　　拔：约 600 m
- 分　　布：云南
- 濒危等级：NT C1

黄斑姜
Zingiber flavomaculosum S. Q. Tong
- 习　　性：多年生草本
- 海　　拔：约 600 m
- 分　　布：云南
- 濒危等级：NT C1

脆舌姜
Zingiber fragile S. Q. Tong
- 习　　性：多年生草本
- 海　　拔：约 600 m
- 国内分布：云南
- 国外分布：泰国
- 濒危等级：NT C1

桂姜
Zingiber guangxiense D. Fang
- 习　　性：多年生草本
- 分　　布：广西
- 濒危等级：DD

古林姜
Zingiber gulinense Y. M. Xia
- 习　　性：多年生草本
- 海　　拔：约 600 m
- 分　　布：云南

濒危等级：NT C1

海南姜
Zingiber hainanense Y. S. Ye, L. Bai et N. H. Xia
  习 性：多年生草本
  海 拔：500~800 m
  分 布：海南
  濒危等级：LC

全唇姜
Zingiber integrilabrum Hance
  习 性：多年生草本
  分 布：香港
  濒危等级：LC

全舌姜
Zingiber integrum S. Q. Tong
  习 性：多年生草本
  海 拔：约900 m
  国内分布：云南
  国外分布：泰国
  濒危等级：LC

毛姜
Zingiber kawagoi Hayata
  习 性：多年生草本
  分 布：台湾
  濒危等级：LC

恒春姜
Zingiber koshunense C. T. Moo
  习 性：多年生草本
  分 布：台湾
  濒危等级：LC

梭穗姜
Zingiber laoticum Gagnep.
  习 性：多年生草本
  海 拔：约800 m
  国内分布：云南
  国外分布：老挝
  濒危等级：NT A1c；D

细根姜
Zingiber leptorrhizum D. Fang
  习 性：多年生草本
  海 拔：1270 m
  分 布：广西
  濒危等级：DD

乌姜
Zingiber lingyunense D. Fang
  习 性：多年生草本
  分 布：广西
  濒危等级：VU D2

长腺姜
Zingiber longiglande D. Fang et D. H. Qin
  习 性：多年生草本
  海 拔：约700 m
  分 布：广西
  濒危等级：DD

长舌姜
Zingiber longiligulatum S. Q. Tong
  习 性：多年生草本
  海 拔：约900 m
  分 布：云南
  濒危等级：NT C1

龙眼姜
Zingiber longyanjiang Z. Y. Zhu
  习 性：多年生草本
  海 拔：600~3200 m
  分 布：四川
  濒危等级：DD

勐海姜
Zingiber menghaiense S. Q. Tong
  习 性：多年生草本
  海 拔：约1200 m
  分 布：云南
  濒危等级：LC

蘘荷
Zingiber mioga (Thunb.) Roscoe
  习 性：多年生草本
  海 拔：100~1500 m
  国内分布：安徽、广东、广西、贵州、湖南、江苏、江西、云南、浙江
  国外分布：日本
  濒危等级：LC
  资源利用：食品（蔬菜）；环境利用（观赏）；原料（纤维）；药用（中草药）

斑蝉姜
Zingiber monglaense S. J. Chen et Z. Y. Chen
  习 性：多年生草本
  海 拔：约800 m
  分 布：云南
  濒危等级：NT

南岭姜
Zingiber nanlingensis L. Chen, A. Q. Dong et F. W. Xing
  习 性：多年生草本
  分 布：广东
  濒危等级：LC

截形姜
Zingiber neotruncatum T. L. Wu et al.
  习 性：多年生草本
  海 拔：约800 m
  分 布：云南
  濒危等级：LC

黑斑姜
Zingiber nigrimaculatum S. Q. Tong
  习 性：多年生草本
  海 拔：约1800 m
  分 布：云南
  濒危等级：NT C1

姜科 ZINGIBERACEAE

光果姜
Zingiber nudicarpum D. Fang
  习　　性：多年生草本
  海　　拔：约 300 m
  分　　布：广西
  濒危等级：DD

姜
Zingiber officinale Roscoe
  习　　性：多年生草本
  国内分布：安徽、福建、广东、广西、贵州、海南、河南、湖北、湖南、江西、山东、陕西、四川、台湾、云南、浙江栽培
  国外分布：广泛栽培于热带和亚热带地区；原产地不详
  资源利用：食用（调味品）；原料（精油）；药用（中草药）

圆瓣姜
Zingiber orbiculatum S. Q. Tong
  习　　性：多年生草本
  海　　拔：约 600 m
  分　　布：云南
  濒危等级：NT C1

少斑姜
Zingiber paucipunctatum D. Fang
  习　　性：多年生草本
  分　　布：广西
  濒危等级：DD

多穗姜
Zingiber pleiostachyum K. Schum.
  习　　性：多年生草本
  分　　布：台湾
  濒危等级：LC

弯管姜
Zingiber recurvatum S. Q. Tong et Y. M. Xia
  习　　性：多年生草本
  海　　拔：约 700 m
  分　　布：云南
  濒危等级：NT C1

红冠姜
Zingiber roseum (Roxb.) Roscoe
  习　　性：多年生草本
  海　　拔：约 900 m
  国内分布：云南
  国外分布：缅甸、泰国、印度
  濒危等级：NT

双龙姜
Zingiber shuanglongensis C. L. Yeh et S. W. Chung
  习　　性：多年生草本
  海　　拔：约 1200 m
  分　　布：台湾
  濒危等级：LC

思茅姜
Zingiber simaoense Y. Y. Qian
  习　　性：多年生草本
  海　　拔：1200~1600 m
  分　　布：云南
  濒危等级：NT C1

唇柄姜
Zingiber stipitatum S. Q. Tong
  习　　性：多年生草本
  海　　拔：约 1200 m
  分　　布：云南
  濒危等级：DD

阳荷
Zingiber striolatum Diels
  习　　性：多年生草本
  海　　拔：300~1900 m
  分　　布：广东、广西、贵州、海南、湖北、湖南、江西、四川
  濒危等级：LC
  资源利用：原料（精油）

细叶姜
Zingiber tenuifolium L. Bai
  习　　性：多年生草本
  海　　拔：500~700 m
  分　　布：云南
  濒危等级：LC

柱根姜
Zingiber teres S. Q. Tong et Y. M. Xia
  习　　性：多年生草本
  海　　拔：约 1200 m
  国内分布：云南
  国外分布：泰国
  濒危等级：NT C1

团聚姜
Zingiber tuanjuum Z. Y. Zhu
  习　　性：多年生草本
  海　　拔：约 900 m
  分　　布：四川
  濒危等级：NT C1

畹町姜
Zingiber wandingense S. Q. Tong
  习　　性：多年生草本
  海　　拔：约 1000 m
  分　　布：云南
  濒危等级：NT

版纳姜
Zingiber xishuangbannaense S. Q. Tong
  习　　性：多年生草本
  海　　拔：约 800 m
  分　　布：云南
  濒危等级：NT C1

盈江姜
Zingiber yingjiangense S. Q. Tong
  习　　性：多年生草本
  海　　拔：约 1000 m
  分　　布：云南

濒危等级：NT C1

云南姜
Zingiber yunnanense S. Q. Tong et X. Z. Liu
习　　性：多年生草本
分　　布：云南
濒危等级：NT C1

红球姜
Zingiber zerumbet（L.）Roscoe ex Sm.
习　　性：多年生草本
国内分布：广东、广西、台湾、云南
国外分布：柬埔寨、老挝、马来西亚、缅甸、斯里兰卡、泰国、印度、越南
濒危等级：LC
资源利用：原料（精油）；食品（蔬菜）；环境利用（观赏）

竹溪姜
Zingiber zhuxiense G. X. Hu et S. Huang
习　　性：多年生草本
海　　拔：约 1100 m
分　　布：湖北
濒危等级：LC

大叶藻科 ZOSTERACEAE
（2 属：7 种）

虾海藻属 Phyllospadix Hook.

红纤维虾海藻
Phyllospadix iwatensis Makino
习　　性：多年生草本（海草）
国内分布：河北、辽宁、山东
国外分布：朝鲜、俄罗斯、日本
濒危等级：VU B1ab（ii，iii）

黑纤维虾海藻
Phyllospadix japonica Makino
习　　性：多年生草本（海草）
国内分布：河北、辽宁、山东
国外分布：朝鲜、俄罗斯、日本
濒危等级：EN B2ab（i，ii，iii）

大叶藻属 Zostera L.

宽叶大叶藻
Zostera asiatica Miki
习　　性：多年生草本（海草）
国内分布：辽宁
国外分布：朝鲜、俄罗斯、日本
濒危等级：NT

丛生叶大叶藻
Zostera caespitosa Miki
习　　性：多年生草本（海草）
国内分布：辽宁
国外分布：朝鲜、日本
濒危等级：EN B2ab（ii，iii）

具茎大叶藻
Zostera caulescens Miki
习　　性：多年生草本（海草）
国内分布：辽宁
国外分布：朝鲜、日本
濒危等级：EN B2ab（ii，iii）

矮大叶藻
Zostera japonica Asch. et Graebn.
习　　性：多年生草本（海草）
国内分布：河北、辽宁、山东、台湾
国外分布：朝鲜、俄罗斯、日本、越南
濒危等级：LC

大叶藻
Zostera marina L.
习　　性：多年生草本（海草）
国内分布：河北、辽宁、山东
国外分布：朝鲜、俄罗斯、缅甸、日本、泰国
濒危等级：LC

蒺藜科 ZYGOPHYLLACEAE
（4 属：22 种）

霸王属 Sarcozygium Bunge

霸王
Sarcozygium xanthoxylon Bunge
习　　性：灌木
海　　拔：1600～2600 m
国内分布：甘肃、内蒙古、宁夏、青海、新疆
国外分布：哈萨克斯坦、蒙古
濒危等级：LC

四合木属 Tetraena Maxim.

四合木
Tetraena mongolica Maxim.
习　　性：灌木
海　　拔：1000～1500 m
分　　布：内蒙古、宁夏
濒危等级：LC
国家保护：Ⅱ级

蒺藜属 Tribulus L.

大花蒺藜
Tribulus cistoides L.
习　　性：多年生草本
海　　拔：300～500 m
分　　布：海南、台湾、云南
濒危等级：LC

蒺藜
Tribulus terrestris L.
习　　性：一年生草本
海　　拔：3300 m 以下
分　　布：安徽、福建、甘肃、广东、广西、海南、河北

河南、黑龙江、湖北、湖南、吉林、江苏、江西、辽宁、内蒙古、宁夏、青海、山东、山西、陕西、四川、台湾、西藏、新疆、云南、浙江

濒危等级：LC

资源利用：药用（中草药）；动物饲料（饲料）

驼蹄瓣属 Zygophyllum L.

细茎驼蹄瓣

Zygophyllum brachypterum Kar. et Kir.

习　　性：多年生草本

海　　拔：1100 m 以下

国内分布：甘肃、新疆

国外分布：哈萨克斯坦、蒙古

濒危等级：LC

长果驼蹄瓣

Zygophyllum dielsianum（Popov）Popov

习　　性：多年生草本

国内分布：新疆

国外分布：哈萨克斯坦、塔吉克斯坦、土库曼斯坦、乌兹别克斯坦

濒危等级：LC

驼蹄瓣

Zygophyllum fabago L.

习　　性：多年生草本

海　　拔：90 ~ 2800 m

国内分布：甘肃、内蒙古、青海、新疆

国外分布：阿富汗、巴基斯坦、俄罗斯、哈萨克斯坦、土库曼斯坦

濒危等级：LC

资源利用：药用（中草药）

拟豆叶驼蹄瓣

Zygophyllum fabagoides Popov

习　　性：多年生草本

国内分布：甘肃、新疆

国外分布：哈萨克斯坦

濒危等级：LC

戈壁驼蹄瓣

Zygophyllum gobicum Maxim.

习　　性：多年生草本

海　　拔：1500 ~ 1630 m

国内分布：甘肃、内蒙古、青海、新疆

国外分布：哈萨克斯坦、蒙古

濒危等级：LC

伊犁驼蹄瓣

Zygophyllum iliense Popov

习　　性：多年生草本

海　　拔：约 800 m

国内分布：甘肃、内蒙古、新疆

国外分布：哈萨克斯坦

濒危等级：LC

甘肃驼蹄瓣

Zygophyllum kansuense Y. X. Liou

习　　性：多年生草本

分　　布：甘肃

濒危等级：LC

粗茎驼蹄瓣

Zygophyllum loczyi Kanitz

习　　性：一年生或二年生草本

海　　拔：700 ~ 3000 m

国内分布：甘肃、内蒙古、青海、新疆

国外分布：哈萨克斯坦

濒危等级：LC

大叶驼蹄瓣

Zygophyllum macropodum Boriss.

习　　性：多年生草本

海　　拔：600 ~ 800 m

国内分布：新疆

国外分布：哈萨克斯坦

濒危等级：LC

大翅驼蹄瓣

Zygophyllum macropterum C. A. Mey.

习　　性：多年生草本

海　　拔：800 ~ 3400 m

国内分布：新疆

国外分布：俄罗斯、哈萨克斯坦、吉尔吉斯斯坦、塔吉克斯坦、土库曼斯坦、乌兹别克斯坦、西亚

濒危等级：LC

蝎虎驼蹄瓣

Zygophyllum mucronatum Maxim.

习　　性：多年生草本

海　　拔：800 ~ 3500 m

国内分布：甘肃、内蒙古、宁夏、青海、新疆

国外分布：蒙古

濒危等级：LC

长梗驼蹄瓣

Zygophyllum obliquum Popov

习　　性：多年生草本

国内分布：甘肃、新疆

国外分布：哈萨克斯坦、吉尔吉斯斯坦、塔吉克斯坦

濒危等级：LC

尖果驼蹄瓣

Zygophyllum oxycarpum Popov

习　　性：多年生草本

国内分布：新疆

国外分布：哈萨克斯坦

濒危等级：LC

大花驼蹄瓣

Zygophyllum potaninii Maxim.

习　　性：多年生草本

海　　拔：500 ~ 1600 m

国内分布：甘肃、内蒙古、新疆

国外分布：哈萨克斯坦、蒙古

濒危等级：LC

翼果驼蹄瓣

Zygophyllum pterocarpum Bunge

习　　性：多年生草本

海　　拔：500~1800 m
国内分布：甘肃、内蒙古、新疆
国外分布：俄罗斯、哈萨克斯坦、蒙古
濒危等级：LC

石生驼蹄瓣
Zygophyllum rosowii Bunge

石生驼蹄瓣（原变种）
Zygophyllum rosowii var. **rosowii**
习　　性：多年生草本
国内分布：甘肃、新疆
国外分布：哈萨克斯坦、吉尔吉斯斯坦、蒙古、塔吉克斯坦
濒危等级：LC

宽叶石生驼蹄瓣
Zygophyllum rosowii var. **latifolium**(Schrenk)Popov
习　　性：多年生草本
国内分布：甘肃、内蒙古、新疆
国外分布：哈萨克斯坦、蒙古
濒危等级：LC

新疆驼蹄瓣
Zygophyllum sinkiangense Y. X. Liou
习　　性：多年生草本
分　　布：新疆
濒危等级：LC

属中文名索引

INDEX TO GENUS NAMES (IN CHINESE)

A

阿米芹属	112
阿魏属	125
矮刺苏属	1192
矮伞芹属	121
矮小矢车菊属	378
矮泽芹属	121
矮柱兰属	1547
艾麻属	2339
艾纳香属	308
艾叶芹属	158
爱地草属	2111
安旱苋属	80
安兰属	1439
安息香属	2278
桉属	1404
暗罗属	109
昂天莲属	1342
凹唇姜属	2384
凹乳芹属	157
凹柱苣苔属	1103
澳杨属	882
澳洲坚果属	1904

B

八宝树属	1326
八宝属	677
八角枫属	671
八角金盘属	225
八角属	2245
八蕊花属	1376
八月瓜属	1265
巴豆藤属	946
巴豆属	873
巴戟天属	2125
巴山木竹属	1699
芭蕉属	1400
菝葜属	2257
霸王属	2394
白苞芹属	135
白茶树属	882
白刺菊属	401

白刺属	1413
白大凤属	872
白点兰属	1548
白蝶兰属	1525
白豆杉属	24
白饭树属	1646
白粉藤属	2366
白鼓钉属	611
白鹤芋属	217
白花菜属	648
白花丹属	1680
白花苋属	67
白花叶属	670
白及属	1442
白兼果属	702
白芥属	553
白酒草属	338
白菊木属	357
白鹃梅属	2019
白马骨属	2143
白马芥属	526
白茅属	1755
白木乌桕属	887
白千层属	1406
白屈菜属	1595
白树属	888
白水藤属	179
白丝草属	1364
白穗花属	265
白桐树属	872
白头树属	560
白头翁属	1966
白鲜属	2155
白香楠属	2099
白辛树属	2276
白颜树属	580
白叶藤属	164
白叶桐属	888
白玉簪属	676
白珠树属	806
百部属	2274
百合属	1306
百花蒿属	416
百金花属	1057
百箣花属	30

百里香属	1260
百脉根属	982
百能葳属	308
百日菊属	436
百蕊草属	2204
柏拉木属	1368
柏木属	4
败酱属	593
稗荩属	1811
稗属	1725
斑果藤属	585
斑鸠菊属	432
斑龙芋属	216
斑膜芹属	129
斑叶兰属	1493
斑种草属	501
斑籽木属	871
板凳果属	563
半边莲属	576
半枫荷属	66
半脊荠属	543
半毛菊属	330
半日花属	647
半蒴苣苔属	1100
半夏属	213
瓣鳞花属	1055
棒柄花属	873
棒锤瓜属	701
棒果芥属	555
棒头草属	1796
包果菊属	414
苞护豆属	1008
苞藜属	72
苞裂芹属	152
苞茅属	1754
苞舌兰属	1544
苞叶姜属	2389
苞叶兰属	1442
苞叶藤属	660
薄果草属	1987
薄果荠属	544
薄核藤属	1166
薄蒴草属	609
薄柱草属	2131
保亭花属	1263

报春花属	1880
报春苣苔属	1119
报春茜属	2123
豹皮花属	178
豹子花属	1311
杯冠木属	104
杯禾属	1714
杯菊属	330
杯苋属	76
杯药草属	1058
杯柱蚂蟥属	1026
北极果属	803
北极花属	587
北美红杉属	7
北美紫菀属	339
贝壳杉属	3
贝母兰属	1461
贝母属	1302
荸艾属	1328
荸荠属	757
鼻花属	2252
鼻烟盒树属	2170
笔花豆属	1021
闭花木属	1645
闭荚藤属	984
闭鞘姜属	676
篦齿眼子菜属	1854
蓖麻属	887
碧冬茄属	2267
臂形草属	1700
蝙蝠草属	943
蝙蝠葛属	1382
鞭打绣球属	1664
扁柏属	3
扁柄草属	1216
扁担杆属	1346
扁豆属	977
扁果草属	1965
扁核木属	2038
扁蕾属	1077
扁芒草属	1716
扁毛菊属	273
扁莎属	768
扁蒴苣苔属	1096
扁蒴藤属	643

扁穗草属	1705	草莓属	2020	车前属	1668	川榛草属	1987
扁穗莞属	709	草木樨属	986	车前紫草属	519	川续断属	586
扁轴木属	1005	草瑞香属	2306	车桑子属	2216	川藻属	1826
变豆菜属	150	草沙蚕属	1818	车叶草属	2100	穿鞘花属	653
变豆叶草属	2227	草珊瑚属	647	车轴草属	1024	穿心草属	1056
变叶木属	873	草绣球属	1145	扯根菜属	1639	穿心莲属	29
杓兰属	1470	侧柏属	7	沉香属	2302	串果藤属	1266
蕙草属	772	侧金盏花属	1920	柽柳属	2285	垂头菊属	322
蕙寄生属	1557	菊柊属	2201	澄广花属	108	槌柱兰属	1510
鳔冠花属	30	梣属	1419	秤锤树属	2277	春黄菊属	279
滨菊属	357	叉喙兰属	1550	秤钩风属	1381	莼菜属	563
滨藜属	70	叉毛蓬属	80	匙唇兰属	1543	茨藻属	1157
滨木患属	2216	叉序草属	33	匙羹藤属	170	慈姑属	65
滨紫草属	513	叉叶蓝属	1146	匙荠属	529	刺柏属	5
槟榔青属	100	叉枝茳属	1261	匙叶草属	1078	刺苞果属	266
槟榔属	231	叉柱花属	40	齿唇兰属	1518	刺苞菊属	312
冰草属	1683	叉柱兰属	1457	齿稃草属	1806	刺萼参属	576
冰岛蓼属	1835	茶藨子属	1132	齿冠属	340	刺冠菊属	311
冰沼草属	2245	茶梨属	1631	齿果草属	1830	刺果芹属	157
兵豆属	979	茶菱属	1629	齿鳞草属	1557	刺果树属	872
柄翅果属	1343	茶条木属	2216	齿叶乌桕属	887	刺果藤属	1343
柄唇兰属	1538	檫木属	1298	齿缘草属	504	刺核藤属	1167
柄果菊属	378	钗子股属	1509	赤壁木属	1145	刺槐属	1013
柄果木属	2218	柴胡属	117	赤飑属	703	刺榄属	2221
波棱瓜属	700	柴龙树属	1166	赤苍藤属	1417	刺篱木属	2169
波罗蜜属	1387	蝉翼藤属	1830	赤车属	2342	刺藜属	77
波喜荡草属	1853	菖蒲属	50	赤箭莎属	772	刺鳞草属	645
菠菜属	83	长苞铁杉属	16	赤杨叶属	2275	刺毛头黍属	1809
播娘蒿属	535	长柄荚属	984	赤竹属	1806	刺茉莉属	2201
伯乐树属	64	长柄芥属	547	翅果草属	519	刺芹属	125
博落回属	1622	长柄山蚂蝗属	969	翅果耳草属	2148	刺楸属	226
薄荷属	1221	长春花属	162	翅果蓼属	1836	刺人参属	227
补骨脂属	950	长萼木通属	1265	翅果麻属	1352	刺蕊草属	1234
补血草属	1678	长隔木属	2111	翅果藤属	178	刺参属	592
捕虫堇属	1299	长冠苣苔属	1130	翅茎草属	1590	刺蒴麻属	1361
布袋兰属	1455	长果报春属	1865	翅棱芹属	150	刺通草属	231
布迪椰子属	232	长果姜属	2391	翅鳞莎属	751	刺桐属	959
		长喙兰属	1550	翅膜菊属	272	刺头菊属	322
C		长喙木兰属	1330	翅苹婆属	1354	刺续断属	585
		长角豆属	941	翅实藤属	1340	刺叶属	597
采木属	965	长节珠属	178	翅叶木属	499	刺榆属	2313
彩花属	1677	长蕊斑种草属	500	翅子瓜属	707	刺芋属	213
菜豆树属	499	长蕊琉璃草属	519	翅子树属	1354	刺枝豆属	961
菜豆属	1008	长蕊木兰属	1330	翅子藤属	637	刺子莞属	769
菜棕属	237	长蒴苣苔属	1096	翅籽荠属	543	葱芥属	524
苍耳属	434	长穗花属	1376	虫实属	74	葱莲属	96
苍术属	307	长序苋属	77	臭草属	1766	葱叶兰属	1511
糙草属	501	长药花属	158	臭常山属	2158	葱属	85
糙果芹属	157	长柱草属	2137	臭椿属	2255	楤木属	218
糙苏属	1231	长柱开口箭属	265	臭荠属	534	丛菔属	554
糙叶树属	579	长柱琉璃草属	512	臭菘属	217	粗毛藤属	873
槽裂木属	2137	长柱山丹属	2103	蒟蒻草属	1817	粗毛野桐属	882
槽舌兰属	1503	长足兰属	1542	雏菊属	307	粗丝木属	2275
草糙苏属	1231	肠须草属	1734	川蔓藻属	2152	粗叶木属	2118
草苁蓉属	1554	常春木属	227	川明参属	122	粗柱藤属	887
草海桐属	1132	常春藤属	226	川木香属	330	酢浆草属	1592
草胡椒属	1653	常山属	1149	川苔草属	1825	簇苞芹属	145

属中文名索引 INDEX TO GENUS NAMES (IN CHINESE)

簇花芹属	155	丹麻杆属	875	滇芎属	141	独叶草属	1965
簇芥属	551	丹霞兰属	1474	滇紫草属	516	杜茎山属	1876
簇序草属	1199	单侧花属	810	颠茄属	2263	杜鹃兰属	1464
脆兰属	1437	单刺蓬属	76	点地梅属	1855	杜鹃属	813
翠柏属	3	单盾荠属	543	垫头鼠麹草属	343	杜楝属	1380
翠菊属	311	单花葵属	353	垫紫草属	501	杜若属	656
翠雀属	1948	单花木姜子属	1277	涠缨菊属	311	杜香属	809
		单花荠属	550	吊灯花属	163	杜英属	795
D		单球芹属	127	吊兰属	254	杜仲属	869
		单蕊草属	1711	吊石苣苔属	1104	度量草属	1319
浤草属	1762	单蕊麻属	2320	吊钟花属	805	短瓣花属	604
打碗花属	660	单室茱萸属	675	叠鞘兰属	1457	短瓣兰属	1511
大百合属	1302	单性滨藜属	70	蝶豆属	944	短柄草属	1701
大班木属	1023	单序草属	1797	蝶须属	279	短萼齿木属	2100
大瓣芹属	152	单叶槟榔青属	98	丁公藤属	663	短冠草属	1591
大苞寄生属	1325	单叶豆属	658	丁癸草属	1033	短舌菊属	311
大苞姜属	2384	单叶藤橘属	2158	丁茜属	2148	短筒苣苔属	1095
大苞苣苔属	1095	单枝竹属	1699	丁香蓼属	1435	短星菊属	369
大苞兰属	1545	单子木属	108	丁香属	1429	短颖草属	1701
大苞鞘花属	1321	淡竹叶属	1766	钉头果属	170	短枝竹属	1749
大蕉草属	709	当归属	112	顶冰花属	1304	断肠草属	1056
大参属	227	党参属	571	顶果树属	891	椴树属	1359
大翅蓟属	370	刀豆属	934	定心藤属	1166	对刺藤属	1998
大丁草属	354	倒地铃属	2216	东俄芹属	155	对节刺属	78
大豆蔻属	2388	倒吊笔属	186	东京桐属	875	对叶盐蓬属	77
大豆属	964	倒吊兰属	1486	东爪草属	693	对枝菜属	534
大萼葵属	1343	倒挂金钟属	1434	冬瓜属	694	钝背草属	500
大风子属	50	倒缨木属	175	冬红花属	1208	钝果寄生属	1323
大果茜属	2104	稻槎菜属	353	冬麻豆属	1013	钝叶草属	1813
大花藤属	179	稻属	1774	冬青属	187	盾苞藤属	670
大黄属	1847	灯笼草属	2263	动蕊花属	1214	盾柄兰属	1542
大喙兰属	1543	灯心草属	1176	冻绿属	1989	盾翅藤属	1339
大戟属	876	低药兰属	1457	都丽菊属	338	盾果草属	520
大节竹属	1757	地宝兰属	1493	兜兰属	1521	盾片蛇菰属	437
大麻属	579	地胆草属	334	兜藜属	80	盾叶苣苔属	1106
大麦属	1753	地肤属	79	兜蕊兰属	1438	盾柱木属	1005
大藻属	214	地构叶属	887	豆瓣菜属	548	盾柱属	643
大青属	1193	地桂属	804	豆腐柴属	1236	盾座苣苔属	1099
大沙叶属	2137	地黄连属	1379	豆蔻属	2381	多荚草属	611
大蒜芥属	553	地黄属	2252	豆列当属	1558	多节草属	80
大头茶属	2298	地锦属	2368	豆薯属	1005	多榔菊属	331
大吴风草属	340	地皮消属	36	毒扁豆属	1010	多轮草属	2124
大血藤属	1266	地蔷薇属	2005	毒参属	123	多穗兰属	1538
大叶藤属	1385	地笋属	1218	毒豆属	977	多香木属	869
大叶藻属	2394	地毯草属	1693	毒瓜属	696	多裔草属	1797
大叶子属	2222	地旋花属	670	毒马草属	1255		
大翼豆属	984	地杨梅属	1183	毒芹属	122	**E**	
大油芒属	1812	地杨桃属	887	毒鼠子属	777		
大钟花属	1080	地涌金莲属	1401	独根草属	2226	峨参属	116
大柱藤属	886	地榆属	2079	独花报春属	1879	峨屏草属	2245
大爪草属	621	棣棠花属	2021	独花兰属	1457	鹅不食草属	335
代儿茶属	957	滇藏细叶芹属	121	独活属	127	鹅肠菜属	611
带唇兰属	1546	滇丁香属	2124	独脚金属	1591	鹅耳枥属	492
带叶兰属	1546	滇兰属	1500	独丽花属	810	鹅观草属	1804
袋唇兰属	1504	滇麻花头属	279	独蒜兰属	1536	鹅毛竹属	1809
袋果草属	578	滇芹属	135	独尾草属	2376	鹅绒藤属	165
戴星草属	415	滇桐属	1344	独行菜属	545	鹅掌柴属	229

鹅掌楸属	1331	风车子属	651	高粱属	1811	瓜栗属	1354
饿蚂蝗属	993	风吹楠属	1402	高山豆属	1023	瓜叶菊属	375
萼翅藤属	652	风兰属	1512	高山兰属	1442	栝楼属	705
萼距花属	1326	风铃草属	569	高山芹属	123	寡毛菊属	370
鳄梨属	1296	风龙属	1383	高原芥属	533	观音草属	37
鳄嘴花属	30	风轮菜属	1196	藁本属	132	冠唇花属	1222
耳草属	2112	风轮桐属	875	戈壁藜属	78	冠盖藤属	1155
耳唇兰属	1520	风毛菊属	380	哥纳香属	107	冠毛草属	1813
耳稃草属	1748	风箱果属	2029	割鸡芒属	766	管唇兰属	1550
耳菊属	368	风箱树属	2101	割舌树属	1380	管花兰属	1464
儿茶属	1014	风筝果属	1339	革苞菊属	431	光叶苣苔属	1099
二尾兰属	1552	枫香树属	66	格兰马草属	1700	光籽芥属	545
二行芥属	536	枫杨属	1176	格力豆属	964	桄榔属	232
二药藻属	708	封怀木属	1989	格木属	960	广东万年青属	203
		锋芒草属	1818	葛缕子属	121	广防风属	1187
F		蜂斗菜属	376	葛属	1011	鬼吹箫属	587
		蜂斗草属	1376	蛤兰属	1463	鬼灯檠属	2226
发草属	1718	蜂腰兰属	1451	隔距兰属	1459	鬼臼属	482
法氏姜属	2391	凤蝶兰属	1524	隔蒴苘属	1362	鬼针草属	307
番红花属	1167	凤凰木属	952	弓翅芹属	116	过江藤属	2354
番荔枝属	103	凤梨属	558	弓果黍属	1716		
番龙眼属	2218	凤头黍属	1682	弓果藤属	182	**H**	
番马庾儿属	701	凤仙花属	437	珙桐属	675		
番木瓜属	596	凤眼蓝属	1852	贡甲属	2157	孩儿草属	39
番茄属	2266	佛手瓜属	702	贡山竹属	1748	孩儿参属	612
番石榴属	1406	芙兰草属	765	勾儿茶属	1987	海岸桐属	2111
番薯属	664	芙蓉菊属	329	沟瓣属	635	海滨莎属	769
番杏属	64	拂子茅属	1706	沟繁缕属	799	海菖蒲属	1156
番樱桃属	1406	浮萍属	213	沟稃草属	1687	海岛木属	110
翻唇兰属	1502	辐冠参属	578	沟酸浆属	1642	海岛藤属	170
繁缕属	621	辐花属	1079	沟颖草属	1808	海红豆属	891
梵天花属	1362	福建柏属	4	沟子荸属	556	海榄雌属	29
方茎草属	1557	腐管草属	559	钩毛草属	1798	海马齿属	64
方竹属	1708	附地菜属	520	钩毛果属	2117	海杧果属	163
防风属	151	复芒菊属	340	钩毛子属	657	海南椴属	1345
飞蛾藤属	663	富宁藤属	178	钩藤属	2148	海南菊属	344
飞机草属	315	腹脐草属	507	钩序苣苔属	1106	海葡萄属	1833
飞廉属	312	腹水草属	1675	钩叶藤属	236	海漆属	881
飞龙掌血属	2160	馥兰属	1530	钩枝藤属	103	海茜树属	2148
飞蓬属	335			钩子木属	1240	海人树属	2280
飞燕草属	1947	**G**		狗肝菜属	31	海乳草属	1866
非洲白酒草属	321			狗骨柴属	2103	海三棱藨草属	709
非洲耳草属	2132	盖喉兰属	1544	狗舌草属	428	海桑属	1329
非洲楝属	1379	盖裂果属	2124	狗尾草属	1808	海檀木属	1417
菲柞属	2168	盖裂木属	1337	狗牙根属	1715	海桐花属	1657
肥根兰属	1525	干果木属	2219	狗牙花属	181	海罂粟属	1621
肥牛树属	872	干花豆属	962	枸杞属	2266	海芋属	203
肥皂草属	613	甘草属	964	构属	1388	海枣属	235
肥皂荚属	965	甘松属	593	菰属	1825	含苞草属	416
榧树属	25	甘蔗属	1804	古当归属	116	含笑属	1333
肺草属	518	柑橘属	2153	古柯属	869	含羞草属	988
费菜属	679	感应草属	1592	古山龙属	1380	寒蓬属	379
分药花属	1231	橄榄属	559	谷精草属	866	寒原荠属	525
粉苞菊属	314	刚竹属	1780	谷木属	1372	蔊菜属	552
粉口兰属	1521	岗松属	1403	固沙草属	1774	汉克苣苔属	1102
粉绿藤属	1382	杠柳属	179	瓜儿豆属	950	旱金莲属	2311
粉条儿菜属	1412	高河菜属	547	瓜馥木属	105	旱麦草属	1737

属中文名索引 INDEX TO GENUS NAMES (IN CHINESE)

旱雀儿豆属	943	红雀珊瑚属	887	花旗杆属	536	黄三七属	1978
杭子梢属	931	红砂属	2285	花楸属	2082	黄山梅属	1152
蒿属	279	红树属	2000	花蕊属	1826	黄杉属	21
禾叶兰属	1438	红丝线属	2265	花叶万年青属	212	黄水枝属	2245
合萼兰属	1437	红芽大戟属	2117	花蜘蛛兰属	1486	黄檀属	950
合耳菊属	417	红叶藤属	658	花烛属	205	黄藤属	234
合冠鼠曲草属	341	喉毛花属	1057	花柱草属	2275	黄桐属	875
合果芋属	217	猴耳环属	895	华扁豆属	1017	黄筒花属	1590
合欢草属	955	猴欢喜属	798	华檫木属	1299	黄细心属	1414
合欢属	892	厚壁木属	1337	华福花属	57	黄眼草属	2377
合景天属	679	厚壁荠属	550	华茅属	1166	黄杨属	561
合萌属	891	厚唇兰属	1483	华盛顿棕属	238	黄药属	1622
合头草属	85	厚喙菊属	332	华蟹甲属	411	黄叶树属	1830
合头菊属	416	厚壳桂属	1275	华羽芥属	553	黄缨菊属	434
合柱金莲木属	1416	厚壳树属	503	滑桃树属	888	幌菊属	1664
合柱兰属	1483	厚棱芹属	138	化香树属	1175	幌伞枫属	226
和尚菜属	267	厚脉芥属	550	画笔菊属	272	灰莉属	1059
荷包牡丹属	1622	厚膜树属	497	画眉草属	1734	灰毛豆属	1021
荷包藤属	1595	厚皮树属	98	桦木属	489	灰叶匹菊属	380
荷莲豆草属	607	厚皮香属	1638	华参属	231	茴芹属	142
荷青花属	1621	厚朴属	1330	槐属	1017	茴香砂仁属	2385
核果茶属	2298	狐尾藻属	1138	还阳参属	328	茴香属	127
核果木属	1905	胡黄连属	1667	环根芹属	124	荟蔓藤属	164
核子木属	783	胡椒属	1653	焕镛木属	1337	惠林花属	1165
盒果藤属	670	胡卢巴属	1024	黄鹤菜属	434	喙核桃属	1174
盒子草属	694	胡萝卜属	124	黄檗属	2158	喙花姜属	2389
貉藻属	784	胡麻草属	1555	黄蝉属	158	活血丹属	1205
褐鳞木属	1368	胡麻花属	1364	黄顶菊属	340	火把花属	1198
鹤顶兰属	1527	胡麻属	1629	黄果木属	565	火棘属	2047
鹤虱属	508	胡桃属	1175	黄花斑鸠菊属	330	火炬兰属	1495
鹤望兰属	2275	胡颓子属	789	黄花草属	647	火麻树属	2320
黑草属	1555	胡枝子属	979	黄花夹竹桃属	182	火绒草属	354
黑麦草属	1766	葫芦草属	1711	黄花蔺属	65	火烧花属	498
黑麦属	1808	葫芦茶属	1021	黄花茅属	1688	火烧兰属	1484
黑鳗藤属	175	葫芦属	700	黄花木属	1010	火绳树属	1345
黑面神属	1644	湖瓜草属	767	黄花稔属	1356	火石花属	342
黑三棱属	2311	槲寄生属	2205	黄华属	1022	火索藤属	1005
黑莎草属	766	蝴蝶草属	1318	黄金茅属	1737	火筒树属	2367
黑蒴属	1554	蝴蝶果属	873	黄精叶钩吻属	2274	火焰草属	1555
黑藻属	1157	蝴蝶兰属	1528	黄精属	262	火焰花属	38
横蒴苔属	1095	虎刺属	2102	黄兰属	1456	火焰兰属	1542
红淡比属	1631	虎耳草属	2227	黄梨木属	2216	藿香蓟属	267
红豆杉属	24	虎皮楠属	776	黄连木属	99	藿香属	1185
红豆属	990	虎舌兰属	1484	黄连属	1947		
红瓜属	695	虎头蓟属	401	黄栌属	97	**J**	
红光树属	1402	虎尾草属	1711	黄麻属	1344		
红果木属	107	虎颜花属	1376	黄脉爵床属	40	芨芨草属	1680
红果树属	2097	虎杖属	1847	黄茅属	1752	鸡蛋花属	179
红厚壳属	564	虎榛子属	496	黄棉木属	2124	鸡骨常山属	158
红花荷属	1143	花点草属	2341	黄牛木属	1159	鸡脚参属	1228
红花属	313	花花柴属	351	黄皮属	2154	鸡麻属	2050
红胶木属	1406	花椒属	2160	黄芪属	896	鸡毛松属	22
红景天属	679	花葵属	1352	黄杞属	1175	鸡矢藤属	2136
红毛七属	481	花蔺属	560	黄芩属	1247	鸡头薯属	959
红门兰属	1519	花菱草属	1621	黄秦艽属	1087	鸡娃草属	1680
红木属	500	花锚属	1078	黄蓉花属	875	鸡血藤属	929
红千层属	1403	花佩菊属	340	黄肉楠属	1267	鸡眼草属	977

2401

属名	页码	属名	页码	属名	页码	属名	页码
鸡爪草属	1929	假龙胆属	1077	箭药藤属	161	金钱槭属	2216
鸡仔木属	2143	假楼梯草属	2340	箭叶水苏属	1222	金钱松属	21
积雪草属	121	假马鞭属	2354	箭竹属	1739	金雀儿属	950
基及树属	501	假马齿苋属	1662	姜花属	2386	金山葵属	237
吉贝属	1343	假木豆属	952	姜黄属	2384	金石斛属	1487
吉曼草属	1749	假木荷属	805	姜味草属	1222	金丝桃属	1160
吉粟草属	1131	假木贼属	69	姜属	2391	金松属	23
吉祥草属	265	假牛鞭草属	1776	豇豆属	1030	金粟兰属	645
棘豆属	994	假婆婆纳属	1902	浆果苣苔属	1096	金铁锁属	612
蒺藜草属	1707	假山龙眼属	1904	浆果楝属	1377	金线草属	1831
蒺藜属	2394	假山萝属	2217	浆果乌桕属	871	金线兰属	1439
蕺菜属	2221	假韶子属	2218	浆果苋属	76	金须茅属	1711
寄生花属	1906	假升麻属	2004	疆菊属	420	金腰箭舅属	311
寄生鳞叶草属	1826	假石柑属	214	疆南星属	211	金腰箭属	416
寄生藤属	2202	假鼠耳芥属	551	疆罂粟属	1626	金腰属	2223
寄树兰属	1543	假水苏属	1256	胶核木属	1426	金叶树属	2219
蓟罂粟属	1595	假酸浆属	2267	胶木属	2220	金英属	1340
蓟属	317	假蒜芥属	553	胶菀属	343	金罂粟属	1626
鲫鱼藤属	180	假铁秆草属	1798	角果藜属	73	金鱼草属	1662
荠属	529	假葶苈属	540	角果毛茛属	1930	金鱼藻属	645
檵木属	1142	假橐吾属	365	角果木属	2000	金盏花属	311
夹竹桃属	178	假卫矛属	637	角果藻属	1854	筋骨草属	1185
嘉兰属	651	假蚊母树属	1140	角蒿属	497	堇菜属	2354
嘉陵花属	109	假香芥属	551	角胡麻属	1363	堇叶芥属	548
荚蒾属	57	假野菰属	1555	角花属	1192	堇叶苣苔属	1119
假百合属	1312	假野芝麻属	1229	角茴香属	1621	锦鸡儿属	934
假报春属	1865	假叶树属	265	角盘兰属	1501	锦葵属	1352
假贝母属	694	假鹰爪属	105	绞股蓝属	696	锦香草属	1374
假槟榔属	231	假硬草属	1800	铰剪藤属	172	茳草属	1690
假糙苏属	1229	假获属	1239	脚骨脆属	2168	荆豆属	1025
假柴龙树属	1166	假鱼骨木属	2139	接骨木属	57	荆芥属	1224
假臭草属	378	假泽兰属	367	节果芹属	135	荆三棱属	709
假簇芥属	551	假紫万年青属	653	节节菜属	1328	旌节花属	2272
假稻属	1763	假紫珠属	1261	节节木属	70	颈果草属	513
假地胆草属	378	尖瓣花属	2272	节蒴木属	524	景天属	684
假杜鹃属	29	尖稃草属	1682	结缕草属	1825	九顶草属	1734
假鹅观草属	1798	尖花藤属	109	结香属	2306	九节属	2138
假繁缕属	2148	尖槐藤属	178	睫苞豆属	963	九里香属	2157
假飞蓬属	378	尖帽花属	1319	桔梗属	578	九子母属	98
假福王草属	370	尖舌苣苔属	1130	巾唇兰属	1525	酒饼簕属	2152
假盖果草属	2138	尖头花属	1184	金柏属	8	酒椰属	236
假高粱属	1800	尖药花属	2098	金唇兰属	1459	菊蒿属	420
假海马齿属	64	尖叶木属	2149	金发草属	1796	菊苣属	317
假海桐属	1167	尖子木属	1373	金凤藤属	169	菊芹属	335
假含羞草属	989	坚唇兰属	1545	金钩花属	109	菊三七属	344
假合头菊属	374	坚轴草属	1816	金瓜属	696	菊属	315
假鹤虱属	507	菅属	1816	金光菊属	380	咀签属	1990
假胡麻草属	2251	樫木属	1377	金合欢属	890	蒟蒻薯属	782
假虎刺属	162	剪棒草属	1683	金虎尾属	1340	榉属	2316
假花蔺属	65	剪股颖属	1684	金鸡菊属	321	巨盘木属	2155
假还阳参属	327	剪秋罗属	610	金鸡纳属	2101	巨杉属	7
假黄杨属	1906	碱毛茛属	1964	金锦香属	1373	巨苋藤属	83
假金发草属	1798	碱茅属	1801	金莲花属	1985	巨竹属	1749
假卷耳属	612	碱蓬属	83	金莲木属	1416	距瓣豆属	941
假苦菜属	295	碱菀属	431	金缕梅属	1142	距花黍属	1755
假狼紫草属	516	见血封喉属	1387	金纽扣属	266	距药姜属	2384
假连翘属	2353	剑叶莎属	768	金平藤属	164	聚合草属	520
		涧边草属	2226				

属中文名索引 INDEX TO GENUS NAMES (IN CHINESE)

聚花草属	655	蜡瓣花属	1139	离药草属	1670	林石草属	2098
卷耳属	604	蜡菊属	434	离药金腰箭属	334	鳞果草属	1184
卷花丹属	1375	蜡梅属	565	离子芥属	533	鳞花草属	36
绢蒿属	408	蜡烛果属	1855	梨果寄生属	1322	鳞花木属	2217
绢毛菊属	415	辣根属	526	梨藤竹属	1768	鳞蕊芥属	546
决明属	1015	辣椒属	2264	梨竹属	1768	鳞蕊藤属	667
蕨麻属	2002	辣木属	1400	梨属	2048	鳞尾木属	1437
爵床属	33	辣莸属	1205	犁头尖属	217	鳞籽莎属	767
君范菊属	411	辣子瓜属	696	藜芦属	1366	灵芝草属	38
		来江藤属	1554	藜属	73	苓菊属	350
K		赖草属	1763	鳖豆属	988	岭罗麦属	2147
		兰花蕉属	1325	李属	2038	柃属	1632
咖啡属	2102	兰氏萍属	213	里普草属	2124	铃铛刺属	965
喀什菊属	351	兰屿加属	228	鳢肠属	334	铃兰属	254
开口箭属	252	兰属	1467	丽豆属	931	铃子香属	1192
铠兰属	1464	蓝刺头属	333	荔枝属	2218	凌风草属	1701
看麦娘属	1686	蓝耳草属	654	栎属	1047	凌霄花属	497
柯属	1038	蓝果树属	675	栗豆藤属	658	菱兰属	1542
槲藤属	959	蓝花参属	579	栗寄生属	2203	菱叶元宝草属	1187
壳菜果属	1142	蓝花矢车菊属	330	栗属	1033	菱属	1329
可爱花属	31	蓝蓟属	503	连翘属	1418	领春木属	889
可可属	1359	蓝堇草属	1965	连蕊芥属	555	留萼木属	872
克拉花属	1432	蓝盆花属	594	连蕊藤属	1382	流苏树属	1417
克拉莎属	751	蓝雪花属	1677	连香树属	645	流苏子属	2102
空棱芹属	121	蓝钟花属	574	帘子藤属	179	琉璃草属	502
空竹属	1707	蓝子木属	886	莲桂属	1276	琉璃繁缕属	1855
孔岩草属	678	榄李属	652	莲叶桐属	1144	琉璃苣属	501
孔药花属	657	榄仁树属	652	莲属	1413	瘤冠麻属	2319
孔药楠属	1298	郎德木属	2139	莲子草属	68	瘤果芹属	157
孔颖草属	1699	狼毒属	2307	联毛紫菀属	416	瘤子草属	36
口药花属	1078	狼尾草属	1778	镰瓣豆属	958	柳安属	784
苦草属	1159	老鹳草属	1088	镰扁豆属	957	柳穿鱼属	1666
苦瓜属	701	老虎刺属	1011	镰稃草属	1751	柳兰属	1430
苦苣菜属	414	老鼠簕属	29	镰序竹属	1724	柳杉属	4
苦苣苔属	1096	老鸦瓣属	1302	恋岩花属	31	柳叶菜属	1432
苦马豆属	1020	老鸦烟筒花属	499	链荚豆属	893	柳叶芹属	124
苦荬菜属	350	茜茜属	2100	链荚木属	990	柳叶箬属	1758
苦木属	2256	箣竹属	1693	链珠藤属	159	柳属	2178
苦玄参属	1318	雷公连属	205	楝属	1379	六苞藤属	1258
苦竹属	1785	雷公藤属	644	凉粉草属	1222	六翅木属	1343
块茎芹属	131	雷楝属	1379	梁王茶属	227	六道木属	596
宽管花属	1204	肋果茶属	2256	两节豆属	894	六棱菊属	353
宽果芥属	542	肋果蓟属	278	两节荠属	534	龙常草属	1721
宽距兰属	1552	肋柱花属	1079	两型豆属	894	龙船草属	1227
宽框荠属	551	类芦属	1772	亮蛇床属	152	龙船花属	2116
宽昭茜属	2104	类雀稗属	1776	量天尺属	564	龙胆木属	1651
款冬属	432	类叶升麻属	1920	疗齿草属	1558	龙胆属	1059
盔花兰属	1488	擂鼓簕属	768	蓼属	1836	龙脑香属	783
昆栏树属	2311	棱果花属	1368	列当属	1559	龙舌兰属	244
阔苞菊属	377	棱果芥属	555	裂稃草属	1806	龙头草属	1220
阔翅芹属	156	棱子芹属	145	裂稃茅属	1806	龙血树属	255
阔蕊兰属	1525	冷杉属	12	裂瓜属	701	龙芽草属	2001
		冷水花属	2343	裂果金花属	2142	龙眼属	2216
L		狸尾豆属	1025	裂果薯属	782	龙珠属	2272
		狸藻属	1300	裂颖茅属	757	龙爪茅属	1716
拉拉藤属	2104	离瓣寄生属	1321	鬣刺属	1812	楼梯草属	2320
腊肠树属	940	离根香属	1132	林地苋属	81	耧斗菜属	1927

漏斗苣苔属	1129	裸柱菊属	414	买麻藤属	12	梅蓝属	1353
漏芦属	379	骆驼刺属	893	麦蓝菜属	627	霉草属	2311
芦荟属	2375	骆驼蓬属	1414	麦氏草属	1771	美冠兰属	1486
芦莉草属	38	络石属	183	麦仙翁属	597	美国薄荷属	1223
芦苇属	1780	落地豆属	1013	麦珠子属	1987	美花草属	1930
芦竹属	1693	落地生根属	677	曼陀罗属	2264	美丽桐属	1591
栌菊木属	369	落花生属	895	蔓长春花属	186	美人蕉属	581
颅果草属	502	落葵薯属	454	蔓虎刺属	2124	美洲柏木属	5
卤地菊属	367	落葵属	454	蔓柳穿鱼属	1663	美柱兰属	1455
陆均松属	22	落芒草属	1784	蔓龙胆属	1058	虻眼属	1664
鹿藿属	1012	落尾木属	2350	芒苞草属	2353	檬果樟属	1272
鹿角草属	343	落新妇属	2222	芒柄花属	990	勐腊藤属	170
鹿角兰属	1538	落檐属	216	芒毛苣苔属	1092	蒙蒿子属	103
鹿角藤属	164	落叶松属	15	芒属	1770	迷迭香属	1239
鹿茸草属	1558	落羽杉属	7	杧果属	98	迷果芹属	155
鹿茸木属	107			牻牛儿苗属	1087	猕猴桃属	51
鹿蹄草属	811	**M**		猫儿菊属	347	米草属	1811
路边青属	2020			猫儿屎属	1265	米口袋属	965
鹭鸶兰属	254	麻风树属	882	猫乳属	1991	米面蓊属	2202
露兜树属	1595	麻核藤属	1166	猫尾木属	498	米努草属	610
露蕊乌头属	1964	麻花头属	351	毛茶属	2099	米团花属	1218
露珠草属	1431	麻黄属	10	毛车藤属	160	米仔兰属	1376
露籽草属	1775	麻楝属	1377	毛地黄属	1663	密花豆属	1020
驴食豆属	990	麻菀属	329	毛茛莲花属	1965	密花兰属	1482
驴蹄草属	1930	马庇儿属	707	毛茛泽泻属	65	密花藤属	1382
旅人蕉属	2275	马鞍树属	984	毛茛属	1967	密脉木属	2130
绿绒蒿属	1622	马鞭草属	2354	毛梗兰属	1486	密子豆属	1012
绿玉藤属	1020	马齿苋属	1852	毛冠菊属	368	蜜蜂花属	1220
䔥草属	580	马蛋果属	50	毛果草属	511	蜜茱萸属	2157
李果鹤虱属	519	马兜铃属	238	毛核木属	594	绵刺属	2029
李花菊属	434	马甲子属	1991	毛花瑞香属	2306	绵果荠属	544
李叶豆属	970	马兰藤属	169	毛俭草属	1770	绵毛菊属	376
栾树属	2217	马蓝属	41	毛兰属	1485	绵参属	1204
乱子草属	1771	马利筋属	160	毛连菜属	376	绵穗苏属	1198
轮冠木属	519	马莲鞍属	181	毛鳞菊属	365	绵枣儿属	252
轮环藤属	1381	马铃果属	186	毛蔓豆属	931	棉藜属	79
轮叶戟属	882	马铃苣苔属	1107	毛鞘兰属	1549	棉属	1346
轮钟花属	575	马尿泡属	2268	毛蕊草属	1724	缅茄属	892
罗布麻属	160	马钱子属	1320	毛蕊花属	2255	岷江景天属	678
罗顿豆属	982	马桑属	670	毛舌兰属	1549	皿果草属	516
罗汉柏属	8	马松嵩属	1591	毛麝香属	1662	明党参属	122
罗汉果属	702	马松子属	1353	毛束草属	520	膜萼花属	611
罗汉松属	22	马唐属	1722	毛药藤属	181	膜稃草属	1754
罗勒属	1227	马蹄参属	675	毛颖草属	1685	膜藻藤属	2353
罗伞属	221	马蹄果属	560	毛轴兰属	1544	摩擦草属	1819
萝卜属	552	马蹄荷属	1142	茅膏菜属	784	魔星花属	181
萝芙木属	180	马蹄黄属	2089	茅根属	1779	魔芋属	203
萝藦属	177	马蹄金属	663	茅瓜属	702	茉莉果属	2276
螺果茅属	555	马蹄莲属	218	茅针属	1778	茉莉属	1421
螺序草属	2144	马蹄芹属	124	锚刺果属	500	墨鳞属	886
裸冠菊属	343	马蹄香属	244	锚柱兰属	1482	墨苜蓿属	2139
裸果木属	608	马尾树属	1176	帽儿瓜属	701	母草属	1316
裸花树属	882	马先蒿属	1561	帽蕊草属	1386	母菊属	365
裸实属	636	马缨丹属	2353	帽蕊木属	2124	牡丹草属	485
裸蒴属	2221	马醉草属	576	玫瑰木属	1406	牡荆属	1261
裸芸香属	2159	马醉木属	811	玫瑰树属	178	牡丽草属	2127
裸柱草属	32	蚂蚱腿子属	367	梅花草属	639	牡竹属	1716

属中文名索引 INDEX TO GENUS NAMES (IN CHINESE)

木瓣树属	110	拟扁果草属	1963	女蒿属	346	蒲葵属	235
木豆属	928	拟檫木属	1296	女菀属	432	蒲桃属	1406
木防己属	1380	拟大豆属	990	女贞属	1424	蒲苇属	1713
木瓜红属	2277	拟单性木兰属	1337	糯米条属	585	朴属	579
木瓜榄属	2101	拟豆蔻属	2385	糯米团属	2339		
木瓜属	2005	拟隔距兰属	1461			**Q**	
木果楝属	1380	拟金茅属	1738	**O**			
木荷属	2299	拟蜡菊属	345			七瓣莲属	1903
木蝴蝶属	499	拟兰属	1441	欧当归属	131	七筋菇属	1302
木荚豆属	1032	拟耧斗菜属	1966	欧防风属	138	七叶树属	2214
木姜子属	1280	拟毛兰属	1511	欧芹属	138	七子花属	587
木槿属	1349	拟锚柱兰属	1482	欧瑞香属	2307	桤木属	488
木橘属	2152	拟囊唇兰属	1543	欧夏至草属	1219	桤叶树属	648
木兰属	1331	拟漆姑属	621	欧亚矢车菊属	379	漆姑草属	613
木蓝属	970	拟石斛属	1521			漆树属	101
木榄属	1999	拟鼠麴草属	378	**P**		槭叶草属	2226
木藜芦属	809	拟天山蓍属	379			槭属	2206
木莲属	1331	拟万代兰属	1551	爬兰属	1502	齐头绒属	1657
木蓼属	1831	拟线柱兰属	1553	排草香属	1187	歧笔菊属	330
木麻黄属	627	拟鸭舌癀舅属	2116	排钱树属	1008	歧伞花属	1199
木曼陀罗属	2264	拟芸香属	2156	盘果草属	513	歧伞菊属	429
木棉属	1343	拟蜘蛛兰属	1511	胖大海属	1355	歧序安息香属	2276
木奶果属	1644	黏冠草属	367	泡果茜草属	2124	脐草属	1558
木麒麟属	564	黏木属	1174	泡果荷属	1349	棋盘花属	1368
木薯属	886	黏腺果属	1414	泡花树属	2164	旗唇兰属	1504
木通属	1265	念珠芥属	548	泡囊草属	2268	旗杆芥属	557
木樨草属	1987	鸟巢兰属	1512	泡桐属	1628	麒麟尾属	212
木樨榄属	1426	鸟舌兰属	1441	泡竹属	1800	气穗兰属	1438
木樨属	1427	鸟头荠属	542	喷瓜属	696	千斤拔属	961
苜蓿属	985	鸟足兰属	1543	盆距兰属	1489	千金藤属	1383
牧豆树属	1010	牛蒡属	279	蓬莱葛属	1319	千金子属	1763
牧根草属	569	牛鼻栓属	1142	膨果豆属	1008	千里光属	403
		牛鞭草属	1752	蟛蜞菊属	416	千年健属	212
N		牛齿兰属	1441	披碱草属	1726	千屈菜属	1328
		牛角瓜属	162	枇杷属	2018	千日红属	77
奶子藤属	162	牛角兰属	1457	偏瓣花属	1375	千针苋属	67
南瓜属	695	牛筋果属	2156	偏穗姜属	2389	荨麻属	2352
南芥属	525	牛筋藤属	1398	胼胝兰属	1442	前胡属	138
南山花属	2137	牛筋条属	2017	缥唇兰属	1474	钳唇兰属	1486
南山藤属	169	牛奶菜属	175	飘拂草属	761	芡实属	1415
南蛇藤属	627	牛舌草属	500	平当树属	1354	茜草属	2139
南酸枣属	97	牛栓藤属	658	苹果属	2021	茜树属	2099
南天竹属	488	牛藤果属	1266	苹兰属	1531	羌活属	136
南五味子属	2247	牛蹄豆属	1010	苹婆属	1357	枪刀药属	32
南洋参属	228	牛膝菊属	341	瓶花木属	2143	墙草属	2342
南洋杉属	3	牛膝属	67	瓶头草属	353	蔷薇属	2050
南洋楹属	961	牛眼菊属	311	萍蓬草属	1415	荞麦属	1833
南泽兰属	307	牛至属	1228	坡垒属	783	巧茶属	627
楠属	1296	扭柄花属	1312	坡油甘属	1017	鞘柄木属	676
囊瓣木属	107	扭梗藤属	181	婆罗门参属	429	鞘花属	1322
囊瓣芹属	148	扭藿香属	1218	婆婆纳属	1671	鞘蕊花属	1197
囊萼花属	2251	扭连钱属	1219	珀菊属	273	茄属	2268
囊稃竹属	1763	纽扣草属	2143	破布木属	502	茄参属	2267
囊果草属	486	纽扣花属	314	破布叶属	1353	伽蓝菜属	678
囊颖草属	1805	纽子花属	186	葡萄属	2372	窃衣属	156
囊种草属	627	脓疮草属	1228	蒲儿根属	411	芹叶荠属	554
泥胡菜属	345	怒江兰属	1493	蒲公英属	421	芹属	116

秦岭藤属	161	染木树属	2142	三蕊兰属	1515	山楝属	1377
青花苋属	81	荛花属	2307	三腺金丝桃属	1165	山萝岩属	2263
青荚叶属	1143	人参木属	223	三星果属	1341	山蓼属	1835
青兰属	1199	人参属	228	三叶漆属	100	山柳菊属	345
青篱柴属	1316	人面子属	98	三叶藤橘属	2156	山龙眼属	1903
青篱竹属	1691	人字果属	1963	三籽桐属	887	山罗花属	1558
青梅属	784	忍冬属	587	伞花木属	2216	山麻杆属	870
青牛胆属	1385	任豆属	1032	散沫花属	1328	山麻树属	1344
青皮木属	2249	绒苞藤属	1199	散尾葵属	234	山蚂蝗属	955
青钱柳属	1175	绒果芹属	124	散血丹属	2267	山麦冬属	256
青檀属	581	绒兰属	1482	桑寄生属	1322	山莓草属	2080
青藤属	1144	绒藜属	80	桑属	1398	山梅花属	1152
青葙属	73	绒毛草属	1753	色萼花属	30	山茉莉芹属	137
轻木属	1354	榕属	1389	涩芥属	547	山茉莉属	2276
清风藤属	2166	肉被麻属	2351	沙鞭属	1797	山柰属	2389
清明花属	160	肉苁蓉属	1556	沙冬青属	893	山南参属	578
苘麻属	1341	肉豆蔻属	1403	沙拐枣属	1832	山牛蒡属	420
琼豆属	1022	肉果草属	1640	沙棘属	794	山牵牛属	49
琼榄属	596	肉果兰属	1473	沙戟属	872	山茄子属	501
琼楠属	1269	肉兰属	1543	沙芥属	551	山芹属	137
琼棕属	234	肉实树属	2220	沙晶兰属	810	山珊瑚属	1488
秋枫属	1644	肉穗草属	1375	沙蓬属	67	山石榴属	2101
秋海棠属	454	肉托果属	100	沙参属	565	山桃草属	1435
秋葵属	1341	肉药兰属	1545	沙针属	2203	山桐子属	2170
秋茄树属	2000	肉叶荠属	528	砂苋属	68	山铜材属	1139
秋英爵床属	30	乳豆属	962	莎草属	751	山楝子属	97
秋英属	321	乳突果属	158	莎禾属	1713	山菥蓂属	549
求米草属	1773	乳菀属	341	莎菀属	279	山香圆属	2273
球根阿魏属	152	软荚豆属	1022	山白树属	1143	山香属	1208
球果茅属	549	软紫草属	500	山扁豆属	942	山小橘属	2155
球果藤属	1380	蕊木属	175	山槟榔属	236	山芎属	123
球花豆属	1005	瑞香属	2302	山茶属	2287	山芫荽属	321
球菊属	311	润肺草属	162	山橙属	177	山羊草属	1682
球兰属	172	润楠属	1287	山慈姑属	651	山羊豆属	963
球穗草属	1751	箬竹属	1755	山靛属	886	山羊角树属	2168
球柱草属	710			山豆根属	960	山油柑属	2152
球子草属	261	**S**		山矾属	2280	山柚子属	1437
曲唇兰属	1521			山柑藤属	1436	山崖菜属	542
屈曲花属	544	赛金莲木属	1416	山柑属	582	山楂属	2015
全唇花属	1208	赛葵属	1353	山拐枣属	2171	山芝麻属	1348
全唇兰属	1511	三白草属	2222	山桂花属	2168	山茶黄属	672
全光菊属	347	三瓣果属	658	山荷叶属	481	山竹子属	945
全能花属	96	三宝木属	888	山核桃属	1174	山紫茉莉属	1415
全楔草属	708	三叉刺属	1024	山黑豆属	957	杉木属	4
泉七属	217	三翅萼属	1316	山红树属	2000	杉叶杜鹃属	805
雀稗属	1777	三翅藤属	670	山胡椒属	1277	杉叶藻属	1664
雀儿豆属	942	三尖杉属	24	山黄菊属	278	珊瑚菜属	127
雀麦属	1701	三角草属	1818	山黄麻属	581	珊瑚苣苔属	1096
雀梅藤属	1996	三角车属	2354	山茴香属	121	珊瑚兰属	1464
雀舌木属	1648	三肋果属	431	山菅属	2375	珊瑚藤属	1831
鹊肾树属	1399	三肋莎属	776	山涧草属	1708	穇属	1726
群心菜属	532	三棱瓜属	696	山姜属	2377	扇穗茅属	1765
		三棱栎属	1054	山芥属	526	扇叶芥属	535
R		三裂瓜属	694	山壳骨属	38	鳝藤属	160
		三芒草属	1689	山兰属	1519	商陆属	1652
鬘管花属	1319	三毛草属	1819	山榄属	2220	上树南星属	205
染料木属	963	三蕊草属	1811	山蓝豆属	977	芍药属	1593

属中文名索引 INDEX TO GENUS NAMES (IN CHINESE)

韶子属	2218	莳萝属	112	水禾属	1754	四棱豆属	1010
少穗竹属	1772	矢车菊属	314	水壶藤属	186	四棱荠属	543
舌唇兰属	1532	矢竹属	1799	水黄皮属	1010	四轮香属	1207
舌喙兰属	1500	使君子属	652	水茴草属	1902	四脉麻属	2340
舌柱麻属	2316	柿树属	785	水棘针属	1187	四数木属	2287
蛇床属	122	螫毛果属	658	水角属	437	松蒿属	1590
蛇根草属	2132	手参属	1495	水锦树属	2149	松毛翠属	811
蛇根叶属	36	守宫木属	1651	水晶兰属	810	松属	18
蛇菰属	436	首乌属	1834	水柳属	882	菘蓝属	544
蛇莓属	2017	绶草属	1544	水麻属	2319	溲疏属	1146
蛇皮果属	237	瘦房兰属	1504	水马齿属	1662	苏利南野菊属	321
蛇婆子属	1362	黍属	1775	水麦冬属	1184	苏铁属	8
蛇葡萄属	2363	蜀葵属	1342	水茫草属	2252	宿苞豆属	1016
蛇鞭草属	2143	鼠鞭草属	2354	水毛茛属	1928	宿苞兰属	1466
蛇舌草属	2143	鼠刺属	1172	水茅属	1807	宿萼木属	888
蛇舌兰属	1483	鼠耳芥属	525	水芹属	136	粟草属	1770
蛇藤属	1989	鼠李属	1991	水青冈属	1038	粟米草属	1387
蛇尾草属	1773	鼠毛菊属	335	水青树属	2311	酸豆属	1021
射干属	1167	鼠茅属	1821	水筛属	1156	酸浆属	2268
神香草属	1208	鼠皮树属	2307	水杉属	7	酸脚杆属	1370
肾苞草属	37	鼠麴草属	343	水蛇麻属	1389	酸薇藤属	2362
肾茶属	1193	鼠尾草属	1240	水石衣属	1825	酸模芒属	1707
升麻属	1931	鼠尾粟属	1812	水丝梨属	1143	酸模属	1849
省沽油属	2273	薯蓣属	778	水丝麻属	2340	酸藤子属	1865
省藤属	232	曙南芥属	555	水松属	5	酸竹属	1682
蓍属	266	束尾草属	1779	水苏属	1256	蒜头果属	1417
十齿花属	783	树参属	223	水蓑衣属	32	蒜叶草属	1652
十大功劳属	486	树番茄属	2264	水塔花属	558	算盘子属	1646
十裂葵属	1344	树蓼属	1852	水团花属	2098	算珠豆属	1026
十万错属	29	树萝卜属	800	水蕹属	187	碎米荠属	529
十字苣苔属	1131	数珠珊瑚属	1653	水蜈蚣属	766	穗花杉属	23
石斑木属	2049	栓翅芹属	148	水仙属	96	穗花柊叶属	1363
石丁香属	2131	栓果菊属	354	水苋菜属	1325	穗花属	1669
石豆兰属	1442	栓果芹属	123	水芫花属	1328	笋兰属	1549
石柑属	214	双参属	594	水椰属	235	娑罗双属	784
石海椒属	1315	双唇兰属	1482	水玉杯属	559	梭罗树属	1354
石胡荽属	314	双袋兰属	1483	水玉簪属	558	梭子果属	2219
石斛属	1474	双盾木属	586	水芋属	211	唢呐草属	2226
石蝴蝶属	1117	双果荠属	548	水蕴草属	1156	梭梭属	78
石椒草属	2153	双蝴蝶属	1086	水蔗草属	1688	锁阳属	708
石栗属	871	双花草属	1721	水竹叶属	655		
石莲属	692	双花木属	1140	睡菜属	1386	**T**	
石榴属	1328	双脊荠属	535	睡莲属	1415		
石龙尾属	767	双角草属	2103	睡茄属	2272	台闽苣苔属	1131
石龙芮属	1666	双六道木属	586	蒴莲属	1627	台钱草属	1258
石萝藦属	178	双片苣苔属	1099	丝瓣芹属	111	台湾山柚属	1436
石楠属	2025	双球芹属	152	丝粉藻属	708	台湾杉属	7
石荠苎属	1223	双蕊兰属	1483	丝瓜属	700	薹草属	710
石山苣苔属	1116	双柱紫草属	502	丝胶树属	170	太平爵床属	36
石山棕属	235	水八角属	1664	丝叶芥属	546	太行花属	2098
石蛇床属	135	水柏枝属	2284	丝叶芹属	151	太行菊属	370
石蒜属	95	水鳖属	1157	篦箬竹属	1807	泰来藻属	1159
石头花属	608	水车前属	1158	思茅藤属	170	泰兰属	1547
石仙桃属	1529	水葱属	770	四齿芥属	556	泰竹属	1817
石玄参属	2252	水东哥属	56	四川藤属	180	坛花兰属	1437
石竹属	606	水盾草属	564	四合木属	2394	昙花属	564
石梓属	1205	水甘草属	160	四棱草属	1247	檀梨属	2203
时珍兰属	1544						

檀栗属	2218	铁木属	496	娃儿藤属	183	无叶豆属	959
檀香属	2203	铁破锣属	1929	茵草属	1699	无叶兰属	1440
唐棣属	2001	铁青树属	1417	瓦理棕属	237	无叶莲属	1639
唐松草属	1978	铁杉属	21	瓦莲属	684	无忧花属	1013
唐竹属	1810	铁苋菜属	869	瓦松属	678	梧桐属	1345
糖芥属	541	铁线莲属	1931	弯梗芥属	546	蜈蚣草属	1736
糖蜜草属	1768	铁线子属	2220	弯管花属	2101	吴茱萸属	2159
糖棕属	232	铁竹属	1743	弯穗草属	1724	五层龙属	644
桃儿七属	488	铁仔属	1878	豌豆属	1010	五齿萼属	1590
桃花心木属	1379	茺子藨属	594	万代兰属	1551	五福花属	57
桃金娘属	1406	庭荠属	524	万钧木属	1417	五加属	224
桃榄属	2220	葶芥属	544	万年青属	265	五列木属	1638
桃叶珊瑚属	1055	葶菊属	314	万寿菊属	420	五膜草属	1629
藤春属	103	葶苈属	537	万寿竹属	650	五蕊寄生属	1321
藤耳草属	2103	通泉草属	1640	王棕属	237	五味子属	2247
藤槐属	927	通脱木属	231	网萼木属	1205	五星花属	2137
藤黄属	648	同心结属	178	网籽草属	655	五桠果属	777
藤菊属	320	同钟花属	576	微耳草属	2132	五月茶属	1643
藤露兜属	1595	茼蒿属	342	微果草属	513	午时花属	1354
藤麻属	2351	桐棉属	1359	微花藤属	1166	舞草属	944
藤牡丹属	1370	筒瓣兰属	1440	微孔草属	513	舞鹤草属	256
藤漆属	99	筒冠花属	1256	微柱麻属	2319	舞花姜属	2386
藤山柳属	55	筒花苣苔属	1096	围涎树属	889	勿忘草属	516
藤芋属	217	筒距兰属	1549	卫矛属	629	雾冰藜属	72
藤枣属	1382	筒轴茅属	1804	伪泥胡菜属	410	雾水葛属	2351
梯牧草属	1780	头蕊兰属	1456	伪针茅属	1798		
天胡荽属	129	透骨草属	1642	苇谷草属	374	**X**	
天芥菜属	507	秃疮花属	1620	尾稃草属	1821		
天葵属	1978	土囵儿属	894	尾囊草属	1986	西番莲属	1627
天蓝绣球属	1826	土丁桂属	664	尾球木属	1437	西风芹属	153
天料木属	2169	土黄芪属	989	委陵菜属	2029	西瓜属	695
天麻属	1491	土连翘属	2116	猬草属	1755	西归芹属	154
天门冬属	245	土蜜树属	1645	蝟菊属	369	西洋白花菜属	648
天名精属	312	土楠属	1277	蝟实属	587	希陶木属	889
天南星属	205	土人参属	2284	梧桲属	2017	蒠菜属	557
天女花属	1336	土田七属	2391	文采木属	110	锡兰莲属	1965
天蓬子属	2264	兔唇花属	1215	文冠果属	2219	锡兰莓属	2169
天人菊属	341	兔儿风属	268	文殊兰属	95	锡生藤属	1380
天山蓍属	344	兔儿伞属	417	文藤属	175	锡叶藤属	777
天山泽芹属	116	兔耳草属	1664	纹苞菊属	380	溪楠属	2117
天仙藤属	1382	兔耳一枝箭属	377	蚊母树属	1141	溪桫属	1377
天仙子属	2264	苋葵属	1964	蚊子草属	2019	豨莶属	410
天星藤属	170	菟丝子属	662	吻兰属	1463	膝柄木属	645
天竺葵属	1092	团花属	2131	蕊巨属	352	穗茅属	1724
田葱属	1639	团扇荠属	527	乌柏属	888	喜冬草属	804
田繁缕属	799	豚草属	274	乌口树属	2146	喜峰芹属	123
田基黄属	343	臀果木属	2047	乌蔹莓属	2365	喜光花属	1642
田基麻属	1159	脱喙荠属	547	乌檀属	2130	喜林芋属	213
田菁属	1016	陀螺果属	2276	乌头属	1906	喜马拉雅筱竹属	1753
田麻属	1344	驼峰藤属	177	无苞芥属	549	喜鹊苣苔属	1114
甜菜属	72	驼绒藜属	79	无耳沼兰属	1482	喜树属	672
甜瓜属	695	驼舌草属	1678	无根萍属	218	喜盐草属	1157
甜茅属	1750	驼蹄瓣属	2395	无根藤属	1272	喜雨草属	1228
条果芥属	550	橐吾属	357	无患子属	2218	细柄草属	1706
铁筷子属	1965			无尾果属	2005	细柄茅属	1800
铁榄属	2221	**W**		无心菜属	597	细柄芋属	212
铁力木属	565	洼瓣花属	1311	无须藤属	1166	细画眉草属	1734

细裂芹属	127	香科科属	1258	小沼兰属	1518	旋花属	661
细毛菊属	377	香兰属	1500	小柱芥属	548	旋蒴苣苔属	1095
细蒴苣苔属	1103	香茅属	1714	筱竹属	1816	穴果木属	2101
细穗草属	1763	香檬菊属	374	肖榄属	1167	雪胆属	697
细穗玄参属	1670	香面叶属	1277	肖竹芋属	1362	雪花属	2099
细莞属	766	香蒲属	2312	楔翅藤属	1256	雪柳属	1418
细辛属	241	香茜属	597	楔颖草属	1688	雪松属	14
细叶旱芹属	124	香青属	274	蝎尾菊属	352	雪香兰属	647
细叶芹属	121	香肉果属	2153	蝎子草属	2339	雪亚迪草属	2143
细圆藤属	1382	香薷属	1202	斜萼草属	1218	血水草属	1621
细子龙属	2215	香桃木属	1406	斜果菊属	377	血桐属	883
虾海藻属	2394	香雪球属	547	斜翼属	643	血苋属	78
虾脊兰属	1451	香叶木属	2144	缬草属	595	血叶兰属	1509
虾尾兰属	1525	香竹属	1710	蟹甲草属	371	熏倒牛属	496
虾须草属	410	响盒子属	882	心启兰属	1544	薰衣草属	1216
虾子菜属	1158	向日葵属	344	心叶木属	2111	栒子属	2006
虾子草属	2252	象鼻兰属	1516	心翼果属	596	蕈树属	66
虾子花属	1329	象耳豆属	959	芯芭属	1556		
狭腔芹属	155	象腿蕉属	1400	辛果漆属	98	**Y**	
下田菊属	267	象牙参属	2389	新耳草属	2130		
夏枯草属	1239	橡胶树属	882	新风轮菜属	1187	丫蕊花属	1367
夏蜡梅属	565	小滨菊属	357	新疆藜属	78	鸦葱属	401
夏须草属	265	小檗属	467	新麦草属	1797	鸦胆子属	2256
夏至草属	1215	小草属	1769	新木姜子属	1293	鸦跖花属	1965
仙茅属	1165	小疮菊属	342	新塔花属	1263	鸭蛋花属	162
仙女木属	2017	小二仙草属	1138	新乌檀属	2131	鸭儿芹属	123
仙女越橘属	803	小甘菊属	311	新小竹属	1771	鸭茅属	1716
仙人掌属	564	小勾儿茶属	1989	新型兰属	1512	鸭跖草属	654
先骕兰属	1504	小冠花属	946	新樟属	1292	鸭嘴草属	1759
纤冠藤属	170	小冠薰属	1187	星果草属	1928	崖白菜属	2255
纤穗爵床属	36	小果滨藜属	80	星粟草属	1387	崖柏属	7
鲜卑花属	2081	小果草属	1667	星穗莎属	708	崖豆藤属	986
鲜黄连属	488	小果木属	887	星叶草属	647	崖角藤属	215
显子草属	1779	小红门兰属	1539	荇菜属	1386	崖爬藤属	2368
蚬木属	1345	小花菊属	367	秀柱花属	1142	崖藤属	1380
藓兰属	1442	小槐花属	989	绣球防风属	1217	亚菊属	270
苋属	68	小黄管属	1080	绣球茜属	2103	亚麻荠属	529
线果兜铃属	244	小金梅草属	1165	绣球属	1150	亚麻属	1315
线果芥属	534	小苦苣菜属	414	绣线菊属	2089	烟草属	2267
线叶菊属	340	小苦荬属	349	绣线梅属	2023	烟堇属	1621
线柱苣苔属	1130	小葵子属	343	须花藤属	170	延龄草属	1366
线柱兰属	1552	小丽草属	1712	须芒草属	1687	芫荽属	123
腺萼木属	2129	小麦属	1820	须弥芥属	534	岩白菜属	2222
腺果藤属	1415	小米草属	1556	须弥菊属	346	岩匙属	776
腺叶藤属	670	小米空木属	2097	须弥茜树属	2116	岩菖蒲属	2310
相思子属	890	小囊兰属	1511	须弥参属	576	岩风属	131
香茶菜属	1208	小盘木属	1595	须药藤属	181	岩高兰属	805
香椿属	1379	小蓬属	80	须叶藤属	1055	岩黄芪属	965
香格里拉荠属	552	小牵牛属	667	絮菊属	340	岩黄树属	2152
香根芹属	137	小芹属	154	萱草属	2376	岩梅属	777
香果树属	2104	小舌菊属	367	玄参属	2252	岩茴属	534
香花芥属	544	小石积属	2025	悬钩子属	2059	岩扇属	777
香花藤属	158	小蒜芥属	548	悬铃花属	1353	岩上珠属	2102
香槐属	943	小牙草属	2103	悬铃木属	1676	岩参属	317
香荚兰属	1552	小沿沟草属	1713	悬竹属	1686	岩苑属	380
香简草属	1214	小野芝麻属	1219	旋覆花属	348	岩须花属	803
香芥属	534	小芸木属	2157	旋花豆属	944	岩芋属	215

沿沟草属	1707	业平竹属	1808	银缕梅属	1142	羽萼木属	1197
沿阶草属	258	叶轮木属	887	银脉爵床属	36	羽裂叶荠属	555
盐麸木属	99	叶下珠属	1648	银砂槐属	893	羽芒菊属	431
盐角草属	81	叶子花属	1414	银杉属	14	羽扇豆属	983
盐节木属	77	夜花藤属	1382	银杏属	11	羽穗草属	1719
盐芥属	556	夜来香属	182	银须草属	1685	羽叶点地梅属	1880
盐蓬属	77	夜香树属	2264	银叶树属	1349	羽叶花属	2001
盐千屈菜属	78	一担柴属	1343	银钟花属	2276	羽叶菊属	368
盐生草属	77	一点红属	334	淫羊藿属	482	羽叶楸属	499
盐穗木属	78	一枝黄花属	414	隐棒花属	212	羽衣草属	2001
盐爪爪属	78	伊犁花属	1678	隐花草属	1713	雨久花属	1852
眼树莲属	169	伊犁芹属	155	隐棱芹属	116	雨树属	1013
眼子菜属	1853	依兰属	104	隐翼属	694	玉凤花属	1496
偃麦草属	1733	仪花属	984	隐柱兰属	1466	玉兰属	1337
燕麦草属	1689	移柅属	2017	隐子草属	1712	玉蕊属	1299
燕麦属	1693	以礼草属	1760	隐子芥属	535	玉山竹属	1821
羊耳菊属	332	异唇苣苔属	1094	罂粟莲花属	1921	玉蜀黍属	1825
羊耳蒜属	1505	异萼花属	105	罂粟属	1626	玉叶金花属	2127
羊胡子草属	760	异萼木属	875	鹰爪豆属	1020	玉簪属	256
羊角拗属	181	异果鹤虱属	508	鹰爪花属	103	芋兰属	1515
羊角菜属	648	异果芥属	536	鹰嘴豆属	943	芋属	211
羊角芹属	112	异黄精属	255	蝇子草属	613	郁金香属	1313
羊茅属	1744	异喙菊属	345	瘿椒树属	2287	鸢尾属	1167
羊蹄甲属	925	异裂菊属	345	硬草属	1807	鸢尾兰属	1516
阳桃属	1591	异裂苣苔属	1129	硬骨草属	609	鸢尾蒜属	1174
杨梅属	1402	异木患属	2215	硬果菊属	401	鸳鸯茉莉属	2264
杨桐属	1629	异片苣苔属	1095	硬核属	2204	原沼兰属	1510
杨属	2171	异蕊草属	265	硬皮豆属	984	圆唇苣苔属	1099
洋椿属	1377	异腺草属	1315	永瓣藤属	639	圆果苣苔属	1100
洋狗尾草属	1716	异形木属	1368	油丹属	1268	圆籽荷属	2287
洋竹草属	654	异型兰属	1459	油点草属	1312	远志属	1826
腰骨藤属	174	异序乌桕属	882	油果樟属	1299	月桂属	1277
腰果属	97	异檐花属	579	油楠属	1016	月见草属	1435
药葵属	1342	异燕麦属	1751	油杉寄生属	2202	越橘属	859
药囊花属	1370	异药花属	1370	油杉属	14	越南茜属	2142
药水苏属	1187	异药芥属	526	油桐属	889	云木香属	307
椰子属	234	异野芝麻属	1208	油渣果属	700	云杉属	16
耀花豆属	944	异叶苣苔属	1131	油棕属	235	云实属	927
野扁豆属	958	异子蓬属	72	柚木属	1258	芸薹属	527
野丁香属	2121	益母草属	1216	莸属	1191	芸香属	2159
野独活属	108	薏苡属	1712	莠竹属	1769		
野甘草属	1670	翼萼蔓属	1080	鼬瓣花属	1205	**Z**	
野菰属	1554	翼核果属	1998	盂兰属	1504		
野古草属	1691	翼茎草属	379	鱼鳔槐属	945	藏瓜属	700
野海棠属	1369	翼蓼属	1847	鱼骨木属	2101	藏荠属	543
野胡麻属	1640	翼首花属	593	鱼黄草属	668	藏芥属	551
野牡丹属	1371	蘙草属	1779	鱼木属	584	藏榄属	2219
野木瓜属	1266	阴山荠属	557	鱼藤属	953	藏玄参属	2252
野牛草属	1705	阴行草属	1590	鱼尾葵属	234	藏药木属	2116
野青茅属	1719	茴芋属	2159	鱼眼草属	330	早熟禾属	1787
野扇花属	563	银背藤属	659	俞藤属	2375	枣叶槿属	1353
野黍属	1737	银柴属	1644	萸叶五加属	226	枣属	1998
野尚蒿属	322	银钩花属	108	榆橘属	2159	蚤草属	379
野桐属	883	银合欢属	982	榆绿木属	651	藻百年属	1059
野豌豆属	1026	银桦属	1903	榆属	2314	皂荚属	963
野鸦椿属	2272	银胶菊属	374	羽苞芹属	137	皂帽花属	104
野芝麻属	1216	银莲花属	1921	羽唇兰属	1520	泽番椒属	1663

泽兰属	339	知母属	245	猪菜藤属	664	紫金牛属	1860
泽芹属	155	栀子皮属	2170	猪笼草属	1413	紫堇属	1596
泽苔草属	65	栀子属	2111	猪毛菜属	81	紫茎兰属	1543
泽泻属	64	蜘蛛抱蛋属	247	猪屎豆属	946	紫茎泽兰属	267
掌唇兰属	1545	蜘蛛花属	597	猪血木属	1638	紫茎属	2300
掌裂兰属	1474	蜘蛛兰属	1441	猪牙花属	1302	紫荆木属	2220
掌石蚕属	1240	直唇姜属	2389	猪腰豆属	891	紫荆属	941
掌叶木属	2217	直果草属	1591	蛛毛苣苔属	1114	紫菊属	369
獐耳细辛属	1965	直芒草属	1774	蛛网萼属	1155	紫矿属	927
獐毛属	1683	止泻木属	172	竹柏属	22	紫露草属	657
獐牙菜属	1080	枳椇属	1990	竹根七属	254	紫罗兰属	547
樟味藜属	72	指甲兰属	1437	竹节蓼属	1835	紫麻属	2341
樟属	1272	指柱兰属	1545	竹节树属	2000	紫茉莉属	1415
胀萼紫草属	512	治疝草属	609	竹茎兰属	1550	紫萍属	217
胀果芹属	141	栉叶蒿属	369	竹叶吉祥草属	657	紫雀花属	1005
沼菊属	335	柊叶属	1363	竹叶蕉属	1362	紫伞芹属	135
沼兰属	1465	钟萼草属	1667	竹叶兰属	1441	紫苏属	1230
沼委陵菜属	2006	钟花草属	30	竹叶子属	657	紫穗槐属	894
照夜白属	499	钟兰属	1456	竹芋属	1363	紫檀属	1010
折冠藤属	175	钟山草属	1590	苎麻属	2316	紫藤属	1032
柘属	1397	肿柄菊属	429	柱兰属	1466	紫筒草属	520
鹧鸪草属	1737	肿荚豆属	894	爪花芥属	549	紫菀木属	307
鹧鸪花属	1378	种阜草属	611	爪哇大豆属	989	紫菀属	296
鹧鸪麻属	1352	重寄生属	2203	锥果芥属	527	紫薇属	1326
针果芹属	151	重楼属	1364	锥花属	1206	紫玉盘属	110
针禾属	1816	重羽菊属	330	锥栗属	1033	紫珠属	1187
针蔺属	775	舟瓣芹属	155	锥头麻属	2350	总苞草属	1734
针茅属	1813	舟果荠属	556	锥托泽兰属	321	棕榈属	237
针叶苋属	85	轴花木属	876	锥形果属	696	棕竹属	236
针叶藻属	708	轴藜属	72	锥药金牛属	1855	棕叶芦属	1818
珍珠菜属	1866	轴榈属	235	仔榄树属	174	鬃尾草属	1192
珍珠花属	809	帚菊属	375	孜然芹属	124	足柱兰属	1482
珍珠茅属	773	皱稃草属	1725	子楝树属	1403	钻地风属	1155
珍珠梅属	2081	朱果藤属	658	梓属	497	钻喙兰属	1542
真穗草属	1738	朱蕉属	254	紫草属	512	钻柱兰属	1525
榛属	495	朱兰属	1538	紫丹属	520	醉蝶花属	648
针苞菊属	431	朱缨花属	931	紫冠茜属	2139	醉魂藤属	171
征镒麻属	2353	珠子木属	1648	紫花苣苔属	1104	醉鱼草属	2250
征镒木属	110	诸葛菜属	549	紫金龙属	1620	柞木属	2201
芝麻菜属	540						

属学名索引

INDEX TO GENUS NAMES (IN LATIN)

A

Abarema	889	Actinoscirpus	709	Ahernia	2168	Alstonia	158
Abelia	585	Actinostemma	694	Aidia	2099	Alternanthera	68
Abelmoschus	1341	Adelostemma	158	Ailanthus	2255	Althaea	1342
Abies	12	Adenanthera	891	Ainsliaea	268	Altingia	66
Abrus	890	Adenia	1627	Aira	1685	Alysicarpus	893
Abutilon	1341	Adenocaulon	267	Ajania	270	Alyssum	524
Acacia	890	Adenophora	565	Ajaniopsis	272	Alyxia	159
Acalypha	869	Adenosma	1662	Ajuga	1185	Amalocalyx	160
Acampe	1437	Adenostemma	267	Akebia	1265	Amana	1302
Acanthephippium	1437	Adina	2098	Alajja	1187	Amaranthus	68
Acanthocalyx	585	Adinandra	1629	Alangium	671	Amberboa	273
Acanthochlamys	2353	Adlumia	1595	Albertisia	1380	Amblyanthus	1855
Acantholimon	1677	Adonis	1920	Albizia	892	Amblynotus	500
Acanthophyllum	597	Adoxa	57	Alcea	1342	Ambroma	1342
Acanthospermum	266	Aegiceras	1855	Alchemilla	2001	Ambrosia	274
Acanthus	29	Aegilops	1682	Alchornea	870	Amelanchier	2001
Acer	2206	Aeginetia	1554	Alcimandra	1330	Amentotaxus	23
Achillea	266	Aegle	2152	Aldrovanda	784	Amesiodendron	2215
Achnatherum	1680	Aegopodium	112	Alectra	1554	Amethystea	1187
Achyranthes	67	Aeluropus	1683	Aletris	1412	Amischotolype	653
Achyrospermum	1184	Aerides	1437	Aleurites	871	Ammannia	1325
Acidosasa	1682	Aeridostachya	1438	Alfredia	272	Ammi	112
Acmella	266	Aerva	67	Alhagi	893	Ammodendron	893
Acokanthera	158	Aeschynanthus	1092	Alisma	64	Ammopiptanthus	893
Acomastylis	2001	Aeschynomene	891	Alkekengi	2263	Amomum	2381
Aconitum	1906	Aesculus	2214	Allamanda	158	Amorpha	894
Acorus	50	Afgekia	891	Allardia	273	Amorphophallus	203
Acrachne	1682	Afzelia	892	Alleizettella	2099	Ampelocalamus	1686
Acranthera	2098	Aganosma	158	Alliaria	524	Ampelocissus	2362
Acriopsis	1437	Agapetes	800	Allium	85	Ampelopsis	2363
Acrocarpus	891	Agastache	1185	Allmania	68	Amphicarpaea	894
Acrocephalus	1184	Agathis	3	Allocheilos	1094	Amsonia	160
Acroceras	1682	Agave	244	Allomorphia	1368	Amydrium	205
Acroglochin	67	Agelaea	658	Allophylus	2215	Anabasis	69
Acronema	111	Ageratina	267	Allostigma	1095	Anacardium	97
Acronychia	2152	Ageratum	267	Alloteropsis	1685	Anadendrum	205
Actaea	1920	Aglaia	1376	Alniphyllum	2275	Anagallis	1855
Actephila	1642	Aglaonema	203	Alnus	488	Ananas	558
Actinidia	51	Agrimonia	2001	Alocasia	203	Anaphalis	274
Actinocarya	500	Agriophyllum	67	Aloe	2375	Anaxagorea	103
Actinodaphne	1267	Agropogon	1683	Alopecurus	1686	Ancathia	278
Actinoschoenus	708	Agropyron	1683	Alphitonia	1987	Anchusa	500
		Agrostemma	597	Alphonsea	103	Ancistrocladus	103
		Agrostis	1684	Alpinia	2377	Androcorys	1438
		Agrostophyllum	1438	Alseodaphne	1268	Andrographis	29

属学名索引 INDEX TO GENUS NAMES (IN LATIN)

Andromeda	803	Arabis	525	Asterothamnus	307	Benkara	2100
Andropogon	1687	Arachis	895	Astilbe	2222	Bennettiodendron	2168
Androsace	1855	Arachnis	1441	Astilboides	2222	Berberis	467
Anemarrhena	245	Aralia	218	Astragalus	896	Berchemia	1987
Anemoclema	1921	Araucaria	3	Astronia	1368	Berchemiella	1989
Anemone	1921	Arcangelisia	1380	Asyneuma	569	Bergenia	2222
Anethum	112	Arceuthobium	2202	Asystasia	29	Bergia	799
Angelica	112	Archakebia	1265	Atalantia	2152	Berneuxia	776
Ania	1439	Archangelica	116	Atelanthera	526	Berrya	1343
Anisadenia	1315	Archiatriplex	70	Atractylodes	307	Berteroa	527
Aniselytron	1687	Archiboehmeria	2316	Atraphaxis	1831	Berteroella	527
Anisochilus	1187	Archidendron	895	Atriplex	70	Berula	116
Anisodus	2263	Archiserratula	279	Atropa	2263	Beta	72
Anisomeles	1187	Archontophoenix	231	Atropanthe	2264	Betonica	1187
Anisopappus	278	Arctium	279	Aucklandia	307	Betula	489
Anna	1095	Arctogeron	279	Aucuba	1055	Bhesa	645
Annamocarya	1174	Arctous	803	Austroeupatorium	307	Bhutanthera	1442
Anneslea	1631	Arcuatopterus	116	Avena	1693	Bidens	307
Annona	103	Ardisia	1860	Averrhoa	1591	Biebersteinia	496
Anodendron	160	Areca	231	Avicennia	29	Biermannia	1442
Anoectochilus	1439	Arenaria	597	Axonopus	1693	Billbergia	558
Anogeissus	651	Arenga	232	Axyris	72	Biondia	161
Anredera	454	Argemone	1595	Azima	2201	Biophytum	1592
Antennaria	279	Argentina	2002			Bischofia	1644
Antenoron	1831	Argostemma	2099	**B**		Biswarea	694
Anthemis	279	Argyreia	659			Bixa	500
Antheroporum	894	Arisaema	205	Baccaurea	1644	Blachia	872
Anthogonium	1440	Aristida	1689	Bacopa	1662	Blainvillea	308
Anthoxanthum	1688	Aristolochia	238	Baeckea	1403	Blastus	1368
Anthriscus	116	Arivela	647	Baimashania	526	Blepharis	30
Anthurium	205	Armoracia	526	Balakata	871	Bletilla	1442
Antiaris	1387	Arnebia	500	Balanophora	436	Blinkworthia	660
Antidesma	1643	Arrhenatherum	1689	Baliospermum	871	Blumea	308
Antigonon	1831	Artabotrys	103	Bambusa	1693	Blysmus	709
Antiotrema	500	Artemisia	279	Baolia	72	Blyxa	1156
Antirhea	2099	Arthraxon	1690	Barbarea	526	Boea	1095
Antirrhinum	1662	Arthrophytum	70	Barleria	29	Boehmeria	2316
Aphanamixis	1377	Artocarpus	1387	Barnardia	252	Boeica	1095
Aphananthe	579	Arum	211	Barringtonia	1299	Boenninghausenia	2153
Aphanopleura	116	Aruncus	2004	Barthea	1368	Boerhavia	1414
Aphragmus	525	Arundina	1441	Basella	454	Boesenbergia	2384
Aphyllodium	894	Arundinaria	1691	Bashania	1699	Bolboschoenoplectus	709
Aphyllorchis	1440	Arundinella	1691	Basilicum	1187	Bolboschoenus	709
Apios	894	Arundo	1693	Bassia	72	Bolbostemma	694
Apium	116	Arytera	2216	Batrachium	1928	Bolocephalus	311
Apluda	1688	Asarum	241	Bauhinia	925	Bombax	1343
Apocopis	1688	Asclepias	160	Beaumontia	160	Bonia	1699
Apocynum	160	Ascocentrum	1441	Beccarinda	1095	Boniodendron	2216
Apodytes	1166	Askellia	295	Beckmannia	1699	Borago	501
Aponogeton	187	Asparagus	245	Beesia	1929	Borassus	232
Aporosa	1644	Asperugo	501	Begonia	454	Borszczowia	72
Apostasia	1441	Asperula	2100	Beilschmiedia	1269	Borthwickia	524
Appendicula	1441	Aspidistra	247	Belamcanda	1167	Boschniakia	1554
Apterosperma	2287	Aspidocarya	1380	Bellis	307	Bothriochloa	1699
Aquilaria	2302	Aspidopterys	1339	Belostemma	161	Bothriospermum	501
Aquilegia	1927	Aster	296	Belosynapsis	653	Bougainvillea	1414
Arabidopsis	525	Asteropyrum	1928	Benincasa	694	Bousigonia	162

2413

Bouteloua	1700	Caesalpinia	927	Caragana	934	Centella	121
Bowringia	927	Cajanus	928	Carallia	2000	Centipeda	314
Brachanthemum	311	Calamagrostis	1706	Cardamine	529	Centotheca	1707
Brachiaria	1700	Calamintha	1187	Cardaria	532	Centranthera	1555
Brachybotrys	501	Calamus	232	Cardiandra	1145	Centrantheropsis	2251
Brachycorythis	1442	Calanthe	1451	Cardiocrinum	1302	Centratherum	314
Brachyelytrum	1701	Calathea	1362	Cardiopteris	596	Centrolepis	645
Brachypodium	1701	Calathodes	1929	Cardiospermum	2216	Centrosema	941
Brachystelma	162	Caldesia	65	Carduus	312	Cephalanthera	1456
Brachystemma	604	Calendula	311	Carex	710	Cephalantheropsis	1456
Brachytome	2100	Calla	211	Carica	596	Cephalanthus	2101
Brandisia	1554	Callerya	929	Carissa	162	Cephalomappa	872
Brasenia	563	Calliandra	931	Carlemannia	597	Cephalostachyum	1707
Brassaiopsis	221	Callianthemum	1930	Carlesia	121	Cephalotaxus	24
Brassica	527	Callicarpa	1187	Carlina	312	Cerastium	604
Braya	528	Calligonum	1832	Carmona	501	Ceratanthus	1192
Bredia	1369	Callisia	654	Carpesium	312	Ceratocarpus	73
Bretschneidera	64	Callistemon	1403	Carpinus	492	Ceratocephala	1930
Breynia	1644	Callistephus	311	Carrierea	2168	Ceratonia	941
Bridelia	1645	Callitriche	1662	Carthamus	313	Ceratophyllum	645
Briggsiopsis	1096	Callostylis	1455	Carum	121	Ceratostigma	1677
Briza	1701	Calocedrus	3	Carya	1174	Ceratostylis	1457
Bromus	1701	Calophaca	931	Caryodaphnopsis	1272	Cerbera	163
Broussonetia	1388	Calophyllum	564	Caryopteris	1191	Cercidiphyllum	645
Brucea	2256	Calopogonium	931	Caryota	234	Cercis	941
Brugmansia	2264	Calotis	311	Casearia	2168	Ceriops	2000
Bruguiera	1999	Calotropis	162	Casimiroa	2153	Ceriscoides	2101
Bruinsmia	2276	Caltha	1930	Cassia	940	Ceropegia	163
Brunfelsia	2264	Calycanthus	565	Cassiope	803	Cestrum	2264
Brylkinia	1705	Calypso	1455	Cassytha	1272	Chaenomeles	2005
Bryobium	1442	Calyptocarpus	311	Castanea	1033	Chaerophyllopsis	121
Bryocarpum	1865	Calystegia	660	Castanopsis	1033	Chaerophyllum	121
Bryophyllum	677	Camchaya	311	Castilleja	1555	Chaetocarpus	872
Buchanania	97	Camelina	529	Casuarina	627	Chaiturus	1192
Buchloe	1705	Camellia	2287	Catabrosa	1707	Chamabainia	2319
Buchnera	1555	Cameraria	162	Catalpa	497	Chamaeanthus	1457
Buckleya	2202	Campanula	569	Catha	627	Chamaecrista	942
Buddleja	2250	Campanulorchis	1456	Catharanthus	162	Chamaecyparis	3
Bulbophyllum	1442	Camphorosma	72	Cathaya	14	Chamaedaphne	804
Bulbostylis	710	Campsis	497	Cathayanthe	1096	Chamaegastrodia	1457
Bulleyia	1451	Camptotheca	672	Catunaregam	2101	Chamaerhodos	2005
Bunias	529	Campylandra	252	Caulokaempferia	2384	Chamaesciadium	121
Buphthalmum	311	Campylospermum	1416	Caulophyllum	481	Chamaesium	121
Bupleurum	117	Campylotropis	931	Cautleya	2384	Chamaesphacos	1192
Burmannia	558	Cananga	104	Cavea	314	Chamerion	1430
Burretiodendron	1343	Canarium	559	Cayratia	2365	Champereia	1436
Butea	927	Canavalia	934	Cedrela	1377	Changium	122
Butia	232	Cancrinia	311	Cedrus	14	Changnienia	1457
Butomopsis	65	Canna	581	Ceiba	1343	Chassalia	2101
Butomus	560	Cannabis	579	Celastrus	627	Cheirostylis	1457
Buxus	561	Canscora	1056	Celosia	73	Chelidonium	1595
Byttneria	1343	Cansjera	1436	Celtis	579	Chelonopsis	1192
		Canthium	2101	Cenchrus	1707	Chengiodendron	1417
C		Capillipedium	1706	Cenocentrum	1343	Chengiopanax	223
		Capparis	582	Cenolophium	121	Chenopodium	73
Cabomba	564	Capsella	529	Centaurea	314	Chesneya	942
Caelospermum	2101	Capsicum	2264	Centaurium	1057	Chesniella	943

Chikusichloa	1708	Clarkella	2102	Comastoma	1057	Craniospermum	502
Chiloschista	1459	Clarkia	1432	Combretum	651	Craniotome	1199
Chimaphila	804	Clausena	2154	Commelina	654	Craspedolobium	946
Chimonanthus	565	Clausia	534	Commersonia	1344	Crassocephalum	322
Chimonobambusa	1708	Cleghornia	164	Commicarpus	1414	Crataegus	2015
Chimonocalamus	1710	Cleidiocarpon	873	Conandron	1096	Crateva	584
Chionachne	1711	Cleidion	873	Conchidium	1463	Cratoxylum	1159
Chionanthus	1417	Cleisostoma	1459	Congea	1199	Crawfurdia	1058
Chionocharis	501	Cleisostomopsis	1461	Conioselinum	123	Cremanthodium	322
Chionographis	1364	Cleistanthus	1645	Conium	123	Cremastra	1464
Chisocheton	1377	Cleistogenes	1712	Connarus	658	Crepidiastrum	327
Chloranthus	645	Clematis	1931	Conoclinium	321	Crepidium	1465
Chloris	1711	Clematoclethra	55	Conringia	534	Crepis	328
Chlorophytum	254	Cleome	648	Consolida	1947	Crinitina	329
Choerospondias	97	Cleoserrata	648	Convallaria	254	Crinum	95
Chondrilla	314	Clerodendranthus	1193	Convolvulus	661	Crocus	1167
Chonemorpha	164	Clerodendrum	1193	Conyza	321	Croomia	2274
Chorispora	533	Clethra	648	Coptis	1947	Crossostephium	329
Christia	943	Cleyera	1631	Coptosapelta	2102	Crotalaria	946
Christisonia	1555	Clianthus	944	Corallodiscus	1096	Croton	873
Christolea	533	Clibadium	321	Corallorhiza	1464	Crucihimalaya	534
Chroesthes	30	Clinacanthus	30	Corchoropsis	1344	Crupina	330
Chromolaena	315	Clinopodium	1196	Corchorus	1344	Crypsis	1713
Chrozophora	872	Clintonia	1302	Cordia	502	Crypteronia	694
Chrysanthemum	315	Clitoria	944	Cordyline	254	Cryptocarya	1275
Chrysoglossum	1459	Cnesmone	873	Coreopsis	321	Cryptochilus	1466
Chrysophyllum	2219	Cnestis	658	Corethrodendron	945	Cryptocoryne	212
Chrysopogon	1711	Cnidium	122	Coriandrum	123	Cryptolepis	164
Chrysosplenium	2223	Coccinia	695	Coriaria	670	Cryptomeria	4
Chuanminshen	122	Coccoloba	1833	Corispermum	74	Cryptospora	535
Chukrasia	1377	Cocculus	1380	Cornulaca	76	Cryptostylis	1466
Chunia	1139	Cochlearia	534	Cornus	672	Cryptotaenia	123
Chuniophoenix	234	Cochlianthus	944	Coronilla	946	Cucumis	695
Cicer	943	Cocos	234	Coronopus	534	Cucurbita	695
Cicerbita	317	Codiaeum	873	Corsiopsis	676	Cullen	950
Cichorium	317	Codonacanthus	30	Cortaderia	1713	Cuminum	124
Cicuta	122	Codonopsis	571	Cortia	123	Cunninghamia	4
Cimicifuga	1931	Codoriocalyx	944	Cortiella	123	Cuphea	1326
Cinchona	2101	Coelachne	1712	Cortusa	1865	Cupressus	4
Cinna	1711	Coelogyne	1461	Corybas	1464	Curculigo	1165
Cinnamomum	1272	Coelopleurum	123	Corydalis	1596	Curcuma	2384
Cipadessa	1377	Coffea	2102	Corylopsis	1139	Cuscuta	662
Circaea	1431	Coix	1712	Corylus	495	Cyamopsis	950
Circaeaster	647	Coldenia	502	Corymborkis	1464	Cyananthus	574
Cirsium	317	Coleanthus	1713	Cosmianthemum	30	Cyanotis	654
Cissampelopsis	320	Colebrookea	1197	Cosmos	321	Cyanus	330
Cissampelos	1380	Coleus	1197	Cosmostigma	164	Cyathocline	330
Cissus	2366	Collabium	1463	Costus	676	Cyathopus	1714
Cistanche	1556	Colocasia	211	Cotinus	97	Cyathostemma	104
Cithareloma	534	Colona	1343	Cotoneaster	2006	Cyathula	76
Citrullus	695	Colpodium	1713	Cotula	321	Cycas	8
Citrus	2153	Colquhounia	1198	Cotylanthera	1058	Cyclanthera	696
Cladium	751	Colubrina	1989	Courtoisina	751	Cyclea	1381
Cladogynos	872	Coluria	2005	Cousinia	322	Cyclocarya	1175
Cladopus	1825	Colutea	945	Craibiodendron	805	Cyclocodon	575
Cladrastis	943	Comanthosphace	1198	Craigia	1344	Cyclorhiza	124
Claoxylon	872	Comarum	2006	Crambe	534	Cyclospermum	124

Cydonia	2017	Delavaya	2216	Dimeria	1724	Dracaena	255	
Cylindrolobus	1466	Delonix	952	Dimetia	2103	Dracocephalum	1199	
Cymaria	1199	Delphinium	1948	Dimocarpus	2216	Dracontomelon	98	
Cymbalaria	1663	Dendrobium	1474	Dimorphocalyx	875	Dregea	169	
Cymbaria	1556	Dendrocalamus	1716	Dinebra	1724	Drepanostachyum	1724	
Cymbidium	1467	Dendrochilum	1482	Dinetus	663	Drimycarpus	98	
Cymbopogon	1714	Dendrocnide	2320	Diodia	2103	Droguetia	2320	
Cymodocea	708	Dendrolirium	1482	Dioscorea	778	Drosera	784	
Cynanchum	165	Dendrolobium	952	Diospyros	785	Dryas	2017	
Cynodon	1715	Dendropanax	223	Dipelta	586	Drymaria	607	
Cynoglossum	502	Dendrophthoe	1321	Dipentodon	783	Drypetes	1905	
Cynomorium	708	Dendrotrophe	2202	Diphylleia	481	Duabanga	1326	
Cynosurus	1716	Dentella	2103	Diplacrum	757	Dubyaea	332	
Cyperus	751	Derris	953	Diplandrorchis	1483	Duchesnea	2017	
Cypholophus	2319	Deschampsia	1718	Diplarche	805	Duhaldea	332	
Cyphomandra	2264	Descurainia	535	Diplazoptilon	330	Dumasia	957	
Cyphotheca	1370	Desideria	535	Diplectria	1370	Dunbaria	958	
Cypripedium	1470	Desmanthus	955	Diploclisia	1381	Dunnia	2103	
Cyrtandra	1096	Desmodium	955	Diplocyclos	696	Duperrea	2103	
Cyrtandromoea	2251	Desmos	105	Diplodiscus	1345	Duranta	2353	
Cyrtococcum	1716	Desmostachya	1719	Diploknema	2219	Duthiea	1724	
Cyrtosia	1473	Deutzia	1146	Diplomeris	1483	Dypsis	234	
Cystacanthus	30	Deutzianthus	875	Diplopanax	675	Dysolobium	958	
Cystorchis	1474	Deyeuxia	1719	Diploprora	1483	Dysosma	482	
Cytisus	950	Diabelia	586	Diplospora	2103	Dysoxylum	1377	
Czernaevia	124	Dianella	2375	Diplotaxis	536	Dysphania	77	
		Dianthus	606	Dipsacus	586			
D		Diapensia	777	Dipterocarpus	783	**E**		
		Diarrhena	1721	Dipteronia	2216			
Dacrycarpus	22	Diarthron	2306	Diptychocarpus	536	Eberhardtia	2219	
Dacrydium	22	Dicercoclados	330	Disanthus	1140	Ecballium	696	
Dactylicapnos	1620	Dichanthium	1721	Dischidanthus	169	Echinacanthus	31	
Dactylis	1716	Dichapetalum	777	Dischidia	169	Echinochloa	1725	
Dactyloctenium	1716	Dichocarpum	1963	Discocleidion	875	Echinocodon	576	
Dactylorhiza	1474	Dichondra	663	Disepalum	105	Echinops	333	
Daemonorops	234	Dichotomanthes	2017	Disperis	1483	Echium	503	
Dalbergia	950	Dichroa	1149	Disporopsis	254	Eclipta	334	
Dalechampia	875	Dichrocephala	330	Disporum	650	Edgaria	696	
Damnacanthus	2102	Dichrostachys	957	Distephanus	330	Edgeworthia	2306	
Danthonia	1716	Dickinsia	124	Distyliopsis	1140	Egeria	1156	
Danxiaorchis	1474	Dicliptera	31	Distylium	1141	Ehretia	503	
Daphne	2302	Dicranostigma	1620	Diuranthera	254	Ehrharta	1725	
Daphniphyllum	776	Dictamnus	2155	Dobinea	98	Eichhornia	1852	
Dapsilanthus	1987	Dictyospermum	655	Docynia	2017	Elaeagnus	789	
Dasymaschalon	104	Didymocarpus	1096	Dodartia	1640	Elaeis	235	
Datura	2264	Didymoplexiella	1482	Dodecadenia	1277	Elaeocarpus	795	
Daucus	124	Didymoplexiopsis	1482	Dodonaea	2216	Elatine	799	
Davidia	675	Didymoplexis	1482	Dolichopetalum	169	Elatostema	2320	
Debregeasia	2319	Didymostigma	1099	Dolichos	957	Eleocharis	757	
Decaisnea	1265	Dieffenbachia	212	Dolomiaea	330	Elephantopus	334	
Decaschistia	1344	Dienia	1482	Donax	1362	Elettariopsis	2385	
Decaspermum	1403	Digera	77	Dontostemon	536	Eleusine	1726	
Decumaria	1145	Digitalis	1663	Dopatrium	1664	Eleutharrhena	1382	
Deeringia	76	Digitaria	1722	Doronicum	331	Eleutheranthera	334	
Dehaasia	1276	Diglyphosa	1482	Dovyalis	2169	Eleutherococcus	224	
Deinanthe	1146	Dillenia	777	Draba	537	Ellipanthus	658	
Deinostema	1663	Dilophia	535	Drabopsis	540	Ellisiophyllum	1664	

Elsholtzia	1202	Eriosolena	2306	Fagus	1038	Galactia	962
Elymus	1726	Erismanthus	876	Falcataria	961	Galatella	341
Elytranthe	1321	Eritrichium	504	Falconeria	882	Galearis	1488
Elytrigia	1733	Erodium	1087	Fallopia	1834	Galega	963
Elytrophorus	1734	Eruca	540	Farfugium	340	Galeola	1488
Embelia	1865	Erycibe	663	Fargesia	1739	Galeopsis	1205
Emilia	334	Eryngium	125	Fatoua	1389	Galinsoga	341
Emmenopterys	2104	Erysimum	541	Fatsia	225	Galitzkya	543
Empetrum	805	Erythrina	959	Fenghwaia	1989	Galium	2104
Endiandra	1277	Erythrodes	1486	Fernandoa	497	Gamblea	226
Endospermum	875	Erythronium	1302	Ferrocalamus	1743	Gamochaeta	341
Enemion	1963	Erythropalum	1417	Ferula	125	Gaoligongshania	1748
Engelhardia	1175	Erythrophleum	960	Festuca	1744	Garcinia	648
Enhalus	1156	Erythrorchis	1486	Fibigia	543	Gardenia	2111
Enkianthus	805	Erythroxylum	869	Fibraurea	1382	Gardneria	1319
Enneapogon	1734	Eschenbachia	338	Ficus	1389	Garhadiolus	342
Ensete	1400	Eschscholzia	1621	Filago	340	Garnotia	1748
Entada	959	Esmeralda	1486	Filifolium	340	Garrettia	1205
Enterolobium	959	Ethulia	338	Filipendula	2019	Garuga	560
Enteropogon	1734	Etlingera	2385	Fimbristylis	761	Gastrochilus	1489
Enydra	335	Eucalyptus	1404	Firmiana	1345	Gastrocotyle	507
Eomecon	1621	Euchresta	960	Fissistigma	105	Gastrodia	1491
Epaltes	335	Euclidium	542	Flacourtia	2169	Gaultheria	806
Ephedra	10	Eucommia	869	Flagellaria	1055	Gaura	1435
Epigeneium	1483	Eugenia	1406	Flaveria	340	Geissaspis	963
Epigynum	170	Eulalia	1737	Flemingia	961	Gelidocalamus	1749
Epilasia	335	Eulaliopsis	1738	Flickingeria	1487	Gelsemium	1056
Epilobium	1432	Eulophia	1486	Flindersia	2155	Genianthus	170
Epimedium	482	Euonymus	629	Floscopa	655	Geniosporum	1205
Epipactis	1484	Eupatorium	339	Flueggea	1646	Geniostoma	1319
Epiphyllum	564	Euphorbia	876	Foeniculum	127	Genista	963
Epipogium	1484	Euphrasia	1556	Fokienia	4	Gennaria	1493
Epipremnum	212	Euptelea	889	Fontanesia	1418	Gentiana	1059
Epiprinus	875	Eurya	1632	Foonchewia	2104	Gentianella	1077
Epirixanthes	1826	Euryale	1415	Fordia	962	Gentianopsis	1077
Epithema	1099	Eurybia	339	Fordiophyton	1370	Geodorum	1493
Eragrostiella	1734	Eurycarpus	542	Formania	340	Geophila	2111
Eragrostis	1734	Eurycorymbus	2216	Forsythia	1418	Geranium	1088
Eranthemum	31	Euryodendron	1638	Fortunearia	1142	Gerbera	342
Eranthis	1964	Eurysolen	1204	Fosbergia	2104	Germainia	1749
Erechtites	335	Euscaphis	2272	Fragaria	2020	Getonia	652
Eremochloa	1736	Eustachys	1738	Frangula	1989	Geum	2020
Eremopyrum	1737	Eustigma	1142	Frankenia	1055	Gigantochloa	1749
Eremosparton	959	Eutrema	542	Fraxinus	1419	Ginkgo	11
Eremurus	2376	Eversmannia	961	Freycinetia	1595	Girardinia	2339
Eria	1485	Evolvulus	664	Fritillaria	1302	Girgensohnia	77
Eriachne	1737	Exacum	1059	Frolovia	340	Gironniera	580
Erigeron	335	Exbucklandia	1142	Fuchsia	1434	Gisekia	1131
Eriobotrya	2018	Excentrodendron	1345	Fuirena	765	Glabrella	1099
Eriocaulon	866	Excoecaria	881	Fumaria	1621	Glaucium	1621
Eriochloa	1737	Exochorda	2019	Funtumia	170	Glaux	1866
Eriocycla	124					Gleadovia	1557
Eriodes	1486	**F**		**G**		Glebionis	342
Eriolaena	1345					Glechoma	1205
Eriophorum	760	Faberia	340	Gagea	1304	Gleditsia	963
Eriophyton	1204	Fagopyrum	1833	Gahnia	766	Glehnia	127
Eriosema	959	Fagraea	1059	Gaillardia	341	Glinus	1387

Gliricidia	964	Gynandropsis	648	Helictotrichon	1751	Holmskioldia	1208	
Globba	2386	Gynocardia	50	Heliotropium	507	Holocheila	1208	
Glochidion	1646	Gynostemma	696	Helixanthera	1321	Hololeion	347	
Gloriosa	651	Gynura	344	Helleborus	1965	Holostemma	172	
Glossocardia	343	Gypsophila	608	Heloniopsis	1364	Holosteum	609	
Glyceria	1750	Gyrocheilos	1099	Helwingia	1143	Homalanthus	882	
Glycine	964	Gyrogyne	1100	Hemarthria	1752	Homalium	2169	
Glycosmis	2155			Hemerocallis	2376	Homalocladium	1835	
Glycyrrhiza	964	**H**		Hemiboea	1100	Homalomena	212	
Glyptopetalum	635			Hemidiodia	2116	Homocodon	576	
Glyptostrobus	5	Habenaria	1496	Hemilophia	543	Homonoia	882	
Gmelina	1205	Hackelia	507	Hemiphragma	1664	Hopea	783	
Gnaphalium	343	Hackelochloa	1751	Hemipilia	1500	Horaninovia	78	
Gnetum	12	Haematoxylum	965	Hemiptelea	2313	Hordeum	1753	
Gnomophalium	343	Hainanecio	344	Hemisteptia	345	Hornstedtia	2388	
Goldbachia	543	Haldina	2111	Hemsleya	697	Hornungia	544	
Gomphandra	2275	Halenia	1078	Henckelia	1102	Horsfieldia	1402	
Gomphocarpus	170	Halerpestes	1964	Hepatica	1965	Hosiea	1166	
Gomphogyne	696	Halesia	2276	Heptacodium	587	Hosta	256	
Gomphostemma	1206	Halimocnemis	77	Heracleum	127	Houpoea	1330	
Gomphrena	77	Halimodendron	965	Herissantia	1349	Houttuynia	2221	
Gongronema	170	Halocnemum	77	Heritiera	1349	Hovenia	1990	
Goniolimon	1678	Halodule	708	Herminium	1501	Hoya	172	
Goniostemma	170	Halogeton	77	Hernandia	1144	Hsenhsua	1504	
Goniothalamus	107	Halopeplis	78	Herniaria	609	Hubera	107	
Gonocarpus	1138	Halophila	1157	Herpetospermum	700	Humulus	580	
Gonocaryum	596	Halostachys	78	Herpysma	1502	Hunteria	174	
Gonostegia	2339	Halothamnus	78	Hesperis	544	Huodendron	2276	
Goodenia	1132	Haloxylon	78	Hesperocyparis	5	Hura	882	
Goodyera	1493	Hamamelis	1142	Hetaeria	1502	Hyalolaena	129	
Gossypium	1346	Hamelia	2111	Heteracia	345	Hybanthus	2354	
Gouania	1990	Hancea	882	Heterocaryum	508	Hydnocarpus	50	
Grangea	343	Hanceola	1207	Heterolamium	1208	Hydrangea	1150	
Graphistemma	170	Hancockia	1500	Heteropanax	226	Hydrilla	1157	
Gratiola	1664	Handelia	344	Heteroplexis	345	Hydrobryum	1825	
Grevillea	1903	Handeliodendron	2217	Heteropogon	1752	Hydrocera	437	
Grewia	1346	Hapaline	212	Heteropolygonatum	255	Hydrocharis	1157	
Grindelia	343	Haplophyllum	2156	Heterostemma	171	Hydrocotyle	129	
Grosourdya	1495	Haplosphaera	127	Hevea	882	Hydrolea	1159	
Gueldenstaedtia	965	Haplospondias	98	Hewittia	664	Hygrophila	32	
Guettarda	2111	Haraella	1500	Heynea	1378	Hygroryza	1754	
Guihaia	235	Harpachne	1751	Hibiscus	1349	Hylocereus	564	
Guizotia	343	Harpullia	2217	Hieracium	345	Hylodesmum	969	
Gymnaconitum	1964	Harrisonia	2156	Himalacodon	576	Hylomecon	1621	
Gymnadenia	1495	Harrysmithia	127	Himalaiella	346	Hylophila	1504	
Gymnanthera	170	Hedera	226	Himalayacalamus	1753	Hylotelephium	677	
Gymnanthes	882	Hedinia	543	Himalrandia	2116	Hymenachne	1754	
Gymnema	170	Hedychium	2386	Hippobroma	576	Hymenaea	970	
Gymnocarpos	608	Hedyosmum	647	Hippolytia	346	Hymenodictyon	2116	
Gymnocladus	965	Hedyotis	2112	Hippophaë	794	Hymenopyramis	2353	
Gymnocoronis	343	Hedysarum	965	Hippuris	1664	Hyoscyamus	2264	
Gymnopetalum	696	Helianthemum	647	Hiptage	1339	Hyparrhenia	1754	
Gymnosiphon	559	Helianthus	344	Hodgsonia	700	Hypecoum	1621	
Gymnospermium	485	Helichrysum	345	Holarrhena	172	Hypericum	1160	
Gymnosporia	636	Helicia	1903	Holboellia	1265	Hypochaeris	347	
Gymnostachyum	32	Heliciopsis	1904	Holcoglossum	1503	Hypoestes	32	
Gymnotheca	2221	Helicteres	1348	Holcus	1753	Hypolytrum	766	

INDEX TO GENUS NAMES (IN LATIN)

Hypoxis	1165	Juglans	1175	Lagenaria	700	Leptopus	1648
Hyperpa	1382	Juncus	1176	Lagenophora	353	Leptopyrum	1965
Hyptianthera	2116	Juniperus	5	Lagerstroemia	1326	Leptorhabdos	1557
Hyptis	1208	Jurinea	350	Laggera	353	Leptostachya	36
Hyssopus	1208	Justicia	33	Lagochilus	1215	Leptunis	2124
Hystrix	1755			Lagopsis	1215	Lepturus	1763
		K		Lagotis	1664	Lepyrodiclis	609
I				Lallemantia	1216	Lerchea	2124
		Kadsura	2247	Lamium	1216	Lespedeza	979
Ianhedgea	544	Kaempferia	2389	Lamprocapnos	1622	Leucaena	982
Iberis	544	Kalanchoe	678	Lancea	1640	Leucanthemella	357
Ichnanthus	1755	Kalidium	78	Landoltia	213	Leucanthemum	357
Ichnocarpus	174	Kalopanax	226	Lannea	98	Leucas	1217
Ichtyoselmis	1622	Kandelia	2000	Lantana	2353	Leucomeris	357
Idesia	2170	Karelinia	351	Laportea	2339	Leucosceptrum	1218
Ikonnikovia	1678	Kaschgaria	351	Lappula	508	Leucosyke	2340
Ilex	187	Keenania	2117	Lapsanastrum	353	Leucothoe	809
Iljinia	78	Keiskea	1214	Larix	15	Levisticum	131
Illicium	2245	Kelloggia	2117	Lasia	213	Leycesteria	587
Illigera	1144	Kengyilia	1760	Lasianthus	2118	Leymus	1763
Impatiens	437	Kerria	2021	Lasiocaryum	511	Lianthus	1165
Imperata	1755	Keteleeria	14	Lasiococca	882	Libanotis	131
Incarvillea	497	Khaya	1379	Lathraea	1557	Licuala	235
Indigofera	970	Kibatalia	175	Lathyrus	977	Lignariella	546
Indocalamus	1755	Kingdonia	1965	Latouchea	1078	Ligularia	357
Indofevillea	700	Kinostemon	1214	Launaea	354	Ligulariopsis	365
Indosasa	1757	Kirengeshoma	1152	Laurus	1277	Ligusticum	132
Inula	348	Kirilowia	79	Lavandula	1216	Ligustrum	1424
Iodes	1166	Klasea	351	Lavatera	1352	Lilium	1306
Iphigenia	651	Kleinhovia	1352	Lawsonia	1328	Limnocharis	65
Ipomoea	664	Knema	1402	Lecanorchis	1504	Limnophila	1666
Iresine	78	Knoxia	2117	Lecanthus	2340	Limonium	1678
Iris	1167	Kochia	79	Ledum	809	Limosella	2252
Isachne	1758	Koeleria	1762	Leea	2367	Linaria	1666
Isatis	544	Koelpinia	352	Leersia	1763	Lindelofia	512
Ischaemum	1759	Koelreuteria	2217	Legazpia	1316	Lindenbergia	1667
Ischnogyne	1504	Koenigia	1835	Leibnitzia	354	Lindera	1277
Isodon	1208	Koilodepas	882	Leiospora	545	Lindernia	1316
Isoglossa	33	Kolkwitzia	587	Lemna	213	Linnaea	587
Isolepis	766	Kopsia	175	Lens	979	Linum	1315
Isopyrum	1965	Korthalsella	2203	Leontice	486	Liparis	1505
Itea	1172	Krascheninnikovia	79	Leontopodium	354	Lipocarpha	767
Iteadaphne	1277	Krasnovia	131	Leonurus	1216	Liquidambar	66
Itoa	2170	Kudoacanthus	36	Lepidagathis	36	Lirianthe	1330
Ixeridium	349	Kuhlhasseltia	1504	Lepidium	545	Liriodendron	1331
Ixeris	350	Kummerowia	977	Lepidosperma	767	Liriope	256
Ixiolirion	1174	Kungia	678	Lepidostemon	546	Litchi	2218
Ixonanthes	1174	Kydia	1352	Lepionurus	1437	Lithocarpus	1038
Ixora	2116	Kyllinga	766	Lepironia	767	Lithosciadium	135
				Lepisanthes	2217	Lithospermum	512
J		**L**		Lepistemon	667	Litostigma	1103
				Leptaleum	546	Litsea	1280
Jacquemontia	667	Lablab	977	Leptaspis	1763	Littledalea	1765
Jaeschkea	1078	Laburnum	977	Leptoboea	1103	Litwinowia	547
Jasminanthes	175	Lachnoloma	544	Leptochloa	1763	Livistona	235
Jasminum	1421	Lactuca	352	Leptodermis	2121	Lloydia	1311
Jatropha	882	Lagascea	353	Leptomischus	2123	Lobelia	576

Lobularia	547	Magnolia	1331	Melanoseris	365	Microtoena	1222
Loeseneriella	637	Maharanga	512	Melanthera	367	Microtropis	637
Lolium	1766	Mahonia	486	Melastoma	1371	Microula	513
Lomatocarpa	135	Maianthemum	256	Melhania	1353	Mikania	367
Lomatogoniopsis	1079	Malaisia	1398	Melia	1379	Milium	1770
Lomatogonium	1079	Malania	1417	Melica	1766	Miliusa	108
Londesia	80	Malaxis	1510	Melicope	2157	Millettia	986
Lonicera	587	Malcolmia	547	Melilotus	986	Millingtonia	499
Lophanthus	1218	Malleola	1510	Melinis	1768	Mimosa	988
Lophatherum	1766	Mallotus	883	Meliosma	2164	Mimulicalyx	2252
Lophostemon	1406	Malpighia	1340	Melissa	1220	Mimulus	1642
Loranthus	1322	Malus	2021	Melliodendron	2276	Minuartia	610
Loropetalum	1142	Malva	1352	Melocalamus	1768	Mirabilis	1415
Lotononis	982	Malvastrum	1353	Melocanna	1768	Miscanthus	1770
Lotus	982	Malvaviscus	1353	Melochia	1353	Mischocarpus	2218
Loxocalyx	1218	Mammea	565	Melodinus	177	Mitchella	2124
Loxostigma	1104	Mandevilla	175	Melothria	701	Mitella	2226
Luculia	2124	Mandragora	2267	Memecylon	1372	Mitracarpus	2124
Ludisia	1509	Mangifera	98	Menispermum	1382	Mitragyna	2124
Ludwigia	1435	Manglietia	1331	Mentha	1221	Mitrasacme	1319
Luffa	700	Manihot	886	Menyanthes	1386	Mitrastemon	1386
Luisia	1509	Manilkara	2220	Mercurialis	886	Mitreola	1319
Lumnitzera	652	Mannagettaea	1558	Merremia	668	Mitrephora	108
Lupinus	983	Maoutia	2340	Merrillanthus	177	Mnesithea	1770
Luvunga	2156	Mapania	768	Merrilliopanax	227	Moehringia	611
Luzula	1183	Mappianthus	1166	Mertensia	513	Molinia	1771
Lychnis	610	Maranta	1363	Mesona	1222	Mollugo	1387
Lycianthes	2265	Margaritaria	886	Mesua	565	Momordica	701
Lycium	2266	Markhamia	498	Metadina	2124	Monarda	1223
Lycopersicon	2266	Marmoritis	1219	Metaeritrichium	513	Moneses	810
Lycopus	1218	Marrubium	1219	Metanemone	1965	Monimopetalum	639
Lycoris	95	Marsdenia	175	Metapanax	227	Monochasma	1558
Lygisma	175	Marsypopetalum	107	Metapetrocosmea	1106	Monochoria	1852
Lyonia	809	Martynia	1363	Metaplexis	177	Monomeria	1511
Lysidice	984	Mastersia	984	Metasequoia	7	Monoon	108
Lysimachia	1866	Mastixia	675	Metastachydium	1222	Monotropa	810
Lysionotus	1104	Matricaria	365	Michelia	1333	Monotropastrum	810
Lythrum	1328	Matsumurella	1219	Microcarpaea	1667	Morella	1402
		Matthiola	547	Microcaryum	513	Morina	592
M		Mattiastrum	513	Microcephala	367	Morinda	2125
		Mayodendron	498	Microchirita	1106	Moringa	1400
Maackia	984	Mazus	1640	Microchloa	1769	Morus	1398
Macadamia	1904	Meconopsis	1622	Micrococca	887	Mosla	1223
Macaranga	883	Mecopus	984	Microcos	1353	Mouretia	2127
Machaerina	768	Medicago	985	Microdesmis	1595	Mucuna	988
Machilus	1287	Medinilla	1370	Microglossa	367	Muhlenbergia	1771
Mackaya	36	Meeboldia	135	Microgynoecium	80	Mukdenia	2226
Macleaya	1622	Meehania	1220	Micromelum	2157	Mukia	701
Maclura	1397	Megacarpaea	547	Micromeria	1222	Munronia	1379
Maclurodendron	2157	Megacodon	1080	Micropera	1511	Murdannia	655
Macropanax	227	Megadenia	548	Microphysa	2124	Murraya	2157
Macropodium	547	Megistostigma	886	Micropera		Musa	1400
Macroptilium	984	Meiogyne	107	Microstachys	887	Musella	1401
Macrosolen	1322	Melaleuca	1406	Microstegium	1769	Mussaenda	2127
Macrotyloma	984	Melampyrum	1558	Microstigma	548	Mycaranthes	1511
Madhuca	2220	Melanolepis	886	Microtatorchis	1511	Mycetia	2129
Maesa	1876	Melanosciadium	135	Microthlaspi	548	Myosotis	516
				Microtis	1511		

属学名索引 INDEX TO GENUS NAMES (IN LATIN)

Myosoton	611	Nephelium	2218	Omphalotrigonotis	516	Ottelia	1158
Myriactis	367	Neptunia	989	Omphalotrix	1558	Ottochloa	1775
Myricaria	2284	Nerium	178	Oncoba	2170	Oxalis	1592
Myrioneuron	2130	Nertera	2131	Onobrychis	990	Oxybaphus	1415
Myriophyllum	1138	Nervilia	1515	Ononis	990	Oxygraphis	1965
Myriopteron	178	Neslia	549	Onopordum	370	Oxyria	1835
Myripnois	367	Neuropeltis	670	Onosma	516	Oxyspora	1373
Myristica	1403	Neuwiedia	1515	Operculina	670	Oxystelma	178
Myrmechis	1511	Neyraudia	1772	Ophiopogon	258	Oxystophyllum	1521
Myrsine	1878	Nicandra	2267	Ophiorrhiza	2132	Oxytropis	994
Myrtus	1406	Nicotiana	2267	Ophiorrhiziphyllon	36	Oyama	1336
Mytilaria	1142	Nitraria	1413	Ophiuros	1773		
Myxopyrum	1426	Noccaea	549	Ophrestia	990	**P**	
		Nogra	989	Opilia	1437		
N		Nomocharis	1311	Opisthopappus	370	Pachira	1354
		Nonea	516	Oplismenus	1773	Pachygone	1382
Nabalus	368	Nosema	1227	Oplopanax	227	Pachylarnax	1337
Nageia	22	Nothapodytes	1166	Opuntia	564	Pachyneurum	550
Najas	1157	Nothodoritis	1516	Orbea	178	Pachypleurum	138
Nandina	488	Notholirion	1312	Orchidantha	1325	Pachypterygium	550
Nannoglottis	368	Nothosmyrnium	135	Orchis	1519	Pachyrhizus	1005
Nanocnide	2341	Nothotsuga	16	Oreocharis	1107	Pachysandra	563
Nanophyton	80	Notopterygium	136	Oreocnide	2341	Pachystoma	1521
Naravelia	1965	Notoseris	369	Oreocomopsis	137	Pachystylidium	887
Narcissus	96	Nouelia	369	Oreoloma	549	Paederia	2136
Nardostachys	593	Nuphar	1415	Oreomyrrhis	137	Paeonia	1593
Nasturtium	548	Nyctocalos	499	Oreorchis	1519	Palaquium	2220
Nathaliella	2252	Nymphaea	1415	Oreosolen	2252	Paliurus	1991
Natsiatopsis	1166	Nymphoides	1386	Oresitrophe	2226	Panax	228
Natsiatum	1166	Nypa	235	Origanum	1228	Pancratium	96
Nauclea	2130	Nyssa	675	Orinus	1774	Pandanus	1595
Nayariophyton	1353			Orixa	2158	Panderia	80
Neanotis	2130	**O**		Ormocarpum	990	Panicum	1775
Nechamandra	1158			Ormosia	990	Panisea	1521
Neillia	2023	Oberonia	1516	Ornithoboea	1114	Pankycodon	578
Nelsonia	36	Oberonioides	1518	Ornithochilus	1520	Panzerina	1228
Nelumbo	1413	Ochna	1416	Orobanche	1559	Papaver	1626
Nemosenecio	368	Ochroma	1354	Orophea	108	Paphiopedilum	1521
Neoalsomitra	701	Ochrosia	178	Orostachys	678	Papilionanthe	1524
Neobrachyactis	369	Ocimum	1227	Oroxylum	499	Parabaena	1382
Neocinnamomum	1292	Odontites	1558	Orthilia	810	Paraboea	1114
Neofinetia	1512	Odontochilus	1518	Orthoraphium	1774	Paradombeya	1354
Neogyna	1512	Oenanthe	136	Orthosiphon	1228	Parakmeria	1337
Neohymenopogon	2131	Oenothera	1435	Orychophragmus	549	Paralamium	1229
Neolamarckia	2131	Ohbaea	678	Oryza	1774	Parameria	178
Neolitsea	1293	Ohwia	989	Osbeckia	1373	Paramignya	2158
Neomartinella	548	Olax	1417	Osmanthus	1427	Paranephelium	2218
Neomicrocalamus	1771	Oldenlandia	2132	Osmorhiza	137	Paraphlomis	1229
Neonauclea	2131	Oldenlandiopsis	2132	Osmoxylon	228	Parapholis	1776
Neonotonia	989	Olea	1426	Osteomeles	2025	Paraprenanthes	370
Neopallasia	369	Olgaea	369	Ostericum	137	Parapteroceras	1525
Neopicrorhiza	1667	Oligochaeta	370	Ostodes	887	Parapteropyrum	1836
Neoshirakia	887	Oligomeris	1987	Ostrya	496	Paraquilegia	1966
Neotorularia	548	Oligostachyum	1772	Ostryopsis	496	Pararuellia	36
Neottia	1512	Olimarabidopsis	549	Osyris	2203	Parasassafras	1296
Nepenthes	1413	Ombrocharis	1228	Otochilus	1520	Parasenecio	371
Nepeta	1224	Omphalogramma	1879	Ototropis	993	Parashorea	784

2421

Parastyrax	2276	Perilla	1230	Phyllagathis	1374	Plectocomia	236
Parasyncalathium	374	Periploca	179	Phyllanthodendron	1648	Pleioblastus	1785
Parepigynum	178	Peristrophe	37	Phyllanthus	1648	Pleione	1536
Parietaria	2342	Peristylus	1525	Phyllodium	1008	Pleurospermopsis	145
Paris	1364	Perotis	1779	Phyllodoce	811	Pleurospermum	145
Parkia	1005	Perovskia	1231	Phyllolobium	1008	Pleurostylia	643
Parkinsonia	1005	Perrottetia	783	Phyllospadix	2394	Pluchea	377
Parnassia	639	Persea	1296	Phyllostachys	1780	Plumbagella	1680
Parochetus	1005	Pertusadina	2137	Physaliastrum	2267	Plumbago	1680
Parrotia	1142	Pertya	375	Physalis	2268	Plumeria	179
Parrya	550	Petasites	376	Physocarpus	2029	Poa	1787
Parsonsia	178	Petitmenginia	1590	Physochlaina	2268	Podocarpus	22
Parthenium	374	Petiveria	1652	Physospermopsis	141	Podochilus	1538
Parthenocissus	2368	Petrocodon	1116	Physostigma	1010	Podospermum	378
Parvatia	1266	Petrocosmea	1117	Phytolacca	1652	Pogonatherum	1796
Paspalidium	1776	Petrorhagia	611	Picea	16	Pogonia	1538
Paspalum	1777	Petrosavia	1639	Picrasma	2256	Pogostemon	1234
Passiflora	1627	Petroselinum	138	Picria	1318	Poikilospermum	2350
Pastinaca	138	Petrosimonia	80	Picris	376	Polemonium	1826
Patis	1778	Petunia	2267	Pieris	811	Poliothyrsis	2171
Patrinia	593	Peucedanum	138	Pilea	2343	Pollia	656
Pauldopia	499	Phacellanthus	1590	Pileostegia	1155	Polyalthia	109
Paulownia	1628	Phacellaria	2203	Pilosella	377	Polycarpaea	611
Pavetta	2137	Phacelurus	1779	Piloselloides	377	Polycarpon	611
Pavieasia	2218	Phaenosperma	1779	Pimpinella	142	Polycnemum	80
Pecteilis	1525	Phaeonychium	551	Pinalia	1531	Polygala	1826
Pectis	374	Phagnalon	376	Pinanga	236	Polygonatum	262
Pedicularis	1561	Phaius	1527	Pinellia	213	Polygonum	1836
Pedilanthus	887	Phalaenopsis	1528	Pinguicula	1299	Polyosma	869
Pegaeophyton	550	Phalaris	1779	Pinus	18	Polypogon	1796
Peganum	1414	Phanera	1005	Piper	1653	Polyscias	228
Pegia	99	Phaseolus	1008	Piptanthus	1010	Polyspora	2298
Pelargonium	1092	Phaulopsis	37	Piptatherum	1784	Polystachya	1538
Pelatantheria	1525	Phedimus	679	Pipturus	2350	Polytoca	1797
Pelexia	1525	Phellodendron	2158	Pisonia	1415	Polytrias	1797
Peliosanthes	261	Philadelphus	1152	Pistacia	99	Pomatocalpa	1538
Pellacalyx	2000	Philodendron	213	Pistia	214	Pomatosace	1880
Pellionia	2342	Philoxerus	80	Pisum	1010	Pometia	2218
Peltoboykinia	2226	Philydrum	1639	Pithecellobium	1010	Pommereschea	2389
Peltophorum	1005	Phleum	1780	Pittosporopsis	1167	Ponerorchis	1539
Pemphis	1328	Phlogacanthus	38	Pittosporum	1657	Pongamia	1010
Pennilabium	1525	Phlojodicarpus	141	Plagiobasis	377	Popowia	109
Pennisetum	1778	Phlomis	1231	Plagiopetalum	1375	Populus	2171
Pentanema	374	Phlomoides	1231	Plagiopteron	643	Porandra	657
Pentapetes	1354	Phlox	1826	Plagiorhegma	488	Poranopsis	670
Pentaphragma	1629	Phoebe	1296	Plagiostachys	2389	Porpax	1542
Pentaphylax	1638	Phoenix	235	Planchonella	2220	Portulaca	1852
Pentas	2137	Pholidota	1529	Plantago	1668	Posidonia	1853
Pentasachme	178	Photinia	2025	Platanthera	1532	Potamogeton	1853
Pentastelma	179	Phragmites	1780	Platanus	1676	Potaninia	2029
Penthorum	1639	Phreatia	1530	Platea	1167	Potentilla	2029
Peperomia	1653	Phryma	1642	Platycarya	1175	Pothoidium	214
Peplis	1328	Phrynium	1363	Platycladus	7	Pothos	214
Peracarpa	578	Phtheirospermum	1590	Platycodon	578	Pottsia	179
Pereskia	564	Phuopsis	2137	Platycraspedum	551	Pouteria	2220
Pericallis	375	Phyla	2354	Platycrater	1155	Pouzolzia	2351
Pericampylus	1382	Phylacium	1008	Platystemma	1119	Prangos	148

Praxelis	378	Pterocarya	1176	Reinwardtia	1315	Rorippa	552
Premna	1236	Pterocaulon	379	Reinwardtiodendron	1379	Rosa	2050
Primula	1880	Pteroceltis	581	Remirea	769	Roscoea	2389
Primulina	1119	Pterocephalus	593	Remusatia	215	Rosmarinus	1239
Prinsepia	2038	Pteroceras	1542	Renanthera	1542	Rostrinucula	1240
Prismatomeris	2137	Pterolobium	1011	Reseda	1987	Rosularia	684
Pristimera	643	Pterospermum	1354	Reutealis	887	Rotala	1328
Procris	2351	Pterostyrax	2276	Reynoutria	1847	Rothia	1013
Prosopis	1010	Pteroxygonum	1847	Rhabdothamnopsis	1130	Rothmannia	2139
Protium	560	Pterygiella	1590	Rhamnella	1991	Rottboellia	1804
Prunella	1239	Pterygocalyx	1080	Rhamnoneuron	2307	Rotula	519
Prunus	2038	Pterygopleurum	150	Rhamnus	1991	Rourea	658
Przewalskia	2268	Pterygota	1354	Rhaphidophora	215	Roureopsis	658
Psammochloa	1797	Ptilagrostis	1800	Rhaphiolepis	2049	Roystonea	237
Psammosilene	612	Puccinellia	1801	Rhapis	236	Rubia	2139
Psathyrostachys	1797	Pueraria	1011	Rhaponticoides	379	Rubiteucris	1240
Psephellus	378	Pugionium	551	Rhaponticum	379	Rubovietnamia	2142
Pseudanthistiria	1798	Pulicaria	379	Rheum	1847	Rubus	2059
Pseudechinolaena	1798	Pulmonaria	518	Rhinacanthus	38	Rudbeckia	380
Pseudelephantopus	378	Pulsatilla	1966	Rhinactinidia	380	Ruellia	38
Pseuderanthemum	38	Punica	1328	Rhinanthus	2252	Rumex	1849
Pseudoarabidopsis	551	Putranjiva	1906	Rhizophora	2000	Rungia	39
Pseudobartsia	1590	Pycnarrhena	1382	Rhodamnia	1406	Ruppia	2152
Pseudocaryopteris	1239	Pycnoplinthopsis	551	Rhodiola	679	Ruscus	265
Pseudocerastium	612	Pycnoplinthus	551	Rhododendron	813	Russowia	380
Pseudochirita	1129	Pycnospora	1012	Rhodoleia	1143	Ruta	2159
Pseudoclausia	551	Pycreus	768	Rhodomyrtus	1406	Ryssopterys	1340
Pseudocodon	578	Pygeum	2047	Rhodotypos	2050		
Pseudoconyza	378	Pyracantha	2047	Rhoiptelea	1176	**S**	
Pseudognaphalium	378	Pyrenacantha	1167	Rhomboda	1542		
Pseudohandelia	379	Pyrenaria	2298	Rhopalephora	657	Sabal	237
Pseudolarix	21	Pyrgophyllum	2389	Rhopalocnemis	437	Sabia	2166
Pseudolysimachion	1669	Pyrola	811	Rhus	99	Saccharum	1804
Pseudopogonatherum	1798	Pyrularia	2203	Rhynchanthus	2389	Sacciolepis	1805
Pseudopyxis	2138	Pyrus	2048	Rhynchoglossum	1130	Saccolabiopsis	1543
Pseudoraphis	1798			Rhynchosia	1012	Sageretia	1996
Pseudoroegneria	1798	**Q**		Rhynchospora	769	Sagina	613
Pseudosasa	1799			Rhynchostylis	1542	Sagittaria	65
Pseudosclerochloa	1800	Quercus	1047	Rhynchotechum	1130	Salacca	237
Pseudosedum	679	Quisqualis	652	Ribes	1132	Salacia	644
Pseudosorghum	1800			Richardia	2139	Salicornia	81
Pseudostachyum	1800	**R**		Richella	109	Salix	2178
Pseudostellaria	612			Richeriella	1651	Salomonia	1830
Pseudotaxus	24	Radermachera	499	Richteria	380	Salsola	81
Pseudotsuga	21	Ranalisma	65	Ricinus	887	Salvia	1240
Pseuduvaria	109	Ranunculus	1967	Rindera	519	Salweenia	1013
Psidium	1406	Raphanus	552	Rinorea	2354	Samanea	1013
Psilopeganum	2159	Raphia	236	Risleya	1543	Sambucus	57
Psilotrichopsis	81	Raphiocarpus	1129	Rivina	1653	Samolus	1902
Psilotrichum	81	Raphistemma	179	Robinia	1013	Sanchezia	40
Psophocarpus	1010	Rauvolfia	180	Robiquetia	1543	Sanguisorba	2079
Psychotria	2138	Ravenala	2275	Rochelia	519	Sanicula	150
Psychrogeton	379	Reaumuria	2285	Rodgersia	2226	Saniculiphyllum	2227
Psydrax	2139	Reevesia	1354	Roegneria	1804	Santalum	2203
Ptelea	2159	Rehderodendron	2277	Roemeria	1626	Sapindus	2218
Pternopetalum	148	Rehmannia	2252	Rohdea	265	Saponaria	613
Pterocarpus	1010	Reineckea	265	Rondeletia	2139	Saposhnikovia	151

Sapria	1906	Sclerochloa	1807	Silene	613	Sophora	1017
Saprosma	2142	Scleromitrion	2143	Siliquamomum	2391	Sopubia	1591
Saraca	1013	Scleropyrum	2204	Silvianthus	597	Soranthus	155
Sarcandra	647	Scolochloa	1807	Sinacalia	411	Sorbaria	2081
Sarcochlamys	2351	Scolopia	2201	Sinadoxa	57	Sorbus	2082
Sarcococca	563	Scoparia	1670	Sinapis	553	Sorghum	1811
Sarcoglyphis	1543	Scorpiothyrsus	1375	Sindechites	181	Soroseris	415
Sarcophyton	1543	Scorzonera	401	Sindora	1016	Souliea	1978
Sarcopyramis	1375	Scrofella	1670	Singchia	1544	Sparganium	2311
Sarcosperma	2220	Scrophularia	2252	Sinoadina	2143	Spartina	1811
Sarcozygium	2394	Scurrula	1322	Sinobaijiania	702	Spartium	1020
Sargentodoxa	1266	Scutellaria	1247	Sinobambusa	1810	Spathiphyllum	217
Saruma	244	Scutia	1998	Sinocarum	154	Spathoglottis	1544
Sasa	1806	Scyphiphora	2143	Sinochasea	1811	Spatholirion	657
Sassafras	1298	Sebaea	1080	Sinocrassula	692	Spatholobus	1020
Satyrium	1543	Secale	1808	Sinocurculigo	1166	Speirantha	265
Saurauia	56	Secamone	180	Sinodolichos	1017	Spenceria	2089
Sauromatum	216	Sechium	702	Sinofranchetia	1266	Speranskia	887
Sauropus	1651	Securidaca	1830	Sinojackia	2277	Spergula	621
Saururus	2222	Sedum	684	Sinojohnstonia	519	Spergularia	621
Saussurea	380	Sehima	1808	Sinoleontopodium	411	Spermacoce	2143
Sauvagesia	1416	Selinum	152	Sinolimprichtia	155	Spermadictyon	2144
Saxifraga	2227	Semecarpus	100	Sinomenium	1383	Sphaeranthus	415
Scabiosa	594	Semenovia	152	Sinopanax	231	Sphaerocaryum	1811
Scaevola	1132	Semiaquilegia	1978	Sinopodophyllum	488	Sphaerophysa	1020
Scaligeria	151	Semiarundinaria	1808	Sinopora	1298	Sphagneticola	416
Scandix	151	Semiliquidambar	66	Sinosassafras	1299	Sphallerocarpus	155
Scaphium	1355	Senecio	403	Sinosenecio	411	Sphenoclea	2272
Schefflera	229	Senegalia	1014	Sinosideroxylon	2221	Sphenodesme	1256
Scheuchzeria	2245	Senna	1015	Sinosophiopsis	553	Spinacia	83
Schima	2299	Sequoia	7	Sinowilsonia	1143	Spinifex	1812
Schisandra	2247	Sequoiadendron	7	Siphocranion	1256	Spiradiclis	2144
Schischkinia	401	Seriphidium	408	Siphonostegia	1590	Spiraea	2089
Schismatoglottis	216	Serissa	2143	Siraitia	702	Spiranthes	1544
Schismus	1806	Serratula	410	Sirindhornia	1544	Spirodela	217
Schizachne	1806	Sesamum	1629	Sisymbriopsis	553	Spirorhynchus	555
Schizachyrium	1806	Sesbania	1016	Sisymbrium	553	Spodiopogon	1812
Schizocapsa	782	Seseli	153	Sium	155	Spondias	100
Schizomussaenda	2142	Seselopsis	154	Skimmia	2159	Sporobolus	1812
Schizopepon	701	Sesuvium	64	Sladenia	2256	Sporoxeia	1376
Schizophragma	1155	Setaria	1808	Sloanea	798	Stachyopsis	1256
Schizostachyum	1807	Setiacis	1809	Smallanthus	414	Stachyphrynium	1363
Schmalhausenia	401	Shangrilaia	552	Smelowskia	554	Stachys	1256
Schnabelia	1247	Sheareria	410	Smilax	2257	Stachytarpheta	2354
Schoenoplectus	770	Sherardia	2143	Smithia	1017	Stachyurus	2272
Schoenorchis	1543	Shibataea	1809	Smitinandia	1544	Stahlianthus	2391
Schoenus	772	Shirakiopsis	887	Solanum	2268	Stapelia	181
Schoepfia	2249	Shizhenia	1544	Solena	702	Staphylea	2273
Schrenkia	152	Shorea	784	Solenanthus	519	Stauntonia	1266
Schulzia	152	Shortia	777	Solidago	414	Stauranthera	1131
Schumannia	152	Shuteria	1016	Soliva	414	Staurochilus	1545
Sciadopitys	23	Sibbaldia	2080	Solms-laubachia	554	Staurogyne	40
Sciaphila	2311	Sibiraea	2081	Sonchella	414	Stellaria	621
Scindapsus	217	Sichuania	180	Sonchus	414	Stellera	2307
Scirpus	772	Sida	1356	Sonerila	1376	Stelmocrypton	181
Scleria	773	Sideritis	1255	Sonneratia	1329	Stemodia	1670
Sclerocarpus	401	Sigesbeckia	410	Sophiopsis	555	Stemona	2274

Stenocoelium	155	Symplocarpus	217	Tetraena	2394	Tolypanthus	1325
Stenosolenium	520	Symplocos	2280	Tetragonia	64	Tongoloa	155
Stenotaphrum	1813	Syncalathium	416	Tetrameles	2287	Toona	1379
Stephanachne	1813	Syndiclis	1299	Tetrapanax	231	Tordyliopsis	156
Stephanandra	2097	Synedrella	416	Tetrastigma	2368	Torenia	1318
Stephania	1383	Syneilesis	417	Teucrium	1258	Toricellia	676
Sterculia	1357	Syngonium	217	Teyleria	1022	Torilis	156
Stereochilus	1545	Synotis	417	Thaia	1547	Torreya	25
Stereosandra	1545	Synstemon	555	Thalassia	1159	Tournefortia	520
Stereospermum	499	Synurus	420	Thalassodendron	708	Toxicodendron	101
Sterigmostemum	555	Syreitschikovia	420	Thalictrum	1978	Toxocarpus	182
Steudnera	217	Syrenia	555	Thamnocalamus	1816	Trachelospermum	183
Stevenia	555	Syringa	1429	Thecagonum	2148	Trachycarpus	237
Stewartia	2300	Syringodium	708	Thelasis	1547	Trachydium	157
Stictocardia	670	Syzygium	1406	Theligonum	2148	Trachyspermum	157
Stigmatodactylus	1545			Thellungiella	556	Tradescantia	657
Stilbanthus	83	**T**		Themeda	1816	Tragopogon	429
Stilpnolepis	416			Theobroma	1359	Tragus	1818
Stimpsonia	1902	Tabernaemontana	181	Thermopsis	1022	Trailliaedoxa	2148
Stipa	1813	Tacca	782	Theropogon	265	Trapa	1329
Stipagrostis	1816	Tadehagi	1021	Thesium	2204	Trapella	1629
Stixis	585	Taeniophyllum	1546	Thespesia	1359	Trema	581
Stranvaesia	2097	Tagetes	420	Thespis	429	Trevesia	231
Streblus	1399	Taihangia	2098	Thevetia	182	Trevia	888
Strelitzia	2275	Tainia	1546	Thismia	559	Triadenum	1165
Streptocaulon	181	Taiwania	7	Thladiantha	703	Triadica	888
Streptoechites	181	Talassia	155	Thlaspi	557	Triaenophora	2255
Streptolirion	657	Talauma	1337	Thottea	244	Trianthema	64
Streptopus	1312	Talinum	2284	Thrixspermum	1548	Tribulus	2394
Striga	1591	Tamarindus	1021	Thryallis	1340	Tricarpelema	658
Strobilanthes	41	Tamarix	2285	Thuarea	1817	Trichodesma	520
Strongylodon	1020	Tanacetum	420	Thuja	7	Trichoglottis	1549
Strophanthus	181	Tanakaea	2245	Thujopsis	8	Tricholepis	431
Strophioblachia	888	Taphrospermum	556	Thunbergia	49	Trichophorum	775
Strychnos	1320	Tapiscia	2287	Thunia	1549	Trichosanthes	705
Stuckenia	1854	Taraxacum	421	Thylacospermum	627	Trichotosia	1549
Stylidium	2275	Tarenaya	648	Thymelaea	2307	Trichuriella	85
Stylophorum	1626	Tarenna	2146	Thymus	1260	Tricostularia	776
Stylosanthes	1021	Tarennoidea	2147	Thyrocarpus	520	Tricyrtis	1312
Styrax	2278	Tauscheria	556	Thyrsostachys	1817	Tridax	431
Styrophyton	1376	Taxillus	1323	Thysanolaena	1818	Tridynamia	670
Suaeda	83	Taxodium	7	Thysanotus	265	Trientalis	1903
Sumbaviopsis	888	Taxus	24	Tiarella	2245	Trifidacanthus	1024
Sunipia	1545	Tectona	1258	Tibetia	1023	Trifolium	1024
Suregada	888	Telosma	182	Tigridiopalma	1376	Triglochin	1184
Suriana	2280	Tenacistachya	1816	Tilia	1359	Trigonella	1024
Suzukia	1258	Tephroseris	428	Tillaea	693	Trigonobalanus	1054
Swertia	1080	Tephrosia	1021	Timonius	2148	Trigonostemon	888
Swietenia	1379	Teramnus	1022	Tinomiscium	1385	Trigonotis	520
Syagrus	237	Terminalia	652	Tinospora	1385	Trikeraia	1818
Sycopsis	1143	Terminthia	100	Tipuana	1023	Trillium	1366
Sympegma	85	Terniopsis	1826	Tipularia	1549	Triodanis	579
Symphorema	1258	Ternstroemia	1638	Tirpitzia	1316	Triosteum	594
Symphoricarpos	594	Tetracentron	2311	Titanotrichum	1131	Triphysaria	1591
Symphyllocarpus	416	Tetracera	777	Tithonia	429	Triplaris	1852
Symphyotrichum	416	Tetracme	556	Toddalia	2160	Tripleurospermum	431
Symphytum	520	Tetradium	2159	Tofieldia	2310	Triplostegia	594

Tripogon	1818	Urceola	186	Vrydagzynea	1552	Xylocarpus	1380
Tripolium	431	Urena	1362	Vulpia	1821	Xylopia	110
Tripora	1261	Urobotrya	1437			Xylosma	2201
Tripsacum	1819	Urochloa	1821	**W**		Xyris	2377
Tripterospermum	1086	Urophyllum	2149				
Tripterygium	644	Urophysa	1986	Wahlenbergia	579	**Y**	
Trisetum	1819	Urtica	2352	Waldsteinia	2098		
Tristellateia	1341	Utricularia	1300	Wallichia	237	Yinshania	557
Triticum	1820	Uvaria	110	Walsura	1380	Yoania	1552
Triumfetta	1361			Waltheria	1362	Youngia	434
Trivalvaria	110	**V**		Wangia	110	Ypsilandra	1367
Trochodendron	2311			Washingtonia	238	Yua	2375
Trollius	1985	Vaccaria	627	Wenchengia	1263	Yulania	1337
Tropaeolum	2311	Vaccinium	859	Wendlandia	2149	Yushania	1821
Tropidia	1550	Valeriana	595	Whytockia	1131		
Tsaiodendron	889	Vallaris	186	Wightia	1591	**Z**	
Tsaiorchis	1550	Vallisneria	1159	Wikstroemia	2307		
Tsoongia	1261	Vanda	1551	Wissadula	1362	Zabelia	596
Tsuga	21	Vandopsis	1551	Wisteria	1032	Zannichellia	1854
Tuberolabium	1550	Vanilla	1552	Withania	2272	Zanonia	707
Tubocapsicum	2272	Vanoverberghia	2391	Wolffia	218	Zantedeschia	218
Tugarinovia	431	Vatica	784	Wollastonia	434	Zanthoxylum	2160
Tulipa	1313	Ventilago	1998	Woodfordia	1329	Zea	1825
Tupistra	265	Veratrilla	1087	Woonyoungia	1337	Zehneria	707
Turczaninovia	432	Veratrum	1366	Wrightia	186	Zelkova	2316
Turgenia	157	Verbascum	2255	Wuodendron	110	Zenia	1032
Turpinia	2273	Verbena	2354			Zephyranthes	96
Turraea	1380	Verdesmum	1026	**X**		Zeuxine	1552
Turritis	557	Vernicia	889			Zeuxinella	1553
Tussilago	432	Vernonia	432	Xanthium	434	Zhengyia	2353
Tylophora	183	Veronica	1671	Xanthoceras	2219	Zigadenus	1368
Typha	2312	Veronicastrum	1675	Xanthocyparis	8	Zingiber	2391
Typhonium	217	Viburnum	57	Xanthopappus	434	Zinnia	436
		Vicatia	157	Xanthophyllum	1830	Zippelia	1657
U		Vicia	1026	Xanthophytum	2152	Zizania	1825
		Vigna	1030	Xantolis	2221	Ziziphora	1263
Ulex	1025	Vinca	186	Xenostegia	670	Ziziphus	1998
Ulmus	2314	Viola	2354	Xerochrysum	434	Zornia	1033
Uncaria	2148	Viscum	2205	Xerospermum	2219	Zosima	158
Uncifera	1550	Vitex	1261	Ximenia	1417	Zostera	2394
Uraria	1025	Vitis	2372	Xizangia	1591	Zoysia	1825
Urariopsis	1026	Voacanga	186	Xylia	1032	Zygophyllum	2395